Handbuch der elektrischen Anlagen und Maschinen

Springer-Verlag Berlin Heidelberg GmbH

Ekbert Hering · Alois Vogt · Klaus Bressler

Handbuch der elektrischen Anlagen und Maschinen

Mit 451 Abbildungen

Unter Mitarbeit von:

Dipl.-Ing. *Horst-Herbert Austmann*, SEL Alcatel Stuttgart
Dipl.-Ing. *Jürgen Gutekunst*, Murrelektronik GmbH
Prof. Dr. *Rolf Martin*, Fachhochschule Esslingen
Prof. Dr. *Manfred Reichert*, Fachhochschule Aalen
Dipl.-Ing. *Michael Riedlinger*, SEL Alcatel Stuttgart
Prof. Dr. *Dietmar Schmid*, Fachhochschule Aalen

Springer

Prof. Dr. rer. nat. Dr. rer. pol. Ekbert Hering
Fachhochschule Aalen
Im Bürglesbühl 41
73540 Heubach-Lautern

Dipl.-Ing. Alois Vogt
Eschenweg 7
89551 Königsbronn

Dipl.-Ing. Klaus Bressler
Paul-Linke-Weg 10
71254 Ditzingen

Die Deutsche Bibliothek – CIP-Einheitsaufnahme

Hering, Ekbert:
Handbuch der elektrischen Anlagen und Maschinen / Ekbert Hering ;
Alois Vogt ; Klaus Bressler. – Berlin ; Heidelberg ; New York ;
Barcelona ; Hongkong ; London ; Mailand ; Paris ; Singapur ; Tokio :
Springer, 1999
    (VDI-Buch)
    ISBN 978-3-642-63592-2   ISBN 978-3-642-58433-6 (eBook)
    DOI 10.1007/978-3-642-58433-6

Springer-Verlag Berlin Heidelberg 1999
Ursprünglich erschienen bei Springer-Verlag Berlin Heidelberg New York 1999
Softcover reprint of the hardcover 1st edition 1999

Einbandgestaltung: Struve & Partner, Heidelberg
Herstellung: ProduServ GmbH Verlagsservice, Berlin
Satz: Fotosatz-Service Köhler GmbH, Würzburg
SPIN: 10698685   68/3020 – 5 4 3 2 1 0 – Gedruckt auf säurefreiem Papier

Vorwort

Elektrische Maschinen und Anlagen sind das Herzstück unterschiedlichster Anwendungen in der Elektrotechnik und im Maschinenbau. Das vorliegende Werk ist ein kompaktes Lern- und Nachschlagewerk für Studierende und Praktiker angehender und in der Praxis arbeitender Ingenieur der Elektrotechnik und des Maschinenbaus. Es enthält neben der ausführlichen Darstellung der elektrischen Maschinen und Antriebe, deren Verhalten und Anwendungsbereiche auch Hinweise zur Sicherheitstechnik und zur Elektromagnetischen Verträglichkeit (EMV).

Das *Kapitel A* erklärt ausführlich die unterschiedlichen Arten, Ausführungen und Einsatzgebiete elektrischer Maschinen und Antriebe. Um die Funktionsweise elektrischer Maschinen und Anlagen zu verstehen, werden in einem kurzen und praxisorientierten Abriss die *theoretischen Grundlagen* gelegt. Ein Abschnitt über die *elektrische Energieversorgung* zeigt den Aufbau, die Funktionsweise und diie Bedeutung elektrischer Netze. Im Zentrum der Ausführungen stehen die *klassischen Maschinentypen*: Gleichstrommotoren als Nebenschluss- und Reihenschluss-Maschine, Generatoren, Drehstrom-Asynchronmaschinen, Drehstrom-Synchronmaschinen sowie Einphasen-Asynchron- bzw. Synchronmaschinen. Elektrische Maschinen werden für immer speziellere Anwendungen eingesetzt. Aus diesem Grunde werden *Sonderausführungen* immer wichtiger. Als wichtige Vertreter werden unter anderen genannt: Permanenterregte, bürstenkommutierte Scheibenläufermaschienen, bürstenkommutierte und bürstenlose Drehmoment-Motoren (Torque-Motoren), Elektronikmotoren mit elektronischer Kommutierung, Gleichstrommotoren mit eisenlosem Rotor (Glockenankermotor), Servomotoren mit Umrichtertechnik, Schrittmotoren, verschiedene Linearmotoren und Antriebe auf Basis des Piezoeffektes. Für die Einsatzbereiche der elektrischen Motoren und Antriebe sind ihr dynamisches und thermodynamisches Verhalten entscheidend, dem zwei Abschnitte gewidmet sind. Am Schluss des Kapitels A sind die Normen und Richtlinien für die Bauformen, die Schutzarten, für die Kühlung und Isolation zusammengestellt.

Im *Kapitel B* werden die *mechanischen Bauelemente*, die elektromechanischen Bauteile sowie die Sicherheitsbaugruppen vorgestellt und erläutert.

Das *Kapitel C* erklärt die *Steuerungen und Regelungen* der elektrischen Maschinen und Anlagen. Insbesondere werden vorgestellt: Digitale Schaltungen, Digital-Analog bzw. Analg-Digital-Wandler, Speicherprogrammierbare Steuerungen (SPS), numerische Steuerungen (NC) und Feldbusse. Ein ausführlicher Exkurs in die Regelungstechnik rundet das Kapitel ab.

Kapitel D beschäftigt sich mit der *Elektromagnetischen Verträglichkeit* (EMV). Insbesondere werden die Maßnahmen zur Realisierung der EMV an Beispielen vorgestellt. Das Verfahren zur CE-Kennzeichnung wird erläutert sowie die Messtechnik für die EMV vorgestellt.

Die *Produktsicherheit* spielt eine immer wichtigere Rolle. In *Kapitel E* werden die Maßnahmen gegen mechanische, elektrische, radioaktive, thermische, chemische und biologische Gefahren mit den zugehörigen Normen vorgestellt.

Zu danken haben wir zahlreichen Firmen für die Bereitstellung aktueller Fotos und ihre Hilfestellung bei den praktischen Beispielen. Besonders erwähnen möchten wir Herrn Jürgen Wiesinger von der Firma Croydom, Herrn Horst Löffler vom Ing.-Büro Löffler sowie Herrn Michael Schroff von der Firma MAXON MOTOR. Ganz besonderer Dank gebührt dem Springer Verlag, speziell Herrn *Thomas Lehnert* und Herrn *Dr. Hubertus von Riedesel*, die in hervorragender Weise dieses Werk betreut haben. Ein herzliches Dankeschön entbieten wir Frau *Regina Peters* von ProduServ, die in bewährter Weise die komplizierten Bilder gestaltete und für einen professionellen Umbruch sorgte. Nicht vergessen möchten wir unsere Ehefrauen und Kinder, die uns mit viel Verständnis bei der Arbeit begleitet haben.

Wir wünschen uns und hoffen, dass dieses Werk den Studierenden der Ingenieurwissenschaften eine gute Hilfe bei der Erarbeitung des Wissens bietet und den Ingenieuren in der Praxis bei ihrer täglichen Arbeit wertvolle Kenntnisse vermittelt. Sehr gerne nehmen wir Kritik und Verbesserungvorschläge aus unserem Leserkreis entgegen.

Heubach, Ditzingen und Königsbronn   *Ekbert Hering*
Juli 1999   *Klaus Bressler*
                                                                                      Alois Vogt

Inhalt

A Elektrische Maschinen und Antriebe

A.1
Einführung in elektrische Maschinen und Antriebe

A.1.1
Energieumwandlung und Antriebssystem

A.1.1.1
Einleitung

Elektrische Maschinen sind prinzipiell *Energiewandler*. Sie wandeln elektrische Energie (bzw. Arbeit oder Leistung) in mechanische um oder umgekehrt. Hierunter fallen alle Motoren und Generatoren beispielsweise vom kleinen Motor eines Kassettenrecorders bis zum großen Motor einer Elektrolokomotive oder vom schwachen Fahraddynamo bis zum Großgenerator in einem Kraftwerk.

Das gemeinsame Prinzip ist: Beim Motor erfährt ein stromdurchflossener Leiter im Magnetfeld eine Kraft, die ihn in Bewegung versetzt, so daß er eine mechanische Arbeit oder Leistung abgeben kann. Umgekehrt kann dieser Leiter im Magnetfeld durch mechanische Arbeit bewegt werden und er gibt als Folge elektrische Arbeit oder Leistung ab. Dann arbeitet die Maschine als Generator. Durch konstruktive Maßnahmen werden diese Effekte mit gutem Wirkungsgrad nutzbar gemacht. Eine *elektrische Maschine* ist also ein *bidirektionaler* (in beide Richtungen wirkender) *Energiewandler*, der prinzipiell zwei Betriebsarten hat (Bild A-1):

- *Generatorbetriebsart* (*mechanische Bremse*): nutzbar zum Bremsen, Stromerzeugen oder Drehzahlmessen.
- *Motorbetriebsart*: nutzbar zum Antreiben in elektrischen Antrieben.

Den elektrischen Maschinen zugerechnet werden auch *Elektromagnete* und *Transformatoren*. Magnete haben als Hubmagnete (Bild A-6a) oder Schaltmagnete (z.B. elektromagnetische Schalter, Relais, Schütze und Sicherungsautomaten) ihre Bedeutung. Transformatoren werden bei der Energieverteilung und Energieumformung eingesetzt (Bilder A-2i, A-2k, A-9 und A-10).

Die *elektrischen Maschinen* sind die eigentlichen *Energiewandler*, die meist als *Komponenten* in Prozesse eingebunden sind: in Bilder A-9 bis A-12 beispielsweise als Generator, in Bild A-3 als Motor. In Bild A-3 ist ein *Antrieb* mit einem Elektromotor (*Aktuator*) in einem Regelkreis dargestellt. Solche Antriebe sind als Subsysteme in eine übergeordnete Anlage (z.B. in einen Roboter) integriert. Sie beinhalten elektronische Steuerungen, die in zunehmendem Maße mit *Computern* ausgerüstet sind. Das Subsystem *Antrieb* bestimmt den technischen Arbeitsablauf der sogenannten *Arbeitsmaschine* nach vorgegebenen Zeitsequenzen (*Prozeß*). Arbeitsmaschinen sind also die übergeordneten Aggregate eines Antriebs.

Im erweiterten Sinne ist ein elektrischer Antrieb ein *computergesteuertes System*, das einen halb- oder vollautomatischen Betriebsablauf einer Arbeitsmaschine gewähr-

Betrieb als Generator	Mechanische Anordnung	Spannungs-Diagramm $U(\varphi)$ $\varphi = \omega t = 2\pi n t$	Betrieb als Motor
Nachweis des Prinzips eines Gleichstromgenerators mit zwei Schleifringen			nicht möglich
Nachweis des Prinzips eines Gleichstromgenerators (mit Kommutierung bzw. mech. Gleichrichtung): 2 Leiterstäbe, 2 Segmente			im Prinzip möglich, läuft aber nicht in jeder Stellung selbständig an
Mehrere versetzte Windungen bzw. Teilwicklungen, d.h. mehrere Kollektorsegmente zur Verbesserung der Welligkeit W			relativ gleichmäßiges Drehmoment, als Generator und als Motor geeignet, noch zu schlechter Wirkungsgrad
Technische Ausführungsform: magnetischer Kreis ist mit Weicheisen gefüllt, Luftspalt optimiert: noch bessere Welligkeit, kleinere Verluste			wie oben, aber erstmalig guter Wirkungsgrad und guter Gleichlauf bzw. geringere Welligkeit W für beide Betriebsarten
Weitere verbesserte Variante mit Rundgehäuse und mehreren Polpaaren: noch besserer Wirkungsgrad und besserer Gleichlauf			wie oben, jedoch weitere Verbesserungen durch höhere Pol- und Bürstenzahl, die eine enorme Verbesserung der magnetischen Verknüpfung gewährleistet

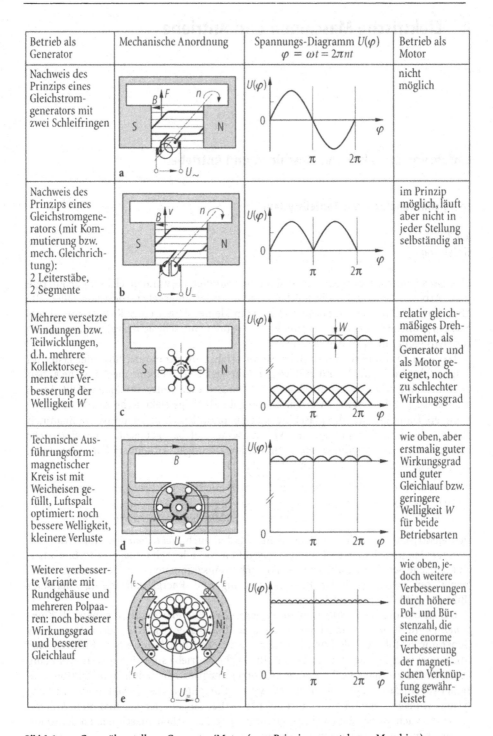

Bild A-1 a–e. Gegenüberstellung Generator/Motor (vom Prinzip zur nutzbaren Maschine)

leistet. Das Antriebssystem besteht in einem solchen Fall aus mehreren zum Teil komplexen Einheiten, beispielsweise aus:

- einer *Aktuator-Baugruppe*, die üblicherweise mehrere elektromechanische, elektronische, mechatronische und optronische Komponenten enthält. Diese *Baugruppe* ist einschließlich ihrer Motoren, *Sensoren* (Meßglieder) und mechanischen Teile wie Gehäuse, Fassungen, Getriebe, Kupplungen und Lager konstruktiv in die zugeordnete Struktur der übergeordneten Anlage integriert;
- einem *elektrischen Leistungsversorgungsgerät*. Es dient der Spannungs- und Stromversorgung aller Systemkomponenten. Das kann beispielsweise ein einfaches Netzteil oder ein kompletter Schaltschrank sein;
- einem *rechnergesteuerten* elektronischen *Steuer-* und *Regel-Subsystem* (untergebracht in separater Elektronikbox oder im Schaltschrank);
- einer *Feldbus-Station* als *Interface* (Schnittstelle) zum Datenbussystem und damit zu weiteren Antrieben oder zu einem übergeordneten Gesamtsystem, beispielsweise zur Vernetzung von Antrieben, Arbeitsmaschinen und deren Steuerungen in der computerintegrierten oder computerunterstützten Industriefertigung (*CIM* oder *CAM*: Computer integrated manufacturing bzw. computer aided manufacturing), sowie
- einer *Bedien-* und *Visualisierungs-Oberfläche*, der eigentlichen Benutzer-Schnittstelle. *Visualisierung* bedeutet in diesem Zusammenhang Anzeigen des System- und Bedienungsstatus.

Folgende Beispiele für den Einsatz elektrischer Antriebe stehen stellvertretend für das weitgespannte Anwendungsspektrum:

- einfache Antriebe in Haushaltgeräten, Werkzeugen oder in Geräten für Hobby und Freizeit,
- freiprogrammierbare automatische Werkzeugmaschinen,
- Antriebe für Fertigungsstraßen oder Roboter, integriert in die automatisierte Großserienproduktion,
- Manipulatoren in industriellen, wissenschaftlichen (Labors) oder medizinischen (Chirurgie) Anwendungen,
- Antriebe für ferngesteuerte Systeme, beispielsweise in Satelliten oder astronomischen Großobservatorien, die von einer Bodenstation bzw. einem weit entfernten Institut komplett fernbedient werden können.

Auf dem Gebiet der allgemeinen Maschinen- und Antriebstechnik spielen die *elektrischen Maschinen und Antriebe* eine herausragende Rolle, nicht zuletzt bedingt durch innovative Steuerungen, bei denen die progressiven Elektronik- und Computertechnologien ständig neue Maßstäbe setzen. In Kombination mit diesen Hochtechnologien finden die elektrischen Maschinen überall in privaten und öffentlichen Haushalten, in Gewerbe, Industrie, Wissenschaft und der Freizeitgestaltung wachsende Verbreitung und sind somit maßgeblich am technischen Fortschritt und an der Humanisierung der Arbeitswelt beteiligt.

Bei spezifischen Antriebsproblemen wird empfohlen, Fachfirmen, Hersteller oder auch Handelsfirmen (Distributoren), zu konsultieren. Im Vorfeld einer konkreten Antriebskonfigurierung sollten offizielle Unterlagen (Kataloge, Datenblätter, Fachberichte, Firmenprospekte) oder der Besuch eines Vertreters von in Frage kommenden Lieferfirmen angefordert werden.

A.1.1.2
Elektromechanische Energieumwandlung

Elektrische Maschinen sind von ihrem physikalischen Grundprinzip Energiewandler mit einer hohen Dynamik. Die Zeitverzögerung ist bei vielen Anwendungen vernachlässigbar klein. Elektrische Maschinen benötigen für diesen Prozeß immer ein magnetisches Feld (einen oder mehrere magnetische Kreise), wie in Abschn. A.2 bzw. A.2.2 näher beschrieben ist. Ohne Magnetfeld gibt es keine *Spannungsinduktion* in einem bewegten elektrischen Leiter bzw. keine *Krafterzeugung* durch einen elektrischen Strom. Das sind die beiden *Grundfunktionen* aller elektrischen Maschinen. Elektrische Maschinen bestehen somit aus elektrischen, magnetischen und mechanischen Kreisen (Subsystemen), deren Wechselwirkung und gegenseitige Verknüpfung über bestimmte Grundgesetze mathematisch beschrieben werden können (Abschn. A.2 oder A.4.1.2). Wie bei anderen vergleichbaren technischen Prozessen erfolgt diese Leistungsumwandlung (elektrisch/mechanisch oder umgekehrt) nicht ohne Verlustleistung, die als Wärme im Inneren der Maschine umgesetzt wird und zur Temperaturerhöhung der Maschine führt. Im wesentlichen muß dabei zwischen folgenden drei verschiedenen Verlustleistungsarten unterschieden werden:

- der *elektrischen Verlustleistung* (Kupferverluste),
- der *magnetischen Verlustleistung* (Hysterese- oder Eisenverluste, bedingt durch die Ummagnetisierung der hysteresebehafteten ferromagnetischen Magnetisierungskurve des verwendeten Weicheisen-Materials) und
- der *mechanischen Verlustleistung* (Reibungsverluste in Bürsten, Lagern und durch Viskosität bewegter gasförmiger oder flüssiger Medien).

Die Gesamtverluste verringern die verfügbare Ausgangsleistung (mechanisch beim Motor, elektrisch beim Generator) im Vergleich zur aufgenommenen Eingangsleistung (elektrisch beim Motor, mechanisch beim Generator) und bewirken dadurch einen *Wirkungsgrad* des Energiewandlers kleiner 100%.

In Bild A-1 ist die Entwicklung vom Energiewandlungsprinzip zur nutzbaren Maschine dargestellt (am Beispiel der Gleichstrommaschine, Abschn. A.4.1.2):

- Bild A-1a zeigt das *Prinzip des Generators*: Die von der Leiterschleife eingeschlossene Fläche wird durch eine äußere Kraft F im Magnetfeld B gedreht. Die Drehachse steht senkrecht auf dem Magnetfeld. Als Folge wird in der Leiterschleife eine Wechselspannung U_- induziert. Wird die Spannung mit einem elektrischen Verbraucher belastet, fließt ein Strom. Später wird gezeigt, daß dieser Strom durch die Verknüpfung mit dem Magnetfeld eine Gegenkraft erzeugt, die die Beschleunigung begrenzt und für einen stabilen Gleichgewichtszustand sorgt. Die Enden der Leiterschleife werden über zwei Schleifringe durch Kohlebürsten abgegriffen, so daß der in Bild A-1a gezeigte Verlauf der Wechselspannung bzw. des Wechselstromes gemessen werden kann.
- Bild A-1b zeigt die gleiche Anordnung, jedoch mit einem mechanischen Gleichrichter (*Kommutator*), der die Wechselspannung gleichrichtet aufgrund der beiden halbkreisförmigen, mit der Leiterschleife rotierenden *Kollektorsegmente*, die mit ihrer alle 180° wechselnden Zuordnung zu den Bürsten die Spannung im Rhythmus von 180° umpolen. Die dann an den Bürsten zu messende *pulsierende Gleichspannung* ist auch dargestellt.
- Bild A-1c zeigt die Erzeugung einer Gleichspannung mit erheblich geringerer Welligkeit, bedingt durch mehrere gegeneinander versetzte Windungen, deren induzierte Einzelspannungen sich nach außen summieren. Zu diesem Zweck werden die einzel-

nen Windungen (oder Teilwicklungen mit mehreren Windungen) an entsprechend viele Kollektorsegmente des Kommutators geschaltet und miteinander verbunden.

- Diese drei Teilbilder A-1a bis c zeigen nur das Prinzip. Zur technischen, d.h. wirtschaftlichen Stromerzeugung eignen sich diese Anordnungen wegen ihrer zu großen Verluste und zu großen Laufunruhe (Welligkeit) nicht.

- Zur technisch nutzbaren Energieumwandlung wird der Magnetkreis im Stator und im Rotor mit *Weicheisen* (magnetisch weich, d.h. schmale Hysterese) ausgefüllt, wobei auf einen möglichst kleinen Luftspalt geachtet werden sollte. Deshalb sind die Magnetpoljoche rund ausgeführt. Mit diesen Maßnahmen wird der magnetische Widerstand im gesamten Magnetkreis und die magnetische Verlustleistung klein gehalten (Bild A-1d).

- Bild A-1e zeigt eine verbesserte Variante des Generators oder Motors. Prinzipiell kann jede Maschine sowohl als Generator als auch als Motor betrieben werden, da das Funktionsprinzip umkehrbar ist: Führt man der Rotorwicklung über den Kommutator einen Gleichstrom zu, werden durch die Verknüpfung der Ströme mit dem Magnetfeld Kräfte und damit ein Drehmoment erzeugt. Als Folge setzt sich die Maschine aus eigener Kraft in Bewegung und ist somit in der Lage, mechanische Arbeit zu verrichten (*Motorbetrieb*).

- Das Magnetfeld (*auch Erregerfeld genannt*) kann durch einen *Elektromagneten* (stromdurchflossene Erregerspule) oder mit *Permanentmagneten* (Hart- bzw. Dauermagnete) erzeugt werden.

Der Elektroantrieb ist normalerweise der billigste, der zuverlässigste und der Antrieb mit den wenigsten Problemen bezüglich Umwelt, Sicherheit und Service; vorausgesetzt, es ist ein ausreichend starker Stromanschluß verfügbar und das Gewicht des Motors stört nicht. Er braucht keine Frischluft, erzeugt keine Abgase und wenig Geräusche. Durch den guten Wirkungsgrad entsteht relativ wenig Abwärme. Viele Elektromaschinen brauchen während einer sehr langen Betriebszeit keine Wartung. Durch ihre hervorragende Steuer- und Regelbarkeit sind sie auch für Antriebsaufgaben höchster Leistungs- und Qualitätsansprüche (besonders bezüglich Genauigkeit und Dynamik) am besten geeignet.

A.1.1.3
Elektrische Energieumformung

Von *Energieumformung* spricht man, wenn im Gegensatz zur *Energieumwandlung* Eingangs- und Ausgangsenergie einer Maschine bzw. eines Gerätes von gleicher *Energieart* sind (z.B. *elektrische Energie*), die Ausgangsenergie gegenüber der Eingangsenergie jedoch eine andere Konsistenz (Form, Ausprägung) hat. So kann beispielsweise

- eine Gleichspannung in eine Gleichspannung mit einem anderen Spannungswert (*Spannungswandler*), oder
- eine Wechselspannung in eine Gleichspannung oder umgekehrt (*Gleichrichter bzw. Wechselrichter*), oder
- eine Wechselspannung bestimmter Amplitude in eine Wechselspannung gleicher Frequenz aber verschiedener Amplitude (*Transformator/Umspanner*), oder
- ein dreiphasiges Drehstromsystem (Abschn. A.3.2) netzseitig in ein anderes Drehstromsystem anderer Frequenz und Amplitude (*Frequenzumrichter*, Abschn. A.4.2) umgeformt werden.

Bild A-2 zeigt eine Übersicht über verschiedene *elektrische Umformungsmöglichkeiten* in der Antriebstechnik. Der elektromagnetische *Transformator* hat dabei immer noch

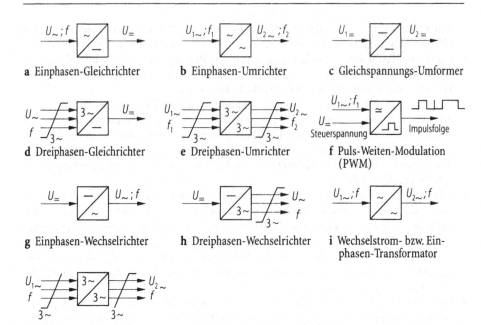

a Einphasen-Gleichrichter   **b** Einphasen-Umrichter   **c** Gleichspannungs-Umformer

d Dreiphasen-Gleichrichter   **e** Dreiphasen-Umrichter   **f** Puls-Weiten-Modulation (PWM)

g Einphasen-Wechselrichter   **h** Dreiphasen-Wechselrichter   **i** Wechselstrom- bzw. Einphasen-Transformator

k Dreiphasen- bzw. Drehstrom-Transformator

Bild A-2a–k. Beispiele elektrischer Energie- (Leistungs-) Umformung

die größte technische Bedeutung, vor allem in der allgemeinen Energieversorgung, wo Wechselspannungen und Wechselströme auf verschiedene für die Verteilung optimale Spannungs-Niveaus transformiert werden. Andererseits werden Transformatoren (Einphasen- und Drehstrom-Transformatoren) in Antriebssteuerungen eingesetzt, um die für die Maschine selbst oder für die Steuerschaltungen benötigten Betriebsspannungen an die verfügbare Netzspannung anzupassen.

Elektrische Energie- bzw. Leistungsumformungen können mit elektrischen Maschinen durchgeführt werden. Sie finden aber normalerweise in rein elektronischen Schaltgeräten statt, die in modernen Maschinensteueranlagen Verbreitung finden, beispielsweise durch Gleichrichter, analoge Regelverstärker, analoge und getaktete Leistungsverstärker (Endstufen) oder Pulsweitenmodulatoren *PWM*, sowie Stromwechselrichter und Frequenzumrichter. Beiden letzteren ist der Trend in der Antriebstechnik zum *Drehstrom-Asynchronmotor* zu verdanken. Aus Kostengründen werden mit wachsender Tendenz bei *drehzahlgesteuerten* Systemen die einfacheren und robusteren *Drehstrom-Asynchronmotoren*, in Kombination mit leistungselektronischen Umrichtern (Wechselrichtern), den komplexeren *Gleichstrommotoren* vorgezogen, wenn die Genauigkeitsanforderungen nicht zu hoch sind.

Wie bei der *Energie-Umwandlung* entstehen auch bei der *Energie-Umformung* Verluste. Der Wirkungsgrad der *Umformer* ist normalerweise jedoch weitaus besser, da Umformer zunehmend rein elektronisch arbeiten.

A.1.2
Beschreibung eines Antriebssystems

Im Blockdiagramm in Bild A-3 ist die Struktur von komplexen Antriebssystemen dargestellt. Die Struktur zeigt sehr deutlich die enge Verflechtung der Antriebstechnik mit den Gebieten der Starkstromtechnik, Meß-, Steuerungs- und Regelungstechnik, sowie der Computertechnologie einschließlich Datenverarbeitung und *Software-Engineering*. Darunter versteht man die Implementierung von Standard-Betriebssystemen und anwendungsspezifischen Benutzerprogrammen in integrierte Steuerungscomputer.

Bild A-3 zeigt beispielsweise eine digital gesteuerte Werkzeugmaschine. Die aus dem allgemeinen *Versorgungsnetz* gelieferte Energie wird durch ein *Netz- bzw. Versorgungsgerät* (z. B. Transformator, Gleichrichter, Schutzeinrichtungen, Ein/Ausschalter) umgeformt und über Stromkabel (*Leistungsbus*) einer *elektronischen Anlage* zugeführt. Die *Endstufe* der Elektronik versorgt den elektromechanischen Energiewandler (*Aktuator, Motor*) des Antriebes mit der geeigneten Stromart, Stromstärke, Spannung, d. h. mit ausreichender Leistung in der motorgerechten Form. Die Endstufe kann auch ein Umformer (oder Umrichter) zur Umwandlung von Frequenz, Spannung und Stromart sein. Der Antrieb gibt seine mechanische Leistung direkt oder über mechanische Kupplungen und sonstige Übersetzungsglieder wie Getriebe oder Hebelmechanismen an die eigentliche *Arbeitsmaschine* weiter. Arbeitsmaschine und Antrieb sind mit einer Reihe von Meßeinrichtungen (*Sensoren*) ausgestattet, die die zu steuernden, zu regelnden bzw. zu überwachenden physikalischen Größen messen. Diese Größen sind mechanischer, elektrischer, magnetischer, thermischer oder meteorologischer Art. Ihre Werte werden ständig in geeigneter Form und Genauigkeit als Signale an die elektronische Steuerung zur weiteren Verarbeitung geliefert (analoge Signal- und/oder digitale Datenverarbeitung). Solche *Rückkopplungen* sind vor allem bei Regelungen unbedingt erforderlich.

So werden beispielsweise Regel- und Steuergrößen wie Position, Geschwindigkeit, Beschleunigung, Kraft, Drehmoment, Strom, Spannung, Temperatur, Druck, Feuchtigkeit und Grenzwerte (z. B. Endlagen oder maximal zulässige Temperaturen) in analoge elektrische Signale (meist Kleinspannungen) umgewandelt/umgeformt (daher die Bezeichnungen *Translatoren, Meßwandler oder Meßumformer*). Danach werden die

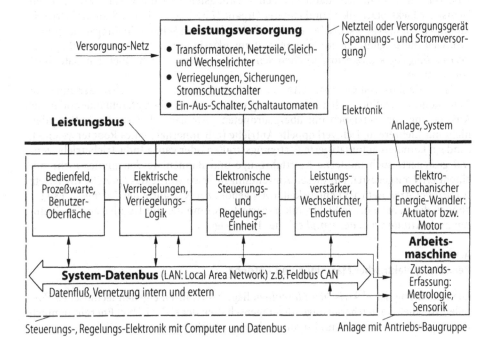

Bild A-3. Struktur eines Antriebssystems

Signale, die über den Datenbus transferiert werden, mit Analog/Digital-Wandlern
(A/D-Converter: *ADC*) in einen digitalen Code konvertiert und an die Elektronik zur
Weiterverarbeitung übertragen.

Das elektronische *Stellglied*, als Endverstärker oder als Umrichter/Umformer, empfängt Steuersignale bzw. Befehle von der Steuerungs- und Regelungs-Einheit, die immer
häufiger in *Prozeßrechner* integriert wird. Als *Prozeßrechner* versteht man heute *PC's*
(Personal-Computer), Minirechner, Microcontroller, Microcomputer, extrem schnelle,
da parallel konfigurierte *Transputer* und *DSP's* (*Digitale Signal-Prozessoren*) oder spezielle *Workstations*. Sie arbeiten generell in Echtzeit (*Realzeit* oder *Realtime*). Das bedeutet, daß der Rechner die Signale und Rechenwerte zeitgerecht, d. h. an die absolute
oder eine relative Zeit gebunden, verarbeitet. Deshalb benötigt er sehr hohe *Taktraten*
(Taktfrequenzen bis zu mehreren hundert MHz), was eine hohe *Systemdynamik*
gewährleistet. Dabei gibt es den steigenden Trend, immer mehr Regelungs- und Steuerungsfunktionen als *Software* in den Rechner zu übernehmen. Dieser Tendenz kommt
die enorm fortschreitende Leistungsfähigkeit der Rechner entgegen, insbesondere was

- Miniaturisierung und Speicherkapazität (*ROM, RAM, Massenspeicher* wie CD's, Dis-
  ketten oder Tapes),
- Schnelligkeit bzw. hohe Taktfrequenz (Rechengeschwindigkeit, Dynamik),
- Schnittstellen, beispielsweise mit *LAN's (Local Area Networks*: Datennetze) und
- standardisierte Software-Module und Betriebssysteme betrifft.

Außerdem bieten die Softwarehäuser sehr komfortable, interaktive und damit benut-
zergeführte Bedienoberflächen mit *Menü-* und *Window-* (Fenster-) Techniken, meist
auch mit Grafikunterstützung an. Das bringt dem Anwender Vorteile bezüglich Flexibilität, Erweiterbarkeit und Kosten, da spezielle und teure *Hardwareelektronik* durch
kostengünstige *Standardsoftware* ersetzt wird. Die anwendungsspezifische elektronische *Hardware* kann sich dann auf den Leistungsteil und die gemäß *VDE* (Verein
Deutscher Elektrotechniker) und anderer Organe (*ISO*, Internationale Standard Organisation, *TÜV u. a.*) vorgeschriebenen sicherheitsrelevanten Schutzschaltungen beschränken. Weil diese Schutzschaltungen absolut zuverlässig arbeiten müssen, empfängt die
Verriegelungslogik ihre erforderlichen Sensorsignale direkt (nicht über den Datenbus)
vom Antrieb.

Das Datenbus-System (bzw. *LAN, Local Area Network*) dient neben der internen
Datenkommunikation auch zur Vernetzung mehrerer Antriebe untereinander oder zur
Ankopplung von Antrieben mit übergeordneten Systemen. Über solche *LAN* werden
nicht nur mehrere logisch verkoppelte Antriebe (z. B. innerhalb eines Robotersystems),
sondern komplett automatisierte Fertigungsstraßen oder ganze Industriebetriebe zentral gesteuert. Auch moderne Kraftfahrzeuge und Bahnen werden immer mehr mit
einem *LAN* ausgerüstet. Für diesen Anwendungsbereich wurde das spezielle *CAN*-Netz
(*Controller Area Network*) entwickelt. *CAN* gehört zur Kategorie der *Feldbusse*. Es verkoppelt den zentral in die Elektronik integrierten Computer mit Hunderten von *Senso-*
ren und *Aktuatoren* in der *Peripherie* des Fahrzeugs.

A.1.3
Bedeutung elektrischer Maschinen und Antriebe

Die Bedeutung der *elektrischen Maschinen* liegt neben ihren eigenen technischen Vorteilen vor allem in den herausragenden Eigenschaften der elektrischen Energie, nämlich
in der technisch einfachen und somit auch wirtschaftlichen

- Erzeugung von elektrischer Energie aus anderen Energieformen,

- Verteilung und anwendungsgerechten Umformung der erzeugten Energie für den kommerziellen Verbrauch,
- Energieumwandlung beim Endverbraucher in andere, dem Anwendungszweck gerechte Energiearten.

Viele Industriezweige und fast die komplette elektrische Energiewirtschaft basieren auf dieser Aufgabenstellung. Da es sich bei elektrischen Maschinen auf einer Seite der Energiewandlung immer um *elektrische* Energie handelt und die *Akquisition* (Erfassung, Messung, Detektion) sowie *Verarbeitung* elektrischer, magnetischer und mechanischer Parameter mit *elektronischen* Mitteln und Verfahren zunehmend einfacher und wirtschaftlicher wird, gewinnen gerade die *elektrischen Maschinen und Antriebe* immer mehr an Bedeutung.

Der Trend zur Rationalisierung und Automatisierung technischer und wirtschaftlicher Prozesse, aber auch in bedeutendem Maße zur Befriedigung privater Komfortbedürfnisse oder zur Humanisierung der Arbeitswelt, beruht wesentlich auf den Möglichkeiten der modernen Antriebstechnologie. Hierbei spielen die innovativen Ausführungsformen elektrischer Maschinen eine ebenso wichtige Rolle wie die moderne Leistungs-, Steuer- und Regelungs-Elektronik. Letzteres gilt für die modernen Leistungshalbleiter, aber insbesondere im Hinblick auf die fast unbegrenzten und flexiblen Einsatzmöglichkeiten der Mikrocomputer (einschließlich Software). Diese verarbeiten *online* (direkt mit den Antrieben verkabelt) und in *Realzeit* Information, um damit elektrische Antriebssysteme hochpräzise und hochdynamisch zu steuern und zu regeln. Das hat zu revolutionären Verbesserungen in der *Servoantriebstechnologie* (komplexe, geregelte Antriebe) geführt, worin die eigentliche Ursache dafür zu finden ist, daß die elektrische Antriebstechnik in vielen Wirtschafts- und Lebensbereichen maßgeblichen Anteil an dem heute erreichten Leistungs- und Qualitätsstandard hat. Dabei werden weitere spezifische vorteilhafte Eigenschaften der elektrischen Energie ökonomisch ausgenutzt:

- umwelt-, benutzer- und wartungsfreundlich, betriebssicher, zuverlässig und wirtschaftlich;
- weitgehende Unabhängigkeit von Umgebungsbedingungen wie Druck, Temperatur oder Luftfeuchtigkeit;
- alle beteiligten physikalischen Größen sind unter Anwendung bekannter Methoden der modernen Elektronik exakt meßbar, steuer- und regelbar, d.h. automationsfreundlich.

A.1.4
Projektierung eines Antriebsystems (Schnittstellen)

Ein Antrieb hat je nach Art der übergeordneten Aufgabe sehr verschiedene Anforderungen zu erfüllen. Dadurch ergibt sich bei der Projektierung und Konzipierung von Antriebssystemen, wie bereits erwähnt, eine enge Verflechtung unterschiedlicher Fachgebiete. Das erfordert häufig eine enge *disziplinübergreifende Kooperation* von verschiedenen Experten. Ein Projektteam kann sich, falls es sich um ein komplexes System handelt, aus folgenden Sachbearbeitern zusammensetzen:

- dem *Antriebstechniker*: Er zeichnet für die Konzipierung und Konfigurierung des Antriebssystems sowie Auswahl und Auslegung (Dimensionierung) der Antriebskomponenten (elektrische Maschinen und Aktuatoren, Sensoren, Netz- und Leistungseinheiten sowie Ansteuer- und Regelgeräte) verantwortlich,
- dem *Maschinenbauer* und *Konstrukteur* der gesamten Anlage: Ihm obliegt die mechanische Konstruktion und die Erstellung der Fertigungsunterlagen,

- dem *Elektroniker*: zuständig für die Elektronikhardware,
- dem *Softwarentwickler (Informatiker)*: Er entwickelt, *implementiert, installiert* und wartet die Programme,
- dem *Systemingenieur oder Systemwissenschaftler*: zuständig für übergeordnete Systemfragen, vor allem für die Systemkoordination, -integration, -tests und -abnahme, sowie
- dem *Projektleiter*: Er übernimmt die technische, administrative und personelle Projektabwicklung, Projektkoordination und -steuerung. Dazu gehören die Termin- und Kostenverfolgung, die Teamzusammenstellung und -betreuung, die Schnittstellen-Betreuung zum Kunden einerseits und zu möglichen Unterauftragnehmern (*Subkontraktoren*) und Zulieferern andererseits und, was besonders wichtig ist, die Überwachung, ob alle Vertragspunkte, vor allem die *Spezifikation* (technische und kaufmännische Anforderungen), erfüllt werden.

Weil bei großen Antriebsprojekten mehrere unterschiedliche Disziplinen beteiligt sind, ergeben sich mehr oder weniger komplexe Schnittstellen (*Interfaces*). Dies zeigt das Blockdiagramm des Antriebsystems in Abschn. A.1.2 (Bild A-3). Die Schnittstellen (*Interfaces*) müssen unter allen Umständen in enger Zusammenarbeit aller Betroffenen klar definiert und spezifiziert werden, um die einwandfreie Funktion der Gesamtanlage zu gewährleisten. Das gilt insbesondere dann, wenn verschiedene Geschäftsbereiche im eigenen Hause oder mehrere Firmen (als Konsortien, Joint ventures oder Haupt- und Subunternehmer) an einem Projekt beteiligt sind und die Verantwortlichkeiten eindeutig festzulegen sind.

Bei der Projektierung elektrischer Antriebe kann vom Aspekt des Maschinenbauers davon ausgegangen werden, daß der Markt ein breites Spektrum an möglichen Antriebsystemen und -komponenten zur Verfügung stellt. Aktuatoren (Motoren), Sensoren (Meßglieder), Netzgeräte, Endstufen (Leistungsverstärker), Umrichter, Steuer- und Regelgeräte müssen in den meisten Fällen nicht neu entwickelt und gebaut werden. Die Aufgabe besteht also darin, neben der Projektierung und Auslegung des Gesamtsystems die für die vorliegende Anwendung optimalen Komponenten und Interfaces (Schnittstellen) für das System zu definieren. Das hängt ganz wesentlich von den Anforderungen und den daraus abzuleitenden *Spezifikationen* ab. Deshalb ist gerade bei komplexeren Antrieben in einer vorgezogenen Anforderungs-, Kosten- und Systemanalyse zu untersuchen und, wenn es die Komplexität erfordert, zu simulieren, welche Maschine mit welcher Ansteuerung für den vorgegebenen Einsatz alle Spezifikationen mit optimalem Preis/Leistungsverhältnis erfüllen kann. Die *Simulation* zur vorgezogenen *Verifizierung* des Systems kann softwaremäßig mit *mathematischen Modellen* durchgeführt werden. Unter *Verifizierung* versteht man in diesem Zusammenhang, *vor der eigentlichen Realisierung* den Nachweis zu erbringen, daß das vorgeschlagene Konzept alle Anforderungen erfüllt. Es handelt sich dabei meist um *CAE (Computer Aided Engineering)* -Software: beispielsweise die Simulations-Modelle *Pspice*, *ACSL (Advanced Continuous Simulation Language)* oder *Matrix$_x$*.

Simulationsprogramme sind standardisierte mathematische Modelle, die auf digitalen Rechnern laufen. Sie sind entworfen worden zum Modellieren und Auswerten der Leistungsfähigkeit (*Performance*) und des Betriebsverhaltens *kontinuierlicher Systeme*, beschrieben durch zeitabhängige, nichtlineare Differentialgleichungen. Die Simulation physikalisch-technischer Systeme, beispielsweise Antriebssysteme einschließlich ihrer Steuerungen, gilt als Standardwerkzeug zur *Analyse* und *Verifikation* eines Hardwareentwurfs vor dessen Verwirklichung.

Alternative, aber hardwaremäßige Verifikationsmethoden sind elektro-mechanische Hardwaremodelle oder Experimente, die in besonderen Fällen auch *parallel* zum Softwaremodell durchgeführt werden können. Dabei sind verschiedene Kriterien zu beachten, die sich oft widersprechen oder gar ausschließen, so daß Kompromisse erforderlich sind. Wichtige projektbegleitende Aspekte, deren Bewertung von der Anwendung und deren Anforderungen abhängen, sind beispielsweise:

- *statische und dynamische Konformität* (*Profiltreue*) mit einem vorgegebenen Geschwindigkeits- oder Positions-Zeitprofil $v(t)$ (d.h. $v = f(t)$: Geschwindigkeit v als Funktion der Zeit) bzw. Winkelgeschwindigkeit $\omega(t)$ oder Position $x(t)$ bzw. Winkelposition $\varphi(t)$;
- die *Profiltreue* bezieht sich also auf die statische und dynamische Genauigkeit, d.h. auf die Auflösung und die zeitgerechten Abläufe (Realzeitfähigkeit) der Istwerte im Vergleich zu den Sollwerten;
- *Sicherheit*: geringe Störanfälligkeit, hohe Zuverlässigkeit und Sicherheit im nicht ganz auszuschließenden Fehler- oder Störungsfall (*VDE, IEC*- oder *ISO*-Regeln und *EMV*: elektromagnetische Verträglichkeit nach innen und nach außen);
- *Umweltaspekte*: Emissionen (beispielsweise Schmierstoffe, Geruchs- oder Lärmbelästigung), Entsorgungsprobleme sowie Energieverbrauch (Verlustleistung, Wirkungsgrad, Leistungsbudget);
- *Baugröße*: Länge, Breite, Tiefe, Höhe, Volumen, Gewicht;
- *Benutzerkomfort*: Test-, Wartungs- und Benutzerfreundlichkeit, Bedienungskomfort und Flexibilität bezüglich Änderungen und Erweiterungen. Die Bedienungs- und Service-Freundlichkeit wird durch die inzwischen standardisierten Möglichkeiten der *interaktiven Bedien-* und *Visualisierungstechnik* (numerische, textliche und grafische Menüs (z.B. mit *WINDOWS*), Statusanzeigen und Fehlerdiagnosen) unterstützt.
- *Regelbarkeit*: Regelbereich, -faktor, -genauigkeit, -steifigkeit oder -dynamik bei guter Stabilität;
- *Aufwand*: konstruktiv, elektronisch bezüglich Hard- und Software, fertigungstechnisch und bezüglich Tests und Verifikation (Nachweis der Erfüllung der Anforderungen, vor und nach der Entwicklung und Fertigung);
- *Wirtschaftlichkeit*: Kosten, Preis/Leistungsverhältnis, technische und preisliche Konkurrenzfähigkeit;
- *Terminsituation*: Lieferbarkeit und Termintreue. Zur Überwachung des Projektstatus ist ein *Strukturplan* mit Angaben über Laufzeiten, Start- und Endtermin für die einzelnen *Arbeitspakete* erforderlich;
- *Meteorologie*: Eignung (mit voller Funktionsgarantie) für die spezifizierten *Umgebungsbedingungen*;
- *Ressourcen* und *Kapazitäten*: Prüfung des benötigten Einsatzes von Personal, Material und Betriebsmitteln.

Die sorgfältige Abwägung dieser Kriterien für den speziellen Anwendungsfall ist unbedingt erforderlich, wenn ein optimales Antriebskonzept gefunden werden soll. Das Optimum sollte immer im Hinblick auf die Gesamtkonfiguration (Gesamtsystem) angestrebt werden. Der Antrieb bzw. die Antriebsmaschine ist nur ein, wenn auch wichtiges, Subsystem der Anlage.

A.1.5
Einsatzgebiete elektrischer Maschinen und Antriebe

Das Einsatzspektrum der elektrischen Antriebstechnik ist sehr breit. Es sind Anwendungen in Anlagen und Instrumenten in vielen Techniksparten, Branchen, Lebens-, Wirtschafts-, Wissenschafts- und Industriebereichen zu nennen. Die elektrische Antriebstechnik dient mit ihrem ganzen Einsatzspektrum der Verbesserung der allgemeinen Lebensqualität, der Rationalisierung und Humanisierung der Arbeitswelt (durch Automatisierung), der effektiven Forschung und Entwicklung auf fast allen Gebieten, der Erhöhung der Sicherheit in vielen Bereichen, der Verbesserung der Zuverlässigkeit technischer Einrichtungen und der allgemeinen Effizienz-, Flexibilitäts- und Komfort-Steigerung.

A.1.6
Innovationen in der Antriebstechnik

Die bedeutenden Neuentwicklungen und Tendenzen der letzten Jahre konzentrierten sich auf folgende Gebiete:

- *Elektronikmotoren*: das sind bürstenlose, elektronisch kommutierte Gleichstrom- oder Synchron-Motoren mit Gleichstromansteuerung;
- *Asynchronmotor-Steuerungen* mit Strom-Wechselrichter oder Frequenz-Umrichter;
- *mikroschrittgesteuerte Schrittmotoren* (über 100 000 Schritte pro Umfang durch elektronische Interpolation);
- Neue Materialien und Konstruktionen, insbesondere zur Gewichts- und Volumenreduktion;
- *Permanentmagnetmaterial* mit erheblich besseren magnetischen Eigenschaften (besonders hohe Remanenz und breite Hysterese) für permanenterregte Maschinen hoher Güte in der Servotechnik;
- innovative Steuer- und Regelungstechnik (z.B. *Fuzzy-Logic*, *Transputer* und *digitale Signal-Prozessoren*);
- *Leistungselektronik*: Hochleistungshalbleiter ermöglichen digitalisierte Endstufen und Umrichter;
- Anwendung modernster *Computer-Hardware* und *-Software* für die Antriebstechnik;
- Vernetzung von Systemen über *Datenbusse und Netzwerke* (*LAN*);
- *Miniaturisierung*, vor allem in der Elektronik, aber auch mechanisch (Mikromechanik);
- *Optronik* und *Mechatronik* (Kombination Optik, Feinmechanik und Elektronik), vor allem in der Metrologie (Sensorik, Meßtechnik), beispielsweise in modernen Winkelkodierern (Encoder), und in der Stelltechnik (Piezotranslatoren, Magnetostriktion, berührungslose Taster), sowie
- *konstruktive Neuerungen* in der Lager- und Wicklungstechnik, durch Einsatz neuer Materialien (z.B. Magnete, Leichtmetalle und kohlefaserverstärkte Kunststoffe) und Verbesserung der Fertigungstoleranzen.

Dadurch ergeben sich neue Möglichkeiten und Einsatzgebiete für die Antriebstechnik, beispielsweise:

- Der *elektronisch gesteuerte Asynchronmotor* mit kontinuierlich variierbarer Geschwindigkeit verdrängt zunehmend den Gleichstrommotor in dessen bisher angestammten Sektor hochwertiger Regelantriebe.

- Die *Gleichstrom*-Antriebstechnik erobert sich dafür mit den *Elektronikmotoren* neue Einsatzgebiete in der Servo-Spitzentechnologie mit breitem Anwendungsspektrum bis zu höchsten Anforderungen, z. B. für extrem hohe Drehzahlen.
- Der *Linearmotor* findet immer mehr Anwendungen vor allem bei hochdynamischen Applikationen, die von der Feinmechanik und Optik (z. B. für schnelle Kippspiegel und Chopper hoher Bandbreite) bis zu Hochgeschwindigkeitsbahnen (Magnetschwebebahn) reichen.
- Die elektronische, optronische und mechatronische *Miniaturisierung* schreitet weiter fort (*Mikroelektronik, Mikrooptronik und Mikromechanik*).
- Miteinander kommunizierende, rechnergesteuete Antriebe werden zu immer komplexeren Systemen vernetzt (Multimotorsysteme).

Revolutionierend war und ist immer noch, wie bereits erwähnt, der fortschreitende Einzug des Mikrorechners in die Antriebstechnik. Computer übernehmen immer mehr die Aufgaben der Überwachung, Steuerung, Regelung und Bedienerschnittstelle. Die Antriebssysteme werden damit immer intelligenter und integrationsfähiger für übergeordnete Systeme (*verteilte Intelligenz*). In diesen Zusammenhang gehört auch die entscheidende Verbesserung der Flexibilität, der operativen Oberfläche einschließlich Servicefreundlichkeit, der *Kompatibilität* und *Portabilität*. Unter *Kompatibilität* versteht man hier die Verträglichkeit (Lauffähigkeit) verschiedener Standard-Betriebssysteme im gleichen Rechner oder die Lauffähigkeit *eines* Betriebssystems auf verschiedenen Rechnertypen. *Portabilität* ist die Übertragbarkeit von Software auf andere Systeme bzw. Rechner. Außerdem soll die erhebliche Steigerung von Zuverlässigkeit und Lebensdauer der Maschinen und Antriebssysteme hier nicht unerwähnt bleiben.

A.2
Theoretische Grundlagen elektrischer Maschinen
(s. Elektrotechnik für Maschinenbauer, Abschn. A)

Unter theoretischen Grundlagen elektrischer Maschinen versteht man die physikalischen Wechselwirkungen und mathematischen Zusammenhänge aller an der Funktion einer elektrischen Maschine beteiligten physikalischen Größen und Parameter (z. B. Geschwindigkeit, Dreh- und Trägheitsmoment, Spannung, Strom und magnetische Größen). Daraus ergeben sich die Gesetzmäßigkeiten ihres statischen und dynamischen Zusammenwirkens (zeitlich konstante bzw. zeitlich veränderliche Wechselwirkungen) innerhalb des Prozesses.

Die *Grundlagen der Mechanik und Thermodynamik* werden ebenso vorausgesetzt wie die der *Elektrotechnik* und des *magnetischen Feldes*. Der Abschnitt A.2 konzentriert sich auf die Analogie zwischen elektrischem und magnetischem Kreis, die Berechnung eines für die elektrischen Maschinen spezifischen Magnetkreises sowie auf die spezifischen Wirkungen im magnetischen Feld.

A.2.1
Elektrischer und magnetischer Kreis

A.2.1.1
Elektrischer Kreis (Stromkreis)

Jede elektrische Maschine wird durch mindestens einen elektrischen Stromkreis (z. B. Ankerstromkreis) in Betrieb gesetzt. Ein Stromkreis besteht aus mindestens einer elektrischen Spannungsquelle und einem oder mehreren elektrischen Verbrauchern, die durch elektrische Leitungen miteinander verbunden sind.

Die *Spannung* ist die *Ursache* für das Fließen eines *elektrischen Stromes*, sobald der *elektrische Kreis* geschlossen wird. Besteht der Stromkreis aus mehreren Verbrauchern und kommen noch andere elektrische oder elektronische Komponenten dazu, beispielsweise Spulen, Schalter, Sicherungen, Relais, Transistoren, Drosseln, Entstörgeräte und spezielle Steuer-, Regel- oder Meß-Glieder, die in geeigneter Weise elektrisch miteinander verschaltet sind, spricht man nicht mehr von Stromkreis(en), sondern von einer *elektrischen Schaltung.*

Bei kleinen (d. h. leistungsschwachen) Maschinen benutzt man als Spannungsquellen (bzw. Stromerzeuger) oft Batterien oder Akkumulatoren. So sind beispielsweise alle Verstellmotoren in Kraftfahrzeugen, häufig auch bei Spielwaren oder überhaupt im Freizeitsektor, batteriebetrieben. Leistungsstarke Antriebe (Industrie, Gewerbe und Haushalt) dagegen werden direkt, oder über ein Netzteil, aus dem öffentlichen Stromnetz versorgt; unabhängig davon, ob es sich um *Wechselstrom-, Drehstrom-* oder *Gleichstrom-Maschinen* handelt. Die *elektrische Maschine* stellt im *Stromkreis* dann den elektrischen *Verbraucher* dar, wenn sie im *Motorbetrieb* arbeitet. Der Verbraucher besteht dann üblicherweise aus einer Wicklung oder einem Spulensystem und Verbindungsleitungen mit Anschlußklemmen oder Steckverbindungen. Ein solcher Verbraucher beinhaltet, elektrisch betrachtet, die Eigenschaften eines *komplexen Widerstandes* (*Impedanz*), hat also *kapazitive, induktive* und *reelle (ohmsche)* Widerstandsanteile, die zusammengenommen einen Real- und einen Imaginärteil der *Impedanz* (Scheinwiderstand mit Wirk- und Blindanteil) bedingen. Bei elektrischen Maschinen überwiegt die Induktivität, da der Stromkreis primär aus einer oder mehreren Spulen besteht und der kapazitive und reelle Widerstand nur ungewollte, also *parasitäre* Nebeneffekte darstellen. Diese Beschaffenheit des Stromkreises elektrischer Maschinen bewirkt, neben den eigentlichen Nutzeffekten, die bekannten Eigenschaften:

- *Erwärmung* von Maschinenteilen durch die Verlustleistungskomponenten;
- die *Phasenverschiebung* zwischen Spannung und Strom (nur bei Wechselstrom) um den elektrischen Winkel φ (z. B. $\varphi = \arctan(\omega L/R)$). Der *Phasenwinkel* φ bedingt komplexe Leistungsverhältnisse mit
- *Schein-, Wirk-,* und *Blindleistung.*

Der Stromkreis wird beschrieben durch die Gesetze nach *Ohm* und *Kirchhoff.*

Der Stromkreis elektrischer Maschinen besteht normalerweise aus Kupferdraht (Cu):

- Cu hat (außer Silber Ag) den kleinsten spezifischen Widerstand (Ag zu teuer);
- Cu-Drähte sind mit Speziallack gut isoliert. Der Lack ist fest, mechanisch und thermisch widerstandsfähig und haftet sehr gut.
- Cu-Kabel ist gut biegbar, dauerhaft und läßt sich sehr gut verarbeiten und installieren.
- Der einzige Nachteil ist der große TK (Temperatur-Koeffizient).

A.2.1.2
Magnetischer Kreis und Durchflutungsgesetz

Neben einem oder mehreren *elektrischen Stromkreis(en)* enthält jede elektrische Maschine mindestens einen *magnetischen Kreis*, der möglichst vollständig *innerhalb* des Gehäuses der Maschine geschlossen sein sollte, um das magnetische Streufeld nach außen klein zu halten. Nicht zuletzt aus diesem Grund sind die Gehäuse der Maschinen aus ferromagnetischem (magnetisch hochleitendem) Material, nämlich aus *Weicheisen*, hergestellt. Der Begriff *Weicheisen* deutet auf die *weichmagnetische* (meist auch mechanisch weich) Eigenschaft des Materials hin: möglichst geringe Fläche (*Hysterese*) der Magnetisierungsschleife. Dadurch bleiben bei der ständigen Ummagnetisierung in elektrischen Maschinen die Ummagnetisierungs-(Hysterese-)Verluste gering. Das Eisen des Magnetkreises wird zur Vermeidung von Wirbelströmen besonders bei Wechselstrommaschinen meistens nicht massiv, sondern geblecht (lamelliert) ausgeführt (Abschn. A.4.2.2.1).

Der magnetische Kreis wird berechnet mit Hilfe des *Durchflutungsgesetzes* (s. Gl. (A-1)). Die maßgebende physikalische Größe ist der *magnetische Fluß* Φ. Der Fluß Φ hat analoge Eigenschaften (analog, d.h. vergleichbar) zum Strom I im elektrischen Kreis: in sich geschlossen (Magnet- bzw. Stromkreis) und überall konstant, wenn man die Gesamtheit *aller* magnetischen Feldlinien betrachtet. Bei der Konzipierung des Magnetkreises ist oberstes Ziel, daß die Feldlinien möglichst kurz sind und überwiegend im Eisen verlaufen, d.h. der unvermeidliche Luftspalt sollte schmal sein. Das bedeutet, die geforderte hohe Induktion B wird mit minimalem Energieaufwand erzielt (Rechenbeispiele in Abschn. A.2.1.4).

Die *Durchflutung* $\theta = NI$ (die Summe N aller mit dem magnetischen Kreis verketteten Ströme durch die von einer geschlossenen Feldlinie umrandeten Fläche) ist gleich der *magnetischen Umlaufspannung* $V_{\text{mag},0}$ längs dieser geschlossenen Feldlinie. $V_{\text{mag},0}$ ist das Umlaufintegral des skalaren Vektorproduktes aus dem *magnetischen Feldstärkevektor H* und der *Strecke s* längst der geschlossenen Feldlinie. Entsprechend bezeichnet man das Integral des skalaren Vektorprodukts zwischen zwei Punkten s_1 und s_2 als *magnetische Spannung* zwischen den Punkten s_1 und s_2, analog zur *elektrischen Spannung* zwischen zwei Punkten:

$$\int_{s_1}^{s_2} H\,\mathrm{d}s = \Theta = NI = V_{\text{mag}} \quad \text{in Analogie zu:} \quad \int_{s_1}^{s_2} E\,\mathrm{d}s = U_{\text{el}} \tag{A-1}$$

Spannungen sind jeweils *Potentialdifferenzen* zwischen zwei Ortspunkten s_1 und s_2.

A.2.1.3
Analogie zwischen elektrischem und magnetischem Kreis
(s. Elektrotechnik für Maschinenbauer, Tab. A-6)

Betrachtet man die beiden Integrationsformeln in Gl. (A-1) für die elektrische und die magnetische Spannung, erkennt man, daß mit Ausnahme der beiden Feldvektoren magnetische Feldstärke H bzw. elektrische Feldstärke E beide Ausdrücke gleich sind. Daraus kann man schließen, daß eine *Analogie* zwischen *magnetischer* und *elektrischer Spannung* besteht. Beide sind jeweils die Ursache für den *magnetischen Fluß* Φ im *magnetischen* bzw. für den *elektrischen Strom I* im *elektrischen Kreis* als ihre zugeordneten Wirkungen. Aus dieser Analogie läßt sich nun folgern, daß es auch ein *Ohmsches Gesetz des magnetischen Kreises* und damit auch einen magnetischen Widerstand R_{mag} gibt:

$$R_{\text{mag}} = \frac{V_{\text{mag}}}{\Phi} = \frac{\Theta}{\Phi} = \frac{H\,l}{\mu\,HA} = \frac{l}{\mu\,A} \quad \text{mit } \mu \text{ als spezifische magnetische Leitfähigkeit.}$$

R_{mag} eines Werkstückes ist reziprok proportional zur *Permeabilität* μ des verwendeten Materials.

Die ferromagnetischen Werkstoffe wie Weicheisen, Dynamoblech, Stahl und Eisen-Legierungen haben im Vergleich mit den anderen beteiligten Werkstoffen bzw. Medien (z.B. die Luft im Luftspalt) eine extrem hohe spezifische magnetische Leitfähigkeit (Permeabilität μ), so daß diese Materialien mit ihrem gegen null gehenden magnetischen Widerstand besonders für *Magnetkreise in elektrischen Maschinen* geeignet sind. Ihre Formgebung bestimmt somit die Geometrie des magnetischen Kreises. Da die Magnetkreismaterialien außer bei permanenterregten Maschinen *weichmagnetisch* sind, haben sie geringe magnetische Verlustleistungen (als *Eisen-* oder *Hystereseverluste* bezeichnet). Die Fläche innerhalb der Hysterese ist ein Maß für diese magnetische Verlustleistung, die neben anderen Verlustleistungen direkt in Wärme umgesetzt wird. Somit eignet sich das sogenannte *Weicheisen* mit besonders schmaler Hysterese in hohem Maße als Material zur Formgebung (Geometrie) magnetischer Kreise in elektrischen Maschinen.

Ferromagnetische Materialien mit breiter Hysterese (hartmagnetisch) dienen als Dauermagnete, die bei ihrer Herstellung innerhalb einer speziellen Magnetisierungsspule bis in die magnetische Sättigung aufmagnetisiert werden und sich anschließend *permanent* im Zustand der *Remanenz* befinden. Diese als *Permanentmagnete* bekannten Werkstoffe werden mit steigender Tendenz anstatt *Erregerspulen* bei den *Permanentmagnet-Maschinen* eingesetzt.

A.2.1.4
Berechnung eines magnetischen Kreises (Beispiel A-1: *Hufeisenmagnet*)

Es wird ein Elektro-Hubmagnet (*Hufeisenmagnet*) als Beispiel eines Magnetkreises gewählt. Bei der Magnetkreis-Berechnung kann in vielen Fällen das Umlaufintegral des skalaren Vektorproduktes stark vereinfacht werden, in dem es mit guter Näherung durch eine Summe aus einfachen Produkten ersetzt wird:

$$\Theta = NI = \oint_s (H\,ds), \quad \text{oder vereinfacht:} \quad \Theta = NI = \sum_{\nu=1}^{\nu=m} H_\nu l_\nu \qquad \text{(A-2)}$$

mit ν = 1, 2, 3 ... bis m (Anzahl der Abschnitte). l_ν = Länge des ν^{ten} Abschnitts.

H_ν: Betrag der magnetischen Feldstärke H im ν^{ten} Abschnitt

Θ = $V_{mag,0}$: gesamte Durchflutung (magnetische Umlaufspannung) des magnetischen Kreises (Ampere-Windungen der Erregerspule: Einheit Ampere)

Diese Vereinfachung in Gl. (A-2) trifft umso genauer zu, je homogener (konstanter) die magnetischen Felder in den *m* diskreten Abschnitten sind, in die der Magnetkreis aufgeteilt ist. Bei elektrischen Maschinen setzt sich der Magnetkreis üblicherweise aus den Abschnitten *Joch* bzw. *Gehäuse, Anker* bzw. *Rotor, Schenkel* bzw. *Polschuhe* und *Luftspalt(e)* zusammen. Sie bestehen meist aus einem homogenen Material und enthalten somit ein weitgehend homogenes Magnetfeld.

Wie in Abschn. A.2.1.3 beschrieben, werden bei elektrischen Maschinen zum Aufbau des Magnetkreises mit Ausnahme des unvermeidlichen Luftspaltes fast ausschließlich *weich-* und *ferromagnetische Werkstoffe* verwendet, um dem magnetischen Feld (dargestellt durch Feldlinien) an jeder Stelle eine ganz definierte Richtung und einen bestimmten Verlauf bzw. Form zu geben.

Beispiel A-1:

Berechnung des Magnetkreises nach Bild A-4:

Der in Bild A-4 skizzierte *Elektromagnet (Hufeisen-Hubmagnet)* wird von einer mit Gleichstrom durchflossenen Erregerspule erregt.

Wie groß muß die Durchflutung $\Theta = N \cdot I$ *der Erreger- bzw. Feldspule sein, um im Luftspalt eine Induktion von B = 0,7875 Tesla [T] = 7875 Gauß [G] = 78,75 \cdot 10^{-6} Vs/cm^2 zu erzeugen?*

$$1\,T = 1\,\frac{Vs}{m^2}$$

Lösung:

Es werden zwei Fälle behandelt, die sich nur durch die Höhe des Luftspaltes unterscheiden, um dessen Einfluß auf den Magnetkreis deutlich zu machen:

Beispiel A-1a: Luftspalthöhe 20 mm. Der luftspaltbedingte Streufluß Φ_S wird in diesem Fall mit 20% (Tab. A-1) angenommen. Das hängt von dem Strecken-Verhältnis Luftspalt (zwischen Schenkel und Anker) zu Abstand zwischen beiden Schenkeln ab. *Beispiel A-1b*: Luftspalthöhe 10 mm mit angenommener magnetischer Streuung von 10%.

Tabelle A-1. Berechnung eines Elektro-Hubmagneten mit 2 cm-Luftspalt (Streuung etwa 20%)

Abschnitt	Werkstoff	magnetischer Fluß Φ [μVs]	Querschnitt A [cm^2]	Induktion B [μVs/cm^2]	Feldstärke H [A/cm]	Weglänge l_m [cm]	Durchflutung NI [A]
Joch	Stahlguß	6300	72	87,50	2,2	30	66
Schenkeln	Stahlguß	6300	64	98,5	2,9	$2 \cdot 15,5 = 31$	90
Luftspalte	Luft	5040	64	78,75!	6267	$2 \cdot 2 = 4$	$\approx 25\,070$
Anker	Gußeisen	5040	84	60,00	22	31	682
Lösung	Durchflutungssatz: $\Theta = \oint H\,ds \approx \sum\limits_{v=1}^{v=4}(H_v l_v) = NI \approx \underline{\mathbf{25\,910\,A}}$						ΣNI = 25910

Die Geometrie des Hubmagneten geht aus Bild A-4 hervor. Die maßgeblichen geometrischen Abmessungen wie Querschnitte und mittlere (repräsentative) Feldlinienlängen können aus den Tabellen A-1 bzw. A-2 entnommen werden. In der Tabelle A-2 ist auch der Lösungsweg vorgezeichnet (Pfeile). Bei der Berechnung der Tabellen geht man von der *geforderten Luftspaltinduktion* aus, die $B_L = 0,7875$ T $= 78,75 \cdot 10^{-6}$ Vs/cm^2 betragen soll. B_L muß umgerechnet werden in den *entsprechenden Fluß* $\Phi_L = B_L A_L = 5040 \cdot 10^{-6}$ Vs (Fläche des Luftspalts $A_L = 80 \cdot 80$ mm^2 = 64 cm^2). Φ ist die einzige magnetische Größe, die sich im geschlossenen Magnetkreis als konstant erweist, wenn man die Gesamtheit aller Feldlinien erfaßt (Erinnerung an die Analogiebetrachtung in Abschn. A.2.1.3: der *Fluß Φ ist die analoge Größe* zum *Strom I* und hat deshalb auch die entsprechenden Eigenschaften). Beide Größen Φ bzw. I sind an jeder Stelle des Magnet- bzw. Stromkreises konstant, wenn der Gesamtfluß (Gesamtheit aller Feldlinien) bzw. der Gesamtstrom (also alle Teilströme) des Magnet- bzw. Stromkreises betrachtet wird. Außerdem müssen beide Kreise in sich geschlossen sein. Die Feldstärke im Luftspalt H_L berechnet sich zu $H_L = B_L/\mu_0$ mit $\mu_0 = 4\pi \cdot 10^{-7}$ Vs/Am.

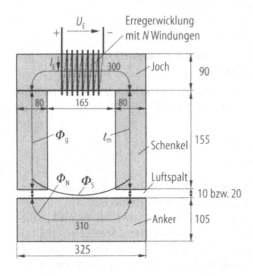

U_E Erregerspannung

I_E Erregerstrom

Φ_g Gesamtfluß

Φ_N Nutzfluß ($= \Phi_L$)

Φ_S Streufluß

Φ_L Luftspaltfluß

l_m mittlere Feldlinienlänge

Dicke des Magneten $= 80$ mm

Maße in mm

Bild A-4. Magnetischer Kreis am Beispiel eines Elektro-Hubmagneten (Beispiel A-1)

Tabelle A-2. Berechnung des Elektromagneten von Tab. A-1 mit 1 cm Luftspalt (Streuung etwa 10 %)

Abschnitt	Werkstoff	magnetischer Fluß Φ [μVs]	Querschnitt A [cm^2]	Induktion B [μVs/cm^2]	Feldstärke H [A/cm]	Weglänge l_m [cm]	Durchflutung NI [A]
Joch	Stahlguß	↑ 5600	→ 72	→ 77,8	→ 1,8	30	54
Schenkeln	Stahlguß	↗ 5600	→ 64	→ 87,5	→ 2,3	$2 \cdot 15{,}5 = 31$	71
Luftspalte	Luft	← 5040 ←	→ 64 ←	← 78,75!	→ 6267	$2 \cdot 1 = 2$	$\approx 12\,540$
Anker	Gußeisen	↓ 5040	→ 84	→ 60,00	→ 22	31	682
Lösung	Durchflutungssatz: $\Theta = \oint H\,\mathrm{d}s \approx \overset{\nu=4}{\underset{\nu=1}{\sum}} (H_\nu l_\nu) = NI \approx \underline{\underline{13\,350\,\mathrm{A}}}$						$\sum NI$ $= 13\,350$

Unter Berücksichtigung des Streufeldes Φ_S (20 % bzw. 10 %) wird von den Magnetflüssen Φ_ν aller $m = 4$ (bzw. 6) Abschnitte auf die zugeordneten Induktionen B_ν umgerechnet. Sechs Abschnitte ergeben sich, wenn man die je zwei gleichen Schenkeln und Luftspalte nicht zusammenfaßt, sondern separat betrachtet. Aus B_ν werden mit der zugehörigen Permeabilität die magnetischen Feldstärken H_ν bestimmt. Bei der Umrechnung von B_ν nach H_ν sind die Magnetisierungs-Kennlinien für die verwendeten ferromagnetischen Werkstoffe zu verwenden (Bild A-5). Das magnetische Feld bleibt wegen des extrem geringen magnetischen Widerstandes zunächst gänzlich innerhalb des ferromagnetischen Hufeisenmagnets, da die umgebende Luft wegen ihrer geringen relativen Permeabilität $\mu_r \approx 1$ einen praktisch unendlich höheren magnetischen Widerstand besitzt. Vor den eigentlichen Luftspalten, über die der aus der Aufgabenstellung geforderte *Nutzfluß* $\Phi_N = \Phi_L = 5040 \cdot 10^{-6}$ Vs (entsprechend $B_L = 0{,}7875$ T) fließt, zweigt sich jedoch im Innenraum des Hufeisens der *Streufluß* Φ_S von dem in der Erregerspule erzeugten *Gesamtfluß* Φ_g ab. Aufgrund der Analogie zwischen Φ und I gilt: $\Phi_g = \Phi_N + \Phi_S$. Der Quotient Φ_N/Φ_S entspricht dem Verhältnis der zugeordneten magnetischen Widerstände $R_{N,\text{mag}}/R_{S,\text{mag}}$ gemäß Parallelschaltung von Widerständen. $R_{N,\text{mag}}$

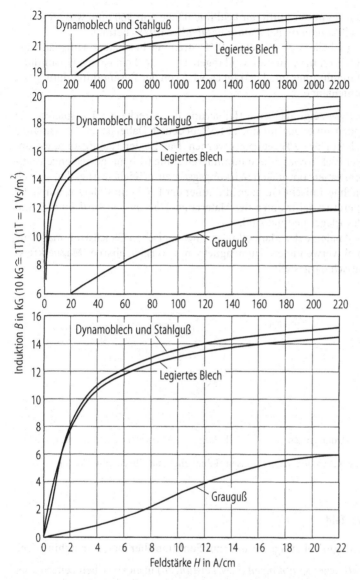

Bild A-5. Magnetisierungskennlinien für Berechnungsbeispiel A-1.
Die Kurven gelten im Temperaturbereich zwischen 0 °C und + 100 °C!

entspricht der Nutzflußstrecke (beide Luftspalte plus Anker). $R_{S,mag}$ ist der Streufluß-strecke (Luftvolumen zwischen beiden Schenkeln) zugeordnet.

Die Tabellen A-1 und A-2 zeigen den negativen Einfluß des im Vergleich zur Gesamt-länge des Feldes sehr kleinen Luftspaltes:

- Im Beispiel A-1a bzw. Tabelle A-1 (mit 20 % Streuung) ist zur Erzeugung der gefor-derten Luftspalt-Induktion B_L eine Durchflutung von 25 910 Ampere-Windungen in der Erregerspule am Joch notwendig. Mit einer Windungszahl N = 1 000 reicht dem-nach ein Strom I = 25,9 A. Der Luftspalt (mit insgesamt 40 mm) hat nur einen Anteil von ca. 4% an der gesamten mittleren Feldlinienlänge von 960 mm, wogegen sein Durchflutungsanteil (*magnetischer Spannungsabfall*) ca. 97% beträgt.

- Im Beispiel A-1b (Tabelle A-2) mit etwa 10% Streuung bei halber Luftspaltlänge ergibt sich $NI = 13350$ A bzw. Amperewindungen. Der vom 2 cm langen Gesamtluftspalt benötigte Durchflutungsanteil beträgt ca. 94% von der Gesamtdurchflutung bei nur 2% der Feldlinienlänge.

Diese Vergleichs-Analyse zeigt, daß eine Halbierung der Strecke des Luftspaltes eine Reduktion des Erregerstromes auf nur noch 51,5% bedeutet. Dabei ist die Gesamtlänge der Feldlinien jedoch nur um 2% reduziert worden. Das ist der Hauptgrund, warum man den Luftspalt der Elektromaschinen minimieren sollte (d.h. möglichst enge Fertigungstoleranzen), um einen optimalen Wirkungsgrad zu erreichen. Dies hat jedoch neben den Kosten auch technische Grenzen, die außer der Fertigungstoleranz durch die verschiedenen Temperaturkoeffizienten der Materialien (*thermische Ausdehnung*) und den Verschleiß im Rotorlager bedingt sind.

In Bild A-6 ist die Analogie der Magnetkreise einer typischen Gleichstrommaschine und des im Beispiel verwendeten Hubmagnets mit vergleichbaren Magnetkreis-Abschnitten schematisch dargestellt.

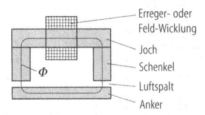

a Magnetkreis eines Elektromagneten   b Magnetkreis eines Gleichstrommotors

Bild A-6a–b. Analogie zwischen den Magnetkreisen Hubmagnet und Gleichstrom-Motor

A.2.2
Wirkungen im Magnetfeld

Zwei Wirkungen im Magnetfeld tragen primär zur Funktion aller Elektromaschinen bei:

- die *Induktion elektrischer Spannungen* (bzw. *Leistungen*) in elektrischen Leitern oder Spulen, und
- die *Erzeugung mechanischer Kräfte* (bzw. *Leistungen*) durch stromdurchflossene Leiter bzw. Spulen. Die Kraft wirkt direkt auf den stromdurchflossenen Leiter bzw. auf die *N* Windungen einer Spule.

Bei beiden *Phänomenen* ist das magnetische Feld mit den elektrischen Leitern verknüpft (verkettet).

A.2.2.1
Spannungserzeugung nach dem Induktionsgesetz

Auf dem Phänomen *Spannungsinduktion* beruhen in erster Linie die *Generatoren* und *Transformatoren*, während die verschiedensten *Elektromotoren* und *Elektromagnete* ihre primäre Funktion der *Krafterzeugung* verdanken. Das jeweils andere Phänomen ist jedoch in beiden Betriebsarten als *Reaktion* ebenfalls existent.

Das *Induktionsgesetz* bestimmt die Erzeugung einer elektrischen Spannung im Magnetfeld.

> In einer Leiterschleife bzw. in jeder Windung einer Spule wird eine Spannung U_{ind} induziert, deren Größe gleich der zeitlichen Abnahme des mit der Windung verketteten Magnetflusses Φ ist:

$$U_{\text{ind}} = -\frac{\mathrm{d}\Phi}{\mathrm{d}t} \quad \text{oder mit } N \text{ Windungen einer Spule:} \quad U_{\text{ind}} = -N\frac{\mathrm{d}\Phi}{\mathrm{d}t} \tag{A-3}$$

Man unterscheidet zwischen *Bewegungs- und Transformations-Spannung*:

Bewegungsspannung (Rotation) (Bild A-7)
Aus dem Induktionsgesetz folgt für die Spannungserzeugung in einer Spule der Fläche A_0 mit N Windungen, die sich in einem homogenen Feld der konstanten Induktion B_0 mit konstanter Winkelgeschwindigkeit ω_0 dreht:

$$U_{\text{ind}} = -N\frac{\mathrm{d}\int B\,\mathrm{d}A}{\mathrm{d}t} = -N\frac{\mathrm{d}\left(B_0 A_0 \cos(\omega_0 t)\right)}{\mathrm{d}t} = -N B_0 A_0 \frac{\mathrm{d}}{\mathrm{d}t}\left(\cos(\omega_0 t)\right) \tag{A-4}$$

$$= N B_0 A_0 \omega_0 \sin(2\pi f_0 t) \quad \text{mit } \alpha(t) = \omega_0 \cdot t = 2\pi f_0 \cdot t \text{ und } \Phi = B \cdot A = B \cdot A \cdot \cos\alpha$$

Durch Zusammenfassung der Koeffizienten zur Amplitude U_0 erhält man die klassische Form für eine sinusförmige Wechselspannung:

$$u(t) = U_0 \sin(\omega_0 t) = U_0 \sin(2\pi f_0 t) \tag{A-5}$$

In der Spule wird eine sinusförmige Wechselspannung der Amplitude U_0 und der konstanten Frequenz $f_0 = \omega_0/2\pi$ erzeugt. Die Amplitude ist proportional zur Windungszahl N, zur Induktion B_0, zur Spulenfläche A_0 und zur Winkelgeschwindigkeit ω_0. Ändert

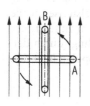 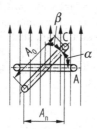 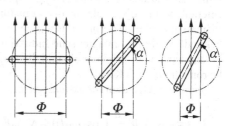

A und B waagerechte bzw. senkrechte Spulenstellung	$\alpha + \beta = 90°$ A_0: Fläche der Spule A_n: wirksame Fläche in Lage C	Gezeichnet sind nur die Feldlinien, die mit der Windung verkettet sind.
a Drehung einer Windung im magnetischen Feld	**b** Beliebige Lage C einer Windung im Magnetfeld	**c** Abnehmende Flußverkettung Φ, abhängig vom Drehwinkel α

Bild A-7a–c. Induktion einer Bewegungsspannung

sich jedoch die Winkelgeschwindigkeit ω bzw. die Drehzahl n der rotierenden Spule, so ändert sich gleichzeitig mit U_0 auch die Frequenz f, die identisch der Drehzahl ist.

Bewegung eines geraden Leiters im Magnetfeld

Bewegt man ein gerades Leiterstück der vektoriellen Länge l mit einem Geschwindigkeitsvektor v in einem *homogenen* Feld der vektoriellen Induktion B, wird eine *Bewegungsspannung* induziert. Sie hat nach dem Induktionsgesetz folgenden Betrag und Polarität (Bild A-48):

$$U_{ind} = -\frac{d\Phi}{dt} = -\frac{d}{dt}\left(\int (B\,dA)\right) = B\frac{dA}{dt} = Bl\frac{ds}{dt} = (B \times v) \cdot l = Blv = N \cdot Blv \tag{A-6}$$

Die ersten beiden Gleichungen stellen die allgemeine Form des Induktionsgesetzes dar. Danach wird vorausgesetzt, daß B und l konstant sind. Die einfache Form $B \cdot l \cdot v$ kommt zustande, wenn die drei Vektoren senkrecht aufeinander stehen: $B \perp l \perp v$. Bewegt man eine Anzahl N hintereinander geschalteter Leiter (z. B. N Leiterstäbe einer Ankerwicklung), addieren sich die Spannungen. In der letzten Gleichung $U = NBlv$ ist nur der *Betrag der Spannung* dargestellt. Die *Polarität* der Spannung ist durch die *Rechte-Hand-Regel (RHR)* bestimmt:

! *RHR für Induktionsgesetz: Hält man die ausgestreckte rechte Hand so, daß die Feldlinien in die Hand-Innenfläche eintreten, und den abgespreizten Daumen so, daß er die Relativbewegung des Leiters zu den Feldlinien angibt, so zeigen die ausgestreckten Finger die Richtung des induzierten Stromes im Leiter an.*

Bei der *RHR* ist der Daumen immer in Richtung der *Ursache* (hier die Bewegung) zu bringen, während die ausgestreckten Finger die *Wirkungsrichtung* (hier der induzierte Strom) angeben. Da der Leiter während der Bewegung eine Spannungsquelle darstellt, fließt der Strom im Leiter vom –Pol zum +Pol, falls die Spannungsquelle belastet wird (geschlossener Stromkreis). Im Verbraucher fließt er generell vom +Pol zum –Pol.

Transformationsspannung

Eine andere Anwendung der Spannungsinduktion ergibt sich bei einer zeitlichen Änderung der Induktion $B = f(t)$ (B als Funktion der Zeit t) und völliger Ruhelage aller Komponenten. Die auf diese Weise erzeugte Spannung nennt man *Transformationsspannung* (hierauf beruht die Funktion der Transformatoren). Legt man beispielsweise an die Primärspule eines *Transformators* eine Sinusspannung an, stellt sich im Inneren der Sekundärspule eine magnetische Induktion $B(t) = B_0 \cos(\omega t)$ ein, bedingt durch den Wechselstrom der Primärspule und die magnetische Kopplung beider Spulen über den ferromagnetischen Kern.

Somit gilt nach dem *Induktionsgesetz*:

$$U_{ind} = -N_2 A_0 B_0 \frac{d}{dt}(\cos(\omega_N t)) = N_2 A_0 B_0 \omega_N \sin(2\pi f_N t) = U_0 \sin(2\pi f_N t) \tag{A-7}$$

mit N_2 als Windungszahl der Sekundärwicklung und f_N als Netzfrequenz bzw. $\omega_N = 2\pi f_N$ als Kreisfrequenz des Netzes. Die Induktionsamplitude B_0 in der Sekundärwicklung ergibt sich aus dem Arbeitspunkt auf der Magnetisierungskurve $B(H)$ des Magnetkerns des Transformators. Die Feldstärke H ist nach dem Durchflutungsgesetz durch den Primärstrom I_1 definiert. Dieser ist nach dem *Ohmschen* Gesetz von der Netzspannung und dem Wechselstromwiderstand am Eingang der Primärspule abhängig.

A.2.2.2
Erzeugung mechanischer Kräfte und Leistungen

Auf einen stromdurchflossenen Leiter (Stromstärke I) der Länge l wird in einem Magnetfeld der Induktion B eine mechanische Kraft F ausgeübt:

$F = (B \times l) \cdot I$ Wenn alle Vektoren senkrecht aufeinander stehen, ergibt sich die einfache Version:

$F = N \cdot B \cdot l \cdot I$ mit N hintereinander geschalteten Leiterstäben. (A-8)

Für die Richtung der Kraft ist wieder die *RHR* (Rechte-Hand-Regel) zuständig:

> *RHR für Krafterzeugung: Hält man die rechte Hand so, daß die Feldlinien in die Hand-Innenfläche eintreten, und streckt man den abgespreizten Daumen in Richtung der Ursache (hier Richtung des Leiterstromes), so zeigen die ausgestreckten Finger in Richtung der Wirkung (hier die Kraft- bzw. Bewegungsrichtung)*

Mit dieser Kraft kann *mechanische Arbeit* W_m bzw. *Energie* erzeugt werden ($W_m = \int F \cdot ds$). Diese Tatsache beruht darauf, daß das Feld einen *Energieinhalt* besitzt. So hat beispielsweise ein homogenes Feld in einem Raum des Volumens V den Energieinhalt:

$$W_m = V \int_0^B H\,dB = \frac{B^2}{2\mu_0\mu_r} V \qquad (A\text{-}9)$$

Mit diesem Gesetz kann die *Anziehung von Eisen* erklärt werden (Bild A-8): Das zwischen zwei Eisenstücken bestehende Feld kann bei kleinem Luftspalt als homogen betrachtet werden. Erfolgt unter dem Einfluß der Anziehungskraft eine Zueinanderbewegung der beiden Eisenteile, so wird dabei eine mechanische Energie (Arbeitsleistung) des Betrages $W = Fs$ verbraucht. Aufgrund der *Energiebilanz* muß sich dabei der Energieinhalt des Feldes verringert haben. Die zum Erzeugen der Induktion B erforderlichen Feldstärken H_L (in Luft) bzw. H_{Fe} (in Eisen) haben die Beträge:

$$H_L = \frac{B}{\mu_0} \quad \text{bzw.} \quad H_{Fe} = \frac{B}{\mu_0\mu_r} \quad (\mu_r \approx 1 \text{ für Luft})$$

Da die Anziehungskraft F der Verminderung der magnetischen Energie im Raum $dV = A \cdot ds$ entsprechen muß und das in den Luftraum eindringende Eisen sich schon

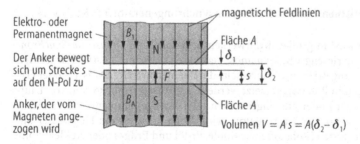

Bild A-8. Ermittlung der Anziehungskraft F von Eisen im Magnetfeld
N: Nordpol; S: Südpol

zuvor im Felde befand, steht die in dem verschwindenden Luftraum verfügbare Energie voll für die bei der Anziehung benötigte Arbeit zur Verfügung. Deshalb gilt:

$$W_m = \frac{s\,A\,B^2}{2\,\mu_0}, \quad \text{somit ist die Kraft:} \quad F = \frac{W_m}{s} = A\,\frac{B^2}{2\,\mu_0} \tag{A-10}$$

mit der Einheit $\dfrac{m^2\,(Vs/m^2)^2}{Vs/Am} = \dfrac{VAs}{m} = Ws/m = Nm/m = N$ (*Newton*)

Eine bedeutende Anwendung sind die *Elektromagnete*. Das sind beispielsweise im Maschinenbau Lasthebemagnete, Bremslüftmagnete zum Lüften von über Federn ange-zogenen Bremsen, Drehmagnete oder in der Elektrotechnik, der Nachrichten- und Antriebstechnik: *Relais*, *Sicherungsautomaten* und *Schütze* (Schaltmagnete in der *Kontakt-Schaltungstechnik*).

A.3
Elektrische Energieversorgung

Mit der Erfindung der *Dynamomaschine* (in der 2. Hälfte des 19. Jahrhunderts), die die Umwandlung von *Primärenergie* wie Wasserkraft oder Kohle in *elektrische Energie* wirt-schaftlich nutzbar machte, begann die Industrialisierung. Damit konnte der Nachteil, daß die Kraftleistung der Dampfmaschine nur durch mechanische Transmission (Rie-men, Stangen, Getriebe) über sehr kurze Entfernungen übertragbar war, überwunden werden. Elektrischer Strom (und damit Energie) konnte leicht an jeden Ort geleitet und vom Verbraucher in die gewünschte Gebrauchsenergie Licht, Kraft, Wärme oder für chemoelektrische Verfahren umgewandelt werden. Neben anderen künstlichen Ener-giequellen war es vor allem die *Elektrizität*, die die Humanisierung der Arbeitswelt und den allgemeinen Wohlstand in den industrialisierten Ländern ermöglichte.

In der Zukunft werden unter dem Druck der Umweltprobleme und der sich erschöp-fenden *fossilen Ressourcen* zunehmend *regenerative* (wieder erneuerbare) *Primärener-giearten* eingesetzt werden. Darunter versteht man in erster Linie Sonnenwärme (direkte Umwandlung der Sonnenstrahlung in elektrische Energie durch Solarzellen und Sonnenkollektoren: *Photovoltaik*), Windkraft, Erdwärme, Müll, Biomasse, Laufwas-ser und Gezeitenenergie oder die Wasserstofftechnik. Davon erscheint aber aus heutiger Sicht nur die Wasserstofftechnik zur zukünftigen großtechnischen Nutzenergiegewin-nung und Energieversorgung geeignet.

A.3.1
Erzeugung der elektrischen Energie (Drehstromsynchrongenerator im Kraftwerk)

Elektrische Energie wird in großen Kraftwerken prinzipiell mit *Drehstrom-Synchron-Maschinen* (im Prinzip riesengroße Dynamos) gewonnen (Abschn. A.4.4). Diese werden von großen *Turbinen* angetrieben, die ihrerseits durch einen kräftigen Wasser- oder Gas (Wasserdampf)-Strahl in Rotation versetzt werden. Der Wasserstrahl kommt von Lauf-wasser (Flüsse, Gezeiten) oder aus angestautem oder hochgepumptem Wasser (Stau- oder Pumpspeicher-Seen). Der Wasserdampf wird durch Erhitzen von Flußwasser mit verschiedenen Brennstoffen (Rohstoffe wie Kohle, Erdöl und Erdgas oder Nuklearstoffe wie Uran und Plutonium) erzeugt und auf das benötigte Druckniveau gebracht. Die Kraftwerkstypen unterscheiden sich durch ihre *Primärenergieträger*.

Die Elektrizitäts-Versorgungs-Gesellschaften (EVG) haben ein ganz spezielles Problem zu bewältigen:

> *Strom ist nämlich eine Ware, die man einerseits nicht lagern, also nicht auf Vorrat produzieren kann, die aber andererseits im gleichen Augenblick verfügbar sein muß, wenn sie durch Einschalten an jedem beliebigen fernen Ort des Verteilungsgebietes angefordert wird, und das ohne jegliche Vorankündigung.*

Es muß ein ständiges Gleichgewicht zwischen Nachfrage und Erzeugung gewährleistet sein, um eine stabile, technisch verwertbare Stromversorgung aufrechtzuerhalten. Dieses Problem wird dadurch erleichtert, daß die statistischen Verbrauchskurven für jeden Tag, jede Woche, jede Jahreszeit erstaunlich stabil sind, so daß man sich sehr gut danach einrichten kann.

So kann die Energiewirtschaft rechnen mit einer

- *Grundlast* rund um die Uhr, zu deren Abdeckung sich die Kernenergie hervorragend eignet, mit einer
- *Mittellast*, die zu ganz bestimmten Tageszeiten (auch abhängig von Jahreszeiten) benötigt wird und deren Domäne die Kohlekraftwerke sind, und mit einer
- *Spitzenlast* (im allgemeinen nur für wenige Stunden am Tag), zu deren Bewältigung sich vor allem Wasserkraftwerke eignen.

Wasserkraftwerk (Bild A-9)

Wasser hat gegenüber Dampf den Vorteil, daß man mit ihm in höhergelegenen Speicher- bzw. Stauseen potentielle mechanische Energie nahezu verlustfrei speichern kann. Sie kann dann, in den Fallrohren unter hohem Druck stehend, praktisch sofort in die erforderliche kinetische Energie umgewandelt, sehr gut reguliert und somit dem wechselnden Spitzenbedarf angepaßt werden.

In Spitzenlastzeiten treibt das gespeicherte Wasser über Fallrohre die Generatoren an, die teuere Spitzenenergie ins Netz einspeisen und sich durch besonders kurze Anfahrzeiten auszeichnen. Die Wasserkraft ist dabei umweltfreundlich; denn das Was-

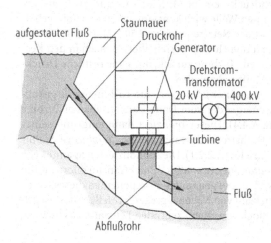

Bild A-9. Funktionsschema eines Wasserkraftwerkes an Flußstaustufe

ser fließt immer wieder nach (*Laufwasserwerke*, z. B. Stauseen oder Staustufen in Flüssen) oder wird mit überschüssiger Grundlast- oder Mittellast-Energie in die Stauseen zurückgepumpt (*Pumpspeicherwerke*). Diese Reserve an Kraftwerksleistung muß immer in ausreichender Menge direkt verfügbar sein für die Fälle von plötzlich auftretenden *Bedarfsspitzen* bei guter Konjunktur, Kälteeinbrüchen oder einem *Kraftwerksausfall*. Für solche Notsituationen sowie für den überregionalen Ausgleich von Energieangebot und Verbrauch sind alle europäischen Kraftwerke in dem *Europäischen Verbundnetz* miteinander verbunden.

Heiz- bzw. Wärmekraftwerk (Bild A-10)

Bei den Grund- und Mittellast abdeckenden *Wärme*- bzw. *Dampfkraftwerken* werden fossile Brennstoffe (z. B. Erdöl, Erdgas, Kohle) oder Uran und somit erschöpfliche, natürliche Ressourcen eingesetzt. Da diese eigentlich zur Verfeuerung viel zu schade sind, empfiehlt sich das jedoch nur in Verbindung mit Kernkraftwerken, die ihre wirtschaftlichen Stärken bei der Deckung der Grundlast haben. Bei Erdöl begann aus Preisgründen Mitte der 70er Jahre der Ausstieg (in Deutschland etwa nur noch 1% zur Spitzenlastdeckung), während bei der Kohleverbrennung das Problem besteht, daß neben Aschestaub immer auch Schwefel- und Stickoxyde auftreten, die mit großem technischen Aufwand (ein Drittel des Investitionsaufwandes bei neuen Kohlekraftwerken) beseitigt werden müssen. Für die Entschwefelung und Entstickung sind neuartige großtechnische Verfahren entwickelt worden, die bei der Stromgewinnung in Deutschland eingesetzt werden.

So gelten die neuen *Kohlekraftwerke* in Deutschland als derzeit umweltfreundlichste Anlagen dieser Art mit voller Entschwefelung und Entstickung. Beispielsweise liefert einer der Blöcke eines modernen Wärmekraftwerks mit 1,2 GW elektrischer Gesamtleistung 640 MW elektrische Nettoleistung und zusätzlich 340 MW Fernwärmeauskopplung. Das *Funktionsschema* zeigt Bild A-11:

Vom *Kohlelagerplatz* (Kapazität 400 000 t Steinkohle reicht für 50 Tage Vollastbetrieb) kommt die Kohle auf Förderbändern zu dem Kraftwerksblock. In Kohlemühlen wird sie dort staubfein zermahlen und in die *Brennkammern* der *Kessel* eingeblasen und verbrannt (Verbrennungstemperatur 1300 °C). Dabei umströmen die heißen Verbrennungsgase auf ihrem Weg durch den Kessel ein von Wasser durchflossenes Rohrsystem, das die Wärme annimmt und bei hohen Temperaturen und Drücken (ca. 540 °C, 200 bar) verdampft und aus dem Kessel in Richtung *Turbine* ausströmt. Diese besteht aus vier starr verbundenen Teilen, einem Hochdruck-, einem Mitteldruck- und zwei Niederdruckteilen. Die Drehzahl der gemeinsamen Welle wird konstant auf 3000 U/min gehalten (die *Synchrondrehzahl*, entsprechend der Netzfrequenz von 50 Hz). In der Turbine durchströmt der Hochdruckdampf zuerst den Hochdruckteil, fließt danach in den Kessel zur Zwischenüberhitzung und strömt zur Turbine zurück, um seine restliche Druckenergie im Mittel- und den Niederdruckteilen abzuladen.

Der eigentliche Energiewandler, der *Generator* ist starr an die Turbinenwelle gekoppelt und überträgt somit die Rotationsenergie der vom Dampf angetriebenen Turbine voll auf den Generator-Rotor (Abschn. A.4.4). Dieser *induziert* dann aufgrund seines starken Elektromagneten elektrische Drehstrom-Leistung in das *dreiphasige Stator-Wicklungssystem* (Induktionsgesetz in Abschn. A.2.2.1). Die so induzierten Spannungen betragen etwa 28 kV, die im *Transformator* auf etwa 400 kV hochtransformiert und in das *Hochspannungsnetz* eingespeist werden. Die genannten Komponenten dieses Kraftwerkblocks bedürfen natürlich einer Vielzahl von Nebenaggregaten, Meßgeräten, Regel- und Steuereinrichtungen. So wird der Block von einem zentralen Leitstand aus bedient, überwacht und gesteuert.

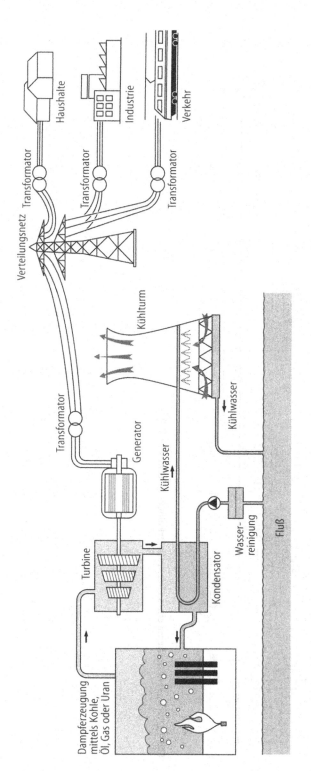

Bild A-10. Funktionsschema eines Wärmekraftwerkes (Werksfoto EVS)

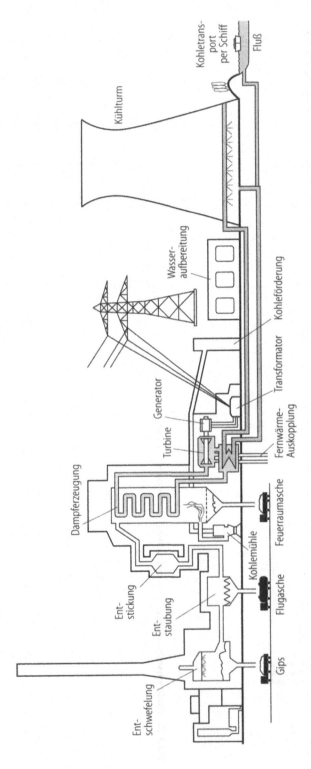

Bild A-11. Funktionsschema eines Heizkraftwerkblocks (Werkfoto EVS)

Die im Kraftwerk entstandene, energetisch nicht nutzbare Wärme wird über das Kühlwasser im Kondensator (Bild A-10) als Abwärme an das Flußwasser oder über den großen Kühlturm an die Umgebungsluft abgegeben. Sie ist wegen des niedrigen Temperaturniveaus von etwa 32 °C wirtschaftlich nicht nutzbar. Durch die neu eingerichtete Kraft-Wärme-Kopplung kann der Gesamtwirkungsgrad von rund 40 % bei ausschließlicher Stromerzeugung auf 60 % mit zusätzlicher Fernwärmegewinnung erhöht werden. Der dadurch bedingte Wegfall zahlreicher Industrie- und Haushaltsfeuerungsanlagen trägt in der Region wesentlich zur Schadstoffentlastung der Umwelt bei. Nicht nur deshalb trägt dieses *Heiz- bzw. Wärme-Kraftwerk* der hohen Verantwortung bezüglich möglichst geringer *Umweltbelastung* bei der Energiegewinnung in besonderem Maße Rechnung. Die abgegebenen Rauchgase werden von den bei der Kohleverbrennung anfallenden umweltbelastenden Emissionen, vor allem Stickoxide, Schwefeldioxid und Staub, in mehreren hintereinander angeordneten Reinigungsanlagen weitestgehend befreit. Die Entstickungsanlage entfernt die Stickoxide und wandelt diese in Katalysatoren in die über den Kühlturm abgegebenen unschädlichen, da ohnehin in der Luft befindlichen, Gase Stickstoff und Wasserdampf um. Ein Elektrofilter, ein elektrostatisches Verfahren, sorgt für die Abscheidung der in den Rauchgasen mitgeführten Asche (etwa 15 t/h). In der letzten Reinigungsstufe, der Entschwefelungsanlage fällt tonnenweise Gips ab, indem die übriggebliebenen Rauchgase in Waschtürmen mit einem Gemisch von feingemahlenem Kalkstein und Wasser besprüht werden. Die eiförmig gepreßten Gips-Briketts werden sinnvoll von der Zementindustrie verwertet.

Kernkraftwerk

Im Prinzip sind Kernkraftwerke auch Wärme- oder Dampfkraftwerke. Denn auch bei *Kernreaktoren* (Bild A-12) wird zunächst aus der Primärenergie (hier Atomkraftgewinnung durch Kernspaltung) Dampf als Sekundärenergie für den Antrieb von konventionellen Synchrongeneratoren erzeugt. Dabei werden extrem große Wärmemengen aus der Energiequelle einer winzigen Rohstoffmenge erzeugt. Ein einziges kg angereichertes Uran stellt mehr Energie zur Verfügung als beispielsweise 20 000 kg Erdöl oder 30 000 kg Steinkohle. Trotz unvergleichlich größerem Sicherheitsaufwand sowie Entsorgungs- und Stillegungskosten ist der Kernkraftstrom sehr preiswert.

Aber es gibt dabei einen äußerst ernstzunehmenden Nachteil:

Bei der Kernspaltung entstehen Stoffe mit radioaktiver Strahlung. Die radioaktive Strahlung darf bei der Entsorgung der verbrauchten Brennstoffe und auch bei schwersten Störfällen (sog. *GAU: Größter anzunehmender Unfall*) *unter gar keinen Umständen* an die Außenwelt gelangen. Dafür muß die aufwendige Sicherheitstechnik sorgen, für die es in Deutschland äußerst strenge Vorschriften bei Bau und Betrieb der Kernkraftwerke gibt. Nach sorgfältiger Abwägung *aller Chancen und Risiken* halten *Politik und Energiewirtschaft* die Kernenergienutzung in Europa, trotz aller Widerstände in der Öffentlichkeit, für verantwortbar und aus heutiger Sicht immer noch für unverzichtbar, wenn der erreichte Lebensstandard nicht gefährdet werden soll.

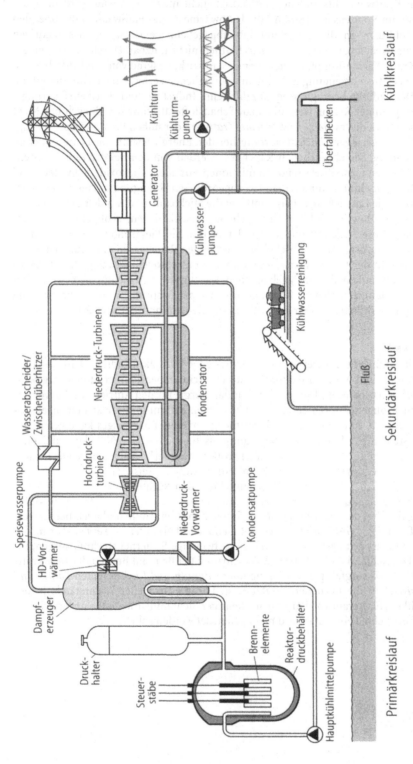

Bild A-12. Funktionsschema eines Kernkraftwerks (Werkfoto EVS)

A.3.2
Drehstromsystem (s. Elektrotechnik für Maschinenbauer, Abschn. A.6)

Für die flächendeckende elektrische Energieversorgung (*öffentliches Versorgungssystem*) wird wegen der Notwendigkeit, sehr hohe Spannungen zur verlustarmen Transportierbarkeit einzusetzen, heute generell der sogenannte *Drehstrom* benutzt.

> *Die Bezeichnung Drehstrom basiert auf der Tatsache, daß man mit einem symmetrischen Drehstromsystem in einem stillstehenden, ebenfalls symmetrischen Dreispulensystem (z. B. Stator einer Drehstrommaschine) ein räumlich drehendes magnetisches Feld, das Drehfeld erzeugen kann. Darauf beruht die Funktion eines Drehstrommotors.*

Im *europäischen Verbundnetz* (Abschn. A.3.1) werden drei *Leiterspannungen* (bzw. *Phasen*) über ein *Dreileitersystem* verteilt. Auf der untersten Ebene, der Endverbraucherebene, wird die Verteilung über ein fünfadriges Kabel durchgeführt, d.h. das Endverbrauchernetz beinhaltet fünf Anschlüsse (Bild A-13b).

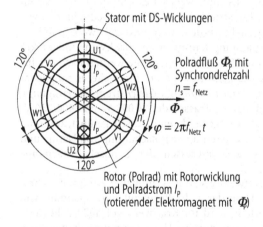

Stator mit DS-Wicklungen

Polradfluß Φ_p mit Synchrondrehzahl
$n_s = f_{Netz}$

Φ_P

$\varphi = 2\pi f_{Netz}\, t$

Rotor (Polrad) mit Rotorwicklung und Polradstrom I_p
(rotierender Elektromagnet mit Φ_p)

a DS-Synchrongenerator

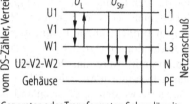

vom DS-Zähler, Verteiler

U1	L1
V1	L2
W1	L3
U2-V2-W2	N
Gehäuse	PE

U_L U_{Str} Netzanschluß

Generator oder Transformator-Sekundärseite in Sternschaltung nach Bild A-14a

$U_L = \sqrt{3}\ U_{Str}$
$U_L = 400\ V_{eff}$: Leiterspannungen
$U_{Str} = 230\ V_{eff}$: Strangspannungen
(siehe Zeigerdiagramm in Bild A-14b)

b DS-Netz mit Spannungen

Bild A-13a–b. Drehstrom-Synchrongenerator und Drehstromnetz beim Endverbraucher

Zur großtechnischen Herstellung von Wechselstrom bzw. Drehstrom verwendet die Elektrizitätswirtschaft in allen Kraftwerken ausnahmslos große *Drehstrom-Synchron-Generatoren* (Aufbauprinzip in Bild A-13a) als mechanisch/elektrische Energiewandler für die öffentliche Stromversorgung (Abschn. A-4.4). Die *EVU* (Energieversorgungsunternehmen) müssen im Verbund zu jeder Tages-, Nacht- und Jahreszeit und an jedem Ort des Versorgungsgebietes den momentanen *Wirkleistungs- und Blindleistungsbedarf* aller Verbraucher an 50 Hz-Wechsel- und Drehstrom abdecken. Dabei gelten sehr enge gesetzliche Toleranzen bezüglich der Abweichungen von Spannungs-, Frequenz- und Phasenwinkel-Sollwerten.

A.3.3
Verteilung (Transport) der elektrischen Energie

Elektrische Energie muß über metallische Leiter vom Kraftwerk zum Verbraucher transportiert werden, in den internationalen Verbundnetzen über hunderte bis tausende Kilometer. Dabei gilt eine Regel: je höher die Spannung, desto niedriger der Energieverlust in den Leitungen. Das ist der einzige Grund, weshalb der Strom, je nach Entfernung, mit Spannungen zwischen 20 000 V und 400 000 V übers Land geschickt wird. Daß dabei die Überlandleitungen aus landschaftsästhetischen Gesichtspunkten nicht unter der Erde verlegt worden sind, liegt allein daran, daß bisher noch keine Technologien verfügbar waren, hohe Leistungen mit 400 000 V zu vertretbaren Kosten unterirdisch zu übertragen. Oberirdische Hochspannungsleitungen mit *Luftisolation* haben mit Abstand die geringsten Verluste. Erdverlegte *kunststoffisolierte* Hochspannungsleitungen haben dagegen Verluste in der Kunststoffisolation, die sie erwärmen. Ohne aufwendige Ölummantelung bieten sie für 400 kV keine ausreichende elektrische und thermische Isolierung. Derzeit wird jedoch an einer Alternative zu den unschönen überirdischen Hochspannungsleitungen gearbeitet: Kunststoffisolierte Hochspannungskabel mit einem Mantel aus *vernetztem Polyethylen (VPE)* und ganz speziellen Installationsmaterialien werden auf ihre Einsatzreife getestet. Das Kabel hat einen massiven Kupferleiter mit einem Querschnitt von 16 cm^2. Es muß wegen des erforderlichen extrem hohen chemischen Reinheitsgrades des Kunststoffs unter Reinraumbedingungen wie bei der Herstellung von Mikrochips hergestellt werden. Ab August 1997 werden in Berlin erstmals sechs solcher neuen Hochspannungsleitungen mit 380 kV in einem 6 km langen Tunnel (Innendurchmesser 3 m) in 25 m Tiefe verlegt. Sie werden nach der Inbetriebnahme bis zu 1,1 GW Gesamtleistung transportieren. Ein weiterer möglicher Kompromiß wäre das Verfahren *HGÜ (Hochspannungs-Gleichstrom-Übertragung)*, das jedoch nur in Ausnahmefällen bezahlbar ist. Trassen der 20 000 V- und 400/230 V-Kategorie werden in Deutschland bereits weitgehend unterirdisch geführt, während bei der Festlegung neuer Höchstspannungstrassen unter Einschaltung von Natur- und Landschafts-Schutzverbänden möglichst alle Interessen der Landschaftsharmonie berücksichtigt werden.

Die gesamte Stromverteilung vom Kraftwerk bis zum Verbraucher erfolgt in mehreren Stufen bzw. Spannungsniveaus: Der Strom, der in der Regel mit einer Spannung von beispielsweise 21 kV den Generator verläßt, wird im Kraftwerk auf 400 kV hochgespannt (Drehstromtransformator) und ins europäische Hochspannungs-Verbundnetz eingespeist. Überregional werden Leitungen der 400 kV-Kategorie über riesige Strommasten geführt. Dabei muß zur Vermeidung von Spannungsüberschlägen (Lichtbögen) zwischen den Leitern in der Luft ein Abstand von mindestens 4 m eingehalten werden (1 m/100 kV). Bei den Umspannwerken verwendet man ein Schutzgas zur drastischen Verringerung des Leiterabstands. Im Europa-Verbund wird ein dreiphasiges *Drehstrom-System* bestehend aus drei Leitern (ohne Neutralleiter und Potential Erde) übertragen. Regional wird dann in großen Umspannwerken auf die 110 kV-Stufe heruntertransformiert und verteilt. Sie ist zum Teil auch die Übergabespannung für regionale, kommunale und industrielle Direktabnehmer. Das weitverzweigte Mittelspannungsnetz mit beispielsweise 20 kV stellt die darunterliegende Verteilebene in den Städten und Kommunen dar. Die Trafokästen in den Stadt- und Gemeindestraßen beliefern schließlich den Endverbraucher, beispielsweise kleinere Gewerbebetriebe oder Einzelhaushalte, mit der Netzspannung von 230 V (*Einphasennetz*) bzw. 400 V (*Niederspannungs-Drehstromnetz 400/230 V*).

A.3.4
Öffentliche Netze für Groß- und Einzelabnehmer

A.3.4.1
Drehstromnetze

Das *Niederspannungs-Drehstromsystem*, wie es im europäischen Verbund in der Hausinstallation beim Standard-Endverbraucher als genormtes Drehstromnetz installiert ist, führt neben den drei Außenleiter- oder kurz Leiterspannungen noch zwei weitere Potentiale. Es hat also nach der Unterverteilung im Zählerschrank der Hausinstallation ein fünfadriges Leitersystem. Die 5 Anschlüsse des Drehstrom-Niederspannungsnetzes sind (Bild A-13b):

- drei *Leiterspannungen* (Stranganfänge) zwischen den genormten Leitern L_1, L_2, L_3 (alte Bezeichnung: *R, S, T*),
- ein neutrales oder Referenzpotential *N* (*Neutralleiter*, früher Mittelpunktsleiter *Mp*) und das als
- Schutzleiter dienende *Potential Erde* (*PE*) (alte Bezeichnung: *SL*).

Der Neutralleiter *N* wird normalerweise im Verteilerkasten jeder Hausinstallation im Stern-Mittelpunkt (Bild A-14a) mit *PE* galvanisch, d.h. metallisch leitend, verbunden, muß aber nach *VDE* in jedem Kabel und in jeder Steckdose separat geführt werden.

Das Drehstrom-Sekundärsystem des *EVU*-Transformators der letzten Verteilungsstufe, der üblicherweise in den Straßen der Stadtbezirke aufgestellt wird, ist in der Stern-

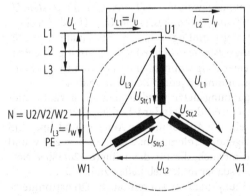
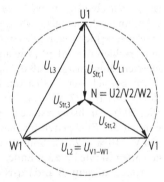

a Stator einer Drehstrommaschine in Sternschaltung (z.B. Synchrongenerator oder Transformator-Sekundärseite)

b Zeigerdiagramm für die Spannungen des Drehstromnetzes am Ausgang eines Drehstromtransformators in Sternschaltung

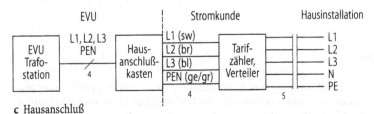

c Hausanschluß

Bild A-14a–c. Schaltung des Drehstrom-Netztransformators und die Netzspannungen

bzw. Y-Schaltung geschaltet. Die Y-Schaltung hat einen Mittelpunkt (*Sternpunkt*), bei dem die drei Strang- (Wicklungs-)Enden U2/V2/W2 zusammengefaßt sind. Er führt das Neutral- bzw. Referenz-Potential *N*, auf das sich die *Strang- oder Phasenspannungen* beziehen. Die Strang- bzw. Wicklungsanfänge U1/V1/W1 führen die drei *Außenleiter-* oder *Leiterspannungen* U_L (früher verkettete Spannungen U_v genannt) des Drehstromsystems.

Der Kabelanschluß zwischen der verplombten Hausanschluß-Sicherung und dem Zählerkasten erfolgt, ebenso wie der unterirdische Kabelanschluß zum EVU-Trafo, vieradrig. Dabei ist der Neutralleiter N und PE nur ein Potential, das *PEN* bezeichnet wird (s. Bild A-14c).

Die Sternschaltung, wie in Bild A-14a gezeigt, hat ihren Namen von der sternförmigen Schaltung der Strangwicklungen (im Gegensatz zur Dreieckschaltung) und vom Spannungsstern des *Zeigerdiagramms* (Bild A-14b) der drei *Strangspannungen* U_{Str}, die über den drei Sekundärwicklungen des Drehstromtrafos liegen. Außer diesen drei Strangspannungen zeigt das Zeigerdiagramm die 3 *Leiterspannungen* U_L, die jeweils mit 2 Wicklungen (Stränge) *verkettet* sind, also zwischen den Stranganfängen abgegriffen werden. Aus diesem Grunde werden beim Verbraucher-Drehstromnetz immer zwei Spannungsangaben gemacht, beispielsweise in Europa 230/400 Volt (*Effektivwerte der Strang- bzw. Leiterspannungen*).

Wie das *Zeigerdiagramm* (Bild A-14b) zeigt, sind die sechs Spannungen phasenversetzt und die Effektivwerte der drei Leiterspannungen U_L sind mit etwa 400 Volt jeweils $\sqrt{3}$mal größer als die der Strangspannungen U_{Str} mit etwa 230 Volt. Das Zeigerdiagramm setzt Sinusspannungen voraus. Der Faktor $\sqrt{3}$ für den Unterschied zwischen den Effektivwerten oder als Längenunterschied der Leiter- und Strangspannungszeiger läßt sich aus der *Trigonometrie des Zeigerdiagramms* nachweisen. Das *Leiterspannungssystem* U_L ist in sich ebenso *symmetrisch* wie das *Strangspannungssystem* U_{Str}. Die drei Leiterspannungen haben also, wie die drei Strangspannungen, intern untereinander je 120° Phasenverschiebung. Beide Drehspannungssysteme haben jedoch gegenseitig eine Phasenverschiebung um 30°, wie aus den Zeiger-Diagrammen zu entnehmen ist. Als Symmetriebedingung gilt, daß die Spannungssumme zu jedem Zeitpunkt null ist.

Im Bereich der Drehstrom-Niederspannungsnetze werden gemäß internationaler Norm *DIN IEC 38* bis zum Jahre 2003 weltweit die Standard-Einheitswerte 230/400 V aller 50 Hz-Drehstromnetze eingeführt sein, mit Ausnahme von Amerika und Japan. Im Bereich der *EVU* gelten bis dahin die folgenden Toleranzen: 230 V +6% = 244 V und 230 V –10% = 207 V. Somit ist es auch möglich, die für das frühere 220/380 V-Netz gebauten Geräte bis zum Ende ihrer Lebensdauer in Betrieb halten zu können.

Außer diesem Standard-Niederspannungsnetz existieren auch Drehstromnetze höherer Spannung, die als reine *Kraftnetze* beispielsweise für Großmotoren eingesetzt werden: 500 V, 660 V, 1 kV, 3 kV, 5 kV, 6 kV, 10 kV, 20 kV (*EVU*-Verteilungsspannungsnetze). Großabnehmer wie größere Industriebetriebe haben meist Anschlüsse an das Mittelspannungsnetz des regionalen *EVU* und betreiben ein eigenes internes Fabriknetz.

A.3.4.2
Wechselstromnetze

Die drei 230 V Stern- bzw. Strang-Spannungen (Effektivwerte) sind gegeneinander phasenversetzt und beziehen sich auf das Potential des Neutralleiters. Jede einzelne kann als normales 230 V-Einphasen-Wechselstromnetz hausintern installiert werden. Die hausinternen Wechselstrom-Steckdosen werden möglichst gleichmäßig auf die drei Sternspannungen verteilt. Die Steckdosen enthalten drei Anschlüsse: Strangspannung 230 V, Neutralleiter N und Potential Erde PE (Schutzleiter). Die ersten beiden sind verdeckte, nicht mit der bloßen Hand zugängliche Federklammern, während PE an zwei äußere Eisenklammern angeschlossen ist, die gleichzeitig zum Festhalten des gesteckten Netzsteckers dienen. Wenngleich auch hausintern der Neutralleiter in der Netzverteilung geerdet wird, ist seit vielen Jahren das Dreileitersystem beim Wechselstromnetz gesetzlich vorgeschrieben. Neutralleiter und Schutzleiter müssen immer separat geführt werden. Der gelb-grün ummantelte *Schutzleiter PE* muß nach *VDE* bei jedem Gerät (Maschine, Schaltschrank bzw. Elektrobox) mit metallischem Außengehäuse sehr niederohmig und zuverlässig mit dem Gehäuse verbunden werden.

Die öffentlichen Bahnbetriebe vieler europäischer Länder (auch Deutschland) werden, bedingt durch ihre Reihenschlußmotoren, mit Wechselstrom der Frequenz $16^2/_3$ Hz aus separaten Bahnnetzen gespeist. Die diesbezüglichen Überlandnetze haben 110 kV, die in Bahnabspannstationen auf 15 kV und in den Elektrolokomotiven für die Antriebsmotoren auf einige 100 V heruntertransformiert werden. Durch die Fortschritte der modernen Leistungselektronik mit der *Stromumformer-* bzw. *Frequenzumrichtertechnik*, die den regelbaren d.h. geschwindigkeitsvariablen Betrieb von *DS-Asynchronmaschinen* ermöglicht, wird sich über größere Zeiträume jedoch auch auf dem Bahnsektor der 50 Hz-Drehstrom durchsetzen.

A.3.4.3
Gleichstromnetze

Gleichstromnetze für die öffentliche Versorgung gehören zur Vergangenheit. Allerdings gibt es aus historischen Gründen wegen der Gleichstrommotoren für Verkehrs- und Transportbahnen, wie beispielsweise Straßenbahnen, Hochbahnen, städtische Oberleitungsbusse, Bergwerks- und sonstige Industrie-Bahnen, weiterhin Gleichstromnetze bzw. *GS-Oberleitungen* für den Bahnbetrieb.

Innerhalb von Geräten, Fahrzeugen und Anlagen sind je nach Bedarf Gleichstromnetze mit vielen Einzelverbrauchern vorhanden. Diese werden entweder batteriegespeist (z. B. gibt es weitverzweigte Gleichstromnetze in Fahrzeugen der verschiedensten Art mit bis weit über hundert kleinen Verstellmotoren), oder die entsprechende Gleichstromleistung wird durch Umformung (Gleichrichter in speziellen Netzgeräten) aus dem Drehstrom- oder Wechselstromnetz systemintern erzeugt.

A.4
Klassische Maschinentypen

Bild A-15 zeigt einen Übersicht über elektrische Maschinen, Generatoren und Motoren.

A.4.1
Gleichstrom-Maschine (*GSM*)

A.4.1.1
Allgemeine Übersicht

Gleichstrommaschinen, besonders aber klassische *Gleichstrom-Nebenschluß-Maschinen* (*GS-NSM*) und die *Permanentmagnet-GSM*, haben in den vergangenen Jahrzehnten ihre primäre Bedeutung durch den Einsatz in Antriebssystemen erlangt, in denen höhere bis extrem hohe Anforderungen an die Steuer- und Regelbarkeit der *Aktuatoren* gestellt

Maschinentyp	Aufbau	Schaltzeichen	Kennlinien	Regelbarkeit	Spannungs-/Leistungsbereich	Anwendungsgebiete
d Gleichstrommaschine mit Permanenterregung und elektronischer Kommutierung: sogenannte Elektronik- oder EC-Motoren. (EC: electronical commutated)	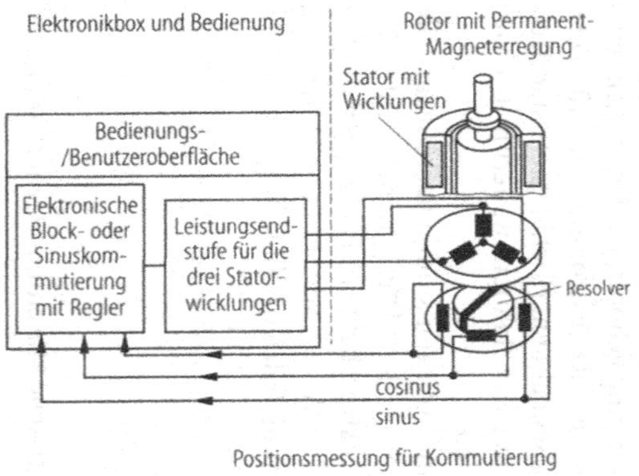 Elektronikbox und Bedienung Bedienungs-/Benutzeroberfläche Elektronische Block- oder Sinuskommutierung mit Regler Leistungsendstufe für die drei Statorwicklungen	Rotor mit Permanentmagneterregung Stator mit Wicklungen Resolver cosinus / sinus Positionsmessung für Kommutierung		Wie unter **c**. Hohe Genauigkeitsanforderungen aber nur mit Sinus-Kommutierung und Encoder mit hoher Positionsauflösung erfüllbar.	Gleichstrom erforderlich, wegen elektronischer Kommutierung, obwohl der Aufbau einer Synchronmaschine entspricht. Sehr geringe, aber auch sehr hohe Drehzahlen möglich.	Wie unter **c**. Bei **d** Vorteile bezüglich Verschleiß und Bürstenübergangsspannung wegen der fehlenden Bürsten. Nachteile bei **d** wegen elektronischem Aufwand, besonders bei hohen Auflösungen und Genauigkeiten. Einsatzspektrum vom Kleinstmotor bis zum Segmentmotor mit 250000 Nm ($\varnothing = 12$m).
e Drehstrom-Synchronmaschine (DS-SM)	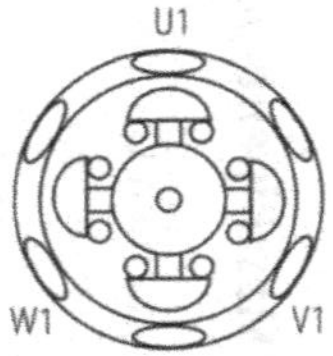 U1 V1 W1	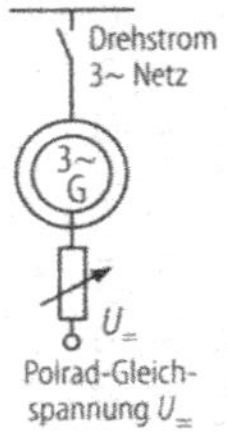 Drehstrom 3~ Netz $3\sim$ G $U_=$ Polrad-Gleichspannung $U_=$	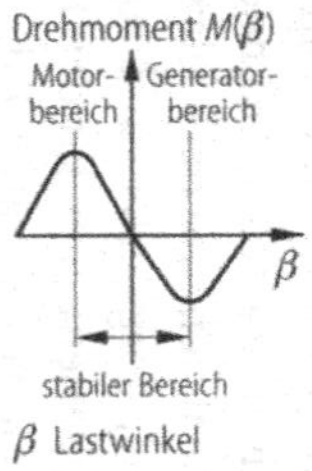 Drehmoment $M(\beta)$ Motor-Generatorbereich β stabiler Bereich β Lastwinkel	Drehzahl ist die Synchrondrehzahl und hängt streng von der Netzfrequenz ab. Als Motor nur über Frequenz-Umrichter regelbar.	Dreiphasenwechselstrom (Drehstrom). Als Motor im Leistungsbereich bis 40 MW, als Generator bis ca. 1 GW. Strangspannungen von 230 V bis 15 kV.	Generatoren zur großtechnischen Stromerzeugung in allen Kraftwerken. Großmotoren für universellen Einsatz in Umformaggregaten, für Kompressoren, Pumpen, Turbinen, Schiffsantriebe und Mühlen.

Bild A-15a–o. Übersicht über elektrische Maschinen, Generatoren und Motoren

Maschinentyp	Aufbau	Schaltzeichen	Kennlinien	Regelbarkeit	Spannungs-/Leistungsbereich	Anwendungsgebiete
d Gleichstrommaschine mit Permanenterregung und elektronischer Kommutierung: sogenannte Elektronik- oder EC-Motoren. (EC: electronical commutated)	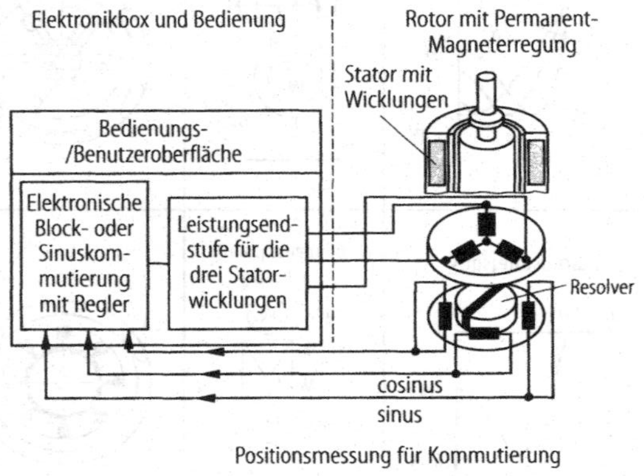 Elektronikbox und Bedienung	Rotor mit Permanent-Magneterregung; Stator mit Wicklungen; Bedienungs-/Benutzeroberfläche; Elektronische Block- oder Sinuskommutierung mit Regler; Leistungsendstufe für die drei Statorwicklungen; Resolver; cosinus; sinus; Positionsmessung für Kommutierung		Wie unter **c**. Hohe Genauigkeitsanforderungen aber nur mit Sinus-Kommutierung und Encoder mit hoher Positionsauflösung erfüllbar.	Gleichstrom erforderlich, wegen elektronischer Kommutierung, obwohl der Aufbau einer Synchronmaschine entspricht. Sehr geringe, aber auch sehr hohe Drehzahlen möglich.	Wie unter **c**. Bei **d** Vorteile bezüglich Verschleiß und Bürstenübergangsspannung wegen der fehlenden Bürsten. Nachteile bei **d** wegen elektronischem Aufwand, besonders bei hohen Auflösungen und Genauigkeiten. Einsatzspektrum vom Kleinstmotor bis zum Segmentmotor mit 250000 Nm ($\varnothing$ = 12m).
e Drehstrom-Synchronmaschine (DS-SM)	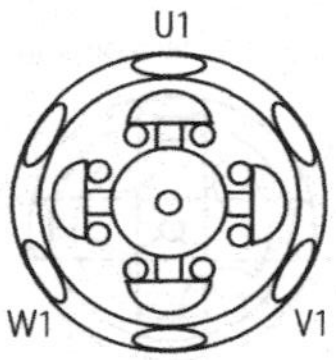 U1; V1; W1	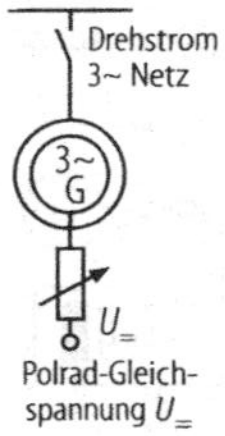 Drehstrom 3~ Netz; $U_=$; Polrad-Gleichspannung $U_=$	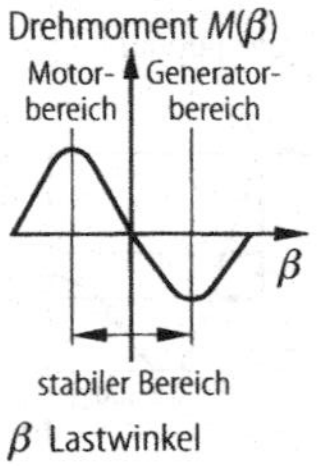 Drehmoment $M(\beta)$; Motorbereich; Generatorbereich; β; stabiler Bereich; β Lastwinkel	Drehzahl ist die Synchrondrehzahl und hängt streng von der Netzfrequenz ab. Als Motor nur über Frequenz-Umrichter regelbar.	Dreiphasenwechselstrom (Drehstrom). Als Motor im Leistungsbereich bis 40 MW, als Generator bis ca. 1 GW. Strangspannungen von 230 V bis 15 kV.	Generatoren zur großtechnischen Stromerzeugung in allen Kraftwerken. Großmotoren für universellen Einsatz in Umformaggregaten, für Kompressoren, Pumpen, Turbinen, Schiffsantriebe und Mühlen.

Bild A-15d, e

Maschinentyp	Aufbau	Schaltzeichen	Kennlinien	Regelbarkeit	Spannungs-/Leistungsbereich	Anwendungsgebiete
f Einphasen-Synchronmotor (EP-SM): Reluktanz-, Hysterese- und Kleinstmotoren	 Hauptwicklung / Hilfswicklung	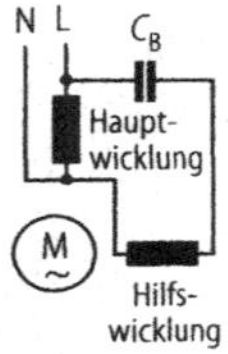 N L C_B Hauptwicklung / Hilfswicklung; C_B Betriebskondensator	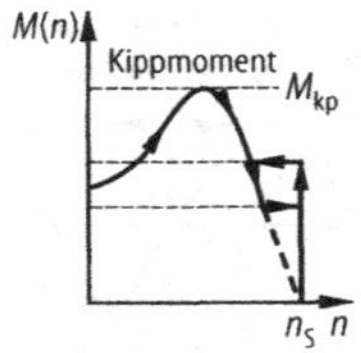 $M(n)$, Kippmoment M_{Kp}, n_S n; n_S Synchrondrehzahl	Direkt am Netz nicht regelbar, nur mit Frequenzumrichter, wegen Synchrondrehzahl: $n = n_S$	Einphasenwechselstrom, z.B. 230 V bis 0,5 kW. Bei Kleinstmotoren (0,01 W bis wenige W) mit Kleinspannungen über Trafo.	Uhren, schreibende Registriergeräte, EDV, Kommunikations-, Phono- und Videotechnik. Modell- und Kleinspielzeugbau (wenig Leistung aber konstante Drehzahl)
g Drehstrom-Asynchronmaschine (DS-ASM) mit Käfigläufer (KL)	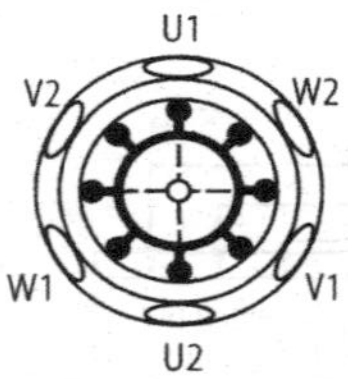 W2 V1 U1 V2 W1 U2	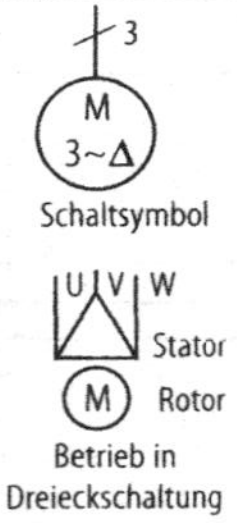 3 M $3\sim-\triangle$ Schaltsymbol; U V W Stator, M $3\sim$ Rotor, Betrieb in Dreieckschaltung	Drehmomenten-Drehzahl-Kennlinie 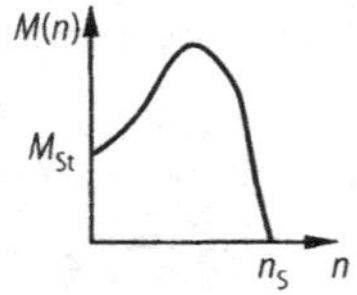 $M(n)$, M_{St}, n_S n; M_{St} Stillstandsmoment	Am Netz nicht regelbar, nur mit Frequenzumrichter. $n < n_S$ (Schlupf s) abhängig von der Last M_L	Dreiphasen-Drehstrom, 0,5 kW bis 10 MW. Polpaar umschaltbar. n_S von 500 bis 3000 min^{-1}. U_L von 230 V bis 10 kV. Stern-Dreieck-Anlauf bei Motoren > 4 kW	Motor mit den besonderen Merkmalen: preisgünstig, kompakt, robust, leistungsstark, hohe Zuverlässigkeit und Lebensdauer. Universeller Einsatz in allen Bereichen in Industrie und Gewerbe, als Linearmotor für Schnellbahnen und Transportbänder.
h Drehstrom-Asynchronmaschine (DS-ASM) mit Schleifringläufer zur Drehzahlvariation	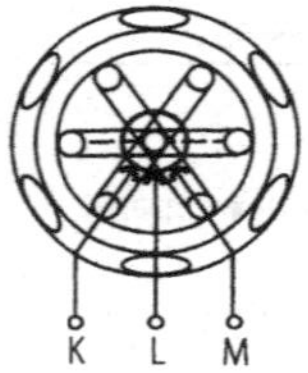 K L M	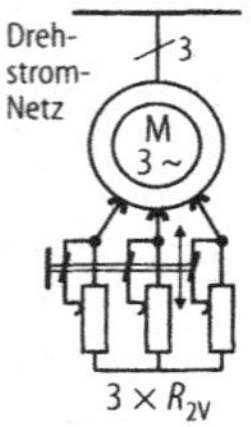 Drehstrom-Netz 3 M $3\sim$ $3 \times R_{2V}$	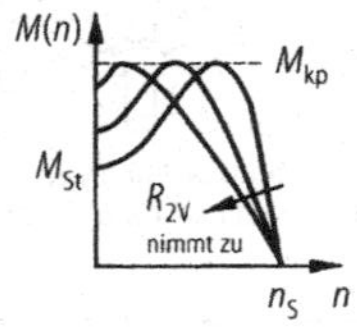 $M(n)$, M_{Kp}, M_{St}, R_{2V} nimmt zu, n_S n; M_{Kp} Kippmoment	Über drei R_{V2} Sekundärwiderstände steuerbar. Regelbar mit leistungselektronischer Umrichtertechnik	Dreiphasen-Drehstrom. Polpaarzahl des Läufers und des Ständers müssen gleich sein, nicht polumschaltbar.	Wie unter g für universellen Einsatz geeignet, z.B. für Hebe- und Förderzeug, als Standard oder mit Umrichtern, z.T. als Getriebe- und Bremsmotoren.

Bild A-15f–h

Maschinentyp	Aufbau	Schaltzeichen	Kennlinien	Regelbarkeit	Spannungs-/Leistungsbereich	Anwendungsgebiete
Drehstrom-Asynchronmaschine (DS-ASM) mit Stromverdrängungsläufer (große Anlaufdrehmomente) **i**	Wie unter **g**, DS-ASM mit KL, jedoch mit anderen Läufer-Nutformen: Hochstab-, Keilstab-, Tropfen- oder Doppelstab-Läuferkäfige.	Wie unter **g**.	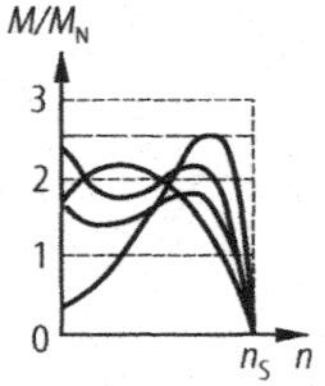 n_u Umschalt-Drehzahl	Wie unter **g**; das Anlauf-Drehmoment wird durch konstruktive Mittel definiert: Nutformen.	Wie unter **g**.	Wie unter **g**. Besonders geeignet für Schweranlauf wegen des großen Anlaufmoments
Einphasen-Wechselstrommotor (EP-ASM): Anlauf-, Betriebs- und Doppel-Kondensatormotoren **k**	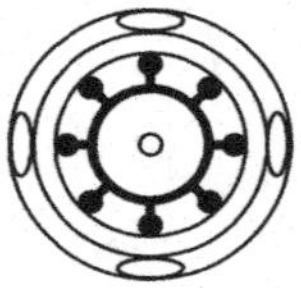	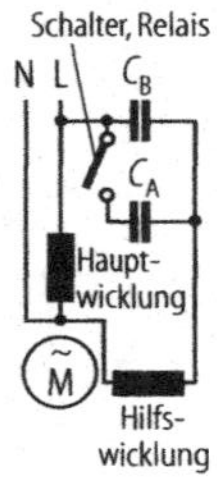 Schalter, Relais; Hauptwicklung; Hilfswicklung; C_B Anlaufkondensator	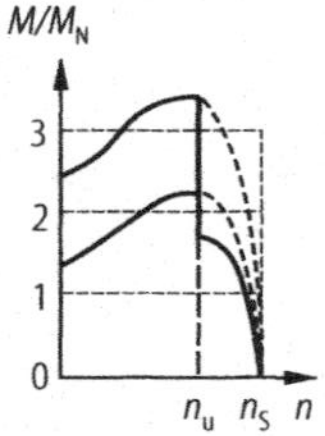 n_u Umschalt-Drehzahl	Am Netz nicht regelbar, nur mit Frequenzumrichter. Läuft mit Schlupf s: $n < n_S$	Einphasen-Wechselstrom, z.B. 230 V (1 W bis ca. 1,5 kW). Drehzahlbereich: $n_S = 1500\ \mathrm{min^{-1}}$ oder $3000\ \mathrm{min^{-1}}$.	Universeller Einsatz im Leistungsbereich bis 1000 W in Industrie und Gewerbe, Werkstatt, Büro und Haushalt, u.a. in Pumpen, Lüfter, Werkzeugen und Kompressoren. Auch in umrichtergesteuerten Antrieben.
Einphasen-Wechselstrom-Asynchronmotor in Spaltpolausführung; Spaltpolmotor **l**	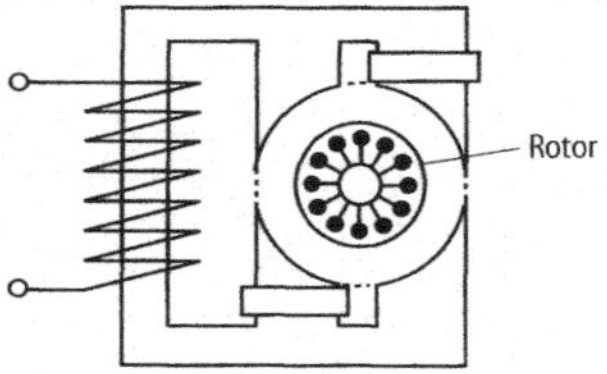 Rotor		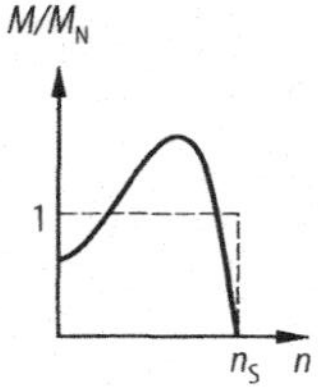	Wie unter **k**; direkt am Netz nicht regelbar. Drehrichtung nicht umkehrbar. Sie liegt durch die Konstruktion fest.	Einphasen-Wechselspannung bis 230 V oder heruntertransformiert, 1 W bis 150W, $n_S = 1500$ und $3000\ \mathrm{min^{-1}}$.	Leistungsschwache, aber einfache, robuste, preiswerte und sehr zuverlässige Motoren für Werkstatt, Haushalt, Büro und Spielzeugbau, kleine Lüfter und Pumpen. Auch als leistungselektronisch gesteuerte Version erhältlich.

Bild A-15i-l

Maschinentyp	Aufbau	Schaltzeichen	Kennlinien	Regelbarkeit	Spannungs-/ Leistungsbereich	Anwendungsgebiete
Linearmotor **m**	Prinzipiell kann jede Rotationsmaschine in die Translation (linear) abgewickelt und als entsprechende der Linearmaschine betrieben werden.	Beispielsweise GS-Linearsteller: Permanentmagnet Spule $-v$ $+v$	Kennlinien der Linearmotoren entsprechen denen ihrer Rotationsmotoren mit der linearen Geschwindigkeit v anstatt der Winkelgeschwindigkeit ω bzw. Drehzahl n.	In gleicher Weise wie der zugeordnete Rotationsmotor.	In gleicher Weise wie der zugeordnete Rotationsmotor.	Linear-DS-ASM für große Schnellbahnen (Schwebebahn) bis 5 MW mit aufwendiger Umrichtertechnik. Kleine geregelte GS- oder Schritt-Linearversteller für aktive Optik, Labor- und Multimediatechnik oder Laserstrahlpositionierer.
Piezostellantriebe (Lineare oder Biege-Aktoren). Auch bekannt als die exotischen Varianten: Inchworm Drive oder Piezo Walk Drive **n**	Masse der Last M Piezo U_S m Masse des Piezostapels	C_0 L_1 R_1 C_1 Ersatzschaltbild Piezotranslator: Bei langsamen Bewegungen wirkt der Piezostapel wie eine Kapazität C_0	Längenänderung ΔL ΔL U_B Hysteresekurve eines Piezostapels. Sie kann weggeregelt werden.	Sehr gut und sehr genau und dynamisch regelbar, da der Piezo extrem steif ist. Um die Hysterese auszuregeln, ist eine Lagemessung nötig.	Gleich- und Wechselspannungen bis zu Frequenzen von mehreren kHz möglich. Der Piezo reagiert sehr schnell ($\ll$1ms). Stellweg von 0 bis zu einigen 100 µm bei Auflösung < 1 nm	Extremes Auflösungsvermögen (Subnanometer) und sehr hohe Belastbarkeit bis max. 30000 N, jedoch nur kleine Verstellwege bis max. 1 mm machen die Piezostelltechnologie für hochauflösende, hochgenaue, hochdynamische und sehr steife Verstelltische in der Optik, Lichtfaser- und Lasertechnik, zur Mikropositionierung von Masken/Wafern bei der Halbleiterchip-Herstellung, in Mikrogravierwerkzeug und Tonabnehmer besonders geeignet. Inchworms sind Endlos-Linearantriebe geringer Genauigkeit.
Schrittmotoren mit den Varianten: Reluktanz-, Permanent-magnet- und Hybridschrittmotor, teilweise mit Mikroschritt-steuerungen **o**	Elektronische Schritt-steuerung mit Leistungs-versorgung Netzanschluß A-A* Statorstrang A B-B* Statorstrang B (Zweiphasenmotor)	A S N B* S N S B N S A* 	$M_0(\beta)$ Haltemoment M_h Lastwinkel β $\beta = P/4$ P Polteilung	Gut steuer- und regelbar, über die Schrittfolgefrequenz. Mikroschritte bis über 100000 Schritte pro Umdrehung.	Ansteuerung erfolgt mit Pulsfrequenzen von 0 bis zu mehreren 10 kHz. Achtung: bei Überlast fällt der Schrittmotor (wie die SM Synchronmaschine) außer Tritt	Eignung für Positionierungen ohne Regelung, nur mit Schrittsteuerung, da der Schrittmotor bei korrekter Ansteuerung keinen Schritt verliert. Mikroschrittbetrieb mit elektronischer Interpolation ermöglicht extrem hohe Schrittauflösungen.

Bild A-15 m–o

werden. Die *GS-NSM* erfüllt diese Anforderungen trotz vorrückender *elektronisch gesteuerter Asynchronmaschinen* immer noch in so hohem Maße wie keine andere Maschine. Sie profitiert dabei von der hohen Linearität der Zusammenhänge zwischen *Drehmoment* und *Strom* einerseits und zwischen *Spannung* und *Geschwindigkeit* andererseits, dargestellt durch die Gleichungen:

$$M = CI_A \quad \text{bzw.} \quad U_0 = C\omega \tag{A-11}$$

mit $C = M/I_A$ in der Einheit [Nm/A] = [Ws/A] = [Vs] (*Maschinenkonstante*) bzw.
$C = U_0/\omega$ in der Einheit [V/rad/s] = [Vs/rad] = [Vs],

    M: erzeugtes Motordrehmoment, I_A: Strom in der Ankerwicklung,
    ω: Motor-Winkelgeschwindigkeit, U_0: induzierte Spannung im Anker.

Voraussetzung ist, daß das Erregermagnetfeld konstant ist. Das ist der Fall, wenn ein konstanter Erregerstrom in der Erregerwicklung einer *NSM* fließt oder die Maschine permanentmagneterregt ist.

Daraus ergeben sich bei der *GS-NSM* streng lineare Spannung-Geschwindigkeit- bzw. Drehmoment-Geschwindigkeit-Kennlinien (wie in Abschn. A.4.1.6 hergeleitet oder in Bild A-38b bzw. Bild A-39a gezeigt wird). Sie liefern die Voraussetzungen für die erwähnten hervorragenden Regeleigenschaften. Dies führt zu den Anwendungen als Geschwindigkeitsmeßgerät (*Tachometer*) oder als Stellglied (*Aktuator*) in Positions- und Geschwindigkeits-Regelsystemen. Wegen dieser besonderen Eignung für Regelantriebe (*Servoantriebe, Servosysteme*) werden hochwertige, hochlineare (in Bezug auf lineare Kennlinien) *GSM* auch *Servomotoren* genannt. Da die *geregelten Antriebe* immer mehr Verbreitung finden, sind eine Vielfalt solcher *Servomotoren* (Abschn. A.5) entwickelt worden, die fast alle permanenterregt sind, d. h. sie besitzen keine Erregerspulen wie *die konventionelle, klassische GSM.*

Zunächst werden (in Abschnitt A.4.1) die klassischen *Gleichstrom-Maschinen* behandelt. Das sind die *GSM* mit Erreger- und Ankerwicklungen, die bei der *Gleichstrom-Nebenschluß-Maschine (GS-NSM) parallel* und bei der *Gleichstrom-Reihenschluß-Maschine (GS-RSM)* in Reihe geschaltet sind (Bild A-16). Handelsübliche *GSM* überdecken einen Leistungsbereich von unter einem Watt bis etwa ein Megawatt, darüber werden sie nur noch in teuren Spezialausführungen hergestellt. Der *permanenterregte GSM (Servomotor)* wird in Abschn. A.5.1 behandelt.

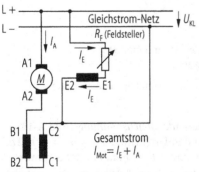

a Schaltung GS-NSM

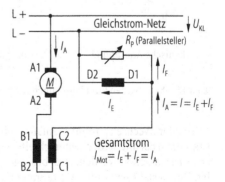

b Schaltung GS-RSM

Bild A-16a–b. Vergleich Nebenschluß- und Reihenschluß-Maschine

A.4.1.2
Prinzipieller Aufbau und Wirkungsweise

A.4.1.2.1
Funktionsprinzip eines Gleichstrom-Generators

> Im *Generatorbetrieb* stellt die elektrische Maschine eine Spannungsquelle dar, die mechanisch angetrieben wird, d.h. mechanische Leistung aufnimmt, und elektrische Leistung an einen elektrischen Verbraucher abgeben kann.

Wird eine Leiterschleife der Fläche A_0 in einem homogenen magnetischen Feld mit der konstanten Induktion B_0 mit konstanter Winkelgeschwindigkeit $\omega_0 = 2\pi n_0 = \Delta\alpha/\Delta t$ bewegt, entsteht an den Enden der Leiterschleife nach dem Induktionsgesetz eine sinusförmige Wechselspannung (Abschn. A.2.2.1, Gl. (A-4) und Gl. (A-5)):

$$u(t) = -\frac{d\Phi}{dt} = B_0 A_0 \omega_0 \sin(\omega_0 t) = U_0 \sin(\omega_0 t) \qquad (A\text{-}12)$$

mit U_0 als *Amplitude* der Wechselspannung. Die beiden letzten Beziehungen gelten in dieser Form nur, wenn die Drehachse senkrecht auf den Feldlinien steht.

Dreht sich die Leiterschleife (wie in Bild A-17a gezeigt) zwischen zwei zylindrischen Polschuhen mit konstanter Drehzahl, so wird die *Sinusfunktion* der Spannung wegen der waagrecht liegenden magnetisch neutralen Zone gemäß $u(t)$-Diagramm in Bild A-17b *deformiert*. Der Spannungsnulldurchgang wird dabei so flach, daß seine Ableitung du/dt fast null wird. Spannung und Strom (falls ein geschlossener Stromkreis vorhanden ist) werden über Schleifringe durch ortsfeste Bürsten abgegriffen.

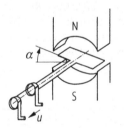   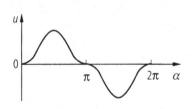

a Mechanische Anordnung   **b** Spannung-Zeit-Diagramm $u(t)$
                                     $\alpha = \omega t = 2\pi f t$

Bild A-17a–b. Zwischen zwei Polschuhen rotierende Leiterschleife mit Spannungsverlauf

Aus der Wechselspannung entsteht eine *pulsierende Gleichspannung* (Bild A-18b), wenn die Anschlüsse der Leiterschleife jeweils bei den Drehwinkeln $\alpha = \omega t = 0, \pi, 2\pi$, $3\pi \dots i\pi$ umgepolt werden. Dies besorgt ein sogenannter *Kommutator* oder Stromwender. Der besteht nach Bild A-18a im einfachsten Fall, wenn der Anker nur eine einzige Leiterschleife (Windungszahl $N = 1$) besitzt, aus zwei Halbringen, d.h. aus einem Ring mit zwei elektrisch leitenden Halbkreissegmenten (*Kollektor-Segmente*). Diese Segmente oder Lamellen sind elektrisch gegeneinander isoliert, aber leitend mit den Enden der Leiterschleife verbunden. Über die beiden ortsfesten Kohlebürsten, die sich diame-

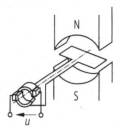 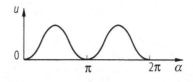

a Mechanische Anordnung   **b** Spannungs-Winkel- bzw Zeit-Diagramm $u(t)$
$\alpha = \omega t = 2\pi f t$

Bild A-18a–b. Prinzip der Spannungserzeugung in Gleichstrommaschinen

tral in der waagrecht liegenden *neutralen Zone* befinden, wird die Spannung vom Dreh-
teil (*Rotor*) auf zwei feststehende Klemmen (zum *Stator* gehörig) übertragen. Somit
wechselt im Turnus $\alpha = \omega t = i\pi$ ($i = 0, 1, 2, 3 \dots$) die Zuordnung der Bürsten bzw. Klemmen zu den Enden der Leiterschleife, so daß die interne Wechselspannung der rotierenden Leiterschleife an den Klemmen des Stators als gleichgerichtete Spannung (pulsierende Gleichspannung) erscheint. Die Leiterschleife kann auch durch eine Wicklung
mit der Windungszahl N ersetzt werden. Dann wird die Spannungsamplitude um den
Faktor N größer.

A.4.1.2.2
Prinzipieller Aufbau einer Gleichstrommaschine (*GSM*)

Der im Bild A-19 dargestellte prinzipielle Aufbau der *GSM* beschränkt sich schematisch
auf die für die Funktion wesentlichen Komponenten und Subsysteme. Das Teilbild A-
19a stellt einen Schnitt durch die Maschine dar, das Teilbild A-19b eine Abwicklung der
Ankerwicklung in die Zeichenebene und zwar beim Blick auf den in eine Ebene geleg-
ten Ankerumfang. Außerdem sind die Anschlüsse der Ankerleiter 1 bis 32 (bzw. der 16
Teilwicklungen) an den Kommutator mit dessen Kollektorsegmenten 1 bis 16 und die
Lage der Hauptpole und Bürsten eingezeichnet. Da sich Ankerwicklung und Kollektor
bewegen, ist die Darstellung eine *zeitliche Momentaufnahme*, bei der sich die Leiter 3 bis
13 gerade im Bereich des Nordpols und 19 bis 29 im Südpolbereich befinden. Kurze Zeit
später werden sich (im Falle des *Motorbetriebs* mit den hier eingezeichneten Polaritä-
ten) die Leiter 4 bis 14 unter dem Nordpol bzw. 20 bis 30 unter dem Südpol befinden.

    Ein Subsystem, das prinzipiell jede elektrische Maschine enthalten muß, ist der
magnetische Kreis (Abschn. A.2.1). Die klassische *GSM* ist deshalb wie ein magnetischer
Kreis aufgebaut, bestehend aus den Komponenten:

- Joch (Jochring, stellt meistens auch das äußere Gehäuse dar),
- Schenkel bzw. Polschuhe (magnetische Hauptpole),
- Erregerwicklung mit Durchflutung $\theta = NI$ (kann alternativ durch Permanentmagnete
  ersetzt werden),
- Luftspalt zwischen Polschuhen und Rotor, und
- Anker (Rotor) mit Ankerwicklung und Abtriebswelle.

Die ersten drei Komponenten bilden zusammen mit Bürsten, Klemmen und Verdrahtung den Ständer (*Stator*). Hinzu kommt der Kommutator, bestehend aus:

- Kollektor mit Kollektorsegmenten (Lamellen), zum Rotor gehörig;

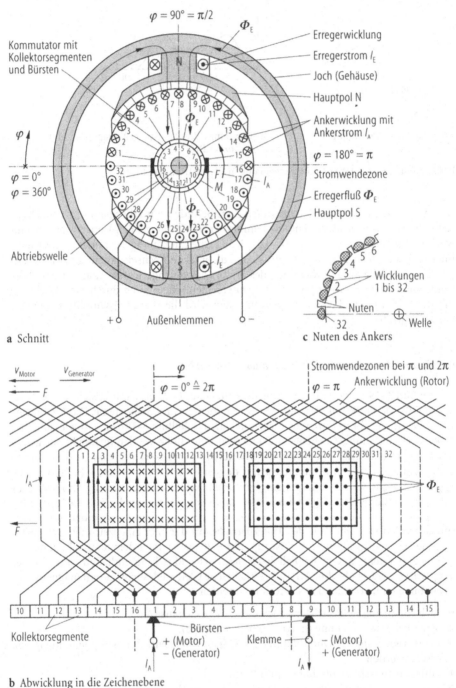

a Schnitt

c Nuten des Ankers

b Abwicklung in die Zeichenebene

Bild A-19a–b. Prinzipieller Aufbau einer Gleichstrommaschine (2polig, Polpaarzahl $p = 1$)

- Bürsten, Klemmen und Verbindungsleitungen (zum Stator gehörig), sowie die Welle und die Lagerung des Rotors (in Bild A-19 nicht dargestellt).

Der *Kommutator* ist konzentrisch um die Welle (Drehachse) angeordnet. Der *Jochring* dient als magnetischer Rückschluß und wird aus Guß oder rolliertem Walzstahl gefertigt. Bei hochwertigen Maschinen, die dynamischen Steuer- und Regelungsvorgängen ausgesetzt sind, wird der Jochring wie die anderen Komponenten des Magnetkreises zur Vermeidung von *Wirbelströmen* geblecht ausgeführt. Der Jochring besteht dann aus ferromagnetischen *Lamellen*, die durch Isolationslack elektrisch gegeneinander isoliert sind, um die Entstehung (durch Induktion) unerwünschter *Wirbelströme* zu unterbinden. Wirbelströme verschlechtern den Wirkungsgrad, erwärmen dadurch zusätzlich die Maschine und erhöhen die elektrischen Zeitkonstanten, was einer Verschlechterung der *Dynamik* der Maschine gleichkommt. Unter *Dynamik* versteht man die Reaktionsschnelligkeit, d. h. eine möglichst geringe Hochlaufzeit nach dem Einschalten und eine kleine Reaktionszeit auf Änderungen (Abschn. A.6).

Die *Hauptpole* werden ebenfalls aus gestanzten Blechen zusammengesetzt und tragen die Erregerwicklung. Sie sind nach innen durch *Polschuhe* erweitert, damit die Feldlinien dieses *Elektromagneten* eine möglichst große Leiterzahl der Ankerwicklung erfassen. Die Feldlinien treten praktisch senkrecht aus den Polschuhen heraus in den Luftspalt und gehen wieder senkrecht in den Anker hinein, bzw. umgekehrt je nach Art des Poles (Nord- bzw. Südpol). Dieser erwünschte physikalische Effekt beruht auf dem extrem großen Unterschied der *relativen Permeabilität* μ_r in den angrenzenden Medien. Die Permeabilität $\mu = \mu_r \cdot \mu_0$ (oder auch spezifische magnetische Leitfähigkeit) bestimmt den *magnetischen Widerstand* eines Mediums (Abschn. A.2.1) und wirkt beim Übergang des Magnetfeldes zwischen verschiedenen Medien (z. B. zwischen Polschuhen und Luftspalt oder zwischen Luftspalt und Anker) gleichzeitig als *Brechungsindex* für die Feldlinien. Diese treten deshalb praktisch senkrecht zur Oberfläche aus dem ferromagnetischen Medium sehr hoher relativer Permeabilität ($\mu_r > 1000$), d. h. hohem Brechungsindex, über in den Luftspalt mit $\mu_r \approx 1$, d. h. sehr kleinem Brechungsindex.

Der *Läufer* oder *Anker* bzw. dessen ferromagnetischer Zylinder ist aus den oben bereits erläuterten Gründen (Vermeidung von Wirbelstrominduktion) aus Dynamoblechen zusammengesetzt und trägt in ausgestanzten Nuten die *Ankerwicklung*. Diese setzt sich aus einer Vielzahl von Leiterschleifen zusammen, die mit ihren Anfängen und Enden nacheinander an die *Kollektorsegmente* (Lamellen) des auf der Rotorachse sitzenden Stromwenders (*Kommutators*) angeschlossen sind. Der Kommutator polt die erzeugte Spannung so um, daß eine Gleichspannung entsteht.

Besitzt der rotierende Anker viele gleichmäßig am Umfang verteilte Leiterschleifen bzw. *Teilwicklungen*, deren Enden sukzessive (d. h. in Reihenschaltung) mit ebensovielen gegeneinander isolierten *Kollektorsegmenten* elektrisch verbunden sind, so entsteht eine umlaufende, geometrisch am Umfang verteilte Ankerspule (*Ankerwicklung*). Der momentane Anfang und das momentane Ende der Ankerwicklung (Stromzuführungsstellen) sind winkelabhängig und ändern sich damit ständig während des Laufs des Ankers. Sie sind durch die relative Lage *der beiden* drehenden *Kollektorsegmente* bestimmt, die gerade mit den feststehenden *Bürsten* Kontakt haben. Während des *Kommutierens* (Umpolens) ist es durch die flächenmäßige Ausdehnung der Kohlebürsten unvermeidbar, daß im Kommutator jeweils zwei benachbarte Segmente des Kollektors durch die Bürsten kurzzeitig miteinander verbunden werden, wodurch die betreffende Teilwicklung kurzgeschlossen wird. Dieser Kurzschluß, dessen Dauer von der Bürstenfläche und der Rotorgeschwindigkeit abhängt, ist jedoch weitgehend wirkungslos, da die induzierte Schleifenspannung dabei gerade null ist (Bild A-18b bei $\alpha = 0, \pi, 2\pi$). Die von den Bürsten kurzgeschlossenen Schleifen oder Teilwicklungen befinden sich, bedingt durch den Aufbau der *GSM*, immer in der waagrechten Lage symmetrisch zwischen den beiden Polen, also in der Pollücke, der sogenannten *neutralen Zone*. Die Windungen des Ankers, die sich gerade in der *neutralen Zone* bewegen, finden jedoch keine magnetischen Feldlinien vor, so daß dort keine Spannung induziert wird. Bei der in Bild A-19 gezeigten Ankerwicklung handelt es sich um eine einfache *Schleifenwicklung*, die hier wegen der Übersichtlichkeit aus mehreren möglichen Varianten ausgewählt wurde. Anfang und Ende jeder Teilspule (z. B. Leiter 1 und Leiter 18 bilden eine Teilspule mit 1 bis *N* Windungen) sind jeweils an zwei benachbarte Kollektorsegmente geschaltet (z. B. Segment 1 ist mit Leiter 1 und Segment 2 ist mit Leiter 18 verbunden). Wie zu erkennen ist, sind über die momentane, bewegungsabhängige leitende Verbindung von zwei beweglichen Kollektorsegmenten (in Bild A-19b sind dies Segmente 1 und 9) mit den beiden ortsfesten Bürsten immer zwei Halbwicklungszüge parallel geschaltet.

> *Mit dieser Schaltanordnung bilden sich zwei parallel geschaltete, kreuzweise gewickelte und am Umfang fortschreitende Wicklungen, deren Anfang und Ende durch die momentane (relative) Lage der feststehenden Bürsten definiert wird. Die definierte Position der Bürsten bestimmt somit die geometrische Lage der Stromwendezonen. Der Strom in der Ankerwicklung wird also ortsfest (bezogen auf den Ständer) umgepolt, unabhängig von der bewegten Lage des Ankers.*

Aus diesem Grund liegen jeweils zwei Leiter (Teilwicklungen) in einer gemeinsamen Nut (z. B. Leiter 1 und 2 oder Leiter 3 und 4), deren stirnseitige Verdrahtung sich jeweils kreuzt. In Bild A-19c liegen die beiden Teilwicklungen nebeneinander in der Nut. Die ungeradzahligen Leiter können sich in den Nuten beispielsweise auch unterhalb der geradzahligen Leiter befinden. Jede Nut enthält in diesem Beispiel also zwei Schichten von Spulen.

Gleichspannungserzeugung in der Ankerwicklung

Rotiert der Anker in dem Erregermagnetfeld des Elektromagneten, werden in den senkrecht zu den Feldlinien bewegten und senkrecht zur Bewegung und zur Feldrichtung ausgerichteten Leiterstäben (bzw. Leiterdrähten) der Ankerwicklung Einzelspannungen erzeugt. Die Polarität der Spannung bzw. Richtung des Stromes wird nach der Rechte-Hand-Regel (Abschn. A.2.2.1 und A.4.1.2.4) ermittelt. Diese Induktionsspannung wird auch *Elektro-Motorische-Kraft (EMK)* genannt, weil sie im Generatorbetrieb für die Gegenkraft (bzw. Bremsmoment) gegen die außen antreibende Kraft verantwortlich ist.

Weil sich aus den einzelnen Leiterschleifen oder Teilwicklungen über die Kollektorsegmente eine fortlaufende Ankerwicklung ergibt, addieren sich in Bezug auf die Bürsten alle in den einzelnen Leiterschleifen oder Teilwicklungen induzierten Teilspannungen zu einer Gesamtspannung. Sie kann im *Leerlauf* einer als *Generator* betriebenen *GSM* an den äußeren Klemmen abgegriffen (gemessen) werden. Der *leerlaufende* Generator ist am Ausgang seines Ankerkreises elektrisch *unbelastet*, d. h. der äußere Last- oder Verbraucherwiderstand ist unendlich ($R_\mathrm{L} = R_\mathrm{V} = \infty$). Da somit kein Ankerstrom fließt ($I_\mathrm{A} = 0$), kann auch kein innerer Spannungsabfall am *Innenwiderstand der Ankerwicklung* entstehen. Deshalb ist die *induzierte Spannung (EMK)* dann außen meßbar. Bei dieser *Leerlaufmessung* muß dafür Sorge getragen werden, daß das Spannungsmeßinstrument einen sehr hohen (praktisch *unendlichen*) Eingangswiderstand besitzt, um den *Leerlauf* ($I_\mathrm{A} = 0$ bzw. $P_\mathrm{el,ab} = 0$) zu gewährleisten. Ansonsten wird durch $I_\mathrm{A} > 0$ das Meßergebnis verfälscht.

Welligkeit der kommutierten Gleichspannung

Wie Bild A-20 zeigt, weist die Gesamtspannung der *EMK* (hier $U_S(\varphi)$) im Vergleich zu den kommutierten Einzelspannungen $U_\nu(\varphi)$ neben dem beträchtlich höheren Betrag eine hohe Gleichförmigkeit auf, d.h. geringe periodische Abweichung von einer idealen Gleichspannung. Dieser in der Literatur als *Welligkeit* oder als *Ripple(Rippel)spannung* bezeichnete Wechselspannungsanteil ΔU ist bedingt durch die geometrische Verteilung der Teilwicklungen am Rotorumfang, die entsprechende elektrische *Phasenverschiebungen* der Einzelspannungen bewirkt. Die Welligkeit W wird demnach mit steigender Zahl ν der Teilwicklungen und höherer Windungszahl N in den Teilwicklungen und mit immer dichteren und komplizierteren Wicklungsmethoden (z.B. schräge und gekreuzte Wicklungen) zunehmend besser. Eine weitere diesbezügliche Qualitätsverbesserung kann zusätzlich mit höherer Polzahl der Maschine erreicht werden (Abschn. A.4.1.2.6). Dabei wird nicht nur der Betrag der Welligkeit geringer, sondern gleichzeitig nimmt ihre Frequenz zu, wonach nicht zuletzt die Qualität einer *GSM*, besonders im Hinblick auf die Regeleigenschaften, beurteilt wird. In Bild A-20 ist der Spannungsverlauf einer sehr einfachen Gleichstrommaschine dargestellt, um das Prinzip der Welligkeit zu zeigen. Die Maschine besitzt nur zwei Hauptpole und im Anker nur vier Teilwicklungen, d.h. vier Kollektorsegmente ($\nu = 4$). Die Welligkeit hat einen Betrag $\Delta U/U_=$ und eine Frequenz. Da die zeitbezogene Frequenz der Welligkeit $f = \varphi/2\pi t$ (in Hz) von der Drehzahl $n = 60 \cdot f$ (in min^{-1}) abhängt, wird eine *Ortsfrequenz* angegeben, die im Beispiel in Bild A-20 nur $8/2\pi$, d.h. 8 Perioden pro Umfang (bzw. 8 Perioden pro Umdrehung) beträgt. Der Welligkeitsbetrag $|W|$ dieser einfachen Maschine beträgt etwa 12,5 %.

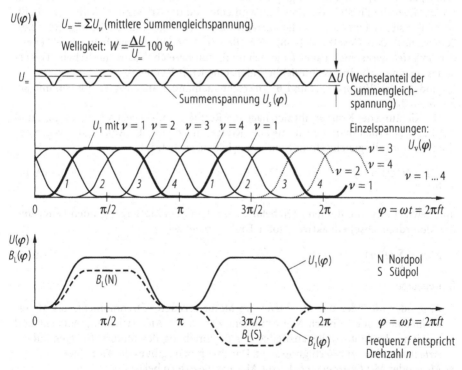

Bild A-20. Diagramm der Einzel- und Summenspannungen als Funktion des Rotationswinkels. Luftspaltinduktion $B_L(\varphi)$ (radiale Komponente bei $I_A = 0$) über dem Ankerumfang (Rotationswinkel φ)

Außerdem kommen zur Qualitätsverbesserung im Ankerkreis noch *Kompensations-* und *Wendepolwicklungen* dazu (Abschn. A.4.1.2.5). Die Welligkeit W erstreckt sich von etwa 0,01% bei einem höchstwertigen *Tachogenerator* (als Drehzahl-Meßgerät) bis zu einigen Prozent bei einfachen und billigen Motoren (keine *Servomotoren*).

Die Welligkeit W ist (nach Bild A-20) definiert als: $W = \dfrac{\Delta U}{U_=} \cdot 100\,\%$ (A-13)

A.4.1.2.3
Funktionsprinzip eines Gleichstrom-Motors

Im *Motorbetrieb* stellt die *elektrische Maschine* einen *elektrischen Verbraucher* dar.

Legt man gemäß Bild A-16 an den Klemmen einer *GSM* eine Gleichspannung an, so belastet die Maschine als elektrischer Verbraucher die externe Spannungsquelle (U_{KL}) mit einem Motorstrom I_{Mot}. Sie nimmt dabei elektrische Leistung $P_{el,auf} = U_{KL} I_{Mot}$ auf und gibt gleichzeitig mechanische Leistung $P_{mech,ab} = M\omega$ ab.

Voraussetzung ist, daß beim Einschalten $M_{Mot} > M_{Last}$ ist, d.h. das vom Motor erzeugte Drehmoment muß größer als die Summe aus Eigenreibung und äußerem Lastmoment sein, so daß die Maschine selbständig anlaufen kann: dann herrscht *Motorbetrieb*. Der Strom fließt dann vom Pulspol + (+ U_{KL}) über den Motor als elektrischer Last zum Minuspol – (– U_{KL}) der Spannungsquelle zurück. Der Strom im Ankerkreis (Ankerstrom I_A), der über die Bürsten, die Kollektorsegmente und die Ankerkreiswicklungen fließt, verknüpft sich magnetisch mit dem *Erregermagnetfeld* (Abschn. A.2.2.2 und A.4.1.2.4). So wird nach dem Gesetz (Gl. (A-8)): $F = (B_E \times l) \cdot I_A$ in jedem einzelnen von N Leitern der *vektoriell* wirksamen Länge l, die sich im Einflußbereich des magnetischen Erregerfeldes (magnetische Induktion B_E) befinden, eine Kraft F erzeugt.

Sind die *drei Vektoren* F, l und B senkrecht zueinander angeordnet, gilt vereinfacht: $F = B_E \cdot l \cdot I_A$.

Die Richtung der Kraft ergibt sich nach der Rechte-Hand-Regel (Abschn. A.2.2.2 und A.4.1.2.4). So erhält man die Summe aller Kräfte am Umfang des Ankers, die wegen des Kommutators alle gleiche Drehorientierung haben. Sie beträgt

$$\sum_N F = N \cdot B_E \cdot l \cdot I_A \tag{A-14}$$

und bewirkt über die Radien r (Hebelarm zwischen dem krafterzeugenden Leiter und der Motordrehachse) ein aktives Motor-Drehmoment M_{Mot}:

$$M_{Mot} = \sum_N (F \cdot r) \tag{A-15}$$

Es bedeutet:

- M_{Mot} oder M_M oder nur M: aktives, im Motor erzeugtes Drehmoment, das *Motordrehmoment* oder einfach Motormoment, das in der Ankerwicklung entsteht und somit an der Motorwelle, abzüglich der Eigenreibung des Motors, für eine äußere *Arbeitsmaschine* zur Verfügung steht. Darüber hinaus gibt es die Momente:
- M_{Last} oder M_L: *Lastmoment*, das die Motorwelle extern belastet;
- M_{ab}: das über die Motorwelle an die Arbeitsmaschine (mechanische Last) *abgegebene Drehmoment*;

- M_{MR}: *Motor-Reibmoment*: Eigenreibung im Motor, die eine mechanische Verlustleistung verursacht, und
- M_B: *Beschleunigungsmoment*: $M_B = M_{ab} - M_L = M_M - M_{MR} - M_L$

Das Motormoment M_M ist eine *skalare* Größe mit der Einheit [Nm] = [Ws] (Newton-Meter gleich Wattsekunde) und einer Polarität/Drehrichtung, die wie folgt definiert ist:

> Bei Blickrichtung auf die Abtriebswelle des Motors entspricht die *positive Drehrichtung* + ω bzw. + M der Rotation im Uhrzeigersinn, also *Rechtslauf*.

Nach dem Einschalten des Motors (Anlegen der Klemmspannung) wird der Rotor unter der Bedingung $M_M > (M_L + M_{MR})$ solange beschleunigt, bis der statische Arbeitspunkt AP bei $M_{ab} = M_L$ erreicht ist. Im AP herrscht dann der Gleichgewichtszustand ($M_B = 0$), der solange andauert, bis einer der vorgegebenen Parameter U_{KL} oder M_L geändert wird. Der AP ist dadurch gekennzeichnet, daß alle beteiligten Größen, beispielsweise U_{KL}, I_A, I_E bzw. Φ_E, M_M, M_L, ω bzw. n, also auch die aufgenommene elektrische sowie die abgegebene mechanische Leistung $P_{el,auf}$ bzw. $P_{mech,ab}$ oder die Verlustleistung P_V konstant sind.

A.4.1.2.4
Grundgleichungen und zugeordnete Maschinenkonstanten

Ausgehend von den theoretischen Grundlagen in Abschn. A.2.2 werden für den Anwender der *GSM* drei *spezifische Grundgleichungen* abgeleitet, aus denen *skalare Zusammenhänge* der ursprünglich vektoriellen Größen hervorgehen. Das wird durch die Einführung von *Maschinenkonstanten* möglich. Diese Koeffizienten sind durch die *Konstruktion* eines Maschinentyps definiert und können somit von außen nicht geändert werden. Geringe *Nichtlinearitäten* im Arbeitsbereich der *Magnetisierungskurve* des eingesetzten *Ferromagnetikums* (Ferromaterials) sowie *Temperatureinflüsse* werden dabei vernachlässigt.

1. Grundgleichung: Spannungserzeugung in der Ankerwicklung

Wie im Abschnitt A.4.1.2.1 und A.4.1.2.2 erläutert, werden durch die Bewegung des Ankers (Rotors) in den Ankerwicklungen Spannungen induziert, unabhängig davon, ob sich die Maschine im Generator- oder im Motorbetrieb befindet. Die Teilspannungen haben in den Leitern unter dem magnetischen Nordpol eine Polarität, die nach der *Rechte-Hand-Regel* (Abschn. A.2.2.1) bestimmt ist. Die Polarität unter dem Südpol ist entgegengesetzt. Durch den Kollektor werden alle Teilspannungen zwischen zwei Kohlebürsten addiert. Die Bürsten greifen die aufsummierten Spannungen exakt zwischen zwei zugeordneten Erregerpolen ab (in der *neutralen Zone*). Deshalb werden alle Spannungen am gesamten Umfang des Ankers unabhängig von ihrer relativen Lage zu den Polen gleichsinnig erfaßt. Nach außen hin erscheint somit zwischen den Bürsten bzw. Außenklemmen eine Gleichspannung mit einer oben erläuterten Welligkeit (Bild A-20) und Gl. (A-13)). In jedem der N Teilstücke des Wicklungsdrahtes, erfaßt durch die vektorielle Länge l, die im Einflußbereich des Induktionsvektors B weilt und sich relativ zu diesem mit dem Geschwindigkeitsvektor v bewegt, wird eine Teilspannung induziert (Abschn. A.2.2.1).

Aus N Teilspannungen ergibt sich gemäß der Beziehung: $U_0 = N \cdot (B \times v) \cdot l$ (Gl. (A-6)) eine induzierte Summen-Gleichspannung U_0, die im Generator-Leerlauf an den Außenklemmen abgegriffen werden kann. Aus dieser allgemeinen Formel mit drei Vektoren wird eine für den *Anwender* praktikablere Formel abgeleitet, die nur *skalare Größen* enthält. Dies gelingt, wenn man anstatt *Vektor B* den *Skalar Φ* und anstatt *Vektor v* eine der beiden *Skalare* Drehzahl n oder Winkelgeschwindigkeit ω einführt. Die entsprechenden Umrechnungen lauten gemäß Definition des Magnetflusses:

$$\Phi = \int_A (B \cdot dA) \quad \text{und für die Geschwindigkeit:} \quad v = 2\pi \cdot r \cdot n = r \cdot \omega \qquad \text{(A-16)}$$

Mit Φ, n bzw. ω und der Leiterzahl N beinhaltet die so gefundene Spannungsgleichung Gl. (A-17) nur skalare Parameter und konstruktiv bedingte, also bei einer fertigen Maschine nicht mehr variierbare Einflüsse, die in einer *Maschinenkonstanten* zusammengefaßt werden können. So ist die integrale und vektorielle Verknüpfung der Induktion *B* mit der wirksamen Fläche *A* gemäß Gleichung (A-16) (vektorielle Integration), aus der der magnetische Erregerfluß Φ_E resultiert, allein durch die Materialwahl und die geometrische Auslegung der Maschine definiert. Ebenso verhält es sich bei der Umrechnung von Geschwindigkeit und Drehzahl sowie bei der magnetisch wirksamen Gesamtlänge Nl. Hiermit ergibt sich die

> **1. Grundgleichung:** $U_0 = k_1 \Phi_E n = c_1 \Phi_E \omega$ $\qquad\qquad$ (A-17)
>
> Die in der Maschine erzeugte Gleichspannung ist dem Produkt aus Drehzahl und magnetischem Erregerfluß Φ_E proportional. Der Proportionalitätsfaktor k_1 ist eine maschinenspezifische Konstante.

Diese Gleichung enthält ausschließlich *skalare Parameter*. Die Maschinenkonstanten k_1 bzw. c_1 sind dimensionslos (Einheit: [1]). Es gilt:

$$k_1 = \frac{U_0}{\Phi \cdot n} \quad \text{in der Einheit} \quad \left[\frac{V \cdot min}{Vs}\right] = 60: \text{Einheit } [1] \quad \text{bzw.}$$

$$c_1 = \frac{U_0}{\Phi \cdot \omega} \quad \text{in der Einheit} \quad \left[\frac{V}{Vs \cdot {}^{rad}/_s}\right] = [1]$$

Dabei bedeutet:

- U_0:   In der Ankerwicklung induzierte und kommutierte Gleichspannung. Sie wird sowohl im Generator- als auch im Motor-Betriebsmodus erzeugt, ist jedoch exakt nur im leerlaufenden Generatorbetrieb an den Außenklemmen zugänglich;
- Φ_E: Magnetischer Erregerfluß, der über den Luftspalt auf die Ankerwicklung wirkt (Einheit [Vs]);
- n bzw. ω: Drehzahl (Winkelgeschwindigkeit) der Motorwelle (Einheit: Umdrehungen pro min: [min^{-1}] bzw. Radiant pro sek. [rad/s]): $\omega = 2\pi n$. *Umrechnung*: 1 rad/s = 60/2π min^{-1} = 9,5493 min^{-1}.
- k_1 bzw. c_1:   *Spannungskonstante* k_1 bzgl. n bzw. c_1 bzgl. ω (dimensionslos).

2. Grundgleichung: Drehmomentengenerierung im Anker

Wie in Abschn. A.4.1.2.3 erläutert, entsteht ein *Drehmoment*, wenn man der Ankerwicklung im Motorbetrieb einen Gleichstrom I_A zuführt oder wenn im Generatorbetrieb I_A von der Maschine selbst erzeugt wird. Dabei wird auf jeden der N Leiter, die mit der magnetischen Induktion B verknüpft sind, die Kraft: $F = (B \times l) \cdot I_A$ erzeugt, die auf den Rotor bzw. die Abtriebswelle wirkt (Abschn. A.2.2.2). Aufgrund des Kommutators wirken alle Kräfte im gleichen Drehsinn, so daß sich eine Gesamtkraft nach Gl. (A-14) bzw. ein Drehmoment nach Gl. (A-15)) einstellt, dessen Drehrichtung sich aus der *Rechte-Hand-Regel* (Abschn. A.2.2.2) ermitteln läßt.

Wie bei der 1. Grundgleichung Gl. (A-17) wird auch hier für den Anwender eine praktikablere Formulierung entwickelt, in der nur skalare Parameter vorkommen. Man wandelt dazu die *Vektoren F* und *B* in die *Skalare* Drehmoment *M* und Fluß Φ um und faßt alle Umrechnungsfaktoren sowie die Leiteranzahl N bzw. die gesamte wirksame Drahtlänge l in einer weiteren konstruktiv bedingten *Maschinenkonstanten k_2* zusammen. Wie k_1 ist auch k_2 ausschließlich durch die Materialauswahl und die geometrische Auslegung/Dimensionierung der Maschine definiert. Wie Bilder A-18 und A-19 zeigen, entsteht wegen der Stromwendefunktion des Kommutators (möglichst exakt in der *neutralen Zone*, also symmetrisch zwischen den Erregerpolen) unter dem Nord- und unter dem Südpol die gleiche Orientierung bzgl. der Drehmomentenrichtung. Daraus ergibt sich die

2. Grundgleichung: $M = k_2 \, \Phi_E \, I_A.$ (A-18)

Das von der Maschine erzeugte und auf den Anker/Rotor wirkende Drehmoment ist dem Produkt aus Ankerstrom I_A und Erregerfluß Φ_E proportional.

Diese Gleichung enthält wie Gl. (A-17) nur Skalare. Die Maschinenkonstante k_2 ist dimensionslos (Einheit [1]):

$$k_2 = \frac{M}{\Phi_E I_A} \quad \text{in der Einheit} \quad \left[\frac{\text{Nm}}{\text{Vs} \cdot \text{A}}\right] = \left[\frac{\text{Ws}}{\text{VAs}}\right] = [1]$$

Dabei ist

- M: Von der Maschine *erzeugtes Drehmoment*, unabhängig davon, ob Motor- oder Generatorbetrieb;
- Φ_E: Erregermagnetfeld/Magnetfluß;
- I_A: Ankerstrom (im Anker-Stromkreis);
- k_2: Maschinenkonstante bzgl. Drehmoment: *Drehmomentenkonstante*.

3. Grundgleichung: Erzeugung des Erregermagnetfeldes

Das Magnetfluß Φ_E (dient der Erregung des magnetischen Kreises) ist aufgrund der 1. und 2. Grundgleichung für die beiden entscheidenden Funktionen (die *Spannungs-* und die *Krafterzeugung*) einer elektrischen Maschine unerläßlich und wird bei der *GSM* entweder durch *Elektromagnete* oder mit *Permanentmagneten* erzeugt.

Die *klassische GSM* hat einen Erregerstromkreis, dessen Erreger-Teilwicklungen um die Polschenkel (Polschuhe) herum gewickelt sind (Bild A-19a). Der Erregerkreis liegt entweder parallel oder in Serie zum Ankerkreis (Bild A-16). Wird die Wicklung von einer externen Spannungsquelle gespeist, spricht man von *Fremderregung*. Erfolgt dies im Generatorbetrieb aus der eigenen induzierten Spannung, liegt ein *selbsterregter Generator* vor.

Der Erregerstrom I_E im Erregerkreis hat nach dem Durchflutungsgesetz (Abschn. A.2.1.2) ein Magnetfeld der Feldstärke H bzw. der magnetischen Induktion B zur Folge. Da der Magnetkreis aus ferromagnetischen Materialien aufgebaut ist, hängen H_E (proportional zu I_E) und B_E über die weichmagnetische Magnetisierungs-Kennlinie zusammen, die im Prinzip nichtlinear ist (Bild A-33). Bei hochwertigem *Weicheisen* (Kennlinie mit schmaler Hysterese) gibt es jedoch in erster Näherung einen *linearen Aussteuerungsbereich*, der bei vielen Maschinen nahezu vom Nullpunkt (Restremanenz) bis zu einem definierten Arbeitspunkt reicht. Dieser *AP* entspricht oft dem Nennbetrieb, der einen Maschinentyp charakterisiert. Der Zusammenhang zwischen H_E (bzw. I_E) und Φ_E (bzw. B_E) folgt dann einer nahezu linearen Funktion. Wird die Maschine in diesem *Linearitätsbereich* ausgesteuert, wenn also der magnetische Fluß bzw. der Erregerstrom innerhalb des Nennbetriebsbereiches bleiben, gilt die

3. Grundgleichung: $\Phi_E = k_3 I_E$ (A-19)

Der *Erregerfluß* Φ_E einer *GSM* ist im Linearitätsbereich der Magnetisierungskurve dem *Erregerstrom* I_E in der Erregerwicklung proportional.

Die *Maschinenkonstante* k_3 ist, wie k_1 und k_2, durch die Geometrie und die Materialauswahl bedingt. Die Konstanten sind also konstruktiv definiert, wobei bei k_3 (Einheit Vs/A = Ωs) die Permeabilität des verwendeten Weicheisens die entscheidende Rolle spielt.

A.4.1.2.5
Ankerstrom-Rückwirkung und ihre Kompensation

In den bisherigen Betrachtungen ist das Magnetfeld, das durch den Ankerstrom I_A verursacht wird, völlig vernachlässigt worden. Wie Bild A-21 zeigt, wird sich dieses Feld ohne Gegenmaßnahmen als Querfeld dem Erregermagnetfeld *vektoriell* überlagern. Der daraus resultierende Verlauf der Feldlinien läßt deutlich erkennen, daß das gesamte, für die Funktion der Maschine (gemäß Grundgleichungen) verantwortliche Magnetfeld verzerrt ist (resultierendes Feld in A-21c ist gegenüber dem homogenen Feld in A-21a deformiert). Dieser Effekt, als *magnetische Anker- oder Ankerstrom-Rückwirkung* bezeichnet, verschlechtert mit steigendem Ankerstrom den in den Grundgleichungen erscheinenden Erregerfluß Φ_E und somit die Funktion der Maschine. Die Ursache dieser Funktionsminderung liegt in der durch die Ankerrückwirkung entstehende *Inhomogenität* von Φ_E, die eine über den Umfang *sich stets ändernde* Kraft- und Spannungserzeugung zur Folge hat. Im oberen Leistungsbereich der Maschine, d.h. bei hohem Ankerstrom I_A, wird an den durch I_A magnetisch verstärkten bzw. angereicher-

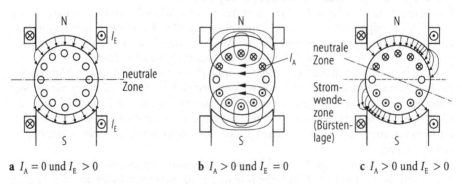

a $I_A = 0$ und $I_E > 0$ **b** $I_A > 0$ und $I_E = 0$ **c** $I_A > 0$ und $I_E > 0$

Bild A-21a–c. Ankerstrom-Rückwirkung auf das Erregerfeld

ten Stellen das ferromagnetische Material bis in die magnetische Sättigung ausgesteuert. Das bewirkt eine starke Nichtlinearität der 3. Grundgleichung (Gl. (A-19) in Abschn. A.4.1.2.4) und somit nichtlineare Kennlinien (Bild A-34). Das bedeutet eine nicht unerhebliche Verschlechterung von Welligkeit, Rundlauf, Wirkungsgrad, Dynamik und damit der Qualität der Maschine insgesamt.

Im Leerlauf einer *GSM* (Generator- und Motorbetrieb) ist I_A praktisch null. In der Maschine liegt dann das ungestörte Erregerfeld gemäß Teilbild A-21a vor. Sobald die Maschine belastet wird, fließt ein Ankerstrom I_A. Im *Generatorbetrieb* zieht ein elektrischer Lastwiderstand den Strom I_A aus der Maschine, die dann die Spannungs- bzw. Stromquelle nach der 1. Grundgleichung darstellt Gl. (A-17). Im *Motorbetrieb* bestimmt das Lastmoment nach der 2. Grundgleichung Gl. (A-18) den Ankerstrom im Arbeitspunkt *AP* (Abschn. A.4.1.2.4).

Der Ankerstrom I_A für sich allein, d.h. wenn das Erregerfeld null ist, bewirkt das Magnetfeld gemäß Teilbild A-21b. Dieses nur durch I_A bedingte Ankermagnetfeld in Teilbild A-21b überlagert sich dem reinen durch I_E bedingten Erregermagnetfeld (nach Teilbild A-21a), wenn beide Ströme $I_A \neq 0$ *und* $I_E \neq 0$ sind. Dann entsteht das überlagerte Gesamtmagnetfeld nach Teilbild A-21c mit der bereits erwähnten *Ankerrückwirkung*:

- der symmetrische, quasi homogene Feldverlauf von Φ_E wird inhomogen, wobei unter der einen Polhälfte die magnetische Induktion B erhöht, unter der anderen erniedrigt wird,
- infolge magnetischer Sättigungserscheinungen wiegt die Erhöhung von B auf der einen die Erniedrigung auf der anderen Polseite nicht auf, weshalb der Gesamtfluß vom Nordpol zum Südpol durch diese *Ankerrückwirkung* reduziert wird, und
- der resultierende Fluß Φ_E durchsetzt den Anker nicht mehr senkrecht, sondern schräg. Deshalb verschiebt sich die *neutrale Zone* im Vergleich zum Leerlauffall (das ist die Zone am Anker, in der weder Feldlinien ein- noch austreten).

Da beim Kommutierungsvorgang diejenigen Ankerwindungen, die gerade kommutiert werden (Stromwendezone), kurzzeitig durch die Kohlebürsten kurzgeschlossen werden, müssen diese Windungen zur Vermeidung hoher Kurzschlußströme während des Kommutierens gerade in der Ebene der neutralen Zone liegen. Hohe Kurzschlußströme würden zu einem schädlichen *Bürstenfeuer*, d.h. mit einem zu hohen Verschleiß an den Bürsten, führen. Um dies zu verhindern, müßten die Bürsten und damit die *Stromwendezone* gemäß Bild A-21c ständig der von I_A abhängigen Drehung der neutralen Zone nachgeführt werden, beispielsweise mit einem von außen zugänglichen Hebel. Denn I_A ändert sich nach der 2. Grundgleichung ständig mit dem Lastmoment (Abschn. A.4.1.2.4).

Im folgenden wird erläutert, wie *parasitäre* (unerwünschte, aber unvermeidliche) Ankerrückwirkungen weitgehend kompensiert werden:

Wendepole (Wendepolwicklung)

Bei kleineren Maschinen (kleiner 1 kW) nimmt man das sehr geringe Bürstenfeuer in Kauf. Bei größeren Maschinen wird ein Einfluß des Ankerfeldes auf die kommutierenden Ankerwindungen aufgehoben, indem mit zusätzlichen Magnetpolen in der *Stromwendezone* ein dem Ankerfeld entgegen wirkendes gleich großes Magnetfeld eingeführt wird (Bild A-22). Dann bezeichnet man die Stromwendezone, die durch die Lage der Bürsten definiert ist, auch als *Wendepole*, die zur Kompensation der Ankerrückwirkung aktiv als Elektromagnet ausgeführt werden. Die dazu erforderlichen Polschenkel und Wicklungen sind axial symmetrisch zwischen den Hauptpolen und radial zur Position der Bürsten angeordnet. Wegen der direkten Abhängigkeit der Ankerrückwirkung vom Ankerstrom selbst, müssen die Wendepolwicklungen von diesem selbst durchflossen

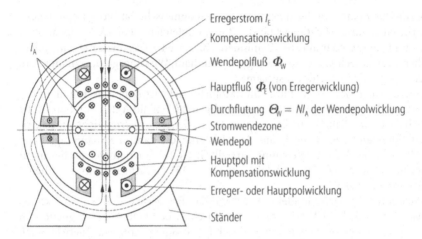

Erregerstrom I_E

Kompensationswicklung

Wendepolfluß Φ_W

Hauptfluß Φ_E (von Erregerwicklung)

Durchflutung $\Theta_W = NI_A$ der Wendepolwicklung

Stromwendezone

Wendepol

Hauptpol mit
Kompensationswicklung

Erreger- oder Hauptpolwicklung

Ständer

Bild A-22. Kompensations- und Wendepolwicklungen gegen Ankerstromrückwirkung

werden. Das hiermit erzeugte magnetische *Wendepolfeld* wird über das Gehäuse (Joch), den Rotor (Anker) und den im Bereich der Stromwendezone zwischen Anker und Wendepolen befindlichen Luftspalten geschlossen. Dort, wo das Ankerfeld die Erreger-feldlinien verstärken (Bild A-21 c), laufen die Wendepolfeldlinien diesen entgegen. Wo das Ankerfeld die Erregerfeldlinien schwächen, sind die Wendepolfeldlinien diesen gleichgerichtet. Damit wird die Ankerrückwirkung im Bereich der Stromwendezonen weitgehend kompensiert: die *neutrale Zone* und die *Stromwendezone koinzidieren* unabhängig vom Ankerstrom, d. h. sie liegen immer in derselben Achse.

Kompensationswicklung

Da das Feld der *Wendepole* das Ankerfeld nur in schmalen Bereichen um die Stromwen-dezonen zwischen den Hauptpolen kompensiert, muß die Ankerrückwirkung auf die *Hauptpole selbst* mit einer weiteren Maßnahme verhindert werden. Dies erfolgt durch Einführung der im Bild A-22 dargestellten *Kompensationswicklung*, die in zusätzlichen Nuten in den Polschuhen der Hauptpole, parallel zu den Nuten des Ankers, jedoch auf der anderen Seite des Luftspalts angeordnet ist und ebenfalls vom Ankerstrom, aber in Ge-genrichtung, durchflossen wird. Die Kompensationswicklung ist somit, wie die Wende-polwicklung, in Reihe zur Ankerwicklung geschaltet (elektrisch *antiseriell* und magne-tisch *antiparallel*), so daß nach dem Durchflutungsgesetz das nach außen wirkende, durch den Ankerstrom bedingte resultierende Magnetfeld H_{res} praktisch null ist (Bild A-23).

Es entstehen dabei jedoch zusätzliche Kräfte F_K, die durch die Verknüpfung des *Ankerstromes* in der *Kompensationswicklung* mit dem senkrecht daraufstehenden *Er-regerfeld* des Hauptpols bedingt sind. Diese unerwünschten Kräfte werden, da sie auf die zum Stator gehörende Kompensationswicklung wirken, vom Ständer oder vom Flansch des Motorgehäuses aufgenommen und über die Schraubverbindungen auf die Montagefläche der Arbeitsmaschine bzw. des Fundamentes übertragen. Dasselbe geschieht mit den *Reaktionskräften* als Folge des Ankerdrehmomentes. Die *Kompensa-tionswicklung* sorgt somit für einen größeren Wirkungsgrad und eine Verbesserung des dynamischen Verhaltens (durch Reduktion der Ankerkreis-Induktivität) der Maschine. Sie ist nicht *unbedingt* für die Funktion der Maschine notwendig, wird aber bei höher-wertigen klassischen *Gleichstrommaschinen* (Steuer- und Regelmotoren) und bei *GSM* im Grenzleistungsbereich immer eingesetzt.

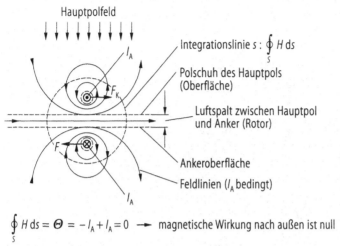

Hauptpolfeld

Integrationslinie s : $\oint_s H\,ds$

Polschuh des Hauptpols (Oberfläche)

Luftspalt zwischen Hauptpol und Anker (Rotor)

Ankeroberfläche

Feldlinien (I_A bedingt)

$\oint_s H\,ds = \Theta = -I_A + I_A = 0$ ⟶ magnetische Wirkung nach außen ist null

Bild A-23. Wirkung der stromdurchflossenen Kompensationswicklung

! In den folgenden Abschnitten werden prinzipiell *kompensierte Maschinen* vorausgesetzt. In ihnen ist deshalb keine magnetische Rückwirkung des Ankers zu berücksichtigen.

A.4.1.2.6
Aufbau einer sechspoligen *GSM*

Die Schnittzeichnung in Bild A-24 zeigt das Prinzip einer *mehrpoligen, kompensierten GSM*. Bei *drei Polpaaren* sind je 3 Nord- und 3 Südpole alternierend angeordnet. Es ist nur *ein* Polpaar-Segment, bestehend aus *einer Polpaarteilung* (1 kompletter Nordpol *N* und 2 halbe Südpole *S*), vollständig dargestellt, mit Blick von der *Kommutatorseite* auf die Mittelebene. Die *Antriebsseite* mit ihrem freien Abtriebswellenende befindet sich auf der anderen Seite. Die eingezeichneten Stromrichtungen (bzw. Durchflutungen) in den Wicklungen gelten für die positive Motordrehrichtung, d.h. *Rechtslauf* (Uhrzeigersinn), wenn man von der anderen Seite auf die Abtriebswelle blickt (Abschn. A.4.1.2.3 *Definition der positiven Rotationsrichtung*).

Die vom Erregerstrom I_E durchflossene *Erregerwicklung* ist um die ausgeprägten *Hauptpole* herum gewickelt. Sie erzeugt den *Hauptpolfluß* Φ_E (als voll ausgezogene mittlere Feldlinien angedeutet), der von den 3 Nordhauptpolen über die Hauptpolluftspalte in den *Anker* bzw. *Rotor* übertritt. Er teilt sich aufgrund des symmetrischen Aufbaus im Anker symmetrisch auf und schließt sich jeweils über die benachbarten Südhauptpole und das Außengehäuse (Joch) zurück.

In die Ankernuten ist die *Ankerwicklung* hineingelegt. Der Ankerstrom I_A bewirkt am Rotorumfang in axialer Richtung die mit Pfeilspitzen bzw. Pfeilschaften gezeichnete Durchflutung, die im Bereich eines bestimmten Hauptpoles gleiche Richtung und gleichen Betrag hat. Jeweils in der Mitte zwischen zwei Hauptpolen befindet sich eine durch die Bürsten des Kommutators definierte *Stromwendezone*, wo jeweils die Ankerdurchflutung ihre Richtung umkehrt. Die Richtungen des *Erregerflusses* Φ_E und der *Ankerdurchflutung* $NI_A = \Theta_A$ bewirken infolge dieser Anordnung eine unter jedem Hauptpol im gleichen Drehsinn tangential angreifende Umfangskraft F (*Verifizierung* durch die *Rechte-Hand-Regel*: RHR in Abschn. A.2.2.2). In den Stromwendezonen sind die *Wende-*

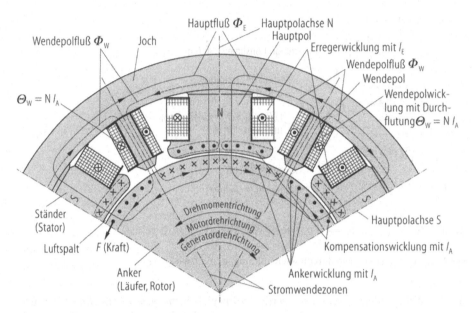

Bild A-24. Schnitt durch sechspolige *GSM*

pole angebracht, die mit ihren vom Ankerstrom I_A durchflossenen Wicklungen zur Kompensation der in dieser Zone stattfindenden Ankerrückwirkungen (Abschn. A.4.1.2.5) dienen. Diese I_A-Rückwirkung hätte sonst eine proportional zu Drehzahl und I_A steigende *Stromwendespannung* zur Folge, die zu *Bürstenfeuer* (Lichtbögen) mit den entsprechenden negativen Wirkungen führen würde, wenn sie nicht durch eine in der Wendepolwicklung erzeugte betragsgleiche Gegenspannung weitgehend ausgeglichen werden würde. Der dafür verantwortliche, von I_A selbst hervorgerufene *Wendepolfluß* Φ_W, ist in Bild A-24 gestrichelt eingezeichnet. Zum Drehmoment trägt Θ_W bzw. Φ_W aufgrund der Symmetrie der Ankerdurchflutung zur Wendepolachse nicht bei.

Die *Kompensationswicklung* (Abschn. A.4.1.2.5 und Bild A - 22) liegt in Nuten in den Hauptpolen und hat ihre Durchflutung *antiparallel* zur Durchflutung Θ_A (d.h.: parallele Leiter, nur durch den Hauptpol-Luftspalt getrennt und vom gleichen Strom I_A, aber mit entgegengesetzter Stromrichtung durchflossen). Sie sorgt für die magnetische Kompensation der Ankerdurchflutung im Bereich der Hauptpole, (gemäß *Durchflutungsgesetz* Gl. (A-2) in Abschn. A.2.1.4 und Bild A-23), stellt also eine Ergänzung der Wendepole dar.

Die Wendepol-, Kompensations- und Anker/Rotor-Wicklungen sind in Reihe geschaltet und bilden gemeinsam den *Ankerstromkreis*. Zwischen drehender Ankerwicklung einerseits und feststehenden Kompensations- und Wendepol-Wicklungen andererseits liegt schaltungsmäßig der Kommutator. Jede der 6 Stromwendezonen benötigt eine Kohlebürste, von denen alternierend je drei parallel geschaltet und über die Wendepol- und Kompensationswicklungen zu den beiden externen Klemmen geführt werden. Damit bleibt die Verteilung der *magnetischen Induktion* in den Bereichen von Stromwendezonen und Hauptpolen immer unabhängig von I_A, quasi wie im Leerlauf bei $I_A = 0$. Mit den im Bild A-24 eingezeichneten Strom- und Feldlinienrichtungen ergibt sich nach der *RHR* die Richtung für die von der Maschine erzeugten Kräfte oder der Drehsinn für das Drehmoment. Damit sind auch die Drehrichtungen für *Motor-* bzw. *Generator* und *Bremsbetriebe* definiert (Abschn. A.4.1.4.1: *Vierquadrantenbetrieb*).

A.4.1.3
Schaltungsmöglichkeiten und Klemmenbezeichnungen

Für die klassische Gleichstrommaschine gibt es für unterschiedliche Anwendungen grundsätzlich verschiedene Schaltungsmöglichkeiten, die sich durch Schaltkombinationen von Erreger- und Ankerkreis und zugeordneter Stellwiderstände ergeben (z.B. die zwei Schaltarten *NSM* und *RSM* in Bild A-16).

A.4.1.3.1
Universelles Schaltbild mit genormten Anschlüssen

Aus der in Bild A-25 dargestellten *allgemeinen Schaltung* lassen sich die in der Praxis vorkommenden einfacheren Konfigurationen (*Neben-* oder *Reihenschlußvariante*) ableiten, die unten näher beschrieben sind. Spannungen und Ströme werden mit dem Index *A* für *Anker* und dem Index *E* für *Erreger- oder Feldwicklung* gekennzeichnet.

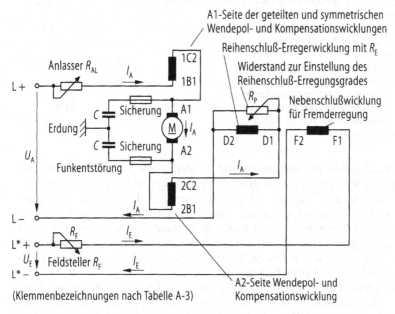

Bild A-25. Universelles Schaltbild *GSM*

Klemmenbezeichnungen (Tabelle A-3):
Nach *VDE* (Verein Deutscher Elektrotechniker) sind für die Anschlußklemmen der einzelnen Wicklungen die in Tabelle A-3 aufgeführten genormten Bezeichnungen vorgeschrieben. Mit diesen Klemmen lassen sich aus der universellen Schaltung (Bild A-25) die schon erwähnten Varianten für die Praxis herleiten:
Fehlt die *RSW* (D1-D2), so liegt die reine *Nebenschlußmaschine NSM* vor. Fehlt die *NSW* (E1-E2 bzw. F1-F2), liegt die reine *Reihenschlußmaschine RSM* vor.
Wendepol- und Kompensationswicklungen werden bei der Mehrzahl aller Gleichstrommaschinen nur auf *eine* Seite des Ankers, meist auf die Seite des Wicklungsendes A2 (wie in Bild A-16), geschaltet. Die symmetrische Schaltung von Bild A-25 wird verwendet, wenn Kondensatoren zur *Funkentstörung* an den Kommutator gelegt werden. Die Funkentstörung ist notwendig, wenn durch restliches *Bürstenfeuer* hohe, im Bereich

Tabelle A-3. Klemmenbezeichnungen Gleichstrommaschinen (Bild A-16 bzw. A-25)

Wicklung	Klemmen
• Ankerwicklung mit 2 Anschlußstellen	A1–A2
• Wendepolwicklung mit 2 Anschlußstellen (Bild A-16)	B1–B2
• Geteilte Wendepolwicklung mit 4 Anschlußstellen für symmetrische Schaltung	1B1–1B2
im Ankerkreis (Bild A-25)	2B1–2B2
• Kompensationswicklung mit 2 Anschlußstellen (Bild A-16)	C1–C2
• Geteilte Kompensationswicklung mit 4 Anschlußstellen für symmetrische	1C1–1C2
Schaltung im Ankerkreis (Bild A-25)	2C1–2C2
• Erregerwicklung für Reihenschlußschaltung mit 2 Anschlußstellen	
(*Reihenschlußwicklung RSW*)	D1–D2
• Wicklungsanzapfungen der Reihenschlußwicklung	D3, D4, D5
• Erregerwicklung für Nebenschlußschaltung mit 2 Anschlußstellen	
(*Nebenschlußwicklung NSW*)	E1–E2
• Erregerwicklung für Fremderregung mit 2 Anschlußstellen	F1–F2
• Geteilte Erregerwicklung oder zwei getrennte Erregerwicklungen	1F1–1F2
für Fremderregung mit je 2 Anschlußstellen	2F1–2F2
• Hilfswicklung in Längsachsenanordnung	H1–H2
• Hilfswicklung in Querachsenanordnung	J1–J2
• Positiver Außenleiter eines Gleichstromnetzes	L+ (oder +)
• Negativer Außenleiter eines Gleichstromnetzes	L– (oder –)
• Mittelleiter eines Gleichstromnetzes	M
• Schutzleiter (Potential Erde, *Protective Earth*)	PE
• Neutralleiter mit Schutzfunktion (PEN-Leiter: Potential Erde und Neutralleiter)	PEN
• Masse (Bezugspotential bzw. *Äquipotential CC*)	MM bzw. CC

der Funkwellen liegende Frequenzen erzeugt werden. Diese werden über die Zuführungsleitungen, wie Antennen wirkend, als *elektromagnetische Wellen* abgestrahlt oder gelangen in das Netz. Das *Bürstenfeuer* würde somit Funkgeräte aller Art stören. Die Funkentstörung ist eine Schaltung, die in der einfachsten Form aus je einer Sicherung und einem Kondensator besteht, dessen Kapazität auf beiden Seiten die Bürsten *hochfrequenzmäßig* gegen Masse/Gehäuse kurzschließt. Sie hat für den betriebsmäßigen Gleichstrom keinen Einfluß. Die Sicherungen schützen die Maschine vor Kurzschluß des Ankers bei Defekt (Durchschlag) des Kondensators.

Die inneren Verbindungen zwischen Anker- und Wendepol- bzw. Kompensationswicklungen werden meistens nicht über das äußere Klemmenbrett geführt, da sie nie geändert werden. Alle anderen Klemmen (versehen mit den genormten Bezeichnungen) sind am Klemmenbrett vorhanden. Die beiden außerhalb der Maschine anschließbaren *Stellwiderstände* R_{AL} (*Anlasser*), R_F (*Feldsteller*) oder R_P dienen zur Variation wichtiger elektrischer Parameter und somit des Betriebsverhaltens der Maschine, wie in Abschn. A.4.1.6.2 näher erörtert wird.

A.4.1.3.2
Gleichstrom-Nebenschluß-Maschine (*GS-NSM*)

Bilder A-16a und A-26 zeigen die Schaltung der *GS-NSM*, die gekennzeichnet ist durch einen *separaten Erregerstromkreis*, bestehend aus Erreger- oder Feldwicklung und Feldstellwiderstand. Der Feldkreis wird entweder aus einer separaten Spannungsquelle (Klemmen F1-F2: *Fremderregung*) oder parallel zum Ankerkreis (Klemmen E1-E2) gespeist. Im letzteren Fall spricht man bei *Generatorbetrieb* von *Selbsterregung*. Der

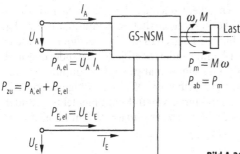

Bild A-26. Bockschaltbild der fremderregten *GS-NSM*

Ankerstromkreis enthält neben den Ankerspulen noch Wendepol- und Kompensationswicklungen und den externen Anlaßwiderstand. An den externen Klemmen liegt die *Klemmenspannung* U_{KL} (oder U_A), die im *Motorbetrieb* eine äußere Spannungsquelle ist und im *Generatorbetrieb* von der Maschine selbst erzeugt wird. Handelt es sich bei U_{KL} um ein Gleichspannungsnetz mit den Klemmen L+ und L–, so wird dieses im Generatorbetrieb von der inneren Spannungsquelle der *GSM* mit Strom gespeist (dabei muß man die Polarität gemäß *RHR* beachten).

Für den Ankerkreis allein läßt sich daraus ein einfaches *Ersatzschaltbild* der *GS-NSM* ableiten (Bild A-27).

> Ein Ersatzschaltbild stellt keine reale Schaltung dar, die *ausschließlich* aus *realen Schaltkomponenten* (z.B. Spulen, Widerstände, Kondensatoren oder Halbleiter) besteht, sondern bei der auch *Eigenschaften* wie beispielsweise eine *Streuinduktivität*, der *ohmsche Widerstand* oder die *Kapazität* einer Spule dargestellt werden.

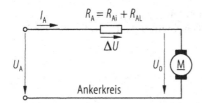

Bild A-27. Elektrisches Ersatzschaltbild der *GS-NSM*
R_A: Ankerkreiswiderstand
U_A: Klemmenspannung des Ankerkreises
U_0: induzierte Gegenspannung der Ankerwicklung

Das *Ersatzschaltbild* des *GS-NSM-Ankerkreises* (Bild A-27) enthält nur zwei Komponenten, das Ankersymbol (als Kreis mit den Bürsten und dem $\underline{M}$ für *Gleichstrom-Motor*) und den Widerstand R_A (Gesamtwiderstand des Ankerkreises). Die *Induktivität* L_A des Ankerkreises ist hier nicht berücksichtigt, da zunächst nur der *stationäre Betrieb* betrachtet wird, bei dem das zeitliche Verhalten keine Rolle spielt. Dieses wird erst beim *dynamischen Betrieb* behandelt (Abschn. A.6). Außerdem sind drei Spannungen U_A, U_0 und ΔU und der Strom I_A eingetragen.

A.4.1.3.3
Gleichstrom-Reihenschluß-Maschine (*GS-RSM*)

In Bild A-16 ist die Schaltung der *GS-RSM* im Vergleich zur *GS-NSM* dargestellt. Bild A-16b zeigt die Schaltung und A-28 die *Ersatzschaltung* der *RSM* (im Vergleich mit

Bild A-27 für die *NSM*). Die *RSM* ist dadurch gekennzeichnet, daß die Erregerwicklung mit den Klemmen D1-D2 in Serie zum Ankerkreis geschaltet ist. Somit gibt es bei der GS-RSM nur noch *einen* Stromkreis. Das hat zur Folge, daß der *Erregerfluß* nicht mehr autonom als *Parameter* eingestellt werden kann, sondern daß jede Laständerung und die daraus resultierende Ankerstromänderung einen maßgebenden Einfluß auf das Erregermagnetfeld hat. Dadurch ergibt sich gegenüber der *NSM* ein völlig anderes Betriebsverhalten, beschrieben durch die charakteristischen Kennlinienfelder (Bilder A-44 bis A-46). Mit dem Parallelsteller R_P kann der *Erregergrad* $e = I_E/I$ im Bereich 25% bis 100% manuell variiert werden.

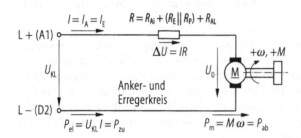

Bild A-28. Ersatzschaltung des Ankerkreises der *GS-RSM*
$R_E \| R_P$: Parallelschaltung

A.4.1.4
Betriebsarten (Vierquadranten-Betrieb), Arbeitspunkte, Nennbetrieb

A.4.1.4.1
Vierquadranten-Betrieb

Gemäß Bild A-29 unterscheidet man vier *Betriebsarten* nach folgenden Unterscheidungs-Kriterien:

- Richtung von Strom I_A bzw. erzeugtem Drehmoment $M_{erz} = M_M$, und
- Polarität der Spannung U_{KL} bzw. Richtung der Geschwindigkeit ω oder der Drehzahl n.

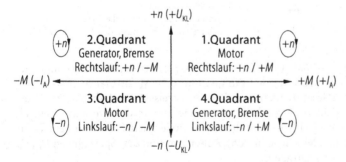

Bild A-29. Vierquadrantenbetrieb im kartesischen Koordinatensystem

Grundsätzlich unterscheidet man zwischen *Motor- und Generatorbetrieb*:

- Als *Motor* setzt sich die Maschine aus eigener Kraft in Bewegung, wenn das erzeugte (aktive) Motormoment M_M größer als die Summe der passiven Lastmomente $M_{L,ges}$ (einschließlich Motorreibmoment) ist.
  Sie erzeugt dabei *mechanische* aus *elektrischer Leistung* durch Energiewandlung (vergl. Abschn. A.1.1.2 sowie die 2. Grundgleichung Gl. (A-18) in Abschn. A.4.1.2.4).
  Aus diesem Grund haben Drehmoment und Geschwindigkeit beim Motor grundsätzlich gleiche Richtung. Der Arbeitspunkt *AP* stellt sich im Gleichgewichtszustand ein, wenn das erzeugte Moment das gesamte Lastmoment aufwiegt: $M_M = M_L + M_{MR}$.
  Im *AP* stellt sich aufgrund der induzierten Gegenspannung automatisch die Geschwindigkeit ein.
- Als *Generator* wird der Maschine durch eine von außen zugeführte mechanische Energie eine Bewegung aufgezwungen, aus der sie durch Energiewandlung elektrische Leistung erzeugt.
  Der vom elektrischen Lastwiderstand des externen Verbrauchers gezogene Strom $-I_A$ generiert im Generator ein Gegenmoment $-M_M$ nach der 2. Grundgleichung Gl. (A-18) in Abschn. A.4.1.2.4.
  Die Erzeugung des Gegenmomentes $-M_M$ im belasteten Generatorbetrieb bedeutet grundsätzlich, daß die Maschine als *elektrischer Generator* gleichzeitig auch als *elektro-magnetische Bremse* wirkt. Die Vorzeichen von eigens erzeugtem *Bremsmoment* und der *Geschwindigkeit* sind unterschiedlich. Auch hier ergibt sich der Arbeitspunkt bei Gleichheit von außen vorgegebener Antriebskraft und innen erzeugter Gegenkraft. Dabei stellt sich eine ganz bestimmte Geschwindigkeit ein, die eine Spannung und einen Strom erzeugt (elektrische Leistung), die an den elektrischen Verbraucher geliefert werden.
- Grundsätzlich gibt es den *bidirektionalen Betrieb*, d.h. es kann sowohl der *Motor-* als auch der *Generator/Brems-Betrieb* in beiden Laufrichtungen betrieben werden. Die Laufrichtung wird definiert durch die *Polarität* der *zugeführten Energie*.

Auf diesen Kriterien beruht der *Vierquadrantenbetrieb* mit vier Kennlinienfeldern im Drehzahl-Drehmomenten-Koordinatensystem $n = f(M)$ nach Bild A-29.

A.4.1.4.2
Definition Arbeitspunkt *AP* durch eine Wirkungs-Kausalkette

In allen vier Quadranten können sich unter bestimmten Voraussetzungen *statische Arbeitspunkte* einstellen. Das sind Gleichgewichtszustände innerhalb der beteiligten physikalischen Variablen/Parameter, die durch Ursache/Wirkungsabläufe definiert sind.
  Blockschaltbild (Bild A-30) stellt beispielsweise die *Wirkungskausalkette* eines Antriebssystems mit *GS-NSM* dar. Es zeigt schematisch Zusammenhänge und Wirkungsabläufe der mechanischen, magnetischen und elektrischen Größen.
Das *System* besteht aus drei wesentlichen Blöcken (*Komponenten*):

- der *Spannungsquelle* als *Ursache* des Betriebes (Eingangsblock),
- der *Arbeitsmaschine* als Motorlast oder äußerer *Wirkung* des Systems (Ausgangsblock), und
- dem *Antriebsmotor* als *Energiewandler* (Übertragungsglied: Ursache zu Wirkung).

Die Spannungsquelle kann auch ein elektronisches Steuerungssystem mit einer an den Motor angepaßten Endstufe sein. Die *Blöcke* stellen *Funktionen* (in der Regelungstechnik *Übertragungsglieder* oder -*funktionen* genannt) dar, die hier mit Ausnahme von Ein-

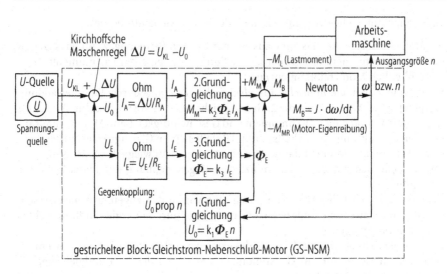

Bild A-30. Wirkungs-Kausalkette eines *GS*-Nebenschlußmotors (Regelkreisstruktur)

gangs- und Ausgangsblock durch zugeordnete *Gleichungen* definiert werden. Die Pfeile repräsentieren die *Systemgrößen mit ihren Wirkungsrichtungen*: Eingänge der Funktionsblöcke (*Ursachen*) und Ausgänge (*Wirkungen*).

Im Prinzip hat das Blockdiagramm die *Struktur eines Regelungssystems*. Kennzeichnend dafür ist die *Rückkopplung* der Ausgangsgröße ω bzw. n. Darin liegt der Grund dafür, daß sich in dem System, nachdem eingeschaltet wurde, nach einem kurzen zeitlichen Ausgleichsvorgang (Abschn. 6) ein *stationärer Zustand* (*Gleichgewichtszustand*) einstellt, den man *Arbeitspunkt AP* nennt.

Die *Kausalkette* hat folgenden Wirkungsablauf:

- Die vorgegebenen Klemmenspannungen U_{KL} und U_E versorgen Anker- und Erregerkreis mit den notwendigen Leistungen.
- I_A wird bestimmt durch die *Kirchhoffsche Maschenregel* (Differenzglied) und das *Ohmsche Gesetz* (Block *OHM*) für den Ankerkreis. Der Anker hat im Gegensatz zum Erregerkreis eine eigene interne Spannungsquelle. Das ist die *induzierte Ankerspannung* U_0 am Ausgang des Funktionsblocks *1. Grundgleichung*. U_0 reguliert als geschwindigkeitsabhängige Gegenspannung $-U_0$ den Strom I_A. Diese *Spannungs- bzw. Geschwindigkeits-Rückkopplung* wird durch das *Differenzglied* am Eingang des Motors zum Ausdruck gebracht (nach *Kirchhoff*: $\Delta U = U_{KL} - U_0 = I_A R_A$). In der *Gegenkopplung* (*negative Rückführung*: $-U_0$) liegt das entscheidende Kriterium für das Zustandekommen des statischen Arbeitspunktes *AP*.
- I_E wird bestimmt durch das *Ohmsche Gesetz* für den Erregerkreis. Gemäß Block *3. Grundgleichung* entsteht daraus der erforderliche Erregerfluß Φ_E, der auf die beiden Blöcke *1. und 2. Grundgleichung* wirkt.
- I_A bewirkt im Funktionsblock *2. Grundgleichung* das Motormoment M_M.
- Das 2. *Differenzglied* (vor Block *NEWTON*) verifiziert das Gesetz der Energie- bzw. Momentenbilanz: $\Sigma M = 0$ (Abschn. A.6): $M_B = M_M - M_L - M_{MR}$. Das Beschleunigungsmoment ist gleich der Differenz des erzeugten Motormomentes und des Lastmomentes einschließlich Motorreibung M_{MR}.
- M_B beschleunigt Motor und Arbeitsmaschine nach dem Einschalten, solange die Gegenspannung aufgrund geringer Drehzahl im Vergleich zum Arbeitspunkt *AP*

noch klein ist: Zeitwert $n(t) < n_{AP}$. Daraus folgt: $U_0(t) < U_{0,AP}$, was wiederum zur Folge hat, daß $I_A(t) > I_{A,AP}$ ist (I_A im AP). Diesen Stromüberschuß nennt man *Beschleunigungsreserve*, die solange vorhanden ist, bis der Schnittpunkt zwischen Motorkennlinie $n(M_M)$ und Lastkennlinie $n(M_L)$ erreicht ist (also $M_M = M_{L,ges}$). Diese Bedingung ist nach Definition des Arbeitspunktes AP erst im AP erfüllt, also bei der Drehzahl n_{AP}. Das *Drehmoment* ist dann *statisch* $M_{AP} = M_{M,AP} = M_{L,ges} = M_L + M_{MR}$, d. h. $M_B = 0$. Im AP gibt es keine Beschleunigungsreserve mehr.

- Vor Erreichen des AP wird das System beschleunigt gemäß *dynamischer Zustandsgleichung (Differentialgleichung nach NEWTON)*. Das Geschwindigkeits-Zeitprofil (Zeitdiagramm $\omega(t)$ bzw. $n(t)$) ist durch die Lösung dieser *Newtonschen Differentialgleichung* (Abschn. A.6) definiert (für den statischen AP nicht relevant).

- Die Geschwindigkeit ω bzw. n (oder bei Linearantrieb v) ist die Ausgangsgröße des Funktionsblocks *NEWTON* bzw. des Motors (gestrichelter Überblock in Bild A-30). Sie ist gleichzeitig die Eingangsgröße zur *Arbeitsmaschine* und motorintern zum Funktionsblock *1. Grundgleichung*. Letzterer gewährleistet die *regelungswirksame Geschwindigkeits-Gegenkopplung*.

- Die Arbeitsmaschine liefert das äußere Lastmoment M_L an den Motor zurück, sobald er in Betrieb gesetzt ist.

- Prinzipiell sind alle Größen zeitabhängig ($I(t)$, $(M(t)$ oder $(n(t))$. Diese zeitliche *Dynamik* wird in Abschn. A.6 behandelt. Nur im AP sind sie *stationär*, d. h. statisch oder zeitlich konstant.

- Das Blockschaltbild (Bild A-30) zeigt eindeutig, daß der AP durch die elektrische und die mechanische Eingangsgrößen U_{KL} bzw. M_L (aus Sicht des Motors) bestimmt wird. Alle anderen Größen sind intern durch die *Konstruktion* des Motors definiert.

Die Tatsache, daß der Motor diese *Regelungsstruktur* nach Bild A-30 hat, bedeutet nicht, daß er die Geschwindigkeit auch bei Störungen konstant hält. Ändert sich nämlich eine der beiden o. a. Eingangsgrößen als (unerwünschte) Störung, nimmt der Motor nach einem kurzen *zeitlichen Ausgleichs-Vorgang* einen, den neuen Werten entsprechenden, neuen AP an (neuer Momentenschnittpunkt gemäß Kennlinien in Bild A-39).

A.4.1.4.3
Nennbetrieb, Leistungs- bzw. Typenschild

Der *Nennbetrieb* ist ein *singulärer Arbeitspunkt*, d. h. *einer* von beliebig vielen möglichen *statischen Arbeitspunkten (AP)* im Kennlinienfeld. Nach Definition haben im AP *alle* beteiligten Größen permanent ihren konstanten *individuellen Nennwert* (stationäre *Gleichgewichtszustände*). Nennwerte sind die vom Motorhersteller definierten, im Typenschild angegebenen Werte für den *Nennbetrieb* der Maschine. Maschinen werden also durch ihren Nennbetriebs-Arbeitspunkt AP_N charakterisiert. Die Nennwerte sind mit dem Index N (oder n) wie beispielsweise U_N, I_N, Φ_{FN}, P_N, M_N oder n_N gekennzeichnet. Das *Typenschild* gibt eine schnelle Übersicht über die Leistungen einer Maschinentype und wird deswegen auch *Leistungsschild* genannt. Nach *VDE*-Vorschrift (*Verein Deutscher Elektrotechniker*) muß der Motorhersteller den AP des Nennbetriebs so auswählen, daß er für den Dauerbetrieb geeignet ist, d. h. die *Lebensdauerangabe* ist streng an den *Nennbetrieb* gekoppelt.

Das Typen- oder Leistungsschild enthält normalerweise alle für die Berechnung und Beurteilung einer Maschine wesentlichen (typischen) Nenngrößen. Aus Platzgründen (Typenschild befindet sich am Außengehäuse der Maschine) sind meistens nur Zahlenwerte und Einheiten angegeben, wie beispielsweise:

80 V; 14 A; 900 W; 2400 min^{-1}; 80%; 28000 h; 2,6 °C/W; 3,4 Nm; $R_A = 0,65\ \Omega$; $R_E = 320\ \Omega$; $L_A = 9,5\ \mu H$; $L_E = 600\ \mu H$; $M_{Rbg} = 0,12$ Nm; $J_{Mot} = xx$ Nms^2; $T_{el} = 14,6\ \mu s$; $T_{mech} = xx$ ms

Wenn nicht anders vermerkt, gelten die *Leistungs- bzw. Drehmomenten*-Angaben als *abgegebene* (nicht als erzeugte) Werte. Die *Zeitkonstanten T* werden erst in Abschn. A.6 und der *thermische Übergangswiderstand* R_{th} (in °C/W) in Abschn. A.7 behandelt. Die Lebensdauer im permanenten Nennbetrieb beträgt im oberen Beispiel 28000 Stunden. Alle Angaben beziehen sich üblicherweise nicht auf ein vorliegendes *Exemplar* einer Maschine, sondern auf die *Type* mit einer bestimmten Typenbezeichnung. Aus diesem Grund haben die Zahlenwerte eine bestimmte *Toleranz*, bedingt durch Fertigungstoleranzen (üblicherweise in ±% angegeben).

A.4.1.5
Betriebsverhalten und Kennlinien der *GSM*

Auswahl und statische Dimensionierung elektrischer Maschinen erfolgt in der Praxis am sinnvollsten an Hand geeigneter *Kennlinien*, die entweder durch mathematische Formeln bestimmt oder auch meßtechnisch ermittelt werden. Kennlinien geben den besten Überblick über das *Betriebsverhalten* einer Maschine. Sie stellen den *statischen* Zusammenhang zwischen den beteiligten physikalischen Parametern dar: beispielsweise die *Drehzahl-Drehmomenten-Kennlinie* $n(M)$ mit der Klemmenspannung U_{KL} als elektrischem Parameter.

> Unter *statisch* oder *stationär versteht* man in diesem Zusammenhang die Lage von stabilen *Arbeitspunkten AP* (Gleichgewichtszustände), die gekennzeichnet sind durch konstante (*statische*) Parameter $M_\nu, n_\nu, U_{KL,\nu}$ mit $\nu = 1, 2, 3 \ldots$, ohne Betrachtung zeitlicher *Übergangs- oder Ausgleichs-Vorgänge* zwischen zwei statischen Zuständen. Solche Ausgleichsvorgänge sind *dynamisch* und erfolgen beispielsweise bei vorgegebenen oder unerwünschten Systemveränderungen (Sollwertänderung oder Störung innerhalb oder von außerhalb des Systems).

Im folgenden werden die wichtigsten Formeln und Kennlinien der *GSM* für die verschiedenen Betriebsmoden auf der Basis von Schaltungen oder Ersatzschaltungen und aus den Grundgleichungen (Abschn. A.4.1.2.4) abgeleitet und dargestellt.

A.4.1.6
Betriebsarten und Kennlinien der *GS-NSM*

Die Prinzipschaltung der *Gleichstrom-Nebenschlußmaschine GS-NSM* ist in Bild A-16a dargestellt und in Abschn. A.4.1.3.2 erläutert. Man unterscheidet die *Betriebsarten Generator-* und *Motorbetrieb* (vergl. Abschn. A.4.1.4 bzw. A.4.1.4.1: *Vierquadrantenbetrieb*), wie auch in Abschn. A.4.1.2 beschrieben.

A.4.1.6.1
GS-NSM als Generator

Den Generatorbetrieb der *GS-NSM* (Abschn. A.4.1.2.1) gibt es mit *Fremd-* oder mit *Selbsterregung*. Beide Betriebsmoden unterscheiden sich durch die Art, wie die Erregerwicklung gespeist wird.

GS-Generator mit Fremderregung

Bild A-31 zeigt die spezielle Schaltung und das Ersatzschaltbild eines *fremderregten Gleichstromgenerators*. L+ oder P (veraltete Bezeichnung) und L- (bzw. N) stellen den positiven und negativen Pol des Gleichstromnetzes dar, das hier vom *GS-Generator* gespeist wird. L*+ und L*- (bzw. P_1 und N_1) sind die Pole eines Hilfsnetzes, an das der Erregerkreis mit der Erregerwicklung F1-F2 angeschlossen ist (Fremderregung). Der daraus resultierende Erregerstrom I_E verursacht nach Gl. (A-19) in Abschn. A.4.1.2.4 den Erregerfluß Φ_E als 1. Voraussetzung für eine Spannungsinduktion. Der GS-Generator wird nun mit einer Kraftmaschine (z.B. Turbine) mit der Drehzahl n angetrieben und erzeugt gemäß 1. Grundgleichung Gl. (A-17) in der Ankerwicklung eine Spannung U_0, die je nach Belastung ganz (Leerlauf) oder nur teilweise (wegen innerem Spannungsabfall) als Klemmenspannung U_{KL} erscheint. Die Belastung des Generators erfolgt durch einen elektrischen Verbraucher (z.B. Lampe, Heizgerät, GS-Motor), repräsentiert durch den Lastwiderstand R_L oder R_V, der nach dem *Ohmschen Gesetz* $U_{KL} = I_L R_L = I_A R_L$ einen Strom und somit eine elektrische Leistung $P_L = U_{KL} I_L = P_{el,ab}$ aus dem Ankerkreis des Generators zieht (abgegebene elektrische Leistung $P_{el,ab}$). Der Generator-Wirkungsgrad ist $\eta_G = P_{el,ab}/P_{m,zu}$ ($P_{m,zu} = \omega M$: zugeführte mechanische Leistung).

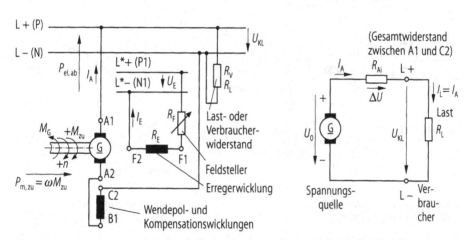

Wirkungsgrad $\eta = P_{el,ab}/P_{m,zu}$

M_{zu} extern zugeführtes Drehmoment M_G erzeugtes Generatormoment (Gegendrehmoment)

a Schaltung eines belasteten GS-Nebenschlußgenerators   **b** Ersatzschaltbild des Ankerkreises

Bild A-31a-b. Schaltung und Ersatzschaltung (Ankerkreis) des fremderregten *GS*-Generators

Kennlinien für Leerlauf des fremderregten Generators

Wird an den Klemmen L+ und L- kein Verbraucher angeschlossen, ist $R_L = \infty$ und der Ankerstrom $I_A = I_L = 0$. Der *GS-Generator* arbeitet dann ohne Last, d.h. im *Leerlauf*. Wegen $I_A = 0$ können im Ankerkreis keine inneren Spannungsabfälle ΔU an inneren Widerständen R_{Ai} (Spulen, Leitungen, Bürsten und Schleifringen) auftreten.

Deshalb gilt für den *Leerlauf* die Gleichung nach Kirchhoff und nach Gl. (A-17):

$$\Delta U = 0 \quad \text{und} \quad \sum U = 0: \; U_{KL} = U_0 - \Delta U = U_0 - I_A R_{Ai} = U_0 = k_1 \Phi_E n \tag{A-20}$$

mit R_{Ai} als internem Ankerkreiswiderstand (oder nur R_i oder R_A) und $I_A = 0$ (Leerlauf).

Diese Gleichung ist besonders interessant für folgende praktischen Anwendungen:

- Aufnahme der *magnetischen Kennlinie* (KL) einer Maschine bzw. des verwendeten ferromagnetischen Materials (auch *Magnetisierungs-KL* oder *Hysterese-Charakteristik* genannt): Für eine während der Messung gleichbleibende Drehzahl $n = n_1$ ist mit Gl. (A-20) die induzierte Spannung U_0 proportional dem Erregerfluß Φ_E und ist somit über die *Magnetisierungs-KL* des verwendeten Weicheisens mit dem Erregerstrom I_E verknüpft. Damit gilt: $U_{KL} = U_0 = f(I_E)$, d.h. mit $U_0 \sim \Phi_E \sim B_E$ und $I_E \sim H_E$ kann durch Messung von U_{KL} und I_E die *Magnetisierungs-KL* der Maschine ermittelt werden (Bild A-32). Bild A-32a zeigt die Meßschaltung, Bild A-32b stellt die *Magnetisierungs-* und gleichzeitig die *Leerlaufkennlinie* (U_0 als Funktion von I_E) des GS-Generators dar. Wegen des auch bei $I_E = 0$ noch vorhandenen *remanenten Erregerfeldes* B_R (trotz Verwendung von Weicheisen mit sehr schmaler Hysterese) geht die Leerlauf-Kennlinie nicht durch den Nullpunkt. Dieser *Restmagnetismus* B_R bzw. Φ_R ist auch der Grund für eine Spannungserzeugung beim *selbsterregten Generator*. Bild A-33 zeigt eine typische genormte Magnetisierungs-Kennlinie.

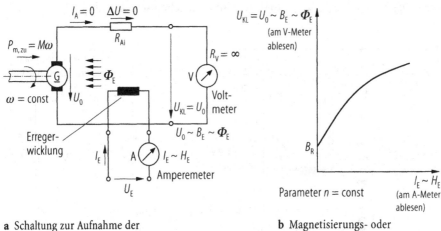

a Schaltung zur Aufnahme der
Magnetisierungskennlinie

b Magnetisierungs- oder
Leerlaufkennlinie

Bild A-32. Aufnahme der Magnetisierungskennlinie im Generatorleerlauf

- Analoge Messung der *Drehzahl bzw. Geschwindigkeit* in der Antriebstechnik: mit konstantem Erregerstrom I_E bleibt Φ_E konstant. Damit ist die *Geschwindigkeit* nach Gl. (A-20) im Leerlauf der außen meßbaren *Klemmenspannung* proportional. Bild A-38b zeigt das Kennlinienfeld, in dem diese lineare Beziehung mit I_E als *Parameter* (*Eichfaktor*) dargestellt wird. Daraus ergibt sich folgende technisch bedeutende Anwendung als *Tachogenerator*:
- Anwendung des GS-Generators als *Tachometer* (*Drehzahlmesser*): Ein Tachometer hat am Ausgang ein extrem hochohmiges Voltmeter als elektrische Last, beispielsweise ein Digital-Voltmeter oder ein analoges Drehspul-Instrument mit Impedanzwandler (Vorverstärker mit unendlichem Eingangswiderstand). Er wird somit im Leerlauf betrieben. Dann entspricht die Meß-Spannung ($U_{KL} = U_0$) unter Berücksichtigung eines Maßstabsfaktors (Eichung der Meß-Skala) der Drehzahl n. Diese *tachometrische Applikation* hat aber nicht nur in der klassischen Meßtechnik sondern vor allem in der *Servotechnik* sehr große Bedeutung erlangt: der *Tacho* wird zur analogen *Rückkopplung* der aktuellen Geschwindigkeit (*Istwert*) an geeigneter Stelle

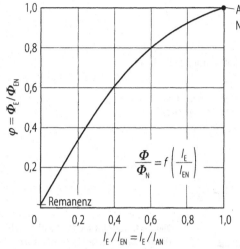

Bild A-33. Beispiel für eine Magnetisierungs-Kennlinie

(z.B. an der Motorwelle oder an einer Spindel) des Systems eingesetzt. Auch dann bleibt der Generator leistungslos, da er seine Spannung als *Geschwindigkeits-Istwert* direkt an einen hochohmigen Regelverstärker für eine *Realzeit-Regelung* liefert.

Kennlinien für Lastbetrieb des fremderregten Generators

Bild A-31 zeigt Schaltung und *Ersatzschaltbild* des Anker- und Lastkreises eines *belasteten, fremderregten GS-Nebenschluß-Generators*. Das Ersatzschaltbild (Bild A-31b) entspricht der Schaltung in Bild A-31a, verzichtet jedoch auf den Erregerkreis und auf die Spulendarstellung im Ankerkreis, da die Induktivität der Spule bei Gleichstrom (statische Arbeitspunkte) keine Rolle spielt. Der Ankerkreis kann somit durch die Spannungsquelle (Anker-Symbol) und den *ohmschen (reellen) Widerstand* R_{Ai} (Anker-Innenwiderstand) *simuliert* werden. R_{Ai} setzt sich zusammen aus den Widerständen des gesamten Ankerkreises. Magnetisierungskennlinien zeigen Bild A-32b und Bild A-33.

Die Ankerwicklung stellt in Kombination mit dem Kommutator die Gleichspannungsquelle (Symbol) dar, die bei positiver Drehzahl $+n$ (Rechtslauf) eine positive Klemmenspannung $+U_{KL}$ bewirkt, d.h. an Klemme L+ liegt der Pluspol. Der Ankerstrom fließt demnach von L+ über den Lastwiderstand R_L zur Klemme L−. Infolge des bei L+ aus dem Generator herausfließenden Stromes I_A wird U_{KL} um den Spannungsabfall $\Delta U = I_A R_{Ai}$ *kleiner* als die im Anker induzierte Spannung U_0. Aus der Ersatzschaltung in Bild A-31b entnimmt man für U_{KL} gemäß *Kirchhoff'scher Maschenregel* $\Sigma U = 0$ die Beziehung:

$$U_{KL} = U_0 - I_A R_{Ai} = I_A R_L = k_1 \Phi_E n - I_A R_{Ai} \tag{A-21}$$

Diese Abhängigkeit $U_{KL} = f(I_A)$ bzw. $U_{KL}(I_A)$ ist als Kennlinien-Feld in Bild A-34 dargestellt, mit der Drehzahl n als *Parameter*. Dabei ist eine unveränderte Erregung vorausgesetzt. *Drehzahl n als Paramter* bedeutet, daß n auf jeder individuellen Kennlinie n_m (mit Index m = 1, 2, ... 5) *konstant* ist, sich jedoch von Kennlinie zu Kennlinie verändert. Mit Hilfe des Parameters kann die Leerlaufspannung U_0 (bei $I_A = 0$) und der Arbeitspunkt bei vorgegebener Last ($I_A > 0$) variiert werden.

Bei *kompensierten Maschinen* (Abschn. A.4.1.2.5) ergeben sich *lineare* Kennlinien, die bei konstanter Erregung *parallel* verlaufen. Bei *Nichtkompensation* der Ankerrückwirkung gilt der nichtlineare strichpunktierte Verlauf, der wegen der Übersichtlichkeit

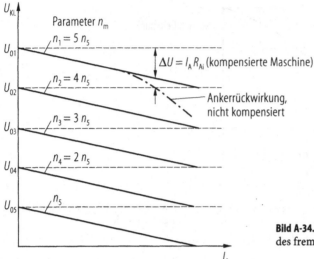

Bild A-34. Kennlinien für Lastbetrieb des fremderregten *GS*-Generators

nur bei der obersten Kennlinie eingezeichnet ist. Nach Gl. (A-21) verursacht der wachsende Anker- bzw. Laststrom durch den Spannungsabfall an R_{Ai} ($\Delta U = I_A R_{Ai}$) eine zunehmende Verringerung der Klemmenspannung des Generators im Lastfall. Die *nicht kompensierte* Maschine weist einen zusätzlichen Spannungsabfall mit steigendem Ankerstrom auf, bedingt durch die Ankerrückwirkung.

Die relative Größe der Drehzahlparameter n_m (mit $m = 1, 2, 3, \ldots$) kann auf der *Ordinate* U_{KL} (bei $I_A = 0$) entnommen werden. Auf dieser Linie liegen die n-proportionalen inneren Spannungen $U_{0,m}$. Die Spannungswerte $U_{0,m}$ der Nulldurchgänge der Kennlinien auf der Ordinate (*induzierte Spannungen*) entsprechen somit maßstäblich den Drehzahlen n_m, die den Kennlinien als *Parameter* zugeordnet sind. Aus diesem Grund wird die Ordinate auch *Geschwindigkeits-Skala* genannt. Wegen $I_A = 0$ herrscht nämlich auf der gesamten Ordinate *Leerlaufbetrieb* des Generators. Der Maßstabsfaktor C_n dient zur Umrechnung der gemessenen Spannung auf die entsprechende Drehzahl zum Zwecke der *Eichung*: $C_n = 1/k_1 \Phi_E$ (Bild A-38b). Damit gilt für die Drehzahl:

$$n = C_n U_{KL} = U_{KL}/k_1 \Phi_E \ (\text{mit } I_A = 0).$$

Darauf beruht die *Tachometer-Anwendung*, wie oben erläutert.

GS-Generator mit Selbsterregung

Bei dem *selbsterregten* GS-Generator wird die Erregerwicklung nicht von einer separaten, außen angelegten Gleichspannungs- bzw. Stromquelle (wie bei Fremderregung) gespeist, sondern von der eigenen, intern im Anker erzeugten Spannungsquelle (Bild A-35). Es gilt:

$$U_{KL} = U_0 - R_{Ai} I_A = U_0 - R_{Ai}(I_L + I_E) = k_1 \Phi_E n - R_{Ai}(I_L + I_E) = I_E(R_E + R_F) = I_L R_L \ \ (\text{A-22})$$

Dabei ist der Generator zunächst, d. h. aus dem Stillstand ($n = 0$) heraus, auf seine eigene *Remanenz-Induktion* B_R als magnetisches Restfeld (im Weicheisen der Maschine gespeichert) angewiesen (Bild A-32b). Ansonsten wäre aus dem Stillstand heraus nach der 3. Grundgleichung (Gl. (A-19): $\Phi_E = k_3 I_E$) keine magnetische Erregung Φ_E und somit auch keine Spannungsinduktion möglich (auch nicht mit größer werdender Drehzahl). Wenn $U_{KL} = 0$ und somit auch $I_E = 0$, kann keine Spannung induziert werden und kein Strom entstehen.

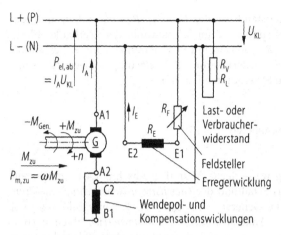

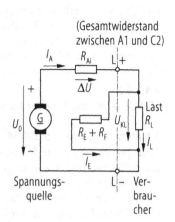

Wirkungsgrad $\eta = P_{el,ab} / P_{m,zu}$

M_{zu} extern zugeführtes Drehmoment

a Schaltung eines selbsterregten GS-Nebenschlußgenerators

b Ersatzschaltbild des selbsterregten Generators

Bild A-35 a–b. Schaltung und Ersatzschaltung (Ankerkreis) selbsterregter GS-Generator

Nach dem *dynamoelektrischen Prinzip* in Gl. (A-17) wird aufgrund des vorhandenen *Restmagnetismus* B_R trotz ursprünglich fehlendem Erregerstrom I_E eine Spannung U_{0R} induziert, sobald der Generator von außen her angetrieben wird. U_{0R} speist dann gleichzeitig einen geringen Erregerstrom I_E in die parallel geschaltete Erregerwicklung hinein, der nach der Magnetisierungskurve (Bild A-32 b) das Remanenzfeld in der Maschine verstärkt, also den Fluß Φ_E vergrößert. Dadurch wächst die Spannung U_0, folglich auch U_{KL} und der Strom I_E steigt weiter an. Diese *Eskalation* wird kurz nach Erreichung der Enddrehzahl, mit der sich ein stabiler Gleichgewichtszustand (*AP*) einstellt, gestoppt. In Bild A-36 sind die Kennlinien des *selbsterregten GS-Generators* dargestellt: $U_0 = f(I_E)$,

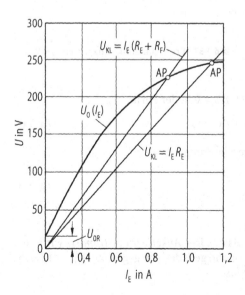

Bild A-36. Kennlinien des selbsterregten Gleichstrom-Nebenschlußgenerators. $U_0(I_E)$: Leerlauf-Kl; $I_E \cdot R_E$ und $I_E(R_E + R_F)$: Widerstands-Geraden mit R_F als Parameter zur Definition des *AP*'s

die Leerlaufkennlinie, und die Widerstandsgeraden $U_{KL} = I_E (R_E + R_F) = I_L R_L$. Im Leerlauf ($R_L = \infty$) stellt sich der Arbeitspunkt AP im Schnittpunkt der Leerlaufkennlinie
$U_0 = f(I_E)$ mit einer der Geraden $I_E (R_E + R_F)$ ein, mit R_F als Parameter. Der Arbeitspunkt
AP kann also mit dem *Feldsteller* R_F variiert werden. Bei Belastung des Generators mit
$R_L < \infty$ gibt es nach *Kirchhoff* einen Stromknoten $I_A = I_E + I_L$.

A.4.1.6.2
GS-NSM als Motor, Schaltung und Kennlinien

Schaltung und Ersatzschaltbild
Prinzipieller Aufbau und Wirkungsweise der *GSM* sind in Abschn. A.4.1.2 dargestellt
und erläutert. Bild A-16a zeigt das Schaltbild der *Gleichstrom-Nebenschluß-Maschine
GS-NSM*. Daraus läßt sich wie beim Generator (Abschn. A.4.1.6.1 bzw. Bild A-31) ein
spezielles *Ersatzschaltbild* für den Ankerstromkreis im *Motorbetrieb* ableiten (Bild
A-37). Die außen anzulegende Gleichspannung U_{Kl} versorgt den Motor (als elektrischer
Verbraucher) mit den Strömen I_A im Anker und I_E (Erregerstrom). Wie in Bild A-31b
besteht auch hier das Ankerkreis-Ersatzschaltbild aus dem Ankersymbol (mit Kommu-
tator) und dem Innenwiderstand R_{Ai} (oft auch als R_A oder R_i bezeichnet). Die Kenn-
zeichnung des Ankersymbols mit $\underline{M}$ bedeutet Gleichstrom-Motor. Die Induktivität der
Ankerwicklung spielt bei Gleichstrom keine Rolle und bleibt deshalb unberücksichtigt.
Da die *GSM* im Motorbetrieb als elektrischer Verbraucher wirkt, ist bei gleichbleibender
Polarität der Spannung U_{KL} die *Stromrichtung* von I_A entgegengesetzt im Vergleich zum
Generatorbetrieb.

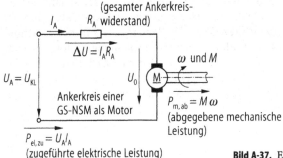

Bild A-37. Ersatzschaltbild Ankerkreis *GS-NSM*

Deshalb gilt die *Kirchhoff*sche Maschenregel: $\Sigma U = 0$ in der Form:

$$U_{KL} = I_A R_A + U_0 = I_A R_A + k_1 \Phi_E n \quad \text{(mit Gl. (A-17))} \tag{A-23}$$

Für die Motordrehzahl ergibt sich somit die Gleichung:

$$n = \frac{U_{KL}}{k_1 \Phi_E} - \frac{R_A}{k_1 \Phi_E} I_A = n_{00} - \Delta n \tag{A-24}$$

Leerlaufbetrieb des *GS-Nebenschlußmotors*
Im Leerlauf ist der Motor mechanisch unbelastet. Der *Ankerleerlaufstrom* I_{A0} wird nur
durch die Eigenreibung des Motors bestimmt und geht deshalb gegen null ($I_A \approx 0$). Nach
Gl. (A-24) gilt dann für die *Leerlaufdrehzahl* n_0

$$n_0 \approx \frac{U_{KL}}{k_1 \Phi_E} \quad \text{mit} \quad I_A \approx 0; \quad \text{bzw.} \quad n_{00} = \frac{U_{KL}}{k_1 \Phi_E} \quad \text{mit} \quad I_A = 0 \tag{A-25}$$

Wegen der Annahme, daß $I_{A0} = 0$ ist (gilt nur unter Vernachlässigung der Eigenreibung), wird diese Leerlaufdrehzahl auch als *ideale* oder *theoretische Leerlaufdrehzahl* n_{00} bezeichnet. Bild A-38a zeigt bei konstantem U_{KL} am Ankerkreis die Abhängigkeit der *idealen (theoretischen) Leerlaufdrehzahl* n_{00} vom Erregerfluß Φ_E bzw. ihm proportionalen Erregerstrom I_E. n_{00} kann gemäß Bild A-38a durch eine Verringerung von Φ_E (*Feldschwächung*) erhöht werden. Die Feldschwächung ist durch eine Vergrößerung des Feldstellwiderstands R_F möglich. Bedingt durch die Eigenreibung wird im *realen* Leerlauf ein geringer Leerlaufstrom I_{A0} ($I_{A0} > 0$ aber $I_{A0} \ll I_{AN}$) fließen, so daß sich nach Gleichung Gl. (A-24) folgende *reale Leerlaufdrehzahl* $n_0 < n_{00}$ einstellen wird:

$$\text{\textit{Reale} Leerlaufdrehzahl } n_0 = \frac{U_{KL} - I_{A0} R_A}{k_1 \Phi_E} < n_{00} \text{ (\textit{ideale} Leerlaufdrehzahl)} \tag{A-26}$$

Bild A-38b zeigt bei konstantem Φ_E die Abhängigkeit von n_{00} bzw. n_0 von U_{KL}. Φ_E ist dabei der Parameter. Bild A-38b gilt prinzipiell auch für den Tachometer in Abschn. A.4.1.6.1.

$$n_{00} = \frac{U_{KL}}{k_1 \Phi_E} = \frac{U_{KL}}{k_1 k_3 I_E}$$

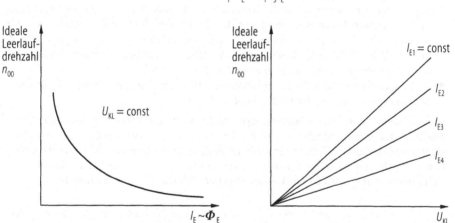

a n_{00} in Abhängigkeit vom Erregerstrom mit konstanter Klemmenspannung

b n_{00} in Abhängigkeit von der Klemmenspannung mit konstantem Erregerstrom bzw. -fluß

Bild A-38a–b. Kennlinien der idealen Leerlaufdrehzahl: a) $n_{00}(I_E)$ und b) $n_{00}(U_{KL})$

Drehzahl-Drehmomenten-Funktion bzw. -Kennlinien

Aus Gl. (A-24) ergibt sich folgende Gleichung, wenn I_A nach der 2. Grundgleichung Gl. (A-18) in Abschn. A.4.1.2.4 durch das erzeugte Drehmoment $M_{erz} = M$ des Motors ersetzt wird:

$$n = \frac{U_{KL}}{k_1 \Phi_E} - \frac{R_A}{k_1 k_2 \Phi_E^2} M = \frac{1}{k_1 \Phi_E} \left(U_{KL} - \frac{R_A M}{k_2 \Phi_E} \right) = n_{00} - \Delta n \tag{A-27}$$

Bei dieser Gleichung handelt es sich um die bedeutende *Drehzahl-Drehmomenten-Kennlinie* $n(M)$ bzw. $n = f(M)$ mit drei *elektrischen Parametern* U_{KL}, Φ_E und R_A (bzw. R_{AL}). Da der Innenwiderstand R_{Ai} nicht veränderbar ist, wird, um eine Variation des Ankerkreiswiderstandes R_A zu ermöglichen, ein äußerer variabler ohmscher Widerstand R_{AL}, der *Anlaßwiderstand*, dem Ankerkreis seriell zugeschaltet (Bild A-25): $R_A = R_{Ai} + R_{AL}$. Der Anlasser R_{AL} ist meist als Schiebewiderstand ausgeführt, um den Parameter einfach ändern zu können (*Parametrierung*).

Mit Gleichung Gl. (A-27) ergeben sich Kennlinien mit insgesamt fünf *Variablen*, die wie folgt definiert werden:

- $M = M_{erz} = M_{Rbg} + M_{ab} = M_{Rbg} + M_L = M_{L,ges}$: aktives (erzeugtes) Motormoment M als *unabhängige Variable*. Unabhängig deshalb, weil M normalerweise von der *Gesamtlast* $M_{L,ges}$, d.h. Arbeitsmaschine M_L und Motorreibung M_{Rbg}, vorgegeben und deswegen nicht beeinflußbar ist (Abschn. A.4.1.2.3);
- n bzw. $\omega = 2\pi n$: Motorgeschwindigkeit als *abhängige Variable*, da von dem Lastmoment M_L und von den elektrischen Parametern abhängig. Sie wird als Winkelgeschwindigkeit ω oder als Drehzahl n ausgedrückt;
- U_{KL}: außen angelegte Klemmenspannung als einer von drei *elektrischen Parametern*. Dieser Parameter wird sehr häufig als *Steuer-* oder *Stellgröße* zur Geschwindigkeits-Steuerung und -Regelung in Servosystemen eingesetzt;
- R_{AL}: außen zugeschalteter Anlaßwiderstand als einer von drei *elektrischen Parametern*. Dieser Parameter dient zur Erhöhung des Ankerwiderstandes R_A. Mit R_{AL} wird die Kennlinien-Steilheit, d.h. der Drehzahlabfall $\Delta n = I_A(R_{Ai} + R_{AL})/k_1\Phi_E$ größer, was zur Steuerung der Drehzahl, insbesondere beim Anlassen ausgenützt wird. Deshalb der Name *Anlasser* oder *Anlaßwiderstand*;
- Φ_E bzw. I_E: Erregerfluß (bzw. Erregerstrom) als einer von drei *elektrischen Parametern* zwecks Steuerung der Drehzahl: $\Phi = \Phi(I_E)$.

In den folgenden drei Kennlinienfeldern (Bilder A-39a bis A-39c) ist jeweils die $n(M)$-*Funktion* dargestellt, jedoch mit verschiedener *Parametrierung*. Aus Gründen der Übersichtlichkeit werden in jedem der drei Kennlinienfelder alternierend je zwei Parameter konstant gehalten, während der dritte jeweils als variabler Parameter zur Bildung einer Kennlinienschar eingesetzt wird. Somit ergeben sich die drei Kennlinienscharen:

1. Kennlinienfeld (Bild A-39a): $n = f(M, U_{KL})$ mit $R_{AL} = $ konst., $\Phi_E = $ konst. und U_{KL} variabel

2. Kennlinienfeld (Bild A-39b): $n = f(M, R_{AL})$ mit $U_{KL} = $ konst., $\Phi_E = $ konst. und R_{AL} variabel

3. Kennlinienfeld (Bild A-39c): $n = f(M, \Phi_E)$ mit $U_{KL} = $ konst., $R_{AL} = $ konst. und Φ_E variabel

Alle Kennlinien in Bild A-39 sind linear, wenn es sich um *kompensierte Maschinen* handelt (Abschn. A.4.1.2.5). Ihre Bedeutung und Verwendbarkeit wird im Einzelnen weiter unten erläutert.

Kennlinienfelder mit elektrischen Parametern

Wie oben anhand Gl. (A-27) ausführlich erläutert, ist es zweckmäßig, den drei Parametern drei verschiedene Kennlinienfelder (*KL-Feld*) zuzuordnen. Sie sind in Bild A-39

Parameter (dienen als Stell- und Steuergrößen):

normierte Spannung $\quad u = U_A / U_{AN}$ $\qquad$ Erregungsgrad $\qquad e = \Phi_E / \Phi_{EN}$

normierter Widerstand $\quad r = R_{AL} / R_{Ai}$ $\qquad$ Nennbetrieb: $\qquad u = 1, r = 0, e = 1, m = 1,$

$\qquad\qquad\qquad\qquad\qquad\qquad\qquad\qquad$ (AP$_N$) $\qquad\qquad n_N / n_0 = 1 - 1/8 = 0{,}875$

$\qquad\qquad\qquad\qquad\qquad\qquad\qquad\qquad\qquad\qquad\qquad\qquad n = n_N = 0{,}875 \, n_0$

$$a(m) = 1{,}0 - \frac{1}{8}\,m \qquad\qquad f(m) = 1{,}0 - \frac{1}{8}\,m \qquad\qquad k(m) = 1{,}0 - \frac{1}{8}\,m$$

$$b(m) = 0{,}8 - \frac{1}{8}\,m \qquad\qquad g(m) = 1{,}0 - \frac{1}{5}\,m \qquad\qquad l(m) = \frac{1}{2} - \frac{1}{32}\,m$$

$$c(m) = 0{,}6 - \frac{1}{8}\,m \qquad\qquad h(m) = 1{,}0 - 0{,}3\,m \qquad\qquad n(m) = 2{,}0 - \frac{1}{2}\,m$$

$$d(m) = 0{,}4 - \frac{1}{8}\,m \qquad\qquad i(m) = 1{,}0 - \frac{1}{2{,}25}\,m \qquad\qquad o(m) = 4{,}0 - 2{,}0\,m$$

zu **a** $\quad e(m) = 0{,}2 - \frac{1}{8}\,m \qquad$ zu **b** $\quad j(m) = 1{,}0 - \frac{2}{3}\,m \qquad$ zu **c** $\quad p(m) = 8{,}0 - 8{,}0\,m$

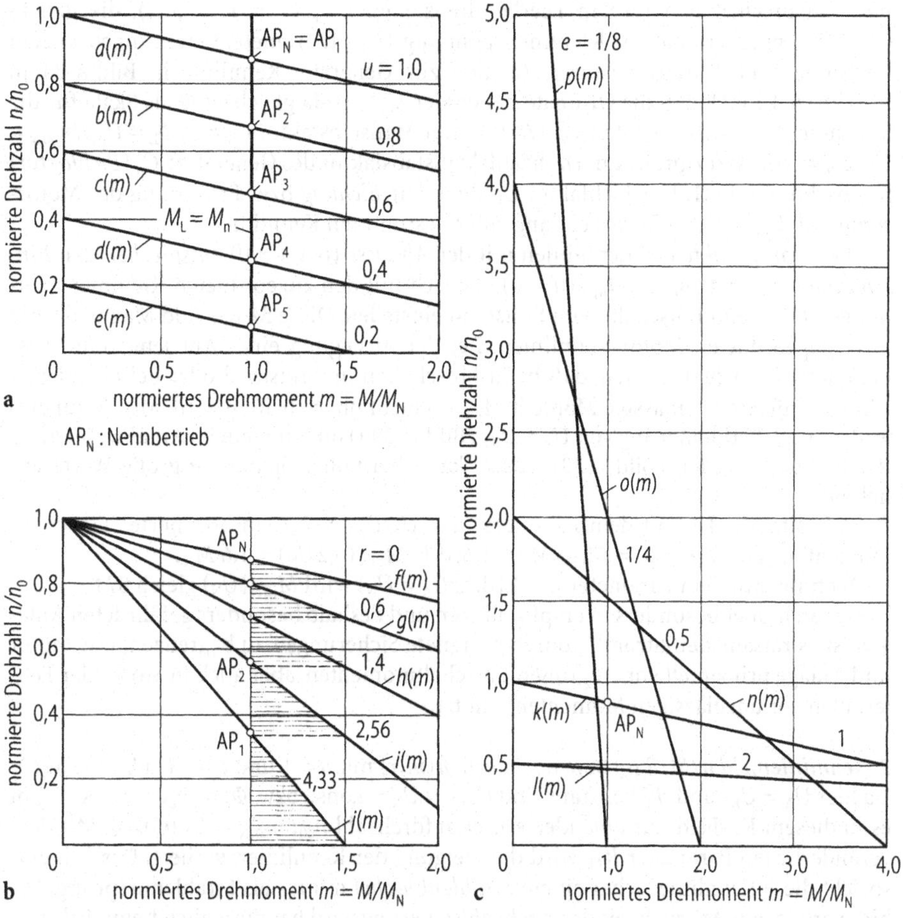

a Funktionen $a(m)$ bis $e(m)$ mit Spannung U als variablem Parameter, $R_{AL}(=0)$ und Φ_E sind konstant,

b Funktionen $f(m)$ bis $j(m)$ mit Widerstand R_{AL} als variablem Parameter, U und Φ_E sind konstant,

c Funktionen $k(m)$ bis $p(m)$ mit Erregerfluß Φ_E als variablem Parameter, U und R_{AL} sind konstant.

Bild A-39a–b. Parametrisierte und normierte Drehzahl-Drehmoment-Kennlinien

gezeigt und werden im folgenden kommentiert. Die *beiden* in jedem KL-Feld *konstan-ten Parameter* sind hier beispielhaft auf ihre *Nennwerte* festgelegt, um in allen drei KL-Feldern vergleichbare Arbeitspunkte zu erhalten. Die Ordinaten in Bild A-39 (bei $M = 0$ bzw. $I_A = 0$) entsprechen immer dem *idealen Leerlaufbetrieb*, bei dem der Motor keine mechanische Leistung entwickelt (ohne Berücksichtigung der Motor-Eigenreibung). Die Kennlinien sind *normiert*, d. h. auf die entsprechenden *Nennwerte* bezogen, so daß alle Parameter dimensionslos werden (Abschn. A.4.1.6.6). Dabei entstehen Bezugsgleichungen, die es ermöglichen, Bild A-39 komplett mit Grafik-Mathematik-Programmen zu erstellen.

1. *Kennlinienfeld n (M, U_{KL})* oder *normiert*: $n (m, u)$ mit $r = 0$ ($R_{AL} = 0$) und $e = 1$ ($\Phi_E = \Phi_{EN}$) (Bild A-39 a):
Wegen $\Phi_E = \Phi_{EN}$ = konst. ist gemäß Gl. (A-18) in Abschn. A.4.1.2.4 (2. Grundgleichung) das Drehmoment M im gesamten Koordinatenfeld proportional zu I_A. Aus diesem Grund verlaufen die Kennlinien parallel. Die *Schnittpunkte* der Kennlinien mit der *Ordinate* entsprechen den idealen Leerlaufdrehzahlen $n_{00,\nu}$ (ν = 1, 2, 3...), die gemäß Gl. (A-25) proportional zur Klemmenspannung $U_{KL,\nu}$ (Parameter) ihrer zugeordneten Kennlinie sind. Daraus resultiert (analog zur Generator-Kennlinie in Bild A-34 in Abschn. A.4.1.6.1), daß die Ordinate neben der $n_{00,\nu}$-Skala gleichzeitig als Skala für die Spannung $U_{KL,\nu} = U_{A,\nu}$ dient (s. Gl. (A-25)). Der Maßstabsfaktor $C_U = k_1 \Phi_E = U_{A,\nu}/n_{00,\nu} = U_N/n_{00} = 1/C_n$ ist reziprok zum Drehzahl-Maßstabsfaktor des Generators C_n (*Eichfaktor*) in Abschn. A.4.1.6.1. Der Eichfaktor C_U dient zur *Eichung* bzw. Ermittlung der Motorspannung $U_{KL} = U_A = C_U \cdot n_{00}$ entlang einer bestimmten Kennlinie.

Die *Schnittpunkte* der Kennlinien mit der *Abszisse* (bei $n = 0$) *entsprechen* den *Einschaltmomenten* $M_{EIN,\nu} = M_{M,\nu}$ ($n = 0$), die sich mit den zugeordneten Klemmenspannungen $U_{A,\nu}$ beim Einschalten im Stillstand einstellen. Diese $M_{EIN,\nu}$ sind Maximalwerte ihrer zugeordneten Motor-Kennlinien. Bei der Auslegung eines Antriebes muß deshalb darauf geachtet werden, daß beim Einschalten im Stillstand oder bei blockierter Welle das maximal zulässige Moment $M_{max,zul}$ nicht überschritten wird. M_{EIN} kann entweder durch Verkleinerung von $U_A = U_{KL}$ (Bild A-39 a) oder mit einem Anlaßwiderstand R_{AL} begrenzt werden (Bild A-39 b). M_{EIN} kann bei hoher Spannung große Werte annehmen.

So besitzt die KL mit dem Parameter $u = U_A/U_{AN} = 0,2$ ein normiertes Einschaltmoment $m_{EIN} = m (n = 0) = M_{EIN}/M_N = 1,6$, d. h. $M_{EIN} (0,2\, U_N) = 1,6\, M_N$.

Achtung: Mit dem Parameter $u = 1$ (d. h. $U_A = U_N$) wird $M_{EIN} (U_N)$ gleich $8 M_N$.

Generell, aber besonders in empfindlichen und deshalb besonders gefährdeten Anlagen ist es ratsam, den Strom I_A durch geeignete Sicherungen zu begrenzen, was Motor und Anlage prinzipiell vor zu großen Einschaltmomenten, aber auch in Stör- oder Fehlerfällen vor unzulässigen Momenten schützt.

2. *Kennlinienfeld n (M, R_{AL})* bzw. *normiert*: $n(m, r)$ mit $u = 1$ und $e = 1$ (in Bild A-39 b):
Da hier $U_A = U_{KL}$ und Φ_E konstant sind ($U_{KL} = U_N$ = konst. bzw. $\Phi_E = \Phi_{EN}$ = konst.), gibt es in diesem KL-Feld nur *eine* ideale Leerlaufdrehzahl n_{00}: $n_{00,N} = U_N/k_1 \Phi_{EN}$. Mit dem veränderlichen Parameter R_{AL} wird die Steigung der Kennlinien variiert. Deshalb entspricht diese Kennlinienschar einem *Strahlenbüschel* mit n_{00} als Strahlenursprung. Die hier vorliegende Möglichkeit der *Drehzahlsteuerung* wird hauptsächlich beim *Anlassen* (Hochlaufen) einer Anlage eingesetzt. Dabei begrenzen die Anlaßwiderstände $R_{AL,\nu}$ (ν = 1, 2, 3...) die Spitzenmomente bei niederen Drehzahlen. Die Ermittlung der Werte von $R_{AL,\nu}$ kann nach dem *Strahlensatz* durchgeführt werden, womit sich folgende Gleichung ergibt:

$$\frac{R_{\mathrm{AL},\nu} + R_{\mathrm{Ai}}}{R_{\mathrm{Ai}}} = \frac{\Delta n_\nu}{\Delta n_0} = \frac{n_{00} - n_\nu}{n_{00} - n_{\mathrm{AP}}} \quad \text{bzw.} \quad R_{\mathrm{AL},\nu} = R_{\mathrm{Ai}}\left(\frac{n_{00} - n_\nu}{n_{00} - n_{\mathrm{AP}}} - 1\right) \tag{A-28}$$

mit $R_{\mathrm{AL},\nu}$: Anlaßwiderstand als Parameter für die ν^{te} Kennlinie,

$\quad\quad R_{\mathrm{Ai}}$: unveränderlicher Innenwiderstand des Ankerkreises,

$\quad\quad n_\nu$: Drehzahl auf der ν^{ten} Kennlinie, bei der auf den nächsten Anlaßwiderstand $R_{\mathrm{AL},\nu+1}$ umgeschaltet wird,

$\quad\quad n_{\mathrm{AP}}$: Drehzahl im *AP*, auf der Kennlinie mit $R_{\mathrm{AL}} = 0$.

3. *Kennlinienfeld* $n(M, \Phi_\mathrm{E})$ oder *normiert*: $n(m, e)$ mit $u = 1$ und $r = 0$ (in Bild A-39c):
Wie Gl. (A-25) zeigt, verhält sich n_{00} reziprok zu Φ_E, wenn U_{KL} und R_{AL} konstant sind: n_{00} prop. $1/\Phi_\mathrm{E}$. Der *Drehzahlabfall* Δn (2. Term in Gl. (A-27), entspricht der Kennlinienneigung) ist im linearen Bereich der Magnetisierungs-Kennlinie (Φ_E prop. I_E) reziprok zum Quadrat von Φ_E:

$$\Delta n = n_{00} - n_{\mathrm{AP}} = R_\mathrm{A} M_{\mathrm{AP}}/k_1 k_2 \Phi_\mathrm{E}^2, \quad \text{d.h.} \quad \Delta n \text{ ist prop. } 1/\Phi_\mathrm{E}^2.$$

Die Kennlinien verlaufen trotzdem linear, da entlang einer individuellen Kennlinie $\nu = 1, 2, 3 \ldots$ der Parameter $\Phi_{\mathrm{E},\nu}$ konstant bleibt. Es fällt sofort auf, daß die Steigung mit kleiner werdendem Fluß quadratisch zunimmt und daß die *ideale* Leerlaufdrehzahl n_{00} gegen unendlich geht, wenn die Maschine magnetisch nicht erregt wird (*Motor geht durch*). Der Nennbetriebsarbeitspunkt AP_N liegt auf der Kennlinie mit dem Parameter $e = 1$ bzw. $\Phi_\mathrm{E} = \Phi_{\mathrm{EN}}$.

Auch mit dem 3. Parameter e oder Φ_E läßt sich eine Drehzahlsteuerung durchführen. Sie ist zur Erzielung hoher Steifigkeiten geeignet, wie im folgenden erörtert wird.

Steifigkeit (Steifheit) eines Antriebes
Am besten läßt sich der Begriff *Steifigkeit* oder *Steifheit* eines Antriebes anhand der Kennlinien in Bild A-39c erläutern. Ist eine $n(M)$-Kennlinie sehr *flach*, spricht man von *hoher Steifigkeit*, da die Drehzahl fast unabhängig vom Drehmoment ist. Das wird in Bild A-39c im Falle des Parameters $e = 2$ (d.h. $2 \Phi_{\mathrm{EN}}$) deutlich. Allerdings ist das Drehzahlniveau dieser Kennlinie relativ gering. Die Drehzahl kann in gewissen Grenzen durch Erhöhung von U_{KL} linear gesteigert werden (Achtung: Verlustleistung, Abschn. A.4.1.8).

Die Steifigkeit wird mit zunehmender Erregung $\Phi_\mathrm{E} > \Phi_{\mathrm{EN}}$ immer größer und mit abnehmendem $\Phi_\mathrm{E} < \Phi_{\mathrm{EN}}$ immer geringer. Letzteres entspricht einer immer größer werdenden Abhängigkeit der Drehzahl von der Last. So ist die Lastabhängigkeit von n mit dem Parameter $e = {}^1/_4$ bzw. $\Phi_\mathrm{E} = {}^1/_4 \Phi_{\mathrm{EN}}$ beispielsweise *16mal* geringer (Steilheit der $n(M)$-Kennlinie ist 16mal größer) als mit dem Parameter $e = 1$ (bzw. Φ_{EN}) oder *256mal* geringer als mit $e = 4$ (bzw. $4\Phi_{\mathrm{EN}}$). Dabei ist bei geringer Belastung des Motors ($M_\mathrm{L} \ll M_\mathrm{N}$), besonders im Leerlauf, darauf zu achten, daß die Drehzahl bei zunehmender Feldschwächung nicht zu groß wird.

> Daraus kann abgeleitet werden, daß die *Steifigkeit* eines Antriebes sich reziprok zur *Steilheit* der zugeordneten Kennlinie verhält, auf der gerade der *AP* liegt.

A.4.1.6.3
Geschwindigkeits-Steuerung und -Regelung

Die in Abschn. A.4.1.6.2 behandelten $n(M)$-Kennlinien nach Gl. (A-27) und Bild A-39 werden zur Steuerung, d.h. zur Variation der Drehzahl eingesetzt. Bei vorgegebener Last wird die gewünschte Drehzahl mit Hilfe der *drei elektrischen Parameter* eingestellt. Verändert sich während des Betriebes die Last, variiert die Drehzahl entsprechend der Kennlinie, auf der sich der *AP* zuvor befand. Soll die Drehzahl trotz Laständerung konstant bleiben, muß wenigstens einer der drei Parameter gemäß Gl. (A-27) geändert werden. Wird dies in einer sogenannten *offenen Steuerkette* bewerkstelligt, d.h. mit dem Menschen als Zwischenglied (*Operator*), spricht man von *Steuerung*, nicht von *Regelung*.

Ist die Last ständigen Schwankungen unterworfen, läßt sich die Drehzahl praktisch nicht mehr durch eine solche *Steuerung* konstant halten. Dann ist eine *Drehzahl-Regelung* erforderlich. Das bedeutet, daß man sich der *Regelstruktur des Motors* (dargestellt in Bild A-30) bedient. Dabei muß jedoch der *Drehzahlabfall*, bedingt durch den lastabhängigen Spannungsabfall *IR* am Innenwiderstand, kompensiert werden. Das kann nach zwei grundlegend unterschiedlichen Verfahren erfolgen:

- die sogenannte *IR-Kompensation*, oder die
- echte *Drehzahlregelung* mittels Drehzahlrückkopplung.

Bei der *IR-Kompensation* wird der lastabhängige I_A gemessen und elektronisch mit dem bekannten Wert von R_A multipliziert. Dieser rechnerische Spannungsabfall $I_A R_A$ wird der vorliegenden Außenspannung U_{KL}, die die Solldrehzahl vorgibt, abgezogen. Somit hat man einen rechnerischen Wert für die drehzahlabhängige induzierte Spannung U_0 als Istdrehzahl bzw. *Istgröße*, die schließlich mit der Außenspannung als *Sollgröße* verglichen und regelungstechnisch verarbeitet werden kann. Die Rechnung wird in *analogen Regelungen* analog oder in *Digitalreglern* digital realisiert. Diese Methode ist wegen des temperaturabhängigen R_A nicht sehr genau. Bei höheren Genauigkeitsanforderungen empfiehlt sich die zweite Methode, da hierbei die Drehzahl *direkt* gemessen (z.B. mittels Tacho in Abschn. A.4.1.6.1) und geregelt wird. Das bedeutet, daß äußere Störeinflüsse, die nicht auf den Meßkreis wirken, durch die direkte Messung und Gegenkopplung der Regelgröße *n* automatisch weggeregelt werden. Prinzipiell gilt, daß die Regelgenauigkeit *nur so gut* sein kann *wie die Genauigkeit der Istwertmessung* durch das separate elektrische oder elektronische Geschwindigkeits-Meßglied (z.B. Tacho oder digitaler Winkelkodierer). Deshalb sollte man mit besonderem Gewicht auf einen genauen und störfreien Meßaufbau achten, z.B. durch Einsatz hochauflösender Sensoren, gedrillter und geschirmter Leitungen, differentieller Meß- und Signalübertragungsverfahren. Bild A-40a zeigt eine einfache Drehzahlregelung mit *tachometrischer* Gegenkopplung der Drehzahl. Diesem *analogen Geschwindigkeits-Regelkreis* ist ein *analoger Stromregelkreis* unter- und ein *digitaler Positionsregelkreis* überlagert. Dieser *Lageregler* kann in ein übergeordnetes *digitales Steuersystem* eingebunden sein (s. Bild A-3).

Die *automatische Regelung* beruht auf der Kennlinie nach Bild A-39a mit U_{KL} als Parameter, indem bei störungsbedingten Abweichungen der Drehzahl nach einer kurzen Reaktionszeit (abhängig von der Dynamik des Systems) die sog. *Stellgröße* U_{KL} je nach Ablage der *Regelgröße n* nachgestellt wird (Bild A-40b). Ist beispielsweise das Lastmoment um $\pm \Delta M$ gestört (z.B. durch ein exzentrisches Getriebe), so würde das Motormoment ohne Regelung um den *AP* (bei $M_M = M_L$) mit einer Amplitude von $\pm \Delta M$ schwanken: $M_M = M_L \pm \Delta M$. Die daraus sich ergebende Drehzahlschwankung $\pm \Delta n$, die sich automatisch mit der Konstantspannung U_{AP} einstellen würde, wird durch eine aus der Regelung resultierende Schwankung der *Stellgröße* $U_{KL} = U_{AP} \pm \Delta U$ automatisch kompensiert (ausgeregelt). Dabei bleibt eine geringe restliche Drehzahlablage als unvermeidliche *proportionale Regelabweichung* erhalten, falls es sich um einen reinen *Proportionalregler* handelt. Die *Regelabweichung* ist dann *reziprok* (umgekehrt proportional) zur *Regelkreis-Verstärkung*. Die Verstärkung kann jedoch aus *Stabilitätsgründen* nicht beliebig hoch eingestellt werden. Deshalb schaltet man meistens dem *Proportio-*

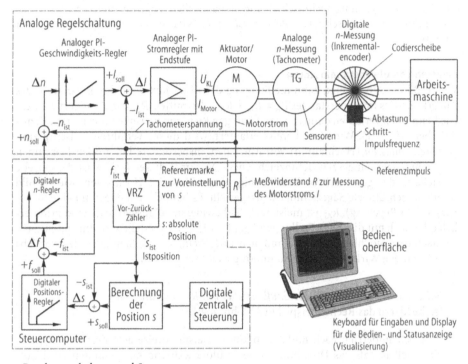

a Regelungsschaltung und Steuerungssystem

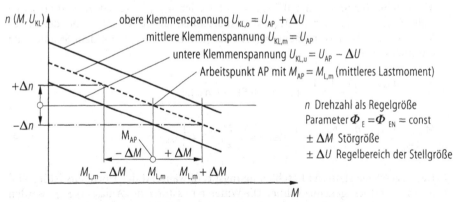

b Regelungskennlinie mit Stellgröße U_{KL}, Regelgröße n und Störgröße M

Bild A-40a–b. Drehzahlregelung mit U_{KL} als Stellgröße bzw. Regelparameter

nalglied P (reine Verstärkung) ein *Integralglied I* dazu, womit die Regelabweichung nach einer bestimmten *Integrations-Zeitkonstanten* praktisch auf null geregelt werden kann.

Dieser kurze nicht arithmetische Abriß einer *Drehzahlregelung* mit graphischer Unterstützung durch die Schaltung in Bild A-40a und die geeignete *statische Kennlinie* in Bild A-40b soll eine Brücke zur Regelungstechnik sein. Das komplexere *dynamische Verhalten* der Regelung, die regelungsmathematischen Zusammenhänge und die

Erklärung der regelungstechnischen und dynamischen Begriffe finden Sie teilweise in Abschn. A.6, in Abschn. C.6 *Regelungstechnik* oder in der regelungstechnischen Literatur.

Anlassen von Gleichstrommotoren

Wie in Bild A-39b gezeigt, kann die Steigung der $n(M)$-*Kennlinie* durch Variation des Ankerkreis-Gesamtwiderstandes $R_A = R_{Ai} + R_{AL}$, also mittels $R_{AL} \geq 0$, verändert werden. Die Kennlinien verlaufen dann strahlenförmig in Richtung n_{00} (in der normierten Kennlinie bei $n/n_0 = 1$). Wie oben bereits erläutert, wird dieses Verfahren vielseitig zum gezielten *Anlassen* (Hochfahren) von Antrieben, insbesondere bei großen Maschinen und Fahrzeugen eingesetzt. Kennzeichnendes Merkmal dieses Modus ist die gezielte Einstellung des gewünschten Beschleunigungsprofils beim Hochlaufen, wie in Bild A-39b als schraffierte Sägezahnfläche dargestellt. Es handelt sich dabei um eine Steuerung (nicht Regelung). R_{AL} ist meist als Schiebewiderstand ausgeführt, der kontinuierlich oder auch mit diskreten Stellungen $R_{AL,v}$ ($v = 1, 2, 3...$) verstellt wird. Im endgültigen *AP* nach dem Hochlauf sollte R_{AL} möglichst null sein, um die Steifigkeit des Antriebs im *AP* und den Wirkungsgrad nicht unnötig zu verschlechtern.

Beispiel eines gesteuerten Hochlaufbetriebes mit R_{AL} als Parameter (siehe hierzu das Rechenbeispiel in Abschn. A.4.1.6.4):

Im Hochlaufbetrieb nach Bild A-39b könnte beispielsweise gefordert sein, $R_{AL,v}$ so einzustellen, daß das Drehmoment des Motors während des gesamten Hochlaufs nicht größer als das 1,5fache des Lastmomentes $M_L = M_{AP}$ (beispielsweise $M_{AP} = M_N$ bzw. $m = 1$ und $m_{max} = 1,5$) werden kann. Somit wird das Beschleunigungsmoment M_B zwischen 0 und maximal $0,5\,M_{AP} = {}^1/_2\,M_N$ oder $m_{B;max} = 0,5$ betragen. Im Beispiel (mit $M_{M,max} = 1,5\,M_{AP} = 1,5\,M_N$) können die Umschaltdrehzahlen n_v, bei denen der Motor gerade das Lastmoment erreicht hat (bei $m = 1$), auch mit dem Strahlensatz ermittelt werden.

$$\frac{m_{max} - m_{min}}{m_{max}} = \frac{1,5 - 1}{1,5} = \frac{1}{3} \quad \text{bzw. nach Strahlensatz:}$$

$$\frac{M_{max} - M_{min}}{M_{max}} = \frac{n_v - n_{v-1}}{n_{00} - n_{v-1}} = \frac{1}{3} \quad \Rightarrow \quad n_v = \frac{2}{3}\,n_{v-1} + \frac{1}{3}\,n_{00} \tag{A-29}$$

Das zugehörige statische Beschleunigungsprofil während des Hochlaufs ist im Bild A-39b schraffiert gekennzeichnet. Die Widerstandsstufen des Anlassers $R_{AL,v}$ werden aus Gl. (A-28) ermittelt (s. Beispiel A-2 in Abschn. A.4.1.6.4, Aufgabe f).

Für den Wirkungsgrad gilt:

$$\eta_{AP} = \frac{2\,\pi M_{ab,AP}\,n_{AP}}{U_{AP}(I_{A,AP} + I_{E,AP})} \tag{A-30}$$

Daß die in R_{AL} zusätzlich umgesetzte Verlustleistung $P_{V,AL} = I_A^2\,R_{AL}$ den Wirkungsgrad beträchtlich verringert, macht das obige Beispiel in Bild A-42 deutlich. Betrachtet man beispielsweise die Arbeitspunkte mit $R_{AL,v}$ mit $v = 1, 2, 3, 4$, so ergeben sich folgende Gesamtwirkungsgrade einschließlich R_{AL}.

Da die AP's alle bei $M_{AP} = M_N$ liegen, verhalten sich die Wirkungsgrade etwa wie die Drehzahlen. Damit gilt:

- $\eta_1/\eta_N = n_1/n_N \approx 0{,}37$: Das bedeutet, in AP_1 werden grob 63 % von P_N in $R_{AL,1}$ umgesetzt.
- $\eta_2/\eta_N = n_2/n_N \approx 0{,}64$: In AP_2 werden etwa 36 % von P_N in $R_{AL,2}$ umgesetzt.
- $\eta_3 \approx 0{,}8 \, \eta_N$ und $\eta_4 \approx 0{,}91 \, \eta_N$.

Das Beispiel zeigt deutlich, daß mit $R_{AL} > 0$ kein *stationärer* (dauerhafter) AP eingestellt werden sollte. R_{AL} muß jedoch leistungsmäßig bzw. thermisch für die Verlustleistung des Dauerbetriebs ausgelegt werden oder man muß zur Sicherheit eine Abschaltautomatik mit Temperaturüberwachung von R_{AL} in die Steuerung installieren.

Ein wichtiger Grund des Einsatzes von R_{AL} kann insbesondere die erforderliche Begrenzung des Einschalt- oder Stillstandsstromes I_{Ein} und damit des Einschalt- bzw. Stillstands-Drehmomentes M_{Ein} sein. Beide können an einem Konstantspannungsnetz unter Umständen zu hoch, d.h. für Arbeitsmaschine und Motor stark gefährdend sein. Mit R_{AL} werden also Motorwicklung, Zuleitung und Netz beim Einschalten vor elektrischer Überlastung sowie Motorlager, Kupplung, Getriebe und Arbeitsmaschine vor mechanischer Überlastung geschützt.

Bremsen von Gleichstrommotoren

In Abschn. A.4.1.4.1 ist der *Vierquadrantenbetrieb* erläutert, mit je zwei Betriebsmoden für den Motor- und den Generatorbetrieb. Letzterer ist mechanisch betrachtet gleichzeitig *Bremsbetrieb*, wenn ein Motor aus einer bestimmten Drehzahl n_{AP} im AP eines Motorbetriebes direkt in den Generatorbetrieb umgeschaltet wird. Die Drehzahl n_{AP} bleibt wegen der *Massenträgheit* im System unmittelbar nach dem Umschalten erhalten, bevor die Bremsung eintritt. Der Betriebsartenwechsel erfolgt, indem der *Motorankerkreis* von seiner äußeren Spannungsquelle auf einen elektrischen Last- bzw. Bremswiderstand umgeschaltet wird (Übergang vom 1. in den 2. Quadranten). Vorausgesetzt, der Bremsvorgang geht stufenweise mit diskreten Bremswiderstandsstufen $R_{Br,\nu}$ (mit $\nu = 1, 2, 3 \ldots$) vonstatten, so verläuft der Bremsvorgang nach einem statischen *Verzögerungsprofil* (ohne Berücksichtigung des zeitlichen Ablaufes), dargestellt in Bild A-41). Wie in Abschn. A.4.1.6.1 beschrieben, treibt nach dem Umschalten die induzierte Ankerspannung als Spannungsquelle einen Ankerstrom in die Gegenrichtung. Dann wirkt der Motor als aktive elektro-magnetische Bremse bzw. elektrisch als Generator, der die gespeicherte kinetische Energie in elektrische Leistung umwandelt und in den Bremswiderstand einspeist.

Vergleichbar mit dem hohen Einschaltdrehmoment M_{Ein} im Motorbetrieb (abhängig von der Spannung) gilt für den Bremsbetrieb, daß unmittelbar nach dem Umschalten ein sehr hohes (unter Umständen gefährliches) Bremsmoment herrschen kann. Das ist der Fall, wenn aus einer hohen Drehzahl n_{AP} heraus die dann vorhandene hohe innere Quellspannung $U_{0,AP}$ im Generatorbetrieb ein zu hohes Bremsmoment erzeugt. Das Bremsmoment hat sein absolutes Maximum, wenn der Motoranker beim Umschalten kurzgeschlossen wird (Bild A-41), d.h. $R_{Br} = 0$ ist. Dann verläuft die Bremskennlinie im 2. Quadranten parallel zur Motorkennlinie mit $R_{AL} = 0$ im 1. Quadranten. Aus diesem Grund ist meist $R_{Br} > 0$ erforderlich. Eine Ankerstrombegrenzung und Stromabsicherung zur Drehmomentenbegrenzung, wie beim Hochlaufen vorgeschlagen, wirkt auch während des Bremsvorganges (s. Rechenbeispiel in Abschn. A.4.1.6.4, Aufgabe h).

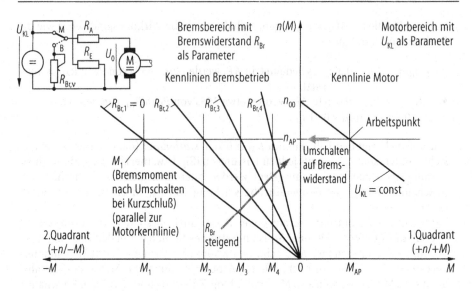

Bild A-41. Bremskennlinien der *GS-NSM* nach Umschalten aus Arbeitspunkt auf R_{Br}

A.4.1.6.4
Berechnungsbeispiel einer *GS-NSM* (Beispiel A-2)

Gegeben ist eine *Gleichstrom-Nebenschlußmaschine* mit folgendem Leistungsschild:

220 V	(Nennspannung U_N)
4,7 A	(Motornennstrom von Anker- und Erregerwicklung: $I_N = I_{AN} + I_{EN}$)
750 W	(Nennleistung, d.h. im Nennbetrieb abgegebene mechanische Motorleistung: $P_N = P_{N,mech,ab}$)
1500 min^{-1}	(Nenndrehzahl n_N)
$M_{MR} = 33$ Ncm	(Motor-Eigenreibung, innerer Reibverlust der Maschine)
$R_A = 7,4\ \Omega; R_E = 645\ \Omega$	(Ankerkreis-Innenwiderstand bzw. Widerstand der Erregerwicklung)

Die Erklärungen in Klammern sind in dem Leistungsschild normalerweise nicht enthalten.

a) *Zu berechnen ist der Wirkungsgrad η_N und das Drehmoment M_N im Nennbetrieb.*

Lösung: $\eta_N = \dfrac{P_{N,ab}}{P_{N,auf}} = \dfrac{P_{N,mech,ab}}{P_{N,el,auf}} = \dfrac{750\ \text{W}}{220\ \text{V} \cdot 4,7\ \text{A}} = \dfrac{750\ \text{W}}{1034\ \text{W}}\ 100\% = \underline{\underline{72,53\,\%}}$

$$M_N = M_{N,ab} = \frac{P_{N,mech,ab}}{\omega_N} = \frac{P_N}{2\pi \cdot n_N} = \frac{750\ \text{W}}{2\pi \cdot 1500\ \text{min}^{-1}}$$

$$= \frac{750 \cdot 60\ \text{Ws}}{3000 \cdot \pi} = 4,77\ \text{Ws} = \underline{\underline{4,77\ \text{Nm}}}$$

$M_{N,erz} = M_{N,ab} + M_{MR} = 4,77\ \text{Nm} + 0,33\ \text{Nm} = \underline{\underline{5,1\ \text{Nm}}}$
(im Nennbetrieb *erzeugtes* Drehmoment)

b) *Wie groß sind die Nennwerte I_{AN} und I_{EN} von Anker- und Erregerstrom im Nennbetrieb?*

Lösung: I_{EN} nach dem Ohmschen Gesetz und I_{AN} aus der Differenz des Gesamtstromes I_N.

$$I_{EN} = \frac{U_N}{R_E} = \frac{220\,\text{V}}{645\,\Omega} = \underline{\textbf{0,341 A}}; \quad I_{AN} = I_N - I_{EN} = 4,7\,\text{A} - 0,34\,\text{A} = \underline{\textbf{4,36 A}}$$

c) *Es sind die elektrischen, mechanischen und magnetischen Verlustleistungskomponenten zu ermitteln.*

Lösung: $P_{V,\text{ges}} = P_{N,\text{el,auf}} - P_{N,\text{mech,ab}} = 1034\,\text{W} - 750\,\text{W} = P_{V,\text{el}} + P_{V,\text{mag}} + P_{V,\text{mech}}$

$\qquad\qquad = P_{Cu,A} + P_{Cu,E} + P_{Fe} + P_{Rbg}$.

$P_{V,\text{el}} \quad = P_{Cu,A} + P_{Cu,E}$

$\qquad\qquad$ (elektrische Verlustleistung = Kupferverluste in Anker- und Erregerkreis):

$P_{Cu,A} = I_{AN}^2\,R_A = (4,36\,\text{A})^2 \cdot 7,4\,\Omega = \underline{\textbf{141 W}}$

$P_{Cu,E} = I_{EN}^2\,R_E = (0,341\,\text{A})^2 \cdot 645\,\Omega = \underline{\textbf{75 W}}$

$P_{V,\text{mech}} = P_{Rbg} = M_{MR} \cdot 2\,\pi\,n_N = 0,33\,\text{Ws} \cdot 2\,\pi \cdot 1500/60\,\text{s} = \textbf{52 W}$

$\qquad\qquad$ (innere mechanische Reibverluste)

$P_{V,\text{mag}} = P_{Fe}$ (Eisenverluste) $= P_{V,\text{ges}} - P_{Cu,A} - P_{Cu,E} - P_{Rbg}$

$\qquad\qquad = 284\,\text{W} - 141\,\text{W} - 75\,\text{W} - 52\,\text{W} = \underline{\textbf{16 W}}$

d) *Man berechne den Leerlaufstrom I_0 bzw. I_{A0}, die ideale und die reale Leerlaufdrehzahl n_{00} bzw. n_0.*

Lösung: Mit Gl. (A-18) ergibt sich: $I_A = M/(k_2\,\Phi_E)$. Da $k_2\,\Phi_E = k_2\,\Phi_{EN} =$ konstant (wegen $U_{Kl} = U_N =$ konst.), gilt für I_{A0} die Bezugsgleichung:

$$\frac{I_{A0}}{I_{AN}} = \frac{M_{Rbg}}{M_{N,\text{erz}}} = \frac{0,33\,\text{Nm}}{5,1\,\text{Nm}} = 0,065:$$

$I_{A0} = 0,065 \cdot 4,36\,\text{A} = 0,283\,\text{A} = \underline{\textbf{0,3 A}}$ (Leerlauf-Ankerstrom aufgrund der Eigenreibung).

I_0 (Leerlaufgesamtstrom) $= I_{A0} + I_{EN} = 0,28\,\text{A} + 0,34\,\text{A} = \underline{\textbf{0,62 A}}$.

Die *ideale* Leerlaufdrehzahl (unter Vernachlässigung der Eigenreibung bzw. des Leerlaufankerstroms: $M_{Rbg} \approx 0$ und $I_{A0} \approx 0$) ermittelt man aus Gl. (A-17) bzw. Gl. (A-25):

$n = U_0/k_1\,\Phi_{EN}$, woraus sich die Bezugsgleichung ergibt:

$$\frac{n_{00}}{n_N} = \frac{U_{00}}{U_{0N}} = \frac{U_N}{U_N - I_{AN} \cdot R_A} = \frac{220\,\text{V}}{220\,\text{V} - 4,36\,\text{A} \cdot 7,4\,\Omega} = 1,172 \text{ (vergl. Gl. (A-23):}$$

$n_{00} = 1,172 \cdot n_N = 1,172 \cdot 1500\,\text{min}^{-1} = \underline{\textbf{1758 min}^{-1}}$ ($U_{00} = U_N$, da $I_{A0} = 0$ angenommen wird).

Die *reale* Leerlaufdrehzahl n_0 kann man aus Gl. (A-26) mit dem Ankerleerlaufstrom I_{A0} oder alternativ aus Gl. (A-27), wenn das Eigenreibmoment M_{MR} bekannt ist, ermitteln:

Mit Gl. (A-26): $n_0 = \dfrac{U_N - I_{A0}\,R_A}{k_1\,\Phi_{EN}}$ und $k_1\,\Phi_{EN} = \dfrac{U_{0N}}{n_N}$ ergibt sich die Bezugsgleichung:

$$\frac{n_0}{n_N} = \frac{U_0 \, (n_0)}{U_{0N} \, (n_N)}: \quad n_0 = n_N \, \frac{U_0}{U_{0N}}. \quad U_0 \text{ und } U_{0N} \text{ aus Gl. (A-23):}$$

$$\frac{U_{0N}}{n_N} = \frac{220 \, \text{V} - 4{,}36 \, \text{A} \cdot 7{,}4 \, \Omega}{1500 \, \text{min}^{-1}} = \frac{188 \, \text{V}}{1500 \, \text{min}^{-1}} \Rightarrow$$

$$n_0 = (220 \, \text{V} - 0{,}3 \, \text{A} \cdot 7{,}4 \, \Omega) \, \frac{1500 \, \text{min}^{-1}}{188 \, \text{V}}.$$

$$n_0 = 218 \, \text{V} \cdot 1500/188 \, \text{V min}: \; \boldsymbol{n_0 \approx 1740 \, \text{min}^{-1}}$$

e) *Wie groß wäre der Einschaltstrom* $I_{A,\text{Ein}} = I_A \, (n = 0)$, *das Einschaltmoment* $M_{\text{Ein}} = M \, (n = 0)$ *und welche Verlustleistung würde der Motor bei blockierter Welle verbrauchen?*
   Lösung: Im Stillstand ist die induzierte Gegenspannung $U_0 = 0$, d.h. I_A kann nach dem Ohmschen Gesetz bestimmt werden:

$$I_{A,\text{Ein}} = \frac{U_{Kl}}{R_A} = \frac{U_N}{R_A} = \frac{220 \, \text{V}}{7{,}4 \, \Omega} = 29{,}73 \, \text{A} \approx 30 \, \text{A} \; (R_{AL} = 0!) \Rightarrow$$

$$M_{\text{Ein}} = M_{N,\text{erz}} \, \frac{I_{A,\text{Ein}}}{I_{AN}} = 5{,}1 \, \text{Nm} \cdot \frac{30 \, \text{A}}{4{,}36 \, \text{A}} = 35 \, \text{Nm, d.h. etwa } 7 \times M_N!$$

   <u>Achtung:</u> *Das hohe Stillstandsmoment* $M_{St} = M_{\text{Ein}} \approx 7 \cdot M_N$ *kann für die Arbeitsmaschine und für den Motor gefährlich sein!*

$$P_V \, (n = 0) = P_{Cu,E} + P_{Cu,A,\text{Ein}} = 75 \, \text{W} + I_{A,\text{Ein}}^2 \cdot R_A = 75 \, \text{W} + 29{,}7^2 \cdot 7{,}4 \, \text{W}$$
$$\approx 6600 \, \text{W}.$$

f) *Zu bestimmen sind die Widerstandsstufen des Anlassers* $R_{AL,v}$, *wenn der Ankerstrom beim Anlaufvorgang zwischen* I_{AN} *und* $1{,}5 \cdot I_{AN}$ *schwanken darf. Die Drehzahlwerte, bei denen die Umschaltung erfolgen soll, sind rechnerisch zu ermitteln und grafisch zu bestätigen! Wie groß sind die Drehmomentspitzen beim Hochlauf?*
   Lösung: Berechnung nach Gl. (A-28) und Gl. (A-29) (vergl. Grafik in Bild A-42):

$$R_{AL1} = R_A \left(\frac{n_{00} - n_1}{n_{00} - n_N} - 1 \right) = 7{,}4 \, \Omega \left(\frac{1758 - 586}{1758 - 1500} - 1 \right) = 26{,}2 \, \Omega$$

Wegen des gegebenen Verhältnisses $I_{max}/I_{min} = 1{,}5 \, I_{AN}/I_{AN} = 3/2$ gilt für die Drehzahlen n_v Gl. (A-29):

$n_1 = 2/3 \cdot n_0 + 1/3 \cdot n_{00} = 0 + 1/3 \cdot 1758 \, \text{min}^{-1} = 586 \, \text{min}^{-1}$

$n_2 = 2/3 \cdot n_1 + 1/3 \cdot n_{00} = (2/3 \cdot 586 + 1/3 \cdot 1758) \, \text{min}^{-1} = 977 \, \text{min}^{-1}$

$n_3 = 2/3 \cdot n_2 + 1/3 \cdot n_{00} = (2/3 \cdot 977 + 1/3 \cdot 1758) \, \text{min}^{-1} = 1237 \, \text{min}^{-1}$

$n_4 = 2/3 \cdot n_3 + 1/3 \cdot n_{00} = (2/3 \cdot 1237 + 1758/3) \, \text{min}^{-1} = 1411 \, \text{min}^{-1}$

$n_5 = 2/3 \cdot n_4 + 1/3 \cdot n_{00} = (2/3 \cdot 1411 + 1758/3) \, \text{min}^{-1} = 1527 \, \text{min}^{-1} > n_N = 1500 \, \text{min}^{-1}$.

Wenn $n_v > n_N$ wird, was bei n_5 der Fall ist, muß die Rechnung abgebrochen werden, da dann $R_{AL,v}$ rechnerisch negativ wird. Im vorliegenden Beispiel wird deshalb $R_{AL,5}$ gleich null gesetzt, so daß der Motor sich dann auf der Originalkennlinie befindet und in den Nennbetrieb übergeht ($M_{Mot} = M_N = M_L$).
Somit errechnen sich die zugeordneten Werte für die $R_{AL,v}$ wie (s. Hochlauf-Diagramm Bild A-42):

$R_{AL,1} = 7{,}4 \, \Omega \, (1172/258 - 1) = 26{,}2 \, \Omega$;

$R_{AL,2} = 7{,}4 \, \Omega \, (781/258 - 1) = 15 \, \Omega$;

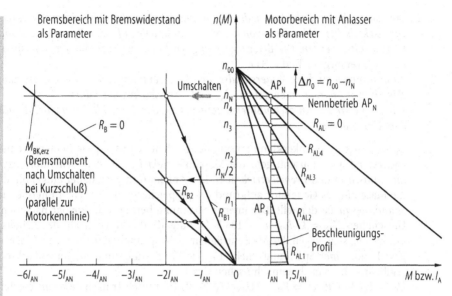

Bild A-42. Grafische Darstellung der *GS-NSM* aus Berechnungsbeispiel

$R_{\text{AL},3} = 7{,}4\,\Omega\,(521/258 - 1) = 7{,}5\,\Omega;$

$R_{\text{AL},4} = 7{,}4\,\Omega\,(347/258 - 1) = 2{,}6\,\Omega$ und $R_{\text{AL},5} = 0.$

Die Drehmomentspitzen betragen laut Aufgabenstellung $1{,}5\,M_N$, unmittelbar nach dem Umschalten, da dort $I_A = 1{,}5\,I_{AN}$ beträgt ($M \sim I_A$).

g) *Auf welchen Widerstandswert R_{AL}^* müßte der Anlaßwiderstand eingestellt werden, wenn der Motor bei einem Lastmoment von $0{,}5\,M_N$ (entsprechend $0{,}5\,I_{AN}$) gerade die Drehzahl $n^* = 1000\ min^{-1}$ annehmen soll?*

Lösung: Nach Gl. (A-28) mit $\Delta n_v = (n_{00} - n^*)$ und $\Delta n_0 = (n_{00} - n_N)/2$ (wegen $M^* = 0{,}5\,M_N$) gilt:

$$R_{\text{AL}}^* = R_{\text{Ai}}\left(\frac{2}{n_{00} - n_N}\cdot\frac{n_{00} - n^*}{1} - 1\right) = 7{,}4\,\Omega\left(\frac{2\cdot(1758 - 1000)}{1758 - 1500} - 1\right) = \underline{\underline{36\,\Omega}}$$

Alternative Lösung nach Gl. (A-24):

$$n^* = \frac{U_{\text{Kl}} - I_A\,(R_{\text{Ai}} + R_{\text{AL}}^*)}{k_1\,\Phi_{\text{EN}}} = \frac{n_{00}}{U_N}\cdot\left(U_N - \frac{I_{AN}}{2}\,(R_{\text{AL}}^* + R_{\text{Ai}})\right)$$

mit $k_1\Phi_{\text{EN}} = \dfrac{U_{0N}}{n_N} = \dfrac{U_N}{n_{00}}$ und $I_A = \dfrac{I_{AN}}{2}$

$$n^* = 1000\ min^{-1} = \frac{1758\ min^{-1}}{220\,V}\left(220\,V - \frac{4{,}36\,A}{2}\,(R_{\text{AL}}^* + 7{,}4\,\Omega)\right)$$

$$R_{\text{AL}}^* = \frac{2\cdot 220\,V}{4{,}36\,A}\cdot\left(1 - \frac{1000}{1758}\right) - 7{,}4\,\Omega = \underline{\underline{36\,\Omega}}$$

h) *Bremsbetrieb: Beim Abschalten des Motors aus dem Nennbetrieb soll der Ankerkreis zum elektrischen Abbremsen von der Spannungsquelle auf einen Bremswiderstand R_B geschaltet werden. Die Erregerwicklung wird nach wie vor von der Nennspannung U_N versorgt (s. Bild A-41).*
Zu bestimmen sind die Widerstandsstufen $R_{B\nu}$, wenn der Anker-Bremsstrom zum elektrischen Abbremsen zwischen $-I_{AN}$ und $-2 \cdot I_{AN}$ schwanken darf!
Wie groß wäre das Kurzschlußbremsmoment bzw. der Kurzschlußstrom direkt nach dem Umschalten?

Lösung: Wird die Ankerklemmenspannung schalttechnisch gegen einen Bremswiderstand ausgetauscht, geht die Maschine *elektrisch* in den *Generator-* bzw. *mechanisch* in den *Bremsbetrieb* über. Der Ankerstrom wird dabei umgepolt, da die Maschine als Generator aufgrund der gespeicherten kinetischen Energie die *Spannungsquelle* darstellt. Die interne Spannung beträgt unmittelbar nach dem Umschalten $U_{0N} = k_1 \Phi_{EN} n_N = 188$ V (s. Aufg. d), da die Drehzahl des Arbeitspunktes n_N sich wegen der Massenträgheit nicht sprunghaft verändern kann. Mit jeweils nur *einer* Spannungsquelle $U_{0,\nu}$ (je Bremsstufe, Index ν) im Ankerkreis ergibt sich dann nach dem Ohmschen Gesetz:
$U_{0,\nu} = I_A(R_A + R_{B,\nu}) \Rightarrow R_{B1} = (U_{0N}/2I_{AN}) - R_A$ (unmittelbar nach dem Umschalten soll der Bremsstrom jeweils auf den doppelten Ankernennstrom $2I_{AN}$ begrenzt sein).
Die Widerstandsstufen und Umschaltpunkte sind in Tabelle A-4 aufgelistet. Der Wert von R_{B3} wird rechnerisch negativ, so daß der Bremsvorgang mit $R_{B3} = 0$ (Kurzschluß) abgebrochen wird. Die Bremskennlinien sind in Bild A-42 im linken Quadranten gezeichnet.

Tabelle A-4. Widerstandsstufen für Bremsbetrieb (Rechenbeispiel *GS-NSM*)

Index ν	Umschalt-$n(t_U)$	Umschalt-$U_0(t_U)$	I_A nach Umschalten	R_B nach Umschalten
$\nu = 1$	$n_1 = n_N$	$U_{01} = U_{0N}$	$I_A = 2I_{AN}$	$R_{B1} = (188$ V$/8,72$ A$) - 7,4$ $\Omega = 14,2$ Ω
$\nu = 2$	$n_2 = n_N/2$	$U_{02} = U_{0N}/2$	$I_A = 2I_{AN}$	$R_{B2} = (94$ V$/8,72$ A$) - 7,4$ $\Omega = 3,4$ Ω
$\nu = 3$	$n_3 = n_N/4$	$U_{03} = U_{0N}/4$	$I_A = 2I_{AN}$	$R_{B3} = (47$ V$/8,72$ A$) - 7,4$ $\Omega = -2$ $\Omega < 0$

Das *Kurzschluß-Bremsmoment* (also mit $R_B = 0$ bei n_N) ermittelt man wie folgt:

Der *Kurzschlußankerstrom* $I_{AK} = U_{0N}/R_A = 188$ V$/7,4$ $\Omega = \underline{\mathbf{25,4\,A}}$.
Daraus folgt für das Kurzschluß-Bremsmoment (Erregung bleibt konstant die Nennerregung Φ_{EN}):

$M_{BK} = M_{N,erz} \cdot I_{AK}/I_{AN} + M_{MR} = 5,1$ Nm $\cdot$ 25,4 A$/4,36$ A $+ 0,33$ Nm $= \underline{\mathbf{30\,Nm}}$.

Das wirksame Bremsmoment M_{BK} ist das vom Motor im Kurzschluß aktiv erzeugte Moment $M_{BK,erz}$ plus das passive innere Reibmoment der Maschine. M_{BK} ist bei der Nenndrehzahl n_N mit 30 Nm etwa sechsmal höher als das Nennmoment und kann somit für die Arbeitsmaschine gefährlich sein. Deshalb empfiehlt sich eine Strombegrenzung und eine Sicherung.

A.4.1.6.5
Permanentmagneterregte *GS-NSM* (*PM-GSM*)

Bei der *PM-GSM* wird die *Erregerwicklung* durch *Permanent- oder Dauermagnete* (Hartmagnete) ersetzt. Die *PM-GSM* verhält sich sowohl im Motor- wie auch im Generatorbetrieb wie eine klassische *GS-NSM mit Erregerwicklung* bei konstantem Erregerstrom. Sie wird demnach betreffend Formeln und Kennlinien auch genauso behandelt (vergl. Abschn. A.4.1.6.1 bis A.4.1.6.3). Der mit den heute verfügbaren hervorragenden *Permanentmagnet-Werkstoffen* (Seltene-Erden-Legierungen, z.B. Kobalt-Samarium) erzeugte Erregerfluß zeichnet sich durch besonders breite Hysterese, hohe Remanenz-Induktion, große magnetische Energiedichte, hohe Homogenität und Konstanz aus. Dadurch entfällt Φ_E als veränderbarer Parameter und es kann eine Maschinenkonstante C eingeführt werden:

$$C = \frac{M_N}{I_N} = \frac{U_{0N}}{\omega_N} \quad \text{mit der Einheit Nm/A = Ws/A = Vs bzw. V/rad/s = Vs.} \quad \text{(A-31)}$$

Wegen dieser für M (bzw. I) und U_0 (bzw. ω) gemeinsamen Maschinenkonstanten C ist es zweckmäßig, mit der Winkelgeschwindigkeit ω anstatt mit der Drehzahl n zu arbeiten (wie in der gesamten englischen Fachliteratur üblich). Damit ergeben sich folgende Gleichungen:

$$\omega(I) = \frac{U_{KL}}{C} - \frac{IR_A}{C} \quad \text{bzw.} \quad \omega(M) = \frac{U_{KL}}{C} - \frac{R_A}{C^2} M \qquad \text{(A-32a) bzw. (A-32b)}$$

Es gibt nur zwei Parameter: U_{KL} und R_{AL} ($R_A = R_{Ai} + R_{AL}$) (Kennlinien in Bild A-39a und A-39b).

Die *PM-GSM* zeichnet sich in ihren höchstwertigen Ausführungsformen (Abschn. A.5.1) durch eine besonders hohe *Linearität* der Beziehungen $U_0 = C\omega$ (1. Grundgleichung Gl. (A-17)) und $M = CI$ (2. Grundgleichung Gl. (A-18)) aus, d.h. durch die Konstanz des Koeffizienten C. Sie hat deshalb in den letzten zwei Jahrzehnten eine überragende Bedeutung im Bereich der geregelten Antriebstechnik (*Servoantriebe*) auf vielen technischen Gebieten gewonnen. Es ist am Markt ein sehr breites *Typenspektrum* verfügbar. Hier einige Beispiele, die in Abschn. A.5.1 detaillierter beschrieben sind:

- *Scheibenläufermotoren/generatoren* (bürstenlos und -behaftet) in Abschn. A.5.1.1,
- *Drehmomentmotoren/generatoren* (bürstenlos und -behaftet), sogenannte *Torquemotoren* (Abschn. A.5.1.2),
- Spezielle *Elektronik-* und *Servomotoren* (bürstenlos mit *elektronischer* Kommutierung, Abschn. A.5.1.3),
- *Glockenanker-* und *Stabankermotoren/generatoren* (bürstenlos und -behaftet) in Abschn. A.5.1.4,
- *Mikromotoren* und *Reluktanzmotoren* und
- *Gleichstrom-Linearmotoren* (Abschn. A.5.2).

Diese Maschinentypen werden vielfältig in Kombination *Motor* mit *Tachogenerator* und *Inkrementalgeber* (Schrittgeber) oder auch mit einem *absoluten digitalen Winkelkodierer* (*Encoder*) als kompakte und somit regelungssteife Antriebsbaugruppen (auch mit eingebauten Stirnradgetrieben) für rechnergesteuerte Servosysteme angeboten (s. Bild A-103 in Abschn. A.5.1.1). Ein typisches Beispiel für den Einsatz einer solchen Baugruppe finden Sie in Bild A-40 a *Drehzahlregelung*. In den meisten Fällen werden auch angepaßte Leistungsverstärker (Endstufen) und komplette Servoregler (einschließlich Software) mitgeliefert. Im unteren Leistungsbereich (hängt von der freien, noch verfügbaren Leistungsversorgung im PC ab) werden PC-kompatible *Servo-Steckkarten* angeboten, die direkt in freie Steckplätze (*Slot's*) im PC (*Personal Computer*) gesteckt werden. Somit ist keine zusätzliche Elektronikbox erforderlich. Die Antriebsbaugruppe (Bild A-103) ist dann über ein Verbindungskabel direkt mit dem PC verbunden.

A.4.1.6.6
Normierte Gleichungen und Kennlinien der *GS-NSM*

Normierung bedeutet, daß die beteiligten physikalischen Größen auf ihren *Nennwert* oder auf den *Leerlauf* bezogen werden und dadurch *dimensionslos* werden. Mit diesem Verfahren erreicht man, daß die Gleichungen und zugehörigen Kennlinien unabhängig von Größe oder Leistung der Maschine behandelt werden können:

Mit Einführung der maschinenspezifischen Bezugsgröße c_M ergibt sich die normierte Gleichung für die *GS-NSM*:

$$c_M = \frac{I_{AN} R_{Ai}}{U_{AN}} = \frac{n_{0N} - n_N}{n_{0N}} \quad \text{(normierter Drehzahlabfall bei mechanischer Last)} \quad \text{(A-33 a)}$$

$$\frac{n}{n_{0N}} = \frac{U_A/U_{AN}}{\Phi_E/\Phi_{EN}} - c_M \frac{M/M_N}{(\Phi_E/\Phi_{EN})^2} = \frac{u}{\varepsilon} - c_M \cdot \frac{m}{\varepsilon^2}; \quad i = \frac{I_A}{I_{AN}} = \frac{M/M_N}{\Phi_E/\Phi_{EN}} = \frac{m}{\varepsilon} \quad \text{(A-33 b)}$$

Mit $U_{Kl} = U_{AN}$ und $\Phi_E = \Phi_{EN}$: $\quad \dfrac{n}{n_{0N}} = 1 - c_M \dfrac{M}{M_N} = 1 - c_M m \quad$ (A-33 c)

$(n_{0N} = n_0$ bei $U_N)$

Bild A-43 zeigt die normierten Kennlinien zur Steuerung des fremderregten Gleichstromnebenschlußmotors. Wird der Anlasser R_{AL} als zusätzlicher normierter Widerstandsparameter $r = R_{AL}/R_{Ai}$ eingeführt,

lautet Gl. (A-33 c): $\quad \dfrac{n}{n_{0N}} = 1 - c_M \cdot (1 + r) \cdot m$

und Gl. (A-33 b): $\quad \dfrac{n}{n_{0N}} = \dfrac{u}{\varepsilon} - \dfrac{c_M(1 + r)}{\varepsilon^2} m \quad$ (A-33 d)

(vergl. die normierten Kennlinien in Bild A-39 mit $e \equiv \varepsilon \equiv \Phi/\Phi_{EN}$, $u = U_A/U_N$ und $r = R_{AL}/R_{Ai}$ als verstellbare Parameter).

A.4.1.7
Gleichstrom-Reihenschluß-Maschine (*GS-RSM*)

A.4.1.7.1
Betriebsarten und Kennlinien der *GS-RSM*

Schaltung und Ersatzschaltbild
Bild A-16b zeigt die Prinzip-Schaltung der *GS-Reihenschlußmaschine* im Vergleich zur *GS-Nebenschlußmaschine* (Bild A-16a). Wie der Name *Reihenschluß* zum Ausdruck bringt, ist bei der *RSM* die Erreger- oder Hauptpolwicklung in Reihe zum Ankerkreis geschaltet. Damit besteht die *RSM* aus nur *einem Stromkreis* und es gibt nur *einen Strom I*,

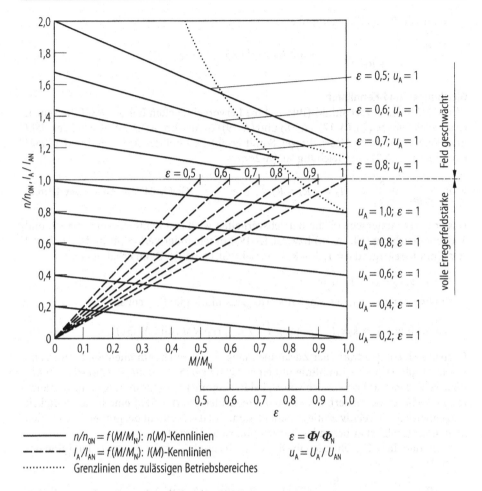

Bild A-43. Normierte Steuerkennlinien der *GS-NSM*

d.h. $I \equiv I_A \equiv I_E$. Anker- und Erregerstrom sind *identisch*, wenn $R_P = \infty$ ist. R_P ist der Parallelwiderstand zur Erregerwicklung, der zur separaten Einstellung des sogenannten *Erregergrades* $e = I_E/I_A = I_E/I$ dient. Mit $e < 1$ ist $I = I_A = I_E/e$. In jedem Fall ist der Erreger- oder Polfluß vom Ankerstrom und damit von der Belastung abhängig. Daraus ergibt sich bei der *RSM* ein völlig anderes Betriebsverhalten als bei der *NSM*, wie im folgenden beschrieben wird. Das Ankerkreis-Ersatzschaltbild der *RSM* sieht zwar genauso aus wie das der *NSM* (Bild A-37). Der Ankerkreiswiderstand R_A enthält jedoch zusätzlich den seriell geschalteten Widerstand R_E, der aus der Parallelschaltung der Erregerwicklung R_{EW} mit R_P resultiert:

$$R_E = R_{EW} \parallel R_P \ (R_{EW} \text{ parallel zu } R_P) \ \Rightarrow \ R_E = \frac{R_{EW} \cdot R_P}{R_{EW} + R_P} \quad \text{(s. Bild A-45a)}.$$

Und der Gesamtwiderstand des Motorstromkreises:

$$R = R_A + R_E = R_{Ai} + R_{AL} + \frac{R_{EW} \cdot R_P}{R_{EW} + R_P} \quad (R_{AL} : \text{Anlaßwiderstand)}. \tag{A-34}$$

Somit gilt für den Erregergrad e:

$$e = \frac{I_E}{I} = \frac{R_P}{R_{EW} + R_P} \quad (e = 1 \text{ mit } R_P = \infty)\ (0{,}3 < e \leq 1) \tag{A-34a}$$

Gleichungen und Kennlinien

Wie aus dem Ersatzschaltbild (Bild A-45b) hervorgeht, gelten bei der *RSM* die selben *Grundgleichungen* (Gl. (A-17), (A-18) und (A-19)) in Abschn. A.4.1.2.4 wie bei der *NSM* und die *Kirchhoffsche Maschenregel*. Somit ergibt sich bei der *RSM* wie bei der *NSM* (Abschn. A.4.1.6.2) die Gleichung Gl. (A-24):

$$n = \frac{U_{KL}}{k_1 \Phi_E} - \frac{I_A R_A}{k_1 \Phi_E} \quad (I_A = I;\ R_A = R) \qquad \text{(Gl. (A-24) aus Abschn. A.4.1.6.2)}$$

Das erwähnte unterschiedliche Betriebsverhalten wird erst deutlich, wenn man 2. und 3. Grundgleichung (Gl. (A-18) bzw. Gl. (A-19)) miteinander verknüpft und $I_A \equiv I_E \equiv I$ setzt (mit Erregergrad $e = 1$, d.h. $R_P = \infty$, siehe Gl. (A-34a)). Dann erhält man:

$$M = k_2 \Phi_E I_A = k_2 \Phi_E I \quad \text{bzw.} \quad \Phi_E = k_3 I_E = k_3 I$$

(im linearen Bereich der Magnetisierungskennlinie gilt: $k_3 = \text{const.}$).

Daraus folgt: $M = k_2 k_3 I^2$ (M prop. I^2 bzw. I prop. $\sqrt{M}$ (Bild A-45c)).   (A-34b)

Es stellt sich ein quadratischer Zusammenhang zwischen Drehmoment und Strom ein. Daraus ergibt sich eine Kennlinie mit einer relativ geringen *Steifigkeit* (*weiche Kennlinie*), da die Drehzahl im Bereich von n_N bei Drehmomentenschwankungen im Vergleich mit der *NSM* stark variiert. Bei kleinen Drehzahlen hat der *RSM* eine hohe Steifigkeit und entwickelt ein relativ großes Moment, während das Moment bei großen Drehzahlen klein ist. Deshalb ist er besonders für Bahnbetrieb geeignet.

Setzt man diese Beziehungen in Gl. (A-24) ein, ergibt sich für die $n(M)$-Funktion der *GS-RSM*:

$$n(M) = \frac{U_{KL} \sqrt{k_2 k_3}}{k_1 k_3 \sqrt{M}} - \frac{R}{k_1 k_3} \quad (R = R_{Ai} + R_E + R_{AL} = R_i + R_{AL}) \tag{A-35a}$$

R: Gesamtwiderstand und R_i: Innenwiderstand R_{AL}: Anlasser).

Das Drehzahl-Drehmomenten-Verhalten der *RSM* nach Gl. (A-35a) ist im Vergleich zur *NSM* (Gl. (A-27) völlig verändert. Die entsprechenden Kennlinien sind *Hyperbeln* (Bilder A-44a/b), im Gegensatz zu *den linearen Kennlinien* bei der *NSM* (Bilder A-39a/b). Bei den *normierten Hyperbeln* von Bild A-44 ist auf der Abszisse die *unabhängige Variable* $m^* = \sqrt{M/M_N}$ (erzeugtes Motormoment), und auf der Ordinate die davon *abhängige Variable* n/n_N aufgetragen. Die beiden anderen variablen Größen werden als voneinander unabhängige *elektrische Parameter* $u = U_A/U_{AN} = U_{KL}/U_N$ (Bild A-44a) und $r = R_{AL}/R_i$ (Bild A-44b mit R_{AL} als eigentlichem variablen Parameter) behandelt. Mit Verkleinerung von U_{KL} ergibt sich die Kennlinienschar in Bild A-44a, vorausgesetzt, der *Parameter r* bleibt konstant. Vergrößert man r mittels R_{AL}, verschieben sich die Kennlinien parallel in Richtung der Ordinate (Bild A-44b), wenn der Parameter u bzw. U_{KL} dabei unverändert bleibt.

❗ Achtung: Die *theoretische* Leerlaufdrehzahl n_{00} (Annahme $M = 0$) ist unendlich (der Motor „geht durch"). Deshalb darf der RS-Motor im Betrieb nicht völlig entlastet werden.

$$f(m) = \frac{1}{1-\frac{1}{8}}\left(\frac{1{,}4}{m*} - \frac{1}{8}\right)$$

$$f(m) = \frac{1}{1-\frac{1}{8}}\left[\frac{1}{m*} - \frac{1}{8}(1+0)\right]$$

$$g(m) = \frac{1}{1-\frac{1}{8}}\left(\frac{1{,}2}{m*} - \frac{1}{8}\right)$$

$$g(m) = \frac{1}{1-\frac{1}{8}}\left[\frac{1}{m*} - \frac{1}{8}(1+3)\right]$$

$$h(m) = \frac{1}{1-\frac{1}{8}}\left(\frac{1{,}0}{m*} - \frac{1}{8}\right)$$

$$h(m) = \frac{1}{1-\frac{1}{8}}\left[\frac{1}{m*} - \frac{1}{8}(1+6)\right]$$

$$i(m) = \frac{1}{1-\frac{1}{8}}\left(\frac{0{,}8}{m*} - \frac{1}{8}\right)$$

$$i(m) = \frac{1}{1-\frac{1}{8}}\left[\frac{1}{m*} - \frac{1}{8}(1+9)\right]$$

$$j(m) = \frac{1}{1-\frac{1}{8}}\left(\frac{0{,}6}{m*} - \frac{1}{8}\right)$$

$$j(m) = \frac{1}{1-\frac{1}{8}}\left[\frac{1}{m*} - \frac{1}{8}(1+12)\right]$$

$$k(m) = \frac{1}{1-\frac{1}{8}}\left(\frac{0{,}4}{m*} - \frac{1}{8}\right)$$

$$k(m) = \frac{1}{1-\frac{1}{8}}\left[\frac{1}{m*} - \frac{1}{8}(1+15)\right]$$

$$l(m) = \frac{1}{1-\frac{1}{8}}\left(\frac{0{,}2}{m*} - \frac{1}{8}\right)$$

$$m* = \sqrt{\frac{M}{M_N}}$$

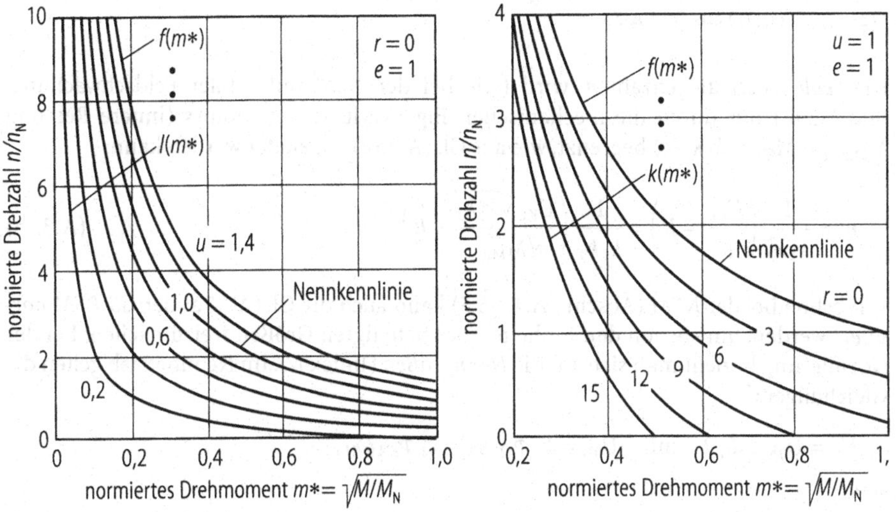

Parameter:
normierte Spannung $\quad u = U_A/U_{AN}$
normierter Widerstand $\quad r = R_{AL}/R_i$
Erregungsgrad $\quad e = \Phi_E/\Phi_{EN}$

a $n(M)$-Kennlinien mit Spannung U_A
als variablem Parameter

Parameter:
normierte Spannung $\quad u = U_A/U_{AN}$
normierter Widerstand $\quad r = R_{AL}/R_i$
Erregungsgrad $\quad e = \Phi_E/\Phi_{EN}$
(Einstellung von e mit Feldsteller R_P)

b $n(M)$-Kennlinien mit Widerstand R_{AL}
als variablem Parameter

Bild A-44a–b. *GS-RSM:* Normierte Drehzahl-Drehmoment-Kennlinien mit Parametern

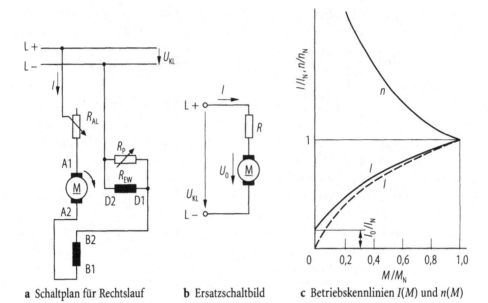

a Schaltplan für Rechtslauf   **b** Ersatzschaltbild   **c** Betriebskennlinien $I(M)$ und $n(M)$

Bild A-45a–c. Schaltung, Ersatzschaltung sowie $I(M)$ – und $n(M)$-Kennlinien *GS-RSM* mit $\varphi = f(e \cdot i_A) = f(I_E/I_A)$ aus Bild A-33

Die *reale* Leerlaufdrehzahl n_0 wird (wie bei der *NSM* mit totaler Feldschwächung: Bild A-39c) nur durch die mechanischen Eigenverluste des Motors (innere Reibung $M_{M,Rbg} = M_{MR} = k_2 k_3 I_0^2$) begrenzt, wie aus Gl. (A-35a) abgeleitet werden kann:

$$n_0 = \frac{1}{k_1 k_3}\left(\frac{U_{KL}}{I_0} - R\right) = \frac{1}{k_1 k_3}\left(\frac{U_{KL}\sqrt{k_2 k_3}}{\sqrt{M_{MR}}} - R\right) \tag{A-35b}$$

Wie schon bei der *NSM* (Abschn. A.4.1.6.6) kann auch die Gl. (A-35a) der *GS-RSM* nor-*miert* werden, um sie von den Einheiten der beteiligten Größen freizumachen. Bei der Normierung bezieht man sich auf die *Nenngrößen* (Index N). Im Nennbetrieb gelten die Gleichungen:

$$U_N = U_{0N} + I_N R \quad \text{mit} \quad U_{0N} = k_1 \Phi_{EN} n_N = c_1 \Phi_{EN} \omega_N,$$

sowie

$$M_N = k_2 \Phi_{EN} I_N \quad \text{und} \quad \Phi_{EN} = k_3 I_N \text{ (mit } I_A = I_E, \text{d.h. } e = 1 \text{ und } k_3 = \text{const.).}$$

Normierte Gleichungen und Kennlinien

Definiert man, wie bei der *NSM* gemäß Gl. (A-33a) $c_M = I_N R_i/U_N$, erhält man:

$$\frac{U_{0N}}{U_N} = 1 - c_M \quad \text{und} \quad \frac{U_0}{U_N} = \frac{U_{KL}}{U_N} - \frac{I_N R_i(1 + R_{AL}/R_i)I/I_N}{U_N}$$

(R_{AL}: Vor- oder Anlaßwiderstand)

(mit $R_i = R_{Ai} + R_E$ als Innenwiderstand, bestehend aus den Wicklungswiderständen von Anker- und Erregerspule).

Führt man nun die normierten Größen ein:

$v = n/n_N$, $u_A = U_{KL}/U_N$, $m = M/M_N$, $\sqrt{M/M_N} = m^*$, $I/I_N = i_A$, $e = I_E/I_A = 1$, $r_A = R_{AL}/R_i$,
so ergibt sich aus Gl. (A-34) die normierte Gleichung der *RSM* für die allgemeinen
Betriebskennlinien (mit $e = 1,0$ gilt $\sqrt{m} = i_A$):

$$\frac{n}{n_N} = \frac{1}{1 - c_M}\left(\frac{U_{KL}/U_N}{\sqrt{M/M_N}} - c_M(1 + R_{AL}/R_i)\right) \text{ oder } v = \frac{1}{1 - c_M}\left(\frac{u_A}{i_A} - c_M(1 + r_A)\right) \quad \text{(A-36)}$$

Durch Einführung der *Bezugsgrößen* (alle Größen sind auf einen Arbeitspunkt, den
Nennbetrieb, bezogen) ergibt sich eine *dimensionslose Gleichung*. Wird der Motor nicht
parametergesteuert, dann wird er üblicherweise an seine Nennspannung U_N angelegt und auf der Nennbetriebskennlinie betrieben. Man erhält dann mit $U_{KL} = U_N$ und
$R_{AL} = 0$ die normierte Betriebskennlinie:

$$\frac{n}{n_N} = \frac{1}{1 - c_M}\left(\frac{1}{\sqrt{M/M_N}} - c_M\right) \text{ oder } v = \frac{1}{1 - c_M}\left(\frac{1}{i_A} - c_M\right) \quad \text{(A-37)}$$

Sie ist in Bild A-44 dargestellt (Parameter: $u = 1$, $e = 1$ und $r = 0$). Die Betriebskennlinien
beziehen sich auf das vom Motor *erzeugte Drehmoment* $M_{M,erz} = M_{ab} + M_{M,Rbg}$. Das
bedeutet, daß die $v(m)$-Kennlinien gegen unendlich gehen. Unter Berücksichtigung dieser Verlustreibung geht die $i(m)$-Parabel reell vom Leerlaufstrom I_0 aus (Bild A-45 c).
Der *Erregergrad* $e = I_E/I_A$ als Parameter wird mit Hilfe des Parallelstellers R_P eingestellt.
$e = 1$, wenn $R_P \rightarrow \infty$ geht, so daß $I_E = I_A$.

Bild A-46 zeigt die genormten Kennlinien $m(i_A)$ und $v(m)$ für eine Maschine, die im
Gegensatz zu den Kennlinien in Bild A-44 mit $\phi_E = k_3 \cdot I_E$ ($k_3 = $ const.) *nicht im linearen
Bereich* der magnetischen Kennlinie ausgesteuert wird. diese Maschine hat in ihrem
Betriebsbereich die *nichtlineare* magnetische Kennlinie nach Bild A-33: $\varphi = \phi_E/\phi_{EN} = $

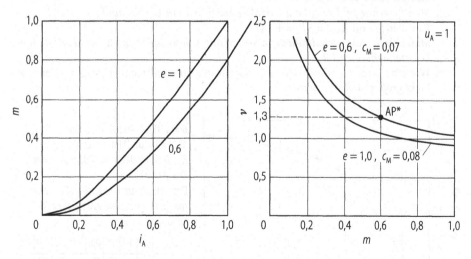

a Normiertes Drehmoment $m = M/M_N$ als
Funktion des normierten Ankerstromes
$i_A = I_A/I_{AN}$

b Normierte Drehzahl des Motors $v = n/n_N$
in Abhängigkeit vom normierten Drehmoment m mit Erregergrad e und c_M als Parameter

Bild A-46a–b. Normierte $m(i)$- und $v(m)$-Kennlinien der *RSM* mit $\varphi = f(e \cdot i_A) = f(I_E/I_A)$ aus
Bild A-33

$f(I_E/I_N) = f(e \cdot i_A)$. In diesem Fall muß die *nichtlineare* Magnetisierungs-Kennlinie entweder als *Kurve* oder als *Tabelle* gegeben sein. Dann können die Kurven nach Bild A-46 aus den beiden normierten Gleichungen $m = \varphi \cdot i_A$ (Bild A-46a) und $v = (u_A - c_M \cdot i_A)/\varphi$ (Bild A-46b) unter Berücksichtigung der magnetischen Kennlinie in Bild A-33: $\varphi = \varphi(I_E/I_N) = \varphi(e \cdot i_A)$ bestimmt werden.

Somit ermittelt man den Arbeitspunkt AP^* in Bild A-46b mit den Parametern $e = 0{,}6$; $c_M = 0{,}07$; $u_A = 1$ und $m = 0{,}6$ wie folgt: aus Bild A-46a entnimmt man bei $m = 0{,}6$ und Parameter $e = 0{,}6$ für $i_A = 0{,}84$. Damit ergibt sich

$$\frac{I_E}{I_{EN}} = \frac{I_E}{I_{AN}} = \frac{I_E}{I_A} \cdot \frac{I_A}{I_{AN}} = e \cdot i_A = 0{,}6 \cdot 0{,}84 = 0{,}5.$$

Aus der magnetischen KL in Bild A-33 entnimmt man bei $I_E/I_{EN} = 0{,}5$ für φ den Wert: $\varphi(0{,}5) = 0{,}72$. Für $v^* = n_{AP^*}/n_N$ des AP^* in Bild A-46b ergibt sich somit:

$$v^* = \frac{u_A - i_A \cdot c_M}{\varphi} = \frac{1 - 0{,}84 \cdot 0{,}07}{0{,}72} = 1{,}3.$$

A.4.1.7.2
Berechnungsbeispiel einer *GS-RSM* mit nichtlinearer Magnetisierungskurve (Beispiel A-3)

Eine *Straßenbahn* wird mit einem *Gleichstrom-Reihenschluß-Motor* am Netz konstanter Nennspannung angetrieben. Die Erregung erfolgt im nichtlinearen Bereich. Das *Typenschild* zeigt die Motordaten und die magnetische Kennlinie (Bild A-47):

a) *Man ermittle Wirkungsgrad, Drehmomente und Eisenverluste im Nennbetrieb.*
b) *Man berechne und zeichne die Drehzahl-Drehmomenten-Kennlinien für die Spannungen 600 V und 300 V.*
c) *Man berechne und zeichne die n(M)-Kennlinien mit $U = U_N$ und $R_{AL1} = 0$, $R_{AL2} = R_i = 0{,}26\ \Omega$ und $R_{AL3} = 5 R_i = 1{,}3\ \Omega$.*
d) *Man zkizziere das Schaltbild des GS-RSM mit Anlaßwiderstand R_{AL} und parallelem Feldstellwiderstand R_P.*
e) *Wie groß muß R_{AL} mindestens sein, damit das Einschaltmoment $M_{Ein} = M(n = 0)$ nicht größer als $2 \cdot M_N$ wird?*

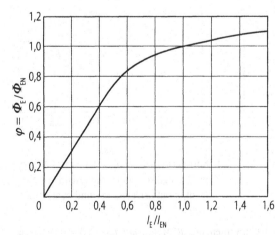

600 V, 180 A, 95 kW, 1050 min^{-1},
$M_{MR} = 36$ Nm (Motorreibung),
$R_i = 0{,}26\ \Omega$, davon $R_E = 0{,}15\ \Omega$ in der Erregerwicklung.
Die nichtlineare Erregerkennlinie (normierte Magnetisierungskurve) hat den Verlauf:

I_E/I_{EN}	0,2	0,4	0,6	0,8	1,0	1,2	1,4	1,6
Φ_E/Φ_{EN}	0,3	0,6	0,83	0,94	1,0	1,05	1,08	1,1

Bild A-47. Typen- oder Leistungsschild der *GS-RSM* (Berechnungsbeispiel)

f) *Man berechne und zeichne die Bremskennlinie $n(M)$, wenn die Maschine auf einen $R_{AL} = 2,1 \, \Omega$ geschaltet ist.*

g) *Wie groß ist die Leerlaufdrehzahl n_0 am Netz U_N, wenn das Motorreibmoment $M_{MR} = 36$ Nm beträgt?*

h) *Zu ermitteln ist die $n(M)$-Kennlinie für U_N und $R_{AL} = 0$, jedoch mit einem Erregergrad von $e = I_E/I = 1/4$.*

<u>Lösungen:</u> *Für alle Aufgaben a) bis g) ist der Erregergrad $e = I_E/I = 100\%$, d.h. der parallel zur Erregerwicklung geschaltete Feldstellwiderstand $R_P \to \infty$.*
Somit gilt: $I = I_A = I_E$ (der Erregerstrom ist gleich dem Gesamt- bzw. Ankerstrom).

a) Nennwirkungsgrad: $\eta_N = \dfrac{P_{N,mech,ab}}{P_{N,el,auf}} = \dfrac{95\,000 \text{ W}}{600 \text{ V} \cdot 180 \text{ A}} \, 100\% = \underline{\underline{88\%}}$.

Drehmomente im Nennbetrieb:

$$M_N = M_{N,ab} = \frac{P_N}{2\pi \cdot n_N} = \frac{95\,000 \text{ W} \cdot 60 \text{ s}}{2\pi \cdot 1050} = \underline{864 \text{ Nm}} \quad \text{(im Nennbetrieb abgegebenes Drehmoment).}$$

$M_{N,erz} = M_{N,ab} + M_{MR} = (864 + 36) \text{ Nm} = \underline{\underline{900 \text{ Nm}}}$ (im Nennbetrieb vom Motor erzeugtes Drehmoment).

Verlustleistungen im Nennbetrieb (Leistungsbilanz):

$P_{V,ges} = P_{N,el,auf} - P_{N,mech,ab} = U_N I_N - P_N$

$\quad = 180 \text{ A} \cdot 600 \text{ V} - 95 \text{ kW} = 108\,000 \text{ W} - 95\,000 \text{ W} = 13\,000 \text{ W} \text{ Verlust}$

$\quad = \sum P_V = P_{Cu} + P_{Rbg} + P_{Fe}$.

Elektrische bzw. Kupferverluste:

$P_{Cu} = P_{V,el} = I^2 R_i = (180 \text{ A})^2 \, 0{,}26 \, \Omega = 8.424 \text{ W}$.

Mechanische bzw. interne Reibungsverluste:

$P_{Rbg} = P_{V,mech} = 2\pi \, n_N \, M_{MR} = 2\pi \cdot 1050 \text{ min}^{-1} \cdot 36 \text{ Ws} = 3958 \text{ W}$.

Magnetische bzw. Eisenverluste:

$P_{Fe} = P_{V,mag} = P_{V,ges} - P_{Cu} - P_{Rbg} = (13\,000 - 8424 - 3958) \text{ W}$.

Die *Eisenverluste im Nennbetrieb* betragen also: $P_{Fe} = \underline{\underline{618 \text{ W}}}$.

b) Die $n(M)$-Abhängigkeit verläuft nach Gl. (A-35a). Dabei ist jedoch zu berücksichtigen, daß der Zusammenhang $\Phi(I)$ hier nicht linear, sondern nach der im Datenblatt angegebenen Kennlinie erfolgt. Deswegen werden aus den beiden Grundgleichungen Gl. (A-17) und Gl. (A-18) folgende Bezugsgleichungen abgeleitet:

$$\frac{M(I)}{M_N} = \frac{I}{I_N} \cdot \frac{\Phi}{\Phi_N} \quad \text{und} \quad \frac{n}{n_N} = \frac{U_0}{U_{0N}} \cdot \frac{\Phi_N}{\Phi}.$$

Daraus ergeben sich die Tabellen A-5a, A-5b und Bild A-48a, Kennlinien A1 und A2.

c) *Anfahrbetrieb:* Die Kennlinie A1 mit den Parametern U_N und $R_{AL} = 0$ ist in Tabelle A-5a berechnet und in Bild A-48a gezeichnet. Erhöht sich der Gesamtwiderstand R_{ges} im Stromkreis um R_{AL} ($R_{ges} = R_i + R_{AL}$), so wird bei gleichbleibender Belastung (M_L = konstant) der Strom ebenfalls unverändert bleiben. Da aber $\Delta U = I(R_i + R_{AL})$ (Spannungsabfall) um $I \cdot R_{AL}$ größer wird, verringert sich die Drehzahl entsprechend Tabelle A-6b bzw. in Bild A-48a Kurve A4 gegenüber A1.

Tabelle A-5a. Parameter $U_{Kl} = U_N = 600$ V sowie $U_{0N} = U_N - I_N R = 600$ V $- 0,26\ \Omega \cdot 180$ A $= 553,2$ V

I/I_N	0,1	0,2	0,4	0,5	0,6	0,7	0,8	0,9	1,0	1,2	1,4	1,6
Φ/Φ_N	0,15	0,3	0,6	0,74	0,83	0,89	0,94	0,975	1,0	1,05	1,08	1,1
I in A	18	36	72	90	108	126	144	162	180	216	252	288
M/Nm	13,5	54	216	333	448	561	677	790	900	1134	1361	1584
$U_0(I)$/V	595,3	590,6	581,3	576,6	571,9	567,2	562,6	557,9	553,2	543,8	534,5	525,1
U_0/U_{0N}	1,076	1,068	1,051	1,042	1,034	1,025	1,017	1,008	1,0	0,983	0,966	0,949
$n(M)$/min^{-1}	7533	3738	1839	1479	1308	1209	1136	1086	1050	983	939	906

Tabelle A-5b. Kennlinie für den Parameter $U_{Kl} = 300$ V

U_0/V	295,3	290,6	281,3	276,6	271,9	267,2	262,6	257,9	253,2	243,8	234,5	225,1
U_0/U_{0N}	0,534	0,525	0,508	0,5	0,492	0,483	0,475	0,466	0,458	0,441	0,424	0,407
$n(M)$/min^{-1}	3738	1838	890	709	622	570	530	502	481	441	412	390

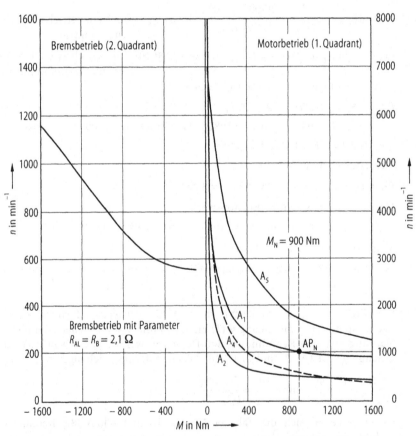

b Bremskennlinie (Tab. A-7)

a Parametrisierte $n(M)$-Motor-Kennlinie

A_1: Tab. A-5a: $U = 600$ V, $e = 1$ und $R_{AL} = 0$ (Nennkennlinie)

A_2: Tab. A-5b: $U = 300$ V, $e = 1$ und $R_{AL} = 0$

A_4: Tab. A-6b: $U = 600$ V, $e = 1$ und $R_{AL} = 5 R_i = 1,30\ \Omega$

A_5: Tab. A-8: $U = 600$ V, $e = 0,25$ und $R_{AL} = 0$

Bild A-48 a–b. Motor- und Bremskennlinien *GS-RSM* (Rechenbeispiel A-3)

Tabelle A-6. Parameter R_{AL} (variabel) und $U_{Kl} = U_N = 600$ V ($U_{0N} = 553,2$ V) für den Anfahr-bereich (entspricht Tab. A-5a und ergänzt zu Tab. A-6a/b):

I/I_N	0,2	0,4	0,5	0,6	0,7	0,8	0,9	1,0	1,2	1,4	1,6
Φ/Φ_N	0,3	0,6	0,74	0,83	0,89	0,94	0,975	1,0	1,05	1,08	1,1
I in A	36	72	90	108	126	144	162	180	216	252	288
M/Nm	54	216	333	448	561	677	790	900	1134	1361	1584

$R_{AL} = 0$: $R_{ges} = R_i = 0,26$ Ω

$U_0(I)$/V	590,6	581,3	576,6	571,9	567,2	562,6	557,9	553,2	543,8	534,5	525,1
U_0/U_{0N}	1,068	1,051	1,042	1,034	1,025	1,017	1,008	1,0	0,983	0,966	0,949
$n(M)$/min^{-1}	3738	1839	1479	1308	1209	1136	1086	1050	983	939	906

Tabelle A-6a. $R_{AL} = R_i = 0,26$ Ω: $R_{ges} = R_i + R_{AL} = (0,26 + 0,26)$ $\Omega = 0,52$ Ω

U_0/V	581,3	562,6	553,2	543,8	534,5	525,1	515,8	506,4	487,7	469	450,2
U_0/U_{0N}	1,051	1,017	1,0	0,983	0,966	0,949	0,932	0,915	0,882	0,848	0,814
$n(M)$/min^{-1}	3679	1780	1419	1244	1140	1060	1004	961	882	824	777

Tabelle A-6b. $R_{AL} = 5\,R_i = 1,3$ Ω: $R_{ges} = 1,56$ Ω

U_0/V	543,8	487,7	459,6	431,5	403,4	375,4	347,3	319,2	263	207	151
U_0/U_{0N}	0,983	0,882	0,831	0,78	0,729	0,679	0,628	0,577	0,475	0,374	0,272
$n(M)$/min^{-1}	3441	1544	1179	987	860	756	676	606	475	364	260

d) Schaltbild (Bild A-49) des *Gleichstrom-Reihenschlußmotors* mit variablem Anlaß-widerstand R_{AL} und parallelem Feldstellwiderstand R_P zur Einstellung des *Erregergrades*.

e) *Ohne Vorwiderstand* fließt im *Stillstand* der Einschaltstrom $I(n = 0) = I_{Ein} = U_{Kl}/R_{ges} = U_N/R_i = 600$ V/0,26 Ω = 2308 A. Das würde ein Einschaltmoment $M_{Ein} = M_N \cdot I_{Ein}/I_N \cdot \Phi_{Ein}/\Phi_N = 900$ Nm $\cdot$ 2308 A/180 A $\cdot$ 1,2 $\approx$ 13 850 Nm zur Folge haben; unter der Annahme, daß die magnetische Sättigung Φ_{Ein}/Φ_N bei etwa 1,2 liegt. Die Sättigung der Magnetisierungskurve geht aus Bild A-47 hervor.

D.h.: $M_{Ein}/M_N \approx 13$, vorausgesetzt, die Spannungsquelle kann den hohen Ein-schaltstrom überhaupt liefern (keine Strombegrenzung). Da üblicherweise die Arbeitsmaschine für derart überhöhte Drehmomente nicht ausgelegt ist, muß zur Sicherheit entweder eine Strombegrenzung eingebaut oder beim Einschalten ein entsprechender Vorwiderstand R_{AL} vorgeschaltet sein, damit die ohnehin vorge-schriebene *elektrische* (oder elektronische) *Sicherung* nicht anspricht.

Es soll nun ein R_{AL}-Wert ermittelt werden, der das Einschaltmoment auf $2\,M_N = 1800$ Nm begrenzt:

$M^*_{Ein}/M_N = 2 = (I^*_{Ein}/I_N) \cdot (\Phi^*_{Ein}/\Phi_N)$ mit der Klemmenspannung $U_{Kl} = U_N = 600$ V.

In der Tabelle A-6 liegt bei einem Stromverhältnis von 1,6 das Drehmoment bei 1584 Nm, d.h. $M/M_N \approx 1,8$. Wenn man die Magnetisierungskurve bis $I/I_N = 1,8$ extrapoliert, liegt das Verhältnis Φ/Φ_N bei ca. 1,11. Das bedeutet für das Verhältnis $M/M_N = 1,8 \cdot 1,11 \approx 2$. Damit muß also, um die Bedingung $M/M_N = 2$ zu erfüllen, der Strom beim Einschalten an $U_N = 600$ V mit Hilfe von R_{AL} auf $I^* = 1,8$ $I_N = 324$ A begrenzt werden: $R_{ges} = R_{AL} + R_i = U_N/I^* \Rightarrow R_{AL} = 600$ V/324 A $- 0,26$ Ω = **1,6 Ω**.

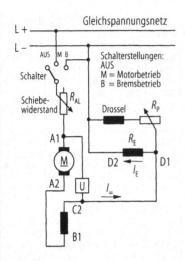

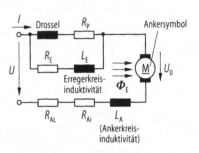

In Serie zum parallelen Feldstellwiderstand R_P wird eine Drossel geschaltet, um auch bei dynamischen Ausgleichsvorgängen gleiche Stromaufteilung wie statisch zu erhalten.

a Schaltbild   **b** Ersatzschaltbild

Bild A-49a–b. Schaltung und Ersatzschaltbild *GS-RSM* (Rechenbeispiel A-3)

In dem Widerstand R_{AL} wird dann *kurzzeitig nach dem Einschalten* eine *Verlust-leistung* von $(324\,\text{A})^2 \cdot 1{,}6\,\Omega = 168\,\text{kW}$ umgesetzt. Wenn die Maschine hochgelaufen ist, verringert sich dieser Verlust drastisch.

f) *Bremsbetrieb (Widerstandsbremsung)*: Mit Hilfe von R_{AL} kann auch das Bremsverhalten reguliert werden, wenn man die Klemmenspannung vom Motor trennt ($U_{KI} = 0$) und die Maschine auf den Bremswiderstand $R_B \equiv R_{AL}$ schaltet. Während des Bremsens arbeitet die Maschine als Generator auf den Widerstand R_B.
R_P ist abgeschaltet ($R_P = \infty$, d.h. Erregergrad $e = 100\,\%$ und $I_E = I$), damit die Maschine ein möglichst hohes Bremsmoment erzeugt. Der magnetische Fluß Φ muß jedoch wegen der Remanenz seine Richtung beibehalten. Deshalb sind die Anschlüsse des Ankerkreises (Anker-, Kompensations- und Wendepol-Wicklungen) A1–C2 zu vertauschen, da der Ankerstrom mit dem Bremsen seine Richtung umkehrt (Umschalter U in Bild A-49a).

Wegen $U_{KI} = 0$ wird: $\quad n = \dfrac{U_0}{k_1\,\Phi} = \dfrac{-I(R_i + R_{AL})}{k_1\,\Phi(I)}\quad$ bzw. $\quad \omega = \dfrac{U_0}{c\,\Phi}\quad$ mit $\quad c \cdot \Phi(I) = \dfrac{M}{I}$.

Daraus folgt Tabelle A-7.

Tabelle A-7. Widerstands-Bremsbetrieb mit Parameter $R_{AL} = R_B = 2{,}1\,\Omega$

I/I_N (wie oben)	0,1	0,4	0,6	0,8	1,0	1,4	1,8
$-I/(\text{A})$ (Betrag wie oben)	18	72	108	144	180	252	324
$-M/(\text{Nm})$ (wie oben)	13,5	216	448	677	900	**1361**	1798
$c \cdot \Phi/(\text{Vs}) = M/I$	0,75	3,0	4,15	4,7	5,0	5,4	5,55
$U_0/\text{V} = I(R_i + R_{AL})$	42,5	170	255	340	425	595	765
$\quad = I \cdot 2{,}36\,\Omega$							
$\omega/(\text{rad/s})$	56,7	56,7	61,4	72	85	110	138
$n/\text{min}^{-1} = \omega/2\pi$	541	541	586	688	812	**1050 = n_N**	1318

Aus Tabelle A-7 und der zugehörigen Kennlinie (Bild A-48 b) kann das Bremsmoment bei einer bestimmten Drehzahl entnommen werden, wenn der Bremswiderstand 2,1 Ohm beträgt. Das gilt auch für die Drehzahl, bei der die Umschaltung auf Bremsbetrieb erfolgt. Erfolgt beispielsweise die Umschaltung aus dem Nennbetrieb heraus, dann bleibt wegen des Massenträgheitsmomentes des Systems und der gespeicherten kinetischen Energie die Drehzahl des Arbeitspunktes aus dem Motorbetrieb unmittelbar nach dem Umschalten in den Bremsbetrieb kurzzeitig erhalten. Das wäre in unserem Beispiel die Drehzahl $n_N = 1050$ min^{-1}, bei der der Motor vor dem Umschalten das Moment $M_N = 900$ Nm und nachher gemäß Bremstabelle $M_{Br} = -1361$ Nm (etwa das $1^1/_2$fache) erzeugt. Tabelle und Bremskennlinie stellen eine Kurve aus der Kennlinienschar mit dem variablen Parameter $R_B = R_{AL}$ (*Bremswiderstandsstufe*) dar. Dabei wird deutlich, daß die Bremswirkung mit sinkender Drehzahl verschwindet. Daher wird man mit sinkender Drehzahl auf geringere Bremswiderstandsstufen umschalten. Die Stillsetzung erfolgt schließlich durch passive Reibung im System oder eine zusätzliche mechanische Bremse. Im idealen Leerlauf könnte nach Tabelle A-7 der Stillstand nicht erreicht werden.

g) *Leerlaufdrehzahl*: Die *ideale* Leerlaufdrehzahl ist *unendlich*. Die *reale* Leerlaufdrehzahl wird dagegen durch das innere Motorreibmoment M_{MR} begrenzt. Gemäß Motordaten (Bild A-47) beträgt dieses 36 Nm, was einem Verhältnis $M_{MR}/M_{N,erz} = 36$ Nm/900 Nm $= 0,04$ entspricht. Somit ist gemäß Magnetisierungskurve:
$M/M_N = 0,04 = I/I_N \cdot \Phi/\Phi_N = i \cdot \varphi$. Mit $e = 1$ ist $\varphi = 1,5\, i$ (1,5 ist die Steigung der linearen Magnetisierungskennlinie im unteren Bereich) ergibt sich: $i^2 = 0,04/1,5$ und $i = 0,163$ bzw. $\varphi = 0,245$. Somit wird der Leerlaufstrom $I_0 = 0,163 \cdot I_N = 0,163 \cdot$ 180 A. $I_0 = 29,3$ A und $U_0 = U_N - I_0 R = 600$ V $- 29,3$ A $\cdot 0,26\,\Omega = 600$ V $- 7,6$ V $=$ 592,4 V. Damit ist $U_0/U_{0N} = 1,071$ und die Leerlaufdrehzahl $n_0 = n_N \cdot U_0/U_{0N} \cdot \Phi_N/\Phi$ $= 1050$ min$^{-1} \cdot 1,071/0,245 = 4590$ min^{-1}.
Die *Leerlaufdrehzahl* (unter Berücksichtigung der Eigenreibung von 36 Nm) n_0 beträgt: **4590 min^{-1}**.

h) *Kennlinie mit Schwächung des Erregergrades*: $e = I_E/I_A = I_E/I < 1$.
Im Gegensatz zu den Aufgaben a) bis g) wird der Motor hier mit einem *reduzierten Erregergrad* betrieben. Es handelt sich dabei um eine *Feldschwächung* durch den variablen *Feldsteller* R_p (Parallelwiderstand zur Erregerwicklung R_{EW}), so daß die Maschine einen Gesamtwiderstand nach Gl. (A-34) hat.
Gemäß Forderung in Aufgabe h) soll mit R_P ein Erregergrad von $e = 25\% = 1/4$ eingestellt werden: Dann ist der Gesamt- bzw. Ankerstrom $I = 4\,I_E$, so daß die Zuordnung von Anker-, Erregerstrom und Drehmoment gesondert bestimmt werden muß. Die Grundgleichungen Gl. (A-17) und Gl. (A-18) bleiben gültig. Zunächst wird R_P bestimmt: $I = I_E + I_P = 4I_E$, d.h. $I_E/I_P = 1/3 = R_P/R_{EW}$: $R_P = 1/3 \cdot R_{EW} =$ $1/3 \cdot 0,15\,\Omega = 0,05\,\Omega$

und $\quad R = R_A + \dfrac{R_{EW} R_P}{R_{EW} + R_P} = (0,26\,\Omega - 0,15\,\Omega) + \dfrac{0,15 \cdot 0,05\,\Omega^2}{(0,15 + 0,05)\,\Omega}$

$\quad = 0,11\,\Omega + 0,0375\,\Omega = \underline{\mathbf{0,1475\,\Omega}}$.

Die Drehzahl erhält man aus $n = \dfrac{U_N - I \cdot \left(R_A + \dfrac{R_{EW} R_P}{R_{EW} + R_P} \right)}{2\pi \cdot c\Phi(I_E)}$ und man erhält daraus die Tabelle A-8.

Tabelle A-8. $n\,(M)$-Kennlinie für Feldschwächung mit 25% Erregergrad

I_E/I_N	0,05	0,1	0,2	0,4	0,6	0,8	1,0
Φ/Φ_N	0,075	0,15	0,3	0,6	0,83	0,94	1,0
$I_E/(A)$	9	18	36	72	108	144	180
$M/(Nm)$ bei $e = 100\%$	3,4	13,5	54	216	448	677	900
$c \cdot \Phi/(Vs) = M/I$	0,375	0,75	1,5	3,0	4,15	4,7	5,0
$I_A = I = 4I_E$ (in A)	36	72	144	288	432	576	720
$M/Nm = c\,\Phi I\ (e = 25\%)$	13,5	54	216	864	1792	2707	3600
$U_0 = U_N - I\,R$	594,7	589,4	578,8	557,5	536,3	515	494
$\omega/(rad/s)$	1586	786	386	186	129	110	99
$n/min^{-1} = \omega/2\pi$	15144	7504	3685	1775	1234	1046	944

Kleiner als $e = 25\%$ darf die Feldschwächung nicht eingestellt werden, so daß der Motor mit einer vorgegebenen Belastung auf dieser Kennlinie die höchst mögliche Drehzahl erreicht.

A.4.1.7.3
Berechnungsbeispiel einer *GS-RSM* mit *linearer* magnetischer Aussteuerung (Beispiel A-4)

Im Modellbau wird ein kleiner *Gleichstrom-Reihenschlußmotor* mit Getriebe eingesetzt, der in seinem Betriebsbereich bis M_N seine Magnetisierungskennlinie linear aussteuert. Er hat folgende Leistungsdaten:

24 V/1,4 A/4000 min^{-1}/64,5 mNm (abgegebenes Nennmoment)/
5,5 mNm (Motorreibung)/2 Ω

a) *Der Motor liegt an der Nennspannung. Zu ermitteln sind: Leerlaufstrom I_0 und Leerlaufdrehzahl n_0, Nennleistung P_N, Nennwirkungsgrad η_N und die Leistungskomponenten im Nennbetrieb.*

b) *An welche Spannung U_1 muß der Motor angeschlossen werden, damit er mit einem äußeren Lastmoment von $M_{L1} = 12$ mNm = konstant eine Drehzahl von $n_1 = 8000$ min^{-1} erreicht.*

c) *Welches Beschleunigungsmoment $M_{B,Ein}$ hätte der Motor dann beim Einschalten ohne Vorwiderstand R_{AL}? Wie groß müßte R_{AL} mindestens sein, wenn das Beschleunigungsmoment beim Anfahren höchstens $M_{B1,Ein} = 52,5$ mNm betragen darf, um das Getriebe nicht zu gefährden?*

Lösung: *Es gibt keinen parallelen Feldsteller R_P. Deshalb ist von einem Erregergrad von 100% auszugehen! Wegen der linearen Aussteuerung gilt k_3 = konstant in Gl. (A-19).*

a) *Leerlaufstrom I_0:* Verknüpft man Gl. (A-18) und Gl. (A-19) miteinander so ergibt sich nach Abschn. A.4.1.7.1 der quadratische Zusammenhang von Strom und Drehmoment: $M = k_2 k_3 I^2$. Deshalb gilt die Bezugsgleichung:

$$\frac{M_{MR}}{M_N} = \frac{k_2 k_3 I_0^2}{k_2 k_3 I_N^2} \quad \Rightarrow \quad I_0 = I_N \sqrt{\frac{M_{MR}}{M_N}} = 1,4\,A \sqrt{\frac{5,5\,mNm}{(64,5 + 5,5)\,mNm}} = \underline{0,39\,A}$$

Leerlaufdrehzahl n_0: n_0 wird nach Gl. (A-35b) errechnet:

$$n_0 = \frac{1}{k_1 k_3}\left(\frac{U_N}{I_0} - R\right) = \frac{I_N n_N}{U_{0N}}\left(\frac{U_N}{I_0} - R\right) = \frac{1,4\,A \cdot 4000\,min^{-1}}{24\,V - 1,4\,A \cdot 2\,\Omega}\left(\frac{24\,V}{0,39\,A} - 2\,\Omega\right)$$

$$= \underline{15.727\,min^{-1}} \quad (k_1 \cdot k_3 \text{ aus Gl. (A-17) und Gl. (A-19))}$$

Nennleistung: Die Nennleistung ist nach Definition die im Nennbetrieb abgegebene Leistung, d. h. als Motor

$$P_{N,mech,ab} = M_{N,ab} \cdot \omega_N = M_{N,ab} \cdot 2\pi \cdot n_N = 64{,}5 \cdot 10^{-3}\ \text{Nm} \cdot 2\pi \cdot 4000/60\ \text{s} = 27\ \text{W}$$

Nennwirkungsgrad η_N: allgemeine Definition: $\eta = P_{ab}/P_{auf}$.
Im Nennarbeitspunkt: $\eta_N = P_N/P_{N,el,auf} = P_N/U_N I_N = 27\ \text{W}/(24\ \text{V} \cdot 1{,}4\ \text{A}) = 0{,}804 = $ **80,4 %**.

Leistungskomponenten: Nach der Leistungsbilanz gilt:

$$P_V = P_{auf} - P_{ab} = U I - M_{ab}\,\omega = 33{,}6\ \text{W} - 27\ \text{W} = 6{,}6\ \text{W} = P_{V,el} + P_{V,mag} + P_{V,mech}.$$

Im Nennbetrieb gilt:

$$P_{V,el} = P_{Cu} = I_N^2 R = (1{,}4\ \text{A})^2\, 2\ \Omega = \underline{\textbf{3,92 W}}\ \text{(Kupferverluste)}.$$

$$P_{V,mech} = P_{Rbg} = M_{MR}\,\omega_N = 5{,}5 \cdot 10^{-3}\ \text{Ws} \cdot 2\pi \cdot 4000\ \text{min}^{-1} = \underline{\textbf{2,3 W}}$$
$$\text{(Reibungsverluste)}.$$

$$P_{V,mag} = P_{Fe} = P_V - P_{Cu} - P_{Rbg} = 6{,}6\ \text{W} - 3{,}92\ \text{W} - 2{,}3\ \text{W} = \underline{\textbf{0,38 W}}\ \text{(Eisenverluste)}.$$

b) Zu ermitteln ist die Klemmenspannung U_1 für den Arbeitspunkt mit
$M_{L1} = 12 \cdot 10^{-3}\ \text{Nm}$ und $n_1 = 8000\ \text{min}^{-1}$.
Zunächst wird die Gl. (A-35a) nach $U_{Kl} = U_1$ aufgelöst:

$$U_1 = \left(n_1 + \frac{R}{k_1 k_3} \right) \frac{k_1 k_3}{\sqrt{k_2 k_3}} \cdot \sqrt{M}$$

$M = M_{L1} + M_{MR} = (12 + 5{,}5)\ \text{mNm} = 17{,}5\ \text{mNm} = {}^1/_4 \cdot 70\ \text{mNm} = {}^1/_4\, M_{N,erz}$
($M_{N,erz} = M_{N,ab} + M_{MR} = 70\ \text{mNm}$). Die Produkte der Motorkonstanten: $k_1 k_3$ und $k_2 k_3$ können für den Nennarbeitspunkt berechnet werden.

$$k_1 k_3 = \frac{U_{0N}}{n_N I_N}\ \text{aus Gl. (A-17) und Gl. (A-19) und}\quad \sqrt{k_2 k_3} = \frac{\sqrt{M_{N,erz}}}{I_N}\ \text{aus Gl. (A-18) und}$$
Gl. (A-19).

$$k_1 k_3 = \frac{24\ \text{V} - 1{,}4\ \text{A} \cdot 2\ \Omega}{4000\ \text{min}^{-1} \cdot 1{,}4\ \text{A}} = 3{,}79 \cdot 10^{-3}\ \Omega \cdot \text{min}\quad \text{und}\quad \sqrt{k_2 k_3} = \frac{\sqrt{70\ \text{mNm}}}{1{,}4\ \text{A}}$$

$$= 0{,}189\ \frac{\sqrt{\text{Nm}}}{\text{A}}$$

$$U_1 = \left(8000\ \text{min}^{-1} + \frac{2\ \Omega}{3{,}79 \cdot 10^{-3}\ \Omega\ \text{min}} \right) \frac{3{,}79 \cdot 10^{-3}\ \Omega\ \text{min}}{0{,}189\ \sqrt{\text{Nm}}/\text{A}} \cdot \sqrt{17{,}5 \cdot 10^{-3}\ \text{Nm}}$$
$$= \underline{\textbf{22,6 V}}.$$

Alternative Lösung zu b):
Eine einfachere Lösungsalternative für den hier vorliegenden Fall, daß die Magnetisierungskurve im linearen Bereich ausgesteuert wird, bieten folgende Verhältnisgleichungen, die sich aus Gl. (A-17) ergeben:

$$\frac{n_1}{n_N} = \frac{U_{01}}{U_{0N}} \cdot \frac{\Phi_N}{\Phi_1} = \frac{(U_1 - R I_1) \cdot I_N}{(U_N - R I_N) \cdot I_1}\quad \text{und}\quad \frac{I_1}{I_N} = \sqrt{\frac{M_{1,erz.}}{M_{N,erz.}}} = \sqrt{\frac{17{,}5\ \text{mNm}}{70\ \text{mNm}}} = \sqrt{\frac{1}{4}} = \frac{1}{2}$$

Mit $n_1/n_N = 8000 \text{ min}^{-1}/4000 \text{ min}^{-1} = 2$ und $I_1/I_N = 1/2$ ergibt sich für die neue Klemmenspannung U_1:

$$U_1 = \frac{n_1}{n_N} \cdot \frac{I_1}{I_N} \cdot (U_N - RI_N) + RI_1 = 2 \cdot \frac{1}{2} \cdot (24\,\text{V} - 2\,\Omega \cdot 1,4\,\text{A}) + 2\,\Omega \cdot 0,5 \cdot 1,4\,\text{A} = \underline{\underline{22,6\,\text{V}}}$$

c) *Einschalt-Beschleunigungsmoment* $M_{B,\text{Ein}}$ mit $R_{AL} = 0$:
Bei $n = 0$ ist $U_0 = 0$ und $I_{\text{Ein}} = U_1/R = 22,6\,\text{V}/2\,\Omega = 11,3\,\text{A}$:
$M_{\text{Ein}} = M_{N,\text{erz}} \cdot I_{\text{Ein}}^2/I_N^2 = 70\,\text{mNm} \cdot (11,3/1,4) \Rightarrow M_{\text{Ein}} = 0,565\,\text{Nm} \Rightarrow$
$M_{B,\text{Ein}} = M_{\text{Ein}} - M_L - M_{MR} = (565 - 12 - 5,5)\,\text{mNm} = \underline{\underline{547,5\,\text{mNm}}}$.

Gefordert: $M_{B1,\text{Ein}} = 52,5\,\text{mNm}$ und gefragt ist $R_{AL} = ?$:
$M_{1,\text{Ein}} = M_{B1,\text{Ein}} + M_L + M_{MR} = (52,5 + 12 + 5,5)\,\text{mNm} = 70\,\text{mNm}$.

$$I_{1,\text{Ein}} = \frac{U_1}{R + R_{AL}} = I_N \cdot \sqrt{\frac{M_{1,\text{Ein}}}{M_{N,\text{erz}}}} = 1,4\,\text{A}\,\sqrt{\frac{70\,\text{mNm}}{70\,\text{mNm}}} = 1,4\,\text{A}:$$

$$R_{AL} = \frac{U_1}{I_{1,\text{Ein}}} - R = \frac{22,6\,\text{V}}{1,4\,\text{A}} - 2\,\Omega = \underline{\underline{14,14\,\Omega}}$$

Mit einem Vorwiderstand von 14,14 Ω wird das Einschalt-Beschleunigungsmoment auf 52,5 · 10^{-3} Nm begrenzt, um das folgende Getriebe zwischen Motor und Arbeitsmaschine nicht zu gefährden.

A.4.1.8
Leistungsbilanz, Wirkungsgrad und Leistungsgrenzen der *GSM*

Wie bei jeder Energiewandlung entstehen auch bei der *GSM* Leistungsverluste, die den *Wirkungsgrad* bestimmen. Verluste entstehen bereits im Leerlauf. Diese *Leerlaufverluste* P_{V0} sind naturgemäß lastunabhängig. Dazu zählen die *mechanischen Leerlauf*-Verluste ($P_{V0,\text{mech}} = \omega M_{M,\text{Rbg}}$) durch Lager-, Bürsten- und viskose Luftreibung, die *magnetischen* oder *Eisenverluste* (P_{Fe} bzw. $P_{V,\text{mag}}$) im ferromagnetischen Ankermaterial und die geringen *ohmschen* Verluste ($P_{V0,\text{el}} = I_{A0}^2 R_A + I_E^2 R_E$, auch als *elektrische* oder *Kupferverluste* $P_{\text{Cu},A} + P_{\text{Cu},E}$ bezeichnet), bedingt durch den geringen Anker-Leerlaufstrom I_{A0} und den Erregerstrom I_E.
Lastabhängige Verluste P_{VL} im Betrieb sind vor allem die mit I_A^2 stark zunehmenden elektrischen Verluste in den Wicklungen und die Bürstenübergangsverluste.

Leistungsbilanz
Nach einem physikalischen Grundgesetz ist in einem geschlossenen *System* die *Summe aller Leistungen konstant*: $\sum P = 0$. Die aufgenommene (zugeführte) Leistung teilt sich also auf in die an die Arbeitsmaschine abgegebene *Nutz*-Leistung und die gesamte *Verlust*-Leistung $P_{V,\text{ges}}$, die sich im wesentlichen aus den o.g. mechanischen, magnetischen und elektrischen Verlustkomponenten zusammensetzt:

$$P_{V,\text{ges}} = P_{\text{auf}} - P_{\text{ab}} = P_{V,\text{mech}} + P_{V,\text{mag}} + P_{V,\text{el}} = P_{V0} + P_{VL} \tag{A-38}$$

Wirkungsgrad
$P_{V,\text{ges}}$ wird innerhalb der Maschine verbraucht, d.h. in Wärme umgesetzt, die in diesem Zusammenhang unerwünscht ist und verlustig geht. Sie reduziert den Wirkungsgrad, erwärmt die Maschine und führt dadurch zu Leistungsgrenzen. Diese müssen im

Betrieb, vor allem jedoch im Dauerbetrieb unbedingt eingehalten werden, wenn man die Maschine nicht überlasten möchte. Eine Überlastung kann zum totalen Defekt führen. Der *Wirkungsgrad* ist als Quotient aus abgegebener (P_{ab}) und aufgenommener bzw. zugeführter Leistung ($P_{zu} = P_{auf}$) definiert (siehe hierzu Abschn. A.7 *Thermodynamik*):

$$\eta = P_{ab}/P_{auf} = 1 - P_V/P_{auf} \tag{A-39}$$

Er wird meist in Prozent (P_{ab}/P_{auf}) · 100 % angegeben und liegt bei den klassischen elektrischen Maschinen mit Leistungen zwischen 100 W und 10 MW üblicherweise zwischen 65 % und 98 %.

Eine *GS-NSM* hat beispielsweise im AP_1 (n_1, M_1, U_{KL1}, I_1) folgenden allgemeinen Wirkungsgrad:

$$\eta_1 = P_{ab,1}/P_{auf,1} = M_{ab,1}\,\omega_1/U_{KL1}I_1 = 2\pi n_1 M_{ab,1}/U_{KL}(I_{A1} + I_{E1}) \quad \text{mit} \quad I_1 = I_{A1} + I_{E1}.$$

Mit der zunehmenden Tendenz zu elektronisch gesteuerten Maschinen muß man zur Beurteilung des Antriebs den Gesamtwirkungsgrad, einschließlich Steuerelektronik/ elektrik heranziehen. Die zugeführte Leistung ist dann beispielsweise nicht die von dem Motor aufgenommene, sondern die dem Stromversorgungsnetz entnommene elektrische Leistung (bei Wechselstrom die *Wirkleistung*).

Ist beispielsweise ein Schaltschrank, der einen Gleich-, Wechsel- oder Drehstrom-Motor ansteuert, an ein Drehstromnetz angeschlossen, so wird im AP_1 der *GS-NSM* dem DS-Netz die Wirkleistung $P_{W1} = \sqrt{3} \cdot U_L I_L \cos\varphi$ entzogen. Der Gesamtwirkungsgrad ist dann: η_{ges} (in %) = ($M_1 \omega_1/P_{W1}$) · 100 %.

Leistungsgrenzen

Jede elektrische Maschine hat aufgrund ihres konstruktiven, elektrischen und magnetischen Aufbaus Leistungsgrenzen, die der Anwender bei der Auslegung des Antriebs zu beachten hat. Werden diese über eine bestimmte Zeitdauer hinaus überschritten, so wird die Lebensdauer der Maschine zumindest reduziert oder die Funktionsfähigkeit der Maschine ist teilweise oder unmittelbar gefährdet (man beachte die Hersteller-Angaben!).

Die *Hauptgefahren* bestehen betriebsmäßig in

- mechanischer oder thermischer Überlastung der *Lager* durch zu hohe Drehzahlen (Fliehkraftbeanspruchung), zu große Drehmomente (Betriebslast) oder zu hohe Lagertemperatur,
- schnellem Verschleiß der *Bürsten* durch zu großes Bürstenfeuer bei Überschreitung der Kommutierungsbedingung: Produkt aus Drehmoment (bzw. Ankerstrom) und Drehzahl;
- thermischem Verschleiß der *Ankerwicklung* (Abbrand oder Sprödewerden des Isolationslackes des Wicklungs-Kupferdrahtes) durch zu große Kupferverluste $P_{Cu} = R_{Ai}I_A^2$ und damit verbundener Wärmeentwicklung, die meistens durch zu großes Lastmoment bedingt sind;
- Entmagnetisierung bei permanent erregten Maschinen durch zu große Ankerströme, die magnetisch auf die *Permanentmagnete* rückwirken und in diesen eine Gegenfeldstärke erzeugen. Diese kann den Remanenzmagnetismus der Magnete schwächen, wenn sie größer als die Hysterese ist; und ganz allgemein in
- falscher Handhabung bzw. Anwendung, wie beispielsweise falscher Einbau (paralleler oder Winkelversatz der Achsen), Anlegen falscher Spannungsarten oder zu hoher Spannungen, dynamische Überlastung (Abschn. A.6) oder falsche Kühlung (Abschn. A.7) und Nichtbeachtung der *Schutzklassen* (Abschn. A.8).

Im folgenden werden die *stationären Belastungsgrenzen* für den *Dauerbetrieb* erläutert, die beispielsweise für die *GS-NSM* in Bild A-50 im *n(M)-Koordinatensystem für den Vierquadranten-Betrieb* aufgezeigt sind (gestrichelte Begrenzungslinien). Diese Begrenzung *des Betriebsbereiches* ist bedingt durch die Tatsache, daß der *Nennbetrieb* für die Lebensdauerangabe, d.h. für den *Dauerbetrieb* ausgelegt ist. Damit wird die erzeugte Leistung im Nennbetrieb $P_{N,erz}$ für die stationären Leistungsgrenzen zugrundegelegt. Innerhalb des Betriebsbereiches aller vier Quadranten ist für jeden *AP* Dauerbetrieb im Sinne der angegeben Lebensdauer zulässig.

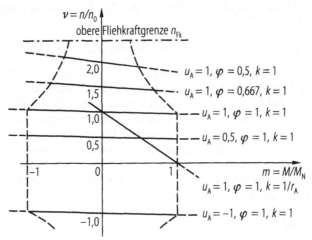

Zur Steuerung der normierten Kennlinie $v(m)$ stehen die drei Parameter u, φ und r zur Verfügung

Parametrisiertes Kennlinienfeld $n/n_0 = f(M/M_N)$ mit $r_A = R_A I_{AN}/U_{AN} = 0{,}05$.
Die variablen Parameter sind $u_A = U_A/U_{AN}$, $k = (R_{Ai} + R_{AL})/R_{Ai}$ und $\varphi = \Phi/\Phi_N$
Die Grenzen für den Dauerberieb mit $i_A = I_A/I_{AN} = 1$ sind gestrichelt.

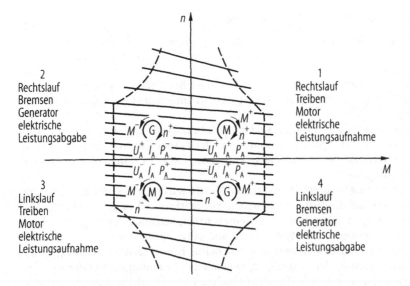

Bild A-50. Stationäre Leistungsgrenzen der Gleichstrommaschine

Es ergeben sich drei verschiedene Begrenzungslinien:

- Im *unteren Drehzahlbereich* bis zur Nenndrehzahl n_N ist die Dauerbetriebs-Grenze gegeben durch das Nennmoment M_N, bzw. I_{AN} (senkrechte Begrenzungslinie). Diese Grenze ergibt sich aus einer ungenügenden Wärmeabfuhr bei niedrigen Drehzahlen im Fall der Eigenbelüftung, die in der natürlichen Konvektion und der drehzahlabhängigen Luftturbulenz besteht. Mit Fremdbelüftung (Ventilator) oder gar mit aktiver Kühlung (durch Kühlaggregat mit Kühlmedium, z. B. Kühlwasser) läßt sich diese Grenze erheblich erweitern.
- Im *mittleren Drehzahlbereich*, oberhalb n_N bis zur Fliehkraftgrenze n_{FK}, stellt die Beziehung $P_N = U_N I_{AN}$ (Generator) $= 2\pi n_N M_N$ (Motor) das Kriterium für die Grenzlinie dar. Aus dieser Bedingung ergibt sich eine *Hyperbel*: $P_{zul} = 2\pi n_{zul} M$ und mit $P_{zul} = P_N : n_{zul} = P_N/2\pi M$ (Index $_{zul}$: $_{zulässig}$). Daraus folgt für die *Begrenzungshyperbel* im Bereich $n_N < n_{zul} < n_{FK}$ (n_N: Eigenbelüftungsgrenze und n_{FK}: Fliehkraftgrenze): $n_{zul}(M) = k/M$; ($n_{zul} \sim 1/M$: Proportionalitätsfaktor $k = M_N n_N = U_N I_{AN}/2\pi$).
- Die *obere Grenze* (waagrechte Begrenzungslinie) wird durch die Fliehkraft-Grenzdrehzahl n_{FK} gebildet.

A.4.1.9
Anwendung von Gleichstrommaschinen

Wie bereits in der Einleitung (Abschn. A.4.1.1) erwähnt, werden *GS-NSM* aus Preisgründen normalerweise als Antriebsmotoren eingesetzt, an die hohe Anforderungen bezüglich Steuer- und Regelbarkeit gestellt werden (*Servoantriebe, Servosysteme*). Ihr großer Vorteil ist, daß statisches und dynamisches Betriebsverhalten, definiert durch die Betriebskennlinien bzw. durch die Zeitkonstanten (Abschn. A.6), sehr gut simulierbar und damit vorausbestimmbar sind. Die *GS-NSM* können somit in optimaler Weise an die *Arbeitsmaschine* angepasst werden (*Adaption*). Sie werden universell eingesetzt im Leistungsspektrum zwischen ca. 1 W bis ca. 1 MW, in kundenspezifischen Sonderausführungen bis etwa 10 MW. Einsatzgebiete der *GS-NSM* sind beispielsweise Roboter, Kommunikationstechnik, Automatisierungen, Werkzeugmaschinen, SPS (*Speicher-programmierte Steuerungen*), Dreh-, Hub-, Schub-, Schwenk- und Stellantriebe, Pumpen, Ventilatoren, Extruder, Kalander, Textil-, Druck-, Rollenschneide-, Beschichtungs-, Wickel- und papierverarbeitende Maschinen.

Das Einsatzgebiet von *GS-RSM* liegt dagegen erheblich weniger bei *Servoantrieben* sondern hauptsächlich bei *Hebezeugen* (Kran- und Hüttenwerksanlagen) und bei geschwindigkeitsgesteuerten *Triebwerken* und *Fahrzeugen* (Schienen- und Seilbahnen) für Leistungen bis zu etwa 1 MW (teils auch mit niederfrequentem Wechselstrom, s. Universalmotor in Abschn. A.4.5).

Die wichtigsten Nachteile der *GSM* sind einerseits der *Preis*, der gegenüber dem von *Asynchronmaschinen* mehr als das doppelte betragen kann, und andererseits die höheren Anforderungen bezüglich *Wartung*, insbesondere bedingt durch den Kommutator. Oft ist deshalb wegen der Zuverlässigkeit und Sicherheit ein präventiver Austausch der Bürsten erforderlich.

A.4.2
Drehstrom-Asynchronmaschine (*DS-ASM*)

A.4.2.1
Allgemeine Übersicht und Einsatzgebiete von Asynchronmaschinen

Wie in Bild A-15g bis l und Bild A-51 als Übersicht dargestellt, unterscheidet man zwischen folgenden Standardtypen von *Asynchronmaschinen* (Abkürzung: *ASM*):

- Drehstrom-Asynchronmaschine mit Kurzschluß- oder Käfigläufer (*DS-ASM-KSL* bzw. *DS-ASM-KL*);
- Drehstrom-Asynchronmaschine mit Stromverdrängungsläufer (*DS-ASM-SVL*). Das sind im Prinzip Käfigläufer mit folgenden Varianten: Hochstabläufer (*HS*), Läuferstäbe mit Tropfen- (*TS*) oder Keilform (*KS*), Doppelkäfig- (Doppelstab-) Läufer (*DS*);
- Drehstrom-Asynchronmaschine mit Schleifringläufer (*DS-ASM-SRL*);
- Drehstrom-Asynchron-Linearmotor mit Wanderfeld (*Linear-* oder *Wanderfeldmotor*) (z. B. Magnetschwebebahn).
- Einphasen-Asynchronmaschine (*EP-ASM*) mit folgenden Varianten:
- Reine Einphasen-Asynchronmaschine (*Reine EP-ASM*);
- *EP-ASM* mit Hilfsphase und Kondensator, auch als *Kondensatormotor* bekannt;
- *EP-ASM* mit Widerstandshilfsphase (*EP-ASM mit Widerstandsanlauf*);
- *EP-ASM* mit Spaltpolen, auch als *Spaltpolmotor* bekannt.

Der Markt für elektrische Antriebe wird mit über 75 % aller Applikationen überwiegend von *Asynchronmaschinen* beherrscht. Der Begriff *Asynchron-Maschine* (*ASM*) bringt zum Ausdruck, daß der *Rotor* der *ASM* (im Gegensatz zur Synchronmaschine) eine bezüglich der Netzfrequenz *asynchrone* mechanische Drehfrequenz bzw. Drehzahl besitzt. Im *Motorbetrieb* bedeutet *asynchron*, daß die *Drehzahl* prinzipiell *langsamer* als die *Synchrondrehzahl* (synchron zur Netzfrequenz) ist. Asynchronmaschinen gibt es in einem breiten Ausführungsspektrum bezüglich Leistung, Bauform und Schutzart. Der Leistungsbereich erstreckt sich von wenigen Watt bis zu etwa 10 MW. Im unteren Bereich bis etwa 1,5 kW gibt es *Einphasen-Asynchronmaschinen* (*EP-ASM*), die bis nahe 1 kW bevorzugt werden, während mehrphasige *Drehstrom-Asynchron-Maschinen* (*DS-ASM*) ab etwa 500 W zum Einsatz kommen. *DS-ASM* werden lüfterlos, mit integrierten Ventilatoren oder mit Kühlmittelkanälen ausgestattet, mit und ohne angebaute mechanische Bremsen hergestellt. Sie werden in fast allen, auch in speziellen Schutzklassen und Ausführungsarten angeboten: von ungeschützt bis zum vollen Berührungsschutz, wasserdicht, mit Klimaschutz oder Explosionsschutz, oder als Baggerausführung und Schiffsausführung (Abschn. A.8).

Die *DS-ASM* wird mit *m-phasigem Wechselstrom* (*Drehstrom* mit $m = 3$ in Europa) betrieben. Das *Drehstromsystem* und das *-netz* sind in Abschnitt A.3.2 und A.3.4.1 bzw. in Bild A-13 und A-14 beschrieben. Wird das Statorwicklungssystem einer *DS-ASM* an ein Drehstromnetz angeschlossen, wird im Innern des Stators, also im Luftspalt und im Läufer, ein synchrones, kontinuierlich rotierendes, magnetisches *Drehfeld* erzeugt. Das Drehfeld hat dabei eine Drehzahl, die der Netzfrequenz entspricht und deshalb *Synchrondrehzahl* n_S genannt wird. Das Drehfeld *zieht* im Motorbetrieb den Läufer *hinter sich her*, d.h. der Läufer versucht, dem Drehfeld zu folgen, kann es aber aus seiner eigenen Kraft nicht einholen. Bei *synchroner* Drehzahl des Läufers würde der Strom im Läufer und damit auch das Drehmoment zu null. An einem vorgegebenen Drehstromnetz mit fester Netzspannng und fester Netzfrequenz (z. B. 400 V bzw. 50 Hz im europäischen

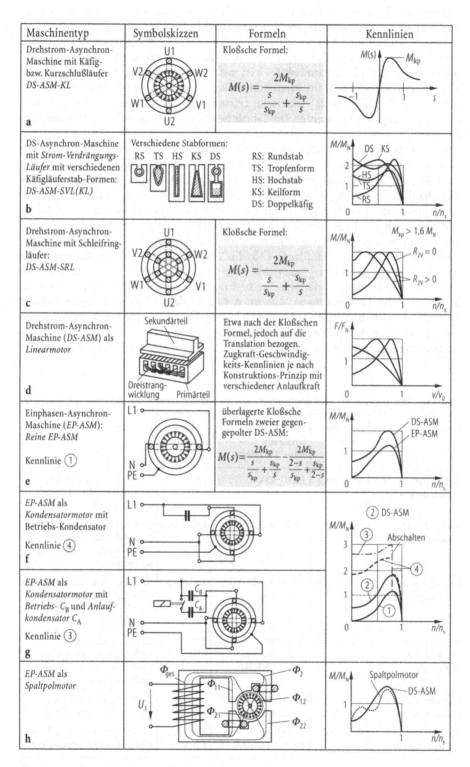

Maschinentyp	Symbolskizzen	Formeln	Kennlinien
Drehstrom-Asynchron-Maschine mit Käfig- bzw. Kurzschlußläufer *DS-ASM-KL* **a**	U1 V2 W2 W1 V1 U2	Kloßsche Formel: $$M(s) = \frac{2M_{kp}}{\frac{s}{s_{kp}} + \frac{s_{kp}}{s}}$$	
DS-Asynchron-Maschine mit *Strom-Verdrängungs-Läufer* mit verschiedenen Käfigläuferstab-Formen: *DS-ASM-SVL(KL)* **b**	Verschiedene Stabformen: RS TS HS KS DS	RS: Rundstab TS: Tropfenform HS: Hochstab KS: Keilform DS: Doppelkäfig	
Drehstrom-Asynchron-Maschine mit Schleifring-läufer: *DS-ASM-SRL* **c**	U1 V2 W2 W1 V1 U2	Kloßsche Formel: $$M(s) = \frac{2M_{kp}}{\frac{s}{s_{kp}} + \frac{s_{kp}}{s}}$$	
Drehstrom-Asynchron-Maschine (*DS-ASM*) als *Linearmotor* **d**	Sekundärteil Dreistrang-wicklung Primärteil	Etwa nach der Kloßschen Formel, jedoch auf die Translation bezogen. Zugkraft-Geschwindig-keits-Kennlinien je nach Konstruktions-Prinzip mit verschiedener Anlaufkraft	
Einphasen-Asynchron-Maschine (*EP-ASM*): *Reine EP-ASM* Kennlinie ① **e**	L1 N PE	überlagerte Kloßsche Formeln zweier gegen-gepolter DS-ASM: $$M(s) = \frac{2M_{kp}}{\frac{s}{s_{kp}} + \frac{s_{kp}}{s}} - \frac{2M_{kp}}{\frac{2-s}{s_{kp}} + \frac{s_{kp}}{2-s}}$$	
EP-ASM als *Kondensatormotor* mit Betriebs-Kondensator Kennlinie ④ **f**	L1 N PE		
EP-ASM als *Kondensatormotor* mit Betriebs- C_B und *Anlauf-kondensator* C_A Kennlinie ③ **g**	L1 N PE		
EP-ASM als *Spaltpolmotor* **h**	Φ_{ges} Φ_2 Φ_{11} U_1 Φ_{12} Φ_{21} Φ_{22}		

Bild A-51 a – h. Übersicht über Standard-Asynchronmaschinen

Verbundnetz) kann die mechanische Drehzahl *n* des Rotors der ASM nur einen, von der Belastung und der Polpaarzahl der Maschine abhängigen Wert $n < n_s$ annehmen.

Tabelle A-9 gibt eine Übersicht über die verschiedenen Motortypen von *ASM* mit ihren Leistungsdaten und Einsatzgebieten. *ASM* werden überwiegend als *Motoren* eingesetzt. Der *elektrische Generatorbetrieb* ist meist der Anwendung als *elektro-magnetischer Bremse* vorbehalten. Im Bremsbetrieb kann prinzipiell (mit einer rückspeisefähigen Versorgungseinheit) elektrische Leistung aus der gespeicherten kinetischen Energie zurückgewonnen werden. Die Tabelle beschränkt sich deshalb auf Motoren bzw. Bremsen.

Bei der Auswahl *elektrischer Antriebsmaschinen* für einfache Applikationen *unter 1 kW* wird meist ein *Einphasen-ASM* bevorzugt. Bei Antrieben *größer 1 kW* führt der *DS-ASM* mit *Kurzschlußläufer* (Abschn. A.4.2.2.5 und A.4.2.6.1) im allgemeinen zur wirtschaftlichsten Lösung, wenn *keine Drehzahlsteuerung* oder *-regelung* verlangt wird. Er ist ein robuster, zuverlässiger, kostengünstiger und weitgehend wartungsfreier Motor und eignet sich für alle Anwendungen mit nur einer Drehzahl, ohne besondere Genauigkeitsanforderungen, im Leistungsbereich bis zu mehreren MW. Die Variante *polumschaltbare ASM mit Kurzschlußläufer* (Abschn. A.4.2.6.2) eignet sich für Anwendungen mit Umschaltung zwischen *großen diskreten Geschwindigkeitsstufen* (Tab. A-9). *DS-ASM mit Schleifringläufer* erlauben eine Drehzahlsteuerung mit Hilfe variabler Vorwiderstände in den Läufersträngen (Abschn. A.4.2.2.6 und A.4.2.6.3). Sie eignen sich für *gesteuerte Antriebe* höherer Leistung mit kleinen Stellbereichen ($n_N \pm 30\%$) bei geringen Genauigkeitsansprüchen. Die Läuferwiderstände können manuell verstellt oder mit leistungselektronischen Mitteln gesteuert werden. Unter *Leistungselektronik* versteht man

Tabelle A-9. Leistungsdaten und Einsatzgebiete von Standard-Asynchronmaschinen

Maschinentyp	Leistungs-Bereich kW	Synchrone Drehzahl, min⁻¹ (U/min)	Nenn-spannung Volt (V)	Einsatzgebiete
Kondensator-Motor (Einphasenmotor)	0,001 bis 2	1500 – 3000	230	gesteuerte Antriebe für Büro, Haushalt und Werkstatt, Pumpen und Kompressoren
Spaltpolmotor (Einphasenmotor)	0,001 – 0,15	1500 – 3000	230	gesteuerte Antriebe für Büro, Haushalt und Werkstatt, Lüfter, Pumpen, Waschmaschinen usw.
Drehstrom-*ASM* mit Käfigläufer	0,5 – 10000	500, 600, 750, 1000, 1500, 3000	400, 690, 6 k, 10 k	universeller Einsatz, Standard oder mit Umrichtern, z.T. als Getriebemotoren und Bremsmotoren
Polumschaltbare *DS-ASM* mit Käfigläufer	0,5 – 80	500/1000 750/1000/1500 750/1500/3000	400	Krane, Förderbänder, Ladewinden, universeller Einsatz in Industrie und Gewerbe
Asynchrone Linearmotoren	5000 (bis 10⁵ N)	$v = 0$ bis ca. 150 m/s (ca. 550 km/h) linear		Schnellbahn, Transportbänder, Fahrzeuge, Krane
DS-ASM mit Schleifringläufer	0,5 – 4000	500, 600, 750, 1000, 1500, 3000	400, 690, 6 k, 10 k	universeller Einsatz, z.T. mit elektronischen Umrichtern

Transistor-, Triac- oder Thyristorschaltungen (s. Abschn. C.6 und D). Klassische Anwendungsgebiete dieser genannten *ASM* sind konventionelle Antriebe, beispielsweise für Krane, Förderanlagen, Fahrzeuge, Kompressoren, Zentrifugen, Kolben- und Turboverdichter, Pumpen, Gebläse und Lüfter, Hüttenwerke, Pressen, Mühlen und Schleifmaschinen.

Seit einigen Jahren können Standard *DS-ASM* jedoch in Kombination mit *leistungselektronischen Umrichtern* (*Wechselrichter, Frequenzumrichter:* Tabelle A-10 (s. hierzu Elektrotechnik für Maschinenbauer, Abschn. D.3)) wie *GSM* drehzahlgesteuert oder -geregelt werden. Dabei wird die starre Eingangs-Netzfrequenz vom *Frequenzumrichter* durch ein Steuer- oder Regelsignal in allen drei Phasen kontinuierlich verändert, so daß dem *ASM* eine feinfühlig steuerbare Drehstromfrequenz bei entsprechend angepaßter Spannung zugeführt werden kann (Abschn. A.4.2.5.6). Insbesondere wenn große Drehzahlbereiche gefordert sind, besteht in steigendem Maße die Tendenz zu *wechselrichtergesteuerten Schleifringläufern*. Mit dieser Technologie läßt sich neben der Primär- bzw. Ständerfrequenz auch die Sekundär- bzw. Läuferseite der *DS-ASM* steuern (*Läuferspannungssteuerung*). Dabei sollten aber die dynamischen Anforderungen nicht zu hoch gesteckt werden, da sonst *Gleichstrom-Nebenschlußmaschinen* mit Leistungsverstärkern und Regelsystemen noch im Vorteil sind.

Einsatzmöglichkeiten gibt es bei *Stellantrieben* in der Prozeßtechnik zur Betätigung von Hähnen, Ventilen, Klappen und Schiebern. Stellantriebe gibt es als *Dreh-* (10 Nm bis

Tabelle A-10. Übersicht über leistungselektronische Umrichter/Wechselrichter

Typenreihe	Nennleistung	Drehzahl/-moment	Einsatzgebiete
Simos/Sipart Steuer/Regelgeräte	30 W bis 15 kW	10 bis 4000 Nm bei 5 bis 160 min^{-1}	Stellantriebe für die Prozeßleittechnik
Axodyn Servowechselrichter Vierquadrantenbetrieb mit Netzrückspeisung	5 kW bis 55 kW; 400 V	bis 1500 min^{-1}; n_{min} = ca. 1 min^{-1} n_{max} = 6000 min^{-1}	Universeller Einsatz in Verbindung mit vierpoligen *DS*-Käfigläufern
Simovert (Frequenzumrichter) Vierquadrantenbetrieb mit Netzrückspeisung	2,2 bis 4000 kW; 208 bis 1000 V; 750/1000/1500/ 3000 min^{-1}	M = konst. im Drehzahlstell-Bereich durch Regelung	Verschiedene Motorarten: Asynchron-, *DS*-Servo-, permanenterregte Synchron- und Reluktanz-Motoren
Simodrive (Frequenzumrichter) Drehzahlregelung	5,5 bis 100 kW; 400 V	35 Nm bis 640 Nm bis zu 1500 min^{-1}; n_{max} bis 9000 min^{-1}	Universeller Einsatz in Verbindung mit *DS*-Käfigläufern
Simadyn digitales Regelgerät (nur mit Umrichtern)	hohe Regel-Genauigkeit und -Dynamik	bestimmt durch die Motor/Umrichter-Kombination	Gekoppelte Mehrmotorenantriebe mit hohem Gleichlauf
ACS (Frequenzumrichter) für Drehzahlregelung (0,1 % Genauigkeit)	2 bis etwa 400 kW 208 V bis 690 V	Anlaufmoment bis zu 200 % von M_N durch direkte Momentenregelung	In Kombination mit Standard-Käfigläufern für universelle Anwendungen
Sivolt Wechsel- und Drehstromsteller	anstelle von Stelltransformatoren	Stellzeiten im ms-Bereich gegenüber bis zu 30 s bei Stelltrafos	Leistungssteller für Regelungen in der Verfahrenstechnik

4000 Nm), *Schub-* (2 kN bis 30 kN) oder *Schwenkantriebe* (20 Nm bis 3000 Nm). Sie sind generell elektrisch gesteuert und teilweise auch geregelt, um eine Automatisierung der Armatur zu ermöglichen (z.B. Stellantriebe vom Typ *Sipos* mit Prozeßreglern vom Typ *Sipart*). Ihr Einsatz erfolgt schwerpunktmäßig für:

- Kläranlagen oder Trinkwasseraufbereitung, allgemein für den Umweltschutz,
- Heizungs-, Lüftungs- und Klimatechnik,
- Nahrungsmittel-, Hütten-, Zement-, Glas-, Chemie- und Bauindustrie, allgemein für die Materialherstellung,
- Pipelines für Erdöl, Erdgas und Wasserversorgung, Tunnelbelüftungen, Kraftwerke.

Aus Sicherheitsgründen muß bei solchen *Stellantrieben* neben der elektrischen Steuerung grundsätzlich das Verstellen von Hand (Handrad) möglich sein.

In Kombination mit netzrückspeisefähigen Servowechselrichtern vom Typ *Axodyn* werden *DS-ASM* für Vierquadrantenbetrieb bis 55 kW in folgenden Anwendungsbereichen eingesetzt:

- Spanende und umformende Werkzeugmaschinen, Walzstraßen,
- Papierverarbeitungsanlagen, Druckmaschinen, Prüfmaschinen, Dosieranlagen,
- Querschneider, mitlaufende Sägen usw., Wickler, Kalanderantriebe.

In Kombination mit *Simovert-Umrichtern* werden *Einphasen- oder DS-ASM* (oder andere Drehfeld-Motorarten: permanenterregte Synchron-, Reluktanz- oder Drehstrom-Servo-Motoren) im Nennleistungsbereich zwischen etwa 2 kVA und 4000 kVA in folgenden typischen Anwendungsgebieten eingesetzt:

- Strömungsmaschinen wie Pumpen, Pumpwerke und Ventilatoren,
- Transportmaschinen (Förderbänder), Hebe- und Bohrwerksantriebe (Bohranlagen),
- Hub-, Fahr- und Schwenkwerke bei Krananlagen und Baggern,
- Folienmaschinen in der Chemiefaserindustrie,
- Mehrmotorenverbunde (Gruppenantriebe) mit hochgenauer Drehzahlrelation wie bei Textilmaschinen, Rollgängen, Fließbändern in Fertigungs- und Transportanlagen und Material-Verstreckungswerken,
- Papiermaschinen, Kompressoren, Extruder, Rührwerke und Pressen,
- Fräs- und Drehmaschinen, Drahtziehmaschinen und Zentrifugen.

Als drehzahlveränderbare Antriebssysteme werden *stromrichtergespeiste DS-ASM* in Kombination mit dem digitalen Regelgerät *Simadyn* für Antriebsaufgaben mit hoher Regeldynamik und Rechengenauigkeit eingesetzt (z.B. Mehrmotoren- oder Verbundantriebe mit Gleichlaufregelungen in Walzwerken oder Wickelmaschinen).

Für explosionsgefährdete Bereiche nach IEC 79-25 oder DIN VDE 0165 gibt es einfache, polumschaltbare und im oberen Leistungsbereich mit Kühlmittel gekühlte *Drehstrom-Niederspannungs-Käfigläufermotoren* (400 V) im Nennleistungsbereich 11 kW bis 1 MW in explosionsgeschützter Ausführung. Bei Betrieb am Umrichter werden die Käfigläufer mit *Kaltleiter-Temperaturfühler* (Thermistor) für den Motorvollschutz ausgerüstet.

In Kombination mit elektronischen *Sivolt*-Wechsel- und -Drehstromstellern, die auf der Basis der *Phasenanschnittsteuerung* arbeiten, finden *DS-Käfigläufer* (oder auch *Einphasen-Kondensatormotoren*) dort Anwendung, wo strom- und drehzahlgeregelter Sanftanlauf und Positionieren mit Sanftauslauf gefordert sind, beispielsweise für Arbeitsmaschinen mit Kraftübertragung wie Bänder, Rollgänge, Kreissägen, Schleifmaschinen und Fahrzeugen mit nicht vorhersehbaren Reibungs- und Lastverhältnissen.

Resümee: in Abschnitt A.4.2 wird vorwiegend die *klassische DS-ASM* (Standardausführungen) behandelt, die normalerweise am starren DS-Netz betrieben wird. Sie stellt die robusteste und zuverlässigste Elektromaschine dar, die für einfache Einsätze über 1 kW Leistung, d.h. ohne Anforderungen bezüglich Drehzahlsteuerung, geeignet ist. Durch die oben erwähnte Umrichtertechnik dringt sie aber immer mehr in die bisherige Domäne der geschwindigkeitsgesteuerten oder -geregelten Servomotoren höherer Leistung ein (Abschn. A.5.5), insbesondere in die der Gleichstrommotoren (Abschn. A.5.1 bis A.5.2).

A.4.2.2
Aufbau und Drehfeld der *DS-ASM*

A.4.2.2.1
Stator mit Drehstromwicklung

Der Stator oder Ständer besteht aus folgenden Komponenten:

- dem Außengehäuse aus Stahlguß mit äußeren Kühlrippen;
- einem Paket lamellierter *Dynamobleche* zur Vermeidung von *Wirbelströmen*. Eine massive Ausführung ist wegen der dann induzierten Wirbelstromverluste, die beim Wechselstrommotor in massivem Material naturgemäß sehr hoch wären, nicht möglich (s. Elektrotechnik für Maschinenbauer, Abschn. A.4.5). Die dünnen, elektrisch isolierten *Lamellen* (ca. 0,5 mm dick) leiten das *Magnetfeld* weiter, lassen jedoch *keine Wirbelströme* zu. Sie sind als geschichtetes, ferromagnetisches Blechpaket in das Gehäuse eingepreßt und enthalten Längsnuten, in die die mehrphasige Statorwicklung eingebracht wird. Aus Symmetriegründen müssen die Nutabstände streng gleichmäßig und zyklisch sein, um ein kontinuierlich mit Konstantdrehzahl rotierendes Synchrondrehfeld zu ermöglichen;
- der mehrsträngigen Statorwicklung (*Drehstromwicklung*), wie sie beispielsweise in Bild A-52 dreisträngig dargestellt ist (in Europa ist die Phasenzahl 3 Standard);
- den elektrischen Anschlüssen (Verdrahtung) und Klemmen (Klemmenbrett). Die normierten elektrischen Klemmenbezeichnungen lauten: 1. Strang: U1 nach U2; 2. Strang: V1 nach V2; 3. Strang: W1 nach W2 (Tabellen A-16 und A-17).

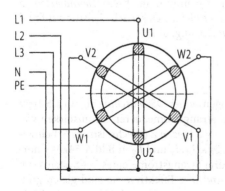
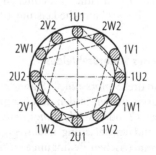

a Zweipolige ($p = 1$) DS-ASM in Sternschaltung   **b** Stator einer vierpoligen ($p = 2$) DS-ASM

Bild A-52a–b. Drehstromwicklungssysteme des Stators einer zwei- und einer vierpoligen *DS-ASM*

Wenn es sich wie in Europa um ein dreiphasiges Drehstromsystem handelt, müssen die drei Wicklungsstränge bzw. ihre drei Anfänge geometrisch um exakt 120° zueinander versetzt sein. In diesem Abschnitt A.4.2 wird grundsätzlich von *dreiphasigem Drehstrom* ausgegangen.

A.4.2.2.2
Schaltarten der Statorwicklungen

Ein *Drehstrom (DS)-Verbraucher* kann prinzipiell mit *zwei Schaltarten* an das *DS-Netz* geschaltet werden (s. Elektrotechnik für Maschinenbauer, Abschn. A.6.2 und A.6.3):

*   *Sternschaltung* oder *Y-(Ypsilon-)Schaltung* (Bild A-53a) (vergl. Abschn. A.6.2),
*   *Dreieckschaltung* oder *Δ-(Delta-)Schaltung* (Bild A-53b) (vergl. Abschn. A.6.3).

Wie in Tabelle A-12 bzw. in Abschn. A.4.2.5.4 gezeigt, betragen die von einem *symmetrischen DS-Verbraucher* aus dem DS-Netz entnommenen elektrischen Leistungen (Schein-, Wirk- und Blindleistungen) am gleichen DS-Netz in der Y-*Schaltart* jeweils nur ein Drittel gegenüber der Δ-*Schaltart*, wenn die Maschine bei der gleichen Drehzahl betrieben wird. Dabei gibt sie jedoch in der Y-*Schaltung* auch nur ein Drittel der Leistung der Δ-*Schaltung* ab. Das bedeutet, daß dieselbe *DS-ASM* mit der gleichen Drehzahl n und am gleichen DS-Netz in der Δ-*Schaltung* das dreifache Drehmoment gegenüber der Y-*Schaltung* erzeugt, dabei jedoch die dreifache elektrische Leistung aufnimmt. Da letzteres auch für die Blindleistung gilt, die das Netz mit Blindströmen belastet, wird bei Maschinen mit Käfigläufer größer 4 kW der *Stern-Dreieck-Anlauf* vorgeschrieben. Beim Einschalten im Stillstand muß die Maschine dann in Y-*Schaltung* betrieben werden. Sie wird nach dem Anlauf bei höherer Drehzahl in die Δ-*Schaltung* umgeschaltet. Diese *VDE*-Vorschrift basiert auf der Tatsache, daß die *ASM im Stillstand* den weitaus größten Blindstrom hat im Vergleich zu allen anderen Betriebspunkten entlang der $n(M)$-Kennlinie, wie später in Abschn. A.4.2.3 erläutert wird.

In den folgenden Tabellen A-11 und A-12 sind die allgemeinen Definitionen und Unterschiede beider Schaltarten im Vergleich dargestellt. Dabei sind in den beiden Tabellen A-12a/b *beide Schaltarten am gleichen Netz* angeschlossen, während die Maschine bei konstanter Drehzahl läuft und dabei um den *Faktor drei* unterschiedliche Drehmomente erzeugt. Dagegen befindet sich die Maschine in der Tabelle A-12c *bei beiden Schaltarten in ihrem Nennbetrieb*, hat also jeweils die gleiche Drehzahl n_N bei gleichem Moment M_N. Sie benötigt dabei jedoch *unterschiedliche DS-Netze*, d.h. unterschiedliche DS-Netzspannungen und -Ströme. Sie nimmt in ihrem *Nennbetrieb* in beiden Schaltarten an unterschiedlichen Netzen die gleiche elektrische Leistung auf und gibt die gleiche mechanische Leistung (die *Nennleistung*) ab.

A.4.2.2.3
Erzeugung des Statordrehfeldes

Werden die drei *Statorstränge* (Ständerwicklungen) einer *DS-Maschine* an ein DS-Netz angeschlossen, fließen in den drei Statorspulen Strangströme, deren Stromstärken von der Schaltart (Y- oder Δ-*Schaltung*), den Strang-*Impedanzen* Z (Wechselstrom-Scheinwiderstand) und der Belastung abhängig sind (Ströme I_U, I_V und I_W in Bild A-54). Bei normalen, symmetrischen Bedingungen sind die drei Strangströme eines DS-Systems um 120° bzw. $2\pi/3$ gegeneinander phasenversetzt und ihre Effektivwerte sind gleich groß (Bild A-53). Als Folge der phasenversetzten Strangströme in den winkelversetzten Ständerspulen entsteht ein resultierendes Magnetfeld, dessen Betrag zu jeder Zeit konstant ist, dessen Richtung sich jedoch ständig ändert. Es dreht sich mit der kontinuierlichen

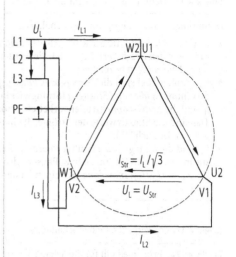

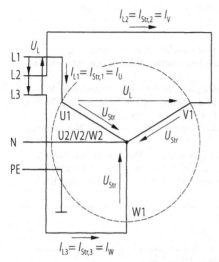

Stator einer Drehstrommaschine in
Y-Schaltung (rechtsdrehend)

Stator einer Drehstrommaschine in
Δ-Schaltung (rechtsdrehend)

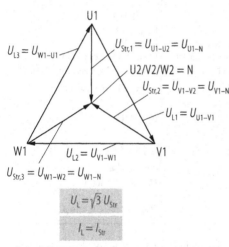

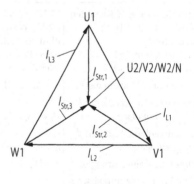

$$U_{\mathrm{L}} = \sqrt{3}\, U_{\mathrm{Str}}$$

$$I_{\mathrm{L}} = I_{\mathrm{Str}}$$

$$I_{\mathrm{L}} = \sqrt{3}\, I_{\mathrm{Str}}$$

$$U_{\mathrm{L}} = U_{\mathrm{Str}}$$

Zeigerdiagramm für Spannungen

Zeigerdiagramm für Ströme

a Sternschaltung (Y)

b Dreieckschaltung (Δ)

Allgemeine Definitionen: (U und I sind Effektivwerte)

Stranggrößen (Phasengrößen) U_{Str} und I_{Str} beziehen sich auf die Maschinenwicklungen U1-U2, V1-V2, W1-W2:

$$U_{\mathrm{Str}} = U_{\mathrm{U1\text{-}U2}} = U_{\mathrm{V1\text{-}V2}} = U_{\mathrm{W1\text{-}W2}} \text{ (bei Symmetrie)}$$
$$I_{\mathrm{Str}} = I_{\mathrm{U1\text{-}U2}} = I_{\mathrm{V1\text{-}V2}} = I_{\mathrm{W1\text{-}W2}}$$

Außenleitergrößen (verkettete Größen) U_{L} und I_{L} beziehen sich auf die Netzleiter L1, L2, L3:

$$U_{\mathrm{L}} = U_{\mathrm{L1\text{-}L2}} = U_{\mathrm{L2\text{-}L3}} = U_{\mathrm{L3\text{-}L1}} \text{ (bei symmetrischem Betrieb)} = U_{\mathrm{N}} \text{ (bei Nennbetrieb)}$$
$$I_{\mathrm{L}} = I_{\mathrm{L1}} = I_{\mathrm{L2}} = I_{\mathrm{L3}} = I_{\mathrm{N}} \,(I_{\mathrm{N}} \text{ bei Nennbetrieb})$$

Bild A-53a–b. Schaltarten mit Spannungen und Strömen, Zeigerdiagramme und Definitionen

Tabelle A-11. Definition der Spannungen und Ströme eines Drehstrom-Verbrauchers

Definitionen (unabhängig von der Schaltart):

- U_L (früher U_v) sind die Effektivwerte der *Leiterspannungen*. Das sind die Spannungen *zwischen den Netzleitern* L1, L2, L3. Sie werden auch als *verkettete* oder *Außen- bzw. Außenleiter-Spannungen* bezeichnet.
- U_{Str} (früher U_{Ph}) sind die *Strang- bzw. Phasenspannungen*. Das sind die Effektivwerte der Spannungen *über den Strängen* (Strangwicklungen) des Stators (U1–U2; V1–V2; W1–W2).
- I_L sind die *Leiterströme* (früher verkettete Ströme I_v, da mit zwei Strängen verkettet). Das sind die Effektivwerte der Ströme, die in den *Netzleitern* L1, L2, L3 fließen (Netzströme: z. B. von L1 nach U1).
- I_{Str} sind die *Strangströme* (früher *Phasenströme* I_{Ph}). Das sind die Effektivwerte der Ströme, die in den Spulen (Strängen bzw. Phasen) des Stators fließen (z. B. Strom von U1 nach U2).
- $Z = Z_{Str} = U_{Str}/I_{Str}$: *Impedanz* (Scheinwiderstand) eines Ständerstrangs (z. B. zwischen U1 und U2).

Tabelle A-12a–c. Vergleich beider Schaltarten

Tabelle A-12a. Prinzipiell gilt für die Schaltarten (unabhängig vom Netz):

Schaltart	Stern- bzw. Y-Schaltung	Dreieck- bzw. Δ-Schaltung
Anschluß der *ASM*-Klemmen U1/U2, V1/V2, W1/W2 an das Netz L1, L2, L3, N und PE für Rechtslauf $(+n)$	L1-U1; L2-V1; L3-W1 U2-V2-W2-N PE-metallisches Außengehäuse, (siehe Bild A-14, Abschn. A.3.4.1 oder Bild A-53a, Abschn. A.4.2.2.2)	L1-U1-W2 L2-U2-V1 L3-V2-W1 PE-metallisches Gehäuse, (s. Bild A-53b in Abschn. A.4.2.2.2)
Für Linkslauf Phasentausch:	z. B.: L2-U1; L1-V1; L3-W1	L2 mit L1 vertauschen
Zusammenhang *Leiter-und Strangspannungen*	$U_{L,Y} = \sqrt{3}\, U_{Str,Y}$	$U_{L,\Delta} \equiv U_{Str,\Delta}$
Zusammenhang *Leiter- und Strangströme*	$I_{L,Y} \equiv I_{Str,Y}$	$I_{L,\Delta} = \sqrt{3}\, I_{Str,\Delta}$
Impedanz Z eines Stranges	$Z = U_{Str}/I_{Str}$	$Z = U_{Str}/I_{Str}$
Nennbetrieb für europäisches Verbundnetz (400 V/230 V): Arbeitspunkt mit n_N, s_N, M_N		$U_N = U_{L,\Delta} = 400\ \text{V}$ $I_N = I_{L,\Delta}$ $P_{WN} = \sqrt{3}\, U_N I_N \cos\varphi_N$

Tabelle A-12b. Beispiel: *Stern/Dreieck-Anlauf* (mit Umschaltung der Schaltart) am europäischen DS-Netz

Schaltart	Stern- bzw. Y-Schaltung	Dreieck- bzw. Δ-Schaltung
Netzspannungen (Europa):	400 V/230 V-Netz	400 V/230 V-Netz
Leiterspannungen	$U_{L,Y} = 400\ \text{V} = \sqrt{3}\, U_{Str,Y}$	$U_{L,\Delta} = U_N = 400\ \text{V} = U_{Str,\Delta} = U_{L,Y}$
Strangspannungen	$U_{Str,Y} = 230\ \text{V}$	$U_{Str,\Delta} = U_{L,\Delta} = 400\ \text{V}$
Leiter- bzw. Strangströme	$I_{L,Y} = I_{Str,Y} = U_{Str,Y}/Z = \frac{1}{3} I_{L,\Delta}$	$I_{L,\Delta} = I_N = \sqrt{3}\, I_{Str,\Delta} = 3 I_{L,Y}$
Drehzahl bzw. Drehmoment	bei $n_{AP,Y} = n_N$ ist $M_{AP,Y} = M_N/3$	bei $n_{AP,\Delta} = n_N$ ist $M_{AP,\Delta} = M_N$
Scheinleistungen	$P_{SY} = 3 U_{Str} I_{Str} = \sqrt{3}\, U_L I_L = \frac{1}{3} P_{S\Delta}$	$P_{S\Delta} = 3 U_{Str} I_{Str} = \sqrt{3}\, U_L I_L = 3 P_{SY}$
Wirkleistungen	$P_{WY} = P_{SY} \cos\varphi = \frac{1}{3} P_{W\Delta}$	$P_{W\Delta} = P_{S\Delta} \cdot \cos\varphi = P_{WN} = 3 P_{WY}$
Alle Leistungen (elektrisch, mechanisch bei n = konst.)	$P_Y = \frac{1}{3} P_\Delta$	$P_\Delta = 3 P_Y$

Tabelle A-12 c. Beispiel: *Nennbetrieb* für beide Schaltarten
(verschiedene Netzspannungen erforderlich!)

Netzspannungen für Nennbetrieb	690 V/400 V-Netz Sternschaltung	400 V/230 V-Netz Dreieckschaltung
Leiterspannungen	$U_{L,Y} = \sqrt{3}\, U_N = 690\,V$	$U_{L,\Delta} = U_N = \dfrac{1}{\sqrt{3}} U_{L,Y} = 400\,V$
Strangspannungen	$U_{Str,Y} = 400\,V$	$U_{Str,\Delta} = U_{L,\Delta} = U_{Str,Y} = 400\,V$
Leiter- und Strangströme	$I_{L,Y} = I_{Str,Y} = \dfrac{1}{\sqrt{3}} I_N$	$I_{L,\Delta} = \sqrt{3}\, I_{Str,\Delta} = I_N = \sqrt{3}\, I_{L,Y}$
Drehzahl, Drehmoment, Leistungen	n_N bzw. M_N bzw. $P_Y = P_N$	n_N bzw. M_N bzw. $P_\Delta = P_N = P_Y$

Drehzahl n_s (*Synchrondrehzahl*). Es kann somit als ein mit konstanter (synchroner) Winkelgeschwindigkeit ω_s rotierender Summen-Vektor H_{res} bzw. B_{res} dargestellt werden, dessen Vektorspitze bei idealer elektrischer und geometrischer Symmetrie einen Kreis beschreibt. Die drei magnetischen Teilflüsse Φ_U, Φ_V, Φ_W, die mit den Strangströmen I_U, I_V, I_W in den Einzelwicklungen des Stators verkettet sind, haben sinusförmige Zeitdiagramme, deren Phasenlagen den Phasen ihrer zuzuordnenden Strangströme entsprechen. Ihre Feldlinien stehen senkrecht auf den entsprechenden Windungsflächen. Der resultierende Gesamtfluß Φ_{res}, der sich aus den Teilflüssen Φ_i zusammensetzt, ist dem Betrag nach konstant und dreht sich mit konstanter Winkelgeschwindigkeit ω_s, die der Winkelfrequenz $\omega_N = 2\,\pi f_N$ des Netzes (mit der Netzfrequenz f_N) entspricht.

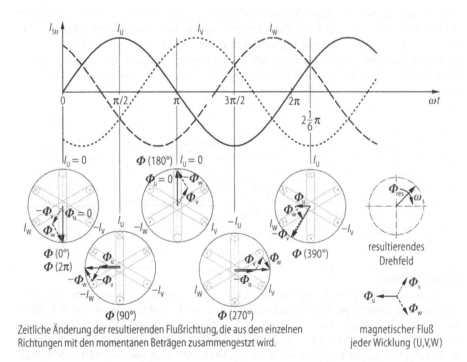

Zeitliche Änderung der resultierenden Flußrichtung, die aus den einzelnen Richtungen mit den momentanen Beträgen zusammengestzt wird.

magnetischer Fluß jeder Wicklung (U,V,W)

Bild A-54. Entstehung eines Drehfeldes im Stator einer Drehstrommaschine

Die Entstehung des *Drehfeldes* ist in Bild A-54 schematisch dargestellt. Das Strom-Zeitdiagramm zeigt die drei um jeweils 120° phasenversetzten Strangströme $I_{Str}(\omega t)$ eines Drehstromsystems, die in den drei Statorwicklungen eines Drehstrom-Verbrauchers (hier *DS-ASM*) fließen und in diesem ein Drehfeld erzeugen. Unter dem Strom-Zeit-Diagramm sind fünf Schnittbilder des Stators mit seinen drei Strangspulen gezeichnet. In den Spulen sind die Stromrichtungen von I_i und die zugeordneten Felder Φ_i zu fünf ganz bestimmten Zeitpunkten $t_i = \varphi_i/\omega$ bzw. Phasenwinkeln φ_i eingetragen (zeitliche Momentaufnahmen). Die Magnetfelder stehen jeweils senkrecht auf den zugeordneten Wicklungsebenen. Die Stromrichtungen sind so definiert, daß der Strom bei den Strangeingängen U1, V1 und W1 hineinfließt, wenn er zu dem entsprechenden Zeitpunkt gerade positiv ist. Die Zeigerlängen (Beträge) der Teilfelder $H_i(t_i)$, $B_i(t_i)$ bzw. $\Phi_i(t_i)$ ergeben sich aus den momentanen Stromstärken zum Zeitpunkt t_i und ihre Richtungen aus *der Rechte-Hand-Regel*: Streckt man den Daumen der rechten Hand in Richtung des Stromes, dann zeigen die abgewinkelten Finger die Richtung des Feldes an.

Die resultierenden Magnetfelder ergeben sich jeweils aus der vektoriellen Summe der Teilfelder. Anhand der Momentaufnahmen zu den Zeitpunkten t_i (mit $i = 1, 2, 3, 4, 5$), die zu den Phasenwinkeln $\varphi_i = \omega t_i = 2\pi f_N t_i$ gehören, wird gezeigt, wie das Drehfeld entsteht. Ist beispielsweise $f_N = 50$ Hz (in Europa), dann gehören zu den gewählten Winkeln $\varphi_1 = 0$, $\varphi_2 = \pi/2$, $\varphi_3 = \pi$ und $\varphi_4 = 3\pi/2$ sowie $\varphi_5 = (2 + 1/6)\pi = 390°$ die Zeitwerte $t_1 = 0$, sowie

$$t_2 = \frac{\pi/2}{2\pi \cdot f_N} = \frac{1}{4 \cdot 50 \text{ Hz}} = 0{,}005 \text{ s} = 5 \text{ ms} \quad \text{bzw.} \quad t_3 = 10 \text{ ms},$$

$$t_4 = 15 \text{ ms} \quad \text{und} \quad t_5 = 21\tfrac{2}{3} \text{ ms}.$$

Der Summenvektor des magnetischen Drehfeldes dreht jeweils um den geometrischen Winkel weiter, der dem elektrischen Phasenwinkel φ_i des Strom-Zeitdiagramms entspricht. Der Betrag bleibt immer gleich. Wenn man solche *Momentaufnahmen* für beliebige Phasenwinkel φ bzw. Zeitpunkte t aufzeichnet, wird sich bestätigen, daß der Drehwinkel des resultierenden Magnetfeldes dem Phasenwinkel entspricht (s. Bild A-54 rechts).

> *Ein dreiphasiger symmetrischer Drehstrom, bestehend aus drei um je 120° phasenversetzten sinusförmigen Teilwechselströmen (Strangströme) gleicher Amplitude, erzeugt in einem feststehenden symmetrischen Spulensystem, bestehend aus drei räumlich um 120° versetzten Wicklungssträngen, ein kontinuierlich rotierendes Magnetfeld. Dieses „Drehfeld" läuft synchron mit dem elektrischen Phasenwinkel bzw. mit der Netzfrequenz um. Deshalb nennt man seine Drehfrequenz Synchrondrehzahl n_s. Auf diesem Effekt der Erzeugung des Drehfeldes beruhen die Bezeichnungen „Drehstrom" und „Drehstrommaschinen".*

Drehfeldrichtung

Der Drehsinn des Drehfeldes ist postitiv ($+ n_s$ bzw. Rechtslauf), wenn die Leiter L1/L2/L3 in dieser Reihenfolge an die Statorklemmen U1/V1/W1, unabhängig von der Schaltart, angeschlossen werden (Bilder A-52 bzw. A-54). Werden zwei Anschlüsse getauscht, z. B. L1 ↔ L2 oder L2 ↔ L3 oder L1 ↔ L3, ist die Maschine *umgepolt*, d. h. das Drehfeld läuft links herum ($- n_s$) (siehe auch Tabelle A-12 a). Dies kann auch nach der Methode gemäß Bild A-54 nachgewiesen werden.

A.4.2.2.4
Polpaarzahl und Synchrondrehzahl

Polpaarzahl und Synchrondrehzahl sind charakteristische Werte einer *DS-ASM*. Die Synchrondrehzahl n_s ist die Drehzahl des *magnetischen Statorfeldes* und somit auch die *ideale mechanische Leerlaufdrehzahl* n_{00} des Rotors. Sie gibt die Drehzahlbereiche der Maschine vor, in dem die vier Quadranten (s. Abschn. A.4.1.4) liegen.

Polpaarzahl (Polpaare pro Statorstrang)
Die Wicklungsstränge einer *DS-ASM* können mehrpolig sein. Dies wird durch die *Polpaarzahl* p zum Ausdruck gebracht. Jede zusammenhängende stromdurchflossene Wicklung stellt *ein Polpaar* dar, mit einem magnetischen Nord- und einem Südpol. Ist $p = 1$, bedeutet das, daß jeder der drei Stränge aus *einer* Wicklung besteht, also *ein Polpaar* besitzt. Mit $p = 2$ hat jeder Strang entsprechend *zwei* Wicklungen. Hat eine dreiphasige *DS-ASM* die Polpaarzahl i ($p = i$), so hat *jeder* der drei Stränge i Polpaare, d.h. die Maschine hat insgesamt $2 \cdot 3 \cdot i$ Pole. Bild A-52a zeigt eine Maschine mit $p = 1$. Das bedeutet, daß die Maschine drei Wicklungen mit je einem Polpaar, d.h. insgesamt 6 Pole hat. Man spricht aber von einer *zweipoligen* Maschine.

Bild A-52b zeigt eine *vierpolige DS-ASM*, d.h. die Polpaarzahl ist zwei ($p = 2$): jeder Strang hat 2 Teilwicklungen mit 4 Polen, die Maschine umfaßt insgesamt 6 symmetrisch am Umfang verteilte Statorwicklungen, sie hat also 6 Polpaare bzw. 12 Pole. Zum Zwecke einer stufenweisen Veränderung der Motordrehzahl gibt es *polumschaltbare DS-ASM*, bei denen aufgrund ihres Aufbaus zwischen mehreren Polpaarzahlen elektrisch umgeschaltet werden kann, so daß sich die synchrone Drehzahl gemäß Tabelle A-13 und damit auch die Rotordrehzahl in großen diskreten Stufen ändert (Abschn. A.4.2.6.2).

Tabelle A-13. Zusammenhang Polpaarzahl, Synchrondrehzahl und Netzfrequenz

Polpaarzahl p	1	2	3	4	5	6
Synchrondrehzahl n_s (f_N = 50 Hz)	3000 min^{-1}	1500 min^{-1}	1000 min^{-1}	750 min^{-1}	600 min^{-1}	500 min^{-1}
n_s (mit f_N = 60 Hz)	3600 min^{-1}	1800 min^{-1}	1200 min^{-1}	900 min^{-1}	720 min^{-1}	600 min^{-1}
Winkel zwischen Teilwicklungen	120°	60°	40°	30°	24°	20°

Synchrone Drehzahl
Die *Drehzahl* des *magnetischen Drehfeldes*, die *Synchrondrehzahl* n_s, entspricht (wie in Abschn. A.4.2.2.3 gezeigt) der Frequenz des Drehstromnetzes f_N. Sie hängt aber außerdem von der Polpaarzahl der Drehstrommaschine ab. Nur bei der zweipoligen Maschine mit $p = 1$ ist $n_s = f_N$. Bei Maschinen mit $p \geq 2$ dreht sich das Drehfeld langsamer, da die Teilwicklungen der Statorstränge entsprechend der Polpaarzahl enger am Umfang verteilt sind.

Daraus ergibt sich der Zusammenhang:

Während einer *Netzperiode* $T_N = 1/f_N$ dreht sich das *Drehfeld* immer um den geometrischen Drehwinkel weiter, den *ein Polpaar* des dreiphasigen Ständerstranges am Umfang einnimmt. So dreht sich beispielsweise bei $p = 2$ das Feld während einer Netzperiode von $1/50$ s = 20 ms um 180° weiter. $p = 2$ bedeutet, daß die *DS-ASM* sechs Teilwicklungen hat,

d. h. 2 hintereinander geschaltete Teilspulen je Strang. Die 6 Teilwicklungen sind um je 60° versetzt am Umfang verteilt. Mit $p = 3$ sind insgesamt 9 Teilwicklungen, um je 40° geometrisch versetzt, am Umfang verteilt.

Deshalb gilt für die synchrone Drehzahl: $n_s = \dfrac{f_N}{p} = \dfrac{Netzfrequenz}{Polpaarzahl}$ (A-40)

A.4.2.2.5
Kurzschluß- oder Käfig-Läufer (*DS-ASM-KL*)

Betreffend *Läufer* oder *Rotor* der *DS-ASM* unterscheidet man prinzipiell zwischen zwei Typen:

- Kurzschluß- oder Käfig-Läufer (*DS-ASM-KL*)
- Schleifring-Läufer (*DS-ASM-SRL*)

Aus den gleichen Gründen wie beim Stator besteht der *Rotor* aus einem lamellierten ferromagnetischen Blechpaket. Es ist auf die Antriebs-/Abtriebswelle gepreßt und enthält gleichmäßig verteilte Längsnuten zur Aufnahme der Rotor-Leiterstäbe bzw. Rotorwicklung. Die Variante *DS-ASM-KL* ist die einfachste und robusteste Art von Drehstrommaschinen oder gar aller Elektromotoren, da sie ohne Schleifringe und Bürsten auskommt und somit außer dem Lager praktisch keine Verschleißteile besitzt. Sie ist weitgehend wartungsfrei, kostengünstig, betriebssicher und hat eine sehr lange Lebensdauer. Deshalb ist sie auch die am meisten eingesetzte Antriebsmaschine im Leistungsbereich $\geq 1\,\mathrm{kW}$ (einschließlich *Einphasen-ASM* mit Hilfsphase und Kondensator, Abschn. A.4.3.2 sowie *Spaltpol-ASM*, Abschn. A.4.3.3). Der *ASM-KL* hat gegenüber dem *ASM-SRL* den Nachteil, keine elektrische Verbindung zur Läuferwicklung zu haben. Wie der Name zum Ausdruck bringt, hat die *Rotorwicklung* die Form eines *Käfigs*. Sie kommt dadurch zustande, daß die Leiterstäbe längst des Läuferzylinders an beiden Stirnseiten mit je einem *Kurzschlußring* und damit vorne und hinten untereinander verbunden sind (Bild A-55). Die Herstellung dieses *Käfigs* erfolgt durch Ausgießen der Nuten des Rotor-Blechpakets mit reinem Aluminium (oder Al-Legierung) oder reinem Kupfer.

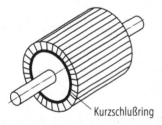
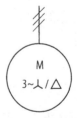

Kurzschlußring

a Ansicht des Rotors eines ASM-Käfigläufers mit stirnseitigen Kurzschlußringen

b Symbol einer DS-ASM als Käfig- oder Kurzschlußläufer

Bild A-55a–b. Kurzschluß- bzw. Käfigläufer mit Schaltsymbol

A.4.2.2.6
Schleifringläufer (*DS-ASM-SRL*)

Diese Variante besitzt einen *Läufer*, der *wie der Stator* eine dreisträngige Wicklung trägt, die jedoch im Gegensatz zur Ständerwicklung keine Auswahl der Schaltart zuläßt. Die drei Läuferstränge sind nämlich einseitig zum Stern zusammengeschaltet. Auf der anderen Seite sind die drei Strangeingänge über drei Schleifringe auf der Welle und drei Bürsten nach außen zum Klemmenbrett geführt. Dort können im Motorbetrieb drei, wegen der Symmetriebedingung gleichgroße, externe Widerstände (*Vorwiderstände* R_{2V}) in Reihe zu den Rotor-Strangspulen geschaltet werden (Bild A-56). Die drei Vorwiderstände $3R_{2V}$ sind meistens als Schiebewiderstände mit mechanisch gekoppeltem Schieber zur gleichmäßigen Variation der Widerstandswerte ausgelegt. Sie dienen zur Steuerung des Betriebsverhaltens vor allem während des Anlaufvorganges (Abschn. A.4.2.5.3 und A.4.2.6.3). Dabei dienen die drei R_{2V} als Steuerungs-Parameter, vergleichbar zu den Anlaßwiderständen bei der Gleichstrommaschine, indem sie die Steigung der Betriebskennlinien verändern. Werden nach dem Hochlauf die drei Klemmen K, L, M (Schleifringe bzw. Läuferstranganfänge) direkt miteinander verbunden (kurzgeschlossen), so wirkt der *SRL* im betriebsmäßigen Arbeitspunkt wie der Käfigläufer (*KL*).

Der Sternpunkt der Läuferstränge ist von außen nicht zugänglich. Dadurch wird ein Schleifring und eine Bürste eingespart. Der innere Y-Punkt führt somit ein *schwimmendes Potential*, da er elektrisch nicht festgeklemmt werden kann. D.h. die Spannung des Y-Punktes richtet sich nach den drei in die Spulen induzierten Spannungen bzw. Strömen aus. Unter *symmetrischen* Verhältnissen stellt sich somit am Sternpunkt des Läufers automatisch das *neutrale Potential N* ein, gemäß der Theorie des Drehstromsystems. Bezüglich der Polpaarzahl *p* gibt es aus Symmetriegründen für die Stränge eines *Schleifringläufers* die Bedingung, daß *Läufer* und *Ständer* die *gleiche Polpaarzahl* haben müssen. Deshalb gibt es keine polumschaltbaren *DS-ASM-SRL*.

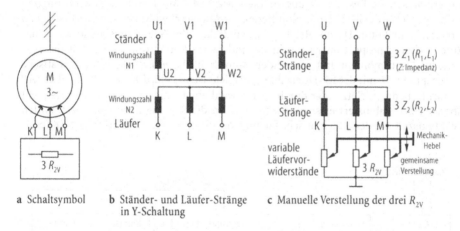

a Schaltsymbol   b Ständer- und Läufer-Stränge   c Manuelle Verstellung der drei R_{2V}
                     in Y-Schaltung

Bild A-56a–c. Schleifringläufer mit Schaltsymbol

A.4.2.3
Wirkungsweise der DS-ASM (Schlupf- oder Induktionsmaschine)

Der Läuferwicklung von *Asynchronmaschinen* wird normalerweise von außen kein Strom zugeführt wie beispielsweise bei den klassischen Gleichstrom- oder Synchronmaschinen. Aus diesem Grund ist die *ASM* generell auf die innere *Induktion eines Läuferstromes* angewiesen. Deshalb wird sie vielfach auch als *Induktionsmaschine* oder auch als *Schlupfmaschine* bezeichnet. Der Begriff *Schlupfmaschine* ist von der Eigenschaft abgeleitet, daß die *ASM* als Motor immer dem magnetischen Drehfeld hinterherlaufen muß, um nach dem Induktionsgesetz überhaupt ein Drehmoment entwickeln zu kön-

nen. Nur bei Vorhandensein einer *asynchronen mechanischen Drehzahl n des Rotors*
besteht eine Geschwindigkeitsdifferenz zwischen Drehfeld im Luftspalt und den Leiterstäben des Läufers, die zur Erfüllung des Induktionsgesetzes (mit dem differentiellen
Term $d\Phi/dt$) erforderlich ist. Ohne Differenzdrehzahl, also ohne differentiellem Term,
d. h. ohne Induktion kann kein Motormoment erzeugt werden.

A.4.2.3.1
Wirkungskausalkette der *DS-ASM*

Verknüpft man Ursachen und daraus hervorgerufene direkte Wirkungen von Übertragungsgliedern (Funktionsblöcke) in Form eines Blockdiagramms miteinander, ergibt
sich eine *Wirkungskausalkette*, mit deren Hilfe die Funktion bzw. die Wechselwirkungen
einer *DS-ASM* erläutert werden können. In Bild A-57 werden beispielsweise die kausa-
len Zusammenhänge für den Motorbetrieb dargestellt (Bild A-30 für die *GSM*). Die
primäre Voraussetzung für den Betrieb eines *DS-ASM* ist der korrekte Anschluß eines
geeigneten (dem Leistungsschild der Maschine entsprechenden) Drehstromnetzes. Je
nach Schaltart und mechanischer Belastung durch eine Arbeitsmaschine wird am Ausgang des Motors das Motor-Drehmoment solange eine Beschleunigung hervorrufen, bis
sich ein Gleichgewichtszustand, d. h. ein statischer Arbeitspunkt *AP* eingestellt haben
wird.

Solange der *AP* nicht erreicht ist, induziert der *ASM* einen Überschuß an Strom in den
Rotor. Der *ASM* besitzt dann ein Drehmoment M größer als das Lastmoment M_L. Dar-
aus ergibt sich ein Beschleunigungsmoment $M_B = M - M_L$. Durch die Beschleunigung
reduziert sich jedoch die Drehzahldifferenz (Relativgeschwindigkeit: $n_s - n$) zwischen
Drehfeld und Rotor. Da die Relativgeschwindigkeit der Spannungsinduktion in der
Rotorwicklung proportional ist, geht der induzierte Rotorstrom und damit das entwickelte Motormoment mit steigender Rotordrehzahl n zurück, bis der statische
Arbeitspunkt *AP* mit der AP-Drehzahl n_{AP} erreicht ist: $M_B = 0$, d. h. $M = M_L$. Wird der *AP*
gestört (z. B. durch Netz- oder durch Lastschwankungen, die gewisse Grenzwerte nicht
übersteigen), stabilisiert er sich im Anschluß an die Störung nach einer bestimmten
Reaktionszeit wieder automatisch, bedingt durch diese Wechselwirkungen (Kausal-

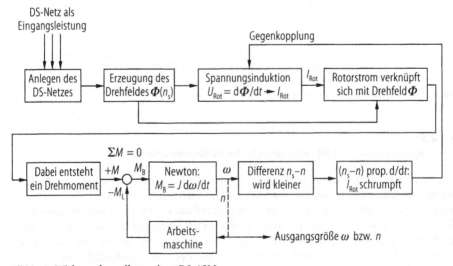

Bild A-57. Wirkungskausalkette einer *DS-ASM*

kette). Im *Motorbetriebsbereich* stellt sich also immer eine Drehzahldifferenz $n_s - n_{AP}$ ein, d.h *der Asynchronmotor läuft mit einem Schlupf.* Dieser ist proportional zum Differential d/dt des Induktionsgesetzes.

A.4.2.3.2
Schlupf, Drehzahl, Drehmoment und Betriebsbereiche

Schlupf und Drehzahl
Die *genormte Geschwindigkeits-Differenz bzw. Relativdrehzahl,* d.h. die auf die starre Synchrondrehzahl bezogene Drehzahldifferenz, nennt man *Schlupf s*:

$$s = \frac{n_s - n}{n_s} = \frac{\omega_s - \omega}{\omega_s} : \tag{A-41}$$

Schlupf s ist die *normierte Drehzahldifferenz (dimensionslose* Zahl)

Beispiel für den Schlupf eines *ASM* ($p = 1$): $s = 0,04$, d.h. $n = n_s(1 - s) =$ 3000 min^{-1} $(1 - 0,04) = 2880$ min^{-1} bei Last.

In dieser *normierten* oder *Bezugsgleichung* treten folgende Größen auf:

- Schlupf s : $s = 1$ bei $n = 0$ (Stillstand) und $s = 0$ bei $n = n_s$ (Synchrondrehzahl),
- mechanische Drehzahl n der *ASM*: $n = n_{mech, Rot}$ (Rotordrehzahl), und
- magnetische Drehzahl des Drehfeldes, die Synchrondrehzahl $n_s = f_N/p$ aus Gl. (A-40).

Wegen der oben erläuterten *asynchronen* Betriebsweise kann die *ASM* im *Motorbetrieb* ihre Synchrondrehzahl nicht erreichen, d.h. der Betriebsbereich des Motorbetriebs umfaßt (n_0 reale Leerlaufdrehzahl ohne äußere Last):

$s = 1$ (bzw. $n = 0$) bis $s > 0$ bzw. $n = n_0 < n_s$. n_s entspricht der theoretischen Leerlaufdrehzahl n_{00}.

Drehmoment der *ASM*
Wie in Abschn. A.4.2.3.1 dargestellt, entwickelt die *ASM* ein Drehmoment, indem das Drehfeld $\Phi(n_s)$ des Stators einen Strom in den Rotor induziert, solange der Rotor bezüglich Drehfeld eine Relativgeschwindigkeit besitzt. Der Abstand, der sich zwischen Motordrehzahl n und Synchrondrehzahl n_s einstellt, hängt vom benötigten Motormoment M_{Mot} ab, also von der Belastung durch die Arbeitsmaschine M_L plus Eigenreibung $M_{Mot, Rbg}$ der *ASM*, bzw. im Leerlauf nur von $M_{Mot, Rbg}$.

Leerlaufdrehzahl n_0
Bei der Drehzahl $n = n_s$ ist $s = 0$: somit sind bei $n = n_s$ auch $d\Phi/dt = 0$, Rotorstrom $I_{Rot} = I_2 = 0$ und $M_{Mot} = 0$. Jeder Motor muß jedoch mindestens seine *Eigenreibung* $M_{Mot, Rbg}$ überwinden (Leerlauf), benötigt also ein aktives Moment, wodurch sich zwangsläufig eine (wenn auch kleine) Relativgeschwindigkeit $(n_s - n)$ ergibt. Die *Synchrondrehzahl* n_s wird deshalb, bezogen auf die mechanische Rotordrehzahl, auch als *ideale* oder *theoretische Leerlaufdrehzahl* bezeichnet ($n_{00} = n_s$). Im praktischen Motorbetrieb stellt sich im Leerlauf aufgrund der unvermeidlichen Motorreibung an der Rotorwelle die *reale Leerlauf-Drehzahl* $n_0 < n_s$ ein.

Betriebsbereiche bzw. *n* (*M*)-Quadranten
Angenommen, das Drehfeld dreht sich mit positiver Drehzahl $+n_s$. Dann herrscht Generator bzw. Bremsbetrieb der *ASM* außerhalb ihres positiven Motorbereiches $(0 \leq + n < + n_s)$, also in den Bereichen:

- $- \infty < s \leq 0$ oder $+ \infty > n \geq n_s$, Rotor überholt Drehfeld, und
- $1 \leq s < + \infty$ oder $0 \geq n > - \infty$, negativer Drehzahlbereich: Rotor dreht entgegengesetzt zur Drehfeldrichtung.

In diesen beiden Bereichen besitzt die Relativgeschwindigkeit $(n_s - n)$ ein anderes Vorzeichen als die Rotorgeschwindigkeit, wodurch das *induzierte* Motormoment eine zur Drehzahl entgegengesetzte Richtung bekommt. Die Maschine entwickelt ein Brems- bzw. Gegenmoment und gibt dabei elektrische Energie ab oder erwärmt sich durch die im Innern umgesetzte elektrische Verlustleistung.

Wird der Drehstrom durch Vertauschen zweier Phasen umgepolt, dreht das Drehfeld entgegengesetzt mit $- n_s$ und es herrschen alle oben angeführten Betriebsbereiche bei umgedrehten Vorzeichen. Damit ergeben sich insgesamt die in Tabelle A-14 aufgezeigten Betriebsbereiche oder Quadranten. Die genannten Quadranten orientieren sich an dem *Vierquadranten-Betrieb* (Abschn. A.4.1.4.1 bzw. Bild A-29). Die Quadranten sind gekennzeichnet durch Drehzahl- bzw. Schlupf-Bereiche und das Vorzeichen des Drehmomentes. Schlupf und Drehzahl hängen über Gl. (A-41) voneinander ab: $s = (n_s - n)/n_s$ bzw. $n = n_s(1 - s)$.

Tabelle A-14. Betriebsbereiche und $n(M)$-Quadranten der *DS-ASM*

	Drehfeld hat Rechtslauf $(+ n_s)$: L1 mit U1 verbunden L2 mit V1 verbunden L3 mit W1 verbunden	Drehfeld hat Linkslauf $(- n_s)$: Drehstromnetz ist umgepolt, d. h. es sind zwei Phasen vertauscht.
Motorbetrieb Rechtslauf: *1. Quadrant:* $+ n / + M$	$0 \leq n < n_s$ bzw. $1 \geq s > 0$	kein Motorrechtslauf möglich
Motorbetrieb Linkslauf: *3. Quadrant:* $- n / - M$	kein Motorlinkslauf möglich	$0 \geq n > - n_s$ bzw. $1 \leq s < 2$
Generator/Bremse Rechtslauf: *2. Quadrant:* $+ n / - M$	$+ \infty > n \geq n_s$ bzw. $- \infty < s \leq 0$	$+ \infty > n \geq 0$ bzw. $- \infty < s \leq 1$
Generator/Bremse Linkslauf: *4. Quadrant:* $- n / + M$	$0 \geq n > - \infty$ bzw. $1 \leq s < + \infty$	$- n_s \geq n > - \infty$ bzw. $2 \leq s < + \infty$

A.4.2.3.3
DS-ASM als Frequenzwandler und Transformator

- **DS-ASM im Stillstand als Drehstrom-Transformator:**
Eine *DS-ASM-SRL* (Schleifringläufermaschine) sei mit blockiertem Läufer $(n = 0)$ an das DS-Netz geschaltet. Das Ständerdrehfeld rotiert innerhalb der Ständer-Drehstromwicklungen, d. h. auch im Luftspalt und im Rotor, mit der Synchrondrehzahl n_s und induziert in die Rotorwicklung eine Wechselspannung. Diese induzierte *Rotorspannung* U_2 besitzt bei $n = 0$ die gleiche Frequenz $(f_2 = f_1 = f_N)$ aber eine andere Amplitude als die *Ständerstrangspannung* $U_1 = U_{Str}$ auf der Netzseite. Das bedeutet, daß die *ASM* im Stillstand wie ein *Transformator* arbeitet.
Dabei entsprechen sich folgende Wicklungen, Spannungen und Ströme:

- *Ständerwicklung* der *ASM* $\leftrightarrow$ *Primärwicklung* des Trafos mit U_1 bzw. I_1;
- *Läuferwicklung* der *ASM* $\leftrightarrow$ *Sekundärwicklung* des Trafos mit U_2 bzw. I_2.

Die *Läufer-Stillstandsspannung* $U_{20} = U_2$ ($n = 0$) hat folgenden Effektivwert:

$$U_{20} = U_1 \frac{N_2}{N_1} \cdot \xi \qquad \text{(A-42)}$$

mit: N_1 = Windungszahl der Ständerstränge (ein Strang), z. B. zwischen Anschlüssen U1 und U2

N_2 = Windungszahl der Läuferstränge (ein Strang), z. B. zwischen K und Sternpunkt (Bild A-56b)

ξ = Wicklungsfaktor (etwa 1, jedoch < 1), bedingt durch die Streufelder in Ständer- und Läuferwicklungen. Das sind die Feldlinien, die nicht mit beiden Wicklungen verknüpft sind.

U_1 = Strangspannung (Spannung U_{Str} eines Stranges: z. B. zwischen U1 und U2)

> Die Sekundärfrequenz f_2 der in die Rotorwicklung induzierten Spannung U_2 ist im Stillstand gleich der Frequenz f_1 der Ständerspannung U_1. Diese Primärfrequenz f_1 ist *ohne Frequenzumrichter* immer gleich der Netzfrequenz f_N: mit $n = 0$ bzw. $s = 1$ gilt: $f_2 = f_1 = f_N$ ($f_1 = f_N$ *ohne Frequenzumrichter*)

Während einer Netzperiode $T_N = 1/f_N$ dreht sich durch *einen Läuferstab im Stillstand ein Polpaar des Drehfeldes* hindurch, d. h. es wird gerade eine volle Schwingungsperiode im Läuferstab induziert. Deshalb muß bei $n = 0$ die Läuferfrequenz f_2 gleich der Ständerfrequenz f_1 sein (Gl. (A-40)).

Beim Schleifringläufer müssen die Läuferstränge wie der Ständer p Polpaare haben.

- **Maschine im Lauf als Frequenzwandler**

Die *DS-ASM-SRL*-Ständerwicklung liegt am Drehstromnetz und erzeugt ein Drehfeld mit der synchronen Drehzahl $n_s = f_1/p$. Der Läufer dreht sich im Motorbetrieb mit einer bestimmten, von seiner Belastung abhängigen Drehzahl n in die Drehrichtung des Drehfeldes. Mit $p = 1$ *sieht* der Läufer das Drehfeld mit einer Differenzdrehzahl ($n_s - n$), d. h. das Drehfeld *durchläuft* die Läuferstäbe mit der Frequenz $f_2 = (n_s - n)$. Diese *Läuferfrequenz* ist ein Maß dafür, wie der Läufer gegenüber dem Drehfeld zurückbleibt bzw. *schlüpft*. Der *Schlupf s* ist eine kennzeichnende Größe der *ASM*:

$$\xrightarrow{\hspace{1cm} n_s \hspace{1cm}}$$

$n \quad (n_s - n)$ *Schlupf* s_{AP} in einem Arbeitspunkt *AP*: $\quad s_{AP} = \dfrac{n_s - n_{AP}}{n_s} = \dfrac{\omega_s - \omega_{AP}}{\omega_s}$

Im Stillstand ($n = 0$):	$s = 1$
Im synchronen Lauf ($n = n_s$):	$s = 0$
Läufer dreht entgegen Drehfeld:	$s > 1$ bzw. $n < 0$
Läufer dreht schneller als Drehfeld:	$s < 0$ bzw. $n > n_s$

Damit wird die *Frequenz* f_2 der im Läufer induzierten *Läuferspannung* U_2: $f_2 = (n_s - n)p$.

Mit der mechanischen Drehzahl des *Läufers n* kann also die Frequenz f_2 der Läuferspannung variiert werden. Die *ASM* wirkt deshalb wie ein *Frequenzwandler*:

Aus der Ständerspannungsfrequenz f_1 ergibt sich die Läuferspannungsfrequenz f_2.

Aus Gl. (A-40) folgt: $f_1 = n_s p$. Mit $f_2 = (n_s - n)p$ ergibt sich:

$$\frac{f_2}{f_1} = \frac{n_s - n}{n_s} = s. \quad \text{Daraus folgt:} \quad f_2 = s \cdot f_1 \qquad \text{(A-43)}$$

Läuferspannung (ASM als Spannungswandler)
Der Effektivwert der Läuferspannung U_2 ist wie die Läuferspannungsfrequenz f_2 proportional zur relativen Geschwindigkeit des magnetischen Flusses im Läufer, d.h. proportional zur

Drehzahldifferenz $(n_s - n)$:　　　　　　　　U_2 prop. $(n_s - n)$.
Im Stillstand (bei $n = 0$) ist $U_2 = U_{20}$:　　$U_2 = U_{20}$ prop. n_s.

Daraus ergibt sich für das Verhältnis der Läuferspannung U_2, die im Lauf induziert wird, zu ihrer Stillstandsspannung U_{20}:

$$\frac{U_2}{U_{20}} = \frac{n_s - n}{n_s} = s. \quad \text{Daraus folgt:} \quad U_2(s) = s \cdot U_{20} = s \cdot U_1 \frac{N_2}{N_1} \xi \qquad \text{(A-44)}$$

> *Die Maschine arbeitet also im Lauf (n > 0) als Frequenz- und Spannungswandler:*
> *Frequenzwandler:　f_1 (Ständer)　$\rightarrow$　f_2 (Läufer)*
> *Spannungswandler:　U_1 (Ständer)　$\rightarrow$　U_2 (Läufer)*

Motorbetrieb
Die in die Läuferwicklungen induzierten Spannungen haben in den kurzgeschlossenen Leiterstäben (beim *KL* in Abschn. A.4.2.2.5) bzw. in den drei Läufersträngen (beim *SRL* in Abschn. A.4.2.2.6) Rotorströme I_2 zur Folge. Im Ständerdrehfeld erfahren die stromführenden Leiter mechanische Kräfte und es entsteht im Rotor ein Drehmoment, dessen Betrag und Richtung von den Strömen und der Relativgeschwindigkeit der stromführenden Leiter gegen das Drehfeld bestimmt sind. Dieses Motordrehmoment hat die Tendenz, den Läufer so anzutreiben, daß die Ursache für dieses Drehmoment verschwindet. Deshalb stellt sich nach einer Hochlaufzeit der für einen bestimmten Arbeitspunkt kennzeichnende Gleichgewichtszustand ein (hierzu auch Abschnitte A.4.2.3.1 und A.4.2.3.2): die Läuferdrehzahl n hat die Tendenz, sich möglichst an die synchrone Drehzahl n_s anzugleichen, was aus inzwischen bekannten Gründen im Motorbetrieb nicht möglich ist (Schlupf).

A.4.2.3.4
Ersatzschaltbilder der DS-ASM (analog zum Trafo)

Zweck einer *Ersatzschaltung* ist es, die Aufstellung einfacher Gleichungen zur Berechnung einer Maschine zu ermöglichen. Daraus kann die Reaktion der Maschine bezüglich ihres Betriebsverhaltens bei Änderungen des Aufbaues oder bei Änderungen von Ein- und Ausgangsbedingungen abgeleitet werden. Es kommt dabei primär nicht darauf an, alle Aufbaukomponenten (z.B. physische Bau- und Schaltelemente) einer Maschine zu erfassen, sondern vielmehr die physikalischen Eigenschaften darzustellen, die Einfluß auf die Zustandgleichungen haben. So wird beispielsweise ein *Trafo* durch einen *idealen Übertrager, Streu- und Hauptinduktivitäten* sowie *ohmsche Widerstände* (zur Erfassung von Kupfer- und Eisenverlusten) dargestellt.

> Ein Ersatzschaltbild ist eine *äquivalente Schaltung*, die alle maßgebenden *physikalischen Eigenschaften* einer Maschine als *Schaltsymbole (Modellgrößen)* repräsentiert. Zweck der folgenden Ersatzschaltungen ist es, die Drehmoment-Drehzahl (Schlupf)-Kennlinie der ASM als normaler Rundstabläufer zur Ermittlung ihres Betriebsverhaltens daraus abzuleiten.

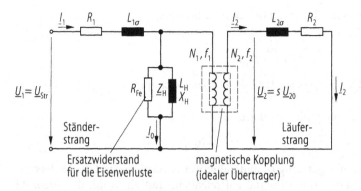

Bild A-58. Einphasiges Ersatzschaltbild einer *DS-ASM*

In dem *einphasigen Ersatzschaltbild* in Bild A-58 ist repräsentativ für die drei Stränge einer dreiphasigen Drehstrom-Asynchronmaschine nur *ein* Strang dargestellt, was aus Gründen der geforderten strengen Symmetrie zulässig und wegen der Übersichtlichkeit auch sinnvoll ist.

In dieser Ersatzschaltung sind folgende Eigenschaften der *DS-ASM* erfaßt:

R_1: ohmscher Widerstand eines Ständerstranges
(repräsentiert Kupferverluste $P_{\text{Cu},1} = I_1^2 \cdot R_1$)

R_2: ohmscher Widerstand eines Läuferstranges
(repräsentiert Kupferverluste $P_{\text{Cu},2} = I_2^2 \cdot R_2$)

R_{Fe}: Ersatzwiderstand für die Eisenverluste durch Ummagnetisierung
$P_{\text{Fe}} = P_{\text{V,magn.}}$

$L_{1\sigma}$: Streuinduktivität eines Ständerstranges
(bzw. Streureaktanz $X_{1\sigma} = \omega_1 L_{1\sigma} = 2\pi f_1 L_{1\sigma}$)

$L_{2\sigma}$: Streuinduktivität eines Läuferstranges
(bzw. Streureaktanz $X_{2\sigma} = \omega_2 L_{2\sigma} = 2\pi f_2 L_{2\sigma}$)

L_{H}. Hauptinduktivität, die Ständer- und Läuferstränge umschließt
(repräsentiert magnetische Kopplung zwischen Ständer und Läufer)

N_1, N_2: Windungszahlen von Ständer- bzw. Läufersträngen, die einen *idealen Übertrager* (frei von Impedanzen) repräsentieren, der nur Spannungen und Frequenzen transformiert

f_1, f_2: Frequenzen der Spannungen und Ströme in Ständer- bzw. Läufersträngen

$\underline{U}_1, \underline{U}_2, \underline{I}_1, \underline{I}_2$: *komplexe* Spannungen und Ströme von Ständer- und Läufersträngen.

Die *Streureaktanzen* (*Blindwiderstände*) bzw. *Streuinduktivitäten* repräsentieren *die Feldlinien* bzw. die Anteile des Magnetflusses einer Wicklung, die *nicht* mit der jeweils anderen Wicklung verkettet sind. So gibt es beispielsweise einen bestimmten, von der Geometrie abhängigen Flußanteil des Ständerstranges, der nicht mit der Läuferwicklung verknüpft ist, sondern *vorbeistreut*. Die *Hauptreaktanz* bzw. *Hauptinduktivität* vertritt dagegen *die Feldlinien* bzw. Flußanteile, die *mit* beiden Wicklungen in Stator und Rotor verknüpft sind.

Reaktanzen X_σ der Streuinduktivitäten L_σ und Läuferstrom I_2

Streureaktanz Statorstrang: $X_{1\sigma} = \omega_1 L_{1\sigma} = 2\pi f_1 L_{1\sigma}$ (Reaktanz : Blindwiderstand)
Streureaktanz Rotorstang: $X_{2\sigma} = \omega_2 L_{2\sigma} = 2\pi f_2 \cdot L_{2\sigma} = 2\pi f_1 \cdot s \cdot L_{2\sigma} = s \cdot X_{20}$
(mit $f_2 = s f_1$ bei $n = 0$ und $X_{20} = 2\pi f_1 L_{2\sigma}$ aus Gl. (A-43)).

Rotorstrom I_2: allgemein gilt für den Betrag einer Impedanz:

$$Z = \frac{U}{I}: \quad I_2 = \frac{U_2}{\sqrt{R_2^2 + (\omega_2 L_{2\sigma})^2}}$$

Mit $U_2 = U_{20} \cdot s$ und $X_{2\sigma} = X_{20} \cdot s$ wird aus der obigen Gleichung:

$$I_2 = \frac{U_{20} \cdot s}{\sqrt{R_2^2 + (X_{20} \cdot s)^2}} \quad \text{und mit } s \text{ dividiert:} \quad I_2 = \frac{U_{20}}{\sqrt{\frac{R_2^2}{s^2} + X_{20}^2}} \tag{A-45}$$

Läuferfrequenz f_2, Läuferspannung U_2 und induktiver Blindwiderstand des Läufers $X_{2\sigma}$ werden je in einen *festen* (im Stillstand auftretenden) und einen mit der Drehzahl *veränderlichen* Teil zerlegt. Die *festen* Teile f_{20} (Stillstandsfrequenz) $= f_1$ (Netzfrequenz), U_{20} (Stillstandspannung) und X_{20} (Stillstandsreaktanz) treten im *Stillstand* (deshalb Index $_{20}$ bei f_{20}, U_{20} und X_{20}) auf und sind deshalb *wie beim Trafo* unveränderlich. Werden sie multipliziert mit dem veränderlichen Teil, dem *Schlupf* s, erhält man die entsprechenden allgemeinen Läufergrößen im Lauf: $f_2 = f_{20} \cdot s = f_1 \cdot s$ und $U_2 = U_{20} \cdot s$ und $X_{2\sigma} = X_{20} \cdot s$.

▨ Die Ersatzschaltung (Bild A-58) und zugehörige Gl. (A-45) sind mit Ausnahme des schlupfabhängigen Ersatzwiderstandes R_2/s denen des Transformators gleich. Die in diesem Widerstand umgesetzte Leistung muß deshalb aus Gründen der Energie-bilanz der Summe aus Läuferverlustleistung und mechanischer Leistung entsprechen. Führt man, wie oben ausgeführt, statt des tatsächlichen ohmschen Widerstandes der Läuferwicklung R_2 den schlupfabhängigen Ersatzwiderstand R_2/s ein, so sind alle ande-ren elektrischen Größen von der Drehzahl unabhängig und das Verhalten der laufenden Maschine kann durch einen ruhenden Transformator mit einem Lastwiderstand als Verbraucher simu-liert werden.

Ersatzwiderstand für die mechanische Leistung

Den so gefundenen Ersatzwiderstand R_2/s kann man wie folgt nach mathematischer Umrechnung durch zwei Serienwiderstände ersetzen:

$$\frac{R_2}{s} = R_2 \left(1 + \frac{1-s}{s}\right) = R_2 + R_2 \frac{1-s}{s} = R_2 + R_m \quad \text{mit } R_m = R_2 \frac{1-s}{s} \tag{A-46}$$

Zerlegt man also R_2/s in den festen, tatsächlichen ohmschen Widerstand der Wicklung R_2 und den von der Drehzahl bzw. dem Schlupf s abhängigen Teil $R_m = R_2(1-s)/s$, so kann die variable Komponente R_m des Widerstandes R_2/s auf der Sekundärseite des Ersatzschaltbildes in Reihe zu R_2 geschaltet werden (Bild A-59). Analysiert man nun diese modifizierte Version der Ersatzschaltung der *rotierenden DS-ASM* im Vergleich mit der des *leerlaufenden Trafos* (Lastwiderstand ∞) bzw. der *stillstehenden DS-ASM*, kann man folgende interessante Schlußfolgerung ziehen:

Der rechnerisch ermittelte ohmsche Ersatzwiderstand $R_m = R_2(1-s)/s$ stellt den ein-zigen Unterschied zwischen den Ersatzschaltungen von *Trafo im Leerlauf* (bzw. *still-stehender ASM*, Bild A-58 mit $f_2 = f_1$ und $U_2 = U_{20}$) und *rotierender ASM* (Bild A-59) dar. Man kann R_m somit als *Abschluß*- oder *Lastwiderstand* der *Trafo-Ersatzschaltung* betrachten. Diese Betrachtungsweise geht auch konform mit der Leistungsbilanz: Die

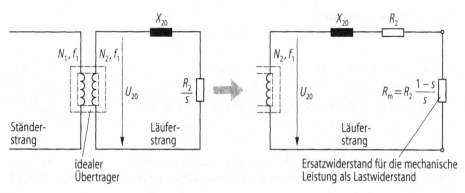

Bild A-59. Ersatzwiderstand R_m für die im Rotor erzeugte mechanische Leistung

Maschine gibt *im Lauf* bei der Winkelgeschwindigkeit ω mit ihrem Drehmoment M im Gegensatz zur *stehenden* Maschine die *mechanische Leistung* $P_m = M\omega = M\omega_s(1 - s)$ (s. Gl. (A-41)) ab. Die vom *Ersatzwiderstand* aufgenommene Leistung ist *elektrisch* in der Ersatzschaltung $m \cdot I_2^2 R_m = 3 I_2^2 R_2 (1 - s)/s$ (nach der allg. Gleichung $I^2 R$; m ist die Anzahl der Phasen, in Europa m = 3). Diese muß nach der *Leistungsbilanz eines geschlossenen Systems* äquivalent zur *mechanischen Leistung* P_m des Läufers der Maschine sein. Sie entspricht demnach der von der Maschine erzeugten mechanischen Leistung, d.h. der Summe aus der an der Welle abgegebenen mechanischen Leistung plus Lager- und Luftreibungsverluste.

Der Ersatzwiderstand $R_2 \dfrac{1 - s}{s} = R_m$ ist der *Ersatzwiderstand für die mechanische Leistung*. Er simuliert in der Ersatzschaltung die erzeugte mechanische Leistung $P_m = M\omega$ der *ASM*.

Sowohl im Stillstand (bei $n = 0$ bzw. $s = 1$ wird $R_m = 0$) als auch im idealen Leerlauf (bei $n = n_s$ bzw. $s = 0$ wird $R_m = \infty$) ist die in R_m umgesetzte Leistung gleich null, wodurch diese These bestätigt wird. Im Stillstand ist R_m als Abschlußwiderstand des Ersatzschaltbildes gleich null. Deshalb wirkt sich der Stillstand im elektrischen Ersatzschaltbild wie ein Kurzschluß aus. Der *Stillstand* kann also durch einen *Kurzschluß* simuliert werden und wird auch als *Kurzschlußfall* bezeichnet. Mit R_m gilt:

$$P_m = M\omega = M \cdot 2\pi n = 3 I_2^2 R_m = 3 I_2^2 \cdot R_2 \frac{1 - s}{s} = 3 I_2^2 \cdot R_2 \frac{1 - \dfrac{n_s - n}{n_s}}{\dfrac{n_s - n}{n_s}} = 3 I_2^2 \cdot R_2 \frac{n}{n_s - n}$$

Ersatzschaltung mit transformierten (reduzierten) Größen

Der Zustand in Wechselstromschaltungen wird häufig beschrieben durch *komplexe Zeigerdiagramme* und *Ortskurven*. Die Komplexität wird hier noch erschwert durch die unterschiedlichen Spannungs- und Stromebenen des Trafo-Ersatzschaltbildes. Deshalb werden im folgenden Ansatz alle *Sekundärgrößen auf die Primärseite transformiert*, d.h. sie werden auf das Übersetzungsverhältnis N_1/N_2 des Übertragers (Trafos) bezogen:

Widerstandstransformation

Für den *idealen Übertrager* gelten die *Transformationsformeln* (s. Skizze unten):

$$\frac{U_1}{U_2} = \frac{N_1}{N_2} \quad \text{(A-47)} \qquad \text{und} \qquad \frac{I_2}{I_1} = \frac{N_1}{N_2} \quad \text{(A-48)} \qquad\qquad\qquad \text{(A-47) und (A-48)}$$

An den Klemmen der Primärspule mißt man den Widerstand:

$$R_1 = U_1/I_1 = R_2^* \qquad\qquad\qquad\qquad\qquad\qquad\qquad\qquad\qquad \text{(A-49)}$$

R_2^* ist der *transformierte Abschlußwiderstand*, d.h. der Lastwiderstand $R_2 = U_2/I_2$ am Ausgang der Sekundärspule wird an den Eingangsklemmen der Primärseite *gesehen* als $R_2^* = U_1/I_1$.

Setzt man Gl. (A-47) in Gl. (A-49) ein, gilt:

$$R_2^* = R_1 = \frac{U_1}{I_1} = \frac{N_1 \cdot U_2}{N_2 \cdot I_1} \qquad\qquad\qquad\qquad\qquad\qquad\qquad \text{(A-50)}$$

Setzt man $U_2 = R_2 I_2$ in diese Gl. (A-50) ein, ergibt sich:

$$R_2^* = \frac{N_1}{N_2} R_2 \cdot \frac{I_2}{I_1} \quad \text{und mit Gl. (A-48):} \quad R_2^* = R_2 \left(\frac{N_1}{N_2}\right)^2 \qquad\qquad \text{(A-51)}$$

Gl. (A-51) ist als *Widerstands-Transformationsgleichung* bekannt. Nach dieser Gleichung werden Widerstände (auch Impedanzen und Reaktanzen) durch *Übertrager* von der Sekundärseite auf die Primärseite *transformiert*, beispielsweise zur Widerstands- bzw. Leistungs-Anpassung von Wechselstromverbrauchern an Verstärker.

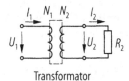

Transformator

So wird z. B. ein Lautsprecher mit Widerstand R_2 mittels Übertrager mit dem Quadrat des Windungszahlenverhältnisses an den Ausgangswiderstand R_1 des Stereoverstärkers angepaßt, damit dieser die Tonleistung bzw. -qualität optimal und verzerrungsfrei an den Lautsprecher abgibt: $R_1 = R_2^* = (N_1/N_2)^2 \cdot R_2$.

● *Transformationsformeln zur Vereinfachung des Ersatzschaltbildes*

Mit den folgenden *Transformationsformeln* lassen sich die Ersatzschaltbilder von Bild A-58 und A-59 in das von Bild A-60a vereinfachen, indem der *ideale Übertrager* eliminiert und durch die *transformierten Größen* $\underline{U}_{20}^*, \underline{I}_2^*, R_2^*$ und X_{20}^* ersetzt wird. Der Ersatzwiderstand für die mechanische Leistung lautet dann $R_m^* = R_2^* \cdot (1-s)/s$.

$$R_2^* = \left(\frac{N_1}{N_2}\right)^2 R_2 \quad \text{und} \quad X_{20}^* = \left(\frac{N_1}{N_2}\right)^2 X_{20} \quad \text{und} \quad U_{20}^* = \frac{N_1}{N_2} U_{20} \quad \text{und} \quad I_2^* = \frac{N_2}{N_1} I_2$$

● *Weitere Vereinfachung der Ersatzschaltung*

Mit dem Ziel, eine einfache $M(s)$-*Funktion* (bzw. Drehmomenten-Schlupf-Kennlinie) für Rundstabläufer ableiten zu können, hat der Physiker *Kloß* eine vereinfachte Betrachtungsweise unter bestimmten Voraussetzungen eingeführt. Seine Zulässigkeitsprüfung ergab, daß die Fehler, die durch diese vereinfachenden Voraussetzungen verursacht werden, bei den Käfigläufern mit Rundstäben im Rotor praktisch vernachlässigbar sind:

> Im Ersatzschaltbild soll der Primärwicklungswiderstand R_1 und sein Einfluß auf U_{20}^* vernachlässigt werden. Außerdem werden die Streureaktanzen zusammengefaßt: $X_0 = X_{1\sigma} + X_{20}^*$.

Damit erhält man die vereinfachte Ersatzschaltung in Bild A - 60 b.

Bei dem vereinfachten Ersatzschaltbild in Bild A - 60 b gilt für den Betrag des auf die Primärseite transformierten komplexen Läuferstrom I_2':

$$I_2' = \frac{U_1}{\sqrt{\left(\dfrac{R_2^*}{s}\right)^2 + X_0^2}} \tag{A-52}$$

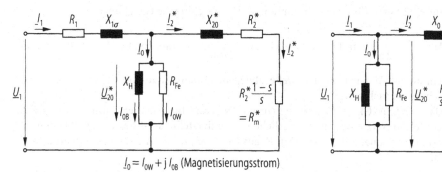

$$\underline{I}_0 = I_{0W} + j\,I_{0B} \ \text{(Magnetisierungsstrom)}$$

a Ersatzschaltung mit transformierten (reduzierten) Läufergrößen

b Vereinfachte Ersatzschaltung

Bild A-60 a – b. Ersatzschaltungen mit transformierten Läufergrößen

A.4.2.3.5
Ableitung nach Kloß, Kippmoment und Kippschlupf

Die in R_2^*/s umgesetzte Wirkleistung stellt die Gesamtwirkleistung dar, die vom Ständer durch den Luftspalt auf den Läufer übertragen wird. Für diese *Luftspaltleistung* P_L gilt:

$$P_L = m \cdot I_2'^2 \cdot \frac{R_2^*}{s} \ \text{mit } m \text{ als Phasenanzahl des Drehstromsystems (z.B. m = 3).}$$

Mit I_2' aus Gl. (A-52) gilt:

$$P_L = m\,\frac{R_2^*}{s}\,\frac{U_1^2}{\left(\dfrac{R_2^*}{s}\right)^2 + X_0^2} \quad \text{und umgeformt: } P_L = \frac{m}{X_0}\,\frac{U_1^2}{\dfrac{R_2^*}{sX_0} + \dfrac{sX_0}{R_2^*}} \tag{A-53}$$

Die im Ersatzwiderstand $\dfrac{R_2^*}{s}$ umgesetzte *Luftspaltleistung* teilt sich gemäß transformierter Gl. (A-46):

$$\frac{R_2^*}{s} = R_2^*\left(1 + \frac{1-s}{s}\right) \ \text{in die Widerstandsanteile } R_2^* \text{ und } R_2^*\,\frac{1-s}{s} = R_m^* \text{ auf.}$$

Die *tranformierte* Gl. (A-46) beinhaltet die *transformierte Größe* R_2^* nach Gl. (A-51). Da sich Wirkleistungen in Serienwiderständen entsprechend dem Verhältnis der Widerstände aufteilen, ergeben sich folgende zwei *Wirkleistungskomponenten:*

- der Anteil in R_2^*, der als Kupferverlust $P_{Cu} = I_2^{*2} \cdot R_2^* = I_2^2 \cdot R_2$ verlorengeht, und
- der Anteil im Ersatzwiderstand R_m, d.h. die erzeugte mechanische Leistung, die zum Teil in Reibverluste umgesetzt und der Rest an die Arbeitsmaschine abgegeben wird: $P_m = m \cdot I_2^{*2} \cdot R_m^* = m \cdot I_2^2 \cdot R_m = M\omega$ (mit $m = 3$, Phasenzahl in Europa).

Für das Verhältnis *mechanische Leistung* zur *Luftspaltleistung* gilt somit:

$$\frac{P_m}{P_L} = \frac{R_2^* \dfrac{1-s}{s}}{\dfrac{R_2^*}{s}} = 1 - s. \quad \text{Daraus folgt: } P_m = P_L(1-s) = P_L \frac{n}{n_S} \text{ mit } s = \frac{n_S - n}{n_S} \quad (A-54)$$

Somit erhält man für das Drehmoment M der Maschine die Gleichung:

$$M = \frac{P_m}{\omega} = \frac{P_m}{2\pi n} \quad \text{und mit Gl. (A-54): } M = \frac{P_L}{2\pi n_S}. \quad \text{Daraus folgt: } M \text{ prop. } P_L \quad (A-55)$$

Drehmoment M wird an der Welle abgegeben, wenn man die Reibverluste in der Maschine vernachlässigt.

Da $n_s = f_N/p$ (Gl. (A-40)) als synchrone Drehzahl für eine bestimmte Maschine an einem festen Netz eine unveränderliche Größe darstellt, ist M der *Luftspaltleistung* P_L direkt proportional (Gl. (A-55)). Mit P_L aus Gl. (A-53) in Gl. (A-55) eingesetzt ergibt sich für M:

$$M = \frac{m \cdot U_{Str}^2}{2\pi \cdot n_S X_0} \cdot \frac{1}{\dfrac{R_2^*}{sX_0} + \dfrac{sX_0}{R_2^*}} \quad \text{mit} \quad U_{Str} = U_1 \text{ und } m = 3. \quad (A-56)$$

Diese Funktion $M(s)$ hat außer den mechanischen Variablen M und s nur unveränderliche Größen, die entweder vom Netz und von der Schaltart vorgegeben oder konstruktiv bedingte Maschinenkonstanten sind. Die Strangspannung $U_{Str} = U_1$ kann an einem festen Netz durch Änderung der Schaltart um den Faktor $\sqrt{3}$ verändert werden: $U_{Str,\Delta} = \sqrt{3}\, U_{Str,Y}$ (Tabelle A-12b und Bild A-53).

Die Funktion in Gl. (A-56) hat im Bereich zwischen $s = 0$ und $s = 1$ einen *Extremwert* (mit einem maximalen Drehmoment M_{max}), der mathematisch durch eine waagrechte Steigung bzw. Ableitung $dM/ds = 0$ bestimmt ist:

$$\frac{dM(s)}{ds} = \frac{3 \cdot U_{Str}^2}{2\pi \cdot n_S \cdot X_0} \cdot \frac{-1}{\left(\dfrac{R_2^*}{sX_0} + \dfrac{sX_0}{R_2^*}\right)^2} \cdot \left(\frac{-R_2^*}{s^2 X_0} + \frac{X_0}{R_2^*}\right) = 0 \quad \begin{array}{l}\text{(Extremwertbedingung:} \\ dM/ds = 0)\end{array}$$

Diese Extremwertgleichung ist erfüllt, wenn der hintere Term (in Klammern) gleich null ist. Damit ergibt sich im Extremwertpunkt ein spezifischer Schlupfwert $s = s(M_{max})$, der wegen des spezifischen Kippverhaltens der Maschine in diesem Kennlinienpunkt *Kippschlupf* s_{kp} genannt wird:

$$\text{mit} \quad \left(\frac{-R_2^*}{s_{kp}^2 X_0} + \frac{X_0}{R_2^*}\right) = 0 \quad \Rightarrow \quad s_{kp} = \frac{R_2^*}{X_0} = \frac{R_2(N_1/N_2)^2}{X_{1\sigma} + X_{20}(N_1/N_2)^2}. \quad (A-57)$$

Setzt man $s_{kp} = \dfrac{R_2^*}{X_0}$ in Gl. (A-56) ein, dann ergibt sich für das Drehmoment im Kipp-Punkt (Extremwert M_{max}), das als maximales Moment wegen des Kippverhaltens auch *Kippmoment* M_{kp} genannt wird:

$$M_{kp} = \frac{3 \cdot U_{Str}^2}{2\pi \cdot n_s \cdot X_0} \cdot \frac{1}{2}. \quad \text{Daraus folgt, daß } M_{kp} \text{ prop. } U_{Str}^2 \text{ ist.} \qquad \text{(A-58)}$$

Bezieht man nun $M(s)$ in Gl. (A-56) auf das Kippmoment M_{kp} aus Gl. (A-58), erhält man die einfach zu handhabende Bezugsgleichung, die *Kloßsche Formel* genannt wird:

$$\frac{M(s)}{M_{kp}} = \frac{2}{\dfrac{R_2^*}{sX_0} + \dfrac{sX_0}{R_2^*}} \quad \text{und mit} \quad \frac{R_2^*}{X_0} = s_{kp} \text{ ergibt sich:} \quad \frac{M(s)}{M_{kp}} = \frac{2}{\dfrac{s}{s_{kp}} + \dfrac{s_{kp}}{s}} \qquad (Kloß)$$

Diese als *Kloßsche Formel* bekannte Gleichung gilt im Rahmen der obigen Bedingungen (Vereinfachungen) für *Asynchronmaschinen* mit Rundstab-Käfigläufern und klassischen *Schleifringläufern*. Die Kennlinien anderer Ausführungsvarianten können von dieser Funktion abweichen. In etwas anderer Form lautet die *Kloßsche Gleichung*:

$$M(s) = \frac{2M_{kp}}{\dfrac{s}{s_{kp}} + \dfrac{s_{kp}}{s}} \qquad \text{\textit{Kloßsche Formel} (Kloß'sche Gleichung)} \qquad \text{(A-59)}$$

A.4.2.3.6
Drehmoment-Schlupf (bzw. -Drehzahl) -Kennlinien, Arbeitspunkte und Nennbetrieb

$M(s)$- oder umgeformt: $M(n/n_s)$-Kennlinien

Die *Kloßsche Formel* Gl. (A-59) wird umgesetzt in eine Kennlinie in zwei überlagerten Koordinatensystemen $M(s)$ bzw. $M(n/n_s)$, die gegenseitig um den Wert 1 in der Abszisse verschoben sind (Bild A-61). Die Kennlinie ist zweimal, nämlich für *Rechts-* und für *Linkslauf* des Drehfeldes $\Phi(n_s)$ bzw. $\Phi(-n_s)$ eingezeichnet. Beide Kennlinien unterscheiden sich in ihrer *Ansteuerung* (Phasentausch, Abschn. A.4.2.3.2). Sie sind zueinander *punktsymmetrisch* bezüglich des Symmetriepunktes: $M = 0$ und $n = 0$ (bzw. $s = 1$). Jede Kennlinie für sich betrachtet ist punktsymmetrisch zum Punkt $n/n_s = 1$ bzw. $n/n_s = -1$, d.h. jeweils punktsymmetrisch zu ihren Nulldurchgängen.

Die in Bild A-61 gezeichneten beiden Kennlinien sind auf M_{kp} genormt und sind aus Gl. (A-59) als Beispiel für eine *DS-ASM* mit dem angenommenen Kippschlupf von $s_{kp} = 0{,}2$ in Tabelle A-15 berechnet worden:

Tabelle A-15. $M(s)$- bzw. $M(n/n_s)$-Kennlinien einer *DS-ASM* mit Kippschlupf $s_{kp} = 0{,}2$ oder $n_{kp} = 0{,}8\,n_s$

Schlupf s	0	0,1	0,2	0,3	0,5	1	1,8	2	2,2	3	−0,2	−0,5	−1
$n/n_s = 1 - s$	1	0,92	0,8	0,7	0,5	0	−0,8	−1	−1,2	−2	1,2	1,5	2
$M(s)/M_{kp}$	0	0,8	1	0,92	0,7	0,38	0,22	0,2	0,18	0,13	−1	−0,7	−0,38
$(s - 2) \to s^*$	−2	−1,9	−1,8	−1,7	−1,5	−1	−0,2	0	0,2	1	−2,2	−2,5	−3
$-M(s^*)/M_{kp}$	0,2	0,21	0,22	0,23	0,26	0,38	1	0	−1	−0,38	0,18	0,16	0,13

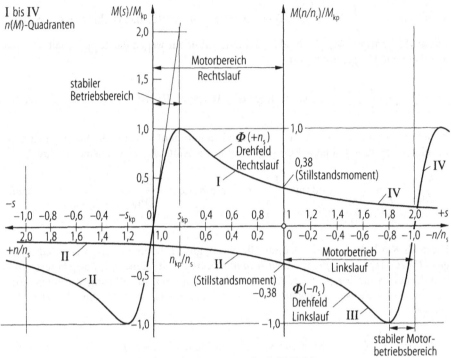

Bild A-61. Kennlinien $M(s)$ in beide Laufrichtungen nach Kloß' Gleichung

Bei Phasentausch, d.h. das Drehfeld dreht links herum, wird s durch $(s-2)$ substituiert:
$\Phi(-n_s)$: $s \to s^* = s - 2$.

$$\frac{M(s^*)}{M_{kp}} = \frac{M(s-2)}{M_{kp}} = \frac{2}{\dfrac{s^*}{s_{kp}} + \dfrac{s_{kp}}{s^*}} = \frac{2}{\dfrac{s-2}{s_{kp}} + \dfrac{s_{kp}}{s-2}} \qquad \begin{array}{l}\text{(modifizierte}\\ \text{Kloß' Gleichung}\\ \text{für Linkslauf)}\end{array} \qquad \text{(A-60)}$$

Betriebsbereiche der Kennlinien (Vierquadranten-Betrieb)

In den beiden Koordinatensystemen $M(s)$ bzw. $M(n)$ sind die verschiedenen Betriebsbereiche für Motor und Generator bzw. Bremse (*Betriebsquadranten*) zu erkennen, die in Abschn. A.4.2.3.2, insbesondere in Tabelle A-14 beschrieben sind. Was man unter *Vierquadrantenbetrieb* versteht, ist in Abschn. A.4.1.4.1 und Bild A-29 erklärt.

Arbeitspunkte

Wie ein Arbeitspunkt *AP* entsteht, ist in der Wirkungskausalkette in Abschn. A.4.2.3.1 (Bild A-57) erläutert. Eine Kennlinie ist eine Aneinanderreihung aller möglichen Arbeitspunkte. Der *AP*, der sich schließlich einstellt, liegt im Schnittpunkt der *Motor*- mit der *Last-Kennlinie*: $M_{Mot} = M_{Last}$.

Nennbetriebs-Kennlinie, Nennbetriebsbereich und Nennbetriebs-Arbeitspunkt

In Abschn. A.4.1.4.3 sind die Begriffe *Nennbetrieb*, *Leistungs- bzw. Typenschild* an Hand der *GSM* beschrieben. So versteht man z.B. unter *Nennbetrieb* den *singulären AP*, der durch nominelle (vom Hersteller festgelegte) Parameter definiert ist. Diese mit Index N gekennzeichneten Größen wie beispielsweise U_N, I_N, P_N, M_N, n_N und s_N werden üblicherweise im *Typen- oder Leistungsschild* mit ihrem Wert und ihrer Einheit angegeben. Die Kennlinie $M(s)$, die dem Parameter U_N (beim Schleifringläufer *SRL* ohne Vorwiderstände R_{2V}) zugeordnet ist, wird wie bei der *GSM* auch bei der *ASM Nennbetriebskennlinie* genannt, da der Nennbetrieb nur auf dieser Kennlinie liegen kann. In den Kennlinien in Bild A-61 gibt es für den Motorbetrieb nur je *einen Betriebsbereich*, in dem ein *stabiler AP* möglich ist. Auf der Nennkennlinie wird dieser Bereich zwischen $s < s_{kp}$ (bzw. $n > n_{kp}$) und $s \geq 0$ (bzw. $n \leq n_s$) *Nennbetriebsbereich* genannt. Auf negative Drehrichtung bezogen, liegt der motorisch stabile Betriebsbereich zwischen $s > (2 - s_{kp})$ bzw. $n < - n_{kp}$ und $s \leq 2$ bzw. $n \geq - n_s$.

> Da der Asynchronmotor im *Betriebsbereich* zwischen *Leerlauf-* und *Nenndrehzahl* eine praktisch lineare $n(M)$-Kennlinie besitzt (wie der *GS-NS-Motor*), und wie dieser eine exakt definierte ideale Leerlaufdrehzahl (n_{00} bzw. n_s) hat, spricht man im linearen Betriebsbereich von *Nebenschluß-Charakteristik der ASM*.

A.4.2.4
Ortskurven und verschiedene Kennlinien

Ortskurven sind wie *Zeigerdiagramme* übersichtliche grafische Methoden, um die Beziehungen verschiedener *komplexer*, d.h. Wechselgrößen in einer Wechselstromschaltung darzustellen. Dabei werden komplexe Größen immer als Vektoren (mit Betrag und Phasenwinkel) behandelt. Während ein Zeigerdiagramm einer Schaltung auf *konstanten Parametern* und einer *Festfrequenz* in den Schaltungselementen beruht, interessiert bei *Wechselstrommaschinen*, wie bei vielen Schaltungen mit *Blindelementen*, die Frequenzabhängigkeit von *Impedanzen* (Scheinwiderstände), Spannungen, Strömen, Leistungen oder anderen Parametern.

> Mit Hilfe von Ortskurven lassen sich komplexe Parameter von Schaltungen und Maschinen in ihren frequenzabhängigen Änderungen grafisch verdeutlichen. Eine Ortskurve ist der grafische/geometrische Verlauf der Vektorspitze einer komplexen Größe wie beispielsweise eines Wechselstromes in Abhängigkeit von der Frequenz. Bei Wechselstrommaschinen wie der *ASM* wird die Frequenzänderung als Schlupfvariation umgerechnet und die Ortskurve als Abhängigkeit der Zeigerspitze komplexer Variablen vom Schlupf veranschaulicht. Ziel der folgenden Ortskurven ist die Ermittlung der verschiedensten Kennlinien einer ASM.

A.4.2.4.1
Ortskurven für vereinfachtes Ersatzschaltbild

Zur Aufnahme der *Stromortskurve* einer *DS-ASM* wird der Maschinenstrom an der vereinfachten einphasigen Ersatzschaltung in Bild A-62a betrachtet. Unter der vereinfachenden, jedoch bei guter Näherung zulässigen Voraussetzung, daß der komplexe *Magnetisierungsstrom* $\underline{I}_0$ (durch R_{Fe} und X_h) nicht über R_1 und $X_{1\sigma}$ fließt (s. auch Bild A-60), gilt:

$$\underline{I}_1^*(s) = \frac{U_{Str}}{R_1 + R_2^*/s + jX_0} \quad \text{und man erhält die Stromortskurve } \underline{I}_1^*(s) \text{ in Bild A-62b.}$$

Diese Stromortskurve enthält folgende charakteristischen Punkte und Eigenschaften:

P_0 mit $s = 0$　(synchroner Lauf oder theoretischer Leerlauf)　$\Rightarrow \underline{I}_1^* \, (s = 0) = \underline{U}_1/\infty = 0$

P_K mit $s = 1$　(Stillstand $n = 0$ bzw. Kurzschlußfall)　　　$\Rightarrow \underline{I}_1^* \, (s = 1) = \dfrac{\underline{U}_1}{R_1 + R_2^* + j X_0}$

P_∞ mit $s = \infty$ (sehr hohe Drehzahl: $n \to \infty$, d.h. $R_2^*/s = 0$)　$\Rightarrow \underline{I}_1^* \, (s = \infty) = \dfrac{\underline{U}_1}{R_1 + j X_0}$

$P(s)$ ist der schlupfabhängige, auf dem Kreis umlaufende variable Betriebspunkt.

Durchmesser $\varnothing$ des Stromortskurvenkreises: $\varnothing$ erhält man als Maximum des Betrages des Imaginärteils von $\underline{I}_1^*$:

$\mathrm{Im}(\underline{I}_1^*) = I_{1B}$:　$I_{1B,max}^* = \underline{U}_1/X_0$, d.h. für $R_1 + R_2^*/s = 0$. Der Kreis-$\varnothing$ ist also bei $s = - R_2^*/R_1$.

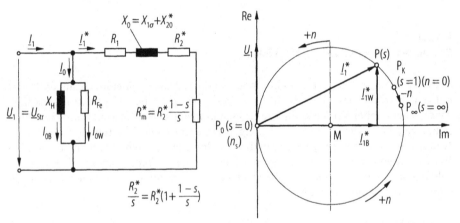

a Vereinfachtes Ersatzschaltbild für　　　　**b** Stromortskurve für Strom $\underline{I}_1^*$
Stromortskurve

Bild A-62. Stromortskurve mit Ersatzschaltung

Die *Ortskurve* für den Gesamtstrom $\underline{I}_1 = \underline{I}_0 + \underline{I}_1^*$ ist in Bild A-63 dargestellt. Für den Magnetisierungsstrom gilt:

$$\underline{I}_0 = I_{0W} + j I_{0B} = \underline{U}_1 \left(\frac{1}{R_{Fe}} + \frac{1}{j X_h} \right):$$

komplexer
Magnetisierungsstrom

Der Ortskurvenkreis in Bild A-63 ist gegenüber dem in Bild A-62b um den Stromzeiger $\underline{I}_0$ vektoriell verschoben. Er liefert den Stromzeiger des Gesamtstromes $\underline{I}_1(s)$ in jedem der drei Statorstränge für jeden beliebigen Schlupfwert s. Diese Ortskurve hat den entscheidenden Vorteil gegenüber anderen Darstellungsarten, daß ihr fast alle *Betriebswerte* in beliebigen Arbeitspunkten entnommen werden können. So können beispielsweise neben den Strömen die verschiedenen Leistungen, der Leistungsfaktor cos $\varphi(s)$, der Wirkungsgrad $\eta(s)$ oder das Drehmoment $M(s)$ direkt grafisch entnommen werden.

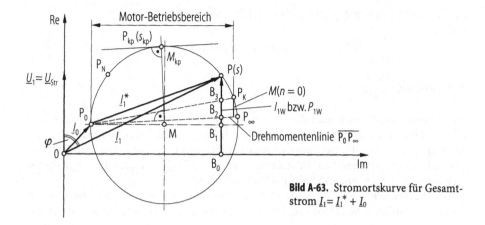

Bild A-63. Stromortskurve für Gesamt-strom $\underline{I}_1 = \underline{I}_1^* + \underline{I}_0$

A.4.2.4.2
Leistungskomponenten in der Ortskurve

In Bild A-63 ist beispielsweise in einem beliebigen (variablen) Arbeitspunkt P(s) die von der *ASM* aufgenommene Wirkleistung $P_{1W}(s)$ in die Ortskurve eingezeichnet (Zeiger von B_0 nach P(s)) und in ihre Teilkomponenten zerlegt. Dabei entsprechen Strecken-längen zuzuordnende Leistungen, beispielsweise entspricht die Strecke zwischen B_0 und P(s) der Wirkleistungsaufnahme im Arbeitspunkt P(s). Leistungen können also in der Ortskurve Strecken zugeordnet werden. Die Strecken sind durch Überstreichung gekennzeichnet:

P_{1W} $= P_{Fe} + P_{Cu,1} + P_{Cu,2} + P_{mech} = 3 \cdot U_1 \cdot I_1(s) \cdot \cos \varphi(s) = K \cdot \overline{B_0P(s)}$
(wegen Faktor 3 in der Gleichung ist es die *gesamte*, von den *drei Strängen* auf-genommene *Wirkleistung*);

P_{Fe} $= 3 \cdot U_1 \cdot I_{0W} = 3 \cdot I_{0W}^2 \cdot R_{Fe} = K \cdot \overline{B_0B_1}$ (gesamte *Eisenverluste* im Ständer);

$P_{Cu,1} = K \cdot \overline{B_1B_2}$ (gesamte *Kupferverluste* in den Ständerwicklungen, d.h. die in den drei Ersatzwiderständen R_1 umgesetzte Verlust (Wirk)-Leistung);

P_L $= K \cdot \overline{B_2P(s)} = P_{Cu,2} + P_{mech}$ (gesamte in den Rotor induzierte *Luftspaltleistung*);

$P_{Cu,2} = K \cdot \overline{B_2B_3}$ (gesamte *Kupferverluste* in der Rotorwicklung);

$P_{mech} = K \cdot \overline{B_3P(s)}$ (gesamte *erzeugte mechanische Leistung*).

$$K = \frac{P_{1W}}{\overline{B_0P(s)}} \quad \text{in der Einheit W/mm (Watt pro Strecke)}$$

ist der *Maßstabsfaktor für die Leistung*. Er kann ermittelt werden, wenn in irgend einem Betriebspunkt (z.B. im Nennbetrieb) die Wirkleistung P_{1W} bekannt ist oder gemessen werden kann. K gilt für alle Leistungen, da die Spannung U_1 konstant ist, also auch für Schein- und Blindleistung oder mechanische Leistung. So entspricht beispielsweise die Strecke zwischen dem Nullpunkt 0 und dem variablen Punkt P(s) nicht nur dem Strom $I_1(s)$, sondern auch der gesamten, dem Netz entzogenen *Scheinleistung*:

$$P_s(s) = 3 \cdot U_1 \cdot I_1 = 3 U_{Str} \cdot I_{Str} = \sqrt{3} \cdot U_L \cdot I_L = K \cdot \overline{0\,P(s)}.$$

Die *Luftspaltleistung* entspricht nach Gl. (A-55) dem *Drehmoment*:

$$M = \frac{P_L}{2\pi \cdot n_s} = \frac{K}{2\pi \cdot n_s} \cdot \overline{B_2 P(s)} \implies M \text{ prop. } \overline{B_2 P(s)} \text{ bzw. } M = K_M \cdot \overline{B_2 P(s)} \text{ mit } K_M = \frac{K}{2\pi \cdot n_s}$$

in der Einheit $\frac{\text{Nm}}{\text{mm}}$.

Aus diesem Grund nennt man die Linie $\overline{B_2 P_0}$ bzw. $\overline{P_0 P_\infty}$ *Drehmomentenlinie*. Mit ihrer Hilfe erhält man die Drehmomente $M(s) = K_M \cdot \overline{B_2 P(s)}$, also auch das maximale Moment, das *Kippmoment* M_{kp}. P_{kp} liegt dort, wo eine Parallele zur Drehmomentenlinie den Kreis tangiert. Das ist der Punkt auf dem Kreis (*Kipp-Punkt* $P(s_{kp}) = P_{kp}$), wo die Mittelsenkrechte auf der *Drehmomentenlinie* den Kreis schneidet.

Wie die Kennlinie $M(s)$ (in Bild A-61) kann der Kreis segmentweise in die verschiedenen Betriebsbereiche (Motor- und Generator- bzw. Bremsbetriebe) eingeteilt werden:

- *Motor-Betriebsbereich*: Kreissegment zwischen den Punkten $P_0 = P(s = 0)$ (*theoretischer Leerlauf*) und $P_K = P(s = 1)$ (*Stillstand*): $0 \leq n < n_s$.
- *Generator- bzw. Brems- Betriebsbereich*: Kreissegment in der unteren Kreishälfte (negativer Schlupf) zwischen den Punkten P_0 und P_∞: $n_s \leq n < +\infty$. In diesem Bereich dreht der Rotor schneller als das Drehfeld, d.h. die Relativgeschwindigkeit $(n_s - n)$ bzw. der Schlupf s und somit auch der Rotorstrom wechseln ihre Richtung. Das kann nur durch äußere Zufuhr mechanischer Energie erreicht werden.
- *Brems- bzw. Generator-Betriebsbereich*: Kreissegment zwischen den Punkten P_∞ und P_K: $0 \geq n > -\infty$. In diesem Bereich dreht der Rotor *gegen* das Drehfeld, was ebenso nur durch externe Drehmomenten-Einleitung möglich ist. Letzte zwei Betriebsmoden müssen also mechanisch extern aufgezwungen (*oktroyiert*) werden.
- Drei vergleichbare Betriebsbereiche gibt es für die *elektrisch umgepolte* Maschine, d.h. nach Vertauschen zweier Phasen am Netz. Dadurch dreht das Drehfeld in die Gegenrichtung. Es gilt die gleiche Stromortskurve wie zuvor, nur sind die Vorzeichen von Drehzahl und Drehmoment geändert (s. untere Kennlinie in Bild A-61).

A.4.2.4.3
Meßtechnisch-grafische Ermittlung der Stromortskurve

Für den Fall, daß die Ortskurve einer Maschine nicht bekannt ist, besteht die Möglichkeit, sie meßtechnisch zu ermitteln. Die Konstruktion des Ortskurvenkreises ist möglich mit den beiden Punkten P_0 und P_K, da der Kreismittelpunkt M auf der Parallelen zur Abszisse durch P_0 im Schnittpunkt mit der Mittelsenkrechten der Verbindungslinie $\overline{P_0 P_K}$ liegt. Zur Bestimmung der *Schlupfbezifferung* wird zusätzlich der Punkt P_∞ (Abschn. A.4.2.4.4) benötigt.

Meßtechnische Ermittlung von P_0, P_K und P_∞ und Konstruktion des Stromortskreises

Meßprozedur und Konstruktionsgang (Bilder A-64 und A-65):
1. Der Betriebspunkt P_0 wird aus Leerlaufversuch ermittelt. Dazu werden im Leerlauf *Strangspannung* $U_{Str} = U_1$, *Strangstrom* $I_{Str} = I_1$ (*Effektivwerte*) und $\cos\varphi$ gemessen und daraus die *Wirkleistung* $P_{1W} = 3 U_1 I_1 \cos\varphi = \sqrt{3} U_L I_L \cos\varphi$ berechnet. Nach Festlegung des Maßstabs für den Strom oder für die Leistung wird der Arbeitspunkt P_0 in die *komplexe Zahlenebene* eingetragen, in der die Spannung $\underline{U}_1$ definitionsgemäß in die *reelle Achse* eingezeichnet wird.

2. Der Betriebspunkt P_K wird im Stillstand (blockierte Welle, Stillstands- bzw. Kurzschlußbetrieb) gemessen. Stillstand bedeutet elektrischer Kurzschluß im Ersatzschaltbild A-59 oder A-60a (R_m bzw. R_m^* gleich 0 mit $s = 0$).

Achtung: **Um die Maschine bei blockierter Welle thermisch nicht zu gefährden, sollte die Messung sehr schnell (jeweils nur einige zehn Sekunden) oder generell bei reduzierter Spannung (z.B. mit $U_1 = 50$ V wegen Verlustleistung) erfolgen. Im letzteren Fall müssen die Meßwerte entsprechend der Spannungsreduktion (gegenüber Netz) auf den festgelegten Maßstab extrapoliert werden.**

3. Grafische Bestimmung des Kreismittelpunktes M gemäß Bild A-64.
4. Zeichnen des Ortskurvenkreises (Bild A-65) um M durch die Punkte P_0 und P_K.
5. Der Betriebspunkt P_∞ wird nach Bild A-64 aus der Kurzschlußmessung unter 2. (Meßwerte $U_{1,K}$, $I_{1,K}$ und $\cos\varphi_K$) und durch Berechnung des betriebsmäßigen *Kurzschlußwiderstandes* der Maschine $R_K = (U_{1,K}/I_{1,K}) \cdot \cos\varphi_K$ aus folgender Verhältnisgleichung bestimmt (Bild A-64):

$$\frac{R_1}{R_K} = \frac{P_{Cu,1}}{P_{WK}} = \frac{\overline{B_1 B_2}}{\overline{B_0 P_K}} \quad (R_1 \text{ aus Messung des Wicklungswiderstandes z.B. zwischen}$$

den Klemmen U_1 und U_2 eines Ständerstranges mit einem üblichen *Ohmmeter*). Wie in Bildern A-63 bis A-65 gezeigt, geht der Strahl $\overline{P_0 B_2}$ durch P_∞ auf dem Ortskreis.

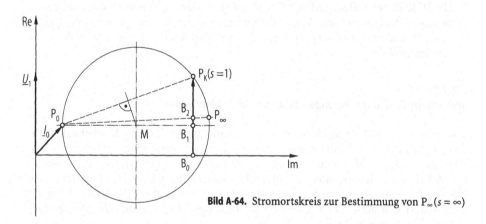

Bild A-64. Stromortskreis zur Bestimmung von $P_\infty (s = \infty)$

A.4.2.4.4
Grafische Ermittlung der Schlupfbezifferung (s-Skala)

Im folgenden ist der Konstruktionsgang zur Bestimmung der *Schlupfbezifferung* in Bild A-65 (*Schlupf-Skala* oder *s-Skala*) beschrieben:

1. Wählen eines Hilfspunktes P* (willkürlich im rechten unteren Kreissegment).
2. Zeichnen der Geraden durch P* und P_∞, also Gerade $\overline{P^* P_\infty}$.
3. Zeichnen einer Parallelen zur Geraden $\overline{P^* P_\infty}$ derart, daß sie noch durch die rechte Hälfte des Kreises geht. Mit Hilfe dieser als *Schlupfbezifferungslinie* bezeichneten Geraden G in Bild A-65 wird der Schlupfwert jedes beliebigen, variablen Arbeitspunktes auf dem Kreis bestimmt.

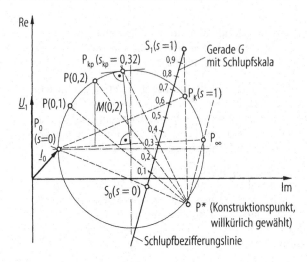

Bild A-65. Konstruktion Stromortskreis und Bestimmung der
Schlupfbezifferung

4. Zeichnen der Geraden durch P* und P_K. Diese Gerade $\overline{P^*P_K}$ schneidet G im Punkt S_1
   und den Kreis in P_K mit dem Schlupf $s = 1$.
5. Zeichnen der Geraden durch P* und P_0. Diese Gerade $\overline{P^*P_0}$ schneidet G im Punkt S_0
   und den Kreis in P_0 mit dem Schlupf $s = 0$.
6. Einteilen der Geraden G zwischen S_1 ($s = 1$) und S_0 ($s = 0$) in eine lineare *Schlupfskala*.
7. Mit Hilfe dieser *s-Skala* auf der Geraden G kann der *Schlupfwert* jedes beliebigen
   variablen Punktes P(s) auf dem Ortskreis ermittelt werden, indem man eine Gerade
   durch P* und P(s) zeichnet und den zu P(s) gehörigen Schlupf s an der *s-Skala* abliest
   bzw. interpoliert.

A.4.2.4.5
Schlupfbezifferung mit Vorwiderständen beim Schleifringläufer

Wie in Abschn. A.4.2.2.6 beschrieben, besteht beim *DS-ASM-SRL* die Möglichkeit, in die
Stromkreise der drei Rotorstränge (Läuferwicklungen) extern drei gleichgroße Vorwiderstände R_{2V} in Reihe zu schalten. Die induzierte *Luftspaltleistung* P_L ist gemäß
Gl. (A-55) nur vom Drehmoment abhängig, d.h. sie bleibt bei unverändertem Lastmoment konstant, wenn drei R_{2V} vorgeschaltet werden. Wie aber aus Gl. (A-57) hervorgeht, ändert sich dabei der *Kippschlupf* s_{kp} und somit die gesamte *Schlupfbezifferung*
(s-Skala) des Stromortskreises:

- ohne R_{2V}, d.h. mit $R_{2V} = 0$ gilt: $\quad s_{kp} = \dfrac{R_2^*}{X_0} \quad$ bzw.

- mit $R_{2V} > 0$ gilt: $\quad s_{kp}^* = \dfrac{(R_2 + R_{2V})^*}{X_0} = \dfrac{R_2^* + R_{2V}^*}{X_0} \geq s_{kp}$.

Läßt man das Drehmoment M bei Änderung von R_{2V} unverändert, gilt für die induzierte
Luftspaltleistung nach Gl. (A-55): $P_L = P_m + P_{Cu,2}$ = konstant, wenn M = konstant. Deshalb muß die mechanische Leistung P_m mit größer werdendem R_{2V} wegen der in R_{2V}
umgesetzten zusätzlichen Verlustleistung ($P_{R2V} = I_2^2 \cdot R_{2V}$) kleiner werden. Das bedeutet
aber, daß die Drehzahl bei steigendem R_{2V} (wegen M = konst.) kleiner wird. Somit gilt

im *Betriebsbereich* der $M(s)$- bzw. $M(n)$-Kennlinie, d.h. im *linearen* Bereich (Bild A-61) und mit $M(s^*) = M(s) =$ konstant, folgende Bezugsgleichung (Bedingung: $M_L =$ konst.):

$$\frac{s^*}{s} = \frac{n_s - n^*}{n_s - n} = \frac{R_2 + R_{2V}}{R_2} = \frac{R_2^* + R_{2V}^*}{R_2^*} \quad \text{(mit } s \text{ bei } R_{2V} = 0 \text{ bzw. } s^* \text{ mit } R_{2V} > 0\text{)} \quad \text{(A-61)}$$

> Daraus folgt, daß sich durch $R_{2V} > 0$ die *Schlupfziffern* auf dem Ortskurvenkreis im Motorbereich in Richtung P_0 verschieben. Damit rücken die bisherigen Betriebspunkte bzw. Drehmomentwerte (bei $R_{2V} = 0$) zu größeren Schlupfwerten hin.
>
> Mit Erhöhen der Vorwiderstände R_{2V} in den Läuactersträngen erhöht sich der Schlupfwert s^* gegenüber s (mit $R_{2V} = 0$) gemäß Gl. (A-61), wenn das Lastmoment M_L und damit die Luftspaltleistung P_L bzw. der Betriebspunkt $P(s)$ auf der Ortskurve unverändert bleiben.

Das Kippmoment M_{kp} ist unabhängig von R_2 (Gl. (A-58)) und verändert sich deshalb nicht mit R_{2V}. Der Kippschlupf s_{kp} wird dagegen mit R_{2V} wie alle Schlupfwerte größer: $s_{kp}^* > s_{kp}$. Der Kipp-Punkt P_{kp} hat immer die gleiche geometrische Lage auf dem Ortskreis (unabhängig von R_{2V}), aber mit R_{2V} einen größeren Schlupfwert.

Die Kloß' Gleichung Gl. (A-59) bekommt folgende Form:

$$M(s^*) = \frac{2 M_{kp}}{\dfrac{s^*}{s_{kp}^*} + \dfrac{s_{kp}^*}{s^*}} \qquad s^* \text{ als variabler Schlupf mit } R_{2V} > 0.$$

Daraus ergibt sich, daß das Stillstandsmoment mit R_{2V} größer wird: $M(s^* = 1) > M(s = 1)$.

Mit einem bestimmten $R_{2V} = R_2\left(\dfrac{s_{kp}^*}{s_{kp}} - 1\right) = R_2\left(\dfrac{1}{s_{kp}} - 1\right)$ ist das Stillstandsmoment sogar gleich dem Kippmoment: $M(s^* = 1) = M_{kp}$ mit $s_{kp}^* = 1$ (Kennlinie d in Bild A-70).

Ortskurve und Schlupfbezifferung mit drei gleichen R_{2V}

Da die Luftspaltleistung in einem Betriebspunkt der Ortskurve von R_{2V} unabhängig ist, bleibt die Ortskurve durch R_{2V} geometrisch unbeeinflußt. Nur die Schlupfbezifferung, d.h. die Schlupfwerte der Betriebspunkte, außer P_0 mit $s = 0$, ändert sich. Diese durch R_{2V} *geänderte Schlupfskala* ermittelt man mit einer von zwei möglichen Methoden:

1. Man ermittelt aus Gl. (A-61) den geänderten Kippschlupf s_{kp}^* und trägt ihn in die Ortskurve (Bild A-65) beim Kipp-Punkt P_{kp} (dieselbe Lage wie zuvor) und auf der Schlupfskala G ein. Damit ändert sich die gesamte Schlupfbezifferung durch Extrapolation auf der s-Skala. Mit dem Beispiel, daß $R_{2V} = R_2$ gewählt wird, verändert sich der Kippschlupf von $s_{kp} = 0{,}32$ aus Bild A-65 zu $s_{kp}^* = s_{kp} \cdot (R_{2V} + R_2)/R_2 = 2 s_{kp} = 0{,}64$. Damit wird aus dem Ortskreis in Bild A-65 der in Bild A-66.
2. Alternative zu Methode 1. Man ermittelt das gewünschte *Stillstandsmoment* $M_{St}^* = M^*(s^* = 1)$ aus der modifizierten Kloßschen Formel:

$$M^*(s^* = 1) = \frac{2 M_{kp}}{\dfrac{1}{s_{kp}^*} + \dfrac{s_{kp}^*}{1}} \quad \text{mit } s_{kp}^* = s_{kp} \frac{R_{2V} + R_2}{R_2} \tag{A-62}$$

Mit dem neuen Stillstandsmoment $M^*(n = 0)$ erhält man den neuen Kurzschlußpunkt P_K^* mit Hilfe der Strecke $\overline{B_2^* P_K^*} = M(s^* = 1)/K_M$. Da P_0 unverändert bleibt, ergibt sich somit die neue Schlupfbezifferung auf der modifizierten Schlupfskala G^* (Bild A-66).

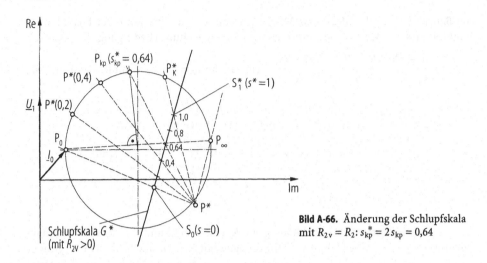

Bild A-66. Änderung der Schlupfskala
mit $R_{2v} = R_2$: $s_{kp}^* = 2 s_{kp} = 0,64$

A.4.2.4.6
Ermittlung verschiedener Kennlinien aus der Stromortskurve

Aus der Ortskurve lassen sich die verschiedenen benötigten Kennlinien mit wenig Aufwand ermitteln. Mit den entsprechenden Maßstabsfaktoren können folgende Kennlinien direkt aus den zuzuordnenden Strecken abgeleitet werden: $\underline{I}_1(s)$, $I_{1W}(s)$, $I_{1B}(s)$, $P_S(s)$, $P_W(s)$, $P_B(s)$, $P_m(s)$, $P_L(s)$, $P_{Cu,1}(s)$, $P_{Cu,2}(s)$, $\eta(s)$, $\cos\varphi(s)$ oder $M(s)$.

So kann beispielsweise der *Wirkungsgrad* $\eta(s)$ in Abhängigkeit vom Schlupf (bzw. von der Drehzahl) aus dem Streckenverhältnis $\dfrac{\overline{B_3 P(s)}}{\overline{B_0 P(s)}} = \dfrac{P_{mech}}{P_W} = \eta(s)$ (bzw. $\eta(n)$) aus der Ortskurve aufgenommen werden. Bild A-67 zeigt beispielhaft einige Kennlinien, die aus der Ortskurve der entsprechenden Maschine entnommen werden können. Die Kennlinien in Bild A-67 entstammen maßstäblich jedoch nicht dem Beispiel von Bild A-65.

A.4.2.5
Betrieb der *DS-ASM*

A.4.2.5.1
Klemmenbrett und verschiedene Anschlußmöglichkeiten

Genormte Anschlußkennzeichnungen (Klemmenbrett, Klemmenkasten)
Tabelle A-16 enthält die Normung der Klemmenbezeichnung von Wechselstrom- und Drehstrommaschinen (neu und veraltet) nach *VDE*-Vorschrift.

Anschlußmöglichkeiten (Schaltarten)
Wie in Abschn. A.4.2.2.2 behandelt, gibt es prinzipiell zwei *Schaltarten* für den Anschluß der drei Statorstränge einer Dreiphasenmaschine an das Dreiphasennetz. Außerdem kann der Netzanschluß *umgepolt* werden, was der Richtungsumkehr des Drehfeldes gleichkommt. Damit ergeben sich die Anschlußmöglichkeiten nach Tabelle A-17.

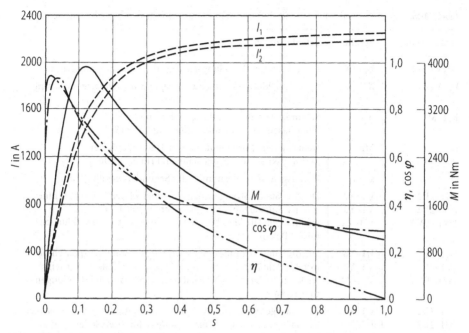

Bild A-67. Kennlinien aus Ortskurve (Beispiele)

A.4.2.5.2
Einschalten und Hochlaufen (Stern-Dreieck-Anlauf)

Anlassen von Kurzschlußläufermotoren (DS-ASM-KSL)
Wie aus der Kennlinie $I(s)$ in Bild A-67 bzw. aus der Ortskurve in Bild A-63 hervorgeht, entnehmen Asynchronmotoren mit *KSL* oder auch *SRL* mit überbrückten Vorwiderständen ($R_{2V} = 0$) beim direkten Einschalten im Stillstand dem Netz ein Vielfaches des Nennstromes. Dabei ist jedoch das *Stillstands-* oder *Anfahr-Moment* oftmals viel kleiner als das Nennmoment (Bild A-61). Der hohe Anlaufstrom $I_1(n=0)$ ist bedingt durch die relativ hohe Anlauffrequenz im Läufer $f_2 (n = 0) = s f_1 = 50$ Hz mit $s = 1$ und den sich daraus ergebenden hohen Blindanteil des Stromes (großer Blindwiderstand $X_{2\sigma} = 2\pi f_2 L_{2\sigma}$). Daraus erklärt sich das im Vergleich zum Strom $I_1(n = 0)$ geringe Anfahrmoment $M(n = 0)$, da nur die Wirkleistungskomponente P_L (*Luftspaltleistung*) zum Drehmoment beiträgt (Gl. (A-55)). Der induzierte Läuferstrom hat dabei eine ganz andere Phasenlage als das Drehfeld. Der hohe *Anlaufstromstoß* mit hohem *Blindanteil* (große Phasenverschiebung zwischen Strom und Spannung) verursacht eine unerwünschte, da in den anderen Verbrauchern des Netzes meist störende Netz-Blindstrombelastung.

Deshalb besteht eine *VDE*-Vorschrift, nach der im öffentlichen Netz nur leistungsschwächere Kurzschlußläufermotoren mit $P_N \leq 4$ kW direkt in Nennbetriebsschaltung eingeschaltet werden dürfen. Dabei muß darauf geachtet werden, daß die vorgeschriebenen Sicherungen träge genug sind, um nicht auf den kurzen, aber hohen Einschaltstromimpuls anzusprechen. Deshalb werden geeignet dimensionierte *Motorschutzschalter* vorgeschaltet. Bei Motoren *über 4 kW* muß der Hochlauf mit einer *Stern-Dreieck-Umschaltung* erfolgen.

Tabelle A-16. Genormte Anschlußkennzeichnungen am Klemmenbrett von Asynchronmaschinen

Neue Zeichen	Veraltet	Erläuterungen
U1, V1, W1	U, V, W	Primär (Stator)-Wicklungsanfänge der Dreiphasenmaschine
U2, V2, W2	X, Y, Z	Stator-Wicklungsenden einer *zweipoligen* Dreiphasenmaschine ($p = 1$)
K, L, M	u, v, w	Sekundär (Rotor)-Wicklungsenden einer Dreiphasenmaschine mit Schleifringläufer (*SRL*)
N	Mp	Neutralleiter (Mittelpunktsleiter). Herausgeführter Sternpunkt einer in Y geschalteten Primärwicklung
Q	x, y, z	Herausgeführter Sternpunkt der Sekundärwicklung (*SRL*)
1U1–2U2 1V1–2V2 1W1–2W2	U1–X2 V1–Y2 W1–Z2	Die drei Stator-Stränge einer *vierpoligen* Dreiphasenmaschine mit der Polpaarzahl $p = 2$. Jeder Strang hat 4 Pole, d.h. 2 Teilwicklungen. Die Maschine hat also ingesamt 6 Teilwicklungen mit 12 Polen
1U1–3U2 1V1–3V2 1W1–3W2	U1–X3 V1–Y3 W1–Z3	Die drei Statorstränge einer *sechspoligen* Dreiphasenmaschine mit der Polpaarzahl $p = 3$. Jeder Strang hat 6 Pole, d.h. 3 Teilwicklungen. Die Maschine hat insgesamt also 9 Teilwicklungen und 18 Pole
1U1–1U2 2U1–2U2 1V1–1V2 2V1–2V2 1W1–1W2 2W1–2W2	U1–X1 U2–X2 V1–Y1 V2–Y2 W1–Z1 W2–Z2	12 herausgeführte Anschlußstellen des Stators einer dreiphasigen *DS-ASM* mit $p = 2$ für *polumschaltbare* Motoren. Jeder Strang besitzt 2 Teilwicklungen, deren Anfänge und Enden zugänglich sind. Die vorgestellte Zahl bedeutet die Nummer der Teilwicklung, die nachgestellte Zahl zeigt Anfang (1) bzw. Ende (2) der Teilwicklung an
U, V, N K, L, Q	U, V, Mp u, v, xy	Zweiphasen-Wechselstrommotor mit *SRL* und herausgeführtem Mittelpunkt in Ständer und Läufer
U1–U2	U–X	Einphasen-Wechselstrommotor
Z1–Z2		Hilfswicklung eines Einphasen-Wechselstrommotors
F1–F2		Von Gleichstrom durchflossene Erregerwicklung, beispielsweise bei der Synchronmaschine als Rotorwicklung
U–X; V–Y; W–Z		Drehstrom-Primäranlasser, zwischen Netz und Motor angeschlossen

Tabelle A-17. Anschlußmöglichkeiten der *DS-ASM*

	Dreieckschaltung (Δ)	*Sternschaltung (Y)*
Drehfeld Rechtslauf ($+ n_s$)	L1–U1–W2 (Bild A-53b und L2–V1–U2 Bild A-68) L3–W1–V2; PE-Gehäuse	L1–U1; L2–V2; L3–W1; N–U2–V2–W2; (Bild A-53a und PE-Gehäuse Bild A-68)

Drehfeld Linkslauf ($- n_s$)
 	
Die Drehfeld-Richtungsänderung erfolgt durch Spannungs-Umpolung, d.h. durch Phasentausch
	L2–U1–W2 oder: L1–U1–W2
	L1–V1–U2 L3–V1–U2
	L3–W1–V2; L2–W1–V2;
	oder: L3–U1–W2
	      L2–V1–U2
	      L1–W1–V2;
	PE-Gehäuse
		L2–U1; L1–V1, L3–W1 oder:
		L1–U1; L3–V1; L2–W1 oder:
		L3–U1; L2–V1; L1–W1;
		N–U2–V2–W2;
		PE-Gehäuse

Schleifringläufer:	K – 1R_{2V}1; L – 2R_{2V}1; M – 3R_{2V}1; N – 1R_{2V}2 – 2R_{2V}2 – 3R_{2V}2	

Nach dem Anlauf, wenn die Kippdrehzahl n_{kp} überschritten ist, überwiegt der Wirkanteil des Stromes; das Drehmoment ist dann hoch im Vergleich zur Stromstärke. Das liegt daran, daß in diesem eigentlichen *Betriebsbereich des Motors* ($n_{kp} < n < n_s$, bzw. $s_{kp} > s > 0$) die induzierte Rotorfrequenz $f_2 = s f_1$ immer kleiner und im theoretischen Leerlauf schließlich null wird. Wie aus dem Vergleich in Bild A-71 zu entnehmen ist, verhält sich hier der *ASM* wie ein *GS-NSM*, d.h. er besitzt eine nahezu lineare $n(M)$-Kennlinie. Diese *Nebenschlußcharakteristik* beruht auf der Tatsache, daß sich in diesem Schlupfbereich ein sehr niederfrequenter Rotorstrom fast wie ein *Gleichstrom* mit dem umlaufenden Drehfeld verknüpft.

Stern-Dreieck-Anlauf (Y/Δ-Umschaltung der Statorstränge)

In Abschn. A.4.2.2.2 bzw. in Tabelle A-12 sind die Unterschiede beider *Schaltarten* beschrieben. Wie aus der Tabelle hervorgeht, ist der Netzstrom in Dreieckschaltung (normalerweise Nennbetrieb) bei gleicher Drehzahl dreimal höher als bei Sternschaltung (Y). Deshalb kann der hohe Anfahrstrom bei anfänglicher Verwendung der Y-Schaltung erheblich reduziert werden. Dabei verhalten sich aber auch die Drehmomente bei gleicher Drehzahl wie 3:1. Es gelten folgende Verhältnisse:

$$I_Y : I_\Delta = 1 : 3 \qquad P_Y : P_\Delta = 1 : 3 \qquad M_Y : M_\Delta = 1 : 3 \quad \text{(am gleichen Netz)}$$

Die Umschaltung wird durch am Markt verfügbare *Y/Δ-Umschalter* (Bild A-68) zwischen Netz und Motor vorgenommen. Die Einschaltung des Netzes erfolgt aus der Schalterstellung 0 (*Betrieb AUS*) in die Schalterstellung Y, in der der Motor aus dem Stillstand zum Anlassen in die *Sternschaltung* geschaltet wird. Nach der ersten Hochlaufphase wird auf Stellung Δ umgeschaltet, im allgemeinen die eigentliche Nennbetriebsschaltung der Maschine.

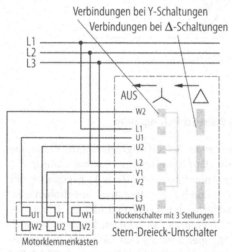

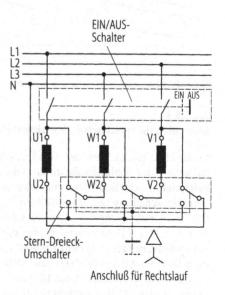

Stern-Dreieck-Walzenschalter (Nockenschalter). Die beweglichen Schaltflächen (im Bild rechts) befinden sich auf einer Schaltwalze oder werden als einzelne Schaltelemente durch eine Nockenwelle bewegt.

a Stern-Dreieck-Walzenschalter

b EIN/AUS- und Stern-Dreieck-Umschalter (Alternative zu Bild **a**)

Bild A-68 a – b. Stern-Dreieck-Umschalter

Da *Leistung* und *Drehmoment* im gleichen Verhältnis 1 : 3 wie der Netzstrom reduziert werden, verlangt diese Anlaßmethode, daß der Motor während des Hochlaufes
unter seinem *Anlaufmoment* belastet wird.

Bild A-69 zeigt die Kennlinien eines Y/Δ-Anlaufs eines Kurzschlußläufers:
$M_Y(n)$, $M_Δ(n)$, $M_{L1}(n)$, $M_{L2}(n)$, $I_{LY}(n)$ und $I_{LΔ}(n)$. Mit der Last M_{L1} ist ein selbständiger
Hochlauf mit Y/Δ-Umschaltung möglich, mit M_{L2} jedoch nicht. Im letzteren Fall muß
man entweder eine *Rutschkupplung* zur anfänglichen Abkopplung der Arbeitsmaschine
verwenden oder einen *Stromverdrängungsläufer* (Abschn. A.4.2.6.1) mit besonders
angepaßtem Anfahrmoment oder einen *Schleifringläufer* mit drei variablen Vorwiderständen R_{2V} zur Steuerung des Anlaufmomentes einsetzen (Abschn. A.4.2.5.3).

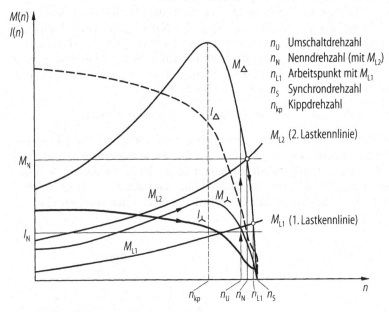

Bild A-69. Kennlinien Stern-Dreieck-Anlauf

A.4.2.5.3
Kennlinien für verschiedene Vorwiderstände beim Schleifringläufer

In Abschn. A.4.2.4.5 ist der *Ortskurvenkreis* eines *Schleifringläufers* (*SRL*) und die
Änderung der Schlupfskala durch gekoppelte *Variation der drei Vorwiderstände* R_{2V}
behandelt. Nach dieser Ortskurve kann das Anlaufmoment $M(s = 1)$ gegenüber der
Direkteinschaltung (*KSL oder SRL mit* $R_{2V} = 0$) durch R_{2V} systematisch angehoben werden: Der Ortskurvenpunkt P_K in Bild A-65 ändert sich nach P_K^* in Bild A-66. Die Anhebung von $M(s = 1)$ kann maximal bis zu dem *singulären* Fall erfolgen, bei dem das *Stillstandsmoment* $M(s = 1)$ dem *Kippmoment* M_{kp} gleich ist: P_K fällt dann mit P_{kp} zusammen. Die verschiedenen $M(s)$- bzw. $M(n)$-Kennlinien mit R_{2V} als Parameter (Bild A-70)
können, wie in Abschn. A.4.2.4.5 beschrieben, aus der Ortskurve abgeleitet werden.
Somit ist diese *ASM*-Ausführung für *Schwerstanlauf* einzusetzen oder in Fällen, wo es
auf feinfühliges Anlassen mit schweren und veränderlichen Anlaufbedingungen
ankommt. Nach dem Hochlauf können die R_{2V} kontinuierlich oder stufenweise wieder
auf null variiert werden, um den endgültigen Arbeitspunkt bei $M = M_L$ (statischer
Betriebspunkt) einzustellen. Aus *Symmetriegründen* müssen die drei R_{2V} *gleichmäßig*

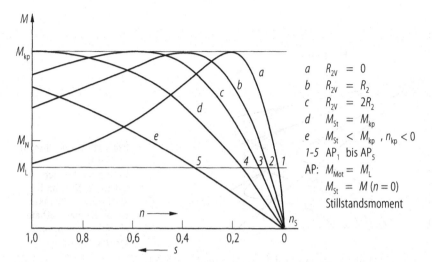

Bild A-70. Kennlinien SRL mit Parameter R_{2V}

verändert werden, da sonst der Fehlerstrom-Schutzschalter anspricht (FI-Schaltung). Die Berechnung des erforderlichen Wertes der drei R_{2V} für ein bestimmtes gewünschtes Anlaufmoment $M^*(n = 0)$ erfolgt mit Hilfe der *modifizierten Kloß' Gleichung* nach Gl. (A-62). Daraus ergibt sich folgende quadratische Gleichung zur Ermittlung des modifizierten Kippschlupfes s_{kp}^*:

$$(s_{kp}^*)^2 - \frac{2 M_{kp}}{M^*(n = 0)} s_{kp}^* + 1 = 0. \quad \text{Die quadratische Gleichung hat zwei Lösungen:}$$
$$s_{kp1}^* \text{ und } s_{kp2}^*$$

Die praktisch verwertbare Lösung ist die, bei der s_{kp}^* zwischen s_{kp} und 1 liegt. Die zweite mathematische Lösung repräsentiert den unpraktikablen Fall, bei dem die Kennlinie zwar durch das gewünschte Anlaufmoment geht, wo aber das Kippmoment bei $s_{kp}^* > 1$, also im negativen Drehzahlbereich liegt. Mit dem ermittelten s_{kp}^* berechnet man die zugehörigen drei R_{2V} nach Gl. (A-61) in Abschn. A.4.2.4.5, vorausgesetzt, daß M_L unverändert bleibt. Der Gesamtwirkungsgrad verschlechtert sich wegen der zusätzlichen in R_{2V} umgesetzten Verlustleistung, die aufgrund der Energiebilanz die vorherige mechanische Leistung um den gleichen Betrag vermindert. Dies äußert sich, wegen des gemäß der Voraussetzung konstanten Drehmomentes, durch die geringere Drehzahl im neuen Arbeitspunkt (Bild A-70).

A.4.2.5.4
Leistungen und Wirkungsgrad

Leistungen im Drehstromsystem

Die *Scheinleistung* in den drei Phasen beträgt allgemein nach Tabelle A-12:
$P_s = 3 \, U_{Str} I_{Str}$.

Bezogen auf das Netz in *Dreieckschaltung*: $\quad P_S = 3 \, U_{Str} I_{Str} = 3 \, U_L \dfrac{I_L}{\sqrt{3}} = \sqrt{3} \, U_L I_L$.

Bezogen auf das Netz in *Sternschaltung*: $\quad P_S = 3 \, U_{Str} I_{Str} = 3 \, \dfrac{U_L}{\sqrt{3}} I_L = \sqrt{3} \, U_L I_L$.

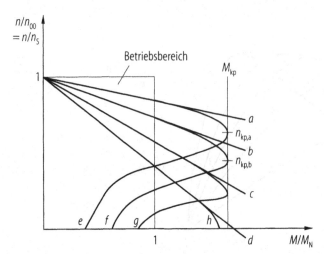

Bild A-71. Vergleich *ASM* und *NSM*. Im Betriebsbereich haben *GS-NSM* und *ASM* gleiche Charakteristik, die man deshalb als *Nebenschlußcharakteristik* bezeichnet

a bis *d* GS-NSM mit Anlaßwiderstand R_{AL} als Parameter (s. Bild A-39b)
e bis *h* DS-ASM mit Vorwiderständen R_{2V} als Parameter (s. Bild A-70)

Achtung: Wegen der gleichen *Strangimpedanz* $Z = \dfrac{U_{Str}}{I_{Str}}$ ist der Netzstrom I_L bei gleicher Drehzahl und am gleichen Netz in Dreieckschaltung dreimal größer als in Sternschaltung. Deshalb sind bei gleicher Geschwindigkeit (bzw. gleichem Schlupf) alle vergleichbaren Leistungen und die Drehmomente in Dreieckschaltung dreimal größer als in Sternschaltung (Stern/Dreieck-Anlauf in Abschn. A.4.2.5.2).

Wirkungsgrad

Der Wirkungsgrad bezieht sich auf die Wirkleistung. Damit ist er im Motorbetrieb:

$$\eta = \frac{P_{ab}}{P_{auf}} = \frac{P_m}{P_W}; \quad \text{im Nennbetrieb:} \quad \eta_N = \frac{P_N}{P_{WN}} = \frac{P_{mech,ab,N}}{\sqrt{3}\, U_L I_L \cos\varphi_N} = \frac{P_N}{\sqrt{3}\, U_N I_N \cos\varphi_N}\, 100\,\%.$$
$$\text{(A-63)}$$

Typische Wirkungsgrade sind $< 85\,\%$ bei Maschinen bis etwa 500 W und $< 95\,\%$ bis etwa 100 kW.

A.4.2.5.5
Typen- oder Leistungsschild und Datenblatt

Dem Typen- oder Leistungsschild sind die wichtigen *Nenndaten* der Maschine zu entnehmen. Das sind die Werte der *charakteristischen Größen im Nennbetrieb* (*Nennarbeitspunkt*), beispielsweise U_N, I_N, f_{1N}, f_{2N}, P_N, n_N, s_N, M_N, $\cos\varphi_N$, sowie M_{kp}, s_{kp} bei *Nennbetriebsschaltung*. Wenn mehr Information über die Maschine benötigt wird, wie Kennlinien, Zeigerdiagramme oder Ortskurven, müssen *Katalog* oder *Datenblätter* angefordert werden.

> Definition: Die *Nennbetriebsschaltung* ist normalerweise (wenn nicht anders angegeben) die *Dreieckschaltung*. Die *Leiterspannungen und Leiterströme*, die der Nennbetrieb benötigt, sind die *Nennspannungen und Nennströme*: $U_N = U_L$ und $I_N = I_L$ (s. Definition in Bild A-53). Leiterspannung/strom sind die Nenngrößen.

A.4.2.5.6
Drehzahlsteuerung

Eine *Drehzahlvariation* ist bei vorgegebener Last grundsätzlich über die Änderung bestimmter Parameter möglich (siehe hierzu Abschn. A.4.2.1, Tab. A-10):

- *Frequenzsteuerung*: Variation von Frequenz f_1 und Spannung U_1 des DS-Netzes,
- *Ständerspannungssteuerung*: Variation der Strangspannung $U_1 = U_{\text{Str}}$ des DS-Netzes,
- *Polpaarumschaltung*: Umschaltung von p verändert n_s stufenweise.

Beim *DS-ASM-SRL (Schleifringläufer)* stehen weitere zwei Möglichkeiten zur Verfügung:

- *Läuferspannungssteuerung*: Variation von U_2 und $f_2 = s f_1$,
- *Widerstandssteuerung*: Variation von R_{2V}.

Zur Drehrichtungsumkehr werden zwei Zuleitungen vertauscht, wodurch die Umlaufrichtung des Drehfeldes umgepolt wird.

Frequenzsteuerung mit leistungselektronischen Umrichtern

Betreibt man einen Asynchronmotor über einen *leistungselektronischen Frequenzumrichter* oder über einen *Drehstrom-Synchrongenerator* mit verstellbarer Ausgangsfrequenz, so wird mit $n_s = f_1/p$ die *Synchrondrehzahl* n_s im Motor proportional verändert. Damit verstellt man, wie bei der *GS-NSM*, auch die Betriebsdrehzahl n_{AP} des Arbeitspunktes. Das Kennlinienfeld in Bild A-72 stimmt somit *im Betriebsbereich* gut mit dem der *GS-NSM* überein. Die Frequenzsteuerung ermöglicht einen großen Drehzahlstellbereich. Dabei muß nach Gl. (A-58) die Strangspannung $U_{\text{Str}} = U_1$ proportional mit $f_1 = p \cdot n_s$ mitverändert werden, um das Kippmoment M_{kp} konstant zu erhalten. Das wird im Bereich $\leq f_N$ realisiert, während im Bereich über der Netzfrequenz die Spannung mit $U_L = U_N =$ konstant gehalten wird, um die Maschine vor Überbeanspruchung zu schützen. Das kommt gemäß Gl. (A-58) einer *Feldschwächung* mit entsprechend vermindertem M_{kp} gleich. Bei kleinen Frequenzen wird jedoch der Spannungsabfall am Streublindwiderstand im Vergleich zum ohmschen Spannungsabfall kleiner, wodurch M_{kp} kleiner wird, wenn man U genau proportional zu f reduziert.

Die *elektronischen Stellglieder* (Frequenzumrichter) sind immer noch teurer als die Asynchronmaschinen selbst. Deshalb wird diese Art von Drehzahlsteuerung vorzugs-

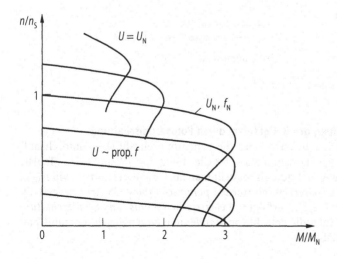

Bild A-72.
Frequenzsteuerung

weise bei höheren Anforderungen eingesetzt, wo der umrichtergesteuerte *DS-ASM* als robuster, wartungsfreier *Kurzschlußläufer* einen wachsenden Marktanteil gegenüber der *GSM* gewinnt.

Ständerspannungs-Drehzahlsteuerung

Im Gegensatz zur *Frequenzsteuerung* wird bei der *Ständerspannungssteuerung* die Frequenz f_1 konstant gehalten und nur U_1 variiert. Damit wird nach Gl. (A-56) das Drehmoment M proportional zu U_1^2 verändert, so daß sich die Drehzahl des neuen Arbeitspunktes n_{AP} nach dem Last-Kennlinienverlauf $M_L(n)$ der Arbeitsmaschine einstellt. Während das Kippmoment gemäß Gl. (A-58) ebenfalls quadratisch mit der angelegten Strangspannung stark beeinflußt wird, bleibt s_{kp} nach Gl. (A-57) konstant (Bild A-73). Geeignete Stellglieder für diese Methode sind *Stelltransformatoren*, bei denen mit Schleifen das Windungszahlenverhältnis verändert wird, oder *Drehstromsteller*, die durch *Phasenanschnittsteuerung mit Thyristoren oder Triacs* die Ausgangsspannung stufenlos steuern. Wegen der relativ großen Verlustleistung wird dieses Stellverfahren nur für Kurzschlußläufer im unteren Leistungsbereich und für Arbeitsmaschinen mit exponentieller Lastcharakteristik (viskose Last wie bei Pumpen und Lüftern) empfohlen.

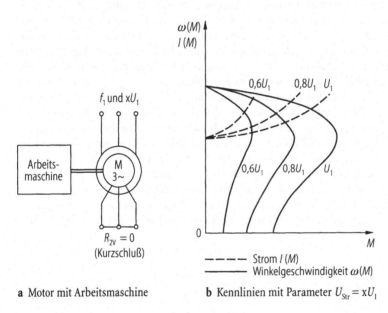

a Motor mit Arbeitsmaschine   **b** Kennlinien mit Parameter $U_{Str} = xU_1$

Bild A-73 a – b. Ständerspannungssteuerung (*SRL*)

Stufenweise Drehzahlstellung des Käfigläufers durch Polpaarumschaltung

Wie in Abschn. A.4.2.2.4 beschrieben, wird die Synchrondrehzahl (Leerlaufdrehzahl) einer *DS-ASM* durch die Polpaarzahl p nach der Gleichung $n_s = f_1/p$ in Stufen (Tabelle A-13) geändert (s. Tabelle A-9). Dadurch verstellt man auch die Betriebsdrehzahl n_{AP} in großen Stufen. Für dieses Stellverfahren werden *polumschaltbare DS-ASM* hergestellt. Die Umschaltung von $p = 1, 2, 3 \ldots$ erfolgt mit elektrischen *Relais- und Schützschaltungen*. Da beim Schleifringläufer die Polzahl von *Ständer* und *Läufer* gleich sein muß, gibt es nur polumschaltbare Käfigläufer.

Läuferspannungssteuerung bei Schleifringläufermaschinen

Durch Einprägung einer externen Wechselspannung in den Läuferkreis läßt sich der Schlupf und damit die Drehzahl beeinflussen. Zu diesem Zweck wird eine *Frequenzwandlermaschine* oder ein *leistungselektronischer Umrichter* mit veränderlicher Spannung und Frequenz an die Schleifringe eines *Schleifringläufers* (*DS-ASM-SRL*) geschaltet. Der Läufer wird mit einer Spannung U_2 mit der Frequenz f_2 gespeist (s. Bild A-74a). Da die induzierte Rotorspannungsfrequenz f_2 der *Schlupffrequenz* $s \cdot f_1$ gleich ist, muß die in die Rotorwicklungsstränge eingeprägte Spannung ebenfalls der Schlupffrequenz entsprechen. Geeignete Stellglieder sind wieder *Frequenzwandlermaschinen* (*Umrichter*). Je nach Drehzahlbereich unter oder über der Synchrondrehzahl spricht man von *unter-* bzw. *übersynchroner Stromrichterkaskade*. Dem Läuferkreis muß im untersynchronen Fall freiwerdende *Schlupfleistung* abgeführt und im übersynchronen Fall zusätzlich benötigte *Schlupfleistung* aus dem Netz zugeführt werden. Da die *Schlupfleistung* $s \cdot 2\pi \cdot n_s \cdot M = s P_L$ dem Schlupf proportional ist, nimmt der Aufwand für den *läuferseitigen Umrichter* mit wachsendem Drehzahlstellbereich zu. Ansonsten ist diese Steuerungsmethode wirtschaftlich, da sie verlustarm arbeitet. Ihr Einsatz erfolgt bei drehzahlverstellbaren Antrieben für Pumpen, Tunnelbelüftungsanlagen, Hebezeuge und Mühlen ab etwa 100 kW. Bild A-74b zeigt die typische Kennlinienschar dieses Verfahrens.

Widerstandssteuerung im Läuferkreis von Schleifringläufern

In Abschn. A.4.2.5.3 sind die $n(M)$-Kennlinien beschrieben, die mit dem *Widerstandsparameter* R_{2V} in den Rotorsträngen des *DS-ASM-SRL* im Sinne einer *Drehzahlsteuerung* verändert werden können. Wie bereits erläutert, findet dieses Verfahren hauptsächlich beim kontrollierten Hochlauf des *SRL* Verwendung.

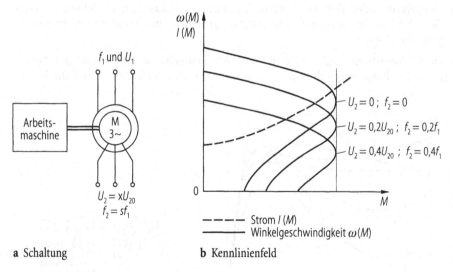

a Schaltung	**b** Kennlinienfeld

Bild A-74a–b. Läuferspannungssteuerung (*SRL*)

A.4.2.6
Varianten von Drehstrom-Asynchronmotoren

A.4.2.6.1
Stromverdrängungsläufer: Keilstab-, Tropfenstab-, Hochstab- und Doppelstabläufer

Bei diesen Varianten (Bild A-51 b) handelt es sich um *Sonderbauformen des Kurzschluß-
oder Käfigläufers KSL* bzw. *KL,* um ihm im Gegensatz zum *einfachen Käfigläufer,* der
einen Läuferkäfig aus *Rundstäben* besitzt, günstigere Anlaufeigenschaften zu verleihen.
Wie in Abschn. A.4.2.5.3 ausgeführt, können die Anlaufeigenschaften durch Widerstandserhöhung $R_{2,\text{ges}} = R_2 + R_{2V}$ im Rotorkreis erheblich verbessert werden. Je höher
R_{2V}, desto höher das Stillstands- oder Anlaufmoment, aber desto schlechter die Verhältnisse im Arbeitspunkt (kleinere Drehzahl und schlechterer Wirkungsgrad). Deshalb
werden die drei R_{2V} häufig noch während des Hochlaufs systematisch verringert, bis sie
im Arbeitspunkt schließlich null sind (*Kurzschlußbetrieb*). Bei den o.a. Sonderbauformen werden diese Auswirkungen veränderbarer R_{2V} durch Verwirklichung des physikalischen Effektes der *Stromverdrängung* technisch ausgenutzt. In Bild A-75 sind die typischen *Läuferstabformen* von Käfigläufermotoren dargestellt, angefangen vom normalen
Rundstab *RS* bis zu den verschiedenen Formen, die auf dem *Stromverdrängungseffekt*
beruhen:

- Läufer mit Rundstab *RS* (praktisch kein Stromverdrängungseffekt),
- Tropfenstabform *TS* (bei kleineren Leistungen verwendet): geringer Stromverdrän-
  gungseffekt,
- Hochstabläufer *HS* (schmale und hohe, d.h. tiefgehende Läuferstäbe),
- Keilstabläuferform *KS,* und die effektivste Ausführungsform, der
- Doppelstab- oder Doppelkäfigläufer *DS* mit zwei Läuferkäfigen (einem inneren
  Betriebskäfig und einem äußeren *Anlaufkäfig*). Bei Variante *DS* ist die Stromverdrän-
  gung am größten.

Beim Stromverdrängungsläufer durchsetzt der magnetische Wechselfluß des Rotor-
stromes den Rotorleiterstab und erzeugt in diesem eine Rückwirkung auf die Rotor-

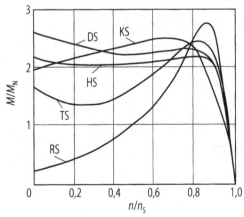

a Drehmomentkennlinien $M/M_N (n/n_S)$

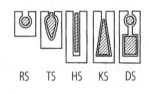

b Läuferstabformen

Bild A-75a–b. Stromverdrängungsläufer: Stabformen und Kennlinien

stromdichte. Dieser Effekt ist frequenzabhängig und bewirkt eine Verdrängung des Stromes aus den tieferen Nutezonen zu den oberen Zonen des Rotorzylinders. Wegen dieser *Stromverdrängung* nimmt die Stromdichte nach außen hin mit steigender Frequenz immer mehr zu und nach innen immer mehr ab. Bei einem zylinderförmigen Leiterkäfig wie beim *ASM-KSL* wird der Rotorstrom frequenz- bzw. drehzahlabhängig nach außen zur Zylinderoberfläche verdrängt. Da die Rotorfrequenz $f_2 = sf_1$ im Stillstand ($s = 1$) am größten (50 Hz) und im Arbeitspunkt (z. B. mit $s_{AP} = 0,04$) am kleinsten ist ($f_{2,AP} = s_{AP} \cdot 50$ Hz $= 2$ Hz), hat die Stromverdrängung im Stillstand ihre größte und im AP ihre geringste Wirkung. Sie verursacht im Stillstand in den äußeren Läuferstabregionen mit kleiner Fläche eine große Stromdichte. Der Anlaufstrom findet somit einen großen Läuferwiderstand vor. Nach dem Hochlauf in den Arbeitspunkt ist die Stromdichte wegen der geringen Läuferfrequenz f_2 praktisch gleichmäßig über den gesamten Läuferstabquerschnitt verteilt (fast Gleichstrom), wodurch der wirksame Läuferwiderstand sehr viel kleiner geworden ist. Weil der Strom beim Anfahren im wesentlichen durch den äußeren Läuferkäfig des Doppelstabläufers fließt, bezeichnet man diesen als *Anlaufkäfig*. Die Widerstandserhöhung beim Anlauf wirkt sich somit, wie beim *SRL* (mit $R_{2V} > 0$), in einer Erhöhung des Anfahrmomentes und einer Erniedrigung des Anfahrstromes aus. Im Betriebsbereich fließt der Strom hauptsächlich im inneren Käfig, dem *Betriebskäfig*. Wie Bild A-75 erkennen läßt, liegen die Anlaufmomente höher als die Nennmomente (1,5 bis fast 3fach). Die Kennlinien einiger Läufertypen weisen eine Einsattelung auf, die sich bei einem Schweranlauf als Problem erweisen kann. Die *Stromverdrängungsmotoren* werden direkt oder auch in *Stern/Dreieck*-Anlauf hochgefahren.

A.4.2.6.2
Polumschaltbare Kurzschlußläufer

Wie in den Abschnitten A.4.2.2.4 und A.4.2.5.6 beschrieben, kann durch Polpaarumschaltung bei *polumschaltbaren Kurzschlußläufern* die Drehgeschwindigkeit stufenweise verstellt werden. Wegen des Schaltungsaufwandes gibt es Motoren mit höchstens 3 verschiedenen Polpaarzahlen bzw. Drehzahlwerten (drei Stufen aus 500/600/750/ 1000/1500/3000 min^{-1} (Tabelle A-9 und Tabelle A-13) wählbar.

A.4.2.6.3
Schleifringläufer mit Vorwiderständen

Die Läufervariante *Schleifringläufer* wurde in Abschn. A.4.2.2.6 vorgestellt. In Abschn. A.4.2.5.3 ist die *Drehzahlstellung* und die Anhebung des *Anfahrmomentes* durch Verstellung der drei Vorwiderstände R_{2V} beschrieben. Nachteile sind:

- Mit wachsendem R_{2V} wird die $n(M)$-Kennlinie im Betriebsbereich $n > n_{kp}$ steiler und somit die Drehzahl lastabhängiger (s. Bild A-71).
- Mit wachsendem R_{2V} wird der Wirkungsgrad schlechter. Der Betriebspunkt der Stromortskurve ändert sich bei konstantem Moment nicht, also bleiben Strom und aufgenommene Leistung ebenfalls konstant. Die abgegebene mechanische Leistung vermindert sich jedoch um die in R_{2V} umgesetzte Wirkleistung, also nimmt die Gesamtverlustleistung bei gleicher Eingangsleistung zu, Drehzahl und Wirkungsgrad nehmen dabei ab.

A.4.2.7
Berechnungsbeispiele für Drehstrom-Asynchronmaschinen

A.4.2.7.1
Berechnungsbeispiel eines *DS-ASM-SRL* (Schleifringläufer) (Beispiel A-5)

Eine *Krananlage* wird mit einem oberflächengekühlten *Drehstrommotor* mit *Schleifringläufer* am Netz konstanter Spannung und Frequenz betrieben. Er hat folgende Leistungsschild-Daten:

$$120 \text{ kW}; \quad 400 \text{ V}; \quad 224 \text{ A}; \quad 50 \text{ Hz}; \quad \cos \varphi = 0{,}86; \quad 1470 \text{ min}^{-1}; \quad M_{kp}/M_N = 2{,}0$$

Es sind alle erforderlichen Voraussetzungen (bzw. Vernachlässigungen) gegeben, damit die Kloßsche Formel zur Ermittlung der Betriebskennlinien verwendet werden kann:

* Symmetrische *DS-ASM* (Induktionsmaschine) mit konstantem Luftspalt;
* Speisung des Ständerwicklungssystems mit einem symmetrischen und harmonischen Spannungssystem;
* Die Eigenreibung des Motors ist vergleichsweise gering und wird vernachlässigt;
* Oberwellen und magnetische Sättigung, Stromverdrängung und Temperatureinfluß bleiben unberücksichtigt.

a) *Zu berechnen sind für den Nennbetrieb: Wirkungsgrad, Nenn- und Kippmoment M_N bzw. M_{kp}, Nenn- und Kippschlupf s_N bzw. s_{kp}, Kippdrehzahl n_{kp}, Leiter- und Strangspannungen und -ströme.*
b) *Berechnen und Zeichnen der M(s)- und $P_{mech}(s)$- Kennlinien im Bereich $-1 \leq s \leq +2$.*
c) *Beim Anfahren soll der Motor in der ersten Anlaßstufe das 1,2fache Nennmoment entwickeln. Wie groß müssen dann die drei Vorwiderstände R_{2V} sein und welche Verlustleistung entsteht in den drei R_{2V}? Die M(s)-Kennlinie der ersten Anlaßstufe soll in das obige Kennlinienfeld eingetragen werden.*
d) *Wie muß ein Vorgetriebe zwischen Motor und Kranseilrolle ausgelegt werden, damit im Nennbetrieb eine Last von 10 t angehoben wird? Der Seilrollendurchmesser beträgt 80 cm.*
e) *Die Nennlast aus d) soll mit einem ganz bestimmten Motorbremsmoment abgesenkt werden. Mit welcher Schaltmaßnahme wird diese Betriebsart erreicht? In welchem Betriebsquadranten befindet sich dann die Maschine? Bei welchem Schlupf bzw. welcher Drehzahl stellt sich die Lastabsenkung ein? Wie groß ist dann die entsprechende lineare Absenkgeschwindigkeit der Last?*

Lösungen:

a) *Nennwirkungsgrad* (Gl. (A-63)):

$$\eta_N = \frac{P_{ab}}{P_{auf}} = \frac{P_N}{P_{WN}} = \frac{P_N}{\sqrt{3} \cdot U_N I_N \cos \varphi_N} = \frac{120\,000 \text{ W}}{\sqrt{3} \cdot 400 \text{ V} \cdot 224 \text{ A} \cdot 0{,}86} \approx \underline{\underline{90\,\%}}.$$

Das *Nennmoment* ist nach Definition das abgegebene Drehmoment im Nennbetrieb. Wegen der vernachlässigbaren *Motorreibung* ist M_N gleich dem erzeugten Nennmoment:

$M_N = P_N/\omega_N = 120\,000 \text{ W}/(2\pi \cdot 1470 \text{ min}^{-1}) = 120\,000 \text{ W} \cdot 60 \text{ s}/(2\pi \cdot 1470) = 780 \text{ Ws}$
$= \underline{\mathbf{780 \text{ Nm}}}$.

Die *Nennüberlastbarkeit* beträgt nach Datenblatt $M_{kp}/M_N = 2 \Rightarrow M_{kp} = 2\,M_N$
$= 2 \cdot 780 \text{ Nm} = \underline{\mathbf{1560 \text{ Nm}}}$ (Kippmoment).

Der *Nennschlupf* s_N ergibt sich mit der Nenndrehzahl $n_N = 1470 \text{ min}^{-1}$ aus Gl. (A-41):
$s = (n_s - n)/n_s$.

Die *Synchrondrehzahl* liegt etwas (wenige %) oberhalb der Nenndrehzahl, d.h. nach
Tabelle A-13 bei 1500 min^{-1}. Nach Gl. (A-40) ist somit die Polpaarzahl $p = 2$. Daraus
ergibt sich der *Nennschlupf* $s_N = (n_s - n_N)/n_s = (1500 - 1470) \text{ min}^{-1}/1500 \text{ min}^{-1} =$
$30/1500 = \underline{0{,}02}$.

Der *Kippschlupf* s_{kp} wird aus der Kloßschen Formel Gl. (A-59) ermittelt, die wegen
der oben vorgegebenen Voraussetzungen für diese Maschine gültig ist:

$$\frac{M(s_N)}{M_{kp}} = \frac{1}{2} = \frac{2}{s_N/s_{kp} + s_{kp}/s_N} = \frac{2}{0{,}02/s_{kp} + s_{kp}/0{,}02} \Rightarrow \frac{s_{kp}^2 + 0{,}02^2}{0{,}02 \cdot s_{kp}} = 4.$$

Daraus erhält man die quadratische Gleichung mit zwei Lösungen: $s_{kp}^2 - 4 \cdot 0{,}02\,s_{kp}$

$$+ 0{,}02^2 = s_{kp}^2 - 0{,}08\,s_{kp} + 0{,}0004 = 0 \Rightarrow s_{kp} = \frac{0{,}08}{2} \pm \sqrt{\frac{0{,}08^2}{4} - 0{,}0004} \Rightarrow$$

$s_{kp,1} = \underline{0{,}075}$ und $s_{kp,2} = 0{,}0054$.

Da der Kippschlupf größer als der Nennschlupf sein muß, ist nur die erste Lösung
$s_{kp,1} = 0{,}075$ möglich. Damit ist die *Kippdrehzahl* $n_{kp} = n_s (1 - s_{kp}) = 1500 \text{ min}^{-1}$
$(1 - 0{,}075) = \mathbf{1388 \text{ min}^{-1}}$.

Nennbetriebsart: Wie in Abschn. A.4.2.5.5 definiert, ist üblicherweise die *Dreieckschaltung* Nennbetriebsart. Die im Datenblatt angegebenen *Spannungen* und *Ströme*
sind U_N und I_N, die sich nach dieser Definition als Leiter-Spannungen und -ströme
des Nennbetriebes in Dreieckschaltung einstellen. Somit gilt nach Tab. A-12c:
$U_N = U_L = 400 \text{ V}$ und $I_N = I_L = 224 \text{ A}$. In Δ-Schaltung ist $U_{Str} = U_L = 400 \text{ V}$ und
$I_{Str} = I_L/\sqrt{3} \approx 129 \text{ A}$.

b) Die Betriebskennlinien $M(s)$ und $P_{mech}(s)$ (Bild A-76) für die Δ-Schaltung am symmetrischen Drehstromnetz 400 V ermittelt man nach der Kloßschen Formel
Gl. (A-59), woraus sich die Tabelle A-18 ergibt:

Tabelle A-18. Schlupf-, Drehzahl, Drehmoment-, Leistungstabelle *ASM* (Berechnungsbeispiel A-5)

Schlupf s	-1	$-s_{kp} = -0{,}075$	0	$s_N = 0{,}02$	$s_{kp} = 0{,}075$	0,2	0,5	1	1,5	2
n/min^{-1}	$+3000$	$+1612$	$+1500$	$n_N = +1470$	$+1388$	$+1200$	$+750$	0	-750	-1500
M/Nm	-233	-1560	0	777	1560	1026	458	233	156	117
P_{mech}/kW	$-73{,}2$	$-263{,}3$	0	120	226,7	129	36	0	$-12{,}3$	$-18{,}4$

Negative mechanische Leistung bedeutet, daß die ASM im Generator- bzw. Bremsbetrieb arbeitet und P_{mech} zugeführt werden muß.

c) *Anlaßvorgang:* Das Stillstandsmoment soll $M(n = 0) = 1{,}2\,M_N = 1{,}2 \cdot 780 \text{ Nm} =$
936 Nm betragen! Nach Abschn. A.4.2.5.3 kann das Anlaufmoment von Schleifringläufern mit Hilfe von Vorwiderständen R_{2V} in jedem der drei Läuferstränge
angehoben werden. Dabei verschiebt sich der Kippschlupf nach Gl. (A-57) von s_{kp}
(mit $R_{2V} = 0$) nach s_{kp}^* (mit $R_{2V} > 0$). Als Folge von R_{2V} ist $s_{kp}^* > s_{kp}$. Der durch R_{2V}
modifizierte Kippschlupf s_{kp}^* wird aus der Stillstandsbedingung nach der modifi-

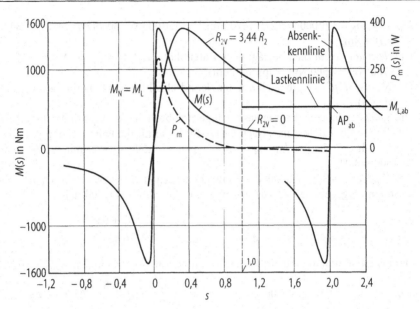

Bild A-76. Kennlinien $M(s)$ und $P_m(s)$ für die *DS-ASM*, Dreieckschaltung (Beispiel A-5)

zierten Kloß' Formel nach Abschn. A.4.2.4.5 Gl. (A-62) ermittelt. Daraus ergibt sich dann die quadratische Gleichung in Abschn. A.4.2.5.3:

$$s_{kp}^{*2} - \frac{2 M_{kp}}{M^*(n=0)} s_{kp}^* + 1 = 0. \quad \text{Nach Aufgabenstellung ist gefordert:}$$
$$M^*(n=0) = 1{,}2 \cdot M_N = 936 \text{ Nm:}$$

Mit der Substitution $s_{kp}^* = x$ erhält man die Gleichung: $x^2 - 3{,}333 \, x + 1 = 0$, eine Gleichung 2. Grades vom Typ:

$$x^2 + px + q \text{ mit dem Lösungsansatz: } x_{1,2} = -\frac{p}{2} \pm \sqrt{\frac{p^2}{4} - q} \, . \text{ Die beiden Lösungen}$$

für obige Gleichung lauten somit: $x_1 = 3$ und $x_2 = 0{,}333$. Wegen der Bedingung $1 > s_{kp}^* > s_{kp}$ (im Motorbereich) kommt als Lösung nur $x_2 = s_{kp}^* = 1/3$ in Betracht. Die andere Lösung $x_1 = 3$ liegt außerhalb des Motorbereiches und scheidet damit aus. Die modifizierte Kloßsche Formel ermöglicht eine Gegenprobe:

$$M(s=1) = \frac{2 M_{kp}}{1/s_{kp}^* + s_{kp}^*/1} = \frac{2 \cdot 1560 \text{ Nm}}{1/0{,}333 + 0{,}333} = 936 \text{ Nm} .$$

Den Widerstandswert R_{2V} erhält man aus Gl. (A-61) (mit $M = $ konst.): $R_{2V}/R_2 = (s^*/s - 1) = 0{,}333/0{,}075 - 1 = 3{,}44$. Mit $R_{2V} = 3{,}44 \, R_2$ wird das Anfahrmoment von $M(s=1) = 233$ Nm (Tab. A-18) auf die geforderten 936 Nm angehoben. Wird die Maschine mit der Nennlast $M_N = $ konstant belastet, ändert sich die Drehzahl im Arbeitspunkt (d.h. nach dem Hochlauf) gegenüber dem AP ohne Vorwiderstände gemäß Gl. (A-61) auf:

$n^* = n_s - (n_s - n_N) (3{,}44 \, R_2 + R_2)/R_2 = 1500 \text{ min}^{-1} - 30 \text{ min}^{-1} \cdot 4{,}44 = \underline{\underline{1337 \text{ min}^{-1}}}$.
$s^* = (n_s - n^*)/n_s = 0{,}109.$

Die dann im Arbeitspunkt (AP: n^* und M_N) im *Anlasser* (drei R_{2V}) umgesetzte Verlustleistung $P_{R2V} = 3 \, I_2^2 \, R_{2V}$ errechnet sich aus der Differenz der beiden mechanischen Leistungen mit und ohne R_{2V}, da nach Gl. (A-55) die Luftspaltleistung P_L proportional zum Drehmoment M ist. Ohne Änderung von M bleibt demnach die in den Läufer induzierte Wirkleistung P_L (einschl. P_{R2V} und P_{mech}) konstant. Somit gilt für die Anlasserverluste:

$$P_{R2V} = P_{mech} - P^*_{mech} = M_N \omega_N - M_N \omega^* = M_N \cdot 2\pi(n_N - n^*)$$
$$= 780 \text{ Nm} \cdot 2\pi(1470 - 1337)/60 \text{ s} = \textbf{10,9 kW}$$

Die durch R_{2V} *modifizierte Betriebskennlinie* $M(s^*)$ wird aus der modifizierten Kloß' Formel ermittelt und in die Tabelle A-19 eingetragen. Die Kennlinie ist im obigen Kennlinienfeld (Bild A-76) eingezeichnet.

Tabelle A-19. Arbeitspunkte für den modifizierten Betrieb mit drei Vorwiderständen R_{2V} in den drei Läufersträngen (Berechnungsbeispiel A-5)

Schlupf s^*	0	0,109	0,25	$s^*_{kp} = 1/3$	0,5	1
n^*/min^{-1}	1500	1337	1125	1000	750	0
M/Nm	0	922	1498	1560	1440	936

d) *Kranbetrieb* mit 10 t *Hebelast* über Seilrolle und Getriebe (vergl. Bild A-133 und A-134 in Abschn. A.6.3.2, Beisp. A-7a): Der Motor soll über ein Getriebe und eine Seilrolle mit dem Biegeradius von 0,4 m eine Last von 10 t anheben und absenken. Er soll sich beim Lastheben in seinem Nennbetrieb befinden, d.h. die Anlaß-widerstände R_{2V} sind null. Der Getriebewirkungsgrad η_G und die Getriebeüber-setzung $\ddot{u} = n_M/n_{SR}$ (Verhältnis der Motor- zur Seilrollen-Drehzahl) sind zu bestimmen. Im statischen Arbeitspunkt ist der Beschleunigungsvorgang abge-schlossen und die Drehzahl ist konstant. Dann gilt folgende Gleichung für den Nennbetrieb, bezogen auf die Motorwelle und unter Einbeziehung von Seilrollen-radius r_{SR} und Getriebe:

$$M_L = M_N = M_{SR} \frac{n_{SR}}{n_M} \cdot \frac{1}{\eta} = F_L r_{SR} \frac{1}{\ddot{u} \cdot \eta_G} = 10\,000 \cdot 9{,}807 \text{ N} \cdot 0{,}4 \text{ m} \frac{1}{\ddot{u} \cdot \eta_G} = 780 \text{ Nm}.$$

Daraus folgt: $\ddot{u} \cdot \eta_G = 50{,}3$. Mit der Annahme, einen Getriebewirkungsgrad von $\eta_G \approx \underline{\textbf{83,8\%}}$ zu erreichen, ergibt sich eine *Getriebeübersetzung von* $\ddot{u} = n_M/n_{SR} = \textbf{60}$, was mit zwei Getriebestufen erreicht werden kann. Der Motor dreht also 60mal schneller als die Seilrolle und *sieht* deshalb eine um ca. 50,3mal geringere Last.

e) *Lastabsenkung*: Die Last aus d) soll mit einem aktiven *Motorbremsmoment* abge-senkt werden.

Zu diesem Zweck muß der Motor elektrisch umgepolt werden (vergl. Abschn. A.4.2.3.6 und Bild A-61 (Linkslauf) bzw. Gl. (A-60)). Die Umpolung erfolgt durch *Phasentausch*. Das Ständerdrehfeld dreht daraufhin entgegengesetzt, das Gewicht der Last treibt die Maschine an, die in den Generator- bzw. Bremsbetrieb übergeht (4. Quadrant mit $-n$ und $+M$). Das Lastmoment eines *Hebezeugs* wirkt bei Heben *und* Senken in die *gleiche* Richtung.

In Bild A-61 liegt dieser Arbeitspunkt dann auf der unteren Kennlinie $\Phi(-n_s)$, auf dem steilen Anstieg nach rechts, bei einem Schlupf $s > 2$, im Schnittpunkt mit der auf die Motorwelle bezogenen Last: $+M_{L,ab} = F_L r_{SR} \cdot \eta_G/\ddot{u} = 10\,000 \cdot 9{,}807 \cdot 0{,}4$ Nm $\cdot 0{,}838/60 = 548$ Nm (vergl. Beisp. A-7b in Abschn. A.6.3.2). Der Getriebewir-kungsgrad η_G wirkt beim Absenken gegenüber Anheben in umgekehrter Rich-tung, da er immer Bremswirkung hat, beim Absenken aber den Bremsmotor unterstützt. Der Schlupf $s*$ des Arbeitspunktes des Lastabsenkbetriebs wird nach Gl. (A-60) ermittelt: $s* \rightarrow (s-2)$:

$$\frac{s-2}{s_{kp}} + \frac{s_{kp}}{s-2} = \frac{2M_{kp}}{M} = \frac{2 \cdot 1560 \text{ Nm}}{548 \text{ Nm}} = 5,69343 \qquad (M_L = 548 \text{ Nm})$$

$\Rightarrow$ quadratische Gleichung: $s^2 - 4,427 \cdot s + 4,86 = 0$

$\Rightarrow$ zwei Lösungen (Schnittpunkte bzw. Arbeitspunkte): $s_1 = 2,41$ und $s_2 = 2,0136$ (s. Absenk-Kennlinie in Bild A-76: AP_{ab} bei $s \approx 2$).

Die richtige Lösung für einen *stabilen Arbeitspunkt* ist s_2 bzw. $n_2 = n_s(1 - s_2)$ $= -1520$ min^{-1}. Der andere Schnittpunkt s_1 bzw. $n_1 = -2120$ min^{-1} liegt im flachen Teil der Motorkennlinie und ist gemäß Ungleichung Gl. (A-78) für das *Stabilitätskriterium* von Arbeitspunkten (Abschn. A.6.2.2, Bild A-132) *instabil* (d.h. labil). Die Absenkdrehzahl des Motors ist 1520 min^{-1}, was einer linearen Lastgeschwindigkeit von

$v = n_M / \ddot{u} \cdot (2\pi \cdot r_{SR}) = 1520$ min$^{-1} \cdot 2\pi \cdot 0,4$ m/60 $= 63,7$ m/min $= 1,1$ **m/s** entspricht.

A.4.2.7.2
Berechnungsbeispiel eines *DS-ASM-KL* (Käfigläufer) mit Stern-Dreieck-Anlauf
(Beispiel A-6)

Folgender *Drehstrom-Asynchron-Käfigläufer* wird für einen Turbinenantrieb (mit viskoser Last) eingesetzt. Es handelt sich um einen Rundstabläufer für den weitgehend die Kloßsche Formel gültig ist.

400 V; 12,2 A; 50 Hz; $\cos \varphi = 0,85$; 6032 W; 960 min^{-1}; $s_{kp} = 0,2$

Die Lastkennlinie der Turbine einschließlich Eigenreibung der Elektromaschine verläuft nach der Funktion:

$$M_L(n) = 12,1 \text{ Nm} + 52 \text{ Nm} \cdot \left(\frac{n}{n_s}\right)^2 \qquad \text{(Lasttype nach Abschn. A.6.2.1: Ventilator)}$$

a) In welcher *Schaltart*, mit welchem *Netz* und mit welcher *Belastung* wird der Motor in den *Nennbetrieb* gebracht? Man berechne die Nenngrößen des Motors M_N; P_{SN}; *Blind-* und *Wirkleistungen*; η_N; *Wirk-* und *Blindströme* und s_N sowie das Kippmoment M_{kp} und die Kippdrehzahl n_{kp} für die *Nennschaltart*.

b) Wie groß sind bei Nenndrehzahl n_N Leiter- und Strangspannungen U_L und U_{Str} sowie Leiter- und Strangströme I_L und I_{Str} in beiden Schaltarten *Stern-* und *Dreieckschaltung* am *gleichen* Netz? Welche Leistungen ergeben sich daraus für beide Schaltarten?

c) *Stern-Dreieck-Anlauf:* Man ermittle und zeichne die *Momenten-Drehzahlkennlinien* für die Stern- und Dreieck-Schaltung am Europanetz sowie die *Lastkennlinie* mit Hilfe der Drehzahlen:

$n = 0, 500, 700, 800$ min^{-1}, n_{kp}, n_N und n_s!

Wie groß ist das Anfahrbeschleunigungsmoment in der Sternschaltung $M_{BY}(n = 0)$?
Bei welcher Drehzahl soll spätestens von Stern auf Dreieck umgeschaltet werden?
Bei welchem Moment und welcher Drehzahl liegt der Arbeitspunkt und wie groß ist die Drehmomentenreserve bezüglich des *Umkippens* der Maschine?

d) Welche *Netzspannung* wäre für den *Nennbetrieb* der Maschine in *Sternschaltung* erforderlich?
Welche *Leiter-* und *Stranggrößen* stellen sich dann im Nennbetrieb ein?

e) Der Stillstandsstrom des Motors beträgt in Δ-Schaltung das 3,6-fache des Nennstromes: $I_{St} = I_\Delta(n = 0) = 3,6\ I_N$. Wie groß ist der Stillstands-Schein-, Wirk- und Blindstrom in *Sternschaltung*: $I_Y(n = 0)$ und das Verhältnis Blind- zu Wirkleistung im Stillstand? Bei Stillstand ist $\cos \varphi\ (n = 0) = 0,34$.

Lösung:

a) Ohne andere Angaben ist die *Dreieck-Schaltung* die Nennbetriebsschaltart. Mit dem oben gegebenen Typenschild ist das *Europanetz 400/230 V, 50 Hz* das für den Nennbetrieb erforderliche Drehstromnetz. Die dritte Voraussetzung für den Nennbetrieb ist die Nennlast $M_L = M_N$.

Nenngrößen:

- *Nennmoment M_N* aus $P_N = M_N \cdot \omega_N = M_N \cdot 2\pi \cdot n_N = 6032$ W.

  $\Rightarrow\quad M_N = 6032$ W$/(2\pi \cdot 960 \cdot \text{min}^{-1}) = 6032$ W$/(2\pi \cdot 960) \cdot 60$ s $= 60$ Ws $= \underline{\textbf{60 Nm}}$.

- *Scheinleistung im Nennbetrieb P_{SN}:* Allgemein gilt nach Abschn. 4.2.5.4 für die Scheinleistung:

  $P_S = 3\ U_{Str} I_{Str} = \sqrt{3}\ U_L I_L \quad\Rightarrow\quad P_{SN} = \sqrt{3}\ U_N I_N = \sqrt{3} \cdot 400$ V $\cdot 12,2$ A $= \underline{\textbf{8.452 VA}}$ bzw. 8,452 kVA (Bei Scheinleistung verwendet man die Einheit VA statt W).

- *Nennblindleistung P_{BN}:* Allgemein gilt: $P_B = P_S \cdot \sin \varphi$. Der Phasenwinkel φ errechnet sich aus dem gegebenen $\cos \varphi_N = 0,85$:

  $\varphi = \arccos 0,85 = 31,79° \quad\Rightarrow\quad P_{BN} = 8.452$ W $\cdot 0,527 = \underline{\textbf{4.454 W}}$.

- *Nennwirkleistung P_{WN}:* Allgemein gilt: $P_W = P_S \cdot \cos \varphi = \sqrt{3}\ U_L I_L \cos \varphi$:
  $P_{WN} = 8.452$ W $\cdot 0,85 = \underline{\textbf{7184 W}}$.

- *Nennwirkungsgrad η_N:*
  Nach Gl. (A-63) gilt für $\eta_N = P_N/P_{WN} = 6032$ W$/7184$ W $= \underline{\textbf{84\%}}$.

- *Wirk- und Blindströme:* Die drei Scheinströme in den Motorwicklungen sind die Strangströme I_{Str}. In der Δ-Schaltung gilt:

  $I_{Str} = \dfrac{I_L}{\sqrt{3}}$ und für den Nennbetrieb folgt daraus: $I_{N,Str} = \dfrac{I_N}{\sqrt{3}} = \dfrac{12,2\ \text{A}}{\sqrt{3}} = 7,04$ A.

  Für die Wirkströme folgt daraus: $I_{WN,L} = I_N \cos \varphi_N = 12,2$ A $\cdot 0,85 = 10,4$ A; $I_{WN,Str} = I_{N,Str} \cos \varphi_N = 6$ A.
  Für die Blindströme folgt: $I_{BN,L} = I_N \sin \varphi_N = 12,2$ A $\cdot 0,53 = 6,5$ A; $I_{BN,Str} = I_{N,Str} \sin \varphi_N = 3,7$ A.

- *Nennschlupf s_N:* Nach der Definition gemäß Gl. (A-41) ist
  $s_N = (n_s - n_N)/n_s = (1000 - 960)/1000 = \underline{\textbf{0,04}}$.

- *Kippmoment M_{kp}:* Da Nennmoment und Nenn- und Kippschlupf bekannt sind, wird M_{kp} nach *Kloß* berechnet (Gl. (A-59)):

  $\dfrac{2\ M_{kp}}{M_N} = \dfrac{s_N}{s_{kp}} + \dfrac{s_{kp}}{s_N} = \dfrac{0,04}{0,2} + \dfrac{0,2}{0,04} = 5,2 \quad\Rightarrow\quad M_{kp} = 60$ Nm $\cdot 5,2/2 = \underline{\textbf{156 Nm}}$.

- *Kippdrehzahl $n_{kp} = n_s (1 - s_{kp}) = 1000$ min^{-1} $(1 - 0,2) = \underline{\textbf{800 min}^{-1}}$.

b) *Leiter und Stranggrößen für den Nennschlupf in Stern- und Dreieckschaltung am gleichen Netz*:
(vergl. Tabelle A-12b bezüglich Spannungen, Ströme und Leistungen im Vergleich Y- und Δ-Schaltung)

Nach den allgemeinen Definitionen in Bild A-53 errechnen sich die Spannungen und Ströme wie folgt:
Dreieckschaltung (Bild A-53b): Die Δ-Schaltung wird vorgezogen, da sie die Nennbetriebsart ist, für die das Datenblatt gilt:

$$U_{L\Delta} = U_N = 400 \text{ V}; \ U_{Str,\Delta} = U_{L\Delta} = 400 \text{ V}; \ I_{L\Delta} = I_N = 12,2 \text{ A};$$
$$I_{Str,\Delta} = I_L/\sqrt{3} = 7 \text{ A}.$$

Leistungen: $P_{S\Delta} = P_{SN} = 8452 \text{ W}; \ P_{W\Delta} = P_{WN} = 7184 \text{ W}; \ P_{B\Delta} = P_{BN} = 4454 \text{ W}$ (wie oben in a)).

Sternschaltung (Bild A-53a): $U_{LY} = 400$ V, da die gleiche Netzspannung vorgegeben ist.

$$U_{Str,Y} = U_{L,Y}/\sqrt{3} = 400 \text{ V}/\sqrt{3} = 231 \text{ V}; \ I_{L,Y} = I_{Str,Y} = I_{Str,\Delta}/\sqrt{3}$$
(am gleichen Netz) $= 7 \text{ A}/\sqrt{3} = 4,07$ A.

Leistungen: Generell gilt am gleichen Netz für alle Leistungen bei derselben Drehzahl: $P_\Delta = 3 \cdot P_Y$.

Daraus folgt: $P_{SY} = P_{S\Delta}/3 = 8452 \text{ W}/3 = 2817 \text{ W}; \ P_{WY} = 7184 \text{ W}/3 = 2395 \text{ W};$
$P_{BY} = 4454 \text{ W}/3 = 1485$ W. Gegenprobe: $P_{SY} = \sqrt{3} U_L \cdot I_L = \sqrt{3} \cdot 400 \text{ V} \cdot 4,07 \text{ A}$
$= 2817$ VA.

c) *Kennlinien des Stern-Dreieckanlaufs* (Abschn. A.4.2.5.2):
Nach Gl. (A-58) ist das Kippmoment proportional zum Quadrat der Strangspannung: M_{kp} prop. U_{Str}^2. Daraus folgt nach Kloß, daß alle Drehmomente am gleichen Netz und bei gleichen Drehzahlen in der *Dreieckschaltung* jeweils das *dreifache* der Drehmomente in *Sternschaltung* betragen: $M(n)_\Delta = 3 \cdot M(n)_Y$ (vergl. Aufgabe b)).
Zur Bestimmung der Anfangsbeschleunigung, des Umschaltpunktes von Y auf Δ, des Arbeitspunktes n_{AP}, M_{AP} und der Drehmomentenreserve benötigt man die Lastkennlinie, deren Funktion oben angegeben ist. Unter Anwendung dieser Lastfunktion $M_L(n) = 12,1 \text{ Nm} + 52 \cdot (n/n_s)^2$ und der *Kloß*'schen Formel Gl. (A-59) als Motor-Betriebsfunktion $M(s)$ ergeben sich Tabelle A-20 (mit $M_{kp} = 156$ Nm) und Bild A-77:

Daraus können die restlichen Fragen beantwortet werden:
- *Anfahrbeschleunigungsmoment* $M_{BY}(n = 0)$: Der Motor entwickelt im Stillstand der Y-Schaltung $M_Y(n = 0) = 20$ Nm. Das Lastmoment beim Anfahren ist $M_L(n = 0) = 12,1$ Nm. Somit ergibt sich für das Beschleunigungsmoment beim Anfahren: $M_{BY}(n = 0) = M_Y(n = 0) - M_L(n = 0) = (20 - 12,1) \text{ Nm} \approx \underline{\textbf{8 Nm}}.$
- *Kennlinienpunkt, bei dem spätestens die Stern/Dreieck-Umschaltung erfolgt*:
Der Schnittpunkt zwischen $M_Y(n)$ und $M_L(n)$ wird als Arbeitspunkt angefahren, wenn vorher nicht umgeschaltet worden ist. Somit ist dieser Punkt der letzte mögliche Umschaltpunkt im Kennlinienfeld. Er wird grafisch aus Bild A-77 entnommen und liegt etwa bei $n_U \approx 860/\text{min}$ bzw. $M \approx 50$ Nm.
- *Arbeitspunkt* des *Systems* nach dem Umschalten auf Δ-*Schaltung*:
Nach dem Umschalten liegt der Arbeitspunkt auf dem Schnittpunkt $M_\Delta(n) = M_L(n)$, der dem Nennbetrieb entspricht, also bei $n_N = 960 \text{ min}^{-1}$ bzw. $M_N = 60$ Nm, wie Bild A-77 bzw. Tabelle A-20 zu entnehmen ist.

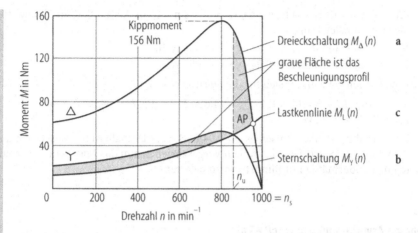

Bild A-77 a–c. $M(n)$-Kennlinien (Berechnungsbeispiel)

Tabelle A-20. Arbeitspunkte für Motor- und Last-Kennlinien (Berechnungsbeispiel A-6)

n/min^{-1}	0	500	700	$n_{kp} = 800$	900	$n_N = 960$	$n_s = 1000$
Schlupf s	1	0,5	0,3	0,2	0,1	0,04	0
$M_\Delta(n)$/Nm	60	107,6	144	$M_{\Delta kp} = 156$	124,8	$M_N = 60$	0
$M_Y(n)$/Nm	20	35,9	48	$M_{Ykp} = 52$	41,6	20	0
$M_L(n)$/Nm	12,1	25,1	37,6	45,4	54,2	60	64,1

- *Drehmomentenreserve*: Wenn das Lastmoment im Arbeitspunkt infolge einer Störung zunimmt, sinkt die Drehzahl. Die maximal mögliche Drehmomentenreserve ist somit die Differenz zwischen dem Kippmomet $M_{kp} = 156$ Nm und dem bei der Kippdrehzahl $n_{kp} = 800$ min^{-1} herrschenden Lastmoment $M_L(n_{kp}) = 45,5$ Nm: $\boldsymbol{M_{Res} = M_{kp} - M_L(n_{kp}) = 156}$ **Nm** $- 45,5$ **Nm** $= \underline{\underline{110,5 \text{ Nm}}}$.
  Bei größeren Störmomenten als 110 Nm steigt das Lastmoment über das Kippmoment des Motors hinaus, so daß der Motor der Last nicht mehr folgen kann und *umkippt*, d.h. in den Stillstand fällt.

d) *Nennbetrieb in Sternschaltung*: Die Maschine kann in Sternschaltung ebenfalls in ihrem Nennbetrieb betrieben werden. Dazu ist neben der Belastung mit dem Nennmoment gemäß Tabelle A-12c eine Netzspannung von $400 \text{ V} \cdot \sqrt{3} = 693 \text{ V} \approx 690 \text{ V}$ erforderlich, damit die Strangspannung wie im Δ-Betrieb 400 V beträgt. Somit ergeben sich die folgenden Leiter- und Strangspannungen und -ströme:

$$U_L = 690 \text{ V}; \ U_{Str} = 690 \text{ V}/\sqrt{3} = 400 \text{ V} = U_{\Delta \, Str}; \ I_L = I_{Str} = I_{\Delta \, Str} = 7 \text{ A}.$$

Die Leistungen und der Wirkungsgrad sind die des Nennbetriebs (s. Lösungen Aufgabe a)).

e) *Stillstand*: Wie bei allen Drehzahlen verhalten sich auch bei $n = 0$ bzw. $s = 1$ die Leistungen und Ströme von Stern- und Dreieckschaltung am gleichen Netz wie *eins zu drei*. Das ist der hauptsächliche Grund für den Y/Δ-Anlauf. Das Netz wird dabei nur mit einem Drittel des Blindstromes gegenüber Δ-Schaltung belastet. Die Stromortskurve in Bild A-63 zeigt, daß der Stillstandsstrom (Punkt P_K) ein mehrfaches des Nennstromes beträgt, wobei vor allem der Blindstrom maßgeblich beteiligt ist. Bei der vorliegenden Maschine ist

$$I_{L\Delta}(n = 0) = 3,6 \, I_N = 44 \text{ A} \quad \text{und} \quad I_{Str,\Delta} = 44 \text{ A}/\sqrt{3} = 25,4 \text{ A};$$

Mit $\cos \varphi (n = 0) = 0{,}34$ bzw. $\sin \varphi (n = 0) = \sin (\arccos 0{,}34) = 0{,}94$ erhält man für die Stillstandsleistungen:

$P_{W\Delta} (n = 0) = 400 \text{ V} \cdot 44 \text{ A} \cdot 0{,}34 \cdot \sqrt{3} = 10.365 \text{ W}$ bzw.

$P_{B\Delta} (n = 0) = 400 \text{ V} \cdot 44 \text{ A} \cdot 0{,}94 \cdot \sqrt{3} = 28.655 \text{ W}$.

Am gleichen Netz ergibt sich für die Sternschaltung:

$I_{LY} (n = 0) = I_{Str,Y} (n = 0) = 1/3 \cdot I_{L\Delta} = 14{,}6 \text{ A}, P_{WY} = P_{W\Delta}/3 = 3455 \text{ W}$ und

$P_{BY} = P_{B\Delta}/3 = 9552 \text{ W}$.

Das Verhältnis $P_B/P_W = \sin \varphi/\cos \varphi = 0{,}94/0{,}34 = 2{,}8$. Deshalb ist bei Maschinen mit $P_N > 4 \text{ kW}$ der Stern-Dreieck-Anlauf vorgeschrieben, um das Netz beim Einschalten nicht übermäßig mit Blindstrom zu belasten.

A.4.3
Einphasen-Asynchronmaschine (*EP-ASM*)

Für den Einsatz in einfachen Maschinen und Geräten, wie vielfältig in Haushalt und Gewerbe benötigt (Waschmaschine, Kühlschrank, Pumpen- und Lüftermotoren, Antriebe in Werkstatt und Gewerbe bis etwa 2 kW), sind vor allem *Wechselstromma-schinen* geeignet, die für den Betrieb an der normalen Einphasennetz-Steckdose ausgelegt sind. Dazu gehören *Einphasen-Asynchronmotoren (EP-ASM)*, die insbesondere als *Kondensatormotoren* oder *Spaltpolmotoren* bekannt sind. Der *reine Einphasenmotor* ist als Antriebsmaschine kaum verbreitet, da er kein Anlaufmoment entwickelt.

A.4.3.1
Der reine Einphasenmotor (ohne Hilfswicklung)

Eine *einphasige ASM* (mit nur einem Ständerstrang, ohne Hilfswicklung) kann in ihrem Käfigläufer kein Stillstandsmoment $M(n = 0)$ erzeugen, da ein einphasiger Wechselstrom in einer Statorwicklung kein *Drehfeld* erzeugt. Er entwickelt nur ein *Wechselfeld* $\Phi_\sim$, das in Richtung senkrecht zur Spulenebene sinusförmig pulsiert (Bild A-78b). Die von diesem *Wechselfluß* im ruhenden *Käfigläufer* induzierten Wechselströme erzeugen Kräfte, die sich aufgrund des symmetrischen Aufbaus, auf die Drehachse bezogen, gegenseitig aufheben (kompensieren). Diese *Kräftekompensation* besteht jedoch nur im Stillstand. Wird der Rotor eines reinen Einphasenmotors in eine beliebige Drehrichtung *angeworfen*, entwickelt die Maschine ein Drehmoment in Laufrichtung gemäß Kennlinie in Bild A-78a. Der *Wechselfluß* $\Phi_\sim$ (Bild A-78b und c) kann als *vektorielle Summe zweier gegensinnig* mit der synchronen Drehzahl $n_s = f_N = f_1$ rotierenden *Drehfelder* Φ_m und Φ_g aufgefaßt werden (Bild A-78c). Dreht der Rotor mit der Drehzahl $+ n$ so ist der mit $+ n_s$ rotierende Teilfluß Φ_m *mitdrehend* und der mit $- n_s$ rotierende Teilfuß Φ_g *gegendrehend*.

Damit ergeben sich je zwei Drehzahldifferenzen bzw. Schlupfe und Läuferfreqenzen:

- Die Drehzahldifferenz zwischen Läufer und mitlaufendem Drehfeld Φ_m ist $\Delta n_m = n_s - n$ (n mechanische Rotor-Drehzahl).
- Somit wirkt Φ_m auf die Läuferwicklung mit der Frequenz $f_{2m} = s \cdot f_1$.
- Der diesbezügliche Schlupf ist nach der allgemeinen Schlupfdefinition:

$$s_m = s = \frac{n_s - n}{n_s}$$

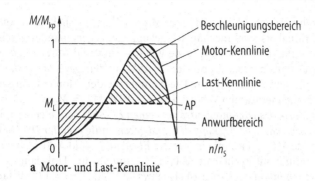

a Motor- und Last-Kennlinie

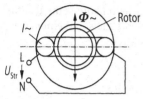

Der Fluß Φ schwingt sinusförmig in der Schwingungsebene senkrecht zur Ankerspule

b Wechselfluß

Der resultierende Fluß Φ~ setzt sich aus den zwei drehenden Teilflüssen Φ_m und Φ_g zusammen

c Zeigerdiagramm

Bild A-78a–c. Kennlinien und Magnetfeld des reinen Einphasenasynchronmotors (*EP-ASM*)

- Die Drehzahldifferenz zwischen Läufer und gegensinnigem Drehfeld Φ_g ist $\Delta n_\text{g} = n_\text{s} + n$.
- Somit ist der Schlupf zwischen Läufer und gegensinnigem Drehfeld:

$$s_\text{g} = \frac{\Delta n_\text{g}}{n_\text{s}} = \frac{n_\text{s} + n}{n_\text{s}}$$

- Mit $n = n_\text{s}(1 - s)$ aus der Schlupfdefinition nach Gl. (A-41) ergibt sich:

$$s_\text{g} = \frac{n_\text{s} + n_\text{s}(1 - s)}{n_\text{s}} = 2 - s$$

- Deshalb wirkt Φ_g auf den Läufer mit der Frequenz: $f_{2\text{g}} = s_\text{g} \cdot f_1 = (2 - s)f_1$.

Die beiden überlagerten Drehfelder induzieren in den Leitern der Rotorwicklung (*Kurzschlußläufer*) Spannungen, die *Rotorströme* zur Folge haben:

- Das mitlaufende Drehfeld Φ_m erzeugt Ströme $I_{2\text{m}}$ mit der Frequenz $f_{2\text{m}} = s \cdot f_1$.
- Das gegenlaufende Drehfeld Φ_g erzeugt Ströme $I_{2\text{g}}$ mit der Frequenz $f_{2\text{g}} = (2 - s)f_1$.

Beide Läuferströme erzeugen durch die Verknüpfung mit beiden Drehfeldern Drehmomente:

- $I_{2\text{m}}$ mit Φ_m : $+ M_\text{m}$ = konstant, in Drehrichtung $+ n$ des Läufers;
- $I_{2\text{g}}$ mit Φ_g : $- M_\text{g}$ = konstant, entgegen der Drehrichtung des Läufers;
- $I_{2\text{m}}$ mit Φ_g : pulsierendes Drehmoment, im zeitlichen Mittel gleich null;
- $I_{2\text{g}}$ mit Φ_m : pulsierendes Drehmoment, im zeitlichen Mittel gleich null.

Als resultierende Drehmomente bleiben M_m und M_g: man kann deshalb die *einphasige ASM (EP-ASM)* funktional als zwei mechanisch gekoppelte, gegeneinander geschaltete *dreiphasige DS-ASM* auffassen (Bild A-79, sowie Vergleich mit Bild A-61). Gegeneinander geschaltet bedeutet, daß das DS-Netz bei der *DS-ASM* mit dem *gegenlaufenden Drehfeld* Φ_g umgepolt (phasenvertauscht) ist. Die Summe beider Momente ergibt das Gesamtmoment an der gemeinsamen Welle beider *DS-ASM*: $M_{ges} = M_m + M_g$. Somit ist die *Drehzahlcharakteristik des Drehmomentes der reinen EP-ASM* vergleichbar mit dem *Gesamtmoment zweier mechanisch verkoppelter und gegensinnig gepolter DS-ASM* (Bild A-79). Die resultierende $M(s)$-Kennlinie ist die der *EP-ASM*. In Bild A-61 ist bei $s = 0{,}1$ das Moment der Kennlinie mit Rechtslauf ca. $0{,}75$ M_{kp} und das mit Linkslauf ca. $-0{,}20$ M_{kp}. Das resultierende Moment bei $s = 0{,}1$ ist also etwa $0{,}55$ M_{kp}. Bei $s = 1$ (Stillstand) ist es null. Auf Grund des völlig fehlenden Anlaufmomentes $M(n = 0) = 0$ muß diese *reine Einphasen-ASM* angeworfen werden (Bild A-78a) und hat deshalb heute keine technische Bedeutung mehr. Die *Einphasen-ASM (EP-ASM)* wird deshalb meist mit einer zweiten *Ständerwicklung* (der sogenannten *Hilfswicklung*) ausgestattet.

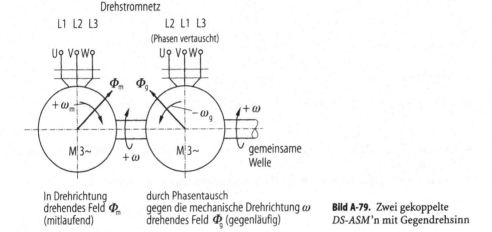

In Drehrichtung   durch Phasentausch
drehendes Feld Φ_m gegen die mechanische Drehrichtung ω **Bild A-79.** Zwei gekoppelte
(mitlaufend)   drehendes Feld Φ_g (gegenläufig)   *DS-ASM*'n mit Gegendrehsinn

A.4.3.2
Einphasenasynchronmotor mit Hilfswicklung (Kondensatormotor)

Der Ständer dieser Maschine hat zwei geometrisch um 90° versetzte Wicklungen, die *Haupt-* und die *Hilfswicklung*, die mit zwei phasenversetzten (möglichst nahe bei 90°) Wechselspannungen beaufschlagt werden müssen, um ein Anfahrmoment zu ermöglichen (Bild A-80). Die Phasendrehung wird mit einem Kondensator erzeugt, der normalerweise zwischen Haupt- und Hilfswicklung geschaltet wird. Daher rührt der Name *Kondensatormotor*. Die Laufrichtung des Motors wird durch die Polung der Hilfswicklung bestimmt. Der geometrische Winkelversatz zwischen Haupt- und Hilfswicklung *und* der elektrische Phasenwinkel zwischen den zugeordneten Strömen haben ein sich drehendes Magnetfeld zur Folge, vergleichbar zum Drehstrom-System. Der durch den Kondensator fließende Strom hat eine Phasenvoreilung. Wäre es mit einem Kondensator möglich, eine ideale elektrische Phasendrehung von $\varphi = \pi/2$ und zwei gleichgroße Magnetflüsse in beiden Wicklungen zu erzielen, unabhängig vom Arbeitspunkt (M_{AP}, n_{AP}), läge ein *zweiphasiges Drehstromsystem* vor. Im praktisch vorliegenden Fall

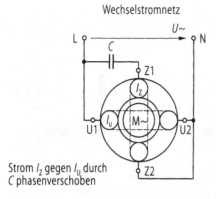

Wechselstromnetz

Strom I_Z gegen I_U durch
C phasenverschoben

Kondensatormotor:
Hilfswicklung mit Kondensator zur Erzeugung eines Drehfeldes

Bild A-80. Einphasen-Asynchronmaschine (*EP-ASM*) mit Hilfswicklung

ist die ideale Erfüllung beider Bedingungen nicht möglich. Deshalb ergibt sich im allgemeinen ein *elliptisches Drehfeld* (*unsymmetrischer Betrieb*), d.h. der Drehfluß hat keine
konstante sondern eine pulsierende Amplitude. Das *kreisrunde Drehfeld* (*symmetrischer
Betrieb*) von Bild A-54 kann mit *einem* Kondensator (d.h. *konstante Kapazität*) nur für
einen Arbeitspunkt dimensioniert werden. Den symmetrischen Betrieb *optimiert* man
deshalb entweder für das *Anlaufen* oder für den *Dauerbetrieb* (Nennbetrieb). Verwendet
man zwei Kondensatoren mit Umschaltung nach dem Hochlauf, kann sowohl der Anlauf
(*Anlaufkondensator*) als auch der Dauerbetrieb (*Betriebskondensator*) optimiert werden. Im wesentlichen gibt es die in den Bildern A-81a, b, c gezeigten drei Möglichkeiten
mit den zugeordneten $M(n)$-Kennlinien, die Bild A-81d zu entnehmen sind:

a) Schaltung für optimierten Dauerbetrieb mit *Betriebskondensator* C_B (Betriebskondensatormotor),

b) Schaltung für optimierten Anlauf mit *Anlaufkondensator* C_A (Anlaufkondensatormotor);

c) Schaltung mit *Doppelkondensator* C_B und C_A sowie Schalter mit Zeitrelais (Doppel-
kondensatormotor).

Der *Betriebskondensatormotor* mit C_B hat ein verhältnismäßig kleines Anlaufmoment.
Reicht dieses für den selbständigen Hochlauf nicht aus, muß die Kapazität C_B erhöht
werden. Beim *Anlaufkondensatormotor* ist die Kapazität C_A etwa viermal C_B. Aus Gründen der Erwärmung der Hilfswicklung muß diese nach erfolgtem Hochlauf ggf. durch
ein *Zeitrelais* abgeschaltet werden (s. Bild A-81c). Nach der Trennung der Hilfswicklung
vom Netz läuft der *Anlaufkondensatormotor* als *reiner Einphasenmotor* weiter, jedoch
mit geringerer Belastbarkeit. Deshalb ist für viele Einsatzfälle die Kombination *Anlauf-
und Betriebskondensatormotor* erforderlich. Dann spricht man von *Doppelkondensator-
motor*, der mit $C = C_A + C_B$ anläuft und nach erfolgtem Hochlauf durch das Abtrennen
von C_A mit $C_B \approx 1/4\, C_A$ weiterläuft. Mit Rücksicht auf die Blindstrombelastung des
Netzes werden solche *Kondensatormaschinen* bis etwa 1,5 kW Nennleistung eingesetzt.
Ab 1 kW sind *Drehstrommotoren* im Vorteil. C_B beträgt ca. 3 μF (100 W-Motor) bis ca.
60 μF (2 kW-Motor). $C_A \approx 4 \cdot C_B$.

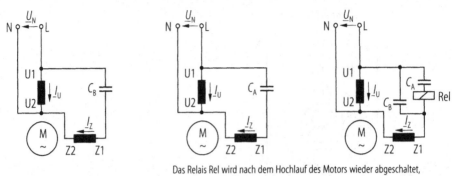

Das Relais Rel wird nach dem Hochlauf des Motors wieder abgeschaltet,
so daß nur noch der Betriebskondensator wirkt.

a mit Betriebskondensator C_B **b** mit Anlaufkondensator C_A **c** mit C_B und C_A + Rel
                                                                                   (Schaltrelais)

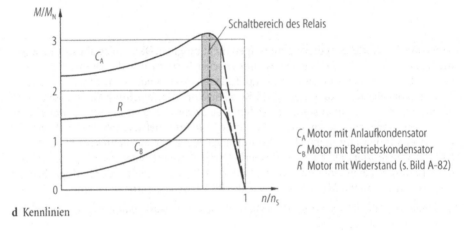

C_A Motor mit Anlaufkondensator
C_B Motor mit Betriebskondensator
R Motor mit Widerstand (s. Bild A-82)

d Kennlinien

Bild A-81 a–d. Kondensatormotoren und ihre Kennlinien

A.4.3.3
Einphasen-ASM mit Widerstandshilfsphase

Die für das Anfahrmoment notwendige Strom-Phasendrehung in der Hilfswicklung
kann auch durch eine Erhöhung des ohmschen Widerstandes in dem Hilfsstrang erzielt
werden. Beispielsweise wird ein erhöhter ohmscher Widerstand erreicht durch eine
Wicklung, die teilweise *bifilar* gewickelt ist. Der bifilare Anteil ist magnetisch ohne Einfluß. Bei Anlegen der Netzspannung bleibt der Motor zunächst stehen, da er noch kein
Drehmoment entwickelt. Es fließt daher ein so großer Strom, daß das Stromrelais in Bild
A-82 a anzieht. Dann fließt ein Strom über den Widerstand durch die Hilfswicklung und
erzeugt ein Magnetfeld, das senkrecht und phasenverschoben zur Hauptfeldkompo-
nente ist. Die Phasendrehung erfolgt durch den Hilfswiderstand R und es entsteht ein
Drehfeld und ein Drehmoment im Stillstand. Wenn dann eine genügend hohe Drehzahl
erreicht ist, wird der Strom in der Hauptwicklung und somit auch über das Stromrelais
kleiner und schaltet dieses schließlich automatisch ab. Danach läuft der Motor im reinen
Einphasenbetrieb weiter. Mit Rücksicht auf die Verlustleistung (Erwärmung) der Hilfswicklung ist der Leistungsbereich dieser Einphasen-Motorvarianten bis 500 Watt

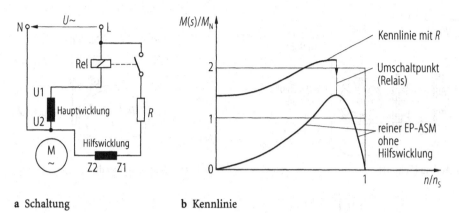

a Schaltung   **b** Kennlinie

Bild A-82a-b. *EP-ASM* mit Widerstandshilfsphase und zugeordnete Kennlinie

begrenzt. Die Kennlinie ist in Bild A-82b und zum Vergleich auch in Bild A-81d eingetragen. Auffallend ist das hohe Anlaufmoment: $M_{St}/M_N \approx 1,5$.

A.4.3.4
Spaltpolmotor

Spaltpolmotoren haben einen sehr einfachen und deshalb kostengünstigen und robusten Aufbau. Sie werden für Antriebe bis etwa 150 Watt für Gebläse (z. B. Heizlüfter), Pumpen (z. B. Laugen- oder Warmwasserpumpen in Waschmaschinen bzw. Heizanlagen), in Werkzeugmaschinen und in Spielzeugen eingesetzt. Bild A-83a zeigt einen Schnitt durch einen Spaltpolmotor. Bild A-83b zeigt im Detail den Haupt- und den Spaltpol. Typisch ist der *unsymmetrische Stator*, bestehend aus einem als Magnetkreis ausgebildeten Weicheisenkern, um den auf einer Seite die *Hauptwicklung* als Erregerwicklung konzentrisch gewickelt ist. Auf der gegenüberliegenden Seite hat der Kern zwei runde Polbögen, die den zylinderförmigen Rotor aufnehmen. Jeder Polbogen (Polschuh) enthält eine Aussparung zur Aufnahme *zweier Kurzschlußwindungen*, die als Hilfswicklungen dienen und für die Phasendrehung einer Feldkomponente sorgen. Die Aussparungen sind der Grund für die Bezeichnung *Spaltpolmotor*. Wie in dem Schnittbild dargestellt, wird der von der Erregerspule verursachte Wechselfluß im Bereich der Spaltpole in zwei Flußkomponenten, den Hauptfluß Φ_H und den Spaltpolfluß Φ_S aufgeteilt. Φ_H läuft diagonal von links oben nach rechts unten durch den Läufer. Φ_S passiert den Läufer ebenso diagonal, durchläuft aber zusätzlich die beiden Kurzschlußringe mit ihren induzierten Kurzschlußströmen I_K. Beide Feldkomponenten haben einen konstruktionsbedingten *geometrischen Versatz* und erfahren durch die magnetische Rückwirkung der I_K auf Φ_S eine *zeitliche Verschiebung*. Diese wirkt sich als *elektrischer Phasenwinkel*, d. h. Phasenverschiebung bzw. Verzögerung von Φ_S gegenüber Φ_H aus. Dadurch entsteht ein *elliptisches Drehfeld*. Wie die Kennlinie in Bild A-83c zeigt, treten merkliche Einsattelungen infolge der dritten Oberwelle der Netzfrequenz auf. Durch die Lage der Spaltpole ist die *Laufrichtung* des Drehfeldes *konstruktiv definiert* und kann nicht mehr geändert werden. Das Stillstands/Anfahrmoment M_{St} ist etwa 0,5 bis 0,75 M_{kp}. Der Wirkungsgrad liegt relativ niedrig bei unter 40 %.

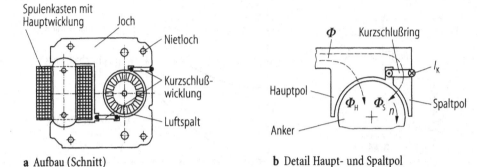

a Aufbau (Schnitt)   **b** Detail Haupt- und Spaltpol

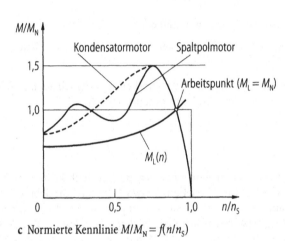

c Normierte Kennlinie $M/M_N = f(n/n_s)$

Bild A-83 a–c. Schnittbild Spaltpolmotor und Kennlinie

A.4.4
Drehstrom-Synchronmaschine *(DS-SM)*

A.4.4.1
Allgemeine Übersicht und Einsatzgebiete

Allgemeiner Überblick

Das Hauptmerkmal von *Synchronmaschinen (SM)* ist, daß sie im Gegensatz zu *Asynchronmaschinen (ASM)* mit der konstanten *Synchrondrehzahl* n_s, d.h. synchron mit dem magnetischen Drehfeld $\Phi(n_s)$ bzw. mit der Netzfrequenz f_N laufen: $n_s = f_N/p$ (p ist die Polpaarzahl, d.h. die Anzahl der Teilwicklungen pro Ständerstrang, s. Abschn. A.4.2.2.4). Eine Drehzahlvariation ist nur durch Variation der Ständer- und Eingangsfrequenz oder durch Umschaltung der Polpaarzahl p zu erreichen. Dies wird wie bei der Asynchronmaschine mit leistungselektronischen Frequenzumrichtern realisiert (s. Tab. A-10). Das synchrone Verhalten der *SM* ist bedingt durch einen *magnetisch aktiven* Läufer, dessen eigenes Magnetfeld mit seiner mechanischen Läuferdrehzahl n sich mit dem Drehfeld des Ständers synchronisiert. Es handelt sich also um <u>keine</u> Maschine, deren Funktion (wie bei der Asynchronmaschine) auf der Induktion eines Läuferstromes durch das Drehfeld beruht (die *SM* ist also keine *Induktionsmaschine*). Die *SM kann* deshalb *nicht*, die *ASM muß* mit *Schlupf* laufen.

Einsatzgebiete

Ihre größte Bedeutung haben *Drehstrom-Synchronmaschinen (DS-SM)* als große *Drehstrom-Synchrongeneratoren* (50 Hz) im Leistungsbereich über 100 MVA (MW) in den Elektrizitäts-Kraftwerken der öffentlichen Stromversorgung (Abschn. A.3.1). In Kernkraftwerken sind *SM* sogar bis ca. 1700 MVA im Einsatz. Man unterscheidet die beiden Versionen *Volltrommelläufer* mit der Polpaarzahl $p = 1$ für hohe Drehzahlen und *Schenkelpolläufer* mit $p \geq 2$ für niedrigere Drehzahlen. Die schlanken und kompakten Volltrommelläufer werden in Dampfturbogeneratoren hauptsächlich in Kombination mit Dampfturbinen in Wärmekraftwerken eingesetzt, während Schenkelpolläufer wegen ihrer höheren Zentrifugalkräfte mit langsameren Wasserdruck-Turbinen in Wasserkraftwerken Verwendung finden. *DS-SM* müssen demnach im Europa-Energieversorgungs-Verbundsystem unbedingt mit konstant 3000 min^{-1} (*Volltrommelläufer* mit $p = 1$) bzw. (Variante *Schenkelpolläufer*) mit 1500 min^{-1} ($p = 2$), 1000 min^{-1} ($p = 3$), 750 min^{-1} ($p = 4$) usw. bis 100 min^{-1} ($p = 30$, z.B. in Laufkraftwerken an Staustufen von Flüssen) angetrieben werden, um jeweils die Netzfrequenz von exakt 50 Hz zu erzeugen.

Auch als Motoren werden *DS-SM* beispielsweise mit *Schenkelpolläufern* für sehr große Leistungen (Einzelmaschinen im Bereich 250 kW bis etwa 40 MW) oder im unteren Leistungsbereich bis etwa 10 kW in Gruppenantrieben eingesetzt. Im Motorbetrieb können *SM* nicht selbständig (aus eigener Kraft) anlaufen. Diese Eigenschaft macht besondere Maßnahmen während des Hochlaufs erforderlich. Im oberen Leistungsbereich treiben *DS-SM* im Dauerbetrieb Förderanlagen, Mühlen, Pumpen, Kompressoren, Schiffsantriebe oder große Frequenz- und Spannungsumformeraggregate an. *SM* höherer Leistung benötigen zwei Schleifringe für die Zuführung eines Erreger-Gleichstromes zur Läuferwicklung, da der Rotor als *drehender aktiver Elektromagnet* ausgeführt ist. Bei kleineren *SM* reichen Läufer mit Permanentmagneten oder hysteresebehafteten Materialien (*Hysteresemotoren*).

Mit *SM*, die mit elektronischen Frequenzumrichtern (Abschn. A.4.2.1 mit Tabelle A-10, sowie Abschn. A.4.2.5.6) gesteuert werden, läßt sich ein Antriebsverhalten mit *Nebenschluß-Charakteristik*, vergleichbar mit dem Gleichstrom-Nebenschlußmotor, erzielen. Diese Variante bezeichnet man deshalb auch als *Gleichstrommaschine mit elektronischem Umrichter (Kommutator)* oder auch als *Elektronikmotor* (Abschn. A.5.1.3), da sie nur mit zusätzlicher Elektronik in Kombination mit einem Positionssensor (Winkelkodierer, Lagegeber) möglich ist. Anwendung finden solche Antriebe wegen des Elektronikaufwandes bislang nur bei relativ kleinen Maschinen. Ein breites Einsatzspektrum gibt es für Synchron-Kleinstmotoren (*Hysteresemotoren, Reluktanzmotoren* oder mit *permanenterregtem Läufer*) in der Steuer- und Regelungstechnik allgemein oder speziell in der Zeitmeß-, Feinwerk-, Registrier- und Phonotechnik sowie als Stellantriebe in der Automationstechnik.

Die *SM* fällt bei Überlastung ebenso wie die *ASM* außer Tritt und hat deshalb auch ein *Außertrittfall-* oder *Kippmoment* M_{kp}, das jedoch wie überhaupt das Drehmoment nur linear von der Netzspannung bzw. Strangspannung abhängig ist (bei der *ASM* ist diese Abhängigkeit quadratisch: M prop. U_{Str}^2; s. Abschn. A.4.2.3.5 und Gl. (A-58)). Im Gegensatz zur *ASM* mit *Kurzschlußläufer* erfordert die *SM* mit *Elektromagnetläufer* einen höheren Herstellungs- und Wartungsaufwand, hat dafür aber einen etwas besseren Wirkungsgrad. In Tabelle A-21 ist eine Übersicht über Synchronmotoren, Leistungsbereiche, Schutzgrad und Einsatzgebiete dargestellt.

Tabelle A-21. Einsatzgebiete von Synchronmaschinen

Leistungsbereich MW	Nennspannung kV	Drehzahl min⁻¹	Einsatzgebiet	Schutzgrad (s. Abschn. A.8)
bis 1700 MVA	10 bis 25 (3 Phasen)	3000	Generator in Kernkraftwerken	
100 bis 700 MVA	ca. 10 bis 25 (3 Phasen)	500, 600, 750, 1000, 1500, 3000	Generator in Dampf- und Wasserkraftwerken	
ca. 0,001 bis 1 MVA	0,4 bis 6 (3 Phasen)	100 bis 3000	Generator mit Dieselantrieb, Lichtmaschinen in Fahrzeugen	IP 20, Ex, IP 22, IP 44 R, Ex
0,25 bis 2	6 (3 Phasen)	500, 600, 750, 1000, 1500	universeller Einsatz, rotierende Umformeraggregate	IP 22
1,5 bis 25	6, 10 (3 Phasen)	1500	universell, Umformeraggregate	IP 22, IP 44 R
0,4 bis 5	6, 10 (3 Phasen)	100, 167, 187, 250, 375	Motoren für Förder- u. Schiffs-Antriebe, Kompressoren, Mühlen	IP 20, Ex, IP 22, IP 44 R, Ex
Kleinmotoren, Elektronikmotoren	bis 0,4 einphasig	0 bis 50000 drehzahlgesteuert	Steuer- und Regeltechnik, Uhren, Phono- und Automationstechnik	
Hysteresemotoren (Kleinstmotoren)	bis 0,4 einphasig	3000	Zeitmeß- u. Phonotechnik, Registriergeräte	

A.4.4.2
Aufbau und Wirkungsweise der Drehstrom-Synchronmaschine (DS-SM)

A.4.4.2.1
Stator und Drehfeld

Der *Ständer* der *DS-SM* ist genau so wie der Ständer der *DS-ASM* aufgebaut. Deshalb können Statoraufbau, dreiphasige Drehstrom-Statorwicklung, Schaltarten, Entstehung des Drehfeldes $\Phi(n_s)$, Polpaarzahl p und Synchrondrehzahl n_s den Abschnitten A.4.2.2.1 bis A.4.2.2.4 der Asynchronmaschine entnommen werden.

A.4.4.2.2
Vollpol- und Schenkelpol-Rotor, Synchronbetrieb

Bild A-84 zeigt den prinzipiellen Aufbau der *DS-SM*. Der *Läufer* unterscheidet sich prinzipiell von dem der *DS-ASM* und ist für das prinzipiell unterschiedliche Betriebsverhalten verantwortlich. Er ist als *Magnet* ausgebildet und wird deshalb auch als *Polrad* bezeichnet. Bei größeren Maschinen ist das ein *Elektromagnet*, der durch eine stromdurchflossene Rotorwicklung gebildet wird. Dabei wird der *Magnetisierungsgleichstrom* über zwei Schleifringe und Bürsten als Erreger- bzw. Polradstrom zugeführt. Bei kleinen Maschinen wird das im Betrieb rotierende Läufer-Magnetfeld durch einen *Permanentmagneten* oder durch *hysteresebehaftetes* ferromagnetisches Läufermaterial erzeugt. Bei

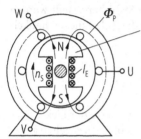

rotierender Elektromagnet (Polrad)
Polradfluß Φ_p des drehenden Polrads
verknüpft sich mit dem
Drehfeldfluß $\Phi(n_\text{s})$ des Stators

Bild A-84. *DS-SM* mit Vollpolläufer (Werkfoto SIEMENS)

letzterer Variante magnetisiert das *Ständerdrehfeld* das *synchron* mitdrehende *Läufer-material*, das sich beim Einschalten im magnetischen Remanenzzustand befindet und somit ein Restfeld besitzt. Deshalb werden diese Maschinen *Hysteresemotoren* genannt.

Die Existenz von zwei um die selbe Achse drehenden, voneinander unabhängigen Magnetfeldern, das *Ständerdrehfeld* und der mechanisch rotierende *Läufermagnet*, *erzwingt* innerhalb bestimmter Lastgrenzen den *Synchronismus* der beiden. Damit können *Ständerdrehfeld und Läufer*, bzw. dessen Magnetfeld, im Arbeitspunkt des Motorbetriebs *nur gleiche Drehzahl* einnehmen: $n_\text{AP} = n_\text{s}$, d.h. es ist kein *Schlupf* möglich. Mit Schlupf kann die *SM* nicht funktionieren. Bei der Synchronmaschine gilt deshalb generell:

$$n = n_s = \frac{f_1}{p} \quad (n\text{: Läuferdrehzahl, } n_\text{s}\text{: Synchrondrehzahl, } f_1\text{: Netzfrequenz,} \quad \text{(A-64)}$$
$$p\text{: Polpaarzahl)}$$

Beim *Läufer der DS-SM* unterscheidet man, wie oben bereits angeführt, zwischen

- *Vollpolläufer* (Bild A-85 a): zylindrischer Aufbau, lang, schlank und kompakt, immer mit nur *einem* Polpaar. Sie finden Verwendung in *Turbogeneratoren* (Dampfturbinen in Wärme- bzw. Kohle-, Gas- oder Kernkraftwerken) mit hoher Drehzahl ($p = 1$ bedeutet $n_\text{s} = f_1/p = 50$ Hz/1 = 3000 min^{-1}).
- *Schenkelpolläufer* (Bild A-85 b): ausgeprägte Polschuhe/schenkel, deshalb größerer Durchmesser und höhere Zentrifugalkräfte. Aus diesem Grunde werden sie immer mit einer höheren Anzahl von Polpaaren $p = 2, 3, 4, 5, 6 \ldots 30$ ausgestattet. Einsatz bei langsameren Wasserdruckturbinen mit n_s zwischen 1500 min^{-1} und 100 min^{-1}.

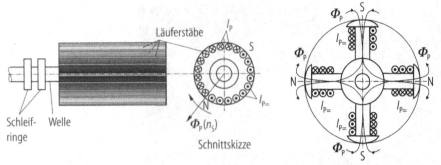

a Vollpol- oder Volltrommelläufer (Turboläufer) mit $p = 1$ (hochdrehende Dampfturbinen)

b Schenkelpolläufer mit $p = 2$ (langsamere Wasserturbinen)

Bild A-85a–b. Läufervarianten einer Synchronmaschine: Vollpol- bzw. Schenkelpolläufer

Da im Läufer nur Gleichstrom fließt, kann er aus massivem Stahl hergestellt werden (Eisenverluste gleich null). Aus Fertigungsgründen werden die Pole eines Schenkelpolläufers jedoch aus geschichteten Blechen hergestellt.

A.4.4.3
Drehstrom-Synchronmaschine als Generator im Kraftwerk

Wird das *Polrad* (Läufer, Rotor) als $2p$- bzw. vierpoliger gleichstromerregter Elektromagnet durch äußere mechanische Energiezuführung mit der konstanten Drehzahl n angetrieben, erzeugt der mit der Drehzahl n rotierende *Polradfluß* Φ_p durch Induktion drei um je 120° in ihrer Phasenlage verschobene, sinusförmige Wechselspannungen in dem dreiphasigen Ständer-Drehstromwicklungssystem. Das vom Erregergleichstrom I_E (oder Polradstrom I_p) erzeugte Gleichfeld Φ_P wird wegen des drehenden Läufers zu einem Drehfeld, das dabei die drei Ständerstränge durchsetzt und sich über das Ständerblechpaket und den Luftspalt schließt. Am Ausgang der Ständerwicklungen liegt dann ein Drehstrom-Spannungssystem (Bild A-14b: *Zeigerdiagramm* in Abschn. A.3.2) vor. Die Frequenz beträgt $f = n \cdot p$. Die innen induzierten (außen nicht zugänglichen) Wechselspannungen betragen nach Gl. (A-3):

$$U_\mathrm{P} = N \frac{\mathrm{d}\Phi_\mathrm{P}}{\mathrm{d}t}.$$

A.4.4.3.1
Leerlauf und Belastungsbetrieb, Dauer- und Stoß-Kurzschlußbetrieb

Leerlauf: Maschine ist unbelastet, es fließt kein Ständerstrom
Zur Aufnahme der Leerlaufkurve gemäß Bild A-86c dient die Schaltung nach Bild A-86b. In Bild A-86a ist das entsprechende Schaltsymbol dargestellt. Die Messung dient zur Bestimmung der Eisenverluste P_Fe, Reibverluste P_Rbg und der Spannungsregelkennlinie im Leerlauf. Im Leerlaufbetrieb ist der Schalter S offen. Da die Netzfrequenz $f_\mathrm{N} = 50\ \mathrm{Hz} = $ konstant betragen soll, muß die Drehzahl n, mit der der Generator angetrieben wird, sehr genau eingehalten werden, nach dem Zusammenhang:

$$\frac{f}{\mathrm{Hz}} = p \cdot \frac{n}{\mathrm{min}^{-1}} \cdot \frac{1}{60}. \quad \text{Beispiel:}\ n = 3000\ \mathrm{min}^{-1},\ p = 1,\ f = 50\ \mathrm{Hz}.$$

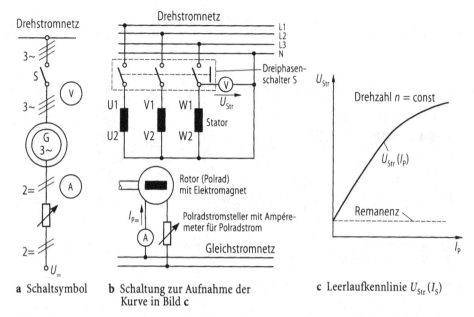

a Schaltsymbol **b** Schaltung zur Aufnahme der **c** Leerlaufkennlinie $U_{Str}(I_S)$
Kurve in Bild **c**

Bild A-86a-c. Schaltbild zur Aufnahme der Leerlaufkurve

Die in jedem Strang der Ständer-Drehstromwicklung erzeugte Spannung U_{Str} hängt, wie bei der Gleichstrommaschine die induzierte Gegenspannung U_0, von der Läuferdrehzahl n und vom Erregerfluß (hier der *Polradfluß* Φ_P) ab. Da Φ_P eine Funktion des *Polradgleichstromes* I_P ist, wird bei dieser Leerlaufmessung die Ständerspannung U_{Str} als Funktion von I_P aufgenommen. Die Drehzahl muß während der Messung konstant n_s sein. Dann ist die gemessene Kurve abhängig von der Größe des Luftspaltes und des verwendeten Weicheisens, sie entspricht in ihrer Charakteristik der Weicheisen-Magnetisierungskurve.

Belastung des Synchrongenerators: es fließen Strang- bzw. (Außenleiter)-ströme
Es wird der Fall untersucht, daß die *DS-SM* als Generator von einer Dampfturbine angetrieben wird und bereits elektrisch mit dem Verbundnetz verbunden ist, d.h. der Drehstromschalter S in Bild A-86 ist geschlossen. *Netzfrequenz* und *Netzspannung* sind *konstant* (starr), da sie im Verbundnetz durch einen einzigen Generator praktisch nicht verändert werden können. Wird der am Netz arbeitende Generator elektrisch belastet, dann fließt ein Ständerstrangstrom $I_1 \equiv I_{Str}$ (Bild A-87). Der komplexe Strom $\underline{I}_1$ hat seinerseits einen magnetischen Fluß Φ_1 (bzw. Durchflutung Θ_1) zur Folge. Φ_1 läuft wie Φ_P mit der Läuferdrehzahl n um und ergänzt Φ_P (bzw. die Poldurchflutung Θ_P) zu einem resultierenden Erregerfluß Φ_E (bzw. Gesamtdurchflutung Θ_E, die für die resultierende Erregung $\Phi_{res} \equiv \Phi_E$ verantwortlich ist). Diese Überlagerung zweier Magnetfelder ist bei der Gleichstrommaschine unter dem Begriff *Ankerstromrückwirkung* bekannt geworden (Abschn. A.4.1.2.5). Diese Zusammenhänge sind im Zeigerdiagramm in Bild A-87b dargestellt und weiter unten noch detaillierter erläutert.

Werden die Dampfventile weiter geöffnet, hat die Turbine mit dem Generator die Tendenz, schneller zu drehen. Die *Drehzahl* liegt aber wegen der *starren Netzfrequenz* fest. Somit kann der *Rotor* des Generators gegenüber der *Netzfrequenz* bzw. *Synchrondrehzahl* nicht *schlüpfen*, sondern er kann nur um einen bestimmten *Phasenwinkel* β vorei-

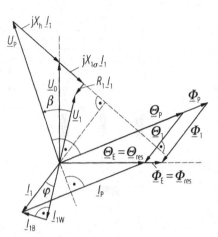

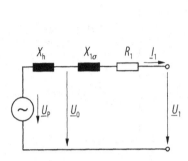

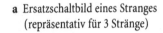

a Ersatzschaltbild eines Stranges   **b** Zeigerdiagramm
  (repräsentativ für 3 Stränge)

Bild A-87 a–b. Ersatzschaltbild und Zeigerdiagramm des belasteten Synchrongenerators

len. Je mehr mechanische Leistung dem Generator über die Turbine zugeführt wird, d. h. je mehr Dampf durch die Turbine strömt, umso größer wird diese als *Lastwinkel* bezeichnete Phasenvoreilung β und umso mehr *Wirkleistung* liefert der Generator an das Netz.

Im umgekehrten Fall, wenn über die Ventile *zu wenig* Dampf strömt, läuft der Generator hinterher, β wird negativ und das Netz liefert Wirkleistung *in den* Generator, der dann aber im Prinzip als *Motor* arbeitet (Abschn. A.4.4.4). Wird der Polradstrom erhöht, kann sich die Spannung aus den gleichen Gründen wie bei der Drehzahl, infolge des *starren Verbundnetzes*, nicht erhöhen. Der Generator gibt dafür Blindleistung an das Netz ab.

Im Inneren des *Ständerstranges* des Generators wird durch das umlaufende Polradfeld Φ_P (aufgrund des drehenden Polrad-Elektromagneten) die *Polradwechselspannung* U_P induziert. Die an den Klemmen meßbare Klemmen- bzw. Strangspannung $U_{Kl} = U_{Str} \equiv U_1$ ist bei Belastung des Generators wegen unvermeidlicher Spannungsabfälle infolge des Strangstromes $I_{Str} \equiv I_1$ kleiner als U_P (wie bei *GSM*). Spannungsabfälle treten auf:

- an der Hauptinduktivität L_h bzw. Hauptreaktanz X_h (vergleiche mit Ersatzschaltbild der *DS-ASM*, Bild A-58 in Abschn. A.4.2.3.4): $\quad\quad\quad \Delta U_0 = jX_h \cdot I_1$;
- am ohmschen Innenwiderstand der Ständerwicklung $R_{Str} \equiv R_1$: $\quad \Delta U_{11} = R_1 \cdot I_1$,
- am induktiven Streublindwiderstand (*Streureaktanz*) $X_{1\sigma}$: $\quad\quad \Delta U_{12} = jX_{1\sigma} \cdot I_1$.

Unter Berücksichtigung komplexer Spannungsabfälle stellt sich an den Strangklemmen die Spannung U_1 ein. *Zwischenspannung* $U_0 = U_P - \Delta U_0$ ist die innere erzeugte, d. h. im *belasteten* Ständerstrang verbliebene Induktionsspannung, vergleichbar mit der in der Ankerwicklung induzierten Gegenspannung U_0 bei der *GSM*.

$I_{P=}$ ist der *Erregergleichstrom* in der Läuferwicklung bzw. der über Schleifringe dem Läufer aufgeprägte *Polradstrom*. Daraus ergibt sich die *Polraddurchflutung* $\Theta_P = N_2 I_P$ (N_2 Polradwindungszahl). Durch die der Netzfrequenz entsprechenden Drehfrequenz des Läufers kann I_P im Zeigerdiagramm für den Ständer auch als komplexer *Polradstrom* $\underline{I}_P$

bzw. Polraddurchflutung Θ_P (vom Ständer aus gesehen) eingetragen werden. Θ_P erzeugt im Zeigerdiagramm den umlaufenden *Polradfluß* Φ_P, der nach dem Induktionsgesetz senkrecht auf der *induzierten Spannung* U_P steht. Zwischen Ständerstrang- bzw. Klemmenspannung U_1 und Ständerstrangstrom I_1 entsteht infolge komplexer Widerstände eine Phasenverschiebung gleich dem Winkel $\varphi = \mathrm{arctg}\,(X_1/R_1)$ mit $X_1 = 2\pi f_1 L_1$, wobei L_1 die Induktivität des Statorstranges ist. Dieser Phasenwinkel verursacht *Blind*- und *Wirkstrom*. In Bild A-87 b wird, da es sich um den Generatorbetrieb handelt, der *Wirkstrom* I_{1W} nach unten eingetragen, da nach Definition des Richtungspfeilsystems in einem Stromerzeuger Strom und Spannung in *Gegenphase*, in einem elektrischen Verbraucher *in Phase* sind. I_P bzw. Θ_P setzt sich im Zeigerdiagramm geometrisch zusammen aus

- dem Anteil I_E (bzw. Θ_E) zur Erzeugung des resultierenden Erregerflusses Φ_E bzw. Φ_{res}, wodurch nach dem Induktionsgesetz die innere Spannung U_0 entsteht ($\Theta_E \,||\, \Phi_E \perp U_0$), sowie
- dem Anteil zur Abdeckung der *Ankerstromrückwirkung* Θ_1 (Vergleich mit der *GSM*: Abschn. A.4.1.2.5). Die Ankerrückwirkung ist proportional der Ständerstrangdurchflutung Θ_1. Sie schwächt den Polradfluß Φ_P aufgrund des von I_1 (bzw. Θ_1) erzeugten Magnetfeldes Φ_1. Wird Θ_P in Bild A-87 vergrößert bei starrer Klemmenspannung U_1 (was Θ_E = konstant bedeutet) und konstanter Wirkleistung P_{W1} (gleichbedeutend mit I_{1W} = konst.), muß sich zwangsläufig der Blindstrom I_{1B} bzw. die Blindleistung P_{1B} erhöhen. Der Synchrongenerator erfährt entweder durch das angeschlossene Netz oder durch einen komplexen Verbraucherwiderstand eine Wirkstrom- und/oder eine Blindstrombelastung. Aus zuvor erläuterten Zusammenhängen ergeben sich die beiden Betriebsmöglichkeiten, die der *Wirk*- und die der *Blindstrom-Belastung*. Beide sind separat und praktisch unabhängig voneinander zu beeinflussen und zu steuern:

Wirklaststeuerung

Die Wirkleistung eines Synchrongenerators wird durch Variation der Energiezufuhr zum Turbinen-Generator-System variiert (z. B. durch einen über Ventil gesteuerten Dampfstrom oder Wasserdruck).

Blindlaststeuerung

Die Blindlaststeuerung wird variiert durch Änderung des Polradstromes, der dem Läufer zugeführt wird.

Die Spannungsdifferenz ΔU_0 zwischen U_P und U_0 entspricht dem induktiven Spannungsabfall $I_1 \cdot j\omega_1 L_h$. Dieser Tatsache ist im Ersatzschaltbild durch Eintragen der Hauptreaktanz $X_h = \omega_1 L_h$ Rechnung zu tragen. X_h symbolisiert den induktiven Widerstand der Ständerstrangwicklung für den Ständerstrangstrom I_1. Wie aus Bild A-87b weiter hervorgeht, stellt sich der Lastwinkel β zwischen der Polradspannung U_P (bzw. der Senkrechten auf I_P oder Φ_P bzw. Θ_P) und der Strangspannung U_1 ein. Das Zeigerdiagramm bestätigt, wie oben behauptet, daß sich β mit steigender Belastung erhöht. Das kann *in Analogie zur Mechanik* so interpretiert werden, daß zwischen den Zeigern von U_P und U_1 quasi eine Feder wirksam ist, die durch Belastung gespannt wird. Das bedeutet, daß im *Generatorbetrieb* der Zeiger U_P den Spannungszeiger U_1 *nachziehen* muß, während dies im *Motorbetrieb* sich anders herum verhält. Der Phasenwinkel φ befindet sich zwischen $\underline{U}_1$ und $\underline{I}_1$.

Vereinfachung des Ersatzschaltbildes

Die Ersatzschaltung Bild A-87a wird vereinfacht, indem R_1 vernachlässigt und X_h und $X_{1\sigma}$ zusammengefaßt werden: $R_1 = 0$ (näherungsweise) und $X_h + X_{1\sigma} = X_d$ (X_d heißt *Synchronreaktanz*). Daraus entsteht die vereinfachte Ersatzschaltung nach Bild A-88a und das zugehörige vereinfachte Zeigerdiagramm in Bild A-88b:

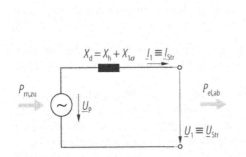

a Vereinfachte Ersatzschaltung Generatorbetrieb

b Vereinfachtes Zeigerdiagramm Generatorbetrieb

Bild A-88a–b. Vereinfachung von Ersatzschaltung und Zeigerdiagramm in Bild A-87

Kurzschlußbetrieb: Dauerkurzschluß und Stoßkurzschluß

a) *Dauerkurzschlußbetrieb*:

Die in Bild A-89 skizzierte Kurzschlußmessung dient u.a. zur Bestimmung der *Kupfer-* und Zusatzverluste durch die *Ankerrückwirkung*. Die Maschine wird im Generatorbetrieb vom Netz abgekoppelt und auf Nenn- bzw. Synchrondrehzahl gebracht. Elektrisch wird sie zunächst entregt, ständerseitig kurzgeschlossen und langsam wieder erregt. Untersucht wird die Abhängigkeit des Kurzschlußstromes in den Ständersträngen vom Erregergleichstrom (Polradstrom): $I_{1K} (I_P)$.

Der Dauerkurzschlußstrom wird außer der *Reaktanz* X_1 begrenzt durch die inneren Widerstände des Generators und die Ankerstrom-Rückwirkung, deren Summe deshalb aus der Messung ermittelt werden kann.

b) *Stoßkurzschluß* (Bild A-90):

Die Maschine wird wieder im Generatorbetrieb mit Nenndrehzahl $n = n_N = n_s$ betrieben und vom Netz abgekoppelt. Elektrisch wird sie auf Leerlauf-Nennspannung erregt und plötzlich ständerseitig dreiphasig kurzgeschlossen (***Vorsicht Knall***). Der im *ersten Augenblick* fließende Kurzschluß-Umschaltstrom wird *Stoßkurzschlußwechselstrom* $I_{1,SK}$ genannt. Er berechnet sich als:

$$I_{1,SK} = \frac{U_1}{X_t} \; .$$

X_t ist die *subtransiente Reaktanz*. Der ohmsche Widerstand R_1 ist bei $t = 0$ vernachlässigbar klein im Verhältnis zur Reaktanz X_t.

Als Folge der *Ankerrückwirkung* schwächt der *Stoßkurzschlußwechselstrom* das *Polradfeld* Φ_P. Der Stoß-Kurzschlußwechselstrom geht deshalb mit einer Abklingzeitkonstanten über in den Dauerkurzschlußstrom.

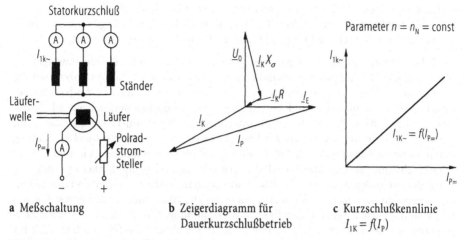

a Meßschaltung **b** Zeigerdiagramm für Dauerkurzschlußbetrieb **c** Kurzschlußkennlinie $I_{1K} = f(I_p)$

Bild A-89 a–c. Dauerkurzschlußbetrieb

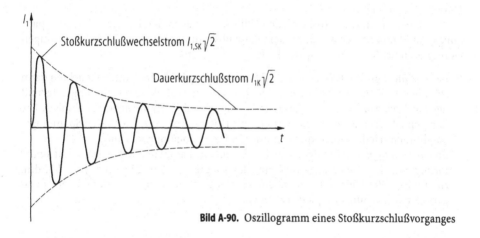

Bild A-90. Oszillogramm eines Stoßkurzschlußvorganges

A.4.4.3.2
Synchronisation im Netzbetrieb

Soll ein Drehstromsynchrongenerator ohne Stromstoß (Ausgleichsströme) auf das Netz aufgeschaltet werden, so müssen wegen des Verbundes vieler Kraftwerksgeneratoren im Verbundsystem die drei Außenleiterspannungen des zuzuschaltenden Generators zu jeder Zeit gleich groß wie die Netzspannungszeitwerte sein. Deshalb müssen sie permanent und insbesondere zum Aufschaltzeitpunkt folgende Kriterien sehr genau erfüllen:

- *Symmetriebedingung:* $\sum U(t) = 0$, d.h. $U_{L1}(t) + U_{L2}(t) + U_{L3}(t) = 0$ für alle t $(0 \le t \le \infty)$. Diese Bedingung schließt normalerweise die notwendigen Kriterien *Sinusform* sowie *gleiche Spannungsamplituden* bzw. *Effektivwerte* der drei Generatorspannungen mit ein.
- Die Beträge, d.h. Effektivwerte (bzw. Amplituden) der Leiterspannungen im symmetrischen Drehstromsystem $U_{L1} = U_{L2} = U_{L3}$ von *Generator* und *Netz* müssen gleich groß sein.

- Die *Frequenzen* der *Generator-* und *Netzspannungen* müssen gleich sein.
- Die *Phasenlagen* der zuzuordnenden *Generator-* und *Netzspannungen* müssen gleich sein, und somit auch die *Phasenfolge*, die die Drehfeldrichtung bestimmt.

Sind diese Bedingungen *nicht gleichzeitig* und *komplett* erfüllt, fließen unweigerlich *unerwünschte Ausgleichsströme* zwischen Generator und Netz. Das Verfahren und die Regelungs- und Steuerungstechnik, die zur Erfüllung dieser Kriterien erforderlich sind, nennt man *Synchronisation*. Bild A-91 zeigt ein ganz einfaches Beispiel, wie alle Kriterien vor dem Aufschalten des Generators bei offenem Drehstrom-Leistungsschalter mit einfachen Mitteln überwacht werden können. Es ist die sogenannte *Dunkelschaltung*, deren Namen daraus resultiert, daß die drei *Synchronisationslampen* La in Bild A-91 in Parallelschaltung zu den drei Einzelschaltern ständig und völlig dunkel sein müssen, bevor der dreipolige Schalter geschlossen werden darf: Denn nur dann sind die Augenblickswerte der *Generator-* und *Netz*spannungen, die zusammengeschaltet werden sollen, absolut gleich. Zwei sinusförmige Wechselspannungen sind wirklich zu allen Zeitpunkten nur dann gleich, wenn die oberen Kriterien simultan erfüllt sind. Das gilt für alle drei Wechselspannungen an dem dreipoligen Schalter. Nur dann sind die Lampen, die den dreipoligen Schalter überbrücken, dunkel. Das schließt auch mit ein, daß die Phasenfolge richtig ist.

Zur Steuerung und Kontrolle dienen (Bild A-91) neben den Lampen einfache Spannungs- und Frequenzmesser, außerdem der Nullspannungsmesser V_0. Die drei Lampen La reagieren bei Nichterfüllung der Kriterien wie folgt:

- *Beträge <u>nicht</u> gleich, Frequenzen und Phasenlagen gleich*: die Lampen leuchten dann ständig mit 50 Hz-Wechselstrom, eine theoretische Helligkeitsschwingung aufgrund des Wechselstromes ist bei der 50 Hz-Frequenz subjektiv nicht wahrnehmbar. Die Lampenhelligkeit ist aber proportional zur Differenz der vergleichbaren Spannungsamplituden (Helligkeitsfrequenz immer 50 Hz, unabhängig von Differenz).
- *Frequenzen <u>ungleich</u>, Beträge stimmen überein*: die Lampenhelligkeit schwankt sinusförmig mit der *Schwebungsfrequenz* (das ist die Frequenzdifferenz: $f_N - f_G$), d.h. rhythmisch. Bei kleinen Frequenzdifferenzen geht die Lampe mit der entsprechend geringen Schwebungsfrequenz *an und aus*.

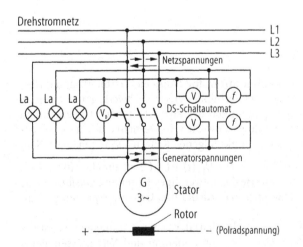

Bild A-91. Synchronisation des Drehstromsynchrongenerators am Drehstromnetz

- *Phasen stimmen nicht, Beträge und Frequenzen stimmen überein*: Die Lampen brennen kontinuierlich, d. h. mit einer Helligkeitsfrequenz von 50 Hz (50 Hz-Schwingung subjektiv nicht wahrnehmbar). Die Helligkeit erscheint als proportional zur Phasendifferenz beider Spannungen).
- Die *drei Helligkeitsprofile* sind entsprechend *überlagert*, wenn mehrere Kriterien nicht erfüllt sind.

Mit Hilfe des *Kraftschiebers* (Ventil) der Turbine und des *Feldstellers* zur Steuerung des Polradstromes I_P (bzw. Erregerfeldes Φ_P) lassen sich an den Meßinstrumenten gleiche Spannungen und Frequenzen nur angenähert einstellen. Restliche Fehler werden iterativ mit Hilfe von Kraftschieber, Feldsteller und Synchronisierlampen beseitigt. In den großen Kraftwerken wird die Synchronisierung mit aufwendigen Regelungs-, Meß- und Kontrollsystemen weitestgehend automatisiert.

A.4.4.4
Drehstrom-Synchronmaschine als Motor (Leerlauf und Belastungsbetrieb)

Maschine im Leerlauf

Wird eine *Synchronmaschine* am Netz im Leerlauf betrieben (vergleiche Abschn. A.4.4.3.1), muß ihre Eigenreibung von außen kompensiert werden. Dies erfolgt entweder durch eine der Reibung entsprechenden, von außen zugeführten mechanischen Leistung oder durch Entnahme der Reibleistung in Form elektrischer Leistung aus dem Netz. Im *ersten Fall* ist die Maschine im *Generator-Leerlauf*, indem dem Netz kein Strom entzogen wird. Dann ist $I_1 = 0$, so daß beide Drehspannungssysteme von Netz und Maschine nach *Synchronisation* (Abschn. A.4.4.3.2) deckungsgleich sind, d. h. aber auch, daß die Zeiger $\underline{U}_P$, $\underline{U}_0$ und $\underline{U}_1$ in Bild A-87b zusammenfallen.

Im *zweiten Fall* liegt der *Motorleerlauf* vor, bei dem das Netz drei Ständer-Leerlaufströme I_{10} liefert, um ein durch die Eigenreibung belastetes Ständerdrehfeld zu erzeugen, das den Läufermagneten mit der Synchrondrehzahl mitnimmt.

Belastungsbetrieb

Wie in Abschn. A.4.4.3.1 *Belastungsbetrieb* erläutert, stellt sich im Lastfall immer ein sogenannter *Lastwinkel* β zwischen den Spannungszeigern $\underline{U}_1$ und $\underline{U}_P$ ein, jedoch nicht im Sinne eines *Schlupfes*, sondern als ein im Arbeitspunkt konstanter *Phasenwinkel* β. Gemäß Bild A-88b ist β im *Generatorfall positiv*, d. h. $\underline{U}_P$ eilt $\underline{U}_1$ voraus (bzw. der Läufer der Maschine, dargestellt durch Φ_P, eilt dem resultierenden Ständerdrehfeld Φ_1 voraus) und liefert damit Wirkleistung an das Netz. *Im Motorbetrieb* wird β *negativ*: Die vom Läufermagneten Φ_P in den Ständer induzierte Spannung $\underline{U}_P$ läuft $\underline{U}_1$ um den Winkel β hinterher (bzw. Φ_P ist gegenüber Φ_1 um den Phasenwinkel β nacheilend). In diesem *Betriebsmode* entzieht die Synchronmaschine dem Netz *elektrische* Wirkleistung und wandelt sie in *mechanische* um. Das Generator-Zeigerdiagramm in Bild A-88b verändert sich für den Motorbetrieb in das Diagramm in Bild A-92b. Außer der Polarität von Lastwinkel β ändert sich insbesondere auch die Polarität von Strang- und Leiterströmen, da sich beim Wechsel zwischen Generator- und Motorbetrieb die Energieflußrichtung ebenfalls ändert.

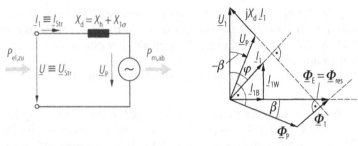

a Ersatzschaltbild   b Zeigerdiagramm

Bild A-92a–b. Ersatzschaltbild und Zeigerdiagramm *SM* im Motorbetrieb

A.4.4.5
Vierquadrantenbetriebe, Über- und Untererregung, Zeigerdiagramm und Ortskurve

A.4.4.5.1
Mechanischer und elektrischer Vierquadrantenbetrieb, Zeigerdiagramme

Wie in den Abschnitten A.4.4.3 und A.4.4.4 beschrieben, unterscheidet man bei der *DS-SM* nicht nur zwischen Motor- und Generatorbetriebsmoden, sondern auch zwischen Wirk- und Blindleistungssteuerung mit den Mitteln *Kraft (mechanische Energie)-Einleitung* und *Erregerfeldsteller*. Daraus kann man schließen, daß es zwei *Vierquadrantenbetriebsweisen* gibt:

- *Mechanischer* Vierquadrantenbetrieb im Koordinatenfeld $\pm n$ *als Funktion von* $\pm M$.
- *Elektrischer* Vierquadrantenbetrieb, dargestellt in der komplexen Zahlenebene: der Stromzeiger $\underline{I}_1$ in Bild A-88b und in Bild A-92b kann in allen vier Quadranten liegen.

Mechanischer Vierquadrantenbetrieb (Tabelle A-22)
Wie bei den Maschinentypen *Gleichstrommaschine* (Abschn. A.4.1) und *Drehstrom-Asynchronmaschine* (Abschn. A.4.2) kann auch die *DS-SM* in vier Quadranten des Drehzahl-Drehmomenten-Kennlinienfeldes $\pm n(\pm M)$ betrieben werden (vergl. Bild A-29 in Abschn. A.4.1.4.1).
Zu diesem Zweck sei die *DS-SM* an das *DS-Netz* angeschlossen. Dann wird das Vorzeichen von n (Rotor-Drehrichtung) bestimmt durch den Drehsinn des Ständerdrehfeldes und die mechanische Energieflußrichtung. Die *Drehfeld-Polarität* wird definiert durch die Phasenorientierung des Drehspannungssystems. Wie in Abschn. A.4.2.3.2 erläutert, erfolgt eine Umkehr des Drehfeld-Drehsinnes $\Phi_1(\pm n_s)$ immer bei Phasentausch (vergl. Tabelle A-14). Das Vorzeichen von $\Delta M = M_{\text{Mot. ab}} - M_{\text{ext}}$ (Differenz des

Tabelle A-22. Mechanischer Vierquadrantenbetrieb

	Ständerdrehfeld Φ_1 hat Rechtslauf ($+ n_s$)	Ständerdrehfeld Φ_1 hat Linkslauf ($- n_s$)
Motor/Rechtslauf	Φ_P dreht rechts herum, um β *hinter* Φ_1	kein Motorrechtslauf möglich
Motor/Linkslauf	kein Motorlinkslauf möglich	Φ_P dreht links herum, um β *hinter* Φ_1
Generator/Rechtslauf	Φ_P dreht *rechts* herum, um β *vor* Φ_1	kein Generator-Rechtslauf möglich
Generator/Linkslauf	kein Generator-Linkslauf möglich	Φ_P dreht links herum, um β *vor* Φ_1

abgegebenen Motormomentes und des externen Drehmomentes) bestimmt den *mechanischen Energiefluß*, entweder in Richtung Synchronmaschine (z. B. von Turbine zum *Generator*) oder in Richtung vom *Motor* zur Arbeitsmaschine.

Die Drehorientierung des in der Maschine erzeugten Drehmomentes wird definiert durch die elektrisch festzulegende Polarität des *Ständerdrehfeldes* Φ_1 (d. h. durch den Netzanschluß) und die Vor/Nacheilung des Läuferdrehfeldes Φ_P um den Lastwinkel β: d. h. allein durch die Tatsache, ob der *Synchronmaschine* mechanische Leistung zugeführt oder entnommen wird. Die Polarität des Läufer-Erregerstromes I_P definiert zwar die Lage (nach der *Rechte-Hand-Regel*), aber nicht den Drehsinn von Φ_P. Demnach kann mit dem Vorzeichen $\pm I_P$ die relative Lage von Polrad-Fluß Φ_P bezüglich Drehfeld um $\pm 180°$ verstellt, die Drehrichtung jedoch nicht beeinflußt werden.

Elektrischer Vierquadrantenbetrieb im Zeigerdiagramm U_{Str} und I_{Str}

Hier wird das Zeigerdiagramm in der komplexen Zahlenebene (Bild A-87b bzw. Bild A-88b) zugrundegelegt. Die Strangklemmenspannung $U_{Kl} = U_{Str} \equiv U_1$ wird senkrecht nach oben in die positive reelle Achse eingetragen, da U_1 vom *starren Netz* vorgegeben und von der *SM* nicht beeinflußbar ist. Die Lage des Strangstromzeigers $I_{Str} \equiv I_1$ orientiert sich an diesem Nullphasenwinkel der Spannung. Für vier unterschiedliche Betriebsmoden ergeben sich die vier Zeigerdiagramme (Bild A-93). Die beiden Unterscheidungskriterien sind:

- *Vorzeichen des Lastwinkels β*: wenn *positiv* (d. h. $U_P(\Phi_P)$ bzl. $U_1(\Phi_1)$ voreilend), liegt *Generatorbetrieb* vor: die *SM* wird mechanisch angetrieben und liefert elektrische Leistung an das Netz; wenn *negativ* (d. h. U_P bzl. U_1 nacheilend) ist die *SM* im *Motorbetrieb*: das Ständerdrehfeld treibt das Polrad (Läufer) an und die *SM* entnimmt dem Netz elektrische Leistung.

- *Vorzeichen von Phasenwinkel φ*: wenn *positiv* (I bzl. U voreilend, d. h. kapazitiv), ist $U_P > U_1$ und die Maschine ist *übererregt*, d. h. der Polradstrom I_P bzw. Φ_P sind zu groß; wenn *negativ* (I bzl. U nacheilend, d. h. induktiv), ist $U_P < U_1$ und die Maschine ist *untererregt*, d. h. I_P bzw. Φ_P sind zu klein.

Fall a): *übererregter Generatorbetrieb*: $U_P > U_1$ (*übererregt*). Dann eilt Blindstrom I_{1B} der Strangspannung U_1 um 90° voraus, d. h. die Maschine wirkt wie eine *Kapazität*. Wirkstrom I_{1W} ist in Gegenphase mit U_1 und Lastwinkel β ist positiv, d. h. die Maschine ist im *Generatorbetrieb* und gibt kapazitiven Blindstrom an das Netz ab. Während des *kapazitiven Generatorbetriebes* kann die Blindleistung *induktiver Verbraucher* kompensiert werden (Bild A-93a).

Fall b): *untererregter Generatorbetrieb*: $U_P < U_1$ (*untererregt*). I_{1B} eilt dann U_1 um 90° nach, d. h. die Maschine wirkt wie eine *Induktivität*. I_{1W} in Gegenphase zu U_1 und Lastwinkel β positiv (*Generatorbetrieb*). Die Maschine gibt induktiven Blindstrom an das Netz ab (Bild A-93b).

Fall c): *übererregter Motorbetrieb*: $U_P > U_1$ (*übererregt*). I_1 eilt U_1 um Phasenwinkel φ voraus, d. h. die Maschine hat wie im Fall a) eine *kapazitive Blindkomponente* und wirkt somit wie ein *Kondensator*. I_{1W} ist in Phase mit U_1 und β ist negativ, d. h. die Maschine befindet sich im *Motorbetrieb* und belastet das Netz mit kapazitivem Blindstrom (nimmt kapazitiven Strom aus dem Netz auf).

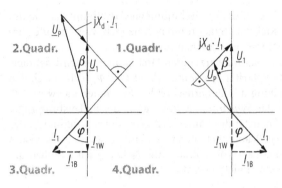

a Generator übererregt   **b** Generator untererregt

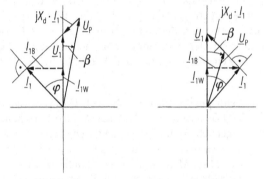

c Motorbetrieb übererregt   **d** Motorbetrieb untererregt

Bild A-93a–d. Strangspannung-Strangstrom-Vierquadrantenbetrieb

Fall d): *untererregter Motorbetrieb*: $U_P < U_1$ (*untererregt*). $\underline{I}_1$ eilt $\underline{U}_1$ um φ nach, d.h. die Maschine hat wie im Fall b) eine *induktive Blindkomponente* und wirkt somit wie eine Spule. I_{1W} ist in Phase mit $\underline{U}_1$ und β ist negativ, d.h. Maschine ist im *Motorbetrieb*. Der Motor belastet nun das Netz induktiv (Bild A-93d).

> Wie bereits in A.4.4.3.1 erläutert, wird die Wirkstromkomponente I_{1W} im wesentlichen durch das Drehmoment, der Blindstromanteil I_{1B} durch die Poldurchflutung $\Theta_P = NI_P$ bestimmt bzw. variiert.

A.4.4.5.2
Ortskurve in der komplexen Darstellung (komplexe Zahlenebene)

Wie bei der *DS-ASM* (Abschn. A.4.2.4) kann auch für die *DS-SM* eine *Ortskurve* gezeichnet werden. Wegen des *starren* (unbeeinflußbaren) *Netzes* wird auch hier zweckmäßigerweise die Strangspannung $\underline{U}_1$ in Richtung *reeller Achse* senkrecht nach oben eingetragen. Der komplexe Strangstrom $\underline{I}_1$ ist vom Lastwinkel β (Abschn. A.4.4.3 und

A.4.4.4) abhängig. Aus dem Ersatzschaltbild A-88a wird folgende Maschengleichung abgeleitet:

$$\underline{U}_1 = \underline{U}_P + jX_d \underline{I}_1 \quad \Rightarrow \quad \underline{I}_1 = \frac{\underline{U}_1}{jX_d} - \frac{\underline{U}_P}{jX_d} \tag{A-65}$$

Mit konstantem Polradgleichstrom I_P = konst. ist der Betrag von U_P ebenfalls konstant und die Stromortskurve $\underline{I}_1(\beta)$ in Bild A-94 (Ständerstrom in Abhängigkeit vom Lastwinkel) ist nach Gl. (A-65) ein Kreis um den Mittelpunkt $\underline{U}_1/jX_d$. Zwischen $\underline{U}_1$ und $\underline{U}_P$ (Bild A-93) tritt der Lastwinkel β auf. Dieser tritt aber auch zwischen den Zeigern $\underline{U}_1 : jX_d$ und $\underline{U}_P : jX_d$ auf (Bild A-94). In der oberen Halbebene ist $\underline{I}_{1W}$ *in Phase* zu $\underline{U}_1$, also *Motorbereich* mit $\beta < 0$. Nach Definition ist Linksdrehung (Gegenuhrzeigersinn) der mathematisch positive Drehsinn. In der unteren Halbebene ist $\underline{I}_{1W}$ in *Gegenphase* zu $\underline{U}_1$, d.h. *Generatorbereich* mit $\beta > 0$ (vergl. Bild A-93 in Abschn. A.4.4.4).

Wie oben erläutert, bestimmt das Drehmoment die Wirkstromkomponente. Daraus kann abgeleitet werden, daß im *stabilen Betriebsbereich* eine Erhöhung des Drehmomentes eine Erhöhung des Wirkstromes und somit eine Vergrößerung des Betrages des *Lastwinkels* β zur Folge hat. Im *instabilen Bereich* reagiert die Maschine auf eine Erhöhung der Belastung (Lastmoment im Motorbetrieb oder elektrische Last im Generatorbetrieb), was jeweils einer Vergrößerung des Betrags von β gleichkommt, mit einer Erniedrigung von Wirkstrom und erzeugtem Moment. Diese Zusammenhänge können dem Ortsdiagramm (Bild A-94) entnommen werden. Das *Stabilitätskriterium*, d.h. die Bedingung für die Stabilität eines Arbeitspunktes, ist in Abschn. A.6.2.2 erklärt.

> *Beim* stabilen AP *zieht das Ständerfeld das Polrad hinter sich her.*
> *Beim* instabilen AP *schiebt das Ständerfeld das Polrad vor sich her.*
> *Die Stabilitätsgrenze liegt somit bei der Mittelsenkrechten* $|\beta| = 90°$.

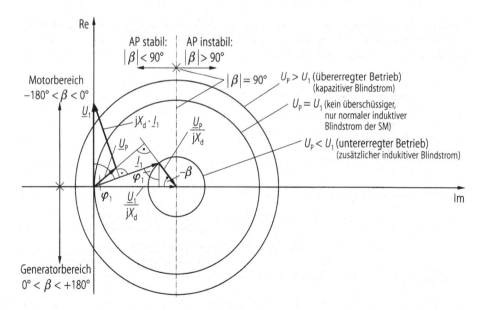

Bild A-94. Ortskurve mit den Bereichen Motor/Generator bzw. stabil/instabil

A.4.4.6
Drehmoment-Lastwinkel-Kennlinie

Aus der Stromortskurve (Bild A-94) entnimmt man für die Wirkkomponente I_{1W} des Ständerstromes $\underline{I}_1$:

$$\underline{I}_{1W} = \underline{I}_1 \cos \varphi_1 = -\frac{U_P}{X_d} \sin \beta \tag{A-66}$$

$I_{1W} > 0$, wenn $\beta < 0$ bzw. $I_{1W} < 0$, wenn $\beta > 0$: daraus folgt das Minuszeichen in Gl. (A-66).

Unter Vernachlässigung des ohmschen Widerstandes R_1 gilt nach Bild A-88a für den Kurzschlußstrom I_K:

$$\underline{I}_K = \frac{U_P}{X_d} \quad \text{und gemäß Gl. (A-66) für } \underline{I}_{1W} = \underline{I}_1 \cos \varphi_1 = -\underline{I}_K \sin \beta$$

Daraus folgt für die elektrische Wirkleistung:

$$P_{1W} = 3\underline{U}_1 \underline{I}_{1W} = 3U_1 I_1 \cos \varphi_1 = -3U_1 I_K \sin \beta$$

Näherungsweise ist die gesamte von der *SM* aufgenommene *elektrische Wirkleistung* P_{1W} gleich der von der *SM* erzeugten mechanischen Wirkleistung $P_m = P_{m,ab} + P_{Mot,Rbg} = 2\pi n \cdot M$. Daraus folgt näherungsweise für das von der *SM* entwickelte Drehmoment:

$$M \approx \frac{P_{1W}}{2\pi n_s} = \frac{-3U_1 I_K \sin \beta}{2\pi n_s} : \quad M = f(\sin\beta) \tag{A-67}$$

In Gl. (A-67) ist M eine Funktion des Lastwinkels β, da die anderen Größen Maschinen- bzw. Netzkonstanten sind. Die *Drehmoment-Lastwinkel-Kennlinie der SM* verläuft sinus-förmig über Lastwinkel β (Bild A-95).

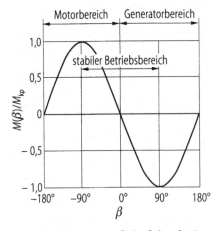

$M > 0$ Drehmoment der SM wirkt in Drehrichtung (Motorbetrieb)

$M < 0$ Drehmoment der SM wirkt in Gegendrehrichtung (Generator, Bremse)

Bild A-95. Drehmoment als Funktion des Lastwinkels β

A.4.4.7
Anlaufverfahren bei Synchronmaschinen

A.4.4.7.1
Synchronisierung von Synchrongeneratoren

Das Anlaufverfahren zum Hochfahren von *DS-SM* als *Generatoren* in großen Kraftwerken nennt man *Synchronisation*, da die Maschine erst im netzsynchronen Zustand *im Leerlauf*, d. h. *stromlos* an das *Verbundnetz* geschaltet werden darf. Die als *Dunkelschaltung* bekannte Synchronisierung ist detailliert in Abschn. A.4.4.3.2 und in Bild A-91 erläutert und dargestellt.

A.4.4.7.2
Anlauf von Synchronmotoren

Der Läufer von Synchronmaschinen ist im *Motorbetrieb* aufgrund seiner Massenträgheit meist nicht in der Lage, dem trägheitsfreien, deshalb sofort anlaufenden Ständerdrehfeld nach dem Einschalten aus dem Stillstand heraus zu folgen. Das bedeutet, der Synchronmotor darf während des Anlaufs nicht belastet sein. Deshalb muß die Drehzahl n des Läufers mit Unterstützung von außen oder mit eingebauten Hilfsmitteln zunächst in die Nähe der Synchrondrehzahl n_s gebracht werden. Dann *synchronisiert* sich der Motor selbständig, sobald der Lastwinkel $|\beta| < 90°$ beträgt, und er kann im Rahmen seines Leistungsvermögens belastet werden. Im Belastungsfall arbeitet der Synchronmotor also *synchron*, auch ohne die genannten Hilfsmittel. Ein anderer stabiler Arbeitspunkt ist, wie mehrfach erläutert, bei der *SM* nicht existenzfähig. Folgende Anlaufverfahren von Synchronmotoren sind üblich:

Anwurfmotor
Ein zusätzlicher, sogenannter *Anwurfmotor* bringt die *SM* in die Nähe ihrer synchronen Drehzahl. Dann synchronisiert sich der Synchronmotor automatisch und der Anwurfmotor kann wieder abgekoppelt werden.

Frequenzanlauf
Es gibt prinzipiell zwei technische Möglichkeiten/Varianten des *Frequenzanlaufs*. Beide beruhen auf der *Frequenzwandlung* bzw. *-steuerung*:

- *Mit Hilfe eines vorgeschalteten Asynchrongenerators am Netz (Frequenzwandlung)*: diese Methode ist veraltet, da die Frequenzwandlung immer mehr mit leistungselektronischen Mitteln (*Frequenzumrichter*, vergl. Abschn. A.4.2.5.6) realisiert wird. Bei der Varianten mit *ASM-Generator* wird dem Synchronmotor über den vorgelagerten Generator (vergl. Abschn. A.4.2.3.3) eine *Speisespannung variabler Frequenz* zugeführt. Die Frequenz wird über die mechanische Drehzahl bzw. den Schlupf des Generators kontinuierlich von null aus erhöht, der angeschlossene Synchronmotor kann hochlaufen.
- *Mit Hilfe moderner leistungselektronischer Umrichter* (Abschn. A.4.2.5.6 und A.4.2.1 mit Tab. A-10).

Asynchroner Anlauf mit zusätzlichem Läufer-Kurzschlußkäfig (Anlaufkäfig)
Hier handelt es sich während des Anlaufs um eine Kombination *Asynchron-Synchron-Betrieb*. Zu diesem Zweck besitzt der Läufer des Synchronmotors neben seinem Polrad einen zusätzlichen *Kurzschlußkäfig*, wie ein Asynchronmotor-Käfigläufer (Abschn.

A.4.2.2.5). Mit diesem integrierten Hilfsmittel läuft die *SM* wie eine *ASM* als *Induktions-bzw. Schlupfmaschine* hoch. Ist der Synchronbetrieb $n = n_s$ erreicht, werden aus bei der *ASM* (insbesondere in Abschn. A.4.2.3) behandelten Gründen in dem zusätzlichen Rotor-käfig keine Ströme mehr induziert. Der sogenannte *Anlaufkäfig* hat also im idealen syn-chronen Arbeitspunkt keine Funktion mehr. Er ist dann allerdings im positiven Sinne als Geschwindigkeits- oder Schwingungsdämpfer gegen Störschwankungen oder gegen angeregte Schwingungen wirksam. Im Synchronbetrieb können Pendelschwingungen um den normalen Arbeitspunkt auftreten, die dann im Kurzschlußkäfig des Läufers Ströme induzieren, die *schwingungsdämpfend* wirken, da sie Gegenmomente erzeugen.

Die Drehmoment-Drehzahl-Kennlinie ist vergleichbar mit der des *Reluktanzmotors* (Bild A-96 b).

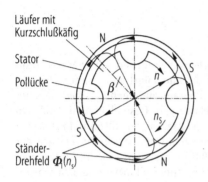

a Schnittbild und Drehfeld   b Drehmoment-Drehzahl-Kennlinie

Bild A-96a–b. Reluktanzmotor

A.4.4.8
Sonderbauarten von Synchronmotoren

A.4.4.8.1
Reluktanzmotor

Ständer des Reluktanzmotors
Der Reluktanzmotor hat einen Ständer mit Standard-Drehstromwicklung zur Erzeu-gung des Drehfeldes (Abschn. A.4.4.2.1 oder A.4.2.2.1 bis A.4.2.2.4).

Läufer des Reluktanzmotors
Der Läufer des Reluktanzmotors unterscheidet sich wesentlich vom Läufer einer Stan-dard-*DS-SM*, da er nicht als aktives *Polrad* mit Elektro- oder Permanentmagneten aus-gebildet ist. Er ist im Prinzip ein *Kurzschlußläufer*, der aber anders als bei der *ASM* stark ausgeprägte Pole besitzt (Bild A-96 a). *Reluktanz* ist der Widerstand gegen den magneti-schen Fluß.

Wirkungsweise, Hochlauf und Synchronbetrieb
Der Hochlauf erfolgt, wie in Abschn. A.4.4.7.2 beschrieben, *asynchron* über den Kurz-schlußkäfig. In der Nähe der Synchrondrehzahl geht der Motor unter korrekten Betriebsbedingungen (Einhaltung der Lastgrenzen) automatisch in den *Synchronbe-trieb* über. Dies ist die Folge der geometrischen *Aussparungen im Läufer-Weicheisenzy-linder*. Durch die Aussparungen (Pollücken in Bild A-96a) *bietet* der Läufer entlang sei-

nes Umfanges dem *Drehfeld* der mehrphasigen Ständerwicklung einen stark unterschiedlichen *magnetischen Widerstand (Reluktanz)* $R_{mag} = f(\varphi) = f(\omega \cdot t)$ an (zu R_{mag} s. Abschn. A.2.1.2 bis A.2.1.4). Das Drehfeld *sieht* also einen $R_{mag}(\omega \cdot t)$, der eine Abhängigkeit von der relativen Lage zwischen Läufer und Rotor aufweist. R_{mag} ist dann am geringsten, wenn die ausgeprägten Läufer-Polschuhe direkt den *Magnetpolen des Ständerdrehfeldes* gegenüberstehen (Luftspalt am kleinsten). Da der Läufer aus physikalischen Gründen ständig bestrebt ist, dem magnetischen Fluß $\Phi_1(n_s)$ des Ständers einen möglichst kleinen magnetischen Widerstand R_{mag} entgegenzusetzen, entwickelt er bei der geringsten Abweichung von der idealen Symmetrie sofort ein *Drehmoment*. Dieses ist als *Reaktionsmoment* bekannt, da der Motor mit diesem Drehmoment auf eine *äußere Last reagiert*, die den Läufer aus seiner idealen Lage bezüglich des Drehfeldes auslenkt. Man vergleiche in diesem Zusammenhang die Funktion des *Lastwinkels* β in Abschn. A.4.4.3 bis A.4.4.6. Durch diesen Aufbau bzw. Wirkungsweise stellt sich innerhalb bestimmter Lastgrenzen ein *stabiler synchroner Arbeitspunkt* ($n_{AP} = n_s$) mit einem Drehmoment $M_{AP}(\beta) = M_L$ ein (vergl. Bild A-95).

Drehmoment-Drehzahl-Kennlinie

Bild A-96b zeigt die $M(n)$-*Kennlinie* einer *Synchronmaschine* mit *asynchronem* Anlauf (d.h. mit *Anlaufkäfig*) im allgemeinen oder eines *Reluktanzmotors* im speziellen. Die Kennlinie ist wie folgt zu interpretieren:

- *An- und Hochlauf:* Bedingung: $M_{An} > M_L(n = 0)$: Ist das *Anlaufmoment* M_{An} größer als des *Lastmoment* M_L, läuft der Motor selbsttätig an und beschleunigt über das asynchrone *Kippmoment* M_{kp} seines Anlauf- bzw. Kurzschlußkäfigs bis zur *Synchronisierdrehzahl* n_{Sd} beim *Synchronmoment* M_S.
- *Synchronbetrieb:* Bedingung: $M_S > M_L(n_{Sd})$: Motor geht bei Erreichen der Synchronisierdrehzahl n_{Sd} automatisch und, wegen der Massenträgheit, relativ ruckfrei in den Synchronbetrieb mit $n = n_s$ über. Nach Erreichen des Synchronbetriebes kann er diesen permanent halten, solange $M_L < M_{Atf}$ bleibt. M_{Atf}: Außertrittfallmoment.
- *Stabiler Arbeitspunkt bei* $n = n_s$: Bedingung: $|\beta| < 90°$, d.h. $M_L < M_{Atf}$. Gemäß Bild A-94 oder Bild A-95 muß bei jeder Synchronmaschine der Betrag des Lastwinkels β permanent kleiner 90° sein, da ab 90° das Motormoment wieder abnimmt. Dann kann das Motormoment das Lastmoment nicht mehr halten und der Synchronmotor fällt *außer Tritt* (d.h. hier aus dem Synchronbetrieb). Das Motordrehmoment (bzw. Lastmoment), bei dem das passiert, nennt man *Außertrittfallmoment* M_{Atf}.
- *Außertrittfallen* bei $M_L > M_{Atf}$: Maschine kommt aus ihrem *Synchronismus* und fällt in den *asynchronen Betriebsbereich*, falls (wie hier beim *Reluktanzmotor*) ein Kurzschlußkäfig vorhanden ist. Dort verharrt er solange, bis entweder $M_L \leq M_S$ (Motor fällt wieder in den Synchronbetrieb zurück) oder $M_L > M_{kp}$ wird (Motor fällt dann völlig außer Tritt und bleibt stehen).

Wie aus Bild A-96b hervorgeht und zuvor beschrieben wurde, dient die *Kombination* (Überlagerung) des *synchronen* mit dem *asynchronen* Betrieb einerseits zum *selbsttätigen An/Hochlauf* in den Synchronbetrieb und andererseits zum *Abfangen* von so großen Laststörungen $+\Delta M_L$, daß der reine Synchron-Motor den Synchronbetrieb nicht mehr halten könnte. Durch die unterlagerte *asynchrone Betriebsweise* fällt der Motor dann nicht *völlig außer Tritt* und in den Stillstand, sondern zunächst in den *Schlupfbetrieb* (Abschn. A.4.2.3), wo er, im Gegensatz zum Synchronbetrieb, *flexibel* (d.h. mit entsprechenden Drehzahländerungen) auf Laständerungen reagieren kann. Das *Kippmoment* M_{kp} des asynchronen Teils der Kennlinie darf jedoch unter keinen Umständen überschritten werden, wenn das völlige Außertrittfallen vermieden werden soll.

Anwendungsbereich

Drehstrom-Reluktanzmotoren findet man im Leistungsbereich bis 15 kW. Im unteren
Bereich, unterhalb von wenigen 100 W erscheint er auch als *Einphasen-SM*. Anwendungen ergeben sich generell, wo konstante Geschwindigkeiten (synchroner Lauf)
erwünscht sind, aber bei Laststörungen kein abruptes *Umkippen* (Stillstand) in Kauf
genommen werden kann. Solche Bedingungen herrschen oft vor in Spinnereien, bei
Förderanlagen und Fertigungsstraßen.

A.4.4.8.2
Einphasensynchronmotor, Hysteresemotoren (EP-SM)

Auch *Synchronmaschinen* werden im unteren Leistungsbereich (wie die Asynchronmaschine) für den *Einphasen (EP)-Netzbetrieb* gebaut. Dabei gleichen sich die Ständer
von *EP-SM* und *EP-ASM* in ihrem prinzipiellen Aufbau. Die Unterschiede liegen (wie
bei den Drehstromversionen) in den Läufern. Für kleine und mittlere Leistungen eignet
sich eine Variante von Synchronmotoren, die wegen ihres hysteresebehafteten Rotor-
materials als *Hysteresemotoren* bezeichnet werden. Es werden auch Drehstrom-
Hysteresemotoren gebaut.

Ständer

Bei kleinen und Kleinstmotoren verwendet man die *Spaltpolausführung* (wie beim Ein-
phasenasynchronmotor in Abschn. A.4.3.4), sonst werden Kondensatorausführungen
eingesetzt (Abschn. A.4.3.2). Bei der Drehstromversion des Hysteresemotors hat der
Ständer eine Dreiphasen-Standardwicklung. Entscheidend für die Funktion ist bei allen
Varianten die Erzeugung eines Drehfeldes durch die Ständerwicklung.

Läufer

Der Rotorzylinder besteht aus *hartmagnetischem Werkstoff*. Nach Abschn. A.4.3, Tabelle
A-3 und Bild A-34 oder Abschn. A.2.1.2 bis A.2.1.4 besteht ein Hart- oder Dauermagnet
aus ferromagnetischem Material mit breiter Hysterese, z.B. Al-Ni-Co, Nm-Fe-B oder
Co-Sm (Aluminium-Nickel-Kobalt, Neodym-Fe-Bor bzw. Kobalt-Samarium) (s. Elektrotechnik für Maschinenbauer, Abschn. A.4.3, Tabelle A-3 und Bild A-34). Der Rotor enthält keine Wicklung, auch keinen Kurzschlußkäfig. Durch den hartmagnetischen Werkstoff hoher Remanenz B_R wird der Läufer durch das Drehfeld im Synchronlauf aufmagnetisiert und behält nach dem Abschalten seine Remanenz-Induktion (bleibender
Restmagnetismus oder Remanenz-Induktion B_R, s. Bild A-86c).

Synchroner Betrieb

Das rotierende Statordrehfeld prägt über den Luftspalt dem synchron mitdrehenden
Rotor an dessen Umfang Magnetpole (jeweils Gegenpole: Bild A-97a) auf. Dadurch wird
der Rotor zum *Permanentmagneten*, auf den das umlaufende Ständerdrehfeld ein
Moment ausübt (vergl. *DS-SM* in Abschn. A.4.4.3 bis A.4.4.6).

Asynchroner Betrieb

Wie beim *Reluktanzmotor* erläutert (Abschn. A.4.4.8.1 bzw. Bild A-96), dient die Kombination synchroner und asynchroner Betrieb einerseits zum *selbsttätigen An/Hochlauf*
in den Synchronbetrieb und andererseits zum *Abfangen* von großen Laststörungen
$+\Delta M_L$, ohne daß der Motor *umkippt*, d.h. stehenbleibt. Im *asynchronen* Betrieb werden
dem Rotor mit der Drehzahl $n < n_s$ in der gleichen Weise wie beim Synchronbetrieb mit
$n = n_s$ *Magnetpole* aufgeprägt, die sich jedoch als Folge des *Schlupfes s* zwischen Läufer
und Ständerdrehfeld *synchron* mit dem aufprägenden (primären) Ständerdrehfeld ent-

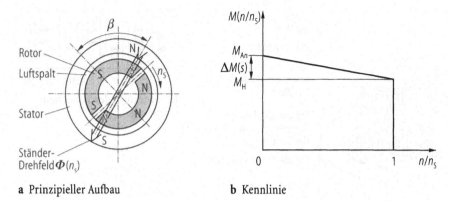

a Prinzipieller Aufbau   **b** Kennlinie

Bild A-97 a – b. Synchron-Hysteresemotor

lang des Läuferumfanges *bewegen*. Die aufgeprägten Läuferpole haben also im asynchronen Betriebsmodus eine Relativgeschwindigkeit $\Delta n = n_s - n = s \cdot n_s$ innerhalb des Läufers in Bezug auf den Läuferumfang. Aufgrund der breiten Hysterese (bzw. hohen *Koerzitivfeldstärke* $\pm H_C$) des Läufermaterials wird über den ganzen Drehzahlbereich immer das konstante *Hysteresemoment* M_H auf den Läufer ausgeübt. Zu diesem konstanten M_H kommt noch in Folge von Wirbelströmen ein dem Schlupf proportionales Zusatzmoment $\Delta M(s)$ hinzu. Durch diese sehr günstige Gesamtmoment-Drehzahl-Charakteristik werden diese Motoren in erster Linie für Geräte eingesetzt, wo bei Leistungen bis ca. 200 W relativ hohes Anlaufmoment, konstante Drehzahl im Arbeitspunkt und *kein Umkippen* bei Laststörungen, d. h. zuverlässiger und stabiler Betrieb erwünscht sind (Bild A-97 b).

A.4.4.8.3
Synchron-Kleinstmotoren

Ständer
Kleinstmotoren sind grundsätzlich *Einphasenmotoren*. Wie bei Abschn. A.4.4.8.2 ist der Ständer von Kleinstmotoren als *Spaltpol*- oder mit *Kondensatorhilfsphase* (vergl. Abschn. A.4.3.2 bis A.4.3.4) ausgeführt. Es gibt Versionen mit mehreren Polpaaren. Das wird erreicht durch entsprechend viele Spaltpole im Stator (Bild A-98 a/b) und entsprechend viele Klauenpole im Rotor (Bild A-98 c/d).

Läufer
Polrad mit Permanentmagnet und beispielsweise mit *Klauenpolen*, um die erforderliche Anzahl von Polpaaren zu erzielen. Der Rotor benötigt prinzipiell gleich viele Pole wie der Stator (Bild A-98).

Wirkungsweise und Einsatzgebiete
Durch die einphasige Ständerwicklung werden die Magnetpole der beiden Statorhälften in jeder Netzperiode zweimal ummagnetisiert. Dabei entsteht in Folge der *Spaltpole mit Kurzschlußringen* (Abschn. A.4.3.4) ein *elliptisches Drehfeld*, dem der Rotor im synchronen Betrieb folgt. Hochlauf und Stabilisierung im Arbeitspunkt erfolgen auch hier (vergl. Abschn. A.4.4.8.1 und A.4.4.8.2) *asynchron* durch die *Wirbelströme* in den Klauenblechen des Läufers. Die Kennlinie entspricht etwa der in Bild A-97 b). Damit haben

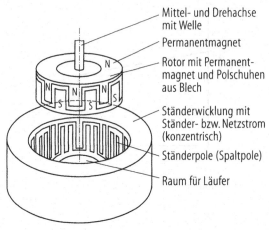

Mittel- und Drehachse mit Welle

Permanentmagnet

Rotor mit Permanentmagnet und Polschuhen aus Blech

Ständerwicklung mit Ständer- bzw. Netzstrom (konzentrisch)

Ständerpole (Spaltpole)

Raum für Läufer

a Aufbau Stator von Synchron-Kleinstmotoren

Spaltpole mit Kurzschlußringen

b Abwicklung des Ständerpolumfangs

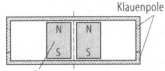

Klauenpole

Permanentmagnet (erzeugt alle erforderlichen Polpaare des Läufers)

c Aufbau Rotor von Synchron-Kleinstmotoren

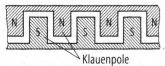

Klauenpole

Bild A-98a–d. Synchron-Kleinstmotoren

d Abwicklung des Läuferumfangs

diese Kleinstmotoren vergleichbar gute Eigenschaften wie in Abschn. A.4.4.8.2 beschrieben. Sie werden in einfachen, ungeregelten Anwendungen beispielsweise bei Uhren, bei kleinen schreibenden Registriergeräten, wo es auf konstanten Papiervorschub ankommt, in der *EDV-* bzw. Kommunikationstechnik, im Modell- und Kleinspielzeugbau sowie für Programmschalter und Steuergeräte für Wasch- und Spülmaschinen usw. eingesetzt.

A.4.5
Universalmotoren für Gleich- und Wechselstrombetrieb

A.4.5.1
Aufbau und Einsatzgebiete

Neben Einphasenasynchron- und Einphasensynchronmaschinen (Abschn. A.4.3 bzw. A.4.4.8), die mit normalem Wechselstrom aus der Steckdose betrieben werden, gibt es auch sogenannte *Universalmotoren* für den Anschluß an die Steckdose, d.h. an das 230 V/50 Hz-Wechselstromnetz. Ihrem Aufbau nach sind Universalmotoren *Gleichstrom-Reihenschluß-Maschinen* (*GS-RSM*), also mit Kommutator und Bürsten, die *universell* eingesetzt werden können, d.h. im Gleich- oder im Wechselstrombetrieb. Der prinzipielle Aufbau der *GS-RSM* kann Abschn. A.4.1.2.2, das Funktionsprinzip Abschn. A.4.1.2.3, die Reihenschlußschaltung Abschn. A.4.1.3.1 oder A.4.1.3.3 und die Betriebskennlinien Abschn. A.4.1.7.1 entnommen werden.

Der Stator des Universalmotors ist ein Weicheisen-Blechpaket, d.h. lamelliert (geschichtet und isoliert) zur Vermeidung von Wirbelströmen. Er ist mit einer meist zweipoligen Feldspule, bestehend aus zwei Teilwicklungen um die zwei ausgeprägten

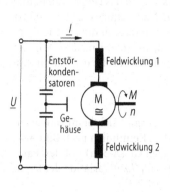

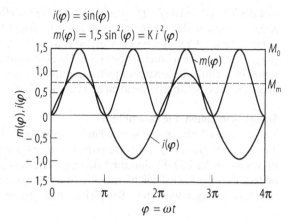

$$i(\varphi) = \sin(\varphi)$$
$$m(\varphi) = 1{,}5\sin^2(\varphi) = K\,i^2(\varphi)$$

$\varphi = \omega t$

a Schaltung mit Entstörung

b Zeitdiagramme $I(t)$ und $M(t)$: $M = K\,I^2$
(Konstante $K = 1{,}5$ Nm/A^2)

Bild A-99a–b. Universalmotor für Gleich- und Wechselstrom

Polschuhe auf beiden Seiten des Ankers, ausgestattet. Der Stator ist jedoch normalerweise *unkompensiert*, d.h. er enthält keine Kompensations- und Wendepolwicklungen zur Vermeidung der Ankerstromrückwirkung (s. Abschn. A.4.1.2.5). Die zweiseitige Feldwicklung (Feldspule, Erregerwicklung) ist nach Bild A-99a symmetrisch zum Anker geschaltet (nicht nur *geometrisch*, sondern auch *elektrisch*). Durch die Symmetrie können die hohen Frequenzen des Bürstenfeuers der unkompensierten Maschine besser entstört werden (s. Entstörkondensatoren in Bild A-99a, vergl. Abschn. A.4.1.3.1 mit Bild A-25).

Der Einsatz des Universalmotors erfolgt für hohe Leistungen als Antriebsmaschine im Sektor der mit $16^2/_3$ Hz oder 50 Hz betriebenen Oberleitungsbahnen. Im unteren Leistungsbereich (bis wenige kW) kann der Universalmotor mit einem relativ (bezüglich seiner Leistung) leichten Gewicht gebaut werden und eignet sich deshalb für portable Geräte, wie motorisierte Werkzeuge (z.B. Handbohrmaschine, Handschleifer) oder im Haushalt für tragbare Staubsauger und Handrührgeräte. Weil diese Geräte ohnehin keine besonders hohe Lebensdauer haben und während ihrer Arbeit ohnehin laut sind, werden die typischen Nachteile des Universalmotors wie Bürstenverschleiß und hohe Geräuschentwicklung (s. Abschn. A.4.5.2) in Kauf genommen.

A.4.5.2
Funktionsweise als Wechselstrommotor und Betriebskennlinien

Erzeugung des Motor-Drehmomentes
Bei der Gleichstrom-Reihenschlußmaschine (Abschn. A.4.1.7.1, Gl. (A-34b)) verhält sich das entwickelte Drehmoment proportional zum Quadrat des Stromes: $M \sim I^2$. Wird die *RSM* nun nicht mit Gleich- sondern mit Wechselspannung bzw. -strom beaufschlagt, erhält man mit einem Strom $i(t) = I_0 \cdot \sin(\omega \cdot t) = I_0 \cdot \sin(2\pi \cdot f_N \cdot t)$ wegen dieser quadratischen Abhängigkeit ein *pulsierendes* Motormoment:

$$M(t) = M_0 \cdot \sin^2(2\pi \cdot f_N \cdot t) = M_0/2 \cdot (1 - \cos(4\pi \cdot f_N \cdot t)) = \bar{M}(1 - \cos(4\pi \cdot f_N \cdot t))$$

(mit M_0: Amplitude und $\bar{M}$: Mittelwert des pulsierenden Moments und $f_N = 50$ Hz: Netzfrequenz).

Wie der Term $\cos(4\pi \cdot f_N \cdot t) = \cos(2\omega_N t)$ erkennen läßt (s. hierzu das Diagramm in Bild A-99b), pulsiert das Motormoment mit der doppelten Netzfrequenz $2 f_N = 100$ Hz (wegen: $2\omega_N = 4\pi \cdot f_N$) um den Mittelwert $\bar{M} = {}^1/_2\, M_0$, aber immer in die gleiche Richtung. Es erzeugt dabei mechanische 100 Hz-Schwingungen, die unter Umständen in der Arbeitsmaschine Resonanzfrequenzen anregen und dadurch Probleme, zumindest unangenehme Geräusche verursachen können.

Betriebskennlinien mit Parametern

Wegen seines Aufbaus und seiner Funktionsweise als *RSM*, ergibt sich beim Universalmotor die gleiche $n(M)$-*Charakteristik* wie beim *GS-RSM* (s. Kennlinien nach Bild A-44 in Abschn. A.4.1.7.1). Es sind die bekannten Hyperbeln nach Gl. (A-35a) mit den Parametern U_{KI} oder R. Zusätzlich kann noch der Erregergrad $e = I_E/I$ zur Variation der Drehzahl herangezogen werden (s. Beispiel A-3h in Abschn. A.4.1.7.2).

A.4.5.3
Variation und Steuerung/Regelung der Drehzahl

Mit den parametrisierten Kennlinien nach Abschn. A.4.5.2 bzw. A.4.1.7.1 sind generell alle Steuerungs- und Regelungsmethoden für die Drehzahl wie bei der *GS-RSM* möglich und werden auch angewendet. Bevorzugt wird jedoch die Spannungsvariation nach Kennlinie in Bild A-44a (Spannungsabsenkung). In moderneren, elektrisch betriebenen Werkzeugen wird die Spannungssteuerung mit leistungselektronischen Schaltungen (Triac-, Transistor- oder Thyristorsteuerungen) realisiert. Will man die Drehzahl jedoch erhöhen, z.B. in hochdrehenden Haushaltrührgeräten (Mixer), bedient man sich der Reduktion des *Erregergrades e* (Abschn. A.4.5.2) durch Verschiebung der Feldspulenanzapfung im Stator oder durch einen Parallelwiderstand (R_p in Bild A-16b). Diese *Feldschwächung* ist im Berechnungsbeispiel A-3, Aufgabe h) im Abschn. A.4.1.7.2 behandelt. Universalmotoren gibt es als hochdrehende Typen bis etwa 28 000 min^{-1}. Die Leistung kommt dann aus der hohen Drehzahl.

A.5
Sonderausführungen für steuer/regelbare Antriebe (Servoantriebe)

Flexible *Automatisierungssysteme* sind komplexe Systeme mit elektronischen Steuerungen und Regelungen. Die Elektronik wird zunehmend mit *Computern* ausgestattet, die *komplexere Steuer-, Regel- und Überwachungs-Aufgaben* übernehmen. Oft sind die *Rechnerterminals* gleichzeitig *Benutzerschnittstelle* und *Bedienoberfläche*. Solche Systeme stellen immer höhere Anforderungen an die *Antriebe*, die in diesen Applikationen konsequenterweise steuerbar und regelbar sind und deshalb als *Servoantriebe* bezeichnet werden.

Tabelle A-23 gibt einen groben Überblick über *Servomaschinen* für *Servoantriebe*.

Wenn früher *konventionelle Mechanismen* wie beispielsweise Kurbelwellen und Nocken, Räderwerke und Hebel-Transmissionen den Betriebsablauf einer Maschine bestimmten, so wird heute die *Ablaufsequenz* auch einfacherer Geräte (z.B. das einzelne Waschprogramm und das ganze Programm-Menue einer Waschmaschine) zunehmend *Rechnern in Kombination mit Servoantrieben* übertragen. Drehzahlvariable *Servomotoren* führen dabei kontrollierte Bewegungsabläufe mit ganz definierten Beschleunigungs- und Geschwindigkeits-Profilen (Geschwindigkeit-Zeitkurve) und Positionierungen (Lageregelungen) durch (Bild A-40a).

Tabelle A-23. Überblick Servoantriebsmotoren

Ansteuerungsart	Variante	Kommutierung	Einsatz bzw. Sonstiges
Gleichstromansteuerung	Scheibenläufer	bürstenkommutiert	Abschn. A.5.1.1
	Torquemotor	bürstenkommutiert	Abschn. A.5.1.2.1 bis 3
	Torque/Synchronmotor	bürstenlos	Abschn. A.5.1.2.4
	Elektronikmotor	bürstenlos/sinus-kommutiert	Abschn. A.5.1.3
	Glockenankermotor	bürstenkommutiert	Abschn. A.5.1.4
	Linearmotor	bürstenlos	beschränkter
		Abschn. A.5.2.5	Bew.-Bereich
Pulsansteuerung	Standard-Schrittmotor (Abschn. A.5.4)		
	Schrittmotor mit hochauflösender elektronischer Interpolation (*Mikroschrittbetrieb*)		
Umrichtergesteuert	Asynchronmaschinen (Dreh- und Einphasen-*ASM*)		
	Synchronmaschinen (Dreh- und Einphasen-*SM*)		
	Reluktanzmotoren (Dreh- und Einphasenversion)		
Digitalsteuerung	Piezoaktoren (*Piezo-Walk-Drive*) (Abschn. A.5.3)		

A.5.1
Gleichstromgesteuerte Servoantriebe

A.5.1.1
Permanenterregte, bürstenkommutierte Scheibenläufermaschinen

A.5.1.1.1
Funktionsprinzip und Aufbau

Bild A-100a zeigt eine Schnittzeichnung eines zerlegten *Scheibenläufers*, Bild A-100b das Experiment eines Linearmotors von *Laplace* und Bild A-100c das *Barlow'sche Prinzip*, nach dem der Scheibenläufer aufgebaut ist. Das *Barlow'sche Experiment* besteht aus einem einfachen Aufbau auf einer Isolationsgrundplatte. Eine massive Aluminiumscheibe als Rotor mit einer leitenden Welle, die auf zwei einfachen metallischen Lagerböcken gelagert ist, wird von einem Hufeisenmagneten durchflutet. Eine Batterie liefert Strom an den Stromkreis, bestehend aus zwei Lagerböcken, Welle und Aluscheibe. Der Strom wird durch ein Quecksilberbad in der Grundplatte von der Aluscheibe abgegriffen und über einen Draht zur Batterie zurückgeführt. Dieser *Ankerstrom* fließt unabhängig von der Bewegung der Aluscheibe immer zwischen Welle und Quecksilberbad senkrecht nach unten und verknüpft sich mit dem *Magnetfeld des Hufeisenmagneten*, so daß die dabei erzeugte Kraft nach der *Rechte-Hand-Regel* (Abschn. A.2.2.2) die Scheibe antreibt. Auf diesem *Prinzip* beruht die Konstruktion einer *permanenterregten GS-Scheibenläufermaschine*:

- *Scheibenförmiger* und *eisenloser Rotor* mit beidseitig strahlenförmiger Anordnung von Leiterzügen aus *blanken Kupferleitern* als *Ankerwicklung*. In den meisten Fällen besteht der Rotor aus einer kupferkaschierten Pertinaxscheibe, bei der die Leiterbahnen gestanzt oder photolithographisch durch Ätzen hergestellt werden.
- Den Kupferleitern wird am Innenradius der Scheibe der Gleichstrom über Bürsten zugeführt. Somit enthält die Scheibe neben der *Ankerwicklung* gleichzeitig die *Kol-*

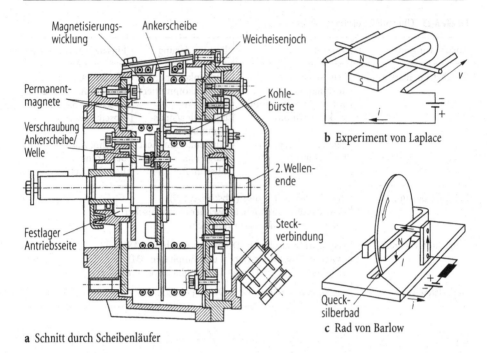

a Schnitt durch Scheibenläufer

b Experiment von Laplace

c Rad von Barlow

Bild A-100a–c. Scheibenläufer und Prinzip (Werkfoto ABB)

lektorsegmente des Kommutators. Die Rotorscheibe ist gleichzeitig Ankerwicklung und Kommutator.

- Je nach Maschinentyp hat der scheibenförmige Anker 4 bis 8 voneinander isolierte Kupferschichten oder -folien mit ausgestanzten oder herausgeätzten Leiterzügen, die durch entsprechende Verschweißung der Enden (Zinnen am Außenradius) eine durchgehende Ankerwicklung bilden. Bei leistungsschwachen Motoren und bei Tachogeneratoren werden die Ankerscheiben wie *gedruckte Leiterplatten* nach dem *fotolithographischen Multi-Layer-Verfahren* (Mehrlagenverfahren) hergestellt.
- Der Bürstenring schleift direkt am Innenradius der Rotorscheibe, so daß auf separate Schleifringkörper (Kollektor) verzichtet werden kann.
- Aufgrund der strahlenförmigen Leiterführung auf der Rotorscheibe fließt der Strom radial von der Bürste am Innenradius nach außen. Dort wird er über die Zinnen auf die andere Seite der Leiterscheibe geführt, wodurch sich die fortlaufende Ankerwicklung ergibt.
- Das von bis zu 10 Polpaaren aus Permanentmagneten (Al-Ni-Co-Gußlegierung) gebildete homogene Erregermagnetfeld des Stators breitet sich axial im Innern der Maschine aus, d.h. es steht senkrecht auf der Läuferscheibe. Dabei sind die Stator-Dauermagnetpaare auf beiden Seiten der Rotorscheibe axial an den Stirnseiten des Innengehäuses angeordnet und stehen sich somit direkt gegenüber: auf der einen Seite die *N*-, auf der anderen die *S*-Pole. Die Magnetfelder werden über das ferromagnetische Gehäuse rückgeschlossen.
- Durch diese Anordnung wirkt auf jeden der stromführenden Kupferleiter eine Kraft $F = B \cdot l \cdot I$, so daß sich die Rotorscheibe dreht (Wirkprinzip des *Barlow'schen Rades*, Bild A-100c).

A.5.1.1.2
Formeln und Kennlinien

Durch seinen Aufbau und sein Funktionsprinzip verhält sich der *Scheibenläufer* wie eine hochwertige *GS-Nebenschlußmaschine*. Er zeichnet sich durch sehr konstante Maschinenkonstanten aus, d.h. er hat besonders lineare Kennlinien. Somit ist er gut geeignet für Regelungen und Steuerungen (*Servotechnik*).

Maschinenkonstanten sind wie bei der *GS-NSM* (Abschn. A.4.1.2.4 und A.4.1.6.2) die

- *Spannungskonstante:* $K_1 = K_{EMK} = k_1 \, \Phi_{EN} = U_{0N}/n_N$ [V/1000 min^{-1}]
- *Drehmomentenkonstante:* $K_2 = K_M = k_2 \, \Phi_{EN} = M_N/I_N$ [Nm/A] = C

Führt man anstatt der Drehzahl n in min^{-1} die *Winkelgeschwindigkeit* ω in rad/s ein, so sind Spannungs- und Drehmomentenkonstante gleich, nämlich C:

$C = U_{0N}/\omega_N$ [V/rad/s = Vs/rad = Vs] $= M_N/I_N$ [Nm/A = Ws/A = VAs/A = Vs].
(M_N: vom Motor erzeugtes Drehmoment).

Somit empfiehlt sich (wie in der angloamerikanischen Literatur üblich), mit der Winkelgeschwindigkeit ω anstatt n zu rechnen.

Der Umrechnungsfaktor lautet: rad/s = 60/2π min^{-1} = 9,5493 min^{-1}.

Damit lautet die $n(M, U)$- bzw. die $\omega(M, U)$-*Funktion*:

$$n(M, U) = \frac{U_{KL}}{K_1} - \frac{R_{Ai} + R_{AL}}{K_1 \, K_2} M \quad \text{bzw.:} \quad \omega(M, U) = \frac{U_{KL}}{C} - \frac{R_{Ai} + R_{AL}}{C^2} M \qquad \text{(A-68)}$$

(M ist das von der Maschine erzeugte Drehmoment)   (vergl. Gl. (A-27))

Das an der Motorwelle verfügbare (d.h. im *AP* von der Arbeitsmaschine geforderte und vom Motor abgegebene Drehmoment $M_{M,ab} = M_L$) ergibt sich aus dem erzeugten Moment M abzüglich des internen Verlustmomentes M_V bei der Betriebsdrehzahl n_{AP}:

$M_{L,AP} = M_{AP} - M_{V,AP}$ (mit $M_{AP} = K_M \, I_{AP} = C \, I_{AP}$).

Das Verlustmoment M_V besteht aus dem weitgehend drehzahlunabhängigen *Motor-Reibmoment* M_{MR} und dem drehzahlabhängigen *Dämpfungs-Drehmoment* $M_D = K_D \, n \cdot 10^{-3}$ Nm. $M_V = M_{MR} + M_D = M_{MR} + K_D \, n \cdot 10^{-3}$ Nm (K_D Dämpfungskonstante).

Dämpfungskonstante
Eine weitere Maschinenkonstante, die *Dämpfungskonstante* K_D, beschreibt die drehzahlabhängigen Verluste:

$K_D = \Delta M/\Delta n$. Das sind elektrische *Wirbelstromverluste* und *viskose Reibungsverluste*. Die Einheit von K_D ist Nm/(10^3 min^{-1}).

Betriebsbereiche
Bild A-101 zeigt den für Scheibenläufer typischen Verlauf der Grenz-Kennlinie $M_{ab}(n)$, *abgegebenes* (nicht *erzeugtes*) Drehmoment in Abhängigkeit von der Drehzahl. Die untere Kennlinie gilt für eigenbelüfteten Betrieb, während die obere *Kennlinie* die zulässigen Bereichsgrenzen mit Fremdbelüftung (mit eingebautem Ventilator) darstellt. Im Bereich A'-A ist das Nennmoment M_N (im Nennbetrieb abgegebenes Drehmoment) im

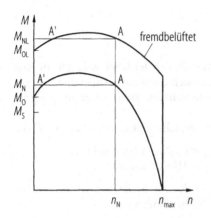

A und A'   Arbeitspunkte
M_N Nenndrehmoment bei Schutzart IP 44
M_{NL} Nenndrehmoment bei IP23
M_0 theoretisches Stillstandsdrehmoment
M_{OL} theoretisches Stillstandsmoment bei
           Fremdbelüftung
M_S statisches Stillstandsmoment (< 1 min^{-1})

Das Nenndrehmoment M_N ergibt sich aus dem erzeugten
Drehmoment M abzüglich der Verlustmomente M_V bei n_N

$$M_N = M - M_V.$$

Das erzeugte Drehmoment M ist dem Ankerstrom I proportional. Die Drehmomentenkonstante K_M umfaßt die
Maschinenkonstante, die magnetische Flußstärke und die
wirksame Leiterlänge

$$M = K_M I.$$

Das Verlustdrehmoment M_V besteht aus dem drehzahlunabhängigen Reibungsdrehmoment M_R und dem drehzahlabhängigen Dämpfungsdrehmoment $M_D = K_D \, n \, 10^{-3}$

$$M_V = M_R + M_D.$$

Somit gilt für das Nenndrehmoment M_N bei der Nenndrehzahl n_N

$$M_N = K_M I_N - (M_R + M_D) = K_M I_N - (M_R + K_D n_N 10^{-3}).$$

M_N Nenndrehmoment in Nm
M vom Motor erzeugtes Drehmoment M_{erz} in Nm
K_M Drehmomentkonstante in Nm/A
K_D Dämpfungskonstante in Nm/10^3 min^{-1}
M_R Reibungsmoment des Motors in Nm
M_V gesamtes Verlustmoment des Motors in Nm
I_N Nennstrom in A
n_N Nenndrehzahl in min^{-1}

Bild A-101 Scheibenläufer Drehzahl-Drehmomentenbereiche (eigen- und fremdbelüftet)
(Werkfoto ABB)

Dauerbetrieb an der Motorwelle verfügbar. Oberhalb n_N erfordern größere n-abhängige
Verluste eine deutliche Momentenreduzierung. Die senkrechte Linie bei n_{max} ist die
Grenzbelastung des Lagers bezüglich Geschwindigkeit, bedingt durch die Zentrifugal-
kraft (Abschn. A.4.1.8). Bei n_{max} muß man bereits eine eingeschränkte Lebensdauer in
Kauf nehmen. Es empfiehlt sich, bei Dauerbetrieb im Bereich $n > n_N$ den Motorlieferan-
ten zu fragen.

Regelungsfaktor
Zur Beurteilung, inwieweit die Maschine als Servomotor geeignet ist, und als Maß für
die Steifigkeit eignet sich der *Regelfaktor*. Der Regelfaktor K_N [min^{-1}/Nm] gibt an,
welche Drehzahländerung $\pm \Delta n$ durch eine differentielle (zusätzliche) Belastung $\pm \Delta M$
an der Motorwelle im Arbeitspunkt (*AP*) ausgelöst wird, bei konstanter Motorspannung
und ohne äußere Regelung (Bild A-102). Zwischen Regelungsfaktor und den übrigen
Motorkonstanten besteht folgende Beziehung:

$$K_N = 10^3 \frac{R_A}{K_E K_M + K_D R_A}$$

K_E: Spannungskonstante; K_M: Drehmomentenkonstante;

K_D: Dämpfungskonstante; R_A: Ankerkreiswiderstand

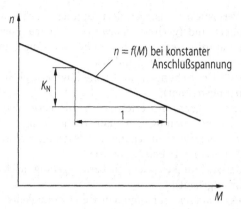

Der Regelungsfaktor K_N gibt die Drehzahländerung an für eine
zusätzliche äußere Belastung an der Welle bei konstanter Motor-
anschlußspannung. Er wird ausgedrückt durch die Gerade $n = f(M)$

Bild A-102. Definition Regelfaktor

A.5.1.1.3
Besondere Eigenschaften und Vorteile

Auf diesen Grundlagen beruhen folgende herausragenden Eigenschaften und Vorteile
der *Scheibenläufermaschinen* gegenüber *klassischen GS-Maschinen*:

- *hohe Dynamik* durch geringes *Massenträgheitsmoment* (ca. 4% klassischer GS-Motoren) und damit sehr geringe *mechanische Zeitkonstante* T_{mech} (oder nur T_m) im
  Bereich von 5–15 ms (Dynamik in Abschn. A.6.3.4.2);
- durch das Fehlen des Eisens im Anker wird nicht nur das Gewicht des Rotors (*Trägheitsmoment*), sondern auch die *Anker-Induktivität* verringert. Die dadurch bedingte
  kleine *elektrische Zeitkonstante* T_{el} ermöglicht einen schnellen Stromanstieg (Dynamik in Abschn. A.6.3.4.2);
- deshalb sind kurzzeitige und hohe Impulsströme bzw. *Impulsdrehmomente* zum
  Beschleunigen und Bremsen möglich, die zusätzlich die Dynamik erhöhen;
- das abgegebene Drehmoment paßt sich sehr gleichmäßig der angehängten mechanischen Last (Reibung, Viskosität und Beschleunigung) an;
- gleichförmiger Rundlauf (*Gleichlauf*) von schleichenden Drehzahlen $<0{,}1$ min^{-1} bis
  zu mehreren 1000 min^{-1};
- große *Regelbereiche* und *Regelfaktoren* mit speziellen am Markt verfügbaren Regler-
  systemen erzielbar (z.B. mit *AXODYN-Drehzahlreglern*). Man spricht dann von *Servosystemen*;
- hohes *Auflösungsvermögen* (Einzelschritte von Bruchteilen eines Grades an Motorwelle möglich),
- geeignet für definiertes Positionieren, beispielsweise mit *Positionsregelsystem
  AXUMERIK* für translatorische (über Spindeln) und rotatorische Lageregelungen;
- lange *Bürsten-Stillstandszeiten* ohne Probleme möglich, aufgrund absolut funken-
  freier Kommutierung (d.h. lange wartungsfreie Betriebszeiten). Bürstenfeuer kann
  nämlich im Stillstand wegen der Oberflächenkorrosion (Abbrandstaub) zu einem
  sehr hohen Übergangswiderstand und somit zum Funktionsausfall führen. Hier
  werden die Bürsten praktisch nur mechanisch beansprucht;

- die Abstrahlungsfläche für die Verlustwärme ist geradezu optimal, nachdem die Ankerleiterzüge flach und unisoliert sind (geringer *thermischer Übergangswiderstand* $R_{th} = \Delta\vartheta/P_V$ in °C/W: Temperaturdifferenz zwischen Anker und Umgebung in °C pro Watt Verlustleistung) (wird in Abschn. A.7 behandelt);
- *hohe Lebensdauer* ($6 \cdot 10^8$ bis $8 \cdot 10^8$ Umdrehungen) und hohe Zuverlässigkeit (Betriebssicherheit, weitgehende Wartungsfreiheit);
- keine zusätzliche Feldversorgung (Erregerstrom) erforderlich. Die Permanentmagnete versorgen den Anker mit einem sehr homogenen magnetischen Fluß;
- Erweiterungsmöglichkeiten durch integrierte mechanische/elektromechanische/-optronische Komponenten (Abschn. A.5.1.1.4), beispielsweise:
  - *Tachogenerator* zur analogen Geschwindigkeitsmessung bzw. -regelung (nach dem gleichen Scheibenläuferprinzip aufgebaut);
  - *inkrementaler Weg-* oder *Winkelkodierer* (zur digitalen Geschwindigkeits- und Lageregelung);
  - elektromagnetische *Haltebremse*, stoppt die Maschine bei Abschalten oder Ausfall des Stromes;
  - *Lüfter* zur besseren Wärmeabfuhr (Erhöhung der Motorleistung, s. Bild A-101);
  - eingebaute (*integrierte*) *Getriebe* großer Auswahl zur genauen Anpassung an die Dreh- und Trägheitsmomente bzw. Drehzahlen der *Arbeitsmaschine* (Abschn. A.6.3.2);
  - *Kupplungen* zwischen den verschiedenen Komponenten, falls erforderlich. Aus Steifigkeitsgründen (Dynamik) ist es jedoch besser, wenn man konstruktiv auf Kupplungen verzichten kann.

A.5.1.1.4
Scheibenläufer-Antriebspakete

Mit diesen besonderen Eigenschaften eignen sich *Scheibenläufer* in hohem Maße für *Servosysteme*. Deshalb bieten viele Elektronik- oder Antriebsfirmen vollständige und anwendungsspezifische *Servoantriebssysteme* als komplette *Antriebspakete* an. Diese umfassen neben den *elektromechanischen* und *optronischen Antriebsbaueinheiten* auch die geeigneten *elektronischen Steuer- und Regelgeräte*, die immer mehr mit Computern ausgerüstet sind. Die *Antriebsbaugruppen* enthalten (Beispiel in Bild A-103) die in Abschn. A.5.1.1.3 angegebenen Komponenten Motor, Tacho, Bremse, Kupplung und Winkelkodierer oder Inkrementalgeber (Winkelschrittgeber), gegebenenfalls auch Lüfter und Getriebe, und sind direkt (*stationär*) in die mechanische Struktur der Arbeitsmaschine integriert. Bild A-103 zeigt eine geöffnete Antriebsgruppe, bestehend aus

- Gehäuse, Lager und Halterungen;
- erstes Scheibenläufersystem als Motor (Aktuator);
- zweites Scheibenläufersystem als Tachometer (Tacho bzw. Sensor) zur Messung der Drehzahl für den unterlagerten analogen Geschwindigkeits-Regelkreis. Der Tacho ist mechanisch starr mit der Motorwelle verbunden, magnetisch und elektrisch jedoch völlig entkoppelt (autonom);
- inkrementaler Winkelgeber im hinteren Anbau (Glasscheibe mit hochauflösender Teilung und zwei phasenversetzten Lichtschranken zur Erzeugung von inkrementalen Schrittimpulsen und dem Richtungssignal). Er dient als Sensor für den überlagerten digitalen Regelkreis zur Positionierung (Bild A-40a);
- Kupplung zwischen Winkelgeber und Tacho.

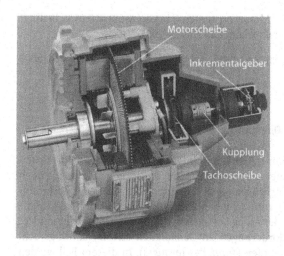

Bild A-103. Beispiel einer kompakten Scheibenläufer-Antriebsbaugruppe (Werkfoto ABB)

Derartige *Antriebspakete* ermöglichen sehr kompakte, anwendungsspezifische, d.h. zweckmäßige und kostengünstige Maschinen-Konstruktionen. Durch die internen *starren Achskopplungen* von Motor und Tacho (nicht über Kupplungen) werden *Torsionsschwingungen* vermieden, was zu einer Optimierung der dynamischen und statischen Regeleigenschaften (Steifigkeit, Stabilität und Bandbreite, bzw. Auflösung und Genauigkeit) führt.

A.5.1.1.5
Anwendungsbereiche

Scheibenläufer findet man, wie in Abschn. A.5.1.1.4 bereits erläutert, in hochdynamischen *Servoantriebssystemen* mit großem Drehzahlstellbereich und hochauflösenden Positionierungen. Sie sind deshalb hervorragend geeignet für Vorschub- und Stellantriebe, beispielsweise in Laborgeräten, Werkzeugmaschinen, Transferstraßen, Druckmaschinen, Transportanlagen, Manipulatoren, Industrieroboter und Meßmaschinen.

A.5.1.1.6
Datenblätter und Auswahl von Scheibenläufertypen

Das Motor-Leistungs-Spektrum reicht von 0,1 kW bis 7,2 kW Nennleistung bzw. < 1 Nm bis 40 Nm. Das Impulsdrehmoment (aus thermischen Gründen nur kurzzeitig zulässig) geht bis 115 Nm. Der Drehzahlbereich reicht bis etwa 6000 min^{-1}. Die mechanischen Zeitkonstanten T_m liegen zwischen 2,5 ms und 40 ms (s. Abschn. A.6.3.4.2). Das Gewicht reicht von 1 kg (bei 70 W) bis zu 35 kg (bei 7,2 kW). Die Nennspannung geht von 20 V bis 180 V, der Nennstrom von 6 A bis 52 A.

Die *Scheibenläufer-Tachometer* (z.B. AXOMETER) bilden die ideale Ergänzung zu den Scheibenläufermotoren. Sie zeichnen sich durch ein besonders kleines Rotor-Trägheitsmoment aus. Die wichtigsten Vorteile gegenüber konventionellen Tachogeneratoren bestehen jedoch in der

- *geringen Welligkeit* der abgegebenen Tachospannung (Abschn. A.4.1.2.1 und A.4.1.6.1),
- *geringen Ausgangsimpedanz* (Innenwiderstand ca. 1 Ohm) und

- *kleinen Linearitätsabweichung* der Motorkonstanten C in Gl. (A-68): < 0,05 %, bedingt durch hohe Polzahl und viele Kollektorlamellen (bis zu 158).

Übliche bürstenbehaftete Scheibenläufertachos gibt es bis zu *Drehzahlen* von 5000 min^{-1}.

A.5.1.2
Drehmoment-(Torque-)Motoren für Direktantriebe

Der *Torque-* oder *Drehmoment-Motor* (auch *Langsamläufer* genannt) ist wie die Scheibenläufermaschine eine permanenterregte GS-Maschine, die in erster Linie als noch höherwertiger *Servoaktuator und Servotachometer* im Bereich höchster Ansprüche eingesetzt wird. Sie wird im Vergleich zum Scheibenläufer in noch weit höherem Maße direkt in die mechanische Struktur der Anlage integriert, die sie antreibt. Für besondere Zwecke wird sie, um höchsten Anforderungen an Genauigkeit und Dynamik gerecht werden zu können, gehäuselos angeboten (*frameless torquers*). In diesem Fall werden nur die wichtigsten inneren Einzelteile bezogen, die möglichst *systeminhärent* direkt in die Maschinenstruktur integriert werden. Das bedeutet, daß *Antrieb und Arbeitsmaschine eine konstruktiv integrale Einheit* bilden. Der Antrieb als solcher ist im Vergleich mit konventionellen Ausführungsformen *keine autonome Baugruppe* mehr, die als Komponente oder Subsystem an die Arbeitsmaschine anmontiert und angekoppelt wird. Die durch den Torquemotor ermöglichte *integrierte Applikation* ist unter dem Begriff *Direktantrieb* bekannt geworden. Es gibt keine Zwischenkupplungen, Getriebe, Transmissionen oder andere Übersetzungsmechanismen, so daß die Einzelkomponenten des Motors bzw. Tachos unmittelbar (ohne eigenes Lager) in die mechanische Struktur (Last) installiert sind, mit allen sich daraus ergebenden, unten beschriebenen Vorteilen. Für *Direktantriebe* für Großanlagen mit extremen Anforderungen (z. B. optische, Laser- oder Radioteleskope bzw. -Antennen) bieten einige Hersteller spezifische Ausführungen bis zu mehreren Metern Durchmesser an.
Man unterscheidet prinzipiell zwischen *zwei verschiedenen Versionen*:

- die konventionelle, *bürstenbehaftete* Variante: sie hat wie der Scheibenläufer Bürsten und Permanentmagnete im Stator und Ankerwicklungen mit Kollektor als Rotor;
- die *bürstenlose* Variante, die im Gegensatz zur klassischen *GSM* einen *permanentmagnetisch erregten Rotor* und die *Ankerwicklung im Stator* hat. Der Ankerstrom wird somit im feststehenden Teil der Maschine *elektronisch kommutiert* (*Elektronikmotor*), der mechanische Kommutator (*Bürsten* und *Kollektor*) entfällt.

Torquemotoren gibt es im Momentenbereich von etwa 0,01 Nm bis zu ca. 110 000 Nm (komplette Ringversion) oder bis 260 000 Nm (Segmentversion: nur als Kreissegment ausgeführt, d. h. nicht voll durchdrehbar). Auf Anfrage werden noch leistungsstärkere *Torquer* hergestellt (kunden/anwendungsspezifische Einzelanfertigung).

A.5.1.2.1
Bürstenkommutierte Torque-Motoren, Aufbau und Wirkungsweise

Der *Torquemotor* mit mechanischem Kommutator ist auch im *Zeitalter* der *Elektronikmotoren* immer noch *die beste Antriebsmaschine* für Hochpräzisionsantriebe mit hohem Drehmoment und niedriger Drehzahl, da sie einen der geringsten Drehmomentenripple aller Elektromaschinen hat. Bild A-104 zeigt die Ansicht der Einzel-

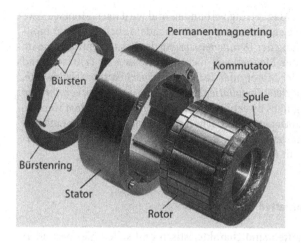

Bild A-104. Aufbau bürstenbehafteter Torquemotoren Einzelkomponenten (Werkfoto INLAND MOTOR)

komponenten eines *Torquemotors*. Die Maschine zeichnet sich durch besonders hochwertige Permanentmagnete wie *Ni-Fe-B*- oder *Co-Sm-Fe*-Legierungen (*Co-Sm*: Kobalt-Samarium, seltene Erden, mit hoher Remanenz, breiter Hysterese und hoher Homogenität), hohe Polzahl und eine Vielzahl von sehr fein und präzise gewickelten Ankerteilspulen aus. Dadurch können *Auflösung* und *Gleichlauf* gegenüber anderen *PM*-erregten *GSM* weiter verbessert werden. So befinden sich beispielsweise bei einem Exemplar mit einem Ankerdurchmesser von etwa 90 mm 80 Anker-Teilwicklungen mit 80 Kollektorsegmenten (Kommutator-Lamellen) auf dem Rotorring.

Wie schon erläutert, besitzen viele Typen im gesamten Typenspektrum *kein Gehäuse* und somit auch keine Welle und keine Lager (deshalb die Bezeichnung *frameless torquemotors*). Sie müssen also mit ihren Einzelkomponenten und den erforderlichen *Sensoren* (Meßgliedern) direkt in die Struktur des Antriebs bzw. der Arbeitsmaschine *integriert* werden. Damit bilden Motor und Sensoren, also Antrieb, und Arbeitsmaschine *eine konstruktiv integrale Einheit*. Setzt man ein gutes *Design* voraus, eröffnet sich nicht nur für das Gesamtbild der Maschine eine optimale Lösung, sondern auch bzgl. Regelverhalten und Genauigkeit. So erzielt man mit diesen *Direktantrieben* ohne Getriebe mit Elastizitäten und Spiel (Lose) optimale *Regelsteifigkeit, Dynamik* und *Genauigkeit*:

- schnelle Reaktion auf Änderung der Führungsvorgaben (*Sollwerte*) bzw. auf Störungen (*Istwerte*),
- hohe Eigen- oder Resonanzfrequenzen und
- hohe Auflösung und Genauigkeit.

Der bürstenbehaftete Motor oder Tachogenerator besteht aus folgenden Einzelteilen:

- *Rotorring*, der auch den *Kommutator* (*Kollektor*) trägt (Bild A-104);
- *Dauermagnetring* als Erregermagnetfeld aus *Ni-Fe-B*- oder *Co-Sm*-Magneten (früher auch *Al-Ni-Co*: Aluminium-Nickel-Kobalt), mit radial und alternierend angeordneten *N*- und *S*-Polen;
- *Bürstenring* mit einer Anzahl von Bürsten, entsprechend der Polzahl, und
- *Keeper-Ring* (Haltering), nur bei Maschinen mit *Al-Ni-Co*-Magneten (nicht erforderlich bei den wesentlich stärkeren Co-Sm- oder Ni-Bo-Motoren, die praktisch nicht mehr entmagnetisierbar sind).

Der *Keeperring* ist direkt mit dem Magnetring verbunden und wird nach Montage bzw. Integration in die Arbeitsmaschine entfernt, jedoch erst, nachdem auch der Rotor montiert ist. Er dient nur zur Vermeidung der *Demagnetisierung* der Permanentmagnete im demontierten Zustand, in dem der Magnetkreis nicht geschlossen ist (z. B. während Transport und Montage). Damit der Motor oder Tacho seine *Spezifikation* (Nennwerte, Eigenschaften) behält, müssen spezielle *Installations-, Transport- und Lagervorschriften* beachtet werden. Der Magnetring muß direkt über dem Ankerring angeordnet werden, damit die Feldlinien der Permanentmagnete radial und somit senkrecht in den Luftspalt und den Anker hinein- bzw. herauslaufen. Die fortgeschrittene Magnettechnologie verdrängt zunehmend die Variante mit *Keeperring* und *Al-Ni-Co-Magneten*.

A.5.1.2.2
Eigenschaften des bürstenkommutierten Torquemotors

Folgende vorteilhaften Eigenschaften sind charakteristisch und sollen hier besonders hervorgehoben werden:

- Verhalten wie *GS-NSM*, d. h. die Motorkonstanten, Formeln und Kennlinien sind vergleichbar mit denen der *Scheibenläufermaschine* in Abschn. A.5.1.1.2 und A.5.1.1.3, jedoch noch beträchtlich konstanter, linearer und genauer. Die Geschwindigkeit-Drehmoment-Kennlinien mit Spannungsparameter zeichnen sich durch besonders hohe Linearität aus.
- In diesen Kriterien und Eigenschaften liegt die besondere Eignung für *Servosysteme* und als *Direktantrieb*.
- Hohes *Stillstandsmoment* für Positionier-Antriebssysteme.
- Sein *besonders hohes* (in Relation zur Baugröße) und extrem *gleichmäßiges Drehmoment* (sehr geringe Welligkeit) im gesamten Drehzahlbereich bis zu *beliebig* kleinen Winkelgeschwindigkeiten gibt dem Motor die Namen *Drehmomentmotor* oder *Langsamläufer*.
- Die Laufeigenschaften beim *extremen Langsamlauf* (Schleichgang) hängen selbstverständlich nicht nur von Motor und Tacho, sondern auch von der Qualität des überlagerten Servosystems, einschließlich Mechanik, ab.
- Der Torquemotor wird deshalb in *kaskadierten (überlagerten) Servosystemen* (bestehend aus Strom-, analogen und digitalen Geschwindigkeits- und Positions-Regelkaskaden) eingesetzt. Dabei ist der Motor zumeist *Stellglied (Aktuator)* innerhalb der *untersten Regelkaskade*, dem Stromregelkreis, und fungiert somit als reiner Drehmomenten-Geber (Bild A-105 *analoge Servokaskade*).
- Das ist auch der Grund, daß er neben seinen Haupteinsatzgebieten, den *Geschwindigkeits- und Positionier-Servosystemen*, auch zur *Verspannung* von Getriebezügen (zur Vermeidung von Getriebelose) eingesetzt wird. In dieser Anwendung leitet er als zusätzlicher Verspannmotor ein feinfühlig über den Strom dosierbares, konstantes oder vom Antriebsmoment abhängiges Gegenmoment (als Verspannmoment gegen das Antriebsmoment des Antriebsmotors) in das Getriebe ein. Damit wird erreicht, daß unabhängig von der Bewegungsrichtung immer dieselben Zahnflanken im gesamten Getriebezug anliegen. Bei Richtungswechsel erfolgt also kein Getriebeumschlag, der erhebliche Ungenauigkeit einbringen würde. Für die *Verspannung* ist nur ein einfacher Stromregler (entspricht Drehmomentenregler) erforderlich.
- Wegen des *geringen Trägheit/Drehmoment-Verhältnisses* wird mit Torque-Motoren eine hohe *Dynamik* erzielt, was einer kleinen *mechanischen Zeitkonstanten* gleichkommt.

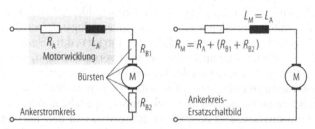

a Ersatzschaltbild *Torquemotor*. Der Motor-Innenwiderstand R_M ist die Summe von Anker- und Bürstenwiderstand $R_M = R_A + (R_{B1} + R_{B2})$. Diese äquivalente Schaltung dient für den *Servokreisentwurf* und für Berechnungen.

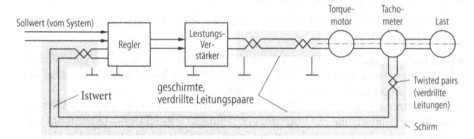

b Empfohlene *EMV*-Methoden zum Schutz gegen *elektromagnetische Einstreuungen/Störungen* (*EMV*: elektro-magnetische Verträglichkeit).

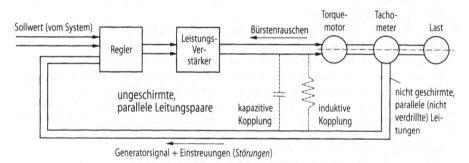

Bild A-105. Analoge Servokaskade mit Torquemotor/-tachometer

- Das Verhältnis *Beschleunigungs- zu Trägheitsmoment* ist bei *Direktantrieben* genau dort am größten, wo es für die Dynamik am meisten darauf ankommt: direkt an der Last bzw. anzutreibenden Achse oder Welle.
- Hohes Verhältnis *Drehmoment zu Leistung*, bedingt durch hohe Polzahl und großes Kupfervolumen der Ankerwicklung.
- Die *Positionsauflösung*, das ist der kleinste differentielle Winkel, innerhalb dessen die Antriebsachse genau reproduzierbar eingestellt werden kann, ist in der praktischen Anwendung aus heutiger Sicht *nur* begrenzt durch die Auflösung des verwendeten Positionssensors. Sie ist neben hervorragender Lagerung (*hydraulisch, hydrostatisch, pneumatisch*) mitentscheidend für die genaue Positionierbarkeit (Genauigkeit der *Pointierung*). Unter *Pointierung* versteht man somit die reproduzierbare Stellgenauigkeit. So werden beispielsweise in Applikationen mit astronomisch-optischen oder

Laser-Teleskopen (Senden/Empfangen von Laserstrahlen), bei denen zunehmend *Direktantriebe* mit *Torque-Motoren* und *-Tachometern* eingesetzt werden, *Auflösungen bis zu 0,01 Bogensekunden (arcsec)* direkt an der Antriebs-, d.h. Teleskopachse erreicht.

- Damit man sich diesen extrem kleinen Winkel vorstellen kann, soll ein Anschauungsmodell dienen: *0,01 arcsec* ist der Winkel, den ein Zehnpfennigstück (21,5 mm) in einer Entfernung von *443,5 km* aufspannt (oder 1 cm in 206 km).

- Um das erreichen zu können, werden elektronisch-optische *Absolutencoder* (absolut messende Positions-Kodierer bzw. Winkelgeber direkt an den Teleskopachsen) mit einem Werteumfang (Informationsinhalt) von *27 Bit dual* entsprechend 134 217 728 Inkremente/Umfang verwendet. Der Encoder hat ein digitales Meßsystem mit 27 Kanälen bzw 27 Dualstellen (s. Elektrotechnik für Maschinenbauer, Abschn. E.1.2.2.4).

- Das bedeutet für die Winkelauflösung:

$$\text{Umfang}/2^{27} = 360°/2^{27} = 360 \cdot 3600 \text{ arcsec}/2^{27} = 0,009656 \text{ arcsec} \approx 0,01 \text{ Bogensekunden} \approx 0,05 \text{ μrad}.$$

- Das bedeutet, daß das niederwertigste Bit (*LSB: Least Significant Bit*) eine Winkelauflösung von ca. *0,01 arcsec* bzw. ca. $2,7 \cdot 10^{-6}$ Grad bzw. ca. 7,5 Milliardstel des Kreisumfangs ($2\pi/2^{27} = 14,9 \cdot \pi \cdot 10^{-9}$) besitzt.

- Diese extreme Präzision des Winkelkodierers wird mit einem kombinierten System aus Optik (Glasscheibe mit hochgenauer Teilung), Optoelektronik (Abtastung) und Elektronik (mehrhundertfache Interpolation) erzielt (s. Elektrotechnik für Maschinenbauer, Abschn. E.1.2.2.4).

- Die Umsetzung dieser äußerst hohen Meßauflösung in eine entsprechende Bewegung zur Erreichung der genannten Eigenschaften kann derzeit nur mit Motoren großen Durchmessers (bis zu mehreren Metern in anwendungsspezifischen Sonderausführungen) erreicht werden.

- Darüber hinaus macht die außergewöhnlich geringe Welligkeit bis herunter auf ca. 0,01% diesen Maschinentyp besonders geeignet für den Einsatz als hochsensibler *Tachogenerator (Tachometer)*. Die Maschine wird deshalb in spezifischen Tachoausführungen, da nur im elektrischen Leerlauf (d.h. leistungslos) betrieben, als analoger Geschwindigkeitssensor in hochgenauen und hochdynamischen Servosystemen verwendet. Auch hier soll jedoch der neue Trend nicht unerwähnt bleiben, der in diesem Zusammenhang *weg vom Tacho* heißt. Tachometer werden weiterhin benutzt (Bild A-40a). Zunehmend sind aber die Lösungen bei Servosystemen *rein digital*, unter Verwendung eines inkrementellen Winkelgebers.

- Außergewöhnliche Zuverlässigkeit und Lebensdauer (fast wartungsfrei).

- Regelbereich von über 100 000 möglich (Verhältnis größter zu kleinster kontinuierlicher Geschwindigkeit).

- Solche Servosysteme mit Torquemotor, Tacho und Positionsgeber haben die derzeitige weltweite Spitzenstellung bezüglich Dynamik und Präzision.

- Im Gegensatz zu den permanentmagnetischen *Al-Ni-Co-Legierungen* (Alu-Nickel-Cobalt) können die *Co-Sm-* oder *Ni-Fe-B-Dauermagnete* praktisch nicht durch unbeabsichtigten *Überstrom* in der Ankerspule entmagnetisiert werden: wegen ihrer extrem hohen Remanenz, verbunden mit der breiten Hysterese (die Magnetisierungs-Charakteristik ist fast rechteckig). Das ist ein weiterer Vorteil bezüglich der Dynamik, da zur Erreichung möglichst kleiner Zeitkonstanten kurzzeitige Überströme (Stromimpulse) erzeugt werden können, ohne eine Entmagnetisierung befürchten zu müssen. Weitere Vorteile:
  - kein Keeperring erforderlich, d.h. insgesamt billiger und weniger Risiko bei der Montage;

- Luftspaltweite und -Konzentrizität nicht kritisch;
- wesentlich besseres Verhältnis Moment zu Gesamtgewicht bzw. Volumen;
- einfachere Montage und geringerer elektronischer Aufwand infolge nicht notwendiger Strombegrenzung.

• Verschiedene Motorhersteller und auch reine Elektronikfirmen bieten für *Servosysteme mit Torquemotoren* Leistungsverstärker und Servoregler mit Computer-Hard- und Software an. Neben analogen bzw. linearen Verstärkern gibt es auch digitale, d.h. hochfrequent gepulste (getaktete) Endstufen mit über 20 kHz Taktfrequenz zur Verbesserung des Gesamtwirkungsgrades.

• Die gehäuselose Ausführung ist meist sehr flach und hat einen relativ großen freien Innendurchmesser, der oft als *Hohlwelle* genutzt wird (z.B. als Durchlaß optischer Strahlengänge oder zur Durchführung elektrischer Kabel, hydraulischer, pneumatischer, faseroptischer (Lichtleiter) oder Kühlflüssigkeits-Leitungen). Die möglichst funktionsgerechte direkte Integration in die Anlage ist eine besonders anspruchsvolle Aufgabe für *Design, Engineering und Konstruktion.*

• Es soll dabei nicht primär an das äußere Erscheinungsbild gedacht werden. Vielmehr sollten die Anforderungen bezüglich Regelsteifigkeit und -genauigkeit Priorität haben.

• Sonderausführungen mit sehr großen, an die Arbeitsmaschine angepaßten Durchmessern gibt es auch als Kreissegmente, z.B. für *kardanische Aufhängungen* mit begrenzten Drehbereichen.

• Außer den gehäuselosen Varianten werden auch konventionelle Torque-Motoren und Tachos mit Gehäuse, Welle und eigenem Lager im unteren Leistungsbereich angeboten.

A.5.1.2.3
Anwendungen (in gesteuerten oder geregelten Antrieben bzw. Servosystemen)

Im folgenden werden repräsentativ einige wenige Anwendungsbeispiele für Servoantriebe höchster Ansprüche mit Torquern aufgeführt:

Optische Teleskope für astronomische, geodätische und Laseranwendungen, Radioteleskope, Roboter und Manipulatoren aller Art, Direktantriebe in verschiedensten Applikationen, Industrietechnik (z.B. für streng gekoppelte Antriebe in Fertigungsstraßen), wissenschaftliche und medizinische Geräte, Funk-, Kommunikations- und Datentechnik, Laser-Meß- und -Bearbeitungstechnik, Weltraumtechnologie: in Satelliten (weltraumqualifiziert), *Spacestations* und Bodenstationen.

A.5.1.2.4
Bürstenloser (brushless) Torquemotor

Bürsten- oder kollektorlose Torquemotoren sind aufgrund ihres Aufbaus im Prinzip *Synchronmotoren* mit Permanentmagneten auf dem Rotor. Die gehäuselose (*frameless*) Versionen mit Stator und Rotor haben kein Lager. Das Blechpaket des Stators hat eine hohe Polzahl mit einer zwei- oder dreiphasigen Wicklung. Konzipiert als Direktantrieb liefert der Motor ein hohes Drehmoment bei kleiner Drehzahl. Die positionsabhängige optimale Steuerung der Ströme ermöglicht eine ideale Kommutierung und somit ein gleichmäßiges Moment mit minimaler Restwelligkeit. Solche *brushless Torquemotoren* sind also *bürstenlose Wechsel- oder Drehstrom-Synchronmaschinen*, die extern jedoch wie eine permanentmagneterregte *Gleichstrom-Nebenschlußmaschine* angesteuert werden und sich im Betrieb auch weitgehend wie eine solche verhalten. Wie *GS-NSM* ermöglichen *kollektorlose Torquer* sehr feinfühlig veränderbare kontinuierliche Drehbewegungen. Sie wurden speziell für anspruchsvolle Anwendungen mit exakter Positionierung, hohem Gleichlauf und hoher Dynamik entwickelt. Sie werden wie mechanisch kommutierte Torquer zumeist als Direktantriebe ohne Kupplung oder Getriebe direkt mit der Last verbunden. Anwendungsgebiete sind beispielsweise Radartechnik, Teleskope, Antennen, Werkzeugmaschinen, Drehtische.

Als Ersatz für den mechanischen Kommutator mit Bürsten und Kollektor benötigt der *brushless torquer* eine *elektronische Kommutierung* der feststehenden Ankerwicklung in Abhängigkeit von der momentanen Lage der Rotormagnete. Er gehört deshalb auch zu den *EC (electronical commutated)*- oder *Elektronik-Motoren*, die es vom Kleinstmotor (in Abschn. A.5.1.3) bis zur Klasse dieser *brushless torquers* mit mehreren Metern Durchmesser für Direktantriebe gibt. Die Lagemessung des Rotors erfolgt mit verschiedenen Technologien, abhängig von der Art der elektronischen Kommutation des Ankerstromes, die in einfacher Ausführung als *Block-Kommutierung* oder in komplexerer Version als *Sinuskommutierung* realisiert wird (Abschn. A.5.1.3.2):

- Bei der *Blockkommutierung* wird ein Gleichstrom ganz bestimmter Stromstärke (z. B. Nennstrom) nur *ein-* und *ausgeschaltet* oder *umgepolt*, in Abhängigkeit von der Position der rotierenden Magnetpole. Sie wird verwendet bei geringeren Anforderungen an Rundlauf und Auflösung.
- Die *Sinuskommutierung* ist erforderlich bei Systemen mit höheren Genauigkeitsanforderungen. Mit dem Sinusverfahren wird, im Vergleich zur Blockkommutierung, eine wesentlich geringere Welligkeit (d.h. besserer Gleichlauf) erreicht, die mit zunehmender Auflösung der Lagemessung immer besser wird. Deshalb benötigt die Sinuskommutierung eine wesentlich genauere Positionsmessung (Abschn. A.5.1.3.2).

Mit dieser Technologie des *bürstenlosen Torquemotors* kann bei gleichem Volumen und gleichen Verlusten gegenüber dem Bürstenmotor das Ausgangsmoment und somit auch der Wirkungsgrad um mehr als 50% verbessert werden. Das resultiert aus den eigentlichen Vorteilen bürstenloser GS-Motoren:

- keine Eigenreibung, kein mechanisches Spiel oder Hysterese,
- keine Begrenzung des Ankerstroms wegen der Grenzbelastbarkeit der Bürsten und
- die Wärmeentwicklung ist nun im Stator, der erheblich besser gekühlt werden kann als der Rotor.

Deshalb baut man die bürstenlosen Typen mit vergleichsweise geringerer Länge. Was den Durchmesser betrifft, sind auf dem Gebiet großer anwendungsspezifischer *Direktantriebe* praktisch keine Grenzen gesetzt. Es gibt beispielsweise Standardtypen bis 3 m∅, 33 cm lang (*Ringversion*, 130 Pole) mit 110 kNm und 10 min^{-1} oder bis über 13 m ∅, 40 cm lang (*Segmentversion*, 684 Pole) mit 260 kNm und 0,25 min^{-1} Leerlaufdrehzahl. Sie haben immer große Drehmomente und kleine Drehzahlen.

Die vorzugsweise mit *bürstenlosen Torquemotoren* ausgestatteten *Direktantriebe* haben durch Vermeidung von Bürsten und mechanischen Transmissionen weitere spezifische Vorteile (neben denen in Abschn. A.5.1.2.2):

- *Absolute Spielfreiheit*, d.h. Eliminierung jeglicher *Umkehrlose*, da Drehmoment direkt und reibungsfrei an der *Last* angreift.
- Vermeidung bzw. Verringerung von *Elastizität* und *Oszillation* mechanischer Transmissionen.
- Weniger Verschleiß und Wartungseinsatz (zuverlässig, servicefreundlich).

- Verringerung von Gesamtgewicht, Gesamtvolumen und elektrischer Verlustleistung.
- Daraus resultiert insgesamt eine zusätzliche Verbesserung des Regelverhaltens, d. h. Steifigkeit und Dynamik, sowie ein besseres *Design* und schöneres äußeres Erscheinungsbild (Antrieb und Maschine bilden eine integrale, homogene Einheit). Bezüglich Restwelligkeit, d. h. Positionsgenauigkeit und Reproduzierbarkeit waren bis vor kurzer Zeit die *hochpoligen, extrem langsam laufenden Bürstentorquer* noch leicht im Vorteil. Das wurde inzwischen durch extrem hochauflösende Sinuskommutierungen (Abschn. A.5.1.3.2) ausgeglichen.

> *Resümee: Nur mit bürstenlosen Direktantrieben kann mechanisches Spiel und Hysterese vermieden, sowie Reibung minimalisiert werden. Sie sind kompakt und minimieren Platz, Gewicht und Gesamtträgheit. Im Vergleich zu Reduktionsgetrieben ergibt sich eine viel höhere Dynamik und Genauigkeit. Genauigkeitsbegrenzend ist mit den verfügbaren effizienten Steuerungen nur die Auflösung des Encoders.*

A.5.1.3
Elektronikmotoren mit elektronischer Kommutierung

Elektronik-Motoren sind im Prinzip *bürstenlose Drehstrom-Synchronmaschinen* mit Gleichstromansteuerung (vergl. *brushless torquer* in Abschn. A.5.1.2.4). Um diese technisch sehr attraktiven Kriterien zu erfüllen, ist, wie in Abschn. A.5.1.2.4 erwähnt, eine spezielle, von der momentanen Winkelposition des Rotors abhängige *elektronische Kommutierung* in den Statorwicklungen, also ein zusätzliches Elektronik-Ansteuergerät erforderlich. Vor allem mit *Elektronischer Sinuskommutierung* erhalten die deswegen so bezeichneten *EC-Motoren (Electronic Commutation)*, oder einfach *Elektronik-Motoren*, herausragende technische Eigenschaften, verbunden mit hoher Zuverlässigkeit und Lebensdauer. Hiermit finden sie in der elektrischen Antriebstechnik immer mehr Eingang in anspruchsvolle Einsatzbereiche, wie beispielsweise:

- bei Werkzeug- und Produktionsmaschinen im Kilowattbereich;
- im *Robotics*-Sektor mittlerer Leistung;
- bei hochwertigen Servo-Antriebsystemen für wissenschaftliche und industrielle Anwendungen (z. B. astronomische, optische, medizinische, meß- und verfahrenstechnische Instrumente, sowie Geräte für Laserstrahl-Leitsysteme für die Metrologie, d. h. Meß- und Sensortechnik oder zur Oberflächenbearbeitung);
- in Antriebsystemen für Automation aller Art, sowie
- in der Multimediatechnik und im Konsumgüterbereich, oder ganz speziell für
- Anwendungen mit extremen Umweltbedingungen, beispielsweise in Hochvakuum oder in staubfreien Rein- und Reinsträumen (z. B. Einsatz für Antriebe in Satelliten oder erdgebunden für Montage und Test von Weltraumkomponenten oder in der Produktion von Halbleiter-Bauelementen in Reinsträumen), in flüssiger, gasförmiger, aggressiver oder sogar explosionsgefährdeter Umgebung, sowie generell
- für alle Arten von anspruchsvollen Drehzahlregelungen und Positioniersteuerungen *(Servosysteme)*.

Das Einsatzspektrum der Elektronikmotoren erstreckt sich also vom Kilowattbereich (mit den *Brushless Torquemotoren*, Abschn. A.5.1.2.4) bis zu sehr kompakten Antrieben mit *kleinen Präzisionsmotoren* (von wenigen Watt bis zu 250 Watt) im Drehzahlbereich von null bis zu mehreren 10000 Umdrehungen pro Minute. Der ständig wachsende *Trend zu EC-Motoren* ist ungebrochen und wird sich weiter verstärken.

Bei Antrieben im Bereich wenige Watt bis einige 100 W ist bei hohen dynamischen Anforderungen immer noch der Gleichstrommotor mit *mechanischem Kommutator* die bevorzugtere Lösung. Elektronisch kommutierte Motoren (*EC Motoren*) können sich in diesem Leistungsbereich aber immer größere Marktanteile erobern. Bei technisch weniger anspruchsvollen Aufgaben wie bei Pumpenantrieben oder Lüftern haben sie sich durchgesetzt.

Wenn es gelingt, die Vorteile eines *eisenlosen* Gleichstrommotors (Abschn. A.5.1.4: *Glockenankermotor* mit höchster Dynamik, leichter Regelbarkeit, gutem Motorlauf, einfacher Handhabung) mit den Vorteilen eines *bürstenlosen* Motors (Überlastfähigkeit, bei gleichzeitiger Robustheit und langer Lebensdauer) zu kombinieren, eröffnen sich auch bei Kleinantrieben sehr interessante Anwendungen. Für einen Antrieb mit *EC-Motor* benötigt man jedoch im Gegensatz zum *konventionellen* Gleichstrommotor zusätzlich einen *Rotorlagegeber* (Winkelkodierer) und eine geeignete positionsabhängige *leistungselektronische Kommutierung*.

A.5.1.3.1
Elektronisch kommutierter (*EC-*)Motor (Elektronikmotor)

Üblicherweise sind *bürstenlose EC-Motoren* nach dem umgekehrten Konstruktionsprinzip wie *bürstenbehaftete* Gleichstrom-Kollektor-Motoren gebaut (Bild A-106): Der Permanentmagnet bildet den Rotor und die meist dreiphasige Wicklung bildet den festen äußeren Stator (wie Drehstrom-Synchronmotor in Abschn. A.4.4.2). Werden die Statorwicklungen geeignet bestromt, erzeugen sie ein lageabhängiges Magnetfeld, nach dem sich der Permanentmagnet des Rotors ausrichtet. Eine kontinuierliche Drehbewegung erhält man, indem man mittels eines fest mit dem Rotor verbundenen Winkelgebers die Rotorlage mißt und dann über elektronische Schalter die Statorwicklungen so weiterschaltet, daß im Stator ein Drehfeld entsteht, dem der Permanentmagnetläufer folgt. Das *Drehfeld* kann sehr flexibel elektronisch verändert werden, die Drehzahl ist vom Stillstand (Positionierung) bis zur mechanischen Belastbarkeitsgrenze beliebig variabel.

Charakteristisch ist, daß sich der Motor durch den auf der Welle angebrachten Winkelgeber selbst kommutiert und daß sich der Magnet synchron (mit gleicher Frequenz) mit dem Statordrehfeld dreht. Ein *EC-Motor* ist also im Prinzip ein *Synchronmotor*, bei dem im Gegensatz zur ASM die Rotordrehzahl mit wachsender Belastung keine immer größere Differenz (Schlupf) zur Frequenz des Drehfeldes aufweist.

Ein wichtiges Merkmal ist auch der Verlauf des erzeugten Drehmoments in Abhängigkeit von der Position des Rotors (Drehmomentripple oder -welligkeit). Beim Gleichstrommotor mit mechanischem Kollektor kann durch eine Vielzahl von Kollektorlamellen und entsprechend vielen Teilwicklungen, schon bei jeweils kleinen Rotordrehungen eine Stromkommutierung erfolgen, was auch eine große Anzahl von Erregermagnetpolen im Stator erlaubt. Deshalb sind dort die Drehmomentenschwankungen klein.

Aus Kostengründen, insbesondere im Hinblick auf die Ansteuerelektronik, hat ein EC-Motor meist viel weniger Teilwicklungen. Bei den hier betrachteten dreiphasigen Motoren ergibt sich ein periodischer Drehmomentripple in Form von sich überlappenden Sinuskurven im Abstand von 60 Grad (Bild A-107).

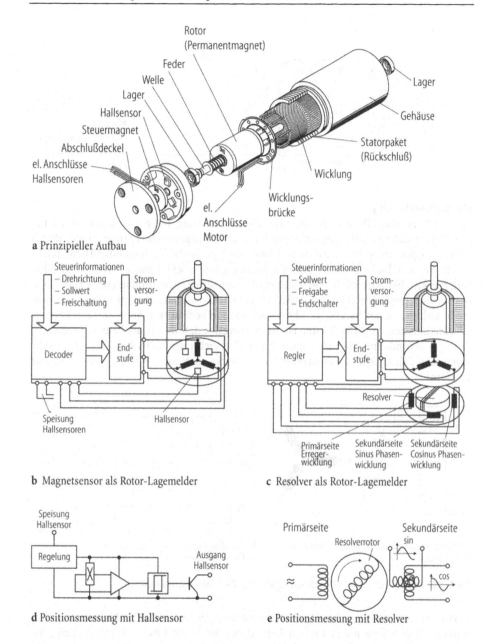

a Prinzipieller Aufbau

b Magnetsensor als Rotor-Lagemelder

c Resolver als Rotor-Lagemelder

d Positionsmessung mit Hallsensor

e Positionsmessung mit Resolver

Bild A-106. Elektronikmotor (Werkfoto maxon motor, Interelectric AG)

A.5.1.3.2
Elektronische Block- oder Sinus-Kommutierung

Es gibt sehr viele unterschiedliche Kommutierungsmethoden. Typisch kann man jedoch zwischen der *Block- oder Rechteck-Kommutierung* und der *Sinuskommutierung* unterscheiden. Darunter ist die Funktion des Stromverlaufes über dem Rotorwinkel zu verstehen.

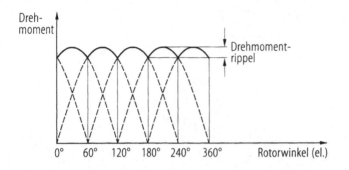

Bild A-107.
Drehmoment-Rippel
der Blockkommutie-
rung

Blockkommutierung

Bild A-108 zeigt ein Beispiel für eine Blockkommutierung. Bei dieser sogenannten 120 Grad-Rechteckkommutierung fließt ein konstanter (eingeprägter) Strom immer durch zwei Motorphasen, während die dritte Phase stromlos bleibt. Nach jeweils 60 Grad (elektrisch) Rotordrehung wird der Strom auf das nächste Wicklungspaar weitergeschaltet. Durch zyklisches Fortschalten erreicht man so ein schrittweise umlaufendes Statorfeld. Der resultierende Drehmomentverlauf ist jedoch nicht glatt. Bei eingeprägtem Strom ergibt sich genau der bereits in Bild A-107 gezeigte Verlauf mit einer Drehmomentenschwankung von ca. 14%. Weiter ist zu bemängeln, daß durch die brutale (rechteckförmige) Stromkommutierung, speziell bei Drehrichtungswechsel, zusätzliche Drehmomenten-Schwankungen entstehen. Dies bewirkt auch merklich hörbare Geräusche im Motor.

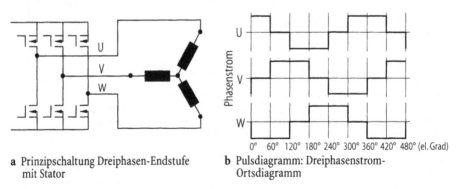

a Prinzipschaltung Dreiphasen-Endstufe   **b** Pulsdiagramm: Dreiphasenstrom-
mit Stator   Ortsdiagramm

Bild A-108. Prinzip einer 120°-Blockkommutierung (Werkfoto maxon motor)

Für die Lagemessung bei *Blockkommutierung* reichen einfache *Hallsensoren* (im Stator) mit diskreten magnetischen *Indikatoren* am Rotor (Weicheisenplättchen), die beim Vorbeilaufen am Hallsensor in diesem eine Meßspannung induzieren und somit ein Signal auslösen (berührungsloser Lagesensor). Die Positionsindikatoren sind in den magnetisch neutralen Zonen angebracht, so daß ihre Anzahl der Polzahl entspricht. Für genaue Positionssteuerungen eignet sich die Blockkommutierung nicht.

Hall-Sensoren (Hallgeneratoren, Hallsonden) beruhen auf dem *Hall-Effekt*, der nach seinem Entdecker *Edwin Hall* (1879) benannt wird. Der Hall-Effekt ist das Ergebnis der *Lorentz-Kraft* auf bewegte Elektronen in einem senkrecht wirkenden

Magnetfeld. Er bewirkt eine *Hall-Spannung* längs des Materials. Sie ist bei Gallium-Arsenid- oder Indium-Antimonid-Halbleitermaterialien besonders groß. *Hallsensoren* sind also Halbleiterchips, die einen Spannungsimpuls abgeben, wenn sich ein Magnetplättchen oder ein Weicheisenplättchen (als *Lageindikator*) vorbeibewegt. Hallsensoren können in einem relativ kleinen Linearitätsbereich auch zur linearen Positionsmessung (nicht nur als diskreter Lageindikator) eingesetzt werden.

Sinuskommutierung

Wesentlich eleganter ist die Sinuskommutierung. Dies wirkt sich auf das Verhalten des Motors sehr positiv aus. Den drei Motorwicklungen des Stators werden dabei Ströme aufgezwungen, die genau sinusförmig vom Rotorwinkel abhängen (Bild A-109). Damit kann das Statorfeld nicht nur in 60° Abständen, wie bei der Blockkommutierung, sondern sehr feinfühlig auf jede Winkellage ausgerichtet werden, so daß sich bei einer vorgegebenen Drehzahl ein kontinuierliches Drehfeld im Luftspalt einstellt, das jedoch elektronisch auch genau positioniert werden kann.

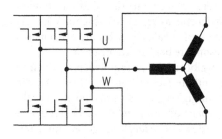

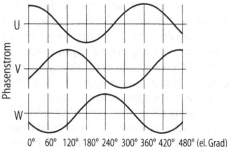

a Schaltprinzip mit Dreiphasen-Endstufe   **b** Sinus-Ortsdiagramm für die drei Phasenströme

Bild A-109. Prinzip einer *Sinuskommutierung* (Werkfoto maxon motor)

Die Sinusfrequenz der Ströme und ihre drei um $2/3\ \pi$ versetzten elektrischen Phasenlagen werden somit von der Geschwindigkeit und Lage des Rotors bestimmt. Deshalb müssen für diese Kommutierungsart genaue und hochauflösende Winkelgeber für die Messung der Rotorlage vorhanden sein. Entsprechend genau ist die Positionierbarkeit. Während für die Blockkommutierung beispielsweise über den gesamten Umfang drei *Hall-Sensoren* (im Abstand von je 120°) ausreichend sind, werden bei der hochauflösenden Sinuskommutierung Sensoren mit einer Auflösung von 0,5 bis 0,01 Grad und mehr verwendet. Man vergleiche dies mit dem *rotierenden Kommutator klassischer GSM*, mit dem die Lage der magnetisch *neutralen Zone* zwischen den Hauptpolen definiert wird.

Die Sinuskommutierung enthält einen Rechner (*Mikrocontroller*), der bei einer dreiphasigen Statorwicklung die drei *Sinus-Augenblickswerte* gleichzeitig als *Sollwerte* der 3 Ströme in Realzeit (*Realtime*) ermittelt. Diese *Sinus-Realzeitwerte* sind von der augenblicklichen Lage der rotierenden Hauptpole abhängig. Sie werden anschließend in der Leistungselektronik unmittelbar in *analoge Stromstärken* umgewandelt und direkt den zugeordneten Motorwicklungen zugeführt. Mit diesem Verfahren wird, im Vergleich zur Blockkommutierung, eine wesentlich geringere Welligkeit (d.h. kleiner Drehmomentenripple, besserer Gleichlauf) erreicht (Gl. (A-71) i.V. Bild A-107), die mit zunehmender Auflösung der Lagemessung immer besser wird. Deshalb benötigt die Sinuskommutierung eine wesentlich genauere Positionsmessung. Die Auflösung des Lagesensors ist entscheidend für die Qualität der *Sinus-Ortsfunktion* (Sinuswert in Abhängigkeit der Rotorlage). Die Genauigkeit des Sensors bestimmt die korrekte Phasenlage des Sinus bzw. Ort und Zeit der Kommutierung des Ankerstromes (Nulldurchgang). Sie ist somit für die Auflösung von Geschwindigkeit und Positionierbarkeit des Motors verantwortlich.

Als rotierende hochauflösende Winkelgeber werden vorteilhaft Absolutgeber, beispielsweise *Resolver* oder digitale *Winkelkodierer* eingesetzt. Inkrementale Systeme haben den Nachteil, daß sie Zähler (Integrierer) brauchen, die initiiert (voreingestellt) werden müssen. Dazu benötigt man eine exakte Referenzmarke, die den Zähler zu Beginn auf eine bestimmte absolute Position voreinstellt. Aus diesem Grund gibt es auch die *Kombination* von Block- und Sinuskommutierung. Die Hallsensoren mit Blockkommutierung dienen dabei lediglich zur Initialisierung der Sinuskommutierung. Nach dem Einschalten wird per Blockkommutierung mit reduzierter Genauigkeit bis zur nächsten Nullmarke des Inkrementalencoders gefahren, bei der die Sinuskommutierung mit der höheren Auflösung eingeschaltet werden kann. Der Markt stellt Winkelkodierer bis zu Auflösungen von etwa einer Hundertstel Bogensekunde (0,01 arcsec = 1/360 000° bzw. 2,78 · 10^{-6} Grad) zur Verfügung (Abschn. A.5.1.2.2).

Da üblicherweise die Servosysteme in komplexere Anlagen integriert sind, die ohnehin hochgenaue *Positionsgeber* für die *Lageregelung der Antriebssysteme* (Abschn. A.5.1.2.2) enthalten, können diese Positionssensoren in den meisten Fällen gleichzeitig zur genauen *Sinuskommutierung* herangezogen werden, insbesondere bei Direktantrieben.

Bei geeigneter Wahl der Motoreigenschaften ergibt sich im Zusammenspiel mit einer genauen Sinuskommutierung das wie folgt ermittelte Gesamtmotormoment: Ist die Funktion der magnetischen Flußdichte B in Abhängigkeit von der Rotorposition exakt sinusförmig (B_0 ist die maximale Flußdichte und φ ist der momentane elektrische bzw. magnetische Rotorwinkel, d.h. Winkelposition des *Drehfeldes*), so gelten im *Dreiphasensystem* für $B(\varphi)$ bzw. für die Phasenströme $I(\varphi)$, die der Sinusverstärker nach dem Schema der Sinuskommutierung erzeugt, folgende Sinusfunktionen. Für die jeder Phase zugeordneten Drehmomente $M \sim B \cdot I$ ergeben sich dann die Gleichungen:

$$B_1 = B_0 \sin \varphi \qquad \text{bzw.:} \quad I_1 = I_0 \sin \varphi \qquad \Rightarrow \quad M_1 = k\, B_0\, I_0 \sin^2 \varphi$$

$$B_2 = B_0 \sin\left(\varphi + \frac{2}{3}\pi\right) \quad \text{bzw.:} \quad I_2 = I_0 \sin\left(\varphi + \frac{2}{3}\pi\right) \quad \Rightarrow \quad M_2 = k\, B_0\, I_0 \sin^2\left(\varphi + \frac{2}{3}\pi\right)$$

$$B_3 = B_0 \sin\left(\varphi + \frac{4}{3}\pi\right) \quad \text{bzw.:} \quad I_3 = I_0 \sin\left(\varphi + \frac{4}{3}\pi\right) \quad \Rightarrow \quad M_3 = k\, B_0\, I_0 \sin^2\left(\varphi + \frac{4}{3}\pi\right)$$

$$\text{(mit k als motorspezifische Konstante)} \tag{A-69}$$

Das insgesamt von den Wicklungen (3 Stator-Phasen) erzeugte Moment ist

$$M_{\text{ges}}(\varphi) = M_1(\varphi) + M_2(\varphi) + M_3(\varphi) \tag{A-70}$$

wegen $\sin^2 \varphi + \sin^2\left(\varphi + \frac{2}{3}\pi\right) + \sin^2\left(\varphi + \frac{4}{3}\pi\right) = \frac{3}{2} = \text{konstant}$, für alle Winkel φ, ergibt sich:

$$M_{\text{ges}} = \frac{3}{2} k\, B_0\, I_0 = \text{konstant, für alle Winkel } \varphi. \tag{A-71}$$

Das resultierende Drehmoment ist somit gemäß Gl. (A-71) theoretisch völlig konstant, d.h. ohne jede Drehmomentenschwankung (kein *Momentenripple*). Dieses Resultat basiert jedoch auf der Voraussetzung, daß magnetische Flußdichte $B(\varphi)$ und Phasenströme $I(\varphi)$ genau sinusförmig sind (ideale Funktionstreue in Gl. (A-69)). Das stellt die genannten hohen Anforderungen an die Elektronik und Positionsmessung. Die als komplette *Antriebspakete* vom Hersteller angebotenen *EC-Motoren* und *Sinusverstärker* erfüllen diese Anforderung in weiten Betriebsbereichen sehr genau, so daß in der Praxis nur noch unmerkliche Abweichungen von < 1 % vom Ideal auftreten. Die diesbezügliche Entwicklung geht weiter.

A.5.1.3.3
Systembeschreibung

Das gesamte Antriebssystem setzt sich zusammen aus EC-*Motor, Winkelgeber* (Encoder) und *Elektronik*. Die Elektronik besteht aus *Interfaces* (elektronische bzw. logische Schnittstellen nach außen), *Netzteil* (Stromversorgung), *Reglern* (Strom- und Geschwindigkeits-Regelungen), *Sinusverstärker* und *PWM-Endstufe* (Leistungsverstärker mit Puls-Weiten-Modulation) sowie einer einfachen *Bedienoberfläche* (Anzeigen und Einstellpotentiometer zur Parameter-Optimierung). Die wichtigsten Komponenten eines Systems sind:

EC-Motor

Wie bereits erwähnt, werden inzwischen *EC-Motoren* im Paket mit der Kommutierungs-Elektronik und dem Winkellagegeber in einem größeren Leistungsspektrum angeboten. Der Rotor besitzt üblicherweise *Neodym*-Permanent-Magnete für höchste Energiedichte (Remanenz) und mit sehr breiter Hysterese. Diese Dauermagnete können somit auch bei höchsten Belastungen nicht entmagnetisiert werden. Die maximale Drehzahl liegt üblicherweise oberhalb von 15000 min^{-1}.

Winkelgeber (s. Elektrotechnik für Maschinenbauer, Abschn. E.1.2.2)

Zur Messung der Winkellage des Rotors werden technologisch unterschiedliche Positionssensoren eingesetzt. Im wesentlichen unterscheidet man zwischen drei Typen: Resolver, absolute oder inkrementale Winkelgeber. Beim Resolver wird für die Rotorlagemessung ein analoges Meßprinzip auf der Basis der Spannungsinduktion verwendet. Es handelt sich um ein Dreiphasen-Spulensystem, das eine *elektrische Welle* darstellt (Nachlauf wie bei Synchrongenerator-Synchronmotor-Kombination, die über ein Dreiphasensystem elektrisch gekoppelt ist). Das dreiphasige *Empfängersystem* läuft dem dreiphasigen *Sendesystem* synchron nach, magnetisch gekoppelt über das Drehfeld. Elektronisch werden daraus zusätzlich Drehzahlinformationen und Encoder- oder Inkrementalsignale abgeleitet. Absolute bzw. inkrementale Winkelkodierer (Encoder) sind digitale d. h. kodierte Winkelmeßgeräte, die die Winkelposition absolut als numerische Information (in kodierter Form, z. B. Dual- oder BCD-Code) bzw. inkremental als Pulsfolge liefern. Mit dem Inkrementalgeber kann die Position auch absolut gewonnen werden, wenn die Impulse in einem Zähler integriert werden, der zuvor durch eine Referenzmarke (Nullimpuls) voreingestellt worden war.

Sinusverstärker

Die *Leistungsendstufe* erzeugt die drei sinusförmigen Phasenströme mit Hilfe einer 6-pulsigen *PWM*-MOSFET-Brücke mit über 20 kHz Taktfrequenz. Die maximale Amplitude der Motorströme ist hier 20 A. Die *Stromregler* vergleichen die Stromsollwerte mit den gemessenen Motorphasenströmen und erzeugen daraus Korrekturwerte für die Leistungsendstufe. Aktiv geregelt werden nur zwei Phasenströme. Die Werte für die dritte Phase ergeben sich zwangsläufig wegen $I_1 + I_2 + I_3 = 0$. Die Reglerbandbreite beträgt ca. 4 kHz. Das ermöglicht ein sehr dynamisches Motorverhalten und das Einhalten präziser Stromsinuskurven bis zu hohen Drehzahlen.

Für die *Sinuskommutierung* wird der aus den Resolversignalen abgeleitete digitale Wert der Rotorlage (12 Bit) mittels eines EPROM's (löschbare und programmierbare Speicher), d.h. als LUT-Tabelle (*look up table*), in die gesuchten Sinuswerte für die Motorphasenströme gewandelt. Die absolute Höhe der Motorströme ergibt sich nach Multiplikation der Sinuswerte mit dem Motorstromsollwert. Die numerischen Sinuswerte in der LUT haben als Adresse die 12 Bit-Position des Rotors.

Einstellbare Maximal- und Effektivwert-Strombegrenzungen schützen den Motor vor Überlastung (thermisch und mechanisch). Schutzschaltungen überwachen Unterspannung, Überstrom bzw. Kurzschluß, Resolverfehler oder Übertemperatur. Alle Überwachungsmeldungen werden auf der Frontseite des Verstärkers angezeigt und stehen gleichzeitig als potentialfreie Statussignale, beispielsweise zur Überwachung durch eine *SPS* (speicher-programmierte Steuerung), einen Prozeßrechner, einen PC oder einen Mikrocomputer zur Verfügung.

Mit einem *Konfigurationsmodul* werden charakteristische Daten wie Motorinduktivität, Wicklungswiderstand, Dauerstrom, Maximalstrom, Trägheitsmoment, Regler- und Hochlauf-Zeitkonstanten, Zwischenkreisspannung und Resolverdaten berücksichtigt. Durch das Konfigurationsmodul bleiben dem Anwender schwierige Abgleicharbeiten zur Optimierung des Antriebes erspart. War früher die Inbetriebnahme von sinuskommutierten Antrieben eine Aufgabe für den Inbetriebnahmeingenieur, beschränkt sie sich jetzt auf das Anschließen von Motor und Resolver an den Sinusverstärker.

A.5.1.3.4
Vorteile und Anwendungsgebiete

- Allgemeine Vorteile bei bürstenlosen Motoren im Vergleich zu konventionellen Gleichstrommotoren ergeben sich bei Anforderungen mit hoher Lebensdauer und hoher Zuverlässigkeit bei gleichzeitig erschwerten Bedingungen wie hoher Drehzahl, extremer Start-Stopp-Betrieb, brutale also direkte Drehrichtungsumkehr (ohne Beschleunigungsrampen), extreme Kurzzeitüberlastungen durch Beschleunigungsvorgänge.
- Die Vorteile eines EC-Motor-Antriebs kommen auch zum Tragen, wenn das Ausfallrisiko einer Anlage minimiert werden soll oder bei schwerer Zugänglichkeit eines Antriebes für Reparaturen: hohe Zuverlässigkeit, Lebensdauer und Wartungsfreiheit. Zusätzliche Vorteile eines EC Motors mit Sinuskommutierung sind:
- Halten des Rotors bei vollem Drehmoment in jeder Position oder auch bei *schleichenden* (extrem niedrigen) Drehzahlen, was besonders bei Positionierungs-Anwendungen relevant ist;
- glatte, ruckfreie Umkehr der Dreh- und Drehmomentenrichtung;
- geringster *Drehmomentenripple* (wichtig für stabile dynamische und feinfühlig veränderbare Regelungen);
- daraus ergibt sich ein besonders glatter Drehzahlverlauf und
- ein geräuscharmer Motorlauf in allen Betriebsbedingungen.

Aus diesen Kriterien und durch das Fehlen der Kommutierungsbürsten (es entsteht kein Bürstenfeuer und kein Bürstenverschleiß) resultieren interessante Anwendungen für leistungsstarke, aber auch kleine, hochwertige und gleichzeitig robuste bürstenlose Antriebe für alle Arten von anspruchsvollen Servoantriebssystemen.

A.5.1.4
DC-Motoren mit eisenlosem Rotor (Glockenankermotor)

DC-Motor (*direct current*) ist der internationale Begriff für Gleichstrom-Motor. Spezielle *DC-Motoren* mit eisenlosen, somit trägheitsarmen Läufern erfahren bei immer anspruchsvolleren Antriebsaufgaben steigende Nachfrage. Dabei entwickelte sich insbesondere die wegen der speziellen Läuferform *Glockenanker* genannte Maschinenkonzeption zu einem Schwerpunkt für Antriebsmotoren und Tachometer der Servotechnik. *Glockenanker* gibt es in Versionen mit und ohne Bürsten. Beide zeichnen sich durch die freitragende (d.h. eisenlose) Schrägwicklung der Ankerspule und die damit verbundenen besonderen Eigenschaften aus. In Kombination mit elektronischen Ansteuerungen und Regelsystemen ermöglichen sie komplizierte und exakte Bewegungsabläufe.

A.5.1.4.1
Bürstenbehaftete, mechanisch kommutierte DC-Motoren (Ausführung *Glockenanker*)

Aufbau und Gesamtkonzeption
Bild A-110 zeigt eine Schnittzeichnung durch einen Standard-*Glockenankermotor*. Als Besonderheit des Konstruktionskonzeptes ist ein Teil des Stators *innerhalb der Rotorwicklung* untergebracht. So rotiert die Ankerspule um die feststehenden *Seltenerd*-Magnete des Ständers. Eine *Edelmetallkommutierung*, d.h. mehrteilige Kommutatoren und Bürsten aus Edelmetall, verleiht dem *DC-Motor* eine äußerst niedrige Anlaufspannung, auch nach langem Stillstand. Außer für die hohe Lebensdauergarantie ist diese Eigenschaft bei Präzisions-Stellantrieben mit Mikroverstellungen besonders wichtig (feinfühlige *Pointierung* möglich). Spezielle Tachogeneratoren haben Kommutatoren bzw. Bürsten aus Goldlegierungen, die ein qualitativ hochwertiges Ausgangssignal gewährleisten (geringer Rauschpegel). Im Vakuum getränkte Sinter- oder Kugellager sind für die gesamte Lebensdauer mit Spezialschmiermittel versehen. Sie gewährleisten einwandfreien Betrieb in allen Einbaulagen, auch mit erhöhter radialer Wellenbelastung, bei sehr hohen und sehr niedrigen Drehzahlen, wobei auch Vibrationen bis 10 g ($g \approx 9,81 \text{ ms}^{-2}$: Erdbeschleunigung) bei Frequenzen bis 1 kHz die Funktionsfähigkeit nicht beeinträchtigen. Außerdem sind besondere Einsatzbedingungen wie reversierender, intermittierender oder extremer Kurzzeitbetrieb zulässig. Je nach Belastungsart liegt dabei die Lebensdauer zwischen mehreren 100 Std. bis zu einigen 10 000 Stunden.

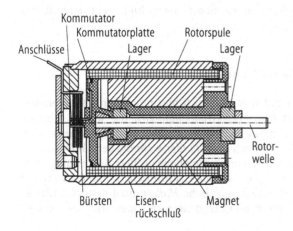

Bild A-110. *DC*-Micromotor (Glockenanker) (Werkfoto Dr. Fritz Faulhaber GmbH & Ko. KG)

Für Anwendungen, die sehr hohe Lebensdauer erfordern, wird der Einsatz von bürstenlosen *DC-Servomotoren* (*Elektronikmotoren*) empfohlen (Abschn. A.5.1.3 bzw. Abschn.
A.5.1.4.2).

Eisenloser Läufer mit Schrägwicklung
Der Rotor (Bild A-111) zeichnet sich durch folgende Merkmale aus:

- Eisenlose Ankerspule mit freitragender, verbackener Schrägwicklung (Bild A-111 a)
  bedingt kleines Trägheitsmoment und dadurch hohe Dynamik bzw. sehr kurze Hochlaufzeit. Bild A-111 b zeigt eine in die Ebene abgewickelte Spule mit Schrägwicklung
  und Anschlüssen zu den Kollektorsegmenten.
- Symmetrische Wicklung bedingt geringste Unwucht und dadurch hohe Laufruhe.
- Hohe *Steifigkeit* der freitragenden Ankerspule durch zwei sich kreuzende, miteinander verbackene Wickellagen. Bild A-111 c zeigt kompletten Läufer mit Kommutator-
  platte, Spule und Rotorwelle.
- Gute Wärmeabfuhr erlaubt hohe Stromdichten, Wirkungsgrad und Leistungs-/Volu-
  men-Verhältnis.

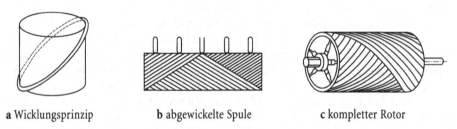

a Wicklungsprinzip   b abgewickelte Spule   c kompletter Rotor

Bild A-111 a – c. *DC*-Micromotor (eisenloses Läufersystem) (Werkfoto Dr. Fritz Faulhaber)

Betriebskennlinien
Wie andere permanenterregte Servomotoren verhalten sich diese *DC-Motoren* mit
eisenlosem Läufer nach sehr einfachen linearen Gesetzmäßigkeiten (Abschn. A.5.1.1
bzw. Gl. (A-68)):

- *Proportionalität* (Linearität) zwischen intern induzierter *Spannung* und *Drehzahl*,
- *Proportionalität* (Linearität) zwischen *Strom* und erzeugtem *Drehmoment*.

Zur Auswahl des geeigneten *DC-Micromotors* dienen die in Bild A-112 dargestellten
Kurven.

A.5.1.4.2
Bürstenlose, elektronisch kommutierte *DC*-Glockenankermotoren

Wie in Abschn. A.5.1.3 erläutert, handelt es sich auch hier um elektronisch kommutierte, gleichstromangesteuerte Motoren (*Elektronikmotoren*), die wie in Abschn.
A.5.1.4.1 mit einer freitragenden Schrägwicklung ausgerüstet sind. Im Gegensatz zu
Abschn. A.5.1.4.1 gehört die Wicklung jedoch zum *Ständer*, während der *Läufer* aus *Sel-
ten-Erden*-Permanentmagneten besteht. Somit werden noch größere Beschleunigungs-
werte bei noch kleinerem Volumen ermöglicht. Die elektronische Kommutierung der
dreiphasigen Ständerwicklung wird über magnetische *Hallsensoren* gesteuert (*Blockkommutierung* in Abschn. A.5.1.3.2). Bild A-113 zeigt einen zerlegten dreiphasigen bür-

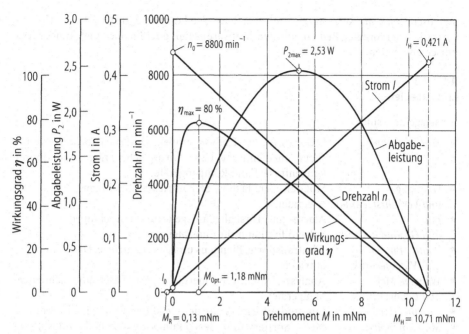

Bild A-112. Kennlinien *DC*-Glockenanker-Micromotor (Werkfoto Dr. Fritz Faulhaber)

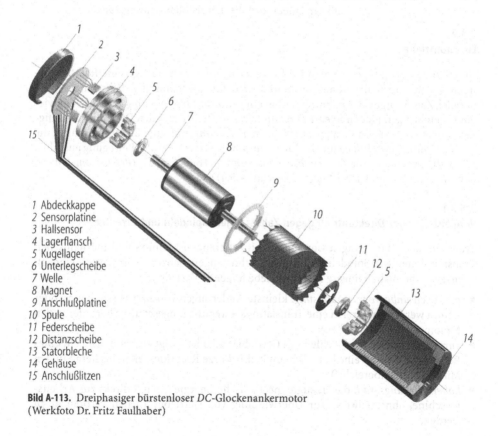

1 Abdeckkappe
2 Sensorplatine
3 Hallsensor
4 Lagerflansch
5 Kugellager
6 Unterlegscheibe
7 Welle
8 Magnet
9 Anschlußplatine
10 Spule
11 Federscheibe
12 Distanzscheibe
13 Statorbleche
14 Gehäuse
15 Anschlußlitzen

Bild A-113. Dreiphasiger bürstenloser *DC*-Glockenankermotor
(Werkfoto Dr. Fritz Faulhaber)

stenlosen *Glockenankermotor*. Grundsätzlich werden komplette Ansteuerungen (Servo-verstärker, Servoregler, Bedienkonsolen, Software) katalogmäßig oder auch kundenspe-zifisch angeboten.

A.5.1.4.3
Einsatzgebiete

Einsatzgebiete sind:

* *Medizintechnik:*   Labor-, Insulin-, Dialysepumpen, OP-Leuchten und -Mikro-skope, medizinische bzw. chirurgische Fräser und Bohrer (Augenfräser) und Röntgengeräte;
* *Fahrzeug-*   Stoßdämpfer, Tachos, Stellantriebe, Maschinen-*und Verkehrstechnik:* telegrafen;
* *Bau-*   Alarm- und Türschließanlagen, Türverriegelungen, *und Gebäudetechnik:* Solarrollos, Raumthermostate;
* *Photo-, Phono-*   Filmtransporte, Blenden- und Zoomantriebe, Diskplayer-*und Videotechnik:* antriebe;
* *Waagen, Meß-*   Analyse-, Durchfluß-, Oberfäche-, pH-, Laser- und Lichtleiter-*und Labortechnik:* Meßgeräte;
* *Datentechnik:*   Ein- und Ausgabegeräte der vielfältigsten Art; Laufwerke;
* *Maschinenbau:*   Meß-, Sortier- und Bestückungsautomaten, Farbdosierung bei Farbdruckmaschinen und in der Textilindustrie, Manipu-latoren, Linearantriebe, Lötpistolen, Schweißzangen u.a..

A.5.2
Linearantriebe

Geradlinige Bewegungen werden häufig über einen Umweg erzeugt: eine *Rotationsbe-wegung* eines normalen Rotationsmotors wird mit mechanischen Hilfsmitteln (z.B. Spindel, Zahnstange oder Zahnriemen) in eine *Translationsbewegung* gewandelt. In vie-len Fällen bringen jedoch *lineare Direktantriebe* Vorteile bezüglich Dynamik, Genauig-keit und auch Preis. Im Prinzip ist ein solcher *Linearantrieb* eine Elektromaschine, die in die Ebene *abgewickelt* ist und dadurch eine lineare (transversale) Bewegung ausführt. Das trifft besonders für den *Drehstromasynchron-* (Bild A-51 d), *Gleichstrom-Linear-* (Abschn. A.5.2.5) und *Schrittmotor* (Abschn. A.5.4) zu.

A.5.2.1
Vergleich linearer Direktantrieb gegen Zahnstangen, Spindeln und Exzenter

Translatorische Bewegungen werden oft mit rotierenden Motoren und mechanischen Transmissionen wie Spindeln, Schnecken, Zahnstangen, Seilzügen, Exzentern erzeugt. Demgegenüber haben lineare Direktantriebe folgende Vorteile:

* praktisch *unbegrenzte Auflösung*: kleinste Änderungen von Betriebsspannung oder -strom werden ruckfrei in eine Translationsbewegung umgesetzt, bis herunter in den Nanometerbereich (10^{-9} m);
* *kurze Reaktionszeit*: das Fehlen von Getriebespiel oder -trägheit ermöglicht ein gutes Regelverhalten und eine hohe Dynamik, d.h. kurze Reaktionszeiten bis herab in den Mikrosekundenbereich;
* *hoher Wirkungsgrad*: die erzeugte mechanische Energie gelangt direkt zur Arbeits-maschine, ohne teilweise zur Überwindung von Getriebeverlusten verbraucht zu werden;

- *bessere Integrationsfähigkeit*: Direktantriebe werden im allgemeinen mit dem anzutreibenden System gemeinsam entwickelt. Sie sind deshalb keine bloßen Anhängsel sondern in das System integrierbare Funktionseinheiten (*Direktantrieb* in Abschn. A.5.1.2);
- *keine Verschleißteile*: der totale Wegfall von Getrieben oder anderen Mechanismen zur Bewegungsumsetzung bewirkt das Fehlen jeglicher Reibung und verhindert somit jeglichen Verschleiß im Motor;
- *keine Verschmutzung*: das Fehlen von mechanischem Abrieb oder Schmiermitteln macht Direktantriebe für Anwendungen in Reinräumen, im Vakuum und im Weltraum geeignet.

Dem stehen folgende Nachteile gegenüber:

- *keine Selbsthemmung*: die Beibehaltung der Position bei abgeschalteter Energiezufuhr, die die meisten Getriebemotoren aufgrund ihrer Selbsthemmung gewährleisten, ist bei Direktantrieben nicht gegeben;
- *individuelle Anpassung erforderlich*: die geringe Verfügbarkeit kompletter Standardprodukte auf dem Markt macht bei den meisten Anwendungen eine individuelle, projektbezogene Entwicklung notwendig.

Es gibt eine Reihe physikalischer Effekte, die zur Erzeugung von Linearbewegungen geeignet sind. Beispiele sind: *Piezoeffekt*, *Magnetostriktion*, sowie *Elektromagnetismus*, d.h. Kräfte im Magnetfeld oder zwischen Magnetfeldern und stromdurchflossenen Leitern. Diese Prinzipien werden zur Realisierung linearer Aktoren bzw. Antriebe eingesetzt und werden in den folgenden Abschnitten näher beschrieben.

A.5.2.2
Lineare Piezoantriebe

Physikalische Grundlage ist der *piezoelektrische Effekt*, bei dem bestimmte Kristalle eine exakt rekonstruierbare Deformation zeigen, wenn sie einem elektrischen Feld ausgesetzt werden (Abschn. A.5.3). Der *Piezoeffekt* ist ein *analoger Prozeß*, der theoretisch keine Auflösungsbegrenzung hat. Die erzielbaren relativen Längenänderungen liegen bei etwa 0,1%. Das bedeutet, daß ein ca. 100 mm hoher Stapel von Piezoelementen notwendig ist, um einen linearen Hub von etwa 100 µm zu erhalten. Piezo-Direktantriebe decken somit den Bereich von Mikroverstellungen mit Bewegungen im Nano- oder sogar Subnanometerbereich bis zu Hüben von etwa 0,1 mm ab, bei statischen Kräften bis in den Bereich von mehreren Tausend Newton. Sie finden Anwendungen beispielsweise zur Positionierung von optischen Elementen in Optikgeräten, in Mikromanipulatoren z.B. zur *Wafer-* oder *Maskenpositionierung* in der Halbleiterindustrie, oder zur Schwingungsdämpfung und Stoßwellenerzeugung. Mit *bilaminaren* Anordnungen, Hebelübersetzungen oder in speziellen Konfigurationen (*Inchworm*, *Piezo Walk*, Abschn. A.5.3.9) werden auch größere Verstellwege erreicht. Diese Bauformen erzeugen allerdings geringere Kräfte und benutzen mechanische Elemente zur mittelbaren Erzeugung der Linearbewegung.

A.5.2.3
Magnetostriktionsantriebe

Der *Magnetostriktionsantrieb* nutzt das elektromagnetische Äquivalent des Piezoeffektes aus: bestimmte Materialien erfahren Längenänderungen, wenn sie in ein Magnetfeld gebracht werden. Die erreichbaren relativen Längenänderungen sind jedoch mit ca. 0,2 % etwa doppelt so hoch wie beim Piezoeffekt. Im Handel sind Eisenlegierungen mit Seltenen-Erden erhältlich, die diesen Effekt in besonderem Maße zeigen (z. B. *Terfenol*).

A.5.2.4
Proportionalmagnete, Magnetmotor

Der *Magnetmotor* oder allgemein *Proportionalmagnete* sind translatorische Direktantriebe, die auf dem Prinzip des *Elektromagneten* beruhen. *Proportionalmagnete* sind Verwandte von Relais und Hubmagnet. Sie nutzen die Anziehungskräfte, die bei der Wechselwirkung eines Magnetfeldes mit ferromagnetischen Materialien entstehen (Abschn. A.2.2.2). In einem Eisenkreis mit Luftspalt (Abschn. A.2.1.4) erzeugt ein elektrisch erregter Stator Kräfte, die den beweglichen Anker über den Luftspalt anziehen: Die Kräfte sind stets nur auf die Verkürzung des Luftspaltes gerichtet, unabhängig von der Stromflußrichtung in der Erregerspule. Die Kraft-Weg-Charakteristik ist unidirektional und stark nichtlinear. Bidirektionale Kräfte können nur durch zwei gegeneinander geschaltete Systeme oder mit mechanischer Vorspannung erzeugt werden.

Durch spezielle konstruktive Maßnahmen im magnetischen Kreis läßt sich die Kraft-Weg-Charakteristik zumindest in Teilbereichen des Hubes linearisieren. Trotzdem weist die Kraft-Hub-Kennlinie relativ große Abweichungen von einer Geraden auf, was für Regelungen problematisch ist. Deshalb sind *Proportionalmagnet-Antriebe* für Präzisions-Positionierungen nur mit Einschränkung geeignet. Ebenso sind bei schnellen dynamischen Antrieben Einschränkungen in Kauf zu nehmen: ihr Standard liegt bei Einstellzeiten im Bereich von wenigen 10 ms bis etwa 100 ms sowie Bandbreiten von einigen Hertz. Auf dem Markt gibt es eine Vielzahl von Ausführungen, mit Hüben bis zu einigen zehn Millimetern und Kräften bis in den Bereich einiger tausend Newton. Sie haben als einfache Stellantriebe (z. B. für Ventile oder elektrischen Sicherungen) große Verbreitung gefunden.

Beim *Magnetmotor* werden elektronische Linearisierungen der Kennlinien benutzt, die den Magneten zu einem präziseren Einstellverhalten zwingen. Gleichzeitig wird das dynamische Verhalten durch Verwendung spezieller Materialien verbessert, so daß Kräfte bis zu 1000 N, Hübe bis zu einigen Millimetern und Bandbreiten bis in den Kilohertzbereich erreicht werden.

A.5.2.5
Gleichstrom-Linearmotoren

Der im üblichen Sinn als *Linearmotor* bezeichnete translatorische Direktantrieb benutzt die Wechselwirkungen zwischen Magnetfeldern und stromdurchflossenen Leitern zur Erzeugung der Vorschubkraft. Grundsätzlich läßt sich jedes Funktionsprinzip, nach dem rotierende Elektromaschinen arbeiten, auch zum Bau von *Linearmotoren* anwenden. Man schneidet dazu in Gedanken einen Motor entlang eines Radius bis zur Achse auf und wickelt ihn in eine Ebene ab. So werden beispielsweise *Linearmotoren* nach dem Funktionsprinzip der *Asynchronmaschine* für Fahrzeugantriebe hoher Leistung eingesetzt (Bild A-51d, z. B. Magnetschwebebahn), oder *Schrittmotoren* für *inkrementale Linearantriebe* und *Gleichstrom-* oder *Synchronmotoren* mit Permanentmagneterregung für *Translationspositionierungen*.

Für feinfühlige Linearverstellungen bzw. Lageregelungen hat sich das Prinzip des Gleichstrommotors mit Permanentmagnet bewährt (vergl. Abschn. A.5.1). Es erlaubt nicht nur einfache und hochgenaue Regelungen von Kraft, Geschwindigkeit und Position, es besitzt auch hohe Wirkungsgrade bei geringem Aufwand. Das Funktionsprinzip läßt sich nach Gl. (A-8), Abschn. A.2.2.2 sehr einfach verständlich machen:

Bringt man einen beweglich gelagerten, stromdurchflossenen Leiter in ein Magnetfeld, so erfährt dieser eine Kraftwirkung und bewegt sich. Die Bewegungsrichtung kann nach der *Rechte-Hand-Regel* (Abschn. A.2.2.2) bzw. nach der Dreifingerregel der linken Hand ermittelt werden. Gl. (A-8) ist die einfache Grundgleichung zur Berechnung aller *Gleichstrom-Linearmotoren*. *Magnetmotor* und *Gleichstrom-Linearmotor* ergänzen einander in der Anwendung, wobei der Magnetmotor im Bereich kleiner Hübe (<1 mm) und hoher Kräfte bessere Eigenschaften besitzt, während die verschiedenen Formen des Linearmotors für größere Hübe besser geeignet sind.

Einige Grundprinzipien (Bauformen) des GS-Linearmotors sind in Bild A-114 zusammengestellt. Außer diesen gibt es noch den klassischen Lautsprecherantrieb (Tauchspule). Die drei Grundelemente *Magnet, Spule* und *Weicheisen-Führungsteile* (Formgebung für den Magnetkreis) lassen sich in vielfältigen Konstruktionsvarianten zwischen Stator und Läufer aufteilen. Während die praktisch sinnvolle Grenze des Bewegungsbereiches für die Bauformen **a** bis **c** wegen Materialaufwand und Verlustleistung bei weniger als 100 mm liegt, ermöglicht Variante **d** eine beliebige Verlängerung des Hubes durch Einführung mehrerer Spulen. Diese müssen jedoch in bestimmten Läuferpositionen kommutiert werden. In Beispiel **e** muß die Kommutierung mittels Schleifbürsten oder elektronisch erfolgen. Bei letzterem detektieren Sensoren die relative Lage von Läufer zu Stator und elektronische Schalter polen die Ströme der dann feststehenden Spule um.

In Bild A-115a ist ein linearer, kollektorloser Motor großer Kraft abgebildet. Er ist im Prinzip ein kollektorloser Synchronmotor, bestehend aus einer Magnetbahn und einem Blechpaket mit einer zwei- oder dreiphasigen Wicklung. Im Normalfall ist die Magnet-

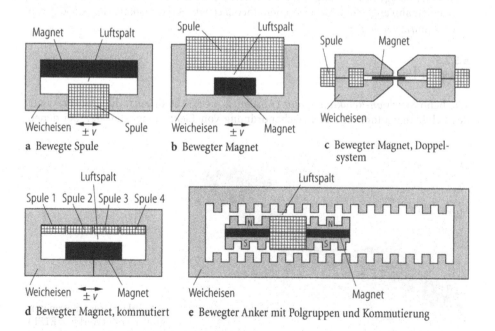

Bild A-114a–e. Konstruktionsprinzipien für Gleichstrom-Linearmotoren (Ing. Büro Löffler)

bahn fest mit der Anlage verbunden. Je nach Anwendungsfall kann die Magnetbahn oder das Blechpaket mit dem zu positionierenden Anlagenteil verbunden werden. In jedem Fall sollte der bewegliche Motorteil direkt mit der Last verbunden sein, um die bereits vorhandene Lagerung zu nutzen. Die Steuerung der Kurvenform des Stromes, in Abhängigkeit der Position, hat eine sehr gleichmäßig wirkende Kraft mit einer geringen Restwelligkeit zur Folge. Standardtypen sind bis zu 11 000 N bei einer Motorkonstanten von 150 N/$\sqrt{W}$ verfügbar. Das bedeutet, daß bei einer Kraftentwicklung von 150 N eine Verlustleistung von 1 W, bei 11 000 N eine Verlustleistung von $(11000/150)^2$ W = 5378 W entsteht.

In Bild A-115b ist eine Ansteuerung eines Gleichstrom-Linearantriebs schematisch dargestellt und Bild A-115c zeigt ein typisches System für den Betrieb mit Linearmotoren (Servosystem, könnte auch mit anderen Servomotoren wie Scheibenläufer, Glockenanker oder Torquer ausgestattet sein). Das System besteht aus

- einem PC (Personal Computer) zur Programmentwicklung (unter WINDOWS) des Bewegungsablaufes. Es müssen die Parameter des Motors und die mechanischen Daten der Last eingegeben werden. Dann kann das Bewegungsprofil und die Position einfach programmiert werden,
- einer digitalen Steuerung, die das Positionssignal aufbereitet und die Positionierung steuert und regelt,
- einem getakteten Leistungsverstärker (Taktfrequenz 20 kHz). Die Kommutierung der Phasen wird direkt vom linearen Encoder abgeleitet, d.h. von der relativen Lage des Motors zum Magnetfeld, und
- einem Positionssensor, bei dessen Auswahl die Auflösung, die absolute Genauigkeit, die Geschwindigkeit und Steifheit des Systems zu berücksichtigen sind (Meßprinzipien wie optische und magnetische Maßstäbe, Laser oder Hallsensoren). Beim kostengünstigen, aber ungenaueren Hallsensor wird das Signal direkt von der Magnetbahn abgeleitet. Mit optischen Encodern wird eine absolute Genauigkeit von ca. 2 µm/m erreicht.

A.5.2.6
Reluktanz-Linearantrieb

Wie beim *Synchron-Reluktanzmotor* (Abschn. A.4.4.8.1) stellt auch die Linearvariante des Reluktanzmotors eine Mehrfachanordnung von Elektromagneten dar, bei denen

a Kollektorloser Linearmotor
großer Kraft (Werkfoto ETEL)

Bild A-115 a–c. Linearmotor großer Kraft und typische Servosysteme

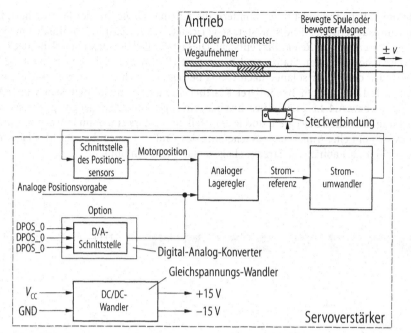

b Linearantrieb mit Ansteuerung (Systemstruktur)

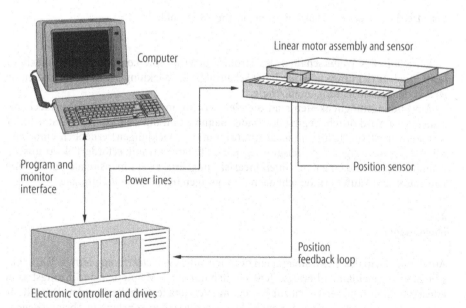

c Typischer Aufbau eines linearen Servosystems (Konfiguration)

Bild A-115 (Fortsetzung)

nicht die Luftspalthöhe (-breite), sondern die *Luftspaltfläche* mit der Last variiert. Die Kräfte im magnetischen Feld sind stets so gerichtet, daß ein Zustand minimalen magnetischen Widerstandes (*Reluktanz*) entsteht. Dies ist der Fall bei maximaler Überdeckung der gegenüberstehenden Stator- und Läuferpole (Bild A-116). Führen die Spulen 2–2' Strom, wird der Läufer solange nach rechts bewegt, bis sich die Pole von aktivem und passiven Teil überdecken. Bei äußerer Kraftbelastung des Läufers stellt sich, wie in Abschn. A.4.4 bzw. A.4.4.8.1 näher beschrieben, ein sogenannter *Lastwinkel β* (Phasenverschiebung) zwischen bewegtem und festem Teil des Motors ein. Beim Linearmotor handelt es sich um eine *transversale* Nacheilung des Läufers (gegenüber der Ideallage) um eine von der Last abhängige Strecke (Lageversatz, kein Schlupf).

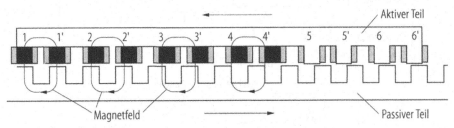

gezeichneter Moment: Erregung wird gerade von 1 - 1' auf 4 -4' umgeschaltet
(Momentaufnahme)   2 - 2' und 3 - 3' erregt
                          5 - 5' und 6 - 6' nicht erregt

Bild A-116. Prinzip des Reluktanz-Linearmotors (Ing.-Büro Löffler)

Ein zyklisches Weiterschalten des Stromes bewirkt eine kontinuierliche Vorschubkraft. Die Laufrichtung kann durch die Schaltfolge der Wicklungen geändert werden, sie ist von der Stromrichtung unabhängig.

Anwendungsmöglichkeiten sind die gleichen wie in Abschn. A.5.2.5. Der mechanische Aufbau wird durch Wegfall der Dauermagnete und mit dem passiven Stator (oder wahlweise passiven Läufer, je nach Anordnung der Wicklungen) erheblich einfacher, robuster, zuverlässiger und preisgünstiger. Die Steuerelektronik erfordert elektronische Kommutierung und eine Kennlinienlinearisierung. Eine zweidimensionale Ausführung von Stator und Läufer ermöglicht auch Bewegungen in beliebige Richtungen.

A.5.2.7
Magnetlager

Auf dem Prinzip des Elektromagneten beruhen außerdem *elektromagnetische Lagerungen*. Zwei gegeneinander bewegte Teile können durch ein Magnetfeld berührungsfrei in konstantem Abstand senkrecht zur Bewegungsrichtung festgehalten werden. Das gilt für rotierende Wellen ebenso wie für ebene Flächen, die sich in konstantem Abstand gegeneinander bewegen. Ein elektronischer Regelkreis sorgt für konstanten Luftspalt.

Beim Luftlager werden die beiden Teile durch ein Luftpolster auseinandergedrückt, das unter Überdruck gegenüber der umgebenden Atmosphäre steht. Im Luftspalt eines magnetischen Kreises (*Magnetmotor*, Abschn. A.5.2.4) lassen sich nur Zugkräfte erzeugen. Beim Radiallager ist das gleichgültig. Bei ebenen Lagern ist durch konstruktive Maßnahmen (z.B. gegengeschalteter Magnet) dafür zu sorgen, daß nur

Zugkräfte am Magnetlager auftreten. Praktische Anwendung finden Magnetlager bereits bei Magnetschwebebahnen und als Radiallager bei extrem hohen Drehzahlen bis über 100000 min⁻¹, beispielsweise in Ultrazentrifugen oder schnellaufenden Bearbeitungsmaschinen, wo aus Verschleißgründen berührungsfreie Lagerung unumgänglich ist.

Das ebene Magnetlager besteht aus Elektromagneten als Lagerpads, die beiderseits einer ferromagnetischen Führungsbahn mit kleinem Luftspalt angeordnet sind. Zwei einfache berührungslose Abstandssensoren messen die Luftspalthöhe. Der Regelkreis linearisiert die Magnetkennlinie und hält die Luftspalte über die stromabhängige Anzugskraft des Elektromagneten konstant. Die Führungsbahn schwebt frei zwischen den Pads. Das differentielle Verfahren der Lageregelung bewirkt weitgehende Eliminierung von Fehlern, verursacht durch Ungenauigkeiten des Sensors, Schwankungen des Luftspalts oder Oberflächendefekte der Führungsbahn.

A.5.3
Piezostelltechnik (*Piezotranslator PZT, Piezo Walk Drive, Inchworm Drive*)

A.5.3.1
Einleitung und Anwendungsgebiete
(s. Elektrotechnik für Maschinenbauer, Abschn. E.2.3)

In der heutigen *Mikrostelltechnik* nehmen die *piezoelektrischen Antriebe* einen immer größeren Raum ein. Diese vielfältigen *Mikrostellglieder* (Abschn. A.5.2.2) für feinste Positionierungen mit unvergleichlicher Genauigkeit im Bewegungsbereich von Subnanometern bis zu einigen 100 Mikrometern ersetzen nicht nur im Entwicklungs- und Forschungsbereich, sondern auch bei industriellen Fertigungsabläufen althergebrachte Stellsysteme, machen Maschinen schneller und genauer. Die Aktuatoren (*Aktoren*) sind *Piezotranslatoren*, deren Funktionsprinzip auf dem *piezoelektrischen Effekt* beruht und die es in Hochvolt- (bis zu 1000 V Betriebsspannung) oder Niedervolttechnologie (etwa 100 V) gibt. Spezifische Vorteile piezoelektrischer Translatoren sind:

hohe Positioniergenauigkeit, fast unbegrenzte Auflösung, Spielfreiheit, große Kräfte, große Steifigkeit, hohe Druckbelastbarkeit, hoher Wirkungsgrad, keine Verschleißteile (wartungsfrei), schnelle Stellbewegungen (hohe Dynamik).

Hauptanwendungsgebiete

- *Feinwerktechnik, Mechatronik und Maschinenbau*: Werkzeugeinstellung, Verschleißkorrektur, Steuerung Einspritzdüsen, Mikropumpen, Linearantriebe, Schlag-, Extrusions-, schnelle Bearbeitungs- und Mikrogravierwerkzeuge, aktive Schwingungsdämpfung, Tonabnehmer und Drucksensoren;
- *Optik und Meßtechnik*: Spiegel- und Lichtwellenleiter-Positionierung, Holographie, Interferometrie, Lasertuning, schnelle Spiegelscanner, adaptive und aktive Optik, Bildstabilisierung, Autofokus, Vibrationen;
- *Medizintechnik*: Mikromanipulatoren, Zellpenetration, Mikrodosierungseinrichtungen, Stoßwellenanregung;
- *Mikroelektronik*: Wafer- und Maskenpositionierung (Halbleiterfertigung), Mikrophon, Mikrolithographie.

A.5.3.2
Grundlagen der piezoelektrischen Stelltechnik

Ein *Piezotranslator* ist ein elektrisch steuerbares Stellelement, dessen Funktion auf der Grundlage des *piezoelektrischen Effekts* beruht. Er läßt sich in die Klasse der *aktiven Sensoren* bzw. *Aktuatoren* einordnen. Der *Piezoeffekt* beschreibt die Fähigkeit bestimmter kristalliner Materialien, eine elektrische Ladung proportional zu einem von außen einwirkenden Druck zu erzeugen. Die dabei auftretende Spannung kann so groß werden, daß zwischen zwei Elektroden, beispielweise beim elektrischen Gasanzünder, ein Funken überspringt. Beim *PZT* (Piezotranslator) wird der *inverse Effekt* ausgenutzt: ein elektrisches Feld (bzw. elektrische Spannung) parallel zur *Polarisationsrichtung* bewirkt eine *lineare Ausdehnung* des Keramikmaterials in der gleichen Richtung. Als Materialien werden *Sinterkeramiken* eingesetzt. Allgemeine Eigenschaften sind:

Ausdehnung des PZT: Sie hängt von der angelegten Betriebsspannung und der auf sie einwirkenden Kraft ab.

Kräfte: Stapeltranslatoren (viele scheibchenförmige Piezoelemente als Stapel verklebt) können in Abhängigkeit von ihrem Keramikquerschnitt Druckkräfte bis zu einigen tausend Newton aufnehmen, während Zugkräfte auf kleine Werte beschränkt bleiben müssen. Viele Baureihen werden daher mit einer mechanischen Vorspannung angeboten, so daß auch größere Zugspannungen am Stellelement angreifen dürfen, ohne als Zug auf das Keramikmaterial zu wirken (besonders für dynamische Anwendungen).

Die effektiv erzeugbare Kraft eines *PZT* beträgt: $\quad F_{\text{eff}} = c_T \cdot \Delta L_0 \left(1 - \dfrac{c_T}{c_T + c_S} \right) \quad$ (A-72)

c_T: Steifigkeit des Translators (N/m), c_S: Steifigkeit der Einspannung, ΔL_0: Nennausdehnung ohne Krafteinwirkung (Leerlauf)

Resonanzfrequenz: $\quad f_0 = \dfrac{1}{2\pi} \sqrt{\dfrac{c_T}{m_{\text{eff}}}} \quad$ und reduzierte Resonanzfrequenz $\qquad$ (A-73a)

$$f_{\text{red}} = f_0 \sqrt{\dfrac{m}{m + 2M}} \qquad\qquad\qquad \text{(A-73b)}$$

f_0: PZT-Eigenfrequenz ohne Last, m: Masse des *PZT* und f_{red}: Resonanzfrequenz mit externer Masse M (Lastbetrieb)

Hysterese: Die Ausdehnung eines *PZT* verläuft nicht exakt proportional zur elektrischen Feldstärke. In einem Spannungs-Ausdehnungs-Diagramm läßt sich dieses *nichtlineare* Verhalten durch eine *Hysteresekurve* darstellen (Bild A-117a), deren maximale Breite bis zu 15% des durchlaufenen Weges betragen kann. Deshalb sind für Absolutpositionierung im nm-Bereich zusätzliche Wegsensoren erforderlich. Sie ermitteln, direkt in den *PZT* integriert, den Ausdehnungszustand mit hoher Genauigkeit. Eine sogenannte *Piezoregelung* führt die Ausdehnung des Stellelements hochgenau einem Sollwert nach (Abschn. A.5.3.6).

Drift: Wird die *PZT*-Betriebsspannung auf einen neuen Wert gestellt, beobachtet man nach dem eigentlichen, sehr schnell ausgeführten Ausdehnungsvorgang noch eine sehr langsame und sehr kleine *Driftbewegung* in die gleiche Richtung. Als Funktion der Zeit hat die Drift einen logarithmisch abnehmenden Verlauf.

$$\Delta L(t) = \Delta L \left(1 + \gamma \cdot \lg \frac{t}{0,1 \text{ s}}\right) \qquad \text{(Zeit } t \text{ in s)} \qquad \text{(A-74)}$$

Wobei ΔL die Ausdehnung 0,1 s nach dem Stellvorgang angibt. γ ist ein vom *PZT* und der mechanischen Belastung abhängiger *Driftfaktor*, der zwischen 0,01 und 0,02 liegt. Ebenso wie die Hysterese wird auch die *Drift* durch eine Ausdehnungs- bzw. Wegregelung auf unmeßbare Werte reduziert (Bild A-117b).

Temperaturverhalten: Wie bei jedem Festkörper hängt die Länge eines *PZT*s von seiner Temperatur ab. Beim *PZT* sind jedoch zwei Temperatureffekte zu berücksichtigen:

Lineare thermische Ausdehnung: Der lineare *thermische Ausdehnungskoeffizient* $\alpha = \Delta L/L$ beschreibt die relative Wärmeausdehnung $\Delta L/L$:

$\alpha = 11 \cdot 10^{-6}/\text{K}$ (nicht vorgespannte Elemente) und $\alpha = 7$ bis $8 \cdot 10^{-6}/\text{K}$ (vorgespannt).

Temperaturabhängigkeit des Piezoeffekts: Der *Piezoeffekt* selbst, d.h. das elektrisch bedingte Ausdehnungsvermögen (*Piezomodul*) nimmt zu tieferen Temperaturen hin ab und beträgt bei 4 K nur noch 30% seines Wertes bei Zimmertemperatur. *PZT*s ändern also ihre Ausdehnungsfähigkeit etwa 0,2% pro K (*Kelvin*). Dieser Effekt kann im normalen Temperaturbereich vernachlässigt werden, verringert aber spürbar die Anwendungsmöglichkeiten bei *kryogenen* (Tiefst-) Temperaturen. Die in der Keramik „eingefrorene" *Polarisation* als Voraussetzung des Piezoeffekts verschwindet oberhalb der als *Curiepunkt* bezeichneten Temperatur von ca. 300 °C. Schon ab 150 °C läßt das Ausdehnungsvermögen deutlich nach, so daß bei Piezoanwendungen die Umgebungstemperatur von 150 °C möglichst nicht überschritten werden sollte.

Einsatz im Vakuum: Im Vakuum müssen *Durchschlagsfestigkeit* sowie *Ausgasvermögen* (Kontamination) beachtet werden. Zwischen 10 und 0,01 Torr liegt ein Gebiet niedrigen Isolationswiderstandes, in dem es leicht zu Spannungsdurchschlägen kommen kann. Hier soll beim Evakuieren keine Spannung an den *PZT* angelegt werden. Bei Drücken unter 0,01 Torr gibt es diesbezüglich keine Probleme mehr. Was das *Ausgasen* betrifft, werden auf Wunsch besonders ausgasarme Materialien (insbesondere spezielle Kleber) verwendet.

Bruchempfindlichkeit bedingt Vorschriften beim mechanischen Einbau:
- Stapeltranslatoren dürfen nur axial belastet werden (keine Quer-, Kipp- oder Scherkräfte),
- bei *PZT*s mit Gewindeendstück muß zulässiges Torsionsmoment am Kopfstück beachtet werden,
- beim Einbau zwischen parallele Platten muß das Stellelement ebenfalls parallele Endflächen haben,
- nur *PZT*s mit interner Vorspannung können Zugkräfte aufnehmen und sollten bevorzugt eingesetzt werden.

A.5.3.3
Erreichbare Ausdehnung eines PZT-Translators

Die maximal mögliche Ausdehnung eines *PZT* hängt von seiner Keramiksubstanz mit der Materialkonstanten d (*Piezomodul*), seiner Baulänge L, angelegter Feldstärke E und auf ihn wirkender Kraft F ab:

$$\Delta L = E d L_0 + \frac{F}{c_T} = \Delta L_0 + \frac{F}{c_T} \qquad (L_0: \text{Länge ohne Krafteinwirkung}) \qquad \text{(A-75)}$$

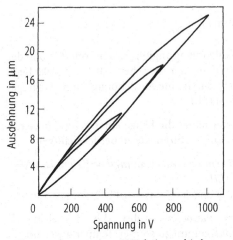

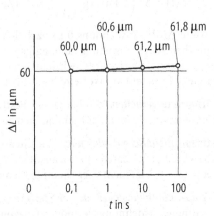

a Hysteresekurven eines PZTs bei verschiedenen Spitzenspannungen. Die relative Größe der Hysterese zum verstellten Weg bleibt immer gleich.

b Drift eines PZTs nach einer Spannungsänderung (ca. 1% des verstellten Weges pro Zeitdekade).

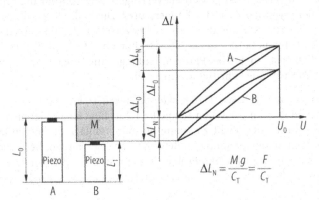

$$\Delta L_N = \frac{M g}{C_T} = \frac{F}{C_T}$$

c Belastung eines Piezos mit konstanter Kraft F (Gewicht): Nullpunktverschiebung bei gleichbleibender Ausdehnung

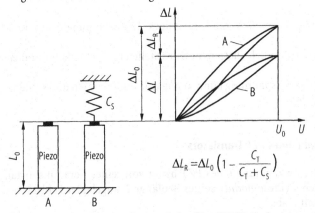

$$\Delta L_R = \Delta L_0 \left(1 - \frac{C_T}{C_T + C_S}\right)$$

d Belastung eines Piezos mit einer Feder ($F = F(\Delta L)$): Reduzierung der Ausdehnung

Bild A-117 a–d. Hysterese, Drift und Ausdehnung unter Belastung von *PZT*-Stellelementen (Werkfotos Physik Instrumente PI)

Begrenzt wird die Ausdehnung durch die maximale Feldstärke von 1 bis 2 kV/mm, mit der das Stellelement betrieben werden kann, ohne durch Spannungsüberschläge beschädigt zu werden. Es werden relative Längenänderungen von 0,1 bis 0,15 % erreicht. In Bild A-117c sind Ausdehnung und Nullpunktsverschiebung eines *PZT* bei Belastung mit konstanter Kraft dargestellt. Die Reduzierung der Ausdehnung bei Belastung mit einer Feder zeigt Bild A-117d. Aus diesen Betrachtungen ergibt sich, daß ein in *Stapelbauweise* hergestellter *PZT* von 100 mm Länge eine Ausdehnung von maximal 150 µm erreichen kann. Größere Stellwege lassen sich nur mit Wegübersetzungssystemen (Hebelkonstruktionen) erreichen.

A.5.3.4
Dynamischer Betrieb

Die Resonanzfrequenz als Maß für die Steifigkeit bzw. Dynamik eines Systems wird nach Gl. (A-73) ermittelt. Dabei ist die effektive bewegte Masse nach Bild A-117 definiert. Mit einer zusätzlichen Last als externer Masse reduziert sich die Frequenz gemäß Gl. (A-73b).

Die interessanteste Frage aber lautet: *Wie schnell kann sich ein PZT ausdehnen?*

Schnelle Ausdehnungen mit kleinen Ansprechzeiten sind das herausragende Merkmal der *PZT*-Keramiken. Die Sprungantwort auf einen Spannungssprung ist eine fast verzögerungsfreie Längenänderung. Dafür sind elektronische *Hochspannungsschalter* erforderlich, die einen mehrere Ampere starken Impulsstrom liefern können. Die kürzeste Zeit, die ein *PZT* zum Erreichen seiner Nennausdehnung benötigt, ist etwa 1/3 der Periodendauer nach Gl. (A-73):

$$T_{min} \approx \frac{1}{3 f_{red}}$$

So läßt sich z. B. ein *PZT* mit 10 kHz Resonanzfrequenz innerhalb von ca. 33 µs auf seinen Nennwert ausdehnen. Die dann auftretenden Beschleunigungen liegen bei etwa 30 km/s². Die maximale Kraft innerhalb der Keramik ist:

$$F_{max} = \pm c_T \cdot \Delta L = \pm 4\pi^2 \cdot m_{eff} \cdot \Delta L \cdot f_{red}^2 \quad \text{bei pulsförmiger Anregung}.$$

$$F_{dyn} = \pm 4\pi^2 \cdot m_{eff} \cdot \Delta L/2 \cdot f^2 \quad \text{bei sinusförmigem Betrieb}.$$

Daraus ergibt sich eine evt. erforderliche Vorspannkraft bei Zugbelastung.

A.5.3.5
Ansteuerung von Piezotranslatoren

Für eine überschlägige Abschätzung des Ausdehnungsverhaltens eines *PZT* kann man ihn als *elektrischen Kondensator* betrachten, dessen Ladungsinhalt in einem proportionalen Verhältnis zu seiner Ausdehnung steht. Der Innenwiderstand kann als unendlich groß ($R_i > 100$ MΩ) angenommen werden. Daraus wird deutlich, daß ein *PZT* nur während des Ausdehnungsvorgangs Energie aufnimmt und ansonsten seine statische Ausdehnung ohne weitere Energiezufuhr aufrechterhält. Jede Ausdehnungsänderung ist mit einer Änderung des Ladungsinhalts verbunden und setzt damit einen Strom *i* voraus: $i = dQ/dt = C \cdot du/dt$ (Strom *i* und Spannung *u* am *PZT*). Die Kapazität *C* des *PZT* verlangt bei schnellen Wegänderungen d*s*/d*t*, also im dynamischen Betrieb, eine hohe Ausgangsleistung des Treibers (Verstärker). Beispiel: $\Delta L = 120$ µm bei -1000 V, 24 N/µm, 450 nF, $f_{res} = 5$ kHz.

In vielen Anwendungen wird der *PZT* in eine Stellmechanik eingebaut. Die maximale Steuerungsfrequenz wird dann durch die Resonanzfrequenz des Gesamtsystems begrenzt, die naturgemäß tiefer als die des freien *PZT* liegt. Üblicherweise sind dynamische Steuerungen bis zu einer oberen Grenzfrequenz von ca. 80 % der Resonanzfrequenz möglich. Eine andere Begrenzung des dynamischen Verhaltens wird durch den begrenzten Spitzenstrom i_{max} des angeschlossenen Verstärkers verursacht: $f_{max} = i_{max}/2CU$. Die Ausgangsleistung eines Verstärkers, der einen *PZT* der Kapazität C mit der Frequenz f und der Amplitude der Betriebsspannung U betreibt, beträgt: $P_{aus} = C\,U^2\,f$. Oberes Beispiel: $\pm 60\ \mu m$ bei $\pm 500\ V$ und $0{,}45\ \mu A$. Mit 100 Hz: $P = 11{,}25\ W$.

A.5.3.6
Positionsgeregelter Betrieb

Durch die *Hystereseerscheinung* (Bild A-117 a) aufgrund kristalliner Effekte ist die Ausdehnung bei einer bestimmten Betriebsspannung von der *Vorgeschichte* des Spannungsverlaufs abhängig. Deshalb ist zur Erreichung hoher Positionsgenauigkeit eine absolute Lageregelung mit Wegmeßsystem und Positionsregler erforderlich. Die besonderen Vorteile des Positionsregelkreises sind:

- hysteresefreie Positionierung und somit hohe absolute Positionsgenauigkeit
- keine Driftbewegungen und keine Positionsänderungen durch wechselnde Kräfte
- hohe Auflösung und extreme Steifigkeit, d.h. Kraft pro Positionsablage.

Bild A-118 zeigt zwei Beispiele geschlossener *PZT*-Regelkreise.

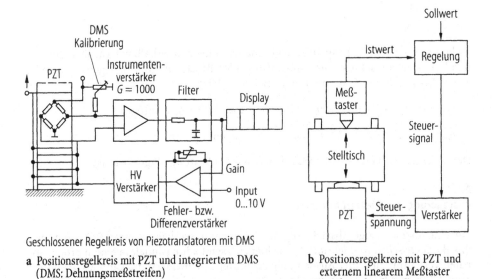

Geschlossener Regelkreis von Piezotranslatoren mit DMS

a Positionsregelkreis mit PZT und integriertem DMS
(DMS: Dehnungsmeßstreifen)

b Positionsregelkreis mit PZT und externem linearem Meßtaster (analog oder digital)

Bild A-118a-b. Geschlossene Lageregelkreise mit *PZT* (Physik Instrumente PI)

A.5.3.7
Erwärmung des Piezotranslators

Bei statischen oder niederfrequenten Stellvorgängen ist die Erwärmung des *PZT* vernachlässigbar. Im dynamischen Betrieb, also wenn der *PZT* bei einigen 100 Hz mit großer Amplitude betrieben wird, tritt eine Erwärmung ein, die bei noch höheren Frequenzen Kühlmaßnahmen erforderlich macht. Die im *PZT* erzeugte Wärmeleistung *P* kann durch Gl. (A-76) abgeschätzt werden:

$$P \approx \operatorname{tg} \delta \cdot f C U^2 \quad \text{(tg } \delta \text{ ist der Tangens des Verlustwinkels; er beträgt etwa 0,05). (A-76)}$$

A.5.3.8
Bauformen piezoelektrischer Stellelemente

Stapelbauweise *(stacked design)* (Bild A-119a)
Bei dieser am häufigsten angewandten Bauweise besteht der aktive Teil des Stellelements aus einem Stapel dünner Keramikscheiben (0,1 bis 1 mm dick), zwischen denen sich flache metallische Elektroden zur Zuführung der Betriebsspannung befinden. Jede Scheibe liegt so zwischen zwei Elektrodenflächen, von denen eine mit der Betriebsspannung, die andere mit Masse verbunden wird. Die einzelnen kaskadierten Scheiben und Elektroden sind durch Epoxikleber miteinander verbunden und an der Außenseite mit hochisolierenden Materialien hermetisch abgeschlossen. PZT mit 0,1 mm dicken Scheiben sind Niedervolttypen (NV-PZT), die mit ca. 100 V Betriebsspannung betrieben werden. 1 mm dicke Scheiben können bis zu 1000 V betrieben werden (HV-(Hochvolt-)Typen).

Streifenbauweise *(laminar design)* (Bild A-119b)
Im Gegensatz zum Stapeltranslator wird hier die Dehnung senkrecht zu Polarisation und Feldstärkerichtung ausgenutzt, weswegen die Komponente d_{31} des Piezomoduls (mm/Volt) die relative Längenänderung beschreibt. Eine Erhöhung der Betriebsspannung führt zu einer Verkürzung der Streifen und damit des Stellelements.

Röhrchenbauweise *(tube design)* (Bild A-119c)
Dünnwandige Röhrchen aus gepreßten Keramiksubstraten können auch als *PZT* eingesetzt werden. Wird eine elektrische Spannung zwischen Außen- und Innenwand angelegt, erfolgt ähnlich wie beim Streifentyp eine Verkürzung der Röhrchenlänge. Diese Variante bietet meist keine Vorteile und wird daher selten angewandt.

Hybrid-Bauweise *(hybrid design)* (Bild A-119d)
Beim hybriden Aufbau wird neben der eigentlichen Keramikdehnung eine *mechanische Transmission* (Wegübersetzung nach Hebelgesetz) eingesetzt, die den nutzbaren Stellbereich bis zum Faktor 10 vergrößert. Viele hybride *Makrotranslatoren* mit einem Stellweg bis zu 1 mm werden mit *Festkörpergelenken* (funkenerodierte Biegezonen) gefertigt, die als elastische Gelenkpunkte kleinste Winkeländerungen spielfrei weiterleiten.

Bimorphe Bauweise *(bimorph design)* (Bild A-119e)
Ähnlich wie ein *Bimetallstreifen*, der sich aus zwei Metallen mit stark unterschiedlichen Temperatur-Ausdehnungsvermögen zusammensetzt und sich bei Temperaturänderungen verbiegt, besteht ein *bimorpher PZT* aus einem Federmetall und einer darauf befe-

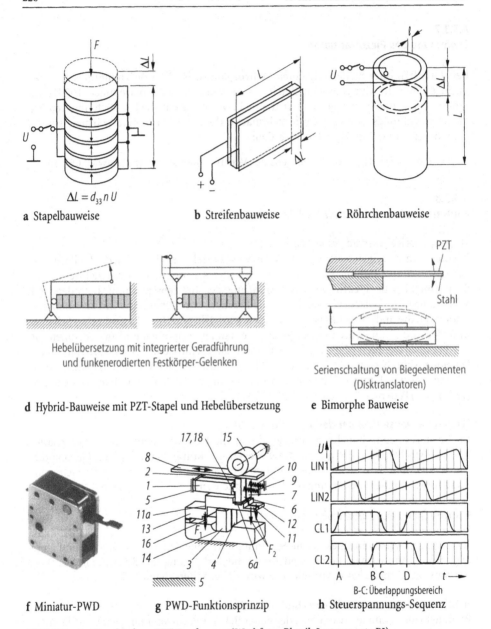

a Stapelbauweise   **b** Streifenbauweise   **c** Röhrchenbauweise

$$\Delta L = d_{33}\, n\, U$$

Hebelübersetzung mit integrierter Geradführung
und funkenerodierten Festkörper-Gelenken

d Hybrid-Bauweise mit PZT-Stapel und Hebelübersetzung

Serienschaltung von Biegeelementen
(Disktranslatoren)

e Bimorphe Bauweise

f Miniatur-PWD   **g** PWD-Funktionsprinzip   **h** Steuerspannungs-Sequenz

B-C: Überlappungsbereich

Bild A-119a–h. Verschiedene *PZT*-Bauformen (Werkfotos Physik Instrumente PI)

stigten Piezokeramik. Er verbiegt oder wölbt sich aufgrund des Piezoeffektes. In gleicher
Weise lassen sich auch zwei dünne Keramikstreifen verbinden, von denen sich einer aus-
dehnt und der andere zusammenzieht. Die großen Wege, die man mit dieser Version
erzielt, haben leider nur eine begrenzte Steifigkeit und scheiden daher für viele Stellauf-
gaben aus. Mit radialsymmetrischer Anordnung erreicht man wesentlich bessere Eigenschaften, wie sie bei den *Disktranslatoren* angewendet wird.

A.5.3.9
Piezo-Wanderantrieb (*Piezo Walk Drive/PWD*)

Der *Piezo-Walk-Drive (PWD)* ist für den Einsatz in mechanischen Präzisions-Stellti-schen entwickelt worden, für *Monomode-Fiberoptik* und andere optische Anwendungen oder *Wellenleiter (Hohlleiter)* der Hochfrequenztechnik. Die relativ kleinen, aber sehr steifen Antriebssysteme auf der Basis von *Piezo-Translatoren (PZT)* zeichnen sich durch extrem hohe Auflösungen in der Größenordnung von nm (Nanometer = 10^{-9} m) aus. Der Bewegungsbereich ist unbegrenzt. Neben den *PZT-Aktoren* sind auch *Lagesensoren* integriert, die eine digitale Regelung hoher Dynamik und Genauigkeit erlauben. Moderne *PZT*-Technologie setzt *Niedervolt-PZT*-Stapeln mit immer dünneren Piezoele-ment-Scheibchen ein, die im Spannungsbereich von –20 V bis +120 V betrieben werden und damit mit Mitteln der *Mikroschaltkreistechnologie* angesteuert werden können. Im Gegensatz dazu erreichen *Hochvolt-PZTs* ihre volle Ausdehnung erst bei etwa 1000 V (Abschn. A.5.3.1, A.5.3.2, A.5.3.5). Die zur Erfüllung hoher Anforderungen hinderlichen Eigenschaften wie o. g. Nichtlinearität und Hysterese des Piezoeffektes müssen durch digitale Positionsregelungen eliminiert werden. Diese werden immer häufiger in Com-putersteuerungen, d. h. per Software realisiert. Der andere für viele Anwendungen hin-derliche Effekt der begrenzten Ausdehnung nur im 100 µm-Bereich kann zwar durch mechanische Hebelübersetzungen um bis zu 10-fach erweitert werden (Abschn. A.5.3.8), wobei man allerdings erheblich an Steifigkeit bzw. Dynamik verliert. Mit dem *PWD* wurde ein Miniaturantrieb entwickelt, der sehr hohe Auflösung und Steifigkeit mit einem praktisch unlimitierten Bewegungsbereich kombiniert.

Funktionsprinzip des Piezo-Walk-Drive (Bild A-119f bis h)
Bild A-119f zeigt einen *PWD* mit dem herauslaufenden Band, in Bild A-119g ist das Funktionsprinzip dargestellt. Zwei Schenkel des *PWD* werden alternierend gegen das linear zu bewegende Teil, eine Stahllamelle, gedrückt. Die Schenkel sind vorgespannt und parallel geführt. Position und Länge der Schenkel werden durch *PZT*-Stapeln gesteuert. Durch die Längenänderung wird abwechselnd einer der beiden Schenkeln mit der Lamelle in Kontakt gebracht. Die Oberfläche des bewegten Stahlbandes (8) läuft parallel zum Roller (15) und den beiden Klemmarmen (6, 7) auf der anderen Seite. Eine Feder (16) erzeugt die Klemmkraft, die den Hebel (13) gegen das Gehäuse zieht, so daß die zwei Hebel (11, 12) über den *PZT*-Stapeln (3, 4) gekippt werden. Die Kraft F_1 bewegt den Hebel 13 nach unten und drückt beide Klemmarme gegen das Stahlband und den Roller. Zwei Federn (9, 10) rechts der Klemmarme spannen die *PZT*-Stoßarme (1, 2) vor. Wenn einer der beiden unteren *PZT*-Stacks (3, 4) abhebt (lüftet), kommt die entsprechende Feder-Vorspannkraft F_2 zur Wirkung.

Steuerspannungs-Sequenz (Bild A-119h)
Die Piezostoßarme werden mit den Signalen LIN 1 und LIN 2 betrieben. Die Stoß-arme ziehen sich zusammen bzw. expandieren. Dadurch bewegen sie das Stahlband entweder vor oder zurück. Welcher der beiden Klemmarme gegen das Stahlband gedrückt wird, um dieses zu bewegen, wird durch die Piezostacks (3, 4) gesteuert. Die entsprechenden Steuersignale sind CL 1 und CL 2.

Digitalregler (s. Abschn. A.5.3.6)
Der Regelkreis wird stabilisiert durch die *Übertragungsfunktion* der Piezobühne, des Sensors und der sogenannten *LUT (Look Up Table,* hier: Korrekturwertetabelle). Die Übertragungsfunktion des Verstärkers kann als konstant angenommen werden

(*Proportionalglied*), vorausgesetzt, die Bandbreite ist sehr groß im Vergleich zum einge-
setzten *Tiefpaßfilter*. Es gibt Regler, beispielsweise für einen 3-Achsen-Glasfaser-
Positionierer, basierend auf einem 32-Bit Gleitkomma-*DSP* *(Digital-Signal-Prozessor)*.
DSPs zeichnen sich besonders durch extrem hohe Rechengeschwindigkeiten aus. Der
Kontroller ist ein „*stand alone system*" mit einer seriellen und einer *IEEE*-Schnittstelle
(*Interface*) für die Datenkommunikation mit einem *PC* oder einer *Workstation*. Alle
Funktionen des *Positionierers* haben einen Befehlssatz für *Bewegung, Statuskommandos*
und *-Meldungen*.

Mathematisches Modell des Piezotisches
Für den Reglerentwurf und um die Auslegung des geschlossenen Regelkreises zu simu-
lieren, wurde von der PWD-Lieferfirma PI ein mathematisches *Simulationsprogramm*
(Differentialgleichungssystem) für einen *PC* entwickelt. Die rechnerisch simulierte
Schrittantwortfunktion eines 5 µm-Sprunges im geschlossenen Servokreis entspricht
sehr genau der tatsächlich am Gerät gemessenen Übergangskurve.

A.5.4
Schrittmotoren (*Stepper Motor*)

A.5.4.1
Einleitung und Einsatzgebiete

Schrittmotoren unterscheiden sich von den zuvor beschriebenen *Motoren konventioneller Bauweise* durch die *schrittweise Drehbewegung* ihrer Läufer. Jede Umdrehung bzw.
lineare Bewegung des Motors setzt sich aus einer von der Bauform und der Ansteuerung
abhängigen Anzahl von Winkel- oder Translationsschritten zusammen. Da also die Verstellung des Läufers bezüglich Lage bzw. Geschwindigkeit proportional zur Anzahl bzw.
Frequenz der Ansteuerimpulse ist, eignen sich Schrittmotoren vorzüglich als *digitale
Antriebskomponenten*.
   Der Erfolg der *Schrittmotorantriebe* im letzten Jahrzehnt hängt, wie auch bei den bürstenlosen *Servo-* oder *Elektronikmotoren* und umrichtergesteuerten *Asynchron-Servo-
maschinen*, mit den Fortschritten der Halbleiter-Technik zusammen, welche eine immer
vielfältigere Auswahl miniaturisierter *integrierter Schaltungen* für entsprechende komplexe Steuerungen anbietet. Der *Schrittmotorantrieb* verzichtet wie bürstenlose Servomotoren auf mechanische Kommutierung und zeichnet sich deshalb durch hohe Zuverlässigkeit, Wartungsfreiheit und Lebensdauer aus. Er besitzt aber außerdem noch den
grundsätzlichen Vorteil, genaue Steuerungen von Drehzahl (bzw. Geschwindigkeit) und
Position *ohne geschlossenen Regelkreis* (durch Zählen der Schritte) zu ermöglichen,
wodurch er sich bei vielen Anwendungen gegen andere Systeme voll durchsetzt. Das
gilt vor allem bei Dreh-, Kipp- oder Scan-Aktuatoren mit geringen Geschwindigkeiten
und gleichzeitig hohen Auflösungen. Der Schrittantrieb stellt in der modernen Digitaltechnik ein direktes *Bindeglied zwischen Mechanik und Elektronik* dar.

Applikationen für solche Anforderungen sind beispielsweise:

• Verschiedene Aktoren auf dem gesamten Gebiet der Stell- und Servotechnik.
• Ausrichtung und Justierung für Seitenruder, Solargeneratoren, Funkpeilung, Über-
   tragungsgeräte, Sensoren.
• Kardangelenke für Satelliten-Wuchtträder und Antennen-Positionierungen.

Besondere Eigenschaften der Schrittsteuerungen sind:

- *Winkelschrittauflösungen* von ca. 100 Schritten bis zu über 100 000 Schritte pro Umdrehung (*Mikroschritte* als Folge der Mikroschritt-Steuerung Abschn. A.5.4.5);
- Gutes *Drehmoment zu Masse Verhältnis*; z.T. hohe Schritt- und Haltemomente mit systeminhärenter Drehmomenten-Begrenzung; z.T. geringes Volumen und Gewicht;
- *Kein Kommutator*, deshalb wartungsfrei, zuverlässig und hohe Lebensdauer, service- und benutzerfreundlich;
- Konstruktionsbedingte Eignung für Systeme mit *Redundanzanforderungen*, d.h. Funktion des Antriebs wird bei Ausfall eines Aktors durch automatische Umschaltung auf einen *redundanten* (zweiten) Aktor garantiert;
- Sehr geringe *Umkehrlose* oder *Hysterese*: hohe Genauigkeit und Reproduzierbarkeit bei Umkehrbetrieb;
- Relativ hohe Start-Stopp-*Schrittfrequenzen* und sehr hohe Lauffrequenzen (bei kontinuierlichem Betrieb);
- Eignung für gehobene *Umgebungsbeanspruchungen* bezüglich Temperatur, Druck bzw. Vakuum, Feuchtigkeit, Staub, Vibration oder Schockbetrieb;
- *Varianten* mit eingebauten Lagern oder für externe Aufhängung des Läufers als *Direktantrieb*;
- Folgende *Nachteile* lassen unter Umständen dringend von einem Einsatz abraten: Schrittmotoren reagieren empfindlich auf Massenträgheitsmomente und Drehmomentsprünge der angekoppelten äußeren Last. Sie fallen bei Überlast außer Tritt.
- Die Anregung von *Resonanzschwingungen* in Strukturen der äußeren Arbeitsmaschine durch ausgeprägte Schrittfrequenzen können zu erheblichen Problemen führen.

A.5.4.2
Verschiedene Bauformen, Aufbau und Wirkungsweise

Schrittmotoren können generell in zwei Versionen eingeteilt werden:

- Version ohne *Permanentmagnet*, im Prinzip ein *Reluktanzmotor*, und
- Version mit *Permanentmagnet* im Läufer. Dazu gehören der *konventionelle Permanentmagnet-Schrittmotor*, der *Hybridmotor* und der *Scheibenmagnet-Schrittmotor*.

A.5.4.2.1
Reluktanz-Schrittmotor

Er ist vom prinzipiellen Aufbau her eine mehrphasige *Synchron-Reluktanzmaschine* (Abschn. A.4.4.8.1), deren Ständerphasen jedoch nicht mit sinusförmigem Wechselstrom, sondern wie alle Schrittmotoren mit Strompulsen nach ganz speziellen logischen Sequenzen angesteuert werden. Der Läufer besteht aus Weicheisen und hat eine gezahnte Oberfläche. Der Stator hat mehrere Stränge oder Phasen mit einer bestimmten Polzahl (prinzipieller Aufbau in Bild A-120a). Bei Bestromung einer Phase ziehen die entsprechenden magnetisierten *Statorzähne* die ihnen am nächsten liegenden *Rotorzähne* an. Diese Anziehungskraft basiert auf dem Bestreben der Magnetenergie, den größtmöglichen Magnetfluß auf dem kürzestmöglichen Weg zwischen Nord- und Südpol herzustellen. Dadurch wird der Luftspalt zwischen den Rotor- und Statorzähnen auf die kürzestmögliche Länge reduziert, was einer Position mit einem minimalem magnetischen Widerstand (*Reluktanz* = Widerstand gegen den Magnetfluß) entspricht (Abschn. A.2.1.4). Die Richtung des Magnetflusses und damit auch des Stromes in der Pha-

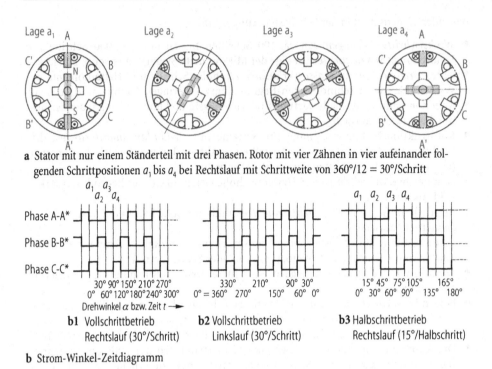

a Stator mit nur einem Ständerteil mit drei Phasen. Rotor mit vier Zähnen in vier aufeinander folgenden Schrittpositionen a_1 bis a_4 bei Rechtslauf mit Schrittweite von 360°/12 = 30°/Schritt

b1 Vollschrittbetrieb
Rechtslauf (30°/Schritt)

b2 Vollschrittbetrieb
Linkslauf (30°/Schritt)

b3 Halbschrittbetrieb
Rechtslauf (15°/Halbschritt)

b Strom-Winkel-Zeitdiagramm

Bild A-120a–b. Reluktanz-Schrittmotor mit nur einem Ständerteil

senwicklung ist beim Reluktanzmotor im Prinzip belanglos. Da kein Permanentmagnet vorhanden ist, hat der abgeschaltete Reluktanz-SM praktisch kein Selbsthaltemoment. Der Schrittwinkel wird bestimmt durch die Anzahl der Phasen (Ständerstränge) und der Rotorzähne. Er kann sehr klein sein (< 1°).

Die Phasen können aber auch mehrere magnetisch getrennte Ständerteile mit jeweils mehreren Teilwicklungen (Polen) sein. Die m Ständerteile dieser alternativen Reluktanzmotor-Ausführung sind dann axial hintereinander angeordnet. Sie haben den gleichen Aufbau mit einer bestimmten Anzahl p von elektromagnetischen Polpaaren, sind jedoch geometrisch um $1/m$ Polteilung gegeneinander winkelversetzt. In einem einfachen Beispiel hat der Schrittmotor $m = 3$ gleiche Ständerteile mit je $p = 3$ Polpaaren, so daß die Ständerteile um 1/3 Polteilung, d.h. um $2\pi/(m \cdot 2p) = 2\pi/(3 \cdot 6) =$ 360°/18 = 20° gegeneinander versetzt sind. Der Rotor mit mindestens sechs der Länge nach durchgehenden Zähnen (entsprechend 6 Polen eines Statorteils) sieht sich also insgesamt 18 Polen gegenüber, die um je 20° gegeneinander winkelversetzt, jedoch nicht gleichzeitig aktiv sind.

Bei Bestromung einer Phase bzw. eines Ständerteils mit Gleichstrom ziehen die entsprechenden magnetisierten Statorpolschuhe die ihnen am nächsten liegenden Rotorzähne an, wodurch der Luftspalt zwischen ihnen optimal reduziert wird. Im Leerlauf stehen sich die Zähne von Rotor und Stator dann direkt gegenüber, was der Lage des Rotors bzw. dem Systemzustand minimaler *Reluktanz* (magnetischer Widerstand) entspricht. Wird danach der gerade bestromte Ständerteil abgeschaltet und gleichzeitig der nächste bestromt, führt der Läufer einen Schritt von 20° aus, um wieder den Zustand geringst möglicher Reluktanz einzunehmen. Bild A-121 zeigt eine mögliche Beschaltung mit

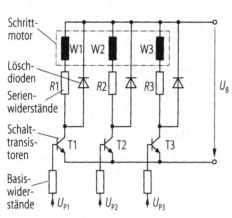

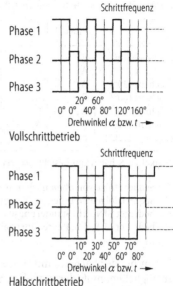

U_B Betriebsgleichspannung
U_P Phasensteuerspannungen

a Ansteuerung des dreiphasigen Schrittmotors mit elektronischen unipolaren Transistorschaltern

b Strom-Winkel-Zeitdiagramme (Impulsdiagramm)

Bild A-121a–b. Ansteuerung des dreiphasigen Reluktanz-*SM*

elektronischen Schalttransistoren, die die drei Phasen (Ständerteile) gemäß Logiksequenz in Tabelle A-24 ein- und ausschalten. Erfolgt die Schaltfolge gemäß Tab. A-24 von oben nach unten, dreht der Motor rechts herum; bzw. links herum, wenn die Schaltsequenz gemäß Tab. A-24 von unten nach oben durchlaufen wird.

Nach Tab. A-24 ist immer nur *ein* Ständerteil bzw. *eine* Phase gleichzeitig eingeschaltet. Dann spricht man von *Vollschrittbetrieb*. Mit abwechselnd ein und zwei eingeschalteten Phasen ergibt sich der sogenannte *Halbschrittbetrieb*, d.h. der Motor führt dann die doppelte Anzahl an Schritten pro Umfang aus. Tabelle A-25 zeigt die zugehörige Logiktabelle. Die Schrittweite (Auflösung) eines Halbschrittes beträgt dann 10°.

„*E*" bedeutet EIN, d.h. „eingeschaltet" bzw. *Phase bestromt*, „*A*" bedeutet AUS bzw. *Phase nicht bestromt*. Mit *logisch E* wird eine positive Steuerspannung an den zugeordneten Transistor gelegt (U_P in Bild A-121a), der dann durchschaltet, so daß Gleichstrom durch die Phase fließt. Mit *logisch A* erhält der entsprechende Transistor keine positive Steuerspannung, wird hochohmig und sperrt den Strom durch die zugeordnete Statorwicklung. Die *Löschdioden* sind gegen die äußere Gleichspannung U_B gepolt. Sie verhindern den Spannungsdurchbruch bzw. die Zerstörung der Transistoren aufgrund hoher Gegenspannungsinduktion $U_{ind} = L \cdot di/dt$ beim abrupten Abschalten des Stroms in der Induktivität der geschalteten Motorwicklung. Wie aus Bild A-121b hervorgeht, läuft der Motor im Halbschrittbetrieb bei der *gleichen Schrittfrequenz* nur halb so schnell, hat dafür jedoch die doppelte Schrittauflösung von 10° pro Schritt (gegenüber 20° pro Schritt beim Vollschrittbetrieb).

Die Grundstellung entspricht dem logischen Zustand: *Ständerteil 1 bestromt*. Im *Halbschrittbetrieb* (Tabelle A-25) nimmt der Rotor aufgrund der *Reluktanz* bei zwei eingeschalteten Ständerteilen die Zwischenstellung zwischen zwei Magnetpolen ein. Das resultierende Statormagnetfeld schaltet also um einen halben Vollschritt weiter.

Tabelle A-24. Logiksequenz Vollschrittbetrieb

	Phase 1	Phase 2	Phase 3
Grundstellung	E	A	A
1. Schritt (20°)	A	E	A
2. Schritt (40°)	A	A	E
3. Schritt (60°)	E	A	A
4. Schritt (80°)	A	E	A
5. Schritt (100°)	A	A	E
6. Schritt (120°)	E	A	A

Logik- bzw. Schaltzyklus besteht aus drei Schritten.

Tabelle A-25. Logiksequenz mit Halbschrittbetrieb

	Phase 1	Phase 2	Phase 3
Grundstellung	E	A	A
1. Halbschritt (10°)	E	E	A
2. Halbschritt (20°)	A	E	A
3. Halbschritt (30°)	A	E	E
4. Halbschritt (40°)	A	A	E
5. Halbschritt (50°)	E	A	E
6. Halbschritt (60°)	E	A	A

Logikzyklus besteht aus sechs Halbschritten.

$\Downarrow$ Sequenzfolge von oben nach unten bedeutet in beiden Fällen Drehung nach rechts (bzw. $+n$)
$\Uparrow$ Sequenzfolge von unten nach oben bedeutet in beiden Fällen Drehung nach links (bzw. $-n$)
E bedeutet EIN, d.h. Ständerphase führt Strom.
A bedeutet AUS, d.h. Phase führt keinen Strom.

Um bei der Variante mit nur einem Ständerteil in Bild A-120 den Schrittbetrieb zu ermöglichen, muß der einteilige Ständer mehrere Phasen haben (Stränge A-A*, B-B*, C-C*), die abwechselnd bestromt werden. Auch hier wird der Schrittwinkel α durch die Anzahl der Statorphasen und der Rotorzähne bestimmt: gemäß Bild A-120 beträgt $\alpha = 360°/12 = 30°$ bei 3 Phasen und 4 Rotorzähnen. Durch Erhöhung von Phasen- und Zähnezahl kann die Schrittzahl pro Umfang bis auf 400, entsprechend 0,9° Schrittweite, erweitert werden. Die in Bild A-120 Lage a_1 gezeichnete Rotorposition entspricht Phase A-A* eingeschaltet. Wird als nächstes Phase C eingeschaltet (Bild A-120 Lage a_2), macht der Motor einen 30°-Schritt nach rechts (Uhrzeigersinn). Die Schaltsequenz, die zu Bild A-120a gehört, ist im Diagramm A-120b dargestellt. Die Pulsfolge stellt den Stromverlauf über dem Winkel oder über der Zeit dar, da es sich um eine Schaltfrequenz handelt. Da sich der Rotor des *SM* zwischen zwei Schaltflanken bei korrektem Betrieb um einen ganz definierten Schrittwinkel weiter bewegt, ist zum Zeitpunkt einer Schaltflanke ein ganz bestimmter Drehwinkel α erreicht. Somit sind den gestrichelten *diskreten* Zeiten (*Schaltflanken*) bestimmte *diskrete Winkelpositionen* zugeordnet.

Im *Strom-Zeit-Winkeldiagramm* Bild A-120b_2 sind die Ansteuerungen (Bestromungssequenzen) der beiden Phasen A und B gegenüber Bild A-120b_1 vertauscht. Wird nämlich nach Phase A Phase B bestromt, erfolgt die Schrittbewegung nach links. Rechtsdrehung erfordert also Schaltfolge A/C/B/A/C/B/A ... usw., Linksdrehung erfolgt mit der Sequenz A/B/C/A/B/C/A... usw. Diese Reluktanzversion nach Bild A-120a ermöglicht auch den *Halbschrittbetrieb*. Dann muß für den Rechtslauf ($+n$) die Schaltsequenz nach Bild A-120b_3 gewählt werden. Gegenüber Schrittmotoren mit Permanentmagnet erzeugt der Reluktanzmotor gleicher Baugröße ein relativ kleines Drehmoment bei geringerem Wirkungsgrad. Deshalb nimmt der Marktanteil des Reluktanzmotors zunehmend ab.

A.5.4.2.2
Schrittmotor mit Permanentmagnet (*PM-Schrittmotor*)

Wie aus Bild A-122 ersichtlich, besteht der Rotor aus einem zylindrischen Ferritmagnet mit radialer Magnetisierung. Der Rotor von reinen *PM-Schrittmotoren* ist ungezahnt. Die *Stromrichtung* in den Statorphasen bestimmt die magnetische Polarität des geschalteten, dem *PM*-Feld überlagerten Statormagnetfeldes und damit auch die *Rotordreh-*

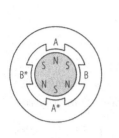

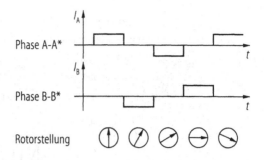

a Motor-Schnittbild   b Impulsdiagramm für beide Phasen mit zugeordneter
                                     Rotorstellung (zweiphasig, bipolarer Fall)

Bild A-122a–b. Permanentmagnet-Schrittmotor (*PM-SM*) (Werkfoto PORTESCAP)

richtung. In der gezeichneten Stellung zieht der aufgrund der Stromrichtung in Phase A-A* bei A herrschende Südpol des Stators den Nordpol des Rotors an bzw. der Stator-N-Pol bei A* den Rotor-S-Pol. Im Leerlauf erzeugt der Motor solange ein Drehmoment, bis sich die Pole direkt gegenüber stehen. Dann ist das Drehmoment null und die elektromagnetisch erzeugten Kräfte wirken nur noch in radialer Richtung. Wirkt ein äußeres Drehmoment (Last) auf den Rotor, so dreht sich dieser je nach Last um einen bestimmten *Lastwinkel β* aus dieser idealen Lage heraus.

Wird in der in Bild A-122a gezeigten Lage bei B ein N-Pol (bzw. S-Pol bei B*) erzeugt, erfolgt ein Schritt im Uhrzeigersinn, d.h. nach rechts. Schaltet man statt dessen den Strom in Phase B in die Gegenrichtung (d.h. S-Pol bei B bzw. N-Pol bei B*), so erhält man einen Schritt aus der gezeigten Lage in die Gegenrichtung (nach links). In Bild A-122 handelt es sich um einen *zweiphasigen bipolaren* oder um *einen vierphasigen unipolaren PM-Schrittmotor*, dessen Rotor drei Polpaare hat. Er hat somit einen Schrittwinkel von 30°, entsprechend 12 Schritte (2 Phasen mal 6 Pole) pro Umdrehung. *Bipolar* bedeutet, daß der Phasenstrom die Richtung wechselt. Betrachtet man Bild A-122 als zweiphasigen Motor, so besteht Phase 1 aus den hintereinander geschalteten Wicklungen A und A* und Phase 2 aus B und B*. Falls es eine Vierphasen-Unipolar-Type ist, so ist die Wicklung A Phase 1, B Phase 2, A* Phase 3 und B* Phase 4. Im letzteren Fall sind A und A* in einer *bifilar* gewickelten Spule zusammengefaßt, ebenso B und B*. Im unipolaren Betrieb ist der Phasenstrom entweder *ein* oder *aus*.

A.5.4.2.3
Hybrid-Schrittmotor

Er unterscheidet sich dadurch von den anderen, daß in seinem Rotor die Charakteristika sowohl des *Reluktanz-* als auch des *PM-Schrittmotors* kombiniert sind. In seiner Rotormitte ist ein axial magnetisierter Zweipol-Permanentmagnet mit zwei an beiden Enden gezahnten Kappen (wie Zahnräder) integriert. Der Stator enthält auch ausgeprägte (gezahnte) Pole (Bild A-123). Die Zähne einer Polkappe des Rotors sind N- (in Bild A-123a/b unten), die der anderen S-Pole (in Bild A-123a/b oben). Die Zähne der oberen Kappe sind um einen halben Zahnabstand gegenüber denen der unteren Kappe versetzt, da beide einer gemeinsamen Strangwicklung (Phase oder Ständerteil) des Stators ausgesetzt sind (Bild A-123b). Somit bewegt sich der Rotor bei jedem Impuls um einen Winkelschritt, der einer halben Zahnteilung entspricht.

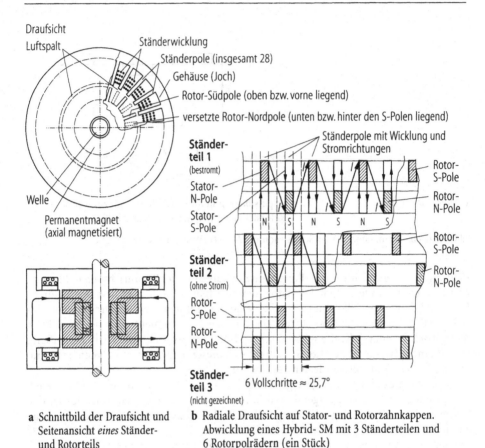

a Schnittbild der Draufsicht und
Seitenansicht *eines* Ständer-
und Rotorteils

b Radiale Draufsicht auf Stator- und Rotorzahnkappen.
Abwicklung eines Hybrid- SM mit 3 Ständerteilen und
6 Rotorpolrädern (ein Stück)

Bild A-123a–b. Hybrid-Schrittmotor

Mehrere solcher Einheiten können hintereinander auf die Motorwelle, um einen entsprechenden Phasenwinkel versetzt, montiert werden (Bild A-123b mit drei Ständerteilen).

Dieses Beispiel eines Hybrid-*SM* mit drei hintereinander auf der Welle montierten Hybrid-Einheiten (wie in Bild A-123a als Schnitt dargestellte Einheit) mit je zwei Polkappen und je 14 Zähnen pro Rotor-Polkappe. Das ergibt 28 alternierende Rotor- bzw. Statorpole je Einheit, insgesamt 84 Vollschritte pro Umfang, d.h. ca. 4,3° pro Vollschritt. Bild A-123b zeigt den Ausschnitt einer Abwicklung der Stator- und Rotor-Polkappen. Dabei ist der geometrische Phasenversatz der Rotor-Polkappen, die Zuordnung der Stator-Polschuhe mit Wicklungen und die Magnet-Polaritäten zu erkennen. Die insgesamt 3 · 28 = 84 Rotorpole richten sich je nach Phasenbestromung nach den Statorzähnen aus. Die drei Ständerteile haben je 28 ausgeprägte Polschuhe aus Weicheisen, die so umwickelt sind, daß sich bei einer Bestromung abwechselnd N- und S-Pole ergeben. Die Statorpolschuhe überdecken je zwei Polreihen des Rotors, die im Bild unter den Ständerteilen jeweils oben ihre permanenterregten 14 Süd- und unten ihre 14 Nordpolzahnräder haben. Die N-Pole sind jeweils um einen halben Zahnabstand gegen die S-Pole versetzt. Die Polkappen der drei Ständerteile sind aus Symmetriegründen um 1/3 Polteilung gegeneinander versetzt wie die zugeordneten Rotorpolkappen, so daß sich ein Schrittwinkel im Vollschrittbetrieb von 360°/(3 · 28) = 4,3° oder 2,15° im Halbschrittbetrieb einstellt. In Bild A-123b ist der Vollschrittbetrieb mit gerade eingeschaltetem 1. Ständerteil gezeigt, bei dem sich die Gegenpole des Rotors direkt den durch die Stromrichtung festgelegten Ständerpolen gegenüberstellen. Der nächste Vollschritt ergibt sich, wenn der 2. Ständerteil ein- und der 1. Ständerteil wieder ausgeschaltet wird. Der Halbschritt würde sich einstellen, wenn beim Einschalten des 2. Ständerteils der 1. Ständerteil eingeschaltet bliebe. Wegen der Dauermagnete erzeugt der *Hybrid-* ebenso wie der *PM-Schrittmotor* (Abschn. A.5.4.2.2) eine Gegen-EMK (interne induzierte Spannung) und ein Selbsthaltemoment nach der Abschaltung. Der *Hybrid-SM* kombiniert die Vorteile des *Reluktanz-SM* (hohe Schrittauflösung) mit denen des *PM-SM* (hohes Drehmoment). Er hat meistens, wie der *PM-SM*, einen zweiphasigen bipolaren oder bifilaren, vierphasig unipolaren Stator.

A.5.4.2.4
Scheibenmagnet-Schrittmotor (*SM-SM*)

Speziell für den Zeigerantrieb von Quarzuhren wurde dieser *SM-SM* entwickelt (sehr klein, sehr geringe Trägheit und sehr hoher Wirkungsgrad). Wie beim Scheibenläufer (Abschn. A.5.1.1) werden *Selten-Erden-Magnete* verwendet, die einen relativ großen Luftspalt zulassen. Für viele Millionen Armbanduhren gibt es den einphasigen *Dünnschichtmagnet-Schrittmotor*. Bild A-124 zeigt die Weiterentwicklung, einen zweiphasi-

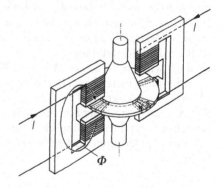

a Scheibenmagnet-Schrittmotor SM-SM (zerlegt)

b Funktionsschema eines SM-SM

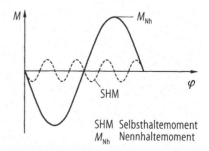

c komplett montierter SM-SM (mit Einblick)

d Drehmoment-Läuferposition-Funktion

SHM Selbsthaltemoment
M_{Nh} Nennhaltemoment

Bild A-124. Zweiphasen-Scheibenmagnet-*SM* (Werkfotos PORTESCAP)

gen *SM-SM*. Der Magnetkreis, schematisch in Bild A-124b gezeichnet, magnetisiert den Luftspalt, in dem eine dünne Rotorscheibe aus einer Co-Sm-Legierung rotiert. Die Scheibe enthält eine Vielzahl (z.B. 50 in Bild A-124) von starken Dauermagneten mit alternierender Polarität. Bild A-124a zeigt einen zerlegten *SM-SM*. Die Ansicht eines der beiden Statorhälften vom Luftspalt aus läßt erkennen, daß die Statorhälfte 10 Segmente pro Phase hat, die von einer mondsichelförmigen Spule umgeben sind. Der Segmentabstand geht konform mit *einem* von 25 *Rotorpolpaaren*. Bild A-124c stellt einen kompletten Scheibenmagnetschrittmotor vor, mit Einblick in das Innere. Bild A-124d zeigt die Funktion *Motor-Drehmoment* in Abhängigkeit von der *Winkellage* des Läufers.

A.5.4.3
Betriebsverhalten des Schrittmotors

A.5.4.3.1
Lastwinkel und Haltemoment

Wird ein Schrittmotor bei statischer Ansteuerung (Schrittfrequenz null, d.h. Stillstand) an seiner Läuferwelle durch ein äußeres Lastmoment belastet, dann wird der Läufer um den *Lastwinkel* β aus der Position der kleinsten *Reluktanz* ausgelenkt, die er im Leerlauf (unbelasteter Zustand) einnimmt (vergl. Synchronmaschine). Die Auslenkung um β hat im Motor ein dem Lastmoment entgegenwirkendes, gleich großes *Rückstellmoment M* zur Folge (Bild A-125a). *M* ist in Bild A-125b als Diagramm über dem Lastwinkel β für den Vollschrittbetrieb nach dem Beispiel, Bild A-120 in Abschn. A.5.4.2.1 aufgetragen. Das *Rückstellmoment* erreicht beim Lastwinkel $\beta = 15°$, d.h. bei $^1/_4$ P (Polteilung eines Ständerteils), sein Maximum. Man bezeichnet den bei Nennstrom auftretenden Maximalwert des Rückstellmoments als *Haltemoment M_h des Schrittmotors*. M_h ist eine charakteristische Größe, da der *SM* seinen Rotor gegen jedes Lastmoment $M_L < M_h$ in der Schrittposition halten kann. Der Rotor ist dabei jedoch um den Lastwinkel β aus seiner Ideallage ausgelenkt. Wird $M_L > M_h$ (auch bei kurzzeitigen Störungen), dann kann sich der *SM* nicht mehr in der Schrittposition halten, d.h. er *verliert* mit dem von ihm angetriebenen Gerät die ursprünglich angesteuerte (gewünschte) Position. In vielen Fällen, vor allem bei längeren oder größeren Laststörungen, fällt der Motor außer Tritt und bleibt stehen.

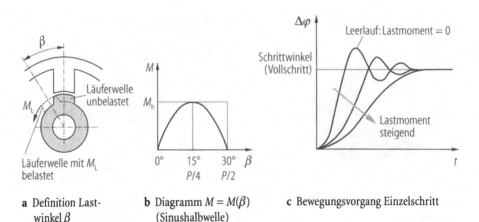

a Definition Last-
  winkel β

b Diagramm $M = M(\beta)$
  (Sinushalbwelle)

c Bewegungsvorgang Einzelschritt

Bild A-125. Betriebsverhalten eines Schrittmotors

A.5.4.3.2
Bewegungsvorgang bei Einzelschritten

Beim Weiterschalten des *SM* um einen einzelnen Schritt nimmt der Läufer die neue Schrittposition nicht sprunghaft, sondern infolge von *Trägheitsmoment, Reibmoment, Federsteifigkeit* (aufgrund des *Haltemoments*) erst nach einem *Einschwingvorgang* (Überschwingungen) ein.

Im Zeitdiagramm, Bild A-125c sind mögliche mechanische Einschwingvorgänge des Läufers für verschiedene Lastmomente dargestellt. Der zum Winkelschritt führende elektrische Umschaltvorgang erfolgte im Zeitpunkt $t = 0$. Das Pendeln des Läufers beim Einschwingen um seine neue Ruhelage ist in vielen Anwendungsfällen unerwünscht und muß durch konstruktive Maßnahmen gedämpft werden, beispielsweise durch geeignete Lastverhältnisse, d.h. kleines Massenträgheitsmoment im Verhältnis zum Reibmoment.

Die vom Motor zur kompletten Ausführung eines Winkelschrittes benötigte Zeit wächst mit zunehmender Belastung an und begrenzt die maximal zulässige Schrittfrequenz des Schrittmotors, bis zu der er weder angesteuerte Schritte verliert, noch zu viele ausführt oder gar ganz außer Tritt fällt und stehenbleibt.

A.5.4.3.3
Drehmoment-Schrittfrequenz-Kennlinie

Sofern der Schrittmotor *SM* mit seiner vom Rotor ausgeführten Schrittfrequenz f_S (*Istfrequenz*) der Pulsfolgefrequenz f_P der Ansteuerimpulse (*Führungs- oder Sollfrequenz, Sollgeschwindigkeit*) korrekt zu folgen vermag, verlaufen f_S bzw. Drehzahl n des *SM-Rotors* synchron zur Führungs-Pulsfrequenz f_P der Ansteuerungselektronik:

$$f_S = f_P \text{ und } n = \frac{f_P}{\text{Schrittzahl pro Umdrehung}} \quad (\text{d.h. } \textit{Schrittmotor verhält sich synchron})$$

$$(A\text{-}77)$$

Kann der *SM* kurzzeitig nicht folgen, d.h. $f_S < f_P$, dann fällt er außer Tritt und bleibt stehen (wie *Synchronmotor*). Der Wert *Schritte pro Umfang* entspricht der reziproken Schrittauflösung (Schrittwinkel) und ist konstruktiv bedingt.

Beim Betrieb des *SM* sind grundsätzlich zwei *Schrittfrequenzbereiche* mit verschiedenem Verhalten zu unterscheiden. Die beiden zugeordneten, stark variablen Frequenzbereichsgrenzen hängen sehr von dem geforderten Motordrehmoment ab. Demnach existieren für jeden *SM* gemäß Bild A-126a zwei verschiedene Frequenzkurven, die sich durch die Dynamik der Führungsfrequenz $f_P(t)$ unterscheiden und die Frequenz- bzw. Geschwindigkeitsgrenzen bei gegebenen Lastverhältnissen angeben:

Start-Stopp-Frequenzkennlinie $M(\Delta f_S)_{St/St}$, unterhalb der ein *SM* beim jeweiligen Drehmoment jeder beliebigen Schrittfrequenzänderung zu folgen vermag. Wie aus der Bezeichnung zu erkennen ist, kann er bis zu der durch die Start-Stopp-Frequenzkurve definierten Grenze direkt (also mit Frequenzsprung $\Delta f_S \leq f_{S,\,max}$) gestartet bzw. aus der Grenzfrequenz $f_{S,\,max}$ direkt gestoppt werden, ohne daß der *SM* Schrittfehler machen wird. Dabei beschleunigt der *SM* beim Start innerhalb eines einzigen (des ersten) Schrittes auf die volle, der vorgegebenen Frequenzgrenze $f_{S,\,max}$ entsprechenden Geschwindigkeit, ohne Schrittverlust, bzw. bremst sofort (innerhalb des zuletzt vorgegebenen Schrittes) aus der vollen Geschwindigkeit ab, ohne einen Schritt zuviel zu machen.

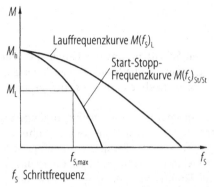 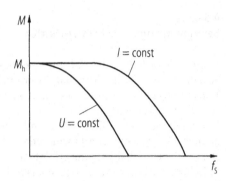

f_S Schrittfrequenz

a Start-Stoppfrequenz- und Lauffrequenzkurven

b Vergleich Start/Stopp-Frequenz-Grenzkurven für Betrieb mit eingeprägtem Strom und eingeprägter Spannung in den Statorsträngen

Bild A-126. Start-Stopp-Frequenz- und Lauffrequenz-Grenzkurven

Lauffrequenzkurve M(f_S)$_L$ als Grenzkennlinie für kontinuierliche Frequenzänderungen oberhalb $M(\Delta f_S)_{St/St}$. Die zulässige Änderungsgeschwindigkeit $\pm (df/dt)_{zul}$ hängt vom Massenträgheitsmoment ab. *Über*schreitung von $+ (df/dt)_{zul}$ beim *Hochlaufen* führt zum *Außertrittfallen* (Stehenbleiben). *Unter*schreiten von $- (df/dt)_{zul}$ beim *Abbremsen* führt dazu, daß der *SM* zu viele Schritte, also mehr als angesteuerte Impulse, ausführt.

Während für die Lauffrequenz-Grenzkurve überwiegend Reibmomente der Last wirksam werden, wird die Start-Stopp-Grenzkurve noch zusätzlich sehr stark durch Massenträgheitsmomente J beeinflußt. Bei der Lauffrequenzkurve muß J nur bezüglich der zeitlichen Frequenzänderung (df/dt) (siehe oben) berücksichtigt werden. Der Verlauf der beiden *Grenzfrequenzkurven* ist aber auch noch von der leistungselektronischen Motoransteuerung (*Leistungsendstufe*) abhängig. Das liegt daran, daß die Grenzfrequenzen neben der mechanischen Last erheblich von der Anstiegsgeschwindigkeit des Phasen/Strangstromes bei der Ausführung der Schritte bestimmt werden. Je schneller der Nennstrom in der Wicklung zur Verfügung steht, umso schneller liefert der Motor das für die Ausführung des Schrittes erforderliche Beschleunigungsmoment.

Beim Betrieb der Ständerwicklungen mit *eingeprägtem Gleichstrom* (Konstantstromquelle) liegen beide Frequenzkurven über ihren vergleichbaren Kurven beim Betrieb mit *Konstantspannung* (Gleichspannungsquelle). Während der Verlauf der Frequenzkurven bei *Konstantstrombetrieb* nur durch die mechanische Belastung (*mechanische Zeitkonstante* T_m, Abschn. A.6) bestimmt wird, kommt bei *Konstantspannungsbetrieb* zur *mechanischen* noch die *elektrische Zeitkonstante* T_{el} hinzu. Wie in Abschn. A.6 erläutert, ist $T_{el} = L/R$ für den Stromanstieg in einer Spule verantwortlich. Da der gesamte Widerstand R_{ges} eines Strangstromkreises durch den großen Innenwiderstand einer Stromquelle im Vergleich zur Spannungsquelle viel größer ist, gilt: T_{el} (I = konst.) $\ll T_{el}$ (U = konst.). Dadurch hat die *Stromeinprägung* für den Schrittmotor erhebliche *dynamische Vorteile*: Beide Grenzfrequenzen liegen mit I = konstant höher als mit U = konstant. Diese Tatsache ist in Bild A-126b am Beispiel der *Start-Stopp-Kurven* qualitativ dargestellt.

Der Betrieb mit eingeprägtem Strom erfordert zwar einen größeren Aufwand, ermöglicht dafür jedoch höhere Schrittfrequenzen bzw. Drehzahlen. Stromeinprägung erfordert kurzzeitig viel höhere Speisespannungen als Spannungseinprägung. Im Leerlauf werden Start-Stopp- bzw. Lauffrequenzen bis zu 5 kHz bzw. bis 50 kHz erreicht. Im *Mikroschrittbetrieb* (Abschn. A.5.4.4.5) werden durch *elektronische Interpolation* erheblich höhere Lauffrequenzen (viel höhere Schrittauflösung bzw. kleinere Schrittweite) erzielt.

A.5.4.3.4
Leistung und Wirkungsgrad

Wie in Abschn. A.5.4.2 *Bauformen* erwähnt, haben *Permanentmagnettypen* höhere Drehmomente, Leistungen und Wirkungsgrade, verglichen mit *Reluktanztypen*. Bei letzteren nimmt das Drehmoment mit zunehmender Schrittfrequenz f_S stark ab. Bezüglich Wirkungsgrad wirken sich besonders die mit f_S stark zunehmenden Ummagnetisierungsverluste so ungünstig aus, daß oft nur um 10 % im oberen Drehzahlbereich erreicht werden. Im mittleren (über 100 W) oder gar höheren Leistungsbereich sind solche Motoren nicht zu empfehlen.

A.5.4.4
Ansteuerschaltungen von Schrittmotoren (Steuerelektronik)

A.5.4.4.1
Schrittmotor-Steuerungen und -Steuerungssysteme

Mindestanforderung an *SM*-Steuerung
Gleichstrom-, Wechselstrom- oder Drehstrommotoren können in einfachen Anwendungen direkt an einem entsprechenden Spannungs/Stromnetz betrieben werden. Dagegen ist beim *Schrittmotor* eine elektronische Ansteuerschaltung unumgänglich, die in jedem Fall mindestens aus *Oszillator* (Impulsgenerator), *logischer* oder *digitaler Schaltung*, Gleichstromversorgung und mehreren elektronischen Leistungsschaltern als *Treiber* der *Leistungstransistoren* bestehen muß. Die Steuerelektronik hat die Aufgabe, die Ständerstrangwicklungen in einer bestimmten Reihenfolge (*Ansteuersequenz*) synchron zu einer Impulsfolge an eine Gleichspannung zu schalten oder, was nach Abschn. A.5.4.3.3 besser ist, mit Konstantstrom zu versorgen. Solch einfache Steuerungen, die die Mindestanforderungen an den SM-Betrieb gerade erfüllen, gibt es kaum noch auf dem Markt.

Komplexe rechnergestützte *SM*-Steuerungssysteme
Heute werden recht preiswerte komplette Schrittmotorsteuerungen von fast allen Schrittmotorherstellern angeboten, die wesentlich mehr leisten als nur den *SM* bidirektional mit verschiedenen Schrittfrequenzen zu steuern. Von komplexeren *SM*-Antrieben erwartet man genaue und zeitoptimierte Positionierungen nach bestimmten Geschwindigkeitsrampen für Standard-Antriebe oder für Systeme für die Automation.

Neben speziellen Mikroprozessor-unterstützten Steueranlagen gibt es am Markt vor allem im unteren Leistungsbereich *PC-kompatible* Schaltkarten, die in freie Steckplätze im *PC* (*Slots*) gesteckt werden. Sie kommunizieren mit dem *PC* direkt über das *PC-Datenbussystem* und enthalten alle Funktionen, die der *PC* selbst aus Gründen seiner standardmäßigen *Hardware- und Softwareausstattung* nicht übernehmen kann:

- die an die eingesetzten *SM* angepaßten Leistungsendstufen, meistens für mehrere *SM*;
- Schnittstellen (*Interfaces*) sowohl nach innen zum *PC* als auch nach außen zum *SM* bzw. Antriebssystem;

- wenn die Versorgungsleistung des *PC* ausreicht, beziehen sie sogar die nötige Stromversorgung aus dem *PC*;
- für Standardanwendungen wird auch die *SM-spezifische Benutzersoftware* angeboten;
- das *PC-Betriebssystem* bietet eine sehr benutzerfreundliche Bedienoberfläche mit einer komfortablen *Visualisierung* des Bedienungs- und Systemstatus (Anzeigen am Bildschirm), meist mit interessanter Grafik.

Häufig ist somit außer der *Projektierung des Antriebs* keine weitere Entwicklungsarbeit zu leisten. Der Rechner ermittelt bzw. erzeugt aus Bedienungsauftrag und auszuführendem Befehl aufgrund der aktuellen Rotorposition:

- Berechnung von erforderlicher Bewegungsrichtung und Positionsdifferenz (*Soll-Istwertabweichung*). Daraus ergibt sich die nötige Anzahl von Schritten und das Vorzeichen, sowie die nötige Positionierungsdauer;
- Falls der Antrieb keinen Positionssensor besitzt, kann der Rechner die augenblickliche Istposition durch Zählen (*Integration*) aller zuvor ausgeführten Schritte in einem internen Zähler bzw. Speicher ermitteln;
- Sicherheitsrelevante Überwachung aller wichtigen Bereichsgrenzen und daraus abgeleitete Schaltmaßnahmen;
- Optimale Schrittfrequenz, evtl. als *Rampenfunktion* oder nach einem anderen optimierten *Beschleunigungsprofil*, unter Berücksichtigung der Schrittfrequenz-Grenzkennlinien (Abschn. A.5.4.3.3);
- Erzeugung der Schrittimpulse und Ausgabe der korrekten Schrittfrequenz in *Realzeit* an den sogenannten *Translator*. Dazu gehört auch das Vorzeichenkommando. Der Translator (Ringzähler und Schaltlogik) bestimmt daraus die für die eingesetzte *SM-Type* spezifische Schaltsequenz und Strompolarität für alle Statorstränge, beispielsweise aus einer abgelegten Datei (*Look Up Table*), und gibt sie als *Echtzeit-Steuersignale* über den Datenbus an die Schrittmotor-Schaltkarte.

Die Schaltkarte setzt diese Signale, die mit der erforderlichen Schaltfrequenz (deshalb *Echtzeitbetrieb*) geliefert werden, in die vom *SM* benötigten rechteck- oder impulsförmigen Spannungen, Ströme bzw. Leistungen um. Die direkte *Bestromung* der *SM*-Ständerwicklungen (Stränge oder Phasen) erfolgt durch die *Schalttransistoren* am Ausgang der Leistungsverstärker (*Endstufen* auf der Schaltkarte), die über Steckverbindungen und Kabel mit den *SM-Wicklungen* verbunden sind.

Spezielle bzw. kundenspezifische Applikationen
Bei Anwendungen, die mit den angebotenen Standardsystemen nicht abgedeckt werden können, empfiehlt es sich zu untersuchen, welche marktüblichen *Module* eingesetzt werden können, bevor man an eine Eigenentwicklung denkt. So gibt es einzelne Komponenten für Motoren, uni- oder bipolare *Treiber*-Module für alle Schrittmotorarten, Ringzähler- und Dualzähler-Module, Oszillatoren, *Translator-Chips* (integrierte Schaltkreise), Kontrolleinheiten und viele interessante Software-Module.

A.5.4.4.2
Verschiedene Varianten von Schrittmotor-Treibern

Treiber sind die Endstufen mit ihren Schalttransistoren (Leistungsverstärker) für Schrittmotorbetrieb. Im folgenden werden verschiedene Varianten kurz vorgestellt. Neben den Lastbedingungen bzw. der Art der Ankopplung der Arbeitsmaschine ist der Treiber des *SM* für die Qualität des Antriebes sehr wichtig. So kann die Wahl von Treiber, Betriebsart und Treiberspannung für denselben Schrittmotor einen Unterschied beim Drehmoment um Faktor 2 bis 3 und bezüglich Schrittfrequenz um Faktor 6 oder gar mehr bedeuten.

Unipolare und bipolare Treiber

Der *Reluktanzmotor* ist der einzige Schrittmotor ohne Permanentmagnet (vergl. Abschn. A.5.4.2.1). Deshalb ist die Polarität des Statorfeldes für die Funktion ohne Belang, d. h. eine Stromrichtungsänderung ist nicht erforderlich. Der *Treiber* schaltet die Statorstränge nur EIN oder AUS, je nach Steuersignal vom *Translator*. Damit benötigt der Treiber gemäß Bild A-121 a pro Strang (Phase) nur einen Schalttransistor: das ist der *unipolare Treiber*. Die Rotoren von *Permanentmagnet-* und *Hybridmotoren* benutzen dagegen Dauermagnete, so daß die Polarität des Statorfeldes die Drehmomentenrichtung bestimmt. Deshalb sind hier *bipolare Treiber* mit Stromrichtungsumkehr erforderlich. Sie werden mit Transistor-*Brückenschaltungen* realisiert. Somit werden für jeden Strang 4 Schalttransistoren benötigt (Bild A-127). Die Strangspule befindet sich in der Brückenmitte. Wenn T1 und T4 leitend bzw. T2 und T3 gesperrt sind, fließt der Strom in der Strangspule von links nach rechts. Die Stromrichtung wird umgepolt, wenn T2 und T3 ein-, sowie T1 und T4 ausgeschaltet werden.

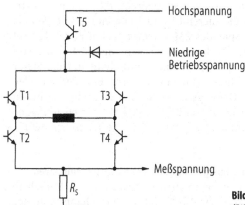

Bild A-127. Spannungstreiber mit Hilfsspannung (Werkfoto PORTESCAP)

Konstantspannungs-Treiber

Wie in Abschn. A.5.4.3.3 erläutert, ist für die Dynamik eines Schrittantriebs entscheidend, ob der Motor mit Konstantstrom oder -spannung betrieben wird (Bild A-126b). Idealerweise sollte der volle Strang-Nennstrom unmittelbar nach dem Schalten des zugeordneten Treibers fließen, damit der *SM* bereits am Anfang des Schrittes sein volles Nennmoment erzeugt. In Wirklichkeit verzögert die elektrische Zeitkonstante $T_{el} = L/R$ den Aufbau des Strangstromes. Hat man nur eine Gleichspannungsquelle (kleiner Innenwiderstand) zur Verfügung, so wird das Problem am einfachsten durch einen Serienwiderstand im Spulenkreis beseitigt (Bild A-121 a). Man erhöht dadurch die mögliche Schrittfrequenz beträchtlich, nimmt aber wegen zusätzlichem Spannungsabfall bzw. zusätzlicher ohmschen Verlustleistung eine Erhöhung der nötigen Gleichspannung und eine erhebliche Verschlechterung des Gesamtwirkungsgrades in Kauf. Das Problem kann auch durch kurzzeitige Zuschaltung einer Hilfsspannung gelöst werden. In Bild A-127 wird über T5 eine hohe Spannung von einigen 10 V solange aufgeschaltet, bis der Nennstrom fließt. Die Schaltdauer (im 100 µs-Bereich) wird durch den niederohmigen

Meßwiderstand R_S überwacht, der eine Zeitschaltung (*Flipflop*) steuert. Die niedere Betriebsspannung (z.B. 8 V) liefert dann über die Diode den Nennstrom für den Rest der Einschaltdauer. Der steile Stromanstieg zu Beginn der Schritte gestattet hohe Schrittraten. Der Motor wird gut bedämpft (gegen Einschwingen der Schritte, s. Bild A-125 c) und der Gesamtwirkungsgrad ist wegen fehlender Serienwiderstände erheblich besser.

Konstantstrom-Treiber
Die beste, aber auch aufwendigste *Treibervariante* ist der lineare Stromregler, der die Phasenwicklung mit konstantem Gleichstrom speist. Man benötigt weiterhin uni- oder bipolare Treiber, die von dem Stromregler (*Operationsverstärker*) gespeist werden. Bei dieser Methode wird der *SM* jedoch in keiner Weise gedämpft.

A.5.4.5
Mikroschrittbetrieb

Vollschritt- und Halbschrittbetrieb
Im *Vollschrittbetrieb* (nur 1 Phase EIN, z.B. in Bild A-120 oder Bild A-122 beträgt ein Vollschritt 30°) wird der magnetische Feldvektor des Stators, der schließlich für die Mitnahme bzw. Position des Rotors verantwortlich ist, um den mechanischen Drehwinkel von 30°, aber um den *elektrischen Phasenwinkel* von 90° gedreht (d.h. $^{1}/_{4}$ einer elektrischen Periode). Beim *Halbschrittbetrieb* (alternierend 1 und 2 Phasen EIN) beträgt dieser Phasenwinkel 45° (elektrisch). Im Beispiel des *PM-Schrittmotors* in Bild A-122 entspricht das einem *mechanischen Winkel* von 30° bzw. 15°. Das kann man sich so plausibel machen, daß die drei Polpaare des Rotors (p = 3) bei einer Umdrehung in jeder Statorwicklung eine Wechselspannung mit drei Sinusperioden induzieren. Eine Periode (elektrisch 360°) entspricht mechanisch $^{1}/_{3}$ des Umfangs, also 120° (mechanisch). Das bedeutet: 1° (mech.) = 3° (elektrisch). Wäre der Rotor von Bild A-122a mit p = 60 aufmagnetisiert, so würde die elektrische Phasendrehung von 90° einem mechanischen Schrittwinkel von 1,5° entsprechen.

Mikroschrittbetrieb am Beispiel eines zweiphasigen *PM-SM* mit 60 Rotor-Polpaaren
Soll sich der Statorfeldvektor in acht Zwischenschritten (*Inkrementen*) je Vollschritt, d.h. mit 90°/8 = 11,25° (*elektrischer Winkel*) bzw. 1,5°/8 = 0,1875° mechanisch drehen, so muß *ein Vollschritt* in 8 sogenannte *Mikroschritte* aufgeteilt werden. Das wird durch unterschiedliche, aber zueinander fest definierte, gleichzeitig fließende Phasenströme realisiert. Diese Methode wird mit entsprechendem elektronischem Aufwand inzwischen so weit getrieben, daß *Mikroschrittantriebe* bis zu über 100 000 Schritte pro Umdrehung erhältlich sind.

In diesem Zusammenhang wird daran erinnert, daß der *Statorfeldvektor* beim symmetrischen *Drehstromsystem*, beispielsweise in einer *DS-ASM*, völlig kontinuierlich, theoretisch mit unendlicher Ortsauflösung, rotiert (Abschn. A.4.2.2.3 bzw. Bild A-54). Diesen *Drehfeldvektor* kann man aber auch in sehr feinen Winkelstufen (*Inkrementen*) *schrittweise* mit variabler Schrittfrequenz fortschalten, indem die drei Strang/Phasenströme mit elektronischen Mitteln in entsprechenden Stufen gemäß ihrer winkel- bzw. zeitabhängigen Phasenwerte geschaltet werden (Bild A-128a). Er kann somit auch auf jeden beliebigen Winkelwert φ *statisch positioniert* werden, wenn man die zugehörigen Stromwerte während eines *Mikroschrittes* statisch einstellt: z.B. für $\varphi = \varphi_1$ müssen die Strangstromwerte $I_{Str}(\varphi_1)$ auf folgende Werte eingestellt werden; vorausgesetzt, der Strom $I_{Str,U}$ im Statorstrang U1-U2 hat Phasenlage null: $I_{Str,U}(\varphi) = I_N \sin \varphi = I_N \sin(\omega t) = 0$, wenn $\varphi = \omega t = 0$, d.h. zum Zeitpunkt $t = 0$.

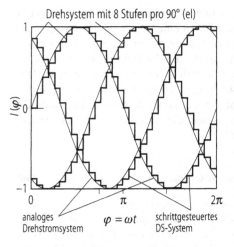

Drehsystem mit 8 Stufen pro 90° (el)

$\varphi = \omega t$

analoges Drehstromsystem

schrittgesteuertes DS-System

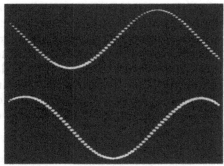

Der Verlauf der beiden Phasenströme eines zweiphasigen PM-SM (wie Stator in Bild A-122a), der 16 Mikroschritte pro Schritt macht. Die Ströme folgen einer Sinus- und Cosinusfunktion.

a Drehstromstrangströme mit acht Stromstufen pro 90° (elektrisch) z.B. beim dreiphasigen SM in Bild A-120a (Stator)

b Stufenförmiger Verlauf beider Phasenströme (Mikroschrittbetrieb) (Werkfoto PORTESCAP)

Bild A-128. Mikroschrittbetrieb, Stromverlauf

Daraus folgt für $\varphi = \varphi_1 = \omega t_1$

$I_{Str,U}(\varphi_1) = I_N \sin \varphi_1$; $I_{Str,V}(\varphi_1) = I_N \sin (\varphi_1 - 120°)$; $I_{Str,W}(\varphi_1) = I_N \sin (\varphi_1 - 240°)$
(Strangstromwerte bei φ_1).

Dieser Effekt wird beim *Mikroschrittbetrieb* ausgenutzt. Hochwertige Schrittmotoren haben eine sinusförmige Drehmomentenfunktion über dem Lastwinkel (vergl. Abschn. A.5.4.2.4 mit Bild A-124 d und Abschn. A.5.4.3.1 mit Bild A-125 b). Unter dieser Voraussetzung wird der *Statorfeldvektor* des hier betrachteten zweiphasigen *SM* um entsprechende *Winkelinkremente* gedreht, wenn der Strom in der einen Phase (Ständerstrang) eines zweiphasigen *SM* dem *Sinus* des gewünschten Winkels proportional ist, der Strom in der anderen Phase dem *Kosinus*: Die zwei Ständerstränge sind geometrisch ebenso um 90° versetzt wie die *Sinusfunktion* elektrisch um 90° gegenüber der *Cosinusfunktion* phasenverschoben ist (vergl. Einphasen-Asynchronmotor *EP-ASM*, s. Abschn. A.4.3.2: *Kondensatormotor*, bei dem das Drehfeld ebenso mit zwei je um 90° versetzte Wicklungen und Ströme erzeugt wird). Auf diese Weise kann der *SM*-Feldvektor um einen definierten Winkel gedreht bzw. positioniert werden und behält dabei immer einen konstanten Betrag bzw. Länge. Denn nach dem Satz des *Pythagoras* gilt für jeden beliebigen Winkel φ:

$\sin^2 \varphi + \cos^2 \varphi = 1$ (Pythagoras)

Das bedeutet, daß das Nenn-Haltemoment M_{Nh} (Haltemoment bei Nennstrom) für jeden Mikroschritt konstant und gleich dem bei vollem Nennstrom in nur einer Phase erzielten Wert ist. Das setzt ein vernachlässigbar kleines Selbsthaltemoment (ohne Bestromung) voraus. Beispielsweise bei acht Mikroschritten pro Vollschritt und mit dem Nennstrom I_N ergeben sich die in Tabelle A-26 berechneten Stromwerte für zwei gleichzeitig bestromte Statorphasen eines Schrittmotors.

Mikroschrittbetrieb setzt eine rechnerunterstützte Steuerung voraus. Die Stromwerte in Tabelle A-26 sind im Rechner als *Referenzwerte* in einer Datei (*LUT: look up table*) gespeichert und werden vom *Programm* in Echtzeit abgerufen. Wird die Schrittauflösung, d.h. Zahl der Mikroschritte weiter vergrößert, muß die Elektronik immer feinere Stromänderungen beherrschen, da ansonsten die Gefahr des Außertrittfallens besteht. Bild A-128b zeigt den oszillografierten Verlauf beider Strangströme am Beispiel mit 16 Mikroschritten pro Vollschritt. Man erkennt die feinstufige Abstufung innerhalb der übergeordneten Sinus- bzw. Cosinusfunktion, wobei die Stufen wegen der maximalen Steigung im Nulldurchgang am größten sind.

Tabelle A-26. Mikroschrittbetrieb, Stromwerte zweier Stator-Phasen bei 8 Mikroschritten pro Vollschritt

Mikro-schritt-Nr.	elektrischer Phasenwinkel φ	mechanischer Schrittwinkel	Phase A: $\sin\varphi \cdot I_N$	Phase B: $\cos\varphi \cdot I_N$	Motor-Drehmoment in % des Nennhaltemoments M_{Nh}
0	0°	0°	0	0	$I_N \sin 0°$ = 0
1	11,25°	0,1875°	0,195 I_N	0,981 I_N	$\sin 11,25°$ = 19,5% M_{Nh}
2	22,5°	0,375°	0,383 I_N	0,924 I_N	$\sin 22,5°$ = 38,3% M_{Nh}
3	33,75°	0,5625°	0,555 I_N	0,831 I_N	$\sin 33,75°$ = 55,6% M_{Nh}
4	45°	0,75°	0,707 I_N	0,707 I_N	$\sin 45°$ = 70,7% M_{Nh}
5	56,25°	0,9375°	0,831 I_N	0,555 I_N	$\sin 56,25$ = 83,1% M_{Nh}
6	67,5°	1,125°	0,924 I_N	0,383 I_N	$\sin 67,5°$ = 92,4% M_{Nh}
7	78,75°	1,3125°	0,981 I_N	0,195 I_N	$\sin 78,75°$ = 98,1% M_{Nh}
8	90°	1,5°	I_N	0	$\sin 90°$ = 100% M_{Nh}

Wie in Bild A-129 dargestellt, wird die *Haltemomentkurve* im Mikroschrittbetrieb nicht um den Vollschrittwinkel, sondern bei jedem Mikroschritt um den gewählten Mikroschrittwinkel (im Beispiel 11,25° elektrischer Winkel, bzw. 0,1875° mechanischer Winkel) verschoben. Der Pfeil zeigt die Rotor-Ausgangsposition:

Angenommen der Rotor würde in dieser Position festgehalten (blockiert), so würde er bei jedem Mikroschritt des Statorfeldvektors ein stufenweise steigendes Drehmoment entwickeln. Nach 8 Mikroschritten wäre der Abstand zum Zielpunkt 90° (elektrisch bzw. 1,5° mechanisch) und der Rotor würde das maximale, das Nennhaltemoment erzeugen.

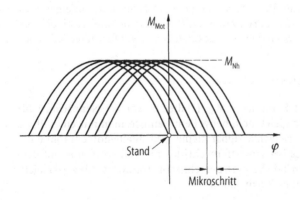

Bild A-129. Haltemomentverschiebung im Mikroschrittbetrieb (Werkfoto PORTESCAP)

Die Drehmomentenentwicklung in Tabelle A-26, Spalte 6 entspricht den Verhältnissen in Bild A-129. Angenommen der Rotor wird mit einer Lastreibung von 0,4 M_{Nh} belastet, so kann er seine Last erst nach dem 3. Mikroschritt überwinden und sich in Bewegung setzen. Nach dem 2. Mikroschritt entwickelt er erst 0,38 M_{Nh} (38,3% laut Tabelle A-26). Bei höheren Schrittfrequenzen, bei denen der *SM* nicht mehr im Start-Stopp-Betrieb ist, wird sich im Mikroschrittbetrieb mit M_{Rbg} = 0,4 M_{Nh} ein *Lastwinkel* β = arcsin 0,4 = 23,6° (elektrisch) bzw. 0,4° (mechanisch) einstellen.

Vorteile des Mikroschrittbetriebs
- *Welligkeit W des Drehmoments*: *W* wird mit steigender Mikroschrittzahl geringer (100% bei Voll-, und maximal 20% bei Mikroschrittbetrieb in diesem Beispiel mit 8 Mikroschritten). Im Leerlauf dreht der *SM* die Last nach dem 1. Mikroschritt weiter, so daß er nach Tabelle A-26 ein W_{max} = 19,5% erreicht. Mit Last wird β und somit auch *W* kleiner (bis ca. 2%).
- *Geringere Anregung von Resonanzen*: Im Vollschritt-Start/Stoppbetrieb entwickelt der *SM* bei jedem Schritt sein volles Haltemoment mit steilem Stromanstieg. Dies wirkt sich wie eine *Schlagfrequenz* aus und regt natürliche Resonanzfrequenzen innerhalb von Systemstrukturen an. Im Mikroschrittbetrieb wird die Anregung stark vermindert, dem System wird praktisch keine überschüssige (redundante) Energie zugeführt.
- Weitere Vorteile sind geringere *Geräuschentwicklung*, besserer *Gesamtwirkungsgrad*, höhere *Positionsauflösung* und geringere *Kosten*. Der Mikroschrittbetrieb erfordert zwar einen hohen Steuerungsaufwand, der jedoch, vor allem bei Serienproduktion, in Relation zu den Motorkosten zunehmend besser wird. Will man Drehmomentenwelligkeit und Winkelauflösung mit Voll- oder Halbschrittbetrieb verbessern, gelingt das nur durch Erhöhung der Phasenzahl, was aber *Mehraufwand in Mechanik und Elektrik* bedeutet. Dagegen ist der *elektronische Mehraufwand* der Mikroschrittsteuerung wesentlich geringer.

A.5.4.6
Schrittmotor als Linearantrieb

Wie im Abschn. A.5.2. *Linearantrieb* bereits erläutert, kann prinzipiell jeder Motortyp in die Ebene *abgewickelt* und damit als *Linearmotor* betrieben werden. So eignet sich auch der *Schrittmotor* und insbesondere die *Version Reluktanz-SM* für den Einsatz als *Linearmotor*. In Abschn. A.5.2.6 bzw. in Bild A-116 ist das Prinzip des *Reluktanz-Linearmotors* beschrieben. Prinzipiell gelten dafür die allgemeinen theoretischen Betrachtungen in Abschn. A.5.4.3 sowie Aufbau und Wirkungsweise in Abschn. A.5.4.2.1 und die Ansteuerungstechnik in Abschn. A.5.4.4, wenn man anstatt der Rotationsbewegung die *lineare* bzw. *Translations-Bewegung* zugrunde legt.

A.5.5
Asynchron- oder Synchron-Servomotoren mit Umrichtertechnik

Wie in Abschn. A.4.2 beschrieben, können *Asynchron-* oder auch *Synchronmaschinen* nur in sehr enger Kombination mit leistungselektronischen *Umrichterschaltungen* drehzahlgesteuert, d.h. als Aktuatoren für *Servosysteme* eingesetzt werden (s. hierzu Elektrotechnik für Maschinenbauer, Abschn. D.2.3.4). Der Vorteil gegenüber anderen Maschinen besteht darin, daß die nahezu unverwüstlichen *Standard Drehstrommotoren* für Regelsysteme verwendet werden können. Für fast alle Standardmaschinen bieten die Motorhersteller oder Elektronikfirmen angepaßte, praxisgerechte Steuergeräte an. So können *DS-ASM* in digitalisierte Regelkreise eingebunden werden, deren Dynamik mit der des

GS-Permanentmagnetmotors vergleichbar ist. Mit dieser *Umrichtertechnik* werden also Vorteile der *robusten Drehstromtechnik* mit denen der *Servoantriebstechnik* vereint (Abschn. A.4.2.1 und A.4.2.5.6). Als Rückführungssensor wird häufig ein ebenso robuster *Resolver* (mehrphasiges Drehspulensystem zur Winkelmessung mit interner Digitalisierung) gewählt, so daß keine hochempfindlichen elektronischen oder optischen Komponenten direkt am Motor erforderlich sind. Anbauten wie absolute Winkelkodierer oder Haltebremsen sind zusätzlich möglich.

Diese *Asynchron-Servoantriebe* bieten sich also geradezu an für den Einsatz in Maschinen für rauhere Industrieumgebung oder Hochtiefbau. Der erreichte Entwicklungsstand auf dem Gebiet blindstromgeregelter Frequenzumrichter und voll digitalisierter Regler verleiht dem *DS-ASM* die Eigenschaften eines guten Servoantriebs. So werden Beschleunigungen von $1000\,\mathrm{min^{-1}}/5\,\mathrm{ms} \approx 21\,000\,\mathrm{rad/s^2}$ und Drehzahlregelbereiche bis über $10\,000\,\mathrm{min^{-1}}$ erreicht. Dabei kann eine Drehzahl unter einer Umdrehung pro Minute noch mit einwandfrei kontinuierlicher Drehung aufgelöst werden. Die digitalen Endverstärker werden mit etwa 25–40 kHz getaktet (akustisch außerhalb des Hörbereiches). Die Positioniergenauigkeit liegt im Bereich von 12 Bit bis 14 Bit, d.h. 4096 bzw. 16 384 Inkremente pro Umdrehung. Zu erwähnen ist noch der perfekte Stillstand oder die Eignung für winkelsynchronen Betrieb von Mehrachsensystemen (Gruppenantriebe, Gleichlaufsysteme).

So sind beispielsweise Drehstrom-Fahrantriebe für Oberleitungsbusse und Schienenbahnen für den öffentlichen Nahverkehr mit *DS-ASM-Käfigläufer* und *Frequenz- bzw. Drehzahlsteuerung* ausgerüstet. Dabei werden die zwei Radsätze einer Fahrachse mechanisch entkoppelt. Ein gemeinsamer Motorständer enthält die zwei Motorläufer für beide Räder einer Achse, wodurch die Kopplung der Radsätze auf elektrische Weise elastisch realisiert wird. Ein Größenvergleich verschiedener Elektromotoren gleicher Leistung demonstriert den enormen Vorteil der *thyristorgesteuerten DS-ASM* bezüglich Volumen und Gewicht. Es gibt Strom- oder Spannungszwischenkreis- und Direktumrichter. Die aktive Bremsung erfolgt mit einer Kombination von Nutz- und Widerstandsbremsung. Dabei lassen sich bis zu etwa 50 % der während der Anfahrt aufgenommenen Energie beim Bremsen wieder in das Netz zurückspeisen. Eine Mikrocomputersteuerung ermöglicht eine komfortable Steuer-, Regel-, Überwachungs- und Informationseinrichtung.

A.6
Dynamisches Verhalten elektrischer Antriebe

A.6.1
Vergleich statischer und dynamischer Betrieb

Unter *statischem Betrieb* eines Antriebs versteht man Gleichgewichtszustände, d.h. *Arbeitspunkte*, bei denen Antriebsmoment und Lastmoment gleich groß und konstant sind. Daraus folgt, daß Geschwindigkeiten oder Drehzahlen sowie alle elektrischen Größen eines Antriebs zeitlich konstant sind. Die Winkelbeschleunigung bzw. Linearbeschleunigung der Massen ist null.

Im Gegensatz dazu sind im *dynamischen Betrieb* Antriebs- und Lastmoment ungleich. Das Differenzmoment beschleunigt oder verzögert die Masse in einem *Übergangs-* oder *Ausgleichsvorgang* solange, bis beide Momente gleich sind. Eine Änderung kann gewollt sein, beispielsweise die Änderung der Eingangsspannung zur Variation der Drehzahl. Dann spricht man von *Führungsgrößen-Variation* bzw. *-Verhalten*. Ist eine

Änderung unerwünscht, wird der Vorgang als *Störung* und die Reaktion als *Störungsverhalten* des Antriebes bezeichnet.

Das *statische Verhalten elektrischer Maschinen und Antriebe* wird durch *statische Kennlinien* beschrieben, die meistens aus Größengleichungen hervorgehen und den Ort aller möglichen Arbeitspunkte bei vorgegebenen Parametern definieren. Das *dynamische Verhalten* stellt man in Form von *Zeitdiagrammen* dar, die sich als Lösung von zeitlichen Differentialgleichungen ergeben.

Im Übersichtsbild (Bild A-130) sind die unterschiedlichen Darstellungsarten aufgezeigt. Das Koordinatensystem in der untersten Zeile zeigt in der linken Hälfte die *statische Kennlinie* für die Drehzahl $n(M, U_{KL})$ und auf der rechten Seite die zuzuordnenden *Zeitdiagramme* für Drehmoment $M_L(t)$ und Drehzahl $n(t)$.

Die Zeitdiagramme in Bild A-130 unten beinhalten folgende Zeitabschnitte:

- $0 \le t \le t_{11}$: $M = M_L = M_1$; $n = n_1$ (Motor in *Arbeitspunkt AP*$_1$).

- $t_{11} \le t \le t_{12}$: $M = M_L = M_2$; $n(t) = n_1 - (n_1 - n_2)\left(1 - e^{-\frac{t_1 - t_{11}}{T_m}}\right)$:

  Übergangs-Funktion mit mechanischer Zeitkonstanten
  $T_m = J\,\omega_{AP}/(M_{Ein} - M_L)$.

- $t_{12} \le t \le t_{21}$: $M = M_L = M_2$; $n = n_2$ (Motor in *Arbeitspunkt AP*$_2$).

	a statischer Betrieb	**b** dynamischer Betrieb
Voraussetzungen	$dU/dt = 0$, $d\Phi/dt = 0$, $dM/dt = 0$: $dn/dt = 0$	$dU/dt \ne 0$, $d\Phi/dt$ oder $dM/dt = /0$: $dn/dt \ne 0$
Gleichungen mit den Größen: U_{KL} Klemmenspannung U_0 Induktionsspannung R_A Ankerkreiswiderstand L_A Ankerinduktivität I_A Ankerstrom Φ_E magnet. Erregerfeld M Drehmoment J Massenträgheitsmoment	z.B. für die GS-NSM: $n(M) = \dfrac{U_{KL}}{k_1 \Phi_E} - \dfrac{R_A}{k_1 k_2 \Phi_E^2}\, M,$ (s. Gl. [A-27]) oder $U_{KL} = U_0 + I_A R_A$ (Kirchhoff: Gl. [A-23])	$M_B = M_M - M_L = J\dfrac{d\omega}{dt}$ (Newton: Gl. [A-79]) $U_{KL} - U_0 = I_A R_A + L_A \dfrac{dI_A}{dt}$ (Kirchhoff: Gl. [A-88]) (mechanischer bzw. elektrischer Kreis)
Kennlinien, Diagramme (Beispiele) mit: n_{AP} und I_{AP} Drehzahl bzw. Strom im Arbeitspunkt AP. I_B Beschleunigungsstrom M Motor-Drehmoment	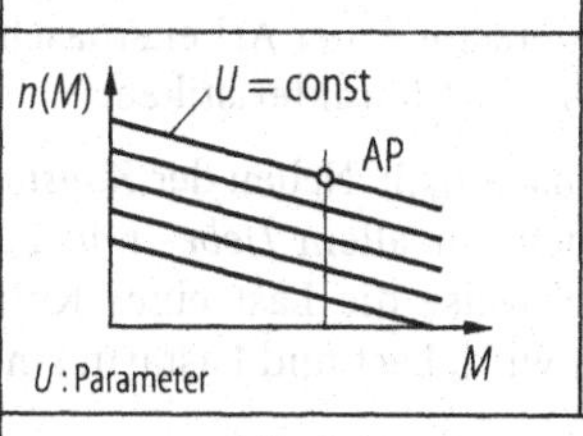	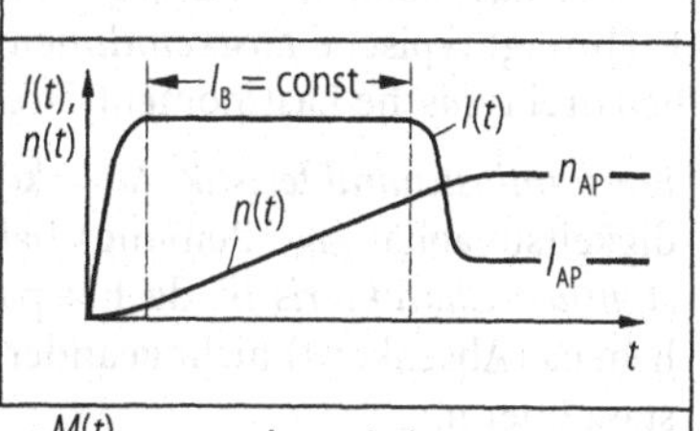
Beispiel eines Übergangs zwischen zwei Arbeitspunkten bei Änderung des Lastmoments $M_L(t)$ im Falle einer GS-NSM	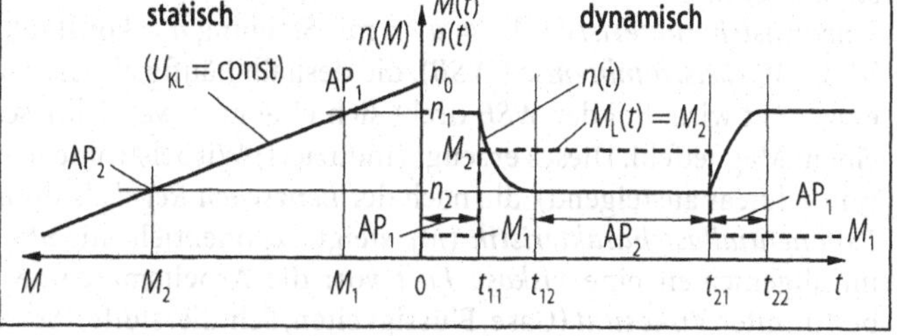	

Bild A-130a–b. Übersicht (Vergleich) *statischer/dynamischer Betrieb*

- $t_{21} \le t \le t_{22}$: $M = M_L = M_1$; $n(t) = n_2 + (n_1 - n_2)\left(1 - e^{-\frac{t - t_{21}}{T_m}}\right)$:

  Übergangsfunktion mit mechanischer Zeitkonstanten T_m.

- $t_{22} \le t \le \infty$: $M = M_L = M_1$; $n = n_1$ (Motor wieder zurück in *Arbeitspunkt AP$_1$*).

Die Übergangsvorgänge zwischen den Arbeitspunkten werden in diesem Fall durch Sprünge des Lastmomentes M_L erzwungen. Die Drehzahl ändert sich nach einer Exponentialfunktion. Das *Beschleunigungsmoment* M_B und das *Massenträgheitsmoment J* bestimmen die Zeitkonstante T_m der e-Funktion (Gl. (A-85)).

A.6.2
Statischer Betrieb

A.6.2.1
Statische Motor- und Last-Kennlinien

Im statischen Betrieb ist der *Arbeitspunkt (AP)* durch den Schnittpunkt zweier statischer Kennlinien, der *Motorkennlinie M(n)* und der *Lastkennlinie $M_L(n)$* bestimmt (Abschn. A.6.2.2). Die statische Motorkennlinie ist durch die Bauart der Maschine (*Parameter Φ_E* und R_A) und die Klemmenspannung U_{Kl} bestimmt. Die *Lastkennlinie* $M_L(n)$ ist von der Bauart der Arbeitsmaschine (Last) vorgegeben.

Statische Motorkennlinie
Die Standard-Motorkennlinie *M(n)* oder *n(M)* stellt den Zusammenhang zwischen *erzeugtem Motormoment M* und *Drehzahl n* grafisch dar (z. B. Bilder A-39, A-44 oder A-61). Die *Gleichungen* (z. B. Gl. (A-27) für die *GS-NSM*, Gl. (A-35a) für die *GS-RSM* oder Gl. (A-59) für die *DS-ASM*) beschreiben diese Abhängigkeit. Kennlinie und Gleichung eines Maschinentyps sagen aber nichts aus über das zeitliche (dynamische) Verhalten des Antriebs, beispielsweise nach dem Einschalten oder nach Störungen im *AP*. Deshalb werden sie *statische Kennlinien* bzw. *statische Gleichungen* genannt. Bild A-131a zeigt typische statische Motorkennlinien.

Statische Lastkennlinie
Analog zur *Motorkennlinie* stellt die *Lastkennlinie* $M_L(n)$ oder $n(M_L)$ den Zusammenhang des *Lastmomentes* an der Motorwelle und der zugehörigen *Drehzahl* dar. Bild A-131b zeigt typische *Lastkennlinien* verschiedener Arbeitsmaschinen. Lastkennlinien haben drei typische Lastmoment-Drehzahl-Charakteristiken:

- *Konstantlastcharakteristik (M_L = konstant$_{(n)}$)*: Neben der *Konstantreibung* (geschwindigkeitsunabhängige Reibung) haben vor allem *Hebe- und Förderzeuge* eine *Konstantlast-Charakteristik*, da beispielsweise die Last eines Krans während des Anhebens (Absenkens) nicht geändert wird, Last und Lastarm sind üblicherweise konstant über n.
- *Linearlastcharakteristik*: $M_L = a \cdot n$ mit Steigung a = konstant$_{(n)}$: Typisches Beispiel ist die *Wirbelstrombremse (WSB)*, die deshalb häufig als *Geschwindigkeitsdämpfung* eingesetzt wird. Bei der *WSB* dreht sich eine massive, elektrisch leitende Scheibe in einem Magnetfeld. Dieses erzeugt (induziert) Wirbelströme in der bewegten Scheibe (mit *n* linear ansteigend), die nach der *Lenzschen Regel* als Bremse wirken.
- *Exponentiallastcharakteristik* (M_L steigt exponentiell mit n^x): In diesem Fall liegt im allgemeinen eine *viskose Last* vor: die Arbeitsmaschine bewegt ein Medium bestimmter *Viskosität* (Gase, Flüssigkeiten, Schmierstoffe). Solche Arbeitsmaschinen sind beispielsweise *Pumpen, Ventilatoren, Lüfter, Turbinen*.

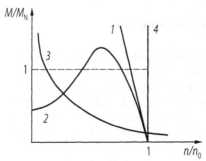

Motorkennlinien

Nebenschlußcharakteristik

1 GS-NSM

2 DS-ASM

Reihenschlußcharakteristik

3 GS-RSM

Synchroncharakteristik

4 Synchronmaschine

a Normierte Motorkennlinien

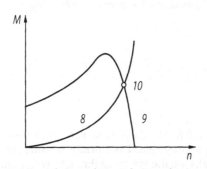

Lastcharakteristiken

5 Konstantlast:
Konstantreibung, Hebezeuge, Förderzeuge

6 Lineare Last:
beispielsweise Wirbelstrombremse

7 Exponentielle Last:
Viskose Reibung (z.B. bei Pumpen und Ventilatoren)

b Lastkennlinien verschiedener Arbeitsmaschinen (drei typische Lastcharakteristiken)

8 Lastmoment (z.B. Ventilator als viskose Last)

9 Motormoment (DS-ASM)

10 stabiler Arbeitspunkt AP

c Stabiler Arbeitspunkt im Schnittpunkt einer Motor- mit einer Lastkennlinie

Bild A-131a–c. Typische *Motor-* und *Lastkennlinien* und Arbeitspunkt

Es kommen auch beliebige Kombinationen (Überlagerungen) dieser drei Charakteristiken vor. Beispielsweise gibt es bei Fahrzeugen meistens eine Mischung von viskoser und trockener Gleitreibung, bei hohen Geschwindigkeiten überwiegt die Viskositätslast (deshalb exponentieller Energie- bzw. Benzinverbrauch bei steigendem Tempo). Im sogenannten *Start-Stopp-Betrieb* überlagert sich außerdem noch die unstetige *Haftreibung* unmittelbar beim Anfahren bzw. Anhalten.

A.6.2.2
Statischer Arbeitspunkt und dessen Stabilität (Stabilitätskriterium)

Ganz allgemein ist der *statische Arbeitspunkt (AP) eines Antriebes* der Gleichgewichtszustand, in dem die beteiligten physikalischen Größen (*Parameter*) über der Zeit konstant sind. In einem *stabilen AP* stellt sich dieser Zustand automatisch ein. Die statische Bedingung für den *AP* ist neben dem Vorhandensein konstanter Parameter (U, Φ, R) die *Drehmomentenbilanz* in einem System: $\sum M = 0$. Da im statischen *AP* definitionsgemäß keine Beschleunigung vorliegen darf, folgt aus der Momentenbilanz und nach NEWTON (Gl. (A-79)):

$$M_B = M_M - M_L = J \frac{d\omega}{dt} = 0 \Rightarrow \omega = \omega_{AP} = \text{konstant und } M_M = M_L = M_{AP} = \text{konst.}$$

Entsprechend gilt für *Linearantriebe*: $F_B = F_M - F_L = m \, dv/dt = 0$.

mit M_B : Beschleunigungsmoment,
$\quad\quad M_L$: Lastmoment an Motorwelle (passives Gegenmoment),
$\quad\quad M_M$: vom Motor erzeugtes Drehmoment (aktives Drehmoment),
$\quad\quad M_{AP}$: Drehmoment um die Motorwelle im Arbeitspunkt *AP*,
$\quad\quad J$: Massenträgheitsmoment um die Motorwelle,
$\quad\quad \omega_{AP}$: Winkelgeschwindigkeit an der Motorwelle im *AP*,
$\quad\quad F_B, F_M$: Beschleunigungskraft und Motorkraft Linearmotor,
$\quad\quad v, F_L$: Geschwindigkeit und Last bei Linearantrieb.

Das *Arbeitspunkt-Kriterium* sagt aus, daß im *AP* das aktive *Motormoment* M_M ($M_M \equiv M$) gleich dem passiven *Lastmoment* M_L ist:

> Der *geometrische Ort eines statischen Arbeitspunktes im Drehzahl-Drehmomenten-Koordinatensystem liegt immer im Schnittpunkt der Motorkennlinie mit der Lastkennlinie*: $M = M_L = M_{AP}$ (*AP* in Bild A-131c).

Die Schnittpunkte stellen jedoch nicht immer *stabile AP's* dar. Ein *AP* kann auch *instabil* (*labil*) sein. Erfolgt im *AP* eine Störung, beispielsweise eine Laststörung, was im praktischen Betrieb ständig vorkommt (*Laufunruhe*), wird die Maschine ihren *AP* verlassen, da das Gleichgewicht gestört ist. Ein *stabiler AP* wird sich im Störungsfall im Gegensatz zum *instabilen* nach einer von der Dynamik abhängigen Reaktionszeit automatisch wieder einstellen. Das *Stabilitätskriterium* Gl. (A-78) definiert mathematisch exakt, wann ein *AP* stabil oder instabil ist:

$$\textit{Stabilitätskriterium:} \quad \frac{dM_{Mot}}{dn} < \frac{dM_{Last}}{dn} \quad \text{im Arbeitspunkt } AP,$$
$$\text{in dem } M_{Mot} = M_{Last} \text{ ist.} \qquad \text{(A-78)}$$

> *Stabilitätskriterium: In einem stabilen Arbeitspunkt AP muß die Steigung der Motorkennlinie M (n) kleiner sein als die Steigung der Lastkennlinie* M_L *(n)* (Bild A-132).

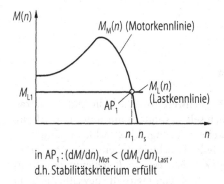

in AP_1: $(dM/dn)_{Mot} < (dM_L/dn)_{Last}$,
d.h. Stabilitätskriterium erfüllt

a Grafische Darstellung Stabilitätskriterium

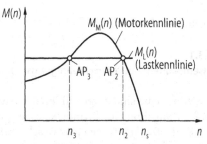

Beispiel für stabilen (AP_2) und instabilen (AP_3)
Arbeitspunkt

b Darstellung stabiler und instabiler Arbeitspunkt

Bild A-132. Beispiele für *Stabilitätskriterium*

Bild A-132a zeigt die Lastkennlinie eines Aufzugs (*Konstantlast*) und die Antriebskennlinie eines *Asynchronmotors*. Unterhalb der Drehzahl n_1 des Arbeitspunktes AP_1 ist das Motormoment M_M stets größer als das Lastmoment M_L. Der Motor läuft deshalb unter Last an und erreicht bei n_1 seinen statischen Arbeitspunkt. Erfolgt in AP_1 eine Störung des Lastmomentes $M_L = M_{L1} \pm \Delta M_L$, reagiert der Antrieb stabil:

- bei positiver Störung $M_L = M_{L1} + \Delta M_L$: ein *kurzzeitig größeres Lastmoment* bremst den Motor zunächst etwas ab, das jetzt größere Motormoment überwindet die Laststörung schnell und beschleunigt den Antrieb wieder auf seine Normaldrehzahl n_1.
- bei negativer Störung $M_L = M_{L1} - \Delta M_L$: wird das *Lastmoment kurzzeitig kleiner*, beschleunigt der Motor, verliert dabei Drehmoment und kehrt nach der Störung schnell wieder auf die alte Drehzahl n_1 zurück.

Das Beispiel zeigt, daß AP_1 *stabil* ist, da der Motor bei jeder Störung, die das Kippmoment nicht übersteigt, der Laststörung auf seiner Kennlinie folgt und anschließend wieder auf AP_1 zurückkehrt. In AP_1 ist das

Stabilitätskriterium nach Gl. (A-78) erfüllt; denn nach Bild A-132a gilt in AP_1:

$$\frac{dM_M}{dn} < \frac{dM_L}{dn}. \quad \text{In } AP_1 \text{ gilt:} \quad \frac{dM_M}{dn} = 0 \quad \text{und} \quad \frac{dM_L}{dn} < 0.$$

Im Gegensatz zu Bild A-132a kann der Antrieb in Bild A-132b nicht selbständig anlaufen. Er muß durch äußere Unterstützung über die Drehzahl n_3 hochgefahren werden. Erst oberhalb n_3 ist sein Verhalten stabil. Im Bereich $n_3 < n < n_2$ ist das Motormoment größer als das Lastmoment, der Antrieb beschleunigt auf die Drehzahl n_2 des Arbeitspunktes AP_2 und bleibt dort stabil, wie bei Bild A-132a beschrieben. Sinkt die Drehzahl durch äußere Laststörung auch nur kurzzeitig unter n_3, dann bremst das nun größere Lastmoment den bei $n < n_3$ schwächeren Motor bis zum Stillstand ab. Der Motor kann mit dieser Last nicht hochlaufen, so daß er stehenbleibt. Im Schnittpunkt AP_3 ist der Antrieb also *instabil*, da er bei der geringsten Laststörung von der Last weg beschleunigt (bei $-\Delta M_L$) bzw. verzögert (bei $+\Delta M_L$) wird. Das Stabilitätskriterium ist nicht erfüllt, da nach Bild A-132b in AP_3 gilt:

$$\frac{dM_M}{dn} > \frac{dM_L}{dn}.$$

A.6.3
Dynamischer Betrieb

A.6.3.1
Massenträgheits- und Beschleunigungsmoment

Antriebssysteme sind aufgrund ihrer Masse bzw. Schwere *träge*, d.h. sie ändern Betrag und Richtung ihrer Geschwindigkeit nie von sich selbst, sondern nur unter Einwirkung einer Kraft. *Trägheit* (gegen jede Geschwindigkeitsänderung, d.h. Beschleunigung) und *Masse* sind direkt miteinander verknüpft. Jede Geschwindigkeitsänderung eines Systems erfordert somit eine *Beschleunigungskraft* F_B bzw. ein *Beschleunigungsdrehmoment* M_B. Bei einer linearen (translatorischen) Bewegung wird die bewegte *Masse m* (in kg) durch die Beschleunigungskraft F_B, bei Rotation das *Massenträgheitsmoment J* (in Nms^2) um eine Drehachse durch das Beschleunigungsmoment M_B beschleunigt. Nach dem *Newtonschen Aktionsprinzip* gilt:

$$F_B = F_M - F_L = m\frac{dv}{dt} + \frac{v}{2}\frac{dm}{dt} \quad \text{bzw.} \quad M_B = M_M - M_L = J\frac{d\omega}{dt} + \frac{\omega}{2}\frac{dJ}{dt}.$$

In den meisten Fällen ist die zeitliche Änderung bewegter Massen (Massenträgheitsmomente) vernachlässigbar klein, so daß die zweiten Terme gegen null gehen. Dies führt zu folgendem vereinfachten Ansatz:

$$F_B = F_M - F_L = m\frac{dv}{dt} = m\frac{d^2s}{dt^2} \quad \text{bzw.} \quad M_B = M_M - M_L = J\frac{d\omega}{dt} = J\frac{d^2\varphi}{dt^2} = 2\pi J\frac{dn}{dt}$$

(*NEWTON* oder *Newton-Zustandsgleichung*)   (A-79)

Üblicherweise bezieht man die Größen in Gl. (A-79) auf die Motorwelle, so daß alle bewegten Massenkomponenten (Trägheitsmomente) von Motor, Arbeitsmaschine und aller Übertragungsmechanismen (Getriebe, Kupplungen und Hebel), unter Berücksichtigung ihrer Übersetzungen, einzubeziehen sind. Im folgenden werden zwei Beispiele mit Zwischengetrieben zwischen Motor und Arbeitsmaschine beschrieben.

A.6.3.2
Transformation durch Zwischengetriebe

Motoren treiben Arbeitsmaschinen sehr häufig über Übertragungsmechanismen, d.h. Kupplungen, Hebelübersetzungen, Spindeln und andere Übersetzungsgetriebe an. Solche Übertragungsglieder *transformieren* mechanische Größen (n, M, J) von der *Sekundär-* (Arbeitsmaschine) auf die *Primärseite* (Motorachse); analog zum Transformator, der elektrische Größen (U, I, R) transformiert.

Beispiel A-7: **Ein Motor hebt und senkt eine Masse über eine Seilrolle mit Getriebe:**
(Bilder A-133 und A-134) (s. hierzu auch Beispiel A-5 in Abschn. A.4.2.7.1)

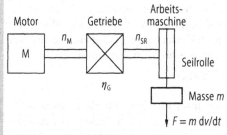

$$M_B = M_M - M_L = J \frac{d\omega}{dt}$$

η_G Getriebewirkungsgrad
SR Index für Seilrolle
M Index für Motor
L Index für Last um die Motorwelle

Bild A-133. Beispiel *Krananlage*

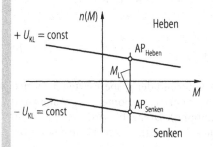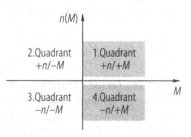

1.Quadrant (+n/+M) ist Motorbetrieb: Heben der Last (M_L: Lastkennlinie auf Motorwelle bezogen)
4.Quadrant (−n/+M) ist Bremsbetrieb: Senken der Last (Umschalten auf negative Klemmenspannung −U_{Kl})

Bild A-134. *Zweiquadrantenbetrieb*: Last-Anheben bzw. -Absenken

Beisp. A-7a: *Lastheben*. Der Motor liegt an der Klemmenspannung + U_{Kl}, er erzeugt ein Drehmoment, die Energie fließt vom Motor zur Arbeitsmaschine.

1. Quadrant: Motorbetrieb mit positivem Drehsinn: (+n/+M).

Alle Größen der dynamischen Gleichung werden auf die Motorwelle bezogen.
Aus Gl. (A-79) folgt für das Beispiel *Lastanheben*:

$$M_B = M_M - M_{MR} - M_{SR} \frac{n_{SR}}{n_M} \frac{1}{\eta_G} = \left[J_M + \frac{J_{SR}}{\eta_G} \left(\frac{n_{SR}}{n_M} \right)^2 \right] \frac{d\omega}{dt}$$

$$\left(\text{Stationärer } AP \text{ bei } \quad \frac{d\omega_M}{dt} = 0 \right) \tag{A-80a}$$

M_{MR}: Lastmoment durch innere Motorreibung (Motor-Eigenreibung);
M_{SR}: Lastmoment an der Welle der Seilrolle.

$M_M > M_{L,ges}$: $d\omega/dt > 0$, d.h. Beschleunigung bis zum Arbeitspunkt bei

$$M_M = M_{L,ges} \text{ (um die Motorwelle)} = M_{MR} + M_{SR} \frac{n_{SR}}{n_M} \cdot \frac{1}{\eta_G} .$$

Beisp. A-7b: *Lastsenken.* Der Motor liegt an $-U_{Kl}$. Die Kranlast besitzt nun eine potentielle Energie, die in eine kinetische Energie umgewandelt wird. Die Last treibt die Seilrolle, das Getriebe und den Motor. Der Motor bremst aktiv über den Motorstrom *und* passiv über seine Eigenreibung. Das Getriebe bremst ebenfalls. Die Bewegungsenergie fließt von der Arbeitsmaschine (Last) über das Getriebe zum Motor. Der Motor setzt die mechanische Energie in elektrische um und speist sie ins Netz zurück. Die entstehenden Verluste erwärmen den Motor.

    4. Quadrant: Bremsbetrieb ($-n/+M$).

Gegenüber dem Betriebsmodus *Lastheben* muß für den Betrieb *Lastsenken* der Motor auf eine negative Klemmenspannung (oder auf einen Bremswiderstand) umgeschaltet werden. Wegen der sich daraus ergebenden Drehrichtungsumkehr ($-n$ beim Lastsenken) stellt der Motor aufgrund seines Gegenmomentes ($+M$: der Strom fließt in die gleiche Richtung wie beim *Lastheben*) eine *aktive elektro-magnetische Bremse* dar:

$$-M_{SR} + (M_M + M_{MR})\,\frac{n_M}{n_{SR}}\,\frac{1}{\eta_G} = \left[J_{SR} + \frac{J_M}{\eta_G}\left(\frac{n_M}{n_{SR}}\right)^2\right]\frac{d\omega_{SR}}{dt} \quad (\omega \text{ an SR}) \qquad \text{(A-80b)}$$

$M_{SR} \geq M_{Br}$ (aktives Drehmoment um Seilrolle aufgrund der gespeicherten *potentiellen Energie* größer/gleich Bremsmoment aus aktivem Gegenmoment des Motors und Reibung (Motorreibung M_{MR} und Getriebereibung): Drehzahl wird negativ. Wenn $M_{SR} = M_{Br}$, ist der Arbeitspunkt AP_{Senken} erreicht. Das Lastmoment M_L an der Motorwelle wirkt immer in die gleiche Richtung.

Anmerkung: Da das auf die Motorwelle bezogene Massenträgheitsmoment vom Motor beschleunigt werden muß, wird der Getriebewirkungsgrad berücksichtigt.

Beispiel A-8: **Der Motor treibt über ein Getriebe eine Schwungmasse an:**
              (Bild A-135) (siehe hierzu auch Beispiel A-10)

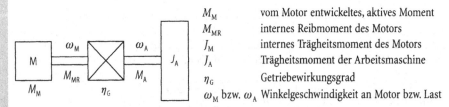

M_M	vom Motor entwickeltes, aktives Moment
M_{MR}	internes Reibmoment des Motors
J_M	internes Trägheitsmoment des Motors
J_A	Trägheitsmoment der Arbeitsmaschine
η_G	Getriebewirkungsgrad
ω_M bzw. ω_A	Winkelgeschwindigkeit an Motor bzw. Last

Bild A-135. System *Motor/Getriebe/Schwungmasse*

Beispiel A-8a: *Beschleunigungsbetrieb.* Der Motor treibt, die Masse bremst aufgrund ihrer Trägheit. Gl. (A-79) auf ω_M (Motorachse) beziehen!

    1. Quadrant ($+n/+M$: Motorbetrieb).

$$M_M - M_{MR} - \frac{M_A}{\eta_G}\,\frac{n_A}{n_M} = \left[J_M + \frac{J_A}{\eta_G}\left(\frac{n_A}{n_M}\right)^2\right]\frac{d\omega_M}{dt} \quad \text{(auf *Motorwelle* } \omega_M \text{ bezogen)} \quad \text{(A-81)}$$

Beispiel A-8b: *Verzögerungsbetrieb*. Der Motor wird umgepolt. Die Masse treibt aufgrund ihrer gespeicherten kinetischen Energie in die gleiche Richtung
weiter. Der Motor bremst, da er umgepolt wird:
2. Quadrant ($+n/-M$). (Gl. A-79) auf ω_A, die Geschwindigkeit der
Arbeitsmaschine, beziehen).

Bei beiden Betriebsarten wird von einer Konstantbeschleunigung ($d\omega/dt = $ konstant)
ausgegangen (Bild A-136). Die Fragestellung lautet: Wie groß muß bei Konstantbeschleunigung (*Rampendiagramm*) der Motorstrom sein?

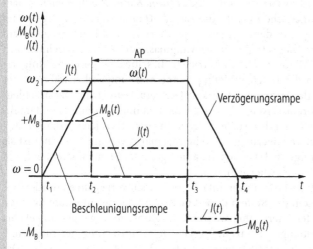

Bild A-136. Geschwindigkeits-Rampenfunktion mit
$\omega(t)$, $M_B(t)$ und $I(t)$

Die Geschwindigkeits-Rampenfunktion nach Bild A-136 hat drei verschiedene
Phasen:

- $t_1 \leq t \leq t_2$ (Beisp. A-8a): Beschleunigung der Masse:

$$\frac{d\omega_M}{dt} = a_M = \frac{\omega_{M2} - \omega_{M1}}{t_2 - t_1} = \text{konstant.} \quad a_M: \text{Beschleunigung an Motorwelle.}$$

($+n_M/+M_M$): Motorbetrieb. Energiefluß-Richtung vom Motor zur Schwungmasse:

$$M_M = CI_M = \frac{M_A}{\eta_G} \frac{n_A}{n_M} + M_{MR} + \left[J_M + \frac{J_A}{\eta_G}\left(\frac{n_A}{n_M}\right)^2\right]\left(\frac{\omega_{M2} - \omega_{M1}}{t_2 - t_1}\right) \tag{A-82}$$

$$C = \frac{M}{I}\left[\frac{\text{Nm}}{\text{A}}\right] = \frac{U_0}{\omega} [\text{Vs}] : \text{Motorkonstante.}$$

Mit linearer Beschleunigungsrampe muß das Beschleunigungsmoment M_B und
damit auch der Strom konstant sein. Am Ende der Rampe, wenn der gewünschte
AP erreicht ist, muß auf eine dem *AP* entsprechende Konstantspannung umgeschaltet werden. Der Strom sinkt, da der Beschleunigungsanteil wegfällt und nur
noch die Reibung überwunden werden muß.

- $t_2 \leq t \leq t_3$ (Betrieb im Arbeitspunkt *AP*):

$U_{Kl} = U_{AP} = \text{konstant} \quad \Rightarrow \quad M_B = 0, \quad \omega(t) = \omega_2, \quad I(t) = I_{AP} = \text{konstant.}$

- $t_3 \leq t \leq t_4$ (Beisp. A-8b): Verzögerung der Masse:

$$\frac{d\omega_A}{dt} = \frac{\omega_{A2} - \omega_{A1}}{t_4 - t_3} = \text{konstant:}$$

$(+n_M/-M_M)$: *Bremsbetrieb*: Energieflußrichtung von Arbeitsmaschine (Schwungmasse) zum Motor:

Die in der Schwungmasse gespeicherte *kinetische Energie* $E_{kin} = \dfrac{J}{2}\,\omega_{A2}^2$ wird

von den *drei Reibkomponenten* in Arbeitsmaschine, Getriebe (Getriebe-Wirkungsgrad) und Motor und zusätzlich von dem *aktiven Motor-Bremsmoment* abgebremst. E_{kin} ist die kinetische Energie, die zum Zeitpunkt t_3, also zu Beginn des Verzögerungsvorganges, in dem System gespeichert ist und beim Bremsen ein Drehmoment erzeugt. Dieses treibt die Schwungmasse der Arbeitsmaschine nach dem Umschalten des Motors auf Bremsbetrieb in dieselbe Bewegungsrichtung wie zuvor weiter. Wie bei der Beschleunigungsrampe muß umgekehrt während der Verzögerungsrampe der Strom ebenfalls konstant sein. Dem Strom, der beschleunigt bzw. verzögert (bremst) ist der Strom, der die Reibung überwindet und im *AP* zwischen t_2 und t_3 fließt, überlagert. Beim Bremsen unterstützt jedoch die Reibung den Motor, so daß der Verzögerungsstrom betragsmäßig wesentlich kleiner ist als der bei der Beschleunigung. Das oben genannte gesamte Bremsmoment entzieht dem System dann die gespeicherte Energie.

Bei der Lösung der Aufgabe kann vereinfachend ähnlich vorgegangen werden wie beim Hochlauf, bei dem das System diese kinetische Energie aufgenommen und gespeichert hat. Da der Energiefluß während des Abbremsvorganges umgekehrt verläuft und die Reibungen prinzipiell *gegen die Laufrichtung* gerichtet sind, wirken alle Momente als *Verzögerungsmomente*: $-M_B = M_{M,Br} + M_{MR} + M_L^*$. Dabei ist M_L^* das auf die Motorwelle bezogene Lastmoment der Arbeitsmaschine. $-M_M = M_{M,Br}$ ist das aktive, vom negativen Motorstrom (Bild A-136) erzeugte Bremsmoment. Der Getriebewirkungsgrad wirkt in Abhängigkeit der Energieflußrichtung.

Beschleunigungsmoment (Verzögerungsmoment) an der Schwungmasse:

$$M_{B,A} = -J_{AW} \cdot d\omega_A/dt = -M_A - (M_{MR} + M_M) \cdot n_M/n_A \cdot 1/\eta_G$$
(J_{AW}: Trägheitsmoment um die Welle der Arbeitsmaschine)

Das gleiche Beschleunigungsmoment auf die Motorachse bezogen:

$$M_{B,M} = -J_{MW} \cdot d\omega_M/dt = -M_M - M_{MR} - M_A \cdot \eta_G \cdot n_A/n_M \quad \text{(wird negativ, d.h. Verzögerung bzw. Bremsung).}$$

Aus der *Newton'schen Gleichung* Gl. (A-79) ergibt sich auf die *Welle* der Schwungmasse bezogen:

$$M_M = \eta_G \frac{n_A}{n_M}\left[-M_A + J_A\left(\frac{\omega_{A2} - \omega_{A1}}{t_4 - t_3}\right)\right] - M_{MR} \quad \text{(Motorträgheit } J_M \text{ vernachlässigt)}$$

$$\text{(A-83)}$$

Lösungs-Alternative: alle Größen auf die *Motorwelle* beziehen:

$$M_{M,Br} + M_{MR} + M_L^* \approx M_M + M_{MR} + M_A \frac{n_{Sp}}{n_M} \eta_G \approx \left[J_M + J_A \eta_G\left(\frac{n_A}{n_M}\right)^2\right]\left(\frac{2\pi n_M}{t_4 - t_3}\right) \quad \text{(A-83a)}$$

Im *Beschleunigungsfall* muß der *Motor* mit seinem *aktiv erzeugten Moment* gegen seine eigene Reibung, gegen Reibung und Trägheitsmoment der Arbeits-maschine und gegen die Reibung (Wirkungsgrad) des Übersetzungs-Getriebes arbeiten. Im *Verzögerungsfall* arbeitet er, *unterstützt* von den drei Reibungs-komponenten, nur noch gegen das Trägheitsmoment bzw. die sich daraus erge-bende kinetische Energie, deren Vernichtung durch den Getriebewirkungsgrad unterstützt wird.

A.6.3.3
Die Zustandsgleichung nach Newton (Newtonsches Aktionsprinzip)

Bei der *Newtonschen Zustandsgleichung* Gl. (A-79) handelt es sich um die zeitbezogene Differentialgleichung, die das *dynamische mechanische Verhalten* des Systems beschreibt. Was das aktive differentielle *Motormoment* betrifft, spielen dabei auch die *elektrischen und magnetischen Größen* aufgrund ihres Zusammenhangs mit dem *erzeugten Drehmoment* eine wichtige Rolle. Differentialgleichungen werden allgemein durch Integration gelöst. Als Lösung der Gl. (A-79) ergeben sich Zeitdiagramme, bei-spielsweise $v(t)$, $n(t)$ bzw. $\omega(t)$, die den zeitlichen Anlaufvorgang oder Übergangsvor-gänge zwischen statischen Arbeitspunkten beschreiben:

$$\int dt = \int \frac{2\pi J}{M_M - M_L} \, dn. \quad \text{Beispielsweise zwischen } AP_1 \, (n_1, t_1) \text{ und } AP_2 \, (n_2, t_2):$$

$$\int_{t_1}^{t_2} dt = 2\pi \cdot \int_{n_1}^{n_2} \frac{J(n)}{M_M(n) - M_L(n)} \, dn \qquad \text{(z. B. Bild A-130 unten)} \qquad \text{(A-84)}$$

Gl. (A-84) ist die allgemeine mathematische Lösung. Sie ist wegen der prinzipiell mög-lichen Abhängigkeiten $J(n)$, $M_M(n)$ und $M_L(n)$ in vielen Fällen sehr schwierig. $J(n)$ ist eine Abhängigkeit des Trägheitsmoments von der Drehzahl, die sich dadurch ergeben kann, daß Strukturen der Arbeitsmaschine als Folge hoher Zentrifugalkräfte deformiert werden. Die Drehzahlabhängigkeit von J ist normalerweise vernachlässigbar klein.

Im folgenden Abschnitt werden drei Beispiele (verschiedene Systeme mit verschiede-nen Hochlauffunktionen) mit Hilfe der *Newtonschen* Gleichung Gl. (A-79) bzw. (A-84) erörtert und berechnet:

- *linearer Hochlauf der Drehzahl über der Zeit* (Standardfall, Abschn. A.6.3.4.1)
- *exponentieller Hochlauf der Drehzahl über der Zeit* (Standardfall, Abschn. A.6.3.4.2)
- *allgemeiner und beliebiger Fall* (Lösung nach grafisch/rechnerischem Verfahren, Abschn. A.6.3.4.3)

A.6.3.4
Verschiedene Hochlauffunktionen

A.6.3.4.1
Linearer Hochlauf (Standard Geschwindigkeits-Zeit-Rampe)

Voraussetzungen: $M_B = $ konst.; $M_M = $ konst.; $M_L = $ konst. und $J = $ konstant.

Eine mit *Konstantstrom* (Stromquelle bzw. Strom-Einprägung) betriebene *GSM* erzeugt das konstante Motormoment M_M. Unter diesen Bedingungen ist die Lösung der

Integralgleichung Gl. (A-84): $n(t) = at$ (Gerade mit Steigung a, eine sogenannte *Rampenfunktion*, vergl. Bild A-136):

$$\int_{t_1}^{t_2} dt = t_2 - t_1 = T_H = 2\pi \int_{n_1}^{n_2} \frac{J}{M_M - M_L} \, dn = \frac{2\pi J}{M_M - M_L}(n_2 - n_1) \qquad T_H: \text{Hochlaufzeit.}$$

$$\Rightarrow n(t) = at = \frac{M_M - M_L}{2\pi J} \cdot t \qquad \text{(Rampenfunktion in Bild A-136 in Phase } t_1 \text{ bis } t_2 \text{).}$$

Alle Größen müssen auf eine Welle bezogen werden, beispielsweise auf die Motorwelle. Außerdem sind die Größen J, M_M und M_L konstant über n und t, wie oben vorausgesetzt. Darüber hinaus schließen sie alle gleichartigen, auf die Motorwelle bezogenen Systemkomponenten (J bzw. M_L von Arbeitsmaschine und Übertragungsgliedern) mit ein (Abschn. A.6.3.1 und A.6.3.2). Deshalb werden sie häufig $J_{Sys} \equiv J_{ges}$ bzw. $M_{L,Sys} \equiv M_{L,ges}$ genannt: $M_{L,Sys} = M_{MR} + M_A(n_A/n_M) \cdot 1/\eta_G$ und $J_{Sys} = J_M + J_A(n_A/n_M)^2$.
(Indizes: M für Motor, A für Arbeitsmaschine, G für Getriebe)

A.6.3.4.2
Exponentieller Hochlauf (Zeitkonstanten)

Voraussetzungen: Eine *GS-NSM* wird an eine konstante Gleichspannung geschaltet ($U_{KL} = \text{konst.}$) und mit einem konstanten Lastmoment $M_L = \text{konstant}_{(n)}$, sowie einem konstanten Trägheitsmoment $J = \text{konstant}_{(n)}$ belastet ($\text{konstant}_{(n)}$: konstant über n). Unter diesen Bedingungen erhält man als Lösung von Gl. (A-84) eine *Exponentialfunktion* für das Drehzahl-Zeit-Diagramm (Bild A-137):

$$n(t) = n_{AP}\left(1 - e^{\frac{-t}{T_m}}\right) \text{ mit der } \textit{Zeitkonstanten}: \qquad \text{(A-85a)}$$

$$T_m = \frac{\omega_{AP} J_{Sys}}{M_{Ein} - M_{L,Sys}} = \frac{2\pi n_{AP} J_{Sys}}{M(n=0) - M_{L,Sys}} \qquad \text{(A-85b)}$$

n_{AP}: Enddrehzahl im stationären Arbeitspunkt
$T_m \equiv T_{mech}$: mechanische System-Zeitkonstante (systeminhärente Konstante).
J_{Sys} bzw. $M_{L,Sys}$: *Trägheits-* bzw. *Lastmoment* als Systemgrößen, die auf die Motorwelle bezogen sind,
$M_{Ein} = M(n=0)$ (Einschaltmoment) $= C I_{A,Ein} = C \cdot U_{KL}/R_A$ (vergl. Abschn. A.5.1.1.2).

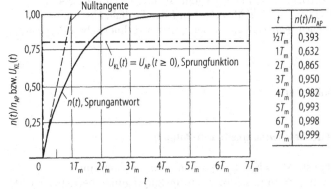

t	$n(t)/n_{AP}$
$\frac{1}{2}T_m$	0,393
$1T_m$	0,632
$2T_m$	0,865
$3T_m$	0,950
$4T_m$	0,982
$5T_m$	0,993
$6T_m$	0,998
$7T_m$	0,999

Bild A-137. Exponentieller Hochlauf $n(t) = n_{AP}(1 - e^{(-t/T_m)})$

Die Funktion in Bild A-137 (*System 1. Ordnung*, d.h. *Verzögerungsglied* mit nur *einer* Zeitkonstanten) gilt in guter Näherung, wenn die mechanische Zeitkonstante $T_m > 10 \cdot T_{el}$ ist. Die elektrische Zeitkonstante $T_{el} = L/R$ bestimmt den Stromanstieg im Anker nach dem Einschalten einer *sprungförmigen* Spannung, Gl. (A-87) bzw. Bild A-138b. Rein physikalisch ist der exakte Knick im Nullpunkt der Funktion $n(t)$ in Bild A-137 (nach Einschalten der Spannung) wegen $T_{el} > 0$ nicht möglich. Der Knick ist umso stärker ausgeprägt, je kleiner der Zeitmaßstab ist und je mehr gilt: $T_m \gg T_{el}$. Im Prinzip liegt ein *System 3ter Ordnung* (System mit 3 Verzögerungs-Zeitkonstanten) vor, nämlich:

- die *kapazitive* Zeitkonstante $T_{el,C} = RC$ (Gl. (A-86) bzw. Bild A-138a), die den exakten Spannungssprung verhindert (exponentieller Verlauf $u(t) = \hat{U}(1 - e^{-t/T_{el,C}})$, bedingt durch die Kapazität im Stromkreis. Die Wirkung von $T_{el,C}$ ist in der Antriebstechnik praktisch vernachlässigbar;
- die *induktive* Zeitkonstante $T_{el,L} = L/R$ (Gl. (A-87) bzw. Bild A-138), die den exakten Stromsprung verhindert (exponentieller Verlauf $i(t) = \hat{I}(1 - e^{-t/T_{el,L}})$, bedingt durch Induktivität L im Stromkreis. Der Einfluß von $T_{el,L}$ ist gering;
- die *mechanische* Zeitkonstante T_m (Gl. (A-85) bzw. Bild A-137 und A-138b), bedingt durch die Massenträgheit J im mechanischen System (eine Achse).

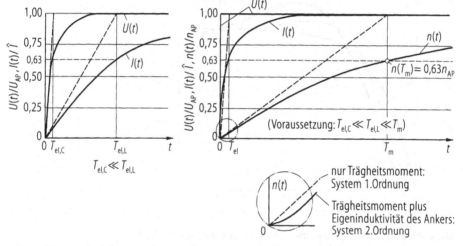

a Sprungantwortfunktionen für U und I

b Sprungantwortfunktionen für Strom $I(t)$ und Drehzahl $n(t)$

Bild A-138a–b. Elektrische/mechanische *Sprungantwortfunktionen* (*1. Ordnung*)

In den meisten praktischen Fällen liegt ein System vor mit den Verhältnissen: $T_{el,C} \ll T_{el,L} \ll T_m$. Ansonsten ergeben sich an den Knickstellen im Nullpunkt des Beispiels in Bild A-138b die Rundungen in den Bildern A-139b und A-140, weil die Sprungfunktionen von $U_{KL}(t)$ und $I(t)$ durch Exponentialfunktionen Gl. (A-86) bzw. Gl. (A-87) ersetzt werden müssen. Dann ergibt sich Gl. (A-91) bzw. Gl. (A-92) und die Sprungantwortfunktionen höherer Ordnung in Bild A-139b und A-140, bei denen mehrere Zeitkonstanten berücksichtigt werden.

Die Zeitkonstante T_m (Gl. (A-85) bzw. Bild A-137) ist definiert:

- durch die Anfangsbeschleunigung dn/dt (bei $n = 0$ bzw. $t = 0$), d.h. durch die Tangente im Nullpunkt, d.h. Differential der Drehzahl-Zeitfunktion nach der Zeit, und

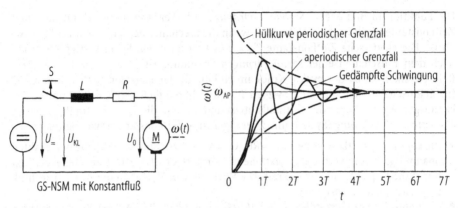

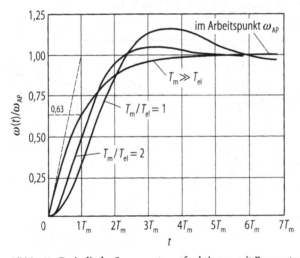

a Systemschema mit Stromkreis   b Anlaufverhalten (Zeitdiagramme)

Bild A-139. Antriebssystem 2ter *Ordnung* mit T_{el} und T_{m}

Bild A-140. Periodische Sprungantwortfunktionen mit Parameter $T_{\text{m}}/T_{\text{el}}$

- durch die Enddrehzahl n_{AP} im Arbeitspunkt. Der Arbeitspunkt AP und die Drehzahl n_{AP} im AP sind bestimmt durch konstante Klemmenspannung U_{KL} = konstant (Parameter der statischen Kennlinie) und Gesamtlast $M_{\text{L,Sys}}$ an der Motorwelle (Kennlinien-Schnittpunkt Motor- und Lastkennlinie).

Die Zeitkonstante T eines Systems *erster Ordnung* ist definiert durch die Anfangssteigung der e-Funktion und durch den Endwert der e-Funktion. T_{m} ist demnach durch die Ableitung (Differenzierung) von Gl. (A-85a) im Nullpunkt bestimmt (d.h. Tangente im Nullpunkt) (Bild A-137):

$$\frac{\mathrm{d}n}{\mathrm{d}t} = n_{\text{AP}}\left(-\,\mathrm{e}^{\frac{-t}{T_{\text{m}}}}\right)\cdot\left(-\frac{1}{T_{\text{m}}}\right). \quad \text{Für } t = 0 \text{ und } n = 0 \text{ gilt mit } \mathrm{e}^0 = 1:$$

$$\frac{\mathrm{d}n(t=0)}{\mathrm{d}t} = \frac{n_{\text{AP}}}{T_{\text{m}}} = \frac{M_{\text{B}}(n=0)}{2\,\pi\,J_{\text{Sys}}} = \frac{M_{\text{M,Ein}} - M_{\text{L,Sys}}}{2\,\pi\,J_{\text{Sys}}} \quad \text{(vergl. Gl. (A-85b)).}$$

Die Funktionen zu Bild A-138 lauten:

$$u(t) = U_{AP} \left(1 - e^{-\frac{t}{T_{el,C}}}\right) \quad \text{mit } U_{AP} \text{ (Parameter } U_= \text{) und } T_{el,C} = RC \tag{A-86}$$

$$i(t) = \hat{I} \left(1 - e^{-\frac{t}{T_{el,L}}}\right) \quad \text{mit } \hat{I} = U_{KL}/R \text{ (hier: } U_{KL} = U_{AP} \text{) und } T_{el,L} = L/R; \ T_{el,C} \approx 0 \tag{A-87}$$

$$n(t) = n_{AP} \left(1 - e^{-\frac{t}{T_m}}\right): \ n_{AP} = \frac{U_{KL}}{K_1} - \frac{R_A}{K_1 K_2} M \ (GS\text{-}NSM);$$

$$T_m = \frac{2\pi J \cdot n_{AP}}{M_M - M_L} \quad \text{(vergl. Gl. (A-85)); } T_{el,L} \text{ und } T_{el,C} \text{ vernachlässigt.}$$

Voraussetzung für Gl. (A-85), Gl. (A-86) und Gl. (A-87): $T_m \gg T_{el,L} \gg T_{el,C}$. Das bedeutet, daß jeweils nur Systeme 1. Ordnung betrachtet werden. Mit diesen einfachen Exponentialfunktionen mit nur je *einer* Zeitkonstanten werden etwa 63 % des Endwertes bei $t = T$ erreicht ($e^{-1} \approx 0,37$, d.h. $(1 - e^{-1}) \approx 0,63$). Das gilt auch noch näherungsweise beim System 2. Ordnung.

System zweiter Ordnung (zwei Zeitkonstanten)

Beispiel: Das Antriebssystem in Bild A-139a mit zwei *Verzögerungsgliedern (T-Glieder 1. Ordnung)* wird realisiert durch eine *GS-NSM* konstanter Erregung (z.B. Permanentmagnetmaschine), an die zum Zeitpunkt $t = 0$ eine Gleichspannung aufgeschaltet wird. Hier werden Trägheitsmoment J und Ankerselbstinduktion L berücksichtigt:

Wenn in diesem Antriebssystem die Bedingung $T_m \gg T_{el}$ nicht hinreichend erfüllt ist, liegt ein System zweiter Ordnung mit zwei Zeitkonstanten T_1 und T_2 vor. Im folgenden wird gezeigt, wie das System 2. Ordnung in Bild A-139 berechnet wird. Mit Berücksichtigung der Induktivität lautet die Differentialgleichung und deren Lösung:

Nach Kirchhoff (Maschenregel) gilt:

$$U_{KL} - U_0(t) = I(t) \cdot R + L \frac{dI(t)}{dt} \quad (R \text{ und } L: \text{ Ankerkreis-Gesamtwerte}). \tag{A-88}$$

Mit $U_{KL} \equiv U$ und $M_M \equiv M$ folgt für die permanenterregte *GSM*:

Gegenspannung im Anker: $U_0 = c \cdot \omega(t)$,

Motormoment: $M = c \cdot I(t)$ (c: Motorkonstante): und $\quad M_B = (M - M_L) = J \frac{d\omega}{dt}$

$$\text{(Gl. (A-79))}$$

$$U - c\omega = \frac{R}{c}\left(M_L + J \frac{d\omega}{dt}\right) + L \frac{d}{dt}\left(\frac{M_L}{c} + \frac{J}{c}\frac{d\omega}{dt}\right). \quad \text{Mit } \frac{d}{dt}\left(\frac{L \cdot M_L}{c}\right) = 0 \text{ folgt:}$$

$$U - \frac{RM_L}{c} = c\omega + \frac{RJ}{c}\frac{d\omega}{dt} + \frac{LJ}{c}\frac{d^2\omega}{dt^2} \qquad \omega_1(s) \rightarrow \boxed{G(s)} \rightarrow \omega_2(s)$$

$G(s) = \dfrac{\omega_2(s)}{\omega_1(s)}$ ist die *Übertragungsfunktion* eines *komplexen Systems*. Zur Bestimmung des *Frequenzganges* des Übertragungssystems führt man eine *Laplacetransformation* durch (s ist die *Laplace-Variable* im Frequenzbereich):

Die statische Gleichung ist $U - \dfrac{RM_L}{c} = c\omega_{AP}$ (Gl. (A-68)).

Mit $\omega_{AP} \rightarrow \omega_1(s)$ gilt: $\quad \omega_1(s) = \omega_2(s) + \dfrac{RJ}{c^2}\omega_2(s) \cdot s - \dfrac{LJ}{c^2}\omega_2(s) \cdot s^2 \tag{A-89}$

Woraus für $G(s)$ folgt:

$$G(s) = \frac{\omega_2(s)}{\omega_1(s)} = \frac{\text{Konstante}}{s^2 + a_1 s + a_0}$$

Dieses Polynom 2ter Ordnung kann mit Einführung der Zeitkonstanten T_1, T_2, T_{12} in folgende Form gebracht werden:

$$G(s) = \frac{1}{1 + s(T_1 + T_2 + T_{12}) + s^2 T_1 T_2} \quad \text{mit:} \quad a_1 = \frac{T_1 + T_2 + T_{12}}{T_1 T_2} \quad \text{und} \quad a_0 = \frac{1}{T_1 T_2}$$

T_{12} repräsentiert eine eventuelle Rückwirkung im System. Die Zeitkonstanten erhält man durch Koeffizientenvergleich des obigen Polynomansatzes mit Gl. (A-89):

$$T_1 T_2 = \frac{LJ}{c^2} \quad \text{und} \quad T_1 = T_{\text{el}} = \frac{L}{R} \quad \Rightarrow \quad T_2 = T_{\text{m}} = \frac{LJ}{c^2 T_1} = \frac{LJR}{c^2 L} = \frac{RJ}{c^2}. \quad \text{Somit wird:}$$

$$G(s) = \frac{1}{s^2 + T_2 s + T_1 T_2 s} \frac{1}{T_1 T_2} = \frac{1}{s^2 + s\dfrac{T_2}{T_1 T_2} + \dfrac{1}{T_1 T_2}} = \frac{a_0}{s^2 + a_1 s + a_0}$$

$$\text{mit} \quad a_0 = \frac{1}{T_1 T_2} \quad \text{und} \quad a_1 = \frac{1}{T_1}$$

(A-90)

Wie Gl. (A-90) erkennen läßt, handelt es sich hier um ein rückwirkungsfreies System, da T_{12} nicht vorkommt.

Beaufschlagt man das System mit einer Konstantspannung, indem der Schalter S (Bild A-139a) eingeschaltet wird, liegt am Eingang des Übertragungsgliedes zum Zeitpunkt des Einschaltens ($t = 0$) eine *Sprungfunktion* vor:

Im *Zeitbereich* lautet dann die Eingangs-Zeitfunktion $U(t) = U_{\text{KL}}(t) = U_{\text{AP}} \cdot 1(t)$, entsprechend $\omega_1(t) = \omega_{\text{AP}} \cdot 1(t)$. ω_{AP} bzw. U_{AP} sind konstant. $1(t)$ wird auch als *Einheitssprung* zum Zeitpunkt $t = 0$ bezeichnet. Im *Frequenzbereich* der Laplacetransformation entspricht der Einheitssprung der Eingangsfunktion $\omega_1(s) = \omega_{\text{AP}}/s$. Das bedeutet für den *Frequenzgang* der Ausgangsgröße:

$$\omega_2(s) = G(s)\,\omega_1(s) = G(s)\frac{\omega_{\text{AP}}}{s} = \frac{\omega_{\text{AP}}}{s(1 + sT_2 + s^2 T_1 T_2)} = \frac{\omega_{\text{AP}} \cdot a_0}{s(s^2 + a_1 s + a_0)}$$

Die Rücktransformation dieser Laplace-Gleichung (aus dem Frequenzbereich s in den Zeitbereich t) ergibt die allgemeine Lösung $\omega_2(t)$ in Gl. (A-91). Die Lösung erhält man durch *Partialbruchzerlegung*:

$$\frac{1}{s(s^2 + a_1 s + a_0)} = \frac{A}{s} + \frac{B}{s - s_1} + \frac{C}{s - s_2} \quad \text{mit } A = \frac{1}{a_0}; \ B = -\frac{1}{2q(p - q)}; \ C = +\frac{1}{2q(p + q)}$$

$$s_1 = -\frac{a_1}{2} + \sqrt{\frac{a_1^2}{4} - a_0} = -p + q \quad \text{und} \quad s_2 = -\frac{a_1}{2} - \sqrt{\frac{a_1^2}{4} - a_0} = -p - q,$$

und die Zeitfunktion:

$$\omega(t) = \omega_{\text{AP}} \cdot a_0 \left[\frac{1}{a_0} - \frac{1}{2q}\,e^{-pt}\left(\frac{1}{p - q}\,e^{+qt} - \frac{1}{p + q}\,e^{-qt}\right)\right]$$

(A-91)

Ein System *2. Ordnung* hat prinzipiell *zwei Energiespeicher*, hier: Induktivität L ($E_{\text{L}} = L/2 \cdot I^2$) und Schwungmasse bzw. Trägheitsmoment J ($E_{\text{kin}} = J/2 \cdot \omega^2$). Somit hat man es mit einem schwingungsfähigen (komplexen) System zu tun. Das erkennt man daran, daß die Wurzelinhalte bei obigen Lösungen für s_1 und s_2 (Gl. (A-91)) negativ werden können. Als Sprungantwort erhält man dann *gedämpfte periodische Schwingungen* oder den sogenannten *aperiodischen Grenzfall* mit nur *einem* kleinen Überschwinger. Mit positivem Wurzelinhalt stellt sich ein sanfter *aperiodischer Übergang* ohne Überschwinger (Bilder A-139b und A-140) ein.

Tabelle A-27. Hochlaufdynamik mit Funktion $\omega(t)/\omega_{AP}$:

	Die aufgelisteten Werte entsprechen $\omega(t)/\omega_{AP}$ (Sprungantwort)						
$\begin{array}{c}T_m/T\\t\end{array}$	System 1. Ordnung: $T_m \gg T_{el}$	System 2. Ordnung: $T_m/T_{el} = 16/3 = 5{,}333$		System 2. Ordnung: $T_m = 7{,}2\,T_{el}$		2. Ordnung $T_m/T_{el} = 40$	
	$T_{el} \approx 0; T = T_m$	$T = T_{el}$	$(t/T_m =)$	$T = T_{el}$	$(t/T_m =)$	$T = T_{el}$	$(t/T_m =)$
$1/4\,T$	0,22	0,005	(t/T_m = 0,05)	0,004	(t/T_m = 0,03)	0,0007	(0,06)
$1/2\,T$	0,39	0,02	(0,1)	0,015	(0,07)	0,003)	(0,01)
T	0,632	0,07	(0,2)	0,05	(0,14)	0,009	(0,03)
$3\,T$	0,95	0,34	(0,56)	0,26	(0,42)	0,05	(0,08)
$5\,T$	0,993	0,6	(0,94)	0,46	(0,7)	0,1	(0,13)
$7\,T$	0,999	0,74	(1,3)	0,61	(0,97)	0,14	(0,18)
$10\,T$	0,99996	0,88	(1,9)	0,76	(1,4)	0,21	(0,25)
T_m	0,632	0,61	(1,0)	0,624	(1,0)	0,632	(1,0)
	$\omega(t)$ auf ω_{AP} bezogen	$\omega(t)/\omega_{AP}$ t auf T_m bezogen		$\omega(t)/\omega_{AP}$ t auf T_m bezogen		$\omega(t)/\omega_{AP}$ t/T_m	

Aperiodische Sprungantwortfunktion mit Beispielen

Bedingung für den *aperiodischen Fall* ist, daß Gl. (A-91) nicht komplex ist, d.h. daß der Ausdruck unter der Wurzel positiv ist:

$$\left(\frac{a_1^2}{4} - a_0\right) > 0 \quad \Rightarrow \quad \frac{a_1^2}{4} > a_0 \quad \text{bzw.} \quad T_m > 4\,T_{el} \ (\text{mit } T_1 \equiv T_{el} \text{ und } T_2 \equiv T_m).$$

Unter dieser *aperiodischen Bedingung* lautet die Zeitfunktion:

$$\omega(t) = \omega_{AP}\left[1 - \frac{a_0}{2q(p-q)}\,e^{-(p-q)t} + \frac{a_0}{2q(p+q)}\,e^{-(p+q)t}\right] \tag{A-92}$$

- Beispiel: $a_0 = \dfrac{1}{T_{el}T_m}$ und $a_1 = \dfrac{1}{T_{el}}$ sowie $T_m = 5\frac{1}{3}\,T_{el}$. Somit wird:

$$p = \frac{a_1}{2} = \frac{1}{2T_{el}} = \frac{1}{2T} \quad \text{und} \quad q = \sqrt{\frac{a_1^2}{4} - a_0} = \sqrt{\frac{1}{4T_{el}^2} - \frac{1}{T_{el}T_m}} = \frac{1}{T}\sqrt{\frac{1}{4} - \frac{1}{5\frac{1}{3}}} = \frac{1}{T}\sqrt{\frac{1}{16}} = \frac{1}{4T}.$$

Eingesetzt in Gl. (A-92) entsteht die Hochlauf-Zeitfunktion (bzw. in Tabelle A-27: $T_m/T_{el} = 16/3$. Der Quotient t/T_m bedeutet, daß der Zeitmaßstab auf T_m bezogen wird. Alle Werte $\omega(t)$ sind auf ω_{AP} bezogen):

$$\omega(t) = \omega_{AP}\left[1 - 1{,}5 \cdot e^{-\frac{t}{4T}} + 0{,}5 \cdot e^{-\frac{3t}{4T}}\right] \tag{A-93}$$

- Weitere Beispiele (Tabellen A-27 und A-28):

Mit $T_m = 7{,}2\, T_{el}$ $(T_{el} \Rightarrow T)$ ergibt sich: $1 - 1{,}25\, e^{-\frac{t}{6T}} + 0{,}25\, e^{-\frac{5t}{6T}}$

Entsprechend mit $T_m = 4{,}1\, T_{el}$: $1 - 3{,}63\, e^{-0{,}42\frac{t}{T}} + 2{,}63\, e^{-0{,}58\frac{t}{T}}$

Mit $T_m = 40\, T_{el}$, d.h. $T_m \gg T_{el}$: $1 - 1{,}03\, e^{-0{,}026\frac{t}{T}} + 0{,}027\, e^{-0{,}974\frac{t}{T}}$

Um die Hochlaufkurven besser miteinander vergleichen und beurteilen zu können, wird die Zeitachse t auf T_m bezogen (genormt) und das Verhältnis T_m/T_{el} als Parameter eingesetzt. Dann erhält man Tabelle A-28.

Tabelle A-28. Hochlauf mit verschiedenen Parametern T_m/T_{el}

$t \Downarrow$ \qquad $T_m/T_{el} \Rightarrow$	Relative Funktionswerte $\omega(t)/\omega_{AP}$ mit Spaltenparameter T_m/T_{el}				
	$T_m \gg T_{el}$	40	7,2	5,33	4,1
$t = 0{,}1$ T_m	0,095	0,074	0,03	0,022	0,018
$0{,}25$ T_m	0,221	0,21	0,13	0,11	0,09
$0{,}5$ T_m	0,393	0,39	0,33	0,3	0,27
$0{,}75$ T_m	0,528	0,52	0,5	0,46	0,44
$1{,}0$ T_m	0,632	0,632	0,624	0,61	0,595
$2{,}0$ T_m	0,865	0,87	0,89	0,9	0,91
$3{,}0$ T_m	0,950	0,95	0,97	0,973	0,981
$5{,}0$ T_m	0,993	0,994	0,997	0,998	0,9994

Für $T_m/T_{el} \to \infty$ ergibt sich die einfache e-Funktion $\omega(t) = \omega_{AP}(1 - e^{-t/T_m})$ mit nur einer Zeitkonstanten.

Periodische Sprungantwort (Schwingung) mit Beispielen (Beispiel A-9)

Mit $\dfrac{a_1^2}{4} < a_0$ bzw. $T_m < 4T_{el}$ erhält man in Gl. (A-91) negative Wurzelinhalte, so daß sich folgende *periodische Lösung* ergibt:

$$\omega(t) = \omega_{AP}\left[1 - \frac{\sqrt{a_0}}{\sqrt{a_0 - \dfrac{a_1^2}{4}}}\, e^{-\frac{a_1}{2}t} \cdot \sin\left(\sqrt{\left(a_0 - \frac{a_1^2}{4}\right)}\, t + \varphi \right) \right]$$

$$\varphi = \arcsin \frac{\sqrt{a_0 - \dfrac{a_1^2}{4}}}{\sqrt{a_0}}$$

Das ist die *gedämpfte Sinusschwingung* in Bild A-139b mit den kennzeichnenden Größen:

- $\dfrac{a_1}{2} = \delta$: Abklingkonstante (Parameter der Hüllkurve);

- $\sqrt{a_0} = \omega_0$: Kennkreisfrequenz (Parameter der Hüllkurve);

- $\sqrt{a_0 - \dfrac{a_1^2}{4}} = \omega_e$　　　　: Eigenkreisfrequenz $\left(\text{System-Eigenfrequenz } f_e = \dfrac{\omega_e}{2\pi}\right)$;

- $\dfrac{\omega_0}{\omega_e} e^{-\delta t}$　　　　　　: Hüllkurve, innerhalb der die Schwingung abklingt;

- $\varphi = \arcsin \dfrac{\omega_e}{\omega_0}$　　　　: Phasenverschiebung der Sinusschwingung.

- Daraus folgt für $\omega(t)$: $\omega(t) = \omega_{AP}\left[1 - \dfrac{\omega_0}{\omega_e} e^{-\delta t} \cdot \sin(\omega_e t + \varphi)\right]$　　　　(A-94)

Für $T_m = 2T_{el} = 2T$ ergibt sich aus Gl. (A-94) folgende Sprungantwort:

$$\omega(t) = \omega_{AP}\left[1 - \sqrt{2} \cdot e^{-0,5\, t/T} \cdot \sin\left(\frac{t}{2T} + \arcsin\frac{1}{\sqrt{2}}\right)\right], \quad \text{dabei ist}$$

$$\sin\left(\frac{t}{2T} + \arcsin\frac{1}{\sqrt{2}}\right) = \sin\left(\frac{1}{2}\frac{360°}{2\pi}\frac{t}{T} + 45°\right) \quad \text{(in Radiant bzw. Grad)}$$

Für $T_m = T_{el} = T$ erhält man: $\omega(t) = \omega_{AP}\left[1 - \dfrac{2}{\sqrt{3}} e^{-\frac{t}{2T}} \cdot \sin\left(\dfrac{\sqrt{3}}{2}\dfrac{t}{T} + \arcsin\dfrac{\sqrt{3}}{2}\right)\right]$

Anhand des *Beispiels A-9* soll gezeigt werden, wie die Punkte t_i berechnet werden, bei denen $\omega(t_i) = \omega_{AP}$. Für den Fall $T_m = 2T_{el}(T_e \equiv T)$ gilt bei t_i: $\omega(t_i)/\omega_{AP} = 1$. Daraus folgt:

$$\frac{\omega(t)}{\omega_{AP}} = \left[1 - \sqrt{2} \cdot e^{-0,5t/T} \cdot \sin\left(\frac{t}{2T} + \arcsin\frac{1}{\sqrt{2}}\right)\right] = 1 \;\Rightarrow\; \sin\left(\frac{t}{2T} + \arcsin\frac{1}{\sqrt{2}}\right) = 0$$

$$\Rightarrow \quad \sin(i \cdot \pi) = \sin(i \cdot 180°) = 0$$

$$\Rightarrow \quad \frac{t_i}{2T}\,\text{rad} \cdot \frac{360°}{2\pi} + 45° = i \cdot 180° \;\Rightarrow\; t_i = \frac{i \cdot 180° - 45°}{28{,}648°}\, T.$$

mit $i = 1, 2, 3, \ldots$:　$t_1 = 4{,}712\,T = 2{,}36\,T_m$;　$t_2 = 11\,T = 5{,}5\,T_m$;　$t_3 = 8{,}64$.

Da die Schwingung mit der Abklingkonstanten $\delta = a_1/2 = 1/T_m$ *abklingt*, ist $\omega(t)$ praktisch nach $t_3 = 5{,}5\,T_m$ auf ω_{AP} eingeschwungen, d.h. im Arbeitspunkt *AP* (Bild A-140).

Tabelle A-29. Periodischer Hochlauf (nach Gl. (A-94) (zugehörige Hochlaufkurven in Bild A-140): (Beispiel A-9)

Genormte Sprungantwortfunktion $\omega(t)/\omega_{AP}$		Durchgänge durch die Linie $\omega(t) = \omega_{AP}$:
$T_m = 2T_{el} = 2T$; $\omega_e = 1/T_m$	$T_m = T_{el} = T$; $\omega_e = 0{,}866/T_m$	Bedingung: $\sin(\alpha) = 0$, d.h. $\alpha(t) = \omega_e t_i + \varphi = 0$:
0,25 T_m: 0,053	0,1 T: 0,005	$t_i = (i \cdot \pi - \varphi)/\omega)$; $i = 1, 2, 3 \ldots$
0,5 T_m: 0,177	0,25 T: 0,03	z.B. für $T_m = 2T_{el} = 2T$:
T_m: 0,492	0,5 T: 0,1	$t_i/T_m = 2{,}36; 5{,}5; 8{,}64$;
2 T_m: 0,93	T: 0,34	Die Abstände betragen πT_m.
3,2 T_m: 1,043	1,5 T: 0,61	Z.B. für $T_m = T_{el} = T$:
6 T_m: 0,998	2/3/4 T: 0,85/1,12/1,15	$t_i/T = 2{,}42; 6{,}05; 9{,}67$
6,5 T_m: 1,0	5/6/7T: 1,08/1/0,97	
Abstand πT_m: $\omega = \omega_{AP}$	alle $\pi T/0{,}87$: $\omega/\omega_{AP} = 1$	

A.6.3.4.3
Grafisch-rechnerische Ermittlung des Hochlaufs (allgemeiner Fall)

Liegt ein System vor, bei dem die Größen M_M und $M_{L,Sys}$ in Gl. (A-84) geschwindigkeitsabhängig sind, ist eine mathematische Lösung unter Umständen problematisch. Wenn eine der Funktionen: $J_{Sys}(n)$, $M_B(n) = M_M(n) - M_{L,Sys}(n)$ analytisch als Gleichung nicht bekannt ist, sondern nur als Meßkurve vorliegt, ist eine rein mathematische Lösung unmöglich. In diesem Falle wird folgende kombiniert meßtechnisch-grafisch-rechnerische Lösungsmethode empfohlen (Bild A-141). Es handelt sich dabei um ein Näherungsverfahren, bei dem die Geschwindigkeitsachse in *Intervalle* eingeteilt und die drei Kennlinien zum Zwecke der *Mittelwertbildung* innerhalb der Intervalle *linearisiert* werden. Mit den Mittelwerten werden dann die Teilergebnisse der Intervalle gerechnet. Das Endergebnis ist die Summe der Intervallergebnisse.

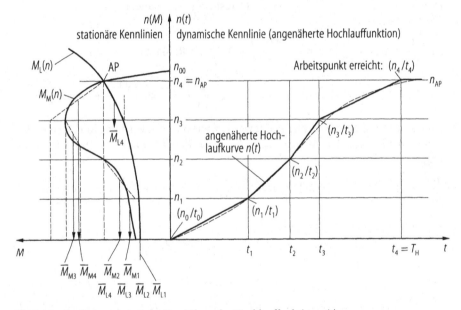

Bild A-141. Grafisch-rechnerische Ermittlung der Hochlauffunktion $n(t)$

In dem folgenden Beispiel wird ein *Asynchronmotor* an einer Arbeitsmaschine betrieben, deren Lastmoment wegen viskoser Reibung drehzahlabhängig ist. Die *Massenträgheitskurve* $J_{Sys}(n)$ wird als konstant angenommen.

Grafisch-rechnerisches Näherungsverfahren:

1. Zeichnen eines kombinierten Koordinatensystems mit einem statischen Kennlinienfeld $n(M)$ auf der linken Seite und dem $n(t)$-Zeitdiagramm auf der rechten Seite (*t* als rechte Abszisse). $n(t)$ wird den dynamischen Hochlauf zeigen.
2. Zeichnen der *Motorkennlinie* $M_M(n)$ und der *Lastkennlinie* $M_{L,Sys}(n)$, bezogen auf die zu berechnende Achse (meist Motorwelle). Die Kurven werden entweder aus einer gegebenen Gleichung oder aus Meßwerten (am Exemplar gemessen) abgeleitet (Bild A-141). Eintragen des Arbeitspunktes (M_{AP}/n_{AP}) im Schnittpunkt $M_M(n) = M_L(n)$.
3. Wahl der *Intervalle* $\Delta n_v = n_v - n_{v-1}$ ($v = 1, 2, 3, \ldots m$) zwischen $n_o = 0$ und $n_m = n_{AP}$ (Betriebsbereich nach dem Einschalten: $0 \le n \le n_{AP}$). Die Intervalle können, müs-

sen aber nicht *äquidistant* sein. Die Anzahl m der Intervalle bestimmt wesentlich die Genauigkeit des Endergebnisses, da mit steigendem m eine immer bessere geometrische Auflösung des Verfahrens, d.h. Annäherung an die Kennlinien, ermöglicht wird.

4. *Linearisierung* der Kennlinien innerhalb jedes Intervalls zwischen n_{v-1} und n_v: Zu diesem Zweck zeichnet man, ausgehend von den Kennlinienpunkten $M_M(n_v)$, $M_L(n_v)$ am Intervallende n_v, eine Gerade durch die jeweilige Kennlinie bis zum Intervallanfang n_{v-1} derart, daß *die Flächen zwischen Gerade und Kennlinie links bzw. rechts der Kennlinie* etwa gleich groß sind (Bild A-141). Wenn das Endergebnis nicht unbedingt genauer als 10 % sein soll, reichen 4 Intervalle und man kann die Flächen nach Augenmaß abschätzen. Ist eine größere Genauigkeit gefordert, sollte Millimeterpapier verwendet werden, damit man die Quadratmillimeter der linken und rechten Flächen abzählen und vergleichen kann.

5. *Mittelwertbildung* innerhalb der Intervalle:

$$\bar{M}_{M,v} = \frac{M_{\bar{M}}(n_v) + M_{\bar{M}}(n_{v-1})}{2} \quad \text{(Motorkennlinie } M_M(n))$$

$\bar{M}_{M,v}$: *Mittelwert Motordrehmoment* M_M im v^{ten} Intervall,

$M_{\bar{M}}(n_v)$: *Motordrehmoment auf der Näherungsgeraden bei* n_v.

$$\bar{M}_{L,v} = \frac{M_{\bar{L}}(n_v) + M_{\bar{L}}(n_{v-1})}{2} \quad \text{(Lastkennlinie } M_L(n) \text{ auf Motorwelle bezogen)}$$

$\bar{M}_{L,v}$: *Lastmittelwert* M_L (an Motorachse) im v^{ten} Intervall,

$M_{\bar{L}}(n_v)$: *Lastmoment auf Näherungsgeraden bei Drehzahl* n_v.

6. Rechnerische Ermittlung (auf der Grundlage der *Newton*'schen Zustandsgleichung) der zu n_v gehörenden Zeitwerte t_v, d.h. der angenäherten Punkte (n_v/t_v) im Geschwindigkeits-Zeitdiagramm $n(t)$, mit den zuvor ermittelten Mittelwerten. Daraus ergibt sich die gesamte Hochlaufzeit T_H als Summe der m Zeitintervalle. Wegen der vorgenommenen *Linearisierung mit Mittelwertsbildung* kann das Integral in Gl. (A-84) auf eine einfache Summe reduziert werden. Damit entsteht Gl. (A-95):

$$T_H = \sum_{v=1}^{m} \Delta t_v = \sum_{v=1}^{m} (t_v - t_{v-1}) = \sum_{v=1}^{m} \left(\frac{2\pi \bar{J}_{L,v}}{\bar{M}_{M,v} - \bar{M}_{L,v}} (n_v - n_{v-1}) \right) \tag{A-95}$$

Bei $v = m$ ist Ende des Hochlaufs: $n_m \equiv n_{AP}$ (Arbeitspunkt).

7. *Zeichnen des linearisierten* (angenäherten) *$n(t)$-Zeitdiagramms* in das rechte Koordinatenfeld, indem in den zugeordneten Zeitintervallen Δt_v (v von 1 bis m) Geraden zwischen den oben ermittelten Punkten (t_v/n_v) und (t_{v-1}/n_{v-1}) eingezeichnet werden. An den Endpunkten der Intervalle ergeben sich Knickstellen, die umso ausgeprägter sind, je geringer die gewählte Anzahl m von Intervallen ist. Da der praktische Hochlauf naturgemäß knickfrei erfolgt, kann eine kontinuierlich verlaufende Kurve an die geraden Linien angenähert werden (gestrichelte Kurve in Bild A-141, dynamisches Kennlinienfeld).

A.6.4
Berechnungsbeispiele

A.6.4.1
Linearer Hochlauf mit Gleichstrom-Permanentmagnetmotor (Beispiel A-10)

Ein *Torquemotor* (Drehmomentmotor oder Langsamläufer) treibt über eine Stirn-radgetriebestufe einen Radarschirm (*Radarantenne*) an. Das Getriebe besteht aus einem Ritzel auf der Motorwelle und einem großen Zahnkranz, der direkt mit der Drehachse des Radarschirms verbunden ist.

Nenndaten des Motors:
42 V; 8 A; 1,6 Ω; 0,8 mH; Motorkonstante: $C = 4$ Nm/A bzw. 4 Vs/rad;
Motorreibung: $M_{MR} = 0,7$ Nm; Motorträgheitsmoment $J_M = 0,04$ Nms^2;
Maximal zulässige Ankerwicklungstemperatur: $\vartheta_{max} = 155\,°C$;
Thermische Zeitkonstante des Motors: $T_{th,e} = 12$ min (Erwärmung)
und $T_{th,a} = 20$ min (Abkühlung)
Thermischer Übergangswiderstand zwischen Ankerwicklung und Umgebung:
$R_{th} = 0,8\,°C/W$
Daten der Arbeitsmaschine (Radarschirm):
Trägheitsmoment um die Achse von Radarschirm und großem Zahnkranz:
$J_R = 1\,121$ Nms^2;
Lastmoment um die Achse von Radarschirm und Zahnkranz:
$M_R = 81$ Nm;
Übersetzung vom Motorritzel zur Achse der Radarantenne:
$n_M/n_R = 16$;
Wirkungsgrad des einstufigen Getriebes: $\eta_G = 0,92$ bzw. 92%;
Umgebungstemperatur der Anlage: $\vartheta_U = +18\,°C$;
Leitungswiderstand und -Induktivität: $R_L = 0,3$ Ω; $L_L = 20$ µH;
Die maximale Geschwindigkeit des Radarschirms: $\omega_{max} = 24\,°/s = 4$ U/min

Die Achse des Radarschirms soll mit einer Trapezfunktion $\omega_R(t)$ oder $n_R(t)$ nach Bild A-143a auf eine bestimmte Position gefahren werden. Der lineare Anstieg von null bis zur maximalen Geschwindigkeit ω_{max} soll in der Zeit $t_2 = 3$ s erfolgen, ebenso die lineare Verzögerung von ω_{max} bis zum Stillstand in der Zielposition.

a) *Welche drei Betriebsarten sind dazu erforderlich, wenn das Trägheitsmoment und das Lastmoment als konstant betrachtet werden? Die maßgebenden Betriebsgrößen dieser Betriebsmoden sind zu berechnen. Welche Winkelverstellung führt der Radarschirm aus, wenn bei ω_{max} die Plateauzeit $\Delta t = t_3 - t_2 = 5$ s beträgt?*

b) *Man berechne und zeichne die dynamischen Betriebskennlinien $n(t)$, $M(t)$, $I(t)$ und $U(t)$ für die geforderte Trapezfunktion sowie die statischen Kennlinien $n(M)$, $\eta(M)$ und die thermische Grenze.*

c) *Zu berechnen sind elektrische und mechanische Zeitkonstanten des leerlaufenden Motors.*

d) *Welche Werte würden sich für einen getriebelosen Direktantrieb ergeben?*

Lösung:

Der *lineare Hochlauf* ist in Abschn. A.6.3.4.1 erläutert (Bild A-136). Mit dem hier gegebenen *Permanentmagnet-Gleichstrommotor* erfolgt eine konstante Beschleunigung einer Konstantlast durch eine *Konstantstrom-Ansteuerung* des Motors. Das zugehörige statische Beschleunigungsprofil zeigt Bild A-142b. Bezieht man zweckmäßigerweise alle Systemgrößen auf die Motorwelle, muß die Übersetzung und der Wirkungsgrad des Getriebes berücksichtigt werden, wie im Beispiel A-8 in Abschn. A.6.3.2 beschrieben. Den Konstantstrom während der Trapezrampen liefert eine Stromregelung oder in einfachen Fällen ein Stromkonstanter. Im Plateau der Trapezfunktion (bei $\omega_{max} = \omega_{AP}$ im Intervall $t_2 < t < t_3$) muß der Motor, da er sich dort in

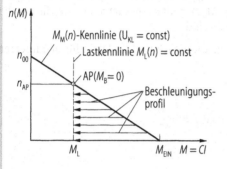
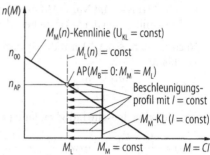

a Beschleunigungsprofil mit Konstantspannung (exponentieller Hochlauf)

b Beschleunigungsprofil mit Konstantstrom (linearer Hochlauf)

Bild A-142a–b. Statische Kennlinien und Beschleunigungsprofile

einem statischen Arbeitspunkt befindet, auf eine dem Arbeitspunkt entsprechende Konstantspannung U_{AP} = konstant umgeschaltet werden (Bild A-143).

a) *Motorgeschwindigkeit im Arbeitspunkt (Plateau):* $\omega_{AP} = \omega_R \cdot n_M/n_R = 24°/s \cdot 16 = 16 \cdot 24° \cdot (2\pi/360°)$ rad/s: $\omega_{AP} = \underline{\mathbf{6{,}7\ rad/s}}$

bzw. mit $n_M/\text{min}^{-1} = \omega_M/(\text{rad/s}) \cdot 60/2\pi$: $n_{AP} = \omega_{AP} \cdot 9{,}5493 = 64\ \text{min}^{-1}$.

Die drei erforderlichen Betriebsmoden sind:

1. Phase ($t_1 \leq t \leq t_2$) mit $t_1 = 0$ und $t_2 = 3\,$s: *Lineare Beschleunigungsrampe* (nach Gl. (A-82) und Bild A - 143a).

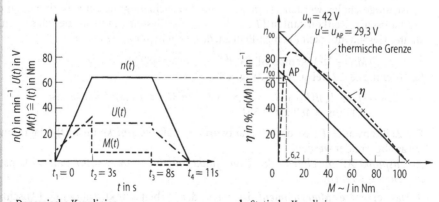

a Dynamische Kennlinien

b Statische Kennlinien

Bild A-143. Berechnungsbeispiel: Lineare Hochlauffunktion

Berechnung der Systemgrößen an der Motorwelle:

- aktives Motormoment $M_M = C\,I = C\,I_B$ mit I_B = konst. (Beschleunigungsstrom) (vergl. Abschn. A.4.1.6.5 bzw. A.5.1.1.2). Das entsprechende konstante Beschleunigungsprofil während des linearen Hochlaufs zeigt Bild A-142b. Die $M_M(n)$-Kennlinie mit I_B = const geht senkrecht nach oben.
- passives Motor-Lastmoment $M_L = M_{MR} + M_R \cdot n_R/n_M \cdot 1/\eta_G = 0,7$ Nm + 81 Nm $\cdot$ 1/16 $\cdot$ 1/0,92 = **6,2 Nm**,
- Massenträgheitsmoment $J = J_M + J_R \cdot 1/\eta_G \cdot (n_R/n_M)^2 = (0,04 + 1\,121 \cdot 1/0,92 \cdot 1/16^2)$ Nms^2 = **4,8 Nms^2**. M_M bzw. $I_B = M_M/C$ sind die gesuchten Werte, die aus der Dynamik nach Gl. (A-81) zu berechnen sind.

Nach Abschn. A.6.3.4.1 mit der Transformation nach Gl. (A-81) gilt für den linearen Hochlauf:

$$n(t) = a \cdot t = \frac{M_M - M_L}{2\pi J}\,t$$

Für die Winkelgeschwindigkeit lautet die Gleichung:

$$\omega(t) = \frac{M_M - M_L}{J} \cdot t \quad \text{bzw.} \quad \frac{\omega_{AP}}{t_2} = \frac{M_M - M_L}{J}$$

Für das gesuchte Motormoment während der Beschleunigung M_M gilt dann (im Intervall $0 \leq t \leq t_2$: $\Delta t = t_2 = 3$ s):

$$M_M = \frac{\omega_{AP}J}{t_2} + M_L = \frac{6,7 \text{ rad/s}}{3 \text{ s}} \cdot 4,8 \text{ Nms}^2 + 6,2 \text{ Nm} = \underline{\mathbf{16,9 \text{ Nm}}} = \text{konstant;}$$

Der erforderliche Beschleunigungsstrom: $I_B = M_M/C = 16,9$ Nm/(4 Nm/A) = **4,23 A**.

Die *Motorspannung* $U(t)$ verläuft während der Beschleunigung (wegen $n(t) = a \cdot t$) linear von $U(t = 0)$ bis $U(t_1)$:

$U(t = 0) = U(t_1) = I_B R = 4,23$ A $\cdot$ 1,6 Ω = **6,8 V**, und nach t_2 = 3s:

$U(t_2) = U(t = 0) + U_0(t_2) = 6,8$ V + $C \cdot \omega_{AP} = 6,8$ V + (4 Vs/rad) $\cdot$ (6,7 rad/s) = **33,6 V**.

2. Phase ($t_2 \leq t \leq t_3$) mit $t_2 = 3$ s und $t_3 = 8$ s: *Plateau bzw. Arbeitspunkt.*

Zur Beendigung der Beschleunigung muß nach $t = t_2 = 3$ s von I = konst. auf U = konst. umgeschaltet werden. Dann geht unter Vernachlässigung der elektrischen und mechanischen Zeitkonstanten ($T_{el} \ll T_m \ll t_2$) das System *sofort* in die Phase konstanter Geschwindigkeit (Trapez-Plateau, d.h. Arbeitspunkt *AP*) über.

$T_m = \omega_N J/(M_{Ein} - M_L)$ (gemäß Gl. (A-85)) = 0,48 s = 480 ms (s. Abschn. A.6.4.2 Beisp. A-11, Aufg. a)).

$T_{el} = L/R = (L_M + L_L)/(R_M + R_L) = (0,8 + 0,02)$ mH/(1,6 + 0,3) Ω = 0,43 ms: 0,43 ms $\ll$ 480 ms $\ll$ 3 s!

Die Zeitkonstante T_m ist dafür verantwortlich, daß die *Knicke* im $\omega(t)$-Diagramm etwas abgerundet werden.

Arbeitspunkt AP im Plateau der Trapezfunktion ($\omega_{AP} = \omega_{max}$ = 6,7 rad/s = konst. zwischen $t_2 \leq t \leq t_3$):

- Das erzeugte *Motormoment* ist nach der Arbeitspunktbedingung (Abschn. A.6.2.2) im *AP*: $M_{AP} = M_L =$ **6,2 Nm** (mit der gleichen statischen Last wie während der Beschleunigungsphase);

- Der *Strom* nach der Beschleunigungsphase t_2 im *AP*:
  $I_{AP} = M_L/C = 6,2$ Nm$/(4$ Nm$/A) = \underline{\textbf{1,55 A.}}$

- Die äußere *Motorspannung* (Klemmenspannung) im *AP*:

  $U_{AP} = U_{0,AP} + \Delta U = C \, \omega_{AP} + I_{AP} \, R_M;$

  $U_{AP} = 4$ Vs/rad $\cdot$ 6,7 rad/s $+ 1,55$ A $\cdot 1,6 \, \Omega = \underline{\textbf{29,3 V.}}$

- Der *Wirkungsgrad* des Motors im *AP*: η_{AP} berücksichtigt die Motorreibung M_{MR}, die oben in dem gesamten Lastmoment M_L enthalten ist:

  $\eta_M = \omega_{AP} (M_{AP} - M_{MR})/U_{AP} I_{AP} = 6,7/s \cdot (6,2 - 0,7)$ Ws$/(29,3$ V $\cdot 1,55$ A$) = \underline{\textbf{0,81.}}$

3. Phase $(t_3 \leq t \leq t_4)$ mit $t_3 = 8$ s und $t_4 = 11$ s:
Verzögerungsrampe von ω_{AP} bis zum Stillstand (gemäß Gl. (A-83a)):

Zum Positionieren soll nach t_3 $(t_3 = t_2 + \Delta t_{3,2} = 3$ s $+ 5$ s $= 8$ s) die Verzögerungsrampe so bemessen werden, daß das System innerhalb von $\Delta t_{4,3} = 3$ s zum Stillstand kommt. Dabei ist zu beachten, daß die im System gespeicherte kinetische Energie den Motor antreibt und die Summe aus aktivem und passivem Motormoment plus wirksamen Lastmomenten der Radarantenne und des Getriebes als Bremse wirkt. Es wird angenommen, daß das Getriebe in beide Richtungen etwa den gleichen Wirkungsgrad, also keine Selbsthemmung hat. Da diese Annahme in der Praxis jedoch *mehr oder weniger gültig* ist, sollte man das Ergebnis mit Vorsicht betrachten, so daß eine genauere Prüfung, evtl. durch Experiment, empfohlen wird.

Das *aktive Bremsmoment des Motors* $M_{M,Br}$ wird nach Gl. (A-83a) überschlagsmäßig berechnet:

$M_{M,Br} = (0,04$ Nms$^2 + 1\,121$ Nms$^2 \cdot 0,92 \cdot 1/16^2) \cdot (6,7$ rad/s$)/3$s$) - 0,7$ Nm
$\quad\quad - 81$ Nm $\cdot 0,92 \cdot 1/16 = \underline{\textbf{3,73 Nm.}}$

Obwohl das Ergebnis wegen der obigen Annahmen bezgl. der Berücksichtigung des Getriebewirkungsgrades bei der Vernichtung der gespeicherten Bewegungsenergie mit Unsicherheiten verbunden ist, geht eindeutig daraus hervor, daß das aktive Bremsmoment von etwa 3,7 Nm erheblich geringer ist als das Beschleunigungsmoment. Obwohl die Verzögerungsrampe die gleiche Zeitdauer von 3 s wie die Beschleunigungsrampe hat (Δt je 3 s), ist ein ca. 4,5-faches Beschleunigungsmoment gegenüber dem aktiven Verzögerungsmoment erforderlich. Das aktive Motormoment $M_{M,Br}$ wirkt zum bremsen in die entgegengesetzte Richtung, so daß der Konstantstrom in der Verzögerungsphase im Stromregler umgepolt werden muß:

$I_{Br} = - M_{M,Br}/C = - 3,73$ Nm$/4$ Nm$/A = \underline{\textbf{- 0,93 A}} = $ konstant;

und die zu Beginn der Bremsphase herrschende Spannung: $U(t_3) = C \cdot \omega_{AP} + I_{Br} \cdot R$:

$U(t_3) = 4$ Vs/rad $\cdot$ 6,7 rad/s $- 0,93$ A $\cdot 1,6 \, \Omega = \underline{\textbf{25,3 V.}}$

- Die *Winkelverstellung* durch das *trapezförmige Diagramm* erhält man durch Integration: $\varphi(t) = \int (\omega(t) \cdot dt)$:

$$\Delta \varphi_M = \int_{t_1 = 0}^{t_4 = 11s} (\omega(t) \, dt) = 2 \frac{(6,7 \text{ rad/s}) \cdot 3 \text{ s}}{2} + (6,7 \text{ rad/s}) \cdot 5 \text{ s} = \underline{\textbf{53,6 rad = 3071°,}}$$

bezogen auf die Motorwelle. Das entspricht wegen der Getriebeübersetzung einem Winkel von 3071°/16 = 192° = 3,35 rad, bezogen auf die Antennenachse.

- Oder alternative Rechnung für die Achse der Radarantenne:

Winkeldifferenz an der Radarantenne (Winkelpositionierung)
$\Delta\varphi_R = \int(\omega_R(t) \cdot dt) = 24°/s \, (2 \cdot 3/2 + 5) \, s = 24°/s \cdot 8 \, s = \underline{192°}$.

In dem vorliegenden Fall einer Rotationsmaschine wäre eine Verstellung in die andere Richtung ökonomischer. Dann wäre der Positionierweg nur:

$\Delta\varphi^* = 360° - \Delta\varphi = 360° - 192° = 168°$.

b) *Dynamische und statische Kennlinien*:
Die *dynamischen Kennlinien* (Zeitdiagramme) können aus den Ergebnissen in Aufgabe a) ermittelt werden. Für die *statischen Kennlinien* wird zweckmäßigerweise eine Tabelle (Tab. A-30) angelegt:

Tabelle A-30. Berechnungsbeispiel A-10 (Kennlinien in Bild A-143b)

I/A	0,175	0,25	0,5	1	2,2	4	6	8	16	26,25
U_0/V	41,72	41,6	41,2	40,4	38,5	35,6	32,4	29,2	16,4	0
$\omega/rad/s$	10,43	10,4	10,3	10,1	9,62	8,9	8,1	7,3	4,1	0
M/Nm	0,7	1	2	4	8,8	16	24	32	64	105
$P_{m,ab}/W$	0	3,12	13,4	33,3	78	136,2	189	228,5	260	0
$\eta/\%$	0	29,7	63,8	79,4	84,3	81	75	68	38,6	0
$\Theta = \Delta\vartheta/°C$	0,04	0,08	0,32	1,3	6,2	20,5	46	82	328	882

Für $\omega(M)$ gilt Gl. (A-68). Außerdem gelten die Formeln: $U_0 = U_{KL} - I \cdot R_M = C \cdot \omega$; $M = C \cdot I$ und $\eta_M = (M_{AP} - M_{MR}) \cdot \omega_M/UI$.
Mit $U_{KL} = U_N = 42$ V und $C = 4$ Nm/A bzw. 4 Vs/rad sowie $M_{MR} = 0,7$ Nm und $R_M = 1,6 \, \Omega$ kann die Tabelle A-30 erstellt werden. Die Kennlinien für andere Parameterwerte U sind ohne Veränderung von R_M parallel (z. B. für $U_{AP} = 29,3$ V).
Für die Temperaturdifferenz $\Theta = \vartheta_{Ank} - \vartheta_U$ (Übertemperatur gegenüber der Umgebung) gilt nach Gl. (A-97) in Abschn. A.7.1:

$\Theta = R_{th} \cdot P_{V,el} = 0,8°C/W \cdot I^2 R_M$. Die Grenztemperatur $\vartheta_{max} = 155°C$
$\Rightarrow \Theta_{max} = 137°C$.

$\Theta_{max} = 0,8°C/W \cdot 1,6 \, \Omega \cdot I^2 \quad \Rightarrow \quad I = \sqrt{\dfrac{137°C}{0,8°C/W \cdot 1,6 \, \Omega}} = \underline{10,35 \, A}$.

Aus thermischen Gründen muß der Strom bei etwa 10 A begrenzt werden (elektrische Strombegrenzung). Ansonsten ist der Motor bei längeren Betriebszeiten wegen Überhitzung gefährdet. Die Ankerwicklung, aber auch die Motorlager können dabei irreversibel beschädigt werden.

Die idealen Leerlaufdrehzahlen (bei $I = 0$): n_{00} mit $U_N = 42$ V:
$n_{00} = 30/\pi \cdot \omega_{oo} = 9,549 \cdot 42$ V/4 Vs/rad:

$n_{00}(42 V) = 100,3 \, min^{-1}$ und mit $U_{AP} = 29,3$ V: $n_{00}'(29,3 V) = 70 \, min^{-1}$ (Bild A-143b).

c) *Leerlaufbetrieb des Motors*:
Im Leerlauf ist der Motor von dem System (Steuerung sowie Getriebe und Radarantenne) abgekoppelt.

Elektrische Leerlauf-Zeitkonstante des Motors (nach Gl. (A-87)):
$T_{el,0} = L_M/R_M = 0,8$ mH/1,6 Ω = $\underline{0,5 \, ms}$.

Mechanische Leerlauf-Zeitkonstante des Motor (nach Gl. (A-85)):
$T_{m,0} = \omega_0 J_M/(M_{Ein} - M_{MR})$.

M_{Ein} und ω_0 werden zweckmäßigerweise mit dem Parameter $U_N = 42$ V berechnet, obwohl T_m als systeminhärente Größe ohne Änderung des Systems von der Spannung unabhängig ist und mit jeder anderen Klemmenspannung berechnet werden könnte:

$\omega_0 = U_0/C = (U_N - I_0\,R)/C$ mit $I_0 = M_{MR}/C = 0.7$ Nm/4 Nm/A $= 0.175$ A:

$\omega_0 = (42$ V $- 0.175$ A $\cdot$ 1.6 $\Omega)/4$ Vs/rad $= \underline{\mathbf{10.43\ rad/s}}$ bzw.
mit $n_0 = 60 \cdot \omega_0/2\pi$: $n_0 = \underline{\mathbf{99.6\ min^{-1}}}$.

$M_{Ein} = C\,I_{Ein} = C\,U_N/R_M = 4$ Nm/A $\cdot$ 42 V/1.6 $\Omega = \underline{\mathbf{105\ Nm}}$. Somit ergibt sich für

$$T_{m,0} = \frac{\omega_0 \cdot J_M}{M_{Ein} - M_{MR}} = \frac{10.43\ \text{rad/s} \cdot 0.04\ \text{Nms}^2}{105\ \text{Nm} - 0.7\ \text{Nm}} = \underline{\mathbf{4\ ms}}\text{:}\quad T_{m,0} = 8\,T_{el,0}\,.$$

d) *Direktantrieb als Alternative zu dem Getriebemotor:*
Wie in Abschn. A.5.1.2 beschrieben, eignen sich *Torquemotoren* für Direktantriebe, bei denen die Achsen von Arbeitsmaschine, Antrieb und Motor zusammenfallen und somit konstruktiv zu einer Einheit integriert werden können. Das bringt viele Vorteile bezüglich Steifigkeit, Dynamik und Genauigkeit (Getriebe entfällt). Mit den gleichen Anforderungen wie bei a) ergäben sich für das Motormoment während der drei Phasen mit Direktantrieb folgende Werte:

- $t_1 \le t \le t_2$: $M_B = (M_R + M_{MR}) + (J_R + J_M) \cdot \omega_R/t_2 =$
  $(0.7 + 81)$ Nm $+ (1\,121 + 0.04)$ Nms$^2 \cdot (24°/(360°/2\pi))/3$ s:

  Beschleunigungsmoment M_B **(direkt)** $= \underline{\mathbf{238\ Nm}}$.

  Dieses vom Direktantrieb geforderte Drehmoment ist wegen der fehlenden Getriebetransmission etwa das 14-fache gegenüber dem Getriebemotor (16,9 Nm) in a). Es kann von dem oben gegebenen Motor nicht entwickelt werden. Es muß ein erheblich stärkerer Motor ausgewählt werden.

- $t_2 \le t \le t_3$: Arbeitspunkt-Bedingung:

  $M_{AP} = M_L = M_R + M_{MR} = 81$ Nm $+ 0.7$ Nm $= \underline{\mathbf{81.7\ Nm}}$.

- $t_3 \le t \le t_4$: Verzögerungsmoment:

  $M_{M,Br} \approx -(1121\ \text{Nms}^2 + J_M) \cdot (24°/(360°/2\pi))/3\,\text{s} + 81$ Nm $+ 0.7$ Nm
  $\approx \underline{\mathbf{-75\ Nm}}$.

Die *Winkelgeschwindigkeiten* des Direktantriebs ω_M und der Radarantenne ω_R sind gleich (*gleiche* Achse).

A.6.4.2
Exponentieller Hochlauf mit Gleichstrom-Permanentmagnetmotor (Beispiel A-11)

Die *gleiche Anlage wie im Rechenbeispiel A-10* wird an der *Konstantspannung* $U_N = 42$ V betrieben.

a) *Welche Hochlauffunktion $n(t)$ stellt sich ein, wenn $U = 42$ V $=$ konstant eingeschaltet wird? Durch welche charakteristischen Parameter ist diese Funktion definiert?*
b) *Wie verändert sich die Hochlauffunktion durch Vorschalten eines Anlaßwiderstandes von $R_{AL} = 2\,R_M$?*
c) *Welche Bremsfunktion ergibt sich aus dem Arbeitspunkt als Folge einer Reduktion der Spannung auf 30 V?*

Lösung:

Nach Abschn. A.6.3.4.2 ergibt sich an einer Konstantspannung ein *exponentieller* Hochlauf, wenn die Gleichspannung als *Sprungfunktion* aufgeschaltet wird, und die Größenverhältnisse $T_{el} \ll T_m$ gegeben sind. Das trifft im vorliegenden Fall sehr gut zu, da die Zeitkonstanten des Systems T_m = 480 ms (siehe unten) und T_{el} = 0,43 ms (Abschn. A.6.4.1, Beisp. A-10, Aufgabe a in Phase 2) sind, d.h. T_m ist mehr als 1000 mal größer als T_{el}.

a) Der Hochlauf verläuft nach der in Gl. (A-85a) gegebenen Exponentialfunktion $n(t)$ mit den charakteristischen Parametern n_{AP} als *Enddrehzahl* und T_m als *Zeitkonstante*:

n_{AP} oder ω_{AP} wird nach der statischen Formel Gl. (A-68) bestimmt und ist definiert durch die Parameter U, M_L und R (Bild A-142a zeigt den AP und das dreieckförmige Beschleunigungsprofil).

$U = U_N$ = 42 V, $M_{AP} = M_L$ = 6,2 Nm, sowie J = 4,8 Nm s^2 (Beisp. A-10, Aufg. a)   und $R = R_M$ = 1,6 Ω   (mit R_{AL} = 0).

Somit wird ω_{AP} = 42 V/(4 Vs/rad) – 1,6 Ω · 6,2 Nm/(4 Vs/rad · 4 Nm/A) = (10,5 – 0,62) rad/s = 9,88 rad/s bzw. $n_{AP} = \omega_{AP}$ · 60/2π = **94,35 min^{-1}**. Die Zeitkonstante ergibt sich aus Gl. (A-85b):

$$T_m = \frac{9{,}88 \text{ rad/s} \cdot 4{,}8 \text{ Nms}^2}{(4 \text{ Nm/A}) \cdot (42 \text{ V}/1{,}6 \text{ Ω}) - 6{,}2 \text{ Nm}} = \underline{\mathbf{0{,}48 \text{ s}}} \quad \text{mit}$$

M_{Ein} = C · U/R_M = 4 Nm/A · 42 V/1,6 Ω = 105 Nm.

Daraus folgt der dynamische Hochlauf: $n(t)$ = 94,35 min^{-1} $\left(1 - e^{-\frac{t}{0{,}48 \text{ s}}}\right)$ (vergl. Gl. (A-85a) bzw. Bild A-137).

Das *Anfangsbeschleunigungsmoment*
$M_B(n = 0) = M_{Ein} - M_L$ = (105 – 6,2) Nm = **98,8 Nm**.

Die *Anfangsbeschleunigung* wird durch die Tangente im Nullpunkt bestimmt:

$d\omega(n = 0)/dt = \omega_{AP}/T_m$ = 9,88 rad/s/0,48 s = **20,6 rad/s^2**.

b) *Vorschaltung eines Anlassers* R_{AL} = 2 R_M = 2 · 1,6 Ω = 3,2 Ω:

Mit R_{AL} = 3,2 Ω beträgt der gesamte Widerstand $R = R_M + R_{AL}$ = 3 · 1,6 Ω = 4,8 Ω.

Folgende Parameter verändern sich dabei bezüglich des Hochlaufs:

- das *Einschaltmoment* M_{Ein}, das wegen des mit R_{AL} begrenzten $I_{Ein}^* = U/(R_M + R_{AL})$ = 42 V/4,8 Ω = 8,75 A von M_{Ein} = 105 Nm auf $M_{Ein}^* = C \cdot I_{Ein}^*$ = **35 Nm** beschränkt wird, und mit Gl. (A-68):
- die *Drehzahl* des Arbeitspunkts n_{AP}: ω_{AP}^* = 42 V/4 Vs/rad – 4,8 Ω · 6,2 Nm/(16 Nm · Ωs/rad) = **8,64 rad/s** bzw. n_{AP}^* = 60/2π · ω_{AP}^* = 8,64 · 9,5493 min^{-1} = **82,5 min^{-1}**.
- die *Zeitkonstante* T_m^* = 8,64 rad/s · 4,8 Nms^2/(35 Nm – 6,2 Nm) = **1,44 s**
- das *Anfangsbeschleunigungsmoment* $M_B^*(n = 0) = M_{Ein} - M_L$ = (35 – 6,2) Nm = **28,8 Nm**
- die *Anfangsbeschleunigung* bei n = 0: ω_{AP}^*/T_m^* = (8,64 rad/s)/1,44 s = **6 rad/s^2**. Die Beschleunigung kann durch den Vorwiderstand gesteuert werden. Sie wird mit wachsendem Widerstand kleiner, was insbesondere bei Fahrzeugantrieben am Netz zum *Weichanlauf* ausgenutzt wird.

c) *Übergangsfunktion bei Spannungsänderung:*

Das System befindet sich im Arbeitspunkt $n_{AP} = n_1$, definiert durch $U = 42$ V, $M_L = 6,2$ Nm und $R_{AL} = 0$. Zum Zeitpunkt $t = 0$ wird die Spannung sprungförmig von 42 V auf 30 V geschaltet. Nach einem dynamischen Übergangsvorgang stellt sich auf der neuen Kennlinie ein neuer statischer Arbeitspunkt bei $n_{AP,2} = n_2$ ein, definiert durch $U_2 = 30$ V und $M_L = 6,2$ Nm. Als Übergangsfunktion ergibt sich die Exponentialfunktion

$$n(t) = (n_1 - n_2)\, e^{-\frac{t}{T_m}} + n_2 \quad \text{mit} \quad \omega_2 = \frac{U_2}{C} - \frac{R M_L}{C^2} = \frac{30\ \text{V}}{4\ \text{Vs/rad}} - \frac{1,6\ \Omega \cdot 6,2\ \text{Nm}}{16\ \text{Vs/rad} \cdot \text{Nm/A}}$$

$\omega_2 = 6,88$ rad/s   bzw. $n_2 = 60/2\pi \cdot \omega_2 = \underline{\mathbf{65,7\ min^{-1}}}$.

Der Ausgangspunkt AP_1 ist bei $n_1 = 94,35$ min^{-1}, der neue Arbeitspunkt AP_2 ist bei $n_2 = 65,7$ min^{-1}.

AP_2 wird nach etwa $5T_m = 5 \cdot 0,48$ s $= 2,4$ s erreicht: $n(5T_m) = 65,7$ min^{-1}.

A.6.4.3
Hochlauf nach grafisch-rechnerischer Lösungsmethode (Beispiel A-12)

Gegeben ist der Turbinenantrieb in Abschn. A.4.2.7.2, Beisp. A-6 mit dem *DS-ASM-KL* und der Turbine mit der viskosen, d.h. drehzahlabhängigen Lastkennlinie $M_L(n)/\text{Nm} = 12,1 + 52\,(n/n_s)^2$. Die Turbine soll im Stern/Dreieckbetrieb hochgefahren werden (Kennlinien in Abschn. A.4.2.7.2, Bild A-77). Die Umschaltung von Stern- auf Dreieckschaltung soll bei $n = 700$ min^{-1} erfolgen. Man bestimme näherungsweise die Hochlaufzeit bis n_{AP}.

Die Hochlaufzeit t_H ist nach dem grafisch-rechnerischen Verfahren gemäß Abschn. A.6.3.4.3 bzw. Bild A-141 zu ermitteln. Zu diesem Zweck wird die Drehzahlkoordinate (*Ordinate n*) in 4 Intervalle eingeteilt:

$\Delta n_1 = n_1 - n_0$; $\Delta n_2 = n_2 - n_1$; $\Delta n_3 = n_3 - n_2$; $\Delta n_4 = n_4 - n_3$; mit $n_i = 0$; 500; 700; 800 und 960 min^{-1} ($i = 0, 1, 2, 3, 4$).

Die Mittelwerte für die drehzahlabhängigen Drehmomente, die durch Linearisierung innerhalb der Intervalle grafisch ermittelt werden, sind in Tabelle A-31 zusammengefaßt. Die drei maßgebenden statischen $n(M)$-Kennlinien (Bild A-144) sind aus dem Rechenbeispiel A-6 in Abschn. A.4.2.7.2 entnommen. Die zu den Δn_i-Intervallen gehörigen Zeitintervalle (Hochlaufzeiten Δt_i) werden nach Gl. (A-95) berechnet. Sie sind ebenfalls in der Tabelle zu finden.

Tabelle A-31. Berechnungsbeispiel A-12 (Kennlinien in Bild A-144)

Index i:	1	2	3	4	Σ
n_i/min^{-1}	$n_1 = 500\ (n_0 = 0)$	$n_2 = 700$	$n_3 = 800$	$n_4 = n_{AP} = 960$	0 bis 960 min^{-1}
t_i/s	$t_1 = 2,64\ (t_0 = 0)$				0 is t_H
Δt_i/s	$\Delta t_1 = t_1 = 2,64$ s	$\Delta t_2 = 1,06$ s	$\Delta t_3 = 0,06$ s	$\Delta t_4 = 0,14$ s	$\Sigma \Delta t_i$) $t_H = 3,9$ s
$\overline{M}_i$/Nm*	28 Nm	42 Nm	151 Nm	125 Nm	
$\overline{M}_{L,i}$/Nm*	16 Nm	30 Nm	42 Nm	53 Nm	
J_i/Nms^2	0,6 Nms^2	0,6 Nms^2	0,6 Nms^2	0,6 Nms^2	

* aus Bild A-144, linkes Feld, abgelesene Werte.

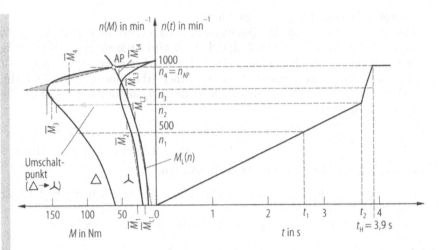

Bild A-144. Statische Kennlinien und Hochlaufdiagramm (zum Rechenbeispiel)

Nach Gl. (A-95) ergibt sich $t_H = \sum\limits_{i=1}^{4} \Delta t_i = \sum\limits_{1}^{4} \left(\dfrac{2\pi J}{\overline{M_i} - \overline{M_{Li}}} (n_i - n_{i-1}) \right)$

mit $J = 0{,}6\ \text{Nms}^2 = \text{konstant } (2\pi J = 3{,}8\ \text{Nms}^2)$.

$\Delta t_1 = 3{,}8\ \text{Nms}^2 \cdot (n_1 - n_o)/(\overline{M_1} - \overline{M_{L1}}) = 3{,}8\ \text{Nms}^2 \cdot (500/60\ \text{s})/(28 - 16)\ \text{Nm} = 2{,}64\ \text{s};$

$\Delta t_2 = (3{,}8\ \text{Nms}^2 \cdot (700 - 500)/60\ \text{s})/(42 - 30)\ \text{Nm} = 1{,}056\ \text{s};$

$\Delta t_3 = (3{,}8\ \text{Nms}^2 \cdot (800 - 700)/60\ \text{s})/(151 - 42)\ \text{Nm} = 58\ \text{ms};$

$\Delta t_4 = (3{,}8\ \text{Nms}^2 \cdot (960 - 800)/(60\ \text{s})/(125 - 53)\ \text{Nm} = 141\ \text{ms}.$

Die gesamte Hochlaufzeit beläuft sich damit auf ungefähr ($\pm 10\%$):

$t_H = (2{,}64 + 1{,}06 + 0{,}06 + 0{,}14)\ \text{s} = \underline{\underline{3{,}9\ \text{s}}}$

A.7
Thermodynamisches Verhalten

A.7.1
Allgemeines

Der Energiewandlungsprozeß in einer Maschine ist immer mit inneren Verlusten behaftet. Diese Tatsache wird durch den *Wirkungsgrad* einer Maschine oder eines Systems zum Ausdruck gebracht. Die *Verlustleistung* P_V elektrischer Maschinen besteht im wesentlichen aus drei Komponenten:

- *elektrische Verlustleistung* $P_{V,el} = I^2 R$, die in reellen (ohmschen) oder Wirk-Widerständen R erzeugt wird, auch *Kupferverluste* (Hauptanteil tritt in den Kupferwicklungen auf) P_{Cu} genannt. Falls eine Maschine mehrere Stromkreise besitzt (z.B. Anker- und Erregerkreis bei *GS-NSM*), gilt die Summe: $P_{V,el} = P_{Cu,A} + P_{Cu,E}$.
- *magnetische Verlustleistung* $P_{V,mag}$, die durch ständige Ummagnetisierung des weichmagnetischen Materials (*Weicheisen*) des *magnetischen Kreises* entsteht. Sie wird auch als *Hysterese-* oder *Eisenverluste* P_{Fe} bezeichnet, da sie äquivalent zur *Hysteresefläche* der Magnetisierungskurve des verwendeten Eisens (Stahl, Stahlguß, Dynamoblech) ist: $P_{Fe} \sim \int B \cdot dH \triangleq$ Energieinhalt E/V in Ws/m^3 $[B \cdot H] = \text{Vs/m}^2 \cdot \text{A/m} = \text{Ws/m}^3$.

- *mechanische Verlustleistung* $P_{V,\text{mech}} = \omega \cdot M_{\text{Mot, Rbg}}$ (Winkelgeschwindigkeit mal Eigenreibung des Motors), auch Reibungsverluste P_{Rbg} genannt (Lager- und Bürstenreibung).

Die Verlustleistung führt zur *Erwärmung* der Maschine gegenüber ihrer Umgebung oder gegenüber des Kühlmediums bei Fremdkühlung. Die Maschine wird vereinfachend als homogener Körper betrachtet. Unter der weiteren Annahme, die Maschine erwärme sich infolge der Verlustleistung gleichmäßig auf die Temperatur ϑ bzw. auf die Übertemperatur $\Theta = \vartheta - \vartheta_U$ gegenüber der Umgebungs- oder Kühlmitteltemperatur ϑ_U, gilt für den Erwärmungsvorgang die Gleichung:

$$P_V = \alpha \cdot A \cdot \Theta + c \cdot m \cdot \frac{d\Theta}{dt} = W\Theta + C\frac{d\vartheta}{dt} = \frac{\Theta}{R_{th}} + C\frac{d\vartheta}{dt}. \qquad \text{(A-96)}$$

Verlustleistung = Wärmeabgabeleistung an Umgebung + gespeicherte Wärmeleistung zur Eigenerwärmung.

P_V: gesamte Verlustleistung, die innerhalb der Maschine erzeugt und in Wärme umgesetzt wird (Einheit W),

$\Theta = \vartheta_M - \vartheta_U$: Übertemperatur (Temperaturdifferenz) zwischen Motortemperatur ϑ_M und Umgebung ϑ_U (Einheit K bzw. °C),

α: Wärmeübergangszahl der Maschinenoberfläche A gegenüber Kühlmittel und Umgebung (in $W/(K \cdot m^2)$),

m: Masse der Maschine, A: gesamte abstrahlende Fläche der Maschine, $W = \alpha A$: Wärmeabgabefähigkeit (in W/K bzw. W/°C),

c: spezifische Wärme der Masse m (in $Ws/(K \cdot kg)$). $C = c \cdot m$: Wärmekapazität der Maschine (in Ws/K).

$R_{th} = 1/W = \Theta/P_V$ (in °C/W): thermischer Übergangswiderstand des Motors gegenüber seiner Umgebung.

α ist bei rotierenden Maschinen abhängig vom Betriebszustand. Im Stillstand ist α kleiner als bei Rotation wegen der bewegten Luft und ggf. des Lüfters.

$E_W = C \cdot \Theta$: durch die betriebsbedingte Erwärmung in der Maschine gespeicherte Wärmeenergie.

Erwärmungsvorgang nach dem Einschalten der Maschine (Gl. (A-97) und Bild A-145a))
Die Übertemperatur Θ der Maschine sei zum Zeitpunkt des Einschaltens null: $\vartheta = \vartheta_U$. Dann werde die Maschine eingeschaltet und mit konstanter Verlustleistung P_V betrieben, beispielsweise in einem stationären Arbeitspunkt. α sei ebenfalls konstant. Der Maschine wird eine konstante Heizleistung P_V und in einem Zeitabschnitt dt die Wärmeenergie $P_V\,dt$ zugeführt. Der Anteil $C \cdot d\vartheta/dt$ bzw. $C \cdot d\vartheta$ wird in der Maschine gespeichert, weshalb ihre Temperatur um $d\vartheta$ ansteigt. Der Rest Θ/R_{th} bzw. $\Theta/R_{th} \cdot dt$ wird an die Umgebung weitergegeben. Der *Wärmeübergangswiderstand* R_{th} bzw. die *Wärmeleitfähigkeit* $W = 1/R_{th}$ ist von der Maschinenoberfläche und ihrer Kühlung abhängig. Mit diesen Vorgaben lautet die Lösung der Gleichung Gl. (A-96) (Bild A-145a):

$$\Theta(t) = \Theta_e\left(1 - e^{-\frac{t}{T_{th,e}}}\right) \text{ mit } \Theta_e = \frac{P_V}{\alpha \cdot A} = P_V R_{th} \text{ und } T_{th,e} \equiv T_e = \frac{c \cdot m}{\alpha_e \cdot A} = C R_{th} \quad \text{(A-97)}$$

$$\vartheta(t) = \vartheta_u + \Theta_e\left(1 - e^{-\frac{t}{T_e}}\right) \text{ mit } \vartheta(0) = \vartheta_u \text{ (Umgebungstemperatur)}$$

$\Theta_e = \vartheta_e - \vartheta_U$: Endwert der Übertemperatur im *thermischen Beharrungszustand*. Die *Beharrungstemperatur* ϑ_e erreichen große Maschinen oft erst nach einer Betriebsdauer von Stunden (e-Funktion Gl. (A-97)).

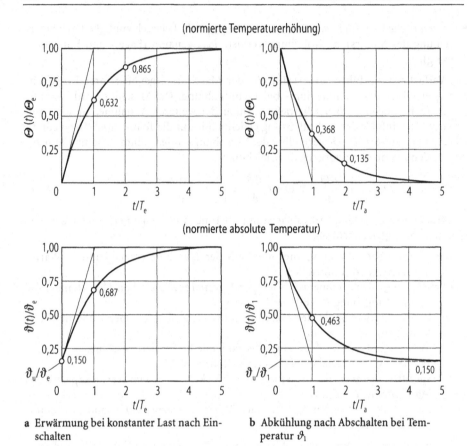

a Erwärmung bei konstanter Last nach Ein-   **b** Abkühlung nach Abschalten bei Tem-
schalten   peratur ϑ_1

Bild A-145. Thermische Zeitdiagramme elektrischer Maschinen (Annahme: $\vartheta_u = 0,15 \cdot \vartheta_e$)

$T_{\mathrm{th,e}} = T_e$:   thermische oder Erwärmungs-Zeitkonstante. Für α muß der Wert des
Betriebszustandes während der Erwärmung, d.h. der Rotationswert α_e
eingesetzt werden (hängt auch von den Kühlungsverhältnissen ab).

Abkühlvorgang nach dem Ausschalten der Maschine (Gl. (A-98) und Bild A-145b)
Die Maschine wird bei der Maschinentemperatur ϑ_1 bzw. der Übertemperatur $\Theta_1 = \vartheta_1 - \vartheta_U$ abgeschaltet. Dann ergibt sich aus Gl. (A-96) für $P_V = 0$, $\alpha =$ konstant und mit
den Anfangsbedingungen $\Theta(t = 0) = \Theta_1$ die Lösung:

$$\Theta(t) = \Theta_1 \cdot e^{-\frac{t}{T_{\mathrm{th,a}}}} \quad \text{mit} \quad T_{\mathrm{th,a}} \equiv T_a = \frac{c \cdot m}{\alpha_a \cdot A} : \text{Abkühlzeitkonstante}$$
$(T_a > T_e \text{ wegen } \alpha_a < \alpha_e)$.   (A-98)

A.7.2
Betriebsarten und thermisches Verhalten (Erwärmungskurven)

A.7.2.1
Dauerbetrieb

Die Maschine wird eingeschaltet und geht im Vergleich zum Erwärmungsvorgang sehr schnell in ihren elektrischen und mechanischen Arbeitspunkt über. Sie befindet sich im *Dauerbetrieb* so lange in einem Arbeitspunkt, daß sie nach der e-Funktion in Gl. (A-97) bzw. Bild A-145a ihren *thermischen Beharrungszustand* erreicht:

$$\Theta = \Theta_e \text{ und } \vartheta = \vartheta_e \quad (\Theta: \text{Übertemperatur der Maschine gegenüber Umgebung,}$$
$$\vartheta: \text{absolute Temperaturen, beide in K oder °C).}$$

In diesem thermisch stationären Betrieb halten sich die zugeführte Heizleistung P_V und die an die Umgebung oder an das Kühlmittel abgegebene Wärmeleistung im Gleichgewicht, d. h. $d\vartheta/dt = 0$ und somit $\vartheta = \vartheta_e = \vartheta_U + \Theta_e$.

Wird die Maschine an der *Grenze ihrer Belastbarkeit* betrieben, erreicht sie nach einer Betriebszeit von etwa fünf thermischen Erwärmungszeitkonstanten ($t_B \approx 5\,T_{th,e}$) die absolute Temperatur ϑ_{zul} (*maximal zulässige Temperatur*), die der Motor ohne Schaden nicht überschreiten darf. Nach dieser thermischen Hochlaufzeit beträgt dann die maximale *Temperaturerhöhung* $\Theta_{zul} = \vartheta_{zul} - \vartheta_U$ gegenüber seiner Umgebungstemperatur ϑ_U. Im Hinblick auf die Betriebssicherheit muß gelten: $\Theta_e \leq \Theta_{zul}$. Aus Gründen der Wirtschaftlichkeit wird man bei der Antriebsdimensionierung jedoch mit Θ_e in die Nähe von Θ_{zul} gehen. Je nach Isoliermaterialklasse liegen die absoluten Grenztemperaturen ϑ_{zul} der Ankerwicklung zwischen 100°C und etwa 165°C (*VDE*-Bestimmung 0530). In vielen Anwendungsfällen wird die Temperatur mit einem Temperatursensor direkt an der Maschine gemessen, so daß der Antrieb bei Überschreitung der Grenztemperatur mit Hilfe einer elektronischen Überwachungsschaltung über einen *Motorschutzschalter* automatisch abgeschaltet wird. Diese *thermische Sicherung* darf jedoch bei richtiger Auslegung des Antriebs nur im Störungsfall (Fehlerfall) ansprechen.

Die Werte der Erwärmungs-Zeitkonstanten $T_{th,e} \equiv T_e$ in Gl. (A-97) liegen bei eigenbelüfteten Maschinen etwa in der folgenden Größenordnung. Die Eigenbelüftung findet durch natürliche Wärmeabstrahlung, Konvektion und Wärmeleitung statt, ohne jegliche Fremdkühlung mit Hilfe eines Kühlaggregats.

- *bei Kleinmotoren* liegt T_e zwischen 4 min und 25 min,
- *bei Motoren* im mittleren Leistungsbereich (ca. 1 kW bis 100 kW) ist T_e zwischen 30 min und 1,5 Std., und
- *bei Großmaschinen* (>100 kW bis viele MW) nimmt T_e Werte bis zu mehreren Stunden an.

Die Abkühlungszeitkonstante $T_{th,a} \equiv T_a$ (Gl. (A-98) und Bild A-145b) ist ohne Fremdkühlung bei ausgeschalteten und stillstehenden Maschinen wegen der fehlenden Luftumwälzung im Stillstand etwa doppelt bis viermal so hoch wie die Erwärmungszeitkonstante T_e.

A.7.2.1.1
Berechnungsbeispiel thermischer Dauerbetrieb (Beispiel A-13)

Gegeben ist das Antriebssystem für die Radarantenne aus Abschn. A.6.4.1, Beispiel A-10 mit den thermischen Daten:

Maximal zulässige Ankerwicklungstemperatur: $\quad \vartheta_{max} = 155\,°C$;

Thermische Zeitkonstanten des Motors: $\qquad\quad T_{th,e} = 12$ min (Erwärmung)
und $T_{th,a} = 20$ min (Abkühlung);

Thermischer Übergangswiderstand zwischen Ankerwicklung und Umgebung:
$$R_{th} = 0,8\,°C/W;$$
Umgebungstemperatur der Anlage: $\qquad\qquad\qquad \vartheta_U = 18\,°C$.

a) Annahme: Während der Beschleunigungsrampe mit dem Beschleunigungsstrom $I_B = 4,23$ A = konst. (Stromregelung) blockiert aus mechanischen Gründen die Arbeitsmaschine den Antriebsmotor (mechanischer Störfall).

Wie groß wird die Beharrungstemperatur ϑ_e ohne Abschaltung des Antriebs? Nach welcher Zeit t_1 werden 98 % von ϑ_e erreicht? Ist ϑ_e für den Motor kritisch? Der Motor wird bei ϑ_e abgeschaltet. Nach welcher Zeit t_2 erreicht er die Temperatur von 20 °C?

b) Die Antenne wird im Suchlauf permanent im Arbeitspunkt *AP* betrieben. Dann wird der Motor nach Abschn. A.6.4.1 an der Spannung $U_{AP} = 29,3$ V mit $M_{AP} = M_L$ = 6,2 Nm bzw. bei $\omega_{AP} = 6,7$ rad/s betrieben.

Wie groß wird dann ϑ_e? Nach welcher Zeit t_3 werden 98 % von ϑ_e erreicht? Nach welcher Zeit t_4 müßte zum Schutz des Motors spätestens abgeschaltet werden, wenn während des Suchlaufs die Motorwelle aus mechanischen Gründen blockiert wird? Wie lang (t_5) dauert danach der Abkühlvorgang? Auf welchen Wert müßte die Spannung U_1 begrenzt werden, damit bei blockierter Welle keine thermische Gefahr für die Maschine besteht?

Lösung:

a) *Blockierte Welle während der Stromregelungsrampe*: $I_B = 4,23$ A = konstant und $n = 0$. Es darf näherungsweise davon ausgegangen werden, daß die elektrische Verlustleistung $P_{V,el}$ (Kupferverluste P_{Cu}) im Anker als alleinige Heizleistung eingesetzt wird. Es wird auch stark vereinfachend angenommen, daß der Motorwiderstand R sich durch die steigende Temperatur nicht erhöht!

$P_{Cu} = I_B^2\, R = (4,23\text{ A})^2 \cdot 1,6\ \Omega = 28,63$ W. Mit dem Wärmeübergangswiderstand R_{th} aus Gl. (A-97) ergibt sich die End- bzw. Beharrungsübertemperatur $\Theta_e = \Delta\vartheta = \vartheta_e$ $- \vartheta_U = P_{Cu} R_{th} = 28,63$ W $\cdot\, 0,8\,°C/W = 23\,°C \Rightarrow \vartheta_e = \Delta\vartheta + \vartheta_U = 23\,°C + 18\,°C = \underline{\textbf{41\,°C}}$. Diese Beharrungstemperatur ist völlig ungefährlich, da die Ankerwicklung mit einer zulässigen Temperatur von $\vartheta_{max} = 155\,°C$ spezifiziert ist.

Der *Erwärmungsvorgang* erfolgt nach der e-Funktion in Gl. (A-97):
$\Theta(t) = \Theta_e (1 - e(- t/T_{th}))$ mit $\Theta_e = 23\,°C$: Die *thermische Zeitkonstante* für die Erwärmung $T_{th,e}$ ist mit 12 min angegeben.

Somit gilt für die Erwärmungszeit t_1: $0,98 \cdot \vartheta_e = 0,98 \cdot 41\,°C = 40,2\,°C$
und $\Theta(t_1) = 22,2\,°C$
$t_1 = - T_{th,e} \cdot \ln (1 - \Theta(t_1)/\Theta_e) = - 12$ min $\cdot \ln (0,035)) = \underline{\textbf{40 min}}$.

Der *Abkühlvorgang* nach Abschalten des Motors:
Nachdem der Motor stromlos geschaltet worden ist, fließt keine Wärmemenge mehr zu, so daß er sich abkühlt mit der Abkühlungs-Zeitkonstanten $T_{th,a}$. Eine Motortemperatur von 20°C bedeutet eine Übertemperatur von $\Theta = \vartheta - \vartheta_U =$ (20 – 18) °C = 2°C. Für den Abkühlvorgang gilt Gl. (A-98): $\Theta(t) = \Theta_e \cdot e(- t/T_{th,a})$ = 2°C:

$$t_2 = - T_{th,a} \cdot \ln(2/23) = - 20 \text{ min} \cdot (-2{,}44) = \underline{\textbf{49 min}}.$$

b) *Suchlauf-Dauerbetrieb*: Motorstrom im Arbeitspunkt
$I_{AP} = M_{AP}/C = 6{,}2 \text{ Nm}/4 \text{ Nm/A} = 1{,}55 \text{ A}$.

$P_{Cu} = I_{AP}^2 R = (1{,}55 \text{ A})^2 \cdot 1{,}6 \ \Omega = 3{,}8 \text{ W} \quad \Rightarrow \quad \vartheta_e = \vartheta_U + \Theta_e = 18°C + 0{,}8°C/W \cdot 3{,}8 \text{ W} = 21°C$.

Diese Temperatur ist völlig unkritisch (s. Lösung a)).

Die Zeit t_3, bei der 98 % der Endtemperatur erreicht sind, wird wie in Aufgabe a) ermittelt:
$t_3 = - T_{th,e} \cdot \ln(1 - \Theta(t_3)/\Theta_e) = - 12 \text{ min} \cdot \ln(1 - 2{,}58/3) \approx \underline{\textbf{24 min}}$
mit $\vartheta(t_3) = 0{,}98 \cdot \vartheta_e = 0{,}98 \cdot 21°C = 20{,}58°C$,
somit ist $\Theta(t_3) = (20{,}58 - 18)°C$ und $\Theta_e = (21 - 18) °C$.

Blockierte Welle im Suchlauf: Im Arbeitspunkt wird der Motor bei konstanter Gleichspannung $U_{AP} = 29{,}3 \text{ V}$ mechanisch blockiert (vergl. Rechenbeispiel A-10 in Abschn. A.6.4.1).

Mit U_{AP} = konst. stellt sich bei $n = 0$ der Stillstandsstrom von $U_{AP}/R = 29{,}3 \text{ V}/1{,}6 \ \Omega =$ 18,3 A ein. Er entwickelt eine Heizleistung von $P_{Cu} = (18{,}3 \text{ A})^2 \cdot 1{,}6 \ \Omega = 537 \text{ W} \quad \Rightarrow \quad \Theta_e$ = 537 W $\cdot$ 0,8°C/W = 430°C. Bei dieser Temperatur ist der Motor, insbesondere die Ankerwicklung, thermisch extrem gefährdet. Deshalb muß zum Schutz rechtzeitig abgeschaltet werden. Die spätest mögliche Abschaltung erfolgt zum Zeitpunkt t_4:
Nach Gl. (A-97) gilt: $\Theta_{max} = \vartheta_{max} - \vartheta_U = (155 - 18)°C = 137°C = \Theta_e (1 - e(- t_4/T_{th,e}))$:
$t_4 = - 12 \text{ min} \cdot \ln(1 - 137/430) = \underline{\textbf{4,6 min = 276 s}}$.

Spätestens nach 4,6 min muß abgeschaltet werden.

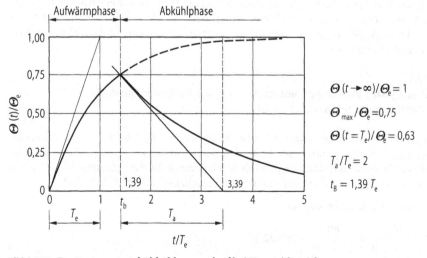

Bild A-146. Erwärmungs- und Abkühlungsverlauf bei Kurzzeitbetrieb

Die Abkühlzeit t_5 ergibt sich aus Gl. (A-98) mit der Anfangstemperatur $\Theta_1 = 137\,°C = \Theta(t_4) = \Theta_{max}$: Um t_5 zu begrenzen, wird die Erdtemperatur mit $1\,°C$ über der Umgebung festgelegt.

$\Theta(t_5) = 1\,°C = 137\,°C \cdot e\,(-t_5/T_{th,a})$ (s. Gl. (A-100)

$t_5 = -20\ \text{min} \cdot \ln(1/137) = \underline{\underline{98{,}4\ \text{min} = 1{,}64\ \text{Std.}}}$

Die Klemmenspannung U_1 ergibt sich aus Gl. (A-97):

$\Theta_{e,zul} = P_{V,zul} \cdot R_{th} = (155 - 18)\,°C = 137\,°C$

als maximal zulässige Übertemperatur im Beharrungszustand mit der dann zulässigen Verlustleistung:

$P_{V,zul} = I^2 \cdot R = 137\,°C/0{,}8\,°C/W = 171{,}25\ W$ und der Strom $I = \sqrt{171{,}25\ W/1{,}6\ \Omega} = 10{,}35\ A$. Somit gilt für die zulässige Spannung U_1 mit blockierter Welle ($n = 0$):

$U_1 = I \cdot R = 10{,}35\ A \cdot 1{,}6\ \Omega = \mathbf{16{,}6\ V}$.

Wenn der Motor an 16,6 V betrieben wird, kann er auch bei blockierter Welle thermisch nicht gefährdet werden.

A.7.2.2
Kurzzeitbetrieb

Kurzzeiterwärmung auf Θ_{max} innerhalb der Betriebsdauer t_B

Die Betriebsdauer t_B ist im *Kurzzeitbetrieb* so kurz, daß der *thermische Beharrungszustand* Θ_e bzw. ϑ_e nicht erreicht wird. In der Stillstandszeit t_{St} nach dem Abschalten und Herunterfahren soll sich die Maschine wieder völlig, d.h. auf die Umgebungstemperatur ϑ_U (Übertemperatur $\Theta = 0$) abkühlen (Bild A-146). Die e-Funktion der Erwärmung im *Kurzzeitbetrieb* hat die Form nach Gl. (A-99):

$$\Theta_{max} = \Theta_e\left(1 - e^{-\frac{t_B}{T_e}}\right) \quad (\Theta_e, \Theta_{zul}\ \text{und}\ T_e\ \text{aus Abschn. A.7.1 und A.7.2.1}) \qquad \text{(A-99)}$$

Θ_{max} ist die Übertemperatur $\vartheta_{max} - \vartheta_U$, die am Ende der Einschaltzeit t_B gerade erreicht wird. Θ_e kann im Kurzzeitbetrieb größer als Θ_{zul} gewählt werden, wodurch bei der Auslegung der Maschine erheblich gespart werden kann. Man muß aber grundsätzlich verhindern, daß $\Theta_{max} > \Theta_{zul}$ wird. Das bedeutet, daß die Maschine im Kurzzeitbetrieb während t_B bezüglich Leistung und Drehmoment überlastet werden darf, ohne sie thermisch zu überstrapazieren.

A.7.2.2.1
Berechnung der Beharrungstemperatur Θ_e bei vorgegebener Einschalt- oder Betriebsdauer t_B (Beispiel A-14)

Angenommen, $\vartheta_U = 20\,°C$ und $\vartheta_{zul} = 100\,°C$, so beträgt $\Theta_{zul} = 80\,°C$. T_e sei 0,5 Std. und $\Theta_{max}(t_B)$ (Übertemperatur am Ende der Betriebsdauer) soll Θ_{zul} gerade erreicht haben. Wie groß darf dann Θ_e gewählt werden, wenn die Einschaltdauer $t_B = 15$ min sein soll und die Motortemperatur ϑ beim Einschalten $\vartheta = \vartheta_U = 20\,°C$ ist?

Lösung: Nach Gl. (A-99) gilt:

$$\Theta_e = \frac{\Theta_{max}}{1 - e^{-\frac{t_B}{T_e}}} = \frac{80}{1 - e^{-\frac{15}{30}}} = 203{,}32\,°C$$

was einer absoluten Motor-Endtemperatur $\vartheta_e \approx 223\,°C$ entsprechen würde, wenn nicht nach t_B abgeschaltet werden würde. Würde man aus Gründen der absoluten Sicherheit $\Theta_e = \Theta_{zul}$ setzen, so hätte die Maschine nach $t_B = 15$ min nur eine Temperatur

$$\vartheta_{max} = \Theta_{zul}\left(1 - e^{-\frac{t_B}{T_e}}\right) + \vartheta_U = 80\,°C\left(1 - e^{-\frac{15\,min}{30\,min}}\right) + 20\,°C = 51,5\,°C \quad \text{angenommen.}$$

Interessant sind diese Zahlen jedoch erst bei Betrachtung der zulässigen Motorleistung $P_{V,max}$:

- 1. Fall: $\Theta_e = 203\,°C > \Theta_{zul} = \Theta_{max}$: die zugehörige maximal zulässige Motor-Verlustleistung beträgt dann nach Gl. (A-96): $P_{V,max} \approx \Theta_e/R_{th} = 203\,°C/2,5\,°C/\text{Watt} = 81,2$ W (Annahme: $R_{th} = 2,5\,°C/\text{Watt}$), die die Maschine während $t_B = 15$ min ohne Überhitzung leisten dürfte.
- 2. Fall: $\Theta_e = \Theta_{zul} = \Theta_{max} = 80\,°C$: dann ist $P_{V,max} \approx 80\,°C/2,5\,°C/\text{Watt} = 32$ W, also nur etwa 40%. Für den *Kurzzeitbetrieb* müßte im 2. Fall im Vergleich zu Fall 1 (bei gleicher Leistung von ca. 81 W) der Motor wegen der geforderten höheren Wärmeabgabefähigkeit erheblich größer *dimensioniert* werden.

Am Ende des *Kurzzeitbetriebes* muß sich die Maschine nahezu auf die Umgebungstemperatur abkühlen.

A.7.2.2.2
Ermittlung der erforderlichen Stillstands- oder Abkühlungsdauer t_{St} (Beispiel A-15)

Wie oben angeführt ist der *Kurzzeitbetrieb* so definiert, daß die Maschine beim Wiedereinschalten nahezu auf die Umgebungstemperatur abgekühlt sein muß. Ansonsten ist Gl. (A-99) nicht mehr gültig. Für den *Abkühlungsvorgang* gilt entsprechend Gl. (A-98) mit der Stillstandsdauer t_{St} und der erreichten Temperatur Θ_{max}: Die Temperaturüberhöhung $\Theta = \vartheta_{Mot} - \vartheta_U$ der Motortemperatur gegen seine Umgebung (bzw. Kühlmittel) soll am Ende der Stillstandsdauer t_{St} abgeklungen, d. h. null sein:

$$\Theta(t_{St}) = \Theta_{max}\, e^{-\frac{t_{St}}{T_a}} = 0 \quad (T_a = \text{thermische Abkühlzeitkonstante (vergl. Gl. (A-98) in}$$

Abschn. A.7.1)). Theoretisch ergibt sich aus obiger e-Funktion für die Stillstandsdauer: $t_{St}/T_a = -\ln(0) = \infty$. Läßt man jedoch nach $t = t_{St}$ eine restliche Temperaturerhöhung $+\Delta\vartheta/\vartheta_U$ von einigen Prozent zu, dann folgt für die mindest erforderliche Abschaltzeit $t_{St,min} = t_{St}$ des Kurzzeitbetriebes:

$$t_{St} = -T_a \cdot \ln\left(\Theta(t_{St})/\Theta_{max}\right) \approx 3,5\, T_a \quad (\text{mit } \Delta\vartheta/\vartheta_U = 3\%) \quad \text{oder}$$

$$t_{St} \approx 4,6\, T_a \quad (\text{mit } \Delta\vartheta/\vartheta_U) = 1\%) \tag{A-100}$$

Nach etwa drei bis vier Abkühlzeitkonstanten darf die Maschine wieder in den Kurzzeitbetrieb genommen werden. Dann hat sie noch eine Temperaturerhöhung gegenüber ihrer Umgebung von ca. 3%.

A.7.2.2.3
Berechnungsbeispiel thermischer Kurzzeitbetrieb (Beispiel A-16)

Gegeben ist die Radarantenne und der Motor des Beispiels A-10 von Abschn. A.6.4.1 bzw. Beisp. A-14 in Abschn. A.7.2.2.1, jedoch *ohne Zwischengetriebe*. Beim Beisp. A-10 Aufg. d) ist aufgezeigt, daß der Motor für den Direktantrieb der Antenne überfordert ist. Das gilt jedoch nur für den *Dauerbetrieb*. In Abschn. A.7.2.2.1 ist beschrieben, daß Motoren für einen *Kurzzeitbetrieb* unter bestimmten Bedingungen thermisch *unter-*

dimensioniert (d.h. zu schwach für den Dauerbetrieb) sein dürfen, was aus ökonomischen Gründen (kleinerer und preisgünstiger Motor) in der Praxis auch ausgenutzt wird. Die Antenne soll hier mit einer Übersetzung von 1/1 im Kurzzeitbetrieb auf ein Ziel positioniert werden. Danach soll sie dort solange verharren, bis der Motor ausreichend abgekühlt ist, um dann auf das nächste Ziel fahren zu können.

Die Anlage wird mit einem Konstantstrom von I = 26,25 A bis ω_{max} = 24°/s beschleunigt und dann mit Konstantspannung weitergefahren. Anschließend wird die Anlage zum Positionieren abgebremst.

a) *Wann spätestens muß der Bremsbetrieb eingeleitet werden, wenn die Ankertemperatur ϑ_A den Wert von ϑ_{max} = 130 °C nicht überschreiten darf? Welche Positionsdifferenz $\Delta\varphi$ ist dann gerade erreicht?*

b) *Welche Übertemperatur ($> \vartheta_{max}$) erreicht der Motor, wenn die Anlage bei ϑ_{max} mit einem aktiven Moment M_{Br} = – 105 Nm abgebremst wird? Welche Verzögerungszeit Δt_3 und welcher Bremsweg der Antennenachse $\Delta\varphi_3$ ergeben sich dabei? Wie schützt man im Kurzzeitbetrieb die Maschine vor Übertemperatur?*

c) *Wie lange muß die Anlage stillgesetzt werden, bis der nächste vergleichbare Positioniervorgang gestartet werden kann? Dabei soll die Endtemperatur bis auf fünf Prozent erreicht sein!*

d) *Man zeichne das Temperatur-Zeit-Diagramm $\vartheta(t)$ für alle Phasen Δt_i.*

Lösung:

Man geht bei diesem langsamlaufenden Permanentmagnetmotor vereinfachend davon aus, daß als Heizleistung im Anker ausschließlich die Kupferverluste P_{Cu} betrachtet werden. Die thermische Auswirkung der anderen Verlustkomponenten (Reibung und magnetische Hysterese) auf den Anker werden vernachlässigt. P_{Cu} entsteht direkt in der Ankerwicklung, die von allen Motorstrukturen den größten thermischen Übergangswiderstand R_{th} zur Umgebung hat.

a) *Erwärmung während der Positionierung einschließlich Hochlauf:*

• *Beschleunigungsphase Δt_1 zwischen ω = 0 und ω_{AP} = 24°/s = 0,42 rad/s:*
  Gegeben: I_B = 26,25 A $\Rightarrow$ Motorbeschleunigungsmoment M_M = $C \cdot I_B$ = 4 Nm/A $\cdot$ 26,25 A = 105 Nm $\Rightarrow$ M_B = $M_M - M_L$ = (105 – 81 – 0,7) Nm = 23,3 Nm. Daraus ergibt sich nach Gl. (A-82) mit n_M/n_R = 1 und η_G = 1:

  $$\Delta t_1 = J \cdot \omega/M_B = 1121 \text{ Nms}^2 \cdot 0,42 \text{ rad/s}/23,3 \text{ Nm} = \underline{\mathbf{20,2 \text{ s}}}.$$

• *Ankertemperatur $\vartheta_A(\Delta t_1)$ nach der Beschleunigungsphase Δt_1:*
  Wäre der Beschleunigungsstrom I_B ständig eingeschaltet, ergäbe sich eine Endtemperatur (im thermischen Beharrungszustand):

  $$\Theta_{el} = \vartheta_{el} - \vartheta_U = R_{Th,e} \cdot P_{Cu} = 0,8 \text{ °C/W} \cdot (26,25^2 \text{ A}^2 \cdot 1,6 \text{ } \Omega) = 882 \text{ °C}.$$

  Der Anker erwärmt sich während Δt_1 nach Gl. (A-97): $\Theta(\Delta t_1)$ = 882 °C (1 – e (– 20,2 s/12 min)) = 24,4 °C bzw. $\vartheta_A(\Delta t_1)$ = $\Theta(\Delta t_1) + \vartheta_U$ = (24,4 + 18) °C = $\underline{\mathbf{42,4 \text{ °C}}}$, d.h. ϑ_{max} = 130 °C ist nach Δt_1 = 20,2 s noch nicht erreicht, so daß mit konstanter Spannung U_{AP} (Arbeitspunkt) weiter gefahren werden darf.

• *Arbeitspunktphase Δt_2 mit ω_{AP} = 24°/s = 0,42 rad/s:*
  Der Strom für diesen Arbeitspunkt richtet sich nach dem statischen Lastmoment aus (M_L = $M_R + M_{MR}$ = M_{AP}):

  I_{AP} = M_{AP}/C = 81,7 Nm/4 Nm/A = 20,4 A = konst. $\Rightarrow$ $P_{Cu,AP}$ = 20,4² A² $\cdot$ 1,6 Ω = 666 W;

Die erforderliche Spannung

$U_{AP} = U_{0,AP} + \Delta U = C\omega_{AP} + I_{AP} R = 4$ Vs/rad $\cdot$ 0,42 rad/s + 20,4 A $\cdot$ 1,6 Ω = 34,3 V

- *Ankertemperatur $\vartheta_A(\Delta t_2)$ am Ende der Arbeitspunktphase Δt_2:*
  Im Beharrungszustand wäre die Endtemperatur ϑ_{e2}. Für die Temperaturdifferenz Θ_{e2} im Beharrungszustand gegenüber der Anfangstemperatur $\vartheta_A(\Delta t_1)$ zu Beginn von Δt_2 (bzw. am Ende von Δt_1) gilt:

  $\Theta_{e2} = 666$ W $\cdot$ 0,8 °C/W = 533 °C $\Rightarrow$ $\vartheta_{e2} = \vartheta_A(\Delta t_1) + \Theta_{e2} = 42,4$ °C + 533 °C = 575,4 °C.

  Daraus folgt nach Gl. (A-97):

  $\vartheta_A(\Delta t_2) = \vartheta_A(\Delta t_1) + \Theta_{e2}(1 - e(-\Delta t_2/T_{th,e}) = 42,4$ °C + 533 °C $(1 - e(-\Delta t_2/720$ s$)$.
  In dieser Gleichung sind noch zwei voneinander abhängige Variablen vorhanden.

- *Bestimmung der zulässigen Verweildauer Δt_2 im Arbeitspunkt:*
  Das Kriterium für Δt_2 ist, daß die vorgegebene Temperaturgrenze ϑ_{max} nicht überschritten werden soll. Das bedeutet, daß die obige Gleichung nach Δt_2 aufgelöst und $\vartheta_A(\Delta t_2) = \vartheta_{max} = 130$ °C gesetzt werden muß:

  $\Delta t_2 = -720$ s $\cdot \ln(1 - (130 - 42,4)/533) = \underline{\mathbf{129,3\ s}}$

- *Positionsdifferenz $\Delta\varphi$ (Winkelverstellung während*
  $\Delta t = \Delta t_1 + \Delta t_2 = 20,2$ s + 129,3 s = 149,5 s):
  Für die Winkelverstellung gilt allgemein $\varphi(t) = \int(\omega(t)\,dt)$.
  Während der konstanten Beschleunigung bis ω_{AP} (*linearer Hochlauf*) ergibt sich daraus:

  $\Delta\varphi_1 = {}^1/_2 \cdot \omega_{AP} \cdot \Delta t_1 = {}^1/_2 \cdot 24°/s \cdot 20,2$ s = 242,4°;

  Während der Konstantgeschwindigkeitsphase (*Arbeitspunkt ω_{AP}*) gilt:

  $\Delta\varphi_2 = \omega_{AP} \cdot \Delta t_2 = 24°/s \cdot 129,3$ s = 3103,2° = 8,62 Umdrehungen = 54,16 rad.

  Die gesamte Verstellung beträgt $\Delta\varphi = (3103,2 + 242,4)° = \underline{\mathbf{3345,6° = 9,3\ Umdr.}}$

Mit dieser direkt angetriebenen Anlage könnte also ein Suchlauf im Arbeitspunkt $\omega_{AP} = 24°/s$ mit einer maximalen Dauer von 149,5 s (einschließlich Beschleunigung) und einer maximalen Winkelverstellung von 9,3 Umdrehungen gefahren werden. Dann erreicht der Motor seine vorgegebene Ankertemperatur von $\vartheta_A = \vartheta_{max} = 130$ °C und muß auf dem schnellst möglichen Weg stillgesetzt werden.

b) *Verzögerungsvorgang mit aktiver Motorbremse (Bremszeit Δt_3):*
Der Motor bremst mit $M_{Br} = -105$ Nm, d. h. dem Motor muß ein Konstantstrom von $I_{Br} = M_{Br}/C = -26,25$ A eingeprägt werden. Wegen des 1/1-übersetzten Antriebs bremst das Lastmoment der Radarantenne M_R mit Unterstützung des Motors die in J gespeicherte kinetische Energie ($E_{kin} = {}^1/_2 J\omega^2$) innerhalb der Zeit Δt_3 ab.
Nach Gl. (A-83a) erhält man ohne Getriebe für die Bremszeit:

$\Delta t_3 = \omega_{AP}(J_R + J_M)/(M_{Br} + M_R + M_{MR})$
$= 0,42$ rad/s $\cdot$ 1.121,04 Nms²/(105 + 81 + 0,7) Nm = $\underline{\mathbf{2,5\ s}}$.

Die Bremszeit beträgt 2,5 s. Dabei wird der Anlage die kinetische Energie durch Bremsmomente entzogen (man beachte, daß das *Drehmoment* und die *Arbeit* bzw. *Energie* die gleiche Einheit haben: Nm = Ws). Es ist die kinetische Energie, die der Anlage während der Beschleunigung zugeführt worden ist, obwohl der Motor während $\Delta t_3 = 2,5$ s die gleiche *Stromstärke* $I = 26,25$ A führt wie während $\Delta t_1 = 20,2$ s. Der Grund für die derart geringere Verzögerungszeit ($\Delta t_3 \approx 1/8 \cdot \Delta t_1$) liegt darin, daß die Lastmomente $M_R + M_{MR}$ bei *Beschleunigung und Verzögerung* in die gleiche Richtung (gegen die Drehrichtung) wirken. Sie wirken deshalb (wegen der unterschiedlichen Stromrichtungen) bei *Beschleunigung* dem erzeugten Motormoment entgegen, während sie den Motor bei *Verzögerung* (Brems- bzw. Generatorbetrieb) unterstützen.

- *Zusätzliche Erwärmung während der Bremszeit* $\Delta t_3 = 2,5$ s:
  Die im Motor umgesetzte Heizleistung $P_{Cu} = I_{Br}^2 \cdot R = (26,25 \text{ A})^2 \cdot 1,6 \ \Omega = 1103$ W
  $= \Theta_{e3}/R_{th,e} \ \Rightarrow \ \Theta_{e3} = 1103 \text{ W} \cdot 0,8 \, °C/W = 882 \, °C \ \Rightarrow$
  $\Theta(\Delta t_3) = \Theta_{e3} \, (1 - e(- \Delta t_3/T_{th,e})) = 882 \, °C \, (1 - e(- 2,5 \text{ s}/720\text{s})) = 3 \, °C.$

  Die Temperaturerhöhung Θ gegenüber ϑ_{max}, d.h. die Übertemperatur bedingt durch die aktive Abbremsung, beträgt $\Theta(\Delta t_3) = \underline{\mathbf{3 \, °C}}$. Die Ankertemperatur am Ende von Δt_3 ist also $\vartheta_A(\Delta t_3) = \vartheta_{max} + \Theta(\Delta t_3) = \underline{\mathbf{133 \, °C}}$.
  Dabei wird vorausgesetzt, daß ϑ_A am Anfang von Δt_3 bzw. am Ende von Δt_2, d.h. beim Umschalten auf den Bremsbetrieb, eine Temperatur von $\vartheta_A(\Delta t_2) = \vartheta_{max}$ $= 130 \, °C$ erreicht hatte (s. Aufg. a)).

- *Positionsverstellung* $\Delta\varphi_3$ *während des Bremsvorganges* Δt_3:
  Da es sich wegen des konstanten Verzögerungsmomentes um eine lineare Verzögerung bis zum Stillstand handelt, gilt:

  $\Delta\varphi_3 = {}^1/_2 \cdot \omega_{AP} \cdot \Delta t_3 = {}^1/_2 \cdot 24°/s \cdot 2,5 \text{ s} = \underline{\mathbf{30°}}$.   Der Bremsweg beträgt 30°.

- *Schutz gegen Überhitzung des Motors*:
  Wie bereits ausgeführt, kann bei der Auslegung des Antriebs ausschließlich für *Kurzzeitbetrieb* eine *Unterdimensionierung* der elektrischen Maschine eingeplant werden. Dann müssen die entsprechenden Belastbarkeitsgrenzen berechnet (wie in dem vorliegenden Beispiel ausgeführt) und im Betrieb auch eingehalten werden. Der Motor erreicht beispielsweise bei dem oben berechneten trapezförmigen Kurzzeitbetrieb einer Ankertemperatur von $\vartheta_A = 133 \, °C$. Das ist 22 °C unter der im Datenblatt angegebenen Temperaturgrenze von 155 °C. Die Maschine ist also noch nicht gefährdet.
  Üblicherweise wird die Maschine durch eine Temperaturüberwachung, bestehend aus einem Temperatursensor und einer Abschaltelektronik, vor thermischer Überlastung geschützt. Diese sollte jedoch nur im *Fehlerfalle*, d.h. nicht während eines normalen Betriebsablaufes, *ansprechen*. Wenn sie jedoch aus Sicherheitsgründen bereits bei 130 °C (nicht bei 155 °C) ansprechen soll, muß man bei der oben berechneten Positionierung den Bremsvorgang um mindestens $\Delta t_3 = 2,5$ s früher einleiten, um das Abschalten der Anlage durch die thermische Schutzschaltung zu vermeiden. Eine Alternative dazu wäre eine rein mechanische Bremsung am Ende von Δt_2, so daß die Anlage gleichzeitig elektrisch abgeschaltet werden kann, um den Motor nicht weiter (über 130 °C hinaus) aufzuheizen.

c) *Abkühlvorgang während* Δt_4 *nach der trapezförmigen Positionierung*:
   Ausgehend von der Ankertemperatur von $\vartheta_A = 133 \, °C$ bzw. $\Theta_A = \vartheta_A - \vartheta_U =$
   $(133 - 18) \, °C = 115 \, °C$ soll sich der Anker bis auf 5 % der Endtemperatur (Umgebung), d.h. $\vartheta_A(\Delta t_4) = \vartheta_U \, (1 + 0,05) = (18 + 0,9) \, °C = 18,9 \, °C$, abkühlen. Die Abkühlungsdauer (*Stillstandszeit*, d.h. Anlage abgeschaltet) wird nach Gl. (A-100) berechnet:

   $t_{St} = \Delta t_4 = - T_{th,a} \cdot \ln\,(\Theta(\Delta t_4)/\Theta_{max}) = - 20 \text{ min} \cdot \ln\,(0,9 \, °C/115 \, °C) = 97 \text{ min} = 1,6 \text{ Std.}$

   Der Motor muß bis zum nächsten Kurzzeitbetrieb, der den Motor wieder bis zu den in a) ermittelten Grenzen auslasten kann, mindestens 97 min = 1,6 h stillgesetzt werden. Läßt man eine Abkühlung auf 20 °C zu, kann die Stillstandszeit auf

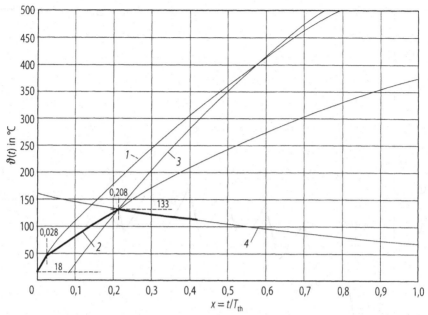

Bild A-147. Berechnungsbeispiel

80 min verkürzt werden. Soll die Wiedereinschaltung schon früher erfolgen, liegt ein *intermittierender* Betriebsmodus vor, der im folgenden Abschn. A.7.2.3 (*Aussetzbetrieb*) behandelt wird.

d) *Der Temperatur-Zeitverlauf* $\vartheta(\Delta t_i)$ (mit $i = 1, 2, 3, 4$) *der vier Phasen* Δt_1, Δt_2, Δt_3 und Δt_4:
Die vier Exponentialkurven in Bild A-147 stellen die vier Temperaturverläufe im Zeitintervall $0 < t < T_{th,e} = 12$ min dar:

Kurve 1: $\vartheta_1(t) = 18\,°C + 882\,°C \cdot (1 - e\,[-x])$ mit $x = t/T_{th}$ und
$\vartheta_{e,1} = (882 + 18)\,°C = 900\,°C$;

Kurve 2: $\vartheta_2(t) = 42,4\,°C + 533\,°C \cdot (1 - e\,[-(x - 20,2/720)])$
mit $\vartheta_{e,2} = (42,4 + 533)\,°C = 775\,°C$;

Kurve 3: $\vartheta_3(t) = 130\,°C + 882\,°C \cdot (1 - e\,[-(x - 149,5/720)])$
mit $\vartheta_{e,3} = (130 + 882)\,°C = 1012\,°C$;

Kurve 4: $\vartheta_4(t) = 18\,°C + 115\,°C \cdot e\,[-(x - 152/720)]$
mit $\vartheta_{e,4} = 18\,°C$ (Umgebung)

Der tatsächliche Temperaturverlauf innerhalb der vier Phasen ist die verstärkte Linie. Die dünnen Linien stellen die vier zugeordneten Exponentialfunktionen dar (Kurve 1 bis 4).

A.7.2.3
Aussetzbetrieb: periodischer Ein/Ausschaltbetrieb (intermittierender Betrieb)

Der *intermittierende* oder *Aussetzbetrieb* ist dadurch gekennzeichnet, daß sich Nutzbetrieb (Antrieb eingeschaltet) und Stillstand (Antrieb ausgeschaltet), d.h. *Erwärmungs-* und *Abkühlphase* Δt_e bzw. Δt_a *periodisch* abwechseln. Dabei erwärmt sich abhängig von der Gesamtdauer des Aussetzbetriebes die Maschine weder auf die Verharrungstemperatur (Endtemperatur ϑ_e bzw. Θ_e), noch kühlt sie sich ganz ab (Bild A-148). Es vollzieht

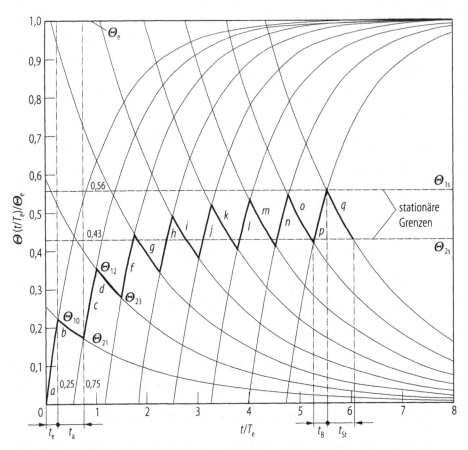

Bild A-148. Temperatur-Zeitverlauf beim intermittierenden Betrieb

sich zunächst (nach der Inbetriebnahme) ein sogenannter *thermischer Einschwingvorgang*. Danach stellt sich der thermisch *stationäre (statische) Betrieb* ein, bei dem sich maximale und minimale Temperaturen Θ_1 bzw. Θ_2 nicht mehr verändern. Diese ergeben sich aus der Verharrungstemperatur Θ_e (wird im Aussetzbetrieb nie erreicht), den Zeitkonstanten T_e und T_a, sowie dem Erwärmungsintervall Δt_e und der Abkühlungsdauer Δt_a. Die sich aneinander reihenden Phasen werden durch Zeitintervalle $\Delta t_i = t_{i+1} - t_i$ mit $i = 0, 1, 2, 3 \dots$ dargestellt. So schließt sich beispielsweise das Intervall t_i an das Intervall $t_{i-1} = t_i - \Delta t_a$ an. Danach folgt das Intervall $t_{i+1} = t_i + \Delta t_e$.

Thermischer Einschwingvorgang des intermittierenden Betriebes

Erwärmungsphase im Zeitintervall $t_i < t < t_{i+1}$:

$$\Theta(t) = \Theta_{2i} + (\Theta_e - \Theta_{2i}) \cdot (1 - e^{-\frac{t - t_i}{T_e}}) \qquad \text{(A-101)}$$

Im Beispiel A-17 nach Bild A-148 sind dies die Funktionen $a(x)$, $c(x)$, $f(x)$, $h(x)$, $j(x)$ und $l(x)$.

Danach ist der stationäre Zustand erreicht. $\Theta_{2i} = \vartheta_{2i} - \vartheta_U = \Theta_2(t_i)$: die am Ende der vorausgegangenen Abkühlphase zum Zeitpunkt t_i erreichte Übertemperatur ($t_i = t_{i-1} + \Delta t_a$).

$\Theta_{2i} = \Theta_{1(i-1)} \cdot e^{-\frac{\Delta t_a}{T_a}}$ mit $\Theta_{1(i-1)} = \vartheta_{1(i-1)} - \vartheta_U = \Theta_1(t_{i-1})$: die Übertemperatur, die am Ende der davorliegenden Aufwärmphase, also zum Zeitpunkt t_{i-1} erreicht war. Θ_1 ist immer die Übertemperatur am Ende der Aufwärmphase, Θ_2 immer am Ende der Abkühlphase.

Abkühlphase im Zeitintervall $t_i < t < t_{i+1}$: $\Theta(t) = \Theta_{1i} \cdot e^{-\frac{t-t_i}{T_a}}$ (A-102)

Im Beispiel A-17 nach Bild A-148 sind dies die Funktionen $b(x), d(x), g(x), i(x), k(x), m(x), o(x)$ und $q(x)$. Danach ist der Einschwingvorgang abgeschlossen. $\Theta_{1i} = \vartheta_{1i} - \vartheta_U = \Theta_1(t_i)$ ist die zum Ende der vorausgegangenen Aufwärmphase zum Zeitpunkt t_i erreichte Übertemperatur $(t_i = t_{i-1} + \Delta t_e)$. $\Theta_{1i} = \Theta_{2(i-1)} \cdot (\Theta_e - \Theta_{2(i-1)}) \cdot (1 - e^{-\frac{\Delta t_e}{T_e}})$ mit $\Theta_{2(i-1)}$: die Übertemperatur, die am Ende der davorliegenden Abkühlphase, also zum Zeitpunkt t_{i-1} erreicht war.

Erwärmungsvorgang im stationären Zustand

Im *thermisch eingeschwungenen (stationären) Zustand* sind die thermischen Perioden, bestehend aus den alternierenden Erwärmungs- und Abkühlungsphasen Δt_e bzw. Δt_a, dauerhaft gleich, solange sich die Intervallzeiten Δt_e und Δt_a, die in der Einschaltzeit Δt_e umgesetzte Verlustleistung und die Kühlverhältnisse nicht ändern. Für die Aufwärmphasen in diesem thermisch stationären Zustand (in Bild A-148 die Funktion $p(x)$ und alle Aufwärmphasen danach) gilt Gl. (A-103): (vergl. Gl. (A-101))

$$\Theta(t) = \Theta_{2s} + (\Theta_e - \Theta_{2s}) \cdot (1 - e^{-\frac{t-t_i}{T_e}})$$ (A-103)

mit Θ_{2s} = konstant: Übertemperatur nach Abkühlphasen im stationären Zustand.

Abkühlvorgang im stationären Zustand

Für die Abkühlphasen im *thermisch stationären Zustand* (in Bild A-148 die Funktion $q(x)$ und alle Abkühlphasen danach) gilt Gl. (A-104): (vergl. Gl. (A-102))

$$\Theta(t) = \Theta_{1s} \cdot e^{-\frac{t-t_i}{T_a}}$$ mit Θ_{1s} = konst.:

Übertemperatur nach Aufwärmphasen im stationären Zustand (A-104)

Endwerte im stationären Zustand: nach der Erwärmung Θ_{1s} und nach der Abkühlung Θ_{2s}

$$\Theta_{1s} = \Theta_{2s} + (\Theta_e - \Theta_{2s}) \cdot (1 - e^{-\frac{\Delta t_e}{T_e}})$$

(Θ_{2s}: Endwert nach Abkühlphase aus Gl. (A-106)) (A-105)

$$\Theta_{2s} = \Theta_{1s} \, e^{-\frac{\Delta t_a}{T_a}}$$ (Θ_{1s}: Endwert nach Aufwärmphase aus Gl. (A-105)) (A-106)

Ermittlung von Θ_{1s} und Θ_{2s} sowie des Verhältnisses Θ_{1s}/Θ_{2s}

Eliminierung von Θ_{2s} aus Gl. (A-105) durch Einsetzen von Gl. (A-106) in Gl. (A-105) und Eliminierung von Θ_{1s} aus Gl. (A-106) durch Einsetzen von Gl. (A-107) in Gl. (A-106):

$$\Theta_{1s} = \Theta_e \frac{1 - e^{-\frac{\Delta t_e}{T_e}}}{1 - e^{-\frac{\Delta t_a}{T_a} - \frac{\Delta t_e}{T_e}}}$$ (A-107)

$$\Theta_{2s} = \Theta_e \frac{(1 - e^{-\frac{\Delta t_e}{T_e}}) e^{-\frac{\Delta t_a}{T_a}}}{1 - e^{-\frac{\Delta t_a}{T_a} - \frac{\Delta t_e}{T_e}}} \tag{A-108}$$

$$\Theta_{2s}/\Theta_{1s} = e^{-\frac{\Delta t_a}{T_a}} \tag{A-109}$$

Eine vereinfachende Näherung von Θ_{1s}/Θ_{2s} ist möglich für $\Delta t_e \ll T_e$ sowie $\Delta t_a \ll T_a$. Daraus folgt: $(\Delta t_e/T_e) \ll 1$ und $(\Delta t_a/T_a) \ll 1$. Damit sowie mit $e^{-x} \approx 1 - x$ (für $x \ll 1$) gilt näherungsweise: $\Theta_{1s}/\Theta_{2s} = 1 + \Delta t_a/T_a$.

Temperatur-Hochlauf im intermittierenden Betrieb (Beispiel A-17)

In Bild A-148 ist der Temperatur-Zeitverlauf eines *intermittierenden Betriebs* dargestellt. In diesem Beispiel ist angenommen, daß die Abkühlzeitkonstante $T_a = 2 T_e$ (T_e: Erwärmungszeitkonstante), das Einschalt- oder Erwärmungszeitintervall $\Delta t_e = \frac{1}{2} \Delta t_a$ (Δt_a: Ausschalt- oder Abkühlzeitintervall) $= 0,25 T_e$ und $\Delta t_a = 2\Delta t_e = 0,5 T_e = 0,25 T_a$. Die dünnen Linien sind die kompletten e-Funktionen zwischen $0 \leq \Theta(t)/\Theta_e \leq 1$ im Zeitbereich $0 \leq t/T_e \leq 8$. Die Erwärmungslinien laufen alle auf Θ_e zu, die Abkühlkurven gehen auf null zu. Der tatsächliche Temperaturverlauf des intermittierenden Betriebs ist hervorgehoben. Die Funktionen $a(x)$, $c(x)$, $f(x)$, $h(x)$, $j(x)$, $l(x)$, $n(x)$, $p(x)$ sind Erwärmungskurven, $b(x), d(x), g(x), i(x), k(x), m(x), o(x), q(x)$ sind Abkühlkurven. $x = t/T_e = 2t/T_a$. Die maximale bzw. minimale Übertemperaturen Θ_{1s} und Θ_{2s} berechnen sich nach Gl. (A-107) bzw. Gl. (A-108):

$$\Theta_{1s}/\Theta_e = \frac{1 - e^{-0,25}}{1 - e^{-0,25 - 0,25}} = 0,56 \quad \text{und} \quad \Theta_{2s}/\Theta_e = \frac{(1 - e^{-0,25}) e^{-0,25}}{1 - e^{-0,5}} = 0,43$$

wodurch auch Gl. (A-109) bestätigt ist.

A.7.3
Bestimmung der Motorleistung vom Aspekt der Erwärmung

Bei der *Auslegung des Antriebs* ist bezüglich der *Auswahl des Motors* häufig eine *optimale Leistungsanpassung* des Motors an den *Leistungsbedarf des Antriebs* erwünscht. Der Motor soll aus Gründen von Kosten, Volumen, Gewicht, Wärmebelastung u. a. möglichst gut ausgenutzt sein. Die Leistungsfähigkeit eines Motors ist einerseits durch das maximale Drehmoment und andererseits besonders durch seine maximale Erwärmung begrenzt. Letztere beeinträchtigt bei Überschreitung einer gewissen Grenze besonders die Ankerwicklung, da der Isolationslack des Kupferdrahtes spröde wird (kann Kurzschluß verursachen), und sie schädigt die Achslager. Die Einhaltung der Grenzen der thermischen Belastbarkeit des verwendeten Motors ist eine der primären Forderungen an die Antriebsprojektierung. Maßgebend für die Erwärmung ist grundsätzlich die mittlere Verlustleistung.

A.7.3.1
Motorleistung bei Dauerbetrieb

Liegt der Arbeitspunkt im oder unterhalb des Nennbetriebs, d. h. $M_{AP} \leq M_N$, und/oder $n_{AP} \leq n_N$ und $P \leq P_N$, ist der Dauerbetrieb für den Motor in Bezug auf seine Lebensdauerangabe unschädlich. Bei seiner Nennleistung P_N darf nach *VDE* 0530 der Motor im Dauerbetrieb seine im Datenblatt (bzw. Leistungsschild) angegebene (maximal) zulässige Temperatur nicht überschreiten. Die für den *Dauerbetrieb* angegebene Zeit (Lebensdauerangabe) muß für den *Nennbetrieb* garantiert werden. Bei Betrieb unterhalb Nennbetrieb braucht man also betreffend Erwärmung oder Lebensdauer keine Bedenken zu haben.

A.7.3.2
Motorleistung bei Kurzzeitbetrieb

Im *Kurzzeitbetrieb* darf die Maschine, vom wärmetechnischen Aspekt aus betrachtet, kurzzeitig durchaus *überlastet* werden (Abschn. A.7.2.2), da sie hier unter Beachtung der Temperaturgrenzen ihren thermischen Beharrungszustand gar nicht erreicht. Die Überlastung bezieht sich hier auf die mechanische Leistung und das Drehmoment innerhalb des Kurzzeitbetriebs (vergl. Abschn. A.7.2.2). Die maximale Übertemperatur Θ_e im Beharrungszustand, der im Dauerbetrieb nach etwa $t = 3$ bis 5mal T_{th} erreicht wäre, beträgt Θ_{eD}. Θ_{max} ist die im Kurzbetrieb nach t_B erreichte (maximale) Übertemperatur. Sie darf höchstens die zulässige Temperatur erreichen: $\Theta_{max} \leq \Theta_{zul}$:

$$\text{Für den } \textit{Kurzzeitbetrieb} \text{ mit } \Theta_{max} = \Theta_{zul} \text{ gilt: } \quad \Theta_K = \frac{\Theta_{zul}}{1 - e^{-\frac{t_B}{T_e}}} \tag{A-110}$$

(vergl. Abschn. A.7.2.2)

Näherungsweise ist die auftretende Verlustleistung proportional dem Quadrat des Motorstroms (wenn die magnetischen und mechanischen Verluste gegenüber der elektrischen Verlustleistung vernachlässigt werden können). Unter der weiteren Annahme, daß die mechanische Leistung dem Motorstrom proportional ist (gilt normalerweise bei konstanter Drehzahl) gilt dann:

$$\frac{P_{mech,K}}{P_{mech,D}} = \sqrt{\frac{\Theta_{eK}}{\Theta_{eD}}} \quad \text{mit} \quad \Theta_e = P_V R_{th} \text{ gilt:}$$

$$\frac{\Theta_{eK}}{\Theta_{eD}} = \frac{P_{V,K}}{P_{V,D}} \quad \Rightarrow \quad \frac{P_{mech,K}}{P_{mech,D}} = \frac{I_K}{I_D} = \sqrt{\frac{P_{V,K}}{P_{V,D}}} = \frac{1}{\sqrt{1 - e^{-\frac{t_B}{T_e}}}} \tag{A-111}$$

(Indizes: D für Dauerbetrieb bzw. K für Kurzzeitbetrieb)

A.7.3.3
Motorleistung bei Aussetzbetrieb

Wie im Kurzzeitbetrieb kann auch hier die Maschine bezüglich P_{mech} und M überlastet werden, weil Θ_{eD} durch das intermittierende Ein/Ausschalten nicht erreicht wird. Unter den Voraussetzungen, daß $\Theta_{eD} = \Theta_{zul} = \Theta_1$ (Abschn. A.7.2.3) und $t_{St} = \Delta t_a \ll T_a$ sowie $t_B = \Delta t_e \ll T_e$, gilt für den

$$\textit{Aussetzbetrieb} \text{ (Index } AB): \quad \Theta_{eAB} = \Theta_{zul} \frac{T_e t_{St} + T_a t_B}{T_a t_B}$$

Näherungsweise darf angenommen werden, daß P_V proportional I^2 und P_{mech} proportional I sind. Dann gilt:

$$\frac{P_{mech,AB}}{P_{mech}} = \sqrt{\frac{P_{V,AB}}{P_{V,D}}} = \sqrt{\frac{\Theta_{eAB}}{\Theta_{eD}}} = \sqrt{1 + \frac{T_e}{T_a} \frac{t_{St}}{t_B}} = \sqrt{1 + \frac{\Delta t_a}{\Delta t_e} \frac{T_e}{T_a}} \tag{A-112}$$

Die Maschine kann im *Aussetzbetrieb* während der Betriebs- bzw. Erwärmungszeit $t_B = \Delta t_e$ auf die entsprechende Leistung im *Dauerbetrieb*, beispielsweise den *Nennbetrieb* ausgelegt werden: $P_{mech, D} = P_{mech, N}$. Dann wird die gemittelte Leistung im *Aussetzbetrieb* $P_{mech, AB}$:

$$P_{mech, AB} = P_{mech, N} \sqrt{1 + \frac{T_e}{T_a} \frac{\Delta t_a}{\Delta t_e}} \qquad (A\text{-}113)$$

A.7.3.4
Motorleistung bei stark wechselnder Belastung

Liegt eine hohe Lastwechselfrequenz (Schaltspielfrequenz) vor, muß die Maschine auf eine sich ständig ändernde Belastung reagieren. Der Erwärmungsprozeß ist dann sehr unstetig. Maßgebend für die Erwärmung ist immer die mittlere Verlustleistung, d.h. das Zeitintegral der inkonstanten Verlustleistung (Gl. (A-114).

$$P_{V, mittel} = \frac{1}{t_2 - t_1} \int_{t_1}^{t_2} P_V(t)\, dt \text{ proportional } I_{eff} = \sqrt{\frac{1}{t_2 - t_1} \int_{t_1}^{t_2} I^2(t)\, dt} \qquad (A\text{-}114)$$

Der Fall *hoher Lastwechselfrequenz* soll mit einem Motor mit Nebenschlußcharakteristik untersucht werden. Beim *Nebenschlußmotor* ist die Drehzahl im Betriebsbereich nur gering abhängig von der Belastung, so daß man annähernd konstante Drehzahl annehmen kann. Nimmt man weiter an, daß die Schaltspieldauer $t_S \ll T_a$ (bzw. T_e) und die Verlustleistung $P_V(t)$ proportional $I^2(t)$ bzw. I_{eff}^2 (*Effektivstrom* im Intervall $t_S = t_2 - t_1$) ist, berechnet sich die Leistung wie folgt:

Der *Effektivstrom* $I_{eff}(t_S)$ während der Schaltspieldauer t_S berechnet sich nach Gl. (A-114) aus dem quadratischen Mittelwert des Motorstroms. Er hat bei der *GS-NSM* ein proportionales *effektives Motordrehmoment* zur Folge.

Für dieses *Effektivmoment* muß der Motor ausgelegt werden:

$$P_{mech} = M_{eff}\, 2\pi\, n = 2\pi n K_M\, I_{eff} = 2\pi\, n \sqrt{\frac{1}{t_S} \int_0^{t_S} M(t)^2\, dt} = 2\pi\, n \cdot K_M \sqrt{\frac{1}{t_S} \int_0^{t_S} I(t)^2\, dt}$$
$$(A\text{-}115)$$

K_M ist die Drehmomentenkonstante der Nebenschlußmaschine: $K_M = M_N / I_N$.

A.7.3.5
Berechnungsbeispiel für den intermittierenden Betrieb (Beispiel A-18)

Es soll das Beispiel A-16 in Abschn. A.7.2.2.3 mit dem *Aussetzbetrieb* fortgeführt werden. Dazu wird die Anlage in konstantem Zyklus Ein/Ausschaltzeit = $\Delta t_e / \Delta t_a$ mit konstantem Strom $I = 24$ A betrieben. Nach dem Einschalten des Stromes erfolgt der lineare Hochlauf gemäß Abschn. A.6.3.4.1 bis zum Abschalten nach $\Delta t_e = 0,5$ min.

Welche Drehzahl wird jeweils nach $\Delta t_e = 0,5$ min erreicht? Wie groß muß dann die Abkühlzeit bzw. Ausschaltzeit $\Delta t_{a, min}$ mindestens sein, wenn die Ankertemperatur 140 °C nicht überschreiten soll?

Lösung:

Drehzahl n_E nach dem Hochlauf (nach $\Delta t_e = 0,5$ min):

$I_1 = 24$ A $= M/C \Rightarrow M = 24$ A $\cdot 4$ Nm/A $= 96$ Nm.

$n_E = M_B \cdot \Delta t_e / (2\pi \cdot J) = (96 - 81,7)$ Nm $\cdot 30$ s$/(2\pi \cdot 1121$ Nms$^2) = 0,061$ s$^{-1} = 3,65$ min^{-1}
mit $M_B = M - M_L = M - (M_R + M_{MR})$.

$n_E = 60/2\pi \cdot \omega_{AP}$ mit $\omega_E = U_{0E}/C = (U_E - I_1 R)/C$ $\Rightarrow$ Der Endwert der Klemmenspannung U_E:

$U_E = 4$ Vs/rad $\cdot 0{,}382$ rad/s $+ 24$ A $\cdot 1{,}6\,\Omega = 40$ V.

Der Anfangswert beträgt $U_A = 24$ A $\cdot 1{,}6\,\Omega = 38{,}4$ V.

Aussetzbetrieb: Die Temperatur des Ankers verläuft im *Aussetzbetrieb* nach dem Zeitdiagramm in Bild A-148.

Nach einer bestimmten Zeit ist der *thermisch stationäre Zustand* erreicht, bei dem die Spitzen Θ_{1s} der Temperatur einen konstanten Wert gemäß Gl. (A-107) haben. Nach Gl. (A-107) ergibt sich für Δt_e:

$$1 - e^{-\frac{\Delta t_e}{T_e}} = \frac{\Theta_{1s}}{\Theta_e}\left(1 - e^{-\frac{\Delta t_a}{T_a} - \frac{\Delta t_e}{T_e}}\right) \quad \text{mit } \Theta_{1s} = (140 - 18)\,°C = 122\,°C$$

nach Aufgabenstellung.

Als Beharrungstemperatur Θ_e, die der Anker bei permanent eingeschaltetem Strom I_1 erreichen würde, erhält man: $\Theta_e = P_V R_{th} = I_1^2 R = 24^2 A^2 \cdot 1{,}6\,\Omega \cdot 0{,}8\,°C/W = 737\,°C$ und für das Verhältnis:

$\Theta_{1s}/\Theta_e = 122\,°C/737\,°C = 0{,}166$. Außerdem sind bekannt:

$T_a = 20$ min und $T_e = 12$ min $= 0{,}6\,T_a$ sowie $\Delta t_e = 0{,}5$ min und $\Delta t_e/T_e = 30/720$ $\Rightarrow$

$$e^{-\left(\frac{\Delta t_e}{T_e}\right)} - 0{,}166 \cdot e^{-\left(\frac{\Delta t_a}{T_a} + \frac{\Delta t_e}{T_e}\right)} = 1 - 0{,}166 \quad \Rightarrow$$

$$e^{-\left(\frac{\Delta t_a}{T_a} + \frac{\Delta t_e}{T_e}\right)} = \frac{1}{0{,}166}\left(e^{-\frac{30}{720}} - (1 - 0{,}166)\right) = 0{,}754$$

$- \Delta t_a/T_a = \ln(0{,}754) + 30/720 = -0{,}282 + 0{,}042 = -0{,}24$ $\Rightarrow$
$\Delta t_a = 0{,}24 \cdot 20$ min $= \underline{\textbf{4,8 min}}$

Die Abkühlzeiten zwischen den Einschaltzeiten müssen jeweils mindestens 4,8 min betragen.

A.8
Normrichtlinien: Bauformen, Schutzarten, Kühlung und Isolation

Im Hinblick auf das breite Anwendungsspektrum elektrischer Maschinen gibt es eine weitgehende Normung der äußeren Dimensionen (Baugrößen, Leistungen), Bauformen, Schutzklassen und der technischen Spezifikationen.

A.8.1
Bauformen

Um international definierte Integrationsmöglichkeiten zu garantieren, werden bestimmte Maschinen-Bauformen von der *Internationalen Elektrotechnischen Kommission* (*IEC*) unter der Norm DIN IEC 34-7 standardisiert. Die Standardausführung tragen die Betriebsmittelkennzeichnung IM (*International Mounting*). Nach „IM" folgt ein „B",

Tabelle A-32. International standardisierte Maschinen-Bauformen gemäß DIN IEC 23-7

Symbol	Betriebsmittel-kennzeichnung	Erläuterungen
	IM B 3	*Fußmotoren*: Gehäuse mit Füßen und mit zwei Lagerschilden. Die Montage erfolgt auf dem Unterbau (Basisplatte). Maschine mit *einem* freien Wellenende.
	IM B 5	*Flanschmotoren*: Gehäuse ohne Füße sondern mit Befestigungsflansch und zwei Lagerschilden. Befestigung mit Flansch mit Durchgangslöchern an Stirnseite. Maschine hat *ein* freies Wellenende.
	IM B 9	*Flanschmotoren ohne antriebsseitigem Lagerschild*. Gehäuse ohne Füße. Befestigung mit Flansch mit Durchgangslöchern an Gehäuse-Stirnfläche. Maschine hat *ein* freies Wellenende.
	IM B 10	*Flanschmotoren*: zwei Lagerschilde und Gehäuse ohne Füße, mit Befestigung an antriebsseitiger Flanschfläche. Maschine besitzt *ein* freies Wellenende.
	IM B 35	*Fuß-Flanschmotoren*: Kombination der Bauformen IM B 3 und IM B 5.
	IM V 2	*Vertikal angeordnete Welle*. Maschine mit zwei Lagerschilden, einem freien Wellenende oben und einem Befestigungsflansch auf der Antriebs-Gegenseite unten.
	Servomotoren aller Art	*Motoren mit durchgehender Welle*: zwei freie Wellenenden, einer Antriebswelle und einer meist dünneren Welle zum Anbau von Sensoren.

wenn die Maschine eine waagrechte Welle besitzt oder ein „V" bei senkrecht angeordneter Welle. Die Zahlen danach kennzeichnen unterschiedliche Versionen, beispielsweise Anzahl von Lagerschilden und/oder Füßen. Tabelle A-32 zeigt eine Auswahl standardisierter *Bauformen* mit ihren Normbezeichnungen.

A.8.2
Schutzarten

Die Einführung von *Schutzgraden und Schutzarten* nach DIN VDE 0530 trägt der Vorschrift nach Schutz von Mensch und Maschine Rechnung. Die *Schutzart* definiert die Konstruktion und Ausführung der Mechanik einer Maschine bezüglich Berührungsschutz und Eindringen fremder Medien wie Festkörper, Flüssigkeiten oder explosiver Gase. Zur Kennzeichnung der Schutzart werden gemäß DIN VDE 0530 die Buchstaben IP (*International Protektion*) und zweistellige Ziffern verwendet.

Die *erste Ziffer* gibt den *Berührungs-* und *Fremdkörperschutz* an. So sollen Personen gegen Berührung von inneren Maschinenteilen, die unter gefährlichen Spannungen stehen können oder sich bewegen können, geschützt werden. Der Schutz für die Maschine gilt der Vermeidung eines möglichen Eindringens von Fremdkörpern fester Beschaffenheit. Die *zweite Ziffer* kennzeichnet den Schutz gegen Eindringen von Wasser. Die verschiedenen Schutzarten, ihre Bezeichnungen und ihre Bedeutungen sind in Tabelle A-33 erläutert.

Darüber hinaus gibt es explosions- und schlagwettergeschützte Maschinen (für die chemische Industrie oder den Bergbau) nach VDE 0170 und 0171. Die Sonderschutz-Kennzeichnung ist EEx. Für besondere Einsätze in besonderen Umgebungsbedingungen müssen die jeweils zuständigen Betriebsgenossenschaften, Schutzämter und technischen Überwachungsvereine herangezogen und konsultiert werden.

Tabelle A-33. Schutzarten

Kennziffern 1. und 2. KZ	Schutz gegen Berührung unter Spannung stehender oder innerer sich bewegender Teile (1. KZ)	Fremdkörperschutz gegen das Eindringen von: (1. Kennziffer)	Wasserschutz, keine schädigende Einwirkung von: (2. Kennziffer)
IP 00	ungeschützt	ungeschützt	ungeschützt
IP 11	großflächige Hand-berührung	großen Fremdkörpern ($\varnothing > 50$ mm)	ungeschützt
IP 23	Schutz gegen Hand- und Fingerberührung	mittelgroßen Fremdkörpern mit $\varnothing > 12$ mm	Sprühwasser bis 60° zur Senkrechten
IP 44	Berührungsschutz gegen Werkzeuge o.ä. ($\varnothing > 1$ mm)	kleinen Fremdkörpern ($\varnothing > 1$ mm)	Sprüh- und Spritz-wasser aus allen Richtungen
IP 55	Berührungsschutz gegen Hilfsmittel jeglicher Art	Staub in schädlichen Mengen, innere Staubablagerungen	Spritz- und Strahl-wasser aus allen Richtungen
IP 56	dto	dto.	vorübergehender Überflutung
EEx/Kl/SCH	Spezielle Schutzklassen: *Explosionsschutz/Klimaschutz/Schiffsausführung.* Hier ist aus *sicherheitsrelevanten Gründen* die Konsultation zuständiger Verbände, Ämter, Genossenschaften und technischer Überwachungsvereine empfehlenswert.		

A.8.3
Kühlung

Besonders bei leistungsstarken Drehstrommaschinen ist es wichtig, die unerwünschte Verlustwärme (Abschn. A.7) mit Hilfe der Kühlung möglichst schnell aus der Maschine herauszuführen (zum Zwecke der Verbesserung ihres Leistungsvermögens und ihrer Lebensdauer).

Grundsätzlich unterscheidet man zwischen drei Kühlungsarten:

- *Selbstkühlung*: bei der *Selbstkühlung* wird nur die natürliche *Konvektion* und Wärmeleitung der Maschine in ihrer Umgebung (umgebende Atmosphäre und Montageflächen in der Arbeitsmaschine) ausgenutzt;
- *Eigenkühlung*: hier wird ein *Lüfter* (*Ventilator*) auf die Maschinenwelle gegenüber dem Antrieb montiert;
- *Fremdkühlung*: Einsatz eines Kühlaggregats mit Umspülung bestimmter Maschinenteile mit einem fremden Kühlmittel. Dabei führt das verwendete Kühlmittel die Heizenergie der elektischen Maschine ab.

Bei Eigen- und Fremdkühlung unterscheidet man zwischen Oberflächen- und Durchzugskühlung, sowie offener oder in sich geschlossener Kühlung mit Wärmetauscher. Fremdkühlungen sind meist geschlossene Systeme, wobei häufig Wärmetauscher (Luft/Luft oder Luft/Wasser) zur Anwendung kommen. Bei der Auswahl der Kühlungsart muß insbesondere darauf geachtet werden, daß diese mit der Schutzart der eingesetzten Maschine zu vereinbaren ist (*Konformität Schutzart und Kühlart*).

A.8.4
Isolation

Der Maschinenhersteller muß die Betriebsbedingungen auch bezüglich der *Isolierung* beachten. Nur ohne aggressive Umgebungsbedingungen kann eine ganz *normale Isolation* ausgeführt werden. Enthält jedoch die eine Maschine umgebende Atmosphäre aggressive Staubpartikel oder aggressive Dämpfe und Gase, sehr hohe Luftfeuchtigkeit und/oder extrem hohe oder ständig wechselnde Temperaturen, so benötigt die einzusetzende elektrische Maschine eine *höherwertige* bis *extrem hochwertige Isolationsklasse* (sogenannte *Tropenisolation*).

Schutzart einschließlich Explosionsschutz EEx und Bauform müssen am Typenschild und in den Datenblättern und Katalogen angegeben werden.

B Elektromechanik

Elektromechanische Bauteile sind an Maschinen und Anlagen auch in der Zeit modernster Mikroelektronik nicht wegzudenken. Sie sind ein wichtiges Bindeglied zwischen den *Aktionen* des *Bedieners* und der *Maschine* sowie zwischen der *Maschine* und der *elektronischen Steuerung*. Dazu zählen:

- *Bedienelemente*,
- *Anzeigelemente* und
- *elektromechanische Schalter*.

Bild B-1 zeigt in einer Übersicht die unterschiedlichen Einsatzbereiche an einer Maschine. Es werden sechs Hauptgruppen unterschieden, die in den folgenden Abschnitten erläutert werden:

- Schalter,
- Anzeigen,
- Schütze,
- Relais,
- Sicherheitsbaugruppen und
- Klemmen.

Alle abgeleiteten oder kombinierten Funktionen sind entsprechend ihrer hauptsächlichen Funktion in eine der obigen Gruppen einzuordnen. So wird beispielsweise der beleuchtete Schalter oder der beleuchtete Taster als *Schaltelement* geführt.

Bild B-1. Elektromechanische Bauteile an der Maschine

B.1
Begriffe, Normung und Darstellung

Elektromechanische Bauteile unterliegen der Normung. Dies ist nicht zuletzt aufgrund
der starken Exportorientierung notwendig, sondern dient auch der *Sprachvereinheit-*
lichung zwischen Kunden und Anbieter. Darüber hinaus soll sie auch zur Fehlerver-
meidung bei der Montage und im Störungsfall für eine zügige Fehlersuche sorgen.
Der Normung kommt daher besonders im Maschinenbau eine herausragende Bedeutung zu.

Zu Beginn dieses Abschnitts soll auf die wichtigsten Festlegungen hingewiesen werden, die sich in allen folgenden Abschnitten wiederfinden. Genormt sind nach DIN
(*Deutsche Industrie Norm*) und EN (*Europa Norm*) folgende Eigenschaften:

- *elektrische* Eigenschaften,
- *mechanische* Eigenschaften,
- *sicherheitsrelevante* Bestimmungen,
- *Testumgebung* zur Sicherstellung der garantierten Eigenschaften,
- *Darstellung* (Schaltsymbolik) und
- *Begriffe*.

Für jeden der nachfolgenden Abschnitte gibt es umfangreiche Normen und Festlegungen, auf die im speziellen in den nachfolgenden Abschnitten verwiesen werden. Eine
übergreifende Norm ist die DIN 40 900 (Teil 1 bis 12), in der die *Schaltsymbole* aller elektrischen, elektromechanischen und elektronischen Bauteile festgelegt sind. Dazu
gehören auch die Bauteile in diesem Abschnitt B:

- Schalter,
- Relais,
- Schütze und
- Anzeigen.

In der DIN EN 50 042 ist die Anschlußbezeichnung dieser Bauelemente festgelegt. Da
eine unüberschaubare Vielfalt den Markt bestimmt, ist es um so wichtiger, daß die
Stromlaufpläne und die Bezeichnung der Klemmen und Schaltgeräte vereinheitlicht
werden und somit von jedem gelesen werden können.

Bei mechanisch und elektromechanisch betätigten Schaltern wie Schütze und Relais
teilt sich der Aufbau der Schaltsymbole in zwei Teile:

- in die *Betätigung* (Spule, Taste, mechanische Zwangssteuerung) und
- in die *Kontakte* (Schließer, Öffner, Wechsler).

Bild B-2 gibt einen Einblick in die Vielfalt von Kombinationen in der Schütz- und Relais-
technik. Auf die wichtigsten Eigenschaften wird in den nachfolgenden Abschnitten eingegangen. Für eine vollständige Übersicht ist die DIN 40 900 einzusehen.

Wie oben bereits erwähnt, ist eine einheitliche Darstellung der Stromlaufpläne erforderlich. Dadurch werden Fehler in der Erstellung der Anlage vermieden und Service und
Reparatur einfacher. Die Vereinheitlichung der Darstellung umfaßt daher auch die Festlegung der Nummern an den Kontaktklemmen.

Der Aufbau der Kontaktblöcke kann dabei auf vielfältige Art und Weise erfolgen. Die
verschiedenen Kombinationen werden dabei durch die *DIN-Kennzahl* für Kontakte cha-

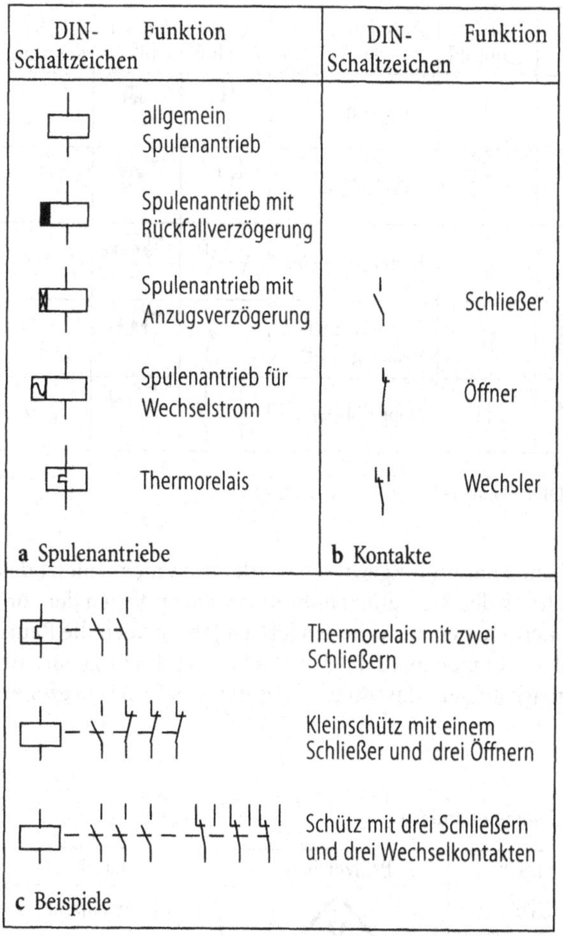

DIN-Schaltzeichen	Funktion	DIN-Schaltzeichen	Funktion
	allgemein Spulenantrieb		
	Spulenantrieb mit Rückfallverzögerung		
	Spulenantrieb mit Anzugsverzögerung		Schließer
	Spulenantrieb für Wechselstrom		Öffner
	Thermorelais		Wechsler
a Spulenantriebe		**b** Kontakte	

	Thermorelais mit zwei Schließern
	Kleinschütz mit einem Schließer und drei Öffnern
	Schütz mit drei Schließern und drei Wechselkontakten
c Beispiele	

Bild B-2. Kontakte und Spulenantriebe für Schütze

rakterisiert. Bild B-3 zeigt eine Zusammenstellung nach DIN EN 50 042 für die drei wichtigsten Funktionsgruppen:

- *Einzelkontakte* (einschließlich Wechselkontakt),
- *Folgekontakte* und
- *Doppelkontakte.*

Darüber hinaus sind alle Kombinationen zulässig, die unter dem Begriff der Mehrfachkontakte zusammengefaßt sind. Ebenfalls in Bild B-3 dargestellt ist das Kontaktbild mit der zugehörigen Betätigung und Betätigungsrichtung.

Überwachung der Vorschriften

Da elektromechanische Bauteile zum einen Spannungen führen, die eine Gefährdung von Personen darstellen, und zum anderen Aktionen auslösen können, die eine direkte Gefahr für Gesundheit und Leben des Bedieners haben können, müssen Maschinen und Anlagen nach den jeweils gültigen Richtlinien erstellt und abgenommen werden. Für diese Abnahme sind in den verschiedenen Ländern unterschiedliche Einrichtungen zuständig. In Tabelle B-1 sind die wichtigsten Behörden und deren Prüfzeichen zusam-

Funktion	Schalt-symbol	Kontakt-bild	DIN-Kennzahl	Funktion	Schalt-symbol	Kontakt-bild	DIN-Kennzahl
Schließer			1	Folgeöffner			22
Öffner			2	Folgewechsler			32
Wechsler			21	Doppelschließer			1 - 1
Wechsler			12	Doppelschließer, zwangsgeführt			1 + 1
Folgeschließer			11	Doppelöffner			2 - 2

Bild B-3. Kontaktbezeichnung nach DIN EN 50 042

mengestellt. An dieser Stelle soll auch darauf hingewiesen werden, daß nicht zuletzt das *Produkthaftungsgesetz* die Einhaltung der Richtlinien notwendig macht. Neben der vorrangigen Vermeidung von Personenschäden rückt in den letzten Jahren auch die Beurteilung der wirtschaftlichen Folgen immer mehr in den Blickpunkt. Dazu gehört im wesentlichen eine hohe Verfügbarkeit der Maschine, die durch kurze Servicezeiten sichergestellt werden kann.

Tabelle B-1. Prüfstellen in den verschiedenen Ländern

Prüfstelle	Kurzzeichen	Prüfzeichen	Land
Prüfstelle des Vereins Deutscher Elektrotechniker	VDE		Deutschland
Physikalisch-Technische Bundesanstalt	PTB		Deutschland
Technischer Überwachungs-Verein	TÜV		Deutschland
Eidgenössisches Starkstrominspektorat	SEV		Schweiz
Svenska Elektriska Materiellkontrollanstallten AB	SEMKO		Schweden
Danmarks Elektriske Materiellkontroll	DEMKO		Dänemark

Tabelle B-1 (Fortsetzung)

Norges Elektriske Materiellkontroll	NEMKO		Norwegen
Underwriters Laboratories, INC	UL		USA
Canadian Standards Association	CSA		Kanada
Comité Electrotechnique Belge	CEBEC		Belgien
Sähkötarkastuslaitos	FI		Finnland
Union Technique de l´Electricitic	UTE		Frankreich
Naamloze Vennootschap tot Keuring van Electrotechnische Materialien	KEMA		Niederlande

B.2
Mechanische Bauelemente

B.2.1
Schalter

Schalter gibt es in einer Vielfalt, die hier nicht behandelt werden kann. Stellvertretend für die unterschiedlichsten Ausführungen sollen nachfolgend die Funktionalität des eigentlichen Schaltelements erläutert werden und als Sonderschalter der *Hauptschalter* oder *Netztrenner* aufgezeigt werden.

Bei Schaltern unterscheidet man grundsätzlich zwei Funktionselemente:

- das *Betätigungselement* und
- das *Schaltelement*.

Das Betätigungselement kann dabei folgende Ausführungen haben:

- *Schaltknebel*:
  - langer Schaltknebel,
  - kurzer Schaltknebel
  - verriegelbarer Schaltknebel;

- *Taste/Tastschalter:*
  - unbeleuchtete Taste
  - beleuchtete Taste
  - verrastete Taste;
- *Schlüsselelement,*
- *Wippe,*
  - rastend,
  - nicht rastend;
- *Drehschalter.*

Alle diese Ausführungen können in Form und Farbe beliebig variieren und geben das herstellerspezifische Aussehen. Das Betätigungselement ist auch dafür verantwortlich, ob die Schaltfunktion tastend oder schaltend, also *verrastet* ist. Dennoch sind eine ganze Reihe von Normen und Vorschriften einzuhalten, wie beispielsweise die EN 60 073, in der die Zuordnung der Farben zu bestimmten Funktionsgruppen festgelegt ist. Diese Zuordnung legt

- die Aktionsklasse (sicherer Schaltvorgang, Notfall, zwingend vorgeschriebener Schaltvorgang),
- den Maschinenzustand (normal, Gefahr) und
- die Bedieneraufforderung („kann", „muß" bedient werden)

fest. Tabelle B-2 zeigt diese Zuordnung in einer Übersicht. Die Vereinheitlichung dieser Richtlinie stellt den gleichen Einsatz der Farben bei unterschiedlichen Produkten (Maschinen) sicher, was für den Bediener unabdingbar ist.

Tabelle B-2. Farbzuordnung bei Schaltern und beleuchteten Bedienelementen

Farbe	Bedeutung für Schalter	Maßnahme	Bedeutung für beleuchteten Schalter	Maßnahme
rot	Notfall	muß bei einer gefährlichen Situation betätigt werden	Notfall	signalisiert, daß bei einem gefährlichen Zustand *dieser* Schalter betätigt werden muß
grün	sichere Funktion	kann während des normalen Betriebs ohne Gefahr geschaltet werden	normaler Zustand	keine besonderen Maßnahmen notwendig
gelb	anormaler Ablauf	Einschalten einer Sonderfunktion bei nicht normalen Abläufen	anormaler Zustand	um den Betrieb fortzusetzen oder den anormalen Zustand zu beheben, ist *dieser* Schalter zu betätigen
blau	zwingende Betätigung	für Zustände, die eine zwingende Handlung vorschreiben	zwingende Betätigung	dieser Schalter muß betätigt werden
weiß	neutral	für beliebige Funktionen	neutral	Funktion ist eingeleitet
schwarz	neutral	für beliebige Funktionen	neutral	–
grau	neutral	für beliebige Funktionen	neutral	–

Oben angeführte Farbzuordnung gilt auch für Bedienelemente, die beleuchtet sind. Die daraus resultierenden Maßnahmen sind ebenfalls aus Tabelle B-2 zu ersehen.

Im Maschinen- und Anlagenbau werden neben Schalter auch bevorzugt Taster eingesetzt, die eine Funktion starten oder beenden. Sie werden neben der üblichen Farbkennzeichnung auch mit Symbolen nach DIN 40 101 gekennzeichnet, wie Bild B-4 in einer Übersicht zeigt.

Farbe	Start	Stop	Start/ Stop	Bemerkung
Rot	Verboten	◯	Verboten	Vorzugsweise für Maschinen-Stop
Grün	I	Verboten	Verboten	Vorzugsweise für Maschinen-Start
Gelb			Verboten	Gelb und blau gekennzeichnete Taster werden im Maschinenbau nur in Ausnahmen eingesetzt
Blau				
Weiß	I	◯	⬭	Bevorzugte Farben für Tastschalter
Grau	I	◯	⬭	
Schwarz	I	◯	⬭	

Bild B-4. Kennzeichnung von Tastern

Die Schaltelemente (Kontaktelemente) der Bedienelemente beschränken sich auf zwei Ausführungen:

- *Öffner* und
- *Schließer*.

Die Kombination aus Öffner und Schließer ergibt schließlich einen Wechsler-Kontakt. Die Kontaktelemente sind meist als konfigurierbare Elemente ausgeführt und als Teil des Schalters auswechselbar. Üblich sind bis zu drei Schaltelemente, die auf einem gemeinsamen Träger aufgeschnappt werden. Der Träger wird anschließend auf das Betätigungselement montiert. Damit sind Kontakte und Betätigung innerhalb einer Baureihe beliebig kombinierbar.

Die Zusammenstellung der einzelnen Kontakte ist in der DIN EN 50 013 festgelegt. Dabei wird neben der *Kontaktklemmenbezeichnung* auch die *Zusammenstellung* der einzelnen Module genormt und in einer *Kennzahl* festgeschrieben. Dabei bedeutet:

- die erste Ziffer: Anzahl der *Schließer* und
- die zweite Ziffer: Anzahl der *Öffner*.

In Bild B-5 sind verschiedenen Kombinationen von Öffner und Schließer und die Funktionsschaltbilder sowie deren Kennzahl dargestellt. Die Zusammenstellung umfaßt alle Kombinationen zwischen 1 und 4 Schaltelemente, bestehend aus Öffner und Schließer.

Hauptschalter

Hauptschalter, gelegentlich auch *Netztrenner* genannt, haben die Aufgabe, die gesamte Anlage oder Teile der Anlage abzuschalten. Aus diesem Grund müssen sie in der Lage sein, sehr hohe Ströme an- und abzuschalten. Hauptschalter werden vorwiegend an der Außenseite von Schaltschränken oder Verteilerschränken angebracht. Sie müssen für

	Nur Schließer		Gemischte Bestückung						Nur Öffner	
	Schalt-elemente	Kennzahl nach DIN	Schalt-elemente	Kennzahl nach DIN	Schalt-elemente	Kennzahl nach DIN	Schalt-elemente	Kennzahl nach DIN	Schalt-elemente	Kennzahl nach DIN
1-fach Schalter	13 / 14	10							11 / 12	01
2-fach Schalter	13 23 / 14 24	20	13 21 / 14 22	11					11 21 / 12 22	02
3-fach Schalter	13 23 33 / 14 24 34	30	13 21 33 / 14 22 34	21	13 21 31 / 14 22 32	12			11 21 31 / 12 22 32	03
4-fach Schalter	13 23 33 43 / 14 24 34 44	40	13 21 33 43 / 14 22 34 44	31	13 21 31 43 / 14 22 32 44	22	13 21 31 41 / 14 22 32 42	13	11 21 31 41 / 12 22 32 42	04

Bild B-5. Funktionsschaltbild und Darstellung nach DIN EN 50 013

jedermann erreichbar und gut gekennzeichnet sein. Die Trennung vom Leitungsnetz erfolgt dabei ohne elektromagnetische Betätigungselemente mit Hilfe einer Kontaktbrücke, die durch einen *mechanisch geführten Zwangsöffner* betätigt wird.

! **Hinweis:** Der mechanisch geführte *Zwangsöffner* stellt das Trennen der Hauptstromkontakte sicher. Dabei wird die geöffnete Position *zwangsweise* durch einen Nocken auf der Betätigungsachse eingenommen. Die geschlossene Position wird durch eine Feder nach dem Wegdrehen des Öffnungsnocken eingenommen. Eine Fehlfunktion des Schließmechanismus (z.B. Federbruch oder Erlahmung der Feder) ermöglicht immer noch ein sicheres Trennen vom Netz und somit das Abschalten der Maschine. Weitere Ausführungen zur Sicherheitstechnik sind im Abschn. B.4 zu finden.

Bild B-6 zeigt die einzelnen Elemente eines gängigen Hauptschalters. Die Betätigung erfolgt durch einen Drehknebel, der durch einen Montagerahmen vor unbeabsichtigtem Schalten geschützt ist. Zusätzlich muß jeder Hauptschalter die Möglichkeit der Verriegelung haben, so daß Maschinen und Anlagen gegen unbefugte Benutzung geschützt werden können, beispielsweise durch ein Vorhängeschloß. Die Kontaktbrücken sind in einem geschlossenen Block untergebracht und werden über die Betätigungswelle geschlossen. Als Isolation bei offenem Schalter werden zwei Medien eingesetzt:

* Luft und
* Öl.

Das Schalten der Kontakte in einem Ölbad hat folgende Vorteile:

* sehr hohe Schaltspannungen möglich,
* sehr hohe Ströme möglich,

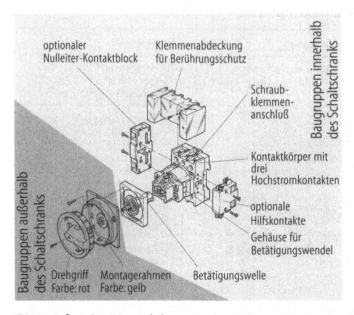

Bild B-6. Aufbau eines Hauptschalters

- keine Lichtbogen beim Abschalten induktiver Lasten und
- damit geringer Kontaktverschleiß.

Demgegenüber stehen jedoch die deutlich höheren Anschaffungskosten aufgrund des aufwendigeren Gehäuses.

B.2.2
Leuchtmelder

Leuchtmelder sind optische Anzeigen, die einen Zustand mit Hilfe einer Lampe visualisieren. Ihre Aufgaben sind:

- Melden von Fehlern,
- Anzeige von *Gut*-Zuständen,
- Signalisierung von Gefahr,
- Anzeige eines momentan ablaufenden Ereignisses;
- allgemein: *optische Prozeßkontrolle*.

Die wesentlichen Ausführungen sind:

- dauerhaft geschaltete Lampe (Ereignisanzeige),
- Blinklicht (Ereignisanzeige mit Handlungsaufforderung),
- Blitzlicht (Störung oder Gefahr) und
- Rundumkennleuchte (Achtungsanzeige, Start des Maschinenbetriebs).

Auch hier unterliegt die Form der Gestaltungsfreiheit der Hersteller. Die Farben sind dabei entsprechend der EN 60 073/VDE 0199 anzuwenden. Tabelle B-3 gibt hierzu einige Beispiele.

Tabelle B-3. Beispiele für farbige Anzeigeleuchten

Farbe	Bedeutung	Maßnahme	Beispiele
rot	Notfall, Gefahr	Aktion *muß* erfolgen, Maschine nicht betriebsbereit	Übertemperatur, Überdruck, Endposition überfahren, Programmabbruch, Ablauf gestört
grün	normaler Betrieb	keine	Maschine kann gestartet werden, Maschine läuft
gelb	Warnung	Aktion einleiten, Maschine bedingt betriebsbereit	Temperaturvorwarnung, Werkzeugverschleißgrenze erreicht
blau	Ablaufstörung	Maschine muß Referenzlauf durchführen	Maschine hat den normalen Ablauf unterbrochen und benötigt eine Bedieneraktion
weiß	Rückmeldung	für beliebige Funktionen	Kühlpumpe ein, Förderband in Aktion, Verriegelungen aktiv, Werkzeugspannung erfolgt, Abluftgebläse läuft

▭ Übergeordnete Funktionen

B.3
Elektromechanische Bauteile

B.3.1
Relais

Nachfolgendes Bild B-7 gibt eine Übersicht über die wichtigsten Relaisausführungen.
Diese sind

- *Kartenrelais,*
- *Kammrelais,*
- *Reed-Relais,*
- *Hochstrom-Relais,*
- *Zeitrelais* und
- *Halbleiter Relais* (engl.: Solid-State-Relais).

	Aufbau	Betriebs-nennspannung	Kontakte	Schaltstrom	Schaltspannung
Kammrelais	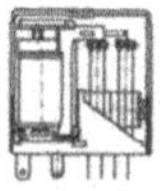	5 V 12 V 24 V 120 V	Schließer, Wechsler, meist mehrfach	0,2 A 2 A 5 A	150 V DC 125 V AC
Reed-Relais	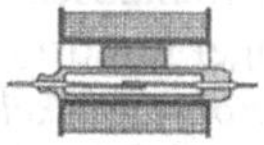	5 V 12 V 24 V	Schließer, Öffner, meist einfach	0,25 A 0,5 A	100 V
Hochstrom-Relais	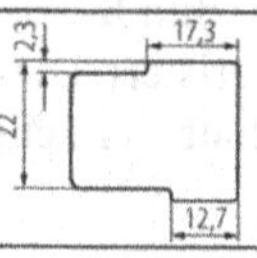	12 V 24 V 240 V	Schließer, Wechsler, einfach oder doppelt	20 A 30 A 40 A	28 V DC 240 V AC
Schütze	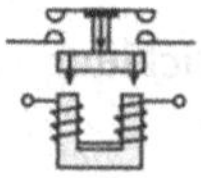	24 V 120 V 240 V	Schließer, Öffner, mehrfach	10 A bis 500 A	240 V AC 2 kV
Halbleiter-Relais	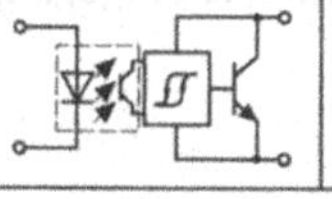	5 V 12 V 24 V 120 V	Schließer, Öffner, meist einfach	2 A 5 A	24 V DC 240 V AC

Bild B-7. Übersicht über die wichtigsten Relais-Ausführungen

Der *Kleinschütz* ist das Bindeglied zwischen den Relais und den Schützen. Der Aufbau
der unterschiedlichen Relais ist im Grundprinzip gleich: Ein *Kontaktpaket* wird durch
die Bewegung des *Ankers* in die aktive Stellung gebracht. Die passive Stellung wird mit
Hilfe einer Feder eingenommen, die den Anker in die Ruhelage zieht. Die Kontakte sind
geöffnet (bei einem Schließer) oder geschlossen, wenn es sich um einen Öffnerkontakt
handelt. Bild B-8 zeigt den vereinfachten Aufbau durch ein elektromechanisches Relais
mit Schließer.

Der *Steuerstrom* durch die Spule des Relais erzeugt einen *Magnetfluß*, der auf der
einen Seite aus dem Eisenkern austritt und auf der anderen Seite über das Joch zum
Anker geführt wird. Der Luftspalt zwischen Anker und Eisenkern schließt den Magnetfluß. Dabei wird auf den Anker eine Kraft ausgeübt, die ihn auf den freien Pol des Eisen-

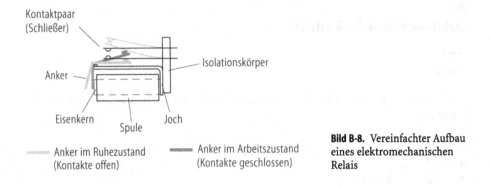

Bild B-8. Vereinfachter Aufbau eines elektromechanischen Relais

kerns bewegt, bis er dort aufliegt. Die Bewegung des Ankers wird mit Hilfe des *Schiebers* auf das Kontaktpaket übertragen und schließt bzw. öffnet das Kontaktpaar. In Bild B-8 sind beide Endlagen des Ankers, die *Ruhelage* und die *Arbeitslage*, eingetragen.

In der Industrie hat sich vor allem die steckbare Ausführung der Relais durchgesetzt. Dabei werden folgende Betriebsspannungen bevorzugt:

- 220 V Wechselspannung und
- 24 V Gleichspannung.

Da spezielle Anforderungen an die Spannungsfestigkeit, die mechanische Beständigkeit und an die Einbaulage zu stellen sind, wird meist ein 11-poliger Rundsockel eingesetzt. Wegen seiner Artverwandtschaft wird er auch oft als *Relais-Röhrensockel* bezeichnet.

Neben den grundsätzlichen Funktionsunterschieden, die in Bild B-7 dargestellt sind, werden die Relais durch eine Reihe von *Kennwerten* charakterisiert. Diese Kennwerte, die nach DIN 41 215 die Anforderungen an das Bauteil innerhalb der Lebensdauer spezifizieren, können in drei Gruppen aufgeteilt werden:

- Kennwerte für die *Kontakte*,
- Kennwerte für den *elektromagnetischen Antrieb* (Erregerwicklung) und
- Kennwerte für das *Zusammenspiel* von *Spule* und *Kontakte*.

Im nachfolgenden soll auf die Besonderheiten dieser Kennwerte eingegangen werden.

Kennwerte für Kontakte

Relaiskontakte gibt es in folgenden Ausführungen:

- *Schließer*,
- *Öffner* und
- *Wechsler*.

Als Sonderbauform findet man neben dem Wechsler auch noch den *Folgewechsler*, bei dem das Auftrennen des einen Stromkreises erst dann erfolgt, wenn der andere geschlossen ist. Die Kennwerte der Kontakte beziehen sich auf

- die *Schaltspannung*,
- den *Schaltstrom*,
- die *Schaltleistung*,
- den *Kontaktabstand* und
- die *Lebensdauer* (Schaltzahl oder Schaltspiel).

Schaltspannung und Kontaktabstand sind dabei eng miteinander verbunden. Allgemein gilt: je größer die Schaltspannung, desto größer ist der Kontaktabstand. Damit vergrößert sich auch der Schaltweg der Kontakte, was sich in einer größeren *Umschlagzeit* (Schaltzeit) niederschlägt.

Maßgeblichen Einfluß auf die obigen Kennwerte hat das Material der Kontakte. Hier kommen im wesentlichen *Edelmetallegierungen* zum Einsatz, die auf die jeweiligen Anwendungen abgestimmt sind. Dazu gilt es folgende wichtige Punkte zu bestimmen:

* *Kontaktwiderstand,*
* *Verschweißneigung,*
* *Abbrandfestigkeit* und
* *Materialwanderung.*

Darüber hinaus ist die *Oxidbildung* auf den Kontaktstellen ein wichtiges Kriterium. Durch eine Beschichtung mit Edelmetall kann diese Neigung erheblich verbessert werden. Aber auch das *Anlaufen* der Kontakte (z. B. bei silberbeschichteten Kontakten) kann die Schaltleistung beeinträchtigen. In Tabelle B-4 sind die wichtigsten Edelmetallegierungen und deren Einsatz gegenübergestellt. Darüber hinaus gibt es eine Reihe von Sonderlegierungen, die auf den speziellen Einsatzfall abgestimmt sind.

Tabelle B-4. Übersicht über die wichtigsten Kontaktmaterialien und deren Eigenschaften

Kontaktlegierung	typische Schalt- spannung	typischer Schaltstrom	Eigenschaften/Anwendungen (Beispiele)
Au AG 8	µV – 24 V	µA – 250 mA	• Kleinlastrelais • sehr niederohmige Schalter • Meßgeräte
Ag (Silber)	1 V – 150 V	50 mA – 100 A	• sehr häufig eingesetzter Werkstoff • Nachteil: Oxidation, Anlaufen der Kontakte (daher werden diese Kontakte oft hauchvergoldet) • auch für Wechselstrom geeignet (> 1 W)
Ag Ni (Silber-Nickel)	6 V – 380 V	10 mA – 100 A	• typischer Werkstoff für Schütze und Hochlastrelais • gute Abbrandfestigkeit • geringe Schweißneigung • Kontaktwiderstand höher als bei Silber
Ag Pd (Silber-Paladium)	1 V – 150 V	50 mA – 5 A	• für Relais in der Kommunikationstechnik • gute Abbrandfestigkeit • unempfindlich gegen Schwefel
Ag Cd O	12 V – 380 V	> 0,5 A	• hauptsächlicher Einsatz in Wechselstromsystemen • hohe Abbrandfestigkeit • geringe Schweißneigung • höherer Kontaktwiderstand als Silber
Rh (Rhodium)	< 150 V	< 2 A	• speziell für Reed-Kontakte mit hoher Lebensdauer • für hochohmige Anwendungen (kleine Last)
W (Wolfram)	> 60 V	> 1 A	• meist als Vorlaufkontakt eingesetzt • für hohe Einschaltströme • große Schalthäufigkeit • abbrandfest • geringe Schweißneigung • korrosionsanfällig

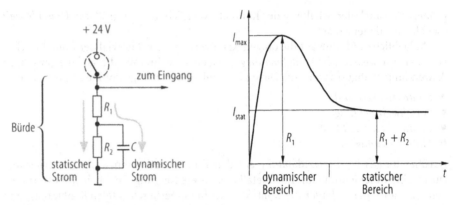

Bild B-9. Anschaltung zum Fritten von Kontakten

Dem Alterungsprozeß und der Oxidationsneigung begegnet man auch durch geeignete Beschaltung der Kontakte. Eine sehr verbreitete Möglichkeit besteht darin, daß im Moment des Schaltens kurzzeitig ein höherer Strom geführt und so eine etwaige Oxidschicht durchschlagen oder freigebrannt wird. Dieser Vorgang wird als *Fritten* bezeichnet. Bild B-9 zeigt vereinfacht, wie beim Fritten die Kontaktbeschaltung aussehen kann. Der maximale Einschaltstrom wird dabei durch den Widerstand R_1 bestimmt, da im Moment des Einschaltens der entladene Kondensator C Widerstand R_2 überbrückt:

$$I_{max} = U_{Last}/R_1. \tag{B-1}$$

Im eingeschwungenen Zustand (statischer Zustand) stellt sich ein Laststrom ein, der durch die beiden Widerstände R_1 und R_2 fließen muß:

$$I_{statisch} = U_{Last}/R_1 + R_2. \tag{B-2}$$

Es ist darauf zu achten, daß der Kontakt die kurzzeitige Überlastung ohne Einbußen auf die Lebensdauer tragen kann.

! Hinweis: Einen nicht zu vernachlässigenden Einfluß auf die Kontakte und deren Lebensdauer hat die *Umwelt*. Besonders bei nicht abgedichteten Relais, die in rauher Industrieumgebung eingesetzt werden, stellen die aggressiven Öle und Kühlmittel in der Luft eine Beeinträchtigung dar. Hier ist bei der Auswahl der Relaisausführung und deren Kontakte besonders auf ihre Industrietauglichkeit zu achten.

Kennwerte für die Relaisspule
Die Relaisspule muß in Abhängigkeit der Ansteuerung gewählt werden. Daher sind ihre Kennwerte

- *Spulenspannung* (Betriebsspannung),
- *Betriebsstrom*,
- *Ansprechstrom* und
- *Ansprechleistung*.

Der Ansprechstrom und die Ansprechleistung beschreiben die kleinste Leistung bzw. den kleinsten Strom, der der Relaisspule zugeführt werden muß, damit der Anker bis zur ersten Kontaktgabe bewegt wird. Danach steigt die notwendige Leistung, da das Federpaket der Relaiskontakte ebenfalls bewegt werden muß. In Bild B-10 sind die drei Phasen

- *Ruhelage,*
- *Schaltvorgang* und
- *Arbeitslage*

dargestellt. Der zeitliche Verlauf der Spulenspannung sowie eine Schaltleistungsbetrachtung ist ebenfalls eingetragen.

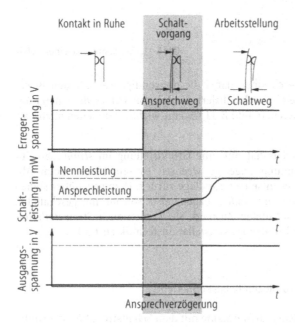

Bild B-10. Ansprechverhalten eines Relais

Kennwerte des Zusammenspiels von Spule und Kontakten
Diese Kennwerte sind hauptsächlich zeitliche Kennwerte. Diese sind

- *Ansprechzeit*
  Zeit von der Erregung der Spule bis zum ersten Schließen eines Schließers oder Öffnen eines Öffners.
- *Rückfallzeit* (Abfallzeit)
  Die Rückfallzeit ist nur bei einem *monostabilen* Relais definiert. Sie gibt die Zeit an, die nach dem Abschalten der Erregerspule verstreicht, bis der Schließer wieder öffnet bzw. der Öffner wieder geschlossen wird.
- *Hubzeit*
  Die Hubzeit oder Umschlagzeit beschreibt die Zeit, in der die Kontaktzunge zwischen der Öffner- und Schließerstellung bewegt wird und kein Ausgangssignal ansteht.
- *Prellzeit*
  Die Prellzeit beschreibt den Zeitraum, den der Öffner oder Schließer benötigt um in seiner Arbeitslage zur Ruhe zu kommen.

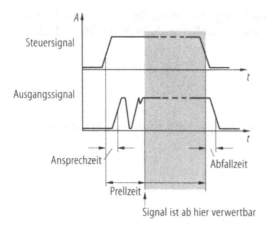

Bild B-11. Zeitkennwerte eines Relais

Die Anlauf- und Abfallzeiten beschreiben dabei die notwendige Zeit für den Bewegungsablauf im Relais. Die Hubzeit ist bei Wechslern die Zeit vom Öffnen des einen Kontaktes bis zum Schließen des anderen. In Bild B-11 sind die wichtigsten Zeiten nochmals zusammengestellt.

> **Hinweis:** Ein *monostabiles* Relais hat nur eine Grundstellung im *stromlosen* Zustand. Wird die Erregerspannung angelegt, wechselt es seine Lage; beim Abschalten der Spannung kehrt es in seine Grundlage zurück. Dem gegenüber stehen *bistabile* Relais. Sie verharren in *beiden* Lagen, also sowohl im geschalteten Zustand als auch im nichtgeschalteten Zustand. Sie werden auch *Stromstoßrelais* genannt und sind vorwiegend in der Hausinstallationstechnik zu finden.

Weitere Kennwerte sind:

- *mechanische Lebensdauer*
  Anzahl der Schaltspiele bei stromlosen Relaiskontakten;
- *elektrische Lebensdauer*
  Anzahl der Schaltspiele, bei denen die Kontakte mit dem Schaltstrom belastet sind;
- *Schwing-* und *Stoßfestigkeit*
  Die Schwing- und Stoßfestigkeit geben die von außen auf ein Relais einwirkenden maximal zulässigen Kräfte an, bei denen der Schaltzustand des Relais noch nicht gestört wird (gilt für geschlossene und offene Kontakte);
- *Schutzart*
  Die Schutzart gibt nach DIN 40050 die Art der Kapselung der Relais an und damit ihre Widerstandsfähigkeit gegen Wasser, Staub, Feuchte und Berührung.

B.3.2
Halbleiterrelais

Als *Halbleiterrelais* (engl.: Solid-State-Relais, SSR) werden Relais bezeichnet, die keine mechanisch beweglichen Teile besitzen (Bild B-12). Der Schaltkontakt (Öffner oder Schließer) wird durch einen Halbleiterschalter ersetzt. Dieser ist meist als

- Transistor,
- FET,
- Thyristor oder Triac und
- IGBT

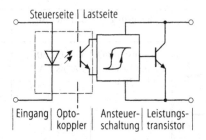

Steuerseite | Lastseite

| Eingang | Opto-koppler | Ansteuer-schaltung | Leistungs-transistor |

Bild B-12. Grundsätzlicher Aufbau eines Halbleiterrelais

Bild B-13. Halbleiterrelais für Wechselspannung 600 V, 25 A
Werkbild: CRYD

Tabelle B-5. Vor- und Nachteile der unterschiedlichen Relais-Bauarten

Elektromechanisches Relais	Halbleiterrelais
Vorteile:	Vorteile:
• kleiner EIN-Widerstand • sehr großer AUS-Widerstand • geringe Verluste im EIN-Zustand • Ein- und Ausgangskreis galvanisch getrennt • tolerant gegen Überspannung und Falschpolung • schaltet Gleich- und Wechselspannung	• kein Kontaktprellen • keine Abnutzung • keine Funkenbildung • kann kurzzeitig eine große Energie aufnehmen • schaltet hohe Ströme problemlos • bedingt parallelschaltbar • kurze Schaltzeiten (0,2 ms bis 10 ms)
Nachteile:	Nachteile:
• Abnutzung der Kontakte • Abnutzung der Mechanik • Kontakte prellen • hohe Stoßströme beschädigen die Kontakte • Schaltzeiten 5 ms bis 50 ms • kein Parallelschalten möglich	• schaltet nur Gleichstrom oder nur Wechselstrom • deutliche Verluste im Leistungstransistor bei hohen Strömen; externe Kühlung ist erforderlich • am Relais bleibt eine Restspannung (0,5 V bis 2 V) • Zerstörung durch Überspannung und Falschpolung möglich

ausgeführt. In Abhängigkeit von Schaltspannung und Schaltstrom gibt es sie mit Schaltströmen von wenigen 100 mA bis zu 100 A Leistung. Da keine mechanisch bewegten Teile den Schaltvorgang ausführen, sind sie nahezu verschleißfrei. In Tabelle B-5 sind die

Typ, Kopplung Leistungsschalter	Blockschaltbild	Ansteuerung	Schalter für Last	
Gleichstrom, optisch gekoppelt, bipolarer Transistor a	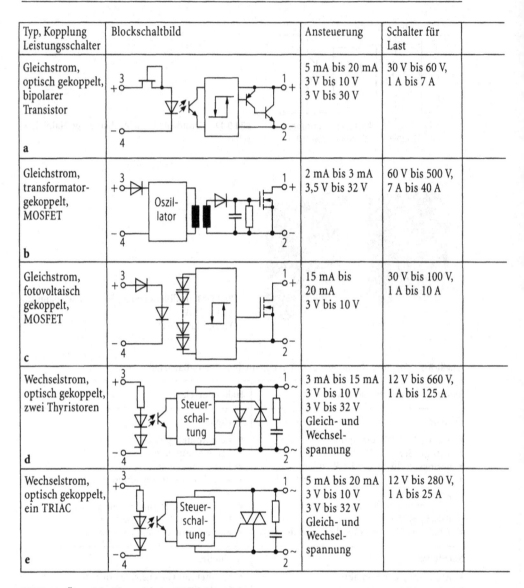	5 mA bis 20 mA 3 V bis 10 V 3 V bis 30 V	30 V bis 60 V, 1 A bis 7 A	
Gleichstrom, transformator-gekoppelt, MOSFET b		2 mA bis 3 mA 3,5 V bis 32 V	60 V bis 500 V, 7 A bis 40 A	
Gleichstrom, fotovoltaisch gekoppelt, MOSFET c		15 mA bis 20 mA 3 V bis 10 V	30 V bis 100 V, 1 A bis 10 A	
Wechselstrom, optisch gekoppelt, zwei Thyristoren d		3 mA bis 15 mA 3 V bis 10 V 3 V bis 32 V Gleich- und Wechsel-spannung	12 V bis 660 V, 1 A bis 125 A	
Wechselstrom, optisch gekoppelt, ein TRIAC e		5 mA bis 20 mA 3 V bis 10 V 3 V bis 32 V Gleich- und Wechsel-spannung	12 V bis 280 V, 1 A bis 25 A	

Bild B-14. Übersicht über wichtige Halbleiterrelais

Widerstand R_{ein}, Spannungsabfall	Einschalt-zeit	Ausschalt-zeit	Verlust-leistung	Stoß-strom	Verwendung Vor-/Nachteile
Spannungsabfall 0,8 V bis 1,5 V	50 µs	50 µs bis 150 µs	$P = 1,3 \text{ V } I_{last}$	$2 I_D$	Preisgünstig, schnell. Gut für kleine und mittlere Ströme. Schaltet Geräte, Motoren, Magnete, Lampen usw.
20 bis 500 mΩ Spannungsabfall 1 V bis 2 V, Ausnahme 5 V	100 µs	1 ms	$P_v = I^2 R_{ein}$	$2,5 I_D$	Gut für hohe Ströme. Schaltet Geräte, Motoren, Magnete, Lampen usw. Überdimensionierung verringert die Verlust-leistung
0,5 Ω bis 1,5 mΩ Spannungsabfall 0,2 V bis 1,5 V	0,2 ms bis 0,3 ms	0,3 ms	$P_v = I^2 R_{ein}$	bis 10 I_D	Schaltet schnell. Schaltet Geräte, Motoren, Magnete, Lampen usw. Überdimensionierung verringert die Verlust-leistung
1,6 V_{Spitze}	Nullspannungs-schaltend. Sonderausfüh-rung sofort-schaltend 50 µs bis 100 µs	Schaltet nur im Nulldurch-gang des Stromes ab.	$P_v = 1,3 \text{ V}_{eff}$	12 I_D bis 20 I_D	Nur Wechselstromverbrau-cher. Auch für stark induk-tive Geräte, Lampen, Moto-ren, Transformatoren usw. Schalter für drei Phasen sind verfügbar.
1,6 V_{Spitze}	Nullspannungs-schaltend. Sonderausfüh-rung sofort-schaltend 50 µs bis 100 µs	Schaltet nur im Nulldurch-gang des Stromes ab.	$P_v = 1,3 \text{ V}_{eff}$	12 I_D bis 20 I_D	Vorwiegend für ohmsche und schwach induktive Wechselstromverbraucher. Geräte, Lampen, Heizungen, (Motoren). Schalter für drei Phasen sind verfügbar.

wichtigsten Unterschiede zwischen einem mechanischen Relais und einem Halbleiterrelais aufgezeigt.

Den allgemeinen Aufbau verdeutlicht Bild B-12. Man unterscheidet grundsätzlich drei Bereiche:

* den *Steuerkreis*,
* die *Kopplung* und
* den *Schaltkreis*.

Halbleiterrelais müssen den Eingangs- und den Ausgangskreis galvanisch trennen und der Kontakt muß niederohmig oder sehr hochohmig sein, Zwischenwerte darf es nicht geben. Es gibt Halbleiterrelais, die eine Last an Gleichstrom schalten; andere schalten nur Wechselstromlasten.

Ein richtig dimensioniertes Halbleiterrelais ist *verschleißfrei*. Hier können sich weder bewegte Teile abnützen, noch Kontakte abbrennen oder verschleißen. Sie werden vorteilhaft eingesetzt, wenn große Lasten sehr häufig definiert geschaltet werden müssen. Da kein Funke auftritt und die ganze Elektronik normalerweise in Kunststoff vergossen ist, können Halbleiterrelais auch in einer explosionsgefährdeten, feuchten oder stark verschmutzten Umgebung sicher arbeiten. Bild B-13 zeigt ein typisches Relais.

Das Halbleiterrelais erzeugt beim Schalten deutlich weniger Störungen als ein mechanisches, weil der Kontakt nicht prellt und der Übergang vom AUS- zum EIN-Zustand länger dauert als beim mechanischen Relais. Halbleiterrelais für Wechselspannung gibt es auch *nullspannungsschaltend*, d.h. die Last wird nur während des Nulldurchgangs der Speisespannung eingeschaltet, wodurch die Spitzenströme und die Störungen deutlich verringert werden.

Oft trennt ein *Optokoppler* den Eingangs- und den Ausgangskreis, wie die Übersicht in Bild B-14 zeigt. Er besteht aus einer Licht emittierenden Diode (LED) und einem Fototransistor. Beide arbeiten im infraroten Bereich mit dem höchsten Wirkungsgrad und sind durch eine Luft- oder Isolierstoffstrecke getrennt. Dadurch isoliert der Optokoppler meistens mehrere tausend Volt und trennt den Eingangskreis sicher vom Ausgangskreis. Der Fototransistor steuert den Leistungstransistor über die Ansteuerschaltung, deren Versorgungsleistung meistens aus dem Lastkreis kommt (Bild B-14a). Für Gleichstrom eigenen sich bipolare Leistungstransistoren und Leistungs-MOSFET. Letztere benötigen 5 V bis 15 V Gatespannung, um sicher ein- und auszuschalten. Diese hohe Spannung läßt sich nicht mehr einfach aus dem Lastkreis entnehmen, der im eingeschalteten Fall möglichst nicht mehr als 1 V Restspannung haben soll. Ein MOSFET benötigt nur eine Ansteuerspannung, aber keinen Strom. Das Ansteuersignal des Halbleiterrelais kann in eine Wechselspannung mit hoher Frequenz (100 KHz) gewandelt werden. Ein kleiner Transformator erzeugt daraus eine höhere Wechselspannung, deren Potential vom Eingangskreis getrennt ist. Die gleichgerichtete Spannung steuert direkt das Gate des MOSFET (Bild B-14b).

Transistoren als Schalter haben nur *eine* mögliche Polarität. Plus und minus ist den Anschlüssen des Transistors fest zugeordnet. Eine Falschpolung zerstört normalerweise das Halbleiterrelais.

B.3.2.1
Halbleiterrelais für Gleichstrom mit einem bipolaren Leistungstransistor

Bild B-15 zeigt das Blockschaltbild eines Halbleiterrelais. Es besteht aus einem Opto-koppler mit einer Strombegrenzung im Eingangskreis, einer Steuerschaltung, die den Leistungstransistor durchsteuert oder sperrt, aber Zwischenwerte verhindert und dem Leistungstransistor als Lastschalter.

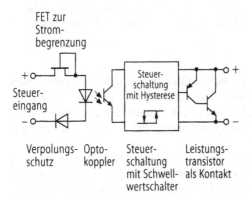

Bild B-15. Blockschaltbild eines Halbleiter-relais für Gleichstrom

Der Optokoppler braucht 1,5 V bis 2 V und 5 mA bis 20 mA. Er soll mit einer Logik-schaltung, die etwa 4 V erbringt, oder mit höheren Spannungen bis 30 V angesteuert werden können. Innerhalb dieses Spannungsbereichs muß der Strom in der LED begrenzt werden. Dazu dient ein Vorwiderstand, Bild B-16a, oder ein Feldeffekttransi-stor, der als Stromquelle geschaltet ist (Bild B-16b). Beim Vorwiderstand nimmt der Strom in der LED fast linear mit der Steuerspannung zu, der Steuerspannungsbereich ist aber meistens auf 3 V bis 10 V eingeschränkt. Kurze Überspannungsimpulse werden gut verkraftet. Eine in Reihe geschaltete hochsperrende Diode schützt den Eingangskreis gegen Falschpolung. Bei der Stromquelle ändert sich der Diodenstrom innerhalb des Eingangsspannungsbereichs nur wenig. Dieser FET zur Strombegrenzung kann schon durch kurze Überspannungsimpulse auf der Steuerspannung zerstört werden.

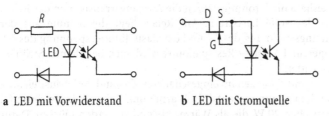

a LED mit Vorwiderstand   **b** LED mit Stromquelle

Bild B-16. Strombegrenzung im Primärkreis des Optokopplers

Halbleiterrelais mit Optokopplern erzeugen die geringe Energie für die Ansteuer-schaltung meistens aus dem Lastkreis, deshalb bleibt die Restspannung am Leistungs-transistor auch bei kleinen Strömen bei $U \geq 1$ V.

Bild B-17 zeigt eine typische Innenschaltung eines Halbleiterrelais mit einem bipola-ren Transistor als Leistungsschalter. Der Optokoppler isoliert den Eingangs- vom Aus-

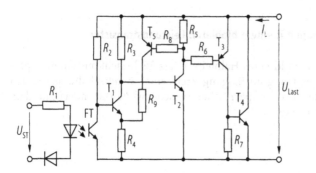

Bild B-17. Optisch gekoppeltes Halbleiterrelais mit einem bipolaren Leistungstransistor

gangskreis. Er trennt problemlos 1500 V bis 4000 V. Ein Widerstand begrenzt den Strom im Primärkreis. Der Strom im sekundären Fototransistor beträgt ungefähr $^1/_{10}$ des primären Diodenstroms. Dieser Strom ist zu klein, um einen Leistungstransistor zu steuern. Deshalb entnimmt man die Versorgungsleistung der Ansteuerschaltung aus dem Sekundärkreis.

Bei der geforderten kleinen Sättigungsspannung (1 V) des Leistungstransistors T4 beträgt der Basisstrom ungefähr 5 % des zu schaltenden Kollektorstroms. Wenn 20 A zu schalten sind, benötigt T4 1A Basisstrom. Er kann aus dem Lastkreis entnommen und über T3 geschaltet werden. Dadurch braucht die Schaltung im EIN-Fall nur 1 V Spannung, und der Basisstrom von T4 übernimmt einen Teil des zu schaltenden Stromes. Der Transistor T3 braucht mehr Basisstrom als der Fototransistor FT liefern kann. Deshalb steuert er die Basis von T3 über weitere Transistoren T1 und T2.

In der AUS-Schaltung liegt die Lastspannung am Relais, es fließt aber fast kein Strom. Diese Spannung im Lastkreis erzeugt über R_2 einen Basisstrom in T1 und steuert ihn durch. T2 erhält keine Basisspannung, deshalb ist der Kollektor von T2 stromlos. Die Basis-Emitterstrecke von T3 wird über die Widerstände R_5 und R_6 gesperrt, T3 und T4 sind stromlos. Abhängig von der Strombelastbarkeit des Relais fließen im AUS-Zustand 0,1 mA bis 2 mA Reststrom in die Ansteuerschaltung.

In der EIN-Stellung ist der Optokoppler aktiv. Der Strom durch R_2 fließt über den niederohmigen Fototransistor FT des Optokopplers ab. Basis und Kollektor von T1 sind stromlos, und über R_3 fließt soviel Basisstrom in den Transistor T2, so daß seine niederohmige Kollektor-Emitterstrecke über R_6 einen ausreichenden Basisstrom in T3 erzeugt. T3 und T4 sind deshalb niederohmig. Durch die Ausgangstransistoren des Relais T3 und T4 fließt jetzt der volle Laststrom. Am Relais liegt die Summe aus der Kollektor-Emitter-Sättigungsspannung des T3 und der Basis-Emitterspannung des T4, das sind zusammen ungefähr 1 V. Diese Restspannung wird auch bei kleinen Strömen nicht wesentlich unterschritten.

Die Endtransistoren T3 und T4 setzen im eingeschalteten Zustand die Verlustleistung aus dem Laststrom mal dem Spannungsabfall in Wärme um. Bei 20 A Laststrom und 1 V Spannungsabfall entstehen 20 W, die als Wärme abgeführt werden müssen. Dafür hat das Relais meistens eine dicke Aluminium-Grundplatte, auf der die Leistungstransistoren T3 und T4 montiert sind. Diese Grundplatte muß auf einer gut Wärme ableitenden Fläche (einem Kühlblech) montiert werden. Hier unterscheidet sich das elektronische Relais wesentlich von einem elektromechanischen, an dessen Kontakt nur eine sehr kleine Leistung abfällt, während die Verlustleistung überwiegend in der Zugspule entsteht. Das elektromechanische Relais gibt diese Verlustleistung durch Konvektion direkt an die Umgebungsluft ab.

Das beschriebene elektronische Relais hat zwischen dem EIN- und dem AUS-Zustand noch einen kleinen analogen Bereich, in dem die halbe Betriebsspannung und der halbe Laststrom am Relais anliegen können. Schaltet das Relais im Normalfall 1 kW, dann können im ungünstigsten Fall 250 W im Relais in Wärme umgesetzt werden. Für diesen Sonderfall ist das Relais nicht ausgelegt; es würde sehr schnell durch Wärme zerstört. Eine positive Rückkopplung im Steuerkreis verhindert diese Zwischenzustände.

Ein langsam zunehmender Strom in der LED und im Fototransistor verringert den Kollektorstrom in T1. Der Strom durch R_3 fließt jetzt in die Basis des Verstärkertransistors T2 und steuert den Treibertransistor T3 langsam in den leitenden Zustand. Seine Basis-Emitterspannung an R_5 aktiviert gleichzeitig den Transistor T5 und steuert ihn niederohmig. Sein Kollektorstrom fließt über R_9 und R_4, erhöht das Potential am Emitter von T1 und sperrt ihn vollständig. Dadurch erhält T2 seinen vollen Basisstrom über R_3 und die nachfolgenden Transistoren schalten sicher und niederohmig durch. Die Schaltung ist so dimensioniert, daß es für T3 außer dem vollen Basisstrom und dem stromlosen Zustand keine stabilen Zwischenzustände gibt. Die Schaltung beschleunigt den Schaltvorgang in beiden Richtungen.

B.3.2.2
Halbleiterrelais für Gleichstrom mit MOSFET

Feldeffekttransistoren für große Leistungen eignen sich ebenfalls gut für Leistungsschalter in Gleichstrom-Halbleiterrelais. Der Transistor ist meistens ein selbstsperrender n-Kanal-MOSFET. Im AUS-Zustand steuert die Ansteuerschaltung von MOSFET mit 0 V an; er ist hochohmig, der Reststrom ist im Bereich 1 μA bis 100 μA. Steigt die Eingangsspannung des Relais über 3 V, dann steigt die Ausgangsspannung der Ansteuerschaltung auf 5 V bis 10 V und steuert den MOSFET niederohmig.

Das Halbleiterrelais mit bipolaren Transistoren arbeitet noch mit 1 V, der vertretbaren Restspannung am Arbeitskontakt. Diese kleine Spannung reicht für den MOSFET nicht, er benötigt zum Schalten 5 V bis 10 V. Die Spannung kann über viele in Reihe geschaltete kleine Fotoelemente erzeugt werden (Bild B-14c).

Auch ein Transformator kann den Eingangs- und den Ausgangskreis trennen (Bild B-14b). Da der Transformator keine Gleichspannung übertragen kann, muß das Eingangsignal zuerst in Wechselspannung umgewandelt werden (Bild B-18). Das Eingangssignal speist einen kleinen Oszillator, der einen Teil der Eingangsleistung in eine 50 kHz-Wechselspannung umwandelt. Der Transformator trennt den Ausgangskreis vom Eingangskreis und hält einige kV Spannungsdifferenz aus. Gleichzeitig wandelt er die Eingangsspannung auf einen höheren Wert, der den Leistungstransistor sicher niederohmig durchsteuert. Für die hohe Übertragungsfrequenz genügt ein kleiner Transformator. Er hält auch die Ansprechzeit des Relais klein (0,1 ms bis 1 ms). Bei diesem Relais hat der *Kontakt* eine rein ohmsche Charakteristik, d.h. der Spannungsabfall am MOSFET nimmt linear mit dem Strom zu. Wird dieses Relais etwas größer als unbedingt

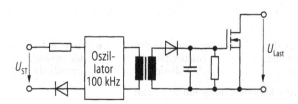

Bild B-18. Halbleiterrelais mit Transformatorkopplung und MOSFET als Leistungsschalter

erforderlich dimensioniert, kann können die Verluste und die Wärmeentwicklung spürbar verringert werden.

Die Ansteuerschaltung enthält einen Schmitt-Trigger, der nur 0 V oder Spannungen über 5 V abgeben kann, Zwischenwerte gibt es nicht. Damit wird sichergestellt, daß der Leistungstransistor nur zwei Arbeitspunkte hat. Entweder liegt an ihm die volle Spannung (z.B. 100 V); es fließen aber nur einige μA und die Verlustleistung ist sehr klein, oder er ist sehr niederohmig und die Verlustleistung wird nur vom Widerstand und dem fließenden Strom bestimmt, $P = I^2 R$ (z.B. 1 V und 20 A = 20 W). Gleichstromrelais mit MOSFET als Schalter gibt es zur Zeit bis 100 V und 40 A oder bis 500 V und 10 A.

Der EIN-Widerstand des MOSFET beträgt je nach der Belastbarkeit mit Strom und Spannung zwischen 10 mΩ und 1 Ω. Sein zulässiger Stoßstrom kann das 10-fache des Dauerstroms sein. Der endliche EIN-Widerstand begrenzt den Strom, wenn beispielsweise eine niederohmige Stromquelle an große Kondensatoren eines Spannungswandlers geschaltet wird. In diesen Fällen kann ein Halbleiterrelais technisch besser und gleichzeitig preisgünstiger sein als ein elektromechanisches Relais.

Durch die begrenzte Ansteuerleistung und die große Gate-Kapazität des MOSFET schaltet dieser nicht beliebig schnell durch, sondern benötigt einige Mikrosekunden zum Übergang vom Sperren zum Leiten und umgekehrt. Diese Anstiegs- oder Abfallzeit begrenzt das dabei erzeugte Frequenzspektrum nach oben. Das Halbleiterrelais erzeugt beim Schalten deutlich weniger Störungen als ein mechanisches.

Halbleiterrelais können Stoßströme aushalten, die erheblich über dem zulässigen Dauerstrom liegen. Dagegen dürfen die zulässigen Dauersperrspannungen nicht oder nur wenig überschritten werden, sonst werden die Halbleiter zerstört. Die Hersteller geben die zulässigen Grenzwerte in den Datenblättern an. Fehlt neben der Dauerbelastung ein größerer Spitzenwert, dann darf dieser Wert auch nicht kurzzeitig überschritten werden, ohne das Relais zu zerstören.

Eine stromdurchflossene Induktivität speichert die Energie $N = \frac{1}{2} L I^2$ (L: Nenninduktivität). Soll der Strom abgeschaltet und damit null werden, muß die Energie die Induktivität verlassen. Ohne eine geeignete Schutzbeschaltung entsteht eine große Spannungsspitze (Bild B-19b) die den Schalter schädigt oder zerstört. Die Diode im Bild B-19a ist während des Betriebes in Sperrichtung gepolt und stromlos. Nach dem Abschalten hört der Strom im Schalter sofort auf. Der Strom in der Induktivität L fließt

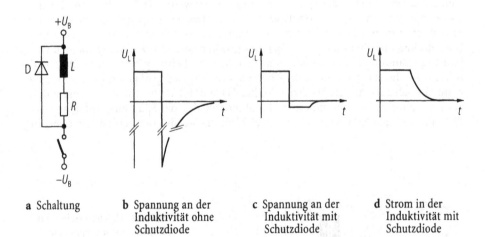

a Schaltung   **b** Spannung an der Induktivität ohne Schutzdiode   **c** Spannung an der Induktivität mit Schutzdiode   **d** Strom in der Induktivität mit Schutzdiode

Bild B-19. Schutzbeschaltung eines Gleichstromrelais für induktive Last

durch die Diode weiter und klingt nach einer Exponentialfunktion mit der Zeitkonstante $\tau = L/R$ ab. Diese Schutzbeschaltung ist gepolt und funktioniert deshalb nur bei Gleichstrom. Bild B-19c zeigt die Spannung an der Induktivität, Bild B-19d den Strom beim Abschalten.

Schaltet das Relais eine Glühlampe, dann ist das Ausschalten dieser ohmschen Last problemlos, eine Schutzbeschaltung ist nicht erforderlich. Beim Einschalten liegt die volle Betriebsspannung an dem noch kalten und deshalb niederohmigen Glühfaden. Der Einschaltstrom kann der 15-fache Betriebsstrom sein, dafür ist das Relais zu dimensionieren.

B.3.2.3
Halbleiterrelais für Wechselstrom

Bipolare und Feldeffekttransistoren schalten Spannungen und Ströme nur mit einer Polarität. Sie eignen sich deshalb nicht für Wechselspannungen.

Wechselspannungen lassen sich gut mit Thyristoren schalten. Der Thyristor ist ein steuerbarer Gleichrichter (engl.: Silicon Controlled Rectifier, SCR), der in der positiven Halbwelle der Wechselspannung mit einem Impuls gezündet werden kann. Am leitenden Thyristor fällt ungefähr 1 V Restspannung ab. Diese Spannung nimmt mit dem Strom nur wenig zu. Geht der Augenblickswert des Stroms durch null, bedingt durch die anliegende Speisespannung, dann sperrt der Thyristor. Bei negativer Anodenspannung sperrt er, wird die Spannung wieder positiv, läßt er sich mit einem Impuls erneut zünden (Bild B-20a). Ein Thyristor schaltet nur eine Halbwelle; deshalb schaltet man immer zwei Thyristoren antiparallel. Statt der beiden Thyristoren kann auch ein TRIAC verwendet werden. Er besteht aus zwei antiparallelen Thyristoren, die in *einem* Halbleiterkristall integriert sind und über *ein* Gate gezündet werden (Bild B-20b). Der TRIAC ist preisgünstiger als zwei Thyristoren, kann aber stark induktive Lasten nicht immer sicher schalten. TRIACs gibt es nur bis ungefähr 25 A, Thyristoren können wesentlich höhere Ströme schalten.

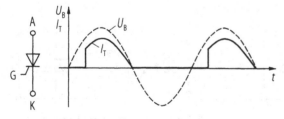

a Thyristor mit Spannungs- und Stromverlauf

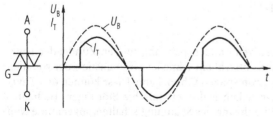

b Triac mit Spannungs- und Stromverlauf

Bild B-20. Spannungs- und Stromverlauf am Thyristor und am Triac bei ohmscher Last

Thyristoren und TRIACs zünden mit einem Impuls, sie leiten ohne Ansteuerung weiter und verlöschen, wenn der Strom durch null geht (Bild B-20). Thyristoren zeichnen sich durch folgende Eigenschaften aus, die etwas eingeschränkt auch für TRIACs gelten:

- verschleißfreies Schalten,
- hohe Schaltleistung, über 1000 V und mehrere hundert A,
- der nicht periodische Stoßstrom darf 12- bis 20mal größer als der Dauerstrom sein,
- nach dem Zündimpuls ist keine Steuerleistung mehr erforderlich und
- der Stromfluß endet mit dem Nulldurchgang des Stroms, es entstehen keine steilen Flanken und deshalb wenig Störungen.

Ein Thyristor oder TRIAC sperrt oder schaltet durch. Es gibt keine stabilen Zwischenwerte, deshalb sind auch keine Maßnahmen gegen teilweises Durchschalten erforderlich.

Nachteilig ist der Spannungsabfall zwischen 1 V und 1,6 V, der bei kleinen Spannungen im Lastkreis nicht mehr gegen die Gesamtspannung vernachlässigt werden kann. Bei hohem Durchlaßstrom kann eine erhebliche Verlustleistung entstehen. Außerdem kann ein schneller Spannungsanstieg, beispielsweise durch eine Störspitze im Stromkreis, den Thyristor ungewollt zünden. Er leitet dann bis zum nächsten Nulldurchgang des Stroms. Eine geeignete RC-Beschaltung (*snubber*) kann das ungewollte Zünden verhindern, oft ist sie schon im Halbleiterrelais eingebaut.

B.3.2.3.1
Realisierung eines Wechselspannungsrelais mit Thyristoren

Bild B-21a zeigt das einfachste Relais aus zwei Thyristoren als Schalter und einer nur schematisch angedeuteten Steuerschaltung. Kurz nach Beginn einer Halbperiode zündet ein Impuls den Thyristor mit positiver Anodenspannung. Abhängig vom Strom fallen am Thyristor 1 V bis 2 V ab; die restliche Differenz bis zur Speisespannung liegt an der Last. Im Nulldurchgang des Stroms verlöscht der Thyristor, danach läuft derselbe Vorgang im Thyristor für die negative Halbwelle ab (Bild B-20a).

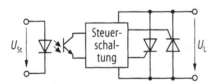
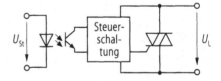

a Zwei antiparallele Thyristoren als   **b** Ein Triac als Leistungsschalter
Leistungsschalter

Bild B-21. Halbleiterrelais für Wechselspannung

Der Thyristor kann bei jeder positiven Anodenspannung zünden. Zündet der Thyristor bei einer hohen Spannung, dann entsteht ein schneller Stromanstieg, der vor allem bei kapazitiver Last zu sehr hohen Stromspitzen führen kann. Diese können den Thyristor zerstören. Sie erzeugen aber in jedem Fall unerwünschte Störungen. Halbleiterrelais, die nur kurz nach dem Nulldurchgang der Spannung schalten, sogenannte *Nullspannungsschalter*, vermeiden diese Nachteile. Bild B-22a zeigt die Speisespannung, Bild

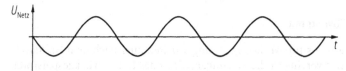

a Eingangsspannung vom Netz

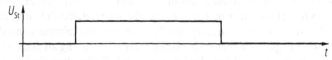

b Steuersignal

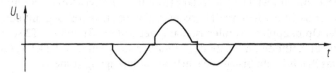

c Spannung am Halbleiterelais als Nullspannungsschalter

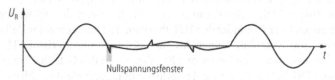

d Spannung am Lastwiderstand

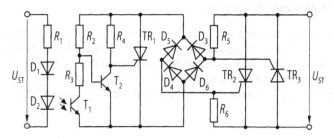

e Schaltung des Relais

Bild B-22. Spannungen und Schaltung eines Halbleiterrelais mit Thyristoren für Wechselspannung, Nullspannungsschaltende

B-22b das Steuersignal, Bild B-22c die Spannung am *nullspannungsschaltenden* Halbleiterrelais und Bild B-22d die Spannung an der Last.

B.3.2.3.2
Eingangsschaltung mit Potentialtrennung

Ein Optokoppler isoliert den Steuerkreis vom Lastkreis bis zu mehreren tausend Volt. Die Infrarot-LED kann wie bei einem Gleichstromrelais über einen Widerstand oder eine Stromquelle mit einer Gleichspannung gesteuert werden. Es gibt Relais mit einem Doppelweggleichrichter und Siebkondensator zwischen Steuereingang und LED, die mit Wechselspannung mit Netzfrequenz steuerbar sind.

B.3.2.3.3
Steuerschaltung mit Thyristoren

Die meisten Halbleiterrelais für Wechselspannung schalten kurz nach dem Nulldurchgang der Spannung. Das verringert die Störungen, die in das Netz zurückgespeist werden und Überkopplungen zwischen den einzelnen Phasen eines Drehstromsystems. Bild B-22e zeigt ein Beispiel für ein *nullspannungsschaltendes* Relais mit Thyristoren. Die Energie im Steuerkreis aktiviert die Infrarot-LED des Optokopplers; dadurch kann der Fototransistor leiten. Die Versorgungsspannung der übrigen Steuerschaltung kommt aus dem Lastkreis. Der Brückengleichrichter D3 bis D6 richtet die Spannung an den Ausgangsklemmen gleich. Diese gleichgerichtete Hilfsspannung, alle Halbwellen sind positiv, speist die Steuerschaltung vom Fototransistor T1 bis zum Zündthyristor TR1.

Im eingeschalteten Zustand leitet der Fototransistor T1. Er sperrt den folgenden Transistor T2, und der Strom über R_4 zündet den Hilfsthyristor TR1 zu Beginn der Halbwelle. Jetzt fließt Strom vom Anschluß 1 über das Gate des Leistungsthyristors TR3 durch die Diode D3, den leitenden Zündthyristor TR1, über D4 in das Gate des Thyristors TR2. Der Thyristor TR2 hat eine positive Anodenspannung und zündet, während TR3 wegen seiner negativen Anodenspannung stromlos bleibt. Liegt zwischen 1 und 2 die negative Halbwelle, dann zündet TR3. Geht der Strom in den Thyristoren TR2 und TR3 durch null, dann verlöscht der leitende Thyristor und wird stromlos. Beginnt eine Halbwelle während der Optokoppler stromlos ist, dann beginnt der Transistor T2 sehr früh zu leiten. Er schließt Kathode und Gate des Zündthyristors kurz, und TR1 kann nicht mehr zünden. Das Relais bleibt bis zum nächsten Nulldurchgang gesperrt.

B.3.2.4
Halbleiterschalter für dreiphasigen Wechselstrom

Leistungen oberhalb 2 kW werden zunehmend aus drei Phasen gespeist. Hierzu gibt es Halbleiterrelais, die mit *einer* Steuerleitung *alle drei Phasen* gleichzeitig schalten. Relais mit zwei Steuereingängen und vier Halbleiterschaltelementen können Ein- und Ausschalten und zwei Phasen vertauschen. Damit läßt sich ein Drehstrommotor auf Rechts- und Linkslauf und Aus schalten. Bild B-23a zeigt die Schaltung, Bild B-23b die Logiktabelle.

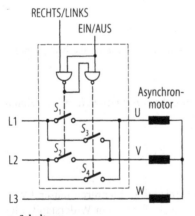

	A	B	S_1	S_2	S_3	S_4
AUS	X	0	⌇	⌇	⌇	⌇
RECHTS	1	1	⊸⊸	⊸⊸	⌇	⌇
LINKS	0	1	⌇	⌇	⊸⊸	⊸⊸

Die Halbleiterschalter sind geschlossen, wenn der Gatterausgang 0 ist

a Schaltung   b Logiktabelle

Bild B-23. Halbleiterrelais für einen Drehstrommotor zur Steuerung EIN-AUS und RECHTS-LINKS über Logikpegel

B.3.2.5
Schutzbeschaltung für Halbleiterrelais

Zu hohe Spannungsspitzen im Lastkreis können Halbleiterrelais zerstören oder eine Fehlfunktion auslösen. Zusätzliche Bauteile sollen diese Spannungen bedämpfen und dadurch auf ungefährliche Werte begrenzen. Unter Abschnitt B.3.2.3.2 und im Bild B-19 ist die Schutzdiode beim Gleichstromrelais beschrieben.

Bei Wechselspannung überbrückt ein Kondensator die Ausgangsklemmen des Relais, Bild B-24a. Beim Schalten könnte der aufgeladene Kondensator C über das Halbleiterrelais mit einer kurzen aber großen Stromspitze entladen werden. Der Vorwiderstand R begrenzt diesen Strom auf ungefährliche Werte. Über dieses Relais fließt auch im Aus-Zustand noch ein Blindstrom. Häufig ist diese Schutzbeschaltung (snubber) schon im Relais eingebaut.

Auch ein spannungsabhängiger Widerstand (engl.: Voltage Dependant Resistor, VDR) kann Spannungsspitzen über dem Schalter ableiten. Er hat die Spannungs-/Stromkennlinie nach Bild B-24b. Der VDR ist bei den üblichen Spannungen hochohmig und deshalb fast stromlos. Steigt die anliegende Spannung weiter, beispielsweise durch eine Spannungsspitze, dann steigt auch der Strom schnell an und begrenzt die am Relais anliegende Spannung auf ungefährliche Werte. Die spannungsabhängigen Widerstände werden auch nach ihrer Technologie als MOV (Metal Oxid Varistor) bezeichnet. Diese Bauteile sind symmetrisch; sie können in jeder Polarität eine hohe Impulsenergie aufnehmen und in Wärme umsetzen.

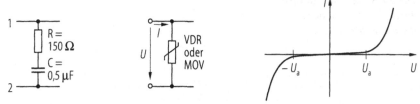

a Schutzbeschaltung   **b** Schutzbeschaltung mit einem spannungsabhängigem Widerstand,
mit Kondensator   Schaltzeichen und Kennlinie
und Widerstand

Bild B-24. Schutzbeschaltung für Halbleiterrelais für Wechselspannung

B.3.3
Zeitrelais

Zeitrelais sind Relais, bei denen meist eine einstellbare, definierte Zeit von der Funktionsbeanspruchung bis zur Funktionsauslösung verstreicht. In Abhängigkeit von der zeitlichen Charakteristik unterscheidet man in erster Linie

- *abfallverzögerte* Zeitrelais und
- *anzugsverzögerte* Zeitrelais.

Diese Grundfunktionen sind in Bild B-25 aufgezeigt. Die Zeit t_{ein} bzw. t_{aus} ist in weiten Grenzen einstellbar. Aufbau und Eigenschaften typischer Zeitrelais sind in Bild B-26 zusammengestellt. Immer mehr Verbreitung finden dabei die mikroprozessorgesteuer-

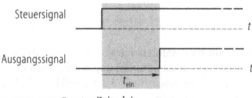

a anzugsverzögertes Zeitrelais

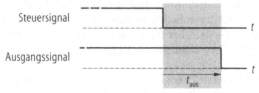

b abfallverzögertes Zeitrelais

Bild B-25. Grundfunktionen von Zeitrelais

ten Zeitrelais, oft auch *Multifunktionstimer* genannt. Bild B-26 zeigt zwei Ausführungen von Zeitrelais, wie sie für den Schalttafeleinbau üblich sind. Ebenfalls aufgeführt sind die verschiedenen Funktionen, die durch diese Bausteine realisiert werden können.

Von den Grundfunktionen aus Bild B-25 leiten sich eine ganze Reihe weiterer Standardfunktionen ab. Diese sind:

- *wischende* Relais (Monoflop):
  - *einschaltwischend* oder
  - *abschaltwischend,*

Typ	einfaches Zeitrelais	mikroprozessorgesteuertes Zeitrelais
Zeitfunktionen	abfallverzögert anzugsverzögert	abfallverzögert anzugsverzögert wischend impulsformend selbsthaltend impulserzeugend
Besonderheit		sehr großer Einstellbereich, umschaltbar, zusätzliche externe Ansteuerung möglich
Kontakte	Schließer Wechsler	Wechsler
Zeitbereiche	0,02 s - 100 s 0,02 min - 100 min 0,02 h - 100 h	0,05 s - 9999 h
Betriebsspannung	12 V, 24 V, 100 V - 120 V, 200 V - 240 V	12 V, 24 V - 240 V

Bild B-26. Ausführungen von Zeitrelais

- *impulsformende* Relais und
- *Blinkrelais.*

Die Übersicht Bild B-27 zeigt die wichtigsten Zeitfunktionen und deren zeitlicher Ablauf.

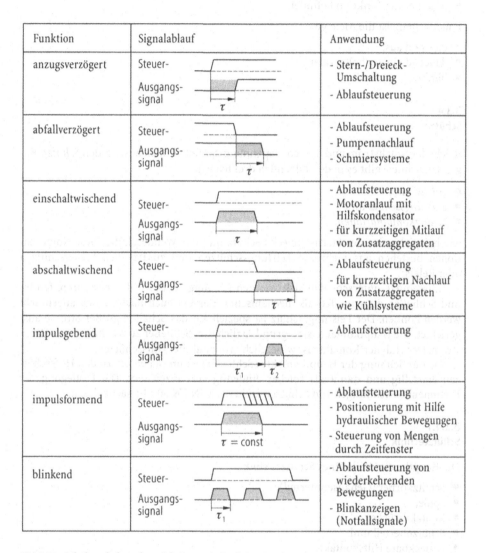

Funktion	Signalablauf	Anwendung
anzugsverzögert	Steuer- Ausgangs- signal	- Stern-/Dreieck- Umschaltung - Ablaufsteuerung
abfallverzögert	Steuer- Ausgangs- signal	- Ablaufsteuerung - Pumpennachlauf - Schmiersysteme

einschaltwischend	Steuer-
	Ausgangs-
	signal
		- Ablaufsteuerung
		- Motoranlauf mit
		  Hilfskondensator
		- für kurzzeitigen Mitlauf
		  von Zusatzaggregaten

abschaltwischend	Steuer-
	Ausgangs-
	signal
		- Ablaufsteuerung
		- für kurzzeitigen Nachlauf
		  von Zusatzaggregaten
		  wie Kühlsysteme

impulsgebend	Steuer- Ausgangs- signal	- Ablaufsteuerung

impulsformend	Steuer-
	Ausgangs-
	signal
		- Ablaufsteuerung
		- Positionierung mit Hilfe
		  hydraulischer Bewegungen
		- Steuerung von Mengen
		  durch Zeitfenster

blinkend	Steuer-
	Ausgangs-
	signal
		- Ablaufsteuerung von
		  wiederkehrenden
		  Bewegungen
		- Blinkanzeigen
		  (Notfallsignale)

Bild B-27. Schaltverhalten der wichtigsten Zeitrelais

Diese Grundfunktionen sind heute auch in allen Kombinationen verfügbar. Meist werden sie durch analoge Zeitglieder realisiert. Bei komplexeren Abläufen werden diese durch kleine Mikroprozessoren verwirklicht. Die Anschlußbezeichnung ist, wie bereits in Abschnitt B.1 erläutert, nach DIN EN 50 042 festgelegt, die Schaltsymbolik nach DIN 40 900 (Teil 7).

Zur Überwachung der Schaltfunktion wird üblicherweise eine optische Anzeige, meist eine LED (Light Emitting Diode) verwendet. Diese Anzeige gibt Aufschluß, ob sich das Zeitrelais

- im ungeschalteten Zustand,
- im geschalteten Zustand oder
- in seiner Zeitfunktion befindet.

Entsprechend ist die Anzeige

- dauernd aus,
- dauernd eingeschaltet oder
- blinkt.

B.3.4
Schütze

Reicht der Schaltstrom und die Schaltspannung der Relais nicht aus, werden *Schütze* eingesetzt. Schütze gibt es in den folgenden drei Bauarten:

- *Hilfsschütz*,
- *Leistungsschütz* und
- *Schützkombinationen*,

wie beispielsweise der Stern-Dreiecks-Schütz und der Wendeschütz. Diese Kombinationen bestehen aus mehreren Leistungsschützen und zusätzlichen Steuerschützen oder Relais.

Hilfsschütze unterscheiden sich von den Leistungsschützen durch mehrere Öffner und Schließer, die zum Teil als mechanisches Element auch nachträglich angebracht werden können. Der Leistungsschütz ist speziell auf das Schalten großer Ströme ausgerichtet. Die Hauptkontakte sind grundsätzlich drei Schließer zum Schalten von Drehstrom. Der Hub der Kontakte ist wesentlich größer als bei Hilfsschützen.

Die Bezeichnung der Hauptkontakte (Schließer) ist im Gegensatz zu den Hilfsschützen einstellig und damit als solcher eindeutig gekennzeichnet. Die Festlegung der Klemmenbezeichnungen von Schützen ist in der DIN EN 50 012 nachzulesen.

B.3.4.1
Schütztechnik

Die Hauptbestandteile eines Schützes sind:

- Schützkörper (Gehäuseunterteil),
- Spule,
- Kontaktbrücke,
- Schützoberteil und
- zusteckbare Hilfskontakte.

Das Gehäuseunterteil ist so ausgebildet, daß der Schütz entweder direkt auf die Schalttafel geschraubt oder auf eine DIN-Schiene (auch als *Hut*-Schiene bekannt) aufgeschnappt werden kann. Die Spule ist in der Regel austauschbar, so daß auch nachträglich auf eine Änderung der Betriebsverhältnisse reagiert werden kann. Übliche Spulenspannungen sind:

- 220 V, 50 Hz sowie
- 110 V, 60 Hz.

Sonderspulen mit 380 V für den Betrieb zwischen zwei Netzphasen sind ebenfalls erhältlich. Darüber hinaus lassen sich auch alle anderen Spannungswerte für den kundenspezifischen Einsatz realisieren, beispielsweise für Exportausführungen oder Niederspannungsschaltanlagen mit 24 V oder 48 V.

Der Leistungsschütz ist im Aufbau dem Hilfsschütz sehr ähnlich. Wie Bild B-28 zeigt, besteht er aus folgenden Hauptbestandteilen:

- *Schützkörper* (Gehäuseunterteil),
- *Spule*,
- *Kontaktbrücke* und
- *Schützoberteil*.

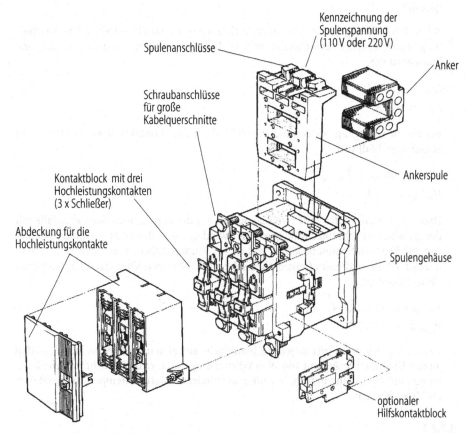

Bild B-28. Aufbau eines Leistungsschützes

Zusteckbare Hilfskontakte gibt es nur von einigen Herstellern. Sie werden, nach Bild B-28, seitlich angesteckt. Deutlich zu sehen sind die drei großen Schaltbrücken für das Schalten von Drehstromnetzen. Um ein sicheres Trennen auch bei großen Strömen zu ermöglichen, muß die Spule gegen starke Federn, die das Kontaktpaket auseinanderhalten, arbeiten. Die Kontaktbrücke legt zwischen Ruhe- und Arbeitslage große Wege zurück. Dementsprechend groß ist der notwendige Spulenantrieb eines Leistungsschützes.

! **Hinweis:** Im Gegensatz zum Hauptschalter werden bei einem Leistungsschütz die Hauptstromkontakte *nicht zwangsgeöffnet*. Beim Einsatz als *gesteuerter Hauptschalter* muß er daher zusätzlich überwacht werden (s. Abschn. B.4.1).

Der Anschluß der zu schaltenden Leitungen erfolgt über Hochstromanschlußklemmen. Diese sind so ausgeführt, daß nur ein minimaler Übergangswiderstand entsteht. Oft werden dazu auch Schrauben mit einem Gewindedurchmesser von M8 und M10 verwendet, die mit einem geeigneten Werkzeug festgezogen werden können. Leistungsschütze werden von einer Nennlast von ca. 50 W bis mehr als 400 kW gebaut. Wie wichtig ein sicherer Kontakt ist zeigt nachfolgendes Beispiel.

Beispiel

B.3-1. Ein Leistungsschütz soll einen Verbraucher mit 60 kW schalten. Die Anschaltung erfolgt an das Drehstromnetz mit 380 V Nennspannung. Damit ergibt sich eine Phasenlast von

$$I_{Phase} = 1/3 \; P/U,$$

$$I_{Phase} = 52,6 \; A.$$

Bei einem Übergangswiderstand von 0,01 Ω an den Kontaktbrücken, entsteht ein Spannungsabfall von

$$U_{Kontakt} = R_{Kontakt} \cdot I_{Kontakt}$$

$$U_{Kontakt} = 0,53 \; V.$$

Dieser Spannungsabfall tritt zweimal auf, da auf der abgehenden Seite ebenfalls mit der gleichen Anschlußtechnik gerechnet werden muß. Bei einer Gesamtspannung von 380 V ist ein Spannungsabfall von ca. 0,5 V unerheblich. Aber nicht zu vernachlässigen ist die an dieser offensichtlich sehr niederohmigen Klemmstelle entstehende Verlustleistung:

$$P_{Klemmstelle} = U_{Kontakt} \cdot I_{Kontakt}$$

$$P_{Klemmstelle} = 27,7 \; W.$$

Diese Verlustleistung tritt an jeder Klemmstelle auf, also insgesamt sechsmal, so daß an den Klemmen insgesamt 166 W in Wärme umgesetzt wird. Diese thermische Belastung muß der Schütz innerhalb seiner spezifizierten Betriebstemperatur zusätzlich abführen können.

B.3.4.2
Stern-Dreieck-Schütz

Speziell für den Anlauf großer Motoren werden Schützkombinationen verwendet, die die Motoren zunächst in der Betriebsart *Stern* anschalten und nach einer kurzen, einstellbaren Zeit auf den *Dreiecksbetrieb* umschalten. Das bedeutet, daß die Drehstromwicklungen zunächst gegen den Nulleiter geschaltet werden und anschließend zwischen zwei Phasen. Da dies ein Standardaufbau ist, bieten die verschiedenen Hersteller diese Kombination bereits fertig verschaltet an.

Bild B-29 zeigt die Anschaltung eines Drehstrommmotors in Sternschaltung und in Dreieckschaltung. In der Sternschaltung liegen an den Motorwicklungen die Phasen-

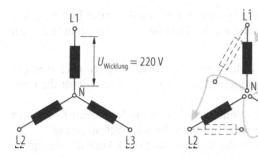
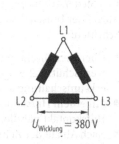

a Motor in Dreieck-Schaltung   **b** Umschaltung   **c** Motor in Stern-Schaltung

Bild B-29. Drehstrommotor in Stern- und Dreieckschaltung

spannung gemessen zum Nulleiter. Dies sind in der Regel 220 V. Bei der Dreieckschaltung liegen die Motorwicklungen zwischen den Phasen und liegen so an einer Spannung von 380 V. Für diesen Betrieb ist die Nennleistung angegeben. Entsprechend weniger steht bei der Sternschaltung zur Verfügung; in der Folge verringert sich der Einschaltstrom.

Der Aufbau einer solchen Schützkombination zeigt Bild B-30. Insgesamt sind dazu drei Leistungsschütze und ein Hilfsschütz notwendig. Die Funktion der Bauteile ist

- *Netzschütz,*
- *Sternschütz,*
- *Dreieckschütz* und
- *Zeitschütz,* im allgemeinen Zeitrelais.

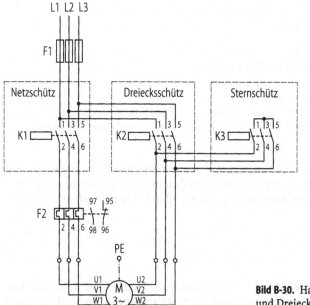

Bild B-30. Hauptstromkreis für eine Stern- und Dreieckschaltung

Den Steuerstromkreis zur Sterndreiecks-Umschaltung in Bild B-30 zeigt Bild B-31. Der Ablauf der Umschaltsteuerung nach Betätigung des Tastschalters S1 erfolgt in folgenden Schritten:

- Über den Direktkontakt von K4 und den Öffner des Dreieckschützes K2 wird der Sternschütz K2 eingeschaltet. Parallel hierzu läuft die einstellbare Zeit für die Dreiecksumschaltung an.
- Mit einem Hilfskontakt von K2 zieht unmittelbar danach der Netzschütz K1 an. Sein Hilfskontakt parallel zum Ein-Taster sorgt für die notwendige Selbsthaltung.
- Nach Ablauf der Zeitverzögerung öffnet der Sofortkontakt von K4 und der verzögerte Schließer (Klemmen 17 und 28) wird geschlossen.
- Nachdem der Sternschütz K3 abgefallen ist, wird über seinen Hilfsschließer (K3, Klemme 22 und 21) der Dreiecksschütz K2 eingeschaltet. Die Stern-Dreieck-Umschaltung ist abgeschlossen.

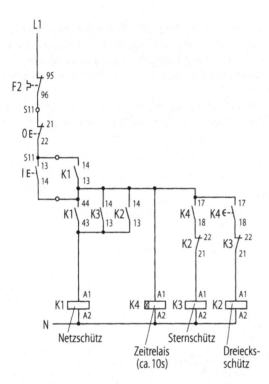

Bild B-31. Steuerstromkreis für eine Stern- und Dreieckschaltung

Die Öffner in den jeweiligen Spulenzweigen der Stern-Dreieckschütze verriegeln die Anordnung gegen nochmaligen Anlauf und Fehlfunktionen. Ein Neuanlauf ist nur über die Austaste „0" (Tastenöffner, Klemmen 21 und 22) oder durch das Auslösen der Überstromsicherung möglich.

B.3.4.3
Wendeschützschaltung

Die Drehrichtungsumschaltung von Drehstrommotoren erreicht man durch das Vertauschen von zwei der drei Stromzuleitungen. Dadurch erhält das Drehfeld im Motor

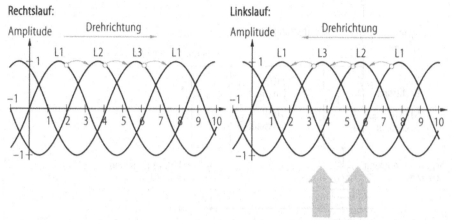

Bild B-32. Drehrichtungsänderung durch Phasen-
umschaltung

Phase L2 und L3 haben die
Position im zeitlichen Ablauf
getauscht

einen entgegengesetzten Drehsinn. In Bild B-32 ist das grundsätzliche Funktionsprinzip dargestellt. Zur Bereitstellung dieser Funktion sind zwei Leistungsschütze notwendig. Der erste Leistungsschütz ist für den Rechtslauf zuständig, der zweite für den Linkslauf. Ein Motorschutzschalter ergänzt den Stromlauf in Bild B-33. Die erforderliche Ansteuerung dieser Schützkombination zeigt Bild B-34.

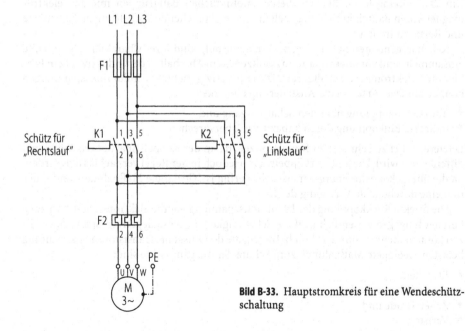

Bild B-33. Hauptstromkreis für eine Wendeschützschaltung

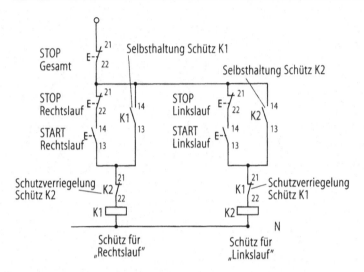

Bild B-34. Steuerstromkreis für die Wendeschützschaltung

B.3.4.4
Zusatzbeschaltung von Schützen

Zur Ansteuerung der Schütze und Relais werden heute allgemein speicherprogrammierbare Steuerungen (SPS) eingesetzt (Abschn. C.3). Diese elektronischen Baugruppen haben die sequentiellen Schaltwerke der Vergangenheit fast vollständig abgelöst. Um den reibungslosen Betrieb dieser empfindlichen Baugruppen mit den elektromagnetischen Bauteilen sicher zu stellen, sind entsprechende Vorkehrungen an Schütze und Relais zu treffen.

Neben allgemeinen Störungen, die die Spule aufgrund ihres Charakters als Antenne einsammelt, sind vor allem Spannungsspitzen beim Abschalten der Induktivität ein Problem für elektronische Schaltgeräte. Diese negativ gerichteten Induktionsspannungen können auf zwei Arten in die Ansteuerung einwirken:

- direkte Einkopplung über den Schaltausgang und
- indirekte Einkopplung durch kapazitives Übersprechen.

Letzteres führt zu sehr steilen Impulsspitzen, da an der Koppelkapazität das Störsignal differenziert wird. Dieses Überkoppeln kann jedoch in der Regel vernachlässigt werden, da die übergekoppelte Energie meist sehr gering ist. Geeignete Maßnahmen sind Filter und eine durchdachte Verlegung der Kabel.

Die direkte Rückkopplung der Induktionsspannung auf die elektronischen Ausgänge bereitet hingegen wesentlich größere Schwierigkeiten. Diese negativen Spannungsspitzen können mehrere hundert Volt betragen, die den Ausgangstransistor in Sperrichtung belasten. Geeignete Maßnahmen zum Schutz der Ausgangsstufe sind:

- RC-Glied,
- Diode (Klemmdiode),
- Zener-Diode und
- Varistor.

Bild B-35 stellt diese unterschiedlichen Schutzbeschaltungen und ihre elektrischen Eigenschaften zusammen.

	Anschaltung	Vorteile	Nachteile
RC-Glied	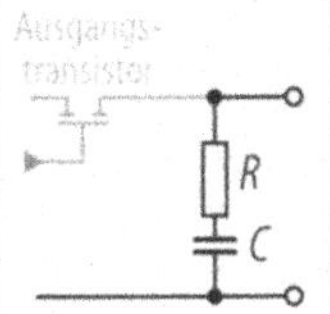	- frequenzabhängige Dämpfung - tritt bereits bei kleinen Amplituden ein - für Wechselspannung geeignet - verpolungssicher	- genaue Dimensionierung erforderlich - dynamische Last für den Ausgang
Löschdiode	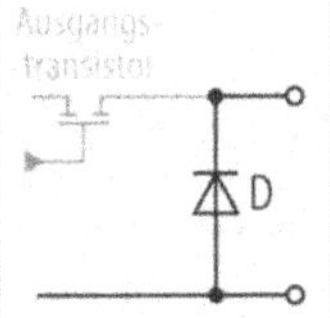	- unkritische Dimensionierung - Induktionsspannung auf 0,7 V begrenzt - sehr zuverlässig - sehr preisgünstig	- hohe Abfallverzögerung
Zener-Diode	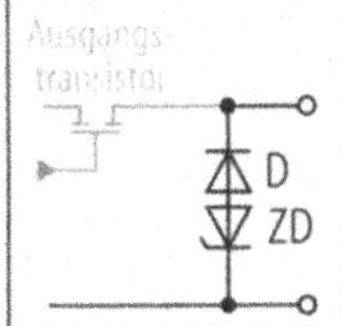	- sehr geringe Abfallverzögerung - Dimensionierung in weiten Bereichen möglich - zuverlässiges Bauteil	- Dimensionierung muß auf den Ausgang abgestimmt sein - spricht erst bei Erreichen der Zener-Spannung an; darunter keine Bedämpfung
Varistor	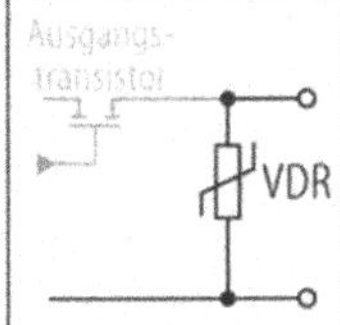	- sehr einfacher Aufbau - hohe Energieabsorption - verpolungssicher - für Wechselspannung geeignet	- spricht erst bei Erreichen der Varistorspannung an; darunter keine Bedämpfung

Bild B-35. Löschglieder und ihre elektrischen Eigenschaften

Das RC-Glied ist im wesentlichen ein *Filter* gegenüber hochfrequenten Signalanteilen und stellt eine dynamische Last sowohl für den *Störer* als auch für den zu bedämpfenden SPS-Ausgang dar. Letzteres muß bei der Verwendung dieser Entstörungsmaßnahme berücksichtigt werden, da nicht alle Ausgänge in der Lage sind, kapazitive Lasten zu treiben. Darüber hinaus muß der Ausgang in der Lage sein, den kurzzeitigen Überstrom beim Schalten zu verkraften. Bild B-36 zeigt den Spannungsverlauf am RC-Glied sowie die zugehörige Stromkennlinie. Eine genaue Abstimmung auf die Last ist erforderlich.

Die Diode ist wegen der einfachen Handhabung und der hohen Zuverlässigkeit ein sehr häufig eingesetztes Schutzelement bei Halbleiterausgängen. Sie begrenzt die *Rückspannung* auf maximal ihre *Flußspannung*, also etwa −0,7 V. Damit ist sie in der Lage, auch sehr empfindliche Ausgänge gegen negative Spannungsspitzen zu schützen. Bild B-37 verdeutlicht die Schutzwirkung unterhalb von −0,7 V.

Allerdings ist bei induktiven Lasten, wie Schütze und Magnetventile, mit einer hohen Abfallverzögerung zu rechnen. Dies liegt darin begründet, daß die Diode für negative Spannungen einen sehr hohen entgegengerichteten Stromfluß zuläßt, der das Verharrungsvermögen der Induktivitäten unterstützt. D.h., dieser negative Stromfluß baut ein Magnetfeld auf, das die Abfallbewegung hemmt. Bei zeitkritischen Abläufen ist daher eine Schutzdiode ungeeignet.

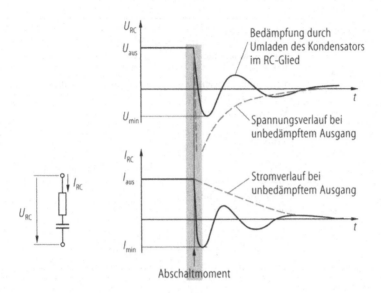

Bild B-36. Strom- und Spannungsverlauf am RC-Glied

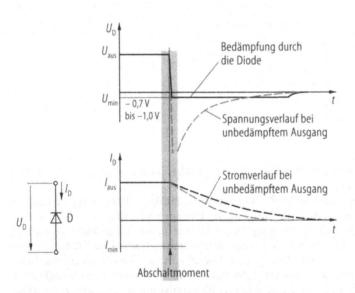

Bild B-37. Strom- und Spannungsverlauf an einer Schutzdiode

Um diesem entgegenzuwirken, wird in einigen Löschgliedern der Diode eine *Zener-Diode* in Reihe geschaltet, wie Bild B-38 zeigt. Obiger Ablauf ist erst nach Erreichen der *Zener-Spannung* möglich. Diese muß sorgfältig auf den Ausgang abgestimmt sein. Wird sie zu groß gewählt, ist der Ausgang ungeschützt und kann zerstört werden.

Der *Varistor* (engl.: Voltage Dependend Resitor, VDR) ändert seinen Widerstand mit steigender Spannung. Dabei beginnt die Widerstandsänderung im unteren Spannungs-

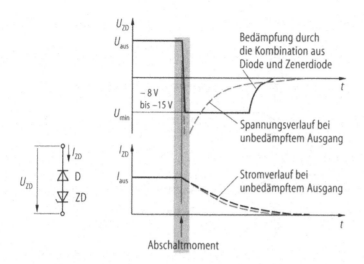

Bild B-38. Schutzbeschaltung mit Zener-Diode und Diode

bereich sehr langsam, um bei Erreichen einer definierten Spannung sich nahezu schlagartig zu verringern. Die Schutzfunktion ist dabei der der Zener-Diode sehr ähnlich. Bild B-39 zeigt die typische *U-I-Kennlinie* eines Varistors. Seine Eigenschaften sind:

- sehr schnelle Ansprechzeit: < 25 ns,
- hohe Stromstoßbelastbarkeit: bis zu 100 000 A,
- weiter Temperaturbereich: $> 100\,°C$ und
- symmetrische Kennlinie.

Demgegenüber steht die Absorption der anfallenden Energie.

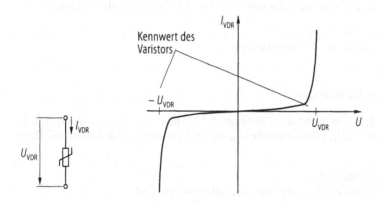

Bild B-39. Strom-/Spannungskennlinie eines Varistors

Die daraus folgende thermische Belastung ist zu berücksichtigen. Entsprechend seinem Einsatz und seinen Kennwerten gibt es Varistoren in unterschiedlichen Ausführungen.

In Bild B-40 ist die Anwendung eines Varistors als Schutzelement für einen Halbleiterausgang aufgezeigt. Ähnlich wie die Zener-Diode läßt der Varistor eine negative

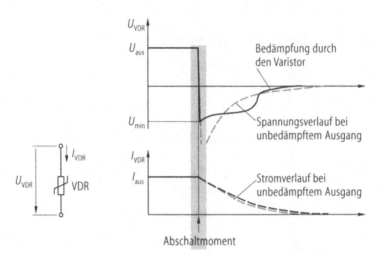

Bild B-40. Varistor als Schutzelement

Spannung zu. Durch seinen einfachen Aufbau, seine unkritische Dimensionierung und seinen verpolungssicheren Einbau findet der Varistor als Schutzelement immer mehr Verbreitung.

B.4
Sicherheitsbaugruppen

Neben einer ganzen Reihe von End- und Begrenzungsschaltern an einer Werkzeugmaschine oder Anlage sind vor allem *Sicherheitsschalter* für die Bereitstellung der *Funktion* und *Betriebssicherheit* notwendig. Sie haben im wesentlichen folgende Aufgaben:

* Personenschutz,
* Schutz der Maschine vor Selbstzerstörung

und in der Folge

* Zuverlässigkeit der Maschine.

Neben diesen Ansprüchen, die dem sicheren Arbeitsplatz Rechnung tragen, sind in jüngster Zeit immer mehr Stimmen zu hören, die auch soziale Aspekte beinhalten. Dazu gehören

* der humane Arbeitsplatz,
* die sozialen Kosten, insbesondere im Gesundheitswesen und
* die Verwirklichung des europäischen Binnenmarktes.

Speziell die dramatisch gestiegenen Kosten im Gesundheitswesen haben in den letzten Jahren dazu beigetragen, die Bestimmungen für Sicherheitseinrichtungen zu verschärfen und verstärkt zu kontrollieren. Die europaweiten Bemühungen sind aus einer ganzen Reihe von bestehenden und vorläufigen EN-Normen zu erkennen. Tabelle B-6 gibt eine Übersicht über die wichtigsten Normen zum Thema Schaltsicherheit.

Tabelle B-6. Die wichtigsten Normen zur Sicherheitstechnik

Norm	Beschreibung
prEN 1088: 1995	Verriegelungseinrichtungen in Verbindung mit trennenden Schutzeinrichtungen – Leitsätze für Gestaltung und Auswahl
prEN 953: 1992	Allgemeine Anforderungen an die Gestaltung und Konstruktion von trennenden Schutzeinrichtungen (feststehende, bewegliche)
prEN 954-1: 1994	Sicherheitsbezogene Teile von Steuerungen Teil 1: Allgemeine Gestaltungsleitsätze
prEN 999: 1993	Hand-/Arm-Geschwindigkeit – Annäherungsgeschwindigkeiten von Körperteilen für die Anordnung von Schutzeinrichtungen
prEN 1037: 1993	Vermeiden von unerwartetem Anlauf
prEN 1050: 1993	Risikobeurteilung
EN 60 204-1	Elektrische Ausrüstung von Maschinen Teil 1: Allgemeine Anforderungen
EN 60947-5-1	Niederspannungsschaltgeräte Teil 5-1: Steuergeräte und Schaltelemente – Elektromechanische Steuergeräte

EN: Europäische Norm.
prEN: vorläufige Europäische Norm (pr: priliminary).

In den nachfolgenden Abschnitten sollen einige wichtige Grundgeräte für die Maschinen- und Anlagentechnik erläutert werden. Diese sind:

- Sicherheitsschalter,
- Sicherheitsverriegelung und
- Überwachungsbausteine.

Der Sicherheitsschalter stellt eine garantierte elektrische Funktion (Schließer oder Öffner) zur Verfügung. Die Aufgabe der Sicherheitsverriegelung ist es, Maschinen- oder Anlagenteile mechanisch zu sperren, so daß während eines Arbeitsablaufes nicht in den Arbeitsraum gelangt werden kann. Die Koordination zwischen diesen Sicherheitselementen übernimmt der Überwachungsbaustein, der beispielsweise bei Maschinenstillstand die Verriegelung freischaltet.

B.4.1
Sicherheitsschalter

Bauelemente, wie Schalter in sicherheitskritischen Anwendungen, müssen besonderen Richtlinien genügen. Sie werden als *zwangsgeführten Schalter* ausgeführt. Dies sind Schalter, die ein sicheres Trennen oder Schließen einer elektrischen Verbindung durch eine mechanisch gekoppelte Bewegung zwischen Betätigung und Schaltbrücke ermöglichen. Voraussetzung hierfür ist die unmittelbare Betätigung der Schaltbrücke, wie sie im Auslösefall notwendig ist. Entsprechend ihrem Einsatzfall sind folgende Ausführungen Stand der Technik (Beispiele):

- zwangsgeführter *Positionsschalter*,
- *Endhalt*,
- *Notaus-Schalter* und
- *Hauptschalter*.

Weiterhin unterscheidet man zwischen *Zwangsöffner* und *Zwangsschließer*.

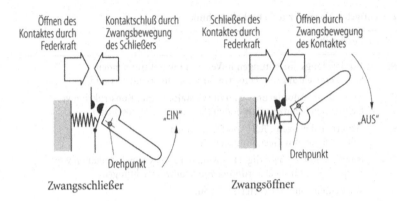

Bild B-41. Zwangsöffner und Zwangsschließer

Bild B-41 verdeutlicht den Aufbau eines Zwangsschließers und eines Zwangsöffners. Es ist deutlich zu erkennen, daß die Schaltfunktion durch die Zwangsbewegung des Auslösehebels sichergestellt ist.

Im Bild B-42a ist beispielhaft die *falsche* Anwendung eines zwangsgeführten Schalters mit Hilfskontakten. Der zum Sicherheitskreis gehörende Kontakt wird dabei durch die Rückstellkraft der Feder geöffnet. Dabei können folgende Störfälle auftreten:

- Erlahmung der Feder,
- Federbruch und
- Verschweisen der Hilfskontakte.

Ein sicheres (immer gegebenes) Trennen ist nicht gegeben. In Bild B-42b ist der richtige Anschluß dieses Sicherheitsschalter gezeigt. Selbst wenn einer der obigen Störungen eintritt, ermöglicht die mechanische Kopplung ein Öffnen des Stromkreises.

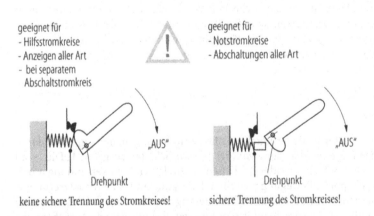

Bild B-42. Richtiger Anschluß von zwangsgeführten Schaltern

In Abhängigkeit der Anwendung unterscheidet man grundsätzlich zwei konstruktiv verschiedene Ausführungen:

- Schalter, bei denen das Schaltglied und die Betätigung starr miteinander verbunden sind und

- Schalter, bei denen diese feste Verbindung nicht besteht, das Schaltglied jedoch funktionell bei Betätigung zusammengeführt wird.

Der prinzipielle Unterschied beider Sicherheitsschalter wird durch Bild B-43 verdeutlicht.

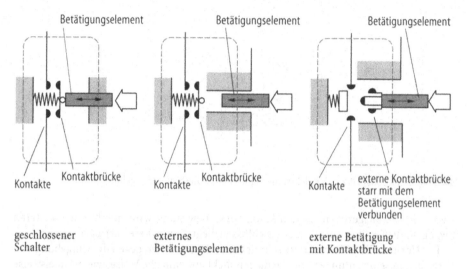

Bild B-43. Unterschiedliche Betätigungen von Zwangsschließern

B.4.2
Sicherheitsverriegelungen

Bei Sicherheitsverriegelungen bleibt die Schutzeinrichtung solange elektromechanisch gesperrt, bis im Schutzraum alle Bewegungen abgeschlossen sind und somit kein Verletzungsrisiko mehr besteht. Dabei muß die Schutzverriegelung folgende Aufgaben erfüllen:

- sicheres Zuhalten der Türen während des Betriebes sowie
- kein automatischer Anlauf beim Schließen der Schutzvorrichtung.

Um letzteres zu gewährleisten sind Überwachungsbausteine (Abschn. B-4.3) notwendig. Sicherheitsverriegelungen erfüllen in der Regel zwei Aufgaben:

1. das sichere Zuhalten der Türe und
2. das sichere Melden des geschlossenen Zustands durch einen Zwangsschließer.

! Hinweis: Bei allen Sicherheitsverriegelungen wird die Magnetstellung ebenfalls durch einen Sicherheitsschalter überwacht, der an eine entsprechende Auswerteeinrichtung angeschlossen wird. Dies ist zwingend vorgeschrieben, da nur so die Verriegelungsfunktion sichergestellt werden kann.

Die Zusammenarbeit von Verriegelung und Zwangsschalter verdeutlicht nochmals Bild B-44 (die Kontaktbezeichnungen entsprechen dabei den üblicher Hilfskontakte): Die Betätigungszunge wird in das Verriegelungsgehäuse eingeschoben und betätigt zwangsweise ein Kontaktpaar mit Öffner und Schließer. Durch den Zwangsschließer wird dieser Vorgang an die SPS gemeldet, die nun den Verriegelungsmagneten bestromt. Der Verriegelungsbolzen fährt in die Öffnung der Betätigungszunge und verhindert so, daß

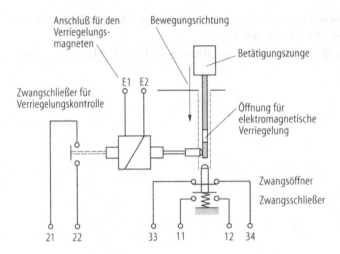

Bild B-44. Funktionsprinzip der elektromechanischen Sicherheitsverriegelung

sie wieder herausgezogen werden kann. Diese Bewegung wird durch einen weiteren Zwangsschließer überwacht. Ist er geschlossen, liegt eine sichere Verriegelung vor.

Die Norm prEN 1088 von 1995 schreibt auch Maßnahmen gegen die Umgehung von Verriegelungseinrichtungen vor. Sie dürfen nicht auf einfache Weise, wie beispielsweise durch Schraubenzieher, Nägel oder gebogene Drähte, aus Kraft gesetzt werden. Die Hersteller solcher Schutzeinrichtungen bieten daher

- *mehrfach kodierte* Kontaktzungen,
- *speziell geformte* Kontaktzungen oder
- *Sperrschieber*

an. Darüber hinaus kann bei höheren Schutzanforderungen auch ein verdeckter Einbau oder eine geschlossene Betätigungsstrecke erforderlich sein.

B.4.3
Überwachungsbausteine

Überwachungsbausteine sind elektronische Komponenten, die durch eine spezielle Verschaltung die *richtige Abfolge* eines Funktionsablaufes in einem Sicherheitskreis sicherstellen. Darunter versteht man beispielsweise das Schließen eines Stromkreises, wenn ein anderer sicher getrennt ist (Schaltfolge). Die Überwachung und Ausführung dieser Funktionen wird dabei durch redundante Abläufe garantiert. Sicherheitsbaugruppen gibt es in verschiedenen Ausführungen. Die bekanntesten sind:

- Notaus-Baustein,
- Zweihandbedienungsbaustein,
- Sicherheitsbewegungswächter und
- Sicherheitsrelais-Baustein.

Die Funktion eines solchen Bausteins soll beispielhaft an der Überwachung der Zweihandbedienung gezeigt werden:

Anforderungen an die Zweihandbedienung:

1. die Funktion darf nur dann ausgeführt werden, wenn *beide Betätigungselemente* vom Bediener gedrückt werden.

2. die beiden Betätigungselemente müssen innerhalb *einer gewissen Zeitspanne* gleich-zeitig gedrückt werden (dabei ist es unerheblich, welches der beiden Betätigungsele-mente zuerst gedrückt wurde). Damit wird vermieden, daß die Sicherheitsfunktion durch Hilfsmittel umgangen wird (z. B. Klemmen eines Schalters durch ein Holz oder Putzlappen).

3. Durch Überwachung des Ruhezustands sind *Fehlfunktionen* zu vermeiden.

Dementsprechend muß das Zweihandüberwachungsgerät folgende Funktionen erfüllen:

- Verkettung der beiden Handschalter,
- Bildung eines Zeitfensters, innerhalb dessen der zweite Schalter gedrückt werden muß und
- Überwachung der Ruhekontakte der Bedienungsschalter.

Tritt eine Fehlfunktion oder falsche Bedienung auf, muß das Gerät den sofortigen Maschinen-Stop veranlassen oder darf die ausgewählte Funktion nicht ausgeführt wer-den (z. B. bei Pressen).

B.5
Klemmen

Zur Übergabe von Signalleitungen werden im Schaltschrank und auch außerhalb Klem-men eingesetzt. Sie gibt es in unterschiedlichen Ausführungen und von verschiedenen Herstellern von einer Drahtstärke von 2,5 mm² bis 60 mm², Sonderausführungen lassen sogar noch größere Leitungsquerschnitte zu.

Neben diesem Standardklemmenblock ist in jüngster Zeit ein Trend hin zu *intelli-genten Klemmen* zu bemerken. Unter intelligenten Klemmen versteht man einen Klem-menblock, der direkt über einen *Feldbus* an die SPS angeschlossen wird. Dadurch ent-fallen die sonst notwendigen Ein- und Ausgangsmodule der SPS. Die Vorteile sind:

- *geringerer Verdrahtungsaufwand* im Schaltschrank,
- Vermeidung einer zusätzlichen Klemmstelle,
- dadurch Verringerung der Fehlerstellen,
- Platzgewinn,
- übersichtliche Installation und
- schnellere Schaltschrankmontage.

Bei intelligenten Klemmen ist in der Regel auch die Möglichkeit der Diagnose im-plementiert. Demgegenüber stehen allerdings die höheren Anschaffungskosten. Diese amortisieren sich jedoch durch den erheblich schnelleren Aufbau der Schalttafel. Darüber hinaus ist vor allem die Einschränkung der Fehlerquellen von großem Vorteil. Intelligente Schaltschrankklemmen gibt es für die meisten Feldbussysteme. Beispiele sind:

- der *Profibus*,
- der *CAN-Bus* und
- der *Interbus-S*.

Auf die verschiedenen Feldbusse und deren Potentiale wird in Abschnitt C 5 noch aus-führlich eingegangen.

Neben den elektrischen Größen sind auch oft politische und kaufmännische Argu-mente für die Auswahl der Klemmen entscheidend. Dies sind beispielsweise:

- *Kundenvorschriften*,
- *Rabattierungen* bei Großhändlern und
- *Enschränkung* der Lagervielfalt.

Vor dem Hintergrund betriebswirtschaftlicher Belange haben diese Argumente ihre Berechtigung.

B.6
Sicherungen

Die Sicherung wird allgemein als Oberbegriff für eine ganze Reihe von Schutzelementen verwendet, deren Aufgabe es ist, bei Überlast den Verbraucher von der Versorgungsspannung zu trennen. Dabei unterscheidet man die Sicherungen grundsätzlich in zwei Kategorien:

- Schmelsicherungen, die nach dem Auslösen *irreversibel zerstört* sind und
- Sicherungsautomaten, deren Schutzfunktion beliebig *oft* genutzt werden kann.

Schmelzsicherungen haben im Maschinen- und Anlagenbau nur eine untergeordnete Rolle. Sie finden hauptsächlich als

- *Gerätesicherung* (z. B. im Bildschirm oder im Netzteil) und
- *Hauptsicherung* (z. B. als Panzersicherung in der Zuleitung)

Verwendung. Schmelzsicherungen werden grundsätzlich dort eingesetzt, wo Störungsfälle als unwahrscheinlich erscheinen.

Mit Sicherungsautomaten werden hingegen alle anderen Bereiche der Maschine abgesichert. Da sie neben der Überstromsicherung auch die Möglichkeit des *manuellen* Abschaltens besitzen, werden sie bevorzugt in *Teilstromkreise* eingesetzt. Dies erlaubt das sukzessive Zuschalten während der Inbetirebnahme, bzw. das sukzessive Abschalten bei der Fehlersuche.

Sicherungsautomaten gibt es in verschiedenen Ausführungen:

- mit thermischer Auslösung,
- mit magnetischer Auslösung und
- mit thermischer und magnetischer Auslösung.

Sie werden als

- Gerätesicherung,
- Schaltschranksicherung,
- Motorschutzschalter,
- Leistungsschutzschalter und
- in Kombination mit verschiedenen anderen Schaltelementen

ausgeführt. Je nach Einsatz weisen sie unterschiedliche Kennlinien auf. Die wichtigsten sind:

- träge,
- mittel,
- flink und
- super flink.

Darüber hinaus lassen sich für spezielle Anforderungen auch spezifische Kennlinien verwirklichen. Das Verhalten hängt dabei maßgeblich vom Auslösemechanismus ab. In Bild B-45 sind die Strom-Zeit-Kurven für thermische, magnetische und für die kombinierte Auslösung aufgetragen.

Bei thermischen Überstromschutzschaltern sorgt ein Bimetall für die Auslösung. Wird die definierte Auslösetemperatur erreicht, wird der Stromkreis getrennt. Die Trägheit des Bimetalls erlaubt so kurzzeitige Überlastspitzen, ohne das eine Auslösung erfolgt.

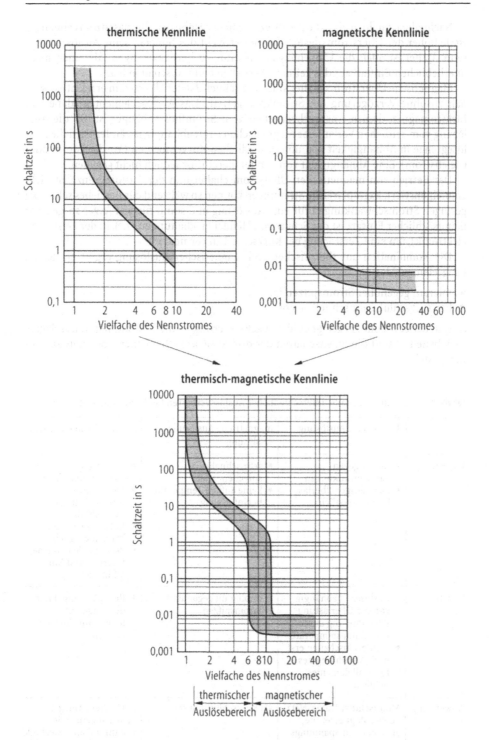

Bild B-45. Kennlinien unterschiedlicher Auslösemechanismen bei Sicherungen

Nachteilig ist jedoch, daß die Auslösezeit von der Höhe des Überlaststroms abhängig ist. Je höher der Überstrom, desto schneller erreicht das Bimetall seine Auslösetemperatur. Dabei ist auch die Umgebungstemperatur zu berücksichtigen, die einen nicht unerheblichen Einfluß auf das zeitliche Verhalten beim Abschalten hat.

Magnetische Überstromschalter sind sehr schnell. Ist der Überstrom erreicht, so wird nahezu ohne Verzögerung der Stromkreis getrent. Das Auslöseelement ist dabei ein Elektromagnet, dessen Ansprechverhalten vom Stromfluß abhängig ist. Da die Auslösung vom zeitlichen Verlauf der magnetischen Kraft abhängig ist, ändert sich die Auslösegrenze in Abhängigkeit von unterschiedlichen Kurvenformen (Wechselstrom oder Gleichstrom). Eine Abhängigkeit von der Temperatur ist jedoch nicht gegeben.

Der Betrieb von magnetischen Überstromschaltern an der Auslösegrenze ist nicht empfehlenswert. Exemplarische Streuungen können so während des Betriebes schon bei geringen Stromschwankungen für eine Auslösung und somit für viel Ärger sorgen. Ihr hauptsächlicher Einsatz ist der Schutz von Halbleiterschaltungen (z. B. in der Leistungselektronik), um eine Zerstörung bei Kurzschluß zu vermeiden.

Die Kombination aus thermischer und magnetischer Auslösung ergibt ein Sicherungselement, das

- tolerant gegenüber Stromspitzen ist und
- bei Kurzschluß sehr schnell auslöst.

Es sind daher besonders geeignet für Prozeßsteuerungen und Kommunikationsanlagen. In Tabelle B-7 sind die Eigenschaften der drei Auslösemechanismen nochmals zusammengestellt.

Tabelle B-7. Vor- und Nachteile unterschiedlicher Auslöseverfahren bei Sicherungsautomaten

	Thermische Auslösung	magnetische Auslösung Auslösung	thermisch-/magnetische
Vorteile	• robust gegen Lastschwankungen • kurzzeitiger Überlastbetrieb möglich	• sehr schnelles Ansprechen • keine äußere Temperaturbeeinflussung	• robust gegen Lastschwankungen • sehr schnelles Ansprechen bei Kurzschluß • Betrieb im Grenzbereich möglich • deckt beide Bereiche, Überlast und Kurzschluß, ab
Nachteile	• Auslösezeit abhängig von der Überlastung • Beeinflussung durch Umgebungstemperatur • Wiedereinschalten erst nach Abkühlung des Bimetallelementes möglich	• intollerant gegenüber Stromspitzen	• Beeinflussung durch die Umgebungstemperatur im Grenzbereich
Anwendung	Motorschutz, Trafos, Netzgeräte, Magnetventile, allgemein: in Spannungsnetzen mit großen Lastschwankungen	als Kurzschlußschutz	in Geräten, Anlagen, Steuerungen, in der Kommunikationstechnik

C Steuerungen und Regelungen

C.1
Digitale Schaltungen

C.1.1
Grundlagen der digitalen Schaltungstechnik

Die digitale Schaltungstechnik basiert auf logischen Verknüpfungen, deren Basis die Zahlendarstellung im binären Format, also „0" und „1", ist. Bei der Steuerung von Maschinen lassen sich eine Vielzahl von Funktionen auf diese einfache Ansteuerung zurückführen und schließlich auch ganze Abläufe regeln. Beispiele für digitale Steuersignale an Maschinen und Anlagen sind:

- hydraulische oder pneumatische Ventile „auf" oder „zu",
- Endposition „erreicht" oder „nicht erreicht",
- Motoren „ein" oder „aus" und
- Schutztüren „geschlossen" oder „offen".

Darüber hinaus lassen sich noch viele Funktionen an den Maschinen auf diese einfache Weise abbilden und so mit Hilfe digitaler Signale steuern. Die Digitaltechnik läßt sich in zwei grundsätzliche Bereiche einteilen, in die *kombinatorische* Logik und die *sequentielle* Logik.

Bild C-1 zeigt in einer Übersicht die wichtigsten Bauelemente und ihre Klassifizierung. Die nachfolgenden Abschnitte sollen die Grundlagen schaffen, um die Verknüpfungsregeln und die daraus abgeleiteten Funktionen zu verstehen.

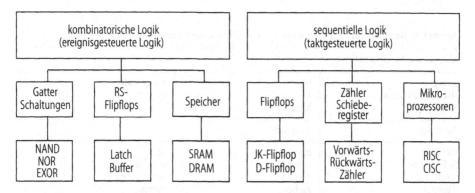

Bild C-1. Übersicht über digitale Bauelemente und deren Klassifizierung

C.1.1.1
Binäres Zahlensystem

Der Umgang mit Zahlen beschränkt sich in der Regel auf das dezimale Zahlensystem. Trotz seiner enormen Leistungsfähigkeit ist es für die digitale Verarbeitung in Rechnersystemen ungeeignet. Zum Einsatz kommt hier das *binäre Zahlensystem*, auch *Dualsystem* genannt, das die zwei Zustände „0" und „1" einnehmen kann.

Allgemein gilt, daß alle Zahlensysteme folgendem Bildungsgesetz unterliegen:

$$Z = \sum X_i Y_i \quad \text{mit} \quad i \in N \quad \text{und} \quad 0 \le X < Y \tag{C-1}$$

Dabei bedeutet:

- X: Argument,
- Y: Basis und
- i: die Position der Zahl innerhalb einer Ziffer.

Das *Argument* beschreibt den *Ziffernvorrat* (z.B. im Dezimalsystem 0, 1, …, 9), die *Basis* des Zahlensystems (im Dezimalsystem 10) und i die Stelle ($i = 0, 1, … n$). Der Ziffernvorrat X muß stets um 1 kleiner als die Basis Y des Zahlensystems sein (Dezimal: 0 … 9).

Die Auflösung der Summenformel verdeutlicht den Aufbau des Zahlensystems, wie Gleichung C-2 zeigt:

$$Z = … X_3 Y^3 + X_2 Y^2 + X_1 Y^1 + X_0 Y^0 + X_{-1} Y^{-1} … \tag{C-2}$$

Argumente, die einen *negativen Exponenten* besitzen (in Gl. (C-2) beispielsweise $X_{-1} Y^{-1}$ …), ergeben in jedem Zahlensystem die *Nachkommazahlen*.

Da in der Digitaltechnik nur die beiden Zustände „wahr" (1) und „nicht wahr" (0) eingenommen werden können, wird es auch als *Dualsystem* bezeichnet. Deshalb gilt:

! **Hinweis:** Im *Dualsystem* wird das Argument X auch *Bit* bezeichnet, ein Kurzwort, das aus dem englischen *binary digit* (binäre Einheit) abgeleitet wird.

! **Hinweis:** Da die Argumente stets kleiner als die Basis sein müssen, bleiben für das Dualsystem mit der Basis 2 lediglich die Zahlen 0 und 1 übrig. Würde man ein Zahlensystem mit der Basis 1 wählen, könnte das Argument nur noch den Wert 0 annehmen, womit sich kein Zahlensystem mehr aufbauen läßt.

Welche Bedeutung die beiden Zustände „0" und „1" in der Technik haben kann, zeigt Tabelle C-1.

Tabelle C-1. Beispiele für digitale Funktionen und Zustände an einer Werkzeugmaschine

allgemeine Ausdrucksform		
Ereignis	wahr	nicht wahr
digitaler Zustand	1	0
Logikpegel	high	Low
Funktion	Zustände	
Motoren	ein	aus
Schutztüre	offen	geschlossen
Endschalter	erreicht	nicht erreicht
Füllstand	zu hoch	richtig
Ventil	geschaltet	nicht geschaltet
Freigabe	erteilt	gesperrt
Programmablauf	in Ordnung	gestört
Arbeitsraumleuchte	ein	aus

Beispiel:

C.1-1: Setzt man in die Gl. (C-2) die Basis der einzelnen Zahlensysteme ein, so erhält man eine einfache Umrechnung ins Dezimalsystem. Zur Veranschaulichung soll beispielsweise die dezimale Zahl $Z_D = 269{,}3_D$ und die binäre Zahl $Z_B = 0\,1\,0\,1{,}0_B$ nach Gl. (C-2) in ihre Argumente mit entsprechender Wertigkeit aufgelöst werden:

$$Z_D = 269{,}3_D$$

$$Z_D = \ldots 0 \cdot 10^3 + 2 \cdot 10^2 + 6 \cdot 10^1 + 9 \cdot 10^0 + 3 \cdot 10^{-1} + 0 \cdot 10^{-2} + \ldots \cdot$$

$$Z_D = \ldots 0 + 200 + 60 + 9 + 0{,}3 = 269{,}3_D$$

In derselben Weise ist das Vorgehen bei dualen Zahlen:

$$Z_B = 0\,1\,0\,1{,}0_B$$

$$Z_B = \ldots 0 \cdot 2^3 + 1 \cdot 2^2 + 0 \cdot 2^1 + 1 \cdot 2^0 + 0 \cdot 2^{-1} + \ldots$$

$$Z_B = \ldots 0 + 4 + 0 + 1 + 0 = 5_D$$

Alle weiteren, nicht aufgeführten Stellen haben stets das Argument „0", so daß diese Stellen keinen Beitrag zum Zahlenwert leisten.

Durch das Einsetzen der Basis 2 in die Gl. (C-1) erhält man für das Dualsystem:

$$Z = \sum_i X_i 2^i \quad i \in N$$
$$0 \leq X < 2 \quad \text{also} \quad X \in [0,1] \tag{C-3}$$

Im Dualsystem unterliegen die Zahlenkolonnen keinen Grenzen. Eine *acht Bit* breite Dualzahl besitzt beispielsweise die Argumente *D0* bis *D7*, mit denen ein dezimaler Zahlenumfang von 0 bis 255 dargestellt werden kann. Eine Dualzahl kann auch 10 Bit breit sein und so die Zahlen von 0 bis 1023 darstellen. Die Wertigkeit der Argumente ergibt sich aus ihrer Stelle, wie Tabelle C-2 an Hand einer 8 Bit breiten Dualzahl verdeutlicht.

In Tabelle C-2 steht das Bit mit der *höchsten Wertigkeit* stets in der *linken Spalte*. Dieses Bit wird als *Most Significant Bit* (MSB) bezeichnet. Dagegen befindet sich das *niederwertigste* Bit (D0) in der *Spalte* ganz rechts. Man nennt es *Least Significant Bit* (LSB).

Da bei binären Zahlen die Zählweise bei 0 beginnt, ist die größte darstellbare Zahl stets um *eins kleiner* als die Potenz der Argumentenanzahl *k* zur Basis zwei. Die größtmöglichste Zahl Z_{max}, die bei einer bekannten Anzahl *k* von Argumenten darstellbar ist, läßt sich einfach nach folgender Gleichung bestimmen:

$$Z_{max} = 2^k - 1 \tag{C-4}$$

Beispiel:

C.1-2: Eine vierstellige Dualzahl kann insgesamt 2^4 also 16 Werte annehmen. Da der Darstellungsbereich bei „0" beginnt, kann sie nur die natürlichen Zahlen bis einschließlich 15 beschreiben, eben 0, 1, 2, 3, … 12, 13, 14 und 15, insgesamt also 16 Werte. Der höchste Wert ergibt sich nach (Gl. C-4) zu $2^4 - 1 = 15$.

Große Dualzahlen werden oft in Feldern von 8, 16 oder 32 Bit zusammengefaßt. Dafür wurden in der Digitaltechnik folgende Begriffe eingeführt:

- 1 Bit: *Bit,*
- 4 Bit: *Nibble* oder *Halbbyte,*

- 8 Bit: *Byte,*
- 16 Bit: *Wort* und
- 32 Bit: *Langwort.*

Auch sind bereits einzelne Rechnerstrukturen mit einer Wortbreite von 64 Bit zu finden. Die gebräuchlichsten Bezeichnungen hierfür sind *Double Long* oder *Extended Long.*

Hexadezimales Zahlensystem

Die Darstellung von großen Dezimalzahlen im dualen Zahlensystem hat sich als unübersichtlich und fehlerträchtig herausgestellt. Deshalb hat man einzelne Bits zusammengefaßt und auf der Basis des Darstellungsbereiches dieser Bitgruppe ein neues Zahlensystem aufgebaut.

Als sinnvolle Teilung zeigte sich die Zusammenfassung von *4 Bit* des Dualsystems. Damit können $2^4 = 16$ Zustände dargestellt werden. Zur Kennzeichnung werden die 10 Zahlen des Dezimalsystems (0 bis 9) und die 6 Buchstaben des Alphabetes (A bis F) herangezogen. Deshalb nennt man dieses Zahlensystem *Hexadezimalsystem.* Seine Basis ist 16 und es gilt:

$$Z = \sum_i X_i 16^i \qquad \begin{array}{l} i \in N \\ 0 \le X < 16 \quad \text{also} \quad X \in [0,15] \end{array} \tag{C-5}$$

Bei der Zusammenfassung von 4 Bit spricht man auch von einem *Halbbyte* oder *Nibble.* Dieses *Nibble* kann als einstellige Zahl gerade diese 16 Zahlen (von 0 bis 15_D) darstellen.

Tabelle C-2. Zahlenbereich einer 8-stelligen Dualzahl

	MSB Most Significant Bit							LSB Least Significant Bit	
Bit Wertigkeit	D7 2^7	D6 2^6	D5 2^5	D4 2^4	D3 2^3	D2 2^2	D1 2^1	D0 2^0	dezimaler Wert
kleinste 8-Bit-Zahl	0	0	0	0	0	0	0	0	0
	0	0	0	0	0	0	0	1	1
	0	0	0	0	0	0	1	0	2
	0	0	0	0	0	0	1	1	3
	0	0	0	0	0	1	0	0	4
	0	0	0	0	0	1	0	1	5
	0	0	0	0	0	1	1	0	6
	0	0	0	0	0	1	1	1	7
	...	...	...	...	...	...	...	...	...
MSB Wechsel	0	1	1	1	1	1	1	1	127
	1	0	0	0	0	0	0	0	128
	...	...	...	...	...	...	...	...	...
	1	1	1	1	1	1	0	1	253
	1	1	1	1	1	1	1	0	254
größte 8-Bit-Zahl	1	1	1	1	1	1	1	1	255

Tabelle C-3 zeigt das Halbbyte einer vierstelligen Dualzahl (D0 bis D3) sowie die 16 möglichen Werte des Argumentes X der Hexadezimalzahl nach Gl. (C-5).

Der Vorteil dieser Darstellung liegt in der erheblich übersichtlicheren Schreibweise. Auf diese Weise lassen sich beispielsweise *16 Bit* breite Dualzahlen durch eine *vierstellige* Hexadezimalzahl darstellen (*16 Bit = 4 Nibble bzw. 4 Halbbytes*). In Tabelle C-4 sind beispielhaft einige Hexadezimalzahlen und deren Wertigkeit aufgezeigt.

Tabelle C-3. Wertebereich eines Halbbytes

Dualzahl				Hexadezimalzahl	Dezimalzahl
D3 2^3	D2 2^2	D1 2^1	D0 2^0	Nibble/Halbbyte:	
0	0	0	0	0	0
0	0	0	1	1	1
0	0	1	0	2	2
0	0	1	1	3	3
0	1	0	0	4	4
0	1	0	1	5	5
0	1	1	0	6	6
0	1	1	1	7	7
1	0	0	0	8	8
1	0	0	1	9	9
1	0	1	0	A	10
1	0	1	1	B	11
1	1	0	0	C	12
1	1	0	1	D	13
1	1	1	0	E	14
1	1	1	1	F	15

Tabelle C-4. Beispiele einiger Hexadezimalzahlen

Dualzahl	Hexadezimalzahl	dezimale Wertigkeit	Beispiel (Anwendung)
0000 0000 0000 0000 D	0000 H	0	Startbedingung für SPS Programme
0101 0011 1000 1100 D	538D H	21 389	Datenwort, Adreßwort
0011 1011 1111 0010 D	3BF2 H	15 346	Datenwort, Adreßwort
1010 0101 1010 0101 D	A5A5 H	42 405	beliebte Testsequenz für Speichertest
1111 1111 1111 1111 D	FFFF H	65 535	leerer Programmspeicher, unbenutztes Kodewort

C.1.1.2
Verknüpfungen nach Boole und De Morgan

Die Verknüpfungen innerhalb der binären Zahlensysteme werden auf die Gesetze des britischen Mathematikers und Philosophen *George Boole* (G. Boole, von 1815 bis 1864) zurückgeführt. Es handelt sich dabei um einen *Formalismus*, der in der Lage ist, *logische Aussagen* und *Funktionen* zu beschreiben, die *zwei Zustände* einnehmen können. Handelt es sich um Schaltvorgänge, wie sie in Tabelle C-1 beispielhaft zusammengestellt sind, spricht man von der *Schaltalgebra*, die die Grundlage für jede Ablaufsteuerung ist.

Bei der Verknüpfung binärer Zahlen gibt es drei *Basiselemente*:

- die *NICHT-Funktion* (Negation),
- die *UND-Funktion* (Konjunktion) und
- die *ODER-Funktion* (Disjunktion).

Da die Darstellung negierter Variable in Dokumenten und Texten oft mit Schwierigkeiten verbunden ist, haben sich eine Reihe von Schreibweisen durchgesetzt, die die negierte Variable durch ein vorangestelltes Sonderzeichen kennzeichnet. Dies können bei der Booleschen Algebra folgende Zeichen sein:

- / (Schrägstrich),
- ~ (Tilde),
- _ (Unterstrich).

In nachfolgenden Beispielen wird neben dem üblichen Überstrich (klassische Negierung) auch der vorangesetzte Schrägstrich verwendet.

In digitalen Schaltungen werden Dualzahlen miteinander verknüpft und ergeben in Abhängigkeit von der Verknüpfungsfunktion das geforderte Schaltverhalten. Die Umsetzung erfolgt mit Logikbausteinen.

Daraus lassen sich alle weiteren Verknüpfungen ableiten. Die *Wahrheitstabellen* sowie die logische Schreibweise (Schaltsymbol) dieser drei Grundfunktionen sind in Bild C-2 zusammengestellt.

Aus oben aufgeführten Grundfunktionen lassen sich durch entsprechende Kombinatorik alle weiteren logischen Funktionen ableiten. Dazu gehört auch die *Exclusive-ODER-Verknüpfung* von zwei Variablen, auch *Antivalenz* genannt.

Verknüpfung	Schaltsymbol nach DIN 40 900	1. Eingang A	2. Eingang B	Ausgang Y
Konjunktion UND-Verknüpfung	A —[&]— Y B	0	0	0
		0	1	0
		1	0	0
		1	1	1
Disjunktion ODER-Verknüpfung	A —[≥1]— Y B	0	0	0
		0	1	1
		1	0	1
		1	1	1
Negation Nicht-Funktion	A —[1]o— Y	0	2. Eingang nicht verfügbar	1
		1		0

 Verknüpfung erfüllt

Bild C-2. Grundfunktion der digitalen Schaltungstechnik

Die digitalen Verknüpfungen gehorchen den selben Rechenregeln, wie sie aus der Algebra bekannt sind. Boole hatte dies als erstes untersucht und sie in den nachfolgenden Gesetzen zusammengefaßt, die als *Boole'sche Algebra* oder Schaltalgebra bekannt sind:

1. Kommutativgesetz

Das *Kommutativgesetz* erlaubt die Reihenfolge der Variablen innerhalb einer Operation zu verändern. Es gilt:

$$A + B = B + A \quad \text{und}$$

$$A * B = B * A \tag{C-6}$$

! Hinweis: Das + Zeichen steht für das logische ODER (Disjunktion) und * Zeichen steht für die UND-Verknüpfung (Konjunktion).

2. Assoziativgesetz

Das *Assoziativgesetz* erlaubt die Vertauschung der Reihenfolge von gleichrangigen Operatoren:

$$A + B + C = (A + B) + C = A + (B + C) \quad \text{und}$$

$$A * B * C = (A * B) * C = A * (B * C) \tag{C-7}$$

3. Distributivgesetz

Das *Distributivgesetz* ermöglicht das Ausmultiplizieren von Klammerausdrücken. Dabei ist auf die Rangfolge der Operatoren zu achten. Es gilt:

$$A * (B + C) = A * B + A * C \quad \text{oder}$$

$$(A + B) * (A + C) = A + B * C \tag{C-8}$$

4. Absorptionsgesetze

Die *Absorptionsgesetze* sind das wichtigste Mittel bei der Vereinfachung von Gleichungen (s. Distributivgesetz). Durch sie ist festgeschrieben, unter welchen Bedingungen Variable zu Konstanten werden, sich auslöschen oder sich selbst wiedergeben:

$$A + 0 = A$$

$$A + 1 = 1$$

$$A * 0 = 0$$

$$A * 1 = A$$

$$A * A = A$$

$$A + A = A$$

$$A + /A = 1$$

$$A * /A = 0$$

$$A + (A * B) = A$$

$$A * (A + B) = A$$

$$A + /A * B = A + B \tag{C-9}$$

5. Doppelte Negierung

Wird eine Variable zweifach negiert, so heben sich die Negierungen auf. Es gilt:

$$\overline{\overline{A}} = A \quad \text{oder} \quad //A = A \tag{C-10}$$

Dies gilt auch dann, wenn die Variable mehrfach negiert ist. Beispielsweise reduziert sich eine dreifache Negierung der Variablen A auf eine einfache Negierung.

Beispiel

C.1-3: Mit Hilfe von Tabelle C-5 soll die *ODER-Normalform* der Ausgangsvariablen Y gefunden werden. Diese soll anschließend mit den Gesetzen der Boole'schen Algebra vereinfacht werden.

Das Beispiel enthät vier *Vollkonjunktionen* (Tabelle C-5), bei denen der Ausgang $Y = 1$ wird. Ihre ODER-Verknüpfung führt nun zur *ODER-Normalform*:

$$Y = (\overline{A} * B * \overline{C} * D) + (\overline{A} * B * C * D) + (A * B * \overline{C} * D) + (A * B * C * D).$$

Zur Verdeutlichung wurden in dieser ODER-Normalform die vier Vollkonjunktionen in Klammern gesetzt. Nach dem Distributivgesetz kann hier die Variable D ausge-klammert werden, da sie in allen Vollkonjunktionen vorhanden ist:

Distributivgesetz: Herausstellen der Variable D:

$$Y = ((\overline{A} * B * \overline{C}) + (\overline{A} * B * C) + (A * B * \overline{C}) + (A * B * C)) * D.$$

In den verbleibenden Konjunktionen kann die Variable C durch das Absorbtions-gesetz ($C + \overline{C} = 1$) eliminiert werden, im weiteren ebenso die Variable A:

Absorptionsgesetz: Eliminieren der Variablen A:

$$Y = ((\overline{A} * B) + (A * B)) * D,$$

$$Y = B * D.$$

Tabelle C-5. Verknüpfungstabelle zum Beispiel I.1-3

Eingangsvariable				Ausgangs-variable	Vollkonjunktionen
A	B	C	D	Y	
0	0	0	0	0	
0	0	0	1	0	
0	0	1	0	0	
0	0	1	1	0	
0	1	0	0	0	
0	1	0	1	1	/A * B*/C * D
0	1	1	0	0	
0	1	1	1	1	/A * B * C * D
1	0	0	0	0	
1	0	0	1	0	
1	0	1	0	0	
1	0	1	1	0	
1	1	0	0	0	
1	1	0	1	1	A * B */C * D
1	1	1	0	0	
1	1	1	1	1	A * B * C * D

Die zunächst sehr kompliziert aussehende ODER-Normalform für die Wahrheitstabelle läßt sich nach der Anwendung der algebraischen Regeln nach Boole durch eine *UND-Verknüpfung* der Variablen B und D realisieren.

Gesetze von De Morgan

Eine weitere wichtige Beziehung zwischen UND- und ODER-Verknüpfung fand der englische Mathematiker *De Morgan* (De Morgan, von 1806 bis 1871) und faßte sie in zwei Regeln zusammen, die als die beiden *Gesetze von De Morgan* bekannt sind.

1. Gesetz von De Morgan

Negiert man eine ODER-Verknüpfung, so ist dies einer UND-Verknüpfung gleich, bei der die einzelnen Elemente negiert sind.

$$\overline{A + B + C + \ldots} = \bar{A} * \bar{B} * \bar{C} * \ldots. \tag{C-11}$$

2. Gesetz von De Morgan

Negiert man eine UND-Verknüpfung, so ist dies einer ODER-Verknüpfung gleich, bei der die einzelnen Elemente negiert sind.

$$\overline{A * B * C * \ldots} = \bar{A} + \bar{B} + \bar{C} + \ldots. \tag{C-12}$$

Bei der Anwendung der Gesetze von De Morgan in einer Gleichung können deshalb *Konjunktionen* in *Disjunktionen* umgewandelt werden und umgekehrt. Beim Einfügen von Negationen ist darauf zu achten, daß stets *beide* Gleichungsseiten in der selben Weise behandelt werden. So gilt beispielsweise:

$Y = A * B$	Konjunktion
$\bar{Y} = \overline{A * B}$	Konjunktion auf <u>beiden</u> Seiten negiert!
$\bar{Y} = \bar{A} + \bar{B}$	Disjunktion nach 2. De Morgan Gesetz

Soll die Ausgangsvariable (hier Y) nicht negiert werden, so kann durch die doppelte Negation (Boole'sches Gesetz nach Gleichung (C-10)) der Wert einer Seite ebenfalls erhalten werden. Zur Anwendung der De Morganschen Gesetze kann diese nun aufgebrochen werden:

$Y = A * B$	Konjunktion
$Y = \overline{\overline{A * B}}$	doppelte Negation, nichts hat sich geändert
$Y = \overline{\bar{A} + \bar{B}}$	Disjunktion nach Aufbrechen einer Negation und Anwendung des 2. De Morganschen Gesetzes

Diese grundlegende Anwendung der De Morganschen Gesetze ist in der Praxis von großer Bedeutung. Damit kann ein Gleichungssystem an die gegebenen Voraussetzungen angepaßt werden. Diese Randbedingungen können sein

- Vorgabe der Bauelemente (Konjunktion oder Disjunktion),
- Vorgabe der Eingangsvariable (negiert oder nicht negiert),
- Vorgabe der Ausgangsvariable (negiert oder nicht negiert).

Bei der Berücksichtigung solcher Vorgaben wird man oft feststellen, daß nicht immer die Minimallösung realisierbar ist.

C.1.2
Flipflop und Zähler

Flipflops sind *bistabile Kippstufen* und stellen in der digitalen Schaltungstechnik die einfachste Form einer Signalspeicherung dar. Flipflops, oft auch kurz *FF* genannt, gibt es in sehr vielen Ausführungsformen, die sich in der Ansteuerung unterscheiden. Grundsätzlich unterscheidet man

- *taktgesteuerte* Flipflops und
- *zustandsgesteuerte* Flipflops.

Bild C-3 zeigt eine Übersicht über verschiedene Flipflop Arten. Die wichtigsten Vertreter sind:

- RS-Flipflop,
- D-Flipflop,
- JK-Flipflop und
- Monoflop.

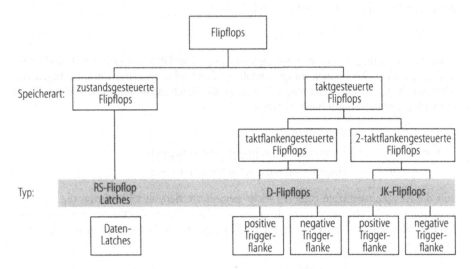

Bild C-3. Einteilung der Flipflops nach ihrer Funktion

Flipflops werden heute als integrierte Schaltkreise angeboten. Der Flipflop-Kern läßt sich aus den Grundelementen der logischen Verknüpfung herleiten. Wie in Bild C-4a zu sehen ist, reichen zwei NAND-Gatter zum Aufbau eines einfachen zustandsgesteuerten Flipflops mit der zugehörigen Wahrheitstabelle (Bild C-4b).

Die Schaltung nach Bild C-4a kann zwei stabile Zustände einnehmen. Man unterscheidet den

- *Setzfall*, d.h. wenn $E_1 = 0$ und $E_2 = 1$ ist und
- den *Rücksetzfall*, d.h. $E_1 = 1$ und $E_2 = 0$.

Sind beide Eingänge auf „1", so bleibt der vorige Zustand erhalten; das Flipflop hat den vorigen Zustand *abgespeichert*. Gehen beide Eingänge auf „0", werden durch das NAND beide Ausgänge auf „1" gesetzt. Dieser Zustand wird als *irregulär* bezeichnet, da er in

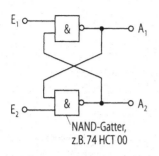

E_1	E_2	A_1	A_2	Bemerkung
0	0	1	1	nicht zulässig
1	0	0	1	„rücksetzen"
0	1	1	0	„setzen"
1	1	n-1	n-1	speichern des letzten Zustandes

a einfaches zustandsgesteurtes Flipflop aus zwei NAND-Gattern

b Wahrheitstabelle

Bild C-4. Zustandsgesteuertes Flipflop

keinem logischen Zusammenhang mit der Speicherfunktion des Flipflops steht. Er sollte vermieden werden. Das RS-Flipflop läßt sich durch einfache Negation der Eingangssignale von diesem Grundtyp ableiten (Bild C-5).

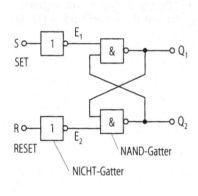

S	R	E_1	E_2	Q_1	Q_2	Bemerkung
1	1	0	0	1	1	nicht zulässig
0	1	1	0	0	1	„rücksetzen"
1	0	0	1	1	0	„setzen"
0	0	1	1	n-1	n-1	speichern des letzten Zustandes

b Wahrheitstabelle

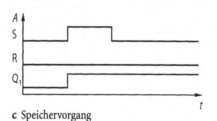

a einfaches RS Flipflop

c Speichervorgang

Bild C-5. RS-Flipflop

Bei *zustandsgesteuerten* Flipflops ändert sich der Ausgang in Abhängigkeit des augenblicklichen Eingangszustandes. Will man hingegen die Information zu einem ganz bestimmten Zeitpunkt übernehmen, so ist ein *taktgesteuertes* Flipflop notwendig. Dabei wird die Information genau dann abgespeichert, wenn ein Flankenwechsel am Takteingang stattfindet. Man unterscheidet dabei

- *positive* Taktflanken (Übergang von „0" auf „1") und
- *negative* Taktflanken (Übergang von „1" auf „0").

In diesem Zusammenhang spricht man auch von *ansteigenden* und *abfallenden* Taktflanken. Bild C-6a zeigt den Aufbau eines taktzustandsgesteuerten Flipflops mit Hilfe von vier NANDs. Die zugehörige Wahrheitstabelle zeigt Bild C-6b.

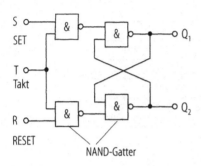

S	R	T	Q_1	Q_2	Bemerkung
0	0	0	n-1	n-1	speichern des letzten Zustandes
0	1	0	n-1	n-1	durch den „0"-Pegel des Taktsignals ist keine Änderung möglich
1	0	0	n-1	n-1	
1	1	0	n-1	n-1	
0	0	1	n-1	n-1	speichern des letzten Zustandes
0	1	1	0	1	„rücksetzen"
1	0	1	1	0	„setzen"
1	1	1			nicht zulässig

a Aufbau des taktgesteuerten Flipflops   **b** Wahrheitstabelle

Bild C-6. Taktgesteuertes Flipflop

Die Signale *Set* und *Reset* werden durch die NAND-Gatter gesperrt, solange das Taktsignal auf 0 liegt. Wechselt das Taktsignal für einen kurzen Augenblick auf „1", so wird der Set- und Reset-Eingang auf das nachfolgende Flipflop übertragen und abgespeichert. Bild C-7 verdeutlicht diesen Speichervorgang, der mit der ansteigenden Flanke des Taktes eingeleitet wird.

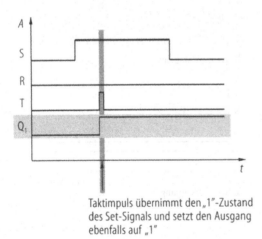

Taktimpuls übernimmt den „1"-Zustand
des Set-Signals und setzt den Ausgang
ebenfalls auf „1"   **Bild C-7.** Speichervorgang

! **Hinweis:** Da die Eingänge des NAND-Gatters gleichberechtigt sind, können die Signale *Set* und *Takt* vertauscht werden. Das Kriterium für die Verknüpfung und damit für die Weiterschaltung des Signals ist deren gleichzeitiger *High*-Pegel.

Flipflops sind die Grundlage einer ganzen Reihe von digitalen Schaltungen die in der Prozeßtechnik eine erhebliche Rolle spielen. Die wichtigsten sind:

- Zustandsspeicher,
- Zähler und
- Ablaufsteuerungen.

Im nachfolgenden soll aufgezeigt werden, wie mit Hilfe einfacher Flipflop-Schaltungen *Zähler* aufgebaut werden können.

Bild C-8 zeigt in einer Übersicht die Vielfalt möglicher Zählertypen. Grundsätzlich unterscheidet man *asynchrone* und *synchrone* Zähler. Folgende Arten gibt es:

- *Vorwärtszähler,*
- *Rückwärtszähler,*
- Zähler mit *Rücksetzeingang,*
- *ladbare* Zähler und
- als Sonderform *Schieberegister.*

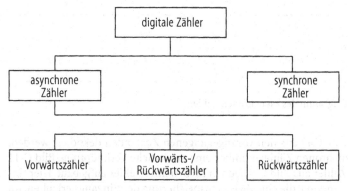

Bild C-8. Übersicht über Zählergrundtypen

Asynchrone Zähler können als eine Reihe von hintereinandergeschalteten *Taktteilern* angesehen werden: Der Ausgangstakt des vorangegangenen Flipflops dient als Takt für das nachfolgende. Einen einfachen 3-stufigen asynchronen Zähler zeigt Bild C-9. Er kann die Zählerstände 0 bis 7 anzeigen und zählt stets vorwärts. In Bild C-10 ist der zeitliche Verlauf in Abhängigkeit des Takteingangs T dargestellt. Da der Takteingang eine Negation aufweist, erfolgt die Übernahme des vorigen Zustands mit der abfallenden Flanke.

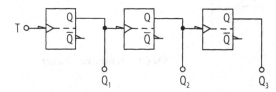

Bild C-9. Asynchroner Zähler

! **Hinweis:** Wie in Bild C-10 deutlich zu erkennen ist, erfährt der Ausgang Q_1 gegenüber dem Takteingang T eine Verzögerung, die aus der Gatterlaufzeit des Flipflops resultiert. Mit jeder weiteren Zählerstufe ist diese Laufzeit erneut zu berücksichtigen, wie die Zählerausgänge Q_2 und Q_3 zeigen. Ein zeitgleiches Schalten der Ausgänge ist daher nicht möglich, wie der Übergang von Schaltzustand 3 auf 4 zeigt.

Asynchrone Zähler werden aufgrund des uneinheitlichen Schaltens nur für sehr einfache Zählvorgänge verwendet. Einen exakt gleichen Zählübergang erreicht man nur mit *synchronen* Zählern.

Bei *synchronen Zählern* werden alle Flipflops der Zählerkette durch das gleiche Taktsignal gesteuert. Dazu ist es notwendig, daß die einzelnen Zählerstände entsprechend

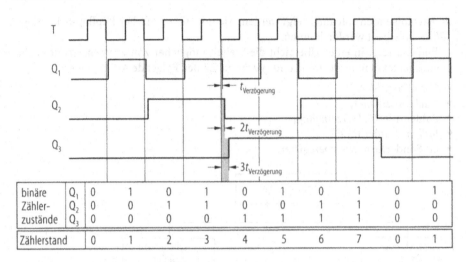

binäre	Q_1	0	1	0	1	0	1	0	1	0	1
Zähler-	Q_2	0	0	1	1	0	0	1	1	0	0
zustände	Q_3	0	0	0	0	1	1	1	1	0	0
Zählerstand		0	1	2	3	4	5	6	7	0	1

Bild C-10. Taktzustandsdiagramm des asynchronen Zählers

dem Dualkode (Abschn. C.1) aus den vorangegangenen Zuständen dekodiert werden. Dies erfordert bei synchronen Zählern immer eine zusätzliche Verknüpfung. Bild C-11 zeigt den 3-stufigen Zähler aus Bild C-9, jedoch als Synchronzähler aufgebaut. Hier finden JK-Flipflops Verwendung, die eine Zwischenspeicherung des Eingangs erlauben. Im Taktdiagramm nach Bild C-12 ist deutlich das *verzögerungsfreie* Schalten der Ausgänge zu erkennen.

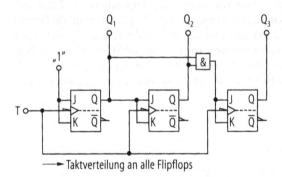

——► Taktverteilung an alle Flipflops   **Bild C-11.** Synchroner Zähler

Zähler werden heute hauptsächlich als fertige Bausteine angeboten. Neben obigen einfachen Varianten sind heute auch sehr viele programmierbare Zähler erhältlich, die in Verbindung mit Mikroprozessoren sehr komplexe Aufgaben übernehmen können. Beispiele hierfür sind:

- Abwärtszähler von einem vorgegebenen, programmierbaren Wert und anschließend Auslösen eines Interrupts an den Mikroprozessor,
- selbständig ladender Abwärtszähler von einem programmierbaren Wert aus mit Interruptauslösung bei Null-Durchgang,
- reprogrammierbare Zähler während des Zählvorgangs,
- programmierbare Frequenzteiler und
- programmierbare Pulslängen und Pulspausen in einem Rechtecksignal.

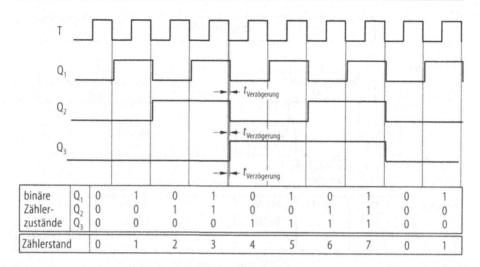

binäre	Q_1	0	1	0	1	0	1	0	1	0	1
Zähler-	Q_2	0	0	1	1	0	0	1	1	0	0
zustände	Q_3	0	0	0	0	1	1	1	1	0	0
Zählerstand		0	1	2	3	4	5	6	7	0	1

Bild C-12. Taktzustandsdiagramm des synchronen Zählers

Die Länge der Zählerkette (z. B. 4-stufig oder 6-stufig) bestimmt den maximalen Zählwert. Auf ihn ist auch die Gleichung C-4 anwendbar, wobei k die Anzahl der Zählstufen, oft auch Zählerbreite genannt, angibt. Eine Übersicht zeigt Tabelle C-6.

Tabelle C-6. Zählerbreite und maximaler Zählerstand

Zählerbreite	maximaler Zählerstand
3-Bit	7
4-Bit	15
8-Bit	255
16-Bit	65 535
24-Bit	16 777 215
32-Bit	4 294 967 295

C.1.3
Digitale Speicher

Für den Aufbau von Rechensystemen sind *Speicherbausteine* wichtige Bauelemente. Für die unterschiedlichen Anforderungen sind entsprechend unterschiedliche Speicher notwendig. So unterscheidet man in der Datentechnik grundsätzlich zwischen *Massenspeicher* und *Arbeitsspeicher (Hauptspeicher)*. Der Arbeitsspeicher besteht aus mehreren digitalen *Speicherbausteinen*, die sich in zwei große Gruppen gliedern:

- *nichtflüchtige* Speicher und
- *flüchtige* Speicher.

Bild C-13 zeigt die sich daraus ergebende Vielfalt unterschiedlicher Speicherbausteine.

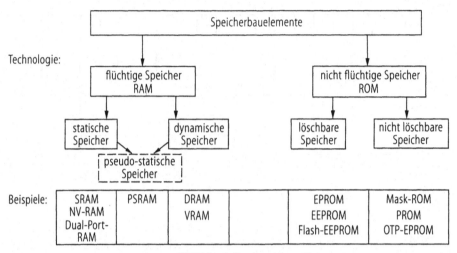

| Beispiele: | SRAM NV-RAM Dual-Port-RAM | PSRAM | DRAM VRAM | | EPROM EEPROM Flash-EEPROM | Mask-ROM PROM OTP-EPROM |

SRAM: Static Random Access Memory
NV-RAM: Non-Volatile-Random Access Memory
PSRAM: Pseudo Static RAM
DRAM: Dynamic Random Access Memory
VRAM: Video-RAM
PROM: Programmable Read Only Memory
EPROM: Erasable Programmable Read Only Memory
EEPROM: Electrically Erasable Programmable Read Only Memory
OTP-EPROM: One Time Programmable-EPROM

Bild C-13. Speicherübersicht

- *Flüchtige Speicher* verlieren ihren Inhalt, wenn die Versorgungsspannung abgeschaltet wird. Sie werden als *RAM* (Random Access Memory) bezeichnet und ermöglichen dem Benutzer, Daten sowohl auszulesen als auch einzuschreiben.
- *Nichtflüchtige Speicher* behalten ihre Information, unabhängig von der Betriebsspannung. Diese Information ist bei der Herstellung oder durch eine spezielle Programmierung in den Baustein *eingeschrieben* worden und kann nur in besonderen Fällen geändert werden. Aus diesem Grund kann die Information im Betrieb nur ausgelesen werden. Man spricht in diesem Fall von einem *Read Only Memory*, kurz *ROM*.

Die unterschiedlichen ROM-Familien werden ihren *Eigenschaften* entsprechend unterschiedlich programmiert.

Die Größe der Speicherbausteine wird durch die Anzahl der *Speicherzellen* angegeben. Da jede Speicherzelle 1 *Bit* (Binary Digit), also die beiden Zustände „0" oder „1" speichern kann, erfolgt diese Angabe in Bit. Bei Speichern mit mehr als tausend Speicherzellen spricht man von *kBit* (kilobit) oder gar von *Megabit*, wobei gilt:

- $1 \text{ kBit} = 2^{10} \text{ Bit} = 1\,024 \text{ Bit}$
- $1 \text{ MBit} = 1 \text{ kBit} \times 1 \text{ kBit} = 1\,048\,576 \text{ Bit}.$

Hinweis: *Speichergrößen in Rechnersystemen* werden dagegen in *Byte* angegeben (1 Byte = 8 Bit). So werden für einen Speicher mit 64 kByte Größe acht Bausteine zu je 64 kBit benötigt.

Flüchtiger Speicher

Flüchtige Speicher erlauben dem Benutzer den *wahlfreien Zugriff* (engl.: random access) auf jede Speicherzelle, um entweder Daten auszulesen oder einzuschreiben. Wie Bild C-13 zeigt, werden flüchtige Speicher in folgende zwei Gruppen eingeteilt:

- *statische RAM-Speicher* und
- *dynamische* RAM-Speicher.

Bild C-14 zeigt die Grundelemente des statischen und dynamischen Speichers.

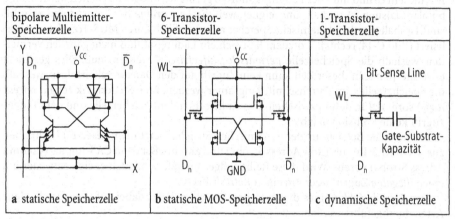

bipolare Multiemitter-Speicherzelle	6-Transistor-Speicherzelle	1-Transistor-Speicherzelle
a statische Speicherzelle	**b** statische MOS-Speicherzelle	**c** dynamische Speicherzelle

D_n Datenleitung n

WL   Wortleitung

GND Massepotential (engl.: ground)

V_{CC} +5 V Versorgungsspannung

Bild C-14. Grundelement der statischen und dynamischen Speicherzelle

Statischer Speicher

Die bipolare Speicherzelle in Bild C-14 links, ist mit Hilfe zweier *Multiemitter-Transistoren* aufgebaut, die eine einfache Anwahl (Aktivierung) des Flipflop-Kerns ermöglichen. Ist eine der Ansteuerleitungen (X oder Y) oder beide auf Null-Volt-Potential, so können die Emitterströme gegen Masse abfließen, und die Speicherzelle ist deaktiviert. Erst wenn beide Leitungen auf „1" sind, kann der Emitterstrom über die Datenleitung D_n abfließen. Der Nachteil bipolarer Speicher gegenüber CMOS-Speicher ist der wesentlich höhere Strombedarf und die damit verbundene Wärmeentwicklung. Ihre Bedeutung in der Schaltungstechnik verliert daher immer mehr an Bedeutung.

Ein wesentlicher Fortschritt bei der Energiebilanz wurde mit der *6-Transistor-Speicherzelle* in CMOS erzielt. Auch sie stellt ein *Flipflop* dar, welches über die Datenleitungen D_n gesetzt und ausgelesen werden kann (Bild C-14, Mitte). Aktiviert wird der Speicherkern durch die *Wortleitung WL*, an die mehrere Speicherzellen angeschlossen sind. So können Speicher 8 Bit breit organisiert werden und stellen in einem Schreib-Lese-vorgang ein Byte (8 Bit) zur Verfügung. Heute sind bereits mehr als 4 Millionen solcher Speicherzellen auf einem Chip integriert, was etwa *24 Mio. Transistorfunktionen* entspricht. Die Grenzen für eine noch höhere Integration sind dabei die bis heute erreichte maximal Chipfläche und die immer feiner werdenden Strukturen auf dem Chip (0,25 µm feine Strukturen sind bei CMOS bereits realisiert).

Der Vorteil dieser Speicher liegt darin, daß sie *sehr schnell* sind und eine sehr geringe Leistungsaufnahme aufweisen (übliche Zugriffszeiten liegen bei < 8 ns).

Dynamischer RAM-Speicher

Neben diesen Flipflop-Speicherelementen eignen sich auch die sehr kleinen *Substratkondensatoren* zum Speichern von Informationen. Dieses Prinzip wird bei den *dynamischen RAM's* angewandt. Sie speichern ihren Inhalt in der *Gate-Kapazität* durch einen Transistor (*1-Transistor Speicherzelle*). Die sehr geringen Abmessungen dieses Kondensators ermöglichen nur sehr kleine Kapazitäten von wenigen *femti Farad* (fF: 10^{-15} F). Aus diesem Grund muß der Ladungsabfluß so gering wie möglich gehalten werden. Eine bipolare Lösung ist deshalb ungeeignet, weil die *Leckströme* der Transistoren zu groß sind. Deshalb werden dynamische Speicher ausschließlich durch MOS-Transistoren realisiert (Bild C-14, rechts). Trotzdem läßt sich ein Ladungsabfluß nicht gänzlich vermeiden, weshalb die Speicherzelle *periodisch „aufgefrischt"* werden muß. Dies geschieht etwa alle 10 ms. In dieser Zeit kann kein Zugriff auf den Dateninhalt erfolgen, weshalb die Speicherzellen im Durchschnitt langsamer werden. Eine Steuerlogik (engl.: *refresh logic*) sorgt dafür, daß es zwischen dem Auffrischen der Speicherzelle und dem Datenzugriff keine Kollisionen gibt.

Die normale Betriebsart der dynamischen Speicher setzt beim Lesen und Schreiben zuerst ein RAS-Impuls (Row Adress Strobe) und anschließend ein CAS-Impuls (Column Adress Strobe) voraus. Wird diese Reihenfolge verletzt, so handelt es sich entweder um einen *illegalen* Zugriff oder um einen *Refresh-Zyklus*.

Der *Refresh-Zyklus* eines dynamischen Speichers kann dabei auf drei verschiedene Arten durchgeführt werden:

- *RAS-Only* Refresh-Cycle,
- *CAS-Before-RAS* Refresh-Cycle,
- *Hidden Refresh* Cycle.

Durch die Reduzierung der Speicherzelle auf nur noch *einen Transistor* ist der Platzbedarf gegenüber der statischen Speicherzelle drastisch gesunken. Höchste Packungsdichten sind möglich, so daß heute bereits Bausteine zur Verfügung stehen, die mehr als 256 Mio. solcher Speicherzellen auf einem Chip vereinen. Derartige Speicher werden vor allem in großen *Hauptspeichern* eingesetzt, da sie trotz zusätzlicher Ansteuerlogik (für die Auffrischung der Speicherzellen) sehr *preisgünstig* sind.

Nicht flüchtige Speicher

Sollen Daten und Informationen auch noch nach dem Abschalten der Betriebsspannung erhalten bleiben, werden *nicht flüchtige Speicher* eingesetzt. Dazu muß der Speicherinhalt durch einen von der Versorgungsspannung *unabhängigen* Prozeß in den Speicherchip geschrieben werden.

> Das Beschreiben von ROM-Speichern erfolgt systemunabhängig!

Man unterscheidet folgende Programmierungen:

- *Masken-Programmierung*: Dabei wird der Speicherinhalt während des Fertigungsprozesses durch den letzten Herstellungsschritt festgelegt.
- *Off-Line Programmierung*: Der Speicherinhalt wird mit Hilfe eines speziellen Programmiergerätes *außerhalb* des Gerätes in den Chip eingebrannt.

- *Reversible On-Line Programmierung*: Der nicht flüchtige Speicher kann durch einen speziellen Algorithmus in der Schaltung programmiert werden.

Dies macht bereits deutlich, daß die Information in dieser Art von Speichern im Betrieb nur ausgelesen werden kann, weshalb man von einem *Read Only Memory* „ROM" (Nur-Lese-Speicher) spricht. Die wichtigsten Vertreter der ROM-Bausteine sind

- Mask-ROM,
- PROM,
- EPROM,
- OTP-EPROM und
- Flash-EPROM.

Tabelle C-7 zeigt in einer Übersicht die wichtigsten ROM-Speicher und ihre Eigenschaften.

Tabelle C-7. Nichtflüchtige Speicher und ihre Eigenschaften

Speichertyp	Eigenschaften	Anwendungen
Mask-ROM	Programm wird mit der letzten Fertigungsmaske in den Speicherbaustein gebracht. Dieses Verfahren wird nur bei sehr hohen Stückzahlen angewandt, da die Grundaufwendungen hierzu hoch sind. Der Speicher selbst kann dann sehr kostengünstig gefertigt werden.	Konsumelektronik kleinere Ablauf-steuerungen, wie beispielsweise Batterie-ladegerät, Meßgeräte
PROM	Durch Mikrosicherungen wird in einem ein-maligen Programmierschritt das Programm in den Baustein „gebrannt". Dabei werden die Mikrosicherungen irreversibel zerstört. PROMs sind sehr einfache Bausteine und daher auch sehr schnell.	kleinere Ablaufsteuerungen Dekoder Kodeumsetzer
EPROM	beim EPROM wird der Speicherinhalt durch Einlagerung „heißer" Elektronen in eine Transistormatrix erzeugt. Dieser Vorgang kann durch ultraviolettes Licht rückgängig gemacht werden. Dazu benötigen die EPROMs auf ihrer Gehäuseoberseite ein Glasfenster.	Boot-Speicher Programmspeicher Zeichensätze in Monitoren anlagenspezifische Daten
EEPROM	Weiterentwicklung des EPROMs. Der Lösch-vorgang erfolgt bei diesem Typ durch Anlegen einer definierten Spannung. Damit ist eine Umprogrammierung im System möglich! Die Bausteine werden jedoch zunehmend von den Flash EEPROMs abgelöst.	Programmspeicher Zeichensätze in Monitoren anlagenspezifische Daten
Flash-EEPROM	Neueste Speichertechnologie mit völlig neuer Speicherzelle, die sehr hohe Speicherdichten erlaubt. Programmierung und Löschen der Bausteine kann im System erfolgen. Wird häufig bereits als Systemspeicher eingesetzt. Der Baustein ist preisgünstig und daher auch als Hintergrundspeicher geeignet (Massen-speicher).	Boot-Speicher Programmspeicher Zeichensätze in Monitoren Anlagenspezifische Daten „Silicon-Disk"

EPROM-Speicher sind heute die *Programmspeicher* für Speicherrechner aller Art. Sie sind durch komfortable Programmiergeräte einfach zu programmieren und durch die Herstellung großer Stückzahlen preiswert. Immer verbesserte Technologien bieten heute schon die Möglichkeit, 16 Megabit auf einem Chip zu realisieren. Das bedeutet, daß bereits ein Baustein einen Speicherbereich von *2 Megabyte* zur Verfügung stellen kann. In Bild C-15 sind einige Bausteine und ihre Gehäusevielfalt aufgezeigt. Die Anschaltung dieser Bausteine ist exemplarisch am Beispiel des Dual-Inline-Gehäuses (DIL-Gehäuse) in Bild C-16 dargestellt. Dabei sind die unterschiedlichen Speichergrößen der Bausteine berücksichtigt.

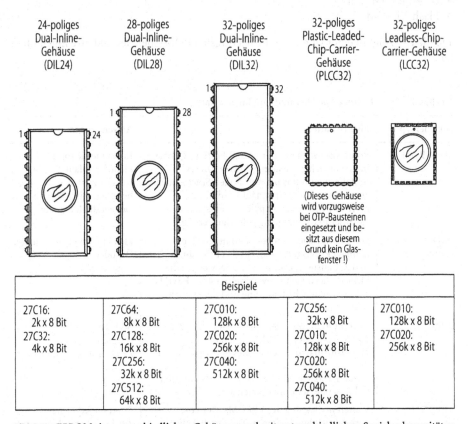

Beispiele				
27C16: 2k x 8 Bit 27C32: 4k x 8 Bit	27C64: 8k x 8 Bit 27C128: 16k x 8 Bit 27C256: 32k x 8 Bit 27C512: 64k x 8 Bit	27C010: 128k x 8 Bit 27C020: 256k x 8 Bit 27C040: 512k x 8 Bit	27C256: 32k x 8 Bit 27C010: 128k x 8 Bit 27C020: 256k x 8 Bit 27C040: 512k x 8 Bit	27C010: 128k x 8 Bit 27C020: 256k x 8 Bit

Bild C-15. EPROMs in unterschiedlichen Gehäusen und mit unterschiedlichen Speicherkapazitäten

! Hinweis: Die Signalbelegung der unterschiedlichen Bausteingrößen ist so gewählt, daß die Signale der kleineren Bauform stets eine Teilmenge der größeren Gehäusevarianten sind. So befinden sich die Signale der Anschlüsse 1 bis 23 des 24-poligen Gehäuses bei den 28- und 32-poligen Gehäusen an derselben Stelle (Bild C-16). Dies erlaubt den Einsatz kleinerer Speicherbausteine an Stellen, an denen der Entwickler größere Speicherkapazitäten vorgesehen hat.

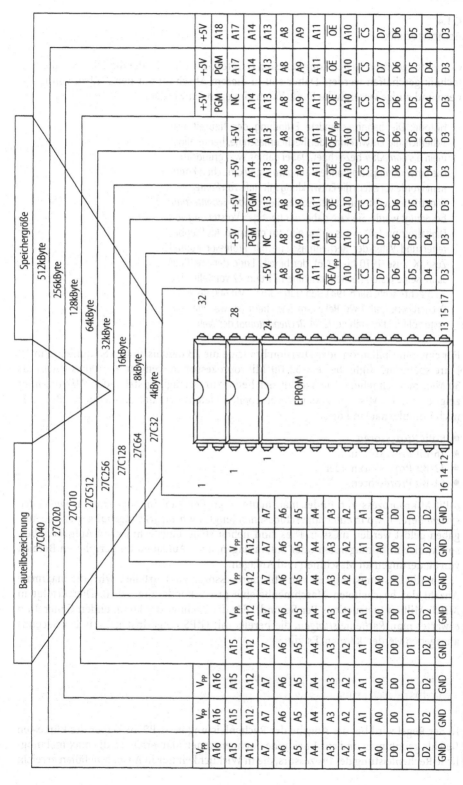

Bild C-16. Pinbelegung verschiedener EPROM Bausteine im Dual-Inline Gehäuse (DIL-Gehäuse)

C.1.4
Rechnertechnik

Computer gehören zu den komplexesten Geräten, die mit Hilfe der digitalen Schaltungstechnik geschaffen werden. Daher soll in diesem Abschnitt auf den Aufbau von Rechnern und einige wesentliche Funktionen eingegangen werden.

Historie: Die bahnbrechendste Erfindung der Neuzeit war sicherlich die Entwicklung der Rechenmaschine, heute allgemein als *Computer* bezeichnet. Dabei gab es zwei grundsätzliche Entwicklungsströmungen: auf dem amerikanischen Kontinent wurde vor allem die Entwicklung mit Hilfe von *Röhren* vorangetrieben, während in Deutschland die *Relais-Schalttechnik* bevorzugt wurde. Sie kam dabei der heutigen Vorstellung von Digitaltechnik („0" = aus, „1" = ein) am nächsten. Als Wegbereiter und Vater der Rechenmaschine gilt Professor Konrad Zuse (K. Zuse, 1910 bis 1996), der bereits Ende der dreißiger Jahre seine ersten Rechenmaschinen Z1 und Z2 vorstellte. Die Z3 brachte schließlich 1941 den Durchbruch. Mit 600 Relais im Rechenwerk und 1400 Relais im Speicherwerk war dies der erste vollfunktionsfähige *22 Bit-Rechenautomat* der Welt.

Für eine Multiplikation oder Division brauchte die Z3 damals rund 3 Sekunden. Nur 50 Jahre später erledigte dies ein 32-Bit Mikroprozessor in weniger als *100 ns* (mehr als 30 Mio. mal schneller). Die Vielfalt der heute zur Verfügung stehenden *Mikrorechner* zeigt Bild C-17. Mikroprozessoren verarbeiten Datenworte unterschiedlicher Breite. Je nach Komplexität sind dies:

- 8-Bit Prozessoren,
- 16-Bit Prozessoren,
- 32-Bit Prozessoren oder
- 64-Bit Prozessoren.

8-Bit Mikroprozessoren findet man heute in großer Zahl im sogenannten *embedded system* Bereich, wo in einer abgeschlossenen (engl.: *embedded*) Umgebung spezielle Aufgaben gelöst werden müssen. Dies sind neben steuerungstechnischen Aufgaben, beispielsweise in Klimageräten oder Solaranlagen, auch Aufgaben im peripheren Bereich von Steuerungen an Maschinen und Anlagen.

Um die Leistungsfähigkeit von Mikroprozessoren zu beurteilen, wird die maximale Anzahl der bearbeiteten Maschinenbefehle pro Sekunde angegeben. Dies erfolgt in *MIPS* (Million Instructions Per Second). Für die Rechner der kommenden Generation erwartet man *Rechenleistungen*, die bereits mit GIPS (Giga Instructions Per Second) angegeben werden können. Es gilt:

> 1 MIPS = 1 Million Befehle in der Sekunde
> 1 GIPS = 1000 MIPS

In der Regel wird bei der Angabe der Rechenleistung in MIPS die Dauer des kürzesten Befehls genommen und auf 1 Sekunde hochgerechnet. Man erhält so die maximal mögliche Rechenleistung des Prozessors, die in Wirklichkeit nur in Ausnahmefällen erreicht

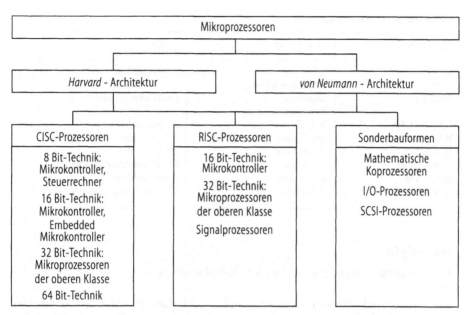

Bild C-17. Übersicht über Mikroprozessoren

werden kann. Zur realistischen Beurteilung der Rechenleistung eignen sich daher besser kleine Programme, die als *Benchmark-Tests* bezeichnet werden. Solche Benchmarks stellen dabei einen *Befehlsmix* dar, in dem die Häufigkeit der auftretenden Befehle statistisch abgeleitet wurden. So wurde beispielsweise der Benchmark Test DHRYSTONE in der Programmiersprache C geschrieben und besteht aus 51% Zuweisungen, 33% Steueranweisungen und 16% Funktionsaufrufen.

Ein anderes Maß zur Beurteilung der Rechenleistung ist die Anzahl der *Gleitkommaoperationen*, die *pro Sekunde* durchgeführt werden. Sie werden in *FLOPS* (Floatingpoint Operation Per Second) angegeben.

> 1 kFLOPS = 1000 FLOPS
> 1 MegaFLOPS (MFLOPS) = 1 000 000 FLOPs
> 1 GigaFLOPS (GFLOPS) = 1 000 MegaFLOPS

Neben obigen Möglichkeiten gibt es noch eine ganze Reihe anderer Benchmarktests. In Tabelle C-8 sind die gängigsten zusammengestellt.

Der grundsätzliche Aufbau von Mikroprozessoren gehorcht auch heute noch den Architekturmodellen nach *Harvard* und nach *von Neumann*. Der grundsätzliche Unterschied umfaßt folgende Punkte:

Die von Neumann-Architektur basiert auf den Regeln von *John von Neumann*, der erstmals im Jahr 1946 die Richtlinien für ein Rechenwerk definierte. Sie ist heute noch die Basis für die meisten Rechnerarchitekturen. Die Vorteile sind:

- nur ein Speicher für Daten und Befehle,
- dadurch geringe Anzahl von Anschlüssen.

Tabelle C-8. Benchmark Programme

Programm	Eigenschaft	Testumfang
MIPS	minimale Befehlsausführung	Integerzahlen
FLOPS	minimale Befehlsausführung	Gleitkommaoperationen
DRYHSTONE	Befehlsmix	Integerzahlen
Wheatstone	Befehlsmix	Integerzahlen
SpecINT92	Befehlsmix	Integerzahlen
SpecFLOP92	Befehlsmix	Gleitkommaoperationen
SpecINT95	Befehlsmix	Integerzahlen
SpecFLOP95	Befehlsmix	Gleitkommaoperationen

Nachteilig ist

- der doppelte Speicherzugriff, um einen Befehl auszuführen.

Die *Harvard-Architektur* ist erheblich komplexer aufgebaut. Sie stellt dem Rechenkern zwei *unabhängige* Datenpfade für *Operant* und *Operator* zur Verfügung. Damit ergeben sich folgende Vorteile:

- *gleichzeitiger* Zugriff auf Befehl und Daten und damit
- sehr schnelle Befehlsabarbeitung.

Zu den Nachteilen zählt

- die hohe Anzahl an Bauteilkontakten, um die beiden unabhängigen Datenpfade nach außen zu führen und
- die dadurch entstehenden deutlichen Mehrkosten.

Auf dieser Basis werden Mikroprozessoren heute in unterschiedlichen Befehlsausführungsarchitekturen gebaut. Man unterscheidet:

- CISC-Prozessoren: ein besonderes Kennzeichen ist die *Interpretation der Maschinenbefehle* durch ein *internes Mikroprogramm*, das den Befehl in die notwendigen *Prozeßsequenzen* übersetzt. Die Abarbeitung des Befehls benötigt deshalb, in Abhängigkeit des *Mikrokodes, mehrere* Taktzyklen.
- RISC Prozessoren: bei *RISC-Prozessoren* (Reduced Instruction Set Computer) erfolgt *keine* Umsetzung des Befehls durch ein Mikroprogramm. Für jeden Befehl in Maschinensprache steht ein *sequentielles Netzwerk* aus Gattern zur Verfügung, das die Ausführung des Maschinenbefehls in nur *einem einzigen Taktzyklus* ermöglicht.
- Transputer: auf RISC oder CISC basierende Rechner mit sehr schnellen seriellen Verbindungen.

Ein weiterer Ansatz zur Steigerung der Prozessorleistung ist der Umstieg auf mehrere *parallel* arbeitende Rechenwerke (Befehlsausführungseinheiten) in einem Mikroprozessor. Dies wird als *Superskalare Architektur* bezeichnet und ermöglicht so das *gleichzeitige* Abarbeiten mehrerer Befehle. Dabei ist die grundlegende Architektur zunächst zweitrangig. Die Befehlsausführungseinheiten sind dabei Rechenwerke, die entweder Festkomma-Operationen (z. B. Adreßrechnungen) oder Gleitkomma-Operationen (z. B. arithmetische Berechnungen) ausführen können.

Bild C-18 zeigt ein stark vereinfachtes Blockschaltbild des superskalaren Mikropro-
zessores MC68060 von Motorola. Er enthält zwei parallel arbeitende Rechenkerne des
Motorola Prozessors MC68040 sowie ein ebenfalls parallel arbeitendes Gleitkomma-
Rechenwerk.

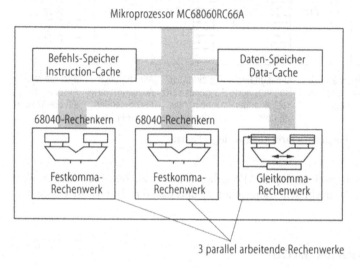

Bild C-18. Beispiel einer superskalaren Rechnerarchitektur

C.2
Digital-Analog- (DA) und Analog-Digital-Wandler (AD)

In vielen Prozessen fallen die Daten in elektrischer Form an oder werden zuerst in ein
elektrisches Analogsignal umgesetzt. Dieses Analogsignal steht für die weitere Verarbeitung zur Verfügung beispielsweise in einer Regelung. Beim Telefon, Funk oder Fern-
sehen überträgt man es über große Entfernungen oder speichert es, um es später wieder
zu nutzen, wie bei der Schallplatte oder dem Tonband. Bei dieser analogen Verarbeitung
entstehen durch geringe Abweichungen der Übertragungselemente vom linearen Verhalten Fehler, die sich mit zunehmender Anzahl der beteiligten Elemente summieren.
Beispielsweise ist eine mehrmals umkopierte Videokassette deutlich schlechter als die
direkt gesendete Originalaufnahme. Diese zusätzlichen Fehler lassen sich mit erhöhtem
Aufwand in *Analogsystemen nur verringern*, in *Digitalsystemen* bei richtiger Auslegung
jedoch *verhindern*.
  Die Verarbeitung in Digitalrechnern, beispielsweise Mikroprozessoren setzt digitale
Signale am Ein- und Ausgang voraus. Hierzu setzt man die analog anfallenden Daten in
digitale um und wandelt sie nach der Verarbeitung oder der Übertragung wieder in die
benötigte analoge Form zurück. Die heute angebotene große Vielfalt an Wandlern deckt
ein großes Leistungsspektrum ab, das mit verschiedenen Wandlungssystemen und Her-
stelltechnologien zu erreichen ist. Die intensive Entwicklung steigert die Genauigkeit
und die Geschwindigkeit weiter, die Grenzen sind zur Zeit nicht absehbar. Das Signal
läuft fast immer zuerst durch den Analog-Digital (AD) und erst gegen Ende der Verar-

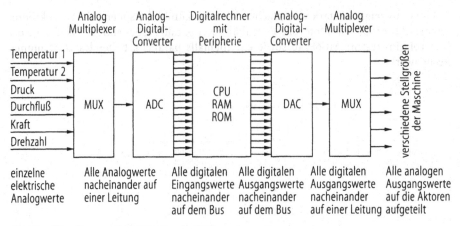

Bild C-19. Wandlung und digitale Verarbeitung analoger Signale

beitung durch den Digital-Analog-(DA)Wandler (Bild C-19). Der DA-Wandler wird zuerst beschrieben, da er einfacher aufgebaut ist und das Verständnis für einige AD-Wandler erleichtert.

C.2.1
Digital-Analog-Wandler (DA-Wandler)

DA-Wandler, Digital to Analog Converter (DAC), erhalten am Eingang meistens eine binär kodierte Zahl (*Digitalwort*). Für das angelegte Datenwort sind zwei unterschiedliche Bezeichnungen üblich. In C-20 wird das *höchstwertige* Bit (MSB: Most Significant Bit) mit „1" bezeichnet und das *niederwertigste* Bit (LSB: Least Significant Bit) mit „8". Bei einem *Datenbus* (z. B. bei einem Mikrorechner) beginnt der Bus mit DB0 (LSB) und endet mit DB7 oder DB15 (MSB). Dabei sind zwei verschiedene Bezeichnungen üblich: die eine geht von 1 bis n und die andere von $(n-1)$ bis 0. Bild C-30 zeigt einen AD-Wandler mit direktem Bus-Anschluß.

Bild C-20 zeigt den einfachsten DA-Wandler. Eine *konstante Referenzspannung* U_{Ref} speist über digital gesteuerte Schalter S_1 bis S_8 und *binär gestufte Widerstände* Strom in

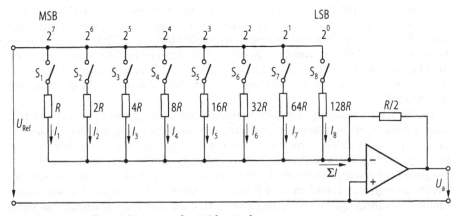

Bild C-20. DA-Wandler mit binär gestuften Widerständen

den Knoten eines addierenden Operationsverstärkers ein. Der vom Netzwerk in den Knoten fließende Strom ist dem Produkt aus der Referenzspannung und der angelegten Digitalzahl proportional. Der Operationsverstärker stellt die Ausgangsspannung so ein, daß der Strom durch den Rückführwiderstand $R/2$ den Strom aus dem Netzwerk genau kompensiert. Die *Ausgangsspannung* ist dem angelegten *Digitalwort propotional*, ihre Polarität ist der Referenzspannung entgegengesetzt.

C.2.1.1
Das R-2R-Leiternetzwerk

Bei den heute üblichen Wandlern speisen n *binär gestufte Referenzspannungen* über digital gesteuerte Schalter und *gleiche Widerstände* Strom in den summierenden Knoten eines Operationsverstärkers. Die Ströme erzeugt man aus der Referenzspannung mit Hilfe eines R-$2R$-Netzwerks, das für einen n-bit-Wandler $2n + 1$ Widerstände mit nur zwei verschiedenen Werten enthält, nämlich R und $2R$. Das R-$2R$-Netzwerk läßt sich leichter mit hoher Genauigkeit herstellen, als binär gestufte Widerstände mit dem erforderlichen großen Werteverhältnis.

Bild C-21a zeigt die Widerstands- und Stromverhältnisse in einem R-$2R$-Netzwerk. Es besteht aus n gleichen Spannungsteilern, jeweils aus einem Längswiderstand $R_{i0} = R$ und einem Querwiderstand $R_{i1} = 2R$, mit $i = 1$ bis n. Jeder Spannungsteiler ist mit dem nächsten Glied aus R und $2R$ belastet. Damit besteht der erste Teiler aus dem Längswiderstand $R_{10} = R$ und dem Querwiderstand $R_{11} = 2R$, der mit dem Eingangswiderstand $2R$ des nächsten Elements, R_{20} und R_{21}, belastet ist. Der Spannungsteiler aus $R_{10} = R$ und den beiden parallel geschalteten Widerständen $R_{11} = 2R$ und dem Eingangswiderstand $2R$ der folgenden Stufe halbiert die Referenzspannung U_{Ref} zu U_1, Bild C-21. Dieser Vorgang wiederholt sich bei jedem weiteren zugeschalteten Spannungsteiler. Damit halbiert sich auch der Strom im jeweils nächsten Element dieses *Leiternetzwerks*. Bedingung für diese Stromaufteilung ist ein gleiches *Bezugspotential* für die Referenzspannung und die Fußpunkte der Querwiderstände. Das letzte Element schließt mit dem Widerstand $2R$ ab, weshalb die Referenzspannung U_{Ref} stets mit dem Lastwiderstand $2R$ belastet wird, und zwar unabhängig von der Anzahl n der Elemente und der Stellung der später hinzukommenden Schalter. Der Eingangswiderstand des Leiternetzwerks für die Referenzspannung beträgt immer $R_e = 2R$.

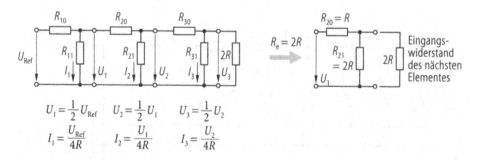

a Reihenschaltung gleichartiger Leiterelemente   b Widerstandsverhältnisse an einem Element des Netzwerkes

Bild C-21. R-2R-Netzwerk mit Strömen

C.2.1.2
Multiplizierender DA-Wandler

Bild C-22 zeigt einen 8-Bit-DA-Wandler mit einem Leiternetzwerk. In den Querwiderständen $2R$ fließen von links nach rechts abnehmende binär gestufte Ströme. Abhängig von der jeweiligen Schalterstellung fließen diese Ströme in den gemeinsamen Massepunkt (Schalterstellung 0) oder in den fiktiven Massepunkt aus summierenden Knoten des nachfolgenden Operationsverstärkers (Schalterstellung 1). Die Ausgangsspannung des Operationsverstärkers stellt sich so ein, daß der Eingangsstrom I_e durch den über R_R zurückgeführten Strom kompensiert wird. Ist die Verstärkung des AD-Wandlers gleich eins, d.h., ist der Rückführwiderstand $R_R = 2R$, dann gilt für die Ausgangsspannung U_a:

$$U_a = - \frac{X \cdot U_{Ref}}{2^n} \qquad (C\text{-}13)$$

Dabei ist X der Wert der angelegten Binärzahl, n die Bit-Breite des DA-Wandlers und U_{Ref} die angelegte Referenzspannung. Da die Ausgangsspannung dem *Produkt* aus der Binärzahl X und der Referenzspannung U_{Ref} proportional ist, bezeichnet man diesen Wandler als *multiplizierenden* DA-Wandler. Die Schaltung eignet sich zur Multiplikation einer Analogspannung mit einem digital eingegebenen Faktor, die Analogspannung ist in weiten Grenzen frei, es kann eine Gleichspannung, eine periodische oder nichtperiodische Wechselspannung sein (z.B. eine Tonfrequenz). In diesem Zusammenhang nennt man den multiplizierenden DA-Wandler auch *elektronisches Potentiometer*.

Der Wandler ist so genau wie die Teilströme in den einzelnen Querwiderständen. Fehler im Widerstand des MSB verursachen einen entsprechenden Gesamtfehler, während Wertetoleranzen der niederwertigen Bits entsprechend verringert eingehen. Nach (Gl. C-13) beeinflussen nicht die Absolutwerte der Widerstände im Netzwerk die Genauigkeit, wohl aber deren *Verhältnis*. Hierbei ist das R-$2R$-Leiternetzwerk vorteilhaft, weil es fast nur gleichartige Widerstände enthält, die sich gut und mit geringen Abweichungen voneinander herstellen lassen. Der bei allen Widerständen gleiche Temperaturgang beeinflußt die *Widerstands-Verhältnisse* auch bei stark ändernder Umgebungstemperatur nicht. Ferner wird der einzige maßgebende Widerstand außerhalb des Leiternetzwerks, der Rückführwiderstand R_R, meistens zusammen mit dem Netzwerk auf einem Substrat hergestellt. Das Leiternetzwerk baut man häufig aus Widerständen mit 10 kΩ und 20 kΩ oder 25 kΩ und 50 kΩ auf.

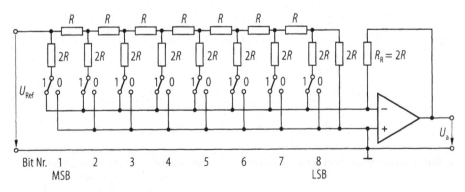

Bild C-22. Multiplizierender DA-Wandler

Eine weitere Fehlerquelle ist der ohmsche Widerstand des Schalters im EIN-Zustand; denn er ist voll zum jeweiligen Widerstandswert zu addieren. Der Widerstand des Schalters stört beim MSB am meisten. Deshalb schaltet man zur Korrektur bei den hochwertigen Stellen jeweils vier oder zwei Schalttransistoren parallel, wodurch der höhere Strom über einen niederohmigen Schalter fließt, und der Spannungsabfall konstant bleibt.

Multiplizierende DA-Wandler stellt man gern *monolithisch* in CMOS-Technik her, wobei die erreichten Genauigkeiten mit fortschreitender Technologie immer besser werden. Inzwischen kann man 16 Bit Auflösung und 14 Bit bis 15 Bit Linearität erreichen. Die Widerstände des Leiternetzwerks, die schaltenden Feldeffekttransistoren und die Ansteuerlogik werden auf einem Siliziumkristall aufgebaut. Die Schaltung muß wenig oder gar nicht abgeglichen werden. Monolithische CMOS-Wandler erreichen zwar nicht die hohe Genauigkeit oder Schnelligkeit der hybriden Wandler; sie sind aber wegen des geringeren Herstellungsaufwandes erheblich kostengünstiger.

Bild C-23 zeigt einen MOSFET-Umschalter mit einem Element des Leiternetzwerks. Der durch den Querwiderstand $2R$ kommende Strom fließt entweder durch T_1 in den Ausgang OUT 1 oder durch T_2 in den Ausgang OUT 2. Leckströme über das Gate oder über die Drain-Source-Strecke des gesperrten Transistors sind vernachlässigbar klein, weshalb lediglich der Restwiderstand und der Temperaturgang des durchgeschalteten Transistors die Genauigkeit des Wandlers spürbar stören können. Die Schalttransistoren der hochwertigen Bits haben hier oft eine dem Strom proportionale Arbeitsfläche und einen entsprechend kleinen Widerstand.

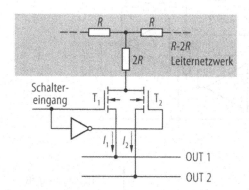

Bild C-23. MOSFET-Umschalter im DA-Wandler

C.2.1.3
Vierquadrantenmultiplizierer

Der Schalter nach Bild C-23 hat günstige Eigenschaften. Die Leckströme sind vernachlässigbar und der EIN-Widerstand ist vom Betrag und der Polarität des geschalteten Stroms unabhängig. Die Verhältnisse bleiben erhalten, auch wenn sich der Pegel und die Polarität der Referenzspannung ändert. Mit diesen Schalterelementen läßt sich ein Wandlertyp für einen großen Bereich der Referenzspannung, beispielsweise von – 15 V bis + 15 V, herstellen. Entsprechend der Größe und dem Betrag der Referenzspannung ändert sich auch die Größe und der Betrag der Ausgangsspannung. Zu beachten ist, daß die Offsetspannung des nachgeschalteten Operationsverstärkers bei abnehmendem Betrag der Referenzspannung immer mehr Einfluß gewinnt.

Die Schaltung eignet sich zur Multiplikation der Referenzspannung mit der digitalen Zahl X. Beide Eingangsgrößen können positiv oder negativ sein, man erhält den *Vier-Quadranten-Multiplizierer* nach Bild C-24. Dazu legt man den zweiten Stromausgang des DA-Wandlers, OUT 2, nicht an Masse, sondern auf den Knoten eines zweiten Operationsverstärkers V_2, Bild C-24a. Sein Ausgangsstrom I_2 ist die analoge Summe aller Bits in der Stellung 0 mit negativem Vorzeichen. Der Strom I_1 ist die analoge Summe aller Bits in der Stellung 1. Der Verstärker V_1 erzeugt daraus die Ausgangsspannung $U_a = 2R(I_1 - I_2)$.

Der Ausgang OUT 1 mit dem Strom I_1 arbeitet wie bekannt auf den Knoten eines invertierenden Operationsverstärkers. Der Ausgang OUT 2 ist nicht wie bisher mit Masse verbunden, sondern arbeitet auf den Knoten eines zweiten invertierenden Operationsverstärkers. Bild C-24b zeigt die Ströme I_1 und I_2 abhängig von der angelegten digitalen Zahl. Definiert man das MSB als Vorzeichen und nimmt das Einer-Komplement für negative Zahlen, dann ändert sich die Ausgangsspannung des DA-Wandlers von $+ U_a(1 - 1/256)$ bis $- U_a$, wenn die digitale Zahl von 0000 0000 bis 1111 1111 geändert wird und die Referenzspannung positiv ist. Der Eingang 0111 1111 führt zur Ausgangs-

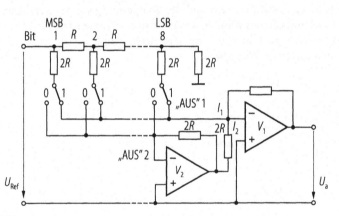

a Schaltbild

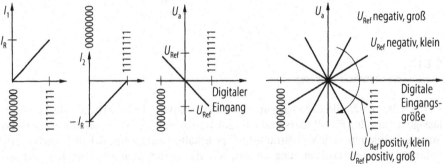

b Teilströme und Ausgangsspannung

c Zusammenhang aus digitaler Eingangsgröße, Referenzspannung U_{Ref} und Ausgangsspannung U_a

Bild C-24. Vier-Quadranten-multiplizierender DA-Wandler

spannung 0 V. Beide Eingänge, der digitale und der analoge, können positiv und negativ werden. Der Wandler gibt das Ergebnis stets mit dem richtigen Vorzeichen aus, d. h. er arbeitet in allen vier Quadranten und heißt deshalb auch Vier-Quadranten-Multiplizierer. Bild C-24c zeigt die analoge Ausgangsspannung als Funktion der digitalen Eingangsgröße mit der variablen Referenzspannung als Parameter.

C.2.1.4
DA-Wandler mit fester Referenzspannung

Beim DA-Wandler nach Bild C-22 geht der Spannungsabfall am Schalter direkt als Fehler in das Ausgangssignal ein. Entsprechend korrigierte Querwiderstände oder eine geringfügig erhöhte Referenzspannung können den Fehler nur teilweise kompensieren, da er häufig temperaturabhängig ist.

Beim DA-Wandler nach Bild C-25a speist das bekannte R-$2R$-Netzwerk binär gestufte Ströme in die Emitter von Transistoren, deren Basisanschlüsse auf einem festen Potential liegen. Jeder Kollektor stellt eine *Stromquelle* (bzw. eine *Stromsenke*) dar; die gelieferten Ströme nehmen von links nach rechts binär gestuft ab. Spannungsabfälle am Schalter werden jetzt von der Stromquelle aufgebracht, ohne daß der richtige Teilstrom verändert wird.

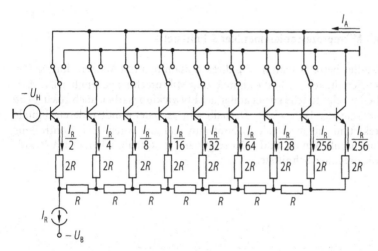

a Schaltbild

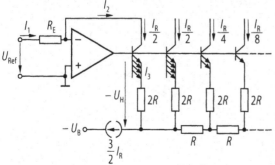

b Größere Transistoren für die hochwertigen Bits

Bild C-25. DA-Wandler mit binär gestuften Stromquellen

Diese DA-Wandler baut man überwiegend als Hybridschaltungen. Die Hybridschaltung besteht aus einem Keramiksubstrat, auf das die Widerstände mit einer Edelmetallpaste aufgedruckt und eingebrannt werden. Beim Abgleich reduziert ein automatisch gesteuerter Laserstrahl den Querschnitt der Widerstände und erhöht damit ihren Widerstand auf den genauen Sollwert. Operationsverstärker und Transistoren werden zusätzlich aufgebracht. Dabei werden beim MSB oft 8 Transistoren, beim nächsten vier usw. parallel geschaltet sind, um für jedes Bit möglichst gleiche Verhältnisse zu erreichen (Bild C-25 b).

Durch die Hybridtechnik ist für jedes Element (Netzwerk, Stromquelle und Schalter) die Technologie mit der höchsten Genauigkeit verfügbar. Die Steuerspannung an der Basis der Transistoren erzeugt man intern über einen Vergleichszweig. Zusätzlich zu den Stromquellen des Netzwerks wird ein weiterer Transistor, im Bild C-25 b ganz links, mit dem Strom der MSB-Stromquelle betrieben. Die Referenzspannung erzeugt am Widerstand R_e einen Strom $I_1 = U_{Ref}/R_e$. Die Hilfsspannung U_H am Ausgang des Operationsverstärkers stellt sich so ein, daß die Ströme I_1 und I_2 gleich groß sind. Da der Basisstrom sehr klein ist, gilt mit guter Näherung $I_3 = I_2$. Damit ist $I_3 = I_1 = I_R/2$. Die Referenzspannung U_{Ref} und der Strom $I_R/2$ des MSB stehen damit in einem festen und von der Temperatur nicht mehr abhängigen Verhältnis. Die Verbesserung multiplizierender DA-Wandler begrenzt den Anwendungsbereich hybrider Präzisionswandler auf hochauflösende Typen.

C.2.1.5
Datenwandler mit Mikroprozessor-kompatibler Schnittstelle

DA- und AD-Wandler betreibt man häufig direkt zusammen mit Mikrorechnern. Der äußeren analogen Schnittstelle steht die digitale zum Mikrorechner gegenüber. Der Aufbau einer peripheren Schnittstelle kostet außer der Entwicklungsarbeit auch zusätzliche Bauteile und Platz auf der Leiterplatte. Deshalb gibt es Datenwandler, deren digitale Schnittstelle direkt und mit minimalem Zusatzaufwand am Daten- und Kontrollbus eines Rechners anzuschließen ist. Bild C-26 zeigt das Blockschaltbild eines DA-Wandlers mit einer Mikrorechner-Schnittstelle.

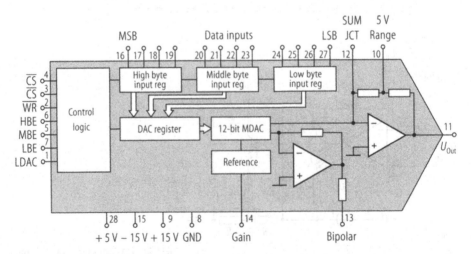

Bild C-26. Digital-Analog-Wandler mit Mikrorechner-Schnittstelle (Werkbild Sipex)

Beim DA-Wandler hat der Datenbus nur hochohmige Eingänge (*data inputs*), die stets am Bus liegen, aber nur bei Bedarf durchgeschaltet werden. Hierzu dienen drei Steuereingänge, welche die anliegenden Daten in einem vorgeschalteten Latch-Register (Speicher-Register) mit den Signalen HBE (High Byte Enable), MEB (Medium Byte Enable) und LBE (Low Byte Enable) zwischenspeichern. Das Signal LDAC (Load DA-Converter) schaltet den Digitalwert in das eigentliche Steuerregister weiter und kurz danach erscheint der gewandelte Analogwert am Ausgang. Die Ansteuereingänge HBE, MBE, LBE oder CS (Chip Select) werden über dem Rechner zugeordnete Dekoder aus dem Adreßbus erzeugt, wie das bei Speichern, Ports und anderen peripheren Teilen auch geschieht. Verbindet man die Anschlüsse 12 und 13, dann entsteht der im Bild C-24 beschriebene Vier-Quadranten-Multiplizierer.

C.2.1.6
Fehler bei der Datenumsetzung

Wie bei allen nicht rein mathematischen Vorgängen entstehen bei der Datenwandlung Fehler, die sich in vier Hauptgruppen einteilen lassen und die für AD- und DA-Wandlung gleichermaßen zutreffen.

Dem im Prinzip unendlich fein auflösbaren Analogsignal steht am anderen Ende des Wandlers ein Digitalsignal mit einer endlichen Anzahl verschiedener Werte gegenüber. Der Bereich zwischen zwei benachbarten Digitalwerten wird *einem* Digitalwert zugeordnet. Der dadurch entstehende Fehler heißt *Quantisierungsfehler*, er beträgt $1/2$ LSB und wird mit zunehmender Auflösung (Anzahl der Bit) kleiner.

Bild C-27 zeigt vier wichtige Fehler der Datenwandler. Sie sind zur besseren Darstellung übertrieben groß eingezeichnet, der Idealwert ist gestrichelt. Beim *Offsetfehler* in Bild C-27a hängen Digital- und Analogwert linear und mit der richtigen Verstärkung zusammen. Die Ausgangsspannung hat aber einen *Versatz*, weshalb die Kennlinie nicht durch den Nullpunkt geht. Die Ursache des Fehlers liegt vermutlich in der Offsetspannung des nachgeschalteten Operationsverstärkers. Viele Datenwandler haben einen *Korrekturanschluß* (Offset-Adjust), an dem man über ein Potentiometer einen nach Betrag und Vorzeichen einstellbaren Strom einspeist, der diesen Fehler aufhebt.

Beim *Verstärkungsfehler* nach Bild C-27b weicht nur die *Steigung* der Übertragungskennlinie vom Idealwert ab. Dieser Fehler kommt häufig bei monolithischen und multiplizierenden DA-Wandlern vor, deren Widerstände im Leiternetzwerk untereinander genau sind, absolut aber oft bis zu 5% vom Nennwert abweichen. Um diesen Wert weicht auch der in den nachfolgenden Verstärker eingespeiste Strom ab. Weicht die *Referenzspannung* von ihrem Sollwert ab, entsteht bei allen Wandlerarten ein *Verstärkungsfehler*. Der Rückführwiderstand des nachfolgenden Operationsverstärkers bestimmt die Verstärkung und damit die Steilheit der Übertragungskennlinie. An ihm wird die Verstärkung zweckmäßigerweise korrigiert.

Bei der in Bild C-27c dargestellten *Nichtlinearität* ist die Verstärkung nicht konstant, sondern ändert sich mit zunehmender Aussteuerung. Die Ursache kann ein Operationsverstärker mit zu großem Eingangsstrom sein, der dann durch einen besseren zu ersetzen ist. Ursachen, die direkt im Datenwandler liegen, kann man nur bei dessen Herstellung korrigieren. Die größte zulässige Nichtlinearität wird im Datenblatt angegeben.

Der Ausschnitt der Übertragungsfunktion in Bild C-27d zeigt eine *Unstetigkeitsstelle*. Obwohl das digitale Eingangssignal steigt, sinkt an dieser Stelle das entsprechende analoge Ausgangssignal, so daß die Übertragung *nicht monoton* ist. Tritt dieser Fall bei AD-Wandlern auf, dann wird zwei unterschiedlichen Analogwerten *ein* Digitalwert zugeordnet; der zweite Digitalwert erscheint nie, er heißt *fehlender Kode* (*missing code*).

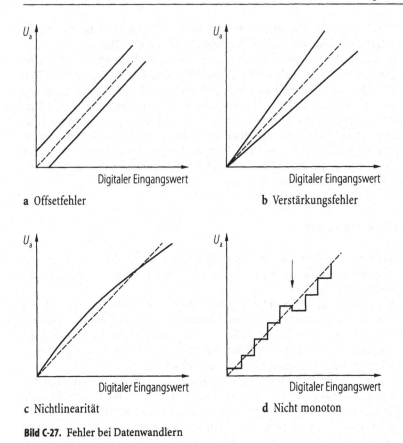

a Offsetfehler   **b** Verstärkungsfehler

c Nichtlinearität   **d** Nicht monoton

Bild C-27. Fehler bei Datenwandlern

C.2.2
Analog-Digital-Wandler (AD-Wandler)

Der Wunsch, analog erzeugte Daten digital weiter zu verarbeiten, zu speichern oder zu übertragen, hat zur Entwicklung vieler verschiedener Verfahren zur Analog-Digital-Wandlung geführt. Drei davon haben sich durchgesetzt, und sie wurden zu hoher Reife entwickelt. Tabelle C-9 zeigt eine Übersicht über die drei wichtigsten AD-Wandlertypen. Alle AD-Wandler können nur Gleichspannungen oder Spannungen umsetzen, die sich während der Messung nicht verändern.

C.2.2.1
Integrierende Analog-Digital-Wandler

Beim integrierenden AD-Wandler erzeugt die unbekannte Spannung U_X innerhalb einer genau festgelegten Zeit an einem Integrator einen Spannungsanstieg, der zu einer bestimmten Hilfsspannung U_I führt, die dem Mittelwert der unbekannten Eingangsspannung proportional ist. Anschließend legt man eine genau bekannte Referenzspannung mit entgegengesetzter Polarität an und mißt die Zeit, in der der Integrator wieder auf null läuft. Die Zeit ist der unbekannten Spannung U_X proportional. Bild C-28a zeigt das Blockschaltbild eines integrierenden AD-Wandlers.

Tabelle C-9. Verfahren zur Analog-Digital-Wandlung

Arbeitsprinzip	Genauigkeit, Schnelligkeit	Preis, Stromverbrauch	Ausgang	Anwendungsbeispiel
integrierender AD-Wandler, Zweirampen- verfahren	dezimal: $3^1/_2$ bis $5^1/_2$ Stellen binär: 12 bis 20 Bit, 10 ms bis 1 s, langsam	sehr preisgünstig, 1 mW bis 100 mW	BCD mit Zif- fernanzeige, binär, parallel, μP-kompatible Busschnittstelle	Digitalmultimeter, langsame Spannungs- messer, für manuelle und automatische Messungen; unempfindlich gegen überlagerte Störungen
AD-Wandler nach dem Prinzip der sukzessiven Approxima- tion	binär, 8 bis 18 Bit, 0,5 μs bis 100 μs, schnell	preisgünstig bis mittlere Preis- klasse, 0,1 W bis 1 W	binär, zunehmend μP-kompatible Busschnittstelle parallel und seriell	schneller Datenwandler in der industriellen Steuer- und Regeltechnik, zur Kommunikation und zur Überwachung schneller Vorgänge; störempfindlich
AD-Parallel- Wandler, ein- und zweistufig	binär, 6 bis 12 Bit, 2 ns bis 200 ns, sehr schnell	mittlere bis hohe Preisklasse, 1 W bis 4 W	binär, parallel	Datenwandler für Oszillo- skope, Transienten- recorder, zur Digitali- sierung von Video- signalen, Kommunika- tionstechnik, Über- wachungstechnik (Radar)

Die unbekannte Eingangsspannung U_X kommt über den Schutzwiderstand R_1, zum Schalter S_1. Der Kondensator C_1 unterdrückt höherfrequente Störungen und die anti- parallel geschalteten Dioden schützen den Eingang vor Überspannung. Zu Beginn der Messung stellt die Steuerlogik den MOSFET-Schalter S_1 in die Stellung 2, und die Ein- gangsspannung gelangt über den sehr hochohmigen Elektrometerverstärker V_1 auf den Integrator V_2. Während des Meßzyklus t_1, der immer eine konstante Anzahl Perioden (2000 bis 10000) des internen Systemtaktes (meist 100 kHz) dauert, wird die unbe- kannte *Eingangsspannung über der Zeit integriert*. Eine kleine Meßspannung U_X veran- laßt einen langsamen Spannungsanstieg an U_I, eine große einen schnellen Anstieg.

Dieser Anstieg ist in der Mitte des Bildes C-28b zu sehen. Der Komparator K stellt die Polarität der integrierten Spannung und damit auch die Polarität der Eingangsspan- nung fest. Nach Ablauf der Meßzeit t_1 stellt die Steuerlogik den Schalter S_1 in die Stellung 3 oder 4. Dabei legt man statt der unbekannten Spannung U_X die Referenzspannung U_{Ref} mit umgekehrter Polarität über den Elektrometerverstärker an den Integrator, wodurch die Ausgangsspannung U_I des Integrators mit *konstanter Änderungsrate* wieder zurück- geht.

Der Entladevorgang des Integrators dauert so lange, bis die Ausgangsspannung durch null geht und der Komparator K die Integration stoppt. Der Zähler zählt die Takte während der Entladezeit t_2, die umso länger dauert, je höher die angelegte Meßspan- nung war. Die Anzahl der Meßtakte ist der unbekannten Meßspannung genau propor- tional. Wegen der ansteigenden und abfallenden Spannungsrampe heißt das Prinzip auch *Zweirampenverfahren (dual slope technique)*.

Der große Erfolg dieses Wandlerprinzips beruht auf der einfachen und preisgünsti- gen Herstellung der Schaltung, die heute meist als monolithische hochintegrierte

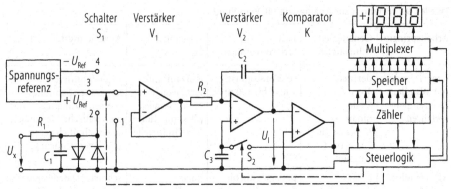

a Blockschaltbild

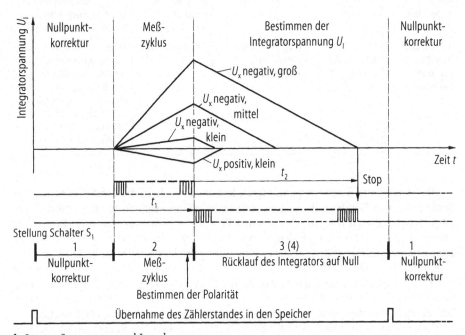

b Interne Spannungen und Impulse

$$U_x = U_{Ref} \; t_2/t_1$$

c Gleichung

Anwendungen: Genauer (12- bis 14-Bit) Analog-Digitalwandler, der langsam (50ms bis 300 ms) wandelt, wenig Strom verbraucht und preisgünstig ist.

Einsatzbereiche: Digitalmultimeter, AD-Wandlung sich langsam ändernder Daten, z.B. Temperatur, Einsatz in batteriebetriebenen Geräten.

d

Bild C-28. Integrierender Analog-Digital-Wandler

CMOS-Schaltung ohne teuren Abgleich in Gebrauch ist. Beim integrierenden AD-Wandler nach dem Zweirampenverfahren geht letztlich nur die Referenzspannung in die Messung ein; alle anderen elektrischen Daten beeinflussen das Ergebnis nicht. Die Arbeitsweise und die Besonderheiten werden mit dem Blockschaltbild (Bild C-28a), und dem Impulsbild, (Bild C-28b), erläutert.

Durch den extrem hochohmigen Eingang des Elektrometerverstärkers V_1, $R_e > 1000$ MΩ, fällt an R_1 keine Spannung ab, der Wandler belastet die Meßspannung oder den vorgeschalteten Spannungsteiler nicht. Der Verstärker V_1 macht die Spannung niederohmig und speist den Integrator aus V_2, R_2 und C_2. Unabhängig von der Größe der Integrationszeitkonstanten $\tau = R_2 C_2$ gilt:

$$U_x \frac{t_1}{\tau} = U_{Ref} \frac{t_2}{\tau}$$

$$U_x = U_{Ref}\, t_2/t_1. \tag{C-14}$$

Die Werte von R_2 und C_2 beeinflussen die Endspannung des Integrators U_I, aber nicht das Meßergebnis, da die Zeitkonstante τ ebensowenig in das Ergebnis eingeht wie die Taktfrequenz. Das maßgebende Verhältnis t_1/t_2 wird richtig ausgegeben, wenn die Zeitdauer beider Rampen mit der gleichen Frequenz gemessen wird. Nur Kurzzeitfehler der Taktfrequenz zwischen beiden Rampen führen zu einem Meßfehler (meist kleiner als 10^{-6}). Die Werte des Widerstands R_2 und des Kondensators C_2 müssen während des Meßvorgangs konstant bleiben; sie dürfen sich nicht spannungsabhängig verändern. Für R_2 wird meistens ein externer Metallschichtwiderstand und für C_2 ein hochwertiger Wickelkondensator aus Polypropylenfolie benutzt, der mit 10% Toleranz preisgünstig zu haben ist.

Wechselspannungen, die der zu messenden Gleichspannung überlagert sind, gehen mit ihrem Mittelwert in das Meßergebnis ein. Während einer oder mehrerer *ganzer* Perioden der Störspannung ist dieser Mittelwert null. Wird als Meßzeit ein ganzzahliges Vielfaches der Periodendauer der Netzwechselspannung (z. B. $n \cdot 20$ ms) gewählt, dann lassen sich 50 Hz- und 100 Hz-Störungen sehr gut unterdrücken. Bei hohen Störfrequenzen ist der Einfluß gering, da der Mittelwert der vollständig erfaßten Perioden null ist und nur die unvollständige Restperiode als Fehler eingeht.

Bei *genauen* Schaltungen mit Operationsverstärkern wird normalerweise großer Wert auf eine *kleine Offsetspannung* gelegt. In der Schaltung nach Bild C-28a sind zwei Operationsverstärker und ein Komparator mit FET-Eingang in Reihe geschaltet. Ihre bekanntermaßen großen Eingangsfehlspannungen (bis zu 10 mV je Verstärker) addieren sich im ungünstigsten Fall zu mehr als 20% des kleinsten Meßbereichs. Ein Abgleich wäre teuer und würde wegen der Temperaturabhängigkeit nur einen Teilerfolg erbringen.

Als Ausgleich wird vor jeder Messung automatisch ein Nullabgleich durchgeführt. Er ist im *Spannungsdiagramm* (Bild C-28b) ganz links als Nullpunktkorrektur bezeichnet. Der Schalter S_1 schließt in der Stellung 1 den Eingang des AD-Wandlers kurz, die Eingangsspannung ist genau null Volt, und der externe Eingang wird dabei nicht belastet. Abhängig von der Summe der Fehlspannungen der Verstärker V_1 und V_2 erhält der Komparator K eine positive oder negative Differenzspannung am Eingang. Er gibt am Ausgang einen positiven oder negativen Strom ab, der den Kondensator C_3 über den jetzt geschlossenen Schalter S_2 soweit auflädt, bis der Komparator die Integratorspannung $U_I = 0$ mißt. Im Kondensator C_3 ist jetzt die Summe aller Fehlspannungen gespeichert. Sie werden vor der Integration vom fehlerhaften Wert abgezogen, so daß nur die eigentliche Meßgröße U_X integriert und damit bewertet wird. Da die Korrekturspannung des Kondensators C_3 vor jeder Messung nachgestellt wird, lassen sich Fehlspannungen durch Temperatur und Alterung stets ausregeln.

Damit bleibt die Referenzspannung U_{Ref} als einzige Fehlerquelle übrig. Ihr Einfluß geht voll in das Meßergebnis ein. Deshalb erzeugt man diese Spannung entweder mit einem temperaturkompensierten Referenzelement oder mit einem *Band-Gap-Referenzelement*, das wenig temperaturabhängig und langzeitstabil ist. Über einen Spannungsteiler läßt sich die Referenzspannung so einstellen, daß die angelegte Eichspannung am Ausgang angezeigt wird.

Die Steuerlogik stellt alle Schalter ein. Sie beginnt den Meßzyklus mit der Nullpunktkorrektur, die die 10- bis 20fache Dauer der vorkommenden Zeitkonstanten benötigen darf. Dadurch sind zu Beginn des Meßzyklus alle Übergangsvorgänge abgeschlossen, und der Wandler hat seinen statischen Zustand erreicht. Die Steuerlogik gibt die Meßzeit vor und schaltet während des Rücklaufs des Integrators den Takt an den Eingang des Zählers. Der Speicher übernimmt das Ergebnis und behält es während des nächsten Meßzyklus.

Abhängig vom Verwendungszweck kann man die erzeugte *Impulszahl* weiter verarbeiten. Die meisten *Digitalmultimeter* arbeiten mit einem integrierenden AD-Wandler nach dem *Zweirampen-Verfahren*. Hier zählt ein *BCD-Zähler* die Impulse in der Rücklaufphase des Integrators (3) in Bild C-28b. Sein Ergebnis kann man speichern und auf einfache Weise in die Ansteuersignale der meist verwendeten Sieben-Segment-Anzeigen umsetzen. Häufig besitzt der AD-Wandler-Baustein auch die erforderlichen Dekoder und Multiplexer, um direkt eine LCD-Sieben-Segment-Anzeige anzusteuern.

Andere integrierende AD-Wandler haben einen binär kodierten Ausgang oder eine mikroprozessorkompatible Bus-Schnittstelle. Dieser Wandlertyp ist zwar langsam, aber hochauflösend, genau, störfest und preisgünstig. Er ist der ideale Umsetzer für analoge Daten, die sich langsam ändern, beispielsweise bei der Temperaturmessung.

C.2.2.2
Analog-Digital-Wandler nach dem Prinzip der sukzessiven Approximation

Bild C-29a zeigt die Prinzipschaltung und Bild C-29b die Arbeitsweise. Bei diesem Wandlertyp wird der Digitalwert null um jeweils ein Bit, beginnend mit dem MSB, vergrößert, gleichzeitig in den zugehörigen Analogwert gewandelt, und mit dem unbekannten Analogwert verglichen. Das Ergebnis des Vergleichers nutzt man zur *systematischen Annäherung* der beiden Werte, die erreicht ist, wenn auch das niederwertigste Bit zum Vergleich herangezogen worden ist. Für jedes Bit ist ein Vergleich und damit eine Taktperiode erforderlich. Die Wandlungszeit beträgt je nach Typ 0,5 µs bis 25 µs, die Genauigkeit 10 Bit bis 18 Bit. Der erforderliche Aufwand, aber auch die erreichbare Geschwindigkeit ist wesentlich größer als beim integrierenden AD-Wandler.

Bild C-29a zeigt das Blockschaltbild dieses AD-Wandlers, Bild C-29b das zugehörige Impulsbild. Die zu wandelnde Analogspannung wird am Eingang U_X angelegt. Sie muß konstant sein und darf sich während der Wandlung weniger als ein $1/2$ LSB ändern. Ein Start-Impuls leitet die Analog-Digital-Umsetzung ein. Der Zähler setzt über einen Dekoder und ein Register das MSB des angeschlossenen DA-Wandlers auf 1. Anschließend vergleicht der Komparator die unbekannte Analogspannung mit der des DA-Wandlers. Ist die Spannung des DA-Wandlers größer als die analoge Eingangsspannung, dann nimmt der Komparator das MSB im Register wieder zurück, ist die DA-Wandlerspannung dagegen kleiner, dann bleibt das Bit stehen.

Mit der nächsten Taktperiode schaltet der Zähler den Vergleich auf das nächst niedrigere Bit weiter. Der Vergleich führt zum Setzen oder Zurücksetzen des nächsten Bits. Nach jedem Vergleich schalten Zähler und Dekoder auf das nächste niedrigere Bit weiter. Auf diese Weise wird die anfängliche Differenz zwischen dem Analogwert und dem

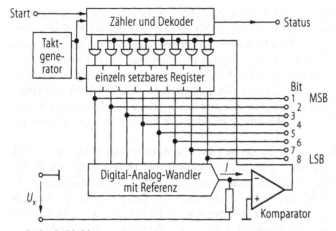

a Blockschaltbild

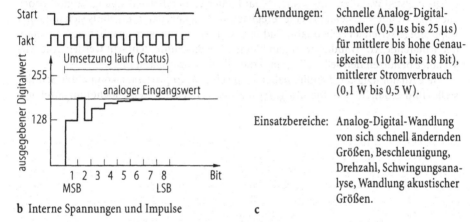

b Interne Spannungen und Impulse **c**

Anwendungen: Schnelle Analog-Digital-wandler (0,5 µs bis 25 µs) für mittlere bis hohe Genauigkeiten (10 Bit bis 18 Bit), mittlerer Stromverbrauch (0,1 W bis 0,5 W).

Einsatzbereiche: Analog-Digital-Wandlung von sich schnell ändernden Größen, Beschleunigung, Drehzahl, Schwingungsanalyse, Wandlung akustischer Größen.

Bild C-29. Analog-Digital-Wandler nach dem Prinzip der sukzessiven Approximation

von null ansteigenden Digitalwert immer kleiner, wobei nur jene Bits gesetzt werden, die zur Darstellung des Analogwerts erforderlich sind. Das nennt man *schrittweise Annäherung* oder *sukzessive Approximation*.

Ist das niederwertigste Bit (LSB) gesetzt, verriegelt der Wandler seinen Arbeitstakt und bleibt stehen. An der Verbindungsstelle des Registers mit dem DA-Wandler steht der fertig gewandelte Wert an. Das Bit 2 führt zu einem zu hohen Analogwert und wurde deshalb wieder zurückgenommen. Diese Kompensation des Analogwertes durch einen zusammengesetzten Digitalwert heißt auch *Wägeverfahren*.

Die Wandlungszeit eines AD-Wandlers setzt sich aus den Laufzeiten im Digitalteil, dem Zähler und dem Register (SAR; Successive Approximation Register), der Einschwingzeit des DA-Wandlers und des Komparators zusammen. Die Summe dieser Zeiten ist für *jedes* Bit erforderlich. Deshalb wird die Taktfrequenz so gewählt, daß innerhalb einer Periode ein Bit einschwingen kann. Ein Wandler mit n-Bit Auflösung benötigt mindestens n Takte zur Umsetzung.

Das Wägeverfahren ist weit weniger fehlertolerant als das Zweirampenverfahren. In das Ergebnis gehen alle Fehler des DA-Wandlers, wie Referenzspannungsfehler, Nichtlinearitäten, Offset, Temperatur- und Verstärkungsfehler ein. Überlagerte Störungen oder Wechselspannungen können das Setzen eines Bit veranlassen, das im Meßwert nicht enthalten ist. Dieses Bit läßt sich im laufenden Umsetzvorgang nicht zurücknehmen; es verursacht einen Fehler, der erst bei der nächsten Wandlung korrigiert werden kann.

Da dieser Wandler besonders bei schnell sich ändernden Eingangsspannungen Verwendung findet, kann hier ein zusätzlicher Fehler entstehen. Abhilfe schafft eine vorgeschaltete *Abtast- und Halteschaltung (sample and hold)*, welche die Meßspannung abtastet, und den Augenblickswert während der Wandlung in einem Kondensator speichert und so konstant hält.

AD-Wandler nach dem Verfahren der sukzessiven Approximation sind als mittelschnelle Wandler mit mittlerer bis hoher Genauigkeit (bis 18 Bit) in Gebrauch. Der gegenüber integrierenden Wandlern hohe Preis rechtfertigt ihren Einsatz nur bei Meßspannungen, die sich mit der Zeit schnell ändern. Ein Beispiel ist die hochpräzise Digitalisierung von Tonfrequenzen zur Speicherung auf der Compact Disc; die Digitalisierung von Bilddaten, die Schwingungsanalyse und die Erfassung sich schnell ändernder analoger Meßdaten.

Die meisten Wandler haben einen binär kodierten parallelen Ausgang. Es gibt jedoch auch AD-Wandler mit einem Schieberegister im Ausgang, deren Ergebnis sich mit einer Impulsfolge seriell ausgeben läßt. Dadurch können bis zur vier unabhängig voneinander arbeitende AD-Wandler in einem kleinen Gehäuse untergebracht werden. Alle AD-Wandler benutzen den selben Takt und dieselbe Referenzspannung.

Viele Analog-Digital-Wandler haben heute eine Mikroprozessor-kompatible Schnittstelle (Bild C-30). Ihr *Tri-State-Ausgangsregister* ist normalerweise hochohmig und liegt

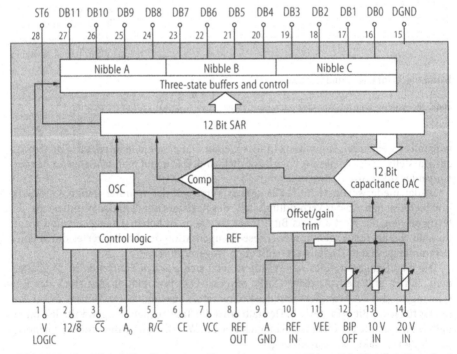

Bild C-30. Analog-Digital-Wandler mit mikroprozessor-kompatibler Schnittstelle (Datenbus) (Werkbild Sipex)

direkt am Datenbus. Über Steuersignale, Write und die dekodierte Adresse des AD-Wandlers, wird dieser angesprochen und schreibt sein Ergebnis direkt auf den Bus. Ist das Ausgangswort des AD-Wandlers (12 Bit) breiter als der Datenbus (8 Bit), dann kann man den High-Byte- und den Low-Byte-Ausgang zusammenlegen, getrennt aktivieren und beide nacheinander vom Rechner abholen lassen.

C.2.2.3
Die Abtast- und Halteschaltung (Sample and Hold)

Bild C-31a verdeutlicht die Schaltung eines *Abtast- und Halteverstärkers, (Sample and Hold Amplifier)*. Diese Schaltung erfaßt den Augenblickswert eines sich ändernden Signals und hält ihn während der ganzen Wandlungszeit des nachfolgenden AD-Wandlers konstant. Während der Abtastphase ist der Schalter S geschlossen. Eine positive Eingangsspannung U_e am invertierenden Eingang des Verstärkers V_1 verursacht einen negativen Ladestrom I_L in den Knoten am Eingang des Verstärkers V_2, der über den Kondensator C mit einem Anstieg der Ausgangsspannung U_a des Verstärkers V_2 kompensiert wird. Erreicht die Ausgangsspannung den Wert der Eingangsspannung, dann wird der Ladestrom I_L zu null und die Schaltung ist in Ruhe. Wird jetzt der Schalter S geöffnet, dann wirken sich weitere Änderungen der Eingangsspannung nicht mehr auf den Ausgang aus.

Solange keine Ladung aus dem Kondensator abfließt, bleibt die niederohmige Ausgangsspannung der Sample-and-Hold-Schaltung erhalten. Der Schalter ist meistens ein sehr hochohmig sperrender MOSFET, der Verstärkers V_2 hat ebenfalls einen FET-Eingang; hierdurch vergrößert sich die Entladezeitkonstante beträchtlich.

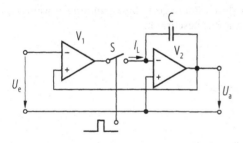

a Schaltung

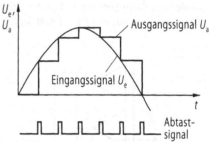

b Ein- und Ausgangsspannung im Abtastmodus

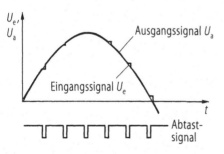

b Ein- und Ausgangsspannung im Nachlaufmodus

Anwendungen: Die Schaltung speichert den Augenblickswert eines zeitlich variablen Signals während der Wandlungszeit des nachfolgenden AD-Wandlers.

Einsatzbereiche: Digitalisierung sich schnell ändernder Größen. Schwingungsanalyse.

c

Bild C-31. Sample and Hold Schaltung

In Bild C-31 b wird das Eingangssignal nur kurz abgetastet und danach bis zum nächsten Abtastvorgang gehalten. Im Bild C-31 c folgt der Abtastkreis der Eingangsspannung dauernd und wird nur kurz während der Wandlungsphase unterbrochen. Durch das ständige Nachlaufen ist die Schaltung auf den jeweiligen Augenblickswert eingeschwungen und läßt sich jederzeit ohne Wartezeit halten und abfragen.

C.2.2.4
Parallel Analog-Digital-Wandler

Die bisher vorgestellten Analog-Digital-Wandler haben den Analogwert durch kontinuierliches Hochzählen oder systematisches Suchen des zugehörigen Digitalwertes ermittelt. Hierzu waren mehrere nacheinander ablaufende Vorgänge erforderlich, die Zeit kosteten.

Beim *Parallel-Wandler*, (*flash converter*), wird der richtige Digitalwert innerhalb einer Taktperiode ermittelt und parallel ausgegeben. Bild C-32 zeigt das Blockschaltbild eines 6-Pit Parallel-AD-Wandlers.

Beim n-Bit breiten AD-Wandler wird die Referenzspannung über einen Spannungsteiler aus 2^n-1 gleichen Widerständen R und einem oberen und unteren Widerstand R/2 geteilt. Die abgreifbaren Spannungen liegen jeweils in der Mitte der in 2^n gleiche Bereiche geteilten Referenzspannung. 2^n Komparatoren vergleichen die unbekannte Eingangsspannung gleichzeitig mit den 2^n möglichen Schwellen. Alle Komparatoren, deren Referenzspannung kleiner als die Eingangsspannung ist, geben am Ausgang eine logische 1 ab, die Komparatoren mit höherer Referenzspannung geben eine logische 0 ab. Der abgegebene Kode heißt *Bar-Kode*. Der nachfolgende Dekoder setzt die 2^n-1-Eingänge parallel und nicht getaktet in einen n-bit Binärcode um. Setzt man zuerst in einen einschrittigen Kode, beispielsweise den Gray-Kode, und danach in den üblichen Binär-Kode um, dann bleiben mögliche Fehler durch überlagerte Störspannungen während der Wandlung auf ein LSB (Least Significant Bit) beschränkt.

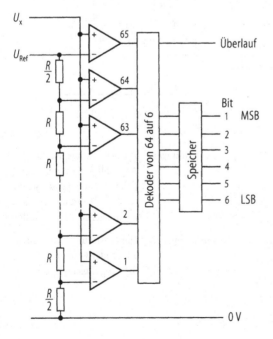

Bild C-32. Parallel-AD-Wandler

Die sehr kurze Wandlungszeit zwischen 5 ns und 100 ns erfordert einen hohen Aufwand – gemessen an den bisher vorgestellten Verfahren – und ergibt nur mäßige Genauigkeit. Ein 6-Bit Wandler hat einen Spannungsteiler aus 65 hochgenauen Widerständen, 64 Komparatoren und einen Dekoder mit 64 Eingängen. Ein 8-Bit Wandler benötigt einen Teiler mit 256 Ausgängen, 256 parallel betriebene Komparatoren und einen entsprechend großen Dekoder. Die Verlustleistung sehr schneller und genauer AD-Wandler kann mehrere Watt betragen und muß über das Keramikgehäuse der integrierten Schaltung abgeführt werden. Der Aufwand und die verfügbare Technologie begrenzen die erreichbare Genauigkeit und Schnelligkeit. Das Verfahren befindet sich in intensiver Entwicklung, so daß weitere Verbesserungen zu erwarten sind.

Mit Parallel-Wandlern digitalisiert man heute Meßwerte, Video- und Radardaten sowie zahlreiche andere mit großer Bandbreite anfallende Analogdaten, um sie ohne Genauigkeitsverlust zu speichern und in digitalen Rechnern zu verarbeiten. Da einerseits 8 Bit Auflösung für viele Anwendungen nicht ausreichen, andererseits jedes weitere Bit Auflösung den Aufwand verdoppelt, wurden andere Wege zur Verbesserung gesucht.

Bild C-33 zeigt das Blockschaltbild eines 12 Bit AD-Wandlers mit 10 MHz Abtastrate. Diese Geschwindigkeit ist mit dem Verfahren der sukzessiven Approximation nicht zu verwirklichen. Für einen Parallel-AD-Wandler würde man 4095 Komparatoren benötigen, deren Verlustwärme nur unter großen Schwierigkeiten abzuführen wäre.

Der Wandler arbeitet deshalb in zwei Stufen. Der 8-Bit-Parallelwandler (1) setzt die analoge Eingangsspannung in den ersten Digitalwert um. Der Zwischenspeicher (*latch*) (2) behält diesen Digitalwert vorläufig. Der 8-Bit DA-Wandler (3) wandelt den Digitalwert wieder in den Analogbereich zurück. Da der Parallelwandler (1) nicht rundet, sondern ein Bit erst dann setzt, wenn die entsprechende Analogspannung auch tatsächlich ansteht, ist die zurückgewandelte Analogspannung aus (3) im allgemeinen kleiner als die Eingangsspannung, denn hier fehlen die letzten 4 Bit. Der Fehlerverstärker (4) verstärkt diese Differenz mit dem Faktor 16, die ein zweiter Parallel-Wandler (5) in den entsprechenden Digitalwert umsetzt. Eine Addier- und Korrekturlogik addiert beide Digi-

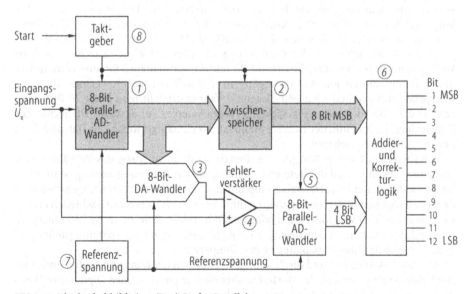

Bild C-33. Blockschaltbild eines Zwei-Stufen Parallelumsetzers

talwerte und gibt das Ergebnis als binär kodiertes Digitalwort aus. Der Wandlerbaustein
enthält noch eine eigene Referenzspannung und einen Taktgeber, der die beiden Parallel-Wandler und den Speicher zur richtigen Zeit aktiviert. Bild C-34 zeigt die Arbeitsbereiche beider Parallelwandler. Der Wandler setzt zuerst den Grobwert um und stellt die Differenz zwischen dem aktuellen Meßwert und dem meist kleineren Grobwert fest. Ein zweiter Meßvorgang, in dem derselbe Wandler nur noch $1/16$ des Meßbereichs mit einer entsprechend erhöhten Genauigkeit umsetzt, erfaßt die Differenz als Feinwert. Der Wandler setzt beide Werte mit ihrem richtigen Stellenwert zusammen.

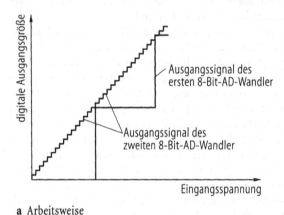

Ein Flash-AD-Wandler mißt nacheinander erst den Grobwert und dann den Feinwert. Mit geringem Mehraufwand in der Schaltung und der doppelten Meßzeit wird die 16-fache Meßgenauigkeit erreicht.

a Arbeitsweise   **b** Anwendung

Bild C-34. Zusammengesetzte Arbeitsbereiche beider Parallelwandler

Die Herstellung eines zweistufigen Parallel-AD-Wandlers ist nicht einfach. Die Unterteilung der 256 Stufen des ersten 8-Bit Parallelwandlers in jeweils weitere 16 Stufen ist nur dann sinnvoll, wenn der erste 8-Bit Parallelwandler *und* der 8-Bit DA-Wandler auf 12 Bit *genau* sind. Das setzt einen sehr genauen Spannungsteiler und Komparatoren mit kleiner Offsetspannung voraus. Bei dem vorgestellten 10 MHz-Wandler müssen drei Vorgänge innerhalb 100 ns ablaufen, die erste 8-Bit AD-Wandlung, die 8-Bit DA-Wandlung und die zweite AD-Wandlung der verbliebenen Differenz mit 4-Bit Genauigkeit.

Die Hersteller gehen bei der Realisierung schneller AD-Wandler unterschiedliche Wege. Es gibt 10-Bit Wandler, die zuerst 7 Bit und danach weitere 3 Bit umsetzen, andere haben Komparatoren mit Analogausgängen, wodurch ein weiteres echtes Bit durch Interpolation gewonnen wird. Mit diesem Verfahren erreicht man heute 10 Bit Auflösung und 75 MHz Umsetzrate = 75 MSPS (Mega Samples Per Second). Die technische Entwicklung ist im Fluß, der neueste Stand ist zweckmäßigerweise den Datenbüchern der Hersteller zu entnehmen.

Beim Parallel-AD-Wandler gibt die digitale Zahl am Ausgang das Verhältnis zwischen der Eingangs- und der Referenzspannung an. Die Referenzspannung ist im Prinzip frei wählbar. Der vom Hersteller empfohlene Wert sollte trotzdem eingehalten werden; denn eine kleine Referenzspannung führt auch zu kleineren Unterschieden an den Komparatoren und vergrößert den *relativen* Offsetfehler. Eine zu große Referenzspannung führt zu höherer Verlustleistung im meist niederohmigen Spannungsteiler und kann die zulässige Eingangsspannung der Komparatoren überschreiten.

AD- und DA-Wandler sind die Schnittstelle zwischen der fein auflösenden und empfindlichen Analogseite und der störfesten aber doch leicht störenden Digitalseite. Wenn die von der Digital- zur Analogseite gekoppelten Störungen $1/2$ LSB überschreiten, kann die meist teuer erkaufte Genauigkeit des Wandlers nicht mehr ganz genutzt werden. Deshalb müssen Analog- und Digitalseite sorgfältig voneinander entkoppelt sein: gemeinsame Masseleitungen, deren Spannungsabfall vom Digitalsignal in den Analogkreis gelangt, sind zu vermeiden; ebenso müssen die Stromversorgungen von Analog- und Digitalteil *getrennt* zugeführt und gesiebt werden. Getrennte Anschlüsse am Wandler erleichtern diese Aufgabe. Wandler mit einer Auflösung von 12 Bit und mehr sind deshalb besonders sorgfältig anzuschließen. Im allgemeinen enthalten die Datenbücher der Hersteller genaue Hinweise wie die Wandler problemlos zu betreiben sind.

C.3
Speicherprogrammierbare Steuerungen (SPS)

C.3.1
Einführung

Eine Steuerung dient zum Steuern einer Maschine oder allgemeiner eines technischen Prozesses, abhängig von Prozeßsignalen und externen Steuersignalen. In Bild C-35 ist die Struktur eines Steuerungssystems dargestellt.

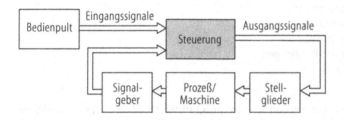

Bild C-35. Struktur eines Steuerungssystems

Die Steuerung erhält als *Eingangssignale* die von außen kommenden Bediensignale und die von Signalgebern abhängig von Prozeßzuständen (z. B. Temperatur, Drehzahl, Druck) gebildeten *Prozeßsignale*. Abhängig von diesen Eingangssignalen erzeugt die Steuerung entsprechend den in ihrem *Steuerprogramm* festgelegten Funktionen die *Ausgangssignale*, die zur Steuerung des Prozesses über die Stellglieder (z. B. Schütze, Ventile, Motoren) dienen.

Das sogenannte *Steuerprogramm* legt die *wirkungsmäßigen* Eigenschaften der Steuerung und damit die funktionale Abhängigkeit der Ausgangssignale von den Eingangssignalen der Steuerung fest. Nach der Art der Verwirklichung des Steuerprogramms werden in DIN 19 237 verbindungs- und speicherprogrammierte Steuerungen unterschieden. Bei *verbindungsprogrammierten* Steuerungen ist das Steuerprogramm festgelegt durch *Art* und *Verbindung* der Bauelemente der Steuerung. Bei *speicherprogrammierten* Steuerungen (SPS) ist das Steuerprogramm festgelegt durch ein im *Programmspeicher* der Steuerung abgelegtes Program, das wie ein Rechnerprogramm aus einer Folge von Anweisungen besteht.

Eine speicherprogrammierbare Steuerung ist im Grunde ein Spezialrechner für Steuerungszwecke, der über Ein- und Ausgänge für binäre und eventuell analoge Steuersignale verfügt und der mit speziellen, auf Steuerungszwecke zugeschnittenen Programmiersprachen programmiert werden kann.

Der Befehlsvorrat einer SPS orientiert sich an den für *binäre* und *digitale* Steuerungen benötigten Funktionen wie

- logische Verknüpfung,
- Speicherung,
- Zeitbildung,
- Zählen,
- Datentransport und
- arithmetische Operationen.

Mit der SPS steht ein universelles Gerätesystem zur Verfügung, das vom Anwender lediglich für die jeweilige Steuerungsaufgabe programmiert werden muß. Im Gegensatz zur verbindungsprogrammierten Steuerung entfällt deshalb eine individuelle Schaltungsentwicklung. Aus diesem Grunde haben speicherprogrammierte Steuerungen die verbindungsprogrammierten Steuerungen überall dort weitgehend verdrängt, wo Maschinen und Anlagen nur in kleinen oder mittleren Stückzahlen gebaut werden. Typische Einsatzbereiche sind:

- Maschinen- und Anlagenbau,
- Transferstraßen,
- NC-Steuerungen (als Subsysteme),
- Lager- und Regalsteuerungen,
- Verpackungseinrichtungen,
- Misch- und Abfüllanlagen,
- Fertigungs- und Prüfeinrichtungen,
- Verkehrssteuerung und
- Verfahrenstechnik.

In den genannten Bereichen werden speicherprogrammierte Steuerungen vorwiegend für binäre und digitale Steuerungsaufgaben eingesetzt. Mit speziellen Zusatzbaugruppen läßt sich der Einsatzbereich ausdehnen auf

- Positionssteuerungen (Achspositionierung),
- Regelung,
- Prüf- und Überwachungsaufgaben sowie
- Bedienen, Melden und Prozeßvisualisierung.

Einerseits werden heute billige, kompakte Kleinsteuerungen für einfachste Aufgaben angeboten. Andererseits stehen umfangreiche speicherprogrammierbare Steuerungssysteme zur Verfügung, die in ihrer Leistungsfähigkeit bis an Prozeßrechensysteme heranreichen, aber den Vorteil einer wesentlich einfacheren Programmierung bieten.

C.3.2
Aufbau und Wirkungsweise

Gemäß Bild C-36 enthält eine SPS, wie jeder Rechner, ein Steuer- und Rechenwerk sowie einen Programm- und einen Datenspeicher (Merker). Darüber hinaus verfügt die SPS über Zeitgeber, eine Schnittstelle zum Programmiergerät und Ein-/Ausgabeeinheiten, die abhängig von Umfang und Ausbaugrad der Steuerung jeweils eine oder mehrere Ein- und Ausgabebaugruppen umfassen.

Jede Eingabebaugruppe dient abhängig von der Bauart zur Eingabe von 8, 16 oder 32 binären Eingangssignalen. Gängige Eingangsignalwerte für die binären Eingangswerte

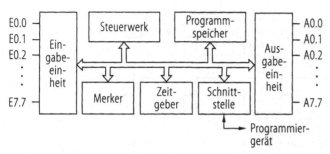

Bild C-36. Aufbau einer speicherprogrammierbaren Steuerung

0/1 sind 0/24 V Gleichspannung und 0/220 V Wechselspannung. In Bild C-37 ist der Aufbau einer typischen Eingabebaugruppe dargestellt.

Üblicherweise enthält jeder binäre Eingangskanal eine Eingangsschaltung zur Anpassung der Eingangssignale an TTL-Pegel, eine LED-Anzeige zur Anzeige des anliegenden Eingangswertes, ein Entstörfilter, einen Optokoppler zur galvanischen Trennung der Eingangssignalkreise von der Steuerung und eine Dekodierschaltung, um der Steuerung den gezielten Zugriff zur betreffenden Baugruppe über eine Eingangstorschaltung zu ermöglichen.

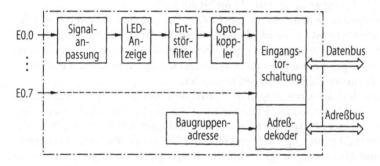

Bild C-37. Aufbau einer typischen Eingabebaugruppe

Die *Ausgabebaugruppen* dienen abhängig von der Bauart zur Ausgabe von 8, 16 oder 32 binären Ausgangswerten. In Bild C-38 ist eine typische Ausgabebaugruppe für 8 binäre Ausgangswerte dargestellt. Durch Ausgabe der jeweiligen Baugruppenadresse kann das Steuerwerk gezielt an eine Ausgabebaugruppe Ausgangswerte ausgeben. Jeder einzelne binäre Ausgangskanal enthält einen *1-Bit-Speicher* zur Speicherung des jeweiligen Ausgabewertes, eine Anzeige für den Ausgabewert, evtl. eine galvanische Trennung des Ausgangssignalkreises vom Steuerungsstromkreis und ein Verstärkerglied zur direkten Ansteuerung von Stellgliedern. Gängige Ausgangssignalwerte sind 24 V Gleichspannung (Transistor-Ausgang) und 220 V Wechselspannung (Triac-Ausgang). Es werden auch Relaisausgänge mit potentialfreien Kontakten angeboten.

Die Speicherung der binären Ausgabewerte auf der jeweiligen Ausgabekarte ist notwendig, um aus den von der Steuerung impulsförmig ausgegebenen Werten Dauersignale zu erzeugen. Die Ausgabebaugruppen können eventuell noch Einrichtungen zur Überwachung der Ausgänge auf Kurzschluß und zum Abschalten der Ausgänge im Störfall enthalten.

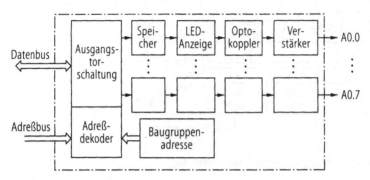

Bild C-38. Aufbau einer typischen Ausgabebaugruppe

Die *Zeitgeber* ermöglichen die Bildung der für steuerungstechnische Aufgaben erforderlichen Zeiten im Bereich von etwa 0,01 s bis 1000 min. Sie sind entweder durch eigene Baugruppen mit entsprechenden Zeitgliedern oder durch Speicherbereiche realisiert, in denen die Zeitzählerstände der einzelnen Zeitgeber abgelegt sind und immer nach Ablauf der jeweiligen von einer Echtzeituhr gebildeten Zeiteinheit erniedrigt werden.

Ein *Merker* ist ein Schreib-Lesespeicher zum Zwischenspeichern eines 1-Bit-Ergebnisses. Gängige Merkerkapazitäten sind 128 Bit bis 4098 Bit.

Der *Programmspeicher* enthält, wie in Tabelle C-10 dargestellt, die Anweisungen des Anwenderprogramms im Maschinenkode (z. B. als 16-Bit-Worte) unter fortlaufenden Adressen. Normalerweise werden hierzu gepufferte Schreib-Lese-Speicher verwendet. Sofern das Anwenderprogramm nicht mehr verändert werden muß, können auch Festwertspeicher in Form von EPROMs eingesetzt werden.

Das *Steuerwerk* liest die Anweisungen des Anwenderprogramms in der Reihenfolge der Adressen aus dem Programmspeicher und führt die zugehörigen Operationen aus.

Die *Arbeitsweise* einer SPS soll am Beispiel einer einfachen UND-Verknüpfung veranschaulicht werden. Die Eingangswerte von E0.1 und E0.2 sollen über eine UND-Funktion verknüpft und das Verknüpfungsergebnis am Ausgang A1.5 ausgegeben werden. In

Tabelle C-10. SPS Programm mit Bearbeitungsfolge

Speicheradresse	Anweisung	Erläuterung
↓ 000	Anweisung 1	
↓ 001	Anweisung 2	
.	.	
↓ 012	UE0.1	Abfrage des Wertes von Eingang E0.1
↓ 013	UE0.2	UND-Verknüpfung mit dem Wert von E0.2
↓ 014	= A1.5	Ausgabe des Verknüpfungsergebnisses am Ausgang A1.5
.	.	
↓ 020	PE	Programmende

Tabelle C-10 ist ein SPS-Programm dargestellt, das unter anderem auch das Teilprogramm für die UND-Verknüpfung enthält.

Die SPS bildet die UND-Verknüpfung, indem sie gemäß Tabelle C-10 nacheinander die zugehörigen Befehle für Abfrage und Verknüpfung der Eingangswerte und die Ausgabe des Ergebniswertes durchführt. Es liegt somit eine zeitlich *serielle* Arbeitsweise vor, im Gegensatz zu einer verbindungsprogrammierten Steuerung, bei der in einem UND-Glied die einzelnen Vorgänge immer zeitlich *parallel* ablaufen.

Die zeitlich *serielle Arbeitsweise* hat erhebliche Konsequenzen für das Verhalten und die Programmierung speicherprogrammierter Steuerungen:

Zyklischer Programmablauf

Damit die Steuerung auf Eingangszustandsänderungen reagieren kann, muß das Programm gemäß Bild C-39 laufend zyklisch wiederholt werden. Die Bearbeitungszeit für einen Programmdurchlauf wird als Zyklusdauer Tz bezeichnet. Diese Zyklusdauer ist von der Programmlänge abhängig und beträgt für 1000 Anweisungen typischerweise 1 ms bis 10 ms.

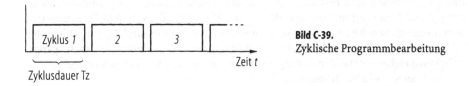

Bild C-39.
Zyklische Programmbearbeitung

Reaktionszeit

Infolge der zyklischen Programmbearbeitung muß im ungünstigsten Fall mit einer Reaktionszeit der Steuerung in der Größe der Zyklusdauer Tz gerechnet werden. Damit wird die Programmlänge durch die maximal zulässige Reaktionszeit der Steuerung (z. B. von 100 ms) begrenzt.

Mindestdauer der Eingangssignale

Die Abfrage eines bestimmten Eingangssignals durch eine entsprechende Anweisung erfolgt periodisch im Abstand der Zyklusdauer Tz. Ein kurzzeitiger Eingangsimpuls kann deshalb von der Steuerung nur dann sicher erfaßt werden, wenn die Impulsdauer größer ist als die Zyklusdauer.

Speicherung der Ausgangssignale

Das Steuerwerk erzeugt ein bestimmtes Ausgangssignal nur während der Bearbeitungsdauer des betreffenden Ausgabebefehls. Damit am Steuerungsausgang jedoch ein kontinuierliches Ausgangssignal zur Verfügung steht, muß jedes Ausgangssigal auf der Ausgabebaugruppe gespeichert werden.

Prozeßabbild

Die meisten modernen speicherprogrammierten Steuerungen verfügen gemäß der Darstellung in Bild C-40 über ein sogenanntes Prozeßabbild in Form von Zwischenspeichern für die Ein- und Ausgangswerte.

Vor jedem Programmzyklus werden alle Eingangswerte von den Eingangsklemmen in den Eingangszwischenspeicher geladen und somit dort ein Abbild des Eingangszu-

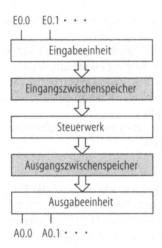

E0.0   E0.1 · · ·

Bild C-40. PS mit Prozeßabbildung

A0.0   A0.1 · · ·

standes (Prozeßabbild) erstellt. Während des anschließenden Programmdurchlaufs arbeitet die Steuerung nur mit den Werten des Prozeßabbildes in dem Eingangs- und dem Ausgangszwischenspeicher und nicht mit den an den Ein- und Ausgangsklemmen vorliegenden aktuellen Werten. Nach jedem Programmzyklus werden die im Ausgangs-zwischenspeicher entstandenen Ausgangswerte an die Ausgabeeinheit ausgegeben.

Das Prozeßabbild bietet folgende *Vorteile*:

● Das Zwischenspeichern der Eingangswerte gewährleistet, daß die Steuerung inner-halb eines Programmzyklus immer mit konstanten Eingangswerten arbeitet, wodurch bestimmte Programmierfehler von vornherein vermieden werden.
● Das Zwischenspeichern der erzeugten Ausgabewerte ermöglicht der Steuerung eine einfache Abfrage der eigenen Ausgangswerte. Außerdem bleiben die innerhalb eines Programmzyklus nur vorübergehend erzeugten Änderungen von Ausgangswerten für die Ausgangsklemmen wirkungslos, was die Programmierung bestimmter Funk-tionen vereinfacht.

Nachteilig ist, daß der Datentransfer zwischen den Ein- bzw. Ausgangsklemmen und den Zwischenspeichern die Zyklusdauer vergrößert, und daß sich die Reaktionszeit der Steuerung im ungünstigsten Fall auf die doppelte Zyklusdauer erhöht.

C.3.3
Programmierung speicherprogrammierbarer Steuerungen

C.3.3.1
Befehlsvorrat einer SPS

Die Grundfunktionen einer SPS umfassen im wesentlichen 1-Bit-Operationen zur logi-schen Verknüpfung und zum Setzen bzw. Rücksetzen von 1-Bit-Operanden wie Eingän-gen E, Ausgängen A und Merkern M. Zeit- und Zählfunktionen erfordern teilweise schon Mehrbit-Operationen zum Laden und Transferieren von Zahlenwerten.

Eine Anweisung kennzeichnet gemäß Tabelle C-11 in ihrem Operationsteil die Art der Operation (hier UND-Verknüpfung), die mit dem im Operandenteil genannten Ope-randen durchzuführen ist. Das Operandenkennzeichen gibt die Art des Operanden (hier Eingang E), der Parameter die Nummer des Operanden an.

Tabelle C-11. Struktur einer Anweisung: „UND-Verknüpfung mit dem Wert von Eingang E2.1"

Operationsteil	Operandenteil	
	Kennzeichen	Parameter
U	E	2.1

In Bild C-41 ist ein typischer Befehlssatz einer einfachen SPS dargestellt. Er orientiert sich an DIN 19239 und an der weitverbreiteten Programmiersprache STEP5. Es ist jedoch zu beachten, daß sich die Befehlssätze der verschiedenen SPS-Hersteller hinsichtlich des Befehlsumfangs, der Formulierung und auch der Befehlswirkung mehr oder weniger stark unterscheiden. Mit der Norm DIN IEC 1131 Teil 3 wird jedoch eine Vereinheitlichung der Programmiersprachen angestrebt.

C.3.3.2
Arten der Programmdarstellung

Programme speicherprogrammierter Steuerungen können auf drei Arten dargestellt werden, nämlich als Anweisungsliste (AWL), Kontaktplan (KOP) oder Funktionsplan (FUP). Bild C-42 zeigt die drei Darstellungsarten am Beispiel einer UND-Funktion.

Anweisungsliste
Die Anweisungsliste (AWL) enthält die Befehle in mnemonischer Form als Abkürzung der Befehlswirkung. Diese Darstellung kommt der internen Befehlsdarstellung im Maschinencode am nächsten und ist deshalb auch am allgemeinsten. Sie entspricht der üblichen Darstellung von Rechnerprogrammen und orientiert sich an der schaltalgebraischen bzw. mathematischen Darstellung einer Funktion.

Funktionsplan
Die Funktionsplandarstellung (FUP) verwendet für die einzelnen Funktionen Blocksymbole in Anlehnung an die Symbole der Digitaltechnik, wobei an die entsprechenden Ein- und Ausgänge des Symbols die durch die Funktion verknüpften Operanden angeschrieben werden.

Kontaktplan
Die Kontaktplandarstellung (KOP) lehnt sich an die Darstellung eines Steuerungsproblems in Form eines elektrischen Stromlaufplans aus Kontakten und Relais an. Die Symbole des Kontaktplans eignen sich unmittelbar nur zur Darstellung von Verknüpfungsfunktionen. Für höhere Funktionen müssen Blocksymbole ähnlich denen des Funktionsplans verwendet werden. Die Bedeutung der Symbole ist in Bild C-43 dargestellt.

Befehlsart	Symbol	Befehl	Erklärung
Abfrage mit logischer Verknüpfung	—| & | —d & | —| ≥1| —d ≥1|	U xx UN xx O xx ON xx	UND-Verknüpfung mit Operand xx: $\quad Q^{n+1} = Q^n \,\&\, xx$ UND-Verknüpfung mit neg. Operand $\overline{xx}$: $\quad Q^{n+1} = Q^n \,\&\, \overline{xx}$ ODER-Verknüpfung mit Operand xx: $\quad Q^{n+1} = Q^n \vee xx$ ODER-Verknüpfung mit neg. Operand $\overline{xx}$: $Q^{n+1} = Q^n \vee \overline{xx}$
			Operanden xx: Eingänge E, Ausgänge A, Merker M, Zeitgeber T und Zähler Z
Klammer-befehle		U (O ( )	UND-Verknüpfung mit Klammerinhalt ODER-Verknüpfung mit Klammerinhalt Befehl „Klammer zu"
Zuweisen Setzen Rücksetzen	▭— xx xx —| S —| R Q—	= xx S xx R xx	Ergebnis dem Operand xx zuweisen: $xx = Q^n$ ⎫ Operand xx auf 1 setzen, falls $Q^n = 1$ ⎬ Operanden: Ausgänge A Merker M Operand xx auf 0 rücksetzen, falls $Q^n = 1$ ⎭
Zeitgeber-befehle	Tx —| S —| TW —| R Q—	L KTx S Tx R Tx	Laden Zeitwert x (.0 in 0,01 s; .1 in 0,1 s; .2 in 1 s; .3 in 10 s) Starten Zeitgeber Tx mit geladener Zeit, falls $Q^n = 0 \to 1$ (mit SI, SV, SE, SA verschiedenes Zeitverhalten) Zeitgeber Tx rücksetzen, falls $Q^n = 1$
			Tx = 1 bei „Timer gesetzt"; Tx = 0 bei „Timer zurückgesetzt"
Zähler-befehle	Zx —| ZV —| ZR —| S DU —| ZW DE —| R Q—	L KZx S Zx ZR Zx ZV Zx R Zx	Zählervorwahlwert x in den Akkumulator laden Zähler starten mit geladenem Zählwert, falls $Q^n = 0 \to 1$ Zählerstand von Zx erniedrigen, falls $Q^n = 0 \to 1$ Zählerstand von Zx erhöhen, falls $Q^n = 0 \to 1$ Zählerstand von Zx rücksetzen auf Null, falls $Q^n = 1$
			Zx = 1 bei Zählerstand ≠ 0; Zx = 0 bei Zählerstand = 0
Daten-transfer		L xx T xx	Operandenwort xx in Akkumulator laden Inhalt des Akkumulators zum Operanden xx transferieren
			Operanden xx: Bytes und Worte (16 Bits) von Eingängen (EBx, EWx), Ausgängen (ABx, AWx), Merkern (MBx, MWx), Zählern (Zx), Zeitgebern (Tx), Konstanten (Kx).
Organisa-tionsbefehle		SP aa SPB aa PE NOP	Nicht bedingter Sprung nach Adresse aa Bedingter Sprung nach aa, falls $Q^n = 1$ Programmende, Sprung nach Adresse 0000 Wirkungsloser Füllbefehl (Null-Operation)

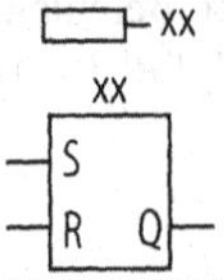

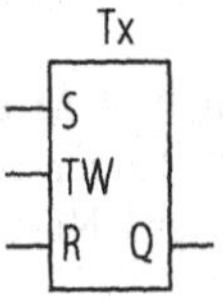

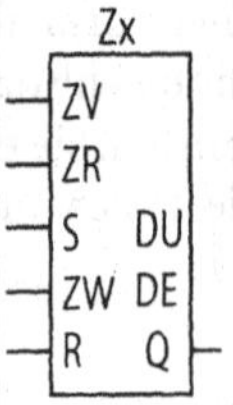

Q^{n+1} binäres Verknüpfungsergebnis; Q^n vorangehendes Verknüpfungsergebnis

Beim ersten Befehl einer Verknüpfungsfunktion („Erstabfrage") entfällt die Verknüpfungsoperation; der Befehl wirkt als reine Abfrage.

Bild C-41. Befehlsliste einer speicherprogrammierbaren Steuerung

Adresse	Anweisung
0000	U E0.1
0001	UN E0.2
0002	= A0.4

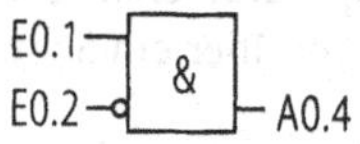

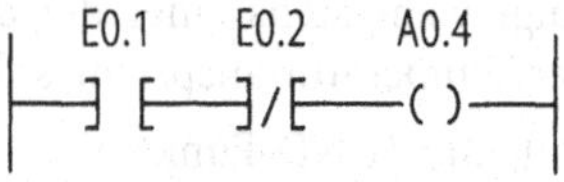

E0.1 ─┐
      │ & ├─ A0.4
E0.2 ─○┘

E0.1   E0.2   A0.4
├─┤ ├──┤/├───( )──┤

a Anweisungsliste (AWL)   **b** Funktionsplan (FUP)   **c** Kontaktplan (KOP)

Bild C-42. Darstellungsarten für SPS-Programme am Beispiel der UND-Funktion A0.4 = E0.1 & $\overline{E0.2}$

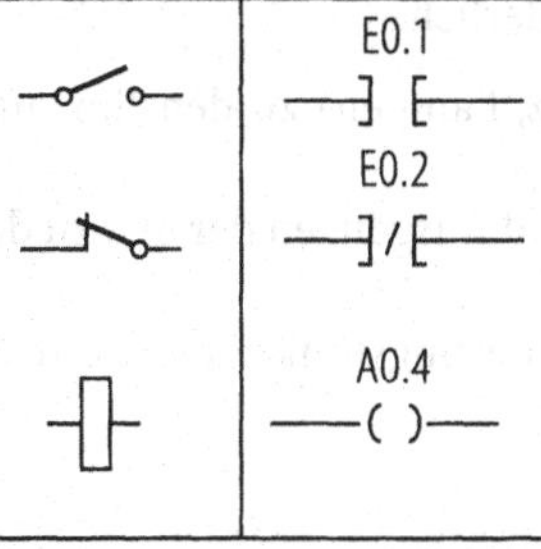

Stromlaufplan	Kontaktplan	
─o⟋o─	E0.1 ──┤ ├──	Schließerkontakt zur Darstellung des Operanden E0.1
─⟋o─	E0.2 ──┤/├──	Öffnerkontakt zur Darstellung des negierten Operanden E0.2
─┤▯├─	A0.4 ──( )──	Symbol für Relaisspule zur Darstellung des Operanden, der durch die Operation beeinflußt wird.

Die Art der logischen Verknüpfung der Operanden kommt durch die Anordnung der Kontakte zum Ausdruck:

Reihenschaltung   entspricht   UND-Verknüpfung
Parallelschaltung   entspricht   ODER-Verknüpfung

Bild C-43. Symbole des Kontaktplans

C.3.4
Programmierung einfacher Steuerungsfunktionen

C.3.4.1
Steuerungen mit Verknüpfungsfunktionen

In einfachen Verknüpfungssteuerungen erzeugt die Steuerung die binären Ausgangswerte bzw. die zugehörigen Ausgangssignale durch *logische Verknüpfung* der zu den Eingangsignalen gehörigen binären *Eingangswerte*.

C.3.4.1.1
ODER-Funktion, UND-Funktion und Negation

In diesem einführenden Beispiel soll zunächst das grundsätzliche Vorgehen bei der Realisierung einer Steuerungsaufgabe mit einer SPS gezeigt werden.

Beispiel
C.3.4-1: Temperaturüberwachung
Zur Temperaturüberwachung einer Halle ist eine Steuerung mit folgenden Teilfunktionen zu verwirklichen.

Lüftersteuerung (ODER-Funktion):
Solange wenigstens einer der drei Temperaturschalter B0 oder B1 oder B2 bei zu hoher Temperatur anspricht, soll ein Lüfter über ein Schütz eingeschaltet sein.

Warnlampe (UND-Funktion):
Solange alle drei Temperaturschalter B0 und B1 und B2 ansprechen, soll eine rote Warnlampe H1 aufleuchten.

Betriebslampe (Negation):
Die grüne Betriebslampe H2 soll leuchten, wenn die Warnlampe H1 nicht leuchtet und umgekehrt.

Lösung:

Zur Lösung dieser Aufgabe sind folgende Schritte erforderlich:

- Zuordnung der Steuerorgane (Schalter, Motorschütz, Lampen) zu den Ein- und Ausgängen der SPS (Anschlußbelegung);
- Zuordnung der binären Werte 0 und 1 an den Ein- und Ausgängen der SPS zu den Schaltzuständen der Steuerorgane;
- Ermittlung der von der SPS für die gewünschten Steuerungsfunktionen zu realisierenden Schaltfunktionen;
- Erstellung des SPS-Programms.

In Bild C-44 sind diese Lösungsschritte dargestellt. In Bild C-45 ist das zugehörige SPS-Programm in Anweisungsliste, Kontaktplan und Funktionsplan angegeben.

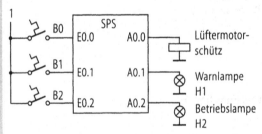

a Zuordnung der Steuerorgane zu den Klemmen der SPS
   (Anschlußbelegung)

Schaltzustand	Binärer Wert an SPS
Schalter B0 ein (aus)	E0.0 = 1 (0)
Schalter B1 ein (aus)	E0.1 = 1 (0)
Schalter B2 ein (aus)	E0.2 = 1 (0)
Lüfter ein (aus)	A0.0 = 1 (0)
Warnlampe H1 ein (aus)	A0.1 = 1 (0)
Betriebslampe H2 ein (aus)	A0.2 = 1 (0)

b Zuordnung der binären Werte zu den Schaltzuständen

Lüfter: $A0.0 = E0.0 \vee E0.1 \vee E0.2$ (ODER-Funktion)
Lampe H1: $A0.1 = E0.0 \ \& \ E0.1 \ \& \ E0.2$ (UND-Funktion)
Lampe H2: $A0.2 = \overline{A0.1}$ (Negation)

c Schaltfunktionen

Bild C-44. Schritte zur Erstellung des SPS-Programms

Adresse	Befehl	Erläuterung
0000	O E0.0	Abfrage von Eingang E0.0: Q^{n+1} = E0.0 (Erstabfrage)
0001	O E0.1	ODER-Verknüpfung: Q^{n+1} = Q^n v E0.1 = E0.0 v E0.1
0002	O E0.2	ODER-Verknüpfung: Q^{n+1} = E0.0 v E0.1 v E0.2
0003	= A0.0	Ergebnisausgabe: A0.0 = Q^n = E0.0 v E0.1 v E0.2
0004	U E0.0	Abfrage von Eingang E0.0: Q^{n+1} = E0.0 (Erstabfrage)
0005	U E0.1	UND-Verknüpfung: Q^{n+1} = E0.0 & E0.1
0006	U E0.2	Q^{n+1} = E0.0 & E0.1 & E0.2
0007	= A0.1	A0.1 = Q^n = E0.0 & E0.1 & E0.2
0008	UNA0.1	Abfrage: Q^{n+1} = $\overline{\text{A0.1}}$ (Erstabfrage)
0009	= A0.2	A0.2 = Q^n = $\overline{\text{A0.1}}$
0010	PE	Programmende; Rücksprung zum Anfang

a Anweisungsliste

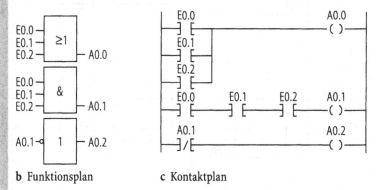

b Funktionsplan   **c** Kontaktplan

Bild C-45. SPS-Programm für Temperaturüberwachung

C.3.4.1.2
Disjunktive und konjunktive Schaltfunktionen

Jedes Steuerungsproblem mit logischen Verknüpfungen läßt sich mit einer disjunktiven oder konjunktiven Schaltfunktion darstellen. Die Programmierung derartiger Schaltfunktionen soll an zwei Beispielen ohne die Darstellung eines konkreten Steuerungsproblems gezeigt werden.

Disjunktive Schaltfunktion (UND- vor ODER-Verknüpfung)

$$A0.0 = E0.0 \,\&\, E0.1 \text{ v } E0.2 \,\&\, E0.3 \qquad\qquad (C\text{-}15)$$

$$= (E0.0 \,\&\, E0.1) \text{ v } (E0.2 \,\&\, E0.3) \qquad\qquad (C\text{-}16)$$

Konjunktive Schaltfunktion (ODER- vor UND-Verknüpfung)

$$A0.1 = (E0.0 \text{ v } E0.1) \,\&\, (E0.2 \text{ v } E0.3) \qquad\qquad (C\text{-}17)$$

In der Schaltalgebra hat die UND-Funktion immer Vorrang vor der ODER-Funktion. In Gl. (C-15) müssen deshalb, wie in Gl. (C-16) durch die Klammern zum Ausdruck gebracht wird, zuerst die beiden UND-Terme ermittelt und dann deren Ergebnisse durch die ODER-Funktion verknüpft werden. Bei der Programmierung in der Anweisungsliste müssen die in Gl. (C-16) und Gl. (C-17) angegebenen Klammeroperationen vorgesehen werden. Verfügt eine SPS nicht über die Klammeroperationen, dann müssen zuerst die Klammerausdrücke berechnet, deren Ergebnisse in Merkern zwischengespeichert und anschließend verknüpft werden.

Bild C-46 enthält das zugehörige SPS-Programm in Anweisungsliste, Funktions- und Kontaktplan. In der Anweisungsliste kann in jeder Schaltfunktion die jeweils erste Klammer entfallen, da durch die Reihenfolge der Operationen jeweils auch ohne Klammeroperation automatisch der erste Klammerausdruck gebildet wird.

Anweisungsliste	Funktionsplan	Kontaktplan
O(U E0.0 U E0.1) O(U E0.2 U E0.3) = A0.0	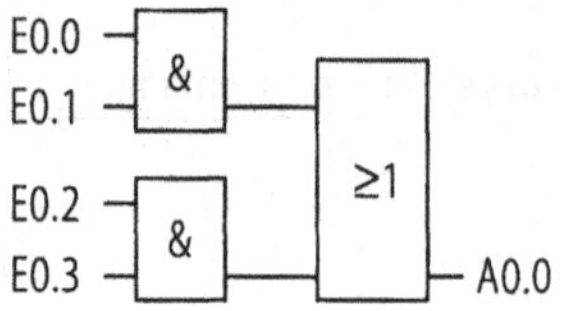 E0.0, E0.1 → &; E0.2, E0.3 → & → ≥1 → A0.0	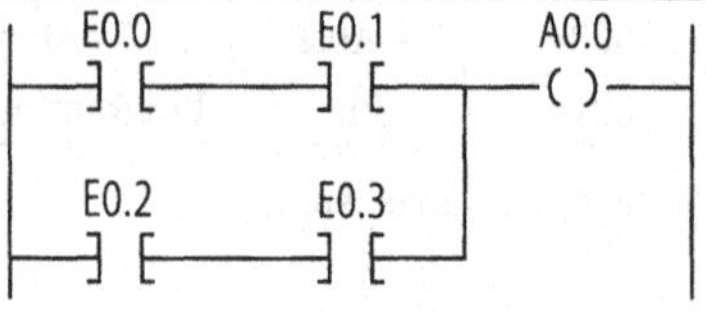 E0.0 E0.1 A0.0 ( ) / E0.2 E0.3
U(O E0.0 O E0.1) U(O E0.2 O E0.3) = A0.1	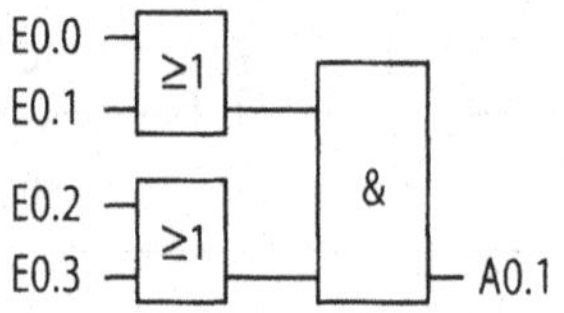 E0.0, E0.1 → ≥1; E0.2, E0.3 → ≥1 → & → A0.1	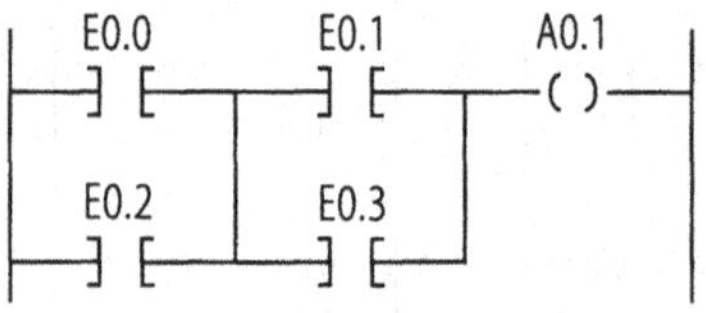 E0.0 E0.1 A0.1 ( ) / E0.2 E0.3

Bild C-46. SPS-Programm für disjunktive und konjunktive Schaltfuntion

C.3.4.2
Speicherfunktion

Ein RS-Speicherflipflop gemäß Bild C-47 dient als Digitalschaltung zum Speichern eines binären Wertes, beispielsweise des Zustandes „Ein" oder „Aus" für ein Steuerorgan. Es verfügt über folgende Funktionen:

Setzen: Mit S = 1 und R = 0 wird der Speicher auf Q = 1 gesetzt.
Rücksetzen: Mit S = 0 und R = 1 wird der Speicher auf Q = 0 zurückgesetzt.
Speichern: Bei S = R = 0 wird der zuletzt erzeugte Wert Q gespeichert.

Zur Realisierung der Funktion eines RS-Flipflops mit einer SPS dienen die beiden *bedingten* Befehle zum Setzen (S) bzw. Rücksetzen (R) eines Merkers oder Ausgangs.

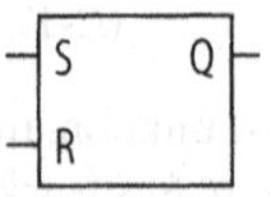

Bild C-47. RS-Speicherflipflop

Diese beiden Befehle haben nur dann eine Wirkung, wenn das vorangehende Verknüp-
fungs- bzw. Abfrageergebnis den Wert 1 hatte.

Beispiel
C.3.4-2: Ein-/Aus-Steuerung

Mit einem 1-Wert am Eingang E0.1 soll ein Verbraucher am Ausgang A0.1 einer SPS
eingeschaltet werden. Mit einem 1-Wert am Eingang E0.2 soll er ausgeschaltet werden
können.

Lösung:

In Bild C-48 ist das benötigte Programm für die SPS dargestellt.

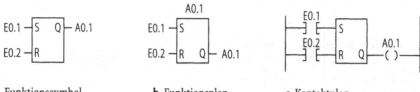

a Funktionssymbol   **b** Funktionsplan   **c** Kontaktplan
für RS-Flipflop

Befehl	Wirkung	
U E0.1	Wenn E0.1 = 1, dann Ausgang A0.1 auf den Wert A0.1 = 1 setzen;	} Setz-
S A0.1	bei E0.1 = 0 bleibt A0.1 unverändert.	} funktion
U E0.2	Wenn E0.2 = 1, dann Ausgang A0.1 auf den Wert A0.1 = 0 zurücksetzen;	} Rücksetz-
R A0.1	bei E0.2 = 0 bleibt A0.1 unverändert.	} funktion

d Anweisungsliste

Bild C-48. SPS-Programm für die RS-Speicherfunktion

Wenn gleichzeitig mit E0.1 = E0.2 = 1 Setz- und Rücksetzbefehl auftreten, dann hängt
die Wirkung in der SPS von der Reihenfolge der Funktionen im Programm ab. Wegen
der Wirkung des Prozeßabbildes wirkt sich immer nur die an zweiter Stelle programmierte Funktion aus. Im Beispiel dominiert also die Rücksetzfunktion. Soll die
Setzfunktion dominieren, dann ist die Reihenfolge von Setzen und Rücksetzen zu
vertauschen. Im Kontakt- und Funktionsplan ist R- und S-Eingang zu vertauschen.

Speicherfunktion mit umfangreichen Setz- und Rücksetzbedingungen
Häufig müssen Steuerfunktionen abhängig von umfangreichen Bedingungen ein- und
ausgeschaltet werden. In diesem Fall ist es zweckmäßig, die Ergebnisse der Ein- und
Ausschaltbedingungen in Merkern zwischenzuspeichern und abhängig davon die
Speicherfunktion zu steuern.

Beispiel
C.3.4-3: Steuerung eines Vorschubmotors M

Der Motor M ist einzuschalten (M = 1) bei angewähltem Automatikbetrieb (B1 = 1),
wenn Starttaster B2 betätigt, der Türkontakt B4 geschlossen und Werkstück vorhanden (B5 = 1) ist. Im Handbetrieb (Automatik mit B1 = 0 nicht angewählt) ist M einzuschalten, wenn B3 betätigt wird.

Der Motor ist auszuschalten, wenn die Stopptaste B7 betätigt oder im Automatik-betrieb der Endschalter B6 betätigt wird. Dabei soll das Ausschalten über das Ein-schalten dominieren.

Lösung:

In Bild C-49 sind für die dort angegebene Anschlußbelegung die Schaltfunktionen für das Setzen und Rücksetzen des Motorspeichers und das zugehörige SPS-Pro-gramm angegeben. Zunächst werden die Ergebnisse der Setz- und Rücksetzbedin-gungen gebildet und in den Merkern M0.1 und M0.2 zwischengespeichert. An-schließend wird der Motorspeicher programmiert.

Dominierendes Ausschalten ist dadurch gewährleistet, daß das Rücksetzen des Spei-chers nach dem Setzen programmiert ist.

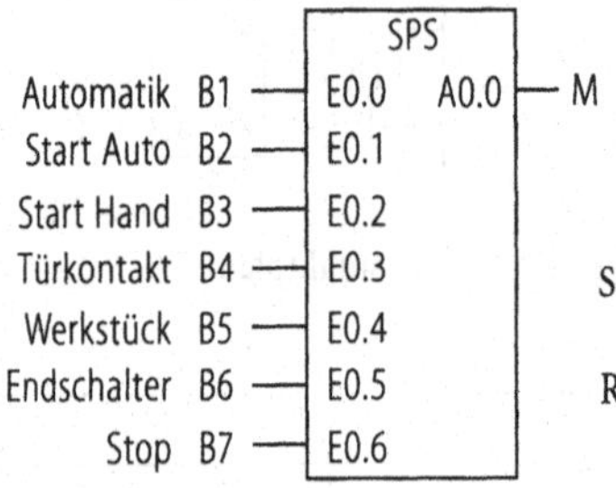

```
                    ┌─────────────┐
                    │    SPS      │
Automatik   B1 ─────┤ E0.0   A0.0 ├─ M
Start Auto  B2 ─────┤ E0.1        │
Start Hand  B3 ─────┤ E0.2        │
Türkontakt  B4 ─────┤ E0.3        │
Werkstück   B5 ─────┤ E0.4        │
Endschalter B6 ─────┤ E0.5        │
Stop        B7 ─────┤ E0.6        │
                    └─────────────┘
```

Setzen: $S = B1 \& B2 \& B4 \& B5 \vee \overline{B1} \& B3$
            $= E0.0 \& E0.1 \& E0.3 \& E0.4 \vee \overline{E0.0} \& E0.2.$

Rücksetzen: $R = B1 \& B6 \vee B7$
            $= E0.0 \& E0.5 \vee E0.6.$

a Anschlußbelegung   **b** Schaltfunktion für das Setzen und Rücksetzen des Motorspeichers

Befehl		Wirkung	
U	E0.0	Wenn Automatik gewählt	⎫
U	E0.1	und Taste B2	⎪
U	E0.3	und Türkontakt B4 betätigt	⎪
U	E0.4	und Werkstück vorhanden	⎪
=	M0.0	Ergebnis für Bedingung 1 speichern in M0.0	⎬ Setzbedingungen
UN	E0.0	Wenn keine Automatik gewählt	⎪
U	E0.2	und Taste B3 betätigt	⎪
O	M0.0	oder Bedingung 1 erfüllt,	⎪
=	M0.1	dann Setzmerker M0.1 setzen, sonst rücksetzen.	⎭
U	E0.0	Wenn Automatikbetrieb gewählt	⎫
U	E0.5	und Endschalter B6 betätigt	⎬ Rücksetzbedingungen
O	E0.6	oder Stoptaster betätigt,	⎪
=	M0.2	dann Rücksetzmerker M0.2 setzen, sonst rücksetzen.	⎭
U	M0.1	Wenn Setzbedingung erfüllt,	⎫ Speicher setzen
S	A0.0	dann Motor M einschalten.	⎭
U	M0.2	Wenn Rücksetzbedingung erfüllt,	⎫ Speicher rücksetzen
R	A0.0	dann Motor M (dominierend) ausschalten.	⎭

c Anweisungsliste

Bild C-49. Anschlußbelegung, Schaltfunktionen und SPS-Programm für Motorsteuerung

C.3.4.3
Auswertung von Signalflanken

Die Auswertung von Signalflanken ist notwendig, wenn der statische Zustand eines Signals wirkunglos und nur der 0/1- oder 1/0-Wechsel des Signals wirksam sein soll. Im Bild C-50 ist das Funktionssymbol mit den zugehörigen Signalverläufen für eine derartige Auswertung von 0/1-Signalflanken am Eingang E0.1 dargestellt.

Gemäß Bild C-50 soll beim Auftreten einer 0/1-Flanke an E0.1 im Impulsmerker M0.2 ein Auswerteimpuls M0.2 = 1 für eine Zyklusdauer Tz erzeugt werden. Sonst ist M0.2 = 0.

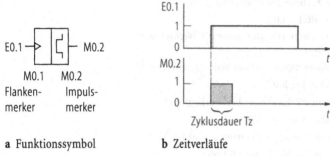

a Funktionssymbol   **b** Zeitverläufe

Bild C-50. Auswertung einer 0/1-Signalflanke

Zur Ermittlung einer 0/1-Flanke am Eingang E0.1 ist in jedem Zyklus zu prüfen, ob E0.1 = 1 ist und ob im vorangehenden Zyklus E0.1 = 0 war. Mit dem Merker M0.1 als sogenanntem Flankenmerker für den jeweils vorangehenden Wert von E0.1 kann die Flankenabfrage durch die Programmierung der beiden folgenden Schaltfunktionen in der SPS realisiert werden:

$$M0.2 = E0.1 \ \& \ \overline{M0.1}$$

$$M0.1 = E0.1.$$

Die erste Funktion dient zur Erzeugung des Auswerteimpulses im Impulsmerker M0.2 beim Auftreten einer 0/1-Flanke an E0.1, die zweite Funktion zum Abspeichern des Wertes von E0.1 im Flankenmerker M0.1 für die Auswertung im nächsten Zyklus. Diese Realisierung der Flankenabfrage setzt eine SPS mit Prozeßabbild voraus. Ist dies nicht der Fall, dann muß der Eingangswert E0.1 gespeichert werden und die Auswertung mit dem gespeicherten Wert erfolgen.

Beispiel

C.3.4-4: Ein-Aus-Steuerung mit einem Taster (Funktion eines T-Flipflops)

Bei jeder Betätigung eines Tasters und damit bei jeder 0/1-Flanke am Eingang E0.1 einer SPS soll ein Verbraucher am Ausgang A0.1 ein- bzw. ausgeschaltet und damit sein Zustand invertiert werden. Merker M0.1 diene als Flankenmerker, M0.2 als Impulsmerker.

Lösung:

In Tabelle C-12 ist die Anweisungsliste für das benötigte Programm dargestellt.

Tabelle C-12. SPS-Programm für Ein-Aus-Steuerung

Anweisungsliste

Befehl		Wirkung
		0/1-Flankenabfrage bei E0.1
U	E0.1	Wenn E0.1 = 1
UN	M0.1	und M0.1 = 0,
=	M0.2	dann M0.2 = 1, sonst M0.2 = 0.
U	E0.1	Nachführen des Flankenmerkers
=	M0.1	mit M0.1 = E0.1.
		Invertieren von A0.1, wenn 0/1-Wechsel an E0.1 vorliegt
U	A0.1	Zwischenspeichern des bisherigen Wertes A0.1
=	M0.3	im Merker M0.3.
U	M0.2	Wenn 0/1-Flanke bei E0.1 vorliegt und
U	M0.3	bisher A0.1 bzw. M0.3 = 1 war,
R	A0.1	dann Ausgang rücksetzen auf A0.1 = 0.
U	M0.2	Wenn 0/1-Flanke bei E0.1 und
UN	M0.3	bisher A0.1 bzw. M0.3 = 0 war,
S	A01	dann Ausgang setzen auf A0.1 = 1.

C.3.4.4
Zeitgeberfunktion (Timer)

Zur Bildung von Zeiten stehen in einer SPS programmierbare Zeitgeber oder Timer Ti zur Verfügung, mit denen über das Anwenderprogramm eine Zeit gestartet, abgefragt und zurückgesetzt werden kann. Normalerweise stehen hier Zeitglieder für unterschiedliche Zeitfunktionen zur Verfügung. Die Programmierung von Zeitgebern soll zunächst am Beispiel der Funktion einer monostabilen Kippschaltung erläutert werden.

C.3.4.4.1
Zeitgeber mit verlängertem Impuls (Monoflop)

Diese Zeitgeberfunktion ermöglicht die Erzeugung eines 1-Impulses der programmierbaren Dauer t_1. In Bild C-51 ist das Funktionssymbol für einen derartigen Zeitgeber (Timer) T1 mit dem zugehörigen Zeitverlauf des Eingangswertes E0.1 und des Ausgangswertes A0.1 dargestellt.

Wirkungsweise und Programmierung

Starten einer Zeit
Wenn das Verknüpfungsergebnis am Start-Eingang (Symbol 1 ⎍V), hier von E0.1, einen 0/1-Wechsel liefert, dann wird der Zeitgeber T1 mit der am Zeitwerteingang TW

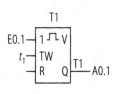
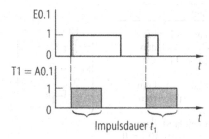

a Funktionssymbol   **b** Zeitverläufe

Bild C-51. Zeitgebersymbol mit Zeitverhalten

anliegenden Zeit t_1 gestartet. In der Ausweisungsliste entspricht dies folgender Befehlsfolge:

   U E0.1   Startbedingung
   L KTt_1 Laden des Zeitwertes t_1
   SV T1   Starten des Zeitgebers T1 mit der Zeit t_1.

In dem Zeit-Ladebefehl LKT t_1 wird der Zeitwert t_1 mit seinem Zahlenwert (0 bis 999) und, getrennt durch einen Punkt, einer Kennziffer (0 bis 3) für die Zeiteinheit gemäß Tabelle C-13 angegeben.

Tabelle C-13. Zeit-Ladebefehl mit Darstellung des Zeitwertes

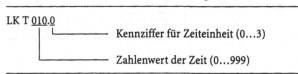

Kennziffer	Zeiteinheit
.0	0,01 s
.1	0,1 s
.2	1 s
.3	10 s

Abfrage des Zeitgebers

Solange der Zeitgeber T1 gestartet bzw. gesetzt ist (hier: solange die Zeit t_1 läuft), hat die binäre Ausgangsvariable T1 am Ausgang Q den Wert T1 = 1; im rückgesetzten Zustand (hier nach Ablauf der Zeit t_1) hat sie den Wert T1 = 0. Der binäre Ausgangswert T1 kann wie ein Eingangswert abgefragt und verknüpft werden.

Zeitgeber Rücksetzen

Liefert die Rücksetzbedingung am Eingang R den Wert 1, dann wird der Zeitgeber T1 mit dem bedingten Rücksetzbefehl RT1 auf T1 = 0 zurückgesetzt und der Zeitablauf abgebrochen.

    In Bild C-52 ist die Programmierung dieser Zeitgeberfunktion für den Zeitgeber (Timer) T1 und die Zeitdauer $t_1 = 10$ s dargestellt. Mit E0.2 = 1 wird der Timer zurückgesetzt, d. h. der Ablauf der Zeit abgebrochen.

Befehl	Wirkung
U E0.1 L KT10.2 SV T1	Wenn an E0.1 = 0/1, dann t_1 = 10 s laden und Timer T1 starten
U E0.2 R T1	Wenn E0.2 = 1, dann Timer T1 rücksetzen
U T1 = A0.1	Wenn Zeit läuft, dann A0.1 = 1, sonst A0.1 = 0.

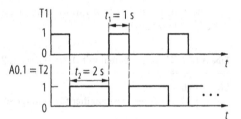

a Anweisungsliste   **b** Kontaktplan   **c** Funktionsplan

Bild C-52. Programmierung des Zeitgebers T1 für verlängerten Impuls mit t_1 = 10 s

Beispiel

C.3.4-5: Impulsgenerator für eine Blinklampe

Für eine Blinklampe ist ein Impulsgenerator aus zwei Zeitgebern T1 und T2 gemäß Bild C-53 zu realisieren. Der Generator soll am Ausgang A0.1 eine Impulsfolge mit der Impulspausenzeit t_1 = 1 s und Impulsdauer t_2 = 2 s liefern.

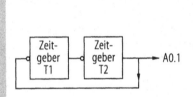

a Funktionsschema   **b** Zeitverläufe

Bild C-53. Impulsgenerator mit zwei Zeitgebern

Lösung:

Die zwei Zeitgeber T1 und T2 der SPS müssen sich gegenseitig jeweils beim Ablauf ihrer Zeit starten. In Bild C-54 ist die Programmierung dargestellt. Hierbei wurde der Kontaktplan nicht angegeben, da er sich prinzipiell nicht vom Funktionsplan unter-

Befehl	Wirkung
UN T2 L KT10.1 SV T1	Wenn T2 beim Ablauf von t_2 eine 1/0-Flanke liefert, dann T1 mit t_2 = 1 s starten.
UN T1 L KT20.1 SV T2	Wenn T1 beim Ablauf von t_1 eine 1/0-Flanke liefert, dann T2 mit t_1 = 2 s starten.
U T2 = A0.1	Ausgabe A0.1 = T2

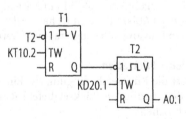

a Anweisungsliste   **b** Funktionsplan

Bild C-54. SPS-Programm für den Impulsgenerator

scheidet. Falls die Programmiereinrichtung des jeweiligen Herstellers das direkte Anfügen des Zeitgebers T2 an den Zeitgeber T1 im Funktions- bzw. Kontaktplan nicht gestattet, müssen die beiden Zeitgeber eben getrennt nacheinander eingegeben werden.

C.3.4.4.2
Übersicht über verschiedene Zeitgeberfunktionen

Die Zeitgeber Ti können bei den meisten SPS-Geräten zur Bildung unterschiedlicher Zeitfunktionen (z.B. Impuls, Einschalt- und Ausschaltverzögerung) genutzt werden. Die Auswahl erfolgt über unterschiedliche Startbefehle, die mit folgender Wirkung zur Verfügung stehen:

SI Ti: Zeitimpuls
SV Ti: Verlängerter Impuls
SE Ti: Einschaltverzögerung
SA Ti: Ausschaltverzögerung

In Bild C-55 ist am Beispiel von Zeitgeber T1 und der Zeit $t_i = 5$ s die Wirkung der verschiedenen Zeit-Startbefehle mit dem Zeitverlauf am binären Ausgang T1 des Zeitgebers abhängig vom Verknüpfungsergebnis VKE am Starteingang dargestellt. Bietet eine einfache SPS nicht alle aufgeführten Zeitfunktionen, so lassen sich diese auch schon mit Hilfe des verlängerten Impulses (SV) realisieren.

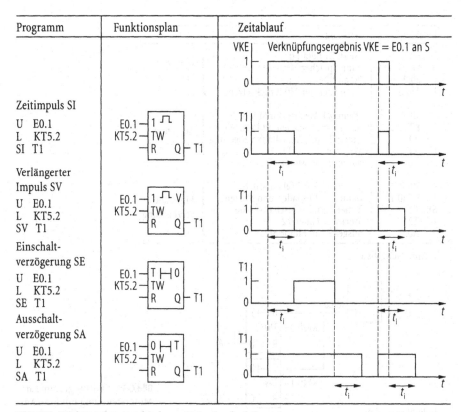

Bild C-55. Wirkung der verschiedenen Zeitgeberfunktionen

Die prinzipielle Anwendung der verschiedenen Zeitgeberfunktionen wird exemplarisch mit der Einschalt- und Ausschaltverzögerung in folgendem Beispiel gezeigt.

Beispiel

C.3.4-6: Motorsteuerung mit Ein- und Ausschaltverzögerung

Bei Betätigung der Taste B1 soll der Motor M1 sofort und der Motor M2 mit einer Verzögerung von $t_2 = 4$ s eingeschaltet werden. Bei Betätigung der Taste B2 soll der Motor M2 sofort und der Motor M1 mit der Verzögerung von $t_1 = 20$ s ausgeschaltet werden.

Lösung:

Zuordnung der Steuerorgane zu den Ein- und Ausgängen der Steuerung:

B1 = E0.1   M1 = A0.1 $t_1 = 20$ s mit Timer T1
B2 = E0.2   M2 = A0.2 $t_2 = 4$ s mit Timer T2
Ein-/Aus-Speicher mit M0.0.

Zur Speicherung des Befehls „Ein" bzw. „Aus" wird ein RS-Flipflop mit dem Merker M0.0 verwendet, das über die Zeitglieder T1 und T2 die Motoren steuert. Der Merker wird mit B1 = E0.0 = 1 gesetzt und mit B2 = E0.2 = 1 zurückgesetzt. Der Merker schaltet den Motor M1 sofort und den Motor M2 über den Zeitgeber T2 mit der Verzögerung t_2 ein. Beim Rücksetzen des Merkers M0.0 wird der Motor M2 sofort und der Motor M1 über den Zeitgeber T1 mit der Verzögerung t_1 ausgeschaltet. Das erforderliche SPS-Programm ist in Bild C-56 dargestellt.

Befehl	Wirkung	
U E0.1 S M0.0 U E0.2 R M0.0	Wenn B1 betätigt, dann Speicher M0.0 setzen. Wenn B2 betätigt, dann Speicher M0.0 rücksetzen.	Ein- /Aus- Speicher
U M0.0 L KT20.2 SA T1 U T1 = A0.1	Wenn 0/1-Wechsel an M0.0, dann $t_1 = 20$ s laden und starten Timer T1 mit Ausschaltverzögerung. Wert von Timer T1 ausgeben an Motor M1.	Ausschalt- verzögerung
U M0.0 L KT40.1 SE T2 U T2 = A0.2	Wenn 0/1-Wechsel an M0.0, dann $t_2 = 40$ s laden und starten Timer T2 mit Einschaltverzögerung. Wert von Timer T2 ausgeben an Motor M2.	Einschalt- verzögerung

a Anweisungsliste

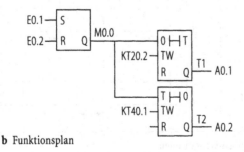

b Funktionsplan

Bild C-56. SPS-Programm für Motorsteuerung mit Ein-/Ausschaltverzögerung

C.3.4.5
Zählfunktionen

Für Zählaufgaben stehen in einer SPS programmierbare Zählerfunktionsglieder zur Verfügung, die durch das Anwenderprogramm abhängig von Bedingungen mit einem Vorwahlwert geladen, weitergezählt, abgefragt und rückgesetzt werden können. In Bild C-57 ist das Funktionssymbol für einen Vor-/Rückwärtszähler Z2 mit folgenden Funktionen dargestellt:

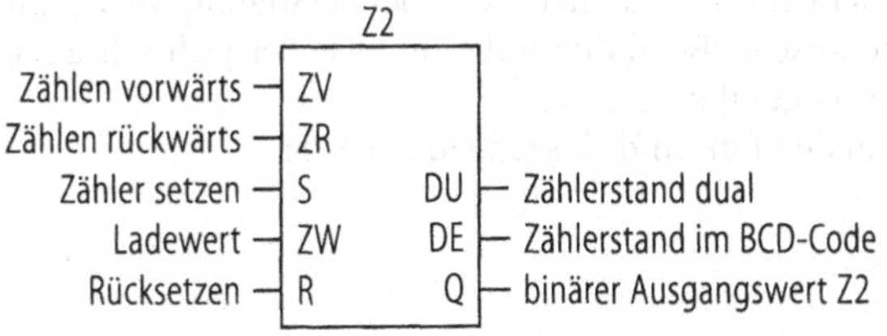

```
                          Z2
                      ┌─────────┐
Zählen vorwärts  ─────┤ ZV      │
Zählen rückwärts ─────┤ ZR      │
   Zähler setzen  ────┤ S    DU ├──  Zählerstand dual
     Ladewert     ────┤ ZW   DE ├──  Zählerstand im BCD-Code
     Rücksetzen   ────┤ R     Q ├──  binärer Ausgangswert Z2
                      └─────────┘
```

Bild C-57. Funktionssymbol für Zähler

Setzen des Zählers
Wenn am Setzeingang S das Verknüpfungsergebnis einen 0/1-Wechsel durchführt, dann wird der Zähler mit dem am Zählwerteingang ZW anliegenden Zahlenwert als Vorwahlwert geladen. In der Anweisungsliste entspricht dies mit E0.0 am S-Eingang beispielsweise folgender Befehlsfolge:

U E0.0	Wenn bei E0.0 ein 0/1-Wechsel vorliegt,
L KZ 25	dann Zahlenwert 25 (Zählerkonstante) laden
S Z2	und Zähler auf Zählerstand 25 setzen.

Zählen
Ein 0/1-Wechsel am Vorwärtszähleingang ZV, bzw. am Rückwärtszähleingang ZR, erhöht bzw. erniedrigt den Zählerstand um eins.
Befehlsfolge für E0.1 an ZV (entsprechend für ZR):

U E0.1	Wenn bei E0.1 ein 0/1-Wechsel vorliegt,
ZV Z2	dann Zähler Z2 um eins erhöhen

Der Zählbereich von 0 bis 999 kann hierbei weder unter- noch überschritten werden.

Rücksetzen des Zählers
Liefert die Rücksetzbedingung am Eingang R den Wert 1, dann wird der Zähler auf den Zählerstand null zurückgesetzt.

Abfragen des Zählers
Am binären Ausgang Q steht die binäre Zählervariable Z2 mit folgender Bedeutung zur Verfügung:

Beim Zählerstand null ist $Z2 = 0$,   beim
Zählerstand ungleich null ist $Z2 = 1$.

An den Ausgängen DU und DE steht der Zählerstand als Dualzahl (DU) oder als BCD-Zahl (DE) zur Verfügung.

Nachfolgend soll der Einsatz der Zählfunktion an einem sehr einfachen Beispiel erläutert werden. Anspruchsvollere Aufgaben mit der Anwendung der Ausgänge DU und DE folgen weiter unten im Abschnitt Wortverarbeitung.

Beispiel

C.3.4-7: Vorwärtszähler für Förderbandsteuerung

Wenn eine Starttaste B0 betätigt wird, soll ein Förderbandmotor eingeschaltet werden. Er soll solange eingeschaltet bleiben bis 10 Teile auf dem Band eine Lichtschranke B1 passiert haben. Durch Betätigung der Stopptaste B2 soll der Vorgang abgebrochen, d. h. der Vorwahlzähler zurückgesetzt werden.

Lösung:

Verwendet wird der Zähler Z2 als Rückwärtszähler. Er wird bei Betätigung von B0 auf den Vorwahlwert 10 gesetzt und anschließend durch die Impulse der Lichtschranke B1 bis zum Zählerstand null zurückgezählt.

Zuordnung der Steuerorgange zu den Ein- und Ausgängen der SPS:

E0.0 = Starttaste B0
E0.1 = Lichtschranke B1
E0.2 = Stopptaste B2
A0.0 = Förderbandmotor
Z2   = Rückwärtszähler.

Das SPS-Programm für den Vorwahlzähler ist in Bild C-58 mit Anweisungsliste und Funktionsplan dargestellt.

Befehl	Wirkung
U E0.0 L KZ10 S Z2	Wenn 0/1-Flanke an B0 = E0.0, dann Zähler Z2 mit Vorwahlwert 10 laden.
U E0.1 ZR Z2	Wenn 0/1-Flanke an B1 = E0.1, dann Zählerstand erniedrigen.
U E0.2 R Z2	Wenn B2 = E0.2 = 1, dann Zähler Z2 auf Null rücksetzen.
U Z2 = A0.0	Wenn Zählerstand ungleich 0, dann Motor ein, sonst aus.

a Anweisungsliste

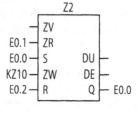

b Funktionsplan

Bild C-58. SPS-Programm für Vorwahlzähler

Maximale Zählfrequenz

Das Zählen mit Zählerfunktionsbausteinen erfolgt durch Abfrage der am betreffenden SPS-Eingang anliegenden Zählimpulse mit normalen Abfragebefehlen im Anwenderprogramm. Da diese Abfragen des Zähleingangs immer im Abstand der Programm-Zykluszeit T_z erfolgen und zur sicheren Unterscheidung und Erkennung der Zählimpulse mindestens einmal pro Impuls und einmal in der Impulspause abgefragt werden muß, dürfen Zählimpuls und Impulspause jeweils nicht kürzer sein als die Zykluszeit T_z. Für die minimale Zählimpulsperiode gilt deshalb $T_{min} = 2 \cdot T_z$ und für die maximale Zählimpulsfrequenz:

$$f_{max} = \frac{1}{2\,T_z}.$$

Beispielsweise ermöglicht eine Zykluszeit von $T_z = 10$ ms die maximale Zählfrequenz $f_{max} = 50$ s^{-1}. Die Zyklusdauer T_z setzt somit den Zählfrequenzen enge Schranken. Sollen mit einer SPS höhere Zählfrequenzen verarbeitet werden, dann sind spezielle Zählerbaugruppen mit Hardwarezählern erforderlich, denen die Zählimpulse direkt und nicht über das Anwenderprogramm zugeführt werden.

C.3.4.6
Realisierung von Ablaufsteuerungen

Eine Ablaufsteuerung dient zur Steuerung eines technologischen Ablaufs, der sich aus mehreren zwangsweise aufeinander folgenden Prozeß- oder Ablaufschritten zusammensetzt. Das Weiterschalten zum jeweils nächsten Schritt erfolgt abhängig von Weiterschaltbedingungen, die aus Zeitbedingungen oder prozeßabhängigen Größen gewonnen werden.

Beispiel
C.3.4-8: Ablaufsteuerung für eine Abfülleinrichtung

Die in Bild C-59 dargestellte Abfülleinrichtung ist nach dem dort angegebenen Ablaufdiagramm zu steuern. Ein Abfüllvorgang setzt sich gemäß dem Ablaufdiagramm in Bild C-59 aus folgenden Schritten Si zusammen:

S0: Warten in Grundstellung, bis die Starttaste B0 betätigt wird.
S1: Füllen über Ventil V1, bis Niveau N2 (B2 = 1) erreicht ist.
S2: Heizen, bis die Heizzeit $t_1 = 50$ s abgelaufen ist.
S3: Leeren über Ventil V2, bis das Niveau N1 unterschritten (B1 = 0) ist.

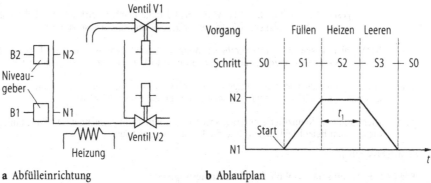

a Abfülleinrichtung   **b** Ablaufplan

Bild C-59. Abfülleinrichtung mit Ablaufdiagramm (Niveauverlauf)

Lösung:

Als Grundlage für die Realisierung dient zweckmäßigerweise eine grafische Darstellung des Steuerungsablaufs. Der Steuerungsablauf derartiger Ablaufsteuerungen läßt sich sehr übersichtlich grafisch im Funktionsplan nach DIN 40719 Teil 16 darstellen. Hierbei werden einerseits die Symbole für logische Verknüpfungen mit geringfügigen Erweiterungen und andererseits zusätzliche Symbole zur Darstellung von Ablaufschritten und Befehlswirkungen verwendet. Diese Symbole sind in Bild C-60 erläutert.

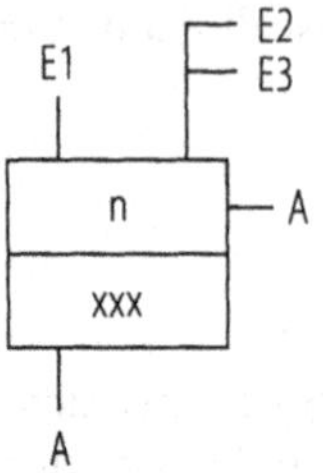

Das Schrittsymbol dient zur Darstellung eines bestimmten Ablaufschrittes n mit folgenden Angaben:

n: Nummer des Ablaufschrittes

xxx: Kennwort zur näheren Kennzeichnung des Schrittes oder des verwendeten Schrittmerkers.

E1, E2, E3:   Über UND-Funktion verknüpfte Eingänge zur Darstellung der Weiterschalt- bzw. Setzbedingung des Schrittes.

A: Ausgang.

Wirkungsweise: Wenn die Weiterschaltbedingung mit E1=E2=E3=1 erfüllt ist, dann wird der Schritt n auf A=1 gesetzt und der *vorangehende* Schritt n−1 zurückgesetzt, d.h. die Steuerung geht vom Schritt n−1 in den Schritt n über.

Solange der Schritt n gesetzt ist liegt am Ausgang A=1, sonst A=0.

a Schrittsymbol

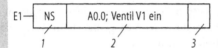

Mit dem Befehlssymbol wird die Wirkung der Steuerung über die Stellglieder auf den Prozeß oder auf sich selbst dargestellt.

Die drei Felder des Symbols dienen zum Eintrag folgender Informationen:

Feld *1*: Dieses Feld ermöglicht die Kennzeichnung der zeitlichen Wirkung des Befehls in folgender Weise:

NS = nicht gespeichert, d.h. der Befehl ist nur wirksam, solange E1=1 ist.

S = gespeichert: Sobald E1=1 ist, wird der Befehl gespeichert wirksam. Er bleibt unabhängig von E1 solange wirksam, bis er gespeichert zurückgesetzt wird.

NSD = nicht gespeichert, aber verzögert: WennE1=1 wird, dann wird der Befehl nach einer zusätzlichen Verzögerungszeit wirksam. Mit E1=0 wird er sofort wirkungslos.

Feld *2*: Hier wird die Befehlswirkung eingetragen. Der Befehl wird mit der in Feld 1 angegebenen Zeitbedingung wirksam (A0.0=1), solange der Eingangswert E1=1 ist.

Feld *3*: Hier kann eine Kennziffer eingetragen werden für eine nicht gezeichnete Wirkungslinie, die aus dem Befehlsfeld austritt und die Befehlswirkung trägt.

b Befehlssymbol

Bild C-60. Funktionsplansymbole für Ablaufsteuerungen

Der *Funktionsplan* für den Steuerungsablauf der Abfülleinrichtung ist im Bild C-61 dargestellt. Hierbei wurde die SPS-Anschlußbelegung von Bild C-62 zugrundegelegt. Als Zeitgeber dient T1.
Bei der Realisierung der Ablaufsteuerung mit der SPS müssen einerseits die Ablaufschritte dargestellt und andererseits die Befehlsausgaben erzeugt werden.
Die Darstellung der *Ablaufschritte*, d.h. das Speichern der Stellung im Steuerungsablauf, erfolgt in der Weise, daß jedem Ablaufschritt Si (i = 0, 1, 2, 3) ein Merker (hier M1.i) als Schrittmerker zugeordnet wird mit folgender Bedeutung:
Für M1.i = 1 steht die Steuerung im Schritt Si, für M1.i = 0 steht sie nicht in Schritt Si (i = 0 ... 3).

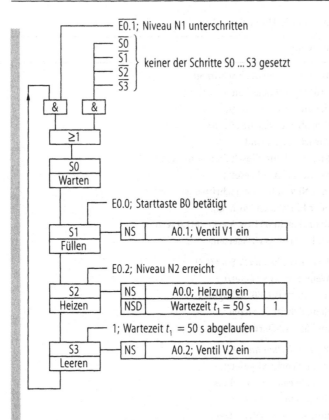

Bild C-61. Funktionsplan für den Steuerungsablauf

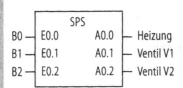

Bild C-62.
SPS-Anschlußbelegung für Abfüllsteuerung

Im SPS-Programm wird zweckmäßigerweise in einem *ersten* Teil für jeden Ablaufschritt das Setzen und Rücksetzen der Schrittmerker abhängig von der jeweiligen Weiterschaltbedingung und in einem *zweiten* Teil das Erzeugen der Befehlsausgaben programmiert. In Tabelle C-14 ist das zugehörige Programm dargestellt.

Tabelle C-14. SPS-Programm für die Abfüllsteuerung

Befehl		Wirkung
		Weiterschalten nach Schritt S0
UN	M1.0	Prüfung, ob Einschalten
UN	M1.1	der Steuerung vorliegt,
UN	M1.2	d.h. ob alle Schritte S0 ... S3
UN	M1.3	zurückgesetzt sind.
=	M0.0	M0.0 = 1 beim Einschalten, sonst M0.0 = 0.
U	M1.3	Wenn Schritt S3 gesetzt
UN	E0.1	und Niveau N1 unterschritten ist
O	M0.0	oder Einschalten vorliegt,
S	M1.0	dann Schritt S0 bzw. Merker M1.0 setzen
R	M1.3	und Schritt S3 rücksetzen.
		Weiterschalten nach Schritt S1
U	M1.0	Wenn Schritt S0 gesetzt
U	E0.0	und Starttaste B0 betätigt ist,
S	M1.1	dann Schritt S1 setzen
R	M1.0	und Schritt S0 rücksetzen.
		Weiterschalten nach S2
U	M1.1	Wenn Schritt S1 gesetzt
U	E0.2	und Niveau N2 erreicht ist,
S	M1.2	dann Schritt S2 setzen
R	M1.1	und Schritt S1 rücksetzen.
		Weiterschalten nach S3
U	M1.2	Wenn Schritt S2 gesetzt und
U	T1	die Zeit $t_1 = 50$ s in T1 abgelaufen ist,
S	M1.3	dann Schritt S3 setzen
R	M1.2	und Schritt S2 rücksetzen.
		Befehlsausgaben
O	M1.1	Wenn Schritt S1 gesetzt ist,
=	A0.1	dann Ventil V1 einschalten.
O	M1.2	Wenn S2 gesetzt ist,
=	A0.0	dann Heizung einschalten.
O	M1.2	Wenn S2 gesetzt wird,
L	KT50.2	dann Zeit $t_1 = 50$ s laden und Timer T1
SE	T1	mit Einschaltverzögerung starten.
O	M1.3	Wenn S3 gesetzt ist,
=	A0.2	dann Ventil V2 einschalten.
PE		Programmende

C.3.4.7
Diagnose- und Überwachungsfunktionen

Die programmtechnische Realisierung der Steuerungsaufgabe in einer SPS ermöglicht ohne zusätzlichen gerätetechnischen Aufwand auch eine Fülle von Zusatzfunktionen. Das Anwenderprogramm mit den eigentlichen Steuerungsfunktionen kann beispielsweise ergänzt werden mit Teilprogrammen zur Fehlerdiagnose und für Überwachungsaufgaben.

Damit lassen sich der gesteuerte Prozeß einschließlich seiner Stellglieder auf Störungen und fehlerbedingte unzulässige Betriebszustände überwachen, die Fehler ermitteln und melden. Eine häufig eingesetzte Methode zur Fehlererkennung ist die Überwachung der Zeitdauer, die ein Steuerungsvorgang benötigt. Hierzu wird überprüft, ob ein Steuerungsvorgang unzulässigerweise eine bestimmte Überwachungszeitdauer überschreitet. Das folgende Beispiel enthält eine derartige Störungsüberwachung für eine Vorschubsteuerung.

Beispiel
C.3.4-9: Steuerung und Störüberwachung einer Vorschubsteuerung

Durch Betätigung eines Tasters B1 soll der Motor M für eine Vorschubbewegung eingeschaltet und durch Betätigung des Endschalters B2 wieder ausgeschaltet werden. Dauert der Bewegungsvorgang infolge eine Störung länger als $t_1 = 5$ s, dann soll der Motor ausgeschaltet und eine Meldelampe H eingeschaltet werden. Solange die Meldelampe eingeschaltet ist, soll der Motor durch dominierendes Ausschalten gegen Wiedereinschalten gesichert sein. Die Meldelampe selbst soll durch Betätigung eines Quittiertasters B3 ausgeschaltet werden können.

Lösung:

Für Motor und Meldelampe wird je ein RS-Speicher zum Speichern des Ein- und Auszustandes benötigt. Gleichzeitig mit dem Einschalten des Motors M wird der Zeitgeber T1 mit der Überwachungszeit (Einschaltverzögerung) $t_1 = 5$ s gestartet. Erreicht der Motor den Endschalter B2 nicht vor Ablauf der Überwachungszeit, dann wird die Meldelampe eingeschaltet und der Motor ausgeschaltet.

Damit ergeben sich die folgenden Teilaufgaben:

- Motorsteuerung,
- Überwachungszeitbildung und
- Meldelampensteuerung.

Zuordnung der Steuerorgane zu den Ein- und Ausgängen der SPS:

E0.1 = „Ein"-Taster B1
E0.2 = Endschalter B2
E0.3 = Quittiertaster B3
A0.1 = Motor M
A0.2 = Meldelampe H
T1   = Zeitgeber für Überwachungszeit.

In Tabelle C-15 ist das Programm für die Vorschubsteuerung dargestellt.

Tabelle C-15. SPS-Programm für die Vorschubsteuerung

Anweisungsliste

Befehl		Wirkung
		Motorsteuerung
U	E0.1	Wenn B1 an E0.1 betätigt wird,
S	A0.1	dann Motor M an A0.1 einschalten.
O	E0.2	Wenn Endschalter B2 an A0.2 betätigt wird,
O	A0.2	oder die Meldelampe eingeschaltet ist,
R	A0.1	dann Motor M an A0.1 (dominierend) ausschalten
		Überwachungszeit
U	A0.1	Wenn Motor M eingeschaltet wird (A0.1 = 0/1),
L	KT50.1	dann Überwachungszeit $t_1 = 5$ s laden
SE	T1	und Timer T1 mit Einschaltverzögerung starten.
UN	A0.1	Wenn der Motor (vor Ablauf von t_1) ausgeschaltet wird,
R	T1	dann Timer T1 mit Überwachungszeit rücksetzen.
		Meldelampensteuerung
U	T1	Wenn die Überwachungszeit t_1 abgelaufen
U	A0.1	und der Motor (noch) eingeschaltet ist,
S	A0.2	dann Meldelampe H an A0.2 einschalten.
U	E0.3	wenn der Quittiertaster an E0.3 betätigt ist,
R	A0.2	dann Meldelampe H an A0.2 ausschalten.

C.3.5
Wortverarbeitung und höhere Funktionen

C.3.5.1
Wortbildung und Befehlsliste

Bei den einfachen binären Steuerungsaufgaben wurden immer nur Ein-Bit-Daten verarbeitet und Ein-Bit-Daten als Ergebnisse gewonnen. Zur Darstellung der bei digitalen Steuerungsaufgaben auftretenden Daten (z. B. Zahlenwerte) müssen mehrere Bits zu Gruppen zusammengefaßt und gemeinsam verarbeitet werden.

Bei einer SPS mit Wortverarbeitung ist folgende Gruppenbildung für Eingänge, Merker und Ausgänge möglich:

Bytes B: Je 8 Operandenbits werden zu einem Byte zusammengefaßt.
Worte W: Je 16 Operandenbits werden zu einem Wort zusammengefaßt.
Doppelworte D: Je 32 Operandenbits werden zu einem Doppelwort zusammengefaßt.

Zeitgeber und Zähler stellen mit ihren Zählerständen Wortoperanden dar mit 16 Bits bzw. 2 Bytes.

Die Gruppenbildung für Bytes und Worte kann aus Bild C-63 entnommen werden.

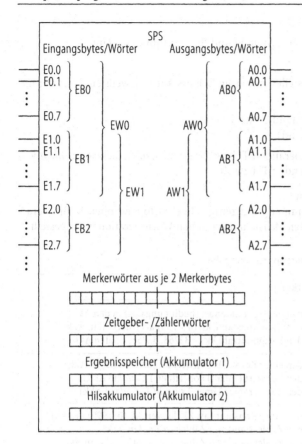

Bild C-63. Zusammenfassung von Bits zu Bytes (B) und Worten (W)

Bildung von Bytes

Bei der Bildung eines Bytes Bi werden immer die Bits i.0 bis i.7 zusammengefaßt. Merkerbyte MB0 umfaßt also die Merker M0.0 bis M0.7. Wird der Inhalt eines Bytes als Dualzahl interpretiert, dann stellt Bit 7 das höchstwertige und Bit 0 das niedrigstwertige Bit dar. Am Beispiel von Merkerbyte MB0 ist dies in Bild C-64 dargestellt.

Mit einem Byte läßt sich auch eine zweistellige Dezimalzahl im BCD-Code darstellen. In diesem Fall stellen die unteren 4 Bits 3...0 die Einerstelle und die oberen vier Bits 7...4 die Zehnerstelle dar.

Bit Nr.	0.7	0.6	0.5	0.4	0.3	0.2	0.1	0.0
Bit	1	0	0	1	0	1	1	1
Stellenwert (dual)	2^7	2^6	2^5	2^4	2^3	2^2	2^1	2^0

Bild C-64. Bytebildung und dualer Stellenwert der Einzelbits

Wortbildung

Zum Wort Wi werden die 16 Bits von Byte Bi und Bi_{i+1} zusammengefaßt.

Zeitgeber und Zähler

Die Zeitgeber Ti und Zähler Zi stellen mit ihren Zählerständen jeweils ein Wort dar mit der Bezeichnung:

Ti = Zeitgeber Ti (Zeitzählerstand, Restzeit) und
Zi = Zählerwort Zi (Zählerstand).

Die Bezeichnung für die Wortoperanden Ti bzw. Zi unterscheiden sich somit *nicht* von den zugehörigen binären Operanden Ti bzw. Zi.

Befehlsliste für Wortoperationen

Bei Byte-Operationen werden immer gleichzeitig 8, bei Wortoperationen 16 Bits verarbeitet. In Tabelle C-16 ist eine Befehlsliste mit typischen Wortoperationen dargestellt.

Tabelle C-16. Befehlsliste für Wortoperationen einer SPS

Befehlsart	Befehl	Wirkung
Lade- und Transfer- befehle	L xx	Laden des Operanden xx (bedingungslos) in den Akk1
	L KB kk	Laden Byte-Konstante kk (0 – 255) als Dualzahl in Akk1
	L KF kk	Laden Festpunktzahl kk (– 32768..32768) dual in Akk1
	L KT kk	Laden einer Konst. als Zeitwert kk (0.0 – 999.3) in Akk1
	L Tx	Laden Zeitwert (Inhalt) von Timer Tx *dual* in Akk1
	LC Tx	Laden Zeitwert von Timer Tx im *BCD-Code* in Akk1
	L KZ kk	Laden einer Konstante als Zählerwert kk (0 – 999) in Akk1
	L Zx	Laden Zählerstand von Zähler Zx *dual* in Akk1
	LC Zx	Laden Zählerstand von Zähler Z x *im BCD-Code* in Akk1
	T xx	Transfer des Inhaltes von Akk1 zum Operanden xx
		Timer und Zähler können nicht mit Transferbefehlen aus dem Akk1 geladen werden. Dazu dienen die bedingten Setzbefehle ST.. und SZ.., wobei der Ladewert im Akk1 im BCD-Code vorliegen muß (dies ist bei LKT.. und LKZ.. automatisch der Fall). Mit dem Setzbefehl wird er dann in den Dualcode gewandelt und in den Timer bzw. Zähler geladen.
Vergleichs- operationen	! =	Vergleich des Inhaltes von Akk1 und Akk2; Bei Gleichheit wird das Ergebnisbit Q = 1, sonst Q = 0
	<>	Abfrage von Akk2 und Akk1 auf Ungleichheit, Falls Akk2 ungleich AKK1, dann Q = 1, sonst Q = 0.
	<	Abfrage, ob der Inhalt von Akk2 kleiner ist als der von Akk1. Falls Akk2 < Akk1, dann Q = 1 sonst Q = 0.
	< =	Abfrage auf kleiner oder gleich
	>	Abfrage, ob Inhalt von Akk2 größer ist als der von Akk1. Falls Akk2 > Akk1, dann Q = 1, sonst Q = 0.
	> =	Abfrage auf größer oder gleich.
Codewand- lungsbefehle	BCD	Wandlung des Inhalts von Akk1 vom Dual- in den BCD-Code
	DUA	Wandlung des Inhalts von Akk1 vom BCD- in den Dual-Code (Diese Befehle sehen in STEP5 nur als Funktionsbausteine zur (Verfügung)

Tabelle C-16 (Fortsetzung)

Befehlsart	Befehl	Wirkung
Arithmetische Befehle	+ F – F * /	Duale Festpunkt-Addition Akk2 + Akk1 → Akk1 Duale Festpunkt-Subtraktion Akk2 – Akk1 → Akk1 Festpunkt-Multiplikation Akk2 * Akk1 → Akk1 Festpunkt-Division Akk2 / Akk1 → Akk1 Die Arithmetik-Operationen erfolgen im Dualkode. Die Operanden müssen deshalb dualkodiert vorliegen.
Operanden xx	EWx, EBx MWx, MBx AWx, ABx	Eingangswort bzw. Eingangsbyte Nr. x Merkerwort bzw. Merkerbyte Nr. x Ausgangswort bzw. Ausgangsbyte Nr. x

Die Lade-, Tranfer-, Vergleichs-, Wandlungs- und Arithmetikbefehle werden <u>unabhängig</u> vom vorangehenden Verknüpfungsergebnis Q immer durchgeführt.

Analog zum Ergebnisspeicher Q bei Ein-Bit-Operationen enthält die SPS für Wortoperationen einen Ergebnisspeicher (Akkumulator 1) und einen Hilfsspeicher (Hilfsakkumulator 2) mit je 16 Bits. Der Hilfsakkumulator (Akk2) dient zur Aufnahme des zweiten Operanden bei Operationen mit zwei Operanden.

Zum Transport von Worten oder Bytes sind gemäß Bild C-65 zwei Arten von Transport-Befehlen zu unterscheiden:

Mit den *Ladebefehlen* können Worte oder Bytes von Eingängen, Merkern, Zeitgebern usw. in den Ergebnisspeicher geladen werden, wobei der bisherige Inhalt des Ergebnisspeichers in den Hilfsspeicher geladen wird.

Mit den *Transferbefehlen* kann der Inhalt des Ergebnisspeichers wort- oder byteweise in Merker und Ausgänge transportiert werden.

Bild C-65. Datentransporte und Akkumulatoren

C.3.5.2
Lade-, Transfer- und Vergleichsoperationen

Die Anwendung der Lade-, Transfer- und Vergleichsoperationen wird an verschiedenen Beispielen erläutert. Hierbei ist zu beachten, daß Lade-, Transfer- und Vergleichsbefehle bedingungslos durchgeführt werden. Soll die Durchführung von einer Bedingung abhängig sein, so kann das mit bedingten Sprungbefehlen oder durch strukturierte Programmierung verwirklicht werden.

Transport von Bytes und Worten
Sollen Inhalte zwischen Byte- und Wortoperanden übertragen werden, so ist das grundsätzlich nicht direkt, sondern nur über den Akkumulator 1 möglich.

Beispiel

C.3.5-1: Transport von Bytes und Worten

Das Eingangsbyte EB0 ist in das Merkerbyte MB7 zu laden und das Merkerwort MW2 an Ausgangswort AW1 auszugeben.

Lösung:

Das SPS-Programm ist in Tabelle C-17 dargestellt.

Tabelle C-17. SPS-Programm für Transport von Bytes und Worten

Anweisungsliste

Befehl	Wirkung
L EB0	Inhalt von Eingangsbyte EB0 in den Akk1 laden
TMB7	und transferieren in MB7
L MW2	Merkerwort MW2 in Akk1 laden
T AW1	und transferieren zum Ausgangswort AW1.

Laden und Vergleich von Zahlenwerten

Mit Byte-Operanden können 8-stellige Dualzahlen und 2-stellige BCD-Zahlen darge-stellt, transportiert und verglichen werden.

Beispiel

C.3.5-2: Laden und Vergleich zweier Zahlen

Wenn die am Eingangsbyte EB1 anliegende 8-stellige Dualzahl $z1$ den Zahlenwert $z2 = 20$ hat, soll am Ausgang A0.0 der Wert 1 sonst der Wert 0 ausgegeben werden.

Lösung:

Das SPS-Programm ist in Tabelle C-18 dargestellt.

Tabelle C-18. SPS-Programm für Transport und Vergleich von Bytes und Worten

Anweisungsliste

Befehl	Wirkung
L EB1	Dualzahl $z1$ von EB1 in den Akk1 laden
L KB20	$z2 = 20$ *dual* in Akk1 laden, dabei wird $z1$ von Akk1 nach Akk2 geladen.
= !	Vergleich Akk1 = Akk2? bzw. $z2 = z1$? Bei Gleichheit wird das binäre Ergebnis Q = 1, sonst Q = 0.
= A0.0	Ausgabe des binären Ergebnisses A0.0 = Q.

Hier ist zu beachten:

Der Befehl LEB0 lädt den Inhalt von EB0 *unverändert* in den Akkumulator 1. Der Befehl LKB20 bringt die dezimale Zahl 20 *umgeformt* als Dualzahl in den Akkumukator 1.

C.3.5.3
Lade-, Transfer- und Vergleichsoperationen mit Zählern

Mit Hilfe der Wortverarbeitungsoperationen kann ein Zähler mit extern eingegebenen Zahlenwerten geladen und sein Zählerstand ausgegeben und weiterverarbeitet werden.

Ein Zähler wird mit einer an einem Eingangsbyte oder sonstigen Byte vorliegenden 2-stelligen BCD-Zahl geladen, indem diese zunächst in den Akk1 geladen und dann mit dem bedingten Setzbefehl STx in den Zähler gebracht wird.

Der Zählerstand kann mit den Ladebefehlen LTx dual und mit LCTx im BCD-Code in den Akk1 geladen und dann weiterverarbeitet werden.

Beispiel
C.3.5-3: Vorwahlzähler für Förderbandsteuerung

Durch Betätigung der Taste B0 am Eingang E0.1 ist ein Förderbandmotor am Ausgang A0.1 einzuschalten bis eine am Eingangsbyte EB2 vorwählbare Anzahl $z1$ von Teilen auf dem Band eine Lichtschranke B1 am Eingang E0.2 passiert hat. Wenn der Zählerstand die Zahl $z2 = 3$ unterschritten hat, soll eine Warnlampe H am Ausgang A0.2 leuchten. Der aktuelle Zählerstand ist laufend am Ausgangsbyte AB2 im BCD-Code an eine 7-Segmentanzeige auszugeben.

Lösung:

Die Aufgabe ist in folgende Teilaufgaben gegliedert zu lösen:

- *Laden und Starten des Zählers*: Bei einem 1-Impuls des Tasters B0 am Eingang E0.1 ist die BCD-Zahl $z1$ vom Eingangsbyte EB2 in den Zähler Z5 zu laden.
- *Rückwärtszählen*: Bei jedem 1-Impuls der Lichtschranke B1 am Zähleingang E0.2 soll der Zählerstand um 1 erniedrigt werden.
- *Motor-Steuerung*: Solange der Zählerstand ungleich Null ist, soll am Ausgang A0.1 der Förderbandmotor eingeschaltet sein (A0.1 = 1).
- *Lampensteuerung*: Solange der Zählerstand kleiner ist als $z2 = 3$, soll am Ausgang A0.2 die Lampe H eingeschaltet sein (A0.2 = 1).
- *Zählerstand ausgeben*: Der jeweilige Zählerstand ist am Ausgangsbyte AB2 im BCD-Code für eine 7-Segment-Anzeige auszugeben.

In Bild C-66 sind Anschlußbelegung, Datenfluß und die erforderlichen Funktionen für die Teilaufgaben grafisch dargestellt. Das zugehörige Programm in Anweisungsliste ist in Tabelle C-19 angegeben. Die Wandlung des Zählerladewertes $z1$ vom BCD- in den Dualcode erfolgt automatisch mit dem Zählerladebefehl L KZ.

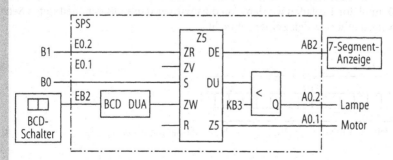

Bild C-66. Funktionsschema für die Programmierung

Tabelle C-19. SPS-Programm für Förderbandsteuerung

Befehl		Wirkung
		Zählen
U	E0.2	Wenn an E0.2 eine 0/1-Flanke auftritt,
ZR	Z5	dann Zähler Z5 um eins rückwärts zählen
		Zähler laden
L	EB2	Laden z1 von Eingangsbyte EB2 im BCD-Code in Akk1
U	E0.1	Wenn an E0.1 eine 0/1-Flanke auftritt, dann z1 von Akk1 in den Dualcode
S	Z5	gewandelt in Zähler Z5 laden.
		Motor ansteuern
U	Z5	Wenn Zählerstand von Z5 ungleich Null ist, dann ausgeben
=	A0.1	Motor = A0.1 = 1, sonst A0.1 = 0.
		Lampe ansteuern
L	Z5	Zählerstand von Zähler Z5 dualcodiert nach Akk1 laden
L	KB3	Zahlenwert z2 = 3 dual nach Akk1 laden;
		Zählerstand von Z5 wird automatisch von Akk1 nach Akk2 geladen.
<		Bei Akk2 < Akk1 bzw. Zählerstand < 3 wird Q = 1,
		sonst = 0;
=	A0.2	Ausgabe Lampe = A0.2 = Q.
		Zählerstand ausgeben
LC	Z5	Zählerstand von Z5 BCD-codiert nach Akk1 laden
T	AB2	und am AB2 an 7-Segmentanzeige ausgeben.

C.3.5.4
Lade-, Transfer- und Vergleichsoperationen mit Zeitgebern

Mit Hilfe der Wortverarbeitungsoperationen kann ein Zeitgeber mit extern im BCD-Code eingegebenen Zeitwerten geladen und sein aktueller Stand der Restzeit ausgegeben und weiterverarbeitet werden. Das Zeitgeberwort enthält außerdem momentanen Zeitwert auch noch Bits für die Zeiteinheit bzw. Zeitbasis. Zum Laden eines Zeitwertes von einem Eingangs- oder Merkerwort muß dieses deshalb dort zunächst in der in Bild C-67 dargestellten Form bereitgestellt werden.

Zum Laden eines Timers mit einem Zeitwertwort von einem Eingangs- oder Merkerwort muß dort der Zeitwert als BCD-Zahl in der Form von Bild C-67 vorliegen und in den Akkumulator 1 geladen werden. Von dort wird er dann mit dem bedingten Setzbefehl STx dualcodiert in den Zähler gebracht.

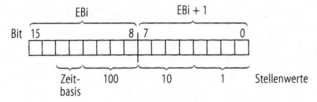

Bild C-67. Aufbau der Zeitwert-Worte

Der momentane Zählerstand des Zeitgebers Tx kann mit den Ladebefehlen LTx dual-kodiert *einschließlich* Zeitbasisbits und mit LCTx im BCD-Code *ohne* Zeitbasisbits in den Akkumulator 1 geladen und dann weiterverarbeitet werden.

Beispiel

C.3.5-4: Zeitgesteuerte Heizung

Durch Betätigung der Taste B0 am Eingang E0.1 ist eine Heizung H am Ausgang A0.1 für die am Eingangswort EW1 mit BCD-Schaltern in Sekunden eingestellte Dauer t_1 einzuschalten. Die restliche Einschaltdauer ist am Ausgangswort AW1 laufend an eine 7-Segmentanzeige auszugeben.

Lösung:

Die geforderte Zeitdauer t_1 wird gemäß Bild C-67 mit BCD-Schaltern am Eingangs-wort EW1 bereitgestellt und der momentane Zeitwert am Ausgangswort AW1 aus-gegeben. Dabei wird mit folgender Anschlußbelegung gearbeitet:

E0.1 = Starttaster B0
EW1: EB1: E1.4 = 0 und E1.5 = 1: Zeitbasis für Zeiteinheit 1 s
EB1: E1.0 ... 3: Zeitwert 100er Stelle
EB2: E2.0 ... 7: Zeitwert 10 er und 1er
A0.1 = Heizung H
AW1: AB1: A1.0 ... 3: Ausgabe Zeitwert 100er Stelle
AB2: A2.0 ... 7: Ausgabe Zeitwert 10er und 1er.

Das zugehörige SPS-Programm ist in Tabelle C-20 dargestellt.

Tabelle C-20. SPS-Programm für zeitgesteuerte Heizung

Befehl	Wirkung
	Zeitgeber starten
L EW1	Zeitwert t_1 im BCD-Code von EW1 in Akk1 laden.
U E0.1	Wenn mit B0 an E0.1 eine 0/1-Flanke erzeugt wird,
SV T1	dann Timer T1 als verlängerten Impuls mit Zeitwert aus Akk1 starten.
	Heizung H ansteuern
U T1	Solange Zeit t_1 in Timer T1 läuft, H einschalten,
= A0.1	d.h. ausgeben H = A0.1 = 1, sonst H = 0.
	Resteinschaltdauer ausgeben
LC T1	Momentanen Zeitwert von Timer T1 BCD-kodiert (ohne Zeitbasisbits) in Akk1 laden
T AW1	und am Ausgangswort 1 an 7-Segmentanzeige ausgeben.

C.3.5.5
Analogwertverarbeitung in speicherprogrammierbaren Steuerungen

Verfügt eine SPS über zusätzliche analoge Eingabe- und Ausgabebaugruppen, dann las-sen sich auch analoge Eingangssignale erfassen und analoge Ausgangssignale erzeugen, wie dies Bild C-68 zeigt.

Bild C-68. SPS mit analogen Ein- und Ausgabebaugruppen

Gemäß Bild C-68 wird das analoge Eingangssignal in der Analogeingabebaugruppe mit einem A/D-Wandler in einen Digitalwert Z_e gewandelt und intern digital verarbeitet. Zur analogen Ausgabe muß der entsprechende Digitalwert Z_a in der Analogausgabebaugruppe mit einem D/A-Wandler in den entsprechenden Analogwert umgesetzt werden.

Für die folgende Darstellung wird mit analogen Ein- und Ausgabebaugruppen für den Spannungsbereich $U = -10 \ldots +10$ V und 8-Bit-A/D- bzw. D/A-Wandlern gearbeitet. Die Umsetzung zwischen analogen und digitalen Werten erfolgt deshalb in Stufen der Höhe des niedrigstwertigen Bits (LSB)

$$U_{\text{LSB}} = \frac{20\,\text{V}}{2^8} = \frac{20\,\text{V}}{256} = 0{,}078125\,\text{V}.$$

Damit gilt zwischen dem Digitalwert Z und dem zugehörigen analogen Spannungswert U die Beziehung

$$U = Z \cdot U_{\text{LSB}}.$$

Diese Zuordnung zwischen analogen und digitalen Werten ist in Tabelle C-21 angegeben. Dabei werden die negativen Zahlenwerte hier als vorzeichenbehaftete Zweierkomplementzahlen dargestellt.

Tabelle C-21. Umsetztabelle zwischen analogen und digitalen 8-Bit-Werten

Analoge Spannungswerte U	Digitalwerte Z_{dual}	Digitalwerte Z_{dezimal}
9,922 V	0 1 1 1 1 1 1 1	+ 127
9,844 V	0 1 1 1 1 1 1 0	126
9,766 V	0 1 1 1 1 1 0 1	125
.	......	.
0,156	0 0 0 0 0 0 1 0	2
0,071 V	0 0 0 0 0 0 0 1	1
0	0 0 0 0 0 0 0 0	0
– 0,071 V	1 1 1 1 1 1 1 1	– 1
– 0,156 V	1 1 1 1 1 1 1 0	– 2
.	......	.
– 9,922 V	1 0 0 0 0 0 0 1	– 127
– 10,000 V	1 0 0 0 0 0 0 0	– 128

Beispiel

C.3.5-5: Analogwerteingabe

Eine positive Meßspannung U_E ist mit einer SPS zu erfassen und der zugehörige Digitalwert Z mit einer 7-Segmentanzeige anzuzeigen.

Lösung:

An Eingangsbyte EB4 stehe eine analoge Eingabebaugruppe zur Verfügung und an Ausgangswort AW2 sei eine 7-Segmentanzeige angeschaltet. Gemäß dem Funktionsschema in Bild C-69 wird der analoge Meßwert U_E als dualer Zahlenwert Z von EB4 in den Akkumulator 1 geladen. Der Digitalwert Z gibt also den Spannungswert U_E als Vielfaches von 0,078125 V an. Damit ergibt sich der Zahlenwert Z_u der Spannung aus Z ganzzahlig in der Einheit von 10 mV mit der Beziehung

$$Z_u = K \cdot Z \quad \text{mit} \quad K = 78/10,$$

wobei Z_u durch Ganzzahlmultiplikation mit 78 und Ganzzahldivision mit 10 als Dualzahl gebildet wird. Z_u wird dann in eine BCD-Zahl gewandelt an die 7-Segmentanzeige bei Ausgangswort AW2 ausgegeben. Das zugehörige SPS-Programm ist in Tabelle C-22 dargestellt.

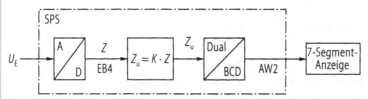

Bild C-69. Funktionsschema für Analogwert-Eingabe

Tabelle C-22. Programm für Analogwert-Eingabe

Befehl	Wirkung
L EB4	Digitalwert Z für U_E von EB4 laden in Akk1
L KB78	Lade Faktor 78 nach Akk1; Z nach Akk2
*	Multiplikation $78 \cdot Z$
L KB10	Lade Divisor 10 nach Akk1; $78 \cdot Z$ nach Akk2
/	Division $Z_u = 78 \cdot Z/10$
BCD	Ergebnis Z_u vom Dualcode in BCD-Code wandeln
T AW2	Z_u an 7-Segment-Anzeige ausgeben.

Beispiel

C 3.5-6: Analogwertausgabe für Gleichstrommotor

Für einen Gleichstrommotor soll die Motorspannung U und damit die Drehzahl über einen BCD-Schalter eingestellt und über die SPS analog ausgegeben werden. Der eingestellte Drehzahlwert ist mit einer 7-Segmentanzeige anzuzeigen.

Lösung:

Am Eingangsbyte EB2 liege ein zweistelliger BCD-Schalter und am Ausgangsbyte AB4 stehe eine analoge Ausgabebaugruppe zur Verfügung. Gemäß dem Funktions-

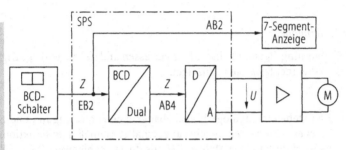

Bild C-70. Funktionsschema für Drehzahlsteuerung

schema von Bild C-70 wird der digital eingestellte Drehzahlwert Z als 2-stellige BCD-Zahl in den Akk1 geladen, in eine Dualzahl umgeformt und über die Analog-Ausgabebaugruppe bei AB4 als analoger Motorspannungswert U ausgegeben. Falls erforderlich, könnte das duale Zwischenergebnis im Akkumulator 1, wie im vorangehenden Beispiel, noch mit einem Proportionalitätsfaktor K multipliziert werden. Der geladene digitale Drehzahlwert wird als BCD-Zahl außerdem an die 7-Segmentanzeige bei Ausgangsbyte AB2 ausgegeben. Das zugehörige SPS-Programm ist in Tabelle C-23 dargestellt.

Tabelle C-23. Programm für Drehzahlsteuerung

Befehl	Wirkung
L EB2	Lade Drehzahl-Einstellwert im BCD-Code in Akk1
T AB2	Z ausgeben an Anzeige beim Ausgangsbyte AB2
DUA	Z im Akkumulator vom BCD- in den Dualcode wandeln
T AB4	Z dual kodiert an den Digital-Analog-Wandler bei AB4 ausgeben

C.3.5.6
Regelung mit speicherprogrammierbaren Steuerungen

Regelungsaufgaben lassen sich in speicherprogrammierbaren Steuerungen auf folgende Arten realisieren:

● Mit Hilfe der Analogwertverarbeitung durch direktes Programmieren der Reglerfunktion im Anwenderprogramm;
● Durch Einsatz spezieller Regelungsbaugruppen, die über das Anwenderprogramm parametriert und ausgewertet werden, die aber die Regelung eigenständig durchführen.

Da bei der Realisierung einer Reglerfunktion mit dem Anwenderprogramm die Abtastzeit, d.h. der Zeitabstand zwischen zwei Reglereingriffen, durch die Programm-Zykluszeit T_z vorgegeben ist, kann diese Regelungsart nur für vergleichsweise langsame Regelkreise genutzt werden. Für schnelle Regelungen mit Abtastzeiten unter 1 ms bis 10 ms sind, wie bei schnellen Zählern, besondere Regelungsbaugruppen erforderlich.

Die Realisierung einer Regelungsaufgabe mit dem Anwenderprogramm wird am Beispiel einer Temperaturregelung erläutert.

Beispiel

C.3.5-7: Temperaturregelung

Die Temperatur T eines Ofens ist mit einer SPS mit Analogwertverarbeitung über die Heizspannung U_H auf die digital vorgegebene Solltemperatur T_{soll} zu regeln. Isttemperatur T und Solltemperatur T_{soll} sollen an 7-Segmentanzeigen angezeigt werden.

Lösung:

Gemäß dem Funktionsschema in Bild C-71 wird der Temperatursollwert T_{soll} am Eingangsbyte EB2 als 2-stellige BCD-Zahl eingegeben, am Ausgangsbyte AB2 an eine 7-Segmentanzeige ausgegeben und im Akkumulator 1 in eine Dualzahl Z_{soll} gewandelt. Der analoge Meßwert U_T der Ofentemperatur wird über die Analogeingabe an Eingangsbyte EB4 als Dualzahl Z eingegeben und durch Subtraktion vom Sollwert Z_{soll} der Regelfehler Z_d gebildet

$$Z_d = Z_{soll} - Z.$$

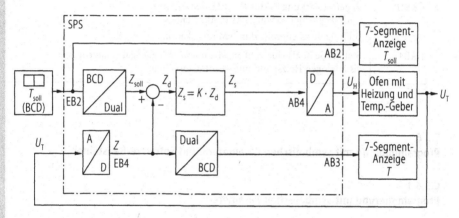

Bild C-71. Funktionsschema für Temperaturregelung

Durch Mutliplikation mit einem geeigneten Regelfaktor K wird als Stellgröße der digitale Heizspannungswert

$$Z_s = K \cdot Z_d$$

erzeugt und über die Analogausgabebaugruppe am Ausgangsbyte AB4 als analoger Heizspannungswert U_H ausgegeben. Das SPS-Programm für die Temperaturregelung ist in Tabelle C-24 dargestellt.

Tabelle C-24. Programm für Temperaturregelung

Befehl	Wirkung
	Sollwerteingabe
L EB2	Lade Temperatursollwert T_{soll} im BCD-Code in Akk1
T AB2	T_{soll} an Anzeige beim Ausgangsbyte AB2 ausgeben
DUA	T_{soll} im Akk1 in Dualwert Z_{soll} wandeln.
	Temperatur-Istwert T laden und Regelfehler Z_d bilden
L EB4	Laden Temperaturmeßwert U_T als Dualzahl T bei EB4 in Akk1; Z_{soll} von Akk1 nach Akk2 laden.
– F	Regelfehler bilden durch Differenz $Z_d = Z_{soll} - Z$
L EB4	Lade Temperaturmeßwert U_T dual von EB4 in Akk1.
BCD T AB2	Temperaturwert T in BCD-Zahl wandeln und an 7-Segmentanzeige bei AB2 ausgeben.
	Erzeugung und Ausgabe der Heizspannung
L KB10	Regelverstärkungsfaktor $K = 10$ laden in Akk1. und Regelfehler Z_d von Akk1 in Akk2 laden.
*	Bildung der Stellgröße durch Multiplikation $Z_S = K \cdot Z_d$
T AB4	Stellgröße Z_S als Dualzahl an AB4 über Analogausgabebaugruppe als analogen Heizspannungswert U_H ausgeben.

C.3.6
Programmierung mit symbolischen Parametern und Software-Bausteinen

C.3.6.1
Programmierung mit symbolischen Parametern

Absoluter Parameter
Werden in einem SPS-Programm Eingänge und Ausgänge mit ihren Kennbuchstaben E und A sowie ihrem Parameter bzw. ihrer Klemmennummer bezeichnet, dann spricht man von einem Programm mit *absoluten Parametern*.

Symbolische Parameter
Werden Ein- und Ausgänge der SPS mit symbolischen Namen bezeichnet, beispielsweise den Namen der angeschlossenen Steuerelemente, dann spricht man von einem Programm mit *symbolischen Parametern*. Viele SPS-Programmiergeräte bieten die Möglichkeit, den Ein- und Ausgangsoperanden der SPS symbolische Namen zuzuweisen und diese dann bei der Programmierung zu verwenden. Damit entstehen leicht lesbare und verständliche Programme.

Beispiel

C.3.6-1: Motorsteuerung mit symbolischen Parametern

Ein Motor Mot1 soll eingeschaltet sein, solange die Taster B1 und B2 betätigt sind.

Lösung:

Zuordnung der symbolischen Namen der Steuerorgane zu den Ein- und Ausgängen der SPS:

Taster: B1 = E0.1
Taster: B2 = E0.2
Motor: Mot1 = A0.1.

Das Programm für die zu realisierende Schaltfunktion Mot1 = B1 & B2 ist mit absoluten und symbolischen Namen in Tabelle C-25 dargestellt.

Tabelle C-25. Programm für Motorsteuerung mit absoluten und symbolischen Parametern

Befehle mit absoluten Parametern	Befehle mit symbolischen Parametern
U E0.1	U B1
U E0.2	U B2
= A0.1	= Mot1

C.3.6.2
Programmierung mit Software-Bausteinen

Bei einfacheren speicherprogrammierbaren Steuerungen wird das Anwenderprogramm in jedem Programmzyklus vom Anfang bis zum Ende im Prinzip linear durchlaufen. Im Gegensatz dazu bieten komfortable Steuerungen die Möglichkeit der strukturierten Programmierung mit Software-Bausteinen. Hier kann das Anwenderprogramm in Teilprogramme zerlegt und in verschiedenen Bausteinen programmiert werden, wodurch eine übersichtliche Gliederung und Ablaufstruktur des Anwenderprogramms entsteht (Bild C-72).

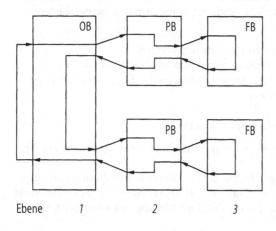

Ebene   1   2   3

Bild C-72. Programm- und Ablaufstruktur bei der Programmierung mit Software-Bausteinen

Man unterscheidet folgende Arten von Software-Bausteinen:

Organisationsbausteine (OB)
Mit ihnen wird die Ablaufstruktur festgelegt, d.h. die Reihenfolge, in der die einzelnen
Software-Bausteine in jedem Programmzyklus bearbeitet werden.

Programmbausteine (PB)
Ein Programmbaustein enthält vom Anwenderprogramm einen in sich geschlossenen
Teil zur Realisierung einer technologischen Teilaufgabe, wie die Steuerung eines An-
lagenteils oder Programmteile für verschiedene Betriebsarten.

Funktionsbausteine (FB)
In einem Funktionsbaustein kann der Anwender häufig benötigte Programmteile oder
spezielle Funktionen programmieren und definieren, die im Befehlsvorrat der Steuerung nicht vorhanden sind: Beispielsweise Schieberegister, Schrittketten für Ablaufsteuerungen oder Zeitüberwachungsfunktionen.

Datenbausteine (DB)
In Datenbausteine können Daten programmiert und bereitgehalten werden, die bei der
Abarbeitung des Anwenderprogramms aufgerufen oder verändert werden können: Bei-
spielsweise Zahlenwerte oder alphanumerische Zeichen für Meldetexte.

Die Organisationsbausteine werden direkt vom Betriebssystem der Steuerung aufgerufen. Die anderen Bausteine werden wie Unterprogramme von Organisations- oder anderen Bausteinen aufgerufen.
   Die Gliederung des Anwenderprogramms in Bausteine bringt folgende Vorteile:

- Übersichtliche Struktur des Programms,
- einzelne Programmteile sind in sich geschlossen und leicht zu testen,
- Möglichkeit des Aufrufs von Bausteinen abhängig von Bedingungen und
- kürzere Zykluszeiten als bei linearer Programmierung, da ein Baustein nur dann aufgerufen und bearbeitet wird, wenn dies z.B. bei bestimmten Prozeßereignissen erforderlich ist.

C.3.7
Programmiereinrichtungen

Die Programmierung speicherprogrammierbarer Steuerungen erfolgt mit separaten
Programmiergeräten, die folgende Bedien- und Programmiermöglichkeiten bieten:

- Bedienerführung,
- Eingabe, Ausgabe, Test und Ändern von Steuerprogrammen,
- Archivierung von Steuerprogrammen auf einem Massenspeicher (Diskette),
- Übersetzung von Steuerprogrammen in den Maschinenkode und Übertragung in
  den Programmspeicher der Steuerung,
- Inbetriebnahme einer Steuerung und
- Dokumentation des Programms über einen Drucker.

Für diese Aufgaben stehen Programmgeräte verschiedener Leistungsstufen zur Verfügung.
   Für geringe Leistungsanforderungen bieten die SPS-Hersteller zu ihren Steuerungen
spezielle kompakte Handprogrammiergeräte mit LCD-Anzeigen an. Normalerweise
werden diese Geräte in der Praxis nur für die Programmierung von Kompaktsteuerun-

gen mit vergleichsweise kurzen und einfachen Programmen in Anweisungsliste verwendet.

Für umfangreichere Programmieraufgaben stehen herstellerspezifische Programmiergeräte oder universelle Tischrechner als komfortable Programmiereinrichtungen mit Bildschirm, Diskettenlaufwerk und Drucker zur Verfügung. Damit ist die Programmerstellung wahlweise in Anweisungsliste, Kontakt- oder Funktionsplan möglich. Diese Geräte bieten auch zusätzliche Funktionen zur Unterstützung des Austestens der Anwenderprogramme und der Inbetriebnahme einer Steuerung an der gesteuerten Maschine. Mit dem Diskettenlaufwerk können die Programme archiviert und über den Drucker dokumentiert werden.

Der Trend geht hierbei immer mehr zum universellen Personalcomputer, für den der jeweilige SPS-Hersteller die erforderliche spezifische Betriebssoftware zum Einsatz des Rechners als Programmiereinrichtung anbietet.

C.3.8
Geräte für Prozeßbedienung und Prozeßvisualisierung

Eine speicherprogrammierte Steuerung verfügt normalerweise nur über Ein- und Ausgänge für Prozeßsignale. Mit zusätzlichen Bediengeräten ist jedoch eine sehr komfortable Kommunikation mit Texten und Bildern zwischen Mensch und Maschine möglich. Von einfachen Tastaturen bis zu Bedienkonsolen mit Folientastaturen und Bildschirmen wird eine große Vielfalt an universell für verschiedene SPS-Fabrikate einsetzbaren Bedieneinrichtungen angeboten. Diese Geräte lassen sich entweder über eine serielle Schnittstelle (z.B. V-24-Schnittstelle) oder über zusätzliche SPS-Koppelbaugruppen an die jeweilige SPS anschließen.

Abhängig vom Gerätetyp und Leistungsgrad bieten Bediengeräte folgende programmierbare Funktionen:

- Eingabe von Sollwerten und Parametern für den Prozeß,
- Betriebsartenwahl,
- Einprogrammieren von Menütexten, Meldetexten und/oder Prozeßbildern,
- Menügesteuerte Bedienerführung,
- Ausgabe von Meldetexten und Prozeßbildern mit eingeblendeten aktuellen Daten des Prozesses auf Anforderung des Bedieners oder der SPS,
- Meldung von Störungen in Klartext, veranlaßt durch die SPS,
- Grafische Darstellung von Prozeßzuständen durch Zahlen, Anzeigeskalen oder Prozeßbilder (z.B. Niveau in einem Behälter) und
- Austausch von Bedien- und Prozeßdaten zwischen Bediengerät und SPS.

C.3.9
Vernetzung von SPS-Systemen

Die durchgehende Datenkommunikation in den Fertigungsbetrieben vom Leitrechner bis zu den Meß- und Stellgliedern des technischen Prozesses erfordert heute häufig die Vernetzung von speicherprogrammierbaren Steuerungen mit übergeordneten Rechnersystemen, parallel arbeitenden Steuerungen und untergeordneten, dezentralen Teilsteuerungen oder Meß- und Stellgliedern zum technischen Prozeß. Bild C-73 zeigt ein derartiges Netzwerk.

Zum Anschluß an die Busleitungen benötigt jeder Teilnehmer eine Bus-Schnittstelle (BS), von der die Kommunikation zwischen den Partnern über die Busleitungen abgewickelt wird.

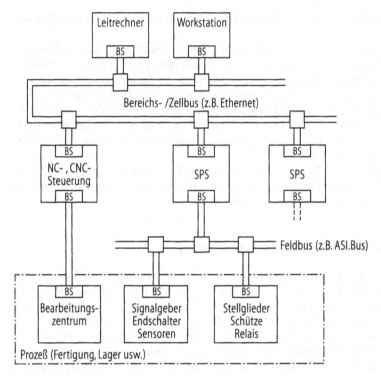

Bild C-73. Kommunikationsnetz für die Prozeßautomatisierung

Der Bereichs- oder Zellbus verbindet normalerweise in Form eines Koaxialkabels speicherprogrammierbare Steuerungen mit übergeordneten Leitrechnern und parallel arbeitenden Steuerungen. Über diese Busleitung, können große Datenmengen übertragen werden, beispielsweise von den übergeordneten Rechnern an die Steuerungen

- NC-Programme,
- Geometriedaten,
- Rezepturen und
- Soll- und Einstellwerte;

von den Steuerungen an die übergeordneten Rechner

- Betriebsdaten (Stückzahlen, statistische Fertigungsdaten),
- Betriebszustände und
- Fehler- und Störmeldungen.

Feldbusse dienen zum Anschluß der Signalgeber und Stellglieder des Prozesses über eine gemeinsame Busleitung (meist in Form einer Zweidrahtleitung) an die Steuerungen. Über den Feldbus werden nur kleine Datenmengen, wie Meßsignale, Stellbefehle und Überwachungsinformationen übertragen. Der Feldbus ersetzt die Einzelleitungen zwischen Steuerung und Prozeß und verringert deshalb drastisch den Verdrahtungsaufwand. Gleichzeitig lassen sich in die Bus-Schnittstelle (BS) der angeschlossenen Glieder intelligente Funktionen zur Vorverarbeitung der Signale, zur Störüberwachung und zur Meldung von Störungen integrieren.

ÜBUNGSAUFGABEN

Ü C.3-1: Ein Motorschütz am Ausgang A0.1 einer SPS soll eingeschaltet werden (A0.1 = 1), wenn zwei Taster T1 und T2 an den Eingängen E0.1 und E0.2 gleichzeitig betätigt werden. Das Schütz soll ausgeschaltet werden, wenn wenigstens einer der beiden Taster T3 und T4 an den Eingängen E0.3 und E0.4 betätigt wird.

Ü C.3-2: Sofern ein Schalter S1 am Eingang E0.1 eingeschaltet ist, soll ein Warntongeber am Ausgang A0.2 einer SPS eingeschaltet werden, wenn der Taster T2 am Eingang E0.2 nicht jeweils innerhalb der Zeit $t_1 = 20$ s nach der letzten Betätigung erneut betätigt wird. Der Warntongeber soll durch Betätigung des Tasters T3 am Eingang E0.3 wieder ausgeschaltet werden können.

Ü C.3-3: Durch Betätigung eines Tasters T1 am Eingang E0.1 einer SPS soll das Ventil V1 am Ausgang A0.1 sofort und das Ventil V2 am Ausgang A0.2 mit einer Verzögerung von $t_1 = 2$ s eingeschaltet werden. Durch Betätigung des Tasters T2 am Eingang E0.2 sollen beide Ventile sofort ausgeschaltet werden.

Ü C.3-4: Durch Betätigung eines Tasters T1 am Eingang E0.1 einer SPS soll ein Motorschütz am Ausgang A0.1 eingeschaltet und durch Betätigung des Tasters T2 an E0.2 wieder ausgeschaltet werden. Wenn nach einer Einschaltdauer von $t_1 = 5$ s vom Drehzahlgeber G1 an E0.4 der Abschluß des Motorhochlaufs nicht gemeldet wird, dann soll eine Warnlampe H am Ausgang A0.2 eingeschaltet und der Motor dominierend ausgeschaltet werden. Das Einschalten des Motors soll erst wieder möglich sein, wenn mit dem Quittiertaster T3 an E0.3 die Warnlampe wieder ausgeschaltet wurde.

Ü C.3-5: Die Belegung eines Parkhauses soll mit einer SPS überwacht werden. Dazu soll bei der Öffnung des (leeren) Parkhauses durch Betätigung eines Tasters T0 am Eingang E0.0 der SPS ein Vorwahlzähler auf die am Eingangsbyte EB2 der SPS mit einem zweistelligen BCD-Schalter eingestellte maximale Stellplatzzahl des Parkhauses gestellt werden können. Die ein- und ausfahrenden Fahrzeuge werden über zwei Geber G1 und G2 an den Eingängen E0.1 und E0.2 der SPS erfaßt und im Zähler gezählt. Jeder von einem einfahrenden Fahrzeug über G1 an E0.1 erzeugte 0/1-Wechsel soll den Zählerstand um 1 erniedrigen. Jeder von einem ausfahrenden Fahrzeug über G2 an E0.2 erzeugte 0/1-Wechsel soll den Zählerstand um 1 erhöhen. Die aktuelle Anzahl der freien Parkplätze soll laufend an einer 7-Segment-Anzeige am Ausgangsbyte AB2 ausgegeben werden.
Sind weniger als 5 Plätze frei, dann soll eine Warnlampe H1 bei A0.0 eingeschaltet sein. Wenn das Parkhaus voll belegt ist, d.h. wenn der Zählerstand null erreicht ist, soll am Ausgang A0.1 der SPS ein Stopp-Signal (A0.1 = 1) ausgegeben werden.

Weiterführende Literatur

Andratschke W (1990) Steuern und Regeln mit SPS. Franzis Verlag
Auer A (1996) SPS-Aufbau und Programmierung. Hüthig Verlag, Heidelberg
Auer A (1994) Steuerungstechnik und Synthese von SPS-Programmen. Hüthig Verlag, Heidelberg
Benda D (1991) Speicherprogrammierbare Steuerungen für Praktiker. VDE Verlag, Berlin
Grötsch E (1995) Speicherprogrammierbare Steuerungen. Bd. 1: Einführung und Übersicht. Oldenbourg Verlag, München
Holder M (1995) SPS und IPC graphisch programmieren mit logiCAD. Hüthig Verlag, Heidelberg
Petry J (1990) Speicherprogrammierbare Steuerungen. Hüthig Verlag, Heidelberg
Wellenreuter G, Zastrow D (1996) Steuerungstechnik mit SPS. Vieweg Verlag, Wiesbaden

Normen und Richtlinien

DIN 19237 Steuerungstechnik, Begriffe
DIN 19239 Steuerungstechnik, speicherprogrammierte Steuerungen
IEC 1131-3: Speicherprogrammierbare Steuerungen Teil 3: Programmiersprachen
VDI 2880 Speicherprogrammierbare Steuerungsgeräte

Blatt 1: Definition und Kenndaten
Blatt 2: Prozeß- und Datenschnittstellen
Blatt 3: Programmier- und Testeinrichtungen
Blatt 4: Programmiersprachen
Blatt 5: Sicherheitstechnische Grundsätze

C.4
Numerische Steuerungen (NC)

C.4.1
Einführung und Übersicht

Die NC-Steuerung (NC: Numerical Control) erzeugt mittels *numerischer Information*
Stellbewegungen in Maschinen und Anlagen. Die Hauptanwendung liegt im Bereich der
Herstellung geometrisch definierter Werkstücke, also solcher, die ohnehin anhand von
Zeichnungen oder von CAD-Modellen in mathematisch analytischer Form einer numerischen Beschreibung zugänglich sind. Die Entwicklung der NC-Technik begann Ende
der 50er Jahre mit NC-Steuerungen für Positioniertische an Bohrmaschinen. Mit dem
Aufkommen der Prozeßrechner in den 60er Jahren und sodann der Mikroprozessoren
in den 70er Jahren wurden universelle *Computer-Prozessor-Einheiten* die wesentlichen
Steuerungsbausteine. Der Name für die NC-Steuerung wechselte zu *CNC-Steuerung* mit
dem Hinweis auf die Computerisierung (CNC: Computerized Numerical Control). Heu-
tige NC-Steuerungen sind meist Mehrprozessor-Steuerungen mit integrierter SPS bzw.
PLC (Programmable Logic Controller) zur Ansteuerung der peripheren Maschinen-
aggregate sowie mit Kommunikationsbaugruppen für die betriebliche Vernetzung im
Sinne von CIM (Computer Integrated Manufacturing) als auch für Teleservice und Tele-
programmierung (Bild C-74).

Waren die Steuerungen beispielsweise für Roboter (RC: Robot Control) und für Meßmaschinen (MC) dem Wesen nach stets sehr verwandt zu den klassischen NC-Steuerungen für Werkzeugmaschinen, so gab es doch divergierende Entwicklungen, vor allem
wegen unterschiedlicher Programmiertechniken. Heute haben die Steuerungen jedoch
häufig einen *einheitlichen Steuerungskern* (*NCK*: Numerical Control Kernel) und einen
offenen *MMC-Bereich* (Man Machine Communication) zur Gestaltung unterschiedlicher Anwendungen.

Das Grundprinzip der NC ist die numerische Lageregelung von Bewegungsaggrega-
ten. Man spricht von *NC-Achsen*. Beispielhaft steht hierfür der Spindelantrieb eines
Maschinentisches (Bild C-75). Mit einem drehzahlgeregelten Servomotor wird die Spindel so lange verstellt, bis die Tisch-Istposition (Lageistwert x_{ist}) mit der Sollposition
(Lagesollwert x_{soll}) übereinstimmt. Die Sollposition wird numerisch über das *Bearbei-
tungsprogramm* definiert oder als *Positionsfolge* von der NC berechnet. Die Lageregeldifferenz Δx erzeugt die Sollgeschwindigkeit $v_{x\,soll}$ bzw. den Drehzahlsollwert für den

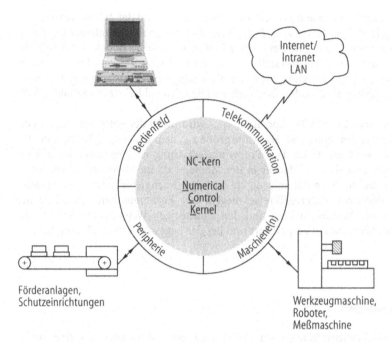

Bild C-74. Konfiguration und Peripherie einer numerischen Steuerung (NC)

Antrieb. Wichtigste Kenngröße für die Lageregelung ist dabei die sogenannte Geschwindigkeitsverstärkung $K_v = v_{x\,soll}/\Delta x$, mit der Einheit mm/s:mm oder mm/min:mm. Ist dieser K_v-*Faktor* zu groß, wird der Maschinentisch beim Positioniervorgang schwin-

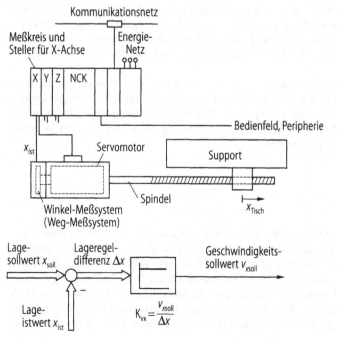

Bild C-75.
Struktur einer NC-Achse

gen. Ist der K_v-Faktor sehr klein gewählt, dann besteht während der Achsbewegung eine große Lageregeldifferenz ($\Delta x = v_{x\,\mathrm{soll}}/K_v$) mit der Folge erhöhter Bahnfehler bei Bahnrichtungsänderungen. Der Lageregler ist stets Bestandteil der NC. Er beliefert den Steller des Antriebs, meist ein Transistorsteller für einen Drehstromservomotor, mit einem Drehzahlsollwert (v_{soll}) und zwar entweder als analoge Sollwertspannung für einen analogen Drehzahlregelkreis oder aber auch als Digitalsignal bei einer digitalen Drehzahlregelung.

Anstelle der tatsächlichen Tischposition x_{Tisch} wird meist der entsprechende digital erfaßte *Drehwinkel* des Motors, als Rückführgröße x_{ist}, dem Lageregler übertragen. Die Gründe hierfür sind mehrfach. Die Drehwinkelerfassung ist gegenüber einer Wegmessung billiger und sie ist einfacher in der Montage, da im Motor integriert. Sie ist auch regelungstechnisch problemloser, da etwaige Nachgiebigkeiten des Spindelantriebs außerhalb des Lageregelkreises liegen. Der Zusammenhang zwischen den digital gemessenen Winkelschritten und den zugehörigen Wegschritten wird in der NC als ein Maschinendatum gespeichert und bei der Lagesollwertberechnung berücksichtigt.

C.4.2
Positioniersteuerungen

Bei vielen Produktionsvorgängen sind Werkzeuge oder Werkstücke in eine vorbestimmte *Position* (Lage) zu bringen, beispielsweise ein mechanischer Anschlagstift zum Ablängen von Stangenmaterial. Hatte man diesen Anschlagstift früher von Hand verstellt, so wird hierzu heute eine NC-Achse verwendet. Dies verringert die Rüstzeit. Dabei können an einer Produktionsanlage viele solche NC-Achsen vorhanden sein. Gesteuert werden diese Einzel-NC-Achsen meist mit *NC-Steuerungsmodulen* innerhalb einer SPS. Für große Transferstraßen sind diese Einzel-NC-Achsen örtlich weitauseinanderliegend verteilt und so werden auch die zugehörigen NC-Steuerungsmodule über die dezentral angeordneten SPS verteilt. Die Sollwertvorgabe erfolgt programmgesteuert oder manuellgesteuert über die Kopfsteuerung und einen Datenbus. Die Signale für die Auslösung der Positioniervorgänge kommen ebenfalls über den gemeinsamen Datenbus.

Die wichtigsten *Funktionalitäten* sind das Verfahren der Bewegungseinheit im Schleichgang und im Eilgang, Schrittmaßfahren absolut auf (absolute) Zielpositionen, Schrittmaßfahren relativ (um vorgegebene Wegstrecken), Referenzpunktfahren zur Synchronisierung nach dem Einschalten der Steuerung bei inkrementellen Wegmeßsystemen und Nullpunktverschiebung.

C.4.3
NC-Antriebe

Die Vorschubantriebe für NC-Achsen sind meist rotatorische Drehstromsynchronantriebe, bestehend aus einem Motorständer mit dreiphasiger Drehstromwicklung und einem Motorläufer mit Dauermagneterregung (Bild C-76) oder funktionell gleichartig auch als Linearmotor (Bild C-77). Die Dauermagnetplättchen sind aus Legierungen mit Seltenen-Erden-Elementen, beispielsweise Samarium-Kobalt Magnete. Zur Drehmomenterzeugung wird mit Hilfe der dreiphasigen Drehstromwicklung ein magnetischer Feldvektor erzeugt. Dieser kann mit Hilfe der elektronischen Steuerung in eine

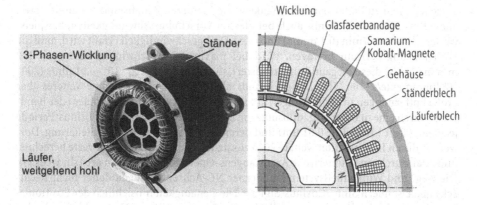

Bild C-76. Drehstromservomotor

beliebige Drehlage eingestellt werden oder auch kontinuierlich gedreht werden. Für eine gleichbleibende Drehzahl versetzt man den Feldvektor in eine kontinuierliche Rotation. Der Magnetläufer folgt dem Feldvektor des Motorständers. Damit im Falle einer zu hohen Belastung oder zu hoher Beschleunigungen der Magnetläufer nicht außer Tritt kommt, wird die aktuelle Drehlage des Magnetläufers sensorisch erfaßt und der Drehfeldvektor höchstens so weit verstellt, daß der Magnetläufer noch zu folgen vermag, nämlich um maximal – 90° in Bezug auf die magnetische Teilung. Die Drehlagenerfassung erfolgt in grober Winkelteilung mit einem magnetischen Läufer-Lagegeber oder in Verbindung mit dem Wegmeßsystem der NC-Achse, beispielsweise mit einem Resolver bzw. einem Winkelcodierer. Für eine genaue und ruckfreie Drehzahlregelung ist eine sehr genaue Drehzahlerfassung erforderlich. Wurden früher hierzu Tachogeneratoren verwendet, so ermittelt man jetzt die Drehgeschwindigkeiten als Differenzen aus den Läuferdrehlagen und zwar in schneller Folge. Dies stellt extreme Anforderungen an die Bandbreite und Auflösung der Winkelmeßsysteme bzw. der Wegmeßsysteme. Um die

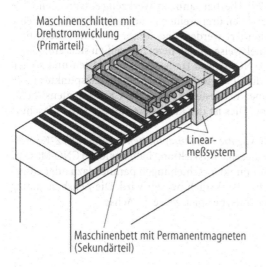

Bild C-77. Drehstrom-Linearantrieb

Totzeiten klein zu halten, sind die Winkelwerte in kurzen Zeitabständen nämlich etwa alle 0,1 ms abzutasten. Damit auch bei kleinen Vorschubgeschwindigkeiten, beispielsweise v_{min} = 6 mm/min (0,1 mm/s) noch eine Drehgeschwindigkeit erfaßt wird, muß die Wegauflösung 0,01 µm betragen. Wird bei maximaler Geschwindigkeit v_{max} = 120 m/min (2 m/s) diese Wegauflösung realisiert, so ergeben sich 200 · 10^6 · 0,01 µm/s (200 · 10^6 Inkremente/s (200 MHz)). Diese Impulszahl läßt sich aber nicht ohne weiteres über große Entfernungen in Meßleitungen übertragen. Gelöst wird dieses Problem der Bandbreite durch eine mäßige Wegauflösung von beispielsweise einer Sinus/Cosinus-Periode je 20 µm (statt 1 Impuls je 0,01 µm) und deren Übertragung in die NC-Steuerung. Dort werden durch Interpolation weitere 2000 zusätzliche Positionszwischenwerte berechnet und zwar durch eine numerische Arcustangens-Operation (arctan x = arc (sin x/cos y)). Die Weg- und Winkelmeßsysteme moderner NC-Achsen erzeugen daher nicht Rechtecksignale sondern Sinus/Cosinus-Signale. Die Genauigkeit hinsichtlich der Positionierung ist durch viele Faktoren u. a. Fehler der Spindelsteigung, Nachgiebigkeit in den Lagern, Verkippen der Maschinentische in den Führungen bestimmt und ist in jedem Fall weit geringer als die Wegauflösung der Meßsysteme. Ihre hohe Auflösung dient also nicht direkt zur Steigerung der Positionserfassung, sondern wird zur totzeitarmen und ruckfreien Geschwindigkeitsregelung bzw. Drehzahlregelung benötigt.

C.4.4
Bahnsteuerungen

C.4.4.1
Zahl und Anordnung der NC-Achsen

CNC-Werkzeugmaschinen, beispielsweise Fräsmachinen, Drehmaschinen, Schleifmaschinen oder Roboter verfügen über zwei oder mehr NC-Achsen, die simultan so gesteuert werden, daß das Werkzeug einer mathematisch beschreibbaren Bahn folgt. Bei Drehmaschinen sind es mindestens zwei NC-Achsen, bei Fräsmachinen sind es mindestens drei NC-Achsen (Bild C-78) und bei Robotern im Regelfalle 6 NC-Achsen. Für besondere Anwendungen gibt es Fräsmachinen mit 5 NC-Achsen und bei Robotern auch solche mit 8 NC-Achsen (Bild C-79). Hierbei kann das Werkzeug entsprechend den drei Freiheitsgraden der Translation und den drei Freiheitsgraden der Rotation beliebig im Arbeitsraum positioniert und orientiert werden und ferner kann das Werkstück gedreht und geschwenkt werden, beispielsweise so, daß beim Schweißen stets ein waagerechtes Schmelzbad entsteht. Sind die NC-Achsen translatorische Achsen und stehen diese senkrecht zueinander, dann ist die Bewegung des Werkzeugbezugspunktes (TCP von Tool Center Point) bezüglich eines ortsfesten kartesischen Koordinatensystems eine 1:1-Abbildung der Achsbewegung. Dies ist der klassische Fall der CNC-Maschine (Bild C-78).

Die Programmierung erfolgt durch Angabe von *Stützpunkten* in einem *XYZ*-Koordinatensystem mit Koordinaten, welche dieselbe Ausrichtung haben wie die CNC-Maschinenachsen. Sie sind allenfalls durch Nullpunktverschiebungen parallel dazu oder entgegengesetzt, falls statt dem Werkzeug das Werkstück bewegt wird. Die Achsbenennung wird dann mit einem *Strich* gekennzeichnet, beispielsweise *X'*-Achse.

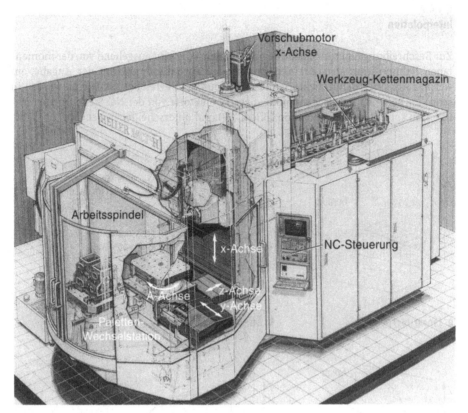

Bild C-78. 4-Achsen-NC-Fräsmaschine

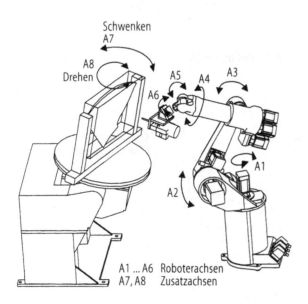

A1 ... A6 Roboterachsen
A7, A8 Zusatzachsen

Bild C-79. 6-Achsen-Roboter
und 2-Achsen-Drehkipptisch

C.4.4.2
Interpolation

Zur Beschreibung einer Arbeitsbewegung für den TCP wird ausgehend von der momentanen Bahnposition stets der nächste Zielpunkt programmiert mit der Angabe, auf welcher Art einer Bahntrajektorie dieser Zielpunkt zu erreichen ist. Hierzu werden in schneller Folge Bahnzwischenpunkte dieser Trajektorie von der NC-Steuerung berechnet. Man spricht von Interpolation (Bild C-80) und unterscheidet zwischen

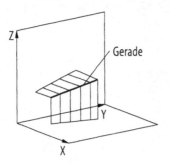

a Linearinterpolation

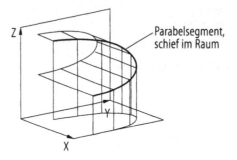

b Zirkularinterpolation

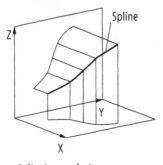

c Splineinterpolation

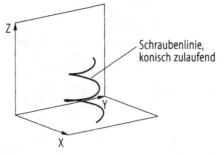

d Parabelinterpolation

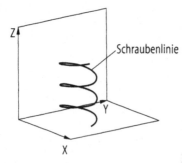

e Helixinterpolation

Bild C-80. Interpolationsarten

- der *Linearinterpolation* für geradlinige Bahntrajektorien,
- der *Zirkularinterpolation* für Kreissegmente,
- der *Splineinterpolation* für eine eingepaßte glatte Bahntrajektorie,
- der *Parabelinterpolation* für Parabelsegmente und
- der *Helixinterpolation*, wenn eine Schraubenlinie realisiert werden soll.

Die mathematische Generierung der Bahnen erfolgt mit zeitäquidistanten Zwischenpunkten, etwa alle Millisekunde, d. h. bei kleinen Bahngeschwindigkeiten werden pro Weglänge sehr viele Zwischenpunkte berechnet, bei großen Bahngeschwindigkeiten nur wenige. Das entspricht auch den normalen Anforderungen und den Möglichkeiten der Antriebe. Bahnungenauigkeiten entstehen grundsätzlich bei Bahnrichtungsänderungen und diese wirken sich bei hohen Geschwindigkeiten stärker aus als bei geringen Geschwindigkeiten (Bild C-81) und so ist es nur konsequent, wenn bei kleinen Geschwindigkeiten der Abstand der Zwischenpunkte klein ist und bei hohen Geschwindigkeiten groß.

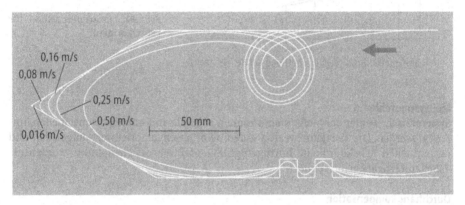

Bild C-81. Dynamische Bahnabweichungen bei Änderung der Bahnrichtung für verschiedene Bahngeschwindigkeiten bei einem Industrieroboter (Testbahn nach ISO 9283)

Mathematische Grundlagen für die Interpolation, also für die Berechnung der Bahnzwischenpunkte sind entweder die bekannten mathematischen Gleichungen für ebene und räumliche Bahnen in Parameterform, also beispielsweise für die Kreisinterpolation in der x/y-Ebene das Gleichungspaar $y = R \cdot \sin(\omega \tau + \varphi)$ und $x = R \cdot \cos(\omega \tau + \varphi)$ oder aber wie bei den neueren NC-Steuerungen eine, für alle Interpolationsarten einheitliche mathematische Beschreibung in Form von NURBS (Non Uniform Rational B-Splines). Die Bahntrajektorien ob Kreise, Geraden, Parabeln, Splines oder Helix-Segmente, alle werden in NURBS-Segmente aufgeteilt und in einheitlicher Weise interpoliert.

C.4.4.3
Bahnfehlerkompensation

Die Bahn des TCP (Tool Center Points) wird aus der Geometrie des zu bearbeitenden Werkstücks abgeleitet. Dies ist aber in der Regel keine 1:1-Abbildung.

Spindelsteigungsfehler
Ungenauigkeiten im Antriebsstrang, von der Motorwelle bis zum Werkzeug bzw. Werkstück erfordern Korrekturen. So gibt es eine *numerische Korrektur* der Steigungsfehler

der Vorschubspindel. Da meist die Wegmessung mit rotatorischen Meßsystemen an der Motorwelle erfolgt, verursachen Steigungsfehler der Vorschubspindel Positionsabweichungen des TCP. Man kompensiert dies durch Hinterlegen von Korrekturwerten in einer Tabelle mit der Zuordnung zu den Verfahrwegen der Achse. Die Fehler sind entweder aus einem Meßprotokoll des Spindelherstellers bekannt oder aber sie werden vom Maschinenhersteller durch direktes Vermessen mit Hilfe eines *Laserinterferometers* ermittelt. Diese Kompensationstabellen können auch bei Antrieben mit anderen Getriebearten genutzt werden. Die Verrechnung der Kompensationswerte erfolgt für die Bahnpunkte zwischen den meßtechnisch erfaßten Korrekturstützpunkten durch Linearinterpolation (Bild C-82).

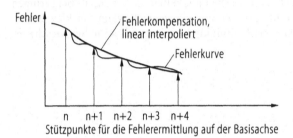

Bild C-82. Linearinterpolation für Fehlerkorrektur

Meßsystemfehler

Systematische Fehler der Meßsysteme können ebenfalls in Kompensationstabellen hinterlegt werden. Die Korrekturwerte werden beim jeweiligen Meßwert aufgerufen und der aktuellen Achskoordinate hinzugefügt. Für Meßwertzwischenpunkte werden die Tabellenwerte linearinterpoliert.

Durchhangkompensation

Gravitationskräfte verursachen abhängig von der Position des Werkzeugs, beispielsweise bei Ausleger-Fräsmaschinen, ein Durchhängen in der *Z*-Achse (Bild C-83). Dieses

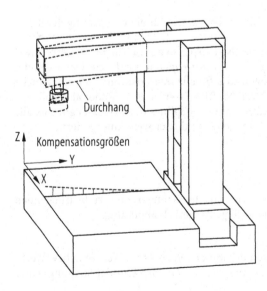

Bild C-83. Durchhangkompensation bei einer Ausleger-Fräsmaschine

Durchhängen wird bei der Inbetriebnahme der Maschine ermittelt und positionsabhängig in einer Kompensationstabelle hinterlegt. Dabei ist die Y-Achse Basisachse und liefert die Tabelleneingangswerte und die Z-Achse wird kompensiert mit den Tabellenausgangswerten.

Quadrantenfehlerkompensation

Beim Wechsel der Vorschubrichtung wechseln die Antriebe die Kraftrichtungen. Aus Zugkräften werden Schubkräfte. Beim Durchfahren eines Vollkreises geschieht dies an den Übergängen der 4 Kreisquadranten (Bild C-84). Die Kräfte verursachen elastische Verformungen in den mechanischen Übertragungsgliedern und diese werden ebenfalls in Tabellen erfaßt und abhängig von der momentanen Vorschubrichtung dem Koordinatenwert hinzugefügt bzw. abgezogen.

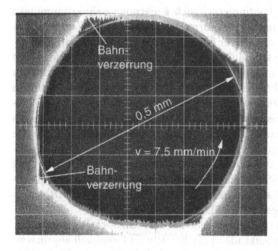

Bild C-84. Quadrantenfehler beim Fahren eines kleinen Kreises

Winkeligkeitsfehler

Sind Maschinenachsen nicht exakt rechtwinklig montiert, so können geringe Winkeligkeitsfehler ebenfalls mit einer Korrekturtabelle vermindert werden.

Temperaturkompensation

Ist der Temperatureinfluß auf die Achsposition bekannt, so wird ebenfalls durch Hinterlegen von Korrekturwerten in Tabellen der aktuelle Positionswert korrigiert. Die Tabelle kann mehrdimensional sein und positionsunabhängige Korrekturwerte enthalten, beispielsweise herrührend von der Maschinenbett-Temperatur und positionsabhängige Werte, beispielsweise herrührend von den einzelnen Vorschubspindeln.

C.4.4.4
Bewegungsführung und Bahnplanung

Zur Werkstückbearbeitung werden den einzelnen Arbeitsabschnitten *Programmsätze* zugeordnet. Für Werkstücke, die sich aus geraden Abschnitten zusammensetzen, ist meist ein Abschnitt nach dem anderen abzufahren, wobei die Bewegung an den Endpunkten kurzzeitig unterbrochen wird, d.h. es erfolgt ein Abbremsen zum Satzende und ein Beschleunigen zum Satzbeginn für den neuen Abschnitt (Bild C-85). Häufig liegt

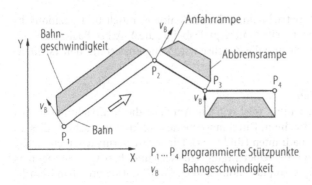

Bild C-85. Anfahrrampe und Abbremsrampe der Bahngeschwindigkeit

aber eine Bearbeitungskontur mit kontinuierlich sich ändernden Bahnkrümmungen vor, beispielsweise bei der Herstellung von Freiformflächen und die Bearbeitungssätze sind von sehr großer Zahl und von nur kurzer Bahnlänge. Hier muß der Bearbeitungsvorgang über die Satzenden hinweg kontinuierlich verlaufen. Die NC-Steuerung bremst in diesem Fall nicht beim Satzende ab, sondern berechnet bereits vor dem Erreichen des Zielpunktes die Bahnzwischenpunkte des Folgesatzes und gibt diese Punktpositionen als Sollwerte aus. Sind die Bearbeitungsabschnitte je Satz von sehr kurzer Länge, beispielsweise von 1 mm Länge so berechnet die NC-Steuerung gegenüber dem aktuellen Bahnistpunkt bereits Bahnsollpunkte in Bearbeitungsabschnitten, die etliche Bahnsätze weiter vorne liegen. Man spricht von der *Look-ahead-Funktion*. Die Look-ahead-Funktion vermeidet also das Abbremsen an Satzübergängen, sorgt hinsichtlich der Bewegung für ein glattes Geschwindigkeitsprofil, für kurze Bearbeitungszeiten und einen gleichbleibenden Bearbeitungsprozeß. Das unerwünschte Freischneiden mit Oberflächenmarkierungen an den Satzübergängen wird dadurch vermieden.

Bei starken Bahnrichtungsänderungen entsteht an den Satzübergängen ein *Verschleifen* der Bahn, sofern nicht am Satzende in der Betriebsart *Genauhalt* abgebremst wird. Die Stärke der Eckenverrundung ist dabei geschwindigkeitsabhängig, d.h. bei kleinen Bahngeschwindigkeiten ist das Verschleifen gering, bei hohen Bahngeschwindigkeiten proportional größer. Um nun unabhängig von der eingestellten Bahngeschwindigkeit eine definierte Kontur zu erzielen, können bei manchen NC-Steuerungen die Überschleifbereiche in Form von Wegmaßen (Bild C-86) programmiert werden. In diesem Fall berechnet die NC-Steuerung Parabelsegmente oder Splines für die Eckenverrundung und fügt diese zwischen die programmierten Sätze ein.

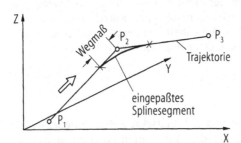

Bild C-86. Überschleifinterpolation

Werkzeugkorrektur

Die NC-Steuerungen berücksichtigen unabhängig von den programmierten Bearbeitungsbahnen die aktuelle Werkzeuglänge durch eine Werkzeuglängenkorrektur und den aktuellen Werkzeugradius durch eine Werkzeugradienkorrektur (Bild C-87). Die aktuellen Werkzeuglängen werden bei Aufruf des Werkzeugs den Bahnpositionskoordinaten in Richtung der Werkzeuglänge hinzugefügt. Die aktuellen Werkzeugradien, beispielsweise die Fräserradien werden abhängig von der Umlaufrichtung rechts bzw. links zu den Bahnpositionskoordinaten addiert. An Knickstellen werden Kreissegmente oder Ellipsensegmente in die programmierte Bahn eingefügt (Bild C-87). Die Werkzeugkorrektur kann darüberhinaus auch abhängig von der Wirkrichtung des Werkzeugs berücksichtigt werden und dabei einen kontinuierlich sich verändernden Betrag annehmen, beispielsweise bei der Schneidenradiuskorektur beim Drehen. Bei der dynamischen Werkzeugkorrektur wird der Werkzeugverschleiß berücksichtigt. Dieser ist abhängig von der Einsatzzeit des Werkzeugs. Die Werkzeugkorrekturwerte werden kontinuierlich mit zunehmender Einsatzzeit verändert und im Bewegungsprogramm berücksichtigt.

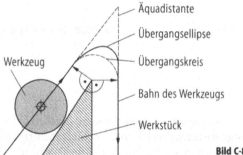

Äquadistante

Übergangsellipse

Werkzeug

Übergangskreis

Bahn des Werkzeugs

Werkstück

Bild C-87. Werkzeugkorrektur

C.4.4.5
Framekonzept

Moderne Werkzeugmaschinen und Roboter ermöglichen eine Programmerstellung mit Programmdaten, die sich an einem *Frame-Koordinatensystem*, meist dem Werkstückkoordinatensystem orientieren (Bild C-88). Damit wird das NC-Programm unabhängig von der aktuellen Aufspannlage des Werkstücks. Die aktuellen Werkstückkoordinaten werden in das Koordinatensystem der Werkzeugmaschine durch Koordinatentransformation umgerechnet. Stimmen die Ausrichtungen beider Koordinatensysteme überein, so ist lediglich eine Nullpunktverschiebung erforderlich. Das Framekonzept ermöglicht die Koordinatenanpassung in 6 Freiheitsgraden, nämlich einer Translation in 3-Richtungen und einer Rotation um 3 Achsen, sodaß eine beliebige Werkstückaufspannung bzw. daß beliebig schief liegende Bearbeitungsebenen in ihren jeweiligen Koordinatensystemen programmiert werden können.

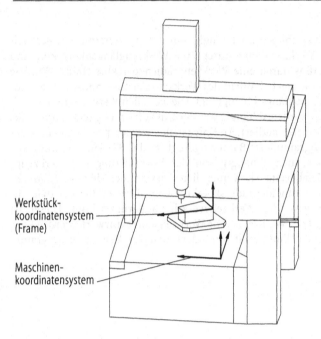

Werkstück-
koordinatensystem
(Frame)

Maschinen-
koordinatensystem

Bild C-88. Framekonzept

C.4.4.6
Koordinatentransformation

Bei Werkzeugmaschinen mit Rundachsen, beispielsweise Dreh-Schwenk-Tischen bei 5-Achsen-Maschinen, Gelenkarmen bei Robotern oder aber bei solchen mit Stabantrieben (beispielsweise Hexapod) stehen die Achsbewegungen mit den Maschinenkoordinaten hinsichtlich des kartesischen Programmier-Koordinatensystems (Basiskoordinaten) in einer sehr komplexen Abhängigkeit (Bild C-89). Die Bahnplanung und Interpolation erfolgt im kartesischen Frame-Koordinatensystem und mittels Transformationsgleichungen werden diese Koordinaten in Achskoordinaten umgerechnet.

Neben den Problemen der Transformationsgenauigkeit und des Rechenzeitaufwandes (die Koordinatenwerte müssen etwa im Millisekundentakt zur Verfügung stehen) ist ein besonderes Problem der Mehrdeutigkeit dieser Transformationen. Es gibt bei 5-Achsen-Maschinen und 6-Achsen-Maschinen grundsätzlich mehrere Achsstellungen für gleiche Werkzeugpositionen und Werkzeugorientierungen.

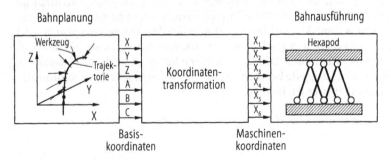

Bild C-89. Koordinatentransformation für NC-Maschinen

C.4.5
Kommunikation

Die Kommunikation mit dem Maschinenbenutzer erfolgt mit Hilfe eines farbgrafischen Bildschirms über Eingabetasten und zur Steuerung der Geschwindigkeiten sowie zur Feinpositionierung über ein Handrad mit Inkrementalgeber (Bild C-90). Die Kommunikationsbereiche gliedern sich in die Teilbereiche:

Programmierung

- Erstellen von Programmen und
- Optimieren von Programmen.

Betriebsarten

- Handsteuern,
- Automatikbetrieb,
- Testbetrieb,
- Digitalisierbetrieb,
- DNC-Betrieb und
- Ferndiagnose/Fernsteuerung.

Diagnose

- Alarmanzeigen,
- Editieren von Maschinendaten und
- Konfigurieren des Gesamtsystems.

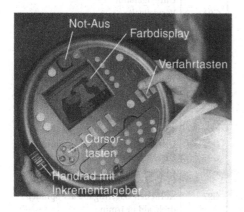

Bild C-90. Bedienhandgerät mit Handrad

Das Programmieren neuer Werkstückbearbeitungsprogramme ist auch während einer laufenden Werkstückbearbeitung möglich. Das Programmieren kann auch mit derselben Software und denselben Eingabemasken wie sie die NC-Steuerung zur Verfügung stellt, *werkstattnah* oder *werkstattfern* am PC erfolgen. Die Kommunikationsschnittstelle der NC-Steuerung ermöglicht die Übertragung der Bildschirmausgabe an einen PC und erlaubt die Fernbedienung über den PC, beispielsweise über virtuelle Bedienfelder, in denen die Eingabeelemente über den Maus-Cursor gesteuert werden. Die Kommunikation sowohl zum Zweck der Diagnose, der Wartung, der Programmeingabe oder der Aktualisierung der Steuerungs-Systemsoftware ist damit per e-mail oder auch über Internet-Dienste möglich.

C.4.6
Programmierung

C.4.6.1
Programmierung nach DIN 66025

Die NC-Programmierung ist in ihrer ursprünglichen Form eine textuelle Programmierung mit alphanumerischer Schreibweise, gegliedert in NC-Programmsätze und diese wiederum in NC-Worte. Die Adreßbuchstaben eines NC-Wortes stehen für Funktionen oder Funktionsbereiche, die nachfolgenden Ziffern und Zahlen sind Parameter oder dienen der näheren Funktionsauswahl (Tabelle C-26).

Ein NC-Programmsatz (Bild C-91) entspricht meist einem elementaren Arbeitsabschnitt. Hauptsätze enthalten vollständige Programmangaben, wie beispielsweise

Tabelle C-26. NC-Programmcode nach DIN 66025

Zeichen	Bedeutung	Zeichen	Bedeutung
			Wegbedingung G
A	Drehbewegung um X-Achse	G00	Positionieren im Eilgang
B	Drehbewegung um Y-Achse	G01	Vorschub, Linearinterpolation
C	Drehbewegung um Z-Achse	G02	Zirkularinterpolation im Uhrzeigersinn
D	Werkzeugkorrektur	G03	Zirkularinterpolation entgegen dem
E	zweiter Vorschub		Uhrzeigersinn
F	Vorschub	G04	Verweilzeit
G	Wegbedingung	G33	Gewindeschneiden
H	frei verfügbar	G40	Löschen Werkzeugkorrektur
I	Interpolationsparameter oder	G41	Werkzeugbahnkorrektur, links
	Gewindesteigung parallel zur X-Achse	G42	Werkzeugbahnkorrektur, rechts
J	Interpolationsparameter oder	G43	Werkzeugbahnkorrektur, positiv
	Gewindesteigung parallel zur Y-Achse	G44	Werkzeugbahnkorrektur, negativ
K	Interpolationsparameter oder	G90	Absolute Maßangaben
	Gewindesteigung parallel zur Z-Achse	G91	Relative Maßangaben
L	frei verfügbar	G92	Speicher ersetzen
M	Zusatzfunktion	G94	Direkte Vorschubangabe in mm/min
N	Satz-Nummern	G95	Direkte Vorschubangabe in mm
O	frei verfügbar	G96	Angabe einer konstanten
P	dritte Bewegung parallel zur X-Achse		Schnittgeschwindigkeit
Q	dritte Bewegung parallel zur Y-Achse	G97	Aufheben G96, Angabe der Spindel-
R	Bewegung im Eilgang in Richtung der		drehzahl in 1/min
	Z-Achse oder dritte Bewegung parallel		
	zur Z-Achse		Zusatzfunktion M
S	Spindeldrehzahl		
T	Werkzeug	M00	Programmierter Halt
U	zweite Bewegung parallel zur X-Achse	M02	Programmende
V	zweite Bewegung parallel zur Y-Achse	M03	Spindel im Uhrzeigersinn (Rechtslauf)
W	zweite Bewegung parallel zur Z-Achse	M04	Spindel entgegen dem Uhrzeigersinn
X	Bewegung in Richtung der X-Achse	M05	Spindel Halt
Y	Bewegung in Richtung der Y-Achse	M06	Werkzeugwechsel
Z	Bewegung in Richtung der Z-Achse	M07	Kühlschmiermittel Ein
		M08	Kühlschmiermittel Aus
		M30	Programmende mit Rücksetzen

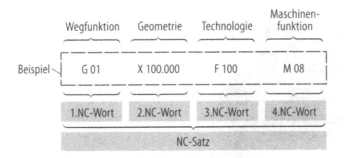

Beispiel: Fahre mit Bahnsteuerung (1.NC-Wort) zur Position X 100.000
(2.NC-Wort) mit der Bahngeschwindigkeit 100 mm/min
(3.NC-Wort) mit Kühlmittel (4.NC-Wort).

Bild C-91. NC-Programmsatz

Werkzeug, Kühlmittel, Vorschubgeschwindigkeit, Spindeldrehzahl, Wegbedingung
(Interpolationsart). Nebensätze enthalten nur Änderungen gegenüber vorhergehender
Nebensätze oder Hauptsätze, beispielsweise die Positionsdaten des Zielpunktes eines
Arbeitsabschnittes. Hauptsätze und Nebensätze können zu einem Unterprogramm
zusammengefaßt werden. Unterprogramme werden von Hauptprogrammen aufgerufen
und können auch mit Parametern versorgt werden. Damit ist es möglich, daß beispielsweise mit einem einzigen Unterprogramm und der zyklischen Veränderung von Nullpunktverschiebungen ein sich wiederholendes Bearbeitungsmuster an mehreren Stellen eines Werkstücks ausgeführt werden kann. Hauptprogramme wiederum können zu
einer *Job-Liste* zusammengefaßt werden. Die Job-Liste enthält alle Hauptprogramme,
die zu einem Arbeitsauftrag gehören.

C.4.6.2
Grafisch-Interaktive-Programmierung

Die grafisch-interaktive-Programmierung verwendet ein CAD-System, das ausgehend
vom 3D-modellierten Werkstück die Bearbeitungsbahnen unter Berücksichtigung der
Werkzeuggeometrie für den Tool-Center-Point (TCP) des Werkzeuges generiert und für
den Programmierer visualisiert. Die Bearbeitung erfolgt somit zunächst virtuell am
Bildschirm (Bild C-92). Mögliche Werkzeug-/Werkstück-Kollisionen werden automatisch erkannt. Die Bearbeitungsstrategie mit Optimierung der Bearbeitungsfolge, der
Schnitttiefen und Schnittbreiten wird unter Zuhilfenahme eines Expertensystems, dem
sogenannten maschinellen Programmiersystem durchgeführt. Dabei macht das Exper-
tensystem Vorschläge für die passenden Werkzeuge und Schnittgeschwindigkeiten und
zwar unter Beachtung der Maschinenleistungsfähigkeit und des Werkstückmaterials.
Das maschinelle Programmiersystem erzeugt meist ein Zwischenprogramm, das
CLDATA-File (Cutter Location Data) mit einem rein numerischen Kode, welcher sodann
über eine sogenannte Postprozessor-Verarbeitung in Steuerdaten nach DIN 66025
umgewandelt wird. Erfolgt die grafisch-interaktive Programmierung am Bildschirm der
NC-Maschine oder im Umfeld der NC-Maschine, dann spricht man von *WOP* (Werk-
stattorientierte Programmierung).

Bild C-92. Grafisch-interaktive Programmierung eines Roboters

C.4.7
Indikatoren der Leistungsfähigkeit

Die Leistungsfähigkeit einer NC-Maschine wird beurteilt nach Indikatoren bezüglich der technischen Arbeitsleistung und Technologiefunktionen, der Hardware-Ergonomie und der Software-Ergonomie.

Technische Arbeitsleistung und Technologiefunktionen
Die technische Arbeitsleistung bestimmt sich vor allem nach der installierten Antriebsleistung, den maximalen Drehzahlen für die Bearbeitungswerkzeuge und nach den maximalen Geschwindigkeiten der Vorschubantriebe in Verbindung mit der Steifigkeit der Maschine. Nur eine Maschinenkonstruktion höchster Steifigkeit (hoher Eigenfrequenzen) ermöglicht die Nutzung der großen Antriebsleistungen in Verbindung mit einer hohen Qualität. Daneben sind kurze Werkzeugwechselzeiten und kurze Rüstzeiten die entscheidenden Leistungsindikatoren.

Software-Ergonomie
Bezüglich der Mensch-Maschinen-Schnittstelle ist die Benutzungsoberfläche des Steuerungsdisplays das dominierende Element. Sie ist oft angelehnt an die Windows-Technik eines PC. Beurteilt wird die Software-Ergonomie hinsichtlich der Eigenschaften: Aufgabenangemessenheit, Fehlerrobustheit und Fehlertransparenz, Erlernbarkeit, Erwartungskonformität, Individualisierbarkeit, Steuerbarkeit und Selbstbeschreibungsfähigkeit.

Bei der Aufgabenangemessenheit ist z. B. zu prüfen in wie weit sich der Benutzer in die Tiefe der Befehlshierarchie hinein begeben muß. Manche Steuerungen haben vorteilhafterweise einen „Laienmodus" und einen „Expertenmodus". Damit wird unterschiedlichen Benutzerqualifikationen Rechnung getragen. Hinsichtlich der Fehler-robustheit ist zu prüfen, wie gravierend wirken sich Nachlässigkeiten, z. B. in der Groß-und Kleinschreibung beim Editieren von Programmen aus und wie wird der Benutzer auf Fehler aufmerksam gemacht. Die Erwartungskonformität drückt sich in den akusti-schen und optischen Rückmeldungen bei der Eingabe von Kommandos aus. Die Benut-zeroberfläche sollte in Teilbereichen individuell der Aufgabe und dem Benutzer ange-paßt werden können.

Hardware-Ergonomie

Die Eigenschaften der Hardware-Ergonomie gliedern sich in: motorische Anforderun-gen an den Benutzer, Aufgabenerfüllung, Störungsbehandlung, Informationsdarbie-tung, Sicherheit, Zuverlässigkeit und Wartung.

Die motorischen Anforderungen berücksichtigen Arbeitshaltung, körperliche Abwechslung, Zugänglichkeit, Schwere der menschlichen Arbeit und die Anordnung der Bedienelemente. Bei der Informationsdarbietung sind die Gestaltung der Anzeigen, ihre Eindeutigkeit und Sinnfälligkeit, die Ablesbarkeit, die Informationsmenge, die Arbeits-mittel und die Reaktionszeiten zu beurteilen.

Die Aufgabenerfüllung ist die zentrale Fragestellung: nämlich wie gut paßt die jewei-lige Maschine für die ihr zugedachten Aufgaben. Eine gefahrlose Benutzung der NC-Maschine muß sichergestellt sein und zwar auch im Falle eines Fehlers. Störungen müs-sen leicht und eindeutig diagnostiziert werden können. Die Störungsbehebung und auch reguläre Wartungsarbeiten müssen ohne extrem hohen Arbeitsaufwand möglich sein und die erforderlichen Hilfsmittel müssen zum Lieferumfang der Maschine gehören.

C.5
Feldbusse

Die Datenkommunikation im Maschinen- und Anlagenbau hat in den vergangenen Jah-ren stark an Bedeutung gewonnen. In Abhängigkeit der zu übertragenden Information unterscheidet man folgende drei hierarchisch geordnete *Kommunikationsebenen*:

- das *Fabriknetz*,
- das *Zellennetz* und
- die *Feldbusse*.

Diese drei Bereiche ermöglichen die Erfassung von

- *Produktionsständen*,
- *Produktionseffizienz*,
- *Störungen* und
- Erfassung der notwendigen *präventiven* Maßnahmen.

Diese Bereiche werden allgemein unter dem Begriff *Betriebsdatenerfassung* (BDE) und *Maschinendatenerfassung* (MDE) zusammengefaßt.

Die Feldbusse als Basis dieser Kommunikationsstruktur ermöglichen neben der transparenten Kommunikation auch eine *Dezentralisierung* der Baugruppen. Zur Auto-matisierung technischer Prozesse werden an den Maschinen und Anlagen immer mehr Einrichtungen installiert, die vor Ort Zustände *erfassen* oder *steuern*. Sie werden als *Feldgeräte* bezeichnet. Dabei handelt es sich um *Sensoren, Aktoren, Meßumformer, Antriebe* bis hin zu dezentralen *SPS-Steuerungen*. Bislang wurden diese Feldgeräte in der Regel über mehradrige Kabel in einen zentralen Schaltschrank geführt.

In den letzten Jahren setzte sich immer mehr das dezentrale Denken auf der Basis des Feldbusses durch. Der *Feldbus* hat die Aufgabe, die Geräte am Einsatzort über eine einfache Datenverbindung, in der Regel eine serielle Busleitung, mit der Steuerung zu verbinden. Der Dezentralisierung kommt im Maschinen- und Anlagenbau eine immer größer werdende Bedeutung zu.

> Unter *Feldbus* versteht man ein Datensystem, das im rauhen Umfeld der Maschine Informationen vom Prozeß an eine zentrale Steuereinheit weiterleitet.

Der Feldbus löst dabei die konventionelle Einzelverdrahtung von Aktor- und Sensorelementen ab. Dies zeigt, daß auch auf der *ökonomischen* Seite erhebliche Vorteile zu erwarten sind:

- einfache Verkabelung,
- schnelle Montage,
- übersichtliche Installationstechnik,
- dadurch erheblich einfachere Fehlersuche,
- einfach erweiterbar und
- zukunftsorientiert.

Selbst bei höheren Kosten durch die Feldbuskomponenten bleibt für den Unternehmer ein deutliches Plus durch geringere Gestehungszeiten und höherer Fertigungssicherheit.

In der Industrie haben sich eine ganze Reihe unterschiedlicher Feldbusse etabliert, die sich sowohl in den *Komponenten* als auch in der *Datenübertragung* (*Datenprotokoll*) unterscheiden. Daher ist es für den projektierenden Ingenieur wichtig, die wesentlichen Unterschiede zu erkennen, um die richtige Entscheidung für seine Anwendung zu treffen. Die gebräuchlichsten Feldbusse sind:

- *Bitbus,*
- *Profibus,*
- *Interbus-S,*
- *CAN-Bus,*
- *P-Net,*
- *ASI-Bus,*
- *LON,*
- *Arcnet* und
- *SERCOS.*

Die Datenübertragung erfolgt bei allen Feldbusse *seriell*. Tabelle C-27 stellt die Bussysteme und ihre Leistungsmerkmale gegenüber. SERCOS wird heute vorwiegend zur Vernetzung von Antrieben eingesetzt und zählt daher nicht zu den klassischen Feldbussen. Da SERCOS jedoch von großer Bedeutung in der Werkzeugmaschinenindustrie ist, wird im Abschnitt C.5.8 ausführlich auf dieses Bussystem eingegangen.

Darüberhinaus gibt es vereinzelt Ansätze, die Datenübertragung der Feldbusebene auf höherwertigere physikalischen Medien und Medientreiber sowie die dazugehörigen Protokollschichten einzusetzen. Dazu zählen

- *FDDI Token Ring,*
- *Ethernet* und
- verschiedene *Lichtleiterbusse.*

Tabelle C-27. Übersicht über die Feldbusse

Bus	Struktur	Zugriffs-verfahren	Übertragungs-geschwindigkeit	Anzahl Knoten	Ausdehnung	Norm
Bitbus	Bus	Mono-Master	375 kBit/s 62,5 kBit/s	84 250	300 m	IEEE 1118
Profibus-DP	Bus	Mono-Master	500 kBit/s 1,5 MBit/s 12 MBit/s	127	1200 m	DIN 19245 EN 50170
Interbus-S	Ring	Mono-Master	500 kBit/s	max. 200	12,8 km	DIN 50258
CAN-Bus	Bus	Multi-Master	10 kBit/s bis 125 kBit/s 500 kBit/s 1 MBit/s	32	bis 10 km 120 m 40 m	ISO/DIS 11 898
P-Net	Bus	Mono-Master Multi-Master	76,8 kBit/s	125 max. 32 Master	1200 m	EN 50170
Arcnet	Ring	Mono-Master	30 Bit/s bis 10 MBit/s	256	3 km	ATA/ANSI 878.1, 878.2 und 878.3
ASI	Baum	Mono-Master	167 kBit/s	31	100 m	–
LON	Baum	Multi-Master	4,8 kBit/s bis 1,25 MBit/s	32,385	1500 m	–
SERCOS	Ring	Mono-Master	2 MBit/s 4 MBit/s	245	60 m (Kunststoff LWL) 250 m (Glas LWL)	IEC 1493

Allesamt haben jedoch wegen der hohen Kosten an der Maschine keine Verbreitung gefunden.

Dem Anwender stehen heute von verschiedenen Herstellern eine große Anzahl von Geräten zur Verfügung. Voraussetzung für ein problemloses Zusammenspiel der Komponenten ist eine übergreifende Festlegung aller Schnittstellen für den gewählten Feldbus. Dies garantiert dem Anwender ein herstellerunabhängiges Kommunikationsmittel. Eine Standardisierung der Feldbusse ist in der Deutschen Industrie Norm (DIN), der Europa Norm (EN) oder in der internationalen Norm ISO (International Standardization Organisation) festgeschrieben.

Die an einen Feldbus angeschlossenen Bausteine werden *Feldbusgerät* genannt. Beispiele hierfür sind:

- dezentrale *Ein-* und *Ausgangsmodule*,
- *Eingabefelder* (Bedientafel),
- *Anzeigen*,
- komplexe Bedienfelder (*Terminals*) und
- dezentrale *Antriebe*.

Der Betrieb im Feld stellt einige Anforderungen an die mechanische Ausführung. Die wesentlichen Punkte sind:

- spritzwasserdicht (nach IP 65),
- öl- und kühlmittelbeständig,
- robust gegen Schock und Vibration und
- einfache Montage.

Zur Verwirklichung obiger Ziele (Austauschbarkeit der Komponenten) sind für Feldbusse folgende Punkte innerhalb der Familie genormt:

- Übertragungsmedium (*Physical Layer*),
- Steckverbinder (Stecker, Buchse, Polzahl),
- Übertragungsprotokoll,
- Übertragungsgeschwindigkeit und
- maximale Anzahl der Busteilnehmer.

Dieses Ziel wird in der Regel von den *Feldbusvereinigungen* verfolgt (Tabelle C-28), in dem sich Anwender und Hersteller dieser Problematik annehmen. Im nachfolgenden werden die wichtigsten Feldbusse und ihre Eigenschaften beschrieben.

C.5.1
Topologie von Feldbussen

Serielle Bussysteme findet man in unterschiedlichen Ausprägungen. Auch im Feldbusbereich sind alle gängigen Busstrukturen zu finden:

- Sternstruktur,
- Ringstruktur,
- Busstruktur und
- Baumstruktur.

In Bild C-93 sind diese Strukturen zusammengestellt und mit einigen Beispielen ergänzt. Darüber hinaus unterscheidet man bei den Bussystemen in Abhängigkeit der Kommunikationsinitiative

Tabelle C-28. Feldbusvereinigungen

Bus	Verein	Anschrift
Profibus	PNO Profibus Nutzer Organisation	Haid-und-Neu-Straße 7 D-76131 Karlsruhe Tel.: +4972 19 65 85 90 Fax.: +4972 19 65 85 89
Interbus-S	InterBus S Club	Geschäftsstelle Postfach 1108 32817 Blomberg Tel.: +49 52 35 34 21 00 Fax.: +49 52 35 34 21 34
CAN-Bus	CiA CAN in Automation e.V.	Am Weichselgarten 26 D-91058 Erlangen Tel.: +499 13 16 90 86-0 Fax.: +499 13 16 90 86-79
Bit Bus	BEUG Bit Bus European User Group	Fürstenbergallee 22 D-76532 Baden-Baden Tel.: +49 72 21 65 7 26 Fax.: +49 72 21 39 01 91
Arcnet	AUG Arcnet User Group e.V.	Bussardstr. 19 D-90766 Fürth Tel.: +4991 1973 41-24 Fax.: +4991 1973 41-10
P-Net	International P-Net User Organisation	P.O.Box 192 Dk-8600 Silkeborg Denmark Tel.: +45 87 20 03 96 Fax.: +45 87 20 03 97
LON	LNO LON Nutzer Organisation e.V.	Junkerstraße 77 D–52064 Aachen Tel. und Fax: +4924 1/8 89 70
SERCOS	IGS Interessengemeinschaft SERCOS	D-53123 Bonn Im Mühlenfeld 28 Tel.: +49 28 64 66 70 Fax.: +49 22 86 42 03 96

- *Multi-Master* Busse und
- *Mono-Master* Busse.

Bei Multi-Master Bussen kann jeder Busteilnehmer die Initiative zur Kommunikation ergreifen. Allerdings müssen die Zugriffsrechte und -regeln eingehalten werden. Bei Mono-Master Bussen gibt es nur einen Initiator. Dieser fragt die anderen Teilnehmer zyklisch ab. Die passiven Teilnehmer werden als *Slaves* (S) bezeichnet.

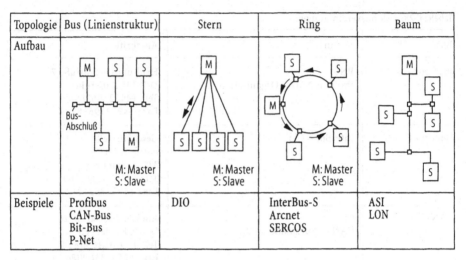

Topologie	Bus (Linienstruktur)	Stern	Ring	Baum
Aufbau				
Beispiele	Profibus CAN-Bus Bit-Bus P-Net	DIO	InterBus-S Arcnet SERCOS	ASI LON

Bild C-93. Unterschiedliche Feldbus-Topologien

C.5.2
Bitbus

Der Bitbus ist ein *Mono-Master* Bussystem. Das bedeutet, daß ein spezieller Busteilnehmer zum *Master* erklärt wird und alle anderen Teilnehmer mit Daten versorgt bzw. von ihnen Daten abfragt (s. Abschn. C.5.1). Bild C-94 zeigt die typische Struktur eines Mono-Master Systems (IEEE 1118). Mit mehr als 3 Millionen installierte Knoten hat der Bitbus vor allem in Amerika große Verbreitung gefunden.

Die Datenübertragung erfolgt auf einer Zweidrahtleitung (gemäß RS 485) und erlaubt eine maximale Geschwindigkeit von 375 kBit/s bei bis zu 84 Teilnehmer. Werden mehr als 84 Teilnehmer angeschlossen (maximal sind 250 zulässig), verringert sich die Übertragungsgeschwindigkeit auf minimal 62,5 kBit/s bei größtmöglicher Teilnehmerzahl.

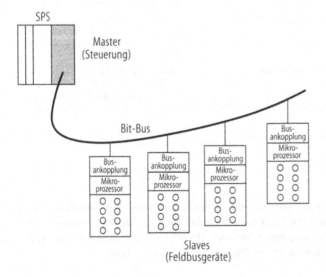

Bild C-94.
Mono-Master Feldbussystem

Das Übertragungsprotokoll sieht maximal 20 Nutzdaten vor. In Deutschland wurde der Bitbus unter der Bezeichnung *InterBus-C* eingeführt. Er hat allerdings nie groß an Bedeutung gewonnen.

C.5.3
Profibus

Der Profibus ist einer der ersten Feldbussysteme, das konsequent in einer komplexen Norm zusammengefaßt wurde. Um dies zu ermöglichen, wurde die *Profibus Nutzerorganisation e.V.* (PNO) gegründet. Deren Ziel ist es, die Interessen aller am Feldbus interessierten Kreise zu vertreten und zu koordinieren. Diese sind Anwender, Hersteller und Systemintegratoren. Die Festlegungen zum Profibus wurden in der Norm DIN 19245 und pr EN 50170 verankert. Die PNO wurde durch eine internationale Organisation (IPNO) 1995 ergänzt.

Die Bezeichnung *Profibus* wurde aus *Process Field Bus* (Prozeß Feldbus) abgeleitet. Das Einsatzgebiet des Profibus umfaßt drei wesentliche Bereiche:

* *Fertigungsautomatisierung,*
* *Anlagentechnik* und
* *Prozeßautomatisierung.*

Um in allen drei Anwendungsfällen den Anforderungen gerecht zu werden, wurden drei Profibus Profile spezifiziert:

Profibus-DP: erlaubt einen schnellen Datenaustausch zu dezentralen Feldbusgeräten (DP: dezentrale Peripherie);

Profibus-FMS: Vernetzung komplexer Anlagen und Systeme (FMS: Fieldbus Message Specification);

Profibus-PA: erlaubt eine sichere Datenübertragung für Prozeß-Abläufe (PA: Prozeß Automatisierung).

Der Profibus ist durch diese verschiedenen Ausprägungen in der Lage, alle drei Ebenen der Kommunikationspyramide abzudecken. (Bild C-95)

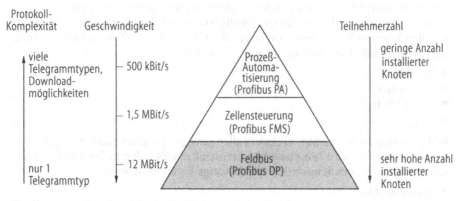

Bild C-95. Anwendungsbereiche des Profibus

Der Profibus arbeitet wie die meisten Feldbussysteme auf der RS 485-Übertragungstechnik, die auf einer Zweidrahtleitung beruht. Dieses Übertragungsmedium (Physical Layer) ist dabei wie folgt festgeschrieben:

- aktiver Busabschluß auf beiden Seiten,
- Stichleitungen sind begrenzt möglich,
- verdrillte Zweidrahtleitung,
- Schirmung ist in störender Umgebung (EMV) zulässig,
- maximal 32 Stationen an einem Segment,
- maximal 127 Stationen mit Repeater,
- maxmimale Buslänge:
  - 100 m bei 12 MBit/s,-
  - 200 m bei 500 kBit/s,
  - 1200 m bei 93,75 kBit/s,
  - 9-poliger D-Sub Steckverbinder.

Realisiert werden heute bei Profibus-DP Datentransferraten bis 12 MBit/s.

Im Feldbusbereich hat sich der Profibus DP einen festen Platz erobert. Er gilt weltweit als Nr. 1 und ist in vielen Firmenvorschriften fest verankert. Daher soll in den nächsten Abschnitten speziell auf ihn eingegangen werden.

Die in der Norm DIN 19245 festgelegten Möglichkeiten für den Datenaustausch beim Profibus waren im Feldbusbereich in diesem Umfang nicht notwendig. Daher wurde der Profibus DP als eine Untermenge dieser DIN Teil 1 abgeleitet. Die Anzahl der Datentypen wurde dabei auf nur noch einen Typ reduziert: das SRD-Telegramm (SRD: Send-Request-Data). Dies hat den enormen Vorteil, daß die angeschlossenen Teilnehmer nur noch einen einzigen Typ dekodieren müssen. Dies übernimmt in der Regel bereits die Busanschaltung, so daß der lokale Prozessor keine weitere Interpretation durchführen muß. Die Reaktionszeiten im Feldbereich wurden dadurch deutlich verbessert.

Die Reduzierung auf einen Typ hat auch einige Nachteile mit sich gebracht. Diese sind: eingeschränkte Funktionsvielfalt, kein Download möglich und keine Multimasterfähigkeit.

Dadurch entsteht beim Profibus DP ein Mono-Master System, das ständig seine Teilnehmer (Slaves) abfragen muß. In diesem Fall spricht man auch von einem *Scanner*, der die aktuellen Maschinenzustände in einem festen Raster zur SPS liefert. In gleicher Weise werden etwaige Reaktionen der Maschinensteuerung in das Feld übertragen.

Die Datenübertragungsrate beträgt 1,5 Mbit/s und 12 Mbit/s und liegt damit deutlich über den Profibussystemen FMS und PA. Der Profibus DP wurde so für die hohen Anforderungen an die Übertragungsgeschwindigkeit und die Echtzeit optimiert.

Der Datenrahmen des Profibusprotokolls basiert auf der Übertragung, wie sie von seriellen Schnittstellen verwendet wird (UART: Universal Asynchronius Receiver Transmitter) und gliedert sich in folgende vier Bestandteile:

- Startbit,
- 8 Bit Daten,
- Parity Bit und
- Stop Bit.

Bild C-96 zeigt diesen Aufbau, wie er von allen gängigen programmierbaren UART-Bausteinen ermöglicht wird. Mit dieser kleinsten Einheit läßt sich nun das Profibus-Protokoll aufbauen. Es umfaßt bis zu 154 Bits. Wichtige Bestandteile sind:

- die Zieladresse,
- der Datentyp (bei DP nur einer!),

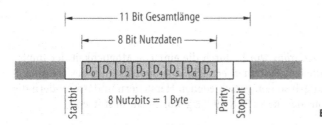

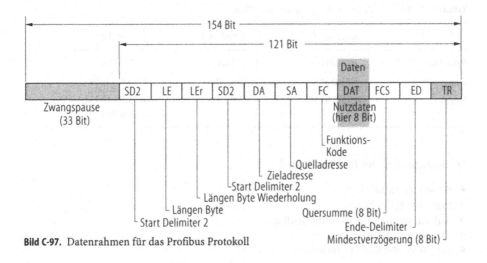

Bild C-96. UART-Datenrahmen

* die Nutzdaten und
* eine Prüfsumme.

In Bild C-97 ist ein vollständiger Datenrahmen dargestellt. Die Bedeutung der einzelnen Felder ist in Tabelle C-29 zusammengefaßt.

Bild C-97. Datenrahmen für das Profibus Protokoll

Tabelle C-29. Beschreibung der Datenfelder im Profibus Protokoll

Feld	Bedeutung		Länge	Beschreibung
SD2	Start Delimiter 2	Startkennung	8 Bit	Startzeichen für einen gültigen Datenrahmen
LE	Length	Länge	8 Bit	Länge des gesamten Datenrahmens
LEr	Lenght repetition	Wiederholung der Länge	8 Bit	Wiederholung der Länge
DA	Destination Address	Zieladresse	8 Bit	Adresse des Feldgerätes
SA	Source Address	Quelladresse	8 Bit	Adresse des Absenders (Masters)
FC	Function Code	Typ	8 Bit	Datentyp
DAT	Data	Datenfeld		Nutzdaten
FCS	Frame Check Sum	Prüfsumme	8 Bit	Prüfsumme
ED	End Delimiter	Ende Kennung	8 Bit	Zeichen für das Ende des Datenrahmens
TR			8 Bit	Mindestverzögerung bis zum Senden der eigenen Antwort

C.5.4
Interbus-S

Die große Verbreitung des *Interbus* wurde durch die einfache Möglichkeit der Implementierung in unterschiedlichen Systemen erreicht. Die Spezifikation des Interbus-S wurde 1987 offengelegt und gab so den verschiedenen Herstellern und Anwendern die Möglichkeit, sich auf den Bus der in der DIN 19258 genormt ist, zu stützen.

> **!** **Hinweis:** Neben dem *Interbus-S*, der im wesentlichen von der Fa. Phoenix entwickelt und gefördert worden ist, gibt es noch den *Interbus-C* und den *Interbus-P*. Der Interbus-C ist dabei mit dem amerikanischen Bitbus kompatibel, Interbus-P ist in der Lage das Profibus Protokoll abzuhandeln. Diese Varianten sind in Tabelle C-30 zusammengestellt.

Tabelle C-30. Verschiedene Ausprägung des InterBus

	Interbus-S	Interbus-C	Interbus-P
Protokoll	Phoenix	Bitbus	Profibus
Datenrate	500 kBit/s	384 kBit/s	500 kBit/s
Norm	DIN 19258	IEEE 1118	DIN 19254, EN 50170

Die Kennzeichen des Interbus-S sind:

- RS 485 Zweidrahtbus,
- max. 200 Teilnehmer,
- Aufteilung in Fernbus und Lokalbus,
- Ringstruktur und
- automatische Konfiguration.

Die logische Struktur des Interbus-S ist ein *Ring*. Die praktische Ausführung wird dabei durch zwei getrennte Datenleitungen sichergestellt, die sowohl die ankommenden als auch die abgehenden Daten führen können. Bild C-98 verdeutlicht die Verwirklichung des logischen Rings nach dem Interbus-S Konzept. Dabei erkennt der letzte Teilnehmer im *Fernbus* oder *Lokalbus* das Ende der Kette und schließt automatisch den Ring. Der Lokalbus oder Peripheriebus kann bis zu 10 m lang sein.

Die Ringstruktur des Interbus-S stellt für die Datenpakete ein geschlossenes *Schieberegister* dar. Jeder Teilnehmer steuert dabei einen Teil dazu bei, so daß dieses Schieberegister mit der Anzahl Teilnehmer wächst. Faßt man den Dateninhalt des gesamten Schieberegisters in einem Datenrahmen zusammen, so ist der Ort der Daten eines einzelnen Teilnehmers durch die Reihenfolge festgelegt. Bild C-99 zeigt diesen Ortsbezug innerhalb eines Gesamtdatenrahmens. Der Teilnehmer #3 muß in diesem Beispiel die Daten für Slave 1 und Slave 2 zunächst weiterreichen, bevor er seine Daten erhält. Die Synchronisation erfolgt mit Hilfe des *Loopback* Steuerwortes.

Das Datenwort eines Teilnehmers besteht dabei aus folgenden drei Teilen:

- *Kontrollwort* (4 Bit),
- *Nutzdaten* (8 Bit) und
- *Stopbit* (1 Bit).

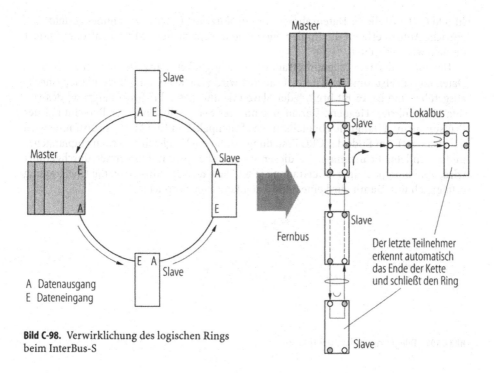

Bild C-98. Verwirklichung des logischen Rings beim InterBus-S

A Datenausgang
E Dateneingang

Lokalbus

Fernbus

Der letzte Teilnehmer erkennt automatisch das Ende der Kette und schließt den Ring

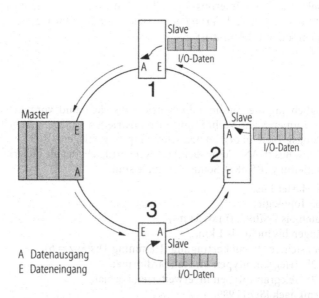

A Datenausgang
E Dateneingang

LP	I/O-Slave 1	I/O-Slave 2	I/O-Slave 3	··············	CRC	CRTL

LP   Loopback Steuerwort
CRC Prüfsumme (Cyclic Redundancy Check)
CRTL Kontrollwort

Bild C-99. Struktur des Schieberegisters für die Datenübertragung bei InterBus-S

In Bild C-100 ist dieser Datenrahmen für ein Nutzwort (1 Byte) zusammengestellt. Der einfache Aufbau erlaubt die Implementierung in verschiedene Mikrokontroller und ist deshalb weit verbreitet.

Um eine fehlerfreie Datenübertragung zu ermöglichen, hängt der Master an die I/O-Daten eine Prüfsumme an. Dieses Prüfwort wird als CRC (Cyclic Redundancy Check) ausgeführt und ist 16 Bit breit. Jeder Slave erkennt dieses Prüfwort aufgrund des von ihm mitgeführten Headers. Darauf beginnt der Slave selbst mit der Berechnung der Prüfsumme und hängt sie ebenfalls an das Datenpaket an (die Masterprüfsumme wird dabei ersetzt). Am Ende der CRC Erstellung erfolgt ein Vergleich zwischen empfangener und gesendeter Prüfsumme. Da dieser Vorgang bei jedem Teilnehmer durchgeführt wird, weiß am Ende einer Übertragung jeder Slave und der Master, ob die Übertragung erfolgreich war. Damit wird eine hohe Datenkonsistenz erreicht.

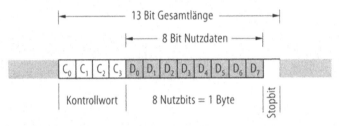

Bild C-100. Telegrammaufbau bei InterBus S

| **Hinweis:** Das beim Interbus-S gewählte Protokoll zur sicheren Datenübertragung erlaubt auch die *Lokalisierung* eines Defektes oder Störung, da der Ort durch den Summenrahmen bekannt ist.

C.5.5
CAN-Bus

Ursprünglich für die Automobilindustrie entwickelt und vorangetrieben, findet der *CAN-Bus* immer mehr Verbreitung in industriellen Anlagen. Dabei ist die Zahl der Anwendungsgebiete in den letzten Jahren rapide gestiegen.

Der CAN-Bus (CAN: Controller Area Network) arbeitet als bitserieller Bus über eine Zweidrahtleitung (RS 485). Seine Merkmale sind:

- Multi-Master Bus,
- RS 485 Topologie,
- Busraten bis 1 Mbit/s (max. 34 m),
- Buslängen bis mehr als 1 km,
- extrem sichere Datenübertragung (Hamming-Distanz = 6),
- max. 2^{11} Telegrammtypen im Standardformat,
- max. 2^{23} Telegrammtypen im erweiterten Format,
- genormt nach ISO 11989.

Besonders seine *Multimasterfähigkeit* und die *zerstörungsfreie Bus-Arbitrierung* macht ihn für Echtzeitanwendungen zu einem sehr schnellen Datenbus. Er nimmt unter den Feldbussen eine Sonderstellung ein, da er als einziger eine aktive *Busvergabe* (Bus Arbitrierung) der Teilnehmer benötigt.

Dies wird ermöglicht, indem der sendewillige Teilnehmer seine Absicht durch das Aufschalten von *dominanten* und *rezessiven* Bits auf die Zweidrahtleitung anzeigt. Dabei unterscheidet man dominant *high* und dominant *low* sowie rezessiv *high* und rezessiv *low*. Diese vier Möglichkeiten werden durch die beiden Signalleitungen CAN_H und CAN_L übertragen. Auf der Leitung CAN_H (CAN-Bus High dominant) wird der „1"-Zustand als dominant und der „0"-Zustand als rezessiv übertragen. Auf der Leitung CAN_L wird der „0"-Zustand als dominant und der „1"-Zustand als rezessiv übertragen. *Dominant* bedeutet dabei, daß die Leitung vom initiierenden Master aktiv auf dieses Potential gelegt wird, während der andere Zustand (rezessiv) durch einen *Pull-Up* oder *Pull-Down* Widerstand erreicht wird.

Da jeder Teilnehmer gleichberechtigt ist (Multi-Master-System), muß eine Buszuteilung erfolgen. Dies geschieht durch die Anzahl dominanter und rezessiver Bits, die ein sendewilliger Teilnehmer auf den Bus legt. Dabei gilt:

- Je höher die Anzahl dominanter Bits ist, desto höher ist seine *Priorität*.

Ein hochpriorer Teilnehmer überschreibt durch seine dominanten Bits die Sendemarken der anderen Teilnehmer, ohne daß seine Daten zerstört werden. Dies wird als *CSMA/CA* Verfahren bezeichnet. Dabei bedeutet:

- *CS*: Carrier Sense; jeder Teilnehmer hört die Busleitung mit,
- *MA*: Multiple Access; jeder Teilnehmer ist gleichberechtigt und kann zu jeder Zeit auf den Bus zugreifen und
- *CA*: Collision Avoidance; die Arbitrierung erfolgt zerstörungsfrei.

In Bild C-101 ist dieser Mechanismus dargestellt. Teilnehmer 2 „verliert" bereits im zweiten Bitfeld seine Sendeberechtigung, da die dominante „0" von Teilnehmer 1 und 3 die „1" von Teilnehmer 2 überschreiben. Schließlich wird Teilnehmer 1 durch Teilnehmer 3 im fünften Bitfeld überschrieben und Teilnehmer 3 geht als „Sieger" dieses Arbitrierungszyklus hervor. Auf der Busleitung selbst wird das Signal von Teilnehmer 3 von allen angeschlossenen Stationen zurückgelesen. Bild C-102 verdeutlicht den Rücklesevorgang bei einem Teilnehmer, der die Sendeberechtigung verliert.

Die *Arbitrierungsphase* erfolgt während der Sendung des *Identifiers*. Dabei überwacht der Initiator seine Kennung (Priorität) und zieht sich zurück, wenn ein rezessives

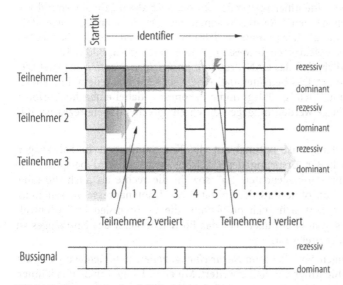

Bild C-101. Busvergabe durch Prioritätenregelung

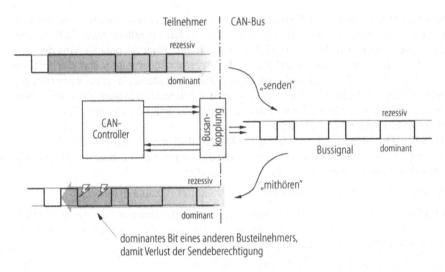

Bild C-102. Verlust der Sendeberechtigung durch Mithören dominanter Bits auf der Datenleistung

Bit von einem anderen Master durch ein dominantes Bit überschrieben wird. Es können also nur rezessive Bits überschrieben werden, so daß ein Master mit vielen dominanten Bits im Identifier als *hochpriorer* Busteilnehmer gilt.

Hochpriore Busteilnehmer sehen die Kollisionssituation nicht, so daß sie nach dem erfolgreichen Senden ihrer Priorität den Bus für sich beanspruchen und Daten übertragen können. Alle anderen Busteilnehmer senden während dieser Zeit nicht.

Das Datenformat beim CAN-Bus besteht aus drei Hauptteilen:

- dem Kopf (engl.: Header), der im wesentlichen die Arbitrierung umfaßt,
- dem Datenfeld und
- dem Prüffeld (Trailer), das Prüfsumme und Rahmensicheurng umfaßt.

Zur Arbitrierung wird der Identifier verwendet. Er gibt auch die maximale Anzahl von möglichen Telegrammen in einem CAN-Bus System wieder. Das Standard Format umfaßt 11 Bits, wodurch insgesamt 2^{11} Telegramme (= 2048) unterschieden werden können. Der gesamte Aufbau eines Datenfeldes (engl.: Message Frame) verdeutlicht Bild C-103.

Hier wird auch deutlich, daß das CAN-Protokoll *nachrichtenorientiert* arbeitet und nicht *verbindungsorientiert*. Das bedeutet, daß eine Nachricht von jedem Teilnehmer empfangen werden kann. Wichtige Telegramme bekommen dabei einen hochprioren Identifier, weniger wichtige werden hingegen durch entsprechend viele rezessive Bits gekennzeichnet.

! Hinweis: Dieses Verfahren ist optimal auf die Kommunikation in Fahrzeugen abgestimmt, wo auch der Ursprung des CAN-Bus liegt. So wird beispielsweise durch das Telegramm „Bremsleuchten ein" sowohl die rechte als auch die linke Bremsleuchte geschaltet, ohne daß der Initiator die Knotenadresse wissen muß. Bei diesem Verfahren läßt sich auch problemlos die „3. Bremsleuchte" (Zentralbremsleuchte) in das System einfügen. Für das Bordsteuergerät des Fahrzeuges ist diese Erweiterung nicht relevant.

Um weitere Unterteilungen, vor allem um *Nachrichtengruppen* zu bilden, wurde in der Spezifikation 2.0 B der Identifier deutlich erweitert. Mit einer Länge von 29 Bits können nun 2^{29} Telegramme unterschieden werden. Bild C-104 stellt den erweiterten Datenrah-

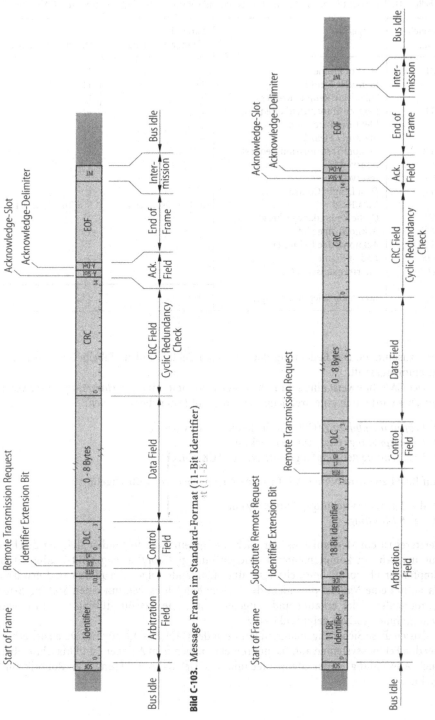

Bild C-103. Message Frame im Standard-Format (11-Bit Identifier)

Bild C-104. Message Frame im Erweiterten-Format (29-Bit Identifier)

Tabelle C-31. Übersicht über die Anzahl Bits bei Standard und Extended Identifier des CAN-Bus

Bezeich-nung	Länge/Bits	Länge/Bits (Standard Format)	(Extended Format)
SOF	Start of Frame	1	1
	Identifier Field 1	11	11
SRR	Substitute Remote Request	–	1
RTR	Remote Transmission Request	1	–
IDE	Identifier Extension	1	1
	Identifier Field 2	–	18
RTR	Remote Transmission Request	–	1
r0	reserved 0	1	1
r1	reserved 1	–	1
DLC	Data Length Control	4	4
	Data Field	0, 8, 16, 24, ... , 64	0, 8, 16, 24, ... , 64
CRC	Cyclic Redundancy Check	15	15
ACKS	Acknowledge Slot	1	1
ACKD	Acknowledge Delimiter	1	1
EOF	End of Frame	7	7
ITM	Intertransmission Gap	3	3
	maximale Telegrammlänge:	110	130

men zusammen. Die Bedeutung der einzelnen Felder sind in Tabelle C-31 nochmals zusammengestellt.

Der CAN-Bus weist eine sehr hohe Datensicherheit mit einer *Hammingdistanz* von 6 auf. Dies wird durch eine dreifache Sicherung auf Datenebene erreicht:

• *Prüfsummenbildung* (CRC: Cyclic Redundancy Check),
• *Formatprüfung* (engl.: frame check) und
• *Überprüfung* der *Empfangsquittierung* (ACK-Check).

Auf Bit-Ebene wird beim CAN-Bus eine 2-fache Sicherung durchgeführt:

• die Eigenüberwachung (*Monitoring*) und
• das *Bit-Stuffing*.

Letzteres ist ein Mechanismus, der nach fünf aufeinander folgenden gleichen Zeichen automatisch ein komplementäres Zeichen einfügt (Stopfbit, engl.: Bit-Stufing). Der Empfänger überprüft beispielsweise fünf aufeinanderfolgenden *Einsen* und erwartet daraufhin eine *Null*. Ist dies nicht der Fall, so handelt es sich um einen *Stuffing Error* („Stopffehler"), der erkannt und mitgeteilt wird. Wie das Bit-Stuffing sich in einem Datenrahmen verhält, zeigt Bild C-105.

Durch diese Sicherungsmaßnahmen weist der CAN-Bus die höchste Datensicherheit bei den Feldbussystemen auf. Darum findet er neben dem Anlagen- und Maschinenbau auch Anwendung in der Medizintechnik, der Gebäudevernetzung, der Robotik und mehr.

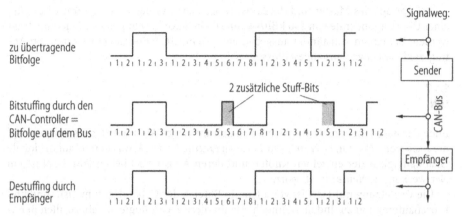

Bild C-105. Bitstuffing bei der CAN Datenübertragung durch lange Eins-Folgen

C.5.6
AS-Interface

Anfang der 90iger Jahre schlossen sich elf namhafte Hersteller von Sensoren und Aktoren zu einem *Aktuator/Sensor Interface* Konsortium zusammen, kurz AS-Interface genannt (früher ASI). Das Ziel dieser Vereinigung war die einfache, schnelle, kostengünstige und geometrisch kleine Entwicklung eines Feldbusses, der bis zu den Sensoren und Aktoren geführt werden kann. In diesem Zusammenhang wurde auch der Begriff „Intelligenter Schalter" geprägt.

Die Besonderheit des AS-Interface Busses liegt in der Art der Datenübertragung. Die ungeschirmte Zweidrahtleitung trägt neben den Daten auch die für die Slaves notwendige Spannung. Bei einer Spannung von 24 V darf jeder Teilnehmer maximal 100 mA verbrauchen, insgesamt nicht mehr als 2 A pro Strang. Für Eingangsschalter (Sensoren) kann so eine zusätliche Spannungsversorgung entfallen. Ausgänge erhalten eine separate Spannungsversorgung.

Die wichtigsten Parameter für das AS-Interface sind:

- max. Länge: 100 m,
- max. Teilnehmerzahl: 31,
- max. Sensor/Aktor pro Teilnehmer: 4,
- Datenrate: 150 kBit/s.

Trotz einer Geschwindigkeit von nur 150 kBit/s arbeitet der AS-Interface Bus sehr effektiv. Dies ermöglicht die sehr einfache Telegrammstruktur, die für jeden abgefragten Teilnehmer

- ein Steuerbit,
- den Informationsteil,
- das Prüfbit und
- die Start und Stop-Bits

zur Synchronisation vorsieht. Der angefragte Slave antwortet in derselben Weise mit einem 4 Bit breiten Informationsteil. Da dieses Vorgehen sehr einfach und effizient ist, braucht keine Telegrammdekodierung erfolgen. Dies führt dazu, daß die angeschlossenen Teilnehmer keinen Mikroprozessoren benötigen, da die Adresserkennung bereits von der Busankopplung erfolgt.

Die Abfrage des Master und die Antwort des Slaves umfassen insgesamt 25 Bit. Bei einer Übertragungsrate von 150 kBit/s kann so ein Slave in weniger als 170 μs abgefragt werden. Bei einem vollständig ausgebauten System (31 Teilnehmer) ist somit ein Abfragezyklus in etwa 5 ms abgeschlossen.

C.5.7
LON

Ende der 80er Jahre stellte die Firma Echelon ihr neues Automatisierungskonzept auf der Basis von *LON* vor. *LON* steht für *Local Operating Network*, was bereits auf die lokale Unabhängigkeit der einzelnen Knoten und deren Aufgabe schließen läßt. LON ist ein Netzwerk mit *verteilter Intelligenz*.

Die Vernetzung mit LON ist vor allem im Bereich der Gebäudeautomatisierung und Prozeßautomation zu finden. Dennoch erlaubt diese Technologie in nahezu allen Bereichen eine Lösung anzubieten. Der Bereich Maschinensteuerungen hat in der letzten Zeit deutlich an Einfluß gewonnen. Dies ist nicht zuletzt der LNO (LON Nutzer Organisation) zu verdanken, die im Bereich Maschinen- und Anlagentechnik ein strategisch wichtiges Ziel sieht.

LON unterstützt viele Übertragungsmedien:

- Twisted Pair-Leitung,
- Stromnetze,
- Netzwerkkabel (z. B. koaxiale Kabel),
- HF-Übertragungsstrecken (Funk) und
- Infrarotstrecken.

In Bild C-106 ist eine typische heterogene LON Vernetzung mit unterschiedlichen Netzwerken dargestellt. Abhängig vom Übertragungsmedium kann LON mit einer maxima-

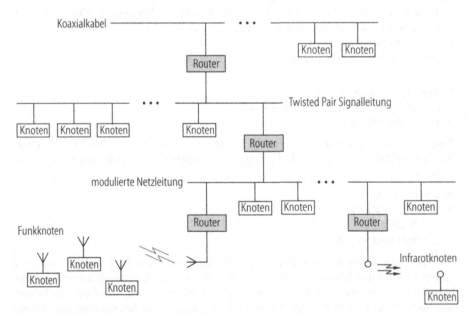

Bild C-106. Mögliche Netzwerkstruktur bei LON

Tabelle C-32. Die wichtigsten Übertragungsmedien bei LON und ihre Eigenschaften

Übertragungsmedium	Datenrate	Ausdehnung	Bemerkungen
Twisted Pair (Verdrillte Zweidrahtleitung)	78 kBit/s bis 1,25 MBit/s	1500 m bei 78 kBit/s und max. 64 Knoten 500 m bei 1,25 MBit/s und max. 64 Knoten	Bus benötigt an beiden Enden Abschlußwiderstände
Stromleitung	9,6 kBit/s	Abhängig von der Dämpfung: max. 55 dB zugelassen	Zur Übertragung stehen spezielle Bausteine zur Verfügung
Funkwellen	4,8 kBit/s	10 m innerhalb von Gebäuden, 50 m im Freien	Durch einen Low Power Mode ist auch der Batteriebetrieb möglich

len Datenrate von 1,25 MBit/s betrieben werden. Tabelle C-32 stellt die wichtigsten Abhängigkeiten gegenüber.

Die Anzahl der Knoten ist bei LON auf 32 000 beschränkt. Durch seine eigene Intelligenz kann jeder einzelne Knoten Entscheidungen fällen und ausführen. Basis hierfür sind die Informationen, die er von anderen Knoten oder aus seiner Umgebung erhält. Um 32 000 Knoten anzusprechen, wurde eine hierarchische Adressierung gewählt. Die einzelnen Ebenen sind

- Domain (Hauptebene),
- Subnet (Unterebene) und
- Node (Knoten).

Pro Subnet sind 127 Nodes möglich, eine Domain kann maximal 255 Subnets unterstützen. Daraus resultiert die maximale Anzahl Knoten von 32 385.

Der Aufbau des LON Telegramms zeigt Bild C-107. Die Größe des Domain Identifier läßt sich dabei von 0, 1, 3 bis 6 Bytes wählen. Das Datentelegramm ist in seiner Länge variabel und reicht von 1 Byte bis maximal 228 Bytes. Eine nachfolgende Prüfsumme (CRC: Cyclic Redundancy Check) sichert den gesamten Datenrahmen ab.

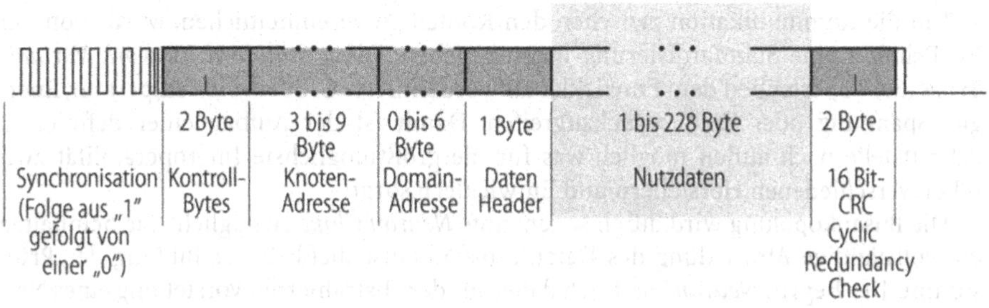

Bild C-107. Struktur des LON Datentelegramm

Die Darstellung der Bits auf den unterschiedlichen Übertragungsmedien erfolgt im differentiellen Manchester Kode. Die Vorteile dieser Übertragungsart sind:

- einfache Taktrückgewinnung,
- einfache Synchronisation und
- gleichstromfreie Übertragung.

Wird eine *Eins* übertragen, erfolgt am Ende der *Bitperiode* ein Signalübergang. Dieser kann sowohl eine abfallende oder ansteigende Flanke erzwingen, wie Bild C-108 zeigt. Charakteristisch für die *Null* ist der Signalübergang innerhalb der Bitperiode. Wie ebenfalls in Bild C-108 zu erkennen ist, entstehen bei der Übertragung von Nullen die schnellsten Signalwechsel, so daß hier die maximal notwendige Übertragungsbandbreite erforderlich ist.

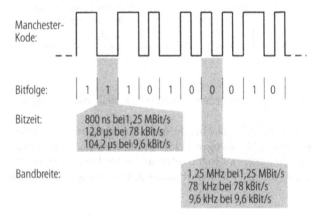

Bild C-108. Differentieller Manchester-Kode

Als Übertragungsprotokoll wird *LON-Talk* eingesetzt. Dabei werden neben anderen folgende zwei wichtige Übertragungsarten unterstützt:

- Übertragung mit automatischer Wiederholung und
- der Request Respond-Service.

Bei der automatischen Wiederholung erwartet der Sender von jedem Empfänger eine Empfangsbestätigung, um so die Zuverlässigkeit der Datenübertragung zu gewährleisten. Ist dies nicht der Fall, wiederholt der Sender sein Telegramm solange, bis alle Empfänger geantwortet haben. Der Request Respond-Service teilt beispielsweise dem Sender mit, daß er nicht nur die Daten erhalten hat, sondern auch die erforderlichen Aktionen beendet hat.

Um die Kommunikation zwischen den Knoten zu vereinheitlichen, wurde von der Fa. Echolon eine Standardisierung herausgegeben. Diese *Standard Network Variable Types* (SNVT) erlauben dem Entwickler auf vordefinierte Größen wie Temperatur, Energie, Spannung oder Zeit, zurückzugreifen. Damit ist der Aufbau einer definierten Schnittstelle nach außen möglich was für die größtmöglichste Interoperabilität zwischen verschiedenen Herstellern und Entwicklern sorgt.

Die Busankopplung wird durch sogenannte *Neuron Chips* ermöglicht. Sie beinhalten die vollständige Abwicklung des Datentransfers einschließlich der Bildung der Prüfsumme. Der Begriff *Neuron* leitet sich dabei aus der abstrahierten Vorstellung eines Nervensystems ab, das ebenfalls auf einem System von verteilter Intelligenz aufsetzt.

Werden höhere Ansprüche an die Datenübertragung gesetzt, werden Transceiver eingesetzt. Dies ist beispielsweise notwendig, wenn man die Funk- oder Infrarotübertragung wählt. Auch für lange Leitungen in gestörter Umgebung empfiehlt sich ein entsprechender Transceiver einzusetzen. Dies ist vorzugsweise in *Bridges* (Brücken) zu finden, die auch den Übergang von einem Übertragungsmedium zu einem anderen ermöglichen (Bild C-106).

C.5.8
SERCOS

SERCOS steht für *Serial Real-Time Communication System* und wurde erstmalig 1989 auf der Werkzeugmaschinenmesse EMO (Exposition de la Machine-Outil) in Hannover vorgestellt. Aufgrund seiner aufgaben- und anwendungsspezifischen Auslegung zur digitalen Steuerung von Servoantrieben zählt SERCOS eigentlich nicht zu den klassischen Feldbussystemen, wie beispielsweise der Profibus oder CAN. Die enorme Bedeutung in der Antriebstechnik und auch die angestrebten Erweiterungen für die E/A-Ebene rücken SERCOS immer mehr in den Blickpunkt der Maschinen- und Anlagenbauer.

Die Initiative zu SERCOS wurde von einigen großen Steuerungs- und Antriebsherstellern ergriffen und im Rahmen eines VDI und ZVEI Arbeitsreises (VDI: Verein deutscher Werkzeugmaschinenfabriken e.V., ZVEI: Zentralverband Elektrotechnik- und Elektronikindustrie e.V.) ausgearbeitet. Das Ziel war die bislang eingesetzte ±10 V-Schnittstelle durch eine hochdynamische digitale Schnittstelle zu ersetzen. Von Anfang an wurden deshalb folgende Eckdaten festgelegt:

- *Lichtwellenleiter* als Übertragungsmedium,
- *Ringstruktur*,
- *Zykluszeiten* bis zu 62 µs und
- *Single-Master Multiple Slave* Prinzip.

Durch den Einsatz von *Lichtwellenleitern* wurde ein Höchstmaß an Übertragungssicherheit in bezug auf EMV erzielt. Die Ringstruktur erlaubt, ähnlich wie beim Interbus, eine sehr schnelle und *äquidistante* Datenübertragung. Dabei werden innerhalb eines Zyklus sowohl die *Soll-* als auch die *Istwerte* aller Teilnehmer ausgetauscht.

Die Netzwerkstruktur von SERCOS basiert auf einem Ring und ersetzt damit die bisher gängige sternförmige Verdrahtung bei konventioneller Antriebstechnik. Dabei können in einem System

- mehrere Ringe *parallel* betrieben werden und
- ein Slave mehrere Antriebe versorgen.

Um diese schnellen Anforderungen zu erfüllen, beschränkt man sich bei SERCOS auf drei Telegrammtypen:

- das *Synchronisationstelegramm* (MST: Master Synchronisations Telegramm),
- das *Antriebstelegramm* (AT) und
- das *Master-Datentelegramm* (MDT).

Der Zyklus für den Datenaustausch beträgt dabei

- 62 µs, 125 µs, 250 µs, 500 µs und
- 1 ms bis 65 ms im Raster von 1 ms.

Um diese Umlaufzeiten zu erreichen, liegt die Datenraten bei 4 MBit/s, vereinzelt sind auch bereits 10 MBit/s auf dem SERCOS Ring realisiert worden. Ein Zyklus beginnt mit dem Synchronisationstelegramm. Anschließend erfolgt die Abfrage der angeschlossenen Teilnehmer (Slaves). Sie schicken ihr Antriebstelegramm zum Master. Dieser sendet, nachdem alle Slavedaten eingelesen worden sind, die aktuellen Antriebssollwerte (Mastertelegramm). Bild C-109 verdeutlicht den zeitlichen Ablauf dieses Datenrahmens. Dabei gilt, daß alle Datentelegramme gleich aufgebaut sind:

- *Telegrammbegrenzung,*
- *Adressfeld,*
- *Datenfeld,*
- *Prüffeld* und
- die abschließende *Telegrammbegrenzung.*

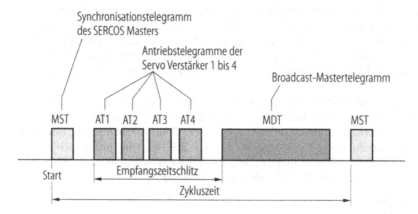

SYNC Synchronisation
ATx   Antriebstelegramm des Teilnehmer x
MST   Mastertelegramm

Bild C-109. Zeitrahmen eines SERCOS Datenumlaufs

Bild C-110 zeigt diesen allgemeinen Datenrahmen.

Die Datenübertragung erfolgt im *NRZI-Format,* so daß nur bei *Nullen* ein Signalwechsel erfolgt. Sind in einem Telegramm längere 1-Folgen, wird nach jedem 5. Bit eine Null eingefügt, was als *Bit-Stuffing* (s. Abschn. C.5.6) bezeichnet wird. Damit ist auch eine Unterscheidung des Dateninhalts von der Telegrammbegrenzung möglich, die aus einer Null, gefolgt von sechs Einsen und einer weiteren Null besteht.

Das *Synchronisations-Telegramm* startet den *Kommunikationszyklus.* Es unterliegt strengen zeitlichen Bedingungen, da alle Slaves ihre *Zeitmarken* davon ableiten. Im Betrieb ist das Synchronisationstelegramm von konstanter Länge und wird an alle Teilnehmer als *Broadcast*-Meldung („Rundspruch") verschickt. eine Broadcast-Meldung ist dabei durch die Adresse 255 gekennzeichnet. Von diesem Telegramm abhängig sind:

- der Zeitpunkt, an dem der *Ist-Zustand* von allen Antrieben erfaßt wird,
- der Zeitpunkt an dem die neuen *Sollwerte* gültig sind und
- der für den jeweiligen Antrieb gültige *Zeitschlitz.*

Dies ist die Voraussetzung für die genaue *Positionsübernahme* der Antriebe aufgrund der von der CNC berechneten Daten.

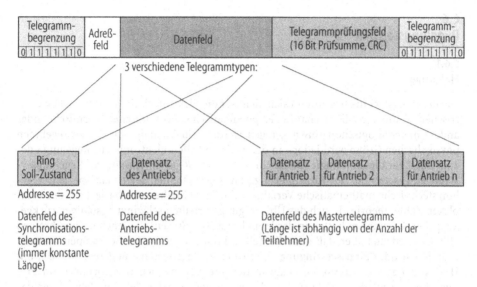

Bild C-110. Telegrammstruktur bei SERCOS

! **Hinweis:** Die CNC kann die Achspositionen zueinander nur in diskreten aber gleichzeitigen Abständen berechnen. Deshalb müssen sie auch in den Antrieben zu denselben diskreten Zeitpunkten umgesetzt werden. Um die Gleichzeitigkeit sicherzustellen, wird eben dieses Broadcast Telegramm (Synchronisation) an alle Teilnehmer geschickt, so daß nur noch die Lichtlaufzeit auf der Datenstrecke als konstanter Verzögerungsfaktor einwirkt.

Das *Antriebstelegramm* (AT) besteht ebenfalls aus der Telegramm Begrenzung und einem Adressfeld. Dieses Adressfeld wird vom Master ausgewertet und gibt so Aufschluß, wer die Daten abschickt hat (Quelladresse). In der CNC kann somit die Zuordnung zur Achse und die weitere Berechnung der Sollwerte erfolgen. Darüberhinaus überwacht der Master, ob sich alle Antriebe ordnungsgemäß melden.

Erst nachdem alle Antriebstelegramme beim Master eingetroffen sind (genauer: nach Ablauf des Zeitfensters für alle ATs) sendet der Master sein Master Datentelegramm. Dieses MT ist wie das Synchronisationstelegramm als Broadcast-Telegramm aufgebaut (Adresse 255) und wird von allen Teilnehmern empfangen. Nach dem Telegrammrahmen und der Broadcast Adresse folgen die n Datensätze für n Antriebsteilnehmer. Somit ist das MT erheblich umfangreicher als die anderen beiden Telegramm-Typen. Eine Prüfsumme (16 Bit CRC) und die abschließende Telegrammbegrenzung runden das Mastertelegramm ab.

Jeder Antrieb kennt die Position seiner Daten innerhalb des Mastertelegramms. Diese Position wird während der Initialisierungsphase festgelegt und den einzelnen Teilnehmern mitgeteilt. Da jeder Teilnehmer nur sein Datenpaket aus dem Telegramm heraus filtern darf, sind sehr hohe Anforderungen an das Zeitverhalten und damit an die Synchronität zu stellen.

C.6
Regelungstechnik

C.6.1
Einleitung

Die Regelungstechnik beschränkt sich nicht auf die Elektrotechnik, sondern neben elektrischen können auch mechanische, pneumatische, hydraulische, thermische oder andere meteorologische Größen geregelt werden. Unabhängig von der zu regelnden physikalischen Größe wird jedoch in den meisten Fällen Elektronik zur Regelung oder zumindest für die *Metrologie* (Meßtechnik) und die *Regeleinrichtung* des Regelungssystems eingesetzt. Bei der Konzipierung von Regelsystemen setzt man spezielle regelungstechnische mathematische Verfahren ein. Diese Mathematik basiert auf der komplexen Zahlentheorie, da sich das Übertragungsverhalten schwingungsfähiger, rückgekoppelter Systeme am besten in der komplexen (*Gaußschen*) Zahlenebene beschreiben läßt. Das bedeutet aber, daß man die Zeitfunktionen, beispielsweise Rampen, Sprungfunktionen oder Sinusschwingungen, mit denen Regelsysteme angeregt werden, mit Hilfe von *Laplace-Transformationen* in den Frequenzbereich transformiert. Im Frequenzbereich werden *Ortskurven* und *Frequenzgänge* behandelt, an Hand derer das dynamische Verhalten und die Stabilität des Systems untersucht werden kann. Eine optimale Auslegung und Berechnung von Regelkreisen ist in den meisten Fällen ohne Regeltheorie, nur mit empirischen Methoden und Probieren, nicht möglich. Im Rahmen dieses Werkes kann die komplexe Regeltheorie nicht in der Tiefe behandelt werden. Dieser Abschnitt muß sich auf eine qualitative Einführung in die Regeltechnik, eine Übersicht über Regelkreisglieder und Untersuchung eines Regelkreises als Beispiel beschränken. Zur Klarstellung der Terminologie werden zunächst die Begriffe *Steuerung* und *Regelung* sowie *analoge* und *digitale Regler* erläutert.

C.6.1.1
Unterschied zwischen Steuern und Regeln

In der Technik sind die beiden Begriffe *Steuern* und *Regeln* exakt definiert:

Steuern (Steuerung): Eine Steuerung liegt vor, wenn in einem System eine oder mehrere *Eingangsgrößen* eine oder mehrere *Ausgangsgrößen* nach den systeminhärenten Zusammenhängen und Gesetzmäßigkeiten steuern oder beeinflussen. Ein- und Ausgangsgrößen können dabei von völlig verschiedener Konsistenz (Art, Beschaffenheit) sein. So kann beispielsweise die *Drehgeschwindigkeit* als *Ausgangsgröße* einer Gleichstrom-Maschine mit einer *Gleichspannung* als *Eingangsgröße* beeinflußt bzw. *gesteuert* werden. D.h. die Drehzahl des Motors ändert sich in Abhängigkeit von der Spannung (Bild A-30 und Kennlinie in Bild A-39a bzw. Bild A-40b). Eine *Störung* der Ausgangsgröße, also der Drehzahl, beispielsweise durch eine Lastmomentenänderung, hat bei der Steuerung normalerweise keine Auswirkung auf die Eingangsgröße, in dem Beispiel die Spannung, so daß die unerwünschte Änderung der Drehzahl für die Dauer der Störung erhalten bleibt. Da es bei der *Steuerung* keine Rückkopplung gibt, spricht man auch von einer *offenen Steuerkette*, bei der irgendwelche *Störungen* im Wirkungsablauf *nicht ausgeregelt* werden.

Regeln (Regelung): Eine *Regelung* liegt vor, wenn die zu regelnde Ausgangsgröße (*Regelgröße*) dauernd erfaßt (gemessen), mit der Eingangsgröße (*Führungsgröße*) verglichen und bei einer bestimmten Abweichung so beeinflußt wird, daß Störungen der Regelgröße bis auf einen Restfehler durch die Stellgröße (z.B. Motorstrom bei Drehzahlregelung) ausgeregelt werden (Bild C-111).

Unter Regelung versteht man einen Vorgang, bei dem eine Größe (Regelgröße) auf einen vorgeschriebenen Wert (Sollwert) gebracht und auf diesem Wert konstant gehalten wird (auch bei Störungen).

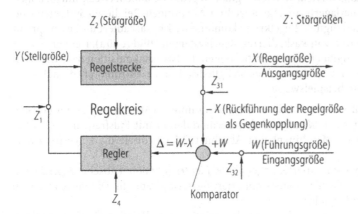

Bild C-111. Elementare Struktur einer Regelung

C.6.1.2
Analoge und digitale Regler

Analoge Regler

Sie bestehen aus analogen Schaltungen, insbesondere aus *beschalteten Operationsverstärkern*, die *analoge Signale* (meist Spannungs- oder Stromwerte) verarbeiten (s. Elektrotechnik für Maschinenbauer, Abschn. C.5.2). Man unterscheidet dabei:

stetige Regler sind analoge Regler, bei denen das Ausgangssignal des Reglers (die *Stellgröße*) jeden analogen Wert zwischen den Grenzwerten annehmen kann.

unstetige Regler sind analoge Regler, bei denen die Stellgröße nur ganz bestimmte diskrete Werte annehmen kann. So gibt es beispielsweise *Zweipunktregler*, welche die Energiezufuhr nur *ein-* oder *ausschalten* können. Bei Temperaturregelungen gibt es z.B. oft solche *Zweipunktregelungen*, an die man aber keine hohen Genauigkeitsanforderungen stellen sollte. Bei einem *Dreipunktregler* wären die drei Zustände beispielsweise *AUS/HEIZEN/KÜHLEN*. Die Temperatur als Regelgröße schwankt in einem bestimmten Regelbereich.

Digitale Regler

Sie verarbeiten digitale Signale, d.h. quantisierte bzw. numerische Werte. Sie werden zunehmend mit Computern (bzw. durch das Rechenprogramm, *Software*) realisiert. Das bedeutet, daß die Führungs- und Meßgrößen (Soll- und Istwerte) in digitaler Form vorliegen müssen. Der Digitalregler berechnet die *Stellgröße* für den Aktuator (*Stellglied*) aus der *Regeldifferenz* nach ganz bestimmten Regelungsalgorithmen. Letztere enthalten (wie bei analogen, mit Operationsverstärkern realisierten Reglern) proportionale, integrale und differentielle Terme, um die Genauigkeit und Dynamik der Regelung zu optimieren. Benötigt man für ein Regelkreisglied innerhalb einer digitalen Regelung (z.B. für einen Gleichstrommotor) ein analoges Signal, oder liefert das Meßglied eine analoge Meßgröße (z.B. ein Dehnungsmeßstreifen), so kann man den entsprechenden digitalen bzw. analogen Wert mit Hilfe von Digital/Analog- bzw. Analog/Digital-Wandlern erhalten. Über die Vorzüge der Digitaltechnik wie geringere Störanfälligkeit, größere Zuverlässigkeit und Flexibilität bezüglich Änderungen sowie besserer Bedienungs- und Wartungskomfort wird an anderen Stellen berichtet. Digitale Regelungen mit ihren modernen Schnittstellen, Datenbussen und Netzwerken ermöglichen übergeordnete Verkopplungen mit zentralen Systemen (Abschn. A.1 und Bilder A-3 und A-40a). In der Vergangenheit arbeiteten digitale Regelkreise üblicherweise mit analogen Stellgliedern, die unterlagerte analoge Regelkreise benötigen. Bei diesen Systemen sind demnach analoge und digitale Regelkreise kombiniert, d.h. kaskadiert und man spricht von Regelkaskaden und von kaskadierten Regelsystemen (Bild A-40a). Derzeit besteht die Tendenz zu rein digitalen Systemen, bei denen die Istwertakquisition nach digitalen Verfahren erfolgt, aber auch das analoge Stellglied (z.B. ein Elektromotor) digital angesteuert wird. So kann beispielsweise

- der klassische bürstenkommutierte Gleichstrommotor (Abschn. A.4.1) mit *getakteten (pulsgesteuerten) Endstufen* (Pulsdauermodulation mit Pulsfrequenz >20 kHz, s. Elektrotechnik für Maschinenbauer, Abschn. C.2.5.1.1) direkt digital gespeist werden, oder
- der elektronisch kommutierte, sogenannte *Elektronikmotor* (Abschn. A.5.1.3) mit einer rechnergesteuerten Sinuskommutierung weitgehend in Digitalsteuerungen eingebunden werden, oder
- der Drehstromsynchron- oder Asynchronmotor mit digitaler Umrichtertechnik gesteuert/geregelt werden (Abschn. A.4.2.1 und Tabelle A-10).

> Die *theoretischen Grundlagen der Regelungstechnik* gelten für *analoge* und *digitale* Regler. Deshalb werden die Grundlagen anhand der analogen, stetigen (kontinuierlichen) Regler behandelt.

C.6.1.3
Grundstruktur einer Regelung und Anforderungen

Grundstruktur (Grundprinzip) einer Regelung
Ganz allgemein hat eine Regelung folgende, in Bild C-111 gezeigte, stark vereinfachte Regelkreisstruktur.

Die zu beeinflussende *Regelgröße* wird durch einen Sensor gemessen und mit der vorgegebenen *Führungsgröße* verglichen. Besteht eine Differenz zwischen Führungsgröße (Sollwert W) und Regelgröße (Istwert X), wird über das *Stellglied* (Leistungsstufe und Aktuator in der Regelstrecke) die Regelgröße X so beeinflußt, daß die Regeldifferenz ΔX_W trotz Störeinflüssen (*Störgröße Z*) vermindert oder zu Null gemacht wird. Die *Regelabweichung* $\Delta X_W = W - X$ (nach dem Differenzglied) muß sich in einer geschlossenen Wirkungskette (*Regelkreis*) selbst entgegenwirken ($- X$), damit eine stabile Regelung entstehen kann. Dieses *entgegenwirkende Rückführen der Regelgröße* bezeichnet man als *Gegenkopplung*. Die Regelung ist also durch einen geschlossenen Wirkungsablauf (*Regelkreis*) charakterisiert. Der Regelkreis besteht im wesentlichen aus der *Regelstrecke* mit Stell- und Meßglied und der *Regeleinrichtung* mit *Komparator* und *Regler*. Der Regler übernimmt die Verstärkung und die statische und dynamische Korrektur des Systems. Er kann nur unmittelbar gemessene Größen regeln. Daraus folgt, daß die Genauigkeit der Regelung nicht besser als die Genauigkeit der Messung sein kann. Aus diesem Grund müssen die *Störungen* Z_{31} und Z_{32}, die direkt auf die Meßgröße X (*Istwert*) bzw. auf die Führungsgröße W (*Sollwert*) wirken, vermieden werden, da sie *nicht* weggeregelt werden können. Die Störungen Z_1, Z_2 und Z_4 werden in einem gut eingestellten Regelkreis *ausgeregelt*, d.h. bis auf restlicher Abweichungen gegen null geregelt.

Anforderungen an den Regelkreis

Die Güte eines Regelkreises wird an seinem *statischen* und *dynamischen* Verhalten, letzteres nach Änderungen der Führungsgröße oder nach Störungen von innen und von außen, beurteilt. Das Regelsystem sollte mindestens folgende drei Qualitätskriterien erfüllen:

- *Statische Genauigkeit* und *Konstanz*: Im stationären Betrieb (Arbeitspunkt) soll die Regeldifferenz ($\Delta X_W = W - X$) bei allen auftretenden Störungen möglichst gering sein und bleiben (Minimierung der Regelabweichung). Genauigkeit und Konstanz sind die maximalen Abweichungen der Regelgröße (Angaben in Prozent oder Promille des Nennwertes) gegenüber dem nominalen Sollwert bzw. gegenüber einem einmal eingestellten Istwert, jeweils bei Vorhandensein der maximal möglichen Störung;
- *Stabilität*: Die Regelung muß stabil sein, d.h. es dürfen zu keiner Zeit Regelschwingungen auftreten. Kurze Einschwingvorgänge werden unter Umständen toleriert;
- *Dynamik*: Bei auftretenden Störungen oder bei Änderung der Führungsgröße soll der neue stationäre Zustand der Regelung möglichst schnell und stabil eingeregelt (eingestellt) sein (Stör- bzw. Führungsverhalten). Das Beurteilungskriterium für das dynamische Verhalten des Regelkreises ist seine Reaktionszeit auf eine sprungartige Störung bzw. Führungsgrößenänderung: Anregel- bzw. Ausregelzeit, bis ein bestimmtes Toleranzband um den vorgegebenen Sollwert erstmalig erreicht ist bzw. nicht wieder verlassen wird.

C.6.1.4
Beispiele aus der Praxis

Der Wirkungsablauf von praktischen Regelkreisen soll nun anhand von drei Beispielen verdeutlicht werden.

Drehzahlregelung

Dieses Beispiel ist in Abschn. A.4.1.6.3 bzw. in Bild A-40 erläutert. Bild A-40a zeigt in der oberen Reihe eine *analoge Geschwindigkeitsregelung*, die ihre Soll-Drehzahl n_{soll} vom *digitalen Regler* erhält. Bild A-40b zeigt, wie durch Variation des Regelparameters U_{Kl} (Klemmenspannung des Motors als *Stellgröße*) die Drehzahl konstant gehalten werden kann. Dieser geschlossene Regelkreis hat die in Bild C-112 schematisch dargestellte Struktur.

Die Geschwindigkeit, mit welcher der Motor die Arbeitsmaschine beispielsweise über eine Spindel antreibt, ist die zu regelnde *Regelgröße*. Die Forderung nach einer konstanten Geschwindigkeit trotz unvermeidlicher Störungen (z.B. Drehmomentschwankungen) läßt sich nur erfüllen, wenn diese Regelgröße (tatsächlicher oder *Istwert* der Drehzahl) ständig erfaßt und mit der vorgegebenen Führungsgröße (gewünschter oder *Soll-*

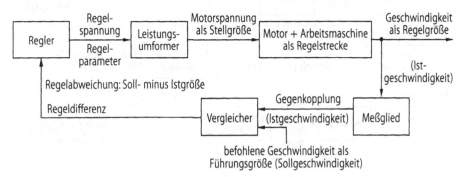

Bild C-112. Struktur einer Geschwindigkeitsregelung

wert der Drehzahl) verglichen wird. Zur Erfassung der Regelgröße wird ihr momentaner *Istwert* mit Hilfe eines Tachometers (*Meßglied*) ständig gemessen. Die befohlene Geschwindigkeit ist die *Führungsgröße*, auch *Sollwert* genannt. Die Führungsgröße wird am Eingang des Regelsystems, beispielsweise von einem Operator an einer Bedienwarte oder automatisch von einer übergeordneten Steuerung bzw. einem Rechner vorgegeben. Ein *Vergleicher* (*Komparator*) bildet die Differenz zwischen Soll- und Istgröße, so daß an seinem Ausgang die *Regelabweichung* (*Regeldifferenz*) erscheint. Ermittelt der Komparator eine Regeldifferenz, die es zu eliminieren gilt, wird ein entsprechendes Befehlssignal an den *Regler* geliefert, der das Signal nach ganz bestimmten Regelungsalgorithmen verarbeitet. Der Regler liefert seine Ausgangsspannung an die Leistungsstufe, welche die Reglerspannung (Regelparameter) in die vom Motor benötigte Leistung, also Spannung und Strom (*Stellgröße*: Gleichstrom bei einem Gleichstrommotor oder Drehstrom bei einer Drehstrom-Asynchronmaschine) umformt. Der Motor (Aktuator) ist das *Stellglied*. Ist der Regler richtig konzipiert bzw. ausgelegt (dimensioniert), wirkt die *Stellgröße* so lange, bis der Istwert gleich dem Sollwert, d. h. die Regeldifferenz gleich null ist. Auf diese Weise werden sowohl gewünschte *Führungsgrößenänderungen* als auch unerwünschte *Störungen* ausgeregelt. Das Verhalten des Regelkreises bezüglich der Ausregelgenauigkeit und der zeitlichen Dynamik der Reaktion auf eine Führungsgrößenänderung oder auf eine Störung bezeichnet man als *Führungs-* bzw. *Störverhalten* der Regelung.

Ist die Führungsgröße konstant, handelt es sich um eine *Festwertregelung*. Eine *Folge- oder Zeitplanregelung* liegt dagegen vor, wenn die Führungsgröße (Sollwert) variiert. Zeitabhängige Sollwertfunktionen werden immer mehr durch Programme in Steuerrechnern, d. h. per *Software*, gesteuert.

Regelvorgang: Steuerung eines Schiffes

Nach der obigen Definition ist der Vorgang, der als *Steuern eines Schiffes* (eines Autos oder eines Flugzeugs) bezeichnet wird, eine *Regelung*. Es handelt sich dabei meistens um eine sogenannte *Handregelung*, da der Mensch den *Soll-Ist-Vergleich* durchführt und dann in das System eingreift (Bild C-113). Der Steuermann (Fahrer, Pilot) ist demnach der *Regler*, der ständig die Istposition, die Istgeschwindigkeit und die Istbeschleunigung mit den entsprechenden Sollwerten vergleicht und auf Abweichungen in geeigneter Weise reagiert. Mögliche Störgrößen sind Umgebungsbedingungen, beispielsweise Strömungen, Winde, Kurven oder Störungen durch Menschen. Bei einer Navigations-Automatik oder beim *Automatikflug* erfolgt diese Regelung maschinell (automatisch).

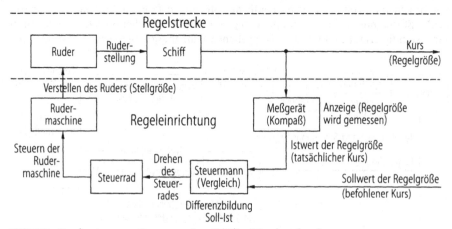

Bild C-113. Regelvorgang zur Steuerung eines Schiffes (Handregelung)

Heizungsautomatik (Heizung eines Hauses mit Temperaturregelung)

Bild C-114 zeigt eine Warmwasser-Raumtemperatur-Regelung. Die Regelstruktur ist in Bild C-115 schematisch als Blockdiagramm dargestellt. In den Blockdiagrammen (Bilder C-111, C-112, C-113 und C-115) sind die *Regelkreisglieder* als Blöcke dargestellt. Jeder Block bildet ein *Übertragungsglied* mit einer bestimmten mathematischen *Übertragungsfunktion*, bei der die *Ausgangsgröße* eine Funktion der *Eingangsgröße* darstellt. So ist beispielsweise die Temperatur des den Kessel verlassenden Wassers eine Funktion

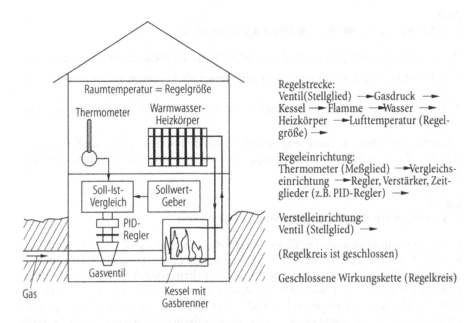

Bild C-114. Automatische Heizung eines Hauses (Raumtemperaturregelung)

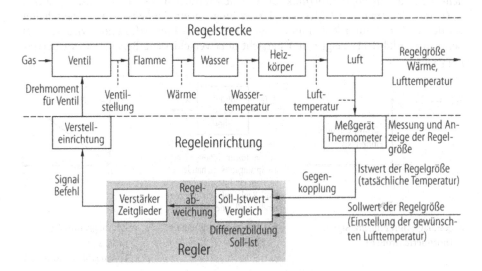

Bild C-115. Struktur (Blockdiagramm) einer Heizung mit Luft- bzw. Raumtemperaturregelung

der durch das Ventil zugeführten Gasmenge. Störgrößen für die Raumtemperatur als *Regelgröße* sind:

- Außentemperatur (Außenlufttemperatur um das Haus) und Temperaturgradient von innen nach außen,
- Wärmeverlust durch Fenster und Türen, geschlossen oder offen,
- Variabler Gasdruck und Heizwert des Gases,
- Andere Wärmequellen im Raum, z. B. Menschen.

C.6.2
Berechnung von Regelkreis- oder Übertragungsgliedern

Die Berechnung von Regelkreisgliedern erfolgt durch zwei völlig verschiedene Methoden:

- Betrachtung des Zeitverhaltens (Zeitfunktionen als Lösungen von Differentialgleichungen) oder
- Analyse im Frequenzbereich (Amplituden- und Phasenabhängigkeit von der Frequenz).

Dabei wird das Übertragungsglied jeweils mit einer definierten Eingangsfunktion angeregt und die Funktion des Ausgangssignals (Zeitdiagramm oder Frequenzverhalten) untersucht.

C.6.2.1
Zeitverhalten von Übertragungsgliedern, Zeitdiagramme

Das Zeitverhalten bringt den zeitlichen Verlauf des Ausgangssignals $X_A(t)$ in Abhängigkeit (als Antwortfunktion) vom zeitlichen Verlauf des Eingangssignals $X_E(t)$ zum Ausdruck (Bild C-116). Zur Untersuchung des Zeitverhaltens wird der Eingang eines Übertragungsgliedes (Ü-Glied) mit einer Standard-Zeitfunktion beaufschlagt (z. B. Sprungfunktion oder lineare Rampenfunktion oder ein Impuls (Stoß)) und die Ausgangs-Zeitfunktion aufgenommen und analysiert. Bei Regelkreisgliedern bzw. Systemen, die durch *lösbare Differentialgleichungen* (DGL) beschrieben werden können, benutzt man üblicherweise die *Sprungantwortfunktion*, d.h. den zeitlichen Verlauf der Ausgangsgröße $X_A(t)$ des Übertragungsgliedes, auf dessen Eingang ein *Einheitssprung* aufgeschaltet wurde: $X_E(t) = 1$ für $t \geq 0$ (Bild C-116a). Die Sprungantwortfunktion wird als $S(t)$ bezeichnet. Bild C-117 zeigt eine Übersicht über verschiedene Beispiele von Übertragungsgliedern.

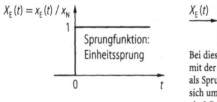

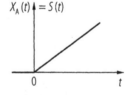

a Zeitdiagramm Eingangssignal (normierte Größen)

b Übertragungsglied als Block

c Zeitdiagramm Ausgangssignal: Sprungantwortfunktion

Bild C-116. Betrachtung des Zeitverhaltens eines Übertragungsgliedes

Übertragungsglied	Prinzipskizze	Symbol	Zustandsgleichung	Sprungantwort
Proportionalglied z.B. Verstärker mit Verstärkungsgrad $v = P$ a	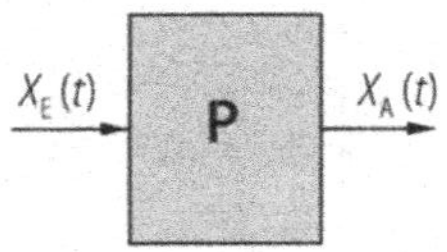 $X_E(t)$ → **P** → $X_A(t)$ (Verstärkungsfaktor v bzw. Proportionalkoeffizient K_P)	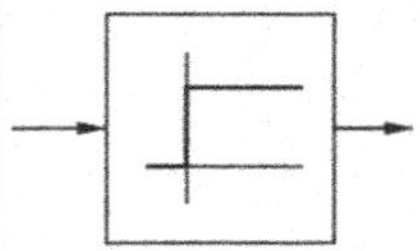 P-Glied	X_E und X_A sind genormte Größen $$X_A(t) = K_P X_E(t)$$ für $t \geq 0$ gilt: $X_E(t) = 1$ (Einheitssprung) und die Sprungantwort der Ausgangsfunktion: $$X_A(t) = K_P$$	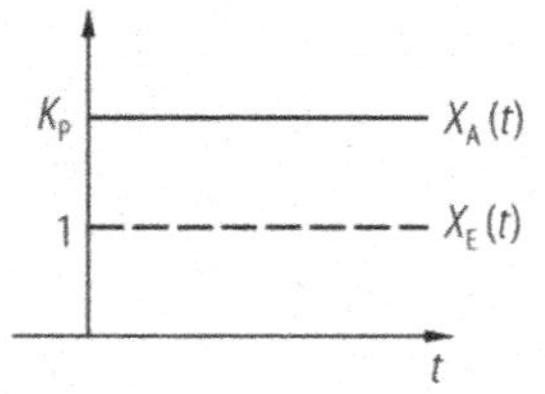
Verzögerungsglied 1.Ordnung (VZ$_1$ oder T-Glied) b	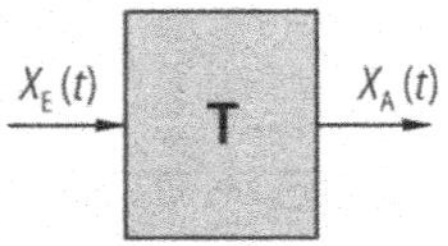 $X_E(t)$ → **T** → $X_A(t)$ (Exponentialfunktion als Sprungantwort mit der Zeitkonstanten T)	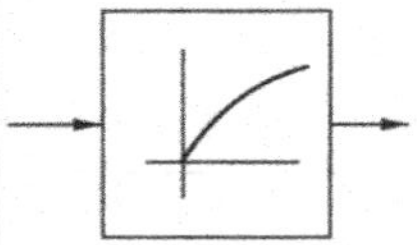 T-Glied (Zeit-Glied bzw. Verzögerungsglied 1.Ordnung)	$$X_A(t) + T\,dX_A/dt = k\,X_E(t)$$ für $t \geq 0$ gilt: $X_E(t) = 1$ (Einheitssprung) und die Sprungantwort. $X_A(t) = S(t)$. Die Lösung der Differentialgleichung: $$X_A(t) = S(t) = k\,(1 - e^{-t/T})$$	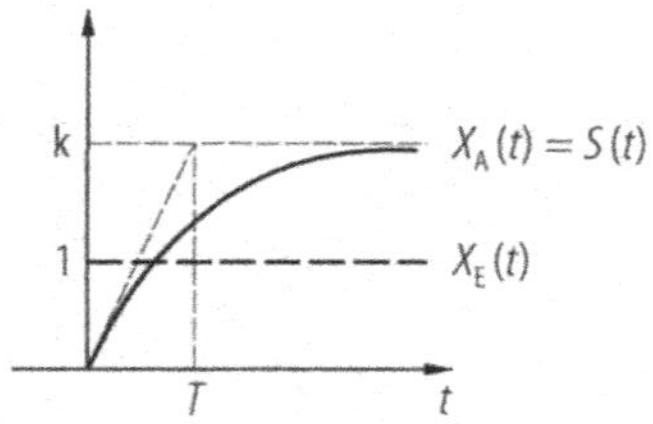
Beispiel für T-Glied: fester Körper: einem festen Körper mit der Wärmekapazität C und einer Wärmeabgabe A wird die Wärme $Q(t)$ zugeführt, er erhöht dadurch seine Temperatur ϑ nach einer bestimmten Zeitfunktion $\vartheta(t)$. $[C] = J/K$; $[A] = J/Ks$ c	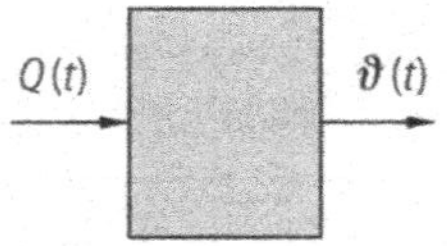 $Q(t)$ → [ ] → $\vartheta(t)$	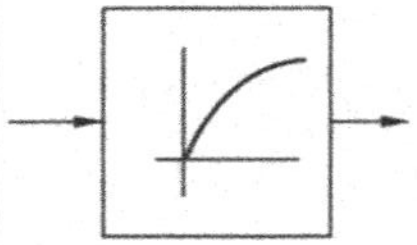 T-Glied (Zeit-Glied) Verzögerungsglied 1.Ordnung	$$Q\,dt = A\,\Theta(t)dt + C\,d\Theta$$ Lösung der Differentialgleichung: $$\Theta(t) = \hat\Theta(1 - e^{-t/T}) + \Theta_0\,e^{-t/T}$$ $T = C/A$ (Zeitkonstante in s) $\Theta = \vartheta - \vartheta_U$ (Übertemperatur gegenüber Umgebung) $\hat\Theta = Q/A$ (Endwert) $\Theta_0 =$ Anfangswert $Q =$ Wärmemenge, die pro Zeiteinheit zugeführt wird.	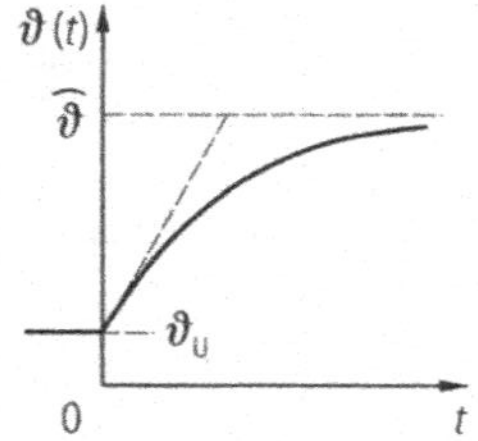

Bild C-117. Übersicht über verschiedene Standard Regelkreis-Glieder und ihr Zeitverhalten

Übertragungsglied	Prinzipskizze	Symbol	Zustandsgleichung	Sprungantwort
d Beispiel für T-Glied: Elektrisches Regelkreisglied: z.B. RC-Glied	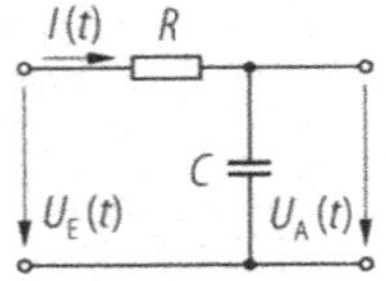 RC-Glied	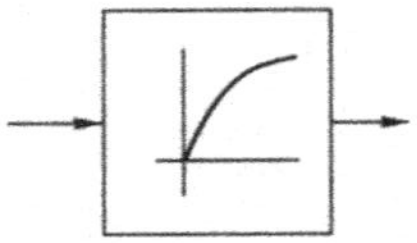 T-Glied (Zeit-Glied bzw. Verzögerungsglied 1.Ordnung)	$\dfrac{\mathrm{d}}{\mathrm{d}t}\,R\,I(t) + \dfrac{1}{C}\dfrac{\mathrm{d}}{\mathrm{d}t}\displaystyle\int_0^t I(t)\,\mathrm{d}t - \dfrac{\mathrm{d}}{\mathrm{d}t}U_{\mathrm{E}}(t) = 0$ $\quad$ mit $\dfrac{1}{C}\dfrac{\mathrm{d}}{\mathrm{d}t}\displaystyle\int_0^t I(t)\,\mathrm{d}t = \dfrac{\mathrm{d}}{\mathrm{d}t}U_{\mathrm{A}}(t)$ ergibt sich die Lösung: $U_{\mathrm{A}}(t) = \hat{U}_{\mathrm{E}}\left(1 - \mathrm{e}^{-t/T}\right)$ mit $T = RC$ (Zeitkonstante)	
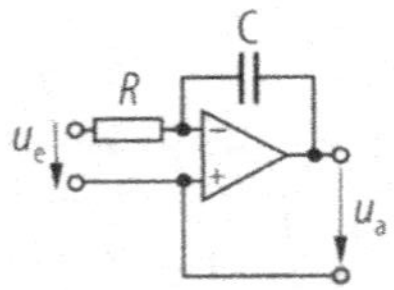 **e** Integrations-Glied (I-Glied) Beispiel: Integrator mit Operationsverstärker	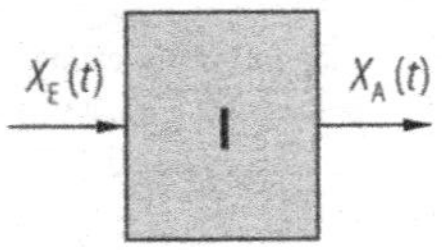	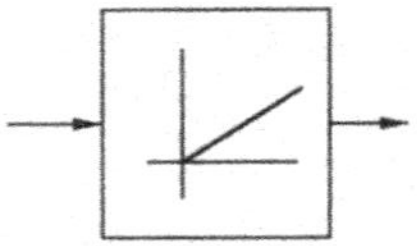 I-Glied	$T\,\dfrac{\mathrm{d}X_{\mathrm{A}}(t)}{\mathrm{d}t} = X_{\mathrm{E}}(t)$, d.h. $X_{\mathrm{A}}(t) = \dfrac{1}{T}\displaystyle\int X_{\mathrm{E}}(t)\,\mathrm{d}t$ Sprungantwort nach $X_{\mathrm{E}} = 1$: $X_{\mathrm{A}}(t) = S(t) = \dfrac{t}{T}$	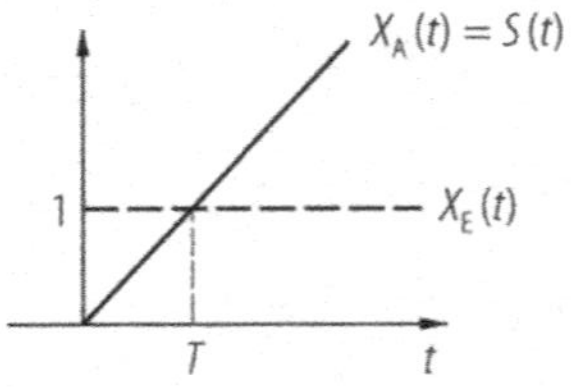
f Beispiel für I-Glied: über ein Ventil konstanter Öffnung wird ein Behälter der Fläche A gefüllt.	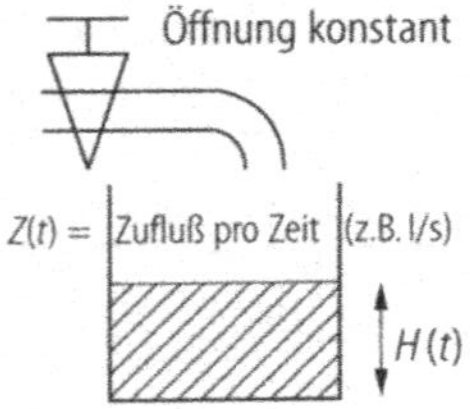	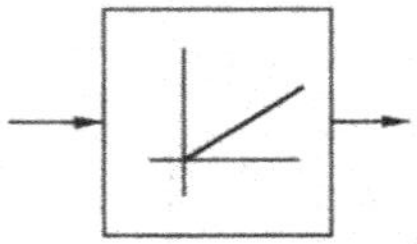 I-Glied	$H(t) = A\displaystyle\int_0^t Z(t)\,\mathrm{d}t + H_0$ für $t > 0$ gilt: $X_{\mathrm{E}} = Z_0$ und $X_{\mathrm{A}} = H(t) = Z_0/A\,t$ $H_0 = $ Anfangswert bei $t = 0$	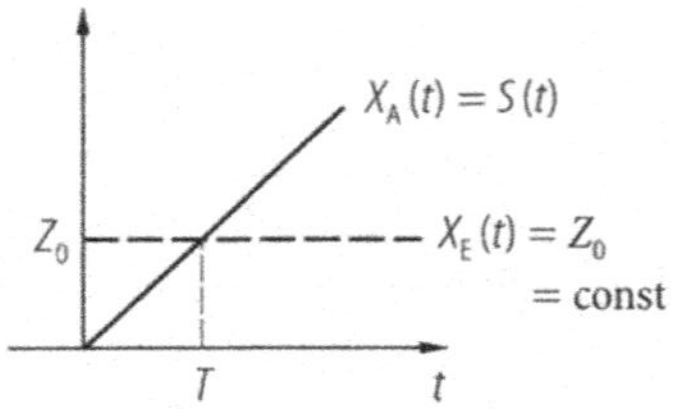

Bild C-117 (Fortsetzung)

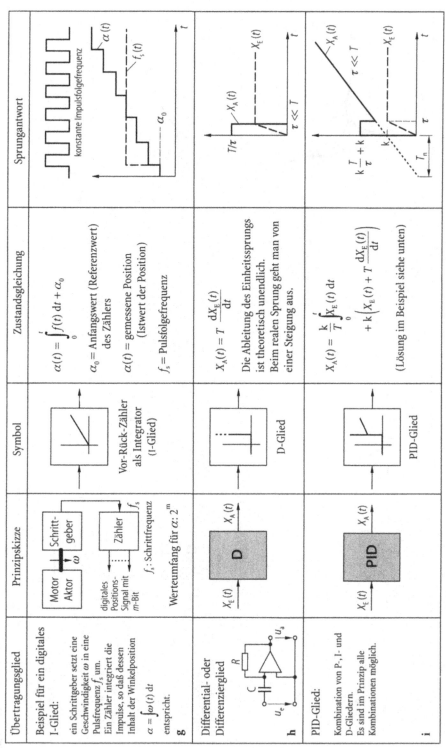

Übertragungsglied	Prinzipskizze	Symbol	Zustandsgleichung	Sprungantwort
Beispiel für ein digitales I-Glied: ein Schrittgeber setzt eine Geschwindigkeit ω in eine Pulsfrequenz f_s um. Ein Zähler integriert die Impulse, so daß dessen Inhalt der Winkelposition $$\alpha = \int \omega(t)\,dt$$ entspricht. **g**		Vor-Rück-Zähler als Integrator (I-Glied)	$$\alpha(t) = \int_0^t f(t)\,dt + \alpha_0$$ α_0 = Anfangswert (Referenzwert) des Zählers $\alpha(t)$ = gemessene Position (Istwert der Position) f_s = Pulsfolgefrequenz	
Differential- oder Differenzierglied **h**		D-Glied	$$X_A(t) = T\,\frac{dX_E(t)}{dt}$$ Die Ableitung des Einheitssprungs ist theoretisch unendlich. Beim realen Sprung geht man von einer Steigung aus.	
PID-Glied: Kombination von P-, I- und D-Gliedern. Es sind im Prinzip alle Kombinationen möglich. **i**		PID-Glied	$$X_A(t) = \frac{k}{T}\int_0^t X_E(t)\,dt + k\left(X_E(t) + T\,\frac{dX_E(t)}{dt}\right)$$ (Lösung im Beispiel siehe unten)	

Bild C-117 (Fortsetzung)

Übertragungsglied	Prinzipskizze	Symbol	Zustandsgleichung	Sprungantwort
Verzögerungsglied 2.Ordnung VZ_2-Glied (s. Abschnitt A.6.3.4.2 mit Bild A-139) j	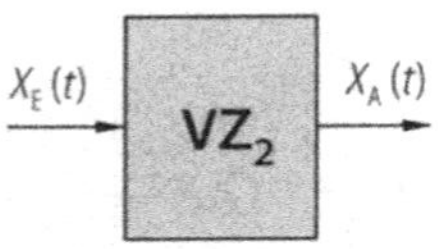$X_E(t)$ VZ_2 $X_A(t)$	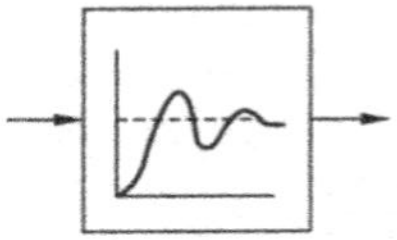 VZ_2-Glied	$T^2 \dfrac{d^2X_A(t)}{dt^2} + 2dT \dfrac{dX_A(t)}{dt}$ $+ X_A(t) = k\,X_E(t)$ T Zeitkonstante d Dämpfung (Lösung der Differentialgleichung im Beispiel unten)	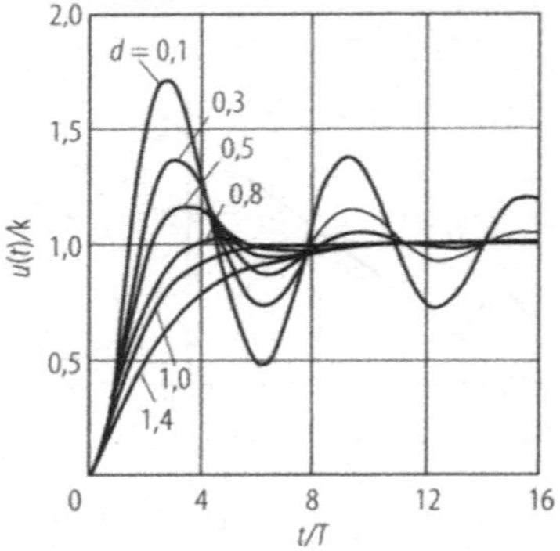2,0 1,5 1,0 0,5 u(t)/k d = 0,1 0,3 0,5 0,8 1,0 1,4 0 4 8 12 16 t/T
Verzögert-differenzierendes Regelkreisglied: VD-Glied k	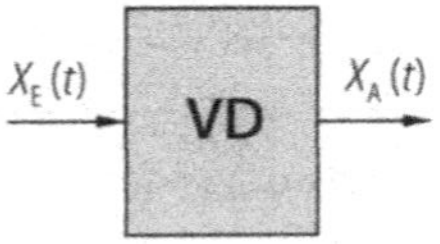$X_E(t)$ VD $X_A(t)$	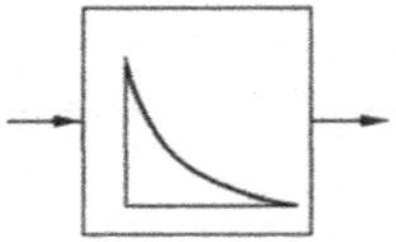 VD-Glied	$X_A(t) + T \dfrac{dX_A(t)}{dt} = k\,T \dfrac{dX_E(t)}{dt}$ mit $X_E = 1$ für $t \geq 0$ erhält man die Sprungantwort: $X_A(t) = k\,e^{-t/T}$ mit $X_A(0) = k$ als Anfangswert	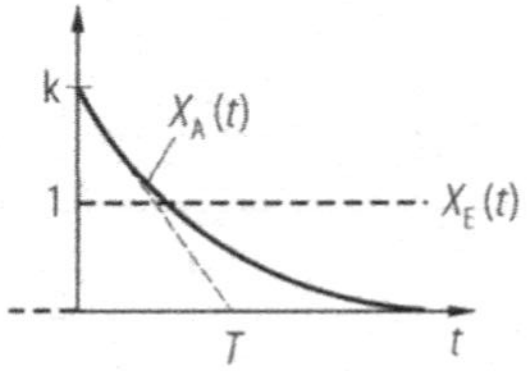k $X_A(t)$ 1 $X_E(t)$ T t
Totzeitglied: T_t-Glied: T_t ist die Totzeit oder Laufzeit. Das Ausgangssignal wird um T_t gegenüber dem Eingangssignal verzögert. l	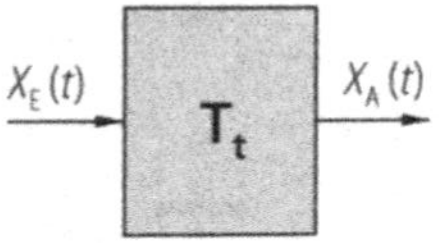$X_E(t)$ T_t $X_A(t)$	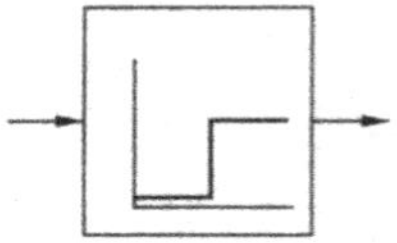 T_t-Glied	$X_A(t) = k\,X_E(t) \cdot f(t - T_t)$ mit $X_E = 1$ ergibt sich die Sprungantwort: $X_A(t) = k \cdot f(t - T_t)$ $f(t - T_t)$ Funktion von t um T_t zeitverzögert	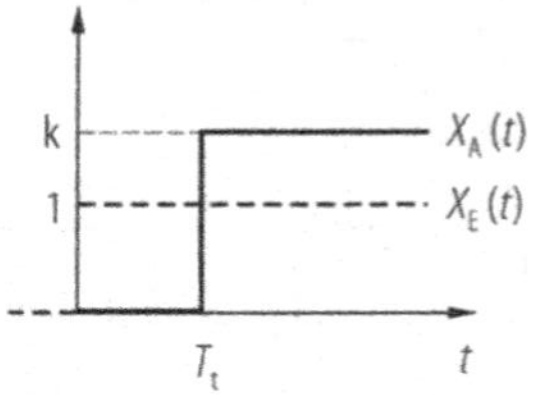k $X_A(t)$ 1 $X_E(t)$ T_t t

Bild C-117 (Fortsetzung)

● **Beispiel für ein PID-Glied (Proportional-Integral-Differential-Regler)**
Der PID-Regler hat drei Regelanteile mit drei Parametern, die zum Optimieren der Regelung aufeinander abgestimmt sein müssen. Die drei PID-Komponenten erkennt man in der Dgl. in Bild C-117i ebenso deutlich wie in der Sprungantwort. Bild C-118a zeigt die Realisierung eines elektronischen PID-Reglers mit beschalteten Operationsverstärkern durch Kombination der entsprechenden Schaltungsglieder (s. Elektrotechnik für Maschinenbauer, Abschn. C.5).

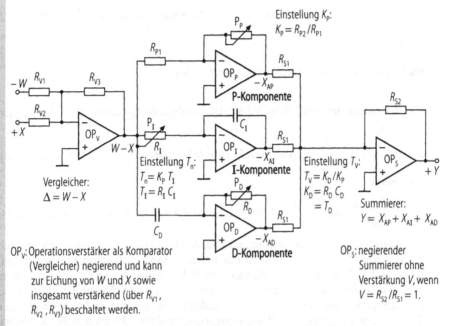

Bild C-118a. Elektronischer analoger PID-Regler mit Parameter-Einstellung

Die Stellgröße Y am Ausgang des Reglers ergibt sich aus der Summe der drei Reglerkomponenten:

$$Y = X_{AP} \text{ (P-Anteil)} + X_{AI} \text{ (I-Anteil)} + X_{AD} \text{ (D-Anteil)} = K_P \cdot \Delta + 1/T_I \cdot \Delta \cdot t + K_D \cdot d\Delta/dt.$$

Mit den Zeitkonstanten $T_n = T_I \cdot K_P$ (*Nachstellzeit*) und T_V (*Vorhaltezeit*) ergibt sich daraus:

$$Y = K_P \cdot \left(\Delta + \frac{1}{T_n} \Delta \cdot t + T_V \cdot \frac{d\Delta}{dt} \right).$$

Diese Funktion als Sprungantwort mit endlichem Sprunganstieg ist in Bild C-117i, rechte Spalte dargestellt. Der D-Anteil macht den Regler besonders dynamisch durch die unmittelbare, mit $K_P \cdot T_V$ überhöhte Reaktion. Der P-Anteil hält die mit K_P verstärkte Reaktion aufrecht. Der PD-Regler ist um die Vorhaltezeit T_V schneller als der reine P-Regler. Der zusätzliche I-Anteil regelt eine noch vorhandene Regeldifferenz, die ohne ihn bleiben würde, mit der Zeitkonstanten T_n gegen null. Die Parameter K_P, T_n und T_V werden mit den Potentiometern P_P für K_P, P_I für T_n und P_D für T_V eingestellt und optimiert.

● **Beispiel für ein Verzögerungsglied 2. Ordnung (RLC-Schaltung als VZ$_2$-Glied)**
Allgemeine Gleichung für ein System 2. Ordnung:

$$T^2 \frac{d^2 X_A(t)}{dt^2} + 2 \cdot d \cdot T \frac{d X_A(t)}{dt} + X_A(t) = k \cdot X_E(t): \qquad \text{(C-13)}$$

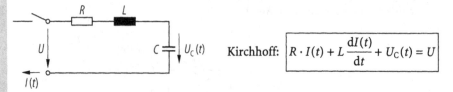

Kirchhoff: $\boxed{R \cdot I(t) + L \frac{dI(t)}{dt} + U_C(t) = U}$

Bild C-118 b. Elektronisches Verzögerungsglied 2. Ordnung

Man bestimme den zeitlichen Verlauf der Kondensatorspannung $U_C(t)$ (Ausgangsgröße X_A).

Mit $I(t) = C \cdot \dfrac{d U_C(t)}{dt}$ ergibt sich die *lineare, inhomogene Dgl.* (*Differentialgleichung*)

2. Ordnung:

$$LC \frac{d^2 U_C(t)}{dt^2} + RC \frac{d U_C(t)}{dt} + U_C(t) = U \text{ mit } U_C(t) = u_C(t)/U_N \text{ und } U = u/U_N \quad \text{(C-14)}$$

Nach Betätigen des Schalters können weder $U_C(t)$ noch $d U_C(t)/dt$ springen. Sie steigen von ihren Anfangswerten in die durch den stationären Zustand definierten Endwerte an. Für $U_C(t)$ ist das die Eingangsgröße $U = $ konstant und für $d U_C(t)/dt$ ist es null. Die Lösung einer linearen, inhomogenen Differentialgleichung setzt sich aus der *homogenen* und der *inhomogenen* Teillösung zusammen, wobei die homogene Teillösung den dynamischen Übergangsvorgang und die inhomogene den statischen Endzustand charakterisiert. Die homogene Teillösung ergibt sich mit einem Exponentialansatz: $X_A(t) = K \cdot e^{\alpha t}$ (im Beispiel ist $X_A(t) = U_C(t)$). Obige Differentialgleichungen können prinzipiell in folgende Form gebracht werden:

$$X_A + k_1 X_A' + k_2 X_A'' = k X_E \quad \text{mit} \quad X_A' = \frac{d X_A}{dt} \quad \text{und} \quad X_A'' = \frac{d^2 X_A}{dt^2}.$$

Mit dem Exponentialansatz ergibt sich durch Differenzieren:

$K \cdot e^{\alpha t} + k_1 \cdot K \cdot e^{\alpha} \cdot \alpha + k_2 \cdot K \cdot e^{\alpha t} \cdot \alpha^2 = 0$ und durch umformen:

$K \cdot e^{\alpha t} (1 + k_1 \cdot \alpha + k_2 \cdot \alpha^2) = 0 \quad \Rightarrow$

$$(1 + k_1 \cdot \alpha + k_2 \cdot \alpha^2) = 0 \quad \Rightarrow \quad \alpha_{1,2} = -\frac{k_1}{2 k_2} \pm \sqrt{\left(\frac{k_1}{2 k_2}\right)^2 - \frac{1}{k_2}}.$$

Wird der Wurzelinhalt negativ, entstehen komplexe Verhältnisse mit periodischen Übergangsfunktionen (Schwingungen). Das ist die Lösung für den Exponenten der homogenen Teillösung der linearen Differentialgleichung 2. Ordnung, die auch als *charakteristische Gleichung* der DGL bezeichnet wird. Weil, wie bereits erwähnt, diese homogene Teillösung das dynamische Verhalten des Systems beschreibt, gibt die Lösung der *charakteristischen Gleichung* die zeitliche Einlauffunktion in den stationären Arbeitspunkt an.

Aus dem Vergleich von Gl. (C-13) mit Gl. (C-14) ergeben sich die Parameter:

Zeitkonstante $T = \sqrt{LC}$ und Dämpfung $d = \dfrac{R}{2}\sqrt{\dfrac{C}{L}}$. Die Kennlinien in Bild C-117j sind

die mit einem Mathematikprogramm aufgenommenen normierten Sprungantworten des RLC- bzw. VZ_2-Gliedes mit der *Dämpfung d* als Änderungsparameter. Dabei muß man zwei Bereiche unterscheiden:

- aperiodische Sprungantworten (Übergangsfunktionen ohne Überschwingungen) mit $d > 1$
- periodische Sprungantworten (Übergangsfunktionen mit gedämpften Schwingungen) mit $d < 1$.

Der Vorteil der Systemanalyse über das *Zeitverhalten* besteht in der schnellen und übersichtlichen experimentellen Durchführbarkeit (oft genügen Pulsgenerator und Oszillograf), ihr Nachteil in der schwierigen (oft komplexen) Mathematik. Liegen beispielsweise kaskadierte Regelsysteme mit mehreren (zum Teil überlagerten) Regelkreisgliedern vor, ergeben sich Systeme höherer Ordnung, die nur noch schwer mit Methoden der *höheren Mathematik* oder gar nicht zu lösen sind. Deshalb bietet sich die Analyse des *Frequenzverhaltens* von einzelnen Regelkreisgliedern und geschlossenen Systemen an. Dieses Verfahren zeichnet sich durch eine einfachere Mathematik aus, ist dagegen jedoch nicht so anschaulich.

C.6.2.2
Frequenzverhalten von Übertragungsgliedern, Frequenzgang, Bode-Diagramm

Das einzelne Regelkreisglied bzw. das komplette Regelsystem wird nun nicht mehr im *Zeitbereich* sondern im *Frequenzbereich* untersucht. Zu diesem Zweck regt man den Eingang mit einer *harmonischen*, d.h. *Sinusschwingung*

$$x_e = \hat{x}_e \cdot \sin(\omega t) \quad \text{an und untersucht die Ausgangsschwingung gleicher Frequenz:}$$

$$x_a = \hat{x}_a \cdot \sin(\omega t + \varphi).$$

In der Elektrotechnik wählt man für harmonische Schwingungen meist die *komplexe Schreibweise*:

$$x_e = \hat{x}_e \cdot e^{j\omega t} \quad \text{bzw.} \quad x_a = \hat{x}_a \cdot e^{j(\omega t + \varphi)} \tag{C-15}$$

Liegt ein System n^{ter} Ordnung vor, wird dieses durch folgende Differentialgleichung beschrieben:

$$x_a + a_1 x_a' + a_2 x_a'' + a_3 x_a''' + \ldots + a_n x_a^{(n)} = k \cdot x_e.$$

Werden die komplexen x_e und x_a in diese Differentialgleichung eingesetzt, folgt:

$$\hat{x}_a \cdot e^{j(\omega t + \varphi)}(1 + j\omega\, a_1 + (j\omega)^2 a_2 + (j\omega)^3 a_3 + \ldots + (j\omega)^n a_n) = k \cdot \hat{x}_e \cdot e^{j(\omega t)}.$$

Und mit der Substitution: $s = j\,\omega$:

$$\hat{x}_a \cdot e^{j(\omega t + \varphi)}(1 + s a_1 + s^2 a_2 + s^3 a_3 + \ldots + s^n a_n) = k \cdot \hat{x}_e \cdot e^{j\omega t}.$$

Mit Gl. (C-15) ergibt sich daraus:

$$x_a(1 + s a_1 + s^2 a_2 + s^3 a_3 + \ldots + s^n a_n) = k x_e \quad \text{bzw.} \quad x_a = \frac{k \cdot x_e}{1 + s \cdot a_1 + s^2 a_2 + s^3 a_3 + \ldots + s^n a_n}.$$

Bezieht man die Ausgangs- auf die Eingangsgröße, erhält man die *komplexe Übertragungsfunktion* $\underline{F}(s)$, den sogenannten *Frequenzgang*. $\underline{F}(s)$ gibt die Frequenzabhängigkeit des Amplitudenverhältnisses und der Phasenverschiebung von Ausgangs- zur Eingangsharmonischen an. $\underline{F}(s)$ kann in *Real-* (Betrag) und *Imaginärteil* (Phasenlage) zerlegt und als *Ortskurve* in der komplexen *Gaußschen Zahlenebene* dargestellt werden.

$$\underline{F}(s) = \frac{\underline{x}_a}{\underline{x}_e} = \frac{k}{1 + s a_1 + s^2 a_2 + s^3 a_3 + \dots + s^n a_n} = |\underline{F}(s)| \cdot e^{j\varphi(\omega)} \quad \text{oder} \quad \underline{F}(s) = \frac{\hat{x}_a}{\hat{x}_e} \cdot e^{j\varphi(\omega)} \tag{C-16}$$

Die Ortskurve eines Gliedes/Systems wird durch zwei verschiedene frequenzabhängige Funktionen bestimmt. In jedem Punkt (mit Parameter $s = j\omega$) existiert nämlich ein Zeiger, der durch seine Länge $F(\omega)$ (Betrag) und seinem Phasenwinkel $\varphi(\omega)$ definiert ist. Daraus ergibt sich die getrennte Darstellung von (Abschn. C.6.4):

- *Amplituden-Frequenzgang*: $|\underline{F}(s)| = \frac{\hat{x}_a}{\hat{x}_e}(\omega)$, d.h. die Zeigerlängen in der Ortskurve (Quotient der Beträge), und

- *Phasenfrequenzgang* $\varphi(\omega)$, d.h. Phasenwinkel gegen die reelle Achse: $\tan \varphi(\omega) = Im(\underline{F})/Re(\underline{F})$, d.h. Blindanteil des Zeigers in Richtung imaginärer Achse bezogen auf den Wirkanteil des Zeigers in Richtung reeller Achse.

Trägt man die beiden Frequenzkoordinaten und die Achse der Betragsquotienten (Verstärkungsfaktor) logarithmisch, die Phasenkoordinate dagegen linear auf, erhält man das *Bode-Diagramm*. Es gilt als sehr plausible Darstellungsart zur Beschreibung/Beurteilung von Einzelgliedern, offenen und geschlossenen Regelsystemen, die sich weltweit durchgesetzt hat. Der Frequenzgang kann aus der linearen zeitlichen Differentialgleichung des Systems (und umgekehrt) abgeleitet werden:

- allgemeine Differentialgleichung eines linearen Systems:

$$x_a + a_1 x_a' + \dots + a_n x_a^{(n)} = k(x_e + b_1 x_e' + \dots + b_m x_e^{(m)}) \quad \text{mit} \quad x' = \frac{d}{dt}$$

- man ersetzt: $\frac{d}{dt} \Rightarrow j\omega = s$, bzw. $\frac{d^n}{dt^n} = (j\omega)^n = s^n$ und erhält den Frequenzgang:

- $\underline{F}(s) = \frac{\underline{x}_a}{\underline{x}_e} = \frac{k(1 + b_1 s + \dots + b_m s^m)}{1 + a_1 s + \dots + a_n s^n}$ \hfill (C-17)

Der Betrag wird üblicherweise in *Dezibel* (dB) angegeben.

Definition: $\quad \frac{|\underline{F}(s)|}{dB} = 20 \cdot {}_{10}\log|F| = 20 \cdot {}_{10}\log\left(\frac{\hat{x}_a}{\hat{x}_e}\right).$

Das Bodediagramm wird aufgenommen, indem das Glied/System am Eingang mit einer *Sinusspannung* $u(t) = \hat{u}_e \sin(\omega t)$ konstanter Amplitude $\hat{u}_e$, aber variabler Frequenz angeregt und die Ausgangsspannung $u_a(t)$ mit Amplitude $\hat{u}_a$ und Phasenverschiebung φ zwischen $u_a(t)$ und $u_e(t)$ bzw. zwischen den Zeigern $\underline{u}_a$ und $\underline{u}_e$ gemessen wird. Die Messung und Auswertung kann Punkt für Punkt mit einem Oszilloskop durchgeführt werden. Diese Methode ist sehr mühsam. Es gibt inzwischen modernere Meßmittel, die sogenannten *Frequenzanalysatoren*, die mit Frequenz-Wobbelgeneratoren, Betrag- und Phasenauswertungen und einem mehrkanaligen Bodediagrammschreiber ausgestattet sind und damit die kontinuierliche Aufnahme des Bodediagramms in *einem* Meßvorgang in wenigen Minuten ermöglichen. Damit ergeben sich die in Bild C-119 zusammengefaßten Zusammenhänge von Standardgliedern.

C.6.3
Auslegung von Regelkreisen und Untersuchung der Stabilität

Bei dem Entwurf und der Auslegung (Dimensionierung) von Regelkreisen stellt sich dem Regelungstechniker meist die Aufgabe, für eine vorgegebene Regelstrecke einen angepaßten Regler zu entwerfen oder auszuwählen und zu optimieren. Optimierung bedeutet, die freien Parameter der Regelglieder so einzustellen, daß das Regelverhalten möglichst gut den Anforderungen gerecht wird. In der Regelungspraxis reicht es in vielen Fällen aus, die Optimierung empirisch vorzunehmen, d.h. nach einer Änderung eines Parameters die Sprungantwort zu messen oder das Bodediagramm des offenen und/oder geschlossenen Regelkreises mit einem *Frequenzgang-Meßsystem (Analyser)* aufzunehmen. Nach beiden Methoden kann das Regelverhalten beurteilt werden. Es können auch sprunghafte Störungen eingespeist und die Reaktion des Systems beobachtet bzw. gemessen werden. Man unterscheidet zwischen drei Verhaltensweisen des Systems nach Bild C-111 (Bild C-120):

- *Anfahrverhalten:* Die Regelgröße X soll den Sollwert W möglichst gedämpft, mit Überschwingung (z.B. bei Heizungen) oder ohne jegliche Überhöhung (z.B. bei einer irreversiblen Spanabhebung) erreichen. Bei Reglern mit großem I-Anteil sollte dieser anfangs weggeschaltet sein, oder man trennt den Regelkreis zwischen Strecke und Regler solange auf, bis die Regel- bzw. Istgröße etwa gleich der Sollgröße ist (offener Regelkreis = Steuerung).
- *Führungsverhalten:* Die Regelgröße X soll der Führungsgröße W zu jeder Zeit möglichst schnell und genau folgen (Bild C-120a).
- *Störungsverhalten:* Im Falle von Störungen Z soll die Regelgröße X möglichst schnell (Regeldynamik) und genau (statische Regelgenauigkeit bzw. -empfindlichkeit) wieder den Wert vor der Störung einnehmen. Diesbezüglich muß jedoch noch zwischen ausregelbaren und nicht ausregelbaren Störungen unterschieden werden. Die Störgrößen Z_1, Z_2 und Z_4 in Bild C-111 regeln sich automatisch aus und sind somit harmlos, während der Einfluß der Störgrößen der Kategorie Z_3 erhalten bleibt. Z_{31} und Z_{32} faßt man zu Z_3 zusammen, weil beide auf die Regelabweichung $\Delta = W - x$ wirken. Störungen Z_3 auf den Soll- oder Istwert werden vom Regler nicht als solche erkannt und lassen sich somit auch nicht ausregeln. Das System kann also nur so genau wie die Genauigkeit der Istwertmessung bzw. Sollwertvorgabe sein. Störungen der Kategorie Z_3 müssen deshalb von vorne herein konzeptionell vermieden werden.

C.6.3.1
Grundgleichung des Regelkreises

Wie Bild C-111 zeigt, besteht der Kreis im wesentlichen aus Regelstrecke und Regler mit den Übertragungsfunktionen $\underline{F_s}(s)$ bzw. $\underline{F_R}(s)$:

$$\underline{F_s}(s) = \frac{X(s)}{Y(s) + Z_1(s)} \quad \text{und} \quad \underline{F_R}(s) = \frac{Y(s)}{W(s) + Z_3(s) - X(s)}$$

Daraus folgt die Grundgleichung des Regelkreises:

$$X = \frac{\underline{F_S} \cdot \underline{F_R}}{1 + \underline{F_S} \cdot \underline{F_R}} (W + Z_3) + \frac{\underline{F_S}}{1 + \underline{F_S} \cdot \underline{F_R}} Z_1 \tag{C-18}$$

Regelglied	Differential-gleichung	Sprungantwort = Symbol des Regelgliedes	Übertragungs-funktion	Bode-Diagramm Verstärkung (v) Phase (ω)	Beispiel elektrisch	mechanisch
P Proportional-glied **a**	$u_a(t) = K\,u_e(t)$		$F(\omega) = \dfrac{u_a(\omega)}{u_e(\omega)} = K$ $F(s) = \dfrac{u_a(s)}{u_e(s)} = K$			Hebel, drehbar um A
T₁ Verzögerungs-glied 1.Ordnung **b**	$T\,\dfrac{du_a(t)}{dt} + u_a(t) = K\,u_e(t)$		$F(\omega) = \dfrac{K}{1 + j\omega T_1}$ $F(s) = \dfrac{K}{1 + sT_1}$			Feder, Dämpfung
I Integrier-glied **c**	$u_a(t) = K\displaystyle\int u_e(t)\,dt$		$F(\omega) = \dfrac{K}{j\omega}$ $F(s) = \dfrac{K}{s}$			$x_e = \dfrac{\text{Volumen}}{\text{Zeit}}$
D Differenzier-glied **d**	$u_a(t) = \dfrac{du_e}{dt}\,K$		$F(\omega) = j\omega K$ $F(s) = sK$			viskose Flüssigkeit

	Differentialgleichung	Sprungantwort	$F(\omega)$, $F(s)$	Frequenzgang	Schaltung
e $D_1 T_1$ Differenzierglied mit Verzögerung	$T_1 \dfrac{du_a(t)}{dt} + u_a(t) = K \dfrac{du_e(t)}{dt}$	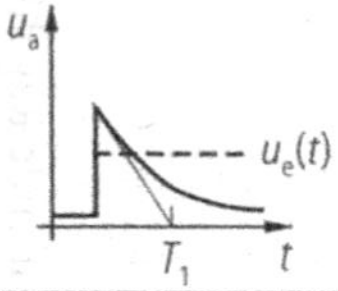	$F(\omega) = \dfrac{j\omega K}{1 + j\omega T_1}$ $F(s) = \dfrac{sK}{1 + sT_1}$	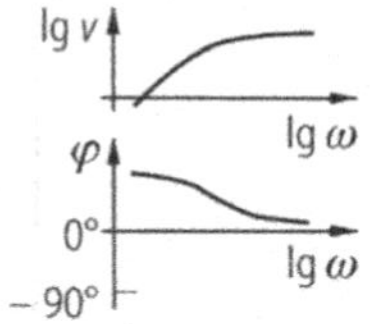	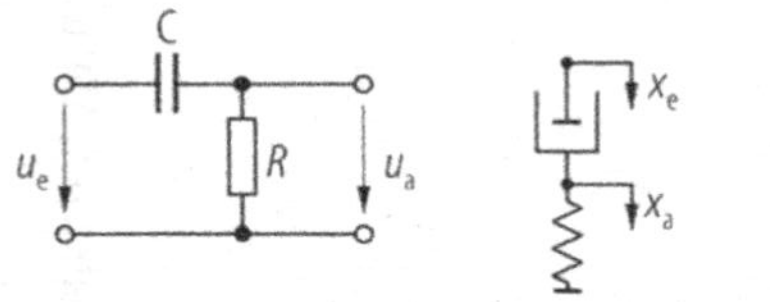
f T_2 Verzögerungsglied 2.Ordnung aperiodisch	$T_2 \dfrac{d^2 u_a(t)}{dt^2} + T_1 \dfrac{du_a(t)}{dt} + u_a(t) = K u_e(t)$	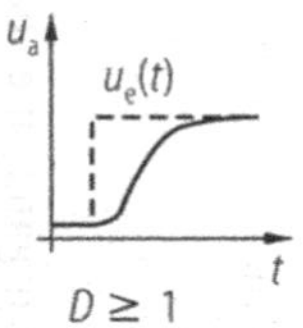 $D \geq 1$	$F(\omega) = \dfrac{K}{1 + j\omega T_1 - \omega^2 T_2^2}$ $F(s) = \dfrac{K}{1 + sT_1 + s^2 T_2^2}$	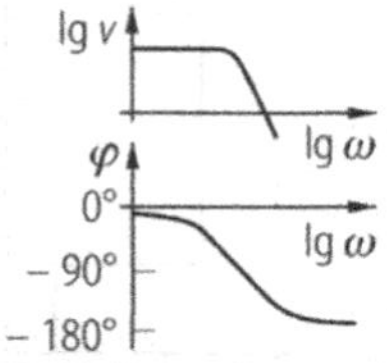	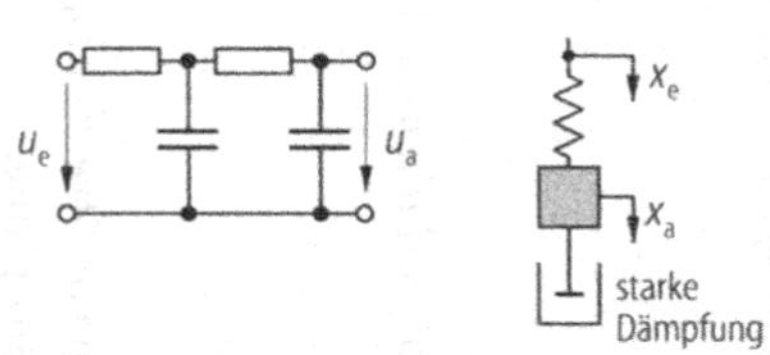 starke Dämpfung
g periodisch	$D = \dfrac{1}{2}\sqrt{\dfrac{T_1}{K T_2}}$ Dämpfung	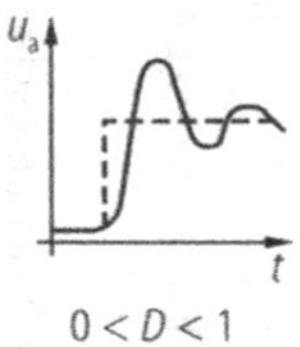 $0 < D < 1$		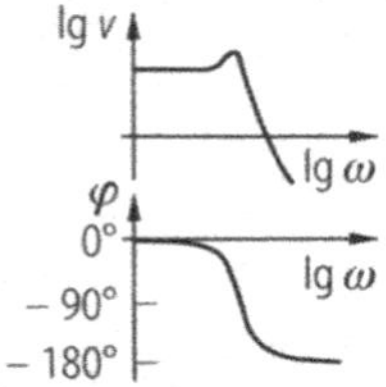	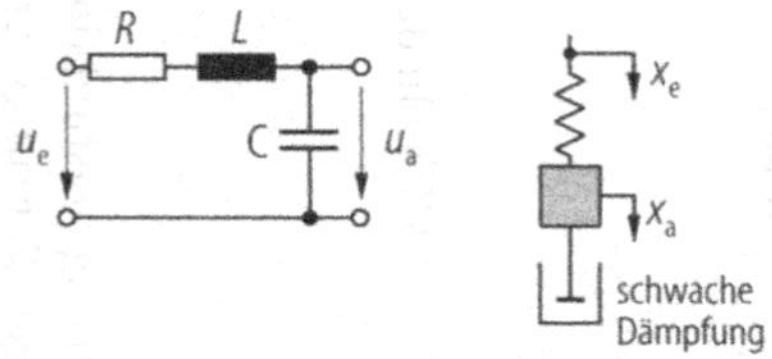 schwache Dämpfung
h PID Proportional-Integral-Differential-Glied, als Beispiel für eine Kombination von Gliedern	$u_a(t) = K_P\, u_e(t) + K_I \displaystyle\int u_e(t)\, dt + K_D \dfrac{du_e(t)}{dt} = K_P\left(u_e + \dfrac{1}{T_1}\displaystyle\int u_e(t) + T_v \dfrac{du_e}{dt}\right)$	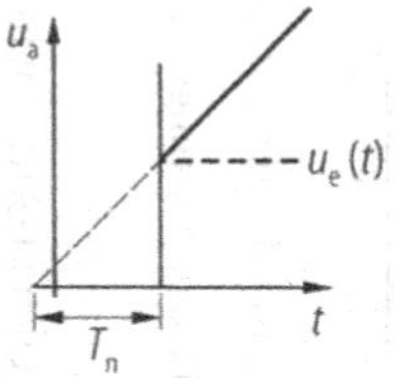	$F(\omega) = K_P(1 + j\omega T_v) + \dfrac{K_P}{j\omega T_n}$ $F(s) = K_P\left(1 + sT_v + \dfrac{1}{sT_n}\right)$ mit $T_v = K_D/K_P$, $T_n = K_P/K_I = K_P T_1$ ω_{EI} und ω_{ED} nennt man Eckfrequenzen. Dort ist der Phasenwinkel $\varphi = 45°$	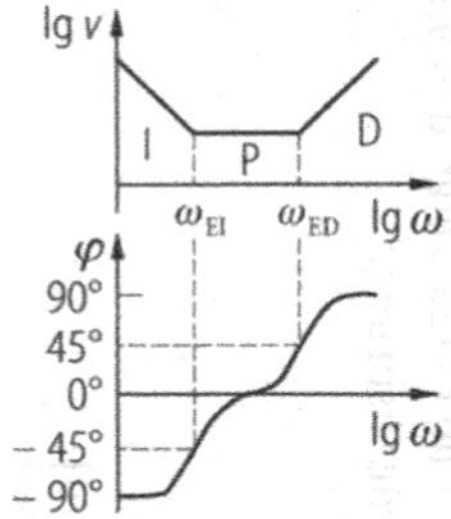	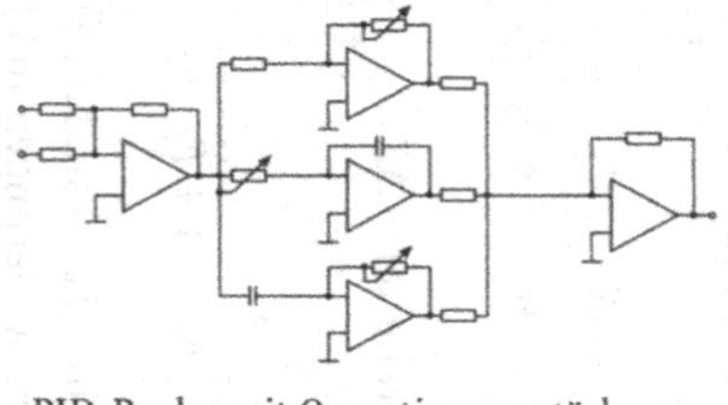 PID-Regler mit Operationsverstärkern und einstellbaren Parametern

Bild C-119. Übersicht über wichtige Glieder im Regelkreis (Standardregelglieder)

Der erste Term $\Delta X = \dfrac{F_S \cdot F_R}{1 + F_S \cdot F_R}\, \Delta W$ stellt das *Führungsverhalten* dar ($\Delta Z = 0$):

$$\underline{F_W} = \frac{\Delta X}{\Delta W} = \frac{F_S \cdot F_R}{1 + \underline{F_S} \cdot \underline{F_R}}\,;$$

der zweite Term $\Delta X = \dfrac{F_S}{1 + \underline{F_S} \cdot \underline{F_R}}\, \Delta Z_1$ stellt das *Störverhalten* dar ($\Delta W = 0$):

$$\underline{F_Z} = \frac{\Delta X}{\Delta Z} = \frac{F_S}{1 + \underline{F_S} \cdot F_R}\,.$$

$\underline{F_S}$ (s) und $\underline{F_R}$ (s) sind die Übertragungsfunktionen von Strecke bzw. Regler. ΔX, ΔW und ΔZ sind Änderungen von Regel-, Führungs- und Störgröße.

Bild C-120 zeigt den Einfluß der Regelung bei Führungsgrößen- bzw. bei Störgrößensprung.

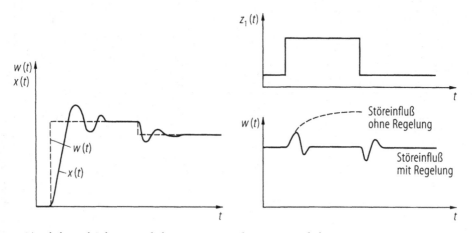

a Einschalt- und Führungsverhalten   **b** Störungsverhalten

Bild C-120. Führungs- und Störverhalten einer Regelung

Ohne I-Anteil wird sich nach dem Einschwingvorgang eine verbleibende Regeldifferenz $e_v = w - x$ einstellen, die man dadurch erhält, daß man die Frequenz ω in den Übertragungsfunktionen null setzt. Dann ergibt sich:

$$e_v = w - x = w - \frac{K_R K_S}{1 + K_R K_S}\, w - \frac{K_S}{1 + K_R K_S}\, z = \frac{1}{1 + K_R K_S}\, w - \frac{K_S}{1 + K_R K_S}\, z.$$

Auch ohne Störung ($z = 0$) gibt es eine verbleibende Abweichung:

$$e_v = \frac{1}{1 + K_R K_S}\, w = Rw\,,$$

mit dem Regelfaktor R sowie den Proportionalitäts-Faktoren (Verstärkungen) K_R und K_S von Regler und Strecke. Für eine minimale verbleibende Regelabweichung $e_v = w - x$ möchte man natürlich R durch möglichst hohe Verstärkung minimieren. Das erreicht man bei vorgegebener Streckenverstärkung K_S durch eine im Idealfall unendliche Regelverstärkung K_R. Das führt jedoch zu Regelschwingungen, d.h. der Regelkreis wird *instabil* und unbrauchbar. Deshalb muß man die folgenden Stabilitätskriterien erfüllen.

Eine Störung Δz verursacht eine Regelabweichung von $\Delta x = R K_S \cdot \Delta z$, wobei der Störungseinfluß ohne Regler $K_S \cdot \Delta z$ durch die Regelung um den Faktor R (*Regelfaktor*) verbessert wird.

C.6.3.2
Stabilität eines Regelkreises

Ein System ist *stabil*, wenn es nach vorübergehender Störung nach einer angemessenen Zeit (Ausgleichs- oder Einschwingvorgang) in den vorher innegehabten Zustand zurückkehrt. Die Prüfung der *Stabilität* kann beispielsweise durch eine *Stoßfunktion* (Impuls) an irgendeiner Stelle erfolgen (Bild C-121).

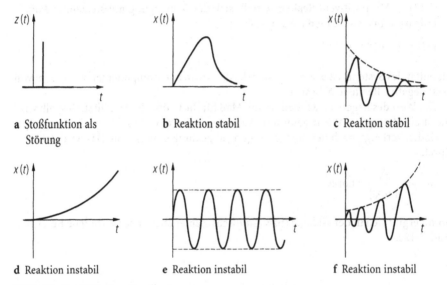

a Stoßfunktion als Störung   **b** Reaktion stabil   **c** Reaktion stabil

d Reaktion instabil   **e** Reaktion instabil   **f** Reaktion instabil

Bild C-121. Stabilität eines Regelkreises

● *Mathematische Formulierung der Instabilität*
Die *Impulsantwort* ist eine sogenannte *Gewichtsfunktion* $g(t)$, mit deren Hilfe die Stabilität formuliert wird:

Stabilitätskriterium
Maßgebend für die Stabilität eines Systems ist die Fläche der Gewichtsfunktion:

$$\int_0^\infty (g(t))^2 \cdot dt \le M < \infty$$

Bei *stabilen Systemen* nimmt die Fläche von $g(t)$ einen endlichen Wert an, bei *Instabilität* wird sie unendlich.

Auch an der Übertragungsfunktion $G(s) = \mathcal{L}\{g(t)\}$ (Laplace-Transformation der Gewichtsfunktion) kann man die *Stabilität* erkennen:

$$G(s) = \frac{P(s)}{Q(s)} = \frac{A_1}{s - s_1} + \frac{A_2}{s - s_2} + \dots + \frac{A_v}{s - s_v} = \sum_{v=1}^{m} \frac{A_v}{s - s_v} \quad \text{mit } s = \delta_v + j\omega_v$$

$$g(t) = \sum_{v=1}^{m} A_v \cdot e^{s_v \cdot t} \quad \text{mit } s_v = \delta_v + j\omega_v$$

- Übertragungsfunktion $G(s)$ ist stabil, wenn Realteil δ_v von s negativ ist (gedämpfte Schwingung):

  $$g(t) = A_v \cdot e^{-\delta_v \cdot t} \cdot e^{\pm j\omega_v t} \quad \text{(Bild C-121c)}.$$

- $G(s)$ wird instabil mit $\delta_v \geqq 0$:
  Mit $\delta_v = 0$ ergibt sich die Schwingung konstanter Amplitude: $g(t) = A_v \cdot e^{\pm j\omega_v t}$ (Bild C-121e); Mit positivem Realteil δ_v stellt sich die Schwingung mit steigender Amplitude nach Bild C-121f ein ($G(s)$ instabil):

  $$g(t) = A_v \cdot e^{+\delta_v t} \cdot e^{\pm j\omega_v t}$$

Stabilität des Systems ist also nur gewährleistet, wenn alle Komponenten $v = 1 \dots m$ von $G(s)$ negative Realteile δ_v besitzen.

Der Wert des negativen Realteils ist ein Maß für die Größe der Stabilität. Deshalb wird meist ein Betrag $| - \delta| \geq \alpha$ gefordert. Außerdem wird eine Anzahl von Schwingungsperioden verlangt, nach der die Schwingung abgeklungen sein muß. Das wird definiert durch:

$$\tan\psi = \frac{\delta_v}{|j\omega_v|} \geq \tan\psi_0.$$

Somit ergibt sich in der s-Ebene (bzw. *Gauß*sche Zahlenebene) der verbotene Bereich in Bild C-122.

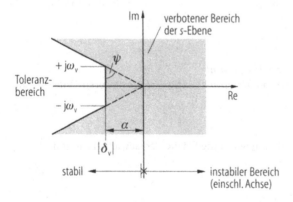

Bild C-122. Toleranzbereich Stabilität

C.6.4
Vorgehen beim Entwurf einer stabilen Regelung (Beispiel Spannungsregler)

Folgende drei Fragen müssen grundsätzlich bei der Beurteilung eines Regelkreises beantwortet werden:

- Ist der Kreis stabil und reicht seine Stabilität für den Anwendungsfall aus?
- Wie schnell erreicht die Regelung ihren neuen Endwert?
- Wie groß ist die verbleibende (statische) Abweichung, wenn der Kreis zur Ruhe gekommen ist?

C.6.4.1
Aufbau des Spannungsreglers

Ein einfacher Spannungsregler ist in Bild C-123 dargestellt. Die Regelstrecke besteht aus drei T-Gliedern:

- *Regelverstärker* (z. B. Operationsverstärker): mit der Verstärkung v_1 und der Zeitkonstanten T_1;
- *Leistungstransistor*: mit der Spannungsverstärkung v_2 und der Zeitkonstanten T_2, und dem
- *Treibertransistor*: mit der Verstärkung v_3 und der Zeitkonstanten T_3.

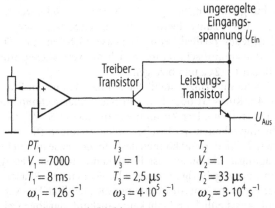

$$PT_1 \qquad T_3 \qquad T_2$$
$$V_1 = 7000 \qquad V_3 = 1 \qquad V_2 = 1$$
$$T_1 = 8\,\text{ms} \qquad T_3 = 2{,}5\,\mu\text{s} \qquad T_2 = 33\,\mu\text{s}$$
$$\omega_1 = 126\,\text{s}^{-1} \qquad \omega_3 = 4 \cdot 10^5\,\text{s}^{-1} \qquad \omega_2 = 3 \cdot 10^4\,\text{s}^{-1}$$

a Vereinfachtes Schaltbild

$$V = 7000 \qquad \omega_3 = 4 \cdot 10^5\,\text{s}^{-1}$$
$$\omega_1 = 126\,\text{s}^{-1} \qquad \omega_2 = 3 \cdot 10^4\,\text{s}^{-1}$$

b Regelungstechnisches Blockschaltbild

Bild C-123. Beispiel einer geregelten Stromversorgung

Damit läßt sich die frequenzabhängige Spannungsverstärkung jedes Gliedes und des gesamten Kreises $v_0 = v_1 v_2 v_3$ berechnen. Der Regelverstärker erhält die Eingangsspannung $\Delta u = u_a - u_e$. Die Reihenschaltung der drei T-Glieder ergibt die *Regelstrecke* mit der frequenzabhängigen Regelstrecken-Verstärkung $v(\omega)$ zu:

$$v(\omega) = \frac{u_a}{\Delta u} = \frac{v_0}{(1 + s T_1)(1 + s T_2)(1 + s T_3)} \quad \text{und}$$

$$\underline{F}(s) = \frac{u_a}{\underline{u}_e} = \frac{v_0}{(1 + j\omega(T_1 + T_2) - \omega^2 T_1 T_2)(1 + j\omega T_3)} \tag{C-19}$$

Bei $s T = j\omega T = 1$ befinden sich Polstellen. Sie stellen die Übergangsfrequenzen dar, bei denen die frequenzabhängige Verstärkung auf $1/\sqrt{2}$ (entspricht -3 dB) abgesunken und die frequenzabhängige Phasendrehung $45°$ ist.

C.6.4.2
Stabilitätsbedingung (Stabilitätskriterium)

Die Korrekturgröße muß stets der Abweichung *entgegenwirken*. Ist die Polarität der Regelverstärkung fälschlicherweise positiv, läuft die geregelte Größe an ihr Bereichsende (Sättigung) und verbleibt dort. Mehrere Verzögerungsglieder (T-Glieder) im Regelkreis können das Korrektursignal und seine Auswirkung dynamisch soweit verzögern, daß es die Abweichung nicht verkleinert, sondern vergrößert. Dies geschieht, wenn die Phasendrehung in der ganzen Regelstrecke $\geq 180°$ ist und die Verstärkung $v > 1$ wird. In diesem Fall erzeugt die Abweichung eine entgegengesetzte Korrekturgröße, welche die Abweichung weiter vergrößert, so daß es zum Schwingen des ganzen Kreises kommt. Dann ist die Regelung unbrauchbar. Jedes T-Glied kann die Phase höchstens um $90°$ drehen, zwei Glieder erreichen $180°$ asymptotisch, während sich die Verstärkung mit 40 dB/Dekade verringert, wie die Bilder C-124 a und b zeigen.

Regelkreise mit zwei T-Gliedern sind im Prinzip stabil. Sie können den neuen Endwert schnell und direkt (Bild C-124b, Kurve 3) oder langsam nach einer *gedämpften Schwingung* (Bild C-124b, Kurve 1) erreichen. Der Zusammenhang zwischen Verstärkung, Phasendrehung und Einschwingverhalten wird weiter unten erläutert. Die meisten Regelkreise haben mehr als zwei T-Glieder und können deshalb die Phase um mehr als $180°$ drehen. Wenn die Übertragungsfunktion aufgestellt ist, kann man den Betrag der Verstärkung gleich 1 setzen und die zugehörige Frequenz berechnen. Die Phasendrehung der Verstärkung bei dieser Frequenz gibt Auskunft über die Stabilität. Das Verfahren ist mühsam zu rechnen, wenig anschaulich und gibt keine Auskunft darüber, welche Parameter zu ändern sind, um die Stabilität zu erreichen. Deshalb hat es keine praktische Bedeutung.

C.6.4.3
Beurteilung des Regelkreises mit dem Bode-Diagramm

In vielen Fällen lassen sich diese Fragen auch ohne großen Aufwand an Mathematik beantworten. Das *Bodediagramm* zeigt hierzu anschaulich das *Frequenzverhalten* des Regelkreises. Wie schon erläutert (Abschn. C.6.2.2), besteht es aus zwei Diagrammen mit der Frequenz als unabhängiger Variablen, die jeweils logarithmisch auf der Abszisse aufgetragen wird. Es gibt die Verstärkung und die Phasendrehung des offenen Kreises an. Damit läßt sich sofort beurteilen, wie groß die Verstärkung bei $180°$ Phasendrehung

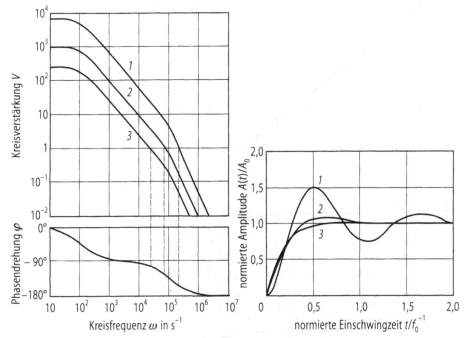

a Verständung und Phasendrehung als Funktion der Kreisfrequenz

b Einschwingen nach einer sprungartigen Störung (f_0: Eigenfrequenz)

Bild C-124. Verstärkung, Phase und Einschwingen eines Regelkreises 2. Ordnung

ist oder umgekehrt, wie weit der Regelkreis die *Phase* dreht, wenn seine Verstärkung auf 1 abgesunken ist.

Das erste Diagramm zeigt den *Betrag der Verstärkung* in logarithmischer Darstellung, wobei der Knick oder die Stelle größter Krümmung die *Grenzfrequenz* des Regelgliedes darstellt. Das zweite Diagramm zeigt die linear aufgetragene *Phasenabweichung* (Bild C-119, 5. Spalte: Bode-Diagramm).

Schaltet man mehrere Regelglieder in Reihe, dann wird ihre Phasendrehung addiert und die Verstärkung bei der betrachteten Frequenz multipliziert. Wegen der logarithmischen Skalierung addieren sich die Einzelverstärkungen zur Gesamtverstärkung.

Bild C-125 zeigt das *Bodediagramm des offenen Regelkreises* des Spannungsreglers aus Bild C-123. Die Verstärkung $v_1 = 7000$ des Regel- oder Operationsverstärkers entspricht $20 \cdot \log 7000 = 76,9$ dB, seine Grenzfrequenz ist $f_1 = 20$ Hz bzw. $\omega_1 = 125,7$ 1/s und die entsprechende Zeitkonstante $T_1 = 7,96$ ms. Der Leistungstransistor hat die Spannungsverstärkung $v_2 = 1$ (null dB), seine *3-dB-Grenzfrequenz* beträgt $f_2 = 4,8$ kHz, $\omega_2 = 30159$ 1/s und $T_2 = 33$ µs. Der Treibertransistor hat $v_3 = 1$, $f_3 = 63,7$ kHz, $\omega_3 = 400239$ 1/s und $T_3 = 2,5$ µs. Die gestrichelte Gerade A_1 in Bild C-125 zeigt die frequenzabhängige Verstärkung von 77 dB des Regelverstärkers, die, beginnend mit $f_1 = 20$ Hz, um 20 dB pro Dekade abnimmt. Bei f_1 ist die Verstärkung um 3 dB geringer als bei Gleichstrom oder bei sehr niedrigen Frequenzen. Im unteren Teil des Diagramms gibt die Kurve P_1 die frequenzabhängige Phasendrehung des Regelverstärkers an. Sie beträgt 45° bei f_1 (bzw. ω_1), ist aber bereits bei wesentlich niedrigen Frequenzen sichtbar (etwa ab $f_1/30$).

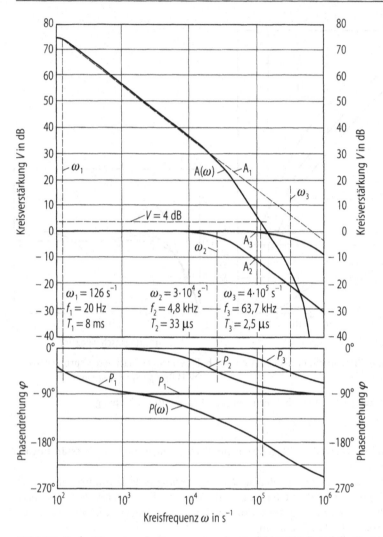

Bild C-125. Bode-Diagramm des Spannungsreglers in Bild C-123 (instabiler Kreis)

Amplituden- und *Phasengang* werden für alle Glieder eingetragen. Die beiden strom-verstärkenden, in Kollektorschaltung arbeitenden Transistoren haben jeweils $v = 1$, d.h. 0 dB (Kurven A_2 und A_3) und biegen bei f_2 und f_3 ab (bzw. ω_2, ω_3), wo die zugehörige Phasendrehung P_2 bzw. P_3 jeweils 45° beträgt. Die Überlagerung (grafische Addition) der Amplitudengänge A_1, A_2 und A_3 bzw. Phasengänge P_1, P_2 und P_3 ergeben den Amplitudengang $A(\omega)$ bzw. Phasengang $P(\omega)$ des gesamten Regelkreises.

An diesem Bodediagramm läßt sich die *Stabilität* des Regelkreises direkt beurteilen. Dazu ist bei 180° Phasendrehung eine dünne gestrichelte Linie eingezeichnet, die den Amplitudengang bei $v = 4$ dB bzw. $v = 1,585$ schneidet (4 dB $= 20 \cdot \log v$, d.h. $v = 10^{4/20} = 1,585$). Für die Stabilität müßte nach dem oben beschriebenen Kriterium die Gesamt-verstärkung bei 180° kleiner als 1 sein. Daraus folgt, daß der vorliegende Regelkreis *instabil* ist. Maßgebend für das instabile Verhalten ist der dritte Pol bei $\omega_3 = 0,4 \cdot 10^6$ 1/s, der die Phasendrehung über 180° hinaus erst ermöglicht. Es wäre also zwecklos, diesen

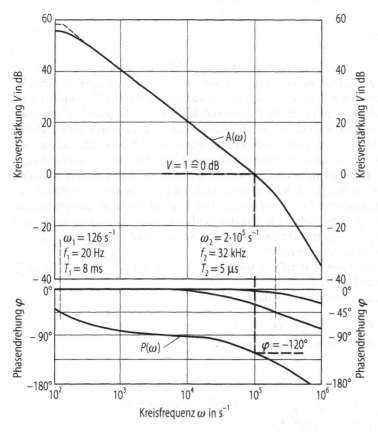

Bild C-126. Bode-Diagramm des optimierten Regelkreises zu Bild C-143 (stabiler Kreis)

Spannungsregler in dieser Weise aufzubauen, da er schwingen würde und damit unbrauchbar wäre.

Das Bodediagramm gibt jedoch Hinweise, welche Parameteränderung die Stabilität verbessert. Wie weiter unten gezeigt wird, kann ein Regelkreis mit $v = 1$ und $\varphi = 175°$ keine Schwingung auf Dauer aufrecht erhalten: die nach einer Störung einsetzende Schwingung klingt aber nur sehr langsam ab. Man kann zeigen, daß $\varphi = 120°$ bei $v = 1$ den Kreis optimal einschwingen läßt. Deshalb wurden in Bild C-126 gegenüber Bild C-125 einige Parameter geändert (u. a. $v_0 = 700$ bzw. 57 dB). Die Phasendrehung bei $v = 1$ soll nicht mehr als 120° betragen, d. h. der 1. Pol darf sich voll auswirken, während der 2. Pol nur 30° erzeugen darf und sich deshalb oberhalb der Frequenz mit $v = 1$ befinden muß. Weitere Pole sollten mindestens eine Frequenzdekade höher liegen. Im konkreten Fall verwendet man schnellere Transistoren: f_2 und f_3 steigen und die Phasendrehung bei der Kreisfrequenz $\omega = 10^5 \, \text{s}^{-1}$ nimmt deutlich ab: statt bisher 180° beträgt sie nur noch 120°. Die Verstärkung bei dieser Frequenz nimmt zu, weil der 2. Pol (f_2) zu höheren Frequenzen verschoben wurde. Es gilt die einfache Grundregel: Günstig ist ein *dominierender Pol* (hier ω_1), der die Verstärkung mit zunehmender Frequenz *absenkt*. Wenn der 2. Pol kommt, sollte v schon bei -3 dB bis -5 dB sein. Die Grenzfrequenzen der beiden T-Glieder lassen sich aber nicht beliebig erhöhen. Deshalb verringert man die Verstärkung des ganzen Regelkreises soweit, daß sie bei $\varphi = 120°$ gleich 1 bzw. 0 dB wird.

C.6.4.4
Einschwingverhalten

Ein Regelkreis mit $v = 1$ und $\varphi < 180°$ ist im Prinzip *stabil*. Die Regelung folgt langsamen Änderungen direkt, schnellen jedoch nur mit der größten Zeitkonstanten T_1. Schnelle Änderungen werden mit Hilfe einer sprungartigen Störung auf einen Eingangsparameter untersucht. Hierzu kann man die Differentialgleichung des Regelkreises aufstellen und seine Reaktion (Sprungantwort, Abschn. C.6.2.1) untersuchen. Da dieses Verfahren, wie schon erläutert, bei komplizierteren Kreisen mathematisch aufwendig ist, hat sich die Berechnung mit der *Laplace-Transformation* durchgesetzt. Dabei untersucht man den Regelkreis im Frequenzbereich (Abschn. C.6.2.2). Dazu transformiert man den Sprung im Zeitbereich $u_e(t)$ in den Frequenzbereich $u_e(s) = 1/s$ und multipliziert mit der Übertragungsfunktion $F(s) = u_a(s)/u_e(s)$. Das Produkt ergibt die Ausgangsspannung $u_a(s)$ im Frequenzbereich, die sich in den Zeitbereich $u_a(t)$, den zeitlichen Verlauf der geregelten Spannung, zurücktransformieren läßt. Das wird im folgenden am Beispiel des obigen Regelkreises gezeigt:

Wegen der einfacheren Darstellung sollen nur die beiden T-Glieder mit T_1 und T_2 berücksichtigt werden:

Die Übertragungsfunktion lautet dann:

$$\underline{F}(j\omega) = \frac{u_a(\omega)}{u_e(\omega)} = \frac{v_0}{1 + j\omega(T_1 + T_2) - j^2\,\omega^2\,T_1 T_2}$$

oder mit $j\omega = s$:

$$F(s) = \frac{v_0}{T_1 T_2}\;\frac{1}{\dfrac{v_0}{T_1 T_2} + s\,\dfrac{T_1 + T_2}{T_1 T_2} + s^2}\;.\quad\text{Für die Sprungantwort:}$$

$$\text{Mit } u_S(s) = \frac{U_S}{s} \text{ ergibt sich:}\quad u_{SA}(s) = U_S\,\frac{v_0}{T_1 T_2}\;\frac{1}{s\left(\dfrac{v_0}{T_1 T_2} + s\,\dfrac{T_1 + T_2}{T_1 T_2} + s^2\right)}$$

Die Sprungantwort $\underline{u}_{SA}(s)$ im Frequenzbereich ergibt sich aus dem Produkt der Sprungfunktion am Eingang im Frequenzbereich $\underline{u}_S(s) = U_S/s$ und der Übertragungsfunktion $\underline{F}(s)$: $\underline{u}_{SA}(s) = \underline{u}_S(s) \cdot \underline{F}(s)$.

Mit den folgenden Abkürzungen und der Störspannung $u_e(t) = U_S \cdot \sigma$ erhält man aus der *Korrespondenztabelle der Laplace-Transformation* zwei Lösungen für $u_a(t)$.

$$\text{Es gilt:}\quad \frac{T_1 + T_2}{T_1 T_2} = 2\alpha,\quad \frac{1 + v_0}{T_1 T_2} = \beta^2 \quad\text{und}\quad D = \frac{\alpha}{\beta}\,.$$

D ist der *Dämpfungsgrad* des Systems. Er bestimmt das Einschwingverhalten nach einer Störung oder einem Führungsgrößensprung. Man unterscheidet folgende vier wichtige Fälle:

- $D > 1$: *Kriechfall*: der neue Wert wird sehr *langsam* erreicht;
- $D = 1$: *aperiodischer Grenzfall*: der neue Wert wird *schnell*, aber *ohne Überschwingen* erreicht;
- $D < 1$: *Einschwingen* auf den neuen Wert *mit gedämpfter Schwingung*,
- $D < 0$: *Schwingung mit zunehmender Amplitude* (hohe Instabilität).

In der Regelungstechnik ist $0 < D < 1$ der häufigste Fall, nur dieser Fall wird hier zu Ende geführt. Für $D < 1$ gilt für die Ausgangsspannung:

$$u_a(t) = u_e(t)\, \frac{v_0}{T_1 T_2}\, \frac{1}{\beta^2}\left[1 - \left(\cos(\omega t) + \frac{\alpha}{\omega}\sin(\omega t)\right)e^{-\alpha t}\right],$$

oder vereinfacht mit $v \gg 1$, $T_1 \gg T_2$, $T_1 + T_2 \approx T_1$, $v_0 \gg 1$ und $v_0 + 1 \approx v_0$, was im obigen Beispiel in Bild C-126 zulässig ist:

$$u_a(t) = u_e(t)\left[1 - \left(\cos(\omega t) + \frac{\alpha}{\omega}\sin(\omega t)\right)e^{-\alpha t}\right] \quad \text{und}$$

$$\alpha = \tfrac{1}{2}T_2, \quad \beta = \sqrt{v_0/T_1 T_2}, \quad \omega = \sqrt{\beta^2 - \alpha^2}, \quad D = \frac{\alpha}{\beta} = \frac{1}{2}\sqrt{\frac{T_1}{v_0 T_2}}$$

Die letzte Gleichung zeigt deutlich, daß die Dämpfung D mit abnehmender Verstärkung v_0 größer und der Regelkreis damit stabiler wird. Bild C-127 zeigt das Einschwing-verhalten des beschriebenen Regelkreises bei verschiedenen Dämpfungsgraden D.

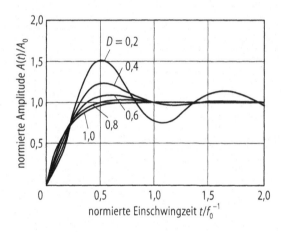

Bild C-127. Einschwingen eines Regelkreises mit verschiedenen Dämpfungsgraden

C.6.4.5
Verbleibende Regelabweichung

Der Regelkreis besteht aus dem Regelverstärker P mit der Verstärkung $v_1 \approx v_0 = 700$ bei $\omega = 0$ und dem Stellglied aus den beiden Transistoren mit der Verstärkung $v_2 \cdot v_3 \approx 1$. Beim hier vorliegenden Proportionalregler hängt die verbleibende Abweichung (stati-sche Regelungs-Ungenauigkeit) von der Größe der Störung und der Verstärkung des Regelkreises ab. Ändert sich z.B. der Laststrom um ΔI, dann muß sich die Eingangs-spannung des Regelverstärkers um $\Delta u_e = \Delta u/v = \Delta I/vS$ ändern. Die Spannungsänderung Δu_e ist hierbei gleich der Änderung der Ausgangsspannung und damit die verbleibende Abweichung, nachdem die Übergangsvorgänge abgeschlossen sind:

$$\Delta u_e = \Delta I\, \frac{1}{vS}.$$

Dies entspricht dem *Innenwiderstand*

$$R_i = \frac{\Delta U}{\Delta I} = \frac{1}{vS} \left(\text{mit } S = \left[\frac{A}{V} = \frac{1}{\Omega} \right] \text{ Steilheit} \right).$$

Mit der Steilheit des Leistungstransistors $S = 1\,\Omega^{-1}$ und der Verstärkung des Regelverstärkers v_0 erhält man den Innenwiderstand der geregelten Stromversorgung: $R_i = (1/700)\,\Omega = 1{,}4\,\text{m}\Omega$. Dies bedeutet: Nimmt der Ausgangsstrom um 1 A zu, dann sinkt die Ausgangsspannung um 1,4 mV als verbleibender Fehler ab.

D Einführung in die Elektromagnetische Verträglichkeit (EMV)

Die EMV-Richtlinie der Kommission der Europäischen Gemeinschaften schreibt vor, daß innerhalb der EU nur solche Geräte auf den Markt gebracht werden dürfen, die den Mindestforderungen hinsichtlich ihrer EMV genügen. Dies trifft auch für die elektrische und elektronische Ausrüstung von Maschinen zu. Mit den nachfolgenden Ausführungen wird der Leser in die Lage versetzt, die in der Praxis auftretenden EMV-Anforderungen durch konstruktive Maßnahmen umzusetzen.

Zerstörende und biologische Wirkungen von elektromagnetischen Beeinflussungen (EMB) bleiben in diesem Abschnitt nur am Rand erwähnt. Bei den biologischen Wirkungen von EMB spricht man von der EMV der Umwelt (EMVU).

Zur *Sicherstellung der EMV* ist eine interdisziplinäre Zusammenarbeit von Schaltungsentwickler, Projektierer und Konstrukteur notwendig. Hierdurch erreicht man, daß alle Forderungen miteinander in Einklang gebracht werden. Dies sind beispielsweise Forderungen zur EMV und zur Produktsicherheit. Die frühzeitige Berücksichtigung der EMV ist von nicht zu vernachlässigender wirtschaftlicher Bedeutung; denn die Kosten für Nachbesserungen zum Erreichen der EMV sind, gegenüber denen die bei zeitgerechter Einplanung entstehen, um ein Mehrfaches höher.

D.1
Definition und Begriffe

Die Elektromagnetische Verträglichkeit (EMV) (engl.: Electromagnetic Compatibility – EMC –) befaßt sich mit der Kompatibilität von Geräten, Anlagen und Systemen in ihrer elektromagnetischen Umgebung.

Die EMV unterteilt man in die Störaussendung und die Störfestigkeit. Deren Störparameter sind Spannungen, Ströme, elektrische- und magnetische Felder.

Elektrische Geräte, Anlagen und Systeme müssen in ihrem elektromagnetischen Umfeld zufriedenstellend arbeiten, weshalb man die EMV wie folgt definiert:

> Elektromagnetische Verträglichkeit (EMV) ist die Fähigkeit einer elektrischen Einrichtung, in ihrer elektromagnetischen Umgebung zufriedenstellend zu funktionieren, ohne diese Umgebung, zu der auch andere Einrichtungen gehören, unzulässig zu beeinflussen.

Wenn nachfolgend nur von Geräten die Rede ist, dann sind damit auch Anlagen und Systeme gemeint.

Eine elektromagnetische Störung breitet sich durch elektrische Leitung und durch Strahlung aus.

Eine elektromagnetische Störgröße mißt man in einer der folgenden drei Formen:

- *Störspannung*/V (leitungsgebunden),
- *Störstrom*/A (leitungsgebunden) und
- *Störfeldstärke*/V/m, oder A/m (gestrahlt).

In der Praxis breitet sich eine Störung oft gleichzeitig *leitungsgebunden* und *gestrahlt* aus. Je nach Art der Störquelle erzeugt diese unterschiedliche Signalarten wie

- *Schmalbandstörer* (sinusförmig auf einer diskreten Frequenz),
- *Breitbandstörer*
  (mehrere diskrete Frequenzen liegen im Durchlaßbereich des Empfängers) und
- *Impulsförmige* Störungen (auch transiente Störungen genannt).

Störer und Gestörter

Einen *Störer* betrachtet man als *Störquelle* (Sender), den *Gestörten* als *Störsenke* (Empfänger) und deren Ausbreitungsweg als *Koppelpfad*. Dieser Zusammenhang ist auf der linken Seite von Bild D-1 als *Beeinflussungsmodell* gezeigt. Eine Störquelle kann nur dann wirksam sein, wenn zwischen der Störquelle und der Störsenke ein Koppelpfad besteht. Die Beseitigung eines dieser drei Elemente: Störquelle, Koppelpfad oder Empfindlichkeit der Senke ist die Lösung eines EMV-Problems. Die Koppelpfade für Nutz- und Störsignale können identisch sein. Wer Störer (Quelle), wer Gestörter (Empfänger) ist und welcher Koppelpfad wirkt, zeigen die nachfolgenden Beispiele.

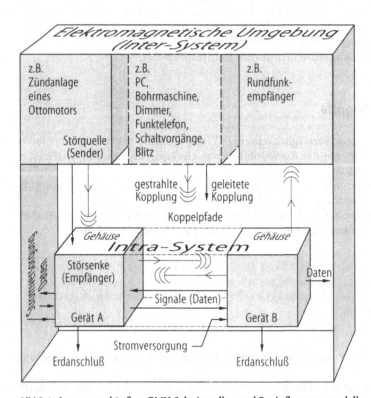

Bild D-1. Innere- und äußere EMV, Schnittstellen und Beeinflussungsmodell

Das Programm eines nahegelegenen Mittelwellensenders ist unerwünscht, wenn es aus dem Telefonhörer kommt. Der Koppelpfad ist vermutlich gestrahlt und die Ursache ist bei dem gestörten Gerät selbst zu suchen, weil dieses für den Betrieb in der Nähe von Sendern nicht ausreichend störfest ist.

Der Rundfunkempfang wird gestört, wenn die Musik durch ein prasselndes Geräusch überlagert wird, während ein Moped am Haus vorbeifährt. Vermutlich liegt die Ursache für diese Störung an der defekten Zündanlage des Motors. Für das Nutzsignal und das Störsignal erfolgt die Kopplung durch Strahlung.

Schnittstellen eines Gerätes sind die daran angeschlossenen Leitungen und die Gerätegehäuse selbst. Leitungen und Gehäuse können Koppelpfade für Störquellen und/oder auch Störsenken sein. Auch die Schnittstelle Gehäuse kann eine Ein- und eine Abstrahlung ermöglichen.

Innere- und äußere EMV (Intrasystem- und Intersystem-EMV)

Man unterscheidet zwischen *innerer EMV* und *äußerer EMV*. Die EMV innerhalb eines Systems nennt man *Intrasystem-EMV* und bei der EMV zwischen den Systemen spricht man von *Intersystem-EMV*. Dieser Zusammenhang ist in Bild D-1 durch die Einbettung des Intra-Systems in das Inter-System dargestellt. In Bild D-1 sind „Gerät A" und „Gerät B" Bestandteile eines Intra-Systems.

Die zuvor genannten Beispiele behandeln die Störung eines einzelnen Gerätes. Ein in die Sendeantenne einschlagender Blitz stört das gesamte System; denn von den Auswirkungen sind der Sender und die von ihm versorgten Rundfunkhörer betroffen.

Ein System kann aber auch weniger umfangreich sein, wie beispielsweise ein Personal Computer (PC) (z.B.: „Gerät A") mit den daran angeschlossenen Peripheriegeräten Tastatur, Maus, Monitor (z.B.: „Gerät B") und Drucker. In Bild D-1 sind interne und externe Koppelpfade dargestellt.

Auch innerhalb eines Gerätes, man spricht vom Intrasystem, kommen elektromagnetische Unverträglichkeiten vor. Beispielsweise kann die von einer Stromversorgung ausgehende magnetische Ausstreuung die Funktion eines Festplattenlaufwerkes stören, wenn dieses in ihrer unmittelbaren Nähe plaziert ist. Von dem Leistungstransformator und den ihn umgebenen Schaltungsteilen einer Stromversorgung kann ein starkes Streufeld ausgehen. Aufgrund hoher Schaltgeschwindigkeiten von Leistungstransistoren ist auch die Änderungsgeschwindigkeit des magnetischen Streuflusses ($d\Phi/dt$) groß, wodurch Spannungen in den Köpfen des Laufwerks induziert und die Daten beim Auslesen verfälscht werden.

Auch einzelne Bauelemente einer elektronischen Schaltung können gestört werden, beispielsweise durch eine zu große Leiterschleife zwischen Basis und Emitter eines Transistors. Auch hier induziert ein sich änderndes Magnetfeld eine Störspannung.

Störaussendung und Störfestigkeit (engl.: Emission and Immunity)

Eine *Störaussendung* ist das Aussenden von Signalen, die unbeabsichtigt und nicht zur Funktion des Gerätes selbst erforderlich sind. Unter der *Emission* versteht man sowohl das gewollte wie auch ungewollte Aussenden von Signalen.

Die Quellen von Störaussendungen können technischer- oder auch natürlicher Art sein. Bei Quellen technischer Art spricht man von „man-made noise". Einige Beispiele sind: Funksender, Schaltvorgänge, Gasentladungslampen, Informationstechnische Geräte (Rechner und Telekommunikations-Einrichtungen), Lichtbogenschweißmaschinen, HF-Schweißmaschinen, Funkenerosionsmaschinen, Induktionsöfen, Kommutatoren von Elektromotoren oder Frequenzumrichter. Quellen natürlicher Art sind der Blitz während eines Gewitters und das kosmische Rauschen.

Die nachfolgenden Beispiele sollen veranschaulichen, was man unter der *Störfestigkeit* versteht.

Die Benutzung von Funktelefonen (Handies) ist in Intensivstationen von Krankenhäusern oder in Flugzeugen untersagt, denn kein elektronisches System ist absolut störfest.

Damit der Empfang eines entfernten Senders selbst dann möglich ist, wenn dessen Frequenz neben der eines nahegelegenen Ortssenders liegt, müssen Rundfunkempfänger eine ausreichende Einstrahlfestigkeit und Selektion (Trennschärfe) besitzen.

Bei Rundfunkempfängern muß man unterscheiden, ob eine Störung bzw. deren spektrale Anteile innerhalb oder außerhalb der Bandbreite B_W eines Empfängers liegen. Eine defekte Zündanlage ist ein Breitbandstörer, denn sie stört beispielsweise den Fernsehempfang bei einer Frequenz von 230 MHz und gleichzeitig das Radio das auf eine Empfangsfrequenz von 87,5 MHz eingestellt ist.

Geht man auf einen Teppichboden aus Synthetikfasern, so kann man sich elektrostatisch aufladen. Gibt man diese elektrostatische Ladung an die Tastatur oder den Drucker ab, dann darf man von seinem PC erwarten, daß er nicht „abstürzt". Das Abgeben von Ladung bezeichet man mit ESD, wie die Abkürzung aus dem englischen für elektrostatische Entladung (Electro-Static Discharge) lautet.

D.2
Physikalische Größen und Einheiten

Das Dezibel (dB), ein praktisches Maß

Da die Pegel, die wir bei der EMV betrachten, einen Unterschied von vielen Dekaden haben können, ist es sinnvoll dies in einem logarithmischen Verhältnismaß auszudrücken. Als logarithmisches Maß für das Verhältnis von Spannungen, Strömen oder Leistungen zueinander ist das Dezibel (dB) definiert:

$$\text{dB} = 20 \log \frac{U_1}{U_2} \quad \text{bzw.} \quad 20 \log \frac{I_1}{I_2} \quad \text{oder} \quad 10 \log \frac{P_1}{P_2}. \tag{D-1}$$

Absolutwerte, auch die Grenzwerte für die EMV, sind auf praktischen Größen 1 pW, 1 pT, 1 μV, 1 μA, 1 μV/m oder 1 μA/m bezogen, weshalb man diese auch als Bezugsgrößen bezeichnet. Schreibt man für $U_2 = 1$ μV, beziehungsweise $I_2 = 1$ μA, dann kommt man zu den gebräuchlichen Bezeichnungen dB (μV) bzw. dB (μA). Amerikaner sprechen von „Decibel above 1 μV" was ausdrückt, daß der Absolutwert um die genannten Dezibel höher als 1 μV liegt. Wenn man von Störabständen spricht, so gibt man oft das Verhältnis von Nutzsignal zu Störsignal nur als deren Verhältnis direkt an dB an.

Es ist sinnvoll, sich die gängigsten Werte, wie die in der Tabelle D-1, zu merken.

Tabelle D-1. Wichtige Größenverhältnisse in dB

dB	Verhältnis	dB	Verhältnis
3	$\approx \sqrt{2}$	20	10
6	2	40	100
9,5	3	60	1000
10	3,16	120	10^6

Beispiele

1. *Welcher Spannung entspricht 70 dB(μV)?*

   70 dB $\times$ 1 μV = (10 dB + 60 dB) $\times$ 1 μV = (3,16 $\times$ 1000) $\times$ 1 μV = 3160 $\times$ 10^{-6} V = 3,16 mV

   Oder mit dem Taschenrechner: 70 dB $\times$ 1 μV = $10^{70/20}$ $\times$ 1 μV = 3,16278 mV

2. *Wie hoch ist der Strom 26 dB(μA)?*

   (20 dB + 6 dB) (μA) = 10 $\times$ 2 $\times$ 1 μA = 20 μA

3. *Was ist 3 V/m ausgedrückt in dB(μV/m)?*

   3 V/m = 3 $\times$ 10^6 μV/m = (20 log 3 $\times$ 10^6) μV/m = 129,5 dB(μV/m) $\sim$ 130 dB(μV/m)

Physikalische Größen

In der Tabelle D-2 sind die gebräuchlichsten physikalischen Größen wiedergegeben, mit denen wir es in der EMV zu tun haben.

Tabelle D-2. Physikalische Größen der EMV

Größe und Formelzeichen		SI-Einheit	praktische Größen
Induktivität	L	H, (Vs/A)	μH, nH
Kapazität	C	F, (As/V)	nF, pF
Magnetische Induktion	B	T, (Vs/m^2)	μT, dB(pT)
Magnetische Feldstärke	H	A/m	μA/m, dB(μA/m)
Elektrische Feldstärke	E	V/m	μA/m, dB(μA/m)
Funkstör-Strahlungsleistung	P	W	dB(pW)

D.3
Elektromagnetische Kopplung

Für die Auswirkung ist es zunächst unerheblich wie, d. h. auf welchem Pfad eine Störung in das Gerät gelangt. Meistens ist es eine Spannung die sich ungewollt dem Nutzsignal überlagert und dieses stört. Ein Störung kann sich nur als solche auswirken, wenn ein Koppelpfad zwischen dem Störer und dem Gestörten existiert.

Beispiel

Zwischen dem Rundfunksender und meinem Autoradio besteht ein Koppelpfad für die Ausbreitung der elektromagnetischen Welle durch die Luft. Wird dieser Koppelpfad beispielsweise durch die abschirmende Wirkung eines Tunnels unterbrochen, dann verstummt das Radio.

Man unterscheidet zwischen mehreren Arten der Kopplung:

a) galvanische Kopplung durch gemeinsame Impedanz Z
b) kapazitive Kopplung durch elektrisches Feld E, Koppelkapazität C_K
c) induktive Kopplung durch magnetisches Feld H, Induktivität L
d) Strahlung durch elektromagnetisches Feld.

In der Tabelle D-3 sind einige Maßnahmen, die zur Vermeidung oder zur Bedämpfung von Kopplungen geeignet sind, zusammengefaßt.

Tabelle D-3. Verringerung von Kopplungen

Maßnahmen und Verwendung von:	Zur Reduzierung von:
Geschirmten Gehäusen	Elektromagnetischer Strahlung
Räumliches Trennen von Störer und störempfindlichen Baugruppen (Stromversorgung/Magnetspeicher)	Magnetischer Ausstreuung im Nahbereich
Separate Leitungsführung von Stromversorgungs- und Signalkabeln	Beeinflussungen durch Störungen auf Energiekabeln
Geschirmten Leitungen	Elektromagnetischer Strahlung
Umlaufenden Massekontaktierungen an: - Schirmgeflechten - Steckergehäusen - Filtergehäusen - Abdeckungen - mechanischen Konstruktionselementen (Wellen, Kühlmittel-Leitungen)	Antennenwirkung von Teilen, die aus dem Schirmgehäuse herausragen
Symmetrischen Signalen	störenden Querspannungen
Verdrillten Leitungen	magnetischen Einkopplungen (Kompensation)
Filtern für ungeschirmte Leitungen	Antennenwirkung von Kabeln, die aus dem Schirmgehäuse herausragen
Ferritkernen	Störströmen durch Bedämpfung und Symmetrierung
Galvanischen Trennungen durch - Transformatoren - Relais - Optokoppler - Lichtwellenleiter	Schleifenströmen in Masseschleifen und Erdschleifen, Reduzierung von Längsspannungen
Statischen Schirmen in Transformatoren	störenden Längsspannungen
Z-Leitungen für schnelle Signale (Koaxialkabel, Streifenleitungen)	Abstrahlung durch Vermeidung stehender Wellen
Separaten Kupferlagen auf Leiterplatten als Bezugsmassesystem	Abstrahlung durch Schirmung, Symmetrierung und Wirbelstrom
Abblockkondensatoren an den Versorgungsspannungs-Anschlüssen von Integrierten Schaltkreisen	hochfrequenten Signalen auf Versorgungsleitungen (Verbesserung der Intrasystem-EMV)

D.3.1
Leitungsgebundene Kopplungen

Im Frequenzbereich unter 30 MHz dominiert die leitungsgebundene Kopplung.

Nebensprechen durch gemeinsame Impedanz (gemeinsame Rückleitung)
Der Ausdruck Nebensprechen (engl.: cross-talk) ist in der Fernsprechtechnik, vor allem im Zusammenhang mit vieladrigen Kabeln gebräuchlich. Er soll hier zur Erklärung unterschiedlicher Kopplungsphänomene dienen.

In Bild D-2 ist eine Kopplung zweier Kreise durch eine gemeinsame Impedanz dargestellt. Da wir es im allgemeinen mit hohen Frequenzen zu tun haben, liegt die Betonung hier auf Impedanz.

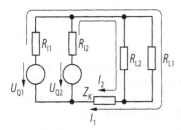

Bild D-2. Nebensprechen durch gemeinsame Leitung (Impedanz Z_k)

> **Beispiel**
> Ein für Steuerungszwecke verwendetes Kabel von 1 m Länge hat Adern mit einem Kupferquerschnitt von 0,75 mm^2 und einen Kupferwiderstand von $R_{Cu} = 12,9$ mΩ. Nach der Daumenregel $L = 1$ µH/m hat dieses Stück Kabel bei einer Frequenz von bespielsweise $f = 1$ MHz einen induktiven Widerstand von $Z_L = 6,28$ Ω. Vernachlässigt man die Erhöhung des effektiven Widerstandes durch den Skin-Effekt (siehe Abschnitt D.5.1), dann erkennt man, daß der induktive Anteil schon bei einer Frequenz von 1 MHz dominiert. Es ist einsichtig, daß es keinen Sinn macht eine Ader dieses Stromkreises als Rückleitung für einen zweiten Kreis zu benutzen; der Spannungsabfall aus dem „1-MHz-Kreis" würde sich hier überlagern.

Vergleichbares kann auch auf einer Leiterplatte mit schnellen digitalen Schaltungen geschehen. Beispielsweise sind zwei Funktionen durch eine gemeinsame Leiterbahn (z.B.: Masseleitung) mit einer Länge von nur einigen Zentimetern die eine hohe Impedanz bilden, gegenseitig so verkoppelt, daß die Schaltung nicht wie gewollt funktionieren kann.

Bei elektronischen Einrichtungen, die räumlich getrennt voneinander aufgestellt sind, treten häufig Potentialdifferenzen zwischen deren Bezugsmassesystemen auf. Dies ist insbesondere dann der Fall, wenn die Schutzleiter nicht auf demselben Potentialausgleich liegen. Wenn diese Potentialdifferenz so groß ist, daß diese Störungen eine Erwärmung des Kabels oder Korrosion ($U > 1$ V) verursachen könnte, dann muß man den Strom unterbrechen. Dies kann beispielsweise durch Verwendung eines Trenntransformators für eines von beiden Geräte geschehen. Den Schirm einer Leitung sollte man nicht auftrennen, damit dieser wirksam bleibt. Man kann aber eine galvanische Trennung am Schirm vornehmen und die Trennstelle durch dafür geeignete Kondensatoren für hochfrequente Ströme überbrücken.

Magnetische Beeinflussungen

Wo Strom fließt, ist auch ein magnetisches Feld (H-Feld). Ob dieses stört, hängt von dessen Form, Amplitude und Frequenz und den „Empfangseigenschaften" der „Störsenke" ab.

Beispielsweise ist die von einem Netztransformator ausgehende *magnetische Ausstreuung*, vermutlich die Ursache für das Zittern des Monitorbildes des PC, wenn dieser in seiner unmittelbaren Nachbarschaft steht. Die Störung erfolgt hier durch das H-Feld. Im vorstehenden Beispiel wird „nur" der Elektronenstrahl auf seinem Weg von der Kathode zur Fluoreszenzschicht des Monitorbildschirms abgelenkt. Auf die Elektronen wirkt die sogenannte Lorentz-Kraft. Da der störende Transformator am 230-V-Netz betrieben wird, spricht man von einer Beeinflussung durch ein Magnetfeld mit einer energietechnischen Frequenz (50 Hz).

Magnetische Beeinflussungen folgen dem *Induktionsgesetz*; die in eine Leiterschleife induzierte Spannung folgt den Beziehungen:

$$u = \frac{d\phi}{dt}, \quad \text{mit } \phi = B\,A; \quad B = \mu H; \quad H = N\,I; \quad N = 1 \tag{D-2}$$

Diese Aussage bedeutet daß, in jeder Leiterschleife eine Spannung „induziert" wird, die proportional zur Fläche A und proportional zur Änderungsgeschwindigkeit (dt) des magnetischen Flusses ($d\phi$) ist. In Bild D-3b sind dies die durch die Ströme I_1 und I_2 umschlossenen Flächen, die zur Verdeutlichung grau hervorgehoben sind.

$$u = L\frac{di}{dt} \quad \text{und} \quad u = M\frac{di}{dt} \tag{D-3}$$

Hier stehen L für die Induktivität und M für die Gegeninduktivität. Die Gegeninduktivität beinhaltet den Grad der Kopplung und damit auch die Interaktion zwischen den miteinander gekoppelten Leiterschleifen des „Störers" (U_1, I_1) und des „Gestörten" (I_2). Bei einem sinusförmigen Verlauf ergibt sich eine Störspannung

$$U_2 = U_{\text{Stör}} = I_1\,\omega\,M_{12}$$

In Bild D-4a ist der Störer als U_1 und der magnetisch gekoppelte Störstrom mit I_M gekennzeichnet.

Jeder Stromkreis besteht aus Hin- und Rückleiter und bildet somit eine Schleife. Die Kunst bei der Entwicklung einer Schaltung besteht darin, die von der Schleife gebildete Fläche so klein und deren Gegeninduktivität so niedrig wie möglich zu gestalten.

Die magnetische Einkopplung von technischen Wechselströmen kann in der Praxis ein Problem darstellen. Liegt beispielsweise ein Adernpaar parallel zu einer Bahnstrecke, dann induziert das zwischen Fahrdraht und Schiene (= Erde) gebildete Magnetfeld eine Spannung zwischen dem Adernpaar und der Erde. Diese Spannung nennt man *Gleichtaktspannung* (engl.: common mode voltage) und Längsspannung oder weniger gebräuchlich Longitudinalspannung. Die zwischen den beiden Adern induzierte Spannung, die man *Gegentaktspannung* (engl.: differential mode voltage) und Querspannung oder seltener Transversalspannung nennt, kann man durch das Verdrillen von dem Signalleiter mit dem Rückleiter kompensieren. Verfahren zur Berechnung von Längsspannungen findet man in der Norm DIN VDE 0228.

Kapazitive Beeinflussungen, kapazitives Nebensprechen

In der Digitaltechnik haben wir es mit dem abrupten Wechsel von logischen Zuständen zu tun. Die Steilheit von Impulsflanken ist maßgebend für deren potentielle Möglichkeit kapazitiv zu koppeln. Bei kapazitiver Kopplung erzeugt jede Impulsflanke durch Differenzierung je einen positiven und einen negativen Transienten. Der Transient ist umgangssprachlich auch als *Spike* bekannt. Die Amplitude des Transienten ist:

$$i = C_K \frac{du}{dt} \quad \text{für} \quad \frac{1}{\omega C_K} \gg Z_I + Z_{2,1} + Z_{2,2} \tag{D-4}$$

Im Bild D-4 ist eine Koppelkapazität vereinfacht durch den Kondensator C_K dargestellt. In der dargestellten Weise wirkt C_K beispielsweise bei Transformatoren. Bei der Kopplung von parallel liegenden Leitungen haben wir es in Wirklichkeit mit Kapazitäten zu tun, die über jede Leitung verteilt und zu jedem benachbarten Leitungsstück wirken. Die Kopplung eines Störsignals aus einem galvanisch isolierten Schaltungsteil ist mit Bild D-3a dargestellt. Typisch hierfür sind schutzisolierte Geräte, das sind solche der Schutzklasse II.

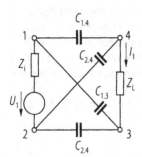

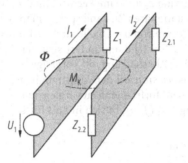

a Kapazitive Kopplung bei galvanischer Trennung   **b** Magnetische Kopplung   **Bild D-3.** Kopplungen

Kombinierte Kopplung

In der Praxis kann man die galvanische, die kapazitive und die magnetische Kopplung selten voneinander trennen. Dieser Sachverhalt ist in Bild D-4 dargestellt. Wir betrachten uns das in Abschnitt D.3.1 als Beispiel erwähnte vieladrige Kabel.

Auch hier ist die Masseleitung als „gemeinsame Impedanz" dargestellt. Beide Stromkreise haben die gemeinsame Koppelimpedanz Z_k.

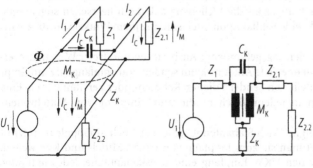

a Wirkschema   **b** Ersatzschaltbild   **Bild D-4.** Elektromagnetische Kopplungen zwischen Übertragungsleitungen

D.3.2
Die Wellenlänge Lamda (λ) als Maßstab

Als Wellenlänge einer Schwingung bezeichnet man den Abstand zweier aufeinanderfolgender Punkte vom gleichen Schwingungszustand, der sogenannten Phase.

Zur Erklärung soll ein Stromkreis bestehend aus der Signalquelle G (mit dem Innenwiderstand R_I), einer Leitung mit der Länge l und dem Verbraucher Z_I dienen. Die Signalquelle erzeugt eine sinusförmige Spannung. Ein sinusförmiger Strom pflanzt sich mit einer sehr hohen Geschwindigkeit v in Richtung zum Verbraucher fort.

Die Ausbreitungsgeschwindigkeit v ist durch folgende Beziehung gegeben.

$$v = \frac{c}{\sqrt{\varepsilon_r \, \mu_r}} \tag{D-5}$$

Die Ausbreitungsgeschwindigkeit c beträgt im Vakuum $c \approx 3 \times 10^8$ m/s, wobei das Medium eine Permitivität ε_r und eine Permeabilität μ_r besitzt.

Von einem quasi-stationären Zustand spricht man, wenn sich der Strom im Zeitraum $t = l/v$, den er benötigt um von der Quelle zum Verbraucher zu gelangen, nur unwesentlich ändert. Es ist $t \ll T = 1/f$ dann ändert sich der Strom im Generator und im Verbraucher simultan. Zur Abschätzung, ob Vorgänge in einem System als quasi-stationär zu betrachten sind, ist es sinnvoll den größtmöglichen Pfad für seine Ausbreitung mit der Wellenlänge λ einer Störfrequenz zu vergleichen.

Mit der Beziehung $v = l \, f$ ergibt sich in Luft für $\varepsilon_r = \mu_r = 1$ die Größengleichung für die Wellenlänge λ

$$\lambda \text{ (in Meter)} = \frac{300}{f \text{ (in MHz)}} . \tag{D-6}$$

> **Daumenregel:** Quasi-stationär sind solche Vorgänge, deren Ausbreitung auf Längen $l \leq \lambda/10$ beschränkt ist.

Deshalb ist bei Abmessungen $\leq \lambda/10$ der Anteil der Abstrahlung vernachlässigbar klein.

D.3.3
Gestrahlte Kopplungen

Von elektromagnetischen Feldern spricht man, wenn deren elektrische (E) und magnetische (H) Feldkomponenten gleichzeitig vorhanden sind. Ist die Entfernung zum Ort der Abstrahlung wesentlich länger als die Wellenlänge λ, dann herrschen sogenannte Fernfeldbedingungen und beide Feldkomponenten sind in einem Winkel von 90° zueinander angeordnet.

Der Übergang zwischen leitungsgebundener Ausbreitung und freier Wellenausbreitung erfolgt durch eine Antenne. Jede Antenne kann senden und empfangen. Zum Empfang des magnetischen Anteils von Sendern dienen Rahmen- oder Ferritantennen. Eine Ferritantenne findet man in jedem Taschenradio zum Empfang von Mittelwellensendern.

Für elektrische Felder eignen sich Stabantennen, die man auch Monopole nennt. Auf vielen Hausdächern findet man sie zum Empfang von Lang-, Mittel- und Kurzwellen. Das Taschenradio hat für den UKW-Empfang eine Teleskopantenne. Jedes leitfähige Material kann als Antenne wirken.

Die Wirkung der Antenne ist um so besser, je exakter deren mechanische Länge der Wellenlänge $\lambda/2$ oder $\lambda/4$ entspricht. Die Abstände der Maxima betragen, wie in Bild D-6b dargestellt, jeweils $\lambda/2$. Bei $\lambda/4$ und deren Vielfachen bildet die Antenne einen Serien- oder Parallel-Resonanzkreis. In Bild D-5 ist die Antenne als Serien-Resonanzkreis dargestellt. In Bild D-6 ist gezeigt, wie diskrete Störungen auf einem Kabel abgestrahlt werden. Die Wirkung der Antenne ist durch den *Antennenfaktor A* charakterisiert. Der Antennenfaktor ist das Wandlungsmaß mit dem man das Verhältnis von aufgenommener Leistung zur erzeugten Feldstärke H bzw. E definiert.

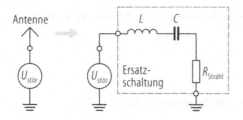

Bild D-5. Ersatzschaltung einer Antenne

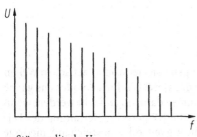

a Störamplitude U

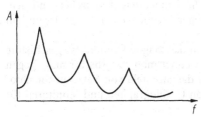

b Antennenfaktor A

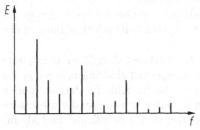

c Abgestrahltes Signal E

Bild D-6. Antennenwirkung eines Kabels

Beispielsweise kann ein 1,5 m langes Monitorkabel das an einem PC angeschlossen ist, bei 50 MHz und bei 100 MHz gut abstrahlen. Die Länge des Monitorkabels bei diesen Frequenzen entspricht $\lambda/4$ und $\lambda/2$ und ist als Antenne wirksam.

Die magnetische und die elektrische Feldstärke sind (unter Fernfeldbedingungen) über dem Wellenwiderstand Z des freien Raums miteinander verknpüft.

$E = H\,Z$, wobei

$$Z = \sqrt{\frac{\mu_0}{\varepsilon_0}} = 376,6\ \Omega \text{ ist.}$$

Will man die elektrische und die magnetische Feldstärke untereinander umrechnen, so setzt man in Beziehung

$$20 \log E = 20 \log H + 20 \log \frac{Z}{1\,\Omega}$$

und erhält zur Umrechnung der elektrischen in die magnetische Feldstärke

$$dB\left(\frac{V}{m}\right) = dB\left(\frac{A}{m}\right) + 51,5\ dB. \tag{D-7}$$

D.3.3.1
Verringerung von Kopplungen durch Schirmung

Eine Schirmung soll das Austreten und das Eindringen von elektromagnetischen Wellen behindern. Um dies zu erreichen, kann man Teile des Gerätes schirmen oder das ganze Gehäuse als Schirm ausbilden. Ein Schirm muß immer dann angebracht werden, wenn sich durch andere Maßnahmen wie beispielsweise die HF-gerechte Gestaltung des Leiterplatten-Layouts keine ausreichende Einstrahlfestigkeit oder ausreichend niedrige Pegel der Abstrahlung erreichen lassen.

Man unterscheidet zwischen zwei Arten von Schirmen, den elektrischen und dem magnetischen. Diese Unterscheidung ist bei niedrigen Frequenzen ($f < 30$ MHz) und im Nahbereich ($d \leq \lambda/10$) sinnvoll.

Rein *magnetisch wirkende Schirmungen* lenken das Magnetfeld um das geschirmte Volumen herum. Magnetische Schirmungen verwendet man zur Abschirmung gegen niederfrequente Magnetfelder wie beispielsweise das Streufeld von Netztransformatoren. Man findet sie bei Kathodenstrahlröhren von Oszillographen und Monitoren für Industrieumgebung.

Magnetische Schirmungen bestehen aus ferritischem Material hoher Permeabilität ($\mu_r > 50000$), wie Mumetall®. Leider sinkt die Permeabilität mit steigender Frequenz. Bereits bei einer Frequenz von 40 kHz, die man beispielsweise bei pulsbreitengeregelten Stromversorgungen (Schaltnetzteilen) verwendet, ist keine hohe Schirmwirkung mehr vorhanden.

Ein hochfrequentes Magnetfeld erzeugt auf der leitenden Oberfläche sogenannte Wirbelströme, die wegen des Skin-Effekts um so weniger tief eindringen, je höher die Frequenz ist. Die Wirbelströme erzeugen selbst ein Magnetfeld, das dem störenden Magnetfeld entgegenwirkt. Diese Wirkung ist um so besser, je niedriger der spezifische Widerstand des verwendeten Schirmmaterials ist. Gut eignen sich Kupfer und Aluminium.

Eine pulsbreitengeregelte Stromversorgung kann in der Nähe ihrer Oberfläche erhebliche und örtliche konzentrierte Magnetfelder erzeugen. Man spricht von magnetischer Ausstreuung. Ein Schirmgehäuse aus Aluminium dessen sechs Seiten elektrisch gut leitend aneinandergefügt sind, bedämpft dieses Magnetfeld durch Wirbelströme und Gegenfelder.

Beide Methoden zum Abschirmen von magnetischen Feldern sind kostspielig.

Beispiel

Die Bedämpfung eines hochfrequenten Magnetfeldes kann man in einem sehr einfachen Experiment nachvollziehen.

Dazu benötigt man ein Mittelwellen-Taschenradio und einen Streifen Haushalts-Alufolie. Das Radio stellt man auf den Ortssender ein und wickelt einen Aluminiumstreifen der etwas länger als der Gesamtumfang des Radios ist, einmal um die Längsachse des Radios. Sobald sich Anfang und Ende einander berühren, also eine Kurzschlußschleife bilden, verstummt unser Radio. Das durch den Kurzschluß gebildete Gegenfeld verringert die magnetische Feldstärke an der Ferritantenne so stark, daß ein Empfang kaum noch möglich ist.

Ein *elektrostatischer Schirm* soll das elektrische Feld unterbrechen und so die Ausbildung eines kapazitiven Verschiebestroms auf eine Leitung unterbinden. Einen solchen Schirm nennt man auch statischen Schirm, da er bei Gleichfeldern und niederfrequenten Feldern wirkt.

Beispiel

Das Manipulieren an Mikrochips wird mit einer Videokamera aufgenommen und auf einem in kurzer Entfernung dazu stehenden Monitor dargestellt. Die Bildröhre des Monitors hat ein elektrisches Feld. Durch Bewegungen in einem elektrischen Feld entstehen Verschiebeströme, die das elektrostatisch empfindliche Bauelement gefährden. Durch das Anbringen eines leitfähigen und geerdeten Schirms vor der Bildröhre verhindert man eine Gefährdung der Mikrochips.

Ein *elektromagnetischer Schirm* wird benötigt um E- und H-Felder vor allem bei Frequenzen > 30 MHz zu bedämpfen. Ob man alle Baugruppen, die Baugruppenträger oder nur den Schrank als Schirmgehäuse ausführt, wird von kommerziellen Überlegungen bestimmt.

Die Wirkung eines elektromagnetischen Schirms setzt sich zusammen aus Reflektion und Absorption. Auf der Oberfläche des elektromagnetischen Schirms fließen Ströme, und zwar auf der Innen- und der Außenwandung. Jede Öffnung im Schirm stellt einen möglichen Koppelpfad dazwischen dar, weshalb der elektromagnetische Schirm allseitig geschlossen sein muß. In der Praxis wird die Wirkung des Schirms, die man als *Schirmdämpfung* definiert, durch Lüftungsöffnungen, Türen oder Einschübe und durch falsch angeschlossene Kabelschirme reduziert. Spaltförmige Öffnungen, wie sie fast zwangsläufig durch Fügeflächen unterschiedlicher Gehäuseteile entstehen, können als Schlitzantennen wirken.

Kabelschirme bilden die Fortsetzung eines Schirmgehäuses zum nächsten Gehäuse. Sie halten hochfrequente Ströme von oder zu den Signalleitungen fern und verhindern Abstrahlung und Einstrahlung.

Jede ungeschirmte Leitung, die ein Schirmgehäuse verläßt, muß gefiltert werden.

Tabelle D-4. Optimierung von Schirmmaßnahmen

Verringerung der Schirmwirkung durch	Zu vermeiden sind	Eine Verbesserung ist möglich durch
Schlitz	eckige Durchbrüche mit Längen > $\lambda/10$	Ersatz der Kanten durch Halbrundungen; besser Bohrungen $\varnothing \leq 4{,}6$ mm (EN 60 950)
	Blechverschraubungen oder Schweißpunkte mit Abständen > $\lambda/10$	Rollschweißen oder Verwendung von EMV-Dichtungen oder EMV-Kontaktfinger
Einschub	nichtmetallische Frontblende und Sichtfenster	Frontblende aus Alu mit 4-seitig umlaufenden Kontaktfingern
Tür	Fehlen von Kontaktfingern, wenn Einschübe nicht komplett geschirmt	Kontaktfinger, die lückenlos alle 4 Seiten umlaufen
	Sichtfenstern, wenn Einschübe nicht komplett geschirmt	Schirmung der Einschübe, oder separate Schirmung von Anzeigen in der Tür
Kabel	ungeschirmte Kabel	Schirmung oder bündig am Metall kontaktiertes Filter (z.B.: Stromversorgungseingang)
Kabelschirm	Kontaktierung (Auflegen des Schirms) im Inneren des Schirmgehäuses	Mit 360° umlaufende Kontaktierung des Kabelschirms an der Außenhaut des Schirmgehäuses
	Kontaktierung mit Schleife „Schweineschwänzchen"	Verwendung von geschirmten Steckergehäusen, die ein umlaufendes Kontaktieren des Kabelschirms ermöglichen
	Verwendung als Signalrückleiter	Verwendung von separatem und mit dem Signalleiter verdrilltem Rückleiter
Stecker	isolierte Montage auf der Außenhaut des Schirmgehäuses	Herstellen galvanisch niederohmiger Verbindung zum Schirmgehäuse

In der Tabelle D-4 sind Beispiele genannt, die eine Schirmwirkung beeinträchtigen oder verbessern.

D.4
Funkentstör-Bauelemente

Funkstör-Bauelemente unterbinden die Ausbreitung von Störungen auf Leitungen und damit auch deren Abstrahlung. Die Wirkung von Funkstör-Bauelemente betrachtet man im Zusammenhang mit der Impedanz der Störquelle. Den Störstrom niederohmiger

Quelle reduzieren Induktivitäten. Eine hochohmige Störquelle macht man mit einem kapazitiven Nebenschluß unwirksam. Reicht das Filtern von Leitungen allein nicht aus, dann muß man diese und das Gehäuse schirmen. Zur Begrenzung von transienten Überspannungen verwendet man nichtlineare Bauelemente.

! **Hinweis zur Produktsicherheit:** Bauelemente zur Funkentstörung und Filterbaugruppen, die an Stromversorgungsleitungen liegen, müssen besondere Anforderungen hinsichtlich deren Überspannungsfestigkeit und Brandverhalten erfüllen. Diese Bauelemente sind kennzeichnungspflichtig.

D.4.1
Kondensatoren

Kondensatoren zur Funkentstörung
Zur Entstörung von Versorgungsspannungsleitungen verwendet man sogenannte *X*- und *Y*-Kondensatoren.

X-Kondensatoren unterdrücken Gegentaktstörungen. Man schaltet sie parallel zum 230-V-Verbraucher zwischen die Phase (L) und den Neutralleiter (N).

Mit *Y-Kondensatoren* reduziert man Gleichtaktstörungen, die zwischen der Phase beziehungsweise dem Neutralleiter und dem Massebezugssystem (Schutzleiter; engl.: Protective Earth -PE-) liegen. Y-Kondensatoren verursachen im Neutralleiter einen *Ableitstrom*, den man so klein halten muß, daß selbst im Fehlerfall, wie einer Unterbrechung des Schutzleiters, keine Personengefährdung auftreten kann.

Die wichtigsten Normen für Bauelemente zur Unterdrückung elektromagnetischer Störungen sind in der Tabelle D-5 genannt.

Tabelle D-5. Normen von Funkentstör-Bauelemente für die Sicherheitsüberprüfungen vorgeschrieben sind

Festkondensatoren	DIN EN 132 400 (VDE 0565 Teil 1-1)
Drosseln	DIN EN 138 100 (VDE 0565 Teil 2-1)
Passive Filter	DIN EN 133 200 (VDE 0565 Teil 3-1)

Knackstörungen wie sie beim Schalten induktiver Lasten entstehen, unterdrückt man mit RC-Kombinationen. Sie verlangsamen die Anstiegsgeschwindigkeit und Amplitude der Spannung. Man bezeichnet sie auch als Funkenlösch-Kombinationen, weil sie die Entstehung von Lichtbögen verhindern.

D.4.2
Induktivitäten

Induktivitäten zur Funkentstörung
Induktivitäten machen Leitungen hochohmig und ihr Ferritkern kann Störenergie absorbieren. Man unterscheidet zwischen unkompensierten Drosseln zum Bedämpfen von Gleichtakt- und Gegentaktstörungen und *stromkompensierten Drosseln*, die man nur gegen Gleichtaktstörungen einsetzt.

Um eine Sättigung des Kerns unkompensierter Drosseln durch durchfließenden Versorgungsstrom zu verhindern, muß dieser einen Luftspalt besitzen; außerdem muß die

Spannungs-Zeitfläche (ausgedrückt in Vs) für eventuell überlagerte unipolare Impulse ausreichend groß sein.

Einfache Induktivitäten realisiert man beispielsweise als Stabkerndrosseln, die aus einem Ferritstab bestehen, auf dem eine zylindrische Wicklung aufgebracht ist. Bei deren Einsatz ist zu beachten, daß deren magnetische Feldlinien an den Enden des Stabes austreten. Diese Feldlinien können ungewollt in eine benachbarte Leiterschleife koppeln und deshalb selbst wieder zur Störquellen werden. Unkritischer sind Rollenkerne. Bei ihnen konzentrieren sich die aus dem Ferrit austretenden Feldlinien an der äußeren Oberfläche des Kupferwickels.

Stromkompensierte Drosseln zur Bekämpfung von Gleichtaktstörungen, wickelt man meist auf Ringkerne. Sie weisen mindestens zwei identische Wicklungen auf einem gemeinsamen Kern auf. Die Wicklungen sind wie in Bild D-7 dargestellt, derart geschaltet, daß die vom Gegentaktsignal (Nutzsignal) erzeugten magnetischen Flüsse entgegengesetzt gleich groß sind und sich kompensieren. Stromkompensierte Drosseln benötigen keinen Luftspalt, um eine magnetische Sättigung des Kernmaterials zu verhindern. Zur Realisierung hoher Induktivitäten verwendet man hochpermeables Material mit wenigen Windungen.

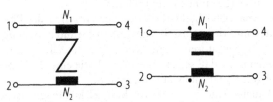

a Stromlauf mit Darstellung des magnetischen Flusses oder des Wickelsinns

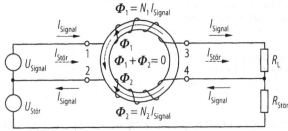

Bild D-7.
Stromkompensierte Drossel

b Gegenläufige magnetische Flüsse für das Nutzsignal

Für Gegentaktsignale ist deren Induktivität vernachlässigbar klein, für Gleichtaktströme ($I_{Stör}$) ist sie aber groß ($L = A_L \, N^2$), wodurch sie Gleichtaktstörungen verringern. Der A_L-Wert ist der *Induktivitätsfaktor*, eine vom Hersteller angegebene Konstante, die vom Material und der Kerngeometrie abhängt. Gleichtaktstörungen sind in Bild D-7b durch gestrichelte Linien dargestellt. Der im Bild D-7b gezeigte gegenläufige Wickelsinn dient zur übersichtlichen Darstellung; in der Praxis sind die Wicklungen gleichsinnig gewickelt und so geschaltet, daß die Flüsse Φ_1 und Φ_2 gegensinnig sind. Beide Wicklungen wirken wie in Bild D-8b gezeigt, wie deren Parallelschaltung. Die geringe Streuinduktivität im Signalpfad erlaubt den Einsatz von stromkompensierten Drosseln auch zur Verringerung von Störungen auf Datenleitungen. Gleichtaktstörungen werden bedämpft während die Signalform der Daten (Gleichtaktsignal) unbeeinflußt bleibt. Um

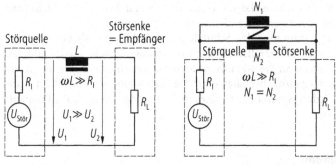

a Induktivität   **b** Stromkompensierte Drossel

Bild D-8. Wirkung einer Drossel

breitbandig wirken zu können, sollte die Impedanz Z über der Frequenz f möglichst flach verlaufen, also keine ausgeprägte Resonanzstelle aufweisen. Einlagig bewickelte Ringkerne und Mehrlochkerne besitzen solche Eigenschaften.

D.4.3
Filter

Filter bedämpfen leitungsgebundene Störungen von – und nach außen. Sie sind in der Regel als fehlangepaßte Tiefpässe aufgebaut und bestehen aus einer Kombinationen von Kondensatoren und mindestens einer Drossel. Die Filterwirkung beruht auf zwei Prinzipien: Verringerung des Störstroms durch „hochohmig machen" der betroffenen Signalpfade und anschließendes „Kurzschließen" des verbleibenden Störstroms. Mit Drosseln macht man die Pfade zur Störquelle oder -senke hochohmig und bildet mit Kondensatoren einen kapazitiven Nebenschluß für den Störstrom.

Die gebräuchlichste Konfiguration eines Funkentstörfilters für Stromversorgungsleitungen ist in Bild D-9 dargestellt.

Der X-Kondensator C_1 bedämpft Gegentaktstörungen. Die Y-Kondensatoren C_2 und C_3 unterdrücken zusammen mit der stromkompensierten Drossel L die Gleichtaktstörungen. Funkentstörfilter sind meistens in metallische Gehäuse eingebaut. Bei deren

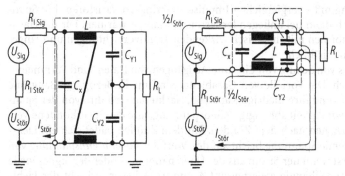

a Wirkung bei Gegentakt-
   Störungen   **b** Wirkung bei Gleichtakt-
   Störungen

Bild D-9. Einstufiges Funkentstörfilter

Einbau in Geräte ist darauf zu achten, daß das Gehäuse selbst gut leitend und flächig mit der metallischen Struktur des zu entstörenden Gerätes verbunden wird.

Aus Sicherheitsgründen muß man den Schutzleiter zusätzlich anschließen. Die Verdrahtung des Schutzleiters soll parallel zu der hochfrequenzmäßig niederohmigen Anbindung des Filtergehäuses an die metallische Struktur des Gerätes liegen, denn wie aus der Daumenregel $L = 1\ \mu H/m$ abschätzbar, ist die Verbindung vom Schutzleiteranschluß des Filters zum Erdungspunkt des Gerätes meist zu lang, um für hohe Frequenzen noch wirksam zu sein.

D.4.4
Spezielle Entstörbauelemente

Traniente Überspannungen begrenzt man mit Hilfe von Überspannungsableitern. Gestaffelt nach deren Vermögen einen Stoßstrom abzuleiten bzw. Energie aufzunehmen, sind dies Gleitfunkenstrecken, Varistoren, Gasableiter und Suppressor-Dioden. Die wichtigsten Daten von Überspannungsableitern findet man in der Tabelle D-6.

Tabelle D-6. Bauelemente zur Begrenzung von Überspannungen

Parameter	Varistor	Gasableiter	Suppressor-Diode
Nennspannung/V	5 bis 2000	60 bis 12 000	6 bis 400
Stoßstrom/kA [1]	0,08 bis 25	60	0,2
Energieaufnahme/J	0,1 bis 2000	60	1
Kapazität/pF	40 bis 40 000	1 bis 7	300 bis 15 000
Ansprechzeit/ns	25	1000	0,01

[1] Für den Prüfimpulsstrom der Form 8/20 μs.

Gleitfunkenstrecken dienen zum Ableiten von Blitzteilströmen. Diese sind auch in Kombination mit Varistoren erhältlich.

Varistoren (vom engl. variable resistor) sind spannungsabhängige Widerstände, mit symmetrischer U/D-Kennlinie, deren Widerstand mit steigender Spannung abnimmt. Parallel zur schützenden Elektronik geschaltet, bilden sie bei Überspannungen einen niederohmigen Nebenschluß und verhindern ein weiteres Ansteigen der Spannung. Durch Beanspruchung mit energiereichen Impulsen verringern Varistoren ihre Spannung und können sich dann bei anliegender Nennspannung erwärmen. Für die Hausinstallation sind Bauformen mit thermisch wirkenden Trennvorrichtungen und eingebauter Meldefunktion erhältlich.

Gasableiter sind als von Schutz von Ein- und Ausgängen von Daten- und Fernmeldeleitungen gebräuchlich. Die Vorteile von Gasableiter sind ihr in Bezug zur Baugröße hohes Ableitvermögen und ihre niedrige Kapazität. Nachteilig sind ihre von der Spannungsanstiegs-Geschwindigkeit abhängige Zündspannung, ihre damit verbundene Verzögerung und ihr Verhalten nach dem Zünden. Mit dem Zünden bildet sich ein Lichtbogen und die anliegende Spannung bricht auf den Wert der *Bogenbrennspannung* von < 15 V zusammen. Erst wenn der Strom aus der Überspannungs- oder der Signalquelle auf Werte sinkt, die typabhängig zwischen 0,1 A und 0,6 A liegen, erlischt der Lichtbogen.

Suppressor-Dioden sind als sehr schnell ansprechender Feinschutz von Ein- und Ausgängen für Daten- und Fernmeldeleitungen beispielsweise gegen den ESD geeignet.

Man bezeichnet sie auch als *TAZ-Diode* (Transienten absorbierende Z-Diode engl.: Transient Absorbing Z-Diode). Suppressor-Dioden sind im Prinzip auf Schnelligkeit und Energie-Absobtionsvermögen optimierte Z-Dioden. Sie sind auch in bipolarer Ausführung auf dem Markt. Mit TAZ-Dioden realisiert man zusammen mit Gasableitern einen nach Spannung und Energieinhalt gestaffelten Überspannungsschutz.

Ferritringe, die über ein geschirmtes Kabel gestülpt sind, bedämpfen nicht nur den auf dem Schirmgeflecht fließenden Störstrom, sondern wirken gleichzeitig symmetrierend auf die unter dem Schirm liegenden Kabeladern. Ein über einen Leiter geschobener Ferritring transformiert in diesen eine Impedanz. Deren Realteil bewirkt eine Absorption von Störleistung. Der Ferritring bildet für die Datenadern und die dazugehörige Rückleitung (Signalmasse) eine Stromkompensierte Drossel mit je einer Windung. Ferritringe findet man oft verborgen unter Kunststoffwülsten an Monitor- und Druckerkabeln von PCs. Der Verlauf der Impedanz über der Frequenz wird von materialspezifischen Effekten wie der gyromagnetischen Resonanz, der dielektrischen Resonanz und den Wirbelstromverlusten beeinflußt. Durch den Vergleich des Scheinwiderstandes über der Frequenz findet man in Datenblättern die für einen Frequenzbereich optimalen Ferritmaterialien.

D.4.5
Schirmgehäuse und Schirmmaterialien

Einem EMV-gerechten Layout der Leiterplatten folgt die Wahl von Schirmgehäusen, geschirmten Kabeln und Steckern. Die Wirkung eines Schirms bezeichnet man als *Schirmdämpfung* oder *Schirmfaktor*. Nur Schirme, die das zu schützende bzw. das störende Gerät allseitig und lückenlos umschließen, haben eine optimale Schirmdämpfung.

Niederfrequente magnetische Felder kann man abschirmen, indem man die störenden Feldlinien mit Hilfe eines ferromagnetischen Materials um den zu schirmenden Gegenstand herum leitet. Für die Schirmwirkung maßgebend ist die effektive Permeabilität $\mu_{r(eff)}$ des verwendeten Materials. Geeignet sind Stahl, amorphe Legierungen mit den Handelsnamen Metglas® und Vitrovac® oder Nickel-Eisen-Legierungen wie das Mumetall®. Da solche Schirme nur bei statischen und niederfrequenten Magnetfeldern wirken, spricht man auch von einem *magnetostatischen Schirm*. Mit zunehmender Frequenz sinkt die effektive Permeabilität und damit die Wirkung einer Schirmung aus ferromagnetischem Material.

Bereits oberhalb des Hörbereichs kann man mit diamagnetischen und niederohmigen Materialien wie Aluminium und Kupfer eine Schirmwirkung gegen magnetische Felder erzielen. Da deren Schirmwirkung auf die Erzeugung von Wirbelströmen beruht, die wiederum Gegenfelder erzeugen, spricht man von einem *Wirbelstrom-Schirm*.

Zur Schirmung hochfrequenter elektromagnetischer Felder (E- und H-Feld) eignen sich alle galvanisch gut leitenden Materialien. Je niedriger deren spezifischer Widerstand ist, desto besser kann die Schirmwirkung sein. Die Schirmwirkung beruht aus Reflektion und Absorption. Wegen der durch den Skin-Effekt verursachten geringen Eindringtiefe des Stroms bei hohen Frequenzen, kann man mit auf Kunststoff aufgebrachten metallischen Beschichtungen eine oft ausreichende Schirmwirkung erzielen.

Gut kontaktierte Steckergehäuse und Kabelschirme stellen eine Fortsetzung des Schirmgehäuses zum benachbarten Teilsystem dar.

D.5
Forderungen und Maßnahmen zur Realisierung der EMV

Im Rahmen dieses Abschnitts wird zuerst erörtert, was man beachten soll, um die anschließend beschriebenen EMV-Normen erfüllen zu können.

Die EMV sollte man in den gesamten Lebenszyklus eines Produktes einbeziehen, nämlich in den Zeitraum von der Inbetriebnahme bis zum Ende seiner *Brauchbarkeitsdauer*. Bereits in der Konzeptphase beginnt man mit einer qualitativen Abschätzung der EMV. Hierbei kommt den vorgesehenen *Aufstellungsorten* eine besondere Bedeutung zu, denn man muß entscheiden, ob das Gerät nur für den Betrieb in einem Industriegebiet oder auch für Wohngebiete geeignet sein soll. In einer Industrieumgebung sind hohe Anforderungen an die *Störfestigkeit* von Geräten notwendig. In Wohngebieten muß man die *Störaussendung* auf niedrige Pegel begrenzen, um den Rundfunkempfang nicht zu stören.

Vorgehensweise zum Erreichen der EMV

In der Praxis sollte man sich von der Situation am jeweiligen Aufstellungsort ein umfassendes Bild machen und eine *EMV-Matrix* erstellen. Die EMV-Matrix ist eine Übersicht über mögliche gegenseitige Beeinflussungen aller an der EMV beteiligten Systeme mit der man potentielle Probleme frühzeitig erkennen kann.

Die Tabelle D-7 ist ein Beispiel für eine EMV-Matrix. Im Kopf der Spalten sind die potentiellen „Störer" und an den linken Zeilenrändern sind dieselben Geräte als die

Tabelle D-7. EMV-Matrix für einen Aufstellungsort

		Störaussendung ausgehend von					
		Personal Computer	HF-Trocknungsofen	Klimaanlage	Bediener	Funktelefon	Grenze des Gebäudes
Störempfindlichkeit von	Personal Computer		++	+	+	+	+
	HF-Trocknungsofen	0		0	0	0	0
	Klimaanlage	0	0		0	0	0
	Bediener	0	+	0		0	0
	Funktelefon	0	+	0	0		0
	Grenze des Gebäudes	0	+	0	0	0	

Legende: 0   Keine oder nur unwahrscheinliche Beeinflussung
+   Mögliche Beeinflussung
++ Beeinflussung

potentiell „Gestörten" genannt. Die gegenseitigen Beeinflussungen werden hier anhand von vier Beispielen erläutert.

1. Der Personal Computer (PC) ist mit seiner hohen Taktfrequenz ein potentieller Störer. Wie gesetzlich verlangt, hat dieser eine CE-Kennzeichnung und sollte deshalb kein anderes Gerät stören.

2. Der HF-Trocknungsofen benutzt eine sogenannte ISM-Frequenz, bei der die abgestrahlte *Feldstärke* nur zum Schutz von Personen begrenzt werden muß. Der Bediener darf einer Feldstärke von 27,5 V/m ausgesetzt sein. Demgegenüber muß der PC in Wohngebieten bei einer Feldstärke von 3 V/m und in Industriegebieten bei 10 V/m fehlerfrei arbeiten. Strahlt der HF-Trocknungsofen die ISM-Frequenz tatsächlich mit einer Feldstärke von 27,5 V/m ab und ist der Industrie-PC bis 10 V/m störfest, dann kann man ihn nicht neben dem HF-Trocknungsofen betreiben. Um diese Unverträglichkeit zu umgehen, könnte man den Industrie-PC in einer Entfernung von mindestens 8,8 m vom HF-Trocknungsofen aufstellen, da die Feldstärke mit dem Logarithmus zur Entfernung abnimmt und hier den Wert von 10 V/m erreicht hat.

3. Eine Klimaanlage enthält Magnetventile, die beim Schalten transiente Überspannungen erzeugen. (In der Norm EN 55014 spricht man von *Knackstörungen* und in der EN 61000-4-5 von *Stoßspannungen*). Transiente Überspannungen aus der Klimaanlage können den PC stören.

4. Ein Funktelefon kann Störer, aber auch Gestörter sein. Da ein Funktelefon nach dem GSM-Standard im Abstand von 1 m eine Feldstärke von 10 V/m erzeugen kann, besteht hier das Risiko, daß dieses den PC stört.

Die Erkenntnisse aus der EMV-Matrix münden in funktionale Forderungen. Gemeinsam mit den gesetzlichen Forderungen sind diese bei der Entwicklung des Produktes umzusetzen. Die Entwicklung schließt mit der meßtechnischen Bestätigung der EMV-Anforderungen ab. Durch Messung von Stichproben aus der Fertigung wird die EMV auch beim Serienprodukt sichergestellt.

In einem *EMV-Plan* nennt man möglichst alle Aspekte, die für die EMV eines Gerätes kritisch sein können. Diese sind beispielsweise:

a) sämtliche Schnittstellen (Gehäuse, Leitungen – geschirmt und ungeschirmt, symmetrisch und unsymmetrisch –, Koaxialkabel, Steckertypen, Erdanschlüsse),
b) die Maßnahmen zur Filterung und zum Überspannungsschutz,
c) die Bus-Takte und deren Frequenzen (insbesondere solche, die über lange Leitungen oder Rückwandverdrahtungen geführt werden sollen),
d) die Leitungen, deren Signale steile Impulsflanken aufweisen können (wie Ausgänge von Frequenzumrichtern),
e) die mechanischen Bestandteile, die das Gehäuse verlassen und als galvanische Leitungen bzw. Antennen wirken können,
f) die klimatischen Umgebungsbedingungen,
g) die gesetzlichen Forderungen und
h) die Kundenforderungen.

Aus dem EMV-Plan leitet die Entwicklung schaltungstechnische- und konstruktive Maßnahmen zur Realisierung der EMV ab.

Die Summe aller zu erfüllenden EMV-Forderungen müssen Bestandteil einer *Produktspezifikation* werden und sollen sich in einem *Prüfplan* widerspiegeln.

Es ist sinnvoll alle Anforderungen an die EMV in Form von Tabellen zusammenzufassen (siehe Tabellen D-8, D-9 und D-11). Diese Tabellen sollten den Entwicklungs-

oder Beschaffungsprozeß wie einen roten Faden begleiten. Die Entwicklung eines Gerätes schließt mit der meßtechnischen Bestätigung der EMV-Anforderungen ab. Beim Serienprodukt wird die EMV durch Messung von Stichproben aus der Fertigung sichergestellt.

Um die EMV zu erreichen, sollte man schon bei der Entwicklung und Projektierung von Geräten und Anlagen die folgenden Maßnahmen berücksichtigen:

a) Ganzheitliches Massekonzept, beginnend mit dem System bis zur Leiterplatte, erstellen.

b) Wahl eines geschirmten Gehäuses mit lückenloser Kontaktierung aller Seiten zur Vermeidung von Schlitzen.

c) Wahl von geschirmten Steckern mit umlaufender Kontaktierung am Gerät und der Möglichkeit den Kabelschirm über seinen gesamten Umfang zu kontaktieren.

d) Räumliche Trennung von Signal- und Stromversorgungs-Kabeln.

e) Räumliche Trennung von magnetisch empfindlichen Baugruppen von solchen, die ein magnetisches Streufeld haben (z.B.: Magnetische Speicher oder analoge Baugruppen von Stromversorgungen und Transformatoren).

f) Rückwand-Verdrahtungsplatten (Backpanel) mit umlaufender Masse-Kaschierung versehen, die flächig auf den Streben des Baugruppenträgers aufliegt.

g) Verwendung von
   - mehrlagigen Leiterplatten mit jeweils separater Lage für die Masse und die Versorgungsspannungen,
   - potentialgetrennten Schnittstellen (z.B.: Optokoppler, Lichtwellenleiter)
   - symmetrischen Signalen,
   - Leitungen mit angepaßten Wellenwiderstand (Z-Leitungen[1]),
   - Flächen- oder Maschenerdung und
   - Abblockkondensatoren insbesondere an Leitungstreibern (z.B.: Keramik-OMB).

h) Wirkung unvermeidbarer Schleifen durch kurze Leitungsführung gering halten.

i) Verwendung von Ferriten zur Dämpfung von Störungen und zur Symmetrierung von Daten-Ein- und Ausgängen (Unterdrückung von Mantelströmen).

j) Verwendung von Filtern für Stromversorgungs-Eingängen und ungeschirmte Signalleitungen

k) Entstörung, so nahe wie möglich an der Störquelle (Kommutatoren von Universalmotoren, Relais, Schütze, Magnetventile)

[1] Ein System ist (auch für hohe Frequenzen) angepaßt, wenn die Impedanzen der Signalquelle und des Verbrauchers (Senke) gleich groß sind. Die Verbindung dazwischen stellt man mit Z-Leitungen her. Das sind Leitungen, deren Wellenwiderstände konstant und gleich groß, wie die von Quelle und Senke sind. Ausgeführt sind Z-Leitungen als Koaxialkabel oder als Streifenleitungen (engl.: strip-line) auf einer Leiterplatte. Die gebräuchlichsten Wellenwiderstände sind 50 Ω und 75 Ω. Bei Fehlanpassungen teilt sich die Energie des Signals nicht vollständig zwischen der Quelle und der Senke auf und es kommt zu Reflektionen und unerwünschter Abstrahlung des Signals.

Der Kunde muß darüber informiert werden, in welcher Umgebung er eine ungestörte Funktion seiner Anlage erwarten darf. Im Installationshandbuch und der Bedienungsanleitung müssen, und in Prospekten sollten Angaben darüber enthalten sein, ob das Gerät nur zum Betrieb in Industriegebieten vorgesehen ist. Zusätzlich sollen in den Kundenunterlagen die Bedingungen für die Installation und den Betrieb der Anlage genannt sein.

Aufbau und Installation von Anlagen und Systemen

Auch wenn jedes in eine Anlage eingebrachte Gerät nachweislich ausreichende EMV-Eigenschaften besitzt, kann man diese durch unsachgemäße (nicht EMV-gerechte) Verkabelung zunichte machen. Die Forderung nach sachgerechter Installation, d.h. einer EMV-gerechten Verkabelung findet sich im EMVG wieder. Dort heißt es:

> § 3 EMVG: Inverkehrbringen und Betreiben von Geräten
>
> (1) Die in § 1 Abs. 1 bezeichneten Geräte dürfen nur dann in den Verkehr gebracht werden, wenn
>
> 1. sie bei fachgerechter Installierung und angemessener Wartung sowie zweckgerechter Verwendung den Schutzanforderungen nach § 4 Abs. 1 entsprechen.

Die beiden wichtigsten Aspekte zur fachgerechten Installierung sind deren externe Verdrahtung und die Plazierung von Baugruppen. Besonders Augenmerk muß auf die Masseverbindungen und Anschlüsse von Kabelschirmen gerichtet werden. Wichtig ist auch die räumliche Trennung von sich gegenseitig beeinflussenden Geräten, wie die von magnetisch empfindlichen zu magnetisch ausstreuenden Geräten.

D.5.1
Eigenschaften von Signalen, Störabstand und parasitäre Effekte

Jedes elektrische Signal kann eine Störquelle und die es verarbeitende Schaltung eine Störsenke sein. Die Eigenschaft eines Koppelpfades, das gewählte Übertragungsverfahren, die Art des Signals und der *Störabstand* bestimmen, ob und wie sich das Störsignal am Empfänger (der Störsenke) auswirkt. Unter Störabstand versteht man die Differenz von den Amplituden des Nutzsignals und des Störsignals.

Analoge Signale

Analoge elektrische Signale selbst haben keinen Störabstand. Jede Störspannung, die einem analogen Signal überlagert ist und im Bereich der Eingangsfrequenz f_{IN} und der Bandbreite B_W des „Empfängers" (Ohr, Verstärker, Rundfunkempfänger) liegt, kann man als Störung wahrnehmen. Man spricht von einer *Inband-Störung*, wenn die *Störung* in der Bandbreite B_W des Empfängers liegt.

Eine als *Übertragungsstrecke* verwendete symmetrische Leitung verhindert, daß eine in das Kabel eingekoppelte Gleichtaktspannung das zwischen dem Adernpaar anliegende Nutzsignal beeinflußt.

Bei der Verwendung hochfrequenter Träger als *Übertragungsverfahren* ist die Störfestigkeit der Signalübertragung für jede Modulationsart unterschiedlich.

Ein amplitudenmoduliertes (AM) Signal wird gestört, sobald das Störsignal im Übertragungsband liegt und die momentane Amplitude des AM-Signals beeinflußt. Bei einem frequenzmodulierten Träger liegt die Information (Nutzsignal) in der Variation der Sendefrequenz. Bei der Frequenzmodulation (FM) kann man trotz gestörter Amplitude das Analogsignal fast störungsfrei wiedergewinnen. Mit der im UKW-Bereich verwendeten FM erreicht man einen Störabstand von bis zu 60 dB.

Digitale Signale

Ein digitales Signal wird gestört, wenn eine ihm überlagerte Störspannung einen unbeabsichtigtem Wechsel vom logischem Zustand, oder eine Änderung des zeitlichen Verlaufs (*Jitter*), am Ausgang des Schaltkreises (Empfängers) verursacht.

Ob sich eine Störspannung, die einem digitalen Signal überlagert ist, tatsächlich störend auswirkt, hängt von der Übertragungskennlinie des verwendeten Digitalbausteins, der Amplitude und der Dauer der Störung ab. Ist die Dauer von Störimpulsen groß im Vergleich zur Schaltzeit des Bauelements, so spricht man von *statischen Störungen*.

Der Störabstand von zwei miteinander verbundenen Logikschaltkreisen ist die Spannungsdifferenz zwischen einem logischen Zustand („0" bzw. „1") eines Ausgangs und der Schaltwelle U_{Th} des darauffolgenden Eingangs. Die Überlagerung einer Störspannung führt erst dann zu einer Änderung des logischen Zustandes, wenn sie größer als der Störabstand ist. Ideale Logikfamilien besitzen symmetrische und hohe Störabstände. CMOS-Familien besitzen beide Eigenschaften.

Beispiel

Für einen CMOS-Baustein (mit einer Versorgungsspannung von V_{DD} = 5 V) sind die folgenden Werte garantiert: V_{OL} = 0,05 V, V_{OH} = 4,95 V, $V_{IL\,max}$ = 1,5 V, $V_{IH\,min}$ = 3,5 V. Bei logisch „1" = 4,95 V verursacht eine überlagerte Spannung von < –3,45 V eine Änderung des logischen Zustandes am nachfolgenden CMOS-Baustein, da die resultierende Spannung <1,5 V wird und damit $V_{IL\,max}$ unterschreitet. Bei logisch „0" = 0,05 V muß eine Spannung von > 3,45 V überlagert werden, um dem folgenden Eingang eine logische „1" vorzugaukeln.

Einen besonders hohen Störabstand erzielt man durch eine *Schalthysterese*, wie mit einem Schmitt-Trigger. Schalthysteresen haben für den Übergang von „0" auf „1" und umgekehrt jeweils unterschiedlich verlaufende Übertragungskennlinien, womit deren Störabstand ausgeweitet wird.

Die Auswirkungen von Störungen bei der Signalübertragung kann man durch die Verwendung von fehlertoleranten Kodierverfahren und Übertragungsprotokollen zusätzlich reduzieren.

Dynamische Störungen sind solche, deren Dauer kleiner als die Schaltzeit des Bauelements ist. Jeder Digitalbaustein arbeitet in den Übergangsbereichen zwischen seinen digitalen Zuständen „0" und „1" wie ein Analogverstärker. Oberhalb von seiner Grenzfrequenz fällt dessen Verstärkung mit 20 dB pro Dekade ab. Damit sich eine dynamische Störung auswirken kann, muß deren Amplitude nur so groß werden, um die kleiner werdende Verstärkung auszugleichen. Je schneller eine Logikfamilie ist, desto höher ist auch deren äquivalente Bandbreite und damit die Möglichkeit von Beeinflussungen durch schnelle Störungen. Deshalb sollte man Logikfamilien wählen, die nicht schneller sind, als es für die jeweilige Funktion notwendig ist. Dynamische Störungen werden oft von elektrostatischen Entladungen (ESD) verursacht, da sie extrem schnell verlaufen.

Störspektren

Um abschätzen zu können, wie groß das potentielle Störvermögen von elektrischen Signalen ist, sollte man sich dessen *Oberwellen* (auch *Harmonische* genannt) betrachten. In der Praxis führen die dritte und die fünfte Harmonische einer Taktfrequenz zu oft unerwarteten Schwierigkeiten bei der Funkstörung.

Die in die Digitaltechnik verwendeten Signale haben in der Regel keinen sinusförmigen Verlauf, sondern sind, den logischen Zuständen „0" und „1" folgend, annähernd rechteckig. Die endliche Steilheit der Signalflanken charakterisiert den trapezförmigen Verlauf von digitalen Signalen. Den zeitlichen Amplitudenverlauf mißt man mit dem Oszillograph, der die Signalamplituden als Funktion der Zeit, also im Zeitbereich darstellt.

Jedes Signal, dessen Amplitudenverlauf von der Sinusform abweicht, setzt sich aus einer Grundschwingung und ihren Harmonischen zusammen. Ein kontinuierliches Signal, wie eine Folge von trapezförmigen Impulsen, kann man mit Hilfe einer Fourieranalyse in seine diskrete Frequenzanteile und die dazugehörigen Amplituden zerlegen. Einzelne, nicht wiederkehrende Impulse, wie sie beispielsweise bei einer elektrostatischen Entladung (ESD) auftreten, kann man mit Hilfe des Fourier-Integrals mit seinen diskreten Frequenzanteilen darstellen.

Die Amplitude diskreter Frequenzen stellt man im Frequenzbereich dar und erhält eine sogenanntes *Amplitudendichtespektrum*. Mit Hilfe des Amplitudendichtespektrums kann man abschätzen, ob sich Frequenzanteile eines Signals negativ auf die Störaussendung auswirken können. In Bezug auf die Störfestigkeit kann man überprüfen, ob die Amplituden der für einen Prüfling vorgesehenen Stoßspannungsprüfungen größer sind als die Werte, die man am beispielsweise vorgesehenen Aufstellungsort gemessen hat. Die Amplitudendichtespektren von genormten Stoßspannungen sind im Anhang B der Norm EN 61 000-4-1 dargestellt und erläutert. Ein Amplitudendichtespektrum kann man in den Zeitbereich transformieren.

Spektrumanalysatoren und Funkstörmeßempfänger messen im Frequenzbereich; sie stellen die Amplituden als Funktion von der Frequenz dar.

Transiente Überspannungen

Durch einen Überspannungsschutz in Geräten will man Überspannung, die als Folge von Schaltvorgängen und indirekten Blitzeinwirkungen auftreten, so begrenzen, daß bleibende Schäden an Bauelementen und Isolationsstrecken des betreffenden Gerätes vermieden werden.

Ein Schutz gegen direkte Blitzeinwirkungen muß durch Maßnahmen in der Gebäudeinstallation gewährleistet werden. (Näheres Angaben hierzu findet man in der Vornorm ENV 61 024-1:1995).

Die am häufigsten auftretenden Überspannungen entstehen durch Schaltvorgänge auf dem 230-V-Netz, nämlich dem Abschalten von Lasten, wie beispielsweise durch das Auslösen einer Sicherung. In erster Näherung wird die Überspannung durch die Induktivität der Leitung und die Änderungsgeschwindigkeit des Stroms bestimmt $u = -L\, di/dt$. Die in der Leitung gespeicherte Energie beträgt $E = 1/2\, L\, i^2$, wobei i der Strom ist, bei dem eine Sicherung ausgelöst hat. Dämpfend bzw. begrenzend wirken der kapazitive Belag der Leitung, ihre ohmschen Anteile und Überspannungsableiter.

Haben Überspannungen auf Datenleitungen eingewirkt, so sollen die betreffenden Geräte in der Regel *nach* deren Abklingen wieder einwandfrei arbeiten. Maßnahmen zum Überspannungsschutz staffelt man in Abhängigkeit vom Energieinhalt der Überspannung. Dabei unterscheidet man zwischen Grob- und Feinschutz.

Überspannungsableiter die sich zum Feinschutz eignen, haben schnellere Ansprechzeiten und kleinere Energie-Absorptionsvermögen als solche, die sich zum Grobschutz eignen. Kombinationen von unterschiedlichen Überspannungsableitern entkoppelt man durch Drosseln oder durch entsprechend lange Leitungen voneinander.

Die wichtigsten Daten von einigen Überspannungsableitern sind in der Tabelle D-6 genannt.

Parasitäre Effekte

Mit *Skin-Effekt* bezeichnet man die Verdrängung eines hochfrequenten Stromes zur Außenhaut (skin: engl. für Haut) des betroffenen Leiters. Die Stromdichte im Leiter nimmt von außen nach innen exponentialförmig ab und reduziert die effektive Leitfähigkeit. Die *Eindringtiefe δ* beschreibt die Entfernung von der Leiteroberfläche bis zu

der Stelle im Leiterinneren, bei welcher der Strom auf den $1/e$-ten Teil abgesunken ist
(e = 2,718).

$$\delta = \sqrt{\frac{2}{\chi \, \mu \, \omega}} \qquad\qquad\qquad\qquad \text{(D-8)}$$

Dabei sind χ der Leitwert, ω die Kreisfrequenz und $\mu = \mu_0 \, \mu_r$ die Permeabilität.

Der *Snap-off-Effekt* von Gleichrichter-Dioden kann durch Oszillationen bei Frequenzen von über einem MHz Störungen verursachen.

Bei hohen Feldstärken von amplitudenmodulierten Sendern kann dessen *Demodulation* an dem Netzgleichrichter eines Gerätes die Ursache für dessen gestörten Betrieb sein.

Die Störfestigkeit kann durch Lichteinfall auf Halbleitersubstrate (*fotovoltaischer Effekt*) oder durch *Gleichrichtung* hochfrequenter Ströme an Substratdioden beeinträchtigt werden. In beiden Fällen wird eine Spannung erzeugt, welche die Schwellen von digitalen Bauelemente verschiebt. Wegen des möglichen Einflusses der Gleichrichtung hochfrequenter Ströme an Substratdioden, führt man Störfestigkeitsprüfungen mit modulierten Spannungen oder elektromagnetischen Feldern durch.

Kontakt-Übergangswiderstände verschlechtern sich durch die Bildung isolierender Schichten. Als Beispiel für die *Oxidation* ist Aluminium zu nennen. Es bindet in der Luft vorhandenen Sauerstoff an seiner Oberfläche zu Aluminiumoxid (Al_2O_3). Aluminiumoxid ist ein guter Isolator und schützt das Aluminium vor Korrosion. Gehäuseteile aus Aluminium können ihre EMV-Eigenschaften im Laufe der Zeit drastisch verschlechtern, wenn ursprünglich elektrisch miteinander kontaktierte Gehäuseteile voneinander isoliert werden. Mit anderen Worten; die Schirmwirkung von Gehäusen verschlechtert sich, wenn der an seinen Oberflächen fließende Strom durch Löcher, Schlitze, oder hochohmige Materialien behindert wird.

Auch Schmierstofffilme können Kontaktflächen voneinander isolieren und damit die Schirmwirkung eines Gehäuses zunichte machen.

Metallischer Abrieb, der durch die Relativbewegung zweier Kontaktflächen gegeneinander entsteht, verschlechtert deren Übergangswiderstand. Besonders anfällig gegen eine Erhöhung des Übergangswiderstandes sind Kontaktflächen aus Edelstahl. Diesen Effekt nennt man *fritting corrosion*.

D.5.2
Gesetzliche Vorgaben

Gesetzlichen Vorgaben zur Produktsicherheit und zur EMV basieren auf EG-Richtlinien und sind verbindliche Rechtsvorschriften, die in den Mitgliedsstaaten in nationales Recht umgesetzt werden. Innerhalb der EU und der Vertragsstaaten dürfen nur solche Produkte in Verkehr gebracht werden, die den für das Produkt relevanten EG-Richtlinien entsprechen.

Verantwortlich für das Einhalten von gesetzlichen EMV-Anforderungen ist nicht mehr wie früher in Deutschland der Betreiber, sondern derjenige, der das Produkt „*in den Verkehr bringt*". Die Umsetzung der EG-Richtlinie 336/89/EWG (*EMV-Richtlinie*) und ihrer Änderungen in deutsches Recht ist das Gesetz über die Elektromagnetische Verträglichkeit von Geräten (EMVG). Im Sinne des EMVG sind Geräte „alle elektrischen und elektronischen Apparate, Anlagen und Systeme". *Schutzziele* des EMVG sind die *Störaussendung* und die *Störfestigkeit*.

Das Einhalten der Schutzziele wird vom Gesetzgeber vermutet, wenn die Geräte mit den *„einschlägigen harmonisierten Europäischen Normen"* übereinstimmen. Wenn Normen nicht anwendbar sind, oder Grenzwerte nicht eingehalten werden können, dann ist eine *„Zuständige Stelle"* (engl. competent body) einzuschalten.

Die einschlägigen harmonisierten Europäischen Normen werden im Amtsblatt der Europäischen Gemeinschaften als *„Titel und Referenzen der harmonisierten Normen im Sinne dieser Richtlinie"* veröffentlicht, in DIN VDE Normen umgesetzt und im Amtsblatt der Regulierungsbehörde für Telekommunikation und Post (Reg TP) veröffentlicht.

Mit der Beantwortung der nachfolgenden Fragen ermittelt man die gesetzlichen Vorgaben, die für ein Produkt relevant sind.

1 Unter welche EG-Richtlinien fällt das Gerät bzw. die Maschine?
  – EMV-Richtlinie (89/336/EWG),
  – Maschinen-Richtlinie (89/392/EWG)[1],
  – Niederspannungs-Richtlinie (73/23/EWG)[1]
2 Wo soll das Gerät bzw. die Maschine verwendet werden? (Industrie- und/oder Wohngebiet)
3 Sind harmonisierte Normen vorhanden? [2]
4 Können harmonisierte Normen eingehalten werden? [2]
5 Welche einschlägigen harmonisierten europäischen Normen sind anzuwenden?
6 Verwendet das Gerät eine Frequenz, die für industrielle, wissenschaftliche und medizinische Hochfrequenzgeräte (*ISM-Frequenz*) bestimmt ist?
7 Soll das Gerät ausschließlich in solche Länder exportiert werden, die nicht zum EWR[3] gehören?
8 Welche Bestimmungen gelten in anderen Exportländern?

[1] Unter welche dieser beiden Richtlinien das Gerät fällt, hängt davon ab, welches Gefahrenpotential (z. B.: mechanische oder elektrische Energie) dominiert. Die EG-Richtlinien sind in der Regel kumulativ anzuwenden.
[2] Zuständige Stelle einschalten, wenn nein und kein Export außerhalb des EWR!
[3] EWR: Europäischer Wirtschaftsraum sind die EU und die Vertragsstaaten.

D.5.3
Normen

Normen dienen zur einheitlichen Messung und Bewertung von physikalischen Vorgängen. Normen zur EMV beinhalten Grenzwerte und Meßverfahren zur Störaussendung und zur Störfestigkeit. Genormte Meßverfahren sollen zusammen mit einer Protokollierung des Meßaufbaus gewährleisten, daß man unabhängig vom Meßort eines Prüflings überall die gleichen Ergebnisse erzielt.

Die Europäischen Normen (EN) sind in *Fachgrundnormen* (generic standards), *Produktfamilien-Normen* (product family standards) und *Produktnormen* gegliedert. Sind keine Produktnormen oder Produktfamilien-Normen vorhanden, dann sind Fachgrundnormen anzuwenden. Dieser Zusammenhang ist im Bild D-10 dargestellt. Welche Norm(en) anzuwenden ist (sind), hängt von dem (den) möglichen Einsatzort(en) und den dort herrschenden Bedingungen ab. Wegen unterschiedlich hoher Störeinwirkungen muß man zwischen einem *„Wohnbereich, Geschäfts- und Gewerbebereich sowie Kleinbetriebe"* und einem *„Industriebereich"* unterscheiden.

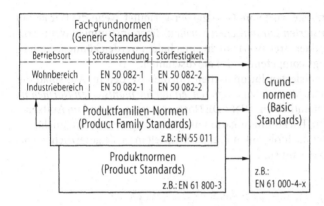

Bild D-10. Hierarchie der Europäischen EMV-Normen

> Das Einhalten von relevanten harominisierten Normen ist die Voraussetzung für das Ausstellen einer EG-Konformitätserklärung, die man durch eine CE-Kennzeichung bestätigt.

Die zulässigen Grenzwerte für die Störaussendung sind in die Klassen A und B unterteilt. Bei deren Festlegung ging man von der Annahme aus, daß Geräte sich wahrscheinlich nicht gegenseitig stören, wenn diese ausreichend entstört sind und zwischen dem Störer und dem gestörtem Gerät ein Schutzabstand existiert. Diese Schutzabstände betragen 30 m für Geräte der Klasse A und 10 m für die Geräte der Klasse B.

Erfüllt ein Produkt nur den Grenzwert der Klasse A, dann können Einschränkungen hinsichtlich des Aufstellungsortes bestehen. Außerdem müssen die Kundenunterlagen einen Warnhinweis enthalten, daß das betreffende Gerät nur den Grenzwert der Klasse A einhält.

> Nur Geräte welche die Grenzwerte der Klasse B einhalten, dürfen überall und ohne Einschränkungen betrieben werden.

❗ Hinweis: Nicht anzuwendende Grenzwerte, wie bei Frequenzen unter 148,5 kHz bedeuten nicht, daß man tun und lassen darf was man will. Beispielsweise könnte man den Empfang des Zeitzeichensenders DCF 77 stören, der auf $f = 77{,}5$ kHz in Deutschland die amtliche Zeit sendet und zahlreiche Funkuhren steuert.

Im Wohnbereich sollen niedrige Grenzwerte für Störaussendungen einen ungestörten Rundfunk- und Fernsehempfang gewährleisten. Geräte der Klasse B erfüllen diese Forderung. Den niedrigen Grenzwerten bezüglich der Störaussendung in Wohngebieten stehen geringe Anforderungen bezüglich der Störfestigkeit gegenüber. Demgegenüber sind für Geräte in Industriebereichen hohe Anforderungen an deren Störfestigkeit notwendig und hohe Werte bezüglich der Störaussendung zulässig.

Beispielsweise müssen nebeneinander stehende Maschinen, eine CNC-Maschine neben der Laserschneidemaschine einwandfrei arbeiten, nicht aber das daneben stehende Radio des Facharbeiters.

Für die *Funkstörspannung* sind Grenzwerte im Frequenzbereich 148,5 kHz bis 30 MHz (Induktionskochgeräte: 9 kHz bis 30 MHz) definiert. Funkstörspannungen nennt man leitungsgebundene Störungen, die man zwischen einer Ader und der Bezugsmasse als Spannung an einer Impedanz von 50 Ω mißt. In der EMV verwendet man den Begriff Masse (engl.: ground) und in der Produktsicherheit spricht man von Erde (engl.: earth). Das Einhalten von Grenzwerten für leitungsgebundene Störungen ist nur für den Netzanschluß vorgeschrieben, obwohl auch jede andere nicht geschirmte oder gefilterte Leitung hohe Störpegel aufweisen kann.

Gestrahlte Funkstörungen sind als *Funkstörfeldstärke* definiert, für die es in der Regel Grenzwerte im Frequenzbereich 30 MHz bis 1 GHz gibt. Grenzwerte der Funkstörfeldstärke mit Frequenzen unter 30 MHz sind nur für Induktionskochgeräte definiert.

In Fachgrundnormen sind keine eigenständigen Grenzwerte für die Störaussendung definiert; statt dessen verweist man auf Produktfamilien-Normen. Bezüglich Störfestigkeit werden Pegel definiert, und man bezieht sich für die Messungen selbst auf Grundnormen. Sogenannte Grundnormen dienen als Basis zur Erstellung von Produkt- und Produktfamilien-Normen. Fachgrundnormen verweisen auf Grundnormen und Produktfamilien-Normen.

Die in den Amtsblättern der EU veröffentlichten Fachgrundnormen sind in Bild D-10 zu finden. Die Forderungen der Fachgrundnormen stellen ein Minimum dar. In der Praxis müssen, insbesondere hinsichtlich der Störfestigkeit von Geräten in Wohngebieten, höhere Anforderungen gestellt werden.

> **Hinweis:** Die Deutschen Versionen der europäischen EMV-Normen nennen sich DIN EN und sind unter einer VDE-Nummer klassifiziert. Beispielsweise steht auf der Titelseite einer Norm:
> „DIN EN 50082 Teil 1; Klassifikation VDE 0839 Teil 82-1; November 1997".
> Die gekürzte offizielle Schreibweise lautet:
> DIN EN 50082-1 (VDE 0839 Teil 82-1): 1997-011.
> Wegen der besseren Lesbarkeit werden in diesem Abschnitt meist zusätzliche Leerstellen verwendet. Das im Kopf einer DIN EN angegebene Datum ist das der deutschen Version. Im Rahmen dieses Hauptabschnitts D sind vorzugsweise nur die Nummern der Europäischen Normen genannt. Alle mit 6 oder 55 beginnenden Europäischen Normen sind von den internationalen IEC-Normen bzw. den IEC-CISPR-Normen abgeleitet. Beispielsweise ist die internationale Entsprechung der EN 55 011 die CISPR 11. Seit Januar 1997 erscheinen IEC-Normen mit der gleichen Nummerierung wie die Europäischen Normen (EN). Soweit IEC-Normen die EMV betreffen, erscheinen diese parallel mit den weitgehendst inhaltsgleichen EN.

D.5.3.1
Fachgrundnormen und Grundnormen (engl.: Generic Standards and Basic Standards)

Fachgrundnormen sind dann anzuwenden, wenn keine Produkt- oder Produktfamilien-Normen vorhanden sind. Die in Fachgrundnormen genannten Anforderungen stellen die minimalen gesetzlichen Anforderungen dar.

Störfestigkeit
Zum Hervorheben gegenüber weitergehenden Forderungen sind die Prüfpegel aus der EN 50 082-2 in der Tabelle D-8 fett gedruckt.

Im Gegensatz zu Produkt- oder Produktfamilien-Normen sind die Störkriterien in der EN 50 082-1 allgemeingültig formuliert. Die Störkriterien nach EN 50 082-1 sind in die Bewertungskriterien A, B und C unterteilt. Zum Kriterium A heißt es u.a. „Das Betriebsmittel arbeitet weiter ordnungsgemäß". Für das Kriterium B wesentlich ist es, daß das Betriebsmittel „nach der Prüfung" weiterhin „ordnungsgemäß" arbeitet und

Tabelle D-8. Störfestigkeit; genormte Beeinflussungsprüfungen

Umgebungs-Phänomen	Beein-flussungsort	Norm	Prüfpegel nach EN 50082-1:1997 und **EN 50082-2:1995**	Bewertungs-kriterien
Elektrostatische Entladung (ESD)	Gehäuse	EN 61000-4-2	Luft-Entladung: ± 8 kV; $\pm$**8 kV** Kontakt-Entladung: ± 4 kV; $\pm$**4 kV**	B
Elektromagnetisches HF-Feld; 80 MHz $\leq f \leq$ 1 GHz, AM 80%	Gehäuse	EN 61000-4-3	3 V/m; **10 V/m** (3 V/m @ 87 MHz $\leq f \leq$ 108 MHz; 174 MHz $\leq f \leq$ 230 MHz; 470 MHz $\leq f \leq$ 790 MHz)	A
Elektromagnetisches HF-Feld [1]; 900 $\pm$5 MHz, PM 50% 200 Hz	Gehäuse	ENV 50204	3 V/m; **10 V/m**	A
Schnelle Transienten (Burst/EFT); 5/50 ns, 5 kHz	Leitungen: – AC-Strom-versorgung	EN 61000-4-4	± 1 kV; $\pm$**2 kV**	B
	– DC-Strom-versorgung		$\pm 0,5$ kV; $\pm$**2 kV**	
	– Daten [2]		$\pm 0,5$ kV; $\pm$**1 kV** bzw. $\pm$**2 kV** [3]	
	– Erdanschluß		$\pm 0,5$ kV	
Stoßspannung [1]; 1,2/50 µs (0,8/20 µs)	Leitungen und Schirme: – Meß- und Steuerleitung	EN 61000-4-5	± 1 kV symmetrisch, [6] ± 2 kV unsymmetrisch [6]	B
	– DC-Strom-versorgung		$\pm 0,5$ kV; $\pm$**0,5 kV**	
	– AC-Strom-versorgung		± 1 kV $\pm$**2 kV** symmetrisch, ± 2 kV $\pm$**2 kV** unsymmetrisch	
Hochfrequenz asymmetrisch; 150 kHz $\leq f \leq$ 80 MHz, AM 80%, $Z_Q = Z_L = 150 \, \Omega$	Leitungen: – Strom-versorgung	EN 61000-4-6	3 V; **10 V**	A
	– Daten [2]		3 V; **10 V**, (3 V @ 47 MHz $\leq f \leq$ 68 MHz)	
	– Erdanschluß		3 V; **10 V**	
Magnetisches Feld [1]; (f = 50 Hz)	Gehäuse [4]	EN 61000-4-8	3 A/m [5]; **30 A/m**	A
Spannungseinbrüche und Unterbrechungen [1]	AC-Stromver-sorgungseingang	EN 61000-4-11	–30%, 10 ms; –**30%, 10 ms** [6] –60%, 100 ms; –**60%, 100 ms** [6] >95%, 5000 ms; >**95%, 5000 ms** [6]	B C C

Die für den Industriebereich geltenden Anforderungen nach EN 50082-2:1995 sind fett gedruckt.
[1] War nach EN 50 082-1:1992 noch keine Pflicht.
[2] Anzuwenden an Leitungen, die länger als 3 m sein dürfen.
[3] Die Test-Amplitude von 2 kV ist bei Prozeß-, Meß- und Überwachungsleitungen und langen Busleitungen anzuwenden.
[4] Anzuwenden, wenn Prüfling gegenüber magnetischen Feldern empfindliche Komponenten enthält.
[5] Für Monitore mit Kathodenstrahlröhren ist bei 1 A/m zulässig:
Jitter [mm] = (3 × Schriftzeichengröße [mm] + 1 mm) / 40.
[6] Keine Pflicht nach EN 50082-2:1995
AC: Alternating Current; engl. für Wechselspannung
DC: Direct Current; engl. für Gleichspannung
AM: Amplitudenmodulation
PM: Pulsmodulation

das Kriterium C erlaubt sogar einen „zeitweiligen Funktionsausfall". Aufgabe des Herstellers ist es, zu definieren welche konkreten Auswirkungen, die in der EN 50 082 angegebenen Störkriterien auf die Funktion seines Produktes haben.

Störaussendung

Die für die Störaussendung relevanten Fachgrundnormen sind die Teile 1 und 2 der EN 50 081. Der Teil 1 verweist auf die Klasse B der Norm EN 55 022 und die EN 55 014. Im Teil 2 wird die Klasse A der Norm EN 55 011 zitiert.

Grundnormen sind grundlegende Normen auf denen Produkt- und Produktfamilien-Normen basieren sollen. Zu den Grundnormen gehören alle Teile 4 der Normen EN 61 000 bzw. IEC 61 000.

Störfestigkeit

Die in der Tabelle D-8 genannten Normen zur Störfestigkeit sollen der Übersicht und als Leitfaden dienen. Welche Forderungen im Einzelfall anzuwenden ist, ergibt sich aus dem Inhalt der jeweils zitierten Norm selbst. Die in der Tabelle D-8 genannten Beeinflussungsarten sind nachfolgend beschrieben.

Elektrostatische Entladung (engl.: Electrostatic Discharge -ESD-)

Die Elektrostatische Entladung (ESD) ist ein Alltagsphänomen. Man beobachtet es vor allem bei niedriger Luftfeuchtigkeit wie sie im Winter, vor allem in beheizten Räumen auftritt.

> Die Elektrostatische Entladung kann man als den Hauptfeind der EMV betrachten.

In der Praxis erweist sich die sogenannte Kontaktentladung nach der Norm EN 61 000-4-2 als eine harte Forderung, denn die normgerechte Impuls-Vorderflanke hat eine Steilheit von nur 0,7 ns. Der Innenwiderstand der Prüfpistole (Test-Generator) von $R_1 = 300\ \Omega$ verursacht erhebliche Ströme. Das Masseband der Prüfpistole wirkt als Antenne, die die Störung abstrahlt.

Elektromagnetisches Hochfrequenz-Feld (HF-Feld) (engl.: Electromagnetic Field)

Durch die Prüfung mit HF-Feldern, wie sie in der Norm EN 61 000-4-3 definiert sind, ermittelt man den Einfluß von Sendern, die sich in der Nähe des Prüflings befinden. Um den Einfluß von digitalen Funktelefonen zu berücksichtigen, testet man nicht nur mit amplitudenmodulierten Feldern (AM), sondern auch mit plusmodulierten (PM) Feldern bei Frequenzen über 1 GHz nach der Norm ENV 50 204.

Schnelle Transienten (5/50 ns) (engl.: Electrical Fast Transients -EFT-)

Diese bezeichnet man auch als Impulsgruppen-Burst, womit die Art der Pulswiederholung gekennzeichnet ist. Jeder einzelne Impuls hat eine Anstiegsgeschwindigkeit von 5 ns und eine Rückenzeit von 50 ns. Als Rückenzeit ist die Breite des Impulses bei 50 % der Spitzenamplitude zu verstehen. Mit Ausnahme vom 230-V-Netz prägt man diese schnellen Impulse mit einer kapazitiven Koppelstrecke auf die Kabel des Prüflings ein. Mit dem Test prüft man das Ein- und Ausschalten von induktiven Lasten bei gleichzeitigem Prellen der Schalterkontakte (Schütz oder Relais). Das Bestehen dieser Prüfung nach EN 61 000-4-4 kann insbesondere dann schwierig sein, wenn als Testkriterium hohe Anforderungen bezüglich zulässiger Bitfehler bestehen.

Transienten (1,2/50 µs − 8/20 µs) (engl.: Surges)
Diese Tests nach EN 61 000-4-5 sind mit einem sogenannten Hybrid-Generator durchzuführen. Dieser liefert ohne Last einen *Spannungsimpuls* mit einer Anstiegsgeschwindigkeit von 1,8 µs und einer Rückenzeit von 50 µs. Kurzgeschlossen liefert der Hybrid-
Generator einen *Stromimpuls* mit Form 8/20 µs, dessen Amplitude sich aus dem Gene-
rator-Innenwiderstand von 2 Ω ergibt. Mit dem Hybrid-Generator bildet man die
Blitzeinwirkungen nach, wie sie beim Ansprechen von vorgeschalteten Funkenstrecken
übrigbleiben.

Transienten (10/700 µs) (engl.: Surges)
Der Impuls mit der Form 10/700 µs ist als Test für Fernmeldeleitungen vorgesehen, die
ein Gebäude verlassen und einen Überspannungsschutz aufweisen. Man prüft, ob sich
negative Auswirkungen auf die Schaltungen der Teilnehmeranschlüsse ergeben, wenn
die Amplituden kleiner- und größer sind, als die dynamische Ansprechschwelle des
Überspannungsschutzes (z. B.: Zündspannung des verwendeten Gasableiters). Die Prüfung mit Transienten der Form 10/700 µs ist in der EN 61 000-4-5 beschrieben.

Störspannung (engl.: Conducted Disturbance)
Mit dem Test nach EN 61 000-4-6 ermittelt man die Störfestigkeit gegen leitungsgeführte Störgrößen, die durch hochfrequente Felder induziert werden. Er dient als Ersatz
für die Prüfung mit einem elektromagnetischen HF-Feld bei Frequenzen zwischen
150 kHz und 80 MHz.

Magnetfelder mit energietechnischen Frequenzen
(engl.: Power Frequency Magnetic Field)
Dieser Test bildet den Einfluß von Einrichtungen nach, die magnetisch stark ausstreuen.
Dies sind beispielsweise Transformatoren die Frequenzen von $16^2/_3$ Hz und 50 Hz verwenden. Der Test ist in der EN 61 000-4-8 beschrieben und ist bei Verwendung von
magnetisch empfindlichen Bauelementen anzuwenden.

Spannungseinbrüche, Kurzzeitunterbrechungen und Spannungsschwankungen
(engl.: Voltage Dips, Short Interruptions und Voltage Variations)
Basierend auf der Norm EN 61 000-4-11 prüft man die Auswirkung von kurzzeitigen
Unterbrechungen und Spannungseinbrüchen der Netzspannung auf den Prüfling.

Störaussendung
Zwei EMV-Grundnormen mit denen eine niederfrequente Störaussendung auf das
öffentliche Stromversorgungsnetz begrenzt werden soll, sind in der Tabelle D-9 genannt. Man spricht von „Rückwirkungen auf das öffentliche Stromversorgungsnetz", die
vom Prüfling in Form von *Oberschwingungsströmen* und *Flicker* verursacht werden.

Tabelle D-9. Rückwirkungen auf das öffentliche Stromversorgungsnetz, verursacht von Geräten mit
einem Eingangsstrom ≤ 16 A

Norm	Phänomen	Bemerkungen
EN 61000-3-2	Oberschwingungsströme (Harmonische von 50 Hz)	Einteilung nach Geräteart in Klassen A, B, C und D.
EN 61000-3-3	Spannungsschwankungen und Flicker	Flicker an 60-W-Glühbirne bei Schwankungen der Spannung, verursacht durch Laständerungen des Prüflings an komplexer Bezugsimpedanz Z.

Oberschwingungsströme (engl.: Harmonic Current Emissions)
Oberschwingungsströme entstehen durch Verbraucher mit einer nichtlinearen Kennlinie. Sie entnehmen dem Stromversorgungsnetz einen Strom, der von der Sinusform abweicht. Oberschwingungsströme sind unerwünscht, da sie sich im Mittelpunktleiter addieren können. In elektronischen Geräten entstehen sie durch Phasenanschnitt-Steuerungen und Gleichrichterschaltungen. Gleichrichter von Stromversorgungen, die direkt mit einen Kondensator beschaltet sind, laden diesen in jedem Maximum der Spannung nur kurzzeitig, weshalb ihr Stromverlauf nicht sinusförmig ist.

Die Norm EN 61 000-3-2 wurde im Amtsblatt der EU veröffentlicht und gilt für alle am 230 V/400 V-Netz angeschlossene Verbraucher mit einem Gerät-Eingangsstrom ≤16 A je Leiter. Sie löst auch die Norm EN 60 555-2 ab, die nur für Haushaltsgeräte und ähnliche elektrische Einrichtungen galt.

Ein „Allgemeiner Leitfaden für Verfahren und Geräte zur Messung von Oberschwingungen und Zwischenharmonischen in Stromversorgungsnetzen und angeschlossenen Geräten" ist die EN 61000-4-7.

Spannungsschwankungen und Flicker (engl.: Voltage Fluctuations and Flicker)
Schwankende Stromaufnahmen von Verbrauchern bewirken Spannungsschwankungen im Stromversorgungsnetz und dadurch ein Flackern von Leuchtmitteln. Vor allem Glühbirnen zeigen bei realtiv kleinen Spannungsschwankungen eine merkliche Änderung ihrer Leuchtintensität, die als störend empfunden wird, wenn sie in kurzen Zeitabständen auftritt. Den subjektiven Eindruck der durch eine schwankende Leuchtdichte hervorgerufen wird, bezeichnet man als Flicker. Die Norm EN 61 000-3-3 nennt Grenzwerte. Sie gilt für alle Geräte mit einem Eingangsstrom ≤ 16 A und löst den Teil 3 der EN 60 555 ab. Typische Verursacher von Flicker sind Kopierer und Laserdrucker.

D.5.3.2
Produktfamilien-Normen und Produktnormen
(engl.: Product Family Standards and Product Standards)

Statt Produktfamilien-Norm findet man auch den Ausdruck Produktgruppen-Norm. Produktfamilien-Normen gibt es vor allem für Geräte, die in großen Stückzahlen vertrieben werden, wie beispielsweise solche, die zum überweigend privaten Gebrauch bestimmt sind.

Störfestigkeit
Als europäische Produktfamilien-Norm hat man die EN 60 801-2 (Elektromagnetische Verträglichkeit von Betriebsmitteln der industriellen Prozeßautomatisierung; Teil 2: Störfestigkeit gegen Entladung statischer Elektrizität) veröffentlicht. Sie ist vergleichbar mit der bereits genannten EMV-Grundnorm EN 61 000-4-2.

Störaussendung
Maschinen fallen in der Regel in den Geltungsbereich der Norm EN 55 011, deren deutsche Version lautet:

DIN EN 55 011 (VDE 0875 Teil 11):1997-10
Grenzwerte und Meßverfahren für Funkstörungen von industriellen, wissenschaftlichen und medizinischen Hochfrequenzgeräten (ISM-Geräten).
(IEC-CISPR 11:1990, modifiziert + A1:1996, modifiziert + A2:1996 + Corrigendum:1996); Deutsche Fassung EN 55011:1991 + A1:1997 + A2:1996.

ISM steht für *Industrial, Scientific* und *Medical,* den englischen Begriffen für industriell, forschend und medizinisch. Im Sinne der Norm EN 55 011 sind ISM-Geräte solche, die Hochfrequenz *nicht* für nachrichten- oder informationstechnische Zwecke erzeugen. In ISM-Geräten werden von der *ITU* freigegebene ISM-Frequenzen für industrielle Prozesse, hauptsächlich zum Erwärmen, verwendet. ITU ist die Abkürzung für International Telecommunication Union, der englischen Bezeichnung der Internationalen Fernmeldeunion, die international für den Schutz von Funkdiensten zuständig ist.

Die Abstrahlung von ISM-Frequenzen muß man nur zum Schutz von Personen begrenzen. Beispielsweise dürfen Personen im Frequenzbereich 10 MHz bis 400 MHz dauernd einer maximalen Feldstärke von 27,5 V/m ausgesetzt sein. (Entsprechend der Vornorm ENV 50 166-2 und der 26. Verordnung zur Durchführung des Bundes-Immissionsschutzgesetzes; Verordnung über elektromagnetische Felder 26. BImschV).

In Deutschland darf man nur die in der Tabelle D-10 genannten ISM-Frequenzen benützen. Unter 148,5 kHz ist dies beispielsweise die nur in Deutschland zugelassene Frequenz f = 9,5 kHz. Haushalts-Mikrowellenöfen verwenden die ISM-Frequenz 2,45 GHz.

Tabelle D-10. ISM-Frequenzen

f/kHz	Δf/± Hz	f/MHz	Δf/± kHz	f/GHz	Δf/± MHz
9,5 [1]	500	13,56	7	2,45	50
		27,12	163	5,8	75
		40,68	20	24,125	125
		433,92 [2]	870		

[1] nur in Deutschland. [2] für Region I (Europa, ehem. UdSSR, Afrika) vorgesehen.

Die EN 55 011 ist eine Produktfamilien-Norm und berücksichtigt die Besonderheiten von industriellen Umgebungen. Beispielsweise darf man manche Geräte am Aufstellungsort selbst messen. Die Geräte sind in die Gruppen 1 und 2 sowie die Klassen A und B eingeteilt. Geräte, die Hochfrequenz für industrielle Prozesse benötigen, sind die Gruppe 2 zugeordnet. Die Klassen der Geräte entsprechen denen der Grenzwerte für die Funkstörung. Geräte der Klasse A müssen die Grenzwerte der Klasse A und Geräte der Klasse B die der Klasse B einhalten. Geräte der Klasse B eignen sich zur Aufstellung in Wohngebieten, während Klasse-A-Geräte zum Betrieb in Industriegebieten gedacht sind. Es ist jedes einzelne Gerät zu messen, oder man verlangt eine statistische Ermittlung der Übereinstimmung seriengefertigter Geräte. An jedem Gerät erfolgt eine Kennzeichnung mit derjenigen Geräteklasse und Gruppe zu der es gehört.

Die wichtigsten Grenzwerte aus der EN 55 011 sind in der Tabelle D-11 zusammengefaßt. Im Bild D-11 sind die Grenzwerte der Funkstörspannung und im Bild D-12 die der Funkstörstrahlung graphisch dargestellt.

Mit Ausnahme von zusätzlichen Grenzwerten für die Funkstörfeldstärke in den Frequenzbereichen 283,5 kHz bis 526,5 kHz und 11,7 GHz bis 12,7 GHz sowie Erleichterungen für Geräte, die ISM-Frequenzen verwenden, sind die Forderungen identisch mit denen anderer Produktfamilien-Normen. Zum Schutz „besonderer Sicherheits-Funkdienste" können in bestimmten Gebieten die niedrigen Grenzwerte verlangt werden (EN 55 011 Tabelle 6).

In dem Bild D-11 sind die Werte für die Funkstörspannung der Tabellen 2a und 2b aus der Norm grafisch dargestellt. Der Verlauf der Grenzwerte, die mit einem Quasi-

Tabelle D-11. Störaussendung; maximale Pegel nach EN 55 011

Ausbreitung und Art	Ort	Klassen (Gruppe)	Frequenz- bereich /MHz	Grenzwerte (ohne Gruppe 2)	
				QP /dB (μV)	AV /dB (μV)
Leitungsgebunden: Funkstörspannung	Netz- Anschluß	A (1)	$0,15 \leq f \leq 0,5$ $0,5 \leq f \leq 30$	79 73	66 60
		B (1 & 2)	$0,15 \leq f \leq 0,5$ $0,5 \leq f \leq 5$ $5 \leq f \leq 30$	66 bis 56 [1] 56 60	56 bis 46 [1] 46 50
Gestrahlt:	Gehäuse			/dB (μV/m)	/dB (μV/m)
Funkstörfeldstärke			$0,15 \leq f \leq 30$	kein Grenzwert	
(Feldstärke umgerechnet auf Meßabstand von 10 m)		B (1)	$30 \leq f \leq 230$ $230 \leq f \leq 1000$	30 37	kein Grenzwert
		A (1)	$30 \leq f \leq 230$ $230 \leq f \leq 1000$	40 47	
		A + B	$11\,700 \leq f$ $\leq 12\,700$	54 [2]	

[1] linear mit dem Logarithmus der Frequenz fallend;
[2] umgerechnet von 57 dB (pW) auf Spannung am Normdipol.
QP: Quasi Peak, engl. für Quasi Spitzenwert;
AV: Arithmetic Value, engl. für arithmetischer Mittelwert.

Spitzenwert Detektor zu messen sind, ist mit QP markiert und der mit Mittelwert Detektor zu messende mit AV. Die Funkstörfeldstärke mißt man mit dem Quasi-Spitzenwert Detektor (QP). Die Funkstörspannung am Netzanschluß ist mit einer *V-Netznachbildung* oder wenn dies nicht möglich ist, mit einem Tastkopf zu messen. Die V-Netznachbildung ist in Abschnitt D-7 beschrieben.

! **Hinweis:** Zur Veranschaulichung sind die Grenzwerte der Klasse A von einer Meßentfernung 30 m auf 10 m umgerechnet. Im Gegensatz zu anderen EMV-Normen (z.B. EN 55022) läßt die EN 55011 dies nicht zu. Die Erleichterungen die man insbesondere für Geräte der Klasse A und der Gruppe 2 in Anspruch nehmen darf, sind der Norm selbst zu entnehmen.

Ein Beispiel für eine weitere Produktfamilien-Norm über die Störaussendung ist die Norm

DIN EN 55 014 (VDE 0875 Teil 14):1993-12
Funk-Entstörung von elektrischen Betriebsmitteln und Anlagen
Grenzwerte und Meßverfahren für Funkstörungen von Geräten mit elektromotorischem Antrieb und Elektrowärmegeräten für den Hausgebrauch und ähnliche Zwecke, Elektrowerkzeugen und ähnlichen Elektrogeräten.
(CISPR 14:1993); Deutsche Fassung EN 55 014:1993.

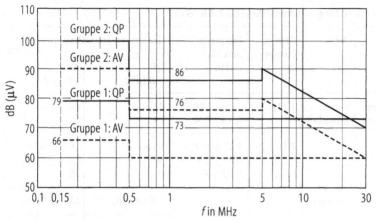

a Geräte der Klasse A, (Gruppe 1 und Gruppe 2)

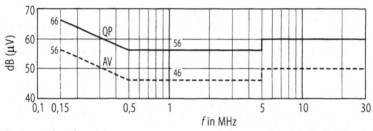

b Geräte der Klasse B

Bild D-11. Grenzwerte für die Funkstörspannung an Netzanschluß nach EN 55011: 1991

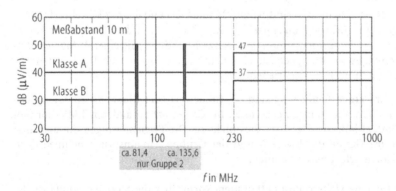

Bild D-12. Grenzwerte für die Funkstörstrahlung von Geräten der Gruppe 1 und der Gruppe 2 (Klasse B) nach EN 55011:1991

Die EN 55 014 ist für solche Einrichtungen anzuwenden deren Hauptfunktion durch Motoren, Schalt- und Regeleinrichtungen ausgeführt werden. Sie schließt u.a. ein: Schaltvorrichtungen wie beispielsweise Schütze und Relais, Regeleinrichtungen inklusive Halbleiterstellglieder mit Nennströmen von $I \leq 25$ A/Phase und Elektrowerkzeuge. Sie ist anzuwenden, wenn *Knackstörungen* öfters als 5mal pro Minute auftreten.

Eine einschlägige und für den Maschinenbau relevante harmonisierte Europäische *Produktnorm* ist die

> **DIN EN 61800-3 (VDE 0160 Teil 100):1997-08**
> Drehzahlveränderbare elektrische Antriebe –
> Teil 3: EMV-Produktnorm einschließlich spezieller Prüfverfahren
> (IEC 1800-3:1996); Deutsche Fassung EN 61800-3:1996

Sie wurde im Amtsblatt der Europäischen Gemeinschaften in bezug auf EMV-Richtlinie veröffentlicht. Die EN 61800-3 legt Mindestanforderungen für drehzahlgeregelte elektrische Antriebssysteme (Power Drive Systems -PDS-) fest, die man aus Wechselspannungversorgungsnetzen bis 1000 V speist und die zum Einsatz in Industrie- und Wohngebieten bestimmt sind.

D.5.3.3
Sonstige Normen

Obwohl die Europäischen Normen (EN) in der Regel auf den internationalen IEC-Normen basieren, verlangen einige außereuropäische Nationen davon abweichende Grenzwerte und Verfahren zu deren Bestätigung.

USA

In den USA sind die sogenannten FCC-Regeln (engl.: FCC-Rules) gesetzlich bindend. Das FCC ist die US-Bundesbehörde für Telekommunikation. In den FCC-Regeln sind Grenzwerte, Frequenzbereiche und Zulassungsverfahren festgelegt. Die Grenzwerte für Digitalgeräte entsprechen nicht denen der internationalen IEC-CISPR-Normen oder denen der Europäischen Normen.

Die für ein Gerät zulässige Klasse und das dafür anzuwendende Zulassungsverfahren sind abhängig von dessen potentiellem Störvermögen, den Aufstellungsorten, der Art seiner Vermarktung und der möglichen Verbreitung. Produktfamilien mit einer großen Verbreitung und einem potentiell hohem Störvermögen müssen die gegenüber der Klasse A strengeren Grenzwerte der Klasse B erfüllen und unterliegen einem aufwendigen Zulassungsverfahren. Für uns von Bedeutung sind vor allem die Teile 15 und 18 der FCC-Regeln. Alle Geräte, die zwischen 9 kHz und 40 GHz ausstrahlen können und für die keine produktspezifischen Festlegungen vorhanden sind, gilt Teil 15 der FCC-Regeln.

Alle Personal Computer (PCs) und deren Peripheriegeräte fallen unter den Teil 15 Unter-Teil B der FCC-Regeln. Die FCC-Regel 15-B gilt für alle Geräte, die ungewollt elektromagnetische Energie abstrahlen können, einschließlich digitaler Geräte. Da PCs praktisch überall stehen können, müssen sie die Klasse B erfüllen. Zusätzlich zum Nachweis über das Einhalten der Klasse B ist eine Zertifizierung durch das FCC vorgeschrieben. Die vom FCC zugelassenen Geräte der Klasse B erhalten einen Aufkleber, den man „FCC-Identifier" nennt.

Teil 18 der FCC-Regeln legt die Bedingungen für ISM-Geräte, die ISM-Frequenzen benutzen, fest. Dies sind beispielsweise Ultraschallgeräte und Mikrowellenöfen.

Kanada

Kanada hat die FCC-Regeln übernommen, aber handhabt deren Nachweis weniger restriktiv als die USA. Hier genügt auch für Geräte der Klasse B, also auch für PCs, eine Selbstzertifizierung.

Japan

In Japan sind die Bedingungen des VCCI einzuhalten. Das VCCI ist ein auf freiwilliger Basis arbeitendes Gremium deren Mitglieder eine VCCD-Kennzeichnung vergeben dürfen. Im Prinzip hat man die Grenzwerte der CISPR 22 (= EN 55 022) übernommen. Der Nachweis über das Einhalten der Grenzwerte muß durch die vom VCCI zugelassenen und weltweit vertretenen Testhäuser erfolgen und wird durch eine VCCD-Kennzeichnung bestätigt.

Militärische Normen

In militärischen Normen sind Grenzwerte und Meßverfahren definiert, die erheblich von zivilen internationalen EMV-Normen abweichen. Militärische- und zivile EMV-Normen sind deshalb nicht direkt miteinander vergleichbar. Beispiele solcher Normen sind die deutschen Normen für Verteidigungsgeräte VG 95 370 bis VG 95 377 und die amerikanischen Militärstandards MIL-STD-461D und MIL-STD-462D.

D.6
EG-Konformitätserklärung und CE-Kennzeichnung

Eine auf einem Produkt angebrachte CE-Kennzeichnung besagt, daß der Hersteller, sein Bevollmächtigter oder ein Importeur in der Gemeinschaft für das betreffende Produkt eine EG-Konformitätserklärung ausgestellt hat. Gemeinschaft steht hier für Mitgliedsstaaten der Europäischen Union (EU) und die Vertragsstaaten des Abkommens über den Europäischen Wirtschaftsraum (EWR).

In der EG-Konformitätserklärung sind die für das Produkt zutreffenden EG-Richtlinien und die einschlägigen harmonisierten europäischen Normen aufzuführen, zu denen die Übereinstimmung erklärt wird. Mit der CE-Kennzeichnung im Ohr eines Teddybären erklärt beispielsweise der Hersteller oder Importeur, daß das Produkt Teddybär mit der Spielzeug-Richtlinie übereinstimmt.

Die CE-Kennzeichnung ist kein Marketingzeichen. Es richtet sich an Behörden und garantiert die bedingungslose Vermarktung innerhalb der Gemeinschaft. Die Aussagen einer EG-Konformitätserklärung dürfen nicht in Zweifel gezogen werden, solange kein gegenteiliger Nachweis erbracht ist.

Die Regulierungsbehörde für Telekommunikation und Post (RegTP) führt das EMVG aus und überwacht dessen Einhaltung. Die RegTP ist sogenannte *Zuständige Behörde* (engl.: competent authority), der auf Verlangen die EG-Konformitätserklärung auszuhändigen ist. Die RegTP tritt an die Stelle des aufgelösten Bundesamtes für Post und Telekommunikation (BAPT).

Für den Maschinenbauer von Bedeutung sein können die in der Tabelle D-12 genannten EG-Richtlinien einschließlich deren Änderungen und Ergänzungen.

Wenn eine harmonisierte EMV-Norm nur teilweise erfüllt wird, nicht erfüllt werden kann oder keine Norm vorhanden ist, dann ist eine *Zuständige Stelle* (engl.: competent body) einzuschalten. Zuständige Stellen verfügen über Fachkompetenz zu allen Fragen der EMV von bestimmten Produkten, die gegenüber der RegTP nachgewiesen wurde. In vielen Fällen unterhalten diese auch ein akkreditiertes EMV Meßlabor. Akkreditierte Labors gewährleisten die fach- und normgerechte Durchführung von EMV-Messungen.

Eine *Benannte Stelle* (engl.: notified body) ist einzuschalten, wenn das betreffende Gerät eine Sendefunk-Schnittstelle aufweist oder eine Schnittstelle zum öffentlichen Fernmeldenetz besteht. Die hoheitlichen Aufgaben von Benannten Stellen hat die RegTP ab dem 18. 02. 1998 auf private Unternehmen übertragen („beliehen").

Tabelle D-12. EG-Richtlinien

EG-Richtlinie	Betrifft (Benennung)	Umsetzung in deutsches Recht durch
73/23/EWG	Elektrische Betriebsmittel innerhalb bestimmter Spannungsgrenzen (Niederspannungs-Richtlinie)	1. Verordnung zum GSG (1. GSGV)
89/336/EWG	Elektromagnetische Verträglichkeit (EMV) (EMV-Richtlinie)	1. Verordnung zum Geräte Sicherheits-Gesetz (GSG); (1. GSGV)
98/37/EG	Sicherheit von Maschinen (Maschinenrichtlinie)	9. Verordnung zum GSG
91/263/EWG	Regulierungsbehörde für Telekommunikation und Post (RegTP)	Zentrale Rufnummer zur Meldung von Funkstörungen: 01 80-32 32 32 3
93/68/EWG	CE-Kennzeichnung (Änderung der Richtlinien nach der neuen Konzeption)	2. Verordnung zum GSG (2. GSGV), EMVG,
94/9/EWG	Geräte und Schutzsysteme zur bestimmungsgemäßen Verwendung in explosionsgefährdeten Bereichen	Verordnung zum GSG

D.7
Meßtechnik

Der in Abschnitt D.5 erwähnte Prüfplan dient als Basis für die Art und den Umfang der durchzuführenden Messungen. Schon in der Entwicklungsphase eines Gerätes sollte man orientierende Messungen durchführen, um spätere Nachbesserungen an Seriengeräten zu vermeiden. Orientierende Messungen dienen der Übersicht und erlauben die Konzentration auf potentielle Probleme und die Erprobung von Korrekturmaßnahmen. Mit abschließenden Messungen wird das Einhalten der Anforderungen zur EMV bestätigt.

Störaussendung
Wenn im Titel von Störaussendung gesprochen wird, dann ist hiermit die leitungsgebundene und die gestrahlte Ausbreitung einer Störung gemeint.

Leitungsgebundene Störungen
Leitungsgebundene Störungen kann man als Strom (*Funkstörstrom*) oder als Spannung (*Funkstörspannung*) messen. Als Funkstörspannung bezeichnet man die sich an einer definierten Impedanz gegen Bezugsmasse abbildende Störspannung. Die Bezugsmasse ist das Bezugspotential gegen welches man Funkstörspannungen mißt. Den Funkstörstrom mißt man mit einer HF-Stromzange und die Funkstörspannung an einer *Netznachbildung*. Mit HF-Stromzangen kann man geschirmte Leitungsbündel messen. Die Funkstörspannung mißt man auf *allen* an ein System anschließbaren *ungeschirmten* Leitungen. In den Europäischen Normen findet man nur die Messung der Funkstörspannung. Sie ist wenig aufwendig, da man hierzu keine geschirmte Meßkabine benötigt. Die Norm EN 55 011 schreibt nur die Messung des Netzanschlusses vor.

Da das 230-V-Netz überall unterschiedliche Impedanzen aufweist, eignet es sich nicht für reproduzierbare Meßergebnisse der Funkstörspannung. Deshalb hat man die Impedanz in die der Störstrom des Prüflings fließt, mit einer sogenannten *Netznachbildung* normiert. Wegen ihrer v-förmig auf die Bezugsmasse ausgerichteten Impedanzen nennt man sie *V-Netznachbildung* und in den IEC-Normen CISPR 16 und CISPR 16-1 spricht man von „Artificial mains V-Network" (engl. für „Künstliche V-Netznachbildung"). Entsprechend der nach EN 55 011 vorgeschriebenen und in CISPR 16 beschriebenen Netznachbildung „sieht" der Störstrom eine Impedanz, die aus der Eingangsimpedanz des Meßempfängers ($Z = 50\ \Omega$) und der Parallelschaltung einer Induktivität ($L = 50\ \mu H$) besteht. Eine V-Netznachbildung ist in Bild D-13 dargestellt; nur muß man sich für Messungen nach EN 55 011 die 5-Ω-Widerstände überbrückt vorstellen.

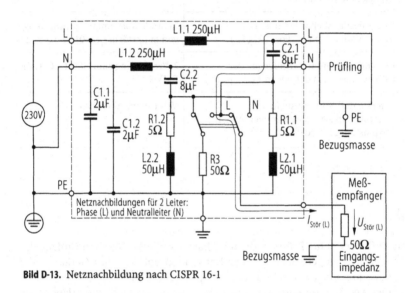

Bild D-13. Netznachbildung nach CISPR 16-1

Gestrahlte Störungen

Gestrahlte Störungen bezeichnet man als Funkstörfeldstärke. In den europäischen Normen sind für alle Arten von Geräten Grenzwerte im Bereich $30\ \text{MHz} \leq f \leq 1000\ \text{MHz}$ definiert. In der EN 55011:1997 sind für Geräte der Gruppe 2 Klasse B und für Induktionskochgeräte Grenzwerte der magnetischen Feldstärke im Frequenzbereich 9 kHz bis 30 MHz bei einem Meßabstand von 3 m definiert. Die Messung ist auf genormten Meßplätzen mit Meßabständen von 10 m oder 30 m durchzuführen. Der Boden des Meßplatzes hat reflektierende Eigenschaften, während dessen übrige Umgebung frei von reflektierenden Hindernissen sein muß. Diese Eigenschaften erreicht man auf einem sogenannten *Freifeld-Meßplatz* oder in einer großen Meßkammer deren Wände und Decke mit absorbierendem Material ausgekleidet sind, um deren Reflektion zu unterbinden. Der Anteil der Bodenwelle ist in den Grenzwerten berücksichtigt. Beim Messen muß man deshalb die Antenne solange in Vertikalrichtung verschieben (Höhenscan), bis der Maximalwert erreicht ist.

D.7.1
Meßgeräte

Meßempfänger

Meßempfänger dienen zur Messung der Störaussendung. Mit Hilfe von Netznachbildung, HF-Stromzange und Antenne mißt man die Parameter Spannung, Strom und Feldstärke. EMV-Grenzwerte sind mit Empfängern zu messen die über eine bewertete Anzeige verfügen.

Funkstörungen mißt man als *Quasi-Spitzenwert* (engl.: quasi peak -QP-). Die QP-Bewertung berücksichtigt die physiologischen Eigenschaften von Auge und Ohr, nämlich wie lästig ein Störer für den Rundfunkhörer oder Fernsehzuschauer ist. Damit erfolgt eine Bewertung in Abhängigkeit von der Wiederholfrequenz des Störers, was zu einer Minderbewertung langsamer Störfolgen gegenüber dem Spitzenwert führt. In der Regel haben Funkstörmeßempfänger einen Spitzenwertdetektor, einen Quasi-Spitzenwertdetektor und einen Mittelwertdetektor. Messungen mit dem QP-Detektor sind sehr zeitaufwendig, weshalb man in der Praxis einen Spitzenwertdetektor verwendet und nur bei den Frequenzen deren Amplituden nahe dem QP-Grenzwert liegen, mit dem QP-Detektor noch einmal mißt.

Zur Erfassung breitbandiger Störer sind Messungen mit einem sogenannten Mittelwertdetektor vorgesehen.

Spektrumanalysatoren

Spektrumanalysatoren (SA) messen, periodisch wiederholend, den Amplitudenverlauf über einem gewählten Frequenzbereich und stellen das Ergebnis auf einem Bildschirm dar. SA sind vor allem für schnelle Übersichtsmessungen der Funkstörspannung gut geeignet und nach der Norm EN 55 011 für Frequenzen über 1 GHz vorgesehen.

Im Gegensatz zu Funkstörmeßempfängern besitzen SA in der Regel keine Vorselektion. Alle Frequenzen werden direkt auf die Mischstufe geleitet, in der sich aus dem Mischprodukt von Eingangsfrequenz und Oszillatorfrequenz die Zwischenfrequenz (ZF) bildet.

Durch die fehlende Vorselektion können auch unerwünschte Frequenzen, wie beispielsweise die von lokalen Sendern, zur Mischstufe gelangen und diese übersteuern. Die Folge davon ist eine sogenannte Intermodulation, bei der Frequenzen entstehen, die am Eingang des SA nicht vorhanden sind. Bei der Intermodulation entstehen aus den Eingangsfrequenzen f_1 und f_2 die unerwünschten Frequenzen $f_3 = 2f_1 - f_2$ und $f_4 = 2f_2 - f_1$, die man auf dem Bildschirm sieht und möglicherweise als Störfrequenzen interpretiert.

Störfestigkeit

Eine Übersicht über Prüfverfahren zur Störfestigkeit ist in der Norm EN 61 000-4-1 gegeben. In den übrigen Normen der Reihe EN 61 000-4-x sind die Prüfschärfegrade, die Bedingungen unter denen zu messen ist und die Eigenschaften der zu verwendenden Generatoren definiert. Die Störfestigkeit gegenüber Feldern kann nur in nahezu reflektionsfreien, geschirmten Kabinen erfolgen. Wegen der enorm hohen Anschaffungskosten findet man solche Kabinen meistens bei akkreditierten Laboratorien.

Einfacher durchführbar sind leitungsgebundene Störfestigkeitsprüfungen, die man schon während der Entwicklung durchführen kann. Hierzu eignen sich solche Generatoren, die den Impulsgruppen-Burst und die Elektrostatische Entladung (ESD) erzeugen.

D.7.2
Dokumentation und Prüfbericht

Ein sehr wichtiger Aspekt bei EMV-Messungen ist deren Reproduzierbarkeit. Diese ist nur möglich, wenn man jeden Meßaufbau, die verwendeten Meßgeräte einschließlich des Zubehörs wie Koppeleinrichtungen und die Längen und Typen der verwendeten Kabel genau dokumentiert und den Prüfaufbau durch Fotografien belegt.

Alle Meßergebnisse und die zur Reproduzierbarkeit notwendigen Informationen faßt man in einem Prüfbericht zusammen. Wie ein Prüfbericht aufgebaut sein soll und welche Informationen er enthalten muß, ist im Abschnitt 5.4.3 der Norm EN 45 001 genannt. Akkreditierte Laboratorien sind verpflichtet Prüfberichte anzufertigen, die diese Kriterien erfüllen.

Zitierte Normen

Die nachfolgend zitierten Normen sind dem im März 1998 gültigen Ausgabestand wiedergegeben. Die aktuell geltenden DIN EN Normen werden in der ETZ (VDE-Verlag, Berlin) veröffentlicht.

CISPR 16: 1977
First edition 1977:
CISPR specification for interference measuring apparatus and methods

CISPR 16-1: 1993
First edition 1993-08: Specification for radio disturbance and immunity measuring apparatus and methods; Part 1: Radio disturbance and immunity measuring apparatus

DIN EN 45 001
Allgemeine Kriterien zum Betreiben von Prüflaboratorien; EN 45 0001:1989

DIN EN 50 081-1 (VDE 0839 Teil 81-1): 1993-03*
Elektromagnetische Verträglichkeit (EMV)
Fachgrundnorm Störaussendung
Teil 1: Wohnbereich, Geschäfts- und Gewerbebereiche sowie Kleinbetriebe;
Deutsche Fassung EN 50 081-1:1992

DIN EN 50 081-2 (VDE 0839 Teil 81-2): 1994-03*
Teil 2: Industriebereich;
Deutsche Fassung EN 50 081-2:1993

DIN EN 50 082-1 (VDE 0839 Teil 82-1): 1993-03*
Elektromagnetische Verträglichkeit (EMV)
Fachgrundnorm Störfestigkeit;
Teil 1: Wohnbereich, Geschäfts- und Gewerbebereiche sowie Kleinbetriebe;
Deutsche Fassung EN 50 082-1:1992

DIN EN 50 082-2 (VDE 0839 Teil 82-2):1996-02*
Teil 2: Industriebereich; Deutsche Fassung EN 50 082-2:1995

DIN V ENV 50 204 (VDE V 0847 Teil 204):1996-02, Vornorm
Prüfung der Störfestigkeit gegen hochfrequente elektromagnetische Felder von digitalen Funktelefonen; Deutsche Fassung ENV 50 204:1995

DIN EN 55 011 (VDE 0875 Teil 11)   siehe: DIN VDE 0875-11 (VDE 0875 Teil 11)
55 011:1997

DIN EN 55 014 (VDE 0875 Teil 14):1993-12*
Funk-Entstörung von elektrischen Betriebsmitteln und Anlagen
Grenzwerte und Meßverfahren für Funkstörungen von Geräten mit elektromotori-
schem Antrieb und Elektrowärmegeräten für den Hausgebrauch und ähnliche Zwecke,
Elektrowerkzeugen und ähnlichen Elektrogeräten.
(CISPR 14:1993); Deutsche Fassung EN 55 014:1993

DIN EN 55 014-2 (VDE 0875 Teil 14-2):1997-10
Elektromagnetische Verträglichkeit – Anforderungen an Haushaltsgeräte, Elektrowerk-
zeuge und ähnliche Elektrogeräte –
Teil 2: Störfestigkeit
EMV-Produktfamiliennorm; (IEC CISPR 14-2:1997); Deutsche Fassung EN 55 014-2:1997

DIN VDE 0875-1/A2 (VDE 0875 Teil 1/A2):1990-10
Änderung 2 zur Deutschen Fassung EN 55 014
(CISPR 14:1985/Amdt 2:1989, modifiziert); Deutsche Fassung EN 55 014:1987/A2:1990

DIN EN 55 022 (VDE 0878 Teil 22):1995-05*
Grenzwerte und Meßverfahren für Funkstörungen von Einrichtungen der Informationstechnik; (IEC CISPR 22:1993); Deutsche Fassung EN 55 022:1994

DIN EN 60 801 Teil 2 (VDE 0843-2):1994-03
Elektromagnetische Verträglichkeit von Betriebsmitteln der industriellen Prozeßauto-
matisierung
Teil 2: Störfestigkeit gegen Entladung statischer Elektrizität (IEC 801-2:1991);
Deutsche Fassung EN 60 801-2:1993

DIN EN 60 950 (VDE 0805):1997-11
Sicherheit von Einrichtungen der Informationstechnik
(IEC 950:1991 + A1:1992 + A2:1993 + A3:1995 + A4:1996, modifiziert);
Deutsche Fassung EN 60 950:1992 + A1:1993 + A2:1993 + A3:1995 + A4:1997

DIN EN 61 000-3-2 (VDE 0838 Teil 2):1996-03*
Elektromagnetische Verträglichkeit (EMV)
Teil 3: Grenzwerte
Hauptabschnitt 2: Grenzwerte für Oberschwingungsströme (Geräte-Eingangsstrom
$\leq$ 16 A je Leiter);
(IEC 1000-3-2:1995); Deutsche Fassung EN 61 000-3-2:1995 + A12:1995)

DIN EN 61 000-3-3 (VDE 0838 Teil 3):1996-03*
Hauptabschnitt 3: Grenzwerte für Spannungsschwankungen und Flicker in Nieder-
spanungsnetzen für Geräte mit einem Eingangsstrom $\leq$ 16 A;
(IEC 1000-3-3:1994); Deutsche Fassung EN 61 000-3-3:1995

DIN EN 61 000-4-1 (VDE 0847 Teil 4-1):1995-09
Elektromagnetische Verträglichkeit (EMV)
Teil 4: Prüf und Meßverfahren
Hauptabschnitt 1: Übersicht über Störfestigkeitsprüfverfahren;
EMV-Grundnorm (IEC 1000-4-1:1992); Deutsche Fassung EN 61 000-4-1:1994

DIN EN 61 000-4-2 (VDE 0847 Teil 4-2):1996-03
Hauptabschnitt 2: Störfestigkeit gegen die Entladung statischer Elektrizität;
(IEC 1000-4-2:1995); Deutsche Fassung EN 61 000-4-2:1995

DIN EN 61 000-4-3 (VDE 0847 Teil 4-3):1997-08
Hauptabschnitt 3: Störfestigkeit gegen hochfrequente Elektrizität elektromagnetische
        Felder;
(IEC 1000-4-3:1995, modifiziert); Deutsche Fassung EN 61 000-4-3:1996

DIN EN 61 000-4-4 (VDE 0847 Teil 4-4):1996-03
Hauptabschnitt 4: Prüfung der Störfestigkeit gegen schnelle transiente elektrische Stör-
        größen/Brust;
(IEC 1000-4-4:1995); Deutsche Fassung EN 61 000-4-4:1995

DIN EN 61 000-4-5 (VDE 0847 Teil 4-5):1996-09
Hauptabschnitt 5: Störfestigkeit gegen Stoßspannungen
(IEC 1000-4-5:1995); Deutsche Fassung EN 61 000-4-5:1995

DIN EN 61 000-4-6 (VDE 0847 Teil 4-6):1997-04
Hauptabschnitt 6: Störfestigkeit gegen leitungsgeführte Störgrößen, induziert durch
        hochfrequente Felder;
(IEC 1000-4-6:1996); Deutsche Fassung EN 61 000-4-6:1996

DIN EN 61 000-4-7 (VDE 0847 Teil 4-7):1994-08
Hauptabschnitt 7: Allgemeiner Leitfaden für Verfahren und Geräte zur Messung von
        Oberschwingungen und Zwischenharmonischen in Stromversor-
        gungsnetzen und angeschlossenen Geräten;
(IEC 1000-4-7:1991); Deutsche Fassung EN 61 000-4-7:1993

DIN EN 61 000-4-8 (VDE 0847 Teil 4-8):1994-05
Hauptabschnitt 8: Prüfung der Störfestigkeit gegen Magnetfelder mit energietechni-
        schen Frequenzen;
(IEC 1000-4-8:1993); Deutsche Fassung EN 61 000-4-8:1993

DIN EN 61 000-4-9 (VDE 0847 Teil 4-9):1994-05
Hauptabschnitt 9: Prüfung der Störfestigkeit gegen impulsförmige Magnetfelder;
(IEC 1000-4-9:1993); Deutsche Fassung EN 61 000-4-9:1993

DIN EN 61 000-4-10 (VDE 0847 Teil 4-10):1994-05
Hauptabschnitt 10: Prüfung der Störfestigkeit gegen gedämpft schwingende
        Magnetfelder;
(IEC 1000-4-10:1995); Deutsche Fassung EN 61 000-4-10:1995

DIN EN 61 000-4-11 (VDE 0847 Teil 4-11):1995-04
Hauptabschnitt 11: Prüfung der Störfestigkeit gegen Spannungseinbrüche, Kurzzeit-
        unterbrechungen und Spannungsschwankungen;
(IEC 1000-4-11:1994); Deutsche Fassung EN 61 000-4-11:1994

DIN EN 61 000-4-12 (VDE 0847 Teil 4-12):1996-03
Hauptabschnitt 12: Prüfung der Störfestigkeit gegen gedämpfte Schwingungen;
        (IEC 1000-4-12:1995); Deutsche Fassung EN 61 000-4-12:1995

DIN EN 61 131-2 (VDE 0411 Teil 500):1995-05
Speicherprogrammierbare Steuerungen;
Teil 2: Betriebsmittelanforderungen und Prüfungen;
(IEC 1131-2:1992); Deutsche Fassung EN 61 131-2:1994

DIN V ENV 61 024-1 (VDE V 0185 Teil 100):1996-08, Vornorm
Gebäudeblitzschutz – Teil 1: Allgemeine Grundsätze;
(IEC 1024-1:1990, modifiziert); Deutsche Fassung ENV 61 204-1:1995

DIN EN 61 800-3: (VDE 0160 Teil 100):1997-08*
Drehzahlgeregelte elektrische Antriebe –
Teil 3: EMV-Produktnorm einschließlich spezieller Prüfverfahren;
(IEC 1800-3:1996); Deutsche Fassung EN 61 800-3:1996

DIN VDE 0228-1 (VDE 0228 Teil 1):1987-12
VDE-Bestimmungen für Maßnahmen bei Beeinflussung von Fernmeldeanlagen durch
Starkstromanlagen; Allgemeine Grundlagen

DIN VDE 0875-11 (VDE 0875 Teil 11):1992-07*
Funk-Entstörung von elektrischen Betriebsmitteln und Anlagen –
Grenzwerte und Meßverfahren für Funkstörungen von industriellen, wissenschaft-
lichen und medizinischen Hochfrequenzgeräten (ISM-Geräten);
(CISPR 11 (1990) modifiziert); Deutsche Fassung EN 55 011:1991.

EMV 50 166-1:1995
Human exposure to electromagnetic fields;
Low-frequency (0 Hz to 10 kHz)

ENV 50 166-2:1995
High frequency (10 kHz to 300 GHz)

Anmerkungen:
Diese Normen wurden im Amtsblatt der Europäischen Gemeinschaften
* in Bezug auf die EMV-Richtlinie veröffentlicht, bzw.
** in Bezug auf die Niederspannungs-Richtlinie veröffentlicht.

Weiterführende Literatur

ETZ, Elektrotechnische Zeitschrift. VDE-Verlag GmbH, 10625 Berlin
Fleck K (1982) Elektromagnetische Verträglichkeit (EMV) in der Praxis. VDE-Verlag, Berlin
Goedbloed JJ (1992) Electromagnetic Compatibility, Prentice Hall, London
Habinger E (1984) Elektromagnetische Verträglichkeit. Hüthing Verlag, Heidelberg
Habinger E (1995) EMV-Kompendium '95; KM Verlag & Kongress, 80047 München
Meyer, H (1992) Elektromagnetische Verträglichkeit von Automatisierungssystemen; VDE-Verlag
    GmbH, Berlin
Rodewald A (1995) Elektromagnetische Verträglichkeit. Vieweg-Verlag, Braunschweig
Schaffner Elektronik GmbH (1986) Elektromagnetische Verträglichkeit Störschutz und Störsimu-
    lation. Karlsruhe
Schwab A (1991) Elektromagnetische Verträglichkeit. Springer Verlag, Berlin
Stoll D (1976) Elektromagnetische Verträglichkeit. Elitera-Verlag, Berlin
Wilhelm J (1981) Elektromagnetische Verträglichkeit, (EMV). VDE-Verlag, Berlin

Anschriften

Amtsblatt der Europäischen Gemeinschaften
Ausgabe in deutscher Sprache,
Teil L (Rechtsvorschriften),
Teil C (Mitteilungen und Bekanntmachungen)
Vertrieb in Deutschland: siehe Bundesanzeiger-Verlag

Regulierungsbehörde für Telekommunikation und Post (RegTP)
Heinrich-von-Stepan-Str. 1; (Bad Godesberg)
53175 Bonn
E-mail: Poststelle@RegTP.de

Bundesamt für Strahlenschutz
Postfach 10 01 49
38201 Salzgitter
Telefon: 05341-255-280; Telefax: 05341-225-290

Bundesanzeiger-Verlag (Amtsblatt der EU)
Breite Straße
50667 Köln
Telefon: 0221-2029-0

International Electrical Commission (IEC)
3, Rue de Varembé,
OP Box 131
CH-1211 Genève 20
Telefon: 0041-2273-40150; Telefax: 0041-2273-33843

International Standard Organisation (ISO)
1, Rue de Varembé,
Ca. postale 56,
CH-1211 Genève 20
Telefon: 0041-2273-41240; Telefax: 0041-2273-33430

Regulierungsbehörde für Telekommunikation und Post (RegTP)
Zentrale Rufnummer zur Meldung von Funkstörungen: 0180-3 23 23 23
Heinrich-von-Stepan-Str. 1; (Bad Godesberg)
53175 Bonn
E-mail: Poststelle@RegTP.de

E Produktsicherheit

E.1
Einführung

E.1.1
Erwartungen der Benutzer

Jeder Benutzer einer Maschine erwartet, daß seine Maschine sicher ist, d.h., daß er während des Betriebs der Maschine nicht geschädigt wird. Bei der Entwicklung der Maschine müssen deshalb Maßnahmen zur Gewährleistung der *Produktsicherheit* berücksichtigt werden. Der Käufer einer Maschine hat ein Interesse an hoher Qualität. Schließlich soll die Maschine bei Betrieb unter den vorgesehenen Betriebsbedingungen mit einer gewissen Verfügbarkeit, der *Betriebssicherheit*, arbeiten und vorhersehbaren Überlastungen standhalten. Dies gilt besonders für Maschinen im Bereich der Investitionsgüter. Für einige wenige Maschinen existieren Anforderungen an die *Funktionssicherheit*, wenn sie für Anwendungen entwickelt werden, die selbst im Fehlerfall immer sichere Zustände erreichen müssen, beispielsweise bei Bahnen oder in der chemischen Industrie. In den folgenden Abschnitten werden einige grundlegende Schutzmaßnahmen und Methoden beschrieben, wie die Produktsicherheit bei den häufig vorkommenden Gefährdungen (Bild E-1) durch Maschinen erreicht werden kann. Ausführliche, für den Anwendungsfall geeignete Konstruktionsvorgaben sind den an entsprechender Stelle zitierten Normen zu entnehmen.

E.1.2
Gesetzliche Anforderungen

Die europäische Kommission hat im Hinblick auf Produktsicherheit für Maschinen zwei Richtlinien – die *Maschinenrichtlinie* und die *Niederspannungsrichtlinie* – erlassen. Sie beinhalten grundlegende Sicherheits- und Gesundheitsanforderungen. Die Umsetzung der EU-Richtlinien in nationales Recht erfolgt in Deutschland durch das *Gerätesicherheitsgesetz* (GSG). Es regelt das Inverkehrbringen sicherer technischer Arbeitsmittel. Erfüllt eine Maschine die Anforderungen einer sogenannten harmonisierten Sicherheitsnorm (beispielsweise EN 60204), wird davon ausgegangen, daß diese Maschine den grundlegenden Anforderungen an die in den Richtlinien angegebenen Schutzziele erfüllt. Bild E-1 zeigt die Gefahrenarten.

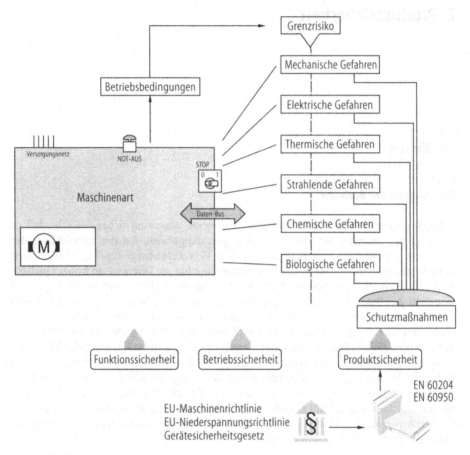

Bild E-1. Gefahrenarten

E.1.3
Elektrische Ausrüstung

Die elektrische Ausrüstung einer Maschine kann in vier funktionell unterschiedlich verwendete Schaltungsteile gruppiert werden. In Bild E-2 sind diese Funktionsgruppen symbolisch dargestellt.

1. Leistungsteil
   mit Stromversorgung und Bearbeitungs- bzw. Verarbeitungsteil.
2. Maschinensteuerung
   einschließlich der Teile für elektrische Schutzmaßnahmen mit Kleinspannung.
3. Schutzmaßnahmen
   für das Stillsetzen der Maschine und zum Schutz gegen mechanische und elektrische
   Gefahren.
4. Informationstechnik
   für den Datenaustausch.

Diese Funktionseinheiten beinhalten, je nach Konzeption der Maschine, verschiedene Gefährdungen und erfordern entsprechende Schutzmaßnahmen.

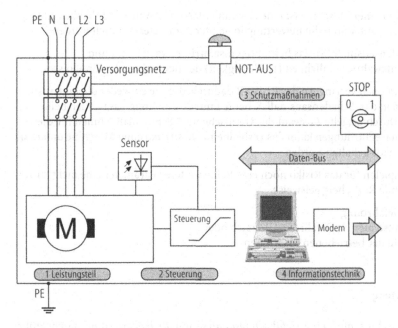

Bild E-2. Funktionsgruppen der elektrischen Ausrüstung

E.2
Sicherheit und Gefahr

E.2.1
Risiko

Die Benutzer einer Maschine erwarten, daß sie beim Betreiben einer Maschine nicht in irgendeiner Weise gefährdet werden. Eine absolute Sicherheit gegen Fehler gibt es in der Technik jedoch nicht. Die Grenze zwischen der *relativen Sicherheit* und *Gefährdung* wird durch das vertretbare *Grenzrisiko* beschrieben. Mit einer Risikobewertung wird das Risiko, das von einer Maschine hinsichtlich einer Gefahrenart ausgeht, ermittelt. Liegt das ermittelte Risiko unterhalb des Grenzrisikos (Bild E-3), kann die Maschine bezüglich der betrachteten Gefahrenart als sicher angesehen werden.

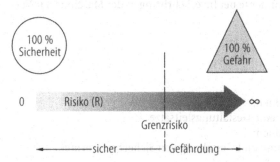

Bild E-3. Grenzrisiko

Das Risiko (R) einer Maschine ist eine zusammenfassende Wahrscheinlichkeitsaussage ($R = S \cdot H$). Es kann durch die Bewertung folgender Parameter ermittelt werden:

- das Schadensausmaß (S), das beim Ereigniseintritt erwartet wird und
- die Eintrittswahrscheinlichkeit (H, Häufigkeit) des unerwünschten Ereignisses.

Schutzmaßnahmen verringern das Risiko R dadurch, daß sie entweder die Eintrittshäufigkeit H oder das Schadensausmaß S beim Eintritt des Ereignisses oder beide einschränken. Durch gezielte Auswahl der vorzusehenden Schutzmaßnahmen für die entsprechenden Gefährdungen kann das verbleibende *Restrisiko* einer Maschine unterhalb des Grenzrisikos gehalten werden.

Manchmal spielen für das Risiko noch eine Reihe weiterer Parameter eine nicht zu vernachlässigende Rolle, beispielsweise

- Art der Gefährdung,
- Aufenthaltsdauer im Gefährdungsbereich oder
- die Anzahl der betriebenen Maschinen.

E.2.2
Risikobewertung

Für jede Maschine muß eine *Gefährdungsanalyse* mit *Risikobewertung* durchgeführt werden. Hierfür gibt es verschiedene Methoden (z. B. die Methode des Risikografen oder des Fehlerbaums, siehe auch prEN 954-1), die Gefährdungen systematisch erkennen und das Risiko bewerten. Geringe Gefährdungen können in Kombination mit anderen zu einer großen Gefahr für die Benutzer werden. Grundsätzlich sind für die Gefährdungsanalyse folgende Fragen maßgebend:

1. Welche Gefährdungen treten auf?
   (Als Leitfaden kann der Gefährdungskatalog im Anhang zur Maschinenrichtlinie oder auch in EN 414 dienen).
2. In welcher Lebens- bzw. Betriebsphase der Maschine tritt die Gefährdung auf?
3. Welches sind die Gefahrenorte?
4. Welcher Personenkreis wird gefährdet?
5. Wie hoch ist der Schaden bei Eintritt des Schadensereignisses?
6. Wie häufig und wie lange sind Personen oder Sachobjekte der Gefährdung ausgesetzt bzw. wie häufig tritt ein Schadensereignis ein?
7. Welche Zuverlässigkeit haben die vorgesehenen Schutzmaßnahmen?

Um eine *sichere gesetzeskonforme Maschine* im europäischen Markt einzuführen, sind die Gefährdungsanalyse und die Risikobeurteilung unerläßlich. Der Hersteller einer Maschine muß diese Nachweisdokumente bei Inverkehrbringen der Maschine zur Verfügung haben.

E.2.3
Anwendbare Normen

EN 292:   Sicherheit von Maschinen;
             Grundbegriffe, allgemeine Gestaltungsleitsätze.

EN 424   Sicherheit von Maschinen;
             Regeln für die Abfassung und Gestaltung von Sicherheitsnormen.

E.3
Betriebsbedingungen

Das Grenzrisiko einer Maschine wird von der Art der Maschine und deren Betriebsbedingungen bestimmt (Bild E-1). Damit eine Maschine gefahrlos, d.h., unterhalb des Grenzrisikos betrieben werden kann und damit die dafür notwendigen Schutzmaßnahmen den Schutz vor Gefahren im Normalbetrieb und im Fehlerfall gewährleisten, müssen einige Randbedingungen für die Maschine festgelegt werden. Tabelle E-1 kann als Checkliste zur Erfassung dieser Parameter dienen.

Tabelle E-1. Checkliste der Betriebsbedingungen

Klima

1.	Umgebungstemperatur der Luft		°C	E:	+ 5 ... + 40 °C
2.	Luftfeuchte		%	F:	30 ... 95 %
3.	Klimaklasse			E:	3K4
4.	Transport und Lagerung		°C		
5.					

Betriebsumgebung

1.	Aufstellungshöhe über NN		m	F:	min. bis 1000 m
2.	Abgeschl. elektr. Betriebsstätte	❏ ja			
3.	Elektrische Betriebstätte	❏ ja			
4.	Zugang nur für Elektrofachkraft	❏ ja			
5.	Zugang nur für Unterwiesene	❏ ja			
6.	Besondere Aufstellbedingungen	❏ ja			
7.	Besondere Betriebsbedingungen	❏ ja			
8.	Verschmutzungsgrad			E:	3
9.					

Elektrik

1.	Nenn-Versorgungsspannung		V		
2.	Spannungstoleranz		%	E:	– 10 ... + 10 %
3.	Wechselspannung	❏ ja			
4.	Netzform			E:	TN-S
5.	Frequenz		Hz	E:	50 Hz
6.	Frequenztoleranz		%	E:	– 1 ... + 1 %
7.	Anzahl der Phasen				
8.	Gleichspannung	❏ ja			
9.					

Mechanik

1.	Vibration und Schock			E:	3M1
2.					

Strahlung

1.	Ionisierende Strahlung	❏ ja			
2.	Nichtionisierende Strahlung	❏ ja			
3.	Laser	❏ ja			
4.					

E: Empfehlung nach EN 60 204
F: Forderung nach EN 60 204

E.3.1
Umgebungstemperatur der Luft

In den Datenblättern der Isolationsmaterialien, der elektrischen Bauteile und von Teilen der elektrischen Ausrüstung werden Temperaturbereiche T_{min} bis T_{max} für die zulässige Betriebstemperaturen angegeben. Die zulässige Eigenerwärmung der Komponenten ΔT während des Betriebes ist von der maximalen Umgebungstemperatur $T_{umg, max}$ abhängig. Es gilt:

$$\Delta T = T_{max} - T_{umg, max} \, . \tag{E-1}$$

Der empfohlene Temperaturbereich einer Maschine für den Betrieb in Innenräumen ist T_{umg} = + 5 °C bis + 40 °C. Sind besondere Einsatzbedingungen für den Betrieb vorgesehen, so muß zwischen Hersteller und Betreiber ein Einvernehmen erzielt werden. Werden Maschinen im Freien betrieben, können sie höheren und tieferen Temperaturen ausgesetzt sein.

E.3.2
Luftfeuchte

Bei raschen Temperaturabsenkungen besteht vor allem in unbelüfteten Gehäusen Kondensationsgefahr. Auf Oberflächen isolierender Materialien können sich dadurch Kriechstromwege ausbilden, die die Betreiber bei Berührung gefährden. Schädliche Auswirkungen durch gelegentliche Betauung müssen durch richtige Auslegung vermieden werden. Gegebenenfalls müssen zusätzliche Maßnahmen zur Vermeidung von Kondensation während des Betriebes getroffen werden. Die elektrische Ausrüstung muß bei einer relativen Luftfeuchte von 30 % bis 95 % einwandfrei arbeiten. Für die meisten Anwendungen sind Komponenten der Klimaklasse 3K4 (nach DIN IEC 721.3.3) ausreichend.

E.3.3
Höhenlage

Damit bei hohen Überspannungen zwischen zwei elektrisch aktiven Teilen kein *Überschlag* (Gasentladungsvorgang) auftritt, ist zwischen diesen Teilen ein Mindestabstand, d.h. eine *Mindestluftstrecke*, erforderlich. Die elektrische Ausrüstung muß in Höhenlagen bis 1000 m einwandfrei arbeiten. Vielfach sind die Betriebsmittel für den Einsatz bis 2000 m über NN ausgelegt. Luftstrecken, die nach IEC 60 664 dimensioniert wurden, sind bis 2000 m stoßspannungsfest.

E.3.4
Verschmutzung

Durch Eindringen von Fremdkörpern oder durch Ablagerungen auf der Oberfläche einer Isolierung entstehen Kontaktüberbrückungen oder Kriechwege, die zu einer Gefahr durch elektrischen Schlag führen kann. Gegeneinander zu isolierende Teile der elektrischen Ausrüstung müssen Mindestabstände auf Isolieroberflächen aufweisen (*Mindestkriechstrecke*). Während des Betriebes auftretende Verschmutzungen werden nach IEC 60 664 in vier Verschmutzungsgrade eingeteilt. Für die Isolationen von Maschinen wird der Verschmutzungsgrad 3 empfohlen, sofern keine Angaben hinsichtlich einer besseren Betriebsumgebung vorhanden sind.

E.3.5
Ionisierende und nichtionisierende Strahlung

Um Fehlverhalten und beschleunigte Zerstörung der Isolationen durch Mikrowellen, UV-, Laser- oder Röntgenstrahlung zu vermeiden, müssen zusätzliche Schutzmaßnahmen vorgesehen werden. Diese sind nicht nur dann notwendig, wenn die elektrische Ausrüstung ionisierende oder nichtionisierende Strahlung selbst erzeugt, sondern auch dann, wenn sie diesen Strahlungsarten in ihrer Betriebsumgebung ausgesetzt ist. Eine besondere Vereinbarung zwischen Hersteller und Betreiber kann erforderlich werden.

E.3.6
Vibration und Schock

Vibrationen und Stöße können unerwünschte Folgen verursachen. Sie werden entweder durch die Maschine selbst oder durch deren Betriebsumgebung verursacht. Darum ist die Auswahl einer geeigneten elektrischen Ausrüstung für die Maschine notwendig. Gegebenenfalls muß die elektrische Ausrüstung getrennt angeordnet oder dämpfende Befestigungen verwendet werden. Den normalen Anforderungen genügen in der Regel elektrische Betriebsmittel der Klasse 3M1 nach DIN VDE 721-3-3.

E.3.7
Transport und Lagerung

Weil während des Transports oder der Lagerung die Maschine nicht betrieben wird, tritt keine Eigenerwärmung auf. Somit kann der Temperaturbereich für die Umgebungstemperatur T_{umg} bei Transport und Lagerung erweitert werden.

E.3.8
Checkliste der Betriebsbedingungen

Um die Betriebsbedingungen richtig erfassen zu können, wird eine Checkliste nach Tabelle E-1 vorgeschlagen.

E.3.9
Anwendbare Normen

EN 60204   Sicherheit von Maschinen;
            Elektrische Ausrüstung von Maschinen.

E.4
Mechanische Gefahren und Schutzmaßnahmen

E.4.1
Gefahrenquellen

Maschinen können sehr verschiedenartige mechanische Gefahrenquellen aufweisen. Dabei gehen Gefährdungen nicht nur von der Maschine selbst aus. Herausspritzende Teile von Werkstücken können den Benutzer einer Maschine erheblich verletzen. Tabelle E-2 zeigt eine Übersicht über mechanische Gefahren. Zum Schutz gegen mechanische Gefahren müssen zunächst konstruktive (mechanische) Schutzmaßnahmen je nach Art

Tabelle E-2. Mechanische Gefahren

Gefahrenquellen	Gefahr	Beispiele
Scharfe Ecken und Kanten	Schneiden Abschneiden Reißen	Ecken Kanten Spitzen
Rotierende Teile	Erfassen Einziehen Fangen Aufwickeln	Räder, Speichenräder, Schwungräder Wellen, Walzen Bohrer
Antriebe	Erfassen Einziehen Fangen Aufwickeln	Schneckenantriebe, Kettenantriebe Zahnantriebe, Riementrieb Seiltrieb
Gegeneinander sich bewegende Teile	Durchstich Einstich Stoß Scheren Quetschung	Ein Teil bewegt sich auf ein feststehendes Teil zu; zwei Teile bewegen sich aufeinander zu Schlitten Stößel
Stabilität	Kippen Abgleiten Schaukeln Einsinken	Hebevorgänge Fortbewegung Beschaffenheit des Aufstellortes
Vibrationen		
Werkstücke	Abrieb Reibung Herabfallen Herausschleudern Herausspritzen	Werkstoffe Werkstoffteile Span Flüssigkeiten
Hindernisse	Stolpern Rutschen	Bodenunebenheiten, Matten, Trittflächen; Kabel
Störung der Energieversorgung	Mechanische Spannungen Hochdruck von Flüssigkeiten	
Gefahren, die nach Abschalten der Maschine bestehen bleiben.	Mechanische Spannungen Hochdruck von Flüssigkeiten	

der Gefahrenquellen vorgesehen werden. So können beispielsweise ungefährliche Maschinenteile so angeordnet werden, daß sie dem Benutzer den Zugang zu einer Gefahrenquelle verwehren. Generell haben konstruktive Maßnahmen Vorrang. Für einige Gefahrenquellen, beispielsweise Stolpern über Hindernisse oder Kabel, gibt es keine adäquaten elektrischen Schutzmaßnahmen. Diese Gefahrenquellen müssen konstruktiv gesichert werden. Die Schutzmaßnahmen selbst dürfen durch die Maschine nicht beeinflußt werden, damit sie im Bedarfsfall ihre Schutzfunktion erfüllen.

E.4.2
Konstruktive Schutzmaßnahmen

Tabelle E-3 gibt für einige Gefahrenquellen Hinweise, welche Schutzmaßnahmen anwendbar sind und in welchen Normen Anforderungen für die Schutzmaßnahmen zu finden sind.

Tabelle E-3. Schutzmaßnahmen gegen mechanische Gefahren und anwendbare Normen

Mögliche Schutzmaßnahmen	Ecken und Kanten	Rotierende Teile	Antriebe	Gegeneinander sich bewegende Teile	Stabilität	Vibrationen	Werkstücke	Hindernisse auf begehbaren Flächen
				Gefahrenquellen				
Sicherheitsabstand	x	x	x	x				
Glatte Oberflächen		x						
Minderung der Antriebskraft		x	x					
Hindernisse		x	x	x		x		
Abdeckungen	x	x	x	x		x	x	
Türen		x	x	x		x	x	
Runden	x							
Abstand zwischen den Teilen				x				
Formgebung und Anordnung				x				
Ausreichende Standflächen					x			
Stützeinrichtungen					x			
Tiefliegender Schwerpunkt					x			
Abspannung					x			
Verankerung					x			
Strukturen auf Trittflächen								x
Rillen- bzw. stoßfrei								x
Gute Beleuchtung								x
Gleithemmende Bodenbeläge								x
Anwendbare Normen								
EN 292	x	x	x	x	x	x	x	x
EN 294	x	x	x	x	x	x	x	x
EN 349		x	x	x				
EN 418		x	x					
EN 1037		x	x					
EN 1088		x	x					
prEN 547								x
prEN 811	x	x	x	x		x	x	
prEN 953		x	x				x	
prEN 954		x	x					
prEN 982							x	
prEN 983							x	
prEN 999		x	x					

E.4.3
Elektrische Schutzmaßnahmen

Elektrische Schutzmaßnahmen können nur bedingt zum Schutz gegen mechanische Gefahren verwendet werden. In der Regel werden sie für das Stillsetzen einer Maschine oder für die Sicherungsfunktion beispielsweise bei Wartungsarbeiten verwendet. Bild E-4 gibt einen Überblick über die möglichen Ursachen für das Stillsetzen einer Maschine.

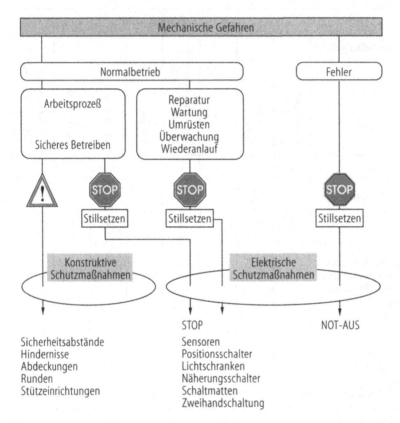

Bild E-4. Stillsetzen einer Maschine

E.4.3.1
STOP

Jede Maschine muß einen Hauptschalter haben. Durch den Hauptschalter kann die elektrische Ausrüstung der Maschine für Arbeiten an der Maschine, für spannungsfreies Arbeiten an der elektrischen Ausrüstung und für längere Betriebspausen vom Netz getrennt werden. Er muß deshalb in der Zuleitung des Versorgungsnetzes liegen. Werden mehrere Hauptschalter verwendet, darf keine Gefahr entstehen, wenn nicht alle Hauptschalter ausgeschaltet sind. Sofern ein EIN-AUS-Schalter vorhanden ist, kann die Steckvorrichtung zum Anschluß an das Versorgungsnetz bei Maschinen mit einem Nennstrom von < 16 A dazu benutzt werden, die Maschine spannungsfrei zu schalten.

Die STOP-Kategorien 0 bis 2 beschreiben wertneutral die Art und Weise, wie eine Maschine stillgesetzt wird (Tabelle E-4). Während die STOP-Kategorie 0 für jede Maschine gefordert wird (z. B. Hauptschalter), können die STOP-Kategorien 1 und 2 aufgrund der vorgenommenen Gefahrenanalyse notwendig sein.

Die STOP-Funktion wird nicht nur dazu verwendet, die Maschine für Wartungsarbeiten spannungsfrei zu schalten, sondern auch, um ein sicheres Betreiben der Maschine zu gewährleisten. So können Sensoren wie Lichtschranken oder Näherungsschalter den Zugang zu einem Gefahrenbereich während des Arbeitsprozesses überwachen und bei drohender Gefahr die Maschine stillsetzen. Weitere Sicherheitsbauteile sind: Lichtschranken, Positionsschalter, Druckschalter, Zweihandschaltung, Näherungsschalter und Schaltmatten (Abschn. G.4).

Tabelle E-4. STOP-Kategorien

STOP 0	STOP 1	STOP 2
Trennen von Energiezufuhr	Aktives Stillsetzen durch Anwendung elektrischer Energie	Stillsetzen an einem natürlichen Endpunkt eines Arbeitsprozesses
Gefordert	Optional	Optional
Verwendbar für Sicherheitsfunktion: NOT-AUS	Verwendbar für Sicherheitsfunktion: NOT-AUS	

E.4.3.2
NOT-AUS

Jede Maschine muß von Laien (nicht unterwiesenen Personen) bei gefährlichen Betriebszuständen stillgesetzt werden können (Bild E-5). Ausgenommen davon sind handgeführte Maschinen und Maschinen, bei denen eine sofortige Abschaltung eine größere Gefährdung des Benutzers bewirken würde. Hierfür sind anderweitige Schutzmaßnahmen vorzusehen. Eine galvanische, sichere elektrische Trennung vom Netz ist gefordert. NOT-AUS-Schalter müssen zusätzlich folgende Bedingungen erfüllen:

- Leichte Erreichbarkeit im Gefährdungsbereich;
- Rotes Bedienteil auf gelbem Untergrund;
- Vor neuem Start müssen alle betätigten NOT-AUS-Schalter zurückgesetzt werden;
- Rücksetzen des NOT-AUS-Schalter darf keinen Wideranlauf verursachen.

Beispiele hierfür sind: Drucktastenschalter („Pilz"), Reißleinenschalter und Fußschalter.

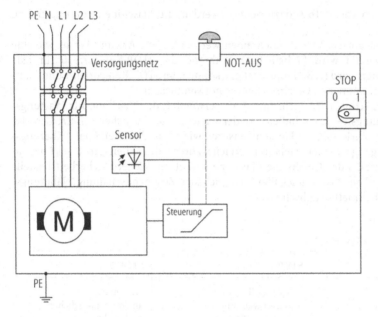

Bild E-5. Methoden für die Stillsetzfunktionen

E.4.4
Anwendbare Normen

EN 292   Sicherheit von Maschinen;
              Grundbegriffe, allgemeine Gestaltungsleitsätze.

EN 294   Sicherheit von Maschinen;
              Sicherheitsabstände gegen das Erreichen von Gefahrstellen mit den
              oberen Gliedmaßen.

EN 349   Sicherheit von Maschinen;
              Mindestabstände zur Vermeidung des Quetschens von Körperteilen.

EN 418   Sicherheit von Maschinen; NOT-AUS-Einrichtung, funktionale Aspekte,
              Gestaltungsleitsätze.

EN 563   Sicherheit von Maschinen; Temperaturen berührbarer Oberflächen;
              Ergonomische Daten zur Festlegung von Temperaturgrenzwerten für
              heiße Oberflächen.

EN 1037   Sicherheit von Maschinen;
              Vermeidung von unerwartetem Anlauf.

EN 1088   Sicherheit von Maschinen;
              Verriegelungseinrichtungen in Verbindung mit trennenden Schutzein-
              richtungen; Leitsätze für Gestaltung und Auswahl.

EN 60204   Sicherheit von Maschinen;
              Elektrische Ausrüstung von Maschinen.

EN 60335   Sicherheit elektrischer Geräte für den Hausgebrauch und ähnliche
              Zwecke.

IEC 60664   Isolationskoordination für elektrische Betriebsmittel in Niederspan-
              nungsanlagen.

prEN 50100	Sicherheit von Maschinen; Berührungslos wirkende Schutzeinrichtungen.
prEN 547	Sicherheit von Maschinen; Körpermaße des Menschen.
prEN 574	Sicherheit von Maschinen; Zweihandschaltungen; Funktionelle Aspekte.
prEN 811	Sicherheit von Maschinen; Sicherheitsabstände gegen das Erreichen von Gefahrstellen mit den unteren Gliedmaßen.
prEN 953	Sicherheit von Maschinen; Allgemeine Anforderungen an die Gestaltung und Konstruktion von trennenden Schutzeinrichtungen (feststehende, bewegliche).
prEN 954	Sicherheit von Maschinen; Sicherheitsbezogene Teile von Steuerungen.
prEN 982	Sicherheitstechnische Anforderungen an fluidtechnische Anlagen und deren Bauteile; Hydraulik.
prEN 983	Sicherheitstechnische Anforderungen an fluidtechnische Anlagen und deren Bauteile; Pneumatik.
prEN 999	Sicherheit von Maschinen; Anordnung von Schutzeinrichtungen im Hinblick auf Annäherungsgeschwindigkeiten von Körperteilen.
DIN VDE 0160	Ausrüsten von Starkstromanlagen mit elektronischen Betriebsmitteln.

E.5
Elektrische Gefahren

E.5.1
Gefährlicher Körperstrom

Die Schäden, die durch einen elektrischen Stromfluß durch den menschlichen Körper aufgrund einer defekten elektrischen Ausrüstung verursacht werden, reichen von weniger schwerwiegenden Verletzungen über irreversible Schädigungen des menschlichen Organismus bis zu Schäden mit Todesfolge. Bild E-6 zeigt den Stromfluß I_K durch den menschlichen Körper.

Zwar ist die Anzahl der Elektrounfälle mit Todesfolge äußerst gering (im Jahr 1994 gab es in Deutschland etwa 110 Stromtote von insgesamt 20 000 Unfalltoten), dagegen ist

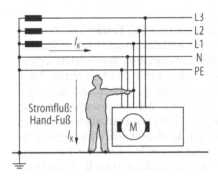

Bild E-6. Stromfluß I_K durch den menschlichen Körper

die Häufigkeit der sog. Sekundärunfälle (z. B. Sturz von der Leiter durch Schreckreaktion bei der Berührung spannungsführender Teile) wesentlich höher.

E.5.2
Lebensgefährliche Auswirkungen

Das Reizleitungssystem des Herzens unterhält die Impulsaussendung und die Steuerung (elektrische Zündung) der rhythmischen Arbeitsvorgänge des Herzens. Die im sogenannten Sinusknoten entstehenden elektrischen Impulse (etwa 40 bis 60 Impulse pro Minute) werden über Nervenfasern in die Herzmuskulatur der Herzkammern geleitet. An den Zellwänden von Muskel- und Nervenfasern treten elektrische Potentialdifferenzen auf, da die Zellwand verschieden konzentrierte Elektrolytlösungen voneinander trennt und für verschiedene Ionen eine unterschiedliche Durchlässigkeit besteht. Erregte Bereiche sind gegenüber unerregten elektrisch negativ. Der Strom, der aufgrund der Potentialdifferenz durch die Muskulatur fließt, bedingt eine Kontraktion des Muskels und bewirkt eine geordnete Pumpleistung von Vorhöfen und Kammern.

Fließt bei einem Stromunfall Strom über das Herz, werden Reizbildung und Reizleitung durch den Stromfluß überlagert und somit gestört. Die Muskulatur der Vorhöfe und Kammern erhält Stimulationsreize (nicht mehr 50 pro Minute sondern beispielsweise 50 pro Sekunde), bedingt durch die Frequenz der einwirkenden Stromquelle. Die Folge ist das Herzkammerflimmern. Die periodische Herztätigkeit geht in eine völlig regellose über. Damit verliert das Herz die Fähigkeit, Blut zu pumpen. Die Folge ist Sauerstoffmangel im Gehirn, und dies führt innerhalb weniger Minuten zum Tod. Das Herzkammerflimmern ist die gefährlichste, meist tödliche Auswirkung des elektrischen Stromes und stellt sich schon bei verhältnismäßig niedriger Stromstärke ein. Durch den Stromfluß über die Herzmuskulatur kann es zu Muskelfasernekrosen kommen, die Symptome eines Herzinfarktes erzeugen.

Dem Herzkammerflimmern folgt als nächstmögliche Todesfolge die lebensgefährliche Verbrennung. Thermische Auswirkungen auf den menschlichen Organismus sind in einem Strombereich zu erwarten, der mit 3 A um etwa zwei Größenordnungen über dem Eintreten von Herzkammerflimmern liegt. Unterstellt man einen Körperwiderstand von 1 kΩ, so sind lebensgefährliche Verbrennungen erst bei Berührungsspannungen um 3000 V, also bei Hochspannungsunfällen, zu erwarten. Die Folge sind außer den erwähnten Verbrennungen Haut- und Gewebeschäden beispielsweise durch Strommarken (an den Kontaktstellen wurde die Wärmeschwelle des Gewebes überschritten). Bei direkter Stromeinwirkung auf das Gehirn kann durch die erzeugte Wärme der Knochen verbrennen und das Gehirngewebe veraschen oder verkochen.

E.5.3
Gefährliche Auswirkungen

Bei fehlender Abschaltung der Energiequelle im Berührungsfall beträgt die Einwirkdauer des Stromes oft mehrere Sekunden bis Minuten, weil die Stromstärke des Stromes durch den menschlichen Körper über der Loslaßgrenze liegt, und der Verletzte infolge von Muskelkrämpfen an den spannungsführenden Teilen klebt. Der Stromkreis durch den menschlichen Körper wird nicht unterbrochen. Die Folgeschäden sind Störungen des Nervensystems, Krämpfe, Lähmungen, Hirnödeme usw. Bei Stromwerten unterhalb der Loslaßgrenze treten vorübergehende Wirkungen auf. Im Wahrnehmbarkeitsbereich des Stromes sind jedoch schwerwiegende Verletzungen durch Sekundärwirkungen denkbar, beispielsweise ein Sturz von der Leiter durch Schreckreaktion bei der Berührung spannungsführender Teile. Derartige Sekundärunfälle lassen sich nicht vollständig in ein

Schutzkonzept einbeziehen, da die auslösenden Ströme in ungünstigen Fällen schon im Bereich der zulässigen Ableitströme liegen können. Ableitströme unter normalen Betriebsbedingungen lassen sich mit vertretbarem Aufwand nicht weiter senken.

E.5.4
Gefährdungsbereiche

Die Impedanz des menschlichen Körpers zwischen Ein- und Austrittstelle des Körperstromes ist überwiegend ohmsch. Neben Einflußgrößen wie Berührungsfläche, Kontaktdruck, Feuchtigkeit, Stromflußdauer und Umgebungstemperatur bestimmen in erster Linie Berührungsspannung und Stromweg die Größe der Körperimpedanz. Für den Stromweg „linke Hand zu beiden Füßen" läßt sich für das 230 V~ Hausinstallationsnetz ein Wert von etwa 2000 Ω angeben. Körperreaktionen sind abhängig von der Einwirkdauer des Stromes und der Stromstärke. Die Gefahren des Wechselstromes mit den üblichen technischen Frequenzen der Versorgungsnetze ($f \cong 10$ Hz bis 100 Hz) sind im Hinblick auf Herzrhythmusstörungen 4 bis 5mal größer als bei Gleichstrom (Wechselstrom mit $f = 0$). Für höherfrequente Wechselströme ($f > 100$ Hz) liegt die Flimmerschwelle höher als bei 50 Hz. Bild E-7 zeigt die Wirkung des elektrischen Stromes auf

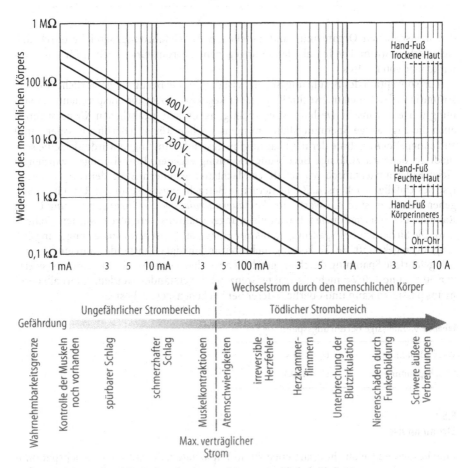

Bild E-7. Wirkung des elektrischen Stromes auf den menschlichen Organismus

Tabelle E-5. Gefährdungsbereiche durch den elektrischen Strom

Bereich	Körperreaktion	Wechselstrom	Gleichstrom
1 unterhalb der Wahrnehmungsschwelle	▼ keine Reaktion	≤ 0,5 mA	≤ 2,0 mA
2 unterhalb der Loslaßschwelle	▼ keine schädliche Wirkung	≤ 10,0 mA	≤ 30,0 mA
3 unterhalb der Flimmerschwelle	▼ kein organischer Schaden zu erwarten ▼ für eine Einwirkdauer von $t > 10$ s können Muskelverkrampfung und Atembeschwerden auftreten.	≤ 30,0 mA	≤ 130,0 mA
4 oberhalb der Flimmerschwelle	▼ mit zunehmenden Strom und Zeitwerten können krankhafte Veränderungen des Körpers auftreten	> 30,0 mA	> 130,0 mA

den menschlichen Organismus und Tabelle E-5 die Gefährdungsbereiche durch den elektrischen Strom. Die in Tabelle E-5 angegebenen Stromstärken gelten für eine Einwirkdauer von $t > 10$ s.

Zur Konzeption des Berührungsschutzes ist der direkte Bezug auf gefährliche Körperströme in vielen Fällen unzweckmäßig. In der Regel ist die Angabe entsprechender Spannungswerte erwünscht. Deshalb ist es wichtig, neben den gefährlichen Körperströmen auch die zugehörige Spannungsfälle am menschlichen Körper (Berührungsspannung) zu kennen. Bei Annahme der denkbar ungünstigsten Bedingungen würde sich eine sehr niedrige, dauernd zulässige Berührungsspannung ergeben. Realisierungen würden in vielen Fällen am technisch-wirtschaftlich Machbaren scheitern. Außerdem zeigt die Analyse des Unfallgeschehens, daß eine derartige Betrachtungsweise an der Realität vorbeigehen würde. So sind die Werte für *die dauernd zulässige Berührungsspannung* U_L im Rahmen des internationalen Harmonisierungsverfahrens vereinbart worden (Tabelle E-6). Die Sicherheit bei Spannungen bis zur Höhe von U_L ist an gewisse Umgebungsbedingungen geknüpft. Bei Verkettung mehrerer ungünstiger Umstände kann eine eigentlich gefahrlose Spannung durchaus gefährlich werden. Deshalb dürfen Spannungswerte von 50 V~ und 120 V= nicht als exakte Grenzen mißverstanden werden, unterhalb derer nichts passieren kann und oberhalb derer bereits Lebensgefahr besteht.

Tabelle E-6. Zulässige Berührungsspannung U_L

Wechselspannung:	$U_L = 50$ V
Gleichspannung:	$U_L = 120$ V

E.5.5
Stromimpulse

Eine besondere Gefährdungsart entsteht an Kapazitäten, die auf hohe Gleichspannungen aufgeladen sind (z. B. Elektroweidezäune oder Hochspannungsgeneratoren zur Isolationsprüfung). Bei Berühren spannungsführender Teile kommt ein Stromimpuls zustande. Beurteilungskriterium für die Gefahr ist die Energie, die im Kondensator vor der Entladung gespeichert wird.

E.5.6
Energiegefahr

Kurzschlüsse zwischen benachbarten Polen hoher Stromstärke, beispielsweise von Stromversorgungseinrichtungen, oder von Stromkreisen mit großer Kapazität (z.B. ortsfeste Batterien) können Lichtbögen oder Versprühen heißer Metallpartikel verursachen und dadurch zu Verbrennungen führen. Auch Kleinspannungs-Stromkreise (z.B. die Autobatterie) können hinsichtlich dieser Energiegefahr gefährlich sein. Eine Energiegefahr besteht bei einer gespeicherten Energie von mindestens 20 J oder bei einer vorhandenen Dauerleistung von mindestens 240 VA bei einem Potentialunterschied von mindestens 2 V.

$$W = \frac{1}{2} \, CU^2 \, . \tag{E-2}$$

Als zulässiger Höchstwert für die berührbare Energie ist in EN 60 950 $W_{max} = 350$ mWs definiert.

E.6
Schutzmaßnahmen gegen elektrische Gefahren

E.6.1
Prinzipielle Anforderungen

Beim Umgang mit einer Maschine – genauer: beim Berühren einer Maschine – ist der Benutzer vor gefährlichen Körperströmen zu schützen. Daraus folgt ein erstes Schutzziel für die Schutzmaßnahmen gegen elektrische Gefahren: der *Schutz gegen direktes Berühren*. Generell gibt es zum Schutz gegen gefährliche Körperströme drei Methoden, die angewendet werden, um den Betreiber einer Maschine vor berührungsgefährlichen Spannungen zu schützen (Tabelle E-7).

Tabelle E-7. Schutzklassen

Methode	Schutzklasse	Symbol
Schutz durch Schutzleitersystem	I	⏚
Schutz durch Isolationssystem	II	▢
Schutz durch sichere Kleinspannung	III	◁

1. *Schutzleiter, Potentialausgleich*
   Schutz gegen gefährliche Körperströme durch Kurzschließen berührungsgefährlicher Spannungen mit dem Erdpotential (niederohmig verbinden).
2. *Isolationen*
   Schutz gegen gefährliche Körperströme durch Isolieren berührungsgefährlicher
   Spannungen (hochohmig trennen).
3. *Sichere Kleinspannung*
   Schutz gegen gefährliche Körperströme durch ungefährliche, kleine Berührungsspannungen.

Als zweite Maßnahme zum Schutz gegen gefährliche Körperströme muß für den Fall,
daß der Schutz gegen direktes Berühren versagt (Fehlerfall), *ein Schutz bei indirektem
Berühren* vorgesehen werden. Wie der Benutzer einer Maschine vor gefährlichen Körperströmen geschützt wird, und welche Methode bei einer Maschine angewandt wurde,
ist aus dem angebrachten Symbol ersichtlich.

Die Isolationen und die Schutzleiter bzw. die Potentialausgleichsleiter werden für die
entsprechenden Betriebsbedingungen und für die Bedingungen im Fehlerfall dimen-
sioniert. Über die gesamte Lebensdauer einer Maschine müssen die Isolationen den
Spannungsbeanspruchungen, die an den jeweiligen Isolationen anstehen, standhalten.
Bei der Auswahl der geeigneten Isolationsmaterialien sind sowohl die während des
Betriebs *dauernd anstehenden Effektivspannungen* zu berücksichtigen, als auch die
Störbeeinflussung der Stromkreise durch die sogenannten *transienten Überspannungen*. Diese Überspannungen sind in der Regel Impulse mit sehr steilen Flanken (dU/dt)
und hohen Amplituden. Schutzleiter- und Potentialausgleichssysteme müssen eine adäquate Stromtragfähigkeit aufweisen, um einerseits den Strom im Fehlerfall sicher gegen
Erdpotential ableiten zu können und andererseits den Spannungsfall bei hohen Stromfluß über das Schutzleitersystem gering zu halten.

Für die Auswahl von Isolationen und Schutzleitern sind noch eine Reihe weiterer
Parameter zu beachten. Kunststoffe haben sehr unterschiedliche maximale Betriebstemperaturen, so daß die klimatischen Betriebsbedingungen der gesamten Maschine
(*Makro-Umweltbedingungen*) und die Bedingungen für die jeweilige Isolation und
Potentialausgleichsleiter innerhalb der Maschine (*Mikro-Umweltbedingungen*) einen
wesentlichen Einfluß auf die Lebensdauer und die *Verfügbarkeit* der Schutzmaßnahme
haben. Ebenso sind beispielsweise die zu erwartenden Verschmutzungen, die mechanischen Belastungen und die chemischen Beeinflussungen zu berücksichtigen.

E.6.2
Komponenten der Isolationskoordination

Die anzuwendenden Schutzmaßnahmen müssen für den jeweiligen Anwendungsfall
unter Berücksichtigung der Betriebsumgebung ausgewählt und, wie bereits oben
erwähnt, aufeinander abgestimmt (koordiniert) werden. In Tabelle E-8 sind anwendbare
Schutzmaßnahmen in der Übersicht zusammengefaßt.

Tabelle E-8. Anwendbare Schutzmaßnahmen gegen elektrische Gefahren

	1	2	3
Isolierungen			
Isolationsart: Symbol: Definition:	Funktionsisolierung F ist eine Isolierung, die für den einwandfreien Betrieb (nur für die elektrisch einwandfreie Funktion) der Maschine erforderlich ist.	Basisisolierung B ist die Isolierung zum grundlegenden Schutz gegen gefährliche Körperströme.	Verstärkte Isolierung V ist ein Isoliersystem, das den Schutz gegen direktes Berühren als auch bei indirektem Berühren gewährleistet.
Isolationen bestehen aus:	• Luftstrecken (Abstand in Luft) • Kriechstrecken (Abstand auf Oberflächen isolierender Materialien) • Dicken (Abstand durch Isolationsmaterialien)		
Beispiel:	Buskabel, Flachbandkabel in Computern	Isolierung des N- oder L-Leiters in Netzkabeln	Gesamtes Isolationssystem eines Netzkabels
Potentialausgleich			
Verbindungsart: Symbol: Beschreibung:	Funktionserdung FE Erdung aus funktionellen Gründen	Schutzleiter PE Flexibler, lösbarer Schutzleiter	Schutzleiter PE Mechanisch stabiler, festangeschlossener Schutzleiter
Beispiel:	Referenzpotential einer Signalisierung mit SELV oder PELV	Schutzleiter in steckbaren 230 V Netzkabeln	Schutzleiter > 10 mm² Verschraubte Erdungsschiene, Potentialausgleichsschiene (PAS)
Spannungen			
EN 60204 Symbol:	Protective Extra Low Voltage PELV		Berührungsgefährlicher Stromkreis
max. V= max. V~	60 V= 25 V_{eff}		
Berührbar ?	Ja, auch im Fehlerfall		Nein, auch nicht im Fehlerfall
Beispiele:	Steuerstromkreis		Netz, Leistungskreis
EN 60950 Symbol:	Safety Extra Low Voltage SELV	Telecommunication Network Voltage TNV	Hazardous Voltage HAZ
max. V= max. V~	60 V= 42,4 V_{peak}	120 V= 70,4 V_{peak}	
Berührbar?	Ja, auch im Fehlerfall	Nein, nur im Fehlerfall	Nein, auch nicht im Fehlerfall
Beispiele:	PC-Schnittstelle	Telefonleitung	Netz

Tabelle E-8 (Fortsetzung)

	1	2	3
Personengruppen			
Bezeichnung:	Benutzer (Laie)	Elektrotechnisch unterwiesene Person	Elektrofachkraft
Definition:	ist eine juristische Person, die die Maschine und ihre zugehörige elektrische Ausrüstung verwendet.	ist eine Person, die durch eine Elektrofachkraft über die ihr übertragenen Aufgaben und die möglichen Gefahren bei unsachgemäßem Verhalten unterrichtet und erforderlichenfalls angelernt sowie über die notwendigen Schutzeinrichtungen und Schutzmaßnahmen belehrt wurde.	ist eine Person, die aufgrund ihrer fachlichen Ausbildung, Kenntnisse und Erfahrungen sowie Kenntnis der einschlägigen Normen die ihr übertragenen Aufgaben beurteilen und mögliche Gefahren erkennen kann.
Betriebsstätten			
Bezeichnung:	Allgemein zugänglich	elektrische Betriebsstätte	abgeschlossene elektrische Betriebsstätte
Zugang für...	Benutzer/Laien	Elektrotechnisch unterwiesene Person	Elektrofachkraft
Metallische Teile			
Bezeichnung:	Isoliertes Teil	Körper	aktives Teil
Definition:	ist ein berührbares leitfähiges Teil eines elektrischen Betriebsmittels, das weder bei normalen Betriebsbedingungen noch im Fehlerfall unter Spannung steht.	ist ein berührbares leitfähiges Teil eines elektrischen Betriebs- mittels, das normalerweise nicht unter Spannung steht, das jedoch im Fehlerfall unter Spannung stehen kann.	ist jeder Leiter oder jedes leitfähige Teil, das dazu bestimmt ist, bei ungestörtem Betrieb unter Spannung zu stehen

E.6.3
Beispiel zur Koordinierung der Schutzmaßnahmen

Folgende Schritte skizzieren das Vorgehen bei der Auswahl und Dimensionierung der Schutzmaßnahmen gegen elektrische Gefahren.

E.6.3.1
Schritt 1: Identifizierung der externen Schnittstellen und der internen Stromkreise

Die Qualität der Isolationen und der Potentialausgleichsleiter, die bei der Projektierung einer Maschine für die jeweiligen Stromkreise vorzusehen sind, werden durch das Gefährdungspotential dieser Stromkreise bestimmt. Die in der Maschine vorkommen- den Stromkreise – und dazu gehören alle leitfähigen Teile, die galvanisch miteinander verbunden sind – werden in einer Tabelle (Tabelle E-9) aufgelistet und mit einer laufen-

Tabelle E-9. Zuordnung der Stromkreiskategorien

	Bezeichnung	Symbol	Nennspannung	Beschreibung/Beispiele
S 1	Gehäuse	PE	0 V	Leitfähiges Metallgehäuse; mit dem Schutzleiter verbunden
S 2	Netz	HAZ	230 V~/400 V~	Drehstromnetz
S 3	Datenbus	SELV	12 V=	Serielle oder parallele Schnittstelle des PC; V.24 (nach EN 60950)
S 4	FM-Netz	TNV	90 V=	Zugang zum öffentlichen Fernmeldenetz; LAN; WAN (nach EN 60950)
S 5	Steuerung	PELV	24 V=	interner Steuerstromkreis der Maschine (nach EN 60204)

den Nummer versehen. Aus dem zugeordneten Symbol (Erklärung der Symbole in Tabelle E-8) läßt sich das Gefährdungspotential der Betriebsspannung entnehmen. Bild E-8 identifiziert die Stromkreise. Folgende Anmerkungen sind wichtig.

S1:

Das metallische Gehäuse der Maschine ist mit dem Schutzleiter der Hausinstallation verbunden und wird als Körper bezeichnet. Körper sind im Normalbetrieb der Maschine spannungsfrei und stromlos.

S2:

Bei Berührung des Netzstromkreises fließt ein gefährlicher Körperstrom. Für alle leitfähigen Teile, die galvanisch mit diesem Stromkreis verbunden sind, muß sowohl ein Schutz gegen direktes Berühren als auch ein Schutz bei indirektem Berühren vorgesehen werden.

S3:

Ein SELV-Stromkreis ist ein Stromkreis nach EN 60950 mit Kleinspannung und sicherer elektrischer Trennung von berührungsgefährlichen Stromkreisen. Er bedarf keines Schutzes gegen direktes Berühren und bei indirektem Berühren aufgrund seiner Kleinspannung.

S4:

Die Schnittstelle S4 soll an ein Fernmeldenetz angeschlossen werden. Wegen der erhöhten Fernspeisespannung aus den Vermittlungsstellen und höherer Überspannungsbeeinflussung benötigen Stromkreise, die galvanisch mit diesen Netzen verbunden sind, einen Schutz gegen direktes Berühren.

S5:

Steuerstromkreise in Maschinen können berührbar sein. Bei diesen wird deshalb der Schutz gegen direktes Berühren und bei indirektem Berühren durch ihre sichere Kleinspannung (PELV) garantiert.

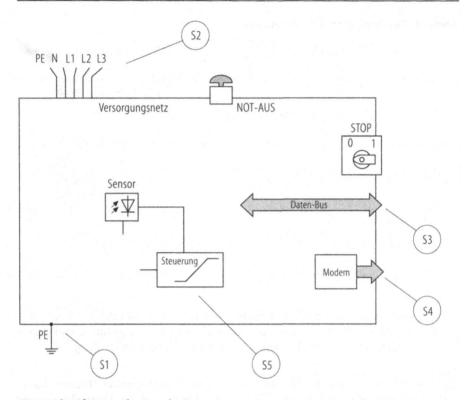

Bild E-8. Identifizierung der Stromkreise

E.6.3.2
Schritt 2: Bestimmung der Trennstellen

Jeder definierte Stromkreis benötigt eine Isolierung gegen die anderen Stromkreise. Häufig sind die Stromkreise in Maschinen räumlich getrennt angeordnet, so daß die minimalen Abstandsforderungen der Isolationskoordination ohne Probleme erfüllt werden können. Dennoch gibt es Komponenten, bei denen besonders sorgfältig auf die Abstände geachtet werden muß (z.B. Klemmleisten zum Anschluß verschiedener Stromkreisarten, Anschlüsse von Transformatoren und Optokopplern mit sicherer elektrischer Trennung, gedruckte Leiterplatten, Backpanels und Messer- und Federleisten von Vielkontaktsteckern). Bild E-9 zeigt die elektrischen Trennstellen in einer Maschine.

Um alle Trennstellen erfassen zu können, werden diese in einer Matrix eingetragen und mit einer laufenden Nummer versehen. Die Isolationsqualität wird definiert durch die Trennanforderung der voneinander zu trennenden Stromkreise. Beispielsweise in Tabelle E-10: sichere Trennung des Stromkreises S2 (berührungsgefährlicher Stromkreis, HAZ) von S3 (Stromkreis mit sicherer Kleinspannung, SELV). Die Buchstaben vor den Zählnummern beschreiben die Qualität der geforderten Isolationen. Zu Bild E-9 ist folgendes anzumerken:

Basisisolierung B1:

Sie ist zwischen den Leitern der Netzversorgung S2 und dem metallischen Gehäuse S1 vorzusehen und bietet den Schutz gegen direktes Berühren der gefährlichen Netzspan-

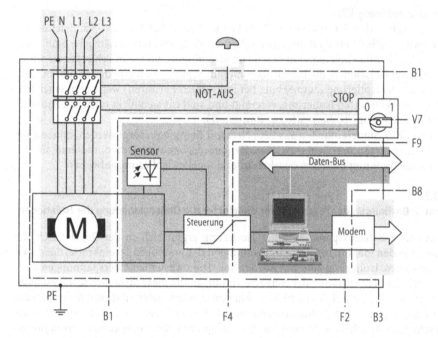

Bild E-9. Elektrische Trennstellen in einer Maschine

Tabelle E-10. Matrix der vorkommenden Trennstellen

	S 1	S2	S 3	S 4	S 5
S 1		B 1	F 2	B 3	F 4
S 2			V 5	V 6	V 7
S 3				B 8	F 9
S 4					B 10
S 5					

nung innerhalb der Maschine. Bei Bruch dieser Basisisolierung B1 wirkt die zweite Schutzmaßnahme, der Schutzleiter, zum Schutz bei indirektem Berühren. Es wird ein hoher Fehlerstrom über den Schutzleiter zurück zur Quelle fließen. Dieser Fehlerstrom löst die vorgeschaltete Sicherung (oder den FI-Schutzschalter) aus. Die Maschine wird spannungsfrei geschaltet und somit in einen sicheren Zustand versetzt.

Funktionsisolierung F2:
Der Stromkreis S3 ist ein SELV-Stromkreis mit sicherer Kleinspannung. Aufgrund seiner geringen Betriebsspannung können keine gefährlichen Körperströme entstehen (Methode 3 nach Abschnitt E.6.1). Die Isolierung wird nur benötigt, damit der Stromkreis nicht mit dem metallischen Gehäuse kurzgeschlossen wird.

Verstärkte Isolierung V7:

Da es zwischen den Stromkreisen S2 (HAZ) und S5 (PELV) keinen Schutzleiter mit Schirmwirkung bei Versagen der Basisisolierung gibt, wird eine zusätzliche Isolierung zur Basisisolierung eingefügt, um den Steuerstromkreis (PELV) im Fehlerfall zu schützen. Die zwei Isolationen, die Basisisolation (zum Schutz gegen direktes Berühren) und die zusätzliche Isolierung (zum Schutz bei indirektem Berühren) werden zu einer Isolierung, der verstärkten Isolierung, vereinigt und sind für sich nicht mehr unterscheidbar (z.B. eine einzige Isolierplatte aus Kunststoff).

Wenn PELV-Steuereinheiten aus dem Netz mit Energie versorgt werden, müssen zur galvanischen Trennung Sicherheitstransformatoren benutzt werden, die eine sichere elektrische Trennung mittels verstärkter oder doppelter Isolierung aufweisen.

E.6.3.3
Schritt 3: Bestimmen der Parameter für die elektrische Dimensionierung der Isolationen

Die effektive Betriebsspannung einer Isolierung ergibt sich in der Regel durch die Summe aus den maximalen Betriebsspannungen der jeweiligen Stromkreise, die durch die betrachtete Isolierung getrennt werden soll. Die transienten Überspannungen werden durch die Eigenschaften der Netze bestimmt, an die diese Stromkreise angeschlossen werden sollen; es sei denn, die Maschine produziert intern in diesen Stromkreisen Überspannungen (z.B. Schaltüberspannungen), die die Pegel aus den externen Netzen überschreiten. In Tabelle E-11 sind die Dimensionierungswerte elektrischer Isolationen zusammengestellt.

Tabelle E-11. Dimensionierungswerte elektrischer Isolationen

	S 1	S 2	S 3	S 4	S 5
S 1		B 1	F 2	B 3	F 4
S 2	230 V 2500 V		V 5	V 6	V 7
S 3	12 V 500 V	242 V 2500 V		B 8	F 9
S 4	90 V 1500 V	320 V 2500 V	102 V 1500 V		B 10
S 5	24 V 500 V	254 V 2500 V	36 V 500 V	114 V 1500 V	

Transiente Überspannung

Effektive Betriebsspannung der Isolation

E.6.3.4
Schritt 4: Auswahl der Abstände

Folgende Abstände müssen bestimmt werden:

1. *Luftstrecke*:
   Abstand zwischen blanken, leitfähigen Teilen der beiden Stromkreise in Luft;

2. *Kriechstrecke*:
   Abstand zwischen blanken, leitfähigen Teilen der beiden Stromkreise entlang der
   Oberfläche des Isolationsmaterials;
3. *Dicke der Isolation*:
   Abstand durch das Isolationsmaterial.

Luft- und Kriechstrecken müssen aufeinander abgestimmt werden. Zunächst benötigen
Luft- und Kriechstrecken der doppelten oder verstärkten Isolierung – in der Regel – die
doppelten Abstände wie die Basisisolierung. Im zweiten Schritt muß der Wert der Luftstrecke mit dem Kriechstreckenwert verglichen werden. Eine Kriechstrecke darf nie-
mals kleiner als die zugeordnete Luftstrecke realisiert werden. In der EN 60 204 gibt es
keine Tabellen, um für die gefundenen Betriebsspannungen der Isolationen adäquate
Abstände dimensionieren zu können. Hier wird auf DIN VDE 110 Teil 1 oder EN 60950
verwiesen.

E.6.3.5
Schritt 5: Auswahl des Schutzleiterquerschnitts

Für Dimensionierung des Schutzleiterquerschnitts S sind in der Hauptsache folgende
zwei Parameter zu berücksichtigen:

1. der Querschnitt der Außenleiter und
2. der Auslösewert der Überstromsicherung, die der Maschine vorgeschaltet ist.

Der Schutzleiter muß mindestens die gleiche Stromtragfähigkeit wie die Außenleiter
aufweisen, damit der Strom, der im Fehlerfall über die Außenleiter zugeführt wird, über
den Schutzleiter zur Erde abgeleitet werden kann. Weiterhin soll der Schutzleiter im Fehlerfall einen hohen Stromfluß garantieren, damit das vorgeschaltete Überstromschutz-
element in möglichst kurzer Zeit auslöst und den Strompfad für die Energiezuführung
unterbricht. Die notwendigen Auslöseströme für Sicherungen können beim zweifachen
Nennwert der Sicherung liegen. Tabelle E-12 zeigt den Querschnitt nach EN 60 204 für
den Anschluß eines externen Schutzleiters an die Maschine an. Intern benötigte Schutzleiter der elektrischen Ausrüstung können davon abweichende Querschnitte aufweisen.
Bei der Dimensionierung sind jedoch oben genannte Parameter zu berücksichtigen.

Tabelle E-12. Mindestquerschnitt des externen Schutzleiters

Querschnitt S der Außenleiter (L1, L2, L3, N) für den Netzanschluß (mm^2)	Mindestquerschnitt des externen Schutzleiters (mm^2)
$S \leq 16$	S
$16 < S \leq 35$	16
$S > 35$	S/2

E.6.4
Anwendbare Normen

EN 60204	Sicherheit von Maschinen; Elektrische Ausrüstung von Maschine.
EN 60335	Sicherheit elektrischer Geräte für den Hausgebrauch und ähnliche Zwecke.
EN 60950	Sicherheit von Einrichtungen der Informationstechnik, einschließlich elektrischer Büromaschinen.
IEC 60664	Isolationskoordination für elektrische Betriebsmittel in Niederspannungsanlagen.
DIN VDE 0110, Teil 1	Isolationskoordination für elektrische Betriebsmittel in Niederspannungsanlagen.

E.7
Thermische Gefahren und Schutzmaßnahmen

E.7.1
Verbrennungen oder Verbrühungen

Das Berühren von Griffen, Knöpfen, Hebeln, Schaltern und sonstigen Betätigungselementen ist beabsichtigt und darf zu keiner Verletzung führen. Andere zugängliche Oberflächen mit hohen Temperaturen, die unbeabsichtigt berührt werden, verursachen schmerzhafte Verletzungen. Berührbare Kühlkörper sind zwar in der Regel durch die Formgebung der Kühlrippen für den Betreiber als heiße Oberfläche erkennbar, jedoch muß die Temperatur für den Fall des unbeabsichtigten Berührens in Grenzen gehalten werden. Unter Umständen können während des Arbeitsprozesses Stoffe mit extremen Temperaturen vom Benutzer berührt werden.

Die Höhe der maximalen Temperatur (Tabelle E-13) ist abhängig von der Einwirkdauer der heißen Teile auf den Organismus. Bei unterschiedlichen Materialien können verschiedene Temperaturen zu einer Verbrennung oder Verbrühung führen. So können Flüssigkeiten die Benutzer bereits bei Temperaturen über 50 °C verbrühen.

Tabelle E-13. Maximale Temperaturen

Berührbare Teile	Maximale Temperaturen in °C		
	Metall	Glas, Porzellan	Plastik, Gummi
Griffe, Knöpfe, Hebel kurzzeitig	60 °C	70 °C	85 °C
Griffe, Knöpfe, Hebel dauernd	55 °C	65 °C	75 °C
Äußere Oberflächen	70 °C	80 °C	95 °C
Teile innerhalb der elektrischen Ausrüstung	70 °C	80 °C	95 °C

E.7.2
Arbeitsumgebung mit extremen Temperaturen

Die Benutzer von Maschinen dürfen am Arbeitsplatz nicht durch extreme Temperaturen geschädigt werden. Bei der Gefahrenanalyse sind nicht nur die Austrittstemperaturen der Luft aus Öffnungen, die Luftgeschwindigkeit und die Luftfeuchte zu berücksichtigen, sondern auch die auftretende Wärmestrahlung von Maschinenteilen, die unbeabsichtigt erwärmt bzw. gekühlt werden. Die Höhe der zulässigen Wärmebelastung am Arbeitsplatz hängt zusätzlich von der Dauer ab, der der Benutzer dieser Wärme- oder Kältebelastung ausgesetzt wird.

E.7.3
Wärmeerzeugende Komponenten

Leistungshalbleiter, Hochlastwiderstände und andere wärmeerzeugende Komponenten dürfen benachbarte Schaltungsteile der elektrischen Ausrüstung thermisch nicht so beeinflussen, daß deren Betriebsgrenztemperatur im Normalbetrieb überschritten wird. Eine zu hohe Umgebungstemperatur für Teile der elektrischen Ausrüstung kann zu einem Isolationsversagen führen. Mit thermischen Meßprotokollen kann nachgewiesen werden, daß die elektrischen Komponenten thermisch nicht überbeansprucht werden. Die maximale Betriebstemperatur der elektrischen Bauteile oder Isolationen kann den jeweiligen Datenblättern entnommen werden. Bei Leitungen mit hohen Stromdichten ist bei der Auswahl der Isolationsmaterialien die Eigenerwärmung (Verlustleistung aufgrund des hohen Durchflußstromes) zu berücksichtigen.

E.7.4
Schutzmaßnahmen

Durch konstruktive Maßnahmen sind die beim Betrieb von Maschinen auftretenden extremen Temperaturen auf einen für den Benutzer ungefährlichen Wert zu begrenzen. Möglicherweise müssen Beheizungs- und Kühlungsmaßnahmen eingesetzt werden, um Standardausrüstungen verwenden zu können. Reichen Kühlkörper mit natürlicher Konvektion für die Entwärmung einer Maschine nicht aus, müssen eventuell Ventilatoren als zusätzliche Maßnahme vorgesehen werden.

E.7.5
Anwendbare Normen

EN 563   Sicherheit von Maschinen;
Temperaturen berührbarer Oberflächen;
Ergonomische Daten zur Festlegung von Temperaturgrenzwerten für heiße Oberflächen.

EN 60950   Sicherheit von Einrichtungen der Informationstechnik, einschließlich elektrischer Büromaschinen.

E.8
Strahlende Gefahren

Die Strahlung, die eine Maschine aussendet (Tabelle E-14), muß für den Betreiber auf ein ungefährliches Maß begrenzt werden. Aufgrund der physikalisch sehr verschiedenen Arten von Strahlung muß für jede eine Gefährdungsanalyse durchgeführt und entsprechende Schutzmaßnahmen vorgesehen werden.

Tabelle E-14. Beispiele strahlender Gefahrenquellen

Gefahrenquellen	Beispiele
Licht	Sichtbares Licht, Infra-Rot, ultraviolettes Licht, Lichtbögen, Laser
Ionisierende Strahlung	X- und γ-Strahlen, α- und β-Strahlen, Elektronen- oder Ionenstrahlen
Akustische Strahlung	Schall, Lärm
Elektromagnetische Strahlung	Felder hoher oder niedriger Frequenz Mikrowellen, Radar, HF-Sender Mobiltelefon

E.8.1
Laser

E.8.1.1
Gefährdung durch Laser

Laserstrahlen durchdringen schmerzfrei den Augapfel und beschädigen irreversibel die Netzhaut des Auges. Jede Form der Laserstrahlung (auch die für Steuerungsaufgaben verwendeten Laser der Glasfasertechnologie aus dem Bereich der Informationstechnik) sind für das menschliche Sehvermögen schädlich. Bei der Werkstoffbearbeitung mittels Laser werden Laserquellen mit sehr hoher optischer Leistung verwendet. Dabei sind zusätzlich zu den Schutzmaßnahmen für den *Nutz-Laserstrahl* auch Maßnahmen zum Schutz gegen Reflektionen und Streuung des Lasers zu berücksichtigen.

E.8.1.2
Schutzmaßnahmen

Zum Schutz gegen Schäden durch Laserstrahlung sind nach EN 60825 in Abhängigkeit von der entsprechenden Laserklasse Schutzmaßnahmen für emittierende Laser vorzusehen und Warnhinweise an der Maschine anzubringen. Die Festlegung der Laserklasse für einen Lasertyp erfolgt aufgrund verschiedener Parameter, wie Sendeleistung, Wellenlänge oder Einwirkdauer. Ein Beispiel gibt Tabelle E-15. Laser können durch eine elektrische Ansteuerung in der emittierenden Leistung begrenzt werden, damit der Laser zusammen mit seiner Ansteuerelektronik in eine geringere Laserklasse eingeordnet werden kann. Die emittierende Laserleistung darf dann selbst im Fehlerfall die maximal zulässige optische Leistung nicht überschreiten. Als Fehlerfall gilt auch der Fall eines elektrischen Bauteils in der Ansteuerelektronik. Eine Fehlersimulation ist durchzuführen. Tabelle E-16 zeigt die Schutzmaßnahmen gegen Gefahren durch Laser.

Tabelle E-15. Beispiel für die Festlegung von Laserklassen

		Laserklasse				
	Wellenlänge	1	2	3A	3B	4
Max. Leistung	$\lambda = 1300$ m	8,9 mW		24 mW	≤ 500 mW	> 500 mW
	$\lambda = 1500$ nm	10,0 mW		60 mW	≤ 500 mW	> 500 mW

Tabelle E-16. Schutzmaßnahmen gegen Gefahren durch Laser

Laserklasse				
1	2	3A	3B	4

Verhinderung unbeabsichtiger Strahlung

Abschirmung
▼ der Nutzstrahlung,
▼ der reflektierten oder gestreuten Strahlung und
▼ der Sekundärstrahlung

optische Einrichtungen zur Beobachtung oder Einstellung von Lasereinrichtungen dürfen keine Gesundheitsgefährdung verursachen

		Zugang zu Laser im Normalbetrieb muß durch Schutzgehäuse verhindert werden		
			1 Sicherheitsverriegelung oder	
			2 Schlüsselschalter	
			3 Hörbare und sichtbare Warneinrichtung	
			4 Strahlfänger oder Abschwächer	

Warnhinweise für den Betreiber in der Dokumentation

LASER KLASSE 1	UNSICHTBARE LASERSTRAHLUNG NICHT IN DEN STRAHL BLICKEN LASER KLASSE 2	UNSICHTBARE LASERSTRAHLUNG NICHT IN DEN STRAHL BLICKEN AUCH NICHT MIT OPTISCHEN INSTRUMENTEN LASER KLASSE 3A	UNSICHTBARE LASERSTRAHLUNG NICHT DEM STRAHL AUSSETZEN LASER KLASSE 3B	UNSICHTBARE LASERSTRAHLUNG BESTRAHLUNG VON AUGE ODER HAUT DURCH DIREKTE ODER STREUSTRAHLUNG VERMEIDEN LASER KLASSE 4

E.8.1.3
Anwendbare Normen

EN 60825   Sicherheit von Laser-Einrichtungen.
prEN 31553 Optik und optische Instrumente;
            Sicherheit von Maschinen zur Materialbearbeitung mit Laserstrahlung;
            Anforderungen bei Gefährdungen durch Laserstrahlung.

E.8.2
Ionisierende Strahlung

E.8.2.1
Gefährdungen

Radioaktive Stoffe, die Teilchen mit hohen Energien aussenden (α-, β-, γ-Strahlen, Elektronen- oder Ionenstrahlen, Neutronen) gefährden den menschlichen Organismus und die Erbinformation der menschlichen Zelle.

E.8.2.2
Schutzmaßnahmen

Sollen Maschinen mit radioaktiven Stoffen betrieben werden, so ist eine Genehmigung bei der zuständigen Aufsichtsbehörde (z.B. Gewerbeaufsichtsamt, Landesamt für Umweltschutz) zu beantragen. Maßnahmen zum Schutz gegen radioaktive Strahlung können sein: wirksame Abschirmung, großer Abstand und kurzer Aufenthalt im Strahlungsbereich.

E.8.2.3
Anwendbare Verordnungen

StrlSchV   Strahlenschutzverordnung;
RöV   Röntgenverordnung;
DIN 54113   Zerstörungsfreie Prüfung; Strahlenschutzregeln für die technische Anwendung von Röntgeneinrichtungen bis 500 kV.

E.8.3
Elektromagnetische Strahlung

Dieser wichtige Bereich ist in Abschnitt I ausführlich beschrieben. Die elektromagnetische Strahlung kann jedoch, unabhängig von den Aspekten der Störbeeinflussung elektrischer Betriebsmittel, Auswirkungen auf die Produktsicherheit der Maschine haben.

E.8.3.1
Gefährdungen

Angeregt durch den vermehrten Gebrauch von Funktelefonen werden zur Zeit Diskussionen über die Gefährlichkeit des Elektrosmogs geführt. Der menschliche Organismus ist den unterschiedlichsten Quellen elektromagnetischer Strahlung ausgesetzt. Bei Funktelefonen resultiert ein Risiko daraus, daß die hohe Sendeleistung der elektromagnetischen Strahlung direkt am Kopf abgestrahlt wird. Andere Quellen, wie beispielsweise Hochspannungsüberlandleitungen oder Radiowecker, könnten durch die lange

Einwirkdauer auf den Organismus eine Gefährdung darstellen. Eine Bewertung des Risikos und eine Aussage über die zu erwartenden Folgeschäden kann zum heutigen Stand der Diskussion nicht gegeben werden.

Der in Deutschland gültige Grenzwert von 100 mT für die zulässige Belastung durch magnetische Felder wird von vielen Experten als zu hoch angesehen. Zum Schutz der Betreiber wird ein Grenzwert von 0,5 mT empfohlen. Dies kann durch Abschirmung elektromagnetisch strahlender Quellen erreicht werden.

E.8.4
Akustische Gefahren

E.8.4.1
Gefährdung durch Lärm

Hohe Lärmpegel können beim Betreiber Ohrensausen verursachen oder das Gehörvermögen mindern oder schädigen. Infolge des Lärms treten aber zusätzlich eine Reihe von Sekundärgefährdungen auf: Schreckreaktionen durch plötzlich auftretenden Lärm, Müdigkeit, Streß und der verminderten Wahrnehmung akustischer Warnsignale.

E.8.4.2
Schutzmaßnahmen

Die Schallemission einer Maschine muß primär an der Quelle durch konstruktive Maßnahmen gedämmt werden. Zusätzlich können weitere Maßnahmen zur Lärmminderung notwendig werden (Tabelle E-17). In der Betriebsanleitung müssen beispielsweise Angaben über den von der Maschine ausgehenden Luftschall gemacht werden.

Tabelle E-17. Methoden zur Minderung der Schallemission

	Beispiele und Methoden

Primärer Schallschutz	Beeinflussung der Schallquelle:
	    Verwendung dämmender Spezialkomponenten
	    Frequenzänderung
	Verwendung anderer Maschinenteile:
	    Kunststoffe für Metall
	Körperschalldämpfung

Sekundärer Schallschutz	Beeinflussung der Schallausbreitung Verwendung schallschluckender Stoffe Kapselung

E.8.4.3
Anwendbare Normen

EN 457   Sicherheit von Maschinen – Akustische Gefahrensignale – Allgemeine Anforderungen.

EN ISO 11 200 Akustik;
                Geräuschabstrahlung von Maschinen und Geräten; Leitlinien zur Anwendung der Grundnormen zur Bestimmung von Emissions-Schalldruckpegeln am Arbeitsplatz und an anderen festgelegten Orten.

E.9
Chemische Gefahren

E.9.1
Gefährdungen

Stäube, Flüssigkeiten und Gase können beim Benutzer einer Maschine Ätzungen oder Vergiftungen verursachen. Diese Gefährdungen können nicht nur bei der Werkstoffbearbeitung mit den entsprechenden Stoffen auftreten, sondern eventuell auch beim Herstellen einer Maschine durch die Verwendung giftiger oder ätzender Substanzen. Sachobjekte im Einflußbereich aggressiver Stoffe korrodieren unter Umständen und beeinträchtigen im Laufe der Zeit die Sicherheit der Maschine selbst und der Maschinen in der Umgebung.

E.9.2
Schutzmaßnahmen

Elektrische oder elektronische Schutzmaßnahmen gegen chemische Gefahren gibt es nicht. Im allgemeinen sind die Schutzmaßnahmen, sofern diese sinnvoll anwendbar sind, wie folgt zu projektieren:

1. Vermeidung der Emission giftiger oder ätzender Substanzen,
2. Verwendung alternativer Stoffe,
3. Geschlossene Abdeckungen und Absaugvorrichtungen,
4. Information der Benutzer vor Restrisiken.
   Die vorgegebene Reihenfolge entspricht der degressiven Wertigkeit für die Schutzmaßnahme.

E.9.3
Anwendbare Normen

EN 626: Sicherheit von Maschinen; Reduzierung des Gesundheitsrisikos durch Gefahrstoffe, die von Maschinen ausgehen.

E.10
Biologische Gefahren

E.10.1
Gefährdungen

Maschinen für biotechnische Verfahren können beispielsweise durch Schimmelpilze, Viren oder Bakterien biologische Gefährdungen erzeugen. Derartige Maschinen werden hauptsächlich für die Lebensmittelproduktion oder die Abwasseraufbereitung verwendet. Das Bundesgesundheitsamt veröffentlicht Empfehlungen, die zur Beurteilung des Gefährdungspotentials herangezogen werden können. Mikroorganismen und Krankheitserreger werden nach den Gefahren, die beim Umgang mit diesen entstehen, klassifiziert.

E.10.2
Schutzmaßnahmen

Als Schutzmaßnahmen gegen biologische Gefahren gibt es keine elektrotechnische Verfahren. Der Schutz gegen biologische Gefahren kann durch entsprechende Reinigung, Sterilisierbarkeit und durch Dichtigkeit der Geräte erreicht werden.

E.10.3
Anwendbare Normen

prEN 12296   Biotechnik – Geräte und Ausrüstungen –
              Leitfaden für Verfahren zur Prüfung der Reinigungsfähigkeit.

prEN 12297   Biotechnik – Geräte und Ausrüstungen –
              Leitfaden für Verfahren zur Prüfung der Sterilisierbarkeit.

prEN 12298   Biotechnik – Geräte und Ausrüstungen –
              Leitfaden für Verfahren zur Prüfung der Leckdichtigkeit.

Lösungen der Übungsaufgaben

C Steuerungen und Regelungen

Ü **C.3-1:** Steuerung für Motorschütz

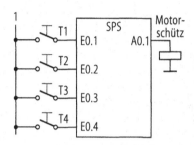

Ü **C.3-2:** Steuerung für Warntongeber

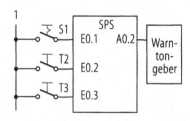

Ü **C.3-3:** Ventilsteuerung

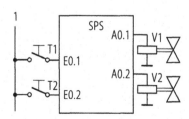

Ü C.3-4: Motorsteuerung mit Hochlaufüberwachung

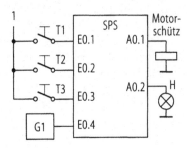

Ü C.3-5: Parkhaussteuerung

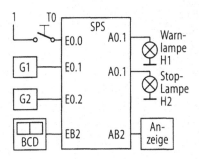

Sachverzeichnis